BROCKHAUS NATURWISSENSCHAFTEN UND TECHNIK

BROCKHAUS

NATURWISSENSCHAFTEN UND TECHNIK

FÜNFTER BAND

SO – Z

F. A. BROCKHAUS · WIESBADEN

In diesem Buch werden, wie in allgemeinen Nachschlagewerken üblich, etwa bestehende Patente, Gebrauchsmuster oder Warenzeichen nicht erwähnt. Wenn ein solcher Hinweis fehlt, heißt das also nicht, daß eine Ware oder ein Warenname frei ist.

CIP-Kurztitelaufnahme der Deutschen Bibliothek

Brockhaus, Naturwissenschaften und Technik. –
Wiesbaden: Brockhaus – ISBN 3-7653-0357-7
NE: Naturwissenschaften und Technik
Bd. 5. So–Z. – 1983

Printed in Germany –
Einband nach Entwurf von Schlotfeldt Market Design, Peter Plasberg, Hamburg –
Satz: Satzzentrum Oldenburg GmbH, Oldenburg – Druck und Bindung: Mohndruck Graphische Betriebe GmbH, Gütersloh

S

Sobieskischer Schild [n. dem poln. König Johann III. Sobieski, * 1629, † 1696], das Sternbild → Schild 1).

Sockel, bei elektr. Lampen und Elektronenröhren der Teil, mit dem sie in der Fassung befestigt und an die Stromzuführung angeschlossen werden.

Soda *die,* **Natriumcarbonat, kohlensaures Natrium,** weißes, in Wasser leicht lösl. Salz. Aus wäßriger Lösung kristallisiert es unterhalb von 32,5 °C als Dekahydrat, $Na_2CO_3 \cdot 10\ H_2O$ **(Kristallsoda),** aus, oberhalb geht es in das Hepta- und Monohydrat über. Bei mehr als 107 °C entsteht die wasserfreie Verbindung, Na_2CO_3, **kalzinierte S.,** Schmelz-P. 853 °C. Die Lösung von S. reagiert infolge Hydrolyse stark alkalisch. Mit Säuren entsteht unter Aufbrausen Kohlendioxid.

In der Natur findet sich mineral. S. gelöst in den Natronseen z. B. Ägyptens, als Bodenausblühungen, Krusten und mehlige Überzüge **(Natrit).** Beim Verbrennen salzhaltiger Meerespflanzen entsteht eine an S. reiche Asche, die bis 1850 wichtigste S.-Quelle war. Heute wird S. v. a. großtechnisch aus Kochsalz, NaCl, hergestellt. Beim **Leblanc-Verfahren** [ləbl'ã-] wird dieses mit Schwefelsäure in Natriumsulfat, Na_2SO_4, überführt, das mit Kohle zu Natriumsulfid, Na_2S, reduziert und mit Kalkstein in S. umgewandelt wird. Beim heute bevorzugten **Solvay-Verfahren** [sɔlv'ɛ-] wird in eine Kochsalzlösung Ammoniak und Kohlendioxid eingeleitet. Dabei fällt Natriumhydrogencarbonat, $NaHCO_3$, aus, das beim Glühen in S. übergeht.

S. wird als billiges Alkali in großem Umfang zur Herstellung von Glas und in der chem. Industrie zur Bereitung von Seife, zur Wasserenthärtung, in der Zellstoffindustrie sowie als Bestandteil von Wasch- und Reinigungsmitteln verwendet. – **Sodastein,** der → Seifenstein.

Sodalith, Mineral $Na_8[Cl_2|(AlSiO_4)_6]$, bildet mit **Nosean,** $Na_8[SO_4|(AlSiO_4)_6]$, und **Hauyn,**

$$(Na, Ca)_{8-4}\,[(SO_4)_{2-1}/(AlSiO_4)_6],$$

eine isotype Reihe von → Feldspatvertretern. Die Minerale der S.-Reihe sind weiß, grau bis schwarz, sehr oft auch blau (v. a. Hauyn), selten grün oder rot; H. 5–6, D. 2,3–2,5; Vorkommen in Ergußgesteinen und vulkan. Auswürflingen; S. auch in Tiefengesteinen (Syeniten). S. dient zuweilen als Ornamentstein.

Sodar, Abk. für **Sound Detecting And Ranging** [saund dɪt'ektɪŋ ænd r'eɪndʒɪŋ, engl.], akust. Meßsystem für die unteren Luftschichten. Eine **S.-Anlage** besteht im wesentlichen aus mehreren schwenkbaren, etwa 3 m hohen Schalltrichtern, aus denen kurze Schallsignale scharf gebündelt in die Atmosphäre gesendet werden. Bis in etwa 500 m Höhe wird die abgestrahlte Schallenergie zurückgestreut, den reflektierten Schall empfangen empfindl. Mikrophone. Aus den Signalen können mittels elektron. Aufbereitung z. B. Länge und Dicke unsichtbarer Abgasfahnen, Windgeschwindigkeit, Windrichtung und Turbulenzgrößen vom Boden aus bestimmt werden.

Söderberg-Elektroden [n. dem Schweden C. W. Söderberg, * 1876, † 1955], v. a. in der Aluminium-, Silicium- und Calciumcarbid-Industrie verwendete, aus einem Blechmantel bestehende Elektroden, mit einer plast. Anodenmasse aus Anthrazit, Koks und Teer gefüllt. Infolge der Ofenhitze und des durch die Elektrode fließenden Arbeitsstroms verfestigt sich die Masse zur elektrisch leitenden Graphitmasse. Entsprechend dem Abbrand wird von oben Elektrodenmasse nachgefüllt. – **Söderberg-Ofen,** Ofen zur elektrolyt. Herstellung von Aluminium.

Soffione, Geologie: Fumarole mit postvulkan. heißen Wasserdämpfen und geringem Borgehalt.

Soffittenlampe, röhrenförmige → Glühlampe mit langgestrecktem, gewendeltem Draht, meist mit den Sockeln an beiden Röhrenenden, wird mehr und mehr von → Leuchtstofflampen verdrängt.

Sofortbildphotographie, von E. H. LAND erstmals 1947 vorgestelltes photograph. Verfahren, das minuten-, heute auch sekundenschnell fertige Photographien liefert. Schwarzweiße Bilder entstehen nach dem Prinzip des → Diffusionskopierverfahrens. Zur Herstellung von Farbbildern (seit 1963) arbeitet man mit einem Material mit drei Silberhalogenidschichten, die für rotes, grünes und blaues Licht sensibilisiert sind und jeweils farbgebende Substanzen enthalten, die bei der sofort nach der Belichtung eingeleiteten Entwicklung in bildmäßiger Verteilung freigesetzt werden und in eine Bildempfangsschicht diffundieren **(Farbdiffusionsverfahren).** Kurz danach wird das Bildempfangselement mit dem fertigen Farbbild vom lichtempfindl. Element abgezogen. Neuere Verfahren (Polaroid 1972, Kodak 1976) arbeiten mit integralen Materialien, bei denen die Elemente vor und nach der Bildentstehung eine untrennbare Einheit bilden.

Die Sofortbildmaterialien werden in speziellen Kameras belichtet (früher **Einminutenkameras).** Nach der Belichtung wird das Material zur Einleitung der Entwicklung und der dadurch ausgelösten bildaufbauenden Diffusionsvorgänge durch ein in der Kamera befindl. Walzenpaar gequetscht und dann ausgestoßen. Beim Quetschvorgang wird ein an einer Kante des Materials befindlicher Beutel mit Entwicklerpaste aufgebrochen und diese zw. den Schichten des Materials verteilt.

1977 wurde von Polaroid ein **Sofort-Schmalfilmsystem** (›Polavision‹) vorgestellt, das nach dem Prinzip der Silbersalzdiffusion in Kombination mit einem Farbraster ein projizierbares Farbbild liefert (additives Farbverfahren). Die belichtete Schmalfilmkassette wird in ein separates, an ein tragbares Fernsehgerät erinnerndes Bildschirmwiedergabegerät eingesetzt; darin wird der Film beim Rückspulen entwickelt und ist kurz darauf vorführbereit.

1982 wurden **Sofortbild-Diafilme** vorgeführt, die für alle Kleinbildkameras geeignet sind und wie übliche Kleinbildfilme belichtet werden. Die Entwicklung erfolgt in einem speziellen handbetriebenen Gerät **(Autoprozessor),** in das der in seine Patrone zurückgespulte Film und eine für diesen Prozeß vorgesehene Entwicklerpackung eingelegt werden. Der entwickelte Film verläßt den Autoprozessor vollkommen trocken und kann sofort geschnitten und gerahmt werden. (BILD S. 6)

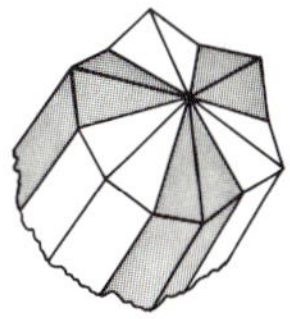

Sodalith 1, prismatisch verlängerte Zwillinge

Sodalith 2, derb (Bolivien)

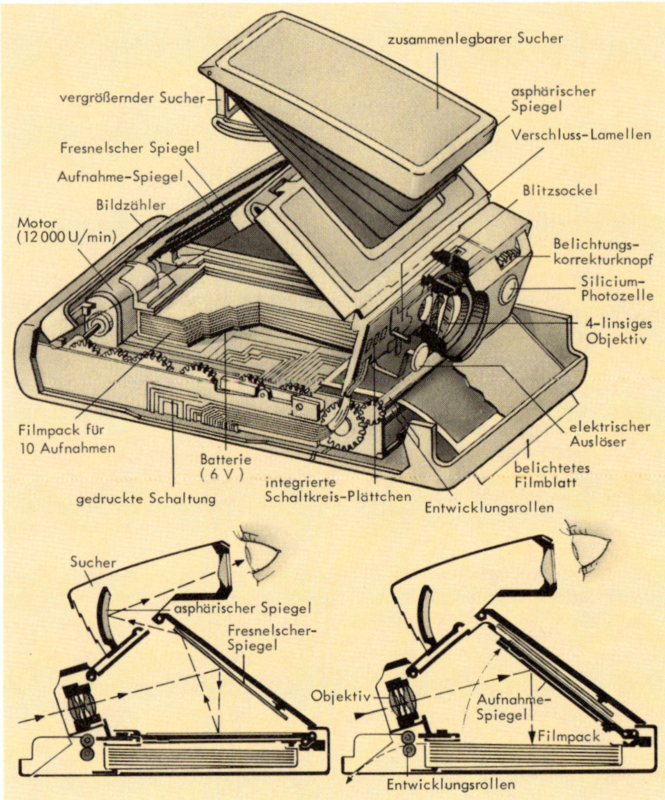

Sofortbildphotographie:
OBEN Schnittbild der Polaroid SX-70; UNTEN LINKS Sucher-Strahlengang; UNTEN RECHTS Aufnahme-Strahlengang

Softcopy [s'ɔftkɔpɪ, engl.], Datenverarbeitung: Bez. für alle Informationsangaben, die nur vorübergehend (z. B. auf dem Bildschirm eines Datensichtgerätes) erscheinen, Ggs.: → Hardcopy.

Softener, Softenings [s'ɔfnə, s'ɔfnɪŋz, engl.], **1)** die → Weichmacher in der Kunststoff-, Kautschuk-, Textilveredlungstechnik u. a.; z. B. organ. Verbindungen, die geschmeidig machen und ggf. die Wirkung von Ölen und Fetten verstärken.

2) Spinnerei: die → Quetschmaschine.

Software [s'ɔftweə, engl.] *die,* Datenverarbeitung: der nicht gerätemäßige Teil einer Datenverarbeitungsanlage wie Programme und Daten. Die S. gliedert sich in die Systemprogramme des Betriebssystems und die Anwenderprogramme. Die verfügbare S. charakterisiert die Güte einer Datenverarbeitungsanlage ebenso wie die verfügbare → Hardware. Hard- und Software sind unterschiedl. Techniken. Dementsprechend gibt es Hardware- oder Softwarelösungen.

Sog, Unterdruck, Saugwirkung eines durchwirbelten Mediums, z. B. die zurückflutende Tiefenströmung des Meerwassers bei der Küstenbrandung oder die mitlaufende Strömung im Bereich des Hinterschiffs.

Sohle, Bergbau: 1) untere Begrenzungsfläche eines → Grubenbaus, z. B. einer Strecke; 2) Stockwerk eines Grubengebäudes mit allen Grubenbauen zw. dem betreffenden Sohlenniveau und dem darüberliegenden; 3) Liegend-Grenzschicht einer Schichtgruppe oder Lagerstätte.

Sohlfläche, die untere Schichtfläche; → Schicht.

Sohlgleite, eine → Sohlrampe mit Neigung zw. 1 : 10 und 1 : 30.

söhlig, bergmännisch für horizontal, waagerecht, auch horizontale → Lagerung von Gesteinen.

Sohlrampe, kurze Wasserlaufstrecke mit stark geneigter, befestigter Sohle.

Sohlschwelle, Sohlriegel, Wasserbau: in der Sohle eines Wasserlaufs quer zu dessen Fließrichtung angeordnetes → Regelungsbauwerk, das (i. Ggs. zur → Grundschwelle) nicht über die Sohle hinausragt.

Sojus, Mehrzweck-Raumfahrzeug der UdSSR, seit 1967 in mehrfach verbesserter Version für bemannte und unbemannte Missionen eingesetzt. Gesamtlänge etwa 9,3 m, größter Durchmesser etwa 3 m, Startmasse etwa 6,7 t. S. besteht aus den trennbaren Hauptkomponenten Orbitalsektion, Kommandokabine und Geräteteil. Beim ersten Einsatz am 23. 4. 1967 versagte in der Landephase das Fallschirmsystem, und der Kosmonaut W. KOMAROW verunglückte tödlich. Die meisten S.-Einsätze stellten Zubringerflüge zur Raumstation → Saljut dar, es gab aber auch wiederholt selbständige S.-Flüge um die Erde. Bei Kopplungsmanövern mit Saljut wird auf Solarzellenträger verzichtet; bei autonomen Missionen sind sie zur Energiegewinnung unerläßlich. Bis etwa Mitte 1980 war S. jeweils mit zwei Kosmonauten besetzt, von denen einer gelegentlich auch aus einem anderen Staat stammte (ÜBERSICHT S. 7). Ein konstruktiv verbessertes Gerät ist Sojus T, das zwei oder drei Kosmonauten befördert und das dank eines eigenen Bordrechners und einer modifizierten Triebwerksanlage gegenüber der früheren Ausführung unabhängiger von der Bodenstation und manövrierfähiger ist.

Sol *das,* kolloidale Lösung, → Kolloide.

Solanin, α-Solanin, sehr giftiges Trisaccharid (mit L-Rhamnose, D-Glucose und D-Galaktose) des Steroidalkaloids **Solanidin** ($C_{27}H_{43}NO$), das in Früchten, Sprossen und Blättern von Solanum-Arten (Nachtschattengewächsen) vorkommt, z. B. in unreifen Tomaten und Kartoffeln.

Solar..., in zusammengesetzten Begriffen vgl. auch Sonnen...

Solar|generator, → Sonnenbatterie.

Solarimeter *das,* veraltete Bez. für → Pyranometer.

Solarisation [lat.], ein → photographischer Effekt: Bei zu langer Belichtung tritt eine Bildumkehr ein. Eine ähnl. Wirkung wird durch diffuse Belichtung einer teilweise entwickelten Schicht hervorgerufen **(Pseudo-S., Sabattier-Effekt** [sabatj'e-]). Anwendung in der gestaltenden Photographie.

Solarkollektor, Einrichtung, die Sonnenstrahlung absorbiert, diese in Wärme umwandelt und an einen strömenden Wärmeträger (Wasser, Natrium, Isobutan) abgibt. Der **Flachkollektor** besitzt eine ebene Absorberfläche und geringe Richtungsempfindlichkeit. Er nimmt deshalb nicht nur einen Teil der direkten (gerichteten) Son-

bisherige Flüge im sowjet. S.-Programm

Nummer	Besatzung	Starttag	Flugdauer	Fußnote
Sojus 1	W. Komarow	23. 4. 1967	26h37min	[1])
Sojus 2	unbemannt	25. 10. 1968	rd. 3d	[2])
Sojus 3	G. Beregowoj	26. 10. 1968	94h51min	
Sojus 4	W. Schatalow	14. 1. 1969	71h23min	[3])
Sojus 5	B. Wolynow	15. 1. 1969	72h56min	[3])
	J. Chrunow			
	A. Jelissejew			
Sojus 6	G. Schonin	11. 10. 1969	118h42min	[4])
	W. Kubassow			
Sojus 7	A. Filipschenko	12. 10. 1969	118h41min	[4])
	W. Gorbatko			
	W. Wolkow			
Sojus 8	W. Schatalow	13. 10. 1969	118h50min	[4])
	A. Jelissejew			
Sojos 9	A. Nikolajew	1. 6. 1970	424h59min	[5])
	W. Sewastjanow			
Sojus 10	W. Schatalow	23. 4. 1971	47h46min	[6])
	A. Jelissejew			
	N. Rukawischnikow			
Sojus 11	G. Dobrowolskij	6. 6. 1971	570h22min	[7])
	W. Wolkow			
	W. Pazajew			
Sojus 12	W. Lasarew	27. 9. 1973	47h16min	[8])
	O. Makarow			
Sojus 13	P. Klimuk	18. 12. 1973	188h55min	
	W. Lebedejew			
Sojus 14	P. Popowitsch	3. 7. 1974	377h30min	[9])
	J. Artjuchin			
Sojus 15	G. Sarafanow	26. 8. 1974	48h12min	[10])
	L. Djomin			
Sojus 16	A. Filipschenko	2. 12. 1974	142h24min	[11])
	N. Rukawischnikow			
Sojus 17	A. Gubarjow	10. 1. 1975	709h20min	[12])
	G. Gretschko			
NN	W. Lasarew	5. 4. 1975	20min	[13])
	O. Makarow			
Sojus 18	P. Klimuk	24. 5. 1975	1 511h20min	[14])
	W. Sewastjanow			
Sojus 19	A. Leonow	15. 7. 1975	142h31min	[15])
	W. Kubassow			
Sojus 20	unbemannt	17. 11. 1975	91d	[16])
Sojus 21	B. Wolynow	6. 7. 1976	1 182h24min	[17])
	W. Scholobow			
Sojus 22	W. Bykowskij	15. 9. 1976	189h53min	
	W. Aksjonow			
Sojus 23	W. Sudow	14. 10. 1976	48h 5min	[18])
	W. Roschdestwjenskij			
Sojus 24	W. Gorbatko	7. 2. 1977	425h23min	[19])
	J. Glaskow			
Sojus 25	W. Kowaljonok	9. 10. 1977	48h46min	[20])
	W. Rjumin			

Nummer	Besatzung	Starttag	Flugdauer	Fußnote
Sojus 26	J. Romanenko	10. 12. 1977	96d10h	[21])
	G. Gretschko			
Sojus 27	W. Dschanibekow	10. 1. 1978	142h59min	[22])
	O. Makarow			
Sojus 28	A. Gubarjow	2. 3. 1978	190h17min	[23])
	W. Remek (ČSSR)			
Sojus 29	W. Kowaljonok	15. 6. 1978	3 360h47min	[24])
	A. Iwantschenkow			
Sojus 30	P. Klimuk	27. 6. 1978	190h 4min	[25])
	M. Hermaszewski (Polen)			
Sojus 31	W. Bykowskij	26. 8. 1978	188h49min	[26])
	S. Jähn (DDR)			
Sojus 32	W. Ljachow	26. 2. 1979	175d	[27])
	W. Rjumin			
Sojus 33	N. Rukawischnikow	10. 4. 1979	47h 1min	[28])
	G. Iwanow (Bulgarien)			
Sojus 34	unbemannt	6. 6. 1979	74d	[29])
Sojus T	unbemannt	15. 12. 1979		[30])
Sojus 35	L. Popow	9. 4. 1980	184d20h	[31])
	W. Rjumin			
Sojus 36	W. Kubassow	26. 5. 1980	7d20h	[32])
	B. Farkas (Ungarn)			
Sojus T-2	J. Malyschew	5. 6. 1980	3d21h	[33])
	W. Aksjonow			
Sojus 37	W. Gorbatko	23. 7. 1980	7d20h	[34])
	Pham Tuan (Vietnam)			
Sojus 38	J. Romanenko	18. 9. 1980	7d20h	[35])
	A. Tarnayo Mendez (Kuba)			
Sojus T-3	L. Kisim	27. 11. 1980	12d19h	[36])
	O. Makarow			
	G. Strekalow			
Sojus T-4	W. Kowaljonok	12. 3. 1981	75d	[37])
	V. Sawinych			
Sojus 39	W. Dschanibekow	22. 3. 1981	7d20h	[38])
	S. Gurragtschaa (Mongolei)			
Sojus 40	L. Popow	14. 5. 1981	7d	[39])
	D. Prunariu (Rumänien)			
Sojus T-5	A. Beresowoj	13. 5. 1982	211d	[40])
	W. Lebedew			
Sojus T-6	W. Dschanibekow	24. 6. 1982	8d	[41])
	A. Iwantschenkow			
	J. L. Chrétien (Frankreich)			
Sojus T-7	L. Popow	19. 8. 1982	7d	[42])
	A. Serebrow			
	Swetlana Sawizkaja			
Sojus T-8	W. Titow	20. 4. 1983	2d20min	[43])
	G. Strekalow			
	A. Serebrow			
Sojus T-9	W. Ljachow	27. 6. 1983	?	[44])
	A. Alexandrow			

[1]) Kosmonaut in der Landephase wegen Versagens des Falschirmsystems tödlich verunglückt; [2]) diente als Anflugziel von S. 3; [3]) erste Kopplung zweier bemannter Raumfahrzeuge, Umstieg von 2 Kosmonauten von S. 5 in S. 4; [4]) erster Gruppenflug mit drei Raumschiffen und 7 Kosmonauten; [5]) erster bemannter Langzeitflug; [6]) erste Kopplung an Raumstation Saljut 1, aber noch kein Umstieg; [7]) 22tägiger Aufenthalt in Saljut 1, Besatzung kam am 30. 6. in der Schlußphase der Rückkehr zur Erde infolge eines plötzl. Druckabfalls im Raumschiff ums Leben; [8]) Flug möglicherweise vorzeitig beendet; [9]) zwei Wochen Aufenthalt in Saljut 3; [10]) Kopplung an Saljut 3 mißlungen, Abbruch der Mission, erste Nachtlandung in der sowjet. Raumfahrt; [11]) Simulationsprogramm für ASTP (Apollo-Sojus-Gemeinschaftsflug); [12]) Aufenthalt in Saljut 4; [13]) wegen nicht erfolgter Stufentrennung der Trägerrakete abgebrochen, Besatzung gerettet; [14]) 63tägiger Aufenthalt in Saljut 4; [15]) Mission im Rahmen von ASTP, erster gekoppelter Gemeinschaftsflug eines sowjet. und amerikan. Raumschiffs, gegenseitige Besatzungsbesuche; [16]) Kopplung an Saljut 4 am 19. 11. 1975, biolog. Experimente; [17]) Aufenthalt in Saljut 5, vermutlich vorzeitiger Rückflug zur Erde; [18]) Kopplung an Saljut 5 mißlungen, erste (ungeplante) Wasserlandung der UdSSR nach vorzeitiger Rückkehr der Besatzung; [19]) Kopplung an Saljut 5; [20]) Kopplung an Saljut 6 mißlungen, vorzeitiger Rückflug; [21]) Aufenthalt in Saljut 6, Rückkehr mit S. 27; [22]) Kopplung an die Kombination Saljut 6/S. 26, Rückkehr mit S. 26, erster Einsatz des Versorgungsfrachters ›Progress‹; [23]) Kopplung an Saljut 6/S 27, tschech. Copilot; [24]) Aufenthalt in Saljut 6; [25]) Kopplung an Saljut 6/S. 29, poln. Copilot; [26]) Kopplung an Saljut 6/S. 29, erster Deutscher im Erdorbit; [27]) 175tägiger Aufenthalt in Saljut 6, Rückkehr mit S. 34, da S. 32 schon im Juni unbemannt zur Erde zurückkehrte; [28]) Kopplung an Saljut 6/S. 32 mißlungen, vorzeitige Rückkehr, bulgar. Copilot; [29]) automat. Kopplung an Saljut 6/S. 32, fungierte als Rückkehrfahrzeug für Ljachow und Rjumin; [30]) S. T ist äußerlich nur wenig, in Konstruktion und Ausstattung z. T. wesentlich verbesserte Version; [31]) Kopplung an Saljut 6; 185tägiger Aufenthalt im Weltall, Landung mit S. 37); [32]) Kopplung an Saljut 6/S. 35; [33]) erster bemannter Flug des neuen Sojus-T-Raumschiffes; [34]) Kopplung an Saljut 6/S. 35; [35]) Kopplung an Saljut 6/S. 37; äußerst präzise Nachtlandung; [36]) erster neuer sowjet. Drei-Mann-Raumflug nach 9 Jahren; Kopplung an Saljut 6/Progress 11; [37]) Kopplung an Saljut 6/Progress 12; [38]) Kopplung an Saljut 6/S. T-4; [39]) letzte Kopplung eines S.-Raumfahrzeuges an Saljut 6/S. T-4 vor dem Start von Saljut 7; [40]) Kopplung an Saljut 7; bisher längster bemannter Raumflug; [41]) Kopplung an Saljut 7/S. T-5; [42]) die zweite Frau im Weltall, erstmals eine gemischte Besatzung, Kopplung an Saljut 7/S. T-5; [43]) Kopplung an Saljut 7/Kosmos 1443 mißlungen, vorzeitige Rückkehr; [44]) Kopplung an Saljut 7/Kosmos 1443

nenstrahlung, sondern auch einen Teil der ungerichteten (diffusen) Himmelsstrahlung auf. Flachkollektoren brauchen deshalb dem Sonnenstand nicht nachgeführt zu werden, die erreichbare Arbeitstemperatur des Wärmeträgers ist entsprechend niedrig. Der **konzentrierende Kollektor** besitzt eine Einrichtung zur opt. Konzentration der einfallenden Sonnenstrahlung (Reflektor) auf das Absorbersystem, in dem der Wärmeträger zirkuliert. Um größtmögliche Wirkungsgrade zu erzielen, müssen konzentrierende Kollektoren sonnensynchron nachgeführt werden. Die erreichbare Arbeitstemperatur kann weit über 100 °C liegen und der Erzeugung von Prozeßwärme oder elektrischem Strom dienen. (→ Sonnenheizung)

Solarkonstante, Energiemenge, die bei mittlerer Entfernung Erde/Sonne von der Sonne je Zeiteinheit auf die Flächeneinheit einer senkrecht zu den Sonnenstrahlen orientierten, an der Grenze der Erdatmosphäre liegenden Fläche eingestrahlt wird. Sie beträgt 1,36 kW/m².

Solarkühlung, Nutzung der Sonnenenergie zur Kälteerzeugung. Als wirtschaftlichstes und betriebssicherstes System bietet sich die Absorptions-Kältemaschine (→ Kältemaschine) an, die zum Antrieb Wärmeenergie benötigt.

solarterrestrische Erscheinungen, i. w. S. alle durch die Sonne in der Erdatmosphäre und auf der Erdoberfläche ausgelösten Erscheinungen, z. B. die Gravitations- und Strahlungswirkung. I. e. S. sind s. E. die veränderl. Auswirkungen der Strahlungsausbrüche auf der Sonne, der ›Flares‹. So hat die von ihnen ausgehende Röntgenstrahlung eine plötzl. Erhöhung der Ionisierung in der → Ionosphäre und ein Absinken der D-Schicht zur Folge. Die erhöhte Ionendichte vergrößert die Absorption von Radiowellen, was zu Störungen des Funkverkehrs führt **(Mögel-Dellinger-Effekt).** Flares sind auch die Ursache energiereicher Protonen, die auf der Erde als solarer Anteil der Höhenstrahlung in Erscheinung treten. – Von der Sonne ausgelöste Veränderungen der Ionosphäre bewirken auch → erdmagnetische Variationen, d. h. Veränderungen des erdmagnet. Feldes; durch starke Teilchenströme von der Sonne werden manchmal → erdmagnetische Stürme; d. h. bes. große Störungen des Erdmagnetfeldes verursacht. Weitere s. E. sind die → Polarlichter und bestimmte meteorologische und biolog. Erscheinungen.

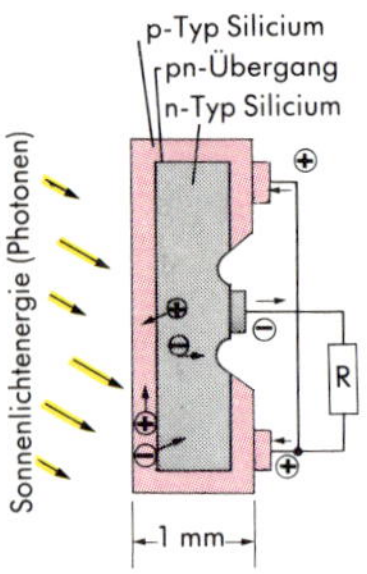

Solarzelle 1: S. bestehen aus zwei verschieden dotierten Halbleiterschichten, z. B. aus Silicium. Verbindet man diese höchstens 0,25–0,3 Millimeter dünnen Siliciumplättchen mit einem Verbraucher (Lastwiderstand R), so beginnt bei Einfall des Sonnenlichts ein Photostrom zu fließen

Solarzelle, Sonnenzelle, großflächige Ausführungsform des → Photoelements, bei der die einfallende Strahlungsleistung des Sonnenlichtes direkt in elektr. Leistung umgewandelt wird. Übliche Ausführung als Halbleiter-Halbleiter-Kontakt aus dotiertem Silicium, aber auch Galliumarsenid und Cadmiumsulfid. Wirkungsweise: In der Umgebung der Sperrschicht werden Elektron-Loch-Paare voneinander getrennt, die bei Lichteinstrahlung durch den inneren Photoeffekt im Halbleiter entstehen. Dadurch wird eine elektromotorische Kraft erzeugt, auf Grund derer an den Anschlüssen der S. eine Photospannung entsteht und entsprechend der Größe des Lastwiderstands ein Photostrom fließt (photovoltaische Umwandlung), deren Produkt die nutzbare elektrische Leistung bestimmt (BILD).

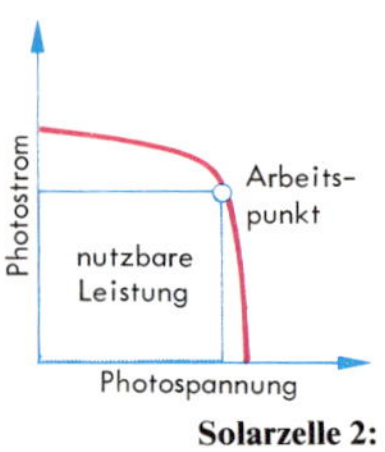

Solarzelle 2: Photostrom in Abhängigkeit von der Photospannung mit dem durch den Lastwiderstand bestimmten Arbeitspunkt und dem Rechteck nutzbarer Leistung

S. können zu → Sonnenbatterien (Solargeneratoren) zusammengeschaltet werden. Außerhalb der Erdatmosphäre beträgt die flächenbezogene Leistung etwa 1,4 kW/m², auf der Erdoberfläche unter idealen Bedingungen 1 kW/m², die Leistung je Masse etwa 0,2 kW/kg. Bei optimaler S.-Technologie und Wahl des Lastwiderstandes wurden bislang folgende Werte des Umwandlungs-Wirkungsgrades erreicht: Silicium 19%, Galliumarsenid 26%, Cadmiumsulfid 10%. Wichtiger Gesichtspunkt bei der energietechn. Verwendung der S. ist ihre wirtschaftl. Konkurrenzfähigkeit mit anderen Methoden der Energieerzeugung, die für großtechn. Einsatz bislang wegen der Höhe der S.-Investitionskosten nicht erreicht wurde. Da für die energietechn. Nutzung große Flächen mit S. belegt werden müssen (ein Sonnenkraftwerk würde zur Erzeugung einer Leistung von 1 GW in Mitteleuropa etwa 70 km² beanspruchen), sind preiswertere S. in der Entwicklung, z. B. S. aus polykristallinem oder amorphem Halbleitermaterial, die zwar bisher nur maximale Wirkungsgrade von 10–12% bzw. 5% erreichen, bei denen aber die sehr kostspieligen Produktionsschritte von der Züchtung von Einkristallen bis zur Herstellung von Modulen aus einkristallinen Scheiben entfallen.

Die Zahl der benötigten S. kann durch Einsatz konzentrierender Systeme stark reduziert werden. Neben Spiegeln und Linsen eignen sich auch preiswerte Stapel von gefärbten Plexiglasplatten, die das einfallende Licht in Fluoreszenzstrahlung umsetzen, die sich wegen der Totalreflexion zum großen Teil nur in den Platten ausbreiten kann und so auf die Kanten konzentriert wird. An diesen Kanten brauchen dann nur schmale Leisten von S. angebracht zu werden.

Sole, 1) Chemie: *Mz., Ez. das* **Sol,** kolloidale Lösungen; → Kolloide.

2) *Ez.,* techn. oder natürl. Kochsalz- oder Steinsalzlösung; in der Kältetechnik als **Kühlsole** Lösung techn. Salze mit einem je nach Salzgehalt niedrigeren Gefrierpunkt als Wasser; Kälteträger zw. dem Verdampfer der Kältemaschine und dem Kälteverbraucher. – **Solquellen,** → Heilquellen.

Solenoid *das,* zylindr. Spule, deren Länge groß im Vergleich zu ihrem Durchmesser ist. Ein stromdurchflossenes S. verhält sich wie ein Stabmagnet.

Solfatare *die,* in Gebieten mit abklingendem Vulkanismus auftretende Exhalation, reich an Schwefelgasen, bes. Schwefelwasserstoff; Temperatur 100–200 °C.

Solid-State-Technik [s'ɔlıd steıt-, engl.], Technik zur Herstellung von Festkörperschaltungen (→ integrierte Schaltung).

Soliduskurve, Soliduslini|e, → Zustandsdiagramm.

Solifluktion, Erdfließen, Bodenfließen, Schuttbewegung auf geneigten Flächen in vegetationsarmen, polaren und subpolaren Klimaten und in Hochgebirgen über der Waldgrenze, veranlaßt durch starke Bodendurchtränkung über gefrorenem Untergrund und durch Volumenschwankungen im Boden als Folge des Temperaturwechsels um den Gefrierpunkt. Viele Blockströme und Schuttdecken der gemäßigten Klimagebiete werden als fossile S.-Erscheinungen (der Eiszeiten) gedeutet. Alle durch echte Fließvorgänge entstandenen S.-Formen (wie Streifenböden, Girlandenböden) werden zur **Makro-S.**

gerechnet. Auf ebenem Gelände (bis 1 oder 2° Neigung) bilden sich unter dem Begriff **Mikro-S.** zusammengefaßte Kleinformen wie → Strukturböden. In polaren und subpolaren Gebieten, wo der jahreszeitl. Frostwechsel in größere Tiefen reicht, spricht man von **Jahreszeiten-S.; Tageszeiten-S.** tritt in tropischen und subtrop. Hochgebirgen auf, wo tageszeitl. Frostwechsel vorherrscht, der nur die oberste Bodenschicht berührt.

Solitonen, solitäre Wellen, Wellen, die im Unterschied zu gewöhnl. Wellen bei der Ausbreitung nicht auseinanderlaufen oder sich auflösen, sondern ihre Größe

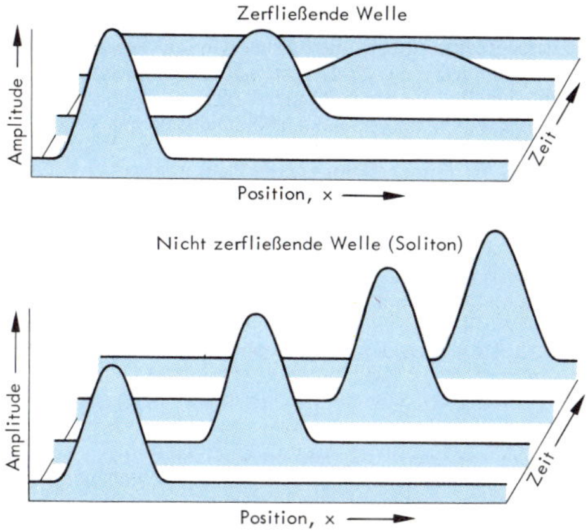

Solitonen

und Form beibehalten. Man kann sie als Energiepakete betrachten, die ihre Energie nicht dadurch abgeben können, daß sie zerfließen. Stoßen zwei solche Wellen zusammen, so ändern sie ihre Form nicht; trifft aber eine Welle auf ihre Anti-Welle **(Anti-Soliton),** so können sie sich gegenseitig vernichten. Alle diese Eigenschaften verleihen dem S. den Charakter eines Teilchens. Die unterschiedl. Ausbreitungsgeschwindigkeit für Wellen versch. Wellenlänge (→ Dispersion 2) wird bei S. durch andere Eigenschaften der Wellenbewegung wieder aufgehoben. Diese Kompensation ist nur bei Wellen möglich, deren Ausbreitung nicht nur von der Form der Störung, sondern auch von ihrer Amplitude bestimmt wird. Mathematisch werden sie durch eine nichtlineare partielle Differentialgleichung beschrieben, die außer dem Term für die Dispersion ein nichtlineares Glied enthält. S. können nur in Feldern auftreten, die für mindestens zwei versch. Feldstärken dieselbe minimale innere Energie, d. h. zwei ›Vakuumzustände‹, besitzen. Erstmalig wurden S. 1834 von J. S. RUSSELL in Form einer Wasserwelle beobachtet, die sich als einzelner Wasserbuckel vom Bug eines in einem engen Kanal fahrenden Kahns ablöste, als dieser plötzlich abgestoppt wurde. Neuerdings hat sich gezeigt, daß die in der Theorie der strömenden Flüssigkeiten seit langem verwendeten S. sich auch als Lösungen von Differentialgleichungen ergeben, die sehr schwere Elementarteilchen beschreiben. Die Theorie sagt voraus, daß diese Teilchen, deren Existenz bisher noch nicht nachgewiesen werden konnte, eine Masse von einigen Tausend Protonenmassen besitzen und magnet. Monopole tragen. Auch in der Festkörperphysik werden S. zur Deutung best. Phänomene herangezogen. S., die nur für eine kurze Zeitdauer existieren, werden als → Instantonen bezeichnet.

Sölle *Mz., Ez. das* **Soll,** Geographie: kleine, oft fast kreisrunde, meist gehäuft auftretende, trichterartige Hohlformen (5–20 m Durchmesser) in ehemaligen Vereisungsgebieten; entstanden durch Abschmelzen von Toteisblöcken in den Lockermassen der Grundmoränen.

Sollmaß, ein → Grenzmaß, vorgeschriebenes Maß für eine fehlerfreie → Grenzlehre. Als S. wird gelegentlich fälschlich das → Nennmaß bezeichnet.

Sollwert, der Wert, den eine Größe zu einem bestimmten Zeitpunkt annehmen soll. In einem → Regelkreis ist der S. der → Regelgröße der Augenblickswert der → Führungsgröße.

Solnhofener Plattenkalk, Solnhofener Schiefer, feinkörniger, dünnplattiger Kalkstein des oberen Malm im S der Fränk. Alb, der in der Bautechnik und im Steindruck als lithograph. Stein verwendet wird. Die S. P. enthalten viele gut erhaltene Fossilien.

Solstitium, die → Sonnenwende.

Solubilisation, Solubilisierung, Löslichmachung eines in einer bestimmten Flüssigkeit unlöslichen Stoffes durch Zusatz eines Lösungsvermittlers, bes. von wasserunlöslichen Stoffen in wäßrigen Lösungen. Prakt. Bedeutung hat die S. u. a. bei der Textilreinigung oder bei Färbevorgängen.

Solvatation, Anlagerung von Lösemittel-Molekülen an Ionen, Atome oder Moleküle des Gelösten. **Solvat** heißt das gebildete Produkt, die Anzahl der an einem Teilchen gebundenen Lösungsmittel-Moleküle **S.-Zahl.** Bei Wasser als Lösungsmittel spricht man von **Hydratation, Hydraten** und **Hydratationszahl.** Die Stabilität der Solvate hängt ab von der Teilchengröße der gelösten Substanz (je kleiner, desto besser solvatisiert), von den bei der S. frei werdenden Energien und von der Dielektrizitätskonstante der Lösungsmittel. – **Solvations|energie,** → Dissoziation.

Solvatochromie, Chemie: Erscheinung, daß sich best. Stoffe bei Auflösung in verschiedenen Lösemitteln unterschiedlich färben; z. B. löst sich Jod, je nach Lösemitteln, mit brauner, roter oder violetter Farbe.

Solvens *das,* das → Lösemittel.

Solvent Naphtha, Gemisch aromat. Kohlenwasserstoffe, Siedebereich 165–180 °C. Verwendung als Lösemittel für Lacke, Bautenschutzmittel u. a.

Solvolyse, Reaktion gelöster kovalenter Verbindungen mit dem Lösemittel, z. B. → Hydrolyse (mit Wasser), **Methanolyse** (mit Methanol).

Soman, Deckname für den Trimethylpropylester der Methylfluorophosphonsäure, der als → chemischer Kampfstoff etwa dreimal wirksamer ist als Sarin.

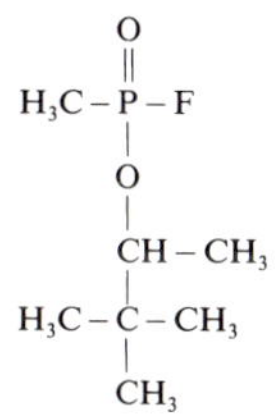

Soman

Somatomedine, aus Humanplasma isolierte Polypeptide, die als Vermittler der Somatotropin-Wirkung auftreten und insulinartigen Effekt haben. Sie steigern u. a. die Synthese von Desoxyribonuclein-Säuren, Kollagen, wodurch es v. a. zum Längen- und Breitenwachstum der Knochen (aber auch innerer Organe) kommt.

Somatostatin, Hormon, das durch Peptidsynthese synthetisch gewonnen werden kann. S. hemmt die Sekretion des Somatotropins (deshalb auch die Bez. **Somatotropin Release Inhibiting Factor** [səʊmət'ɔtrəpɪn rɪl'i:z ɪnh'ɪbɪtɪŋ f'æktə, engl.], Abk. **SRIF** und **Somatoliberin),** des Insulins, Glucagons und Thyreotropins.

Somatotropin, somatotropes Hormon, Abk. **STH,** engl. **Human Growth Hormone** [hj'u:mən grəuθ h'ɔ:məun], Abk. **HGH,** Wachstumshormon, aus 191 Aminosäuren bestehendes, einkettiges Polypeptid mit zwei Disulfidbrücken. Es steuert mit anderen Hormonen Wachstum, Differenzierung und Erneuerung der lebenden Substanz. Es wirkt direkt stimulierend auf den Stoffwechsel.

Sommer, eine →Jahreszeit.

Sommerdreieck, aus den drei hellen Sternen Wega (im Sternbild Leier), Atair (im Adler) und Deneb (im Schwan) gebildetes, fast gleichseitiges Dreieck am Sommerhimmel.

Sommerfeld-Feinstrukturkonstante [n. dem dt. Physiker A. A. Sommerfeld, * 1868, † 1951], **Feinstrukturkonstante,** Formelzeichen *α,* bei der theoret. Berechnung der Feinstruktur des Wasserstoffspektrums eingeführte dimensionslose Konstante

$$\alpha = \mu_0 c e^2/2h \approx 1/137,$$

gebildet aus der magnet. Feldkonstante μ_0, der Vakuumlichtgeschwindigkeit *c,* der Elementarladung *e* und dem Planckschen Wirkungsquantum *h.* Sie kennzeichnet die Stärke der elektromagnet. →Wechselwirkung.

Sommertag, Meteorologie: Tag, an dem die Höchsttemperatur mindestens 25 °C erreicht.

Sommerzeit, gegenüber der Zonenzeit meist um eine Stunde vorverlegte Uhrzeit zur besseren Nutzung des Tageslichts während der Sommermonate.

Sonar, Abk. für **Sound Navigation And Ranging** [saund nævɪg'eɪʃn ænd r'eɪndʒɪŋ, engl.], Navigations- und Entfernungsmeßgerät zur akust. Peilung und Ortung bes. von Unterwasserobjekten (→Schallortung); dient v. a. zur Kollisionsverhütung auf See (Schiffe, Eisberge, Untiefen) und in der Seekriegsführung zum Orten von U-Booten und Minen. Bei dem **Sonar Navigator** [-n'ævɪg'eɪtə] werden (ähnlich wie beim →Doppler-Navigationsverfahren der Luftfahrt) durch Rückstrahlmessungen vom Meeresboden mit Ultraschallwellen Kurs und Geschwindigkeit über Grund laufend gemessen und mit Hilfe eines Rechners der zurückgelegte Weg und der augenblickliche Standort ermittelt.

Sonde, 1) allgemein: Abtast-, Prüf- oder Untersuchungsgerät für schwer zugängliche oder anderweitig schwierig zu untersuchende Stellen; oft stab- oder röhrenförmig, starr oder biegsam ausgeführt; für meßtechn. Zwecke i. a. mit einem →Sensor ausgestattet.

2) Bergbau: fündige Bohrung, bes. auf Erdöl; auch Rettungssonde (→Rettungsgeräte).

3) Meteorologie: →Radiosonde.

4) Raumfahrt: →Raumsonde.

Sondenröhre, Farnsworth-Röhre [fɑ:nswəθ-], elektron. Bildaufnahmeröhre zur Aufnahme von Fernsehbildern; arbeitet nicht mit Bildspeicherung und hat deshalb geringe Lichtausbeute. Die S. wurde vor 1945 bes. zur Abtastung von Filmen und Diapositiven benutzt.

Sondermetalle, Bez. für alle Metalle außer den Gebrauchs- (Eisen, Nickel, Kupfer, Blei, Zink, Cadmium, Zinn, Quecksilber, Aluminium, Magnesium, Calcium, Natrium, Kalium) und den Edelmetallen.

Sonderzeichen, Datenverarbeitung: Zeichen wie +, :, (,) u. a., die keine Buchstaben oder Ziffern sind.

Sonne, Zeichen ⊙, Zentralkörper unseres Planetensystems und nächster →Stern. Die scheinbare tägl. Bewegung der S. am Himmel wird durch die Rotation der Erde verursacht (→Tag, →Sonnenzeit), die scheinbare jährl. Bewegung durch den Umlauf der Erde um die Sonne (→Sonnenwende, →Jahr). Die Erde wird, wie die anderen →Planeten des →Sonnensystems durch die Massenanziehung auf ihrer ellipt. Bahn (→Keplersche Gesetze) gehalten. Der mittlere Abstand der S. von der Erde beträgt 149,6 Mio. km (→astronomische Einheit), der mittlere scheinbare Durchmesser 32′, ihr wahrer Radius 696000 km, die Masse $1{,}99 \cdot 10^{33}$ g oder 332270 Erdmassen, die Dichte im Mittel $1{,}41\ g/cm^3$. Die mittlere synod. (von der Erde aus gesehene) Rotationsdauer beträgt 27,275 Tage, die mittlere sider. (von den Fixsternen aus gesehene) 25,380 Tage. Mit Hilfe der Strahlungsgesetze ergibt sich aus der →Solarkonstanten eine effektive Oberflächentemperatur der S. von 5785 K, ein Wert, der etwa auch aus spektroskop. Untersuchungen ermittelt werden kann. Das **S.-Spektrum** hat etwa 25000 Absorptionslinien, die →Fraunhoferschen Linien, von denen die meisten bestimmt, d. h. chem. Elementen zugeordnet werden konnten. Die **S.-Atmosphäre,** die in die Photosphäre, Chromosphäre und Korona eingeteilt wird, besteht zu etwa 75% aus Wasserstoff, 23% Helium und 2% schwereren Elementen. Die S. gilt als ein ganz durchschnittl. Stern mit dem Spektraltyp G2 (→Spektralklassen) und der Leuchtkraftklasse V. Sie gehört zu den Gelben →Zwergsternen. Mit einer Geschwindigkeit von knapp 20 km/s bewegt sie sich (relativ zu den Sternen ihrer Umgebung) in Richtung auf das Sternbild Herkules **(Pekuliarbewegung)** und nimmt an der Rotation des →Milchstraßensystems mit einer Geschwindigkeit von etwa 250 km/s teil.

Bereits mit kleinen Fernrohren können auf der **S.-Oberfläche** verschiedene Gebilde beobachtet werden, v. a. die →Sonnenflecken in zwei Zonen, die beiderseits des S.-Äquators liegen. Daneben gibt es, meist in der Umgebung von Flecken, die **Sonnenfackeln** mit einer Temperatur von etwa 7000 K. Die ganze S.-Scheibe ist von der →Granulation bedeckt. Flecken- und Fackelgebiete sind von starken Magnetfeldern begleitet, die bis zu 10000mal stärker sein können als das ird. Magnetfeld. Die Flecken scheinen nur Sekundärerscheinungen dieser Magnetfelder zu sein, deren Ursache in einer unterschiedl. Rotationszeit der einzelnen Breitenzonen der S. zu suchen ist: So rotiert die S. am Äquator in etwa 25 Tagen, in höheren nördl. und südl. Breiten in bis zu 34 Tagen. Die Schicht der S., in der die beschriebenen Erscheinungen beobachtet werden können, heißt die **Photosphäre.** Darüber liegt die **Chromosphäre,** die mit speziellen spektrograph. Instrumenten und Filtern erforschbar ist, die auf best. Spektrallinien eingestellt werden können. Es zeigen sich auf diesen ›Spektroheliogrammen‹ neben einer groben Granulationsstruktur auch helle Fackeln und →Flares, die oft nur wenige Minuten oder Stunden anhalten. Schwarze längl. Gebilde sind über die Chromosphäre herausragende Gaswolken **(Filamente),** die am S.-Rand als →Protuberanzen sichtbar sind. Die äußerste Hülle der S. ist die →Korona, die normalerweise nur bei totalen S.-Finsternissen gesehen werden kann, mit besonderen Geräten (z. B. →Koronograph) oder von Weltraumobservatorien außerhalb der Erdatmosphäre aus läßt sie sich aber studieren. Sie hat eine Temperatur von 1 bis 3 Mio. K und ragt mehrere Mio. km in den Raum hinaus.

Außer dem sichtbaren Licht sendet die S. auch Radiofrequenz-, Infrarot-, Ultraviolett- und Röntgenstrahlung aus. Die Ultraviolett- und Röntgenstrahlung erzeugt in der Hochatmosphäre der Erde die →Ionosphäre. Heftige Flares verursachen Störungen der Ionosphäre und damit auch des Kurzwellenverkehrs auf der sonnenbeschienenen Seite der Erde (Mögel-Dellinger-Effekt). Elektrisch geladene Partikel, die von den Flares ausgehen, erreichen die Erde nach durchschnittlich rd. 26 Stunden und stören das ird. Magnetfeld, verursachen Ionosphärenstörungen auch auf der Nachtseite der Erde und erzeugen das → Polarlicht (→ solarterrestrische Erscheinungen). – Insbesondere ermöglicht die S. als Energiequelle (→ Sonnenenergie) das Leben auf der Erde.

Das Innere der S. kann mit theoret. Modellen berechnet werden: Danach beträgt im Zentrum die Temperatur etwa 15 Mio. K, die Dichte 100 g/cm^3, der Druck 10^{11} bar. Bei der hohen Temperatur im S.-Kern verwandelt sich der Wasserstoff in Helium (→ Wasserstoffbrennen), wobei die S. ihre Energie hauptsächlich aus der → Proton-Proton-Reaktion gewinnt. Die dabei entstehenden Neutrinos sind Untersuchungsobjekte der → Neutrinoastronomie. – Das Alter der S. beträgt 4,6 Mrd. Jahre, ihre Lebenserwartung insgesamt wird auf etwa 10 Mrd. Jahre geschätzt.

Sonnen . . ., in zusammengesetzten Begriffen vgl. auch Solar . . .

Sonnenbatterie, Solargenerator, Gesamtheit (meist mehrere Tausend) miteinander verbundener → Solarzellen als Energiequelle v. a. für Raumflugkörper und Satelliten. Die S. befindet sich entweder am äußeren Mantel zylindr. Satelliten oder auf ausklapp- oder ausrollbaren Flächen (Sonnenpaddel, Sonnenzellenträger, Panel; nicht zu verwechseln mit → Sonnensegel).

Sonnenblende, Gegenlichtblende, meist tubusförmiger Vorsatz an Objektiven von photograph. Kameras oder anderen opt. Geräten, mit dem schräg von vorn einfallendes (Sonnen-)Licht abgeschirmt wird. (→ Kompendium)

Sonnenbrenner, Ergußgesteine, die unter dem Einfluß der Atmosphärilien fleckig und rissig werden und schließlich zerfallen. Bes. bei Basalten mit Analcim-Gehalt. S. sind für techn. Zwecke ungeeignet.

Sonnen|energie, die durch → Kernfusion im Inneren der Sonne freigesetzte Energie, die durch Strahlungstransport an die Sonnenoberfläche gelangt und in den Weltraum abgestrahlt wird (Strahlungsleistung: $3{,}9 \times 10^{20}$ MW). Die jährlich auf die Erdoberfläche eingestrahlte S. von rd. $1{,}5 \times 10^{18}$ kWh entspricht etwa dem 20000fachen des jährl. Weltprimärenergieverbrauchs. Diese Energiequelle hat bis heute fast den gesamten Energiebedarf der Menschheit gedeckt (die chem. Energie in den fossilen Brennstoffen ist umgewandelte S.). Da die fossilen Brennstoffvorräte beschränkt sind, ist es eine der Aufgaben der Energieforschung, neue direkte und indirekte Verfahren zur Nutzung der S. zu erschließen, wobei das Hauptproblem die geringe Leistungsdichte darstellt, die je nach geograph. Lage, Jahreszeit und Witterung zw. 100 W/m^2 und 1 kW/m^2 schwanken kann. Außerdem werden effektive Methoden zur → Energiespeicherung und → Energieübertragung benötigt, da die Sonneneinstrahlung örtlich und zeitlich stark variiert. Das aussichtsreichste Verfahren für die zukünftige kommerzielle Nutzung der S. ist die direkte Umwandlung in Niedertemperaturwärme und elektr. Energie mittels Solarkollektoren z. B. in → Sonnenkraftwerken. Bevor jedoch an den wirtschaftl. Einsatz von Solarsystemen für die Energieversorgung gedacht werden kann, müssen Wirkungsgrad und Lebensdauer der verschiedenen Komponenten erhöht und gleichzeitig die Investitionskosten gesenkt werden (→ Solarzelle). Nach dem derzeitigen Entwicklungsstand kann für das Jahr 2000 nur mit einem S.-Anteil an der Primärenenergieversorgung der EG-Staaten zw. 5 und 10% gerechnet werden.

Möglichkeiten zur Nutzung der Sonnenenergie

direkt	Solarzelle Sonnenkollektor oder Sonnenofen	Direktumwandlung in elektr. Energie Direktumwandlung in Wärme
indirekt	Wärmepumpe Meereswärmekraftwerk	Gewinnung der durch Aufheizung der Erdoberfläche, Meere und Atmosphäre als therm. Energie gespeicherten Sonnenstrahlung
	fossile Brennstoffe (Erdöl, Erdgas, Kohle) organ. Abfälle, Müllkraftwerk, Biokonversion, Biogasanlagen	Gewinnung der in den fossilen Brennstoffen und der Biomasse durch Photosynthese als chem. Energie gespeicherten Sonnenstrahlung
	Wasserkraftwerk Windenergie Wellen Meeresströmungen	Gewinnung der in mechan. (kinet. oder potentielle) Energie umgewandelten Sonnenenergie

Sonnen|energie-Rakete, bisher nicht verwirklichter Raketenantrieb, bei dem das Arbeitsmedium (z. B. flüssiger Wasserstoff) durch die Solarstrahlung aufgeheizt und anschließend in einer Düse expandiert wird. Dagegen stehen solarbetriebene elektrische Raketenantriebe kurz vor der Realisierung (→ Rakete).

Sonnenferne, das Aphel, → Apsiden.

Sonnenfinsternis, teilweise (partielle) oder vollständige (totale) Bedeckung der Sonne durch den zw. Erde und Sonne stehenden Mond (BILD). Die Totalitätsdauer

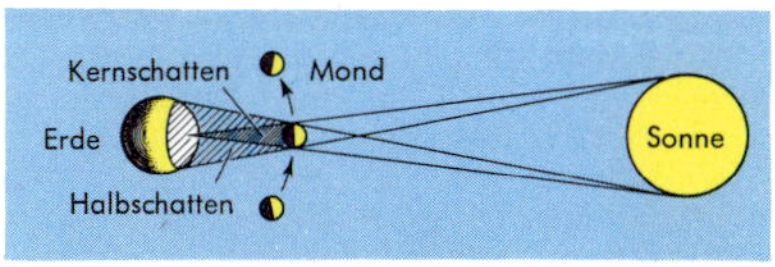

Sonnenfinsternis

ist höchstens 8 min. Eine **partielle S.** haben diejenigen Orte der Erdoberfläche, die im Halbschatten (Durchmesser etwa 0,5 Erdradien) des Mondes liegen, eine **totale S.** die Orte im Kernschatten. Der Kernschatten ist kreisförmig begrenzt und hat einen Durchmesser bis 264 km. Er bewegt sich infolge der Bewegung des Mondes und der Erde und deren tägl. Drehung mit einer Geschwindigkeit von 35 km/min in westöstl. Richtung über die Erdoberfläche und führt so zu der oft mehrere 1000 km langen Totalitätszone. Wenn Sonne und Mond so zueinander stehen, daß die Spitze des Kernschattens gerade die Erdoberfläche nicht mehr erreicht, tritt eine **ringförmige** S. ein. Eine S. entsteht wegen der Neigung der Mondbahn gegen die Ekliptik von rd. 5° nur dann, wenn der Zeitpunkt des Neumonds mit dem eines Durchgangs des Mondes durch den Schnittpunkt seiner Bahn mit der Ekliptik (Knoten) nahe zusammenfällt. Da die Knoten in 18 Jahren und 10 oder 11 Tagen einmal die Ekliptik durchlaufen, wiederholt sich mit diesem Zeitraum die S., allerdings mit verschiedener Totalitätsdauer und -zone und abweichendem Bedeckungsgrad. (→ Sarosperiode). In 1000 Jahren treten durchschnittlich 838 partielle, 878 ringförmige und 659 totale S. ein. Für einen best. Ort der Erdoberfläche entsteht eine totale S. durchschnittlich alle 200 Jahre. Die nächste totale S., die von der Bundesrep. Dtl. aus zu sehen sein wird, wird sich am 11. August 1999 ereignen.

Sonnenflecke(n), Störgebiete in der Photosphäre der Sonne, die sich von dieser durch einen dunklen Kern, der **Umbra,** abheben, der von einem helleren Saum mit radialer Struktur, der **Pen|umbra,** umgeben ist. Die Durchmesser der Kerne betragen zw. etwa 2000 und 20000 km, die der Penumbra zw. etwa 4000 und 50000 km; der Kern der Umbra hat eine Temperatur von etwa 3300 K (Sonnenoberfläche 5785 K). Zur Erklärung der S. werden die an deren Ort vorliegenden starken Magnetfelder herangezogen, die unterhalb der Photosphäre die Konvektion in kleinen Bereichen verhindern und damit den Energienachschub stark verringern. – S. entstehen meist in Einzelgruppen, die sich in wenigen Tagen zu bipolaren Gruppen entwickeln, mit zwei Hauptflecken entgegengesetzter magnet. Polarität, umgeben von vielen kleinen Flecken. Die **S.-Häufigkeit** schwankt mit einer Periode von etwa 11 Jahren, dem **S.-Zyklus** (letztes Maximum Ende 1979). Zu Beginn eines Zyklus entstehen die ersten S. mit etwa 30° Abstand vom Äquator, mit Zunahme der S. dehnt sich die Zone besonders zum Äquator hin aus.

Die **S.-Relativzahl** (R. WOLF, 1848) kennzeichnet die Sonnenaktivität unter Berücksichtigung der Zahl der Einzelflecke *f* und der Fleckengruppen *g* und einem Vergrößerungsfaktor *k,* der von der Beobachtungsmethode abhängt; tägl. Relativzahl: $R = k\ (10g + f)$.

Die S. wurden 1611 von G. GALILEI und unabhängig von ihm von J. FABRICIUS und C. SCHEINER entdeckt, ihre Magnetfelder 1908 von G. E. HALE.

Sonnenheizung, Nutzung der Sonnenenergie zur Raumheizung und Warmwasserbereitung (→Heizung). Dabei wird die von der Sonne zugestrahlte Wärmeenergie mit Hilfe von auf dem Gebäudedach angeordneten →Solarkollektoren aufgefangen und über einen Wärmeträger (meist Wasser oder Sole) einem Speicher zugeführt. Aus dem Speicher wird die Wärmeenergie bei Bedarf abgerufen und dem Verbraucher zugeführt. Die Problematik der S. liegt darin, daß das solare Energieangebot zu Zeiten mit großem Heizwärmebedarf relativ gering ist und umgekehrt. Dadurch ist die Nutzungsmöglichkeit der Solarenergie zur Raumheizung in gemäßigten bis kalten Klimazonen gering und erfordert großen anlagetechn. Aufwand. Für die Brauchwassererwärmung in den Sommermonaten ist dagegen die Solarenergie auch in diesen Gegenden durchaus geeignet.

Sonnenjahr, das trop. →Jahr 1), →Kalender.

Sonnenkraftflugzeug, Flugzeug, bei dem die Vortriebskraft durch Ausnutzung der Strahlungsenergie der Sonne gewonnen wird. Bemannte S. sind erstmals 1980 geflogen, 1981 gelang ein Flug über eine Strecke von 261 km von Frankreich nach England, wobei eine größte Höhe von 3566 m erreicht wurde. Zur Energiewandlung wurden bei allen bisher geflogenen S. Silicium-Solarzellen verwendet, die elektr. Energie für einen Elektromotor zum Antrieb einer Luftschraube lieferten. Wegen der sehr geringen Energiedichte der Sonnenstrahlung muß eine sehr große Flügel- und Leitwerksfläche mit Solarzellen belegt werden. Wegen der sehr begrenzten Leistung des Antriebs darf das Flugzeug nur ein sehr begrenztes Gewicht haben. Dieses Problem läßt sich nur durch extremen Leichtbau und Flugfähigkeit bei sehr geringer Geschwindigkeit lösen, wodurch die Anwendbarkeit dieser Antriebsart außerordentlich eingeschränkt wird.

Sonnenkraftwerk, Solarkraftwerk, Anlage zur Nutzung der Sonnenstrahlung in sonnenreichen Gegenden (im Mittel 1 kW/m²) zur Erzeugung elektr. Energie. Beim **Sonnenturmkraftwerk** wird die auf eine große Fläche einfallende Sonnenenergie mit vielen entsprechend

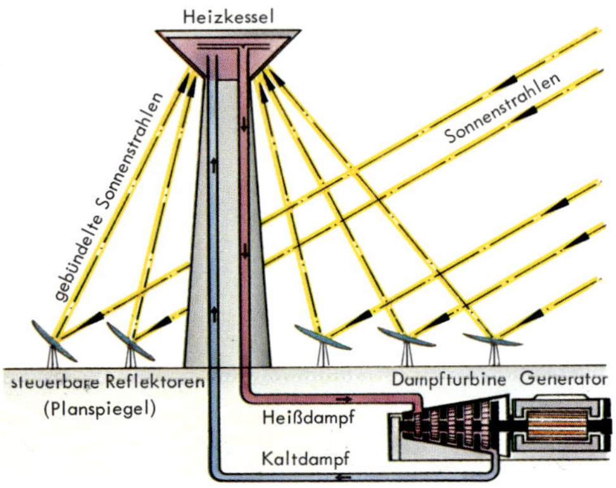

Sonnenkraftwerk: Ein Spiegelsystem bündelt die Sonnenstrahlen auf einen Dampfkessel an der Spitze eines Turmes. Der dort gewonnene Dampf treibt Turbinen, die Generatoren zur Stromerzeugung in Bewegung setzen

orientierten ebenen Spiegeln, die automatisch dem Sonnenstand nachgeführt werden, auf einen →Solarkollektor konzentriert, der sich an der Spitze eines etwa 50 m hohen Turms befindet. Im Absorber wird durch die zugeführte Wärmeenergie Natrium (oder auch Wasser) verdampft und der Dampf wie in einem konventionellen →Dampfkraftwerk in elektr. Energie umgewandelt. Da konzentrierende Sonnenkollektoren nur bei direkter Sonnenstrahlung arbeiten, sind für ihren Einsatz im wesentl. die Gebiete mit hoher durchschnittl. Sonnenscheindauer, z. B. Nordafrika, geeignet, in denen auch die zur großtechn. Nutzung der Sonnenenergie erforderl. Flächen (für ein 1000 MW-S. wird bei einem Wirkungsgrad von 20% und einem Strahlungsmittelwert von 5 kWh pro Quadratmeter und Tag eine Fläche von 24 km² benötigt) bereitgestellt werden können. Als erstes S. der Erde speist die Anlage **Eurelios** bei Adrano auf Sizilien seit Mai 1981 Strom in das öffentl. Netz ein. Weitere Anlagen in Südeuropa und USA sind geplant und zum Teil im Bau.

Nach photoelektr. Prinzip arbeitende S. **(photovolta|ische Solarkraftwerke)** erzeugen elektr. Energie mittels →Solarzellen, die Strahlungsenergie in elektr. Gleichstrom umwandeln. Aus Kostengründen sind derartige Kraftwerke bisher nur in speziellen Bereichen eingesetzt, z. B. in der Raumfahrt und für die Stromversorgung von nachrichtentechn. Anlagen in abgelegenen Bereichen. – Bislang mehr zur Hochtemperaturforschung als zur elektr. Energieerzeugung dienen die →Sonnenöfen.

M. KÜNZEL: Krafterzeugung durch Sonnenenergie (1978); J. P. WINKLER: Sonnenenergie in Theorie und Praxis (²1980); C. C. COBARG: Sonnenkraft (³1981); G. LEHNER u. a.: Solar-Technik (³1981); W. A. KORZEN: Technische Solarenergienutzung (1981); Internationales Sonnenforum, Vorträge, hg. v. der VDI-Ges. Energietechnik (1982).

Sonnen|nähe, das Perihel, →Apsiden.

Sonnen|ofen, Spiegelanordnungen zur Erzeugung sehr hoher Temperaturen, die die von der Sonne auf die Erde gestrahlte Energie (Mittelwert der flächenbezogenen Leistung etwa 1 kW/m²) verwerten. Ein aus vielen Einzelspiegeln aufgebautes Aggregat, das dem Sonnenstand automatisch folgt, wirft die Sonnenstrahlung auf einen großen Parabolspiegel, der in seinem Brennpunkt Temperaturen bis zu 3800 °C erzeugt. Der S. wird angewendet zur Hochtemperaturforschung, für metallurg. Zwecke, zur Salzwasserdestillation und zur Raumheizung unter Mitverwendung von Wärmespeichern, bisher noch wenig zur Erzeugung elektr. Energie (→ Sonnenkraftwerk). Die frz. S.-Anlage (seit 1958) von Odeillo (Gem. Font-Romeu-Odeillo-Via) erreicht eine Leistung von maximal 1100 kW, eine neuere Anlage wurde in Albuquerque (New Mexico) in Betrieb genommen.

Sonnenphysik, Teilgebiet der →Astrophysik.

Sonnenscheinautograph, Gerät zur Erfassung der → Sonnenscheindauer durch die physikalisch-chem. Wirkung direkter Sonnenstrahlen. Bei dem S. nach CAMPBELL-STOKES brennen durch eine homogene Glaskugel gebündelte Strahlen eine Spur in die Oberfläche eines mit Stundeneinteilung versehenen Pappstreifens.

Sonnenscheindauer, Zahl der Stunden, an denen die direkte Sonnenstrahlung durch Wolken kaum oder ungeschwächt den Boden erreicht. Ergebnisse werden in 1/10 Std. angegeben oder im Verhältnis zur astronomisch möglichen S. Maximale Werte von fast 90% im Jahresmittel werden in den subtrop. Trockengebieten beobachtet, weniger als 20% auf einzelnen subarkt. Inseln.

Sonnensegel, Vortriebsmöglichkeit für Raumflugkörper im Weltall, bei denen die elektromagnet. Strahlung der Sonne auf großflächige, bes. beschichtete Folien einwirkt; durch den dabei entstehenden Strahlungsdruck könnte der Flugkörper beschleunigt oder verzögert werden. 1977/78 wurde die Entwicklung eines derartigen Auffang- oder Stoßsystems für Flüge zu Kometen von der NASA ernsthaft erwogen, dann aber zugunsten des elektr. Raketenantriebes fallengelassen.

Sonnensonde, Raumflugkörper zur Erforschung und Beobachtung der Sonne, z. B. → Helios und die **Sonnenpolsonde** → ISPM.

Sonnenstein, die Minerale Oligoklas oder Orthoklas mit metall. Farbschiller; →Aventurin.

Sonnensystem, das durch die → Gravitation zusammengehaltene System, das aus → Sonne, → Planeten, → Monden, → Planetoiden, → Kometen, → Meteoriten und → interplanetarer Materie besteht. Häufig wird statt S. auch die Bez. → Planetensystem benutzt. Die Planeten bewegen sich in fast kreisförmigen ellipt. Bahnen, die angenähert in der Erdbahnebene liegen, um die Sonne; ihre mittleren Abstände lassen sich angenähert durch die → Titius-Bodesche-Reihe darstellen. Die Gesamtmasse der umlaufenden Körper im S. beträgt etwa 1,5 Tausendstel der Sonnenmasse.

Sonnenteleskop, der → Koronograph.

Sonnenturm, ein →Turmteleskop zur Beobachtung der Sonne.

Sonnen|uhr, Zeitmesser, der aus der Lage des Schattens eines von der Sonne beschienenen Stabes die wahre Ortszeit erkennen läßt. Der Stab muß parallel zur Erdachse liegen. Der Neigungswinkel gegen die Ebene des Horizontes ist demnach gleich der geograph. Breite des Aufstellungsortes. Bei der **Äquatorialuhr** liegt die Projektionsebene für den Schatten parallel zum Äquator, also senkrecht zum Stab. Soll die Äquatorialuhr auch im Winterhalbjahr brauchbar sein, muß der Stab zur unteren Seite der Schattenebene hindurchgehen. Bei der **Horizontaluhr** liegt die Schattenebene in der Ebene des Horizontes. Die Winkel zw. den Stundenlinien, über die der Schatten hinwegzieht, sind verschieden groß. Dasselbe gilt für eine **Vertikaluhr,** deren Tafelfläche senkrecht zur Meridianebene steht.

Sonnenweite, veraltet für → astronomische Einheit.

Sonnenwende, Solstitium, Zeitpunkt, an dem die Sonne während ihres scheinbaren jährl. Laufs an der Himmelskugel ihren höchsten oder tiefsten Stand, d. h. ihre größte positive oder negative Deklination hat. Am 21./22. Juni steht die Sonne im nördl. **Wende-(Solstitial-)Punkt:** die N-Hemisphäre der Erde hat ihren längsten Tag und Sommeranfang; am 21./22. Dezember, wenn die Sonne am südl. Solstitialpunkt steht, gilt dies für die S-Halbkugel.

Sonnenwind, solare Korpuskularstrahlung, von der Sonne ständig ausgehender Strom aus Protonen, α-Teilchen (Heliumionen), kleinen Mengen anderer Ionenarten und Elektronen; der S. ist in Erdnähe etwa 500 km/s schnell. Er folgt den Feldlinien des solaren Magnetfeldes und auch dessen Richtungs- und Intensitätsänderungen. Der S. deformiert das Erdmagnetfeld (→ Magnetosphäre). In der obersten Erdatmosphäre führen die Partikelströme zu erdmagnet. Störungen u. a. Erscheinungen. (→ Sternwind)

Sonnenzeit, auf die Sonne bezogene Zeit. Die **wahre S.,** durch den → Stundenwinkel der Sonne gemessen, wird in **wahre Sonnentage** eingeteilt, beginnend mit 0 Uhr **(Mitternacht)** im Augenblick der unteren Kulmination der Sonne, bis 24 Uhr im Augenblick der nächstfolgenden unteren Kulmination. Beim Durchgang der Sonne durch den Meridian in oberer Kulmination ist 12 Uhr oder **Mittag.** Einem Fortschreiten des Stundenwinkels um 15° entspricht 1 Stunde. Die wahre S. wird durch direkte Sonnenbeobachtung gewonnen, die aber infolge der ungleichförmigen scheinbaren Bewegung der Sonne an der Sphäre kein konstantes Zeitmaß ist. Die **mittlere S.** erhält man durch eine mit konstanter Geschwindigkeit im Himmelsäquator laufend gedachte Sonne. Sie wird in **mittleren Sonnentagen** gemessen, wobei sich diese (konstante) Zeiteinheit als Mittelwert der wahren Sonnentage eines Jahres ergibt. Der Unterschied zw. wahrer und mittlerer S. ist die → Zeitgleichung.

Sonnenzyklus, 1) Sonnenzirkel, Zeitraum von 28 aufeinanderfolgenden Jahren, nach dessen Ablauf die Wochentage wieder auf die gleichen Monatsdaten fallen. **2)** etwa elfjährige Periode der Sonnenaktivität, bes. der Sonnenfleckenhäufigkeit.

Sono|chemie, → Ultraschallchemie.

Sono|gramm, mit einem **Sonographen** angefertigte Aufzeichnung von Schallschwingungsverläufen, z. B. bei der → Ultraschallprüfung.

Sonolumineszenz, durch Ultraschall angeregte → Lumineszenz, z. B. von Gasblasen in Flüssigkeiten.

Sonolyse, → Ultraschallchemie.

Sorbinsäure, trans-trans-2,4-Hexadi|ensäure, ungesättigte Carbonsäure, die durch Reaktion von Crotonaldehyd mit Keten hergestellt wird. S. und ihre Derivate (Salze, Ester) werden zur Konservierung von Lebensmitteln, Futtermitteln, Kosmetika u. a. verwendet. Sie ist physiologisch unbedenklich und wird im Körper wie die Fettsäuren abgebaut.

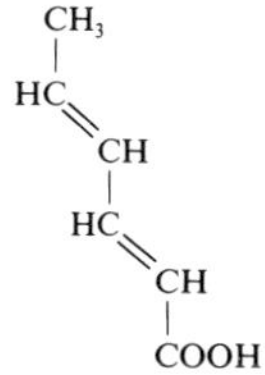

Sorbinsäure

Sorbit

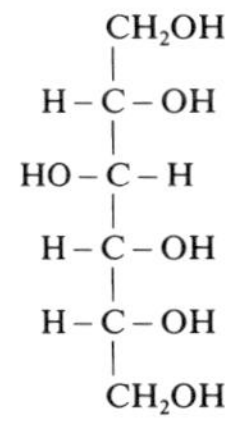

D-Sorbit

Sorbit, 1) Chemie: **D-Sorbit,** sechswertiger Zuckeralkohol (Hexit), der u. a. in den Früchten der Eberesche, des Weißdorns und in Äpfeln vorkommt und durch katalyt. Hydrierung von Glucose hergestellt wird. S. bildet farblose, süß schmeckende, in Wasser leicht lösliche Kristalle. Er hat die halbe Süßkraft des Rohrzuckers, ist vom Körper kalorisch verwertbar. S. wird als Zuckeraustauschstoff für Diabetiker, als Bestandteil von Arzneimitteln (z. B. in Sirupen, Salben) und als Zwischenprodukt bei der Herstellung von Vitamin C verwendet.

2) Metallkunde: bei der Umwandlung des Stahles aus dem →Austenit entstehendes feinstreifiges Gefüge der unteren Perlitstufe.

Sorbose, $C_6H_{12}O_6$, zu den Ketohexosen gehörende Zuckerart, die bei der Oxidation von Sorbit entsteht.

Soret-Effekt [sɔrˈɛ-, n. dem schweizer. Mineralogen C. Soret, * 1854, † 1904]., die →Thermodiffusion in kondensierten Phasen.

Sorption, Vorgang, bei dem ein Stoff durch einen mit ihm in Berührung stehenden anderen selektiv aufgenommen wird; z. B. →Absorption, →Adsorption, Kapillarkondensation (→Kapillarität). Man spricht immer dann von S., wenn die Art des individuellen Prozesses unbekannt ist. Der sorbierende Stoff heißt **Sorbens, Sorptionsmittel** oder, in der Gaschromatographie, **stationäre Phase,** der sorbierte **Sorbat, Sorptiv** oder **Sorbent.** Die Regenerierung des Sorptionsmittels, d. h. die Abtrennung des sorptierten Stoffes, heißt **Desorption.** S.-Vorgänge spielen u. a. in der Lebensmitteltechnik und Bodenkunde eine Rolle.

Sorptions|pumpe, Vakuumpumpe für Hoch- und Ultrahochvakuum, die Gasmoleküle auf aktiven oder porösen Flächen (z. B. Aktivkohle, Zeolith, Barium, Titan und speziellen Legierungen) bindet. Entsprechend der Aktivierungsart der Gettersubstanzen unterscheidet man: **Adsorptionspumpen** (Ausheizen unter Vakuum), **Verdampfer-** oder **Sublimationspumpen** (Aufdampfen aus der festen Phase), **Ionen-, Ionen-Getter- (Getter-Ionen-)** oder **Ionenzerstäuberpumpen** (Kathodenzerstäubung durch Gasentladung im Vakuum).

Sortiermaschine, neben der Tabelliermaschine die wichtigste Grundmaschine der herkömml. Lochkartenverarbeitung.

Sortierung, Zerlegung eines Haufwerkes nach Dichte, Benetzbarkeit durch Wasser, Luft, Öl, opt., magnet. und elektr. Eigenschaften. Wichtigste Sortierverfahren: →elektrische Trennverfahren, →Flotation, →Herdaufbereitung, →klauben, →Magnetscheidung, →Schwertrübesortierung, →Setzarbeit.

SOS, 1) Elektronik: Abk. für **Silicon on Sapphire** [sˈɪlɪkən ɔn sˈæfaɪə, engl.], →ESFI.

2) Funktechnik: Abk. für engl. **Save Our Souls** [seɪv aʊə səʊlz], internat. festgelegtes auffallendes →Notsignal, das durch die Morsezeichen · · · — — — · · · optisch, akustisch oder durch Funk, möglichst mit dem Namen des Betroffenen und seinem Standort, ausgesandt wird.

Sothis|periode, Hunds|sternperiode, Siriusperiode, Zeitraum von 1461 Jahren (zu 365 Tagen), nach dessen Ablauf der heliak. →Aufgang (Frühaufgang) des →Sirius (Sothis) wieder mit dem Jahresanfang des ägypt. Wandeljahres von 365 Tagen zusammenfiel. Während einer S. von 1460 **Sothisjahren** zu 365 1/4 Tagen bewegte sich der Jahresanfang des Jahres zu 365 Tagen einmal durch alle Jahreszeiten.

Source [sɔ:s, engl.], die Eingangselektrode beim →Feldeffekttransistor.

SOZ, Abk. für **Straßen-Oktanzahl,** →Oktanzahl.

Sp, Abk. für **Siedepunkt** (→Sieden).

Spacelab [spˈeɪslæb, engl.], in Europa entwickeltes wiederverwendbares Weltraumlaboratorium für wissenschaftl. Forschung sowie für technolog. Entwicklungsarbeiten. S. soll als Nutzlast des amerikan. →Raumtransporters erstmals im Herbst 1983 gestartet werden und während der gesamten Missionsdauer fest mit dem Trägerfahrzeug verbunden bleiben. S. ist zunächst für einen maximal siebentägigen Raumflug ausgelegt; später soll die Missionszeit durch relativ einfache Ergänzungen auf maximal 30 Tage ausgedehnt werden. Wichtigste Bausteine von S. sind ein oder zwei Druckkabinen (Labormoduln für bis zu vier Wissenschaftler-Astronauten) sowie U-förmige, oben offene Paletten zur Aufnahme schwerer und großflächiger Experimente, die nach dem Öffnen der Laderaumtore des Raumtransporters direkt dem Weltraum ausgesetzt werden. Durch das modulare Konzept stehen 13 versch. S.-Kombinationsmöglichkeiten zur Wahl. Hauptdaten: 4,06 m Durchmesser, maximale Länge 18,3 m, maximale Masse 11,34 t, Nutzlastmasse 5,5–9,1 t, Lebensdauer 10 Jahre, Einsatzfähigkeit maximal 50mal. Im Dez. 1981 wurde die erste S.-Flugeinheit an die NASA übergeben, die zweite folgte in mehreren Schritten ab Sommer 1982.

Space Platform [speɪs plˈætfɔ:m, engl.], **Weltraumplattform,** bemannte Wissenschafts- und Anwendungsplattform, die seit 1981 von der NASA unter der Projektbezeichnung **SAMP** (Space and Application Manned Platform) in Studien untersucht wird. Sie soll aus verschiedenen Experimentenmoduln und einem Aufenthaltsbereich für die Besatzung bestehen, wobei möglichst viele Teile von →Spacelab verwendet werden sollen. Die S. P. könnte der Vorläufer einer späteren größeren amerikan. →Raumstation sein.

Space Shuttle [spˈeɪs ʃʌtl, engl.], →Raumtransporter.

Space Sled [speɪs sled, engl.], →Raumschlitten.

Space Telescope [speɪs tˈelɪskəʊp, engl.], **Weltraumteleskop,** aus einem Primärspiegel mit 2,4 m Durchmesser und einem Sekundärspiegel bestehendes amerikan. Teleskop, das 1986 mit dem →Raumtransporter in eine 600 km hohe Umlaufbahn um die Erde gebracht werden soll. Das Gerät ist 13 m lang, hat maximal 4 m Durchmesser und wiegt etwa 10 t. Als unabhängiges Raumfahrzeug soll es von der Erde aus gesteuert werden und – mit unterschiedl. Nutzlasten – über zehn Jahre der astronom. Beobachtung dienen.

Spachtel *der* oder *die,* Handwerkszeug zum Auftragen, Glattstreichen oder Abkratzen von Anstrichen, Pasten, Kitt, Gips, Mörtel. In kleiner Ausführung **Spatel,** bes. als Holz-, Horn-, Porzellan- oder Metallstab mit flachem Ende zum Rühren, Entnehmen und Zugeben von festen Substanzen; ärztl. Instrument zum Entnehmen von Abstrichen u. a.

Spachtelboden, fugenloser Bodenbelag, als wäßrige Dispersionen des Polyvinylacetats und anorgan. Füllstoffe in mehreren Schichten auf den Unterboden aufgebracht und durch Trocknen verfestigt.

Spachtelmasse, kurz auch **Spachtel,** stark mit Pigmenten und/oder Füllstoffen (z. B. Talkum) versetzter Anstrichstoff zum Ausgleichen von Unebenheiten eines Untergrundes. Als Bindemittel dienen meist ungesättigte Polyesterharze.

Spallation, Form der Auflösung eines Atomkerns (→Kernexplosion).

Spallations-Neutronenquelle, Gerät zur Erzeugung intensiver Neutronenströme durch Beschuß eines Schwermetalltargets (z. B. Blei, Wismut oder Wolfram) mit einem hochenerget. Protonenstrahl (Energien von etwa 10^9 eV) aus einem Linearbeschleuniger oder Synchrotron hoher Stromstärke. Beim Zusammenstoß regen die Protonen die schweren Kerne so stark an, daß zahlreiche Neutronen abdampfen. Ein 1-GeV-Proton liefert im Mittel 10–50 schnelle Neutronen. Die S.-N. kann einen um ein bis zwei Größenordnungen höheren Neutronenfluß liefern als Kernreaktoren; außerdem enthält die S.-N. kein spaltbares Material, die Radioaktivität ist erheblich niedriger. – Durch die S.-N. werden neue experimentelle Möglichkeiten für Untersuchungen der atomaren Strukturen und der Dynamik von inneren Bewegungen in Festkörpern und Flüssigkeiten eröffnet. Außer in der physikal. Grundlagenforschung sind S.-N. einsetzbar in der Werkstofforschung, Metallurgie, Chemie und Biologie. U. U. lassen sich S.-N. an Stelle des natriumgekühlten Brutreaktors zum Brüten von Plutonium verwenden.

Spaltbarkeit, 1) Kristallographie: Teilbarkeit vieler Kristalle bei mechan. Beanspruchung parallel zu einer oder mehreren ebenen Flächen. Die S. hängt mit der Kristallstruktur zusammen und vollzieht sich parallel zu best. Netzebenen. Die Spaltsysteme eines Kristalles beeinflussen entscheidend die Härteanisotropie auf seinen versch. Flächen in versch. Richtungen; die S. ist für viele Minerale ein wichtiges Erkennungsmerkmal.

2) Physik: Eigenschaft best. Atomkerne: an ihnen kann eine → Kernspaltung ausgelöst werden.

Spalte, 1) Geologie: klaffende Fuge im Gestein, die einen flächenhaft ausgedehnten Hohlraum mit parallelen Wänden darstellt. Nachträglich gefüllte S. heißen → Gänge 1). S. entstehen durch Kontraktion **(Kontraktions-S., Schwund-S.)** in Magmatiten, bei der Abkühlung von erstarrender Lava (Abkühlungs-S.), bei tekton. Ereignissen oder einstürzenden Hohlräumen (Einsturz-S.) oder durch Verwitterung.

2) Mathematik: → Matrix 2).

Spalten, 1) von Holz: das Zerlegen spaltbarer Hölzer mit Beil, Axt, Keil, wobei die Trennungskluft in Faserrichtung dem Keil vorauseilt und sich relativ glatte Spaltflächen bilden. Das Aufsägen oder Auftrennen von Bohlen und Brettern parallel zu ihrer Oberfläche in dünnere **Spaltware** (besser: **Trennware)** wird ebenfalls S. genannt.

2) von Leder: Tierhäute in der ganzen Fläche maschinell (Bandmesserspaltmaschine) auf einheitl. Stärke bringen oder in zwei oder mehrere Schichten (Spalte) zerlegen.

Spaltenfrost, Frostsprengung, Frostverwitterung, Form der mechan. Verwitterung in gemäßigten und kalten Klimaten sowie hohen Gebirgen (bes. Gebirgswüsten), in denen die Temperatur oft um 0 °C schwankt. S. wird hervorgerufen durch das in Schichtfugen, Klüften, Spalten und Kapillarräumen des Gesteins gefrierende Wasser, das durch Volumenvergrößerung eine lockernde und sprengende Wirkung ausübt. Durch den S. entsteht eckiger **Frostschutt,** der zur Bildung von Schutthalden, Blockmeeren u. a. führen kann.

Spaltfasergarne, Folienfilamentgarne, entstehen aus einaxial hochverstreckten Polyäthylen- oder Polypropylenfolien, die sich längsfaserig aufspalten lassen. Verwendung für Bindegarne, Seile, Matten u. a.

Spaltflügel, → Schlitzflügel.

Spaltkammer, ein → Neutronenzähler, bestehend aus einer meist mit Argon gefüllten → Ionisationskammer, deren Elektroden von spaltbarem Material umgeben sind. Von einfallenden Neutronen erzeugte Spaltprodukte ionisieren das Gas und ermöglichen so die Registrierung von Neutronen.

Spaltklappe, eine Tragflügelhinterkantenklappe, → Schlitzflügel.

Spaltneutronen, bei der → Kernspaltung freiwerdende Neutronen.

Spaltplatten, keram. Platten für Wand- und Bodenbeläge; als Doppelplatten stranggepreßt, getrocknet, gebrannt und nach dem Brand in Einzelplatten gespalten.

Spaltprodukte, bei der → Kernspaltung als Bruchstücke entstehende Atomkerne, auch deren Folgeprodukte.

Spaltquerschnitt, ein → Wirkungsquerschnitt für Kernspaltungen **(Spaltungswirkungsquerschnitt);** ein Maß für die Wahrscheinlichkeit des Auftretens einer Kernspaltung.

Spaltstoff, Materie, die Nuklide enthält, die sich durch Neutronen unter Freisetzung von Neutronen spalten lassen (→ Brennstoffe), insbes. die reine spaltbare Materie, z. B. Uran 235.

Spaltverfahren, dt. Bez. für das → Cracken.

Spaltwasser, durch Undichtigkeiten von Verschlußorganen, z. B. Schleusentoren, austretendes Wasser, bei Schiffshebewerken auch das den Raum zw. Haltungs- und Trogtor ausfüllende Wasser.

Spaltzone, Bereich eines → Kernreaktors, in dem die Kernspaltungen erfolgen.

Span, abgespaltenes, durch Werkzeugschneiden abgehobenes Werkstoffstückchen, z. B. Hobel-S., Säge-S.; → spanende Formung, → Zerspanung.

spanende Formung, spanabhebende Bearbeitung, Sammelbez. für diejenigen Bearbeitungsverfahren, bei denen die Form des Werkstückes durch Abnehmen von Spänen (→ Zerspanung) auf Werkzeugmaschinen oder von Hand erzeugt wird. Spanende Fertigungsverfahren sind z. B. → Drehen, → Bohren, → Hobeln, → Fräsen, → Schleifen, → Sägen, → Räumen. Als Schneidstoffe werden verwendet Werkzeugstahl, Schnellarbeitsstahl, Hartmetall, Oxidkeramik, Diamant. – Ggs.: **spanlose Formung.**

K.-T. Preger: Zerspantechnik ([4]1977); W. Degner u. a.: S. F. ([9]1979); H. Tschätsch: Tb. Spanende Formgebung (1980).

Spanholz, in einigen Gegenden übliche Bez. für Schichtholz (→ Lagenholz), 1 m lang, rund oder gespalten, 5 bis 8 cm Durchmesser, dient zur Herstellung von → Holzspanplatten.

Spanisch|rot, → Eisenpigmente.

spanlose Formung, Sammelbez. für die Fertigungsverfahren → Urformen (z. B. Gießen), → Umformen (z. B. Walzen, Schmieden, Biegen) und spanloses → Trennen (z. B. Schneiden). Ggs.: **spanende Formung.**

J. Flimm: Spanlose Formgebung ([3]1975); P. Hille: Spanlose Fertigungsverfahren (1979).

Spannbeton, bewehrter Beton, der durch vorgespannte Bewehrung **(Spannstahl,** → Betonstahl) unter Druckspannung gesetzt wird. Durch Verkehrs- u. a. Lasten wird die Druckspannung ganz oder z. T. abgebaut **(S. mit voller Vorspannung).** Bei **S. mit beschränkter Vorspannung** sind begrenzte Zugspannungen, bei **S. mit teilweiser Vorspannung** auch Haarrisse zulässig. Die Spann-

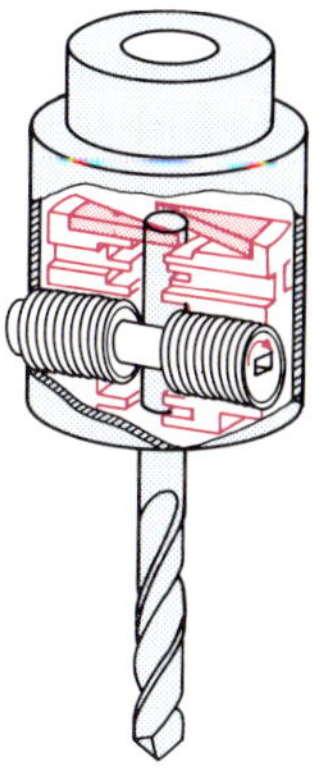

spannen 1:
Zweibackenfutter

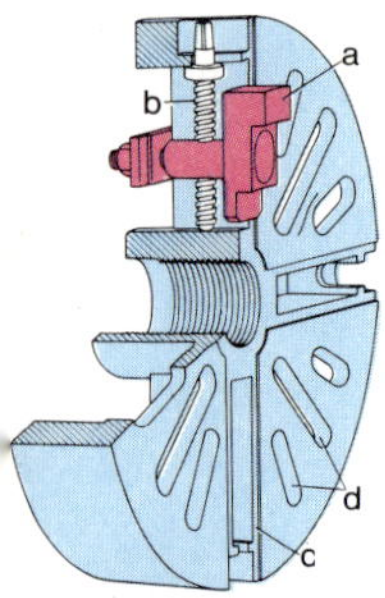

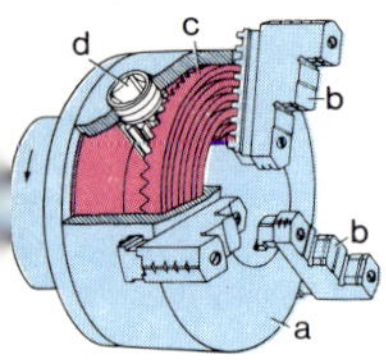

spannen 2: OBEN Planscheibe; a Spannkolben, b Stellspindel, c Spannkolbenführung, d Spannschlitze. UNTEN Dreibackenfutter; a Gehäuse, b Backen, c Kronenrad mit Plangewinde, d Ritzel mit Vierkantloch für Schlüssel

stähle (Spannglieder) können bei der Herstellung einbetoniert sein **(S. mit sofortigem Verbund)** oder in Kanälen oder Hüllrohren verlegt werden, die nachher mit Zementmörtel verpreßt werden **(S. mit nachträglichem Verbund)** oder frei bleiben **(S. ohne Verbund).** Der Beton kann auch zw. festen Widerlagern mit hydraul. Pressen unter Druckspannung gesetzt werden. Vorgespannter Leichtbeton heißt **Spannleichtbeton.** Als Spannstahl werden Drähte, Litzen und Stäbe verwendet. – Der S. wurde 1888 von W. DOEHRING erfunden. Entscheidende Versuche führte E. FREYSSINET 1928–30 aus. Die Erfindung des S. hat v. a. den Brücken- und Hochbau nachhaltig beeinflußt.

H. RÜSCH: Stahlbeton, S., 2 Bde. (1972/76); F. LEONHARDT: S. für die Praxis ([3]1973); H. KIRCHNER: S., 1 ([2]1980), 2 (1981), 3 ([2]1981).

spannen, ein Werkstück im Werkstückspanner oder ein Werkzeug im Werkzeugspanner lagegenau aufnehmen und zur Übertragung von Bearbeitungskräften befestigen. Wichtige Spannvorrichtungen sind z. B. das **Bohrfutter** der Bohrmaschine sowie die **Planscheibe** und das **Backenfutter** an der Drehmaschine. Spannvorrichtungen können manuell oder automatisch betätigt werden, wobei die Spannkräfte elektrisch, magnetisch, hydraulisch oder pneumatisch aufgebracht werden. (Weiteres BILD S. 15)

Spannschloß, Vorrichtung zum Spannen von Drähten, Seilen, Zugstangen, besteht aus einer Mutter mit zwei gegensinnigen Gewinden und zwei Schraubbolzen, die an den zu verspannenden Teilen befestigt und gegen Drehen gesichert sind. Sie verschieben sich beim Drehen der Mutter gegeneinander.

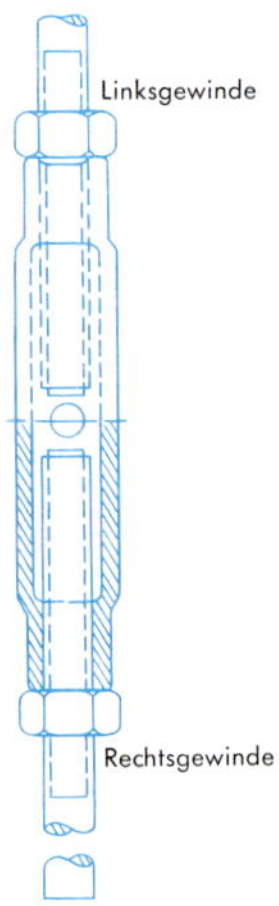

Spannschloß

Spannung, 1) Elektrizitätslehre: a) **elektrische S.** Formelzeichen U, die Voraussetzung für das Fließen eines elektr. Stromes (→ Elektrizität), definiert als Linienintegral der elektr. Feldstärke $\boldsymbol{E}$, das von einem Anfangspunkt 1 zu einem Endpunkt 2 einer Wegkurve $\boldsymbol{s}$ erstreckt wird, $U_{12} = \int_1^2 \boldsymbol{E} d\boldsymbol{s}$. Die elektr. S. U_{12} ist die Arbeit W_{12}, die die Feldkräfte an einem Körper, der die gleichbleibende Elektrizitätsmenge (Ladung) Q trägt, längs des Weges $\boldsymbol{s}$ verrichten, dividiert durch Q, $U_{12} = W_{12}/Q$. Die elektr. S. U_{21} von 2 nach 1 ist entgegengesetzt gleich U_{12}, $U_{21} = -U_{12}$. Falls der Weg geschlossen ist, d. h. 1 und 2 zusammenfallen, spricht man von **elektr. Umlauf-S. (elektr. Rand-S.)** $\mathring{U}$. In einem wirbelfreien elektr. Feld (bei dem $\mathring{U}$ für jeden beliebigen geschlossenen Weg verschwindet) ist U_{12} die **elektr. Potentialdifferenz** zw. zwei Punkten mit den elektr. → Potentialen φ_1 und φ_2, $U_{12} = \varphi_1 - \varphi_2$; die S. von 1 nach 2 ist positiv, wenn das Potential in 1 größer ist als in 2. – SI-Einheit der elektr. S. ist das → Volt; sie wird mit → Spannungsmessern gemessen. – Grundsätzlich unterscheidet man zw. → Gleichspannung und → Wechselspannung, nach der Höhe zw. → Niederspannung und → Hochspannung. (→ Berührungsspannung, → Überspannung).

b) → magnetische Spannung.

2) Mechanik: a) **elastische S.,** bei Beanspruchung eines elast. Körpers auftretende innere (Reaktions-)Kräfte je Flächeneinheit, die die urspr. Form des unbelasteten Körpers wiederherzustellen suchen. SI-Einheit ist das → Pascal oder N/m². Nach der Art der Beanspruchung werden Biege-, Druck-, Knick-, Scher-, Torsions- und Zug-S. unterschieden. Elast. S. lassen sich zerlegen in die senkrecht zur Oberfläche des betroffenen Volumenelementes wirkende **Normal-S.** σ und in zwei tangential auf das Flächenelement wirkende, zueinander senkrechte Komponenten, die **Schub-** oder **Tangential-S.** τ. Eine positive Normal-S. bedeutet **Zug (Zug-S.),** eine negative **Druck (Druck-S.).** Bei Einwirkung der Normal-S. auf einen würfelförmigen Körper ergibt sich eine Volumenänderung, bei Schub-S. Scherung. Die S., bei der ein Körper zu Bruch geht, wenn er durch die genannten Kräfte beansprucht wird, heißt **Bruch-S.**

b) → Oberflächenspannung.

Spannungs|abfall, der bei einer stromdurchflossenen Reihenschaltung mehrerer Widerstände auf den betrachteten Teil des Stromkreises entfallende Anteil der angelegten Spannung.

spannungs|abhängiger Widerstand, → Varistor.

Spannungs|akustik, Lehre von den Eigenschaften eines Stoffes bei Schalleinwirkung; in der Werkstoffprüfung Verfahren zum Sichtbarmachen (mittels → Schallsichtgerät) von Spannungen in Bauteilen unter Verwendung von Ultraschallwellen. Die Geschwindigkeit von Ultraschall-Transversalwellen hängt von deren Schwingungsrichtung bei gegebenem Spannungszustand ab.

Spannungs-Dehnungs-Diagramm, Darstellung des Zusammenhangs zw. Last und Formänderung beim → Zerreißversuch, z. B. an Probestäben aus Metallen (BILDER S. 17). Sie zeigt die Haupteigenschaften des Werkstoffs. Bei sprödem Werkstoff (Glas, gehärteter Stahl) ist sie eine Gerade bis zum Bruch (BILD 1). Die Steigung dieser Geraden ist der Elastizitätsmodul E. Bei verformungsfähigem Werkstoff (z. B. Baustahl, Aluminium u. a. Metalle) schließt sich an die Gerade für den elast. Bereich eine Kurve für den plast. Bereich an. Bei Werkstoff mit ausgeprägter Fließgrenze (auch Fließspannung oder Streckgrenze genannt) verläuft die Kurve zunächst annähernd waagerecht, bis ggf. eine Verfestigung eintritt und die Kurve wieder ansteigt bis zu einem Maximum (Bruchspannung) und wieder etwas abfällt (BILD 2). Bei Werkstoff ohne ausgeprägte Fließgrenze wird meist statt dieser die Spannung $\sigma_{0,2}$ angegeben, bei der eine bleibende Dehnung von 0,2% eintritt (BILD 3). Die klassische Elastizitätstheorie rechnet mit einem fiktiven Verlauf der Kurve im S.-D.-D. ohne Verfestigung (BILD 4).

Spannungs-Frequenz-Umformer, elektron. Schaltung, bei der die Frequenz der Ausgangsspannung ein analoges Abbild der Eingangsspannung ist. Dies wird erreicht, indem die integrierte Eingangsspannung und eine Referenzspannung periodisch über einen elektron. Schalter einem Komparator zugeführt werden. Die Frequenz der Ausgangsspannung des Komparators ist dann der Eingangsspannung proportional.

Spannungsgegenkopplung, eine → Gegenkopplung eines Vierpols (insbes. eines Verstärkers), bei der die auf seinen Eingang rückgekoppelte Größe eine Spannung ist; Ggs.: **Stromgegenkopplung.**

Spannungsko|effizi|ent, Druckko|effizi|ent, Koeffizient α_p, der die relative Änderung des Drucks p je Änderung der Temperatur T bei konstantem Volumen V angibt, $\alpha_p = p^{-1} \cdot (\partial p / \partial T)_V$. Die S. von Gasen werden i. a. auf den Druck $p = p_0$ bei $T = 0\,°C$ bezogen. Für das ideale Gas ist der S. gleich dem Volumenausdehnungskoeffizienten $\gamma = 1/273{,}15$ K (→ Ausdehnung). Für die S. realer Gase gilt dieser Wert in guter Näherung.

Spannungskompensation, → Kompensationsmethode.

Spannungsmesser, 1) Elektrotechnik: elektr. Meßgerät zum direkten Messen und Anzeigen einer elektr. Spannung in Volt **(Voltmeter).** S. werden an die zwei Punkte angeschlossen, deren Potentialunterschied gemessen werden soll (BILD S. 18). Sie dürfen nur wenig Strom aufnehmen, d. h., sie müssen einen hohen Innenwiderstand haben. Als Meßwerke dienen v. a. → Dreheiseninstrument, → Drehmagnetinstrument und → Drehspulinstrument. Durch Variieren eines in Reihe zum Meßwerk liegenden Vorwiderstands und eines parallel dazu liegenden Nebenwiderstands läßt sich die Empfindlichkeit dem Meßbereich anpassen oder der S. auch zum → Strommesser umschalten. Zur Messung von Wechselspannungen ist häufig ein Gleichrichter eingebaut (Anzeige des arithmet. Mittelwerts). Dreheisen-Geräte zeigen immer den Effektivwert an, ebenso Geräte mit Thermoumformern, wo ein Hitzdraht ein Thermoelement erwärmt, dessen Spannung gemessen wird. Für Kurzzeitmessungen dienen → Oszilloskope, als elektron. S. Digitalvoltmeter, deren Kernstück ein Analog-Digital-Umsetzer ist. Für Hochspannungen werden → Meßwandler, für Sonderzwecke → Elektrometer, → Galvanometer, → Röhrenvoltmeter benutzt.

2) Mechanik: Gerät zum Messen mechan. Spannungen in Bauteilen und Werkstoffen, wofür sich → Dehnungsmesser, z. B. → Dehnungsmeßstreifen, und die Verfahren der → Spannungsoptik eignen.

Spannungsnormal, → galvanische Elemente.

Spannungs|optik, experimentelles Verfahren zur Ermittlung und Veranschaulichung der Spannungen in belasteten Bauteilen, wodurch Bruchgefahr erkannt und Verbesserungsmöglichkeiten entnommen werden können; meist an Modellen aus durchsichtigen Kunststoffen (z. B. Epoxidharz) durchgeführt, die bei Belastung opt. Doppelbrechung proportional der örtl. Spannung zeigen. Die Übertragung der Versuchsergebnisse auf die zu beurteilende Konstruktion erfolgt mittels eines Umrechnungsfaktors, der sich aus den Ähnlichkeitsgesetzen ergibt. Im polarisierten weißen Licht treten in den Modellen Interferenzerscheinungen auf, v. a. Linien gleicher Farbe (Isochromaten), die Linien gleicher Höhe der Werkstoffbeanspruchung (Hauptschubspannung) sind.

Spannungs|prüfer, 1) Spannungssucher, Polsucher, Elektrotechnik: elektr. Nachweisgerät in Form eines Bleistiftes oder Schraubendrehers mit metallischer Tastspitze, isoliertem Griffteil, hochohmigem Widerstand und eingebauter Glimmlampe mit Berührkontakt. Bei Anlegen der Spitze an ein gegen Erde spannungsführendes Teil (zw. 100 V und 500 V) und Berühren des Kontaktes leuchtet die Glimmlampe auf. Für kleinere Spannungen ist Polreagenzpapier geeignet.

2) Mechanik: Gerät zum Sichtbarmachen und Messen mechan. Spannungen, die an durchsichtigen Bauteilen, z. B. Linsen, zur → Doppelbrechung führen, mit Hilfe polarisierten Lichts; angewandt in der → Spannungsoptik.

Spannungsregler, elektron. Schaltung zur Bereitstellung einer Ausgangsspannung, die (weitgehend) von Schwankungen der Spannungsquelle und Laständerungen auf der Verbraucherseite unabhängig ist, → Stabilisierungsschaltung.

Spannungsreihe, Reihenanordnungen chem. Elemente, v. a. der Metalle, nach wachsenden elektr. Spannungen, die sich bei einheitl. Meßanordnung im Versuch nachweisen lassen. 1) Die S. der → Berührungsspannung **(elektr. S., Voltasche S.)** von Metallen lautet
(+) Rb – K – Na – Al – Zn – Pb – Sn – Sb – Bi – Fe – Cu – Ag – Au – Pt (–).
Ein best. Metall wird also elektrisch negativ, wenn man es mit einem weiter links stehenden in Berührung bringt.

2) Die **thermoelektrische S.** erhält man aus der Beobachtung der thermoelektr. Erscheinungen (→ Thermoelektrizität). Bringt man in einem elektr. Stromkreis (BILD S. 18) aus einem Spannungsmesser Sp und aus Drähten der verschiedenen Metalle A und B, die bei 1 und 2 verlötet sind, die beiden Lötstellen auf verschiedene Temperaturen T_1 und T_2, so zeigt i. a. der Spannungsmesser eine Spannung **(Thermokraft)** an. Ihre Größe hängt von der Differenz $T_2 - T_1$ ab und steigt normalerweise mit dem Wert $T_2 - T_1$, oft sogar proportional. Die Größe der Spannung hängt auch von der Art der beiden Metalle ab. Bei **Thermoelementen** wird die auftretende Spannung zur Temperaturmessung ausgenutzt. Bei größeren Temperaturunterschieden kann die Spannung wieder abnehmen oder ihr Vorzeichen ändern. Wird bei einer Reihe von Messungen für A immer dasselbe Metall, z. B. Platin, genommen, für B aber verschiedene Metalle, lassen sich die Metalle nach der Größe ihrer Spannung in eine S. ordnen. Ist $T_1 = 0$ °C und $T_2 = 100$ °C, so entstehen gegen Platin z. B. folgende Spannungen in mV: Antimon 4,7, Eisen 1,8, Kupfer 0,75, Silber 0,7, Nickel –1,5, Konstantan –3,4, Wismut –7. Zw. zwei Metallen der S. ist die Spannung gleich der Differenz ihrer Spannungen gegen Platin. An der erwärmten Lötstelle wird das in der Liste voranstehende Metall positiv. Geringe Verunreinigungen können die Thermokraft erheblich verändern. Auch die Kristallorientierung hat Einfluß. Bes. hohe Thermokräfte werden mit Halbleitern erzielt.

3) Die **elektrochemische S.** erhält man, wenn die Elemente nach steigenden Werten der Potentiale geordnet werden, die sich bei einer best. Temperatur, meist 18 oder 25 °C, in einer elektrolyt. Zelle (→ Elektrolyse) gegen die → Normalwasserstoffelektrode (Normalpotentiale) ergeben; das Element taucht dabei als Elektrode in eine Lösung, die für das Ion des Elementes normale Aktivität besitzt. Man erhält die Normalpotentiale. Die S. der Kationenbildner lautet: Li, K, Ca, Na, Mg, Mn, Zn, Fe, Cd, Ni, Sn, Pb, H, Sb, Cu, Ag, Hg, Au (einige Normalpotentiale in Volt: Li: –3,00, Ca: –2,84, Mg: –2,38, Fe: –0,44, Pb: –0,13, Cu: +0,34, Ag: +0,80). Die ersten Metalle der S. sind die stärksten Reduktionsmittel und werden selbst leicht oxidiert (unedle Metalle); die am Ende stehenden Metalle werden nur schwer oxidiert (edle Metalle). Die S. der Anionenbildner lautet: S, J, Br, Cl, F (J: +0,54, Br: +1,06, Cl: +1,36).

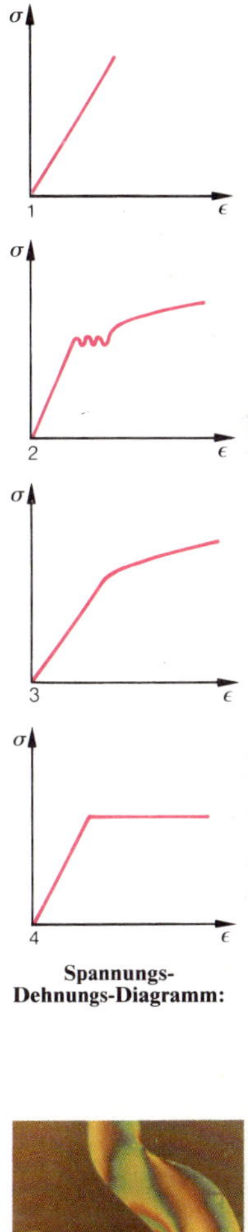

Spannungs-Dehnungs-Diagramm:

Spannungs-Dehnungs-Diagramm: Spannung σ über Dehnung ε für verschiedene Werkstoffarten: **1** spröder Werkstoff, **2** verformungsfähiger Werkstoff mit deutlicher Fließgrenze, **3** verformungsfähiger Werkstoff ohne deutliche Fließgrenze, **4** ideal verformungsfähiger Werkstoff, d. h. ohne Verfestigung (nur theoretisch möglicher Grenzfall)

Spannungsrichtung, allgemein festgelegte Richtung der in Schaltplänen oder -bildern als Pfeile dargestellten Spannungen, der Spannungspfeil zeigt dabei immer vom positiveren zum negativeren Potential.

Spannungsrißkorrosion, Rißbildung in Werkstoffen bei gleichzeitiger Einwirkung eines spezif. Korrosionsmittels und einer Zugspannung. S. tritt bei höherer Temperatur z. B. an austenit. Chrom-Nickel-Stählen in Gegenwart chloridhaltiger Lösungen oder an Kupferlegierungen bei ammoniakhaltiger Atmosphäre auf.

Spannungsoptik

Spannungsoptik: Isochromaten im weißen Licht eines scheibenförmigen Kranhakenmodells unter ruhender Last

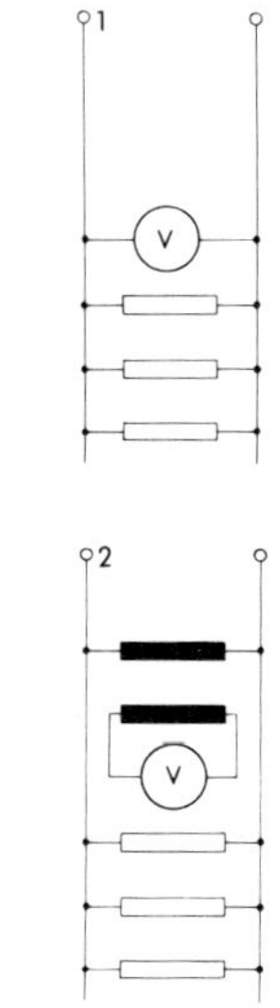

Spannungsmesser 1): **1** parallel zu den Verbrauchern geschaltet, **2** mit über Wandler angeschlossenem Dreheiseninstrument

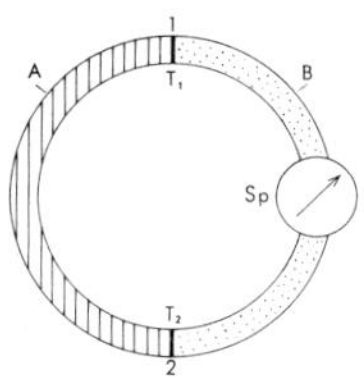

Spannungsreihe: Anordnung zur Ermittlung der thermoelektr. S.

Spannungs|stabilisierung, → Stabilisierungsschaltung.

Spannungs|sucher, der → Spannungsprüfer 1).

Spannungs|teiler, Reihenschaltung zweier elektr. Bauelemente oder Bauteil mit festem oder bewegl. Abgriff zur Abnahme einer Teilspannung aus einem Stromkreis. Es gibt **Ohmsche S.** (mit Widerständen), **kapazitive S.** (mit Kondensatoren), **gemischte S.** (mit Kondensator-Widerstand-Paaren). Der häufigste verstellbare Ohmsche S. ist das → Potentiometer.

Spannungswandler, ein → Meßwandler.

Spannweite, bei Brücken, Trägern u. ä. der Abstand benachbarter → Auflager voneinander (daher auch **Stützweite**), bei Flugzeugen die Entfernung zw. den äußersten Enden der Tragflügel parallel zur Flugzeug-Querachse.

Spanplatte, kurz für → Holzspanplatte.

Spant, 1) Flugzeug: *der,* die Querschnittsform bestimmendes ring- oder wandförmiges Bauteil eines Flugzeugrumpfes zur Versteifung der Rumpfschale und zur Einleitung von Einzelkräften; in der Metallbauweise aus Einzelprofilen zusammengebaut oder aus einem Stück geschmiedet oder gepreßt.

2) Schiff: *das,* gebogenes Holz- oder Metallprofilbauteil zur Formgebung und -erhaltung des Schiffsrumpfes. S. können als **Quer-** oder **Längs-S.** (→ Längsband, → Querverband) angeordnet sein. Über Spantenriß → Linienriß.

Sparren, beim Dach (BILD) in den Fallinien liegende Hölzer, die die Dachlatten und die Dachhaut tragen.

Spartransformator, ein → Transformator mit nur einer angezapften Wicklung (BILD) je Strang, er kann zur Erhöhung oder zur Erniedrigung der Primärspannung verwendet werden. Seine Raumausnutzung ist erheblich besser als beim Zweiwicklungs-Transformator. Wegen der galvan. Verbindung der beiden Stromkreise darf aus Sicherheitsgründen der Unterschied zw. Ober- und Unterspannung nicht zu groß sein.

Spat, das → Parallelepiped.

Spate, Minerale mit vollkommener Spaltbarkeit, oft mit Artangabe, z. B. Kalk-S., Eisen-S.

Spat|eisenstein, → Siderit.

Spatel, kleiner → Spachtel.

Spatium, im Bleisatz dünnes Ausschlußstück (Blindmaterial) zum **Spationieren,** d. h. zum Auseinanderrücken (Sperren) der einzelnen Lettern eines Wortes.

Spatprodukt, gemischtes Produkt S aus drei Vektoren $\boldsymbol{a}$, $\boldsymbol{b}$, $\boldsymbol{c}$ des dreidimensionalen Raums:

$$S = (\boldsymbol{a}, \boldsymbol{b}, \boldsymbol{c}) = (\boldsymbol{a} \times \boldsymbol{b}) \cdot \boldsymbol{c} = \begin{vmatrix} a_1 & a_2 & a_3 \\ b_1 & b_2 & b_3 \\ c_1 & c_2 & c_3 \end{vmatrix},$$

a_k, b_k, c_k ($k = 1, 2, 3$) sind die Komponenten der Vektoren bezüglich einer beliebigen, aber festen Basis, $(\boldsymbol{a} \times \boldsymbol{b})$ ist das → Vektorprodukt von $\boldsymbol{a}$ und $\boldsymbol{b}$, S ist das → Skalarprodukt der Vektoren $(\boldsymbol{a} \times \boldsymbol{b})$ und $\boldsymbol{c}$. Das S. ist gleich dem orientierten Rauminhalt des von den drei Vektoren aufgespannten Spats.

Spät|untergang, → Aufgang.

Speckle-Interferometrie [spekl-, engl.], Verfahren zur Verbesserung des Auflösungsvermögens opt. Teleskope, das nicht nur durch Beugungserscheinungen begrenzt ist, sondern auch durch die → Szintillation in der Erdatmosphäre. Photographiert man kosm. Objekte mit Belichtungszeiten, die kürzer sind als die Szintillationsdauer, so erhält man eine Folge von Lichtflecken **(Speckles)**, die mit Hilfe eines Lasers oder elektron. Verfahren zu einem Gesamtbild überlagert werden. Diese synthet. Unterdrückung der Luftunruhe steigert das Auflösungsvermögen auf unter 0,01 Bogensekunden, so daß man enge Doppelsterne getrennt beobachten, Durchmesser großer Sterne messen und Oberflächenformationen (großräumige Helligkeitsschwankungen, die als ›Sternflecken‹ gedeutet werden) erkennen kann.

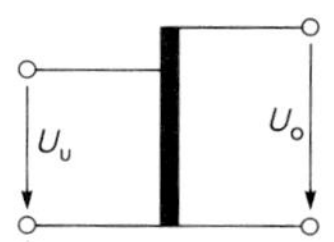

Spartransformator: Einphasiger S.; U_u = Unterspannung als Primärspannung, U_o = Oberspannung als Sekundärspannung

Speckstein, dichte, weiße oder hellfarbige, sich fettig anfühlende Aggregate des Minerals → Talk. Vielseitige technische und kunstgewerbl. Verwendung.

Speiche, radial angeordnetes Verbindungsglied eines Rades zw. Nabe und Felge.

Speicher, 1) Datenverarbeitung: **Speicherwerk,** neben der Zentraleinheit (→ CPU) und den Ein-/Ausgabe-Verbindungen ist der S. (teilweise auch als **Register** bezeichnet) die dritte und wesentl. Funktionsgruppe von Datenverarbeitungsanlagen. Aufgabe des S. ist es, Informationen aufzunehmen und auf Anforderung bereitzustellen. Funktionell gibt es zwei Arten von S.: beim **Nur-Lese-S.** können die gespeicherten Informationen nur abgerufen (ausgelesen) werden (→ Festwertspeicher). Beim **Schreib-Lese-S.** können Daten eingegeben (eingeschrieben) und ausgelesen werden. Ein Nur-Lese-S. dient zur Aufnahme von Daten, die sich nicht ändern, wie Programmabläufe eines Computers; ein Schreib-Lese-S. nimmt z. B. veränderliche Daten auf (etwa Zwischenergebnisse bei Berechnungen). Heutige S. arbeiten nahezu ausschließlich digital, d. h., sie bestehen aus einer Vielzahl einzelner **Speicherzellen,** von denen jede nur zwei mögliche Zustände annehmen (speichern) kann. Wesentliches Unterscheidungsmerkmal der verschiedenen S. ist die Flüchtigkeit: Nichtflüchtige S. behalten ihre Information auch bei Ausfall der Versorgungsspannung, während bei flüchtigen S. die Information beim Abschalten der Stromversorgung verlorengeht.

Organisation und Arbeitsweise. Um beim Auslesen oder Einschreiben gezielt auf best. S.-Zellen zugreifen zu können, verfügt ein S. über Adreßeingänge. Jeder S.-Zelle ist fest eine → Adresse zugeordnet (quasi deren Hausnummer), und beim Anlegen der Adresse wird die zugehörige S.-Zelle aktiviert; je nach funktionellem Aufbau können mit einer Adresse auch mehrere S.-Zellen parallel angesprochen werden, z. B. jeweils 4 Bits. Diese bilden dann zus. eine **S.-Stelle.** Die **S.-Kapazität** gibt die Anzahl der verfügbaren S.-Stellen an. Dabei führt man für das binäre Vielfach $2^{10} = 1024$ als Abkürzung 1 K ein, und für $2^{20} = 1\,048\,576$ schreibt man abkürzend 1 M, ähnlich den dezimalen Vielfachen kilo für 10^3 und Mega für 10^6. Die **S.-Organisation** gibt an, wie viele Bits pro S.-Stelle angesprochen werden und wie viele S.-Stellen vorhanden sind. Die Organisation 1 K × 4 bedeutet z. B., daß der S. über 1024 S.-Stellen mit jeweils 4 Bits verfügt. Kennzeichnendes Merkmal eines S. ist seine **Zugriffszeit;** das ist die Zeitspanne zw. Anlegen der Adresse und Bereitstehen der damit angesprochenen Informationen.

Es sind grundsätzlich drei Ausführungsformen zu unterscheiden: **Halbleiter-S.,** die als → integrierte Schaltung ausgebildet sind, **magnetische S.** (Magnetschicht-S.), bei denen ein magnetisierbarer Werkstoff als S.-Medium dient, und **optische S.,** die von einem Lichtstrahl abgetastet werden. Bei den **Halbleiter-Nur-Lese-S.** (ausnahmslos nichtflüchtige S.) gibt es vier Arten: Die maskenprogrammierten → ROMs (Abk. für engl. Read Only Memory) erhalten ihre Information beim letzten Maskierungsvorgang der Chip-Herstellung. Bei → PROMs 1) kann der Anwender mit Hilfe eines speziellen Programmiergerätes den Inhalt eingeben, der dann permanent erhalten bleibt. Die → EPROMs und → EAROMs erlauben das Löschen und Neueinschreiben der Information; bei den erstgenannten erfolgt das Löschen durch Bestrahlung mit kurzwelligem Licht hoher Intensität, bei letzteren geht das Löschen durch elektrische Signale vor sich. Für **Halbleiter-Schreib-Lese-S.** (ausnahmslos flüchtige S.) ist die Bez. → RAM (Abk. für engl. Random Access Memory) gebräuchlich. Statische RAMs besitzen pro Speicherzelle ein Flipflop, dynamische RAMs verwenden Kapazitäten (Ladungsmengen) zur Informationsspeicherung. Es sind heute Speicherdichten über 10000 Bit/mm^2 und Zugriffszeiten bis zu 20 ns (bei ECL-Technologie) erzielbar.

Magnetische S. (→ Kernspeicher) sind nichtflüchtig und sehr kostengünstig herstellbar. Bis auf die → Magnetblasenspeicher (Magnetic Bubbles) und die → magnetooptischen Speicher haben sie den Nachteil, daß sie zum Betrieb mechanisch bewegte Teile benötigen und daraus resultierend lange Zugriffszeiten (einige ms) besitzen. **Magnetplatten-S.** und → Disketten (Floppy Disks) sind als externe Massen-S. bei kleineren Datenverarbeitungsanlagen verbreitet, während bei größeren Anlagen meist **Magnetband-S.** Verwendung finden. Die → optischen Speicher sind heute i. d. R. als holograph. S. ausgebildet und können sogar räuml. Darstellungen wiedergeben. Eine wichtige Weiterentwicklung auf dem Gebiet der S.-Technologie stellen die → Josephson-Elemente dar.

W. Hilberg: Elektron. digitale S. (1975); Technik der Magnet-S., hg. v. F. Winckel (1977); W. Motsch: Halbleiter-S. (1978); Digital Memory and Storage, Proceedings . . ., hg. v. W. E. Proebster (1978); Chr. Scholz: Hb. der Magnetbandspeichertechnik (1980); H. Beha: Digitale S.-Zellen mit Josephson-Kontakten (1981).

2) Energiespeicher, → Energiespeicherung.

3) → Untergrundspeicher.

Speicherbecken, von Stauanlagen und dem Gelände umschlossener Raum zum Ansammeln von Wasser mit Einrichtungen zur planmäßigen Entnahme.

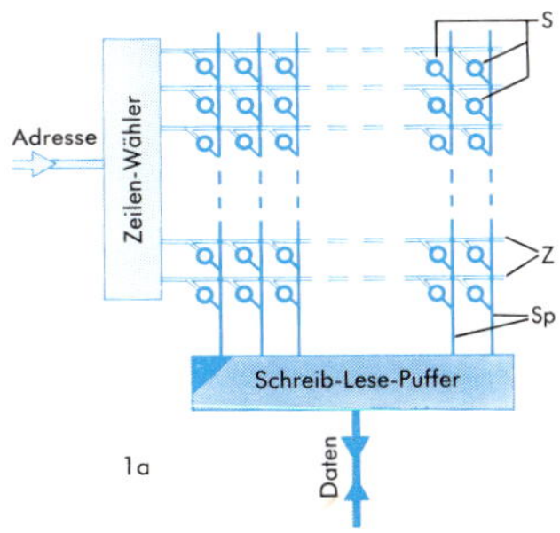

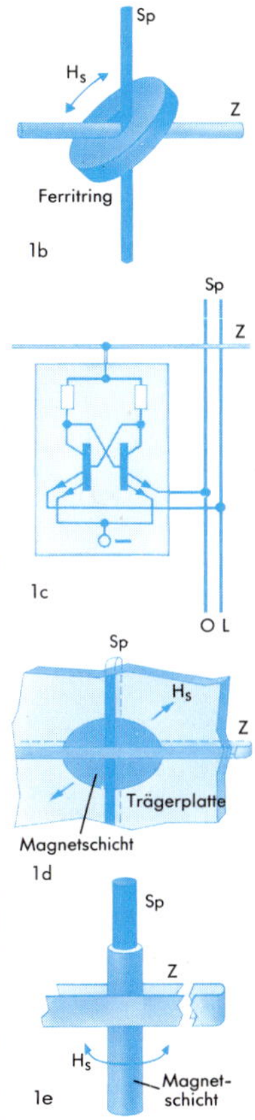

Speicher 1) 1: Grundsätzlicher Aufbau der häufigsten Ausführungsformen digitaler Speicher. **1a** Matrixspeicher mit Zeilenansteuerung; Z = Zeilenleitungen, Sp = Spaltenleitungen, S = Binäre Speicherelemente, z. B. **1b** Ferritringkern, **1c** Flipflop mit Doppelemitter-Transistoren, O und L = Spaltenleitungen für die Binärwerte O und L. **1d** Magnetdünnschicht-Element auf ebener Trägerplatte. **1e** Magnetdrahtspeicher-Element, Magnetdünnschicht auf der ganzen Oberfläche des Spaltendrahtes; H_S = Richtung der magnetischen Sättigungsfeldstärke für die Spaltenleitungen O und L.

Speichergesteine, Gesteine, die wegen ihres großen Porenvolumens, ihrer Klüftigkeit und Durchlässigkeit zur Aufnahme und Migration von Wasser, Erdöl oder -gas geeignet sind; z. B. Sande, Sand- und Kalksteine, Tuffe. (→ Erdöl)

Speicherheizung, Heizungsart, bei der die erzeugte Wärme nicht sofort den Verbrauchern zugeführt, sondern an Wärmeträger gebunden gespeichert wird, um erst bei Bedarf dem Speicher entnommen zu werden (→ Elektro-Speicherheizung, → Sonnenheizung).

Speicherkraftwerk, meist ein → Wasserkraftwerk, (Sonderbauform: → Pumpspeicherwerk), aber auch ein → Dampfkraftwerk mit einem Dampfspeicher (→ Ruths-Speicher), auch ein → Luftspeicher-Gasturbinen-Kraftwerk. Bei S. unterscheidet man je nach der Größe des Spei-

Speicher 1) 2–4:
2 Magnettrommelspeicher; Aufzeichnung auf der Zylindermantelfläche. **3** Magnetplattenspeicher; Aufzeichnung auf den inneren Plattenflächen, Schreib-Lese-Köpfe zwischen den Platten. **4** Magnetbandspeicher; N = Nummer des am Kopf vorbeilaufenden Speicherplatzsegments, V = Vergleicher für gesuchte und gelesene Speicherplatznummer, D = Durchschalter bei Übereinstimmung

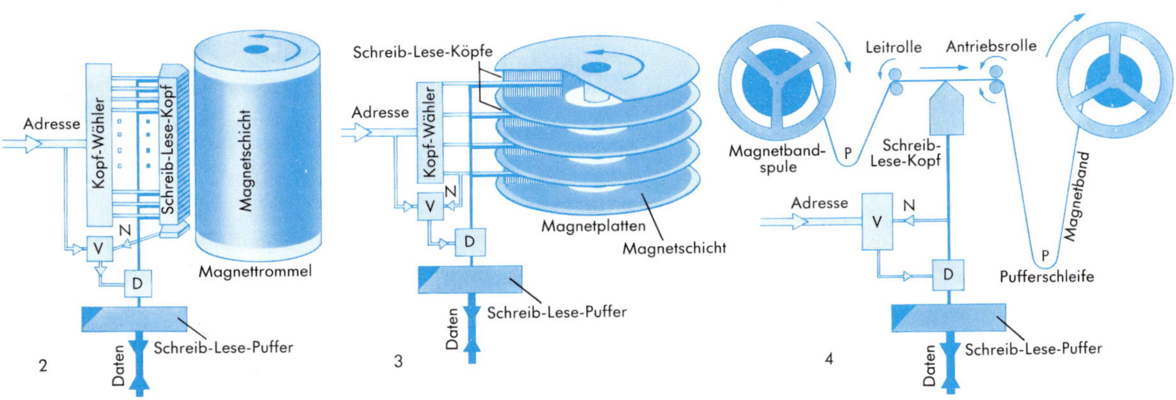

chervolumens Tages-, Wochen- und Jahresspeicher. S. sind meist Spitzenkraftwerke (→ Kraftwerk). Bei wasserbetriebenen S. wird das zufließende Wasser in einem Stausee gespeichert und kann diesem bei Bedarf entnommen werden. Das Speicherarbeitsvermögen A (in kW·h) ist mit dem Speichervolumen V (in m^3) und der Nutzfallhöhe h_N (in m) gegeben durch $A = \varrho \cdot g \cdot V \cdot h_N \cdot \eta_t \cdot \eta_g / 3600$. Mit der Fallbeschleunigung $g \approx 9{,}81$ m/s², der Dichte des Wassers $\varrho \approx 1{,}0$ t/m³ und den Wirkungsgraden von Turbine ($\eta_t \approx 0{,}85$) und Generator ($\eta_g \approx 0{,}98$) ist $A \approx 2{,}27 \cdot 10^{-3} \cdot V \cdot h_N$ (in kW·h).

Speicher|ring, Anlage zur Speicherung der in einem Beschleuniger beschleunigten Teilchen hoher Energie in zwei Strahlen mit entgegengesetztem Umlaufsinn, entweder im gleichen S. oder in zwei sich überschneidenden voneinander unabhängigen Ringen. In einem herkömml. Beschleuniger trifft ein hochenerget. Teilchen auf ein ruhendes Teilchen im Target; dabei steht wegen des Impuls- und Energieerhaltungssatzes nur ein Teil der kinet. Energie des beschleunigten Teilchens für Reaktionen zur Verfügung; in einem S. laufen zwei Teilchen meist mit gleichem Impuls gegeneinander, dabei steht die gesamte kinet. Energie beider Teilchen für Reaktionen zur Verfügung. Trifft z. B. ein Proton mit 30 GeV auf ein ruhendes Proton, so beträgt die verfügbare Energie etwa 6 GeV; prallen dagegen zwei einander entgegenlaufende Protonen mit jeweils 30 GeV aufeinander, so beträgt die verfügbare Energie 60 GeV. Diesem Vorteil eines S. (hohe verfügbare Energie) steht im Vergleich zum Beschleuniger mit ruhendem Target als Nachteil die geringere Ereignisrate gegenüber. – Die beiden Teilchenstrahlen werden durch Magnetfelder in sehr gut evakuierten Rohren geführt und treffen an Kreuzungspunkten aufeinander, die dabei erzeugten neuen Teilchen werden in Detektoren nachgewiesen und untersucht. Auf Beschleunigungsstrecken wird den Teilchen die Energie nachgeliefert, die durch → Synchrotronstrahlung verlorengeht, ferner kann die Energie der eingeschleusten Teilchen weiter erhöht werden. Zu den für die → Hochenergiephysik wichtigsten S. (ÜBERSICHT Beschleuniger) gehören der Elektron-Positron-S. PETRA des → Deutschen Elektronen-Synchrotrons (BILD) und die S. bei → CERN.

Speicherwerk, der → Speicher 1).

Speicherzelle, zur Aufnahme eines Bits geeigneter kleinster adressierbarer Teil eines → Speichers.

Speigatt *das,* Abflußöffnung für Wasser im Schanzkleid oder in der Außenhaut von Schiffen.

Speis, → Mörtel für Mauerwerk.

Speiseleitung, elektr. Leitung in Energieverteilungsnetzen, die vom Kraftwerk oder einer Umspannstation einen Knotenpunkt (Speisepunkt) versorgt. (→ Netz)

Speisepumpe, Kolben-, Dampfstrahl- oder Kreiselpumpe zur Förderung des Speisewassers für Dampfkessel, durch die Menge des entnommenen Dampfes geregelt.

Speisewasseraufbereitung, die Aufbereitung von schlamm-, kesselstein- und gasfreiem Wasser für die Einspeisung in einen → Dampferzeuger. Soweit möglich, dient destilliertes Wasser aus dem → Kondensator 2) als Speisewasser. Neu zugeführtes Speisewasser wird zumindest teilweise entsalzt und enthärtet zur Vermeidung von Kesselstein, Schlamm und Korrosion.

Speiskobalt, das Mineral → Skutterudit.

Spektral|analyse, Verfahren zum Nachweis anorgan. und organ. Stoffe und zur Konzentrations- und Mengenbestimmung chem. Elemente und Verbindungen in einer Probe aus ihrem → Spektrum. Für die S. von Atomen wird deren Linienspektrum im sichtbaren Spektralbereich genutzt. Moleküle werden durch ihre charakterist. Vibrations- und Rotationsspektren mit Infrarot-, Mikrowellen- und Raman-Spektrometern nachgewiesen. Festkörper können an Hand ihrer elektron. Anregungszustände (Bandstruktur, Photoelektronenspektroskopie, → ESCA) und ihrer Gitterschwingungen identifiziert werden. Bei der **Emissions-S.** muß die Substanz in gasförmigem Zustand vorliegen; feste und flüssige Stoffe werden verdampft. Das Gas wird durch Energiezufuhr zur Aussendung von Licht angeregt, das im → Spektralapparat zerlegt wird. Durch direkte Beobachtung, Registrierung der Lichtintensität in Abhängigkeit von der Wellenlänge mit einem empfindl. Strahlungsdetektor (→ Photometrie) oder auf einer Photographie des Spektrums kann es ausgewertet werden. Zur Eichung der Spektralphotometer werden Proben bekannter Zusammensetzung und Konzentration analysiert. Durch eine Flamme werden auf Grund geringer therm. Energiezufuhr nur leicht anregbare Atome (bes. Alkalien) angeregt **(Flammen-S.).** Im elektr. Lichtbogen erzielt man eine stärkere Anregung, noch größer ist sie bei einer Funkenentladung. – Bei der **Absorptions-S.** werden die durch eine feste, flüssige oder gasförmige Substanz absorbierten Wellenlängen sowie die Stärke der Absorption gemessen. Die → Fluoreszenzspektroskopie nutzt die Fluoreszenz, die durch Bestrahlung mit einer intensiven Lichtquelle (z. B. Spektrallampe oder Laser) angeregt wird, zum analyt. Nachweis aus.

Den Nachweis der Elemente auch in kleinsten Mengen ermöglicht die **qualitative S.** Bei der **quantitativen S.** wird durch genaue Messung der Intensitäten der Spektrallinien die Zusammensetzung mengenmäßig bestimmt.

Sehr kleine Spuren von Absorption lassen sich mit einem spektral breitbandigen Farbstofflaser nachweisen, indem die Probe in den Laserresonator gestellt wird. Dadurch werden die Resonatorverluste für die Frequenzen erhöht, die die Probe absorbiert, so daß die Laseremission sich dort verringert oder ganz unterdrückt wird. Veränderungen im Emissionsband des Lasers können mit einem hochauflösenden Spektralapparat vermessen werden.

Wegen ihrer hohen Intensität sind Laser ideale Anregungslichtquellen für die Fluoreszenz- und Raman-Spektroskopie. Theoretisch können von einem Atom bei Anregung mit einem Farbstofflaser, dessen Wellenlänge dem Wert entspricht, der nötig ist, um ein Valenzelektron vom Grundzustand in den niedrigsten angeregten Zustand anzuheben, bis zu 10^8 Fluoreszenzphotonen je Sekunde emittiert werden. In der Praxis wird die Nachweisgrenze wegen der unspezif. Streuung des Laserlichts an Inhomogenitäten im Probevolumen auf rd. 1000 Atome begrenzt. Es ist aber auch gelungen, ein einzelnes Natrium- oder Cäsiumatom unter 10^{18}–10^{19} Argonatomen oder Methanmolekülen zu identifizieren. Dazu wird zusätzlich zum Laserlicht, das das Elektron anregt, ein zweiter Laserstrahl auf die Probe fokussiert, dessen Licht kurzwellig genug ist, um das Elektron aus dem angeregten Zustand heraus vom Atom abzulösen, d. h., das Atom spezifisch zu ionisieren. Das einzelne abgespaltene Elektron wird mit einem Proportionalzähler nachgewiesen.

Die hohe Intensität und die scharfe Bündelung des Laserstrahls erlauben auch S. an Proben, die von der Meßapparatur weit entfernt sind (→ Lidar).

Spektral|apparate, Geräte zur Zerlegung einer Strahlung nach ihren Wellenlängen oder Teilchenenergien (z. B. → Massenspektrograph, → Neutronenspektrometer) sowie zur Registrierung von Spektren. Für die Analyse elektromagnet. Strahlung werden je nach Frequenzbereich Gamma-S. (→ Gammaspektrometer), Röntgen-S. (→ Röntgenspektroskopie), opt. S. und Mikrowellen-S. (→ Mikrowellenspektroskopie) eingesetzt.

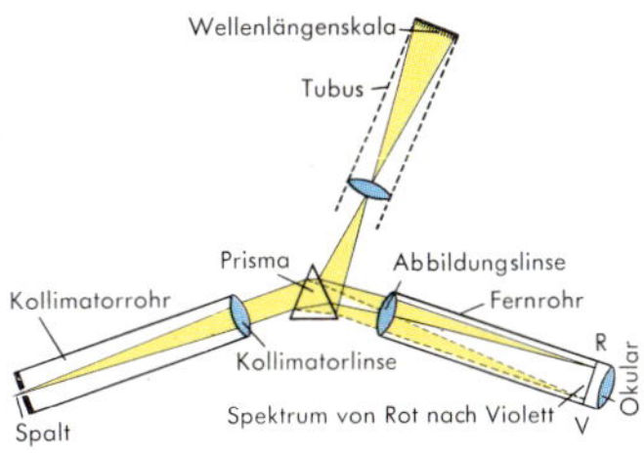

Spektralapparate 1: Strahlengang in einem Spektrometer mit Wellenlängenskala

Ein **optischer S.** besteht aus einer Lichtquelle zur Anregung des zu untersuchenden Spektrums, einem Analysator, der Licht verschiedener Wellenlängen räumlich trennt, sowie einem Detektor, mit dem die Lichtintensität in Abhängigkeit von der Wellenlänge gemessen wird. Für die spektrale Zerlegung des Lichts werden v. a. die Dispersion der Brechzahl **(Prismen-S.)** und die Abhängigkeit der Beugung von der Wellenlänge **(Gitter-S.)** ausgenutzt. Da ein → Gitter das einfallende Licht auf mehrere Beugungsordnungen verteilt, die sich im Spektrum überlappen, ist bei Gitter-S. i. d. R. eine zusätzliche Vorzerlegung der Strahlung durch ein → Interferenzfilter oder ein → Prisma nötig. Als abbildende Elemente werden in opt. S. meist Hohlspiegel benutzt, die gegenüber Linsen den Vorteil bieten, daß sie frei von chromat. Abbildungsfehlern sind. Im UV-Spektralbereich unter 180 nm werden selbstfokussierende Konkavgitter verwendet, die keine zusätzlichen abbildenden opt. Bauelemente erfordern. Das **Spektroskop** zur visuellen Beobachtung eines Spektrums besitzt einen Eingangsspalt, der über Kollimator und Objektiv in die Okularbrennebene abgebildet wird. Im parallelen Strahlengang zw. Kollimator und Objektiv steht ein Prisma. In das Gesichtsfeld kann eine Wellenlängenskala eingespielt werden. Bei der einfachsten Ausführung, dem **Taschenspektroskop,** wird das von einem Geradsichtprisma erzeugte Spektrum ohne Fernrohr beobachtet.

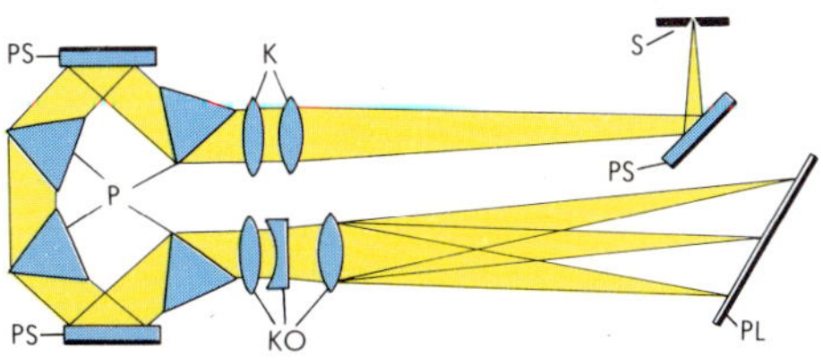

Spektralapparate 3: Strahlengang in einem Quarzspektrographen; PS Planspiegel, K Kollimator-Objektiv, S Spalt, P Prisma, KO Kamera-Objektiv, PL Platte (schematisch)

Das **Spektrometer** zur genauen Bestimmung der Wellenlänge von Spektrallinien hat einen dreh- und justierbaren Prismen- oder Gittertisch sowie geeichte Skalen zur genauen Messung der Winkelablenkung der Strahlung unterschiedl. Wellenlänge. Der **Spektrograph** dient zur Aufnahme eines Spektrums auf eine Photoplatte oder mittels eines → optischen Vielkanalanalysators, die in der Brennebene des Objektivs stehen. Der **Monochromator** blendet eine Linie oder einen sehr schmalen Spektralbereich aus einem breiten Spektrum aus. Er besitzt in der Brennebene des Objektivs einen Austrittsspalt, an dem das Spektrum bei einer Drehung des Prismas oder Gitters vorbeiwandert. Häufig werden zwei Monochromatoren in Serie verwendet **(Doppelmonochromator).** Beim **Spektralphotometer** wird das durch den Austrittsspalt tretende Licht auf eine Probe geschickt, deren opt. Eigenschaften (Transmission, Absorption, Reflexion) bestimmt werden sollen. Die von der Probe transmittierte oder reflektierte Lichtintensität wird mit einem photoelektr. Detektor in Abhängigkeit von der Wellenlänge registriert.

Die wichtigsten Kriterien für die Leistungsfähigkeit eines S. sind der Transmissionsgrad oder die Lichtstärke und das → Auflösungsvermögen 2). Die Auflösung von Gitter- und Prismen-S. wird durch die Anzahl der Linien des Gitters bzw. durch die Winkeldispersion und Basisbreite des Prismas begrenzt. Gitter, die mit bis etwa 6000 Linien/mm und Gitterflächen von 150×150 mm^2 hergestellt werden können, erreichen eine sehr viel größere Auflösung (10^5–10^6) als Prismen-S. Zur Untersuchung sehr kleiner Spektralbereiche werden **Interferenz-S.** (→ Fabry-Perot-Interferometer, → Lummer-Gehrcke Platte) eingesetzt, die bei großem Gangunterschied der interferierenden Teilbündel (10 cm–1 m) ein Auflösungsvermögen von 10^8–10^9 erreichen können.

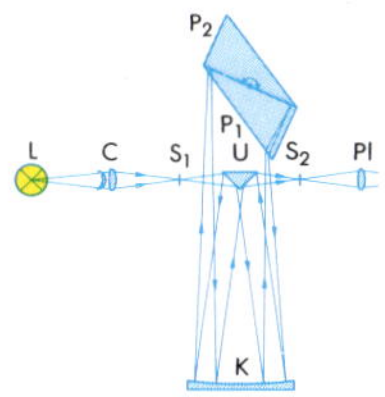

Spektralapparate 2

Spektralapparate 2: Strahlengang in einem Geradsicht-Spiegelmonochromator; L Lichtquelle, C Kollektor, S_1 Eintrittsspalt, S_2 Austrittsspalt, Pl Projektionslinse, P_1 und P_2 Dispersionsprismen, U Umlenkprisma, K Kollimatorspiegel (schematisch)

Spektroskop. Untersuchungen im ferninfraroten Spektralbereich (Wellenlänge oberhalb 30 µm) wurden durch die Entwicklung der **Fourier-Spektrometer** [furj'e-] möglich, die im wesentl. aus einem Michelson-Interferometer bestehen, durch das die zu analysierende Strahlung geschickt wird. Während der eine Interferometerspiegel kontinuierlich verschoben wird, wird am Detektor ein variables Interferenzsignal **(Interferogramm)** registriert, das in verschlüsselter Form die gesamte Information über das Spektrum enthält. In einem Computer wird mittels einer mathemat. Operation **(Fourier-Transformation)** das Interferogramm entschlüsselt.

Durch Ausnutzung des photoakust. Effekts lassen sich Absorptionsspektren auf indirekte Weise messen, wobei der Anteil der bei der Bestrahlung in der Probe absorbierten Energie, der durch strahlungslose Übergänge in Wärme umgewandelt wird, als Nachweissignal dient. Die durch Wärmeleitung an die Probenoberfläche transportierte Wärmemenge heizt die angrenzende Luftschicht auf und führt damit zu einem Druckanstieg. In einem **photoakust. Spektrometer** wird das auf die Probe fallende Licht periodisch amplitudenmoduliert, und die auftretenden period. Druckschwankungen werden mit einem empfindl. Mikrophon aufgenommen. Zur Registrierung des Spektrums wird die Wellenlänge kontinuierlich geändert.

Abstimmbare Laser können gleichzeitig zwei Funktionen in einem Spektrometer übernehmen: die der Lichtquelle und die des analysierenden S. Mit einem **Laserspektrometer** [l'eɪzə-] ist eine spektrale Auflösung erreichbar, die die besten Interferenz-S. noch um zwei Größenordnungen übertrifft, wobei ein solches Spektrometer trotz gesteigerter Auflösung wesentlich lichtstärker als ein konventioneller S. ist.

Spektralfarben, → Spektrum.

Spektralklassen, Spektraltypen, Klassifizierung der Sterne nach ihrem Spektrum, das im wesentl. von der Oberflächentemperatur eines Sternes geprägt wird; die S. ist eine → Zustandsgröße. Gebräuchlich ist die auf E. C. PICKERING zurückgehende **Harvard-Klassifikation** mit abnehmender Temperatur:

W Wolf-Rayet-Sterne, heiße Sterne mit kräftigen Emissionslinien auf schwächerem Kontinuum, hauptsächlich von ionisierten Atomen, bes. ionisiertes Helium (He II, I hinter dem Elementsymbol kennzeichnet neutrale, II ionisierte Atome);
O heiße Sterne mit Absorptionslinien ionisierter Atome, vorherrschend He II;
B weiße Sterne mit Absorptionslinien des neutralen Helium (He I) und Wasserstoff (H I);
A weiße Sterne mit Absorptionslinien des neutralen Wasserstoff (H I) sowie schwachen Linien ionisierter Metalle (Ca II u. ä.);
F weißgelbe Sterne mit schwächeren H I-Linien und zunehmenden neutralen und ionisierten Metallinien, vornehmlich Ca II;
G gelbe Sterne (Sonne) mit vorherrschenden Metallinien;
K gelbrote Sterne mit starken Metallinien und ersten Molekülbanden;
M rote Sterne mit Absorptionslinien neutraler Metalle und kräftigen Titanoxidbanden;
R und N kühle Sterne mit Banden von Kohlenstoffverbindungen (Kohlenstoffsterne);
S ähnlich den M-Sternen, aber mit starken Banden von Molekülen seltener Erden.

Den Klassen B bis M gehören rd. 99% der sichtbaren Sterne an. Zur feineren Unterteilung werden die S. in jeweils zehn Unterklassen gegliedert. Sehr selten sind die S. W, O, R, N und S. Die Einteilung der **Hauptfolge** (O–M) in **frühe S.** (O–A), **mittlere S.** (F–G) und **späte S.** (K–M) ist noch gebräuchlich, obwohl man von der urspr. Vorstellung, daß diese Reihenfolge der zeitl. Entwicklung der Sterne entspricht, nicht mehr ausgeht.

Spektral|lampe, eine → Entladungslampe kleiner Leistung; dient zur Erzeugung des Linienspektrums des eingeschlossenen Gases oder Metalldampfes, durch Herausfiltern der Linien hoher Intensität mit Lichtfiltern auch zur Erzeugung monochromat. Lichts. Für die Eichung von Spektralgeräten ist eine S. mit Quecksilber-Cadmium-Füllung besonders geeignet.

Spektral|lini|en, die extrem schmalen, linienförmigen Spaltbilder bei best. Wellenlängen im → Spektrum, das z. B. von freien Atomen (Atome im gasförmigen Aggregatzustand) absorbiert **(Absorptionslinien)** oder bei Anregung emittiert wird **(Emissionslinien).** Diese S. entsprechen Übergängen zw. erlaubten Energiezuständen **(Termen)** der Elektronenhülle. Die Emission oder Absorption erfolgt nie streng monochromatisch, sondern in einem Frequenzbereich, der mit dem Auflösungsvermögen des Spektralapparats die Linienbreite (→ Halbwertsbreite) bestimmt. Die Intensität der S. wächst mit der Anzahl der pro Sekunde stattfindenden Absorptions- oder Emissionsprozesse. Mit steigendem Auflösungsvermögen des zur Spektrenregistrierung benutzten → Spektralapparats werden feinere Details (Strukturen in der S., → Multipletts 1) sichtbar, die auf die komplexe magnet. und elektr. Wechselwirkung der Elektronen in der Atomhülle untereinander sowie mit dem magnet. Dipolmoment und dem elektr. Quadrupolmoment des Atomkerns zurückzuführen sind (→ Feinstruktur, → Hyperfeinstruktur). Einfache S. werden noch durch magnet. (→ Zeeman-Effekt) und elektr. (→ Stark-Effekt) Felder aufgespalten.

Spektralphotometrie, die photometr. Messung (→ Photometrie) von Strahlungsintensitäten in Abhängigkeit von der Wellenlänge der Strahlung im sichtbaren, ultravioletten und infraroten Spektralbereich zur Bestimmung der opt. Eigenschaften (z. B. Absorption, Transmission, Reflexion) von im Strahlengang befindl. Proben oder auch für analyt. Zwecke (→ Spektralanalyse). Die Messung wird mit einem **Spektralphotometer** durchgeführt, das aus Lichtquelle, Monochromator, Strahlungsempfänger, Elektronik für die Signalverarbeitung sowie einer Anzeige für den Meßwert besteht. Viele Geräte zeichnen das Spektrum automatisch auf **(Registrierende Spektralphotometer)** und besitzen für die Auswertung und Weiterverarbeitung der Daten (z. B. Farbwertberechnungen, Konzentrationsbestimmungen u. a.) eine kleine EDV-Anlage. Da die Emission der Lichtquelle, die Transmission des Monochromators und die Empfindlichkeit des Empfängers wellenlängenabhängig sind, muß das mit der Probe registrierte Signal auf eine Vergleichsmessung normiert werden, bei der sich keine Probe oder eine Standardprobe mit bekannten opt. Eigenschaften im Strahlengang befindet, um die unbekannte spektrale Charakteristik des Spektrometers aus den Messungen zu eliminieren. Bei **Einstrahlphotometern** müssen die beiden Spektren nacheinander aufgenommen werden, in **Zweistrahlphotometern** wird die von der Lichtquelle kommende Strahlung in zwei Bündel zerlegt, von denen das eine über die Probe (Meßstrahlengang), das andere um die Probe herum (Vergleichsstrahlengang) zum Detektor geführt wird, der direkt den Intensitätsunterschied mißt.

Für die S. an sehr kleinen Proben oder für ortsaufgelöste Untersuchungen benutzt die **Mikro-S.** eine Kombination von Spektralphotometer und → Mikroskop 2). Die **Ultraviolett (UV)-Mikro-S.** gestattet die Bestimmung der Nucleinsäuren und Eiweißverteilung in der Zellstruktur unter Ausnutzung der Absorption dieser Substanzen im mittleren Ultraviolett. (→ Astrophotometrie)

Spektralserien, → Atom (BILD 2).

Spektraltypen, die → Spektralklassen.

Spektrograph, → Spektralapparate.

Spektro|heliograph, Gerät zur photograph. Aufnahme **(Spektro|heliogramm)** der Sonnenoberfläche im monochromat. Licht, meist im Licht der roten Wasserstofflinie H_α, der H- und K-Linien des ionisierten Calciums oder von Kalium-Linien.

Spektrohelioskop, Gerät zur visuellen Beobachtung der Sonne im monochromat. Licht, das ähnlich wie ein → Spektroheliograph aufgebaut ist.

Spektrometer, Spektroskop, → Spektralapparate.

Spektroskopie, Teilgebiet der angewandten Physik, das sich mit der Anregung, Messung, Analyse und Interpretation von Spektren (→ Spektrum) beschäftigt. Die wichtigsten spektralen Daten sind die Wellenlängen (Frequenzen), Intensitäten und → Halbwertsbreiten der → Spektrallinien, in den für die versch. Stoffe charakterist. Absorptions-, Emissions-, Fluoreszenz- oder Streulicht-Spektren (z. B. Brillouin- oder Raman-Spektren), die mit → Spektralapparaten registriert werden. Das Spektrum liefert neben der Information über die in der Lichtquelle oder in der durchstrahlten oder zur Fluoreszenz angeregten Substanz vorhandenen chem. Elemente

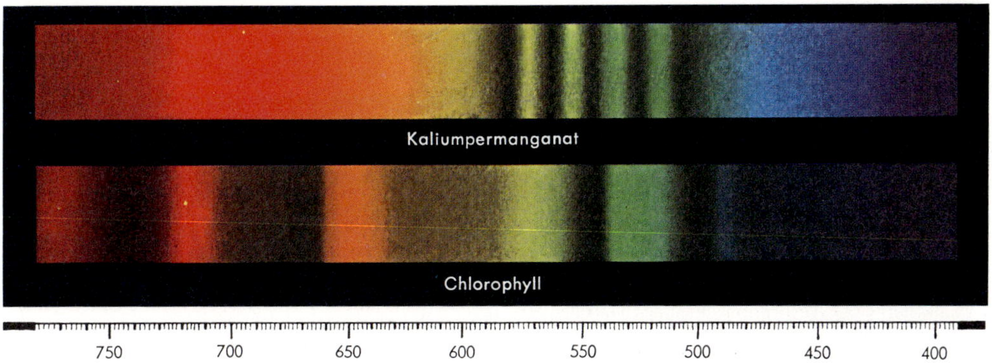

Spektrum 1) 1: Kontinuierliche Spektren. Die Zahlen der Skala bedeuten Wellenlängen in nm

oder Verbindungen tiefen Einblick in den strukturellen Aufbau der Atome, Moleküle und Festkörper, Informationen über die Wechselwirkungen zw. elektromagnet. Strahlung und Materie sowie Angaben über Zustandsgrößen wie Druck, Temperatur, Ionisationsgrad, Bewegungszustände (Translationen, Schwingungen, Rotationen) u. a. Die Gesetzmäßigkeiten der Spektren können mit Hilfe der Quantentheorie erklärt werden. Nach der Natur des Spektrums unterscheidet man: Absorptions-S., Emissions-S., → Fluoreszenzspektroskopie, Raman-S. (→ Raman-Effekt), → Kernspektroskopie, Atom-S., Molekül-S. oder Festkörper-S. Nach dem Spektralbereich unterscheidet man: Gamma-S. (→ Gammaspektrometer), → Röntgenspektroskopie, Ultraviolett-S., S. im Sichtbaren, → Infrarotspektroskopie und → Hochfrequenzspektroskopie. Auch nach den Meßprinzipien, d. h. den verwendeten Spektralapparaten, ist eine Klassifizierung möglich, z. B. Gitter-S., Interferenz-S., Fourier-S., optoakust. S., Laser-S. In der physikal. Chemie wird die **angewandte S.** als empfindl. Analysenverfahren zur Bestimmung der qualitativen und quantitativen Zusammensetzung gasförmiger, flüssiger oder fester Stoffe benutzt (→ Spektralanalyse). Die S. ist nicht auf die Analyse elektromagnet. Strahlung beschränkt, sondern beschäftigt sich auch mit materiellen Teilchen, v. a. mit der Bestimmung von Energie- und Häufigkeitsverteilungen (→ Elektronenspektroskopie, Neutronen-S., → Neutronenspektrometer) sowie der Messung von Massenspektren (Massen-S., → Massenspektrometrie).

Spektrum, i. w. S. die Häufigkeitsverteilung der Komponenten eines Vielteilchensystems in Abhängigkeit von physikal. Größen, wie Frequenz, Energie, Geschwindigkeit, Länge, Volumen, Masse u. a.; i. e. S. die Intensitätsverteilung einer elektromagnet. Strahlung in Abhängigkeit von der Wellenlänge oder Frequenz; urspr. Bez. für das Lichtband, das entsteht, wenn man einen beleuchteten Spalt auf einem Schirm abbildet und in den Strahlengang eine Vorrichtung bringt, die das Licht entsprechend seinen verschiedenen Wellenlängen verschieden stark seitlich ablenkt. Ein Prisma erzeugt ein **Dispersions-S.** (→ Dispersion 2), ein Gitter ein **Beugungs-S.** Es entstehen, abhängig von dem zur Spaltbeleuchtung verwendeten Licht, einzelne diskrete Spaltbilder **(Spektrallinien,** ein **Linien-S.)** oder eine kontinuierl. Verteilung **(kontinuierl. S.).** Jedes Spaltbild hat dabei eine kennzeichnende Farbe **(Spektralfarbe),** deren Farbvalenz der Wellenlänge entspricht, mit der das Bild entworfen ist. Beim kontinuierl. S. gehen die Farben stetig ineinander über, beginnend bei Violett über Blau, Grün, Gelb, Orange bis Rot.

Über das Sichtbare hinaus erstreckt sich das **elektromagnet. S.** von den kurzwelligsten kosm. Höhenstrahlen bis zu den langwelligsten Radiowellen (→ elektromagnetische Wellen). Das **Ultraviolett-S.** kann man photographisch oder mit geeigneten Detektoren nachweisen oder durch Fluoreszenz sichtbar machen. Das **Infrarot-S.** wurde zuerst durch die erzeugte Wärme nachgewiesen und kann heute mit Infrarot-Spektralapparaten analy-

Spektrum 1) 2: einige charakteristische Linienspektren. Die Zahlen der Skala bedeuten Wellenlängen in nm

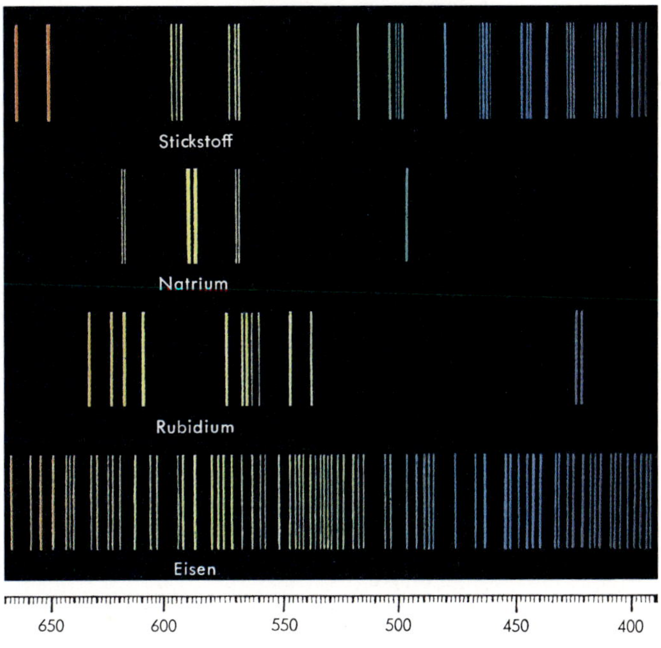

siert werden. Zur Untersuchung von **Röntgen-S., Gammastrahl-S., Mikrowellen-S.** (→ Hochfrequenzspektroskopie) wurden die verschiedenartigsten Methoden entwickelt.

Stoffe, die infolge hoher Temperaturen leuchten (Temperaturstrahler), emittieren ein **kontinuierl. S.** (z. B. das **Sonnen-S.**), zum Leuchten angeregte Gase und Dämpfe i. a. ein **Linien-S.** (→Atomspektrum). Sind die Linien gruppenweise nach best. Gesetzmäßigkeiten angeordnet, spricht man von einem **Banden-S.** (→ Molekülspektrum). Die Linien sind für den strahlenden Körper kennzeichnend und erlauben daher eine Identifizierung (→ Spektralanalyse). Die Stoffe zeigen jedoch verschiedene Linien je nach den Anregungsbedingungen; so unterscheidet man **Bogen-S., Funken-S., Flammen-S.** Außer dem **Emissions-S.** können auch die **Absorptions-S.** (→Absorption 1) der Stoffe betrachtet werden. Zur Beobachtung eines Absorptions-S. dient ein kontinuierl. S., bei dem man in den Strahlengang den zu untersuchenden Stoff in gelöstem oder gasförmigem Zustand bringt **(Lösungs-S., Gas-S.)**. Die → Fraunhoferschen Linien im Sonnen-S. sind solche Absorptionslinien. Geräte zur Beobachtung, Ausmessung und Aufzeichnung von S. sind die → Spektralapparate.

Außerhalb des Bereichs elektromagnet. Wellen spricht man von **Klang-** oder **Schall-S.**, von **Geschwindigkeits-** und **Energie-S.** schneller Teilchen, die die Verteilung der Teilchen über einen Energie- oder Geschwindigkeitsbereich wiedergeben, ferner von → Massenspektren.

Speläologie, Höhlenkunde, Erforschung von → Höhlen.

Sperrbereich, Frequenzbereich eines Übertragungssystems (z. B. Filter), innerhalb dessen Schwingungen gesperrt (d. h. nicht übertragen) werden. Ggs.: **Durchlaßbereich.**

Sperrbeton, Beton, der durch best. Zusammensetzung, Verdichtung und Nachbehandlung wasserdicht ist.

Sperr|effekt, der → Gleichrichtereffekt.

Sperren, Setzerei: → Spatium.

Sperr|erholzeit, → Sperrverzug.

Sperrgetriebe sind → Getriebe, bei denen mit einem Sperrglied **(Gesperre, Sperrer)** die Beweglichkeit einzelner Glieder willkürlich oder selbsttätig gesperrt werden kann. Die Sperrung ist formschlüssig durch die Formgebung der Elemente oder bei **Reibungsgesperren** kraftschlüssig unter Wirkung von Reibungskräften. Unterschieden werden Schaltwerke, Hemmwerke, Spannwerke, Sprungwerke. (BILD Getriebe)

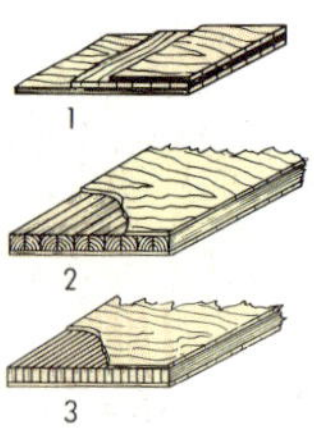

Sperrholz:
1 Dreilagige Furnierplatte,
2 Stab-Tischlerplatte,
3 Stäbchen-Tischlerplatte

Sperrholz, plattenförmiger Holzwerkstoff aus mindestens drei → absperrend verleimten Lagen. Man unterscheidet → Furnierplatten (häufig einfach **S.** oder **Sperrplatten** genannt) und → Tischlerplatten. Nach der Qualität der Deckfurniere teilt man S. in Güteklassen ein und unterscheidet nach der Qualität der Verleimung: **Innen-S.** (Verleimung beständig gegen in geschlossenen Räumen auftretende Luftfeuchtigkeitsschwankungen) und **Außen-S.** (Verleimung beständig gegen direkte Bewitterung). Für die Anwendung im Bauwesen bes. geeignetes S. heißt **Bau-Sperrholz.**

Verwendung: Möbelherstellung, beim Innenausbau, als Wand- und Deckenverkleidungen, im Holz-, Flugzeug-, Fahrzeug- und Bootsbau; Furnierplatten auch als **Sperrholzformteile** für Sitzschalen u. ä. (→ biegen). Herstellung: Die geschälten → Furniere werden getrocknet (→ Holztrocknung), mit Furnierscheren zerteilt und nach Leimauftrag zu Platten zusammengelegt. Verleimt wird in großflächigen Heißpressen. Die verpreßten S.-Platten werden → besäumt und geschliffen.

Sperrichtung, die Polungsrichtung eines → pn-Übergangs, die nur einen sehr geringen Stromfluß durch das Bauelement zuläßt. Erreicht wird dies durch Anlegen einer negativen Spannung an die p-leitende Schicht des Halbleiterkristalls. Bei einer als Gleichrichter eingesetzten Röhrendiode wird der Sperrzustand durch eine negative Spannung an der Anode (entsprechend einer positiven Spannung an der Kathode) erzielt. – Ggs.: **Durchlaßrichtung.**

Sperrkreis, Parallelschwingkreis (→ Schwingkreis) aus Kondensator und Spule, der auf eine bestimmte, meist unerwünschte Frequenz abgestimmt ist und z. B. in die Antennenleitung zur Unterdrückung des Empfangs eines störenden Senders eingeschaltet wird.

Sperrschicht, Übergangsgebiet zw. Halbleiterzonen gegensätzl. Trägerladung, das den Strom nur in einer Richtung bevorzugt durchläßt. Ein → pn-Übergang kann durch Anlegen einer äußeren Spannung bestimmter Polarität von Ladungsträgern weitgehend entblößt werden und weist dann einen erhöhten Widerstand auf. – **S.-Photoeffekt**, ein → Photoeffekt.

Sperrschicht-FET, JFET, Abk. für engl. **Junction Field Effect Transistor** [dʒ'ankʃən fi:ld ɪf'ekt træns'ɪstə], → Feldeffekttransistor.

Sperrschicht|temperatur, die am pn-Übergang eines Halbleiterbauelements während seines Betriebes auftretende Temperatur. Die S. bestimmt in erster Linie die therm. Belastbarkeit des Bauelements. Wird die höchstzulässige S. überschritten, verliert das Bauelement seine Sperrfähigkeit und ist damit i. a. zerstört. In gewissen Grenzen kann überschüssige Wärme durch geeignete Kühlung (z. B. durch aufsteck- oder anschraubbare Kühlkörper) abgeführt werden.

Sperrschichtvaraktor, → Kapazitätsdiode, → Varaktor.

Sperrschwinger, elektron. Schaltung zur Erzeugung von → Sägezahnschwingungen **(Sägezahngenerator)**. Zur Schwingungserzeugung wird der Ladevorgang (sägezahnförmiger Spannungsanstieg) eines Kondensators ausgenutzt, der über eine Transistorstufe entladen wird. Das Ausgangssignal am Transistor wird mit Hilfe eines Übertragers auf den Eingang zurückgeführt. Die Rückkopplung muß als → Mitkopplung ausgeführt sein, damit die Schwingbedingung erfüllt ist. S. werden in Fernsehgeräten zur Erzeugung der Bildablenkspannung eingesetzt.

Sperrspannung, die an einen pn-Übergang oder eine Gleichrichterröhre in Sperrichtung angelegte Spannung. Überschreitet diese Spannung einen gewissen Höchstwert, führt dies in den meisten Fällen zu einer Zerstörung des Bauelements.

Sperrstoffe sollen Bauteile gegen chem. Angriff und Feuchtigkeit (→ Dichtungsstoffe) schützen. S. werden meist als Anstrich oder Beschichtung (Basis: Bitumen, Teer, Silicone, Kunstharze u. a.), in der Form von Bahnen oder Folien aus Dachpappen, Kunststoffen und NE-Metallen sowie als zementgebundene S. (Sperrbeton, Sperrmörtel) angewendet.

Sperrstrom, geringer Strom durch einen pn-Übergang, der trotz einer in Sperrichtung angelegten Spannung durch das Bauelement (z. B. Diode) fließt. Der S. hängt von der mit steigender Temperatur zunehmenden Eigenleitfähigkeit des Halbleiterkristalls ab. – Röhrendioden sperren vollständig, im Sperrbereich fließt kein S.

Sperrtor, Hochwasser-Sperrtor, Bauwerk in einem Schiffahrtskanal mit Verschlußeinrichtung zum Schutz gegen Hochwasser.

Sperrverzug, Sperrverzögerung, Sperr|erholzeit, Rückwärts|erholzeit, Ausschaltzeit, die Zeit, die beim Ausschaltvorgang einer Diode (d. h. beim Übergang vom Durchlaß- in den Sperrzustand) notwendig ist, um die Sperrschicht aufzubauen und die Ladungsträger auszuräumen. Je geringer diese Zeit ist, umso günstiger ist das Schaltverhalten des Bauelementes.

Sperrwerk, Sturmflutsperrwerk, Bauwerk in einem Tidefluß mit Verschlußvorrichtungen zum Absperren bestimmter Tiden, v. a. zum Schutz vor Sturmfluten.

Sperrylith [n. dem kanad. Chemiker F. L. Sperry, 19. Jh.], Mineral $PtAs_2$, zinnweiß; H. 6–7, D. 10,6; meist kleine metallglänzende Kristalle. Wichtigstes Platinmineral in den Nickelmagnetkiesvorkommen.

Spessartin, Mineral, orange bis braunroter Mangantongranat, → Granat.

Spessartit, lamprophyr. Ganggestein im wesentlichen aus Plagioklas und Hornblende. (→ Lamprophyre)

spezifisch, 1) Chemie, Biologie: Fähigkeit von Stoffen oder Organismen, aus einer Anzahl gebotener Reaktions- oder Einwirkungsmöglichkeiten nur eine ganz bestimmte wahrzunehmen; v. a. in der chem. Analyse, Chemotherapie und bei Enzymen.

2) Physik: Das Wort ›s.‹ soll nach DIN bei physikal. Größen (bei neuen Wortbildungen) nur dann verwendet werden, wenn es sich um bezogene Größen handelt, die eine Stoffeigenschaft beschreiben und bei denen die Bezugsgröße die Masse ist, z. B. ist das → spezifische Volumen eines Stoffes das auf die Masse bezogene Volumen. I. Ggs. dazu war der bisherige Gebrauch des Wortes s. nicht auf den Bezug auf die Masse beschränkt, z. B. ist der → spezifische Widerstand der auf die Länge und den Kehrwert des Querschnitts bezogene Widerstand.

spezifische Ausstrahlung, Formelzeichen M, M_e, der Quotient aus der von einer Fläche A_1 ausgehenden Strahlungsleistung (→ Strahlungsfluß) Φ und dieser Fläche, $M = \Phi/A_1$, genauer $M = \mathrm{d}\Phi/\mathrm{d}A_1$. SI-Einheit: $[M] = \mathrm{W/m^2}$. Die entsprechende → photometrische Größe ist die → spezifische Lichtausstrahlung.

spezifische Drehzahl, bei Strömungsmaschinen eine Kenngröße für ihre Schnelläufigkeit und die dafür benötigte Form der Laufräder (→ Schnelläufer 2): die → Drehzahl eines Rades, das bei der Förderhöhe von 1 m einen Förderstrom von 1 $\mathrm{m^3/s}$ hat.

spezifische Ionisation, die Anzahl der Elektron-Ion-Paare, die von einem geladenen Teilchen je cm seiner Bahn durch Stöße mit Atomen erzeugt wird. Aus ihr kann man auf die Energie des Teilchens schließen.

spezifische Ladung, Verhältnis von Ladung Q zur Masse m eines Teilchens, z. B. die **spezif. Elektronenladung** $e/m_e \approx 1{,}76 \cdot 10^{11}$ C/kg (e = Elementarladung, m_e = Ruhemasse des Elektrons), wichtige Größe bei der Ablenkung geladener Teilchen in elektr. und magnet. Feldern.

spezifische Lichtausstrahlung, Formelzeichen M, M_v, der Quotient aus dem von einer Fläche A_1 abgegebenen → Lichtstromes Φ und dieser Fläche, $M = \Phi/A_1$, genauer $M = \mathrm{d}\Phi/\mathrm{d}A_1$. SI-Einheit: $\mathrm{lm/m^2}$; nicht gesetzl. Einheit ist das Phot, 1 ph = 1 $\mathrm{lm/cm^2}$. Die der s. L. entsprechende → Strahlungsgröße ist die → spezifische Ausstrahlung.

spezifische Reaktion, → spezifisch 1).

spezifischer Impuls, auf die Durchsatzmasse bezogener Schub als Kenngröße zur Charakterisierung von Raketentriebwerken und Treibstoffen.

spezifischer Widerstand, kurz für **spezifischer elektrischer Widerstand, Resistivität,** Materialkonstante ϱ zur Berechnung des elektr. → Widerstandes R eines Leiters mit Hilfe von $R = \varrho \cdot l/A$ (l = Länge und A = Querschnitt des Leiters). S. W. von Stoffen bei 20 °C in $10^{-6}\,\Omega$ m: Ag 0,015; Cu 0,0155; Al 0,025; Fe 0,0871; Konstantan 0,5; Glas 10^5–10^6; Hartgummi 10^7–10^{10}.

spezifisches Gewicht, → Dichte 1).

spezifisches Volumen, massenbezogenes Volumen, Formelzeichen v, der Quotient aus dem Volumen V und der Masse m eines Stoffes, $v = V/m$, d. h. der Kehrwert der → Dichte ϱ, $v = 1/\varrho$.

spezifische Wärmekapazität, früher **spezifische Wärme** oder **Artwärme,** Formelzeichen c, beschreibt eine Stoffeigenschaft und ist zahlenmäßig gleich der Wärmemenge, die erforderlich ist, um 1 kg des betreffenden Stoffes um 1 Kelvin zu erwärmen; Einheit: $[c] = \mathrm{J/kgK}$. Die s. W. ist die auf die Masse m bezogene → Wärmekapazität C, $c = C/m$. c_V ist die s. W. bei konstantem Volumen V, c_p die s. W. bei konstantem Druck p.

Sphalerit *der,* **Zinkblende, Blende,** Mineral α-ZnS (β-ZnS → Wurtzit) mit Gehalt an FeS, auch CdS und MnS. S. ist durchsichtig gelb, bernsteinfarben **(Honigblende),** rot **(Rubinblende),** auch grün, dunkelbraun bis schwarz **(Marmatit),** selten grau; H. 3,5–4, D. 3,9–4,2. Häufigste Kristallformen: Tetraeder und Rhombendodekaeder, meist verzwillingt; sonst derb in spätigen, selten strahligen Aggregaten, auch dicht; zuweilen als **Schalen-** oder **Leberblende.** S., das wichtigste Zinkerz, fast stets von Bleiglanz begleitet, tritt als → Durchläufer in den verschiedensten → Erzlagerstätten auf.

Sphäre, Himmels|sphäre, die → Himmelskugel.

sphärisch heißt eine Figur, die auf der Oberfläche einer Kugel durch Großkreise gebildet wird, z. B. das **sphärische Dreieck.** Der **sphärische Abstand** zweier Punkte auf einer Kugel ist die Länge des kleineren der beiden durch die Punkte bestimmten Großkreisbögen. Der sphärische Abstand zweier Punkte der Gaußschen Zahlenebene ist der ihrer Bildpunkte auf der → Riemannschen Zahlenkugel.

sphärische Aberration, ein → Abbildungsfehler.

sphärische Geometrie, die Geometrie auf einer Kugel.

sphärische Ko|ordinaten, Zahlenpaare zur Festlegung der Punkte auf der Kugeloberfläche **(Kugel-K.,** → Koordinaten); in der Astronomie benutzt man s. K., um die astronom. Örter der Gestirne an der Himmelskugel festzulegen und in Beziehung zum Ablauf der Zeit zu bringen (→ astronomische Koordinaten).

sphärisches Dreieck, das → Kugeldreieck.

Sphalerit

Sphalerit: OBEN Kristall (Freiberg in Sachsen); MITTE Honigblende, Kristallbruchstücke (Spanien); UNTEN Schalenblende, geschnitten und poliert (Aachen)

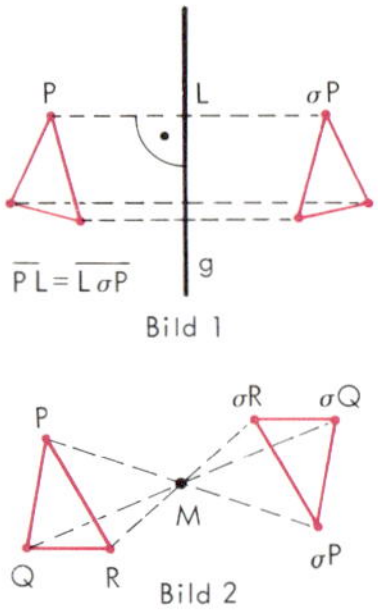

Spiegelung 1)

sphärische Trigonometrie, die Trigonometrie der → Kugeldreiecke.

Sphäroid, i. w. S. Bez. für einen kugelähnl. Körper oder eine von einer Kugel wenig verschiedene Fläche, i. e. S. Bezeichnung für ein Rotationsellipsoid; in der Geodäsie die mathematisch beherrschbare Normalfigur des Erdkörpers. Als solche wird i. a. ein an den Polen abgeplattetes Rotationsellipsoid benutzt.

Sphärometer, Gerät zur Messung des Krümmungsradius von sphärisch gekrümmten Flächen, z. B. bei opt. Linsen.

Sphäroproteine, globuläre Proteine, Biochemie: neben den Skleroproteinen zweite Gruppe von Proteinen, deren → Sekundärstruktur vorwiegend aus α-Helix-Anteilen besteht, die an nichthelikalen Bezirken jeweils die Raumrichtung ändern. Durch diesen Aufbau entstehen insges. kugelige bis rotationsellipsoide Molekülformen, die stark hydratisiert und daher gut wasserlöslich sind.

Sphärosiderit, kugelförmige radialstrahlig aufgebaute Aggregate von Siderit, gelegentlich in Basalten, häufiger als sedimentärer Ton- oder Kohleneisenstein.

Sphen, → Titanit.

Sphenoide bilden sowohl die allg. Kristallform als auch spezielle Formen der monoklin-sphenoid. Kristallklasse (C_2, TAFEL Kristall I, BILD E4). **Bi-S.** bilden als geschlossene Formen u. a. die allg. Formen der rhombisch-bisphenoid. (D_2) und der tetragonal-bisphenoid. Klasse (S_4, TAFEL Kristall I, Bilder E7, 26) sowie verschiedene spezielle Formen. S. und Bi-S. treten jeweils als ›linke‹ und ›rechte‹ Formen auf.

Spica, der Stern → Spika.

Spicken, Spinnerei: → Schmälzen.

Spiegel, glatte Fläche, die einen wesentl. Teil des auffallenden Lichtes nach dem Reflexionsgesetz (→ Reflexion) zurückwirft. Der **ebene** oder **Plan-S.** liefert dem Betrachter ein virtuelles, nicht auf einem Schirm auffangbares gleich großes, seitenverkehrtes **S.-Bild**, das sich ebenso weit hinter dem S. befindet wie der gespiegelte Gegenstand davor (BILD 1). Er dient in der Optik zur Knickung eines Strahlenganges. **Konkav-** oder **Hohl-S.** (die hohle Fläche ist dem Licht zugewandt) und **Konvex-** oder **Wölb-S.** (die nach außen gewölbte Fläche ist dem Licht zugewandt) werden zu opt. Abbildungen in der gleichen Art wie Linsen oder als Teil eines opt. Systems (→ Spiegelteleskop) benutzt. Die Flächenkrümmung kann sphärisch, d. h. kugelig, oder zwecks Reduzierung von Abbildungsfehlern asphärisch, z. B. elliptisch oder parabolisch, sein. **Parabol-S.** werden v. a. für Fernrohre und Scheinwerfer, **elliptische S.** in Kinoprojektoren verwendet. Bei sphär. S. ist die Brennweite gleich dem halben Krümmungsradius. Zur Bildkonstruktion verwendet man die **Hauptstrahlen** oder **ausgezeichnete Strahlen** (BILDER 3–5). Je nach Abstand des Objekts vom S. und Brennweite erhält man reelle oder virtuelle und vergrößerte oder verkleinerte Bilder.

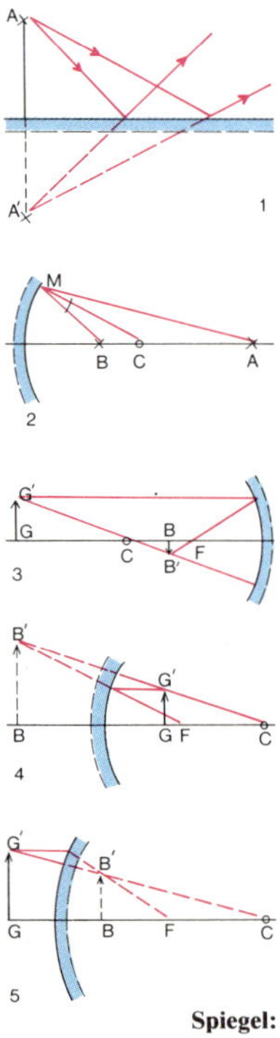

Spiegel: **1** Spiegelbild A′ eines leuchtenden Punktes A durch Reflexion am ebenen Spiegel. **2** Bild B eines leuchtenden Punktes A durch Reflexion am Hohlspiegel; MC Flächenlot. **3** Konstruktion des Bildes BB′ eines außerhalb der Brennweite gelegenen Gegenstandes GG′ am sphärischen Hohlspiegel; C Krümmungsmittelpunkt, F Brennpunkt. **4** Konstruktion des Bildes BB′ eines innerhalb der Brennweite gelegenen Gegenstandes GG′ am sphärischen Hohlspiegel. **5** Konstruktion des Bildes BB′ eines Gegenstandes GG′ am sphärischen Konvexspiegel

Einfache **Glas-S.** können durch chem. Niederschlag einer Silberschicht auf sorgfältig gereinigte, glattpolierte Glasoberflächen hergestellt werden. Sie kann galvanisch verstärkt und z. B. durch Verkupfern bräunlich getönt werden. Heute werden S. vorwiegend durch → Kathodenzerstäubung von Aluminium oder Silber im Hochvakuum aufgedampft. Bei **Rückflächen-S.** wird die Rückseite der Metallschicht meist durch einen Lacküberzug gegen mechan. Beschädigung und Feuchtigkeit geschützt. S. für opt. Instrumente werden vorderseitig metallisiert **(Oberflächen-S.)** und z. T. mit lichtdurchlässigen Schutzschichten, z. B. dünnen Quarzfilmen, verwendet. Hochwertige absorptionsfreie S. für Laser oder Interferometer werden durch Aufdampfen von Schichtsystemen aus dielektr. Materialien hergestellt. Bei sehr dünnen S.-Schichten wird nur ein Bruchteil der auffallenden Strahlung reflektiert, der Rest hindurchgelassen. Solch **teildurchlässige S.** verwendet man als Strahlteiler in opt. Geräten. (→ Tripelspiegel)

Spiegelbrenner, elektr. Laborheizgerät, dessen Wärmestrahlung durch einen Hohlspiegel gesammelt wird, so daß sie oberhalb des Brenners einen Hitzekegel bildet, der dem des Bunsenbrenners ähnelt.

Spiegel|ebene, Spiegelungs|ebene, zur Spiegelung gehörendes → Symmetrieelement.

Spiegelglas, hochwertiges → Flachglas, wird auch heute noch z. T. im Hafen (→ Glas) erschmolzen, auf eine vorgewärmte Stahlplatte gegossen und flachgewalzt. Nach der Kühlung werden die Rohglastafeln beidseitig geschliffen und poliert. Beim modernen Bandverfahren wird das der Schmelzwanne entnommene, zähflüssige Glasband auf einer Walz-, Kühl-, Schleif- und Polierstraße zum S. geformt (→ Floatglas, → Tafelglas).

Spiegel|lineal, → Differentiator.

Spiegel|linse, Linse, deren Rückseite verspiegelt ist, so daß die einfallenden Lichtstrahlen zwei Brechungen an der Vorderseite erleiden.

Spiegelmaschine, Anlage, die ein Hochtemperaturplasma mittels einer → magnetischen Flasche zusammenhält. S. werden bei Experimenten zur kontrollierten → Kernfusion (BILD) eingesetzt.

Spiegel|objektiv, Objektiv, das außer Linsen zwei kugelförmig gewölbte Spiegel besitzt, wodurch der Strahlengang gefaltet und eine kurze Baulänge erreicht wird; v. a. als Teleobjektiv verwendet.

Spiegelprisma, Reflexions|prisma, ein → Prisma, das durch Totalreflexion wie ein Spiegel wirkt, z. B. beim Scherenfernrohr und beim Periskop.

Spiegelreflexkamera, → Photographie.

Spiegelteleskop, Spiegelfernrohr, Reflektor, ein → Fernrohr 1), bei dem ein meist parabolisch geschliffener Spiegel als Objektiv das Bild des Gegenstandes erzeugt, das nach Herausführung aus dem Tubus mit einem Okular betrachtet oder photographiert werden kann. Größere S. werden v. a. in der Astronomie verwendet. Am gebräuchlichsten sind die S. nach I. NEWTON **(Newton-Spiegel** [nj′u:tn-], BILD 1 S. 27) und N. CASSEGRAIN **(Cassegrain-Reflektor** [kasgr′ɛ̃-]) mit durchbohrtem Hauptspiegel (BILD 2 S. 27), was beim Coudé-System durch Verwendung von Hilfsspiegeln vermieden wird, sowie der komafreie → Schmidt-Spiegel.

Spiegelung, 1) Mathematik: Eine Abbildung σ des zweidimensionalen Raums $\mathbb{R}^2$ auf sich heißt **S. an einer Geraden** g, wenn alle Punkte von g → Fixpunkte sind und wenn g für die übrigen Punkte Mittellot der Strecke ist, die Originalpunkt P und Bildpunkt σP verbindet (BILD 1). P und σP liegen bezüglich g **symmetrisch** (→ Symmetrie). g heißt **Achse** der S. Eine Abbildung σ heißt **Punktspiegelung** an M, wenn M einziger Fixpunkt ist und die Strecke zw. jedem nicht fest bleibenden Punkt P und seinem Bildpunkt σP halbiert (BILD 2). **S. am Kreis** → Inversion 4).

2) Optik: die regelmäßige → Reflexion von Licht; Abbildung eines Objekts durch einen → Spiegel.

Spiegelung an einem Punkt, Inversion, eine → Symmetrieoperation. (TAFEL Kristall I, BILD A)

Spiegelung an einer Ebene, Spiegelung, eine → Symmetrieoperation. (→ Kristall)

Spiel, Technik: der Maßunterschied zw. zwei zueinander gehörigen Maschinenteilen, wenn das umschlossene kleiner ist als das umfassende, z. B. bei der **Spielpassung** (→ Passung).

Spieltheorie, von J. v. NEUMANN (1928) zus. mit O. MORGENSTERN (1944) begründete mathemat. Theorie zur Beschreibung strategischer Spiele, bei denen i. Ggs. zu reinen Glücksspielen (z. B. Roulette) die Spieler Einflußmöglichkeiten besitzen, die das Spiel vollständig (z. B. Schach) oder teilweise (z. B. Skat) festlegen.

Ein **Spiel** wird durch eine Menge von Regeln definiert, die alle möglichen Zugfolgen und die zu den einzelnen Zügen berechtigten Individuen **(Spieler)** festlegen. Eine jeweils realisierte Zugfolge des Spiels heißt **Partie.** Am Ende jeder Partie erfolgt, entsprechend dem erreichten Endzustand, eine Auszahlung an die Spieler. Unter der **Strategie** eines Spielers versteht man einen vollständigen Plan der Entscheidungen, die er in jeder möglichen Spielsituation (in Abhängigkeit von den ihm jeweils zugängl. Informationen) treffen will. Für Spiele mit allgemeiner Spielsumme und Mehrpersonenspiele existiert noch keine geschlossene und allgemein akzeptierte Lösungstheorie. Die S. wird weiter entwickelt, Hauptanwendungsgebiete sind Produktions- und Preistheorie, Operations Research, Statistik und militär. Planung.

Spieß, Drucktechnik: schwarze Stellen zw. Zeilen oder Wörtern, entstanden durch ein unbeabsichtigt mitdruckendes Teil (Ausschlußstück oder Steg); nur im Buchdruck möglich.

Spießglanze, Bez. für → Glanze; artenreiche Mineral-Gruppe von ›Komplex-Sulfiden‹, die sich aus m Einheiten eines Sulfides MeS (Me z. B. Pb, Fe, Ag_2, Cu_2) und n Einheiten eines Sulfides R_2S_3 (R = As, Sb, Bi) zusammensetzen. Kristallstruktur und nadelförmiger Habitus der S. ähneln dem Antimonit; sie sind hell- bis dunkelgraue, metallisch glänzende, hydrothermal gebildete Gangminerale; zu ihnen gehören u. a.: Bournonit, Jamesonit, Livingstonit, Pearceit, Plagionit, Plumosit, Polybasit, Seligmannit, Skleroklas, Stephanit.

Spika, Spica, Hauptstern (1. Größenklasse) im Sternbild Jungfrau **(Alpha Virginis)**; entferntester Stern im → Frühjahrsdreieck (etwa 230 Lj).

Spikes [spaɪks, engl.], in die Lauffläche von Kraftfahrzeugreifen **(S.-Reifen)** einvulkanisierte Stahlstifte zur besseren Übertragung von Kräften auf vereiste Fahrbahnen; in der Bundesrep. Dtl. seit 1975 verboten.

Spilite *Mz.,* dunkle, basalt- oder diabasähnliche Gesteine mit Albit als Feldspat.

Spill *das,* Winde mit senkrechter oder horizontaler Achse zum Ankerlichten **(Anker-S.)** oder zur Leinenbedienung **(Verhol-S.)**; heute meist elektrisch, seltener mit Dampf oder Hand angetrieben.

Spin *der,* **Eigendrehimpuls,** Formelzeichen s, innere Eigenschaft eines → Elementarteilchens oder eines Systems von Elementarteilchen. Der S. läßt sich anschaulich vorstellen als Drehimpuls einer Eigenrotation der Teilchen, was jedoch nicht den realen Gegebenheiten entspricht, und ist zu unterscheiden vom Bahndrehimpuls, der z. B. beim Elektron vom Umlauf um den Atomkern herrührt. 1925 entdeckten S. A. GOUDSMIT und G. E. UHLENBECK, daß das Elektron einen S. besitzt. Als geeignete Einheit erweist sich das durch 2 π geteilte → Plancksche Wirkungsquantum $\hbar = h/2\pi$ für den S., $|s| = s \cdot \hbar$, s = **Spinquantenzahl.** Alle bis heute in der Natur nachgewiesenen Elementarteilchen haben halbzahlige **(Fermionen:** z. B. Elektron, Proton, Neutron: $s = 1/2$; Omegateilchen: $s = 3/2$) oder ganzzahlige **(Bosonen:** z. B. Photon: $s = 1$; Pion: $s = 0$) Spinquantenzahlen. Ein System von Fermionen gehorcht der → Fermi-Dirac-Statistik, ein System von Bosonen der → Bose-Einstein-Statistik; beide Systeme zeigen sehr verschiedenes Verhalten. Für den S. gilt die → Richtungsquantelung. S. und Bahndrehimpuls wechselwirken miteinander durch die **Spin-Bahn-Kopplung (Spin-Bahn-Wechselwirkung).** Sie ermöglicht das Verständnis der Spektren und damit des Aufbaus der Elektronenhülle eines Atoms (→ Feinstruktur) sowie des Schalenaufbaus der Nukleonen im Atomkern.

Spindel, 1) Maschinenbau: Welle, bes. an Werkzeugmaschinen. Die **Haupt-** oder **Arbeits-S.** nimmt bei Drehmaschinen das Werkstück auf, bei Fräs-, Schleif- und Bohrmaschinen das Werkzeug. **Zug-** und **Leit-S.** sind Wellen für die Bewegung der Hilfsantriebe (z. B. bei der Drehmaschine, → Drehen). Bei **S.-Pressen** heißt die Antriebswelle S.

2) Physik: **Senkspindel,** Bez. für das → Aräometer.

3) Spinnerei: schnellrotierendes Konstruktionselement von Spinn-, Zwirn- und Texturiermaschinen, das dem Faden die Drehung erteilt. Die optimale Drehzahl der S. bestimmt weitgehend die Produktion.

Spindelöle, → Schmieröle.

Spinell, 1) *der,* Einzelname des Minerals $MgAl_2O_4$ **(eigentlicher S.).** – 2) Gruppenname für die mit 1) isotypen und mit diesem sowie untereinander unbeschränkt mischbaren Minerale. Alle S. sind kubisch; in ihrem Gitter bilden die Sauerstoffe eine kubisch dichteste Kugelpackung. Allg. Formel AB_2O_4 (A = Mg, Fe^{2+}, Zn, Mn; B = Al, Fe^{3+}, Cr); die jeweils gegenseitige Ersetzbarkeit der Elemente führt zu einer großen Zahl einzelner, oft nicht scharf abgrenzbarer S.-Minerale folgender Untergruppen:

a) **Aluminat-S.,** unmetall. Aussehen, große Härte, geringe Dichte; u. a. **Spinell,** farblos und alle Farben; H. 8, D. 3,5; meist kleine Kristalle, größere gerundet, oft Zwillinge nach dem ›S.-Gesetz‹; Kontaktmineral in Kalken und Dolomiten, häufig in Seifen; Abarten: **Edler S.,** rot in versch. Tönen, auch blau (z. T. geschätzte Edelsteine); blaßroter **Rubinbalais** [-bal'ɛ]; dunkelroter **Rubin-S.** oder **Ballasrubin;** gelblichroter **Rubicell;** bläulichroter **Almandin-S.;** grasgrüner **Chloro-S.;** schwarzer → Pleonast (Mg, Fe) (Al, Fe)$_2$O$_4$; schwarzer, chromhaltiger **Picotit;** schwarzer **Hercynit** und der grüne oder bläul. Edelstein **Gahnit** (Zink-S., $ZnAl_2O_4$). – b) Ferritspinelle, eisenreiche, dunkle, z. T. magnet. S.-Minerale hoher D.; u. a. **Magnesioferrit** $MgFe_2O_4$ (D. 4,6–4,7; in vesuv. Laven); → Magnetit; **Jacobsit** $MnFe_2O_4$ (stark ma-

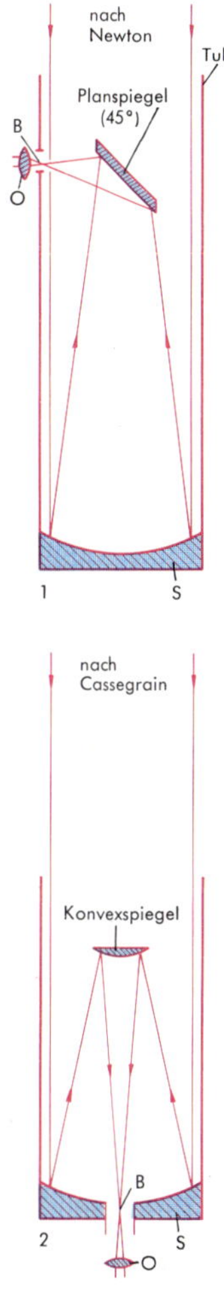

Spiegelteleskop: S Spiegel, B Brennpunkt, O Okular

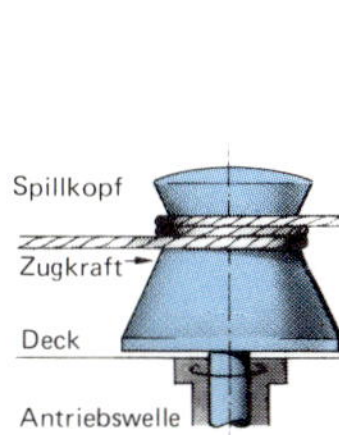

Spill: Verhol-Spill

Spinell 1: rote Kristalle (Sri Lanka); schwarzer Kristall (Thailand)

Spinell 2: verschiedenfarbige geschliffene Varietäten

gnetisch, Manganerz); **Franklinit** (Fe, Zn, Mn) Fe_2O_4; sowie der seltene **Trevorit** (u. a. in Eisenmeteoriten). – c) **Chromit-S.**, u. a. →Chromit sowie der in Peridotiten häufigere **Magnesiochromit** $MgCr_2O_4$. – d) die selteneren **Vanadium-**, **Titan-** und **Germanium-S.**

3) S. werden auch die sehr zahlreichen künstl. Kristallverbindungen vom ›S.-Typus‹ bezeichnet; von diesen sind einige technisch bedeutsam (z. B. Ferrit), weitere sind als Edelstein-Imitationen im Handel (Mischkristalle von γ-Al_2O_3 mit einem S.).

Spinnerei, Textilbetrieb und Herstellung von →Garn aus →Spinnfasern auf mechan. Weg. Als Rohstoff verwendet man natürl. Spinnfasern (→Faserstoffe) und Chemiespinnfasern (→Konverter 6, →Chemiefasern). Die Fasern können naturfarben und/oder gefärbt, rein und/oder in Mischung versponnen werden. Auch die Herstellung der Monofile und Multifile für Chemiefaserendlosgarne wird als ›Spinnen‹ bezeichnet. Eine Ausnahme bilden die Seidengarne, die aus den Kokons des Maulbeerspinners als Endlosgarne gewonnen werden. Dagegen werden die Seidenabfälle als Spinnfasern weiterverarbeitet.

Beim **Handspinnen** wurden die Fasern aus dem Spinnrocken gezogen, geordnet, mit der Hand und mit Hilfe einer Handspindel gedreht und aufgewickelt.

Mit dem **Spinnrad** wurde der Faden durch eine Flügelspindel bereits mechanisch gedreht und aufgewunden; das Ordnen der Fasern geschah noch von Hand. In der modernen mechan. S. erfolgt der Spinnprozeß in mehreren Stufen. Wegen der großen Unterschiede der verwendeten Spinnfasern mußten verschiedene Arten von S. entwickelt werden.

Der älteste Zweig ist die **Baumwoll-S.** (andere Bez.: **3-** oder **4-Zylinder-** oder **Kurzfaser-S.**) mit im wesentlichen folgenden Ablaufstufen: Öffnen, Reinigen und Mischen der Faserstoffe auf dem →Batteur, Herstellung eines →Spinnfaserbandes auf der Karde (→Krempel), Vergleichmäßigen des Produktes und Längsorientierung der Fasern durch Doppeln und Verziehen (→Verzug 1) der Bänder auf der →Strecke 3). Weiteres Verfeinern und Drehen des Faserbandes zu einem →Vorgarn auf dem →Flyer. Das letzte Verziehen bis zur gewünschten →Garnfeinheit und Aufwinden erfolgt auf der →Ringspinnmaschine oder beim →Rotorspinnen auf der Rotorspinnmaschine. Beim Rotorspinnen entfällt die Vorgarnherstellung, weil direkt Streckenbänder vorgelegt werden können. Für bes. feine und saubere Ringspinngarne wird bei der Baumwollverarbeitung ein Kämmprozeß eingeschaltet. (BILDER S. 29)

In der **Kammgarn-S.** (andere Bez. **Woll-** oder **Langfaser-S.**) wurde früher nur Wolle versponnen. Heute mischt man häufig mit Chemiespinnfasern (z. B. Wolle/Polyester 45/55%), auch als Melange (→Mischen 4). Der Spinnprozeß ist im Prinzip dem der Baumwoll-S. ähnlich, weil auch hier das Garn durch Doppeln und Verziehen von Spinnfaserbändern gebildet wird. Baumwoll- und Kammgarn-S. werden auch unter dem Oberbegriff ›Streckwerk-S.‹ eingeordnet. Die Aufbereitung der Wolle erfordert zunächst einen Waschprozeß und das Auskämmen von Kurzfasern und Unreinigkeiten (→Kammzug), im eigtl. Spinnprozeß folgt häufig ein weiteres Waschen und Nachkämmen. Die Maschinen der Kammgarn-S. sind der größeren Faserlänge angepaßt. Die Strecken haben besondere Faserführungssysteme (→Hechel), das Vorgarn kann statt auf dem Flyer auch ohne echte Drehung durch →Nitscheln auf einer Nitschelstrecke (Finisseur) hergestellt werden. In der Kammgarn-S. sind viele abgewandelte oder verkürzte Verfahren entwickelt worden (z. B. Halbkammgarn).

Beim **Streichgarnverfahren** (andere Bez. **2-Zylinder-**, **Vigogne-** [vig'ɔɲ-], **Imitatgarn-S.**) kommen nahezu alle spinnfähigen Faserstoffe mittlerer und kurzer Stapellänge zur Verarbeitung (→Abfallspinnerei), auch gefärbte oder melierte Garne aus Reißbaumwolle oder vorher gefärbte Faserabfälle (**Bunt-S.**). Man arbeitet nach einem eigenen Spinnprinzip: An Stelle eines Spinnfaserbandes wird auf der →Krempel der →Flor in Streifen geteilt und durch Nitscheln direkt zum Vorgarn geformt (deshalb auch als ›Teilungsspinnen‹ bezeichnet). Das Mischen und Öffnen der Faserstoffe erfolgt in der Wolferei auf dem →Krempelwolf. Neben der Ringspinnmaschine ist hier auch noch vereinzelt der →Selfaktor als Feinspinnmaschine anzutreffen.

Weitere S.-Zweige sind die Bastfaser-, Schappe-S. u. a. Über die Chemiefaserherstellung →Chemiefasern.

Geschichtliches. Die ältesten Spindeln (Neolithikum) waren vermutlich aus Holz; als Schwunggewichte dienten meist aus Ton gefertigte Spinnwirtel. Das Tretspinnrad kam zu Beginn des 16. Jh. auf. Die späteren wichtigen Erfindungen wurden in Großbritannien gemacht. R. ARKWRIGHT schuf 1769 die erste brauchbare Flügelspinnmaschine, die er 1775 für Wasserkraft- und 1790 für Dampfkraftantrieb ausgestaltete. 1767 mechanisierte J. HARGRAVES (Hargreaves) das Handspinnrad und schuf die nach seiner Tochter benannte Jenny-Maschine. S. CROMPTON konstruierte die Mulemaschine. Daraus entstand 1825/30 durch R. ROBERTS der Selfaktor. Die Kämmaschine konstruierte 1845 J. HEILMANN. Die Ringspinnmaschine wurde 1830 in den USA entwikkelt. Die erste Deckelkrempel baute 1880 E. LEIGH. Für die Woll-S. waren die Erfindung des Wollschlägers durch J. KAY (1733), des Klettenwolfs durch TH. R. WILLIAMS (1826), der Wollwaschmaschine durch den Berliner Tuchmacher SEHLMACHER (1833) sowie die Verbesserung der Kämmaschine durch S. LISTER (1850) und J. NOBLE (1853) von Bedeutung. – Die weitere Entwicklung in der S. ist u. a. durch die Verwendung von Rollenlagerspindeln und Regelmotoren zur Erhöhung der Spindeldrehzahlen, durch die Konstruktion von Streckwerken mit Höchstverzügen zur Einsparung von Vorspinnpassagen und durch die Offen-End-Spinnerei gekennzeichnet.

Technik: W. OESER: Mechan. S. (1971); P. ARTZT u. G. EGBERS: Technologie des Rotorspinnens (1979); C. CROCKETT: Das komplette Spinnbuch (a. d. Engl., 1980). – **Geschichte:** A. BOHNSACK: Spinnen und Weben (1981).

Spinnerfeinheit, die Länge des aus 1 g (lb, kg) Wolle spinnbaren Fadens.

Spinnfaserband, Vorprodukt in der Spinnerei aus einer Vielzahl von →Spinnfasern, das ohne Drehung durch die Faserreibung zusammenhält.

Spinnfasern, nach DIN Fasern begrenzter Länge (Stapelfasern), die sich textil verarbeiten lassen, d. h. neben genügender Länge eine ausreichende Festigkeit und Biegsamkeit aufweisen. – Ggs.: **Filamente.**

Spinnvlies, Spunbond [sp'ʌnbɔnd, engl.], textiles Flächengebilde, das aus den unmittelbar extrudierten oder düsengesponnenen Chemiefäden besteht, deren Filamente im gleichen Arbeitsgang verstreckt, geöffnet, verwirrt und mechanisch, thermisch oder chemisch zu einem Vlies verfestigt werden.

Spinor, Mathematik, theoret. Physik: Größe aus vier Komponenten mit anderen Transformationseigenschaften als Vierervektoren. Der Zustand eines Teilchens mit Spin 1/2 kann quantenmechanisch durch einen S. beschrieben werden.

Spinwellen, elementare Anregungen von Spinsystemen in Ferromagnetika und Ferriten, bei denen die Orientierung von Spins relativ zum Kristallgitter periodisch geändert wird und die sich wellenförmig durch den Kristall ausbreiten. Die Quanten der S. heißen → Magnonen. Bei Anregung einer S. erniedrigt sich der Gesamtspin, da die Spins nicht mehr alle parallel stehen, und zwar in der Weise, daß im Mittel genau ein Spin umgeklappt ist. S. können z. B. durch hochfrequente Wechselfelder, durch Neutronenstreuung oder auch thermisch angeregt werden. Zum Nachweis kann ihre Wechselwirkung mit Phononen und Neutronen ausgenutzt werden.

Spirale, gekrümmte Linie, die unendlich viele Umläufe um einen festen Punkt macht. Die einfachste S. ist die **Archimedische S.** (Gleichung in Polarkoordinaten $r = c\varphi$), sie wird von einem Punkt beschrieben, der gleichförmig auf einer Geraden fortschreitet, während diese um einen festen Punkt gleichförmig gedreht wird. Der Abstand des Punktes r vom festen Anfangspunkt ist daher proportional dem Drehungswinkel φ. Ist r eine andere Funktion von φ, beschreibt der Punkt andere S., z. B. die **logarithmische S.** (Gleichung $r = a\,e^{c\varphi}$), **hyperbol., parabol. S.** Dabei sind a und c Konstanten. Die → Klothoide oder **Cornu-S.** [kɔrn'y-] umläuft zwei Punkte. (BILD S. 30)

Spiralnebel, scheinbar häufigstes → Sternsystem (BILD), mit einem zentralen Kern,um den sich zwei oder mehrere Spiralarme winden. Bei **Balkenspiralen** verlaufen vom Kern zunächst zwei Spiralarme radial nach außen.

Spirane, Spiro-Kohlenwasserstoffe, → Kohlenwasserstoffe.

Spiritus, Weingeist, 1) offizinell nach dem Dt. Arzneibuch ist S. ein Äthanol-Wassergemisch mit 90 Vol.-% Äthanol, **S. dilutus** ein Äthanol-Wassergemisch mit 70 Vol.-% Äthanol.

2) umgangssprachlich für Brennspiritus (denaturiertes Äthanol).

Spitze, Mathematik: Bez. für eine bes. Singularität (→ singulär). Die → Neilsche Parabel hat eine S. im Nullpunkt.

Spitzen|entladung, elektr. Entladung an Spitzen (d. h. an Stellen mit kleinem Krümmungsradius), wo schon bei geringen Spannungen ausreichend hohe Feldstärken für eine → Gasentladung auftreten. Nach dem Erscheinungsbild unterscheidet man → Koronaentladungen und → Büschelentladungen; auch das → Elmsfeuer beruht auf S.

Spitzenkraftwerk, Wasser-, Dampf- oder Gasturbinen-Kraftwerk hoher Einsatzbereitschaft zur Deckung von kurzen Bedarfsspitzen. Ggs.: → Grundlastkraftwerk.

Spitzenlast, → Belastung 2).

Spitzenzähler, von H. GEIGER entwickeltes Gerät zum Nachweis geladener Teilchen, das ähnlich wie ein → Zählrohr arbeitet. Ein S. besteht aus einem mit einem Eintrittsfenster für die Teilchen versehenen Metallgehäuse, in das isoliert eine auf einige Hundert Volt gegen das Gehäuse aufgeladene Spitze hineinragt.

Spitzgattheck, bei kleineren Booten übliche Bez. des Kreuzerhecks (→ Heck).

Spitzkasten, Aufbereitung: Gerät zur Klassierung (u. U. auch zur Sortierung und Eindickung) von Feststoffteilchen in dünnen Trüben.

Spitzkehre, Eisenbahnbau: stumpf endender Teil eines Streckengleises, aus dem eingefahrene Fahrzeuge über eine Abzweigweiche in entgegengesetzter Fahrtrichtung weiterfahren können; bei einfachen Betriebsverhältnissen zur Überwindung größerer Höhenunterschiede.

spleißen, splissen, Enden von Hanf- oder Drahtseilen dauerhaft verbinden **(Spleiß, Spliß),** bes. zum Bilden eines ›Auges‹ (Schlingenöffnung) am Ende oder zum Zusammenfügen einer gerissenen (›gebrochenen‹) Leine. (BILD S. 30)

Spline-Interpolation [splaın-, engl.], **S-Interpolation,** Interpolation, bei der über große Intervalle mit einer hinreichend ›glatten‹ Kurve interpoliert wird. Ist $[a, b]$ ein Intervall der reellen Geraden und $a = x_0 < x_1 < \ldots < x_n = b$ eine Einteilung, $y_0, \ldots, y_n$ seien gegebene Werte, z. B. Werte einer Funktion in $x_0, \ldots, x_n$, dann ist eine kubische **Spline-Funktion** (in der Praxis meist verwendet) zur obigen Einteilung und den Werten y_i eine Funktion $f\colon [a, b] \longrightarrow \mathbb{R}$, die in den x_i die Werte $f(x_i) = y_i$ $(i = 0, \ldots, n)$ annimmt, in jedem Intervall $[x_i, x_{i+1}]$ $(i = 0, \ldots, n-1)$ eine Polynomfunktion vom Grad 3 ist und in den Stützstellen $x_0, \ldots, x_n$ zweimal stetig differenzierbar ist. Die letzten Bedingungen besagen, daß die aus Stücken von Polynomfunktionen vom Grad 3 zusammengesetzte Funktion f an den Stützstellen einen möglichst glatten Übergang zw. diesen Polynomfunktionen besitzt. Die Bestimmung von f erfolgt z. B. mit Hilfe linearer Gleichungssysteme. Analog werden höhere Spline-Funktionen (die aus Stücken von Polynomfunktionen höheren Grades $2m+1$ mit entsprechenden Anschlußbedingungen bestehen) definiert. S.-I. wird z. B. verwendet, um Kurven durch gegebene Punkte (x_i, y_i) zu finden oder um Ansatzfunktionen zur Lösung von Randwertaufgaben von Differentialgleichungen zu gewinnen.

Splint, 1) das Splintholz, → Holz.

2) aus Draht gebogener, zweischenkliger Stift, der durch ein Loch in einen Maschinenteil gesteckt wird **(Vorsteckstift)** und als → Schraubensicherung dient. (BILD S. 31)

Splitfasern, durch fibrilläres Aufspalten (Spleißen) hochverstreckter Polyäthylen- oder Polypropylenfolien entstehende Flachfasern für Bindegarne, Schnüre, Seile.

Splitt, gebrochenes Gestein in Korngrößen von 2–25 mm zum Aufbau von bituminösen Fahrbahndecken, als **Roll-S.** mit Teer gemischt v. a. zur Straßenausbesserung. – **Beton-S.,** Zuschlagstoff für Beton, Körnung 7–30 mm.

splitterfreies Glas, → Sicherheitsglas.

Spodumen *der,* Mineral, ein → Pyroxen.

Spoiler [sp'ɔılə, engl.], **1)** Flugzeug: → Störklappen.

2) Kfz: bei manchen Kraftwagen, bes. bei Sport- und Rennwagen die Luftleitbleche, auch Stabilisierungsflossen, die den Fahrtwind nach oben ableiten und dabei einen Abtrieb erzeugen, der die Hinterräder auf die Fahrbahn drückt; außerdem leiten sie den Fahrtwind von Flächen ab, die bes. viel Luftwiderstand bieten, z. B. von den freistehenden Rädern.

Spontanspaltung, seit 1940 bekannte Art des radioaktiven Zerfalls (→ Radioaktivität); die Spaltung schwerer Atomkerne mit $Z \geqq 90$ ohne Beschuß durch andere Teilchen in meist zwei Bruchstücke, deren Massen sich wie etwa 2:3 verhalten. S. kommt bei den in der Natur vorhandenen schweren Elementen Uran und Thorium sehr selten vor und tritt erst für einige künstlich hergestellte Transurane häufiger auf. Die partiellen Halbwertszeiten reichen von einigen Millisekunden bis zu 10^{17} Jahren.

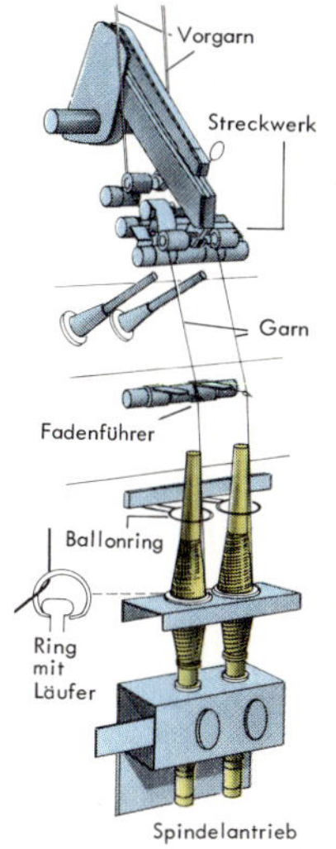

Spinnerei 1: Prinzip des Ringspinnens

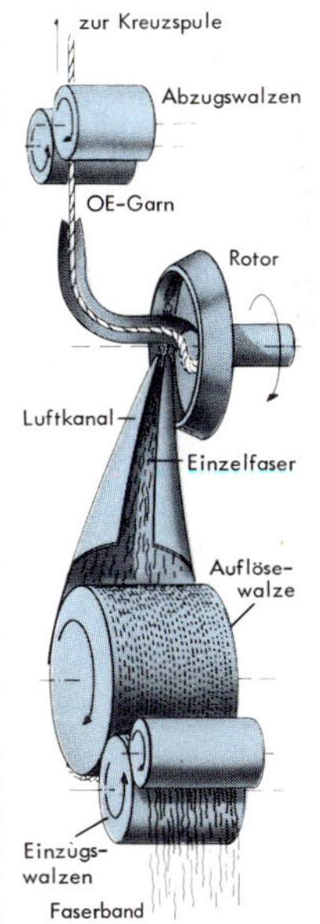

Spinnerei 2: Prinzip des Rotorspinnens

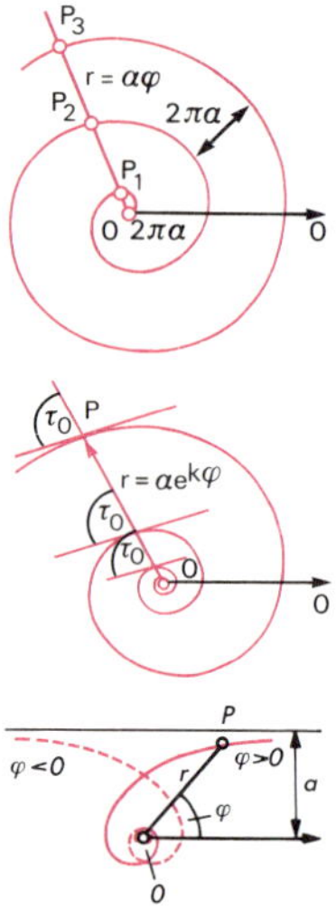

Spirale:
OBEN Archimedische S.,
MITTE logarithmische S.,
UNTEN hyperbolische S.

Spool [spu:l], Abk. für engl. **Simultaneous Peripheral Operations On Line** [sɪməlt'eɪnjəs pər'ɪfərəl ɔpər'eɪʃnz ɔn laɪn], Datenverarbeitung: automatisierte Ein- oder Ausgabe von Daten auf langsame → Peripheriegeräte über schnelle externe Speicher wie Magnetbänder oder -platten **(Spoolbetrieb).** Das Verfahren wird bes. zur Ausnutzung von Geräten, die mit Druck- oder Schreibwerken Klartexte ausgeben, eingesetzt.

Sporn, 1) Flugzeugbau: Bauteil eines Flugzeugfahrwerkes, das zur Abstützung des Rumpfhecks benötigt wird, wenn die Hauptfahrwerkeinheiten vor dem Schwerpunkt angeordnet sind **(Spornfahrwerk);** ausgeführt als **Spornrad** oder **Gleitkufe.**

2) Geographie: Vorsprung eines Berges, meist steilwandig; bes. im Schnittpunkt zweier Täler.

3) Wasserbau: → Herdmauer.

Spot, frz. Erderkundungssatellit, der ab der zweiten Jahreshälfte 1984 in einer sonnensynchronen Bahn in 822 km Höhe die Erde umkreisen und deren Oberfläche mit zwei speziellen Kameras untersuchen soll. Das Auflösungsvermögen der Kameras, die in drei verschiedenen Wellenlängenbereichen arbeiten, liegt bei 10 m.

Spotlight [sp'ɔtlaɪt, engl.], Scheinwerfer mit engem Lichtbündel für Effektbeleuchtungen, z. B. bei photographischen Aufnahmen.

Spotmessung, Punktmessung, Verfahren zur Belichtungsmessung in Spiegelreflexkameras, bei dem – i. Ggs. zur Integralmessung – nur die Bildfeldmitte berücksichtigt wird (→ Belichtungsmesser).

Sprach|analyse, Umsetzung der (menschl.) Sprache in elektron. Informationen (→ Spracherkennung). Die Umkehrung dieses Vorganges (Umwandlung elektron. Signale in künstl. Sprache) ist die → Sprachsynthese.

Sprach|ausgabe, Ausgabe von Informationen in natürlicher oder künstlich erzeugter menschl. Sprache. Es gibt S.-Systeme für die unterschiedlichsten Zwecke. Die Möglichkeiten reichen dabei von einfachen Ansagegeräten für die Wiedergabe vorgespeicherter Texte über Systeme mit umfangreichem Vokabular bis zum vollsynthetischen System mit uneingeschränkten Möglichkeiten. Bei der Vollsynthese wird aus einem orthographisch vorliegenden Text nach einer linguistisch-phonet. Vorverarbeitung ein phonet. Text erzeugt. Danach werden Steuersignale für Sprachspektrum, Rhythmus, Betonung und Sprechmelodie abgeleitet und im Sprachsynthesizer in hörbare Signale umgewandelt (→ Sprachsynthese).

Sprache, 1) Gebrauch gleichbleibender → Zeichen zur Verständigung; 2) Zeichenvorrat als Besitz einer Sprachgemeinschaft oder jedes einzelnen Sprachteilhabers; 3) die einzelne Sprechleistung, auch die Synthese aus natürl. und künstl. Elementen. (→ Sprachsynthese, → Programmiersprache)

spleißen:
Herstellung eines Kurzspleißes

Sprach|eingabe, Eingabe gesprochener Informationen in eine elektron. Datenverarbeitungsanlage. Die S. bringt viele Vorteile gegenüber den traditionellen Eingabemöglichkeiten. Da das gesprochene Wort direkt zur Daten- oder Kommandoeingabe verwendet werden kann, sind die Tätigkeiten des Ablesenes und der wiederholten Übertragung von Daten nicht notwendig. Man unterscheidet Systeme zur Einzelworterkennung und zur Erkennung kontinuierlicher Sprache (→ Spracherkennung). Die Systeme sind sprecherabhängig, der Vokabularumfang ist beschränkt.

Sprach|erkennung, Identifizierung von Lauten, Silben oder ganzen Wörtern durch automat. Klassifikation der Sprachschallsignale. Es gibt Systeme zur Erkennung von Einzelwörtern, deren Erkennungssicherheit derjenigen des menschl. Gehörsystems ebenbürtig ist. Einschränkungen: Das System muß jeweils auf einen bestimmten Sprecher adaptiert sein. Der Vokabularumfang darf nicht zu groß sein, er liegt bei leistungsfähigen Einzelwortsystemen bei mehreren hundert Wörtern. Die Sprache muß mit guter technischer Qualität (ohne Störgeräusche) angeboten werden. Die **automatische Erkennung** kontinuierl. Umgangssprache kann bisher nur unzureichend bewältigt werden.

Sprachrohr, Schalltrichter, das → Megaphon.

Sprachsignal, → Sprachsignalerzeugung, → Sprachübertragung, → Sprachsynthese.

Sprachsignalerzeugung. Jedes Sprachsignal hat sein eigenes, spezif. Schwingungsbild. Man unterscheidet zw. stimmhaften Lauten, bei denen die Stimmbänder als Schallquelle tätig sind, und nichtstimmhaften Lauten, die durch das Strömen von Luft durch die Rachenhöhle, die Mund- und die Nasenhöhle erregt werden. Die eigtl. Artikulation als bewußte Sprachsteuerung geschieht im Bereich der Mundhöhle. Zunge, Lippen und Unterkiefer können dynamisch ihre Stellung verändern. Im Sprachsignal ist deutlich die Stimmbandgrundfrequenz zu erkennen, die bei Männerstimmen im Mittel zw. 100 Hz und 150 Hz, bei Frauenstimmen zw. 200 Hz und 300 Hz liegt. (→ Sprachübertragung, → Spracherkennung, → Sprachsynthese)

Sprachsynthese, künstl. Erzeugung von Sprache mit elektron. Mitteln. Die **Formantsynthese** benutzt drei Formanten für jeden Laut, um die natürl. Resonanzen der Stimmorgane nachzubilden. Stimmhafte Töne werden von einer Impulsquelle erzeugt, deren Amplitude moduliert wird, um die Intensität zu steuern. Stimmlose Laute werden generiert, indem weißes Rauschen durch einen Filter mit variablem Pol geschickt wird. Die **Linear Predictive Codierung** [l'ɪnɪə prɪd'ɪktɪv-, engl.], Abk. **LPC,** ist der Formantsynthese sehr ähnlich. Beide Verfahren arbeiten im Frequenzbereich (→ Fourier-Transformation). Der grundlegende Unterschied ist, daß LPC vorherige Vereinbarungen benötigt, um die Filterkoeffizienten zu bestimmen. Die Qualität der Synthese nimmt dadurch zu. Die **Signaldigitalisierung mit Kompression** war die erste Methode, die für die S. verwendet wurde. Dabei wird das Signal im Zeitbereich abgetastet, und zur Reduzierung des Speicherbedarfs mit Hilfe verschiedener Techniken zur Datenkompression weiterverarbeitet.

Eine frühe techn. Lösung der Analyse und Synthese von Sprachlauten war der **Vocoder** Abk. für **voice coder** [v'ɔɪs k'əʊdə], von H. DUDLEY, im Jahre 1936 erstmals vorgeführt. Im Vocoder werden aus der natürl. Sprache durch Mikrophon, Filter, Gleichrichter und Tiefpässe Amplitudenkurven gewonnen, mit denen in den entsprechenden Filterkanälen des Synthetisators die im Impuls- und Rauschgenerator erzeugten und durch die Stimmbandgrundfrequenz ausgewählten Frequenzen moduliert werden. Als Steuerspannung dient die im Analysator ausgesiebte Grundfrequenz der Vokale, die den Impulsgenerator schaltet und die Grundfrequenz synchronisiert (Verminderung der Bandbreite des Sprachsignals).

J. D. MARKEL u. A. H. GRAY JR.: Linear prediction of speech (Heidelberg 1976); L. BOLC: Speech communication with computers (München 1978).

Sprachsynthesizer [-s'ɪnθəsaɪzə, engl.], **Sprachgenerator,** Einrichtung zur Erzeugung eines kontinuierl. Sprachflusses mit techn. Mitteln. S. können z. B. zur akustischen Ausgabe (→Sprachausgabe) von Daten bei Rechenanlagen dienen. Physiolog. S. sind i. Ggs. zu akust. S. dem Funktionsmechanismus des organ. Stimmbildungssystems nachgebildet (→Sprachsignalerzeugung, →Sprachsynthese).

Sprachübertragung, Sprachsignale zum Zweck der Kommunikation zw. Menschen über größere Entfernungen zu übertragen, ist die Hauptaufgabe der Nachrichtentechnik. Bei der **Zweistufensprache** wird das Sprachsignal in Rechtecksprünge umgewandelt, dieses Signal klingt rauh, ist aber wenig störanfällig und für Mitteilungszwecke recht gut verständlich. Verbesserte Sprachqualität liefert das Verfahren der →Deltamodulation. Dabei wird die Kurve des Sprachsignals durch Übereinanderstellen von Einheitsspannungen angenähert. Komplizierte Systeme der S. führen zur Aufspaltung des Sprachsignals in Anregungs- und Artikulationsfunktion. (→Sprachsynthese, →Sprachsignalerzeugung)

Spratzen, plötzliches Entweichen gelöster Gase bei der Erstarrung flüssiger Metalle (oder von Lava), wobei feinste Tröpfchen verspritzen. Der Guß ist dann porös.

Spray [spreɪ, engl.] *der* oder *das,* Zerstäuber von Flüssigkeiten (Kosmetika, Medikamente, Pflegemittel, Insektizide, Farbmittel u. a.), auch der damit erzeugte Sprühstrahl (künstliche Aerosole); häufig wird auch die Flüssigkeit selbst S. genannt. (→Treibmittel)

Spreading-Hypothese [spr'edɪŋ-, engl.], →Seafloor-Spreading.

Sprecher|erkennung, Sprecher|identifikation, Sprecherverifikation, automat. Erkennung des Sprechers, es interessiert dabei, wer gesprochen hat. Mit Hilfe eines festgelegten Satzes soll eine ausweisähnliche Identifizierung erzielt werden, gleichbedeutend einer Unterschrift. Der identifizierte Sprecher kann danach, z. B. über das Telefon, autorisierten Zugriff zu Geld, Ware oder Informationen nehmen.

Sprechfunk, das →Funkfernsprechen, das Sprechen über ein →Funksprechgerät.

Sprechstelle, an ein Fernsprechnetz angeschlossener Fernsprecher, →Hauptanschluß.

Sprechzeug, kombinierte Mikrophon-Kopfhörer-Garnitur für alle Formen des Fernsprechens, insbes. für Vermittlungs- und Auskunftspersonal im öffentl. Fernsprechdienst (Abfrageapparat).

Spreißel, Holzbearbeitung: schmaler →Säumling.

Spreitlage, Wasserbau: bewurzelungsfähige Weidenruten, die, senkrecht oder schräg zur Fließrichtung dicht aneinander gelegt, als flächenhafte Ufersicherung entweder mit →Wippen oder mit Draht und Pfählen auf der Böschung eines Gewässers befestigt werden.

Spreitung, Auseinanderlaufen eines unlösl. festen oder flüssigen Stoffes auf der Oberfläche einer Flüssigkeit, wobei sich die Moleküle wie ein zweidimensionales Gas verhalten. Die treibende Kraft liegt in der Vermeidung energetisch ungünstiger Grenzflächen.

Spreizklappe, eine →Landeklappe an der Flügelunterseite, durch deren Abspreizen die Wölbung des Flügels vergrößert wird.

Spreizung, 1) Kfz: →Lenkung.

2) Nachrichtentechnik: **Bandspreizung, Banddehnung,** Auseinanderziehen v. a. der Kurzwellenbänder (→Kurzwellenlupe) zur Erleichterung des Abstimmens bei frequenzmäßig eng zusammenliegenden Sendern.

Sprengen, Lösen von Gestein und Lagerstätteninhalt sowie von Bauten aus dem urspr. Verband zu einem ladefähigen Haufwerk unter Verwendung von **Sprengstoffen** (→Explosivstoffe). Erforderlich sind sorgfältige Auswahl nach Sicherheitsgesichtspunkten (im Bergbau Schlagwetter, Sprengstoffschwaden) und betriebl. Anforderungen (Sprengkraft, Stückigkeit des Haufwerks). Zur Erzielung einer Sprengwirkung muß die Ladung in engem Raum eingezwängt und alle Öffnungen nach außen abgedichtet (verdämmt) werden, v. a. durch Versenken der Ladung in Bohrlöcher und Verdämmen der Öffnung durch Besatz aus plast. Material wie Lehm oder Letten, auch durch wasser- oder sandgefüllte Plastikschläuche.

Sprenggelatine [-ʒe-], energiereichster gewerblicher Sprengstoff aus 92–94% Nitroglycerin, das mit Collodiumwolle gelatiniert ist.

Spreng|granate, Geschoß, bestehend aus Hülle, Sprengstoffüllung und Zünder. S. von Maschinenkanonen enthalten i. Ggs. zu Artilleriegeschossen eine Selbstzerlegevorrichtung, die nach best. Flugzeit (5–10 s) wirkt. Die Wirkung beruht auf den Granatsplittern, die bei der Zerlegung der Hülle durch die Detonation des Sprengstoffes entstehen, und der vom detonierenden Sprengstoff ausgehenden Druckwelle. (BILD Geschoß)

Sprengkapsel, röhrenartige Kapsel aus Kupfer oder Aluminium mit einer kleinen Primärladung (Knallquecksilber, Bleiazid) und einer Sekundärladung (Nitropenta, Oktogen) zur Verstärkung. Die S. kann mechanisch (Zündnadel) oder elektrisch gezündet werden.

Sprengpunkt, der Punkt der Geschoßflugbahn, an dem ein mit einem Zeitzünder verfeuertes Sprenggeschoß in der Luft detoniert. Der lotrechte Abstand des S. von der Horizontalebene durch das Ziel heißt **Sprenghöhe,** der Abstand des Lotpunktes vom Ziel **Sprengweite.**

Sprengring, geschlitzter Ring aus federndem Material zur axialen Festlegung von Maschinenteilen, z. B. von Lagern auf Wellen, und zur →Schraubensicherung.

Sprengschnur, mit Hanf oder Jute und Kunststoff ummantelte Sprengstoffseele (aus Nitropenta oder Hexogen). S. werden verwendet, um große Sprengladungen oder mehrere Sprengladungen gleichzeitig zu zünden.

Sprengstoffe, →Explosivstoffe, →Wettersprengstoffe.

Sprengwerk, waagerechter Träger (Balken), der von unten her durch Streben und Riegel abgestützt ist. (→Hängewerk)

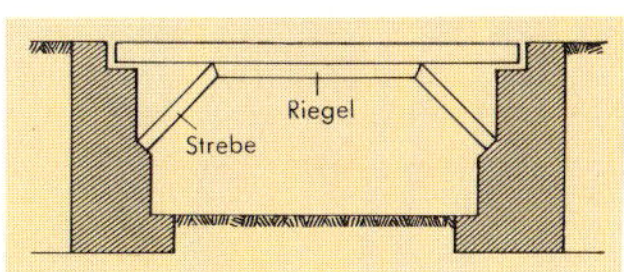

Sprengwerk

Springbrunneneffekt, →Superfluidität.

Springflut, Springtide, →Gezeiten (des Meeres).

Sprinkler, Sprühdüsen einer selbsttätigen Feuermeldeanlage und →Feuerlöschanlage.

Sprit *der,* umgangssprachl. Bez. für Branntwein, hochprozentiges →Äthanol; Treibstoff, Benzin.

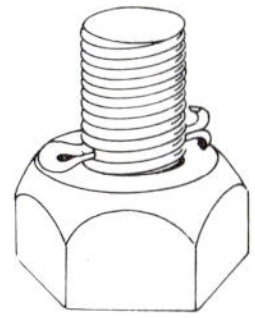
Splint 2)

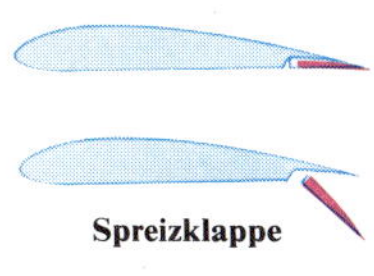
Spreizklappe

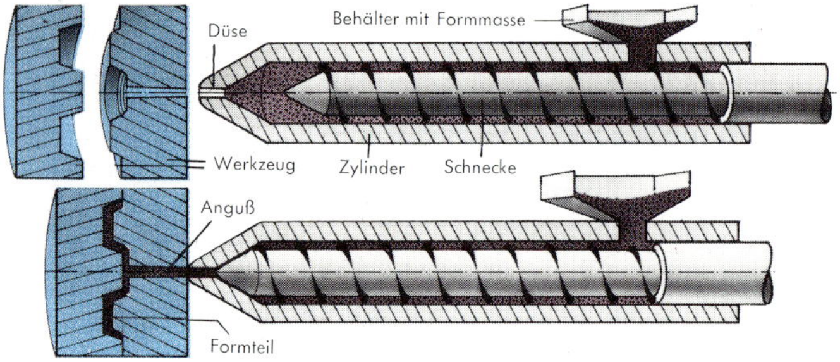

Spritzgießen 1):
OBEN Ausgangsstellung (nach Entformen der vorangegangenen Spritzung). UNTEN Schließen des Werkzeugs und Einspritzung

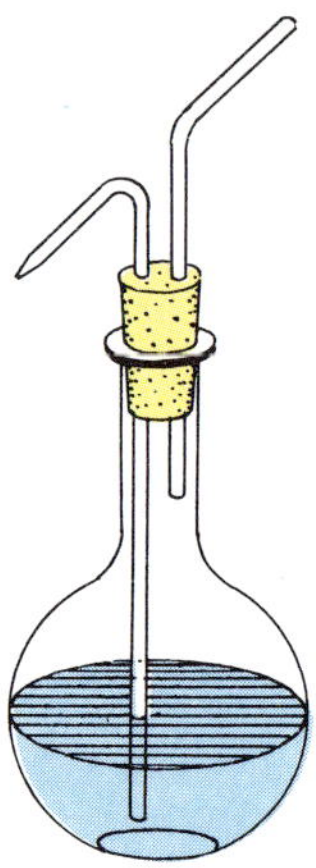

Spritzflasche

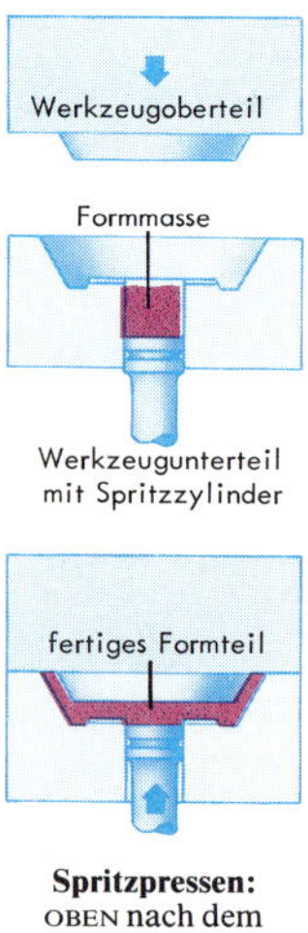

Spritzpressen:
OBEN nach dem Beschicken;
UNTEN nach dem Spritzen

Spritzbeton, ein → Beton, der in einer geschlossenen, überdruckfesten Schlauch- und/oder Rohrleitung zur Einbaustelle gefördert und dort durch Spritzen aufgetragen und dabei verdichtet wird. Beim Trockenspritzverfahren **(Trocken-S.)** wird der Ausgangsmischung i. Ggs. zum Naßspritzverfahren **(Naß-S.)** Wasser und ggf. Betonzusatzmittel erst an der Spritzdüse zugegeben.

Spritzflasche, in chem. Laboratorien verwendete Vorratsflasche für Waschflüssigkeiten. Durch Einblasen von Luft wird die Flüssigkeit in dünnem Strahl durch eine feine Öffnung gedrückt (Prinzip des Heronsballs).

Spritzgießen, Spritzguß, 1) Verfahren zum Herstellen von Kunststoff-Formteilen aus → Formmassen. Die z. B. pulver- oder granulatförmige Formmasse **(Spritzgießmasse)** wird im beheizten Spritzzylinder einer **Spritzgießmaschine** plastifiziert und mit hohem Druck in die formgebende Höhlung des **Spritzgießwerkzeuges** gespritzt. Die meist vollautomat. Spritzgießmaschine besteht aus der **Spritzeinheit** (mit beheiztem Zylinder, Kolben oder Schneckenkolben, Vorratsbehälter und Antriebsaggregaten), die die Formmasse dosiert, plastifiziert und in das geschlossene Werkzeug einspritzt, und der **Schließeinheit,** einer Presse, die das Werkzeug schließt und öffnet. – Für thermoplast. Formmassen ist das Werkzeug kalt oder mäßig warm; das Formteil erstarrt durch Erkalten. Für härtbare Formmassen ist das Werkzeug heiß; das Formteil härtet und kommt heiß aus dem Werkzeug. Auch Kautschuk wird durch S. verarbeitet.

2) von Metallen: → Druckguß, → Gießerei.

Spritzpistole, Spritzapparat, Farbenzerstäuber, pistolenförmiges Gerät zum Aufspritzen von flüssigen oder staubförmigen Stoffen auf Metall, Holz, Gewebe, Leder u. a. So werden Farbstoffe, Lacke u. a. Anstrichstoffe, auch Metalle (→ Metallspritzverfahren), Paraffin, Wollfasern u. a. verspritzt. **Druckluft-S.** werden mit Druckluft oder Wasserdampf betrieben, **elektr. S.** haben Pumpen oder nutzen die in einem elektrostat. Hochspannungsfeld auftretenden Kräfte zur Zerstäubung und zum Transport des Spritzmittels.

Spritzpressen, Transferpressen, Verfahren zum Herstellen von Kunststoff-Formteilen aus härtbaren → Formmassen, bei dem die Formmasse lose oder tablettiert, in dosierter Menge, meist vorgewärmt, einem Spritzzylinder zugeführt, erhitzt und mit einem Kolben unter hohem Druck in die formgebende Höhlung des auf Härtungstemperatur beheizten Spritzpreßwerkzeuges gespritzt wird; dort härtet das Formteil und wird heiß entformt.

Sprödglas|erz, Mineral, → Stephanit.

Sprossen, Teilungen eines Fensterflügels; Trritthölzer einer Sprossenleiter.

Sprossenschrift, Streifenschrift, Aufzeichnungsart beim → Lichttonverfahren.

Sprudel, Säuerlinge, aus natürl. oder erbohrten Quellen, die unter natürl. Kohlensäuredruck austreten.

Sprudelstein, Geologie: aragonit. Absatz (→ Aragonit), z. B. des Karlsbader Thermalsprudels (→ Sinter).

Sprung, Geologie: die → Verwerfung.

Sprung|antwort, Ausgangssignal eines zeitinvarianten linearen Systems (z. B. eines → Übertragungsglieds im → Regelkreis), falls das Eingangssignal eine Sprungfunktion ist. Die auf den Einheitssprung bezogene S. heißt **Übergangsfunktion** und kennzeichnet das Zeitverhalten des betreffenden Systems.

Sprungschicht, Meereskunde: Grenzschicht zw. zwei übereinanderliegenden Wassermassen verschiedener Dichte, durch verschiedene Temperaturen **(therm. S.),** verschiedene Salzgehalte **(haline S.)** oder durch beide Faktoren **(thermohaline S.)** verursacht. – Bei Binnenseen heißt die S. → Metalimnion.

Sprungstelle, Stelle x eines Definitionsbereichs einer Funktion f mit dem Funktionswert $f(x)$, an der die Funktion f nicht stetig ist (→ Stetigkeit).

Sprungtemperatur, die → kritische Übergangstemperatur (des Supraleiters).

Sprungtuch, Rettungsgerät der Feuerwehr aus Segeltuch, Größe 3,50 × 3,50 m, benötigt 16 Mann Bedienungspersonal. **Sprungpolster,** mechanisch mit Luft aufgefülltes S.; **Sprungkissen** (mit Generatorbetrieb).

Sprungwelle, Springflutwelle, die → Bore.

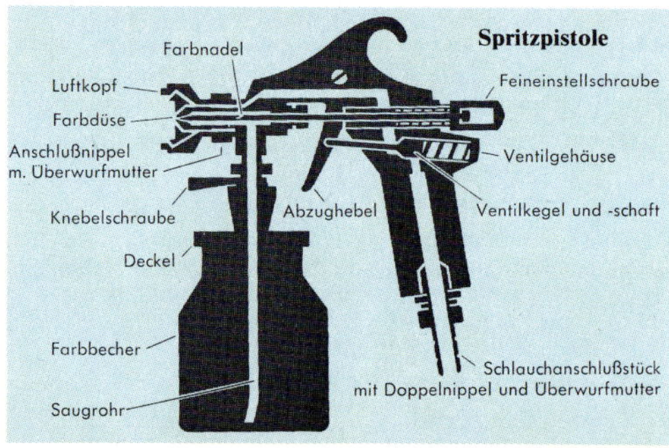

Spritzpistole

SPS, 1) Abk. für **Solar Power Satellite** [s'əʊlə p'aʊə s'ætəlaɪt, engl.], Idee eines Sonnenkraftwerkes auf Erdumlaufbahn. Die von einer Anzahl derartiger Satelliten-Kraftwerke in einer geostationären Umlaufbahn aus der Sonnenenergie über → Solarzellen gewonnene Elektrizität könnte in Form von Mikrowellen zur Erde abgestrahlt, von entsprechenden Empfangsantennen aufgenommen und wieder in Strom umgeformt werden. Eine Realisierung würde enorm hohe Investitionen erfordern.

2) Abk. für **speicherprogrammierbare Steuerung,** elektron. Einrichtung zur Steuerung und Automatisierung techn. Vorgänge und Abläufe; Anwendungsgebiete sind z. B. Handhabungs- und Montagetechnik, Überwachungs- und Optimierungsaufgaben, Verfahrenstechnik.

Spülbagger, Spülschiff, Spezialbagger, der das abgebaute Baggergut mit viel Wasser vermischt auf das zur Ablagerung bestimmte Gebiet spült.

Spülbetrieb, Transport von Baggergut in Rohrleitungen mit Hilfe künstlich erzeugter Wasserströmung.

Spule, 1) Elektrotechnik: **Drosselspule, Drossel,** elektr. Bauelement zur Darstellung einer → Induktivität in einem Stromkreis **(induktives Bauelement).** Ein die S. durchfließender, zeitlich veränderlicher Strom erzeugt ein den elektr. Leiter umgebendes magnet. Feld, das seinerseits eine Spannung in dem Leiter induziert. Diese induzierte Spannung ist ihrer Ursache, nämlich dem urspr. durch die Spule fließenden Strom, entgegengerichtet (→ Lenzsche Regel). Die S. besitzt daher in einem Wechselstromkreis einen von der Frequenz und ihrer Induktivität *L* abhängigen → induktiven Widerstand. S. werden aus gegeneinander isolierten (z. B. lackisolierten) Drahtwindungen, in besonderen Fällen auch aus Metallstäben oder -bändern gebildet. Die Drahtwicklung kann je nach Anwendung aus massivem Kupfer-(auch Aluminium-)Draht oder aus Litze bestehen und ist in einer oder mehreren Lagen i. a. auf einen Spulenkörper aufgewickelt. Es werden unterschiedl. Bauformen verwendet: **Luft-S.** ohne Kern sind als **Zylinder-S., Rechteck-S., Toroid-S.** oder **Flach-S.** ausgebildet. **Eisenkern-S.** besitzen einen Kern aus weichmagnet. Werkstoff, der von der Spulenwicklung umgeben ist. Als Kerne kommen geschichtete Bleche (für niederfrequente Anwendungen) und Ferritkerne (für hochfrequente Anwendungen) in Frage. Letztere können sehr unterschiedliche Formen haben: U-Kern, M-Kern, E-Kern, Schalenkern, Stabkern, Ringkern, Gewindekern u. a. – S. werden in allen Bereichen der Elektrotechnik verwendet: Als Ablenk-S. bei Bildröhren, in Schwingkreisen und Filtern, in Magnetsystemen bei Tonabnehmern, als Tauch-S. in Mikrophonen und Lautsprechern, in Relais und Meßgeräten, zur Strombegrenzung, als Wicklungen in Transformatoren und elektr. Maschinen u. v. a.

2) Textiltechnik: zylindr. oder kon. Garnkörper. Garnträger in der Spinnerei sind Hülsen, die in verschiedenen Formen und Größen als **Spinnkopse, Spinn-S., Spinnkreuz-S.** bespult (bewickelt) werden. **Schlauchkopse** sind S. ohne Hülsen. Von **Kreuz-S.** kann das Garn über Kopf abgezogen werden. **Sonnen-S.** dienen zum Zwirnen in Doppeldrahtzwirnmaschinen, **Scheiben-S.** für abzurollende Kreppgarne, übergroße **Raketen-S.** für den Schußeintrag in nichtkonventionellen Webmaschinen, **Flaschen-S.** für die Wirkerei/Strickerei, **Schuß-S.** für Webschützen, **Klein-S.** mit Bildwicklung für Nähseide.

Spülfeld, Fläche zur Aufnahme des im → Spülbetrieb geförderten Baggerguts.

Spülkasten, Einrichtung zur Spülung von Abortanlagen (→ Toilette). Der S. enthält eine Schwimmersperre gegen die Wasserleitung und eine Glockensperre, die beim Betätigen des Handdrückers (Ziehen der Kette) die Spülleitung freigibt.

Spülkippe, das Einbauen von Erdmassen mit Wasser, das ihnen zugesetzt wird und sie zum Fließen bringt; oft die billigste und leistungsfähigste Einbaumöglichkeit.

Spülmaschine, ein → Geschirrspüler.

Spülmittel, → Reinigungsmittel.

Spülrinne, Rinne zum hydraulischen Abführen (Spülen) abgesetzter Feststoffe (Geröll, Kies, Sand), z. B. aus einem Sandfang, durch Öffnen einer **Spülschleuse** (Verschlußvorrichtung).

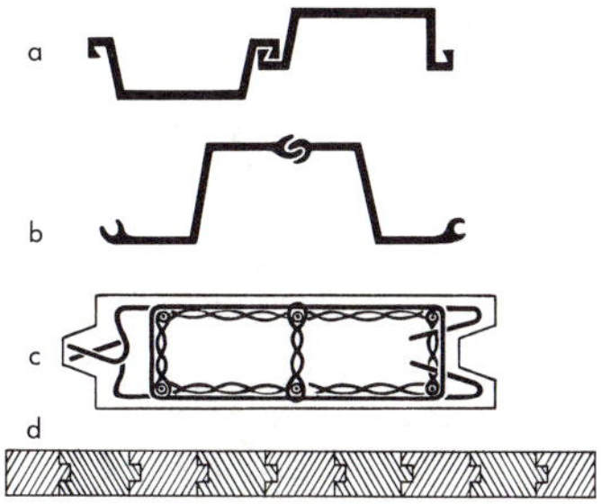

Spundwand: LINKS a und b Stahlspundbohlen (b Doppelklauenprofil), c Stahlbetonbohle, d Holzbohle. RECHTS Stahlbohlenspundwand

Spülsaum, Treibselkante, Markierung durch Benetzung oder Treibsel (Treibgut), die die Höhe des Wasserstandes oder Wellenauflaufs angibt.

Spülung, 1) bei Zweitakt-Verbrennungsmotoren (→ Verbrennungsmotoren) das Entfernen der verbrannten Gase aus dem Zylinder. Der Kolben gibt in der Nähe des unteren Totpunktes Schlitze frei, durch die Luft oder ein Luft-Kraftstoff-Gemisch in den Zylinder strömt und die verbrannten Gase meist durch Schlitze, seltener durch Ventile, ausschiebt. Die neue Ladung wird durch ein Gebläse vorverdichtet, bei der **Kurbelkasten-S.** dient die Unterseite des Kolbens als Ladepumpe. Bei Viertaktmotoren mit → Aufladung 2) kann es während der Ventilüberschneidung zu einer S. kommen.

2) → Bohrspülmittel.

Spülversatz, Bergbau: Verfahren, bei dem feinkörniges Versatzgut (Sand, Feinkies) mit Wasser in Rohrleitungen in den Versatzraum gespült wird (→ Versatz).

Spund, Holzverbindung: Vorsprung an einer Längskante von **(gespundeten)** Brettern und Bohlen für Nut- und Spundverbindungen. **Spundung** heißt die Verbindung mit Nut und S. (Feder).

Spundwand, Wand aus in den Boden gerammten und miteinander verbundenen Bohlen aus Holz, Stahlbeton oder Stahl zum Abdichten einer Baugrube gegen Wasser, zur Befestigung eines senkrechten oder nahezu senkrechten Ufers.

Spur, 1) → Eisenbahn, → Gleis.

2) Kfz: → Spurweite 2).

3) Mathematik: a) S. einer quadrat. Matrix ist die Summe der Diagonalelemente. b) In der darstellenden Geometrie ist eine **S.-Gerade** die Schnittgerade einer

Spülkasten: Mit dem Handdrücker a wird das Standrohr b vom Ventil c abgehoben und durch den Schwimmer d im Bremsbehälter e gehalten. Das Wasser fließt durch das Spülrohr in das Klosettbekken ab. Danach fließt das Wasser auch aus dem Bremsbehälter e, und das Standrohr b setzt sich wieder auf das Ventil c. Der mit dem ausfließenden Wasser abgesunkene Schwimmer g öffnet das Wasserventil h, und der Kasten füllt sich wieder mit Wasser über den Wasserzulauf f. i Styropor-Auskleidung des Spülkastens gegen Schwitzwasserniederschlag

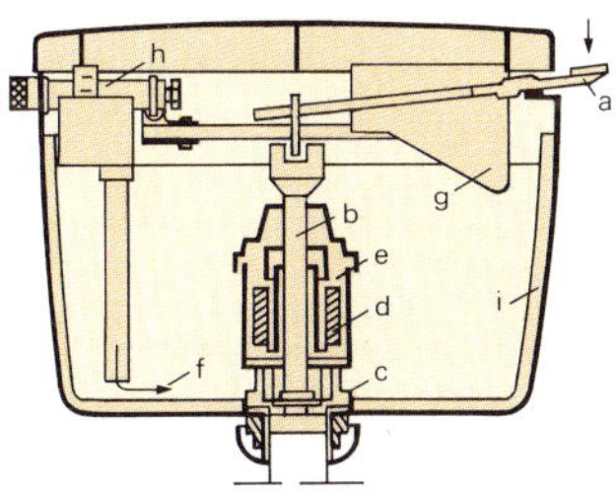

Ebene mit der Bildebene; auch Schnittgerade zweier beliebiger Ebenen. c) Der **S.-Punkt** ist der Durchstoßpunkt einer Geraden durch die Bildebene.

Spuren|analyse, chem. Analyse-Verfahren, bei dem die zu bestimmenden Bestandteile in sehr geringen Konzentrationen (< 0,01%) vorliegen. S. werden meist mit physikalisch-chem. Verfahren (Polarographie, Röntgenfluoreszenzanalyse, Spektralanalyse, Spektralphotometrie, Aktivierungsanalyse, Radiochemie) durchgeführt. Die Analysenergebnisse werden häufig im ppm (10^{-4}%) oder ppb (10^{-7}%) angegeben. Die S. wird bes. in der Bio-, Lebensmittel- und forensischen Chemie sowie in der Toxikologie und im Umweltschutz eingesetzt.

Spuren|elemente, Spurenstoffe, chem. Elemente, die für Lebewesen (auch für Pflanzen) unentbehrlich sind; i. Ggs. zu den Mineralbestandteilen werden nur kleinste Mengen (›Spuren‹) benötigt (›Mikronährstoffe‹). Beispiele: **Eisen** ist bei der Blutbildung und im Zellstoffwechsel wichtig, **Bor** verhütet die Herz- und Trockenfäule der Zuckerrüben, beim Menschen steigert es die Stoffwechselvorgänge, **Fluor** findet sich im Zahnschmelz, **Jod** ist wesentl. Bestandteil der Schilddrüsenhormone, **Kupfer** fördert die Blutbildung und ist ein Bestandteil best. Enzyme. **Magnesium** ist für den Zellstoffwechsel wichtig, **Mangan** verhindert die Dörrfleckenkrankheit der Pflanzen und beeinflußt das Knochenwachstum des Menschen und der Tiere, **Silicium** ist Bestandteil einiger Lipoide im menschlichen Körper.

Die Bedeutung der S. im mineral. Bereich beruht auf ihrer Anreicherung v. a. in marinen Pflanzen und Organismen. So beträgt z. B. die Konzentration von Kobalt in Quallen das bis zu 21 000fache derjenigen normalen Meerwassers. Bei der biogeochem. Prospektion wird die Anreicherung metall. S. in best. Pflanzen ausgenützt. S. sind auch in der Metallurgie und zur → Dotierung von Halbleitern von Bedeutung.

Spurenkammer, zusammenfassende Bez. für Geräte, die die Bahnen von Ionen oder geladenen Elementarteilchen sichtbar und photographierbar machen. Zu den S. gehören die → Nebelkammer, die → Blasenkammer und die → Funkenkammer.

Spurkranz, Flansch am Radumfang der Schienenfahrzeuge zur Führung des Radsatzes im Gleis.

Spurplanstellwerk, Gleisbildstellwerk, ein → Stellwerk, dessen Drucktasten entsprechend dem Gleis- oder Spurplan angeordnet sind.

Spurweite, 1) → Eisenbahn.

2) Kfz: der Abstand der Reifenmitten einer Achse, bei doppelter Bereifung der Abstand der Mitten der Zwillingsreifen. Die S. kann an Vorder- und Hinterrädern verschieden sein und sich mit der Belastung ändern, wobei das zulässige Gesamtgewicht für die angegebene S. maßgebend ist. Bei Ackerschleppern gibt es verstellbare S.

Sputnik, erste Satellitenreihe der UdSSR für wissenschaftl. Aufgaben und unbemannte Tests des Raumschiffes → Wostok. S. 1, am 4. 10. 1957 gestartet, war der erste → Satellit 2) überhaupt. Der letzte Satellit dieses Typs, S. 10, wurde am 25. 3. 1961 auf seine Umlaufbahn gebracht.

Sputtern [sp'ʌtərn, engl.], Methode zur Zerstäubung von Festkörpern im Hochvakuum, bei der durch Beschuß eines negativen Targets mit Ionen von einigen Kiloelektronvolt Energie Atome vom Target abdampfen und dann auf der Oberfläche eines Substrats abgelagert werden. Prakt. angewendet wird S. bes. zur Herstellung dünner Schichten oder Filme für die Optik (z. B. Spiegel) oder zum Überziehen von Dielektrika mit dünnen Metallfilmen für Kontaktierungszwecke in der Elektronik.

SQ, Verfahren der → Quadrophonie.

Squalen, wichtiges aliphat. Triterpen, $C_{30}H_{50}$; tritt als Zwischenprodukt der Cholesterin-Biosynthese auf. S. wurde erstmals aus Fischleberölen extrahiert und später in vielen Pflanzen gefunden.

square foot [skw'eə fʊt, engl.], Einheitenzeichen **ft²** (→ foot), Flächeneinheit in Großbritannien und den USA: 1 ft^2 = 9,290304 dm^2. (ÜBERSICHT Einheiten, Angloamerikanische Einheiten)

square inch [skw'eə ɪntʃ, engl.], Einheitenzeichen **in²** (→ inch), Flächeneinheit in Großbritannien und den USA: 1 in^2 = 6,4516 cm^2. (ÜBERSICHT Einheiten, Angloamerikanische Einheiten)

square mile [skw'eə maɪl, engl.], Einheitenzeichen **mile²** (→ mile), Flächeneinheit in Großbritannien und den USA: 1 $mile^2$ = 640 acres = 2,58999 km^2. (ÜBERSICHT Einheiten, Angloamerikanische Einheiten)

Square-Wave-Polarographie [skw'eə weɪv-, engl.], besondere Technik der → Polarographie, bei der zusätzlich zur konstanten Gleichspannung kleine rechteckförmige Spannungsimpulse an die Elektrode angelegt werden. Die S.-W.-P. sowie die ähnl. Pulse-Polarographie sind sehr empfindl. und leistungsfähige Verfahren der → Spurenanalyse.

square yard [skw'eə jɑ:d, engl.], Einheitenzeichen **yd²** (→ yard), Flächeneinheit in Großbritannien und den USA: 1 yd^2 = 0,83612736 m^2. (ÜBERSICHT Einheiten, Angloamerikanische Einheiten)

Squid, Abk. für **Superconducting Quantum Interference Device** [su:pəkənd'ʌktɪŋ kw'ɔntəm ɪntəf'i:rəns dɪv'aɪs, engl.], supraleitender Stromkreis mit ein oder zwei → Josephson-Kontakten zur Messung bes. schwacher magnet. Felder (bis herab zu 10^{-14} Tesla) unter Ausnutzung der → Flußquantisierung. Anwendung z. B. bei Herzuntersuchungen (Magnetokardiogramm).

sr, Einheitenzeichen für → Steradiant.

Sr, 1) chem. Symbol für → Strontium.

2) *Sr,* Formelzeichen für die → Strouhal-Zahl.

SR, Abk. für **Synthetic Rubber** [sɪnθ'etɪk r'ʌbə, engl.], Synthesekautschuk (→ Kautschuk).

SSB, Abk. für **Single Side Band** [sɪŋgl'saɪd bænd, engl.], das Einseitenband (→ Modulation, → Restseitenbandübertragung, → BFO).

SSI, Abk. für **Single Scale Integration** [sɪŋgl skeɪl ɪntəgr'eɪʃn, engl.], → Integrationsgrad.

SS-Raketenwaffen, Bez. für sowjet. Mittelstrecken-Kampfraketen, von denen der 1977 eingeführte Typ **SS-20** bes. bekannt geworden ist: Reichweite bis etwa 5000 km, drei unabhängig voneinander lenkbare nukleare Gefechtsköpfe, große Überlebensfähigkeit und schnelle Einsatzbereitschaft durch hohe Mobilität (Start von straßengängigem Transportfahrzeug; der Transportkanister ist zugleich Startrohr).

st, Einheitenzeichen für Ster (→ Raummeter).

St, Einheitenzeichen für → Stokes.

Stab, 1) Baukunst, Möbelbau: stabartiges Profilglied (Rund-, Halbkreis-, Perl-, Eier-, Birnstab u. a.).

2) in der Bautechnik steifer, langgestreckter, meist gerader Bauteil, beansprucht z. B. als **Zug-, Druck-, Biegungs-S.** Das **Stabwerk** oder → Fachwerk ist ein Tragwerk aus Stäben.

Stab|antenne, einfache →Antenne, die im LW-, MW- und KW-Bereich verwendet wird.

Stab|bau, Holzbauweise mit Wänden aus senkrecht in den Boden oder in einen Schwellenrahmen eingelassenen Planken, z. B. bei den Stabkirchen.

Stäbchendoppelbrechung, Kristalloptik: Doppelbrechungserscheinungen an Aggregaten kleinster, parallelorientierter, isotroper Stäbchen **(Formdoppelbrechung).**

Stabfußboden, Fußbodenbelag, → Parkett.

stabil, Mathematik: → numerische Mathematik.

Stabilisatoren, 1) Chemie: Additive, die die Beständigkeit von Produkten gegenüber Luftsauerstoff, Wärme- und Lichteinwirkung erhöhen. Unter S. versteht man meist Kunststoffadditive, während bei anderen Produkten Begriffe wie Alterungsschutzmittel, →Antioxidantien oder → Inhibitoren bevorzugt werden. Besondere Bedeutung haben Wärme-S. bei der Herstellung von PVC (z. B. Bleiverbindungen, Calcium- und Zinksalze organ. Säuren, zinnorgan. Verbindungen).

2) Kfz: meist Torsionsstäbe zur Verringerung der Kurvenneigung der Karosserie und zur Beeinflussung des Eigenlenkverhaltens, z. B. zur Verminderung des Übersteuerns; sie versteifen beim Überfahren einseitiger Hindernisse die Federung.

3) Schiff: Vorrichtungen zur → Schlingerdämpfung.

Stabilisierungsflossen, feste, zur Flugrichtung parallele Flächen an Luftfahrzeugen zur Dämpfung von Drehbewegungen um die zugeordneten Achsen (i. d. R. Teile des → Leitwerks 1).

Stabilisierungsschaltung, elektron. Schaltung zur Erzeugung einer Ausgangsspannung (eines Ausgangsstromes), die (der) weitgehend unabhängig von der Belastung durch einen angeschlossenen Verbraucher ist. Die einfachste Form einer Schaltung zur **Spannungsstabilisierung** besteht aus der Reihenschaltung eines Widerstandes mit einer → Z-Diode, wobei die Ausgangsspannung gleich der Zenerspannung ist **(Z-Dioden-Grundschaltung,** BILD a). Höhere Stabilisierungsfaktoren lassen sich mit Brückenschaltungen erreichen, höhere Ausgangsleistungen werden durch nachgeschaltete Transistorverstärkerstufen in **Serien-** (BILD b) oder **Parallel-Stabilisierungsschaltungen** erzielt. Die **Stromstabilisierung** kann grundsätzlich auf die Spannungsstabilisierung zurückgeführt werden, sie läßt sich ebenfalls als Serien- und als Parallelstabilisierung aufbauen. S. werden z. B. als Bestandteil von Spannungs- oder Stromreglern in → Netzgeräten und Schaltnetzteilen eingesetzt.

Stabilität, 1) Flugzeug: Fähigkeit eines Luftfahrzeugs, einen durch äußere Einflüsse vorübergehend gestörten Gleichgewichtszustand der Fluglage **(statische S.)** oder der Flugbewegung **(dynamische S.)** wieder zu erlangen. **Natürliche S.** oder **Eigen-S.** liegt vor, wenn zufolge geeigneter Formgebung und Schwerpunktlage des Luftfahrzeugs durch dessen Auslenkung Kräfte und Momente erzeugt werden, die es ohne Zuhilfenahme von Steuerrudern wieder in die Ausgangslage zurückführen. Verzichtet man auf diese natürl. S., was Verbesserungen von Flugleistungen und -eigenschaften ermöglicht, so kann das indifferente oder instabile Gerät mit Hilfe einer bes. leistungsfähigen Flugregel- und -steuerungsanlage durch dauernde korrigierende Bewegungen von Steuerrudern ebenfalls in einem Gleichgewichtszustand gehalten werden **(künstliche S.).** Auch aeroelast. Verformungen des Luftfahrzeugs können dessen Stabilitätsverhalten beeinflussen.

2) Meteorologie: **S. der Atmosphäre,** Zustand, bei dem relativ zur adiabat. Schichtung mit einer vertikalen Temperaturänderung von −9,8 K/km, bei → Sättigung rd. −6 K/km, unterschieden wird zw. a) **labil,** wenn die Temperatur mit der Höhe stärker abnimmt und durch → Turbulenz gehobene Luft sich gegenüber ihrer Umgebung erwärmt und Auftrieb erhält; Vertikalströmungen werden so begünstigt; b) **stabil,** wenn aufsteigende Luft durch adiabat. Abkühlung kälter und schwerer wird als die Umgebungsluft; Vertikalbewegungen werden dadurch behindert; c) **neutral,** wenn die Schichtung der Atmosphäre adiabatisch ist.

3) Physik: a) Beständigkeit eines durch innere Kräfte zusammengehaltenen Systems, selbst äußeren Einwirkungen gegenüber; z. B. die S. der Materie, der Moleküle, Atome, Atomkerne (→ Stabilitätsregeln) und Elementarteilchen. – b) Bestrebung eines Systems, Zustandes oder Vorganges, nach Störung seines Gleichgewichts wieder in den Ausgangszustand zurückzukehren. Beispiele sind das → chemische Gleichgewicht oder das stabile → Gleichgewicht 1) der Mechanik.

4) Schiff: Eigenschaft eines im stabilen Gleichgewicht schwimmenden Schiffes, die bewirkt, daß dieser Zustand nach dem Aufhören störender Kräfte oder Momente wiederhergestellt wird. Schiffs-S. ist demnach das Verhalten eines Schiffes bei Auftreten krängender (Neigung um die Längsachse, **Quer-S.)** oder trimmender Momente (Neigung um die Querachse, **Längs-S.).** Es hängt von der Lage des → Metazentrums zum Gewichtsschwerpunkt ab. Die Größe der Strecke zw. Metazentrum und Gewichtsschwerpunkt ist das Maß für das Aufrichtevermögen eines Schiffes bei gleichgewichtsstörenden Einflüssen.

Stabilitätsregeln, Erfahrungssätze über die Existenz stabiler Atomkerne mit best. Protonen- und Neutronenzahlen. Sie lauten: a) bei Kernen mit ungerader Massenzahl gibt es zu jeder Massenzahl nur einen stabilen Kern; b) die stabilen Kerne gerader Massenzahl haben auch gerade Ordnungszahlen; c) es gibt keine benachbarten, stabilen Isobare (Kerne gleicher Massenzahl, aber verschiedener Ordnungszahl). Von a) bis c) gibt es nur wenige Ausnahmen.

Stabkerndrossel, eine → Spule 1), gebildet aus einem stabförmigen, weichmagnet. Kern und einer umgebenden Drahtwicklung.

Stabmühle, Zerkleinerungsmaschine mit Stahlstäben als Mahlkörper.

Stab|stahl, Sammelbez. für eine Gruppe von Walzwerkserzeugnissen: I- und U-Stahl mit Steghöhen unter 80, Grubenstahl unter 90 mm (darüber: Formstahl), ferner Winkel-, T-, Z-, Vierkant-, Sechskant-, Flach-, Halbrund-, Rundstahl u. a. bis zu einem best. Mindestquerschnitt (darunter: Draht).

Stacheldraht, Draht oder Drähte, um die in kürzeren Abständen Spitzen aus Draht oder Blech gedreht sind; dient zur Umzäunung, zum Bau von Hindernissen u. ä.

Stack [stæk, engl.], **Stack-Register,** Datenverarbeitung: → Kellerspeicher.

Stadtbahn, Verkehrsmittel des schienengebundenen

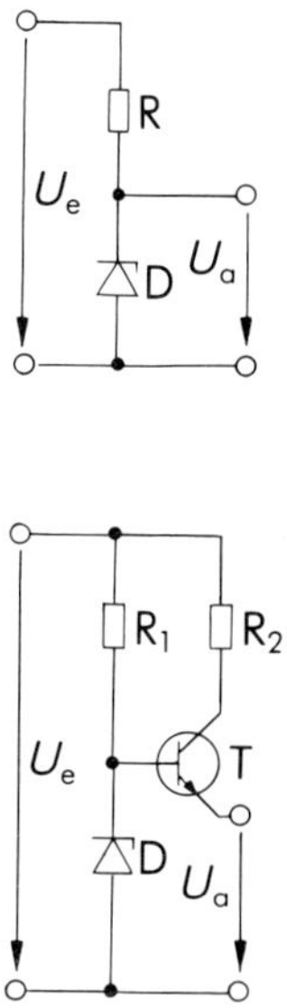

Stabilisierungsschaltung: OBEN Z-Dioden-Grundschaltung, UNTEN Serien-S.; U_e Eingangsspannung, U_a Ausgangsspannung, R, R_1, R_2 Widerstände, D Z-Diode, T npn-Transistor

öffentl. Personennahverkehrs (ÖPNV) in Großstädten, meist auf besonderem Bahnkörper oder in Tunnels, als Zwischenstufe von Straßen- und U-Bahn. In manchen Städten werden S. auch als ›U-Bahnen‹ bezeichnet.

Stadtfahrzeug, Stadtauto, Kraftfahrzeug für den Innerorts-(vorwiegend Personen-)Verkehr, das den hier bes. wichtigen Umweltschutz und die Verkehrsraumknappheit berücksichtigt. Bisherige Vorschläge → Elektrofahrzeug, → Gyro-Antrieb, → Hybridantrieb.

Stadtgas, Leuchtgas, überwiegend aus Wasserstoff, Kohlenmonoxid und Methan bestehendes → Brenngas für die öffentl. Gasversorgung, das durch Entgasung von Steinkohle, Spaltung von Kohlenwasserstoffen (z. B. Flüssiggas, Benzin) mit Wasserdampf oder Kohlevergasung hergestellt werden kann. S. ist heute weitgehend durch Erdgas ersetzt worden.

Stadtschnellbahn, → S-Bahn.

Staffelbruch, Treppenverwerfung, Schollentreppe, Geologie: Gruppe annähernd paralleler Verwerfungen mit treppenartiger Absenkung einzelner Gesteinsschollen.

Stagno|gley, Bodenkunde: Stauwasserboden mit lange anhaltender nasser Phase.

Stahl, jedes hüttenmännisch hergestellte unlegierte oder legierte → Eisen, das sich schmieden oder walzen läßt. Bei einem Kohlenstoffgehalt über etwa 1,5% geht die Schmiedbarkeit verloren. S. zeichnet sich durch große Vielseitigkeit seiner Eigenschaften aus (v. a. Zugfestigkeit, Zähigkeit, chem. Beständigkeit), die in erster Linie auf Menge und Gefügeform des Kohlenstoffs beruhen und die durch Legierungszusätze sowie durch → Wärmebehandlung dem jeweiligen Verwendungszweck angepaßt werden können. S. gilt als wichtigster Werkstoff der industriellen Wirtschaft. Die S. teilt man heute nach ihrer chem. Zusammensetzung in legierte und unlegierte S. sowie nach ihren Gebrauchseigenschaften in Grund-, Qualitäts- und Edelstähle ein (Euronorm 20/74).

Nach der chem. Zusammensetzung unterteilt man in **unlegierte S.** (Gehalt an Kohlenstoff unter 1,5%, Mangan unter 0,8%, Silicium unter 0,5%) und **legierte S.** (höhere Gehalte an Mangan und Silicium o. a. Elementen).

Nach Gebrauchseigenschaften teilt man ein in **Grundstähle:** unlegierte Sorten, von denen keine besonderen Gebrauchseigenschaften verlangt werden; **Qualitätsstähle:** unlegierte oder legierte Sorten, für die i. a. kein gleichmäßiges Ansprechen auf eine Wärmebehandlung gefordert wird, deren Gebrauchseigenschaften jedoch besondere Sorgfalt bei der Herstellung erfordern (z. B. Bau-S., Schienen-S., gegen atmosphär. Korrosion beständige S.); **Edelstähle:** unlegierte oder legierte Sorten, die i. a. für eine Wärmebehandlung auf Grund ihres gleichmäßigen Ansprechens bestimmt sind und eine höhere Reinheit als die Qualitätsstähle haben (z. B. Werkzeug-S., S. für vorgeschriebene magnet. und elektr. Eigenschaften, für Kernreaktoren).

Andere Einteilungen, z. B. die nach der Herstellungsart, haben an Wert verloren, da man mehr und mehr auf eine Beurteilung der S. nach ihren Gebrauchseigenschaften übergeht und dabei für eine Stahlsorte unterschiedl. Herstellungsverfahren in Betracht kommen. Auch die Einteilung nach der Formgebung wird kaum benutzt (außer der Unterscheidung zw. Stahlguß und umgeformtem S.). Da viele S. in verschiedenen Bereichen angewendet werden, hat die Einteilung nach dem Verwendungszweck nur eine begrenzte Bedeutung. Dasselbe gilt für die Einteilung nach der Gefügeart wegen zahlreicher Überschneidungen verschiedenartiger Stahlsorten.

Beispiele für die moderne Stahlentwicklung sind: 1) Auf dem Gebiet der hochfesten, schweißbaren Baustähle werden durch Zusätze an Mikrolegierungselementen wie Niob, Vanadium und/oder Titan bei abgesenktem Kohlenstoffgehalt höhere Festigkeitswerte bei gleich guter oder verbesserter Zähigkeit erzielt. Durch gezielte Temperaturführung können hierbei während der Warmformgebung die Fertigeigenschaften günstig beeinflußt werden (thermomechan. Behandlung, kontrolliertes Walzen). 2) Bei legierten S. wird durch Ausscheidung von intermetallischen Phasen aus dem unterkühlten → Austenit höchste Festigkeit bei guter Zähigkeit erreicht (→ Maraging-Stahl). 3) Bei siliciumhaltigen S. für Transformatoren und elektr. Maschinen wird durch gezielte Einstellung der Textur die Anisotropie der elektrischen und magnetischen Eigenschaften ausgenutzt.

L. Schieer u. H. Berns: Was ist S.? ([14]1974); Tb. der S.-Eisen-Werkstoffblätter, hg. v. Verein Dt. Eisenhüttenleute ([2]1977); S.-Lexikon, hg. v. Bundesverband Dt. Stahlhandel ([20]1978); S. und Eisen, Gütenormen, hg. v. DIN (1981); H. P. Hougarty: Die Umwandlung der Stähle (1982).

Stahlbau, Bauweise, bei der die Tragkonstruktion aus Stahl (→ Baustahl) besteht, bes. im Brücken-, Hoch-, Wasser- und Behälterbau. Die einzelnen Teile werden durch Schweißung, Nietung oder Schrauben verbunden, seltener durch Bolzen und Klebung. Für die Lebensdauer ist sorgfältige Unterhaltung (→ Metallschutz) wesentlich.

Beim **Stahlhochbau** sind die Räume mit Stahlkonstruktionen überspannt. Für die Tragglieder werden sowohl Vollwand- als auch Fachwerkträger verwendet. Bes. geringe Stahlgewichte erhält man bei der Überspannung großer Hallen durch räuml. Rohrkonstruktionen. Stahlhochbauten werden in neuerer Zeit häufig als **Skelettbauten** in Verbindung mit aussteifenden Stahlbetontreppenschächten ausgeführt. Die Stahlgerippe werden zum Brandschutz mit brandhemmenden Stoffen verkleidet.

Der **Stahlwasserbau** befaßt sich v. a. mit bewegl. Verschlüssen von Wehröffnungen und Talsperren (Schützen), Schleusen, Druckrohrleitungen und Stollenpanzerung. **Stahlbrückenbau,** → Brücke 1).

R. Albrecht: Stahlhochbau (1979); H. Buchenau u. A. Thiele: Stahlhochbau, 1 ([20]1981), 2 ([16]1979); F. Kurth: S., 1 ([11]1982), 2 ([2]1981); S., hg. v. Dt. S.-Verband, 3 Bde. ([3]1982); S.-Taschenkalender 1981 (1982).

Stahlbeton, bewehrter Beton, Verbundbaustoff aus → Beton und → Stahl **(Betonstahl),** bei dem vom Beton die Druckspannungen und vom Stahl als Bewehrung v. a. die Zugspannungen und größere Schubspannungen aufgenommen werden (→ Spannbeton). Das Zusammenwirken zw. Beton und Stahl (Bewehrung) wird bei annähernd gleicher Wärmedehnzahl beider Stoffe v. a. durch Endhaken **(glatter Betonstahl),** Rippen **(Betonrippenstahl)** und aufgeschweißte Querstäbe **(geschweißte Betonstahlmatten)** bewirkt. Die Bewehrung wird entweder auf der Baustelle gefertigt oder als Bewehrungskorb vorgefertigt in die → Schalung eingebaut (Bild). S. aus Leichtbeton heißt **Stahlleichtbeton.**

Beim **Stahlbetonbau** sind die Grundformen für Bauteile → Platten 3), → Balken, → Plattenbalken, → Stützen, → Rahmentragwerke, → Fachwerke, → Schalen 2), → Scheiben 2) und → Faltwerke. Der **Stahlbetonfertigteilbau** ist eine Sonderform des S.-Baus, wobei die Bauteile im Betonwerk vorgefertigt, zur Baustelle gebracht und dort zusammengesetzt werden (→ Fertigbau, → Großtafelbau).

H. Rüsch: S.-Spannbeton, 1 (1972), 2 (1976); F. Leonhardt u. E. Mönnig: Vorlesungen über Massivbau, 6 Tle. ([1-3]1973–78); O. Wommelsdorf: S.-Bau, 1 ([5]1982), 2 ([3]1980).

Stahlcord, für die Einlage von Gürtelreifen entwikkelte Seilkonstruktion aus mehreren Feindrähten, die zwecks Gummihaftung mit einer Messingschicht versehen, zu einer Herzlitze vereinigt und mit mehreren Außenlitzen verseilt werden.

Stahlfasern, superfeine Spinnfasern aus Stahl (Durchmesser 4–12 µm) als antistatische Beimischungskomponente von unter 1% zu Teppichgarnen, Filtergeweben und Abschirmschutzanzügen.

Stahlflachstraße, Stahlplattenkonstruktion, die im Bereich von Reparaturstellen der Autobahnen und Bundesfernstraßen einen zusätzl. Fahrraum schafft, so daß der Verkehr ohne größere Verzögerung an der Baustelle vorbeigeführt werden kann. (→ Stahlhochstraße)

Stahlflasche, nahtlos gezogener Hohlkörper aus Stahl zur Aufbewahrung, Beförderung und Entnahme hochverdichteter Gase, z. B. Druckluft, Sauerstoff, Wasserstoff, Acetylen. Zur Kennzeichnung des Inhalts dienen die gleichen Farben wie bei → Rohrleitungen.

Stahlhochstraße, typisierte Stahlbrücke, die durch schnelle einfache Montage vorübergehend zur Aufrechterhaltung der Verkehrsführung im Bereich von Baustellen und in Ballungsgebieten zur Entflechtung von Verkehrsströmen eingesetzt wird. (→ Stahlflachstraße)

Stahl|leichtbeton, Konstruktionsleichtbeton, bewehrter Leichtbeton (→ Beton, → Stahlbeton).

Stahlquellen, zu den Eisenwässern gehörende → Heilquellen.

Stahlsaitenbeton, ein → Spannbeton, bei dem eine Vorspannung durch Stahldrähte im Spannbett erfolgt. Die Spannbewehrung durch dünne Drähte verbessert den Verbund und erspart Verankerungen.

Stahlsand, kugelige oder kantige Körner aus abgeschrecktem Gußeisen oder Hartstahl, zum Putzen von Gußstücken (→ Gießerei), zum Entzundern von Walzstahl oder als Schleifmittel für harte Gesteine.

Stahlbeton: Bewehrungen

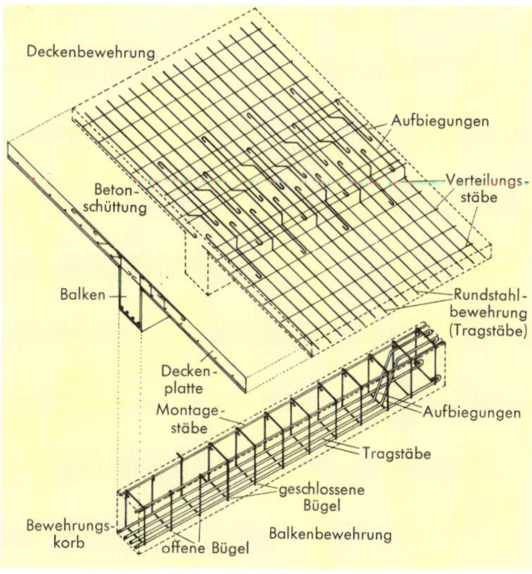

Stahlstich, ein technisch dem → Kupferstich entsprechendes Tiefdruckverfahren, bei dem man die Zeichnung jedoch in eine ausgeglühte, mit Wachs überzogene Stahlplatte ätzt, die dann gehärtet wird. Der S. ergibt sehr scharfe Drucke und gestattet sehr hohe Auflagen, z. B. von Briefmarken und Banknoten (auf Rotationsmaschinen), früher auch von Musiknoten, bebilderten Briefbogen und Visitenkarten.

Stahlwasserbau, Elemente des → Wasserbaus, die wegen besonderer Anforderungen ganz oder vorwiegend aus Stahl erstellt werden, z. B. Schleusentore, bewegl. Wehre, Schiffshebewerke, Regulierorgane und Verschlüsse wie Schütze und Schieber, Rechen mit zugehörigen Reinigungsvorrichtungen sowie Druckrohrleitungen und Stollenpanzerungen.

Stahlwolle, Haufwerk aus langen Stahlspänen zum Putzen, Schleifen oder als Belag für Bremsbacken.

Stalagmit *der,* vom Boden nach oben gewachsener kalkiger → Tropfstein.

Stalaktit *der,* von der Höhlendecke abwärts gewachsener → Tropfstein.

Stalaktiten und **Stalagmiten** in einer Tropfsteinhöhle

Stall, Stallung, Bau zur Unterbringung von Tieren. Das S.-Klima soll der Tierart angepaßt, die relative Luftfeuchtigkeit soll zw. 60 und 85% liegen. Wasserdampf und Wärme, die beim Stoffwechsel entstehen, werden zus. mit den Giftgasen Kohlendioxid und Ammoniak abgeführt, i. d. R. durch Zwangsbelüftung, wobei zur Vermeidung von Umweltbelastung besondere Vorschriften einzuhalten sind. Die S.-Hygiene erfordert trockene, leicht sauber zu haltende Laufflächen.

Stall [stɔ:l, engl.], Bez. für den ›überzogenen‹ Flugzustand eines Flugzeugs, in dem der aerodynam. Auftrieb zusammenzubrechen beginnt (→ Überziehen).

Stalldung|streuer, Ackerwagen zum dosierten Ausbringen von Stalldung auf das Feld. Der Wagenboden ist als nach hinten fördernder → Kratzboden ausgebildet. Kratzboden und Streuwalzen werden durch die Schlepperzapfwelle angetrieben.

Stammfunktion, primitive Funktion, in der → Integralrechnung ist $F(x)$ eine S. von $f(x)$, wenn $F'(x) = f(x)$ gilt.

Stampfen, die durch Seegang verursachte Bewegung des Schiffes um seine Querachse mit periodisch ein- und austauchendem Vor- und Hinterschiff.

Stampfer, Gerät zum Verdichten von Bodenmassen, heute meist als **maschineller S.** oder **Explosionsramme** (→ Ramme).

Standard *der,* Norm, Richtmaß, -schnur, Niveau (Lebens-S.); in der Dt. Dem. Rep. Bez. für Norm.

Standard|abweichung, mittlere quadratische Abweichung, die Quadratwurzel aus der Varianz charakterisiert die Streuung oder Variabilität einer statist. Gesamtheit um ein arithmet. Mittel. Die S. errechnet sich nach

$$\sigma = \sqrt{\frac{1}{n-1} \sum_{i=1}^{n} (x_i - \bar{x})^2},$$

wobei die x_i $(i = 1, \ldots, n)$ die einzelnen, z. B. beobachteten Werte sind und $\bar{x} = \sum_{i=1}^{n} x_i$ der (arithmetische) Mittelwert der

x_i ist. Synonym für S. wird oft der Begriff Fehler benutzt. Je kleiner die S., desto ›typischer‹ ist der Mittelwert.

Standardeinzelpotential, das → Normalpotential.

Standardisierung, bes. im Fertigungsbereich durchgeführte Vereinheitlichung von ganzen Erzeugnissen **(Typung, Typisierung)** und Erzeugnisteilen **(Normung)** zum Zweck einer rationellen (kostengünstigen) Herstellungsweise. – In der Dt. Dem. Rep. Synonym für Normung.

Ständer, Stator, der feststehende Teil einer Maschine, z. B. einer → elektrischen Maschine. Ggs.: Läufer, Rotor.

Standkraft, bei Kriegsschiffen das Sicherstellen der Schwimm- und Einsatzfähigkeit durch personelle und materielle Maßnahmen gegenüber Trefferwirkung.

Standlicht, in die Scheinwerfer von Kraftfahrzeugen eingebaute Begrenzungsleuchten.

Standlini|en, Navigation: zur Ortsbestimmung erforderliche Linien (→ Funkortung).

Stand|öl, durch Erhitzen unter Luftabschluß eingedicktes, trocknendes Öl zur Herstellung von Öllacken. S. weisen eine höhere Viskosität auf als unbehandelte Öle und ergeben zähere Filme mit höherem Glanz. S. sind z. B. Leinöl- und Holzöl-Standöle.

Standrohr, → Bohrung 1).

Standsicherheit, Baustatik: das Verhältnis des Standmoments eines Bauwerks zum Drehmoment aus Kippen, Gleiten oder Drehen; es muß nach baubehördl. Bestimmungen $\geqq$ 1,5 sein. Man spricht auch von S. von Bergehalden, Böschungen, Staudämmen u. ä.

Standspur, Straßenbau: neben der Fahrbahn auf gleicher Höhe liegende Spur zum Halten in Notfällen.

Standversuch, Versuch zur Ermittlung der → Dauerstandfestigkeit.

Standzeit, Zeit, während der ein Werkzeug ununterbrochen im Einsatz sein kann, bis es wegen seines Verschleißzustandes nicht mehr maßhaltig arbeitet und daher nachgearbeitet werden muß. (→ Zerspanung)

Stange, 1) Holzsorte; **Stangenholz**, Altersstufe eines Waldbestandes.

2) Schiff: gerader, dünner Stamm mit oder ohne Toppzeichen, als Schiffahrtszeichen in den Grund gesteckt.

Stangenbeschlag, Stangenbeschlächt, Böschungsfußsicherung eines Gewässers aus einer oder mehreren übereinanderliegenden Stangen, die mit Pfählen festgehalten werden.

Stannate, Salze der hypothet. Hexahydroxo-Zinnsäure, $H_2[Sn(OH)_6]$, und der Metazinnsäure, $H_2[SnO_3]$, mit vierwertigem Zinn sowie die vom Zinn(II)hydroxid, $Zn(OH)_2$, abgeleiteten Salze mit zweiwertigem Zinn im Anion; früher als **Stannite**, heute als **S. II** bezeichnet.

Stannin *der*, **Stannit, Zinnkies**, Mineral Cu_2FeSnS_4, olivgrün bis grau, Metallglanz; H. 4, D. um 4,4; meist derb und eingesprengt in feinkörnigen Aggregaten; oft verwachsen mit Blei-, Kupfer- und Silbererzmineralen, daher zuweilen Silbererz. S. ist Begleiter des Zinnsteins (→ Kassiterit).

Stanniol *das*, auf 0,1 mm Dicke ausgewalzte Zinnfolie für Verpackungszwecke.

Stanzen, 1) ungenaue Bez. für das Herstellen räumlich geformter Werkstücke aus ebenen Blechen, Stäben, Platten, Folien u. a. durch Pressen, Biegen oder Prägen. 2) das Ausschneiden von Blech, Leder, Pappe, Furnier- und Holzfaserplatten, Furnieren, Geweben in Form des auszuschneidenden Gegenstandes unter einer Presse.

Stapel, 1) Schiffbau: übereinandergeschichtete Holz- oder Eisenklötze, auf denen das Schiff auf der Helling gebaut (›auf Stapel gelegt‹) wird. (→ Stapellauf)

2) Textiltechnik: die Länge von Textilfasern. **Stapelfaser**, auf best. Faserlänge als Baumwoll-, Woll- oder Teppichtype geschnittene Chemiespinnfaser; auch Glasfasern bis zu etwa 40 cm Länge, hergestellt nach dem Düsenblasverfahren.

Stapel|lauf, das Hinabgleiten des neuen, mehr oder minder weit ausgerüsteten Schiffskörpers auf dem → Schlitten 3) von der → Helling nach Lösen der Stopper. Die Gleitbahnen werden mit Fett oder Schmierseife bestrichen, um die Reibung zu vermindern. Je nach Ablaufrichtung unterscheidet man **Längs-** und **Quer-S.** Letzterer ist bei engen Gewässern üblich.

Stapelspeicher, der → Kellerspeicher.

Stapelverarbeitung, engl. **Batch Processing** [bætʃ pr'əusesɪŋ], Datenverarbeitung: Betriebsart einer elektron. Datenverarbeitungsanlage, bei der die Informationen zunächst gesammelt und dann schubweise verarbeitet werden. Ggs.: → Echtzeitbetrieb.

Stärke, im Pflanzenreich weitverbreitetes Kohlenhydrat, das durch Photosynthese über Glucose gebildet wird. Die Hauptbestandteile sind die Polysaccaride Amylose (Mais: 23%, Kartoffel: 18%) und Amylopektin (Mais: 77%, Kartoffel: 82%). Beide Hauptbestandteile können durch Enzyme, Säuren oder Wärme abgebaut werden. Die Zwischenprodukte sind wasserlösl. Dextrine. α-Amylase (Speichel, Pankreas) spaltet Amylose in Glucase und Maltose, β-Amylase baut Amylose zu Maltose ab. Amylasen spalten auch Amylopektin.

S. wird in der Nahrungsmittelind. als verdauliches Kohlenhydrat und Konsistenzbildner eingesetzt. Daneben hat S. große Bedeutung bei der Papierherstellung, im Textilbereich u. a. Die wichtigsten Rohstoffe sind Mais und Kartoffeln, auch Weizen, Reis u. a. sind für S.-Herstellung von Bedeutung.

Stark-Effekt [n. dem dt. Physiker J. Stark, * 1874, † 1957], die 1913 beobachtete Aufspaltung der Spektrallinien von Atomen und Molekülen im elektr. Feld. Beim Wasserstoff und bei wasserstoffähnl. Ionen mit nur einem Elektron, die ein permanentes elektr. Dipolmoment besitzen, hängt die Aufspaltung linear **(linearer S.-E.)**, im allgemeinen Fall jedoch quadratisch von der elektr. Feldstärke ab **(quadrat. S.-E.)**. Der quadrat. Effekt kommt dadurch zustande, daß die Atome zunächst durch das Feld polarisiert werden, so daß ein der Feldstärke proportionales Dipolmoment induziert wird, das sich im äußeren Feld gequantelt einstellt.

Starkstromtechnik, → Elektrotechnik.

Starr|achse, Kfz: eine → Achsanordnung 2).

starrer Körper, idealisierter Körper, der auch unter dem Einfluß von Kräften keine Form- und Volumenänderung zeigt, wie das bei jedem realen → Festkörper der Fall ist. Bei vielen Problemen der Mechanik können jedoch die elast. Eigenschaften von Festkörpern vernachlässigt werden, d. h. mit der Annahme, daß sich ein realer Körper wie ein s. K. verhält, lassen sich viele physikal. und techn. Fragestellungen auf einfache Weise genügend genau lösen.

Start, Einleitung der Flugphase eines Luftfahrzeugs. Flugzeuge mit eigener Vortriebsanlage sind i. d. R. **eigenstartfähig**; Segelflugzeuge und meist auch Flugkörper bedürfen besonderer Startverfahren **(Schlepp-S., Katapult-S., Flug-S.** durch Abwurf von einem Trägerflugzeug). S.-Arten von eigenstartfähigen Flugzeugen sind der **Flach-S.** (beschleunigte Bewegung auf Land- oder Wasserflächen in nahezu horizontaler Richtung bis zum Erreichen der Abhebegeschwindigkeit, anschließendes Abheben und Übergang in den Steigflug) und der **Senkrecht-** oder **Vertikal-S.** (nahezu vertikaler Steigflug mit anschließender Überführung in den Horizontalflug). Flach-S. mit bes. kurzer Beschleunigungsstrecke wird **Kurz-S.** genannt. **S.-Hilfen** sind →Hochauftriebsmittel und vortriebsteigernde Vorrichtungen (S.-Raketen; →Katapult) sowie →Luftbetankung nach dem S. (Minderung des Startgewichts). Beim S. wird vom Triebwerk eine kurzzeitige Höchstleistung, die **S.-Leistung,** gefordert. **Durchstart** ist der Abbruch eines verfehlten Landeanflugs, wobei die Triebwerke auf vollen Schub gebracht werden und das Flugzeug wieder an Höhe gewinnt. (→Startstrecke)

Start|automatik, →Vergaser.

Starter, früher **Anlasser,** Durchdrehvorrichtung zum Anwerfen von Verbrennungsmotoren, meist ein batteriegespeister Hauptstrommotor, der das Drehmoment durch ein Ritzel auf das Schwungrad überträgt. Bei kleineren Verbrennungsmotoren Anlassen durch Handstartvorrichtung oder Fuß beim Motorrad **(Kickstarter).**

Starterklappe, Startklappe, Vordrossel, durch den →Choke betätigte Klappe im →Vergaser, die beim Schließen die Drosselklappe stärker öffnet und so das Ansaugen einer erhöhten Menge Kraftstoff ermöglicht. Mittel der Kraftstofförderung für den Start, den Kaltleerlauf und auch die Gemischanreicherung beim Warmlauf.

Startfenster, Zeitspanne im Umfang von mehreren Stunden, Tagen oder (seltener) Wochen, in der ein Raumflugkörper oder bemanntes Raumschiff starten muß, um das Ziel (z. B. Mond: **Mondfenster)** unter bes. günstigen Umständen (z. B. treibstoffsparende Flugbahn, gute Sichtbarkeitsbedingungen am Ziel) erreichen zu können.

Startschleuder, →Katapult.

Startstrecke, Strecke, die ein flachstartendes Flugzeug mit Beginn des Anrollens bis zum Erreichen einer Höhe von 15 m **(Hindernishöhe)** benötigt. Die S. ist vom Startgewicht, der Schubkraft des Triebwerks und der Luftdichte abhängig (diese von der Lufttemperatur und der Höhenlage der Startbahn).

Start- und Landebahnen, befestigte (meist betonierte) und in Hauptwindrichtung liegende Geländestreifen auf Flughäfen; nach Länge, Breite und Tragfähigkeit international klassifiziert.

Statik, Teilgebiet der techn. Mechanik, Lehre vom Gleichgewicht der Kräfte oder die Lehre vom Spannungs- und Verschiebungszustand von Tragwerken. Ggs.: →Dynamik 1). Ein System wird **statisch bestimmt** genannt, wenn alle daran wirkenden stat. Größen mit Hilfe stat. Gleichungen (Gleichgewichts- und sonstiger stat. Bedingungen) berechnet werden können. Andernfalls, wenn z. B. auch Elastizitätsgleichungen berücksichtigt werden müssen, spricht man von **statisch unbestimmten** Systemen. Einzelgebiete sind die **graphische,** die **analytische** und die **Modell-S.,** je nachdem ob geometr. oder algebraische Lösungsverfahren oder Messungen am Modell angewendet werden.

Geschichte. Die S. hat sich als Zweig der theoret. Mechanik seit dem ausgehenden Mittelalter entwickelt. Im 18. Jh. wurde versucht, die Ergebnisse wissenschaftl. Forschung für die Kräfteverhältnisse in Bauwerken, die Prüfung ihrer Standfestigkeit und zur Bemessung von Tragwerken nutzbar zu machen. Damit wurde die **Bau-S.** begründet. Die wissenschaftl. Untersuchung der Baustoffeigenschaften auf Biegung, Zug, Druck u. a. ermöglichte die Anwendung der Erkenntnisse der S. und Festigkeitslehre in der Baupraxis. Die 1794 in Paris gegr. ›École Polytechnique‹ trug wesentlich zur Ausbildung einer wissenschaftl. Bau-S. bei. 1826 erschien die erste systemat. Darstellung der Bau-S. und Festigkeitslehre von C.-L.-M.-H. NAVIER. K. CULMANN führte seit 1864 in die S. graph. Methoden ein, die von L. CREMONA (1872) und W. RITTER (1888 ff.) weiterentwickelt wurden. In Dtl. knüpfte A. FÖPPL an Navier an. Besondere Fortschritte brachten die Arbeiten von A. CASTIGLIANO (1873) und H. MÜLLER-BRESLAU (1866 ff.).

ROBERT K. MÜLLER u. E. HAAS: Hb. der Modell-S. (1971); B. ASSMANN u. a.: Techn. Mechanik, 1 (⁶1981); G. C. O. LOHMEYER: Bau-S., 1 (⁴1980), 2 (⁴1981); C. PETERSEN: S. und Stabilität der Baukonstruktionen (1980); Techn. Mechanik, 1: E. PESTEL: S. (²1982).

...statine, →Neurohormone.

stationär, Physik: zeitlich unveränderlich, z. B. spricht man in der Hydromechanik von einer **stationären Strömung,** wenn das Geschwindigkeitsfeld der Strömung zeitunabhängig ist, in der Elektrodynamik von **stationären Strömen,** wenn sie zeitunabhängig sind, in der Quantenmechanik versteht man unter **stationären Zuständen** die Lösungen der zeitunabhängigen Schrödingergleichung, die z. B. die Eigenzustände der Elektronen eines Atoms beschreiben, in der Thermodynamik sind **stationäre Zustände eines thermodynam. Systems** solche, deren intensive Variablen zeitunabhängig sind.

Stationsmodell, genormtes Schema, nach dem meteorolog. Beobachtungen in →Wetterkarten eingetragen werden. Zentrum des S. auf der Bodenkarte ist der Stationskreis, der proportional zur Gesamtbedeckung schwarz ausgefüllt wird. Der an ihm angebrachte Windpfeil weist bei Handeintragung aus der Windrichtung in den Kreis hinein und berührt ihn bei Maschineneintragung am Ort der Station. Symbole geben Wetter, Witterungsverlauf und Luftdrucktendenz wieder, ebenso

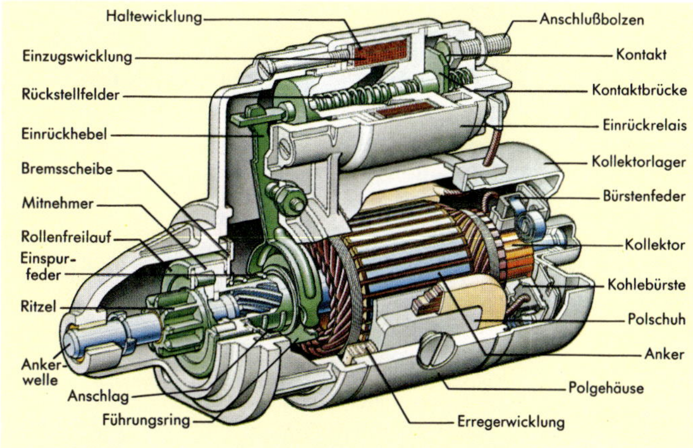

Starter für Pkw-Motoren

hohe, mittelhohe und tiefe Wolken. Die Bedeckung mit letzteren, die Höhe ihrer Basis, dazu Temperatur, Taupunkt, Sichtweite, Luftdruck und dessen dreistündige Änderung werden als Schlüsselzahlen eingetragen. Auf Höhenkarten erscheinen neben dem Windpfeil nur Geopotential, Temperatur und Taupunkt.

statischer Druck, Strömungslehre: → Staudruck.

Statistik, im materiellen Sinn die geordnete Menge von Informationen in Form empir. Zahlen (›Statistiken‹); im instrumentalen Sinn (statist. Methoden) der Inbegriff der Verfahren, nach denen empir. Zahlen gewonnen, dargestellt, verarbeitet, analysiert und für Schlußfolgerungen, Prognosen und Entscheidungen verwendet werden. Im ersteren Sinn hat sich die S. institutionalisiert (statist. Institutionen). Im letzteren Sinn ist sie ein wissenschaftl. Fach, das an Universitäten gelehrt wird. Zur S. gehören die Daten, die an theoret. Konzepten orientiert und aus der Realität nach best. Meßvorschriften gewonnen sind, sowie die Verfahren, die zu solchen Daten führen und die solche Daten zum Gegenstand haben. Ihre heutige Bedeutung verdankt die S. der sich seit Ende des 19. Jh. anbahnenden Verbindung mit der Wahrscheinlichkeitsrechnung.

Statistische Methoden lassen sich nach der Zielsetzung in folgende sich überschneidende Klassen einteilen: Gewinnung, (technische) Verarbeitung, Beschreibung, Analyse, Schätzung, Hypothesenprüfung, Prognose, Entscheidung.

Die originäre Gewinnung statist. Daten erfolgt in den Naturwissenschaften durch geplante, kontrollierte → Experimente. Eng mit der Gewinnung ist die techn. Weiterverarbeitung statist. Daten verbunden, heute v. a. in Form elektronischer Datenverarbeitung mit → Computern. Die Beschreibung ist die mit erläuternden Hinweisen (›Fußnoten‹) über die Entstehung, Vergleichbarkeit u. a. der statist. Daten versehene anschauliche Darstellung der Ergebnisse (→ Diagramm). Die Verarbeitung der statist. Ergebnisse zu weitergehenderen Zwecken als der Beschreibung wurde früher unspezifisch als statist. Analyse angesehen. Heute teilt man sie (neben den Analyseverfahren i. e. S.) in Methoden der Schätzung, Hypothesenprüfung, Prognose und Entscheidung. Die Ergebnisse der Experimente werden als Stichprobe interpretiert, von der auf den Typus einer Erscheinung oder eines Zusammenhangs geschlossen wird (Schätzung). Statt zur Schätzung kann man die als Stichprobe interpretierten statist. Ergebnisse auch dazu benutzen, zuvor aufgestellte Hypothesen auf ihre (wahrscheinliche) Richtigkeit hin zu prüfen. Bei der Prognose dominierten früher einfache Trendextrapolationen, heute wendet man v. a. Verfahren der → Zeitreihenanalyse an. Hauptaufgabe ist die Auffindung einer optimalen Regel, nach der je nach dem Ausfallen von Beobachtungen bestimmte Handlungsweisen ergriffen werden (Entscheidung).

Anwendungsgebiete. Statist. Methoden werden heute in fast allen Wissenschaften angewendet. In Physik und Astronomie spricht man von statist. Eigenschaften, Vorgängen, Gesetzen u. a., wenn genaue Aussagen über jeden Einzelfall nicht bekannt sind oder nicht angestrebt werden, sondern das Durchschnittsverhalten durch das Vorkommen best. relativer Häufigkeiten beschrieben wird, z. B. befaßt sich die **Stellarstatistik** mit der Untersuchung der Fixsterne mit statist. Methoden. In der Physik, die es oft mit Kollektiven (z. B. von Messungen oder Teilchen) zu tun hat, spielen statist. Gesetze eine grundlegende Rolle, z. B. bei der Beschreibung des radioaktiven Zerfalls (→ Radioaktivität) oder in der **statistischen Physik,** jenem Teilgebiet der theoret. Physik, das die makroskop. Eigenschaften der Materie mit Hilfe statist. Methoden aus atomaren und molekularen Gesetzmäßigkeiten herleitet, wobei in der → statistischen Mechanik die Gesetze der klass. Mechanik zugrunde gelegt werden **(klass. S.,** → Boltzmann-Statistik), während die → Quantenstatistik (→ Bose-Einstein-Statistik, → Fermi-Dirac-Statistik) Quanteneffekte berücksichtigt.

E. Kreyszig: Statist. Methoden und ihre Anwendungen ([7]1979); Erna Weber: Grundrisse der biolog. S. ([8]1980); H. Basler: Grundbegriffe der Wahrscheinlichkeitsrechnung und statist. Methodenlehre ([8]1981); J. Kühn: Methodenlehre S. ([3]1981); G. Bamberg u. H. Baur: S. ([2]1982); K. Bosch: Elementare Einf. in die angewandte S. ([2]1982); J. M. Diehl u. H. U. Kohr: Deskriptive S. ([4]1982).

statistische Mechanik, eine bes. von L. Boltzmann und J. W. Gibbs entwickelte physikal. Theorie, die aus dem Wunsch entstanden ist, die Gesetze der Gase und der Thermodynamik, v. a. den 2. Hauptsatz, der die Ablaufrichtung von physikal. und chem. Prozessen festlegt, durch die → Mechanik zu erklären. Sie enthält die Teilgebiete → kinetische Gastheorie und statistische Thermodynamik. Die s. M. geht von der Annahme aus, daß die Materie aus kleinsten Bausteinen besteht, die sich in einer ständigen, durch die Gesetze der Mechanik geregelten Bewegung befinden, und sucht auf Grund dieser Annahme die makroskopisch beobachtbaren Zustandsgrößen eines Systems, wie Druck, Volumen, Temperatur u. a. zu deuten, mit denen die Thermodynamik arbeitet.

Das Verhalten einer großen Anzahl von Teilchen, die sich ungeordnet frei im Raum nach den Gesetzen der Mechanik bewegen, kann zwar im Prinzip dadurch beschrieben werden, daß die Bewegungsgleichungen angegeben und gelöst werden. Aber die mathemat. Schwierigkeiten sind wegen der großen Anzahl der Gleichungen unüberwindbar. Deshalb werden statist. Verfahren angewandt, mit denen Durchschnittswerte der interessierenden Größen berechnet werden, ohne daß die Bahn jedes einzelnen Teilchens bekannt sein muß (klass. Statistik, → Boltzmann-Statistik). Die Mittelwerte lassen die Bedeutung der Begriffe Druck und Volumen erkennen und zeigen, daß die Temperatur proportional der mittleren kinetischen Energie eines Teilchens ist. Die → Entropie ist als Logarithmus der ›thermodynamischen Wahrscheinlichkeit‹ eines Zustandes zu verstehen. Große Erfolge hat die Theorie in dieser Form auf Gebieten erzielt, wo Quanteneffekte keine Bedeutung haben oder wo es für das Verhalten einer ins Auge gefaßten Molekel gleichgültig ist, in welchem Zustande sich die anderen Moleküle des Systems befinden. Sie versagt da, wo Quanteneffekte wesentlich sind. Hier muß die → Quantenstatistik in Form der → Bose-Einstein-Statistik oder der → Fermi-Dirac-Statistik herangezogen werden.

K. Huang: S. M., 3 Bde. (a. d. Engl., 1964); F. Reif: Grundlagen der Physikal. Statistik und der Physik der Wärme (a. d. Amerikan., 1976).

statistische Nachrichtentheorie, Lehre von der → Nachrichtenübertragung, die vom grundsätzlich zufälligen (stochastischen) Charakter der Signale (Nutz- und Störsignale) ausgeht (→ Informationstheorie). I. Ggs. zur klass. Nachrichtentheorie, die sich auf die Vorstellung determinierter Signale stützt, sucht die s. N. mit den Methoden der Wahrscheinlichkeitsrechnung alle verfügbaren statist. Eigenschaften der Signale auszunutzen, um optimal störarme Nachrichtensysteme zu finden. Die s. N. wird grob in **Signalerkennung (Detektion,** möglichst fehlerarme Erkennung eines von mehreren vorgegebenen Sendesignalen) und **Signalschätzung (Estimation,** möglichst fehlerarme Schätzung eines Signalparameters) eingeteilt.

H. L. VAN TREES: Detection, estimation and modulation theory, 1 (New York 1968); K. KROSCHEL: S. N., 2 Tle. (1973/74).

statistisches Modell, Kernphysik: Modell zur Beschreibung hochangeregter Energiezustände von schweren Atomkernen. Im s. M. wird der Atomkern als entartetes Fermi-Gas behandelt, thermodynam. Größen wie Temperatur, Entropie und Wärmekapazität werden eingeführt. Das s. M. spielt eine Rolle bei Kernreaktionen, die über die Bildung eines **Zwischenkerns,** engl. **compound nucleus** [k'ɔmpaʊnd nj'u:klɪəs], ablaufen. Das einfallende Teilchen überträgt seine Energie auf alle Nukleonen des getroffenen Atomkerns, heizt diesen also auf, die anschließende Aussendung von Teilchen wird als Verdampfungsprozeß beschrieben.

Stativ, Gestell zum Befestigen von Kameras, Theodoliten, Fernrohren u. a. Geräten sowie für experimentelle Aufbauten in Labors. S. für Kameras haben oft ausziehbare Beine und einen bewegl. **Stativkopf** (mit genormtem Schraubgewinde), mit dessen Hilfe die Kamera in die gewünschte Stellung gebracht und dann fixiert werden kann. Schwere S. besitzen ein Fahrgestell (Photoatelier, Filmstudio), das ggf. auf Schienen läuft. S. benötigt man bei langen Verschlußzeiten (> 1/30 s), bei der Verwendung von langbrennweitigen Objektiven und von schweren Kameras.

Stator, der → Ständer in einem Elektromotor.

Status nascendi, Entstehungszustand, bes. reaktionsfähiger Zustand vieler Stoffe im Augenblick ihrer Bildung aus anderen Stoffen, v. a. des Wasserstoffs, der im S. n. atomar (als H) und nicht molekular (als H_2) vorliegt.

statute mile [st'ætju:t maɪl, engl.], → mile.

Stau, Hydraulik: Hebung des Wasserspiegels, hervorgerufen: a) durch Wind bes. auf Meeren und in Kanälen **(Wind-S.)**; b) durch natürl. Felsenriffe, Kies- und Sandbänke; c) durch Brückenpfeiler oder ähnl. Hindernisse **(Brücken-S.)**; d) durch Wehre und Talsperren.

2) Meteorologie: auch **Windstau,** im Luv auftretende → Konvergenz 5) der Luft mit leichtem Druckanstieg, der je nach Form des Hindernisses zum Um- oder Überströmen führt. Eine Wetterwirksamkeit von S. wird selbst an niedrigen Hügelketten beobachtet, wo auf der windwärtigen Seite bevorzugt **Stauwolken** oder **Stauniederschläge** auftreten (→ Steigungsregen), im Lee dagegen Wolken- und Regenarmut (→ Föhn). Die S.-Wirkung kann vertikal bis zur 10–20fachen, horizontal bis zur 50fachen Hindernishöhe nachweisbar sein.

Stau|anlage, Staubauwerk, Bauwerk (→ Wehr, → Talsperre) zur Erzeugung eines Staus.

Staub, 1) in der Luft schwebende feste Teilchen von beliebiger Form, Struktur und Dichte (∅ zw. 0,5 und 0,0005 mm). Vom trockenen Boden (Staubsturm) oder von Verbrennungsprozessen werden sie durch Turbulenz und Konvektion, bei Vulkanausbrüchen und Sprengungen durch die Druckwelle in die Höhe getragen. Größere Partikel fallen direkt aus, kleinere dagegen können bis zu Jahren in der Atmosphäre verweilen, sofern sie nicht durch Niederschlag ausgewaschen werden. Verschiedene S.-Arten treten in Industrieanlagen auf, v. a. bei Verhüttung und Oberflächenbearbeitung, in Wärmekraftwerken, in der Textil-, Mühlen-, Kohlenindustrie.

Je nach Größe und Beleuchtung sind S.-Teilchen direkt (Sonnenstäubchen) oder mittelbar durch von ihrem Streulicht stammende Phänomene sichtbar (z. B. Aufhellung des Himmelsblaus). Daneben absorbieren sie Strahlung und ändern so den Wärmehaushalt der Atmosphäre. S. gefährdet die Gesundheit von Menschen, Tieren, Pflanzen und verursacht Feuer- und Explosionsgefahr.

Die Anzahl der S.-Teilchen wird unter dem Mikroskop gezählt (Konimeter), durch Messung der Lichtstreuung (Tyndallometer) oder elektrostat. Abscheidung bestimmt, die Staubmenge auch durch Wiegen des abgelagerten S. Ein gravimetr. Meßgerät (Impaktor) schlägt den S., nach Teilchengrößen klassifiziert, nieder. – Über Maßnahmen zur S.-Entfernung → Staubabscheidung.

2) Astronomie: **interstellarer S.,** die (kleinen) festen Bestandteile der → interstellaren Materie.

Staub|abscheidung, die Entfernung von → Staub (→ Entstaubungsverfahren) aus einem gasförmigen Medium (Luft, Abgas, Prozeßgas). Vier Abscheidungsverfahren kommen zum großtechnischen Einsatz: 1) Massenkraftabscheider (→ Zyklon), vorzugsweise für Grobstaub bei relativ niedrigem Rohgas-Staubgehalt; 2) elektrische Abscheider (Elektrofilter), die auch bei sehr feinem Staub einen hohen Abscheidungsgrad bei gleichzeitig niedrigem Energieverbrauch erzielen. Der erreichbare Reingas-Staubgehalt mit trockenen Elektrofiltern liegt bei etwa 30 mg/m³, mit Naß-Elektrofiltern bis zu weniger als 2 mg/m³; 3) Naßabscheider mit guter Eignung auch für → Feinstaub bei relativ hohem Energiebedarf; 4) filternde Abscheider, meist mit schlauch- oder scheibenförmigen Filterelementen (Gewebe oder Nadelfilze aus Natur- oder Synthetikfasern), mit hohem Abscheidungsgrad auch für Partikelgrößen unter 1 μm bei relativ geringem Energieverbrauch.

Staub|explosion, Explosion eines Gemisches aus Luft und festen, feinverteilten, brennbaren Stoffen, z. B. Kohlen-, Holz-, Kork-, Zucker-, Getreide-, Kunstharz-, Zellwoll-, Bernstein-, Farbstaub. Voraussetzung ist eine hinreichende Staubmenge, ein best. Mischungsverhältnis und eine Zündenergie, die i. d. R. aus Reibungswärme oder Funken infolge von elektrostat. Aufladung stammt.

Staubfeuerung, eine → Feuerung, bei der feingemahlene Kohle unter Luftzufuhr verbrannt wird; Anwendung z. B. bei Großdampferzeugern.

Staubabscheidung:
LINKS Horizontaler Platten-Elektrofilter; RECHTS Naßabscheider

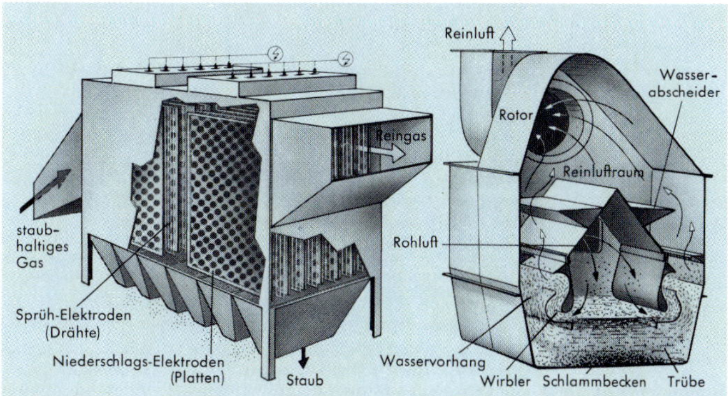

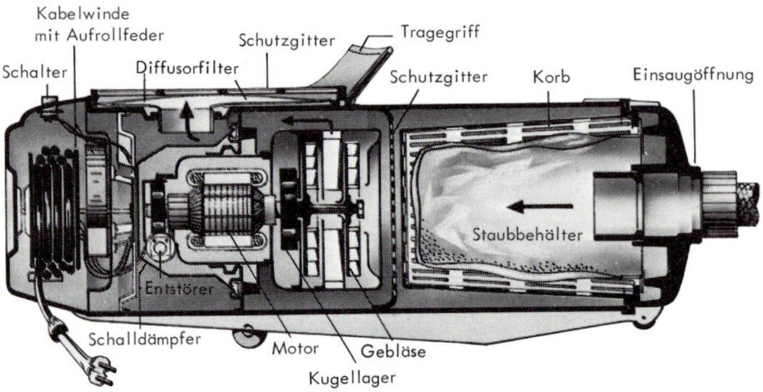

Staubsauger

Staubfiguren, die → Chladnischen Klangfiguren.

Staubkammer, metallurg. Öfen nachgeschaltete Kammern, in denen der von Verbrennungs- oder Reaktionsgasen mitgerissene Staub abgeschieden oder gasförmige Stoffe infolge Abkühlung kondensiert werden.

Staubsauger, trag- oder fahrbares Entstaubungsgerät für Haushalt und Gewerbe. Ein elektromotorisch angetriebenes Gebläse erzeugt einen starken Luftstrom. Dieser reißt Staub- und Abfallteilchen von der Fläche, über die die Düse geführt wird, und führt sie in einen auswechselbaren Filterbeutel. Für Haushaltszwecke werden **Hand-S.** und **Boden-S.** angeboten. Die Saugleistung ist immer geringer als die angegebene Nennaufnahme; sie ist abhängig vom Wirkungsgrad des Motors und des Gebläses, dem Saugleistungsquerschnitt, der Filterart und Filtergröße, der Luftdurchlässigkeit des Filters und den Düsen.

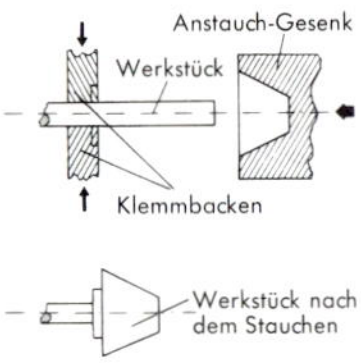

Stauchen

Staubsturm, → Sandsturm.

Stauchen, umformende Fertigung: das Vergrößern des Querschnitts eines Werkstücks durch Stoffanhäufen auf Kosten seiner Länge, z. B. beim Gesenkschmieden.

Stauchung, die negative → Dehnung.

Staudamm, eine → Talsperre in Form eines Erd- oder Steindammes.

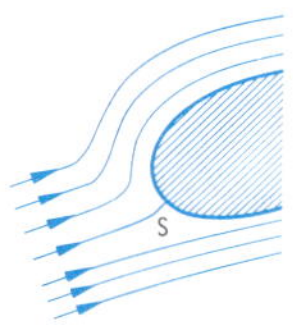

Staupunkt: Strömung um einen Körper

Staudruck, der Druckanstieg, der in einem strömenden Medium durch Verzögerung der Stoffteilchen auf die Geschwindigkeit null (Umsetzung von kinet. Energie in potentielle Energie) im → Staupunkt eines umströmten Körpers auftritt. Im Staupunkt herrscht der **Gesamtdruck** p_{ges}. Die Differenz aus dem Gesamtdruck und dem Druck p in der ungestörten Strömung **(statischer Druck)** heißt **dynamischer Druck** p_d. Für inkompressible Fluide ist der dynam. Druck gleich dem Staudruck q, $q = \varrho\ v^2/2$, ϱ = Dichte, v = Geschwindigkeit (→ Bernoullische Gleichung), der auch als die kinet. Energie der in der Volumeneinheit des strömenden Mediums enthaltenen Stoffmenge verstanden werden kann **(kinetischer Druck, Geschwindigkeitsdruck).** – **Staudruckmesser,** → Staurohr.

Staurolith: Einzelkristall und Durchwachsungszwilling (Namibia)

Staufferbüchse, Napf zur Schmiermittelversorgung von Lagern durch Eindrücken von Schmiermitteln mittels einer aufschraubbaren, mit Fett gefüllten Kappe.

Staufferfette, Bez. für → Schmierfette aus dünnflüssigen Grundölen und billigen Kalkseifen, die durch niedrigen Tropfpunkt und schlechte Oxidationsbeständigkeit gekennzeichnet sind.

Staukuppe, vulkan. Bildung, → Quellkuppe.

Staumarke, Wasserbau: feste Marke, die ein Stau- oder Absenkziel angibt.

Staumauer, eine → Talsperre in Form eines betonierten oder gemauerten Massivbaukörpers, und zwar als Gewichts-, Bogengewichts-, Bogen-S. oder aufgelöste S. wie Pfeilerplatten- und Pfeilergewölbe-S.

Staupunkt, derjenige Punkt an der Oberfläche eines von einem Medium gleichförmig umströmten Körpers, in dem das Medium relativ zum Körper in Ruhe ist. Bei der Umströmung des Körpers staut sich das Medium unmittelbar vor dem Hindernis; der S. liegt etwa in der Mitte dieses Staugebietes. Ist die Körperoberfläche im S. stetig, so steht die Staustromlinie dort senkrecht auf der Oberfläche.

Stauregelung, Art des → Gewässerausbaus, bei dem das Gefälle in eine treppenartige Folge von **Staustufen** umgewandelt wird. Die **Stufenbauwerke** sind ein Wehr sowie i. d. R. ein Laufkraftwerk und eine oder mehrere Schleusen. (BILD S. 43)

Staurohr, Prandtl-Rohr, Staudruckmesser, Gerät zur Messung des → Staudruckes. In einer Meßsonde (BILD) sind je eine Meßöffnung für den stat. Druck p und den Gesamtdruck p_{ges} angeordnet; die zw. beiden Meßöffnungen entstehende Druckdifferenz ist der mit einem Druckmeßgerät meßbare Staudruck. Dieser ist von der Strömungsgeschwindigkeit v abhängig; daher kann die Anzeige des Druckmeßgeräts in Geschwindigkeitseinheiten geeicht werden (Verwendung als Fahrtmesser v. a. in Luftfahrzeugen).

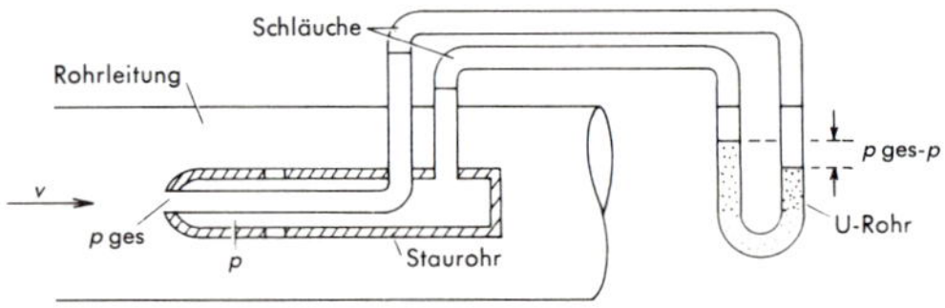

Staurohr mit angeschlossenem Flüssigkeitsmanometer; v Strömungsgeschwindigkeit, p_{ges} Gesamtdruck, p statischer Druck

Staurolith, Mineral 2 $FeO \cdot AlOOH \cdot 4\ Al_2[O|SiO_4]$, rötlich- bis schwärzlichbraun; H. 7–7,5, D. 3,7–3,8; Kristalle kurz- oder langsäulig, häufig kreuzförmige Zwillinge; oft Quarz u. a. Minerale umschließend. Vorkommen in dislokationsmetamorphen Tonschiefern sowie in Gneisen und Glimmerschiefern.

Stausee, meist durch eine Stauanlage, seltener durch natürl. Flußstau entstandener See zur Speicherung von Trinkwasser oder Gewinnung von Elektrizität; dient häufig auch der Bewässerung, dem Hochwasserschutz, der Wasserregulierung für die Schiffahrt.

Staustrahltriebwerk, → Strahltriebwerk.

Staustufe, → Stauregelung.

Stauziel, höchster zulässiger Wasserstand im → Oberwasser einer Stauanlage.

Steady-state-Modell [st'edɪ steɪt-, engl.], → Kosmologie.

Steamcracken [st'i:mkrækən, engl.], wichtiges Verfahren der Petrochemie, bei dem Kohlenwasserstoffe (in Westeuropa meist Rohbenzin, in den USA bevorzugt Äthan) bei etwa 850 °C in Gegenwart von Wasserdampf in kleinere Bruchstücke gespalten werden (→ Cracken). Daneben laufen auch Aufbaureaktionen ab, die u. a. zu Benzol und Heizölkomponenten führen. Die Reaktion erfolgt in Rohren aus hochlegiertem Gußstahl, die in einem →Röhrenofen (Spaltofen) installiert sind und die mit Brennern beheizt werden. Durch Zusatz von Wasserdampf wird die Crackreaktion begünstigt und die Koksabscheidung vermindert. Beim S. von Rohbenzin entstehen etwa 30–35% Äthylen, 13–18% Propylen sowie C_4-Kohlenwasserstoffe (Butadien, Isobuten), →Pyrolysebenzin, Heizgas und Heizöl. Nach Abkühlung in einem Quenchkühler und Abscheidung flüssiger Reaktionsprodukte werden aus den auf 30–40 bar komprimierten Spaltgasen durch Tieftemperaturdestillation Äthylen und Propylen isoliert.

Steamreforming [st'i:mrɪfo:mɪŋ, engl.], **Dampfspaltung,** technisch wichtiges Verfahren zur Herstellung von Wasserstoff und wasserstoffhaltigen Gasgemischen (z. B. →Synthesegas). Beim S. werden gasförmige Kohlenwasserstoffe (meist Erdgas) an nickelhaltigen Katalysatoren bei 750–850 °C mit Wasserdampf umgesetzt (Primärreformer): $CH_4 + H_2O \longrightarrow CO + 3\ H_2$. Das Gas strömt durch Spaltrohre, die mit einem Katalysator gefüllt sind und die mit Brennern beheizt werden. Nicht umgesetztes Erdgas wird häufig in einem Sekundärreformer unter Zusatz von Luft zur Reaktion gebracht (→partielle Oxidation).

Ste|arate, Salze und Ester der →Stearinsäure. Die Ester sind Bestandteile der Fette und fetten Öle, die Salze haben Bedeutung als Seifen und Metallseifen.

Stearin, weißes bis gelbliches, wasserunlösl. Gemisch aus Stearin- und Palmitinsäure, das aus dem bei der Fettspaltung entstehenden Fettsäuregemisch gewonnen wird. S. wird v. a. zur Kerzenfabrikation verwendet, daneben auch in der Seifen-, Gummi- und Textilindustrie. – S. nennt man auch die Glycerinmono-, -di- und -tristearate sowie gemischte Glyceride von Stearin- und Essigsäure.

Stearinsäure, Octadecansäure, gesättigte Fettsäure, die als Glycerinester in praktisch allen Pflanzenölen und Tierfetten vorkommt. Ein Gemisch aus S. und Palmitinsäure (Stearin) wird aus Rindertalg durch Hydrolyse, Destillation und Hydrierung erhalten. Es dient u. a. zur Herstellung von Seifen, Salben, Kerzen.

Steatit, porzellanartiger, keramischer Werkstoff auf der Grundlage des Minerals →Talk. S. wird wegen seines hohen spezif. Widerstands als →Isolierstoff in der Elektrotechnik verwendet.

Stechrohr, Stoßrohr, meereskundl. Gerät zur Entnahme von Bodenproben. Das S. besteht im wesentlichen aus einem langen Metallrohr, das sich durch Belastung oder Vibration in den Meeresgrund bohrt.

Stechuhr, Stempeluhr, dient zur Registrierung und Kontrolle von Arbeitszeiten u. a., →Kontrolluhr.

Steckbuchse, Teil einer Steckdose (→Steckvorrichtung) oder Teil eines →Steckverbinders.

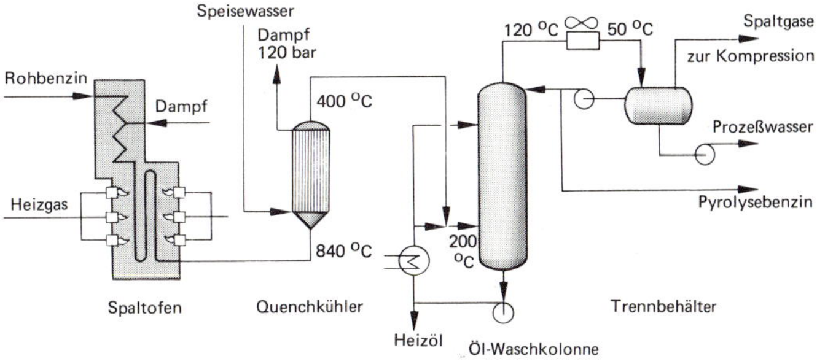

Steamcracken (Verfahrensschema)

Steckdose, →Steckvorrichtung.

Stecker, →Steckvorrichtung, →Steckverbinder.

Steckholz, Setzholz, unverzweigtes, bewurzelungsfähiges Aststück, etwa 0,3–1,0 m lang und 1–4 cm dick, zum →Lebendbau.

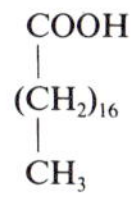

Stearinsäure

Steckschloß, Einsatzschloß, kleines Zylinderschloß zum nachträgl. Einbau in ein Kastenschloß, dessen Sicherheit dadurch verbessert wird. (→Schloß 1)

Steckschlüssel, →Schraubenschlüssel.

Steckverbinder, mechan. Anordnung zum mehrmaligen Verbinden und Trennen elektr. Stromkreise (Leitungswege). Wichtig ist, daß die Kontaktelemente der S. in der Lage sind, über einen längeren Zeitraum unter den vorhandenen mechan., elektr. und klimat. Umgebungsbedingungen zuverlässig und häufig wiederholbar sowohl eine elektr. gut leitende Verbindung herzustellen als auch sicher zu trennen. Je nach Anwendungsbereich gibt es eine Vielzahl von konstruktiven Ausführungsformen. Für niederfrequente Anwendungen in der Meßtechnik, für Laborschaltungen und zum Aufbau von Schaltfeldern sind z. B. →Bananenstecker geeignet. **Einschub-S.,** meist als vielpolige Steckleisten ausgeführt, werden in Baugruppenträger (z. B. 19″-Gestelle) eingebaut, um Einschübe (Geräte, Meßeinrichtungen u. a.) an die interne Verdrahtung der Baueinheit anzuschließen. **S. für gedruckte Schaltungen** werden in Geräten mit Modulbauweise eingesetzt, um eine leichte Austauschbarkeit

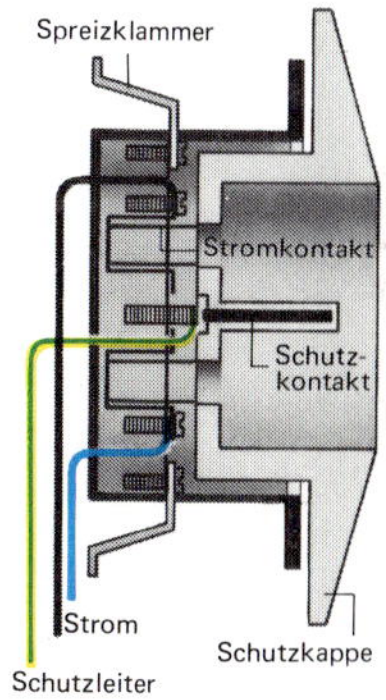

Steckvorrichtung 1: Unterputz-Steckdose

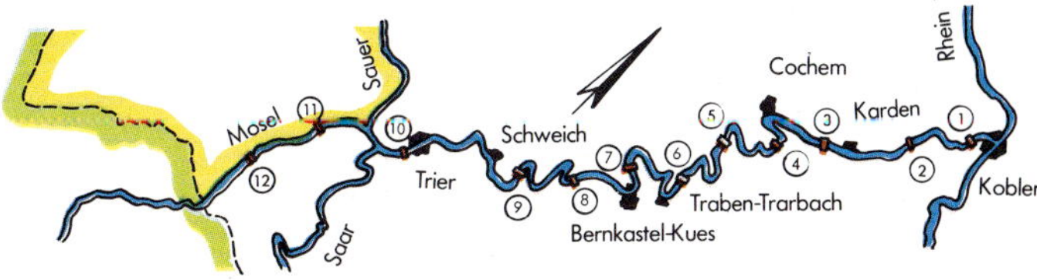

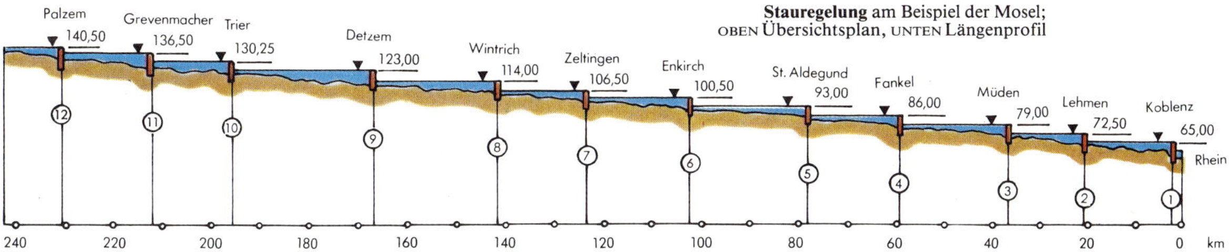

Stauregelung am Beispiel der Mosel; OBEN Übersichtsplan, UNTEN Längenprofil

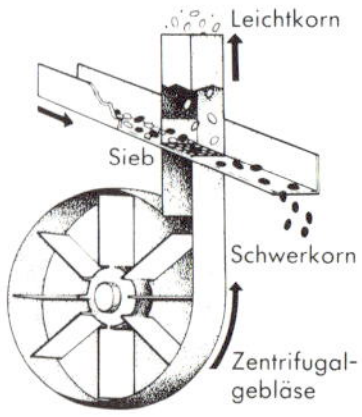

Steigsichter

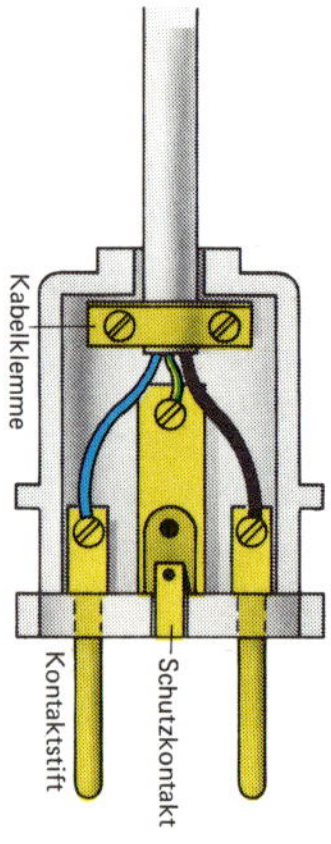

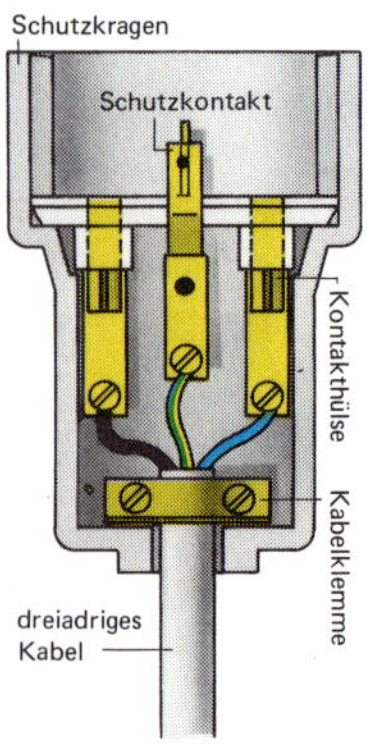

Steckvorrichtung 2: Kupplungs-S. mit Schutzkontakt

einzelner Funktionseinheiten zu gewährleisten, **Kabel-S.** gibt es in runder oder eckiger Bauform, mit und ohne Verriegelung (z. B. Schraub-, Bajonettverriegelung), mit und ohne Codierung (konstruktive Maßnahme zur Vermeidung falscher Polung), als **Flachkabel-S.** Auch Fassungen für steckbare Bauelemente, z. B. für das → Dual-in-line-Gehäuse, gehören zu den S. In der Hochfrequenztechnik werden überwiegend **koaxiale S.** verwendet, bei symmetrischen Leitungen auch Flachstecker. Hochfrequenz-S. müssen eine möglichst reflexionsfreie (d. h. verlustfreie) Verbindung zw. Leitungen gleichen Wellenwiderstandes herstellen, damit sich die elektromagnet. Wellen ungestört ausbreiten können. Die meisten koaxialen HF-S. sind nach dem Stift-Buchse-Prinzip aufgebaut, wobei der Stecker in der Mitte einen oder mehrere Kontaktstifte enthält, die von einer ringförmigen Kontaktfläche umgeben sind. Des weiteren gibt es **Flansch-S.** (eingesetzt in der Mikrowellentechnik), **Zwitter-S.** (nicht polarisierte S.) für meßtechnische Zwecke u. a. Gebräuchliche S. sind auch → Cinch-Steckverbinder für HiFi-Geräte und → Klinken-Steckverbinder für verschiedene Anwendungen. Zur Verbindung von Lichtleitern in der optischen Nachrichtentechnik wurden spezielle **Lichtleiter-S.** entwickelt.

Steckvorrichtung, Vorrichtung zum Herstellen und Lösen elektr. Verbindungen durch Stecken, bestehend aus **Steckdose** mit Steckbuchse(n) und **Stecker** mit Kontaktstift(en). S. zum Anschließen ortsveränderl. Geräte an die Elektroinstallation **(Wand-S.; Kupplungs-S.** an Verlängerungsleitungen). In der Bundesrep. Dtl. müssen alle aus **Schutzkontaktsteckdose** und **Schutzkontaktstekker** bestehenden S. neben den beiden Kontaktstiften zum Anschluß eines Gerätes (→ Gerätesteckvorrichtung) an das Stromnetz noch **Schutzkontakte** enthalten, die an den → Schutzleiter angeschlossen sein müssen (bei Haus- und Geräteinstallationen i. d. R. das mit grün-gelbem Kunststoffmantel isolierte Kabel). Einzige Ausnahme: Stecker zum Anschluß schutzisolierter Geräte (Zeichen ⧈), die jedoch in die Schutzkontaktsteckdose passen müssen. (Weiteres BILD S. 43)

S. für andere Zwecke, z. B. bei elektroakustischen und elektronischen Geräten an Stelle von Verbindungsklemmen werden als → Steckverbinder bezeichnet.

Stefan-Boltzmann-Gesetz [n. den österr. Physikern J. Stefan, * 1835, † 1893, und L. Boltzmann, * 1844, † 1906], von J. STEFAN 1879 nachgewiesenes und L. BOLTZMANN theoretisch begründetes Gesetz, wonach die von einem absolut → schwarzen Körper abgegebene Strahlungsleistung Φ_e seiner Oberfläche A und der 4. Potenz seiner absoluten Temperatur T proportional ist, $\Phi_e = \sigma\ A\ T^4$. Die Proportionalitätskonstante σ ($\sigma \approx 5{,}670 \cdot 10^{-8}\ \mathrm{W\ m^{-2}\ K^{-4}}$) heißt **Stefan-Boltzmann-Strahlungskonstante** (ÜBERSICHT Naturkonstanten).

Steg, 1) Bautechnik: bei I-förmigen Vollwandträgern der Teil zw. Ober- und Untergurt, im Stahlbau das Stegblech; bei Plattenbalken der schmale und hohe balkenartige Unterteil.

2) Drucktechnik: Blindmaterialstück zum Ausfüllen größerer Leerräume in der Buchdruckform; auch die zw. den Rasternäpfchen unvertieft gebliebenen Stellen eines Tiefdruck-Formzylinders **(Rastersteg).**

3) Schienen: der Teil zw. Schienenkopf und -fuß.

Stegleitung, ein- bis fünfadriges Elektrokabel zur Verlegung in der Hausinstallation in und unter Putz. Die Kupferleiter sind durch einen Gummi- oder Kunststoffmantel zu einem flachen Band vereinigt, das an Wänden oder Decken befestigt wird.

Stehsatz, Satz (urspr. nur Bleisatz), der zum nochmaligen (späteren) Druck aufbewahrt wird. Beim → Photosatz wird der belichtete Film oder die magnet. Speicherung aufbewahrt; die Gewichts-, Platz- und Kapitaleinsparung gegenüber dem Blei-S. ist wirtschaftlich wichtig.

Steife, Bautechnik: 1) Stäbe zur → Aussteifung von Baugruben, Bauteilen oder Bauwerken. 2) bei Baustoffen die Konsistenz für die Verarbeitung des Mauer- und Putzmörtels (plastisch-kellengerecht) und des Frischbetons in den Bereichen K 1 (steifer), K 2 (plastischer) und K 3 (weicher Beton). 3) **Steifezahl,** Kennzahl zur Erfassung der Zusammendrückbarkeit des Bodens, dient v. a. zur Berechnung von → Setzungen.

Steiger, Binnen- und Küstenschiffahrt: veraltet für → Landebrücke.

Steigflug, Flugzustand eines Luftfahrzeugs, bei dem der Geschwindigkeitsvektor eine aufwärts gerichtete Komponente hat. S. ist bei aerodynam. Auftriebserzeugung möglich, wenn der Schub der Vortriebsanlage bei einer gegebenen Geschwindigkeit größer als die zugehörige Widerstandskraft ist und wenn bei strahlgetragenen Luftfahrzeugen die Hubkraft größer als das Eigengewicht ist. Leistungsmerkmale des S. sind → Steiggeschwindigkeit, Steigwinkel und Steigzeit auf eine vorgegebene Höhe.

Steiggeschwindigkeit, die auf die Zeit bezogene Zunahme der Flughöhe eines Luftfahrzeugs; ist um so größer, je geringer die → Flächenbelastung und die → Leistungsbelastung (bei Strahlflugzeugen die Schubbelastung) sind. Die S. erreicht bei einer best. Fluggeschwindigkeit einen Höchstwert (Geschwindigkeit des besten Steigens) und nimmt wegen des Einflusses der Luftdichte mit der Flughöhe ab, woraus sich für diese ein Grenzwert ergibt (→ Dienstgipfelhöhe).

Steighöhenmethode, → Kapillarität.

Steigleitung, senkrecht von unten nach oben verlaufender Leitungsabschnitt der Hausinstallation.

Steigsichter, Windsichter zum Reinigen von Körnerfrüchten. Ein senkrecht nach oben gerichteter Luftstrom bläst Leichtteile aus dem Körnerstrom heraus, der über ein schwach geneigtes schwingendes Sieb geführt wird. S. werden meist in kombinierten → Getreidereinigungsmaschinen verwendet.

Steig- und Sinkgeschwindigkeitsmesser, → Variometer 3).

Steigung, 1) → geneigte Ebene 1).

2) Mathematik: der Differentialquotient (→ Differentialrechnung) einer Funktion. Die S. einer Geraden $y = ax + b$ ist durch a gegeben.

3) Technik: → Gewinde.

Steigungsregen entsteht, wenn sich Luft beim Überqueren von Gebirgen durch Aufsteigen abkühlt und nach erreichter → Sättigung die überschüssige Feuchtigkeit im Luv als Regen ausfällt.

Steilheit, Kenngröße von Elektronenröhren und Transistoren: das Verhältnis von Ausgangsstrom zu der ihn verursachenden Eingangsspannung.

Steil|landung, die → Landung eines Flugzeugs mit großem Gleitwinkel, damit kurze und von hohen Bodenhindernissen umgebene Landeplätze genutzt oder die durch Fluglärm betroffene Bodenfläche klein gehalten werden kann. Um auch kurze Ausrollstrecken zu erreichen, muß die S. mit geringer Geschwindigkeit ausgeführt werden, was → Hochauftriebsmittel und reichlich bemessene Leitwerksflächen verlangt.

Steilrohrkessel, ein → Dampferzeuger.

Stein, 1) Bauwesen: Bez. für Baustoffe der Steine-und-Erden-Industrie: → Bausteine 1), → Mauersteine, → Naturstein, → Kunststein.

2) Geologie: natürlicher oder künstl., fester, harter, anorgan. oder organ. Körper, der aus einem einzigen Mineral, häufiger jedoch aus einem Mineralgemenge besteht (→ Gesteine, → Edelsteine).

3) Hüttenkunde: Gemisch aus Metallsulfiden bei der Gewinnung von Schwermetallen (Kupfer, Nickel) aus sulfid. Erzen.

Steinbock, lat. **Capricornus,** zum → Tierkreis gehörendes → Sternbild des Südhimmels, das im Herbst am Abendhimmel sichtbar ist.

Steinbruch, ein → Tagebau zur Gewinnung nutzbarer Gesteine.

Steindruck, das älteste Flachdruckverfahren, → Lithographie 1).

Steine, Lockermassen mit einem Korndurchmesser von >63 mm.

Steinerscher Satz [n. dem schweizer. Mathematiker J. Steiner, * 1796, † 1863], Gesetz der Mechanik: Das Trägheitsmoment J_A eines → starren Körpers bezüglich einer beliebigen Drehachse A ist $J_A = J_S + m \cdot a^2$. J_S ist das Trägheitsmoment des Körpers bezüglich einer zu A parallelen, durch den Schwerpunkt S gehenden Achse, m die Masse des Körpers, a der Abstand der beiden Achsen, $m \cdot a^2$ das Trägheitsmoment der im Schwerpunkt vereinigt gedachten Masse m bezüglich der Achse A.

Steingut, tonkeramischer Werkstoff für Geschirr, Wandfliesen, sanitäre Artikel. S. hat porösen, weißen Scherben (Dichte 1,9–2,1 kg/dm³), wird bei etwa 1 250 °C gebrannt und ist meist glasiert; bei farbigem Scherben auch **Irdengut** genannt. Der Glasurbrand erfolgt i. d. R. getrennt und bei niedrigerer Temperatur; die Farbauswahl ist daher größer als bei Porzellan.

Steinholz, färbbarer → Estrich aus → Magnesitbinder mit Sägespänen u. a. als Füllstoff (Magnesia-Estrich).

Steinkohlen, harte, oft glänzende → Kohlen in Sedimentgesteinen, von schwarzer Farbe und einem Kohlenstoffgehalt von >80%. Strichfarbe braun-schwarz. Huminsäure- und Ligninreaktion i. Ggs. zur Braunkohle negativ. Die Erforschung erfolgt in der Kohlenpetrographie. Vorherrschend sind Humuskohlen, die geschichtet und im Querbruch gestreift sind. Daneben gibt es Faulschlammkohlen (Kännel- und Bogheadkohlen). Nach dem Gehalt an flüchtigen Bestandteilen (→ Inkohlung) werden Flamm-, Gasflamm-, Gas-, Fett-, Eß-, Magerkohlen und Anthrazit unterschieden, makroskopisch als Lithotypen Glanz-, Matt-, Faser- und Halbglanzkohle. In der Kohlenmikroskopie erfolgt die Klassifizierung mit Hilfe der → Mazerale, aus denen die → Streifenarten bestehen. In den weniger inkohlten Typen sind pflanzl. Reste vorhanden. S. gibt es bes. im → Karbon und Perm. Braunkohle mit S.-Charakter gibt es in der Nähe vulkan. Massen oder in tektonisch überprägten Gebieten (Pechkohle im Voralpengebiet).

Vorkommen. Die wichtigsten S.-Reviere Europas sind: 1) der Nordwesteurop. Kohlengürtel, von England über N-Frankreich, Belgien, Niederlande bis ins Ruhrgebiet, 2) das Saarrevier, von der Pfalz bis Lothringen, 3) das Erzgebirgsbecken, 4) die schles. Reviere. Ferner die Becken von St. Étienne, Le Creusot und das Donezbekken. Außerhalb Europas sind die wichtigsten das Kusnezker Kohlenbecken, in China bes. die Prov. Schansi, in den USA die Kohlenfelder der Appalachen und der Midlands. Die Vorkommen Indiens, Südafrikas und Australiens gewinnen zunehmend an Bedeutung.

Steinkohlen|einheit, Einheitenzeichen **SKE,** nicht gesetzl. Vergleichsmaß zur statist. Erfassung des Energieinhalts verschiedener Brennstoffe. Eine Steinkohleneinheit (1 kg SKE) repräsentiert den Wärmeinhalt von 1 kg Steinkohle mit einem Heizwert von 7 000 kcal/kg: 1 SKE = 1 kg SKE = $7 \cdot 10^6$ cal = 29,3076 MJ; entsprechend 1 t SKE = $7 \cdot 10^9$ cal = 29,3076 GJ = 8,141 MW·h.

Für andere Brennstoffe gilt:

1 t Steinkohlenkoks	≙ 0,97 t SKE	1 t Erdöl	≙ 1,44 t SKE
1 t Rohbraunkohle	≙ 0,26 t SKE	1 t Benzol	≙ 1,49 t SKE
1 t Hartbraunkohle	≙ 0,50 t SKE	1 t schweres Heizöl	≙ 1,40 t SKE
1 t Brenntorf	≙ 0,43 t SKE	1000 m³ Stadtgas	≙ 0,57 t SKE
1 t Brennholz	≙ 0,50 t SKE	1000 m³ Erdgas	≙ 1,10 t SKE

Steinkohlenformation, Geologie: das → Karbon.

Steinmatte, Wasserbau: allseitig mit Maschendrahtgeflecht umhüllte, großflächige Steinlage als Ufer- und Sohlensicherung von Wasserläufen.

Steinmeteorite, am häufigsten (93,5%) vorkommende → Meteorite, deren chem. Zusammensetzung von Sauerstoff und Silicium geprägt wird.

Stein|öl, ältere Bez. für das → Erdöl.

Steinpackung, → Setzpack.

Steinsalz, Mineral, → Halit.

Steinsatz, Wasserbau: mauerwerkartig aufgesetzte unbearbeitete Steine zur Sicherung von Böschungsfüßen und steilen Böschungen.

Steinschlag, 1) Geographie: von Felswänden herabstürzende Gesteinstrümmer, die durch Verwitterung gelockert wurden. S. tritt v. a. im Hochgebirge auf (z. B. im Frühjahr nach Tauwetter). Er bildet **S.-Rinnen** mit Schutthalden. Kommen größere Felspartien in Bewegung, entstehen **Steinlawinen** und → Bergstürze.

2) Straßen- und Eisenbahnbau: → Schotter (gebrochenes Gestein von 25–65 mm Korngröße).

Steinschnitt, Fugenschnitt, Festlegung der Kopf- und Lagerflächen, der Stoß- und Wölbflächen der einzelnen Steine bei Quadermauerwerk, Steinverblendungen und Gewölben.

Steinstickung, → Setzpack.

Steinverband, Mauerverband, → Mauer.

Steinzeug, tonkeram. Werkstoff für Gebrauchsgeschirr, Ziergegenstände, Bodenfliesen, Fassadenplatten sowie chemisch-techn. und elektrotechn. Artikel. S. hat dichte, farbige Scherben (Dichte 2,9–2,5 kg/dm³), wird bei 1 150–1 300 °C gebrannt und kann glasiert oder unglasiert sein. Dichtgebrannte Ziegel (Klinker) und grob schamottierte Artikel (z. B. Kanalisationsrohre) bilden eine Sondergruppe **Grob-Steinzeug.**

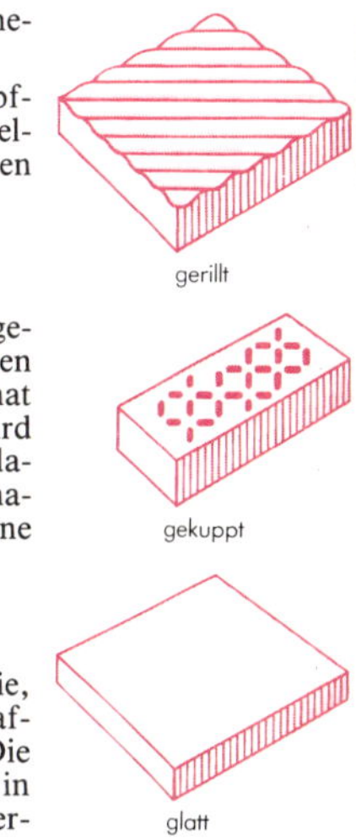

Steinzeug: Bodenfliesen und -platten

Stell|antrieb, → Stellmotor.

Stella Polaris, der → Polarstern.

Stellar|astronomie, Teilgebiet der → Astronomie, das sich mit den einzelnen Sternen und ihren Eigenschaften sowie dem Aufbau der Sternensysteme befaßt. Die räuml. Verteilung der Einzelsterne und ihre Bewegung in diesen Systemen wird durch die **Stellardynamik** untersucht. Als Teil einer statist. Menge behandelt die **Stellarstatistik** abgegrenzte Gruppen astronom. Objekte, um deren Aufbau und Verhalten kennenzulernen.

Stellarator [stˈelәreitә, engl.], in den USA entwickeltes Großgerät zur Verwirklichung der kontrollierten → Kernfusion (BILD) für die Energiegewinnung.

Stellar|triangulation, Geodäsie: zur Überbrückung großer Entfernungen und zur Ausmessung der gesamten Erde geeignetes dreidimensionales Triangulationsverfahren mit orientierten Raumrichtungen. Damit wird eine Richtung zw. zwei dem Triangulierungsnetz angehörenden, gegenseitig nicht sichtbaren Punkten der Erdoberfläche dadurch bestimmt, daß von den beiden Punkten ein beleuchtetes Hochziel – urspr. Raketenblitz, heute künstl. Satelliten – gleichzeitig gegen den Sternhimmel als Hintergrund photographiert wird. Meß- und Rechenprozesse schließen sich an.

Stellenschreibweise von Zahlen. Die Bedeutung jeder Ziffer hängt außer von ihrem Ziffernwert von der **Stelle,** also von ihrer Stellung innerhalb der Ziffernfolge, ab. Die häufigste Form der S. v. Z. ist die im → Dezimalsystem. Beispiel für eine andere Form der S. v. Z.: Die Ziffernfolge 120517 zur Bez. eines Datums ist nicht eindeutig, sofern nicht festgelegt ist, ob die Reihenfolge Tag–Monat–Jahr (12. Mai 1917) oder Jahr–Monat–Tag (17. Mai 1912) gewählt werden soll.

Stellglied, Eingangsglied einer → Regelstrecke oder Steuerkette, das die Steuerung von Massen- oder Energieströmen durch die → Stellgröße bewirkt. Beispiele: Ventil, Schieber, Drosselklappe, elektr. Schalter, Potentiometer, Verstärker. Zur Betätigung dieser Einrichtungen dienen oft → Stellmotoren.

Stellgröße, Signal im → Regelkreis, mit dem der → Regler auf die → Regelstrecke einwirkt. Bei einer Steuerkette (→ Steuerung 3) ist die S. die Eingangsgröße.

Stellmotor, Servomotor, Stell|antrieb, ein Servomechanismus am Ausgang eines → Reglers. Der S. dient zur direkten Einwirkung des vom Regler kommenden Stellsignals auf das Stellglied, z. B. Ventil, Drosselklappe, ferngeregelte Kamera, Turbinenleitschaufel, Ruder **(Servosteuerung).** Da das Stellsignal i. a. nur geringe Leistung besitzt, die Betätigung des Stellgliedes aber oft erhebl. Leistungen benötigt, müssen entsprechende Verstärker eingebaut sein (Servowirkung).

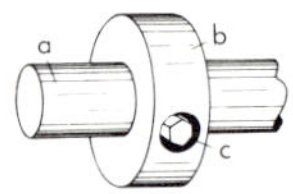

Stellring: **a** Welle, **b** Stellring, **c** Schraube zum Befestigen des Stellrings

Stellring, Maschinenbau: meist ein Stahlring, der durch Stift oder Gewindestift so auf einer Welle oder Achse befestigt ist, daß er sich gegen andere Maschinenteile (Lager) abstützt oder andere Teile (Rad) in best. Lage auf der Achse festhält.

Stelltransformator, ein → Transformator mit einstellbarem Übersetzungsverhältnis.

Stellungs|isomerie, die → Substitutionsisomerie.

Stellwerk, Eisenbahnbetriebsstelle zur Regelung und Sicherung des Zug- und Rangierbetriebs. Einteilung nach Art der Antriebs-, Stell- und Verschlußeinrichtungen in mechan., elektromechan. und Drucktasten-S.

Mechanische S. Die Signale, Weichen, Riegel und Gleissperren werden mit Drahtzugleitungen von einer Hebelbank aus gestellt. Hinter der Hebelbank sorgt ein mechan. Verschlußregister für die gegenseitige Abhängigkeit der Stellvorgänge und die Fahrstraßenausschlüsse. Nachteile: Begrenzung der Stellweite von Weichen auf etwa 500 m, von Signalen auf etwa 1 800 m, Einzelbedienung jeder Stelleinheit, körperl. Anstrengung beim Umlegen der Stellhebel, großer Raumbedarf, Überwachung der Gleisbewegung durch Augenschein, dadurch große Abhängigkeit von menschl. Sorgfaltspflicht.

Elektromechan. S. Die Stelleinheiten werden durch Gleichstrommotoren mit 136 V Spannung angetrieben, dadurch Stellweite bis etwa 2 400 m. Die Stelleinrichtungen sind in Hebelwerken zusammengefaßt. Als elektr. Schalter dienen Drehköpfe, die untereinander durch mechan. Verschlußeinrichtungen und elektr. Schaltelemente (Relais) in Abhängigkeit stehen. An die Stelle augenscheinl. Gleisfreimeldung tritt vielfach der **Gleisstromkreis,** bei dem die Achsen eines Schienenfahrzeuges durch Überbrücken der Schienenisolierung die Gleisbesetzung anzeigen.

Drucktasten-S. (Dr-S.). Die Stellvorgänge werden durch Betätigen von Drucktasten ausgelöst, die meist auf einem Stelltisch entsprechend dem Gleis- oder Spurplan angeordnet sind **(Gleisbild-** oder **Spurplan-S.).** Die Stellvorgänge werden durch Relaiskombinationen in gegenseitige Abhängigkeit gebracht. Künftig werden zunehmend elektron. Bauelemente in die Dr-S. Eingang finden und die Relaiskombinationen durch Mikroprozessoren ablösen. – Zum Antrieb der Weichen dient 380 V Drehstrom, zur Speisung der Lichtsignale Einphasen-Wechselstrom, dadurch Stellweiten von etwa 4 500 m bei Weichen und etwa 6 500 m bei Signalen. Die Dr-S. besitzen Räume für Bedienungs-, Schalt- (Relais-) und Fernmeldeeinrichtungen sowie Strom- und Notstromversorgung. Die Züge wirken bei der Signalbedienung grundsätzlich mit, indem sie Gleisstrom- oder Achszählkreise auslösen. Bei **Achszählkreisen** wird über → Schienenkontakte festgestellt, ob in einem Gleisabschnitt Fahrzeuge ein- oder ausgefahren sind. Für die Einfahrt eines Zuges in einen Bahnhof werden die Signalstelltaste des Einfahrsignales (Starttaste) und die Gleistaste für das Einfahrgleis am Ende der Fahrstraße (Zieltaste) gleichzeitig bedient. Das Einfahrsignal geht erst in ›Fahrt‹-Stellung, wenn die zu befahrenden Weichen automatisch in die richtige Stellung gelaufen und signaltechnisch verschlossen sind, die Schutzweichen und -signale die Schutzstellung erreicht haben und eine Gleisfreimeldung automatisch zustande gekommen ist. Alle Stell- und Bewegungsvorgänge im Gleisfeld werden auf dem Stelltisch optisch angezeigt. Bei großen Dr-S. sind die Spurpläne auf **Panoramatafeln** an den Wänden aufgezeigt. Die Stellvorgänge werden über Ziffern-Tastaturen ausgelöst. Mehrere Dr-S. können über große Entfernungen von einer Zentrale aus ferngesteuert werden, wie auf den Strecken Nürnberg–Regensburg oder Bad Schwartau–Puttgarden (Vogelfluglinie). An hochbelasteten Knotenbahnhöfen gibt es Dr-S. mit eingespeicherten Betriebsprogrammen, bei denen sich die Züge nach Annäherung an die Signale über Achszähl- oder Gleisstromkreise ihre Fahrstraßen selbsttätig einstellen **(Zuglenkbetrieb).**

Stelzer-Motor [n. dem dt. Erfinder F. Stelzer, * 1934], in Erprobung befindl. Freikolbenmotor, speziell für die integrierte Verwendung als Pumpe, Verdichter oder Generator entworfen. Der S.-M. besteht aus nur wenigen Teilen und besitzt nur ein bewegl. Teil, einen Stufenkolben, dessen Enden über den Zylinderblock hinausragen. Im Gehäuse befinden sich zwei Brennräume (mit Zündkerzen) und zwei Vorverdichtungskammern, wo der Kolben 10000–20000mal in der Minute hin- und herschwingt und die Einlaß- und Auslaßschlitze sowie die Überströmkanäle freigibt oder schließt. Der Kolben kann durchbohrt sein, um Fluide durch den Kolben zu beschleunigen (bei hohen Schwingungszahlen sind keine Ventile nötig). Im Kreislauf mit einer Turbine ergibt sich so eine hydrodynam. Kraftübertragung. Sind die Kolbenenden als Zylinderpumpen ausgebildet, kann der Motor mehrere Hydromotoren oder Hubzylinder antreiben

(z. B. in Baumaschinen). In der Verdichterausführung sind die Kolbenenden so gestaltet, daß sie ohne Ventile Druckluft erzeugen können. Wenn der Motor als Generator arbeitet, schwingt der verlängerte Kolben in Elektrowicklungen, wodurch Wechselstrom erzeugt wird.

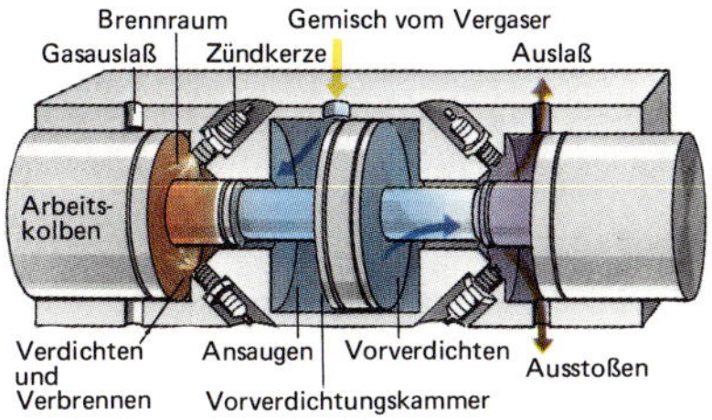

Stelzer-Motor: prinzipieller Aufbau und Funktionsschema

Stemmen, das Verdrängen, Abscheren oder Herausheben von Werkstoff in Holz (Stechen), Mauerwerk, Beton und dgl. mit Hammer und **Stemmeisen** (Beitel), mit Druckluftwerkzeugen, Stemmaschinen.

Stemmtor, → Schleuse 2).

Stempel, 1) Handdruckgerät mit festen oder auswechselbaren Gummi-, Kunststoff- oder Stahltypen, die durch ein Farbkissen eingefärbt werden. S. können auch durch eine Uhr **(S.-Uhr)** oder durch ein selbsttätig weiterzählendes Ziffernwerk **(Nummern-S., Paginiermaschine)** automatisch verstellbar sein.

2) Bergbau: Stützelement des → Grubenausbaus aus Stahl, Leichtmetall oder Holz.

3) Fertigungstechnik: in das Werkstück eintauchender Teil eines Umform- oder Schneidwerkzeuges (Patrize).

Stempelfarben, Stempelkissenfarben, Lösungen von intensiv färbenden organ. Farbstoffen (z. B. Methylviolett) oder ölige Suspensionen von organ. Pigmenten (z. B. Ruß) zum Durchtränken von Stempelkissen.

Stempel|uhr, Stech|uhr, Gerät zur Arbeitszeiterfassung (→ Kontrolluhr).

Stengelquetschmaschine, zu den → Halmfuttererntemaschinen gehörende, zapfwellengetriebene Feldmaschine zur Aufbereitung des Halmguts zwecks besserer Trocknung: im wesentl. zwei gegenläufig um eine horizontale Achse rotierende Stahl- oder Gummiwalzen, zw. denen die Halmgutstengel zerquetscht werden; dadurch wird der Trocknungsluft ein besserer Zugang ermöglicht.

Stephanit [n. dem österr. Erzherzog Stephan, * 1817, † 1867], **Sprödglaserz,** Mineral Ag_5SbS_4, ein → Spießglanz, bleigrau bis eisenschwarz; H. 2,5, D. 6,2–6,3; meist Kristalle, selten derb; meist auf Silbererzgängen. Gelegentlich wichtiges Silbererz.

Steppe, i. w. S. eine Pflanzenformation aus Gräsern, Kräutern, verholzten Stauden, auch einzelnen Sträuchern und Sukkulenten; für Baumwuchs ist der Niederschlag zu gering. Die S. i. e. S. umfaßt die semihumiden (400–500 mm Niederschlag) Gebiete der gemäßigten kontinentalen Mittelbreiten, in denen der Pflanzenwuchs durch Winterkälte und Sommertrockenheit unterbrochen wird. Dem Pflanzenwuchs nach unterscheidet man: **Gras-S.,** in deren Gefolge S.-Schwarzerden entstanden; **Busch-** (Trokken- und Dornbusch-S.) oder **Strauch-S.,** die bei gesteigerter Trockenheit die geschlossenen Grasfluren ablösen; in W-Asien v. a. die **Artemisia-S.** mit 20–100 cm hohen Beifußarten, bei stärkerer Versalzung des Bodens in Senken **(Salz-S.)** bes. Gänsefußgewächse.

Steppenschwarz|erden, fruchtbare und tiefgründige Böden auf Löß oder Mergeln der Steppen; neutrale Reaktion, hoher Gehalt an stickstoffreichen Huminsäuren, stabile Krümelung, optimale Bodengare.

Ster *der* oder *das,* Einheitenzeichen **st,** → Raummeter.

Steradiant *der,* Einheitenzeichen **sr,** ergänzende → SI-Einheit des räuml. Winkels. 1 sr ist gleich dem → Raumwinkel, der als gerader Kreiskegel mit der Spitze im Mittelpunkt einer Kugel vom Radius 1 m aus der Kugeloberfläche eine Kalotte der Fläche 1 m^2 ausschneidet: 1 sr = 1 m^2/m^2. – In der Physik werden der Radiant und der S. i. a. als abgeleitete Einheiten betrachtet. In einigen speziellen Gebieten, z. B. beim Licht wird der S. manchmal formell als eine Basiseinheit betrachtet (d. h. sr darf nicht durch 1 ersetzt werden), um z. B. die Einheit des Lichtstromes 1 lm = 1 cd · sr von der Einheit der Lichtstärke 1 cd zu unterscheiden.

Steran, Gonan, einfachster Stammkohlenwasserstoff der Steroidreihe. S. bildet das Grundgerüst von Steroidhormonen und -alkaloiden, Sterinen, Gallensäuren, Saponinen, Digitaloiden, Provitamin A u. a.

Stercobilin, Gallenfarbstoff, der durch Luftoxidation aus dem farblosen Urobilinogen entsteht und den Fäkalien die braune Farbe verleiht. S. kann Metallkomplexe mit Kupfer oder Zink eingehen.

Stereo, Drucktechnik, → Stereotypie.

Stereobilder, → Stereoskopie, → Stereoprojektion.

Stereochemie, Lehre vom räuml. (sterischen) Aufbau der Moleküle. Die S. befaßt sich v. a. mit den Atomabständen und Bindungswinkeln in Molekülen. Stereoisomere sind Verbindungen, deren Moleküle gleiche Summenformel und → Konstitution haben, deren Atome sich aber in der räuml. Anordnung unterscheiden (→ Isomerie 1). Der räuml. Aufbau wird durch Stereoformeln wiedergegeben (z. B. → Konformation, Konformationsformel der → Glucose). **Geometr. Isomerie (cis-trans-Isomerie)** tritt z. B. bei Verbindungen auf, in denen Paare von Atomen oder Atomgruppen über eine Doppelbindung starr miteinander verbunden sind. Die Atome oder Atomgruppen haben bei der cis-Form den kleineren, bei der trans-Form den größeren Abstand zueinander. **Spiegelbild|isomerie (En|antiomerie)** liegt vor, wenn sich zwei Moleküle wie Bild und Spiegelbild zueinander verhalten (→ Chiralität 1). Sie tritt auf, wenn vier verschiedene Atome oder Atomgruppen tetraedrisch um ein Zentralatom angeordnet sind. Ist das Zentralatom ein Kohlenstoffatom, wird es asymmetr. Kohlenstoff-(C-)Atom genannt. Verbindungen mit mehreren asymmetr. C-Atomen, die sich nur in einem Asymmetriezentrum voneinander unterscheiden, werden **Epimere** genannt (z. B. α-D-Glucose und α-D-Mannose). Enantiomere zeigen opt. Aktivitäten und werden deshalb auch **optische Isomere** genannt. Optisch aktive Verbindungen drehen die Schwingungsebene des linear polarisierten Lichtes. Eine Verbindung ist rechtsdrehend (gekennzeichnet mit +), wenn die Polarisationsebene im Uhrzeigersinn, und linksdrehend (–), wenn sie entgegen dem Uhrzeigersinn gedreht wird. Gemische gleicher Mengen der (+)- und (–)-Form werden als **Racemate** bezeichnet. Sie sind optisch inaktiv. Die **Konfiguration** am asymmetr. C-Atom bezeichnet man unabhängig vom Drehsinn der Verbindung mit D- (von lat. dexter ›rechts‹), wenn sie der des rechtsdrehenden, mit L- (von lat. laevus ›links‹), wenn sie der des linksdrehenden Glycerinaldehyds entspricht.

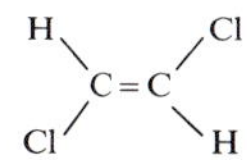
trans-
1,2-Dichloräthylen

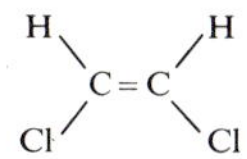
cis-
1,2-Dichloräthylen

Stereochemie 1:
Geometrische Isomerie

Enantiomere werden oft durch Fischer-Projektionsformeln wiedergegeben. Bei diesen Formeln sind Substituenten vor der Papierebene rechts und links, Substituenten hinter der Papierebene oberhalb und unterhalb des asymmetr. C-Atoms angeordnet.

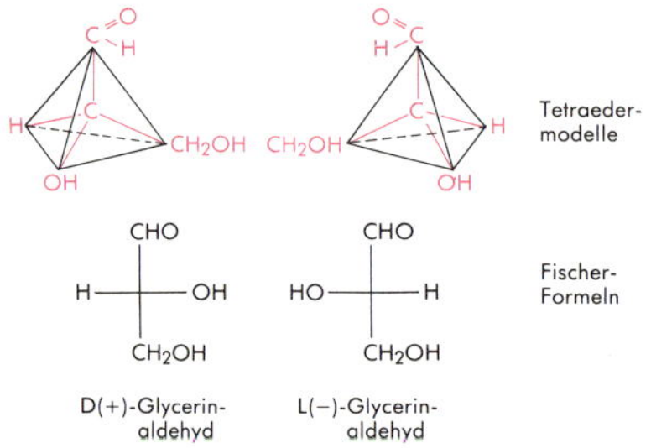

Stereochemie 2: Spiegelbildisomerie

Stereo-Fernsehen, Ton: →Stereophonie; Bild: →Stereoskopie.

Stereofilm, Film mit echter dreidimensionaler Wirkung, z. B. der 3-D-Film; die →Breitwandverfahren erzeugen nur eine scheinbare Raumwirkung. Die Raumillusion kann durch gleichzeitige stereophone Tonwiedergabe (→Stereophonie) verstärkt werden.

stereographische Projektion, in der Kristallographie viel verwendete Zentralprojektion, in der alle an einem Kristall wichtigen Richtungen (z. B. Flächennormalen, Symmetrieachsen) durch auf oder in einem Grundkreis liegende ›stereograph. Punkte‹ dargestellt sind. Hierfür werden die fragl. Geraden durch den Mittelpunkt des Kristalls gelegt und mit einer Kugel um diesen Punkt (Projektionskugel) zum Schnitt gebracht. Die Verbindungsgeraden (›Sehstrahlen‹) zw. diesen, auf der nördl. und/oder südl. Projektionshalbkugel liegenden Punkten mit dem jeweils gegenüberliegenden Polpunkt (›Augenpunkt‹) schneiden die Äquatorebene (= Zeichenebene) in den ›stereograph. Punkten‹. Winkelmessungen in der s. P. werden mit dem →Wulffschen Netz durchgeführt.

Stereokamera, photograph. Apparat mit zwei im Augenabstand (etwa 65 mm) voneinander angeordneten gleichen Objektiven oder eine normale Kamera mit einer entsprechenden Stereo-Vorsatzoptik. Es werden gleichzeitig zwei Halbbilder aufgenommen (→Stereoskopie).

Stereokomparator, Astronomie: Gerät, mit dem zwei zu versch. Zeiten gemachte photograph. Aufnahmen des gleichen Sternfeldes verglichen werden. Unterschiedlich abgebildete Objekte scheinen aus der Bildebene hervorzutreten.

Stereometrie, Elementargeometrie des dreidimensionalen Euklid. Raumes, speziell Geometrie der räuml. Gebilde; Teilgebiet der Geometrie, das sich mit der Berechnung der Oberflächen, Rauminhalte und Mantelflächen von Körpern beschäftigt.

Stereophonie, die Übertragung von Sprache und Musik einschließlich ihrer räuml. Kennzeichen (Richtung und akust. Raumwirkung) durch Verwendung zweier oder mehrerer Übertragungskanäle. Die S. vermittelt einen plast. Eindruck von der räuml. Verteilung mehrerer Schallquellen (z. B. der Instrumente eines Orchesters) und der akust. Wirkung des Aufnahmeraumes.

Höchste Originaltreue wird mit der **kopfbezogenen S.** erreicht. Am Aufnahmeort werden zwei Mikrophone an die Stellen der Ohren einer Kopfnachbildung **(Kunstkopf-S.)** gesetzt. Werden die so aufgenommenen Schallsignale über zwei Kanäle mit den Muscheln eines Kopfhörers verbunden, entsteht für den Zuhörer der Eindruck, sich im Aufnahmeraum (z. B. Konzertsaal) zu befinden.

Bei der **raumbezogenen S.** versucht man dagegen, das Schallfeld des Aufnahmeraumes in den Wiedergaberaum zu transportieren, wo die Wiedergabe über Lautsprecher erfolgt. Dies gelingt umso besser, je mehr Mikrophone, Übertragungskanäle und Lautsprecher eingesetzt sind (→Ambiophonie). Aus wirtschaftl. Gründen hat sich eine vielkanalige Abstrahlung nur beim Film eingeführt, während der Rundfunk mit zwei, die Phonotechnik auch mit vier Kanälen (→Quadrophonie) arbeitet.

Die S. muß in der Rundfunktechnik **(Rundfunk-S.)** kompatibel sein, also auch eine einkanalige Wiedergabe (mit Monogeräten) erlauben. Deshalb ist es nicht möglich, ähnlich wie bei der Kunstkopf-S. zwei Mikrophonen je einen Kanal und Lautsprecher zuzuordnen **(AB-S.)**.

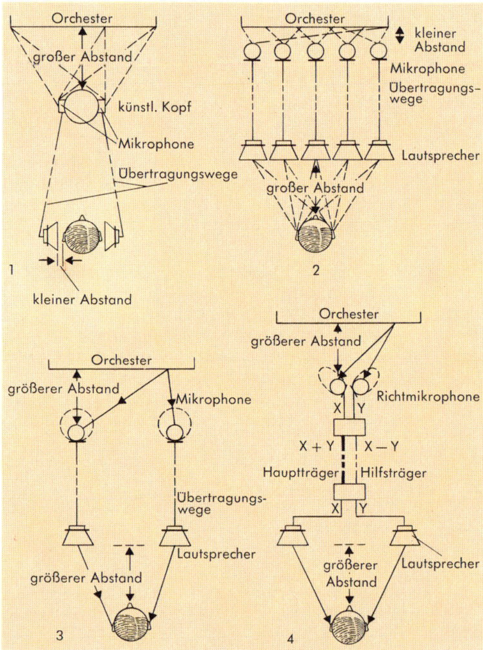

Stereophonie:
1 Kopfhörerübertragung. **2** Lautsprecherübertragung.
3 AB-Stereophonie (Laufzeit-S.). **4** Rundfunk-S. (Intensitäts-S.)

Man muß vielmehr über den einen Kanal, den Hauptkanal (Mittenkanal M, Summenkanal), die gesamte Information für monophone (einkanalige) Wiedergabe und über den zweiten Kanal, den Nebenkanal (Seitenkanal S, Richtungskanal, Differenzkanal), die zusätzl. Information für die stereophone Wiedergabe, die den Richtungseindruck vermittelt, übertragen.

Zur Gewinnung des Mittensignals M und des Seitensignals S werden best. Mikrophonarten und -anordnungen verwendet. Beim **MS-System** wird das M-Signal von einem Kugelmikrophon (→ Mikrophon) und das S-Signal von einem Achtermikrophon, die übereinander angeordnet sind **(Intensitäts-S.)**, geliefert. Beim XY-System liefern zwei entgegengesetzt ausgerichtete, übereinander angeordnete Nierenmikrophone ein Linkssignal X und ein Rechtssignal Y, aus denen durch Summen- und Differenzbildung mit Übertragern das M- und S-Signal gewonnen werden. In der Rundfunk- und Phonotechnik werden beide Systeme gemischt angewendet und außerdem aus Stützmikrophonen (Solistenmikrophonen) M- und S-Signale durch Summen- und Differenzbildung gewonnen.

Auf der Empfangsseite wird für die Monowiedergabe nur das M-Signal ausgewertet, während für die Stereowiedergabe nach den Gleichungen $L = M + S$ und $R = M - S$ das linke Signal L und das rechte Signal R für die Lautsprecher gewonnen werden.

Zur Rundfunkübertragung der beiden Kanäle M und S auf derselben Trägerfrequenz (nur auf dem UKW-Bereich wegen des großen Frequenzbandbedarfes) wird ein → Multiplex-System verwendet. Ein Hilfsträger von 38 kHz wird mit dem S-Signal bei unterdrücktem Träger amplitudenmoduliert, mit diesem wird dann der Hauptträger zugleich mit dem M-Signal noch mit einer Pilotfrequenz (→ Pilotton) von 19 kHz frequenzmoduliert, aus der empfängerseitig der Hilfsträger von 38 kHz zurückgewonnen wird. Ein Decoder bildet aus dem M- und S-Signal das L- und R-Signal. – Die Hörfunk-S. ist auch auf die Tonübertragung beim Fernsehen **(Stereo-Fernsehen)** ausgedehnt worden. Auf → Schallplatten wird das M-Signal in Seitenschrift, das S-Signal in Tiefenschrift aufgezeichnet, was gleichbedeutend mit der Aufzeichnung des L- und R-Signals auf den beiden um 45° gegen die Vertikale geneigten Rillenflanken ist. Auf → Tonbänder werden L- und R-Signal in zwei Spuren aufgezeichnet.

Mit der **Pseudo-S.** wird bei einkanaligen Übertragungsanlagen der Eindruck eines Raumklanges erzielt, z. B. mit mehreren Lautsprechern, die den Schall aus verschiedenen Richtungen auf den Hörer abstrahlen und verschiedene Abstände von ihm haben, oder durch künstl. Verzögerungen zw. an sich gleichen Schallvorgängen.

Unter sinnesphysiolog. und -psycholog. Aspekt wird das akust. Raumerleben auf der Voraussetzung des → binauralen Hörens durch das → Richtungshören und das Entfernungshören bewirkt.

H. Pitsch: Lb. der Funkempfangstechnik, 2 ([4]1964); J. Webers: Tonstudio-Technik ([2]1974); Helmut Schmidt: Schalltechn. Taschenbuch ([2]1976); U. F. Herrmann: Hb. der Elektroakustik (1978); P. Zastrow: Phonotechnik (1979).

Stereophotographie, → Stereoskopie.

Stereopolymere, taktische Polymere, Polymere mit einer sterischen Ordnung in den Molekülketten. Man unterscheidet **isotaktische Polymere,** wo die Substituenten an der Polymerkette alle die gleiche sterische Anordnung besitzen. Abwechselnde sterische Anordnung heißt **syndiotaktisch,** während es bei **ataktischer** Struktur keine regelmäßige Anordnung der Gruppen gibt.

Stereoprojektion, die stereoskopische Wiedergabe durch Projektion der beiden Halbbilder eines Stereobildes. Diese werden mit Spezialgeräten (z. B. Projektor mit zwei Objektiven oder mit prismen- oder spiegelförmigen Stereovorsätzen) auf eine gemeinsame Bildwand geworfen, wobei die Betrachtung je nach dem verwendeten Raumbildverfahren (→ Stereoskopie) durch verschiedenartige Mittel möglich ist.

stereoselektive Reaktionen, chem. Reaktionen, bei denen von zwei oder mehr möglichen Stereoisomeren bevorzugt ein best. entsteht oder reagiert.

Stereoskopie, Raumbildverfahren, Verfahren zur Aufnahme und Wiedergabe von Photos oder Filmen, bei denen wie beim natürl. Sehen jedem Auge nur ein entsprechendes Halbbild vermittelt wird; im Gehirn entsteht daraus ein räumlicher Bildeindruck.

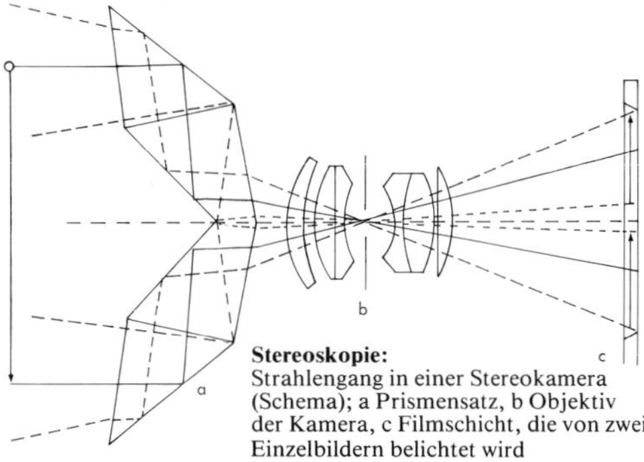

Stereoskopie: Strahlengang in einer Stereokamera (Schema); a Prismensatz, b Objektiv der Kamera, c Filmschicht, die von zwei Einzelbildern belichtet wird

Zur Aufnahme **(Stereophotographie)** von **Stereobildern** benutzt man Spezialkameras mit zwei im Augenabstand voneinander angebrachten Objektiven mit synchronlaufenden Verschlüssen oder normale Kameras mit Spiegel oder Prismenvorsätzen, die die beiden Halbbilder aufnehmen, durch ein Objektiv leiten und auf dem Film wiederum zwei nebeneinanderliegende Halbbilder erzeugen. Zur Wiedergabe **(Stereoprojektion)** können die Halbbildpaare mit dem **Stereoskop** betrachtet werden, einem Gerät, das im einfachsten Fall aus zwei Lupen besteht, durch die mit jedem Auge das zugeordnete Halbbild gesehen wird (erste stereoskop. Filmvorführung durch die Brüder Lumière 1903 in Paris). Hierbei ist die Betrachtung durch jeweils nur einen Zuschauer möglich. Beim **Anaglyphenverfahren** werden die beiden Halbbilder in Komplementärfarben (meist rot und blaugrün) gehalten und übereinanderprojiziert (additives Verfahren) oder auf den Film leicht gegeneinander verschoben übereinandergedruckt (subtraktives Verfahren, überwiegend ausgeübte Methode). Der Betrachter sieht durch entsprechend gefärbte Brillenfolien links nur das rote und rechts nur das blaugrüne Teilbild, wodurch im Gehirn ein räuml. Schwarzweißbild entsteht. Die Vorführung farbiger Raumbilder gestattet das **Vektographenverfahren,** das einen Film verwendet, bei dem die beiden Halbbilder in Schichten übereinanderliegen, die für das durchfallende Licht jeweils in einer um 90° versetzten Richtung polarisierend wirken. Aufgenommen wird mit Stereokameras mit vorgesetzten Polarisationsfiltern, die Wiedergabe (Projektion auf eine nicht depolarisierende ›Silberwand‹) muß durch entsprechende Polarisationsbrillen betrachtet werden.

Die Verfahren mit **Rasterbildwänden** machen die Verwendung von Spezialbrillen überflüssig. Hierbei werden streifenförmig ineinandergeschachtelte, unterbrochene Halbbilder durch ein der Projektionswand vorgesetztes Strich-(Gitter-)Raster betrachtet, wobei der Zuschauer bei einem best. Abstand mit einem Auge jeweils nur die zu dem Links- oder Rechtsbild gehörenden Bildstreifen sieht. – Eine scheinbare Raumwirkung wird durch → Breitwandverfahren erzielt (›plast. Film‹). Neuere Verfahren beruhen auf holograph. und elektron. Techniken (→ Holographie).

Zur Darstellung räuml. Bildeindrücke auf dem Fernsehschirm werden verschiedene Verfahren untersucht. Eine Möglichkeit besteht z. B. in der Anwendung des Anaglyphenverfahrens, wobei außer einem Farbfernsehgerät eine spezielle Brille beim Zuschauer erforderlich ist. Eine andere Möglichkeit ist ein rein elektron. Verfahren, das auch für Schwarzweiß-Fernsehgeräte verwendbar ist und keinerlei Hilfsmitteln beim Zuschauer erfordert, nachteilig ist hierbei jedoch ein Pulsieren des Bildes.

Anwendung in der Medizin (Röntgenstereoskopie), Photogrammetrie, Biologie, Astronomie, Archäologie, Mineralogie, Kristallographie u. a.

stereospezifische Reaktionen, chem. Reaktionen, die nur mit einem Stereoisomeren einer Verbindung ablaufen oder nur ein best. Stereoisomer liefern.

Stereotypie, Verfahren zur mechan. Abformung von Hochdruckformen (Satz oder Druckplatten). Die Abformung, das **Stereo,** dient als Duplikat-Druckplatte für den Buchdruck und im Zeitungsdruck (Rundplatten für die Rotationsmaschine). In angefeuchtete Pappe wird von der Originaldruckplatte ein Abdruck (Matrize) geprägt und mit einer Bleilegierung ausgegossen **(Bleistereo).** In der **Kunststoff-S.** wird die Matrize aus mit Kunststoff getränktem Zellstoffkarton bei etwa 120 °C geprägt, ausgehärtet und in ihr eine Kunststoffplatte geprägt.

Sterilisation, Sterilisierung, Abtötung sämtl. Mikroorganismen einschließlich ihrer Dauerformen durch physikal. (bes. Hitze oder ionisierende Strahlen) oder chem. Verfahren (Begasung mit Äthylenoxid oder Formaldehyd u. a.). Lebensmittel werden hauptsächlich durch Hitze-S. langfristig haltbar gemacht (Vollkonserve). Hierbei kann es zur Abnahme des Vitamingehalts und zur Minderung der sensor. Qualität kommen. Die S. eignet sich bes. für Lebensmittel, deren Textur, Konsistenz und Nährstoffgehalt durch die hohen Temperaturen nicht sehr verändert werden (Fleisch, Gemüse, Obst u. a.). Für empfindl. Lebensmittel (Fisch, Milch u. a.) bevorzugt man das schonendere → Pasteurisieren.

Sterine, Sterole, Steroide mit 27 bis 30 C-Atomen, mit einer Hydroxylgruppe am dritten C-Atom des Steroid-Grundskeletts, die deshalb formal Alkohole sind (daher die Bez. **Sterole**). S. haben i. a. auch eine Doppelbindung. Die S. sind in der Natur frei als Ester (früher **Steride** genannt) oder Glykoside sehr verbreitet. Tier. S. heißen **Zoosterine** (z. B. Cholesterin), pflanzl. **Phytosterine** (z. B. Sitosterin in Weizenkeimlingen). Von ihnen kann man die S. aus Pilzen, als **Mycosterine** (z. B. Ergosterin), abtrennen. S. spielen in der Pharmakologie eine Rolle.

sterische Hinderung, Beeinträchtigung der chem. Reaktionsfähigkeit von Atomgruppen eines Moleküls durch andere, räumlich benachbarte, raumerfüllende, die eine für den Reaktionsablauf erforderliche räuml. Orientierung der reagierenden Gruppen behindern.

Stern, Astronomie: → Sterne.

Stern|assoziationen, Ansammlungen von Sternen mit geringerer Sterndichte als bei offenen → Sternhaufen; Durchmesser bis 200 Parsec. Von den beiden Typen enthalten die **O-Assoziationen** v. a. Sterne der Spektralklasse O, die **T-Assoziationen** v. a. T Tauri-Sterne.

Stern|atmosphäre, die äußersten Schichten eines Sterns, in denen die Absorptionslinien (→ Fraunhofersche Linien bei der Sonne) der Sternspektren entstehen. Das Aussehen der Sternspektren ist abhängig von der chem. Zusammensetzung der S., der Anziehung der Sternmasse auf die S. und von der Flächenhelligkeit (Temperatur) des Sterns. Die Elementenhäufigkeit in einer S. wird an Modellatmosphären, in denen thermodynam. und Strahlungs-Gleichgewicht herrscht, ermittelt, der physikal. Zustand durch Untersuchung der Vorgänge, die Einfluß auf die Entstehung von Spektrallinien haben (Streuung, Absorption). Die Theorie der → Wachstumskurven für die Linienintensitäten führt zu einer Elementenhäufigkeit, die sich bei allen Sternen als fast gleich herausstellt (Anzahl der Atome in S. im Verhältnis zu den Wasserstoffatomen; H = 1000): He 191, O 0,815, Ne 0,760, N 0,240, C 0,151, Fe 0,099, Mg 0,050, Si 0,042, S 0,014, Al 0,004, Na 0,003, Ca 0,003. Die Dichte der S. nimmt mit wachsendem Sterndurchmesser und mit wachsender Entfernung vom Zentrum ab; sie liegt bei der Sonne zw. 10^{-8} und 10^{-13} g/cm^3.

Sternbedeckung, die → Bedeckung von Fixsternen oder Planeten durch den Mond.

Sternbilder, i. w. S. die bildhafte Zusammenfassung von an der Himmelskugel benachbarten Fixsternen (BILDER Sternkarten); i. e. S. ein 1925 von der Internat. Astronom. Union durch Stunden- und Deklinationskreise festgelegtes Gebiet an der Sphäre. Es gibt heute 88 S. (ÜBERSICHT S. 51), die entsprechend ihrer Lage zum Himmelsäquator in nördl. und südl. S. sowie S. der Äquatorzone eingeteilt werden. Entsprechend der jeweiligen Position der Erde bei ihrem Umlauf um die Sonne können die meisten S. nur zu best. Jahreszeiten beobachtet werden. Eine Ausnahme bilden die **Zirkumpolar-S.** in einem Kreis um den Himmelspol, der den Radius der geograph. Breite des jeweiligen Beobachtungsortes besitzt, die das ganze Jahr über gesehen werden können. Die Namen der S. des nördl. Himmels und der Äquatorzone stammen überwiegend aus dem Altertum, während viele südl. S. erst von JOHANN BAYER (1572–1625) und NICOLAS LOUIS DE LA CAILLE (1713–1762) benannt wurden. Zusammenfassung und Benennung der S. weichen in den versch. Kulturkreisen voneinander ab. Die in der Ekliptik liegenden S. werden zum → Tierkreis zusammengefaßt. In der Astronomie werden die latein. Namen, meist in der abgekürzten Form (ÜBERSICHT), verwendet. – Das Wissen um die Sternbilder ist Gegenstand der **Astrognosie.**

Stern der Weisen, Dreikönigsstern, Stern von Bethlehem, Stern, der nach dem Matthäusevangelium die Weisen aus dem Morgenland nach Bethlehem geführt hat. Schon im Mittelalter (später auch von J. KEPLER) wurde er mit einer dreifachen Konjunktion der Planeten Jupiter und Saturn im Sternbild Fische im Jahre 7 vor unserer Zeitrechnung in Verbindung gebracht; neuere Überlegungen vermuten hinter dem S. d. W. die extrem enge Begegnung der Planeten Jupiter und Venus am 17. 6. des Jahres 2 vor unserer Zeitrechnung.

Sterne, im astronom. Sinn selbständig leuchtende Gaskugeln im Weltall (→ Fixsterne), die streng von den gleichfalls als helle Lichtpunkte am Himmel erscheinenden → Planeten unterschieden werden, während umgangssprachlich gelegentlich auch diese als S. bezeichnet werden. Die → Sonne ist unser nächster S. (149,6 Mio. km entfernt), der außerdem durchschnittl. Eigenschaften besitzt. Der übernächste S. ist → Proxima Centauri in 4,3 Lichtjahren Abstand. Bei keinem S. (außer bei der Sonne) gelingt es, mit Fernrohren Scheiben wahrzunehmen. Lediglich mit Hilfe der → Speckle-Interferometrie können auf indirektem Weg bei einigen näheren oder bei größeren S. Oberflächeneinzelheiten ausgemacht werden.

Aufbau und Zusammensetzung: Die mittlere Elementhäufigkeit bei S. der Population I ordnet Wasserstoff mit 68% den Hauptanteil zu, Helium folgt mit 30%

Sternbilder

lat. Name (Abk.)	dt. Name	lat. Name (Abk.)	dt. Name	lat. Name (Abk.)	dt. Name
Andromeda (And)	Andromeda	Cygnus (Cyg)	Schwan	Pavo (Pav)	Pfau
Antlia (Ant)	Luftpumpe	Delphinus (Del)	Delphin	Pegasus (Peg)	Pegasus
Apus (Aps)	Paradiesvogel	Dorado (Dor)	Schwert-, Goldfisch	Perseus (Per)	Perseus
Aquarius (Aqr)	Wassermann	Draco (Dra)	Drache	Phoenix (Phe)	Phönix
Aquila (Aql)	Adler	Equuleus (Equ)	Füllen	Pictor (Pic)	Maler(staffelei)
Ara (Ara)	Altar	Eridanus (Eri)	(Fluß) Eridanus	Pisces (Psc)	Fische
Aries (Ari)	Widder	Fornax (For)	Chemischer Ofen	Piscis austrinus (PsA)	Südlicher Fisch
Auriga (Aur)	Fuhrmann	Gemini (Gem)	Zwillinge	Puppis (Pup)	Heck des Schiffes
Bootes (Boo)	Bärenhüter	Grus (Gru)	Kranich	Pyxis (Pyx)	Kompaß
Caelum (Cae)	Grabstichel	Hercules (Her)	Herkules	Reticulum (Ret)	Netz
Camelopardalis (Cam)	Giraffe	Horologium (Hor)	Pendeluhr	Sagitta (Sge)	Pfeil
Cancer (Cnc)	Krebs	Hydra (Hya)	Wasserschlange	Sagittarius (Sgr)	Schütze
Canes venatici (CVn)	Jagdhunde	Hydrus (Hyi)	Südl. Wasserschlange	Scorpius (Sco)	Skorpion
Canis maior (CMa)	Großer Hund	Indus (Ind)	Indianer, Inder	Sculptor (Scl)	Bildhauerwerkstatt
Canis minor (CMi)	Kleiner Hund	Lacerta (Lac)	Eidechse	Scutum (Sct)	Schild (des Sobieski)
Capricornus (Cap)	Steinbock	Leo (maior) (Leo)	(Großer) Löwe	Serpens (Caput) (Ser)	(Kopf der) Schlange
Carina (Car)	Kiel des Schiffes	Leo minor (LMi)	Kleiner Löwe	Serpens (Cauda) (Ser)	(Schwanz der) Schlange
Cassiopeia (Cas)	Kassiopeia	Lepus (Lep)	Hase	Sextans (Sex)	Sextant
Centaurus (Cen)	Kentaur	Libra (Lib)	Waage	Taurus (Tau)	Stier
Cepheus (Cep)	Kepheus	Lupus (Lup)	Wolf	Telescopium (Tel)	Fernrohr
Cetus (Cet)	Walfisch	Lynx (Lyn)	Luchs	Triangulum australe (TrA)	Südliches Dreieck
Chamaeleon (Cha)	Chamäleon	Lyra (Lyr)	Leier	Triangulum (boreale) (Tri)	(Nördliches) Dreieck
Circinus (Cir)	Zirkel	Mensa (Men)	Tafelberg	Tucana (Tuc)	Tukan
Columba (Col)	Taube	Microscopium (Mic)	Mikroskop	Ursa maior (UMa)	Großer Bär
Coma (Berenices) (Com)	Haar der Berenike	Monoceros (Mon)	Einhorn	Ursa minor (UMi)	Kleiner Bär
Corona australis (CrA)	Südliche Krone	Musca (Mus)	Fliege	Vela (Vel)	Segel des Schiffes
Corona borealis (CrB)	Nördliche Krone	Norma (Nor)	Winkelmaß	Virgo (Vir)	Jungfrau
Corvus (Crv)	Rabe	Octans (Oct)	Oktant	Volans (Vol)	Fliegender Fisch
Crater (Crt)	Becher	Ophiuchus (Oph)	Schlangenträger	Vulpecula (Vul)	Fuchs
Crux (Cru)	Kreuz (des Südens)	Orion (Ori)	Orion		

an zweiter Stelle, während die schwereren Elemente nur etwa 2% der Sternmasse darstellen. Die Eigengravitation der S. führt im Zentralbereich zu extremen Druck- und Temperaturverhältnissen, bei denen →Kernfusionen zünden, die Wasserstoff in Helium überführen; die dabei frei werdende Energie hält der Gravitation die Waage, so daß ein S. über einen sehr großen Zeitraum stabil ist (→Sternentwicklung). Die physikal. Eigenschaften der S. streuen z. T. über einen sehr weiten Bereich: Ihre Massen liegen zw. etwa 0,06 und 50 Sonnenmassen, ihre Leuchtkraft reicht von etwa 1/100000 bis zum 100000fachen der Sonnenleuchtkraft bei extrem massereichen S. S. großer Masse verwandeln schneller Wasserstoff in Helium als solche geringerer Masse, so daß diese auch eine kleinere Lebensdauer besitzen. Der Radius der S. liegt zw. etwa 1/100 und dem 3000fachen des Sonnenradius. Dabei sind die kollabierten Rest-S. am Ende der S.-Entwicklung ausgenommen (→Weiße Zwerge, →Neutronenstern, →Schwarzes Loch). Die Oberflächentemperatur der S. schwankt zw. etwa 2500 und 100000 K. Dementsprechend sind auch ihre Farben verschieden: S. hoher Oberflächentemperatur sind weiß bis blauweiß, solche mittlerer Temperatur gelblich, solche tiefer Temperaturen rot. Die mittleren Dichten, wiederum von Extremfällen am Ende der S.-Entwicklung abgesehen, erreichen Werte zw. 10^{-7} g/cm³ und einigen g/cm³. Die Schwerebeschleunigungen an der Oberfläche schwanken zw. 0,001 und dem Mehrfachen der Schwerebeschleunigung an der Sonnenoberfläche, die Rotationsgeschwindigkeit am Äquator zw. 1 und 500 km/s. Viele S. besitzen auch ein Magnetfeld; während die Sonne und ähnl. S. nur ein sehr schwaches Magnetfeld haben, verfügen andere S. über Feldstärken, die 1000mal höher liegen als beim allg. Magnetfeld der Sonne (→magnetische Sterne). Der Zusammenhang versch. Eigenschaften der S., v. a. der von Oberflächentemperatur und Leuchtkraft, ergibt sich aus dem →Hertzsprung-Russell-Diagramm.

⇨ Bedeckungsveränderliche · Cepheiden · Doppelsterne · Novae · Pulsare · Riesen · Röntgenstern · Supernova · Veränderliche 1) · Zwergsterne

Stern|entfernungen, die Abstände der →Sterne von der Sonne, die meist in →Lichtjahren oder →Parsec angegeben werden. Die **geometr. Methoden zur Entfernungsmessung von Sternen,** z. B. die jährl. →Parallaxe, liefern individuelle S., die Methoden der säkularen Fixsternparallaxen ergeben durchschnittl. Entfernungen von Sterngruppen gleicher scheinbarer Helligkeit. Die **photometr. S.** (*r*) werden aus der gemessenen scheinbaren (*m*) und der indirekt ermittelten absoluten →Helligkeit (*M*) gemäß $5 \cdot \lg r = m - M + 5$ unter Berücksichtigung einer interstellaren Absorption errechnet; dabei werden die absoluten Helligkeiten aus dem Spektrum, bei den →Cepheiden aus der Periode des Lichtwechsels und in anderen Fällen aus der Natur des Objektes erschlossen. Die dabei benutzten Kriterien für die absoluten Helligkeiten werden mit Sternen bekannter geometr. Entfernung geeicht. Die photometr. Methode läßt sich bis zu den entferntesten erkennbaren Sternen anwenden, während mit der geometr. nur S. bis einige 100 pc ermittelt werden können.

Stern|entwicklung. Nach heutigen Erkenntnissen entstehen die Sterne aus Verdichtungen in der interstellaren Materie **(Globulen).** Diese könnten durch Stoßwellen nahegelegener Supernovae, die quer durch das zugehörige Sternsystem verlaufen, oder ähnl. Prozesse ausgelöst werden. Ist die Verdichtung des **Protosterns** so weit vorangeschritten, daß die Zentraltemperaturen zur Einleitung von Kernfusionsprozessen ausreichen, wird im Innern ein so hoher Gasdruck erzielt, daß eine weitere Kontraktion des Sterns aufgehalten wird: der Stern hat eine Art Gleichgewichtszustand erreicht. In diesem verweilt er während

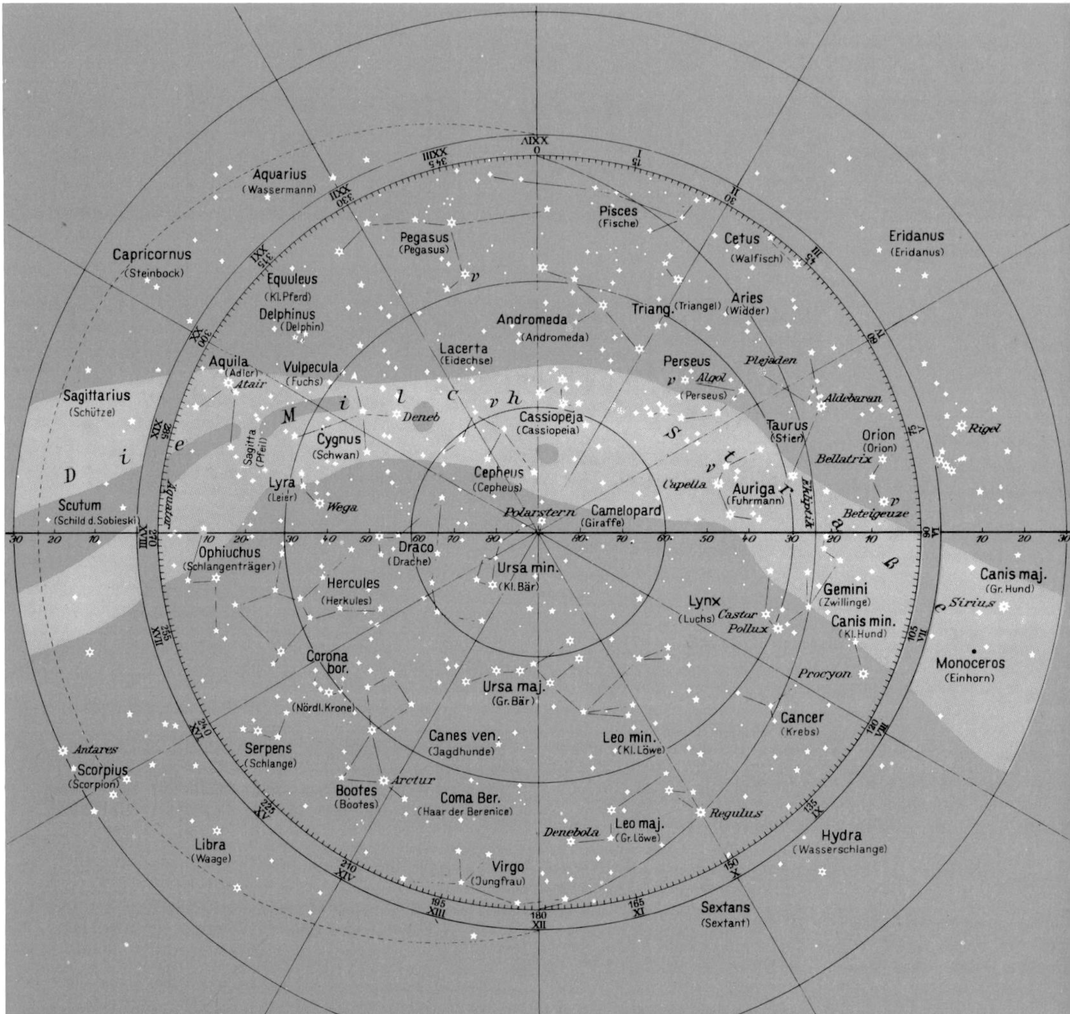

Sternkarten 1: Nördlicher Sternhimmel

der längsten Zeit seiner Existenz. So erklärt sich auch der Umstand, warum die meisten Sterne auf der Hauptreihe des → Hertzsprung-Russell-Diagramms stehen: massereiche Sterne am linken oberen, masseärmere am rechten unteren Ende der Hauptreihe.

Massereiche Sterne verwandeln H schneller in He (→Wasserstoffbrennen) als massearme und erreichen dadurch früher ein krit. Entwicklungsstadium als diese. Die Anreicherung von He im Sternkern führt nämlich dazu, daß hier nicht mehr genügend Energie erzeugt werden kann und der Gasdruck abfällt. Das innere Gleichgewichtsverhältnis ist gestört: Der Sternkern zieht sich weiter zusammen. Dadurch erhöht sich die Temperatur und erreicht schließlich einen krit. Wert, bei dem aus He schwerere chem. Elemente (zunächst Kohlenstoff, später auch schwerere Elemente) entstehen können (→ Heliumbrennen). Damit wird die Energieerzeugung im Stern weiter verstärkt. Es bilden sich in ihm zwei Brennzonen aus: eine **Wasserstoff-Brennzone,** die sich allmählich vom Inneren nach außen verlagert, und eine **Helium-Brennzone** im Bereich des Sternmittelpunktes. Der nun wieder verstärkte Gasdruck führt zu einem Aufblähen des Sterns. Es entsteht ein **Roter Riese.** Dieser krit. Zeitpunkt wird bei sehr massereichen Sternen bereits nach einigen Mio. Jah-

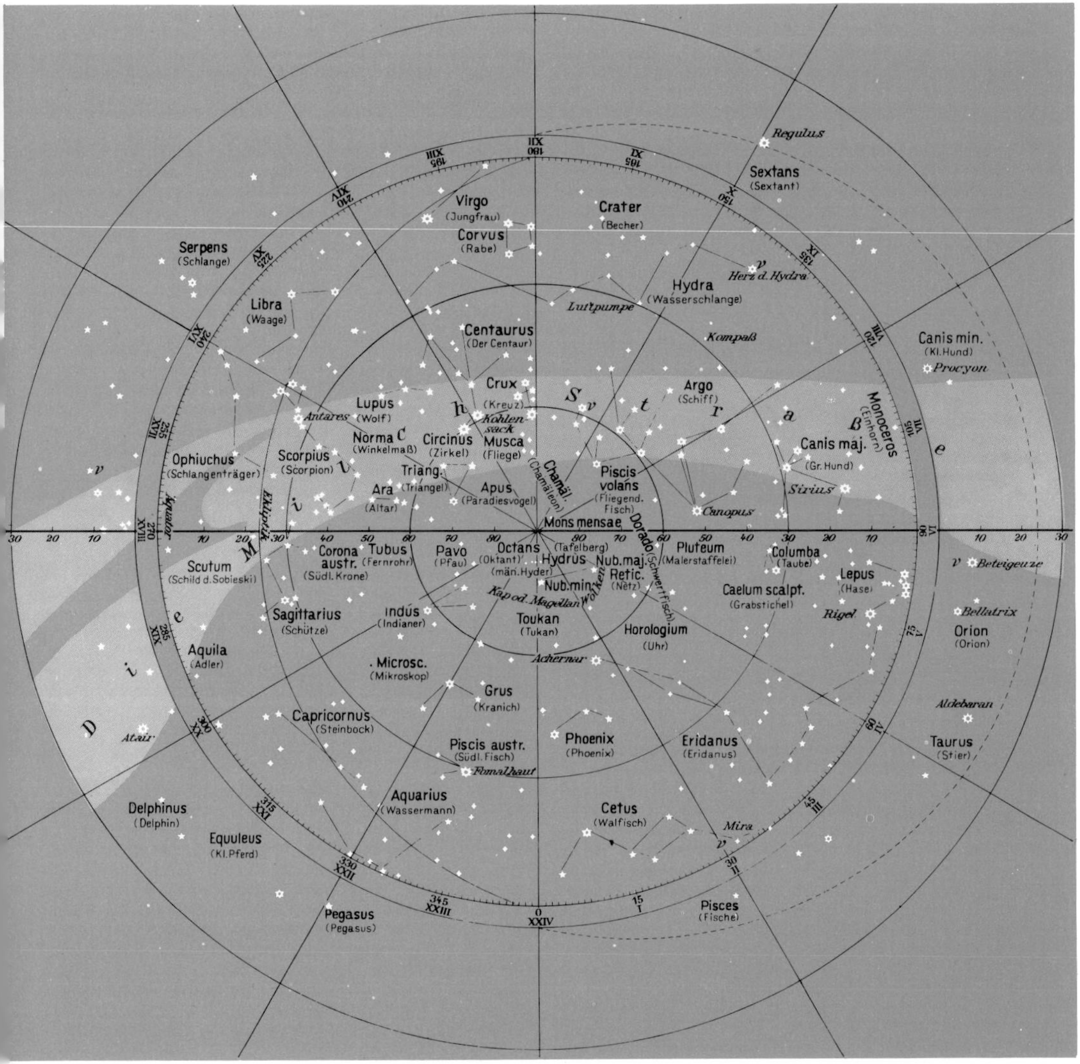

Sternkarten 2: Südlicher Sternhimmel

ren, bei der Sonne nach etwa 7 Mrd. Jahren und bei den roten Zwergsternen erst nach weit über 10 Mrd. Jahren erreicht. Im Zentrum massereicher Sterne tritt zusätzlich →Kohlenstoffbrennen auf, während sich die Helium-Brennzone nach außen verlagert.

Das Stadium eines Roten Riesen ist verhältnismäßig kurzfristig. Nur bis zum Eisen kann beim Elementaufbau Energie freigesetzt werden. Ist im Inneren des Roten Riesensterns genügend Eisen vorhanden, sinkt der Gasdruck wieder ab, und der Stern kollabiert zu einem Endstadium (→Gravitationskollaps), das je nach der Masse verschieden sein kann. Sterne mit weniger als 1,4 Sonnenmassen fallen zu →Weißen Zwergen zusammen, Sterne zw. etwa 1,4 und 2,5 Sonnenmassen zu →Neutronensternen und Sterne mit mehr als rd. 2,5 Sonnenmassen vermutlich zu den →Schwarzen Löchern. An den ›Übergangsstellen‹ neigen die Sterne zur Veränderlichkeit, d. h. zu rhythm. Variationen eines Teils ihrer →Zustandsgrößen, die vielfach durch Instabilitäten hervorgerufen werden (→Veränderliche 1). – Weite Abschnitte der S. konnten an Hand idealisierter Sternmodelle im Computer nachvollzogen werden, auch die Explosion einer →Supernova, ferner konnte die Entwicklung eines engen Doppelsternsystems mit Partnern unterschiedl. Masse und damit unterschiedl.

Entwicklungsgeschwindigkeit simuliert werden. Daraus ergaben sich unter anderem Rückschlüsse auf das Entstehen von Nova-Ereignissen (→ Novae); sie können verstanden werden als Folge eines Materieflusses vom massearmen, weniger weit entwickelten Stern zum massereicheren Partner, der schon zu einem Weißen Zwerg geworden ist: Das überströmende Wasserstoffgas wird von dessen Schwerefeld so weit komprimiert, bis schließlich an seiner Oberfläche Kernreaktionen zünden, die zu einem Aufblitzen führen. Wiederkehrende Novae werden als mehrfache Wiederholung dieses Prozesses gedeutet. Auf ähnl. Weise konnte die Entstehung von Röntgenpulsaren (→ Röntgenstern) gedeutet werden.

R. KIPPENHAHN: 100 Milliarden Sonnen. Geburt, Leben und Tod der Sterne ([3]1981).

Sternferne, → Apsiden.

Stern-Gerlach-Versuch [n. den Physikern O. Stern, * 1888, † 1969, und W. Gerlach, * 1889, † 1979], 1921 durchgeführter Versuch zum Nachweis des magnet. Moments des Elektrons und der Richtungsquantelung. Ein scharf ausgeblendeter Strahl von Silber-(Ag-)Atomen wird im Vakuum durch ein inhomogenes starkes Magnetfeld geschickt. Richtung und Inhomogenität des Feldes stehen senkrecht auf der Strahlrichtung. Das magnet. Moment des Ag-Atoms, das gleich dem eines Elektrons ist, stellt sich nach der Quantentheorie parallel oder antiparallel zum Magnetfeld ein oder wird dementsprechend entweder zum N-Pol oder zum S-Pol des Feldes abgelenkt. Auf einer Photoplatte hinter dem Feld erscheinen zwei scharfe Striche. Dieses Ergebnis steht im Widerspruch zur klass. Physik, wonach jede beliebige Einstellung des magnet. Moments möglich ist und damit ein breiter Fleck hätte entstehen müssen. Die Weiterentwicklung des S.-G.-V. führte zur → Atomstrahlresonanzmethode.

Sterngröße, die Maßeinheit für die → Helligkeit eines Sterns.

Sternhaufen, verschiedene, bereits mit bloßem Auge am Himmel erkennbare Sternansammlungen, die bei **offenen S.,** wie den → Hyaden und → Plejaden, verhältnismäßig locker aufgebaut sind. Die am wenigsten kompakte Form der S. bilden die → Sternassoziationen. Die offenen S. von einigen 100 Sternen kommen v. a. in den Spiralarmen des Milchstraßensystems vor und können bereits in kleineren Fernrohren gut in Einzelsterne aufgelöst werden. Im Ggs. dazu stehen die **kugelförmigen S. (Kugel-S., Kugelhaufen)** in einem weiten Bereich (Halo) um das Milchstraßensystem. Sie enthalten einige 100000 bis einige Mio. Sterne und können selbst in größeren Fernrohren in ihren zentralen Bereichen meist nicht mehr vollständig in Einzelsterne aufgelöst werden. Ihre Entfernungen sind auch im Durchschnitt bed. größer als die der offenen S. Während die offenen S. einen Durchmesser von etwa 4 bis 6 Parsec haben, sind die Kugelhaufen 50–70 Parsec groß. Die offenen S. gehören zu einer jungen Sterngeneration; die meisten Objekte sind nur einige 100 Mio. Jahre alt. Ihr Grenzalter liegt bei einigen Mrd. Jahren. Dagegen haben die heute beobachtbaren Kugelhaufen ein Alter zw. 12 und 14 Mrd. Jahren und gehören damit zu den ältesten Objekten des Milchstraßensystems.

Sternhaus, Hochhaus mit meist drei (um etwa 120° gegeneinander versetzten) oder auch mehr Wohnflügeln.

Sternholz, ein → Lagenholz.

Sternkarten, Himmelskarten, kartograph. Darstellungen des Sternenhimmels zum Zweck der Orientierung an der Sphäre. Bis zum 19. Jh. wurde die Wiedergabe der Sternbilder bevorzugt; heute werden nur noch das Koordinatennetz und die von der Internationalen Astronom. Union festgelegten Sternbildgrenzen eingetragen und die Himmelsobjekte oft durch Symbole gekennzeichnet. Gezeichnete S. werden etwa seit der Jahrhundertwende oft durch photograph. S. ersetzt (erstmals von M. WOLF), die auch noch äußerst lichtschwache Sterne erfassen. Drehbare S. zeigen für jeden Zeitpunkt die Stellung des Sternhimmels zum Horizont an. – Den gezeichneten S. liegen für den N-Himmel die **Bonner Durchmusterung** von F. W. A. ARGELANDER und E. SCHÖNFELD, für den S-Himmel die **Córdoba-Durchmusterung** von B. A. GOULD zugrunde (→ Sternkatalog). Von den photograph. S. sind die wichtigsten die den gesamten Himmel erfassenden **Franklin-Adams-Karten** [frˈæŋklın ˈædəmz-] und der auf photograph. Weg hergestellte **Palomar-Sky-Atlas** [pˈæləmɑː skaı-].

Die ältesten S. sind die von A. DÜRER gezeichneten S. des N- und S-Himmels (1515) und die Blätter der ›Uranometria‹ von J. BAYER (1603). Historisch bedeutsame S. stammen von J. HEVELIUS, J. FLAMSTEED, J. E. BODE und K. L. HARDING. Sie wurden seit dem 19. Jh. allmählich durch Gemeinschafts-S., oft in Anlehnung an die Fundamentalkataloge ersetzt. (BILDER S. 52/53).

Sternkatalog, systematisch geordnetes Verzeichnis von Sternen mit Angaben der für einen best. Zeitpunkt gültigen Koordinaten der Sterne, ihrer scheinbaren Helligkeit, dem Spektraltyp, der Eigenbewegung und Radialgeschwindigkeit sowie der Entfernung oder Parallaxe. Neben **Sternverzeichnissen,** in denen der Ort best. Sterne so genau angegeben ist, daß der Stern sicher identifiziert werden kann, erfassen die **Durchmusterungen** alle Sterne bis zu einer best. Grenzhelligkeit. Die von F. W. A. ARGELANDER an der Bonner Sternwarte durchgeführte **Bonner Durchmusterung,** Abk. **BD,** umfaßt sämtl. Sterne bis zur 9. und eine größere Anzahl schwächerer Sterne bis zur 10. Größenklasse vom Nordpol bis zur Deklination $-2°$; die Gesamtzahl der erfaßten Sterne beträgt 324198 (Veröffentlichung des S.: 1862). Diese Arbeit wurde von E. SCHÖNFELD bis zur Deklination $-23°$ fortgesetzt **(Südliche Bonner Durchmusterung),** wobei noch 133659 Sterne hinzukamen. Die an der Sternwarte zu Córdoba (Argentinien) durchgeführte **Córdoba-Durchmusterung,** die 613953 Sterne heller als 10^m zw. $-21°$ und $-90°$ Deklination umfaßt, dehnte die Durchmusterungsarbeit auf den südl. Himmel bis zum Südpol aus. In **Positionskatalogen** sind die Gestirnskoordinaten mit großer Genauigkeit verzeichnet. Besondere Bedeutung haben die **Fundamentalkataloge,** die die Örter ausgewählter Sterne mit größtmöglicher Genauigkeit enthalten. Da die → Eigenbewegung dieser **Fundamentalsterne** auf Grund präziser Messungen bekannt ist, können die exakten Sternpositionen für jeden Zeitpunkt berechnet werden. Das von den Fundamentalsternen gebildete **Fundamentalsystem** dient als Grundlage für die Positionsbestimmung anderer Sterne. Nach internat. Übereinkommen wird der Fundamentalkatalog des ›Berliner Astronomischen Jahrbuches‹ zugrunde gelegt, dessen neueste Ausgabe 1963 als **FK 4** im Astronom. Recheninstitut in Heidelberg bearbeitet wurde. Der FK 4 enthält 1535 Sterne.

Den ersten S. stellte HIPPARCH um 134 v. Chr. her, der in seiner von PTOLEMÄUS als ›Almagest‹ veröffentlichten Form die Örter von 1025 Sternen enthält. Ihm folgte der Katalog von ULUG BEGH mit 1018 Sternen für 1437 und später der des Landgrafen WILHELM VON HESSEN mit 1034 Sternen, den T. BRAHE wiedergab. Die Beobachtungen von 1005 Sternen durch T. Brahe hat J. KEPLER für

1601 zu einem S. zusammengefaßt; spätere Positionskataloge stammen von J. Hevelius, G. B. Riccioli, J. Flamsteed, für den Südhimmel von E. Halley (1679) und N. L. de Lacaille. Seit Beginn des 20. Jh. werden S. im Anschluß an photograph. →Sternkarten erstellt.

Sternkunde, die →Astronomie.

Sternleere, Sternlücke, infolge Absorption durch Wolken interstellarer Materie als dunkle Löcher erscheinende Gebiete innerhalb der Milchstraße.

Sternmotor, ein →Verbrennungsmotor, bei dem die (meist luftgekühlten) Zylinder sternförmig angeordnet sind und auf eine einzige Kurbelwellenkröpfung arbeiten; früher als Flugmotoren gebaut.

Stern|nähe, →Apsiden.

Stern|namen, aus der Antike oder dem Arabischen stammende, auch heute noch neben neueren Bez. verwendete Namen für wenige, bes. helle oder auffällige Sterne. Auffällige Sterne wurden auch entsprechend ihrer Lage innerhalb eines Sternbildes bezeichnet, wie in den Sternkatalogen des Hipparch oder des Ptolemäus. – J. Bayer kennzeichnete erstmals die Sterne eines Sternbildes v. a. mit Kleinbuchstaben des grch. Alphabets in der Reihenfolge der Größenklasse ihrer scheinbaren Helligkeit. Durch J. Hevelius und J. Flamsteed wurden dann die Buchstaben durch eine von N nach S fortlaufende Numerierung innerhalb eines Sternbildes ersetzt. Ähnlich werden auch besondere Himmelsobjekte (z. B. Nebel) durch hinter die Katalogabkürzung (z. B. →NGC) gesetzte Zahlen bezeichnet (z. B. M 1 für Crabnebel im →Messier-Katalog).

Stern|netz, Vermittlungstechnik: Grundtyp eines →Fernmeldenetzes, bei dem jede Station über eine individuelle Anschlußleitung an eine im Netzschwerpunkt gelegene Vermittlungseinrichtung angeschlossen ist. Von Vorteil ist hier der wesentlich geringere Leitungsaufwand als beim →Maschennetz.

Stern|ort, der →astronomische Ort.

Sternpunkt, Mittelpunkt der Sternschaltung bei Drehstromsystemen (→Drehstrom).

Sternpunktleiter, Mittelpunktleiter in einem Drehstromsystem. (→Drehstrom)

Sternradgetriebe, zu den Schaltwerken gehörendes →Sperrgetriebe, ähnlich dem Malteserkreuzgetriebe.

Sternschaltung, die neben der →Dreieckschaltung in Drehstromsystemen (→Drehstrom) verwendete Schaltung: Die drei Wicklungsstränge eines Drehstromgenerators werden gleichsinnig miteinander zu einem Sternpunkt (Mittelpunkt) verbunden. Verbraucher können ebenfalls in S. geschaltet sein. Die Spannung, die zw. je zwei Außenleitern abgegriffen werden kann, beträgt das $\sqrt{3}$-fache der Spannung, die an einem Wicklungsstrang erzeugt wird. Das Verhältnis von Leiterspannung zu Strangspannung wird auch **Verkettungsfaktor** genannt.

Sternschnuppen, Bez. für →Meteore, die nicht heller als etwa -4^m sind. **S.-Schwärme,** die Meteorschauer (→Meteorstrom).

Sternstrom, Gruppe von Sternen, die sich systematisch in einer Vorzugsrichtung bewegen, z. B. die →Bewegungssternhaufen oder **lokale S.,** deren Mitglieder sich mit gleicher Geschwindigkeit parallel im Raum bewegen.

Sternsysteme. Die meist als **Galaxien** bezeichneten S. sind größere Ansammlungen von vielen Mio. bis einigen 100 Mrd. Einzelsternen. Die Erde gehört mit der Sonne zu unserem →Milchstraßensystem. Zu den nähergelegenen Galaxien zählt der →Andromedanebel (Bild) in etwa $7 \cdot 10^5$ Parsec Entfernung. Viele S. besitzen eine Spiralstruktur **(Spiralnebel, Spiralsystem)** mit zwei oder mehreren Armen, wobei im einzelnen zw. **normalen** und **Balkenspiralen** unterschieden wird (Bild) und unter diesen solche, bei denen die Kerne stärker gegenüber den Spiralarmen hervortreten oder umgekehrt. Obwohl die meisten auffindbaren S. Spiralnebel sind, dürften die **ellipt. Nebel** und unregelmäßigen **(irregulären) Galaxien** überwiegen. Während die Spiralnebel wegen ihrer Größe leichter entdeckt werden, können die anderen S. z. T. selbst in der Nachbarschaft unseres Milchstraßensystems nur mit Mühe ausgemacht werden. Zu den bekanntesten irregulären S. gehören die beiden →Magellanschen Wolken, die auch als Begleiter unseres Milchstraßensystems gelten (wobei manche Astronomen die Große Magellansche Wolke den Balkenspiralen zuordnen).

Die näheren Galaxien bis etwa 5 Mio. Parsec Abstand können noch z. T. in Sterne aufgelöst werden. Etwa 50% der Galaxien schließen sich zu **Nebelhaufen (Galaxienhaufen)** zusammen, die zus. mit den dazwischenliegenden einzelnen S. **(Feldnebel)** die **Superhaufen** bilden. Unser S. gehört zur →lokalen Gruppe, die im Randbereich des **lokalen Superhaufens** liegt. Viele Galaxien zeigen aktive Kerne (→Radiogalaxie, →Seyfert-Galaxien, →Quasar). Mit Hilfe der Spektren der Galaxien und des in ihnen angezeigten Doppler-Effekts kann die Expansion des Weltalls nachgewiesen werden (→Hubble-Effekt).

Sterntag, Zeit zw. zwei aufeinanderfolgenden oberen Kulminationen des Frühlingspunktes durch den Meridian. Der S. dauert 23 h 56 min 4,1 s, ist also kürzer als der mittlere Sonnentag. Das Sonnenjahr von 365,2422 mittleren Sonnentagen umfaßt 366,2422 Sterntage.

Stern von Bethlehem, der →Stern der Weisen.

Sternwarte, Observatorium, astronom. Beobachtungsinstitut, das meist unter einer großen drehbaren, zu öffnenden Kuppel untergebracht ist. Die ersten S. ohne moderne Instrumente reichen zwar bereits in frühe Kulturen zurück, im modernen Sinn gibt es S. aber erst seit dem 18. Jh. In der Gegenwart werden die mit opt. Geräten ausgestatteten S. häufig durch die Lichterfülle der Großstädte sowie durch industrielle Luftverschmutzung stark behindert. Man baut daher heute S. in entlegeneren Gebieten der Erde auf, z. B. das **Mount Palomar-Observatorium** [maʊnt pˈæləmaː-] in Kalifornien mit dem größten vollnutzbaren Spiegelteleskop der Erde **(Hale-Teleskop** [heɪl-]; Spiegeldurchmesser 5,10 m) und das Observatorium **Selentschukskaja** im Kaukasus mit dem größten Spiegelteleskop der Erde (∅ 6 m), das jedoch wegen seiner Temperaturempfindlichkeit nur sehr begrenzt einsatzbereit ist. Das **Mauna Kea-Observatorium** auf dem 4205 m hohen Vulkan Mauna Kea, dem höchsten Berg der Insel Hawaii, das durch seine Lage bes. für die →Infrarotastronomie geeignet ist, verfügt über das größte Infrarotteleskop der Erde (Spiegeldurchmesser 3,8 m). Mehrere S. werden heute als internationale Gemeinschaftsprojekte eingerichtet, z. B. die **Europäische Südsternwarte (ESO,** Abk. für engl. **European Southern Observatory** [juərəpˈiːən sˈʌðən əbzˈəːvətrɪ]) in Chile (Bild astronomische Instrumente), das interamerikan. Observatorium in Chile und das deutsch-spanische Projekt auf dem Calar-Alto. Die meisten S. sind organisatorisch mit Universitäten verbunden, andere werden in der Bundesrep. Dtl. von der Max-Planck-Gesellschaft u. a. wissenschaftl. Institutionen betreut. Neben den wissenschaftlich oder zu Univer-

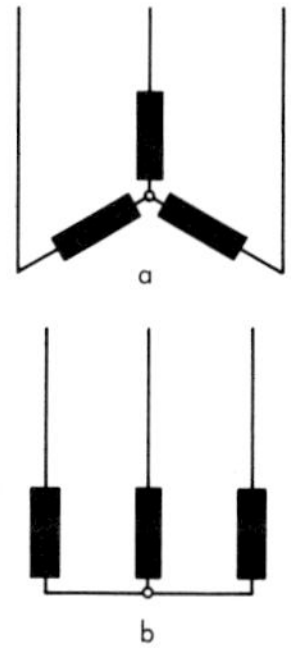

Sternschaltung: **a** bei einer elektr. Maschine, **b** bei einem Transformator

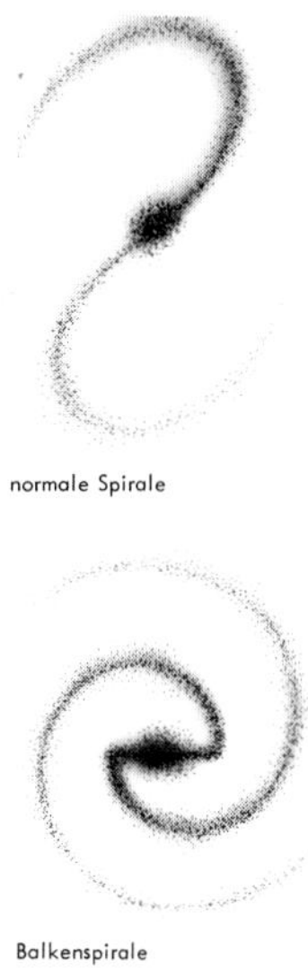

Sternsysteme: Spiralnebel (schematisch)

sitäts-Lehrzwecken arbeitenden S. gibt es die **Volkssternwarten,** die der Öffentlichkeit und zur Volksbildungsarbeit zur Verfügung stehen.

Neben den i. e. S. als S. bezeichneten Instituten gibt es andere Observatorien, die zu Spezialzwecken eingesetzt werden. Dazu gehören insbes. die Radioobservatorien sowie in Satelliten oder Raumstationen eingebaute Observatorien, z. B. der zu Ehren des 100. Geburtstages von A. EINSTEIN (1979) als **Einstein-Observatorium** benannte Satellit HEAO-2 mit dem größten bisher gebauten Röntgenteleskop (BILD Röntgenastronomie).

Sternwind, dem → Sonnenwind entsprechende Partikelstrahlung von Sternen, die bei den heißesten und schwersten Sternen bes. heftig ist.

Sternzeit, die in → Sterntagen gemessene, durch den Stundenwinkel des Frühlingspunktes gegebene Zeit. Die **wahre S.** schwankt maximal um 0,4 s um die **mittlere S.,** da der Frühlingspunkt infolge der → Nutation kleinen period. Schwankungen von rd. 18,6 Jahren um einen mittleren Ort auf dem Himmelsäquator unterliegt.

Steroid|alkalo|ide, in Pflanzen (z. B. **Tomatin** in der Wildtomate, **Solanin** und **Demissin** in Kartoffeln) vorkommende Substanzen, die das Steroid-Gerüst als Grundkörper und unterschiedliche chem. Gruppen und glycosidisch gebundene Monosaccharidreste enthalten.

Steroide, Gruppe von Naturstoffen, deren Grundskelett aus vier kondensierten alizykl. Ringen besteht.

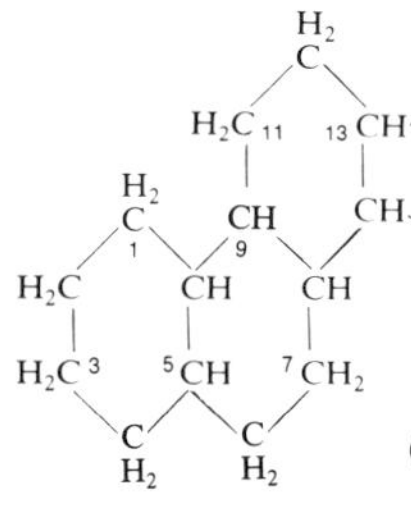

Steroide (Grundskelett)

Wichtige Vertreter sind Cholesterin, Vitamin D, Testosteron und Östron sowie Cortisol.

Steroidhormone, Hormone, denen das Steroid-Grundskelett zugrundeliegt und die im Organismus aus Cholesterin gebildet werden. S. kommen in der Nebennierenrinde (Gluco- und Mineralocorticoide) und in den Keimdrüsen (Androgene, Östrogene, Gestagene) vor.

Sterole, die → Sterine.

Sterrettit [n. dem amerikan. Geologen D. B. Sterrett, * 1883] *der,* Mineral Sc $[PO_4]\cdot 2\ H_2O$, bläul. Kristalle, D. 2,39; wichtiges Scandium-Mineral.

stetige Regelung, im Ggs. zur → unstetigen Regelung ruft in stetigen Regeleinrichtungen jede Änderung der Eingangsgröße auch eine entsprechende Änderung der Ausgangsgröße hervor.

stetige Teilung, der → Goldene Schnitt.

Stetigförderer, kontinuierlich arbeitendes → Fördermittel.

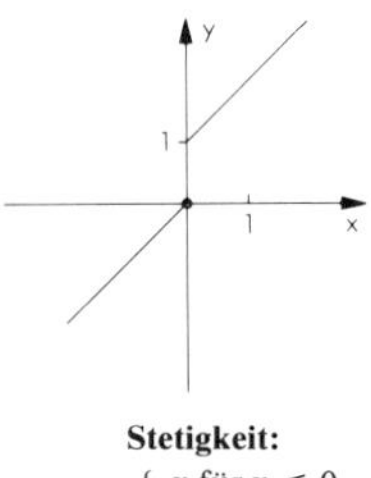

Stetigkeit:
$$g(x) := \begin{cases} x \text{ für } x \le 0 \\ x+1 \text{ für } x > 0 \end{cases}$$
g(x) unstetig für x = 0

Stetigkeit. Der Begriff präzisiert die Vorstellung, daß eine Funktion f in der Umgebung einer Stelle a des Definitionsbereiches die Eigenschaft besitzt, daß kleinen Abweichungen der Argumente von a auch nur kleine Abweichungen der Funktionswerte von $f(a)$ entsprechen und keine **Sprungstelle** vorliegt. Eine reellwertige Funktion f einer Veränderlichen heißt daher **stetig im Punkt a,** wenn zu jeder Umgebung $U(f(a))$ von $f(a)$ eine Umgebung $V(a)$ von a existiert, so daß für alle $x \in V(a)$ gilt: $f(x) \in U(f(a))$; d. h. $f(V(a)) \subset U(f(a))$. In dieser Form läßt sich der Stetigkeitsbegriff auf Funktionen zw. topolog. Räumen verallgemeinern. Ist die Funktion f in allen Punkten des Definitionsbereiches stetig, dann heißt sie **stetige Funktion.** Für reelle Funktionen einer Veränderlichen oder allgemeiner für Funktionen zw. metr. Räuen kann die Definition äquivalent zur obigen so ausgedrückt werden: Für jedes $\varepsilon > 0$ gibt es ein $\delta > 0$, so daß für alle x mit $|x-a| < \delta$ gilt: $|f(x)-f(a)| < \varepsilon$. Dabei ist δ von a abhängig. Ein verschärfter Begriff der S. ist die → gleichmäßige Stetigkeit. Mit Hilfe des Grenzwertbegriffs (→ Grenzwert, BILD) läßt sich die S. so beschreiben: f ist in a genau dann stetig, wenn gilt: $\lim f(x) = f(a)$ für $x \longrightarrow a$ mit $x \neq a$. S. ist einer der grundlegenden Begriffe der Analysis und Topologie. Beispiele: 1) Polynomfunktionen sind stetig. 2) Funktionen mit Sprungstellen sind an diesen nicht stetig **(unstetig;** BILD). 3) f mit $f(x) := \sin 1/x$ ist in $x = 0$ unstetig, da es in beliebiger Nähe von 0 Funktionswerte gibt, die entweder nahe bei $+1$ oder -1 liegen. Daher gibt es keine Umgebung V von 0, so daß die Funktionswerte für alle $x \in V$ in einer vorgegebenen Umgebung U des Ursprungs auf der y-Achse liegen. Sprechweise: f hat in 0 oszillierendes Verhalten.

Steuer *das,* bei Schiffen → Ruder 2) genannt, S. meist nur in Verbindung mit **S.-Haus,** auf kleineren Schiffen der geschützte Stand für den Rudergänger; bei Flugzeugen die Bedienungsteile des **Steuerwerks,** → Flugzeug, → Steuermaschine; bei Räderfahrzeugen Lenker oder Lenkrad, → Lenkung.

Steuerbord *das* oder *der,* die rechte Seite des Schiffes.

Steuergerät, engl. **Receiver** [rɪsˈiːvə], Kombinationsgerät zum Rundfunkempfang (→ Rundfunk), bestehend aus Empfänger und Verstärker.

Steuermaschine, Rudermaschine, Kraftsteuergerät, Vorrichtung im Steuerwerk eines Flugzeugs, die die Handkräfte des Piloten hydraulisch oder elektrisch verstärkt (notwendig bei großen und schnellen Flugzeugen) oder die die Steuerruder nach den von einem → Flugregler erzeugten Steuersignalen betätigt.

Steuerstab, Regelstab, ein → Absorberstab.

Steuerung, **1)** Datenverarbeitung: → Steuerwerk, → CNC, → numerische Maschinensteuerung, → SPS.

2) Fahrzeugtechnik: → Steuer.

3) Regelungstechnik: nicht in sich geschlossene Kette von → Übertragungsgliedern. Wesentlich ist, daß der Erfolg des Steuerns nicht an das → Stellglied der Kette ›rückgemeldet‹ wird, so daß im Ggs. zur Regelung (→ Regelkreis) kein geschlossener Wirkungsablauf zustande kommt. Beispiele: S. des Verkehrsflusses durch automat. Signalanlagen, S. der Temperatur eines Raums durch die Außentemperatur. S. können, anders als Regelungen, nicht angemessen auf unvorhergesehene Störgrößen reagieren. Andererseits ist das Zeitverhalten von S. wesentlich besser überschaubar als das von Regelungen. Insbesondere ist die Frage nach der Stabilität der S. wegen des offenen Wirkungsablaufs gegenstandslos.

Steuerwerk, **1)** Baugruppe des → Flugzeugs.

2) auch **Leitwerk,** wesentlicher Bestandteil der Zentraleinheit (→ CPU) einer elektron. Datenverarbeitungsanlage (→ Computer), von dem alle Steuerungsfunktionen zentral ausgehen. Das S. erfüllt folgende Aufgaben: Steuerung der Reihenfolge der Befehle eines Programms,

Entschlüsselung der Befehle einschließl. Adressen- und Befehlsmodifikationen, Ausgabe der für die Befehlsausführung erforderl. digitalen Signale.

Steuerzeiten geben bei →Verbrennungsmotoren an, wann die Ein- und Auslaßorgane (Ventile, Schlitze) geöffnet oder geschlossen sind (→Ventilsteuerung). Die S. haben entscheidenden Einfluß auf Leistung, Drehmomentverlauf, Verbrauch und Abgasverhalten.

Steven, vordere oder hintere Begrenzung des Schiffskörpers (Vor- und Hinter-S.). Beim **Vor-S.** unterscheidet man: gerader, ausfallender, Klipper-, Wulst-S. Beim Einschraubenschiff teilt man den **Hinter-S.** ein in **Ruder-S.** mit dem Ruder und **Schrauben-S.** mit der Schraubenwelle. **S.-Sohle,** →Hacke 2).

STH, Abk. für **somatotropes Hormon,** →Somatotropin.

Stibin, Antimonwasserstoff, farbloses, übelriechendes, sehr giftiges Gas SbH_3 (MAK 0,5 mg/m^3). – **Stibine,** antimonorgan. Verbindungen, die sich von S. ableiten.

Stibnit, Mineral, →Antimonit.

Stich, 1) Bautechnik: die →Pfeilhöhe.

2) graph. Techniken: →Kupferstich, →Stahlstich.

3) Näherei, Stickerei: das Durchziehen des Fadens; aus dem einfachen **Vor-S.** entwickelten sich viele Abwandlungen, z. B. **Kreuz-, Stiel-, Spann-Stich.** (BILD S. 58)

Stichel, graph. Technik: Stahlwerkzeug zur Bearbeitung der Platten des Kupfer- oder Stahlstichs oder der Holztafel des Holzstichs.

Stichkanal, Binnenschiffahrtskanal (→Kanal), der einen Hafen mit einer Wasserstraße verbindet.

Stichloch, Öffnung in metallurg. Öfen zum Ablassen des flüssigen Metalls.

Stichmaß, Stahlstab mit sphärischen Endflächen als Maßverkörperung v. a. zum Messen von Innenmaßen; kann auch einstellbar sein.

Stichprobe, Statistik: der Teil einer statist. Gesamtheit, der nach einem best. Auswahlverfahren zustande gekommen ist, meist nach dem Verfahren strenger Zufälligkeit; i. e. S. spricht man dann auch von **Zufalls-S.** S. dienen sowohl beschreibenden als auch analyt. Zwecken. Begrifflich trennt man die S. oft von ihren Realisationen. Eine einzelne S. ist dann durch eine →Zufallsvariable charakterisiert. So gesehen ist die S. ein endl. Stück eines →stochastischen Prozesses.

Stichprobenfehler: Jede S.-Erhebung ist mit einem zufälligen Fehler behaftet, der meßbar ist, wenn die S. zufällig gezogen wurde. Der S.-Fehler bei der Schätzung des Mittelwertes ist umgekehrt proportional zur Quadratwurzel aus der Zahl der S.-Realisationen. Als **Stichprobenverfahren** bezeichnet man sowohl generell das Verfahren der S.-Erhebung als auch die speziellen Auswahlverfahren, nach denen die S. gezogen werden. Der **Stichprobenraum** ist der Raum aller möglichen S.-Realisationen, meist ein Unterraum des *n*-dimensionalen Euklidischen Raumes (*n* Zahl der S.). Eine einzelne realisierte S. ist dann ein Punkt im S.-Raum **(S.-Punkt). Stichprobenverteilung** ist die →Verteilung einer die S. charakterisierenden Maßzahl.

Stichprobenpläne, zur →Qualitätskontrolle von techn. Produkten aufgestellte Pläne, die Angaben über Losumfang, Prüfniveau, Stichprobenumfang und →AQL enthalten.

Stickmaschinen verzieren durch Auf- oder Einnähen von Fäden textile Flächen. Die **Einnadel-S. (Kettenstich-S.)** für Kurbelstickerei ziehen einen Faden in Schlingen durch den Stoff. **Mehrnadel-S.,** wie **Blattstich-S.** und **Schiffchen-S.,** arbeiten mit Ober- und Unterfaden oder Nadel- und Schiffchen- oder Greiferfaden nach Art der Nähmaschinen. Vier bis zwölf Stickköpfe werden bei **Mehrkopf-Stickautomaten** von einem Lochkartenzentrum aus gesteuert. Die **automat. Schiffchen-S.** bestickt lange und breite Stoffbahnen in großen Rapporten.

Stick|oxide, →Stickstoffverbindungen.

Stick|oxydul, →Lachgas.

Stickstoff, lat. **nitrogenium,** chem. Symbol **N,** ein →chemisches Element, Ordnungszahl 7. Neben den stabilen natürl. Isotopen ^{14}N (99,63%) und ^{15}N sind mehrere künstliche instabile Isotope bekannt. S. ist ein farb- und geruchloses Gas (Litergewicht 1,25 g); auch flüssiger und fester S. sind farblos. S. ist chemisch sehr reaktionsträge und verbindet sich erst bei höherer Temperatur mit einigen Elementen, z. B. mit Metallen zu Nitriden, mit Wasserstoff zu Ammoniak. In der Luft sind 78% S. enthalten, in gebundener Form kommt er in Nitraten und in den Eiweißen vor. – Die techn. Darstellung erfolgt durch Fraktionierung flüssiger Luft, im Laboratorium z. B. durch Erhitzen von Ammoniumnitrit, NH_4NO_2, das in S. und Wasser zerfällt. S. ist auch Bestandteil des Generatorgases. – S. wird v. a. als Schutzgas bei techn. Prozessen und in der Glühlampenindustrie verwendet. Größere Bedeutung besitzen die →Stickstoffverbindungen, bes. →Ammoniak und →Salpetersäure (→Düngemittel).

Einige Mikroorganismen (Stickstoffsammler) vermögen den S. der Luft in Eiweißstoffe zu überführen, ihn zu assimilieren. Eine verhältnismäßig sehr kleine Menge S. in Form von S.-Verbindungen findet sich im biolog. Kreislauf Erdboden-Pflanze-Tier.

Stickstoff|assimilation, Überführung von molekularem Stickstoff N_2 in chemische Verbindungen: 1) großtechnisch bei der Ammoniaksynthese nach dem Haber-Bosch-Verfahren, 2) biologisch durch das in Pflanzen und Mikroorganismen vorkommende Enzym →Nitrogenase entsprechend der Reaktionsgleichung:

$$N_2 + 6\,H^+ + 6\,e^- \rightleftharpoons 2\,NH_3.$$

Stickstoffdünger, →Düngemittel.

Stickstoff-Fixierung, Festlegung von Stickstoff in Böden durch organ. oder chem. Bindung; die organ. Bindung erfolgt z. B. durch Mikroorganismen, die chem. v. a. an Huminsäuren und -stoffen.

Stickstoffgruppe, die 5. Hauptgruppe des →Periodensystems mit den Elementen N, P, As, Sb und Bi, deren Metallcharakter mit steigendem Atomgewicht zunimmt. Gegen O_2 sind die Elemente der S. maximal fünfwertig, gegen H_2 dreiwertig.

Stickstoffverbindungen enthalten Stickstoff (N) mit den Oxidationszahlen −3 bis +5. **Distickstoffmonoxid,** N_2O, das →Lachgas, entsteht beim Erhitzen von Ammoniumnitrat: $NH_4NO_3 \rightarrow N_2O + 2\,H_2O$. Es unterhält die Verbrennung. **Stickstoffmonoxid,** NO, entsteht bei sehr hohen Temperaturen aus den Elementen (›Luftverbrennung‹) sowie bei der katalyt. Verbrennung von Ammoniak. Unterhalb 150 °C wird N von Sauerstoff zu **Stickstoffdioxid,** NO_2, oxidiert, einem rotbraunen, unangenehm riechenden giftigen Gas, das bei +22 °C zu einer rotbraunen Flüssigkeit kondensiert, die ein starkes Oxidationsmittel ist und als Raketentreibstoff dient. Beim Abkühlen geht es in **Distickstofftetroxid,** N_2O_4, über, das

Jachtsteven (Löffelbug)

Schlachtschiffsteven 19. Jh.

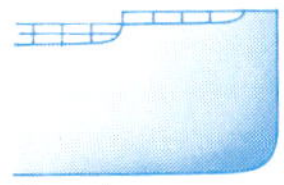
Dampfersteven

Maiersteven

Wulststeven

Steven

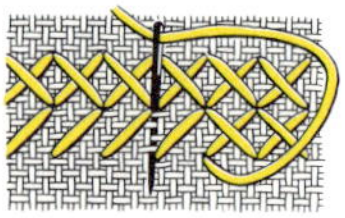

Kreuzstich

Hexenstich

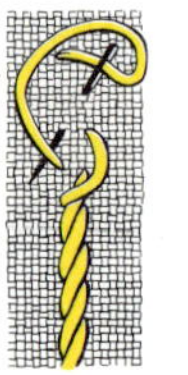

Stielstich

Kettenstich

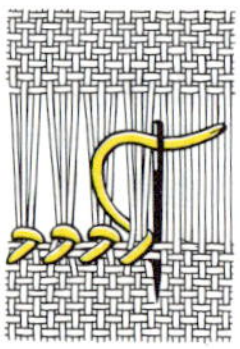

Hohlsaumstich

Stich 3)

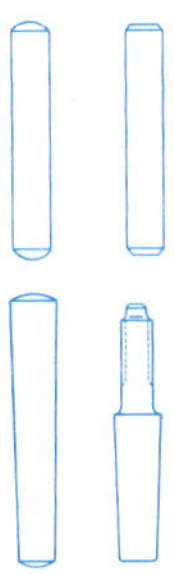

Stift:
OBEN Zylinderstift, UNTEN Kegelstift (rechts mit Gewindezapfen)

Stilben

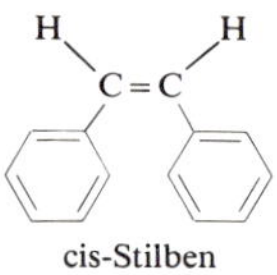

cis-Stilben

bei $-11\,°C$ zu farblosen Kristallen erstarrt. Gemische dieser Stickstoffoxide mit Luft heißen →nitrose Gase. **Distickstoffpentoxid,** N_2O_5, ist das Anhydrid der Salpetersäure und entsteht aus dieser durch Wasserentzug.

Die **salpetrige Säure,** HNO_2, entsteht aus einem äquimolekularen Gemisch von NO, NO_2 und Lauge. Sie ist nur in verdünnten Lösungen stabil. Ihre Salze, die **Nitrite,** zerfallen beim Erhitzen. Sie werden als Oxidationsmittel verwendet. Größere Mengen sind giftig. Salpetersäure und salpetrige Säure können sehr starken Säuren gegenüber auch als Basen wirken. Dabei entstehen Verbindungen mit dem **Nitryl-** $(NO_2)^+$ und dem **Nitrosyl-** $(NO)^+$ Kation. Wichtige S. mit Wasserstoff sind →Ammoniak, NH_3, →Hydrazin, N_2H_4, →Hydroxylamin, NH_2OH. Die **Stickstoffwasserstoffsäure,** HN_3, ist eine farblose, durchdringend riechende Flüssigkeit, Siede-P. 35,7 °C. Ihre Salze sind die **Azide.** Alle Azide sind sehr zersetzlich; die Schwermetallazide detonieren bei Schlag und Stoß. Auch die organ. Azide können äußerst heftig explodieren. Bei der Umsetzung von Stickstoff mit Ammoniak entsteht **Tetraschwefeltetranitrid** (Schwefelstickstoff), S_4N_4, goldgelbe Kristalle vom Schmelz-P. 178 °C. Beim Erhitzen oder durch Stoß zerfällt es explosionsartig in seine Elemente. Mit Halogenen bilden sich die **Thiazylhalogenide** $(NSX;\ X = \text{Halogen})_n$ $(n = 1–3)$. Die **Stickstoffsulfonsäuren** leiten sich vom Ammoniak oder Hydroxylamin und den Säuren des Schwefels ab, z. B. die **Nitridosulfonsäure,** $N(SO_3H)_2OH$, die **Amidosulfonsäure,** $NH_2(SO_3H)$, die **Hydroxylamindisulfonsäure,** $N(SO_3H)_2OH$. **Nitrosylschwefelsäure,** $NO^+HSO_4^-$, ist ein Zwischenprodukt bei der Herstellung der Schwefelsäure nach dem Bleikammerverfahren.

Verbindungen des Stickstoffs mit einem Metall (seltener einem Nichtmetall) sind die **Nitride,** die z. T. salzartige feste Verbindungen sind, z. B. das braune Lithiumnitrid, Li_3N, z. T. aber auch kovalente Verbindungen wie das Bornitrid, BN, und Siliciumnitrid, Si_3N_4. Andere Nitride sind legierungsartige Stoffe mit metall. Charakter, z. B. das harte und hochschmelzende Titannitrid, TiN. Kohlenstoffhaltige S. sind die **Cyanverbindungen** und die **Rhodanide.** Von den organ. S. besitzen die **Amine,** die **Nitro-** und die **Azoverbindungen** besondere Bedeutung. Die **Amino-** und die **Nucleinsäuren** sind für alle Lebensvorgänge von entscheidender Wichtigkeit.

Stieltjes-Integral [n. dem niederländ. Mathematiker T. J. Stieltjes, * 1856, † 1894]. Sind f und g in dem abgeschlossenen Intervall $[a, b]$ erklärte reelle Funktionen, $x_0 = a < x_1 < x_2 \ldots < x_n = b$ eine Zerlegung und ξ_i ein beliebiger Punkt des Teilintervalls $[x_i, x_{i+1}]$, dann nennt man die Summe

$$s = \sum_{i=0}^{n-1} f(\xi_i) \cdot [g(x_{i+1}) - g(x_i)]$$

die **Stieltjes-Summe.** Gibt es zu jedem $\varepsilon > 0$ ein $\delta > 0$ derart, daß bei beliebiger Wahl der Punkte ξ_i und für jede Zerlegung für jedes $\lambda = \text{Maximum}\ (x_{i+1} - x_i)$ gilt $\lambda < \delta$, dann ist I das S.-I. von f nach g, wenn $|s - I| < \varepsilon$, und man schreibt

$$I = (S) \int_a^b f(x) \mathrm{d}g(x).$$

Das Riemannsche Integral (→Integralrechnung) ist ein Sonderfall des S.-I., hier ist $g(x) = x$.

Stier, lat. **Taurus,** zum →Tierkreis gehörendes →Sternbild des Nordhimmels, im Winter am Abendhimmel sichtbar. Der hellste Stern **(Alpha Tauri)** heißt →Aldebaran. Der S. enthält die mit bloßem Auge sichtbaren offenen Sternhaufen →Plejaden und →Hyaden sowie den →Crabnebel mit dem Crabpulsar.

Stift, kurzes, stabförmiges Gerät, z. B. →Bleistift, →Drahtstifte. – Maschinenbau: Bolzen zur form- und reibschlüssigen Verbindung oder gegenseitigen Lagensicherung von Maschinenteilen, z. B. im Vorrichtungsbau. Man unterscheidet **Kegel-S., Zylinder-S., Spann-S.** und →Kerbstifte.

stigmatische Abbildung, Punkt|abbildung, opt. Abbildung, bei der ein Punkt fast punktförmig abgebildet wird; Ggs.: Astigmatismus (→Abbildungsfehler).

Stigmator, elektronenopt. Vorrichtung in Elektronenmikroskopen zur Kompensation des axialen Astigmatismus; dieser wird v. a. durch die Abweichung der elektr. oder magnet. Linsenfelder von der Rotationssymmetrie hervorgerufen.

Stilb *das,* Einheitenzeichen **sb,** nicht gesetzl. Einheit der →Leuchtdichte: $1\ \text{sb} = 10^4\ \text{cd/m}^2 = 1\ \text{cd/cm}^2$. (→Apostilb)

Stilben, 1,2-Diphenyl|äthylen, kristalline organ. Verbindung, die in einer cis- und einer trans-Form existiert. S.-Derivate werden als opt. Aufheller verwendet.

Stilbit *der,* Mineral, der →Desmin, ein Zeolith.

stimulierte Licht|emission, →Laser.

Stinkgips, Stink|kalk, Stinkschiefer, Geologie: bituminöser Gips, Kalkstein oder schiefriger Mergel, die beim Anschlagen nach Asphalt riechen.

Stinkspat, Antozonit, schwarzblaue Varietät des Minerals →Fluorit.

Stirlingmotor [st'ə:lıŋ-, engl.], der →Heißgasmotor.

Stirlingsche Formel [st'ə:lıŋ-, n. dem schott. Mathematiker J. Stirling, * 1692, † 1770]. Den angenäherten Wert der →Fakultät $n!$ für große Werte von n erhält man nach der S. F.: $n! \approx n^n e^{-n} \sqrt{2\pi n}$.

Stirlingsmetall [st'ə:lıŋz-], Messing mit 66–72% Kupfer, 28–38% Zink und 0,7% Eisen.

Stishovit [-ʃ-] *der,* Mineral, eine Hochdruckmodifikation von Siliciumdioxid, SiO_2; zunächst um 1960 von S. M. STISHOV und S. V. POPOVA bei 1400 °C und 160000–180000 bar aus Quarz erzeugt, später mit dem ähnlichen →Coesit in Meteorkratern gefunden.

Stochastik, Statistik: die auf der Wahrscheinlichkeitstheorie beruhende Betrachtung statist. Gesamtheiten i. Ggs. zur Deskription. **stochastisch,** den Zufall oder die Wahrscheinlichkeit betreffend, z. B. →stochastischer Prozeß.

stochastische Konvergenz, eine Folge $\{x_n\}$ von Zufallsvariablen konvergiert stochastisch gegen eine feste Größe, Variable oder Zufallsvariable ξ, wenn $\lim_{n \to \infty} P(|x_n - \xi| > \varepsilon) = 0$, wobei $\varepsilon > 0$.

stochastischer Prozeß, Statistik: alle nicht streng determinist. Vorgänge mit einer Zufallskomponenten. Es gibt v. a. endliche und endlose, stationäre und nichtstationäre, diskrete und kontinuierliche s. P.

stochastische Signale, Signale, deren Verlauf nicht voraussagbar ist, da sie einem Zufallsprozeß entstammen, der endlich oder unendlich viele mögliche Signale mit vorgegebener Wahrscheinlichkeit abgibt. S. S. sind daher nur mit den Mitteln der Wahrscheinlichkeitsrechnung in ihren statist. Eigenschaften beschreibbar (→statistische Nachrichtentheorie).

Stöchiometrie, Lehre von der mengenmäßigen Zusammensetzung der chem. Verbindungen und der Mengenverhältnisse bei chem. Reaktionen. In der S. werden

Massen oder, bei Gasen und Lösungen, Volumina der reagierenden Substanzen miteinander in Beziehung gesetzt. Grundlage der S. ist das Gesetz der konstanten (J. J. PROUST, 1799) und multiplen (J. DALTON, 1803/08) Proportionen, nach denen chem. Verbindungen ihre Elemente in gleichbleibenden Mengen und Gewichtsverhältnissen enthalten, wobei in verschiedenen Verbindungen die Massen der von einem Element gebundenen Atome der anderen Elemente im Verhältnis ganzer Zahlen stehen.

Stock, Geologie: ausgedehnte unregelmäßige Gesteinsmasse, die als Fremdkörper das Nebengestein steil durchsetzt (z. B. Granit-S., Salz-S.).

Stockflecke, moderige graue bis schwarze Flecke auf Fasermaterialien, hervorgerufen durch Bakterien- oder Pilzbefall.

Stockpunkt, Kenngröße für das Kälteverhalten von Mineralölen (z. B. Dieselkraftstoffe, Schmieröle). Der S. ist die Temperatur, bei der das Öl beim Abkühlen unter genormten Bedingungen gerade aufhört zu fließen. Der in Großbritannien und den USA übliche **Pour Point** [p'ɔ: pɔɪnt] liegt 2–4 Grad über dem S. Das Stocken von Mineralölen kann durch auskristallisierendes Paraffin **(Paraffin-S.)** oder starke Viskositätserhöhung **(Viskositäts-S.)** bewirkt werden.

Stockwerkheizung, → Etagenheizung.

Stockwerkrahmen, → Rahmentragwerke.

Stockwerktektonik, durch gleichartige und gleichzeitige Beanspruchung best. unterschiedl. Gesteinsschichten oder Erdrindenniveaus verursachte kennzeichnende Verformungsbilder bei Gesteinen, z. B. Bruch- und Faltentektonik in den oberen Stockwerken, Fließtektonik in den tieferen. Entscheidenden Einfluß hat neben der Art des Gesteins der Druck- und Temperaturanstieg mit zunehmender Erdtiefe.

Stoff, Erscheinungsarten der → Materie, gekennzeichnet durch ihre unabhängig von Größe und Gestalt gleichbleibenden charakterist. Eigenschaften. **S.-Umwandlung** bedeutet die Überführung eines Ausgangs-S. in ein oder mehrere Endprodukte.

Stoff|austausch, Stofftransport, Stoffübertragung, in Analogie zum Wärmeaustausch Bez. für Vorgänge, bei denen Materie v. a. molekular innerhalb eines Systems bewegt oder zw. verschiedenen Aggregatzuständen, Phasen, Systemen u. a. ausgetauscht wird (z. B. Strömungen, Diffusion, Verdampfung, Extraktion, Kristallisation, Ionenaustausch).

Stoffdruck, →Textildruck.

Stoffkonstanten, Materialkonstanten, bei gegebenen Bedingungen unveränderl. physikal. Größen, die vom Material der untersuchten Körper abhängen, wie Dichte, Leitfähigkeit, Brechzahl. Die theoret. Physik sucht alle S. auf wenige elementare, universelle Konstanten (→ Naturkonstanten, ÜBERSICHT) zurückzuführen.

Stoffmenge, Formelzeichen *n, ν,* Basisgröße des Internationalen Einheitensystems (→ SI-Einheiten, ÜBERSICHT), die die Quantität einer aus gleichartigen Individuen (Atome, Moleküle, Ionen u. a.) bestehenden Stoffportion (Substanzmenge) durch die Anzahl der in ihr enthaltenen Teilchen beschreibt. SI-Einheit der S. ist das → Mol. Die gleiche Substanzmenge kann auch durch ihre Masse *m* quantitativ beschrieben werden; es gilt der Zusammenhang $m = M \cdot n$, *M* ist die → molare Masse.

stoffmengenbezogene Größe, svw. → molare Größe, z. B. ist stoffmengenbezogene Masse eine andere Bez. für die → molare Masse.

Stoffmengenbruch, Stoffmengengehalt, der → Molenbruch.

Stoffmengenkonzentration, neuerer Ausdruck für → Molarität.

Stoffportion, Chemie: abgegrenzter Materiebereich, der aus einem Stoff oder mehreren Stoffen oder definierten Stoffbestandteilen bestehen kann.

Stoffschluß, die Übertragung von Kräften zw. Bauteilen unmittelbar durch die beteiligten Materialien (Schweißen, Löten, Kleben); dagegen → Formschluß, → Kraftschluß.

Stoffwechsel, die Gesamtheit der chem. Umsetzungen im Körper der Lebewesen; unterteilbar in Bau-, Energie- und Betriebsstoffwechsel: Aufbau der Körpersubstanz aus der resorbierten Nahrung, Umbau in energiereiche körpereigene Stoffe (Assimilation), Umsetzung und Abbau durch Atmung oder Gärung (Dissimilation) unter Energiefreisetzung, Ausscheidung von End- und Schlakkenprodukten. Der S. der Einzellebewesen ist in einen übergeordneten Stoffkreislauf der Organismenwelt einbezogen. Menschen und Tiere sind die ›Konsumenten‹ der von den Pflanzen als ›Produzenten‹ gebildeten organ. Substanzen, während Bakterien als ›Reduzenten‹ die in allen Lebewesen gebildeten organ. Stoffe nach dem Tod wieder mineralisieren. Ein Organismus ist im Stoffwechselgleichgewicht (Fließgleichgewicht), wenn so viele chem. Elemente und so viel Energie in Form der Nahrung aufgenommen werden, wie als S.-Endprodukte abgegeben oder als Energie verbraucht werden. Dann sind → Assimilation 1) und → Dissimilation einander gleich. (→ Regulation des Stoffwechsels)

Stokes [stəuks, n. dem engl. Physiker und Mathematiker G. G. Stokes, * 1819, † 1903] *das,* Einheitenzeichen **St**, nicht gesetzl. Einheit der kinemat. → Viskosität im CGS-System: $1\ \mathrm{St} = 1\ \mathrm{cm^2/s} = 10^{-4}\ \mathrm{m^2/s}$. Verwendet wurde meist die Einheit **Zentistokes:** $1\ \mathrm{cSt} = 10^{-2}\ \mathrm{cm^2/s} = 1\ \mathrm{mm^2/s}$.

Stokesscher Durchmesser [stəuks-], **aerodynamischer Durchmesser,** Hilfsgröße zur Charakterisierung von Verhalten und Wirkung von Staubpartikeln. Der S. D. ist der Äquivalentdurchmesser einer Kugel mit der Dichte $1\ \mathrm{g/cm^3}$, welche die gleiche Sinkgeschwindigkeit in der Luft aufweist wie das zu untersuchende Staubpartikel.

Stokessche Regel [stəuks-], **Stokessches Fluoreszenzgesetz,** Regel, wonach bei Lichtabsorption und -emission die abgestrahlte Fluoreszenz- und Phosphoreszenz-Strahlung i. d. R. längerwellig als die absorbierte Strahlung ist **(Stokessche Linien).** Die **Anti-Stokessche Linie,** die kürzerwellig ist, tritt nur unter best. Voraussetzungen (z. B. beim → Raman-Effekt) auf.

Stokesscher Integralsatz [stəuks-], Satz über die Möglichkeit, Oberflächenintegrale in Kurvenintegrale umzuwandeln. Sind die Funktionen $f(x, y, z)$, $g(x, y, z)$, $h(x, y, z)$ in einem Raumgebiet *K* mit ihrer ersten partiellen Ableitungen stetig, dann gilt für jede zweiseitige, stückweise glatte und nichtgeschlossene Fläche *S* aus *K,* deren Rand *k* ist, die Gleichung

$$\iint_S \left[\left(\frac{\partial g}{\partial x} - \frac{\partial f}{\partial y} \right) \mathrm{d}x\mathrm{d}y + \left(\frac{\partial h}{\partial y} - \frac{\partial g}{\partial z} \right) \mathrm{d}y\mathrm{d}z + \left(\frac{\partial f}{\partial z} - \frac{\partial h}{\partial x} \right) \mathrm{d}z\mathrm{d}x \right] = \int_k (f\mathrm{d}x + g\mathrm{d}y + h\mathrm{d}z).$$

Stokessches Reibungsgesetz [stəʊks-], **Stokessche Formel,** die von G. G. STOKES abgeleitete Gesetzmäßigkeit besagt, daß sich Kugeln infolge der inneren Reibung bei laminarer Umströmung in Flüssigkeiten und Gasen unter dem Einfluß äußerer Kräfte mit einer konstanten Geschwindigkeit bewegen, die der Viskosität der Flüssigkeit umgekehrt proportional ist.

STOL-Flugzeuge, Abk. von engl. **Short Take-off and Landing** [ʃɔːt tˈeɪkɔf ænd lˈændɪŋ], → Kurzstartflugzeuge.

Stollen *der,* Berg- und Tunnelbau: horizontal oder fast horizontal von der Erdoberfläche in das Gebirge getriebene → Strecke 1); dient als **Richt-S.** zur Vorbereitung, als **Hilfs-S.** zur Beschleunigung der Bauarbeiten. Richt-S. werden in Höhe des Firstes **(First-S.)** oder in Höhe der Sohle **(Sohlen-S.)** angelegt. Kleineren Querschnitt haben die **Abwasser-S.** der Kanalisation und die **Wasser-S.** der Talsperren und Wasserkraftwerke **(Druck-S.).**

Stolzit [n. dem Naturwissenschaftler Stolz in Teplitz, 19. Jh.] *der,* **Scheelblei|erz,** Mineral $PbWO_4$, graubraun oder -gelb, auch grün oder rot; meist garbenförmige oder kugelige Aggregate; D. 7,9–8,3; meist auf Quarz in Zinn- und Goldlagerstätten.

stone [stəʊn], Gewichts- und Masseneinheit in Großbritannien: 1 stone = 14 pounds = 6,35029318 kg.

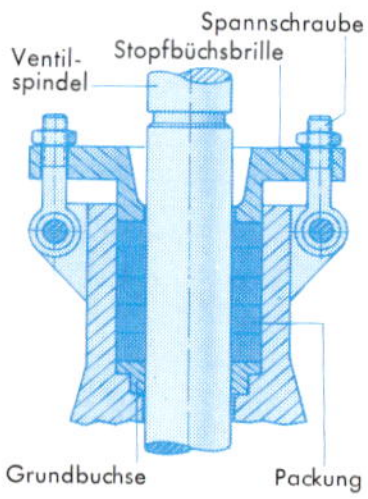

Stopfbüchse

Stopfbüchse, Maschinenbauteil zum Abdichten von Wellen, Kolbenstangen u. a.: ein Gehäuse mit verschiebbarem Deckel **(S.-Brille),** in dem eine Packung (Gummi, Leder, Werg u. a.) durch Anziehen des Deckels gepreßt wird und die Abdichtung bewirkt.

Stopfen, Nadelarbeit a) zur Verzierung, wobei Fäden als Muster in lochartige Gewebe wie Tüll (Tüllstickerei) oder Filet (Filetstickerei) eingezogen werden; b) zum Ausbessern fehlender oder zerstörter Fäden in Geweben, Gewirken oder Gestricken. Zur **verlorenen** oder (auf der rechten Warenseite) **unsichtbaren Stopfe** gehört das **Kunststopfen,** wobei Gewebefäden bindungsgerecht eingezogen und damit Schäden ausgebessert werden oder glattgeschnittene Tuchkanten aneinandergefügt oder eingesetzt werden.

Stoppbad, Photographie: zw. Entwicklung und Fixierung von photograph. Material eingesetztes Bad zur abrupten Unterbrechung des Entwicklungsvorgangs. Ein S. besteht z. B. aus verdünnter Essigsäure, die die alkal. Entwicklerreste neutralisiert. Ein S. kann einer möglichen Schleierbildung auf dem Bild entgegenwirken, auch verbraucht sich das Fixierbad nicht so schnell.

Stopplicht, die → Bremsleuchte.

Stopp|uhr, ein → Kurzzeitmesser zum Messen von Zeitintervallen zw. Start und Stopp in mechan. oder elektron. Ausführung. Verwendung z. B. bei der Arbeitszeit- und Sportzeitmessung.

Stör|abstand, in der elektr. Nachrichtenübertragungstechnik der Quotient aus Signalleistung zu Rauschleistung an einer Stelle des Empfängers (meist am Ende des linearen Teiles). Der S. charakterisiert die Übertragungsqualität (→ Störsignal).

Storchschnabel, der → Pantograph.

Störgröße, Signal, das ungewollt und häufig auch unvorhersehbar von außen in den → Regelkreis oder die Steuerkette eindringt und die → Regelgröße beeinflußt. Eine der Aufgaben der Regelung ist das Ausregeln der S., d. h. ein möglichst wirkungsvolles Vermindern ihres Einflusses auf die Regelgröße.

Störklappen, aus Flügel- oder Rumpfoberflächen eines Flugzeugs ausfahrbare Klappen, die die Strömung um das Flugzeug stören sollen, um den Widerstand zu vergrößern (→ Bremsklappen) oder den Auftrieb zu vermindern **(Spoiler),** wodurch der Gleitwinkel gesteuert werden kann. Spoiler können auch zur Unterstützung der Quersteuerung dienen.

Störleitung, Störstellenleitung, → Halbleiter.

Störpegel, Pegel von Signalen, die die Übertragung, Verarbeitung oder Messung eines Signals stören. Liegt der S. bis 10 dB unter dem Nutzpegel, tritt keine Verfälschung der Messung ein.

Störschutz, → Entstörung.

Störsender, Funksendeanlage, deren Ausstrahlung die Übertragungseigenschaften anderer Sender absichtlich, z. B. durch Interferenz, negativ beeinflußt (Heul-, Knatter- oder Pfeiflaute, engl. ›jamming‹).

Störsignal, Nachrichtenübertragung: neben dem Nutzsignal empfangenes unerwünschtes Signal, das die Erkennbarkeit der Nachricht beeinträchtigt (→ Störpegel). S. haben natürl. (therm. und kosm. Rauschen, atmosphär. Entladungen) oder künstl. Ursachen (Störungen aus demselben oder aus anderen Nachrichtensystemen, z. B. Störsender, sowie durch elektr. Geräte und Anlagen aller Art, engl. ›man-made noise‹). Während das Rauschen praktisch in allen Frequenzbereichen auftritt (und auch außerhalb der Hörbarkeitsgrenze so genannt wird), bezeichnet man die akustisch wahrnehmbaren S. aller Art als Geräusch. Das für die Güte eines Nachrichtensignals oder eines Übertragungssystems maßgebende Verhältnis von Nutz- und Störleistung wird als → Störabstand (gemessen in Dezibel oder Neper) angegeben. Bei Niederfrequenz-Verstärkern für Musik- und Sprachwiedergabe spricht man auch von → Geräuschabstand, → Brummabstand und → Rauschabstand, je nachdem, welchen Frequenzbereich das S. umfaßt.

Störstelle, → Halbleiter.

Störung, 1) Astronomie: **Perturbation,** Abweichung der Bahn eines Himmelskörpers von der Bewegung i. S. der → Keplerschen Gesetze, verursacht durch die störende Gravitationswirkung anderer Himmelskörper. Das Ausmaß der S. hängt von den Massen der beteiligten Körper und ihren Entfernungen zueinander ab und ist bes. groß bei Himmelskörpern mit kleinen Massen, die nahe an anderen vorbeiziehen, z. B. bei Kometen. Es treten **period. S.** auf, die nach regelmäßigen Zeiträumen wieder ausgeglichen werden, und **säkulare S.,** die im Lauf der Zeit anwachsen. Das am häufigsten auftretende S.-Problem ist

Stoppuhr (schemat. Schnittbild)

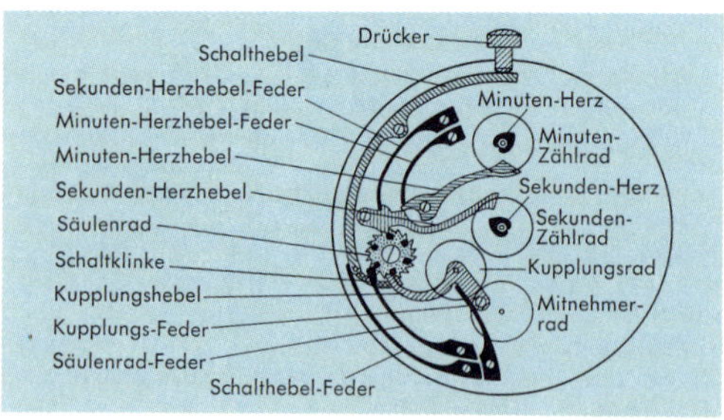

das → Dreikörperproblem. Mathemat. Bestimmung der S. → Störungsrechnung.

2) Geologie: tekton. Trennfuge, an der Bewegungen stattgefunden haben (→ Dislokation, → Verwerfung); an S. können Bewegungsvorgänge erkannt werden.

3) Meteorologie: wandernde Schlechtwetterzonen mit konvergierenden Winden, begleitet von starker Bewölkung, vielfach auch von Niederschlägen.

4) Physik: ständige oder kurzzeitige, auch zeitabhängige Änderung oder Beeinflussung eines physikal. Systems durch Wechselwirkung mit anderen Systemen oder Einwirkung äußerer Kräfte.

Störungsrechnung, Astronomie: mathemat. Bestimmung der → Störung 1) der Bahn von Himmelskörpern. Meist dient dazu die **spezielle S.**, die von der Bahn eines best. Himmelskörpers zu einem best. Zeitpunkt **(Oskulationsepoche)** ausgeht. Für alle weiteren Zeitpunkte werden schrittweise durch numer. Integrationen die Einflüsse der störenden Himmelskörper berechnet.

Störungs|theorie. Auf die Atomtheorie wurde die S. von der Astronomie (→ Störungsrechnung) übertragen, als im Stadium der älteren Quantentheorie des Atombaus die Elektronenhülle vorgestellt wurde als System von geladenen Massenpunkten, die sich nach den Gesetzen der klass. Mechanik um den Atomkern bewegen. Der Übergang zur Wellenmechanik und schließlich zur Quantenmechanik veränderte die mathemat. Problemstellung erheblich und entfernte damit die atomphysikal. S. von der astronomischen.

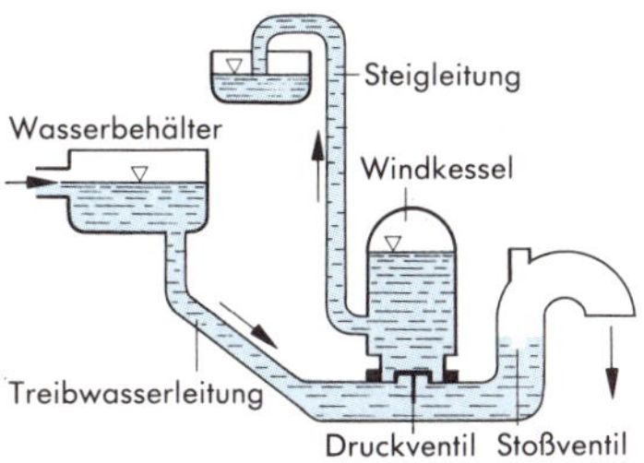

Stoßheber

Stoß, 1) Bergbau: a) Seitenwände eines Grubenbaus, z. B. einer Strecke, eines Abbaus. b) schmaler, langgestreckter Streifen einer Lagerstätte. Bei Abbauverfahren mit stoßartiger → Bauweise 2) wird der Lagerstättenabschnitt in nacheinander abzubauende S. eingeteilt.

2) Physik: Zusammenprall zweier sich relativ zueinander bewegender Körper unter Impuls- und Energieaustausch, wobei in jedem Fall die Impulssumme konstant bleibt. Nach dem → Schwerpunktsatz bleibt, wenn äußere Kräfte fehlen, die Bewegung des gemeinsamen Schwerpunktes der Körper erhalten. In einem Bezugsystem mit ruhendem Systemschwerpunkt **(Schwerpunktsystem)** bewegen sich die Schwerpunkte zweier Körper auf parallelen Geraden. Beim **zentralen S.** fallen diese zusammen. Beim **vollkommen elast. S.** ist die kinet. Energie vor und nach dem S. gleich. Beim **vollkommen unelast. S.** kommen die Körper im Schwerpunktsystem zur Ruhe, die kinet. Energie wird in Wärme verwandelt, bei einzelnen Atomen und Molekülen zur Anregung oder Ionisierung verbraucht. Nicht kugelförmige Körper übertragen i. a., kugelförmige nur bei **nichtzentralem S.**, einen Drehimpuls aufeinander, so daß sich die Körper nach dem S. drehen, auch wenn der Drehimpuls jedes einzelnen vorher gleich Null war.

3) Technik: Verbindungs- oder Übergangsstelle zweier aneinanderstoßender Teile, z. B. Stahlträger, Schienen (→ Eisenbahnoberbau), Tapetenbahnen. Man unterscheidet stumpfen, überlappten und verlaschten S., geschweißten, genieteten, geschraubten S., im Holzbau genagelten, verdübelten und geleimten Stoß.

Stoß|aufheizung, → magnetisches Pumpen.

Stoßbüchse, ein → Bohrwerkzeug 2).

Stoßdämpfer, übliche, aber unkorrekte Bez. für → Schwingungsdämpfer an Räderfahrzeugen zw. Aufbau und Radachse, die die Federschwingungen bei Fahrbahnunebenheiten dämpfen sollen. Es werden fast ausschließlich **hydraul. Teleskop-S.** in Einrohr- oder Zweirohrbauart verwendet: In einem Hydraulikzylinder bewegt sich ein Kolben und verdrängt unter Überwindung des Strömungswiderstandes Öl durch kleine Bohrungen oder Ventile.

Stößel, 1) Chemie: kolbenförmige Reibkeule, mit deren Hilfe feste grobe Stoffe durch reibende oder stoßende Bewegung in der Reibschale oder in einem Mörser pulverisiert werden.

2) hin- und hergehender Maschinenteil, z. B. an der Stoßmaschine (→ Hobeln) oder bei Verbrennungsmotoren das kraftübertragende Zwischenstück zw. Nocken und Ventilschaft.

Stoßen, spanendes Bearbeitungsverfahren, ähnlich dem → Hobeln, ausgeführt mit **Stoßmaschinen** zur Herstellung von Nuten und Profilen an schwer zugängl. Stellen eines Werkstückes, z. B. an einer Keilnut in einer Sackbohrung.

Stoßheber, hydraulischer Widder, von M.-J. DE MONTGOLFIER (1796) erfundene Pumpe, die zur Förderung den Druckstoß beim period., schlagartigen Schließen der Treibwasserleitung ausnutzt. Das Stoßventil am Ende der Treibwasserleitung schließt, wenn infolge der Strömungsgeschwindigkeit ein genügend großer Unterdruck entsteht. Der Druckstoß öffnet das Druckventil, das in den Windkessel eintretende Wasser wird vom Luftpolster durch eine Steigleitung auf ein höheres Niveau gefördert. Statt des auf- und abgehenden Stoßventils kann auch ein rotierendes Schaltrad **(Hydropulsor** von A. ABRAHAM) eingebaut sein.

Stoß|ionisation, Ionisation (→ Ionen) von Atomen und Molekülen durch Stöße beschleunigter Elektronen oder Ionen.

Stoßkuppe, vulkan. Bildung, → Quellkuppe.

Stoßlade, Hobel zum Anhobeln von → Gehrungen.

Stoßleistungsgenerator, Synchrongenerator (elektr. → Generator 1), der bemessen ist zur kurzzeitigen Abgabe sehr hoher elektr. Leistungen bei der Prüfung von Hochspannungs-Leistungsschaltern mit starken Kurzschlußströmen. Eine der größten S. befindet sich im Hochleistungsprüffeld in Berlin-Siemensstadt mit einer Drehstrom-Kurzschlußleistung von 5000 MVA bei 19 kV Klemmenspannung, 750 r/min und 50 Hz. (BILD S. 62)

Stoß|ofen, Industrieofen zur Erwärmung von Stahlblöcken, die an einem Ende in den Ofen hineingestoßen werden, in ihm auf Schienen weiterrutschen und am anderen Ende entnommen werden.

Stoßparameter, Formelzeichen *b*, bei der Streuung eines Teilchens in einem Zentralkraftfeld der Abstand,

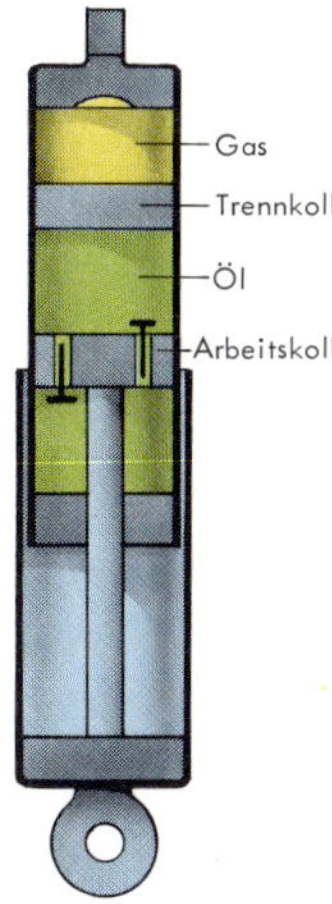

Stoßdämpfer 1: Einrohr-S.

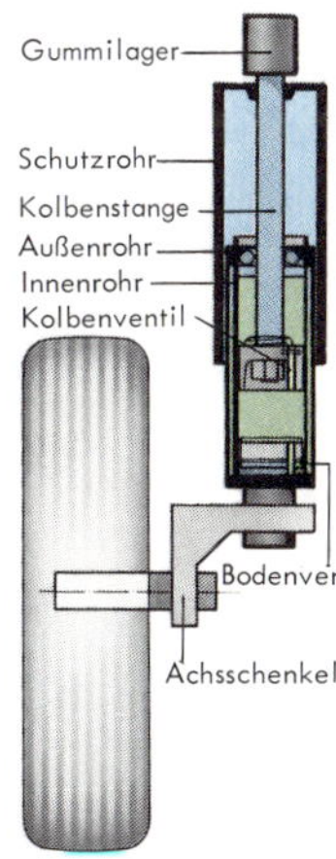

Stoßdämpfer 2: Zweirohr-S.

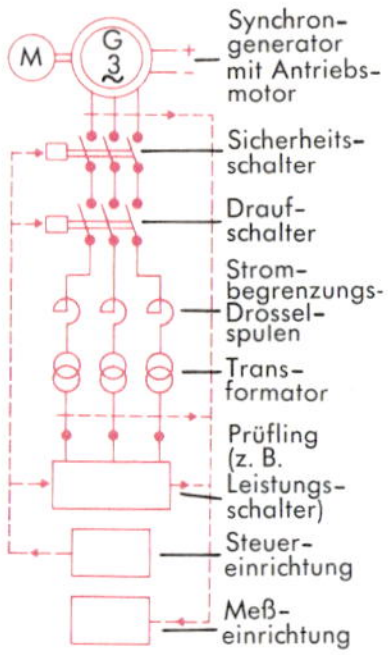

Stoßleistungsgenerator

mit dem dieses am Streuzentrum (Kraftzentrum) vorbeiliefe, wenn es nicht abgelenkt würde.

Stoßprozesse, Bez. für die Vorgänge, die sich beim Zusammenprall (→ Stoß 2) zweier relativ zueinander bewegter Körper oder Teilchen ereignen.

Stoßrohr, 1) Meereskunde, svw. → Stechrohr.

2) Strömungslehre, chem. Reaktionskinetik: svw. Stoßwellenrohr (→ Stoßwellen).

Stoßspannungsgenerator, Schaltung zur Erzeugung einer kurz andauernden, hohen Gleichspannung aus einer niedrigen Gleichspannung nach E. MARX. Bei dieser Vervielfachungsschaltung werden die Kondensatoren C (BILD) über hohe Widerstände R in Parallelschaltung mit der niedrigen Stufenspannung aufgeladen. Beim Ansprechen der Zündfunkenstrecken F entladen sich die Kondensatoren C über die Funkenstrecken F und SF in Reihenschaltung. Dabei addieren sich die Stufenspannungen. Bei Stufenspannungen von 200 bis 300 kV lassen sich Stoßspannungen von mehreren MV erzielen. Zweck: Prüfung elektr. Anlagenteile auf ihre Festigkeit gegenüber Überspannungen, z. B. bei einem Gewitter.

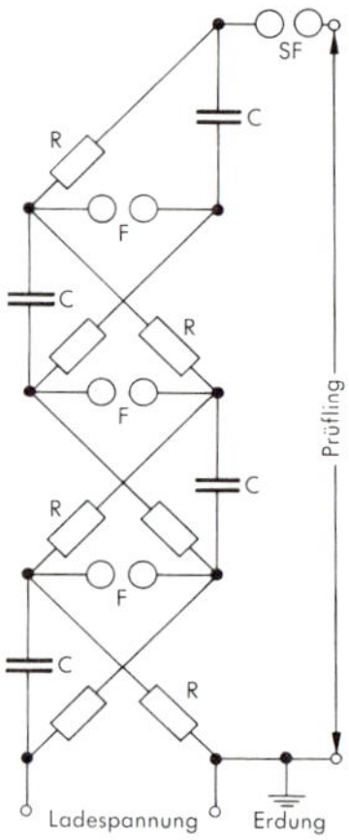

Stoßspannungsgenerator (C Kondensator, R Widerstand, F Funkenstrecke, SF Schaltfunkenstrecke)

Stoßstange, Kfz: Schutzstangen, z. T. mit Hartgummiauflagen, vorn und hinten am Kraftwagen.

Stoßstrom|erzeuger, Maschinen oder Geräte, die kurzzeitige, starke Stromstöße erzeugen, z. B. streuungsarme Generatoren, die mit einem Schwungrad gekoppelt sind, dessen kinet. Energie im Augenblick des Stromstoßes herangezogen wird. Außerdem dienen als S. **Stoßstromkondensatoren** (Kondensator in induktionsarmer Ausführung), die sich über eine von einem → Stoßspannungsgenerator gezündete Funkenstrecke entladen. Anwendungen: → Kondensator 1).

Stoßwellen, Schockwellen, bei Explosionen oder Überschallströmungen auftretende Verdichtungswellen mit senkrechter Stoßfront, an der der Druck plötzlich zu einem Höchstwert ansteigt und dahinter sehr stark abnimmt **(Entlastungswelle).** In Gasen erfolgt der Druckanstieg im Bereich von wenigen freien Weglängen, in kondensierten Medien von wenigen Atom-, Ionen- oder Molekülabständen. S. lassen sich in Gasen durch ein **S.-Rohr** erzeugen, das aus zwei Räumen besteht, in denen sich Gase unterschiedlichen Drucks befinden, die durch eine Membran getrennt sind. Mischen sich z. B. Xe mit $1{,}33 \cdot 10^{-3}$ bar und H_2 mit 100 bar durch Bruch der Membran miteinander, so wird eine S. mit einer Temperatur von 10000 K erzeugt, die Xe zur Ionisation und zum Aufleuchten bringt. – Die **S.-Methode** dient zur Untersuchung der Kinetik schneller Reaktionen in der Gasphase, der therm. Dissoziation, in flüssiger Phase der Bestimmung des Relaxationsverhaltens von Stoffen, in Festkörpern dem Studium von Hochdruck-Modifikationen. Technisch werden S. u. a. bei der Explosionsverformung und -plattierung und beim Sprengschweißen angewendet.

Stoßwellenmetamorphose, Schockwellenmetamorphose, Mineral- und Gesteinsumwandlung durch Stoßwellen, die von Meteoriteneinschlägen oder Kernexplosionen herrühren und Spitzendrücke bis zu einigen Megabar und Spitzentemperaturen bis zu 20000 °C erreichen können. Die Umwandlung reicht von der mechan. Beanspruchung der Mineralkörner über die Bildung von Hochdruckmodifikationen und partieller oder völliger Isotropisierung von Mineralen unterhalb ihres Schmelzpunktes (›diaplekt. Gläser‹) bis hin zur echten Aufschmelzung (Gesteinsglas) und Verdampfung (Glaskügelchen). Nachgewiesene S. an Gesteinen irdischer Meteoritenkrater (z. B. Nördlinger Ries) und des Mondes. (→ Strahlenkalk)

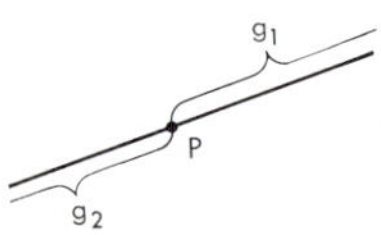

Strahl 1)

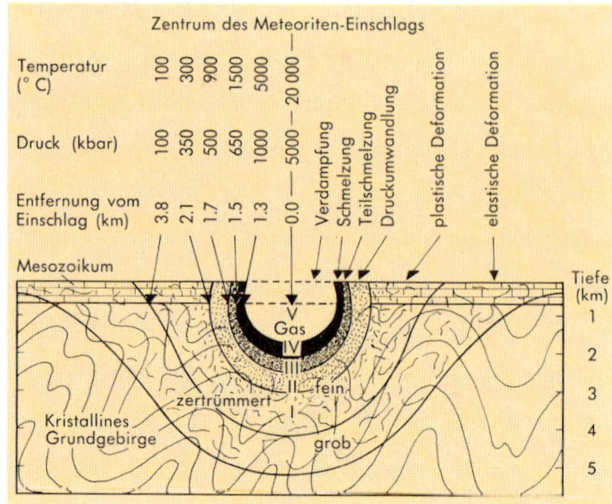

Stoßwellenmetamorphose: schematische Darstellung der S. beim Einschlag eines großen Meteoriten (nach David und Stöffler)

Stoßwellenrohr, spezielle Form eines → Windkanals, z. B. zur Untersuchung von → Stoßwellen.

Stoßzahl, 1) Bautechnik: der → Schwingbeiwert.

2) Physik: Anzahl der Stöße von Molekülen untereinander oder mit einer Grenzfläche während einer Sekunde (s). Die S. eines einzelnen Moleküls gasförmigen Wasserstoffs mit anderen H_2-Molekülen beträgt z. B. unter Normalbedingungen etwa 10^{10} je s, die Zahl der Wandstöße etwa 10^{24} je cm^2 und s.

STOVL-Technik, Abk. für **Short Take-off and Vertical Landing** [ʃɔːt tˈeɪkɔf ænd vˈəːtɪkl lˈændɪŋ, engl.], Kurzstart und Senkrechtlandung: Einsatzverfahren für militär. → V/STOL-Flugzeuge und neues Entwurfskonzept für Kampfflugzeuge. Der Ersatz des Senkrechtstarts durch Kurzstart erlaubt bei Senkrechtstartflugzeugen eine größere Kraftstoffzuladung und/oder erhöhte Waffenzuladung; Verzicht auf Senkrechtstartfähigkeit bei neu zu entwickelnden Kampfflugzeugen gestattet geringere Triebwerksleistung, verringert damit die Masse des Flugzeugs. In beiden Fällen ist jedoch Senkrechtlandung mit leergeflogenem Flugzeug noch möglich, womit die Landung zurückkehrender Flugzeuge auch bei zwischenzeitlich zerstörten Pisten gesichert ist.

Straak, Schiff: → Strak.

Strahl, 1) Mathematik: **Halbgerade,** von einem Punkt ausgehende, mit einer Richtung versehene einseitig begrenzte Gerade. Eine Gerade *g* wird durch einen auf ihr liegenden Punkt *P* in zwei S. g_1 und g_2 zerlegt, die nur den Punkt *P* gemeinsam haben. Beliebig viele S. des Raumes (der Ebene), die alle vom gleichen Punkt ausgehen, bilden ein **Strahlenbündel (Strahlenbüschel).**

2) Physik, Technik: kontinuierl., gerichteter, räumlich begrenzter Materie- oder Energiestrom, z. B. Flüssigkeits-, Elektronen- oder Lichtstrahl. Die Gesamtheit der von einem → Strahler ausgehenden S. heißt → Strahlung 1).

Strahl|antrieb, Jet Propulsion [dʒet prəpˈʌlʃn, engl.], Vortriebsverfahren für Flugkörper oder Fahrzeuge, besonders Flugzeuge, bei dem der gerichtete Ausstoß von Masseteilchen in Form eines Strahls eine Reaktionskraft, den → Schub 1), in entgegengesetzter Richtung des Masseabflusses erzeugt. Der S. ist verwirklicht v. a. im → Strahltriebwerk, dem Prinzip, aber nicht dem Sprachgebrauch nach auch im Raketentriebwerk und dem Propellerantrieb. Ein S. für Schiffe oder Boote ist der → Wasserstrahlantrieb.

Strahldichte, Formelzeichen L, L_e, der Quotient aus der von einem Flächenelement dA_1 in einer Richtung abgestrahlten Strahlungsleistung $d^2\Phi$ (→ Strahlungsfluß) und dem Produkt aus der in gegebener Richtung gesehenen Größe dieser Fläche $dA_1 \cdot \cos\vartheta$ (ϑ = Winkel zw. Flächennormale und Strahlungsrichtung) und durchstrahltem Raumwinkel $d\Omega$,

$$L = d^2\Phi/(dA_1 \cdot \cos\vartheta \cdot d\Omega) = dI/(dA_1 \cdot \cos\vartheta),$$

wobei I die → Strahlstärke ist. Die energet. Strahlungsgröße L_e entspricht der → photometrischen Größe → Leuchtdichte L_v, wobei die Indizes e für energetisch und v für visible (sichtbar) angefügt werden, wenn es zur Unterscheidung der analogen Größen erforderlich ist. Für einen schwarzen Strahler ist die **spektrale S.** $L_\lambda = dL/d\lambda$ durch das → Plancksche Strahlungsgesetz gegeben.

Strahlenbelastung, Strahlenexposition, Einwirkung von natürl. und künstl. → ionisierender Strahlung (Strahlung von Radionukliden, Röntgen-, kosm. Strahlung) auf biolog. Systeme (Mensch, Tier, Pflanze). Die **natürl. S.** von rd. 110 mrem/Jahr (a) setzt sich zu rd. 30 mrem/a aus kosm. und zu rd. 50 mrem/a aus terrestr. Strahlung sowie zu rd. 30 mrem/a aus Strahlung inkorporierter radioaktiver Stoffe zusammen. Die **künstl. S.** von rd. 60 mrem/a rührt her mit rd. 1 mrem/a von kerntechn. Anlagen, mit rd. 6 mrem/a von der Verwendung radioaktiver und ionisierender Strahlung in Forschung und Technik, mit rd. 50 mrem/a von der Anwendung ionisierender Strahlen und radioaktiver Stoffe in der Medizin und mit weniger als 1 mrem/a von radioaktivem Fallout.

Strahlenbiologie, Radiobiologie, interdisziplinäres Forschungsgebiet zw. Physik und Biologie (Biophysik), das die Wirkung von Strahlung auf lebende Organismen untersucht, so die von natürl. oder künstl. Radionukliden ausgehenden α-, β- und γ-Strahlen, aus Teilchenbeschleunigern stammender Materiestrahlung, ferner die von Röntgenstrahlen sowie andere natürl. und künstl. → Strahlenbelastungen. Durch die Strahlung werden in den absorbierenden Molekülen chem. Reaktionen ausgelöst und Moleküle ionisiert, was zu einer Beeinträchtigung der Funktionstüchtigkeit der für die Zellen notwendigen Moleküle, wie Proteine und Nucleinsäuren, führen kann. Folge davon sind Schädigung oder Abtötung von Organismen und Zellen, das Auftreten von Mutationen u. a. Wie die Strahlung wirken die Radiomimetika und Mitosegifte. (→ Strahlenschädigungen 1)

J. KIEFER: Biologische Strahlenwirkung (1981); L. RAUSCH: Mensch und Strahlenwirkung – Strahlenschäden, Strahlenbehandlung, Strahlenschutz (1982).

Strahlenchemie, Teilgebiet der Chemie, das chem. und biochem. Reaktionen untersucht, die durch energiereiche Strahlung (radioaktive Prozesse, Röntgenstrahlen) ausgelöst werden. Die Absorption der Energie erfolgt nicht selektiv, verursacht aber (beispielsweise durch Bildung von → Radikalen) strahlenchem. Primärprozesse, die weitere Reaktionen auslösen können. Die Radiolyse des Wassers gehört zu den wichtigsten strahlenchem. Prozessen. Durch die Bestrahlung von Kunststoffen können Hauptketten gespalten und die Bildung von Quervernetzungen gefördert werden. Steigt die Zahl der Quervernetzungen, wird der Kunststoff formbeständiger. – Die S. ist mit der Photochemie verwandt.

Strahlendosis, die → Dosis 1).

Strahlenfilter, in Technik und Medizin Filter, die weiche, unerwünschte Strahlenanteile absorbieren und die Homogenität von Röntgenstrahlung und radioaktiver Strahlung verbessern; z. B. bestehen **Röntgen-S.** aus 1–2 mm dicken Scheiben aus Beryllium, Aluminium, Kupfer, Zinn oder Kombinationen davon.

Strahlengang, Verlauf der Lichtstrahlen in einem opt. System, v. a. der Verlauf best. ausgezeichneter Strahlen zur Bildkonstruktion bei opt. → Abbildungen 2).

Strahlenkalk, Kalkstein mit 1–10 cm langen kegelförmigen, an der Oberfläche feingestreiften Gebilden **(Shatter Cones** [ʃ'ætə kaʊnz]) im Bereich der → Stoßwellenmetamorphose.

Strahlenkalk
(Steinheim
bei Nördlingen)

Strahlen|optik, die geometr. → Optik 1).

Strahlenraum, bei opt. Abbildungen der Raum zw. Objekt und Bild, der von den abbildenden Strahlen durchlaufen wird.

Strahlensätze, Sätze der Euklid. Geometrie über Streckenverhältnisse. Werden zwei sich im Punkt S schneidende Geraden a und b von zwei Parallelen c und d geschnitten, so gilt: $\overline{SA}:\overline{SB} = \overline{SC}:\overline{SD}$, $\overline{SA}:\overline{AB} = \overline{SC}:\overline{CD}$ und $\overline{AC}:\overline{BD} = \overline{SA}:\overline{SB}$.

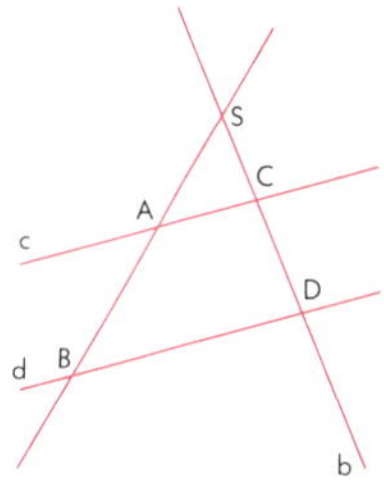

Strahlensätze

Strahlenschädigungen, Strahlenschäden, 1) beim Menschen Folgen von Ganz- oder Teilbestrahlungen des Körpers mit so großen → Dosen 1) → ionisierender Strahlung, daß sichtbare oder spürbare unerwünschte Wirkungen auftreten. Bei der akuten Strahlenkrankheit stehen Magen-Darm-Störungen, Schädigungen der Blutbildung und der körpereigenen Infektabwehr im Vordergrund. – Bei einer Strahlendosis von weniger als 100 rem Ganzkörperbelastung ist eine Erholung ohne weitere Behandlung zu erwarten, bei Strahlenmengen von mehr als 500 rem bleibt jede Behandlung erfolglos. Bei Teilkörperbestrahlungen liegen die entsprechenden maximal zulässigen Strahlendosen höher. Gelangen Radionuklide unkontrolliert in den Organismus, so ist ihre Wirkung gefährlich, weil sie sich in best. Organen ansammeln können (z. B. Jod in der Schilddrüse, Calcium und Strontium in den Knochen).

2) Physik: **Strahlenschäden in Festkörpern** sind dauerhafte Eigenschaftsänderungen, verursacht durch die Einwirkung energiereicher Strahlung (z. B. Protonen, α-Teilchen, Deuteronen, Neutronen, Elektronen, Ionen). Diese kann v. a. zu strukturellen Fehlordnungen (→ Realkristall, → Voids) sowie Fremdatom-Einbau führen. Strukturelle Strahlenschäden in Kristallen können oft durch Erwärmung (u. U. bis kurz vor den Schmelzpunkt des Kristalls) wieder beseitigt werden **(Ausheilen von Strahlenschäden).**

Strahlenschutz, Maßnahmen zur Verhinderung von → Strahlenschädigungen; unter **Personen-S.** werden alle Maßnahmen verstanden, durch die schädl. Wirkungen von ionisierender Strahlung (→ Strahlenbiologie) auf Personen, unter **Material-S.** alle solchen, durch die strahleninduzierte chem. oder physikal. Schäden in Stoffen eingeschränkt werden. Maßnahmen des S. sind beim Umgang mit radioaktiven Stoffen, in der Strahlenchemie, an Kernreaktoren, in der Nuklearmedizin, Strahlentherapie und bei Verwendung von Radiopharmazeutika zu beachten.

Gegen äußere Bestrahlung werden geeignete Abschirmungsvorrichtungen, z. B. → Strahlenschutzzellen bei

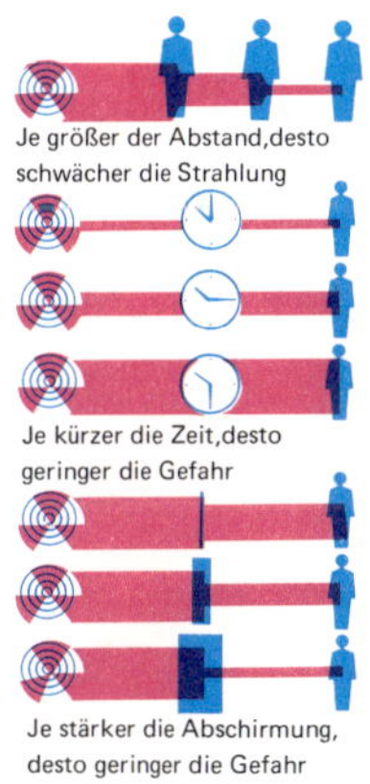

Strahlenschutz 1:
3 Grundregeln des S.

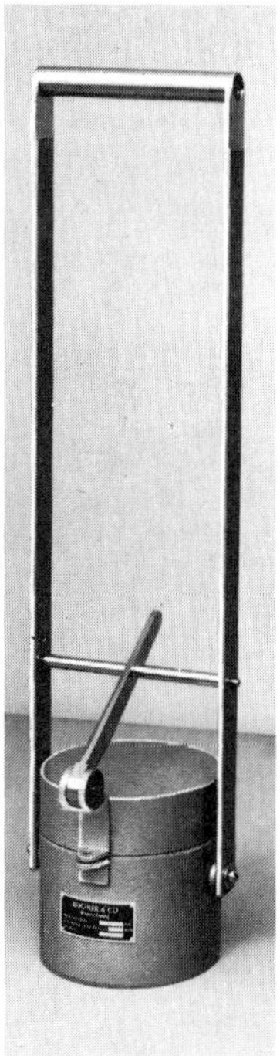

Strahlenschutz 2: Transportbehälter für radioaktive Präparate

Strahlenschutz 3: Detail eines Manipulators

der Arbeit mit radioaktiven Stoffen, Bleibleche und Bleischürzen beim Arbeiten mit Röntgenstrahlen oder meterdicke Betonwände bei Teilchenbeschleunigern verwendet (→Abschirmung 2). Das Tragen von →Dosimetern sowie eventuelle Kontaminationsuntersuchungen geben Aufschluß über eingetretene →Strahlenbelastungen von Personen. Für den prophylakt. S. werden **S.-Mittel** (S.-Stoffe) angegeben, ebenso wie für die Dekorporierung, d. h. die Entfernung schädlicher Radionuklide aus dem Organismus.

H. SCHULTZ u. H. G. VOGT: Grundzüge des prakt. S. (1977); L. RAUSCH: Strahlenrisiko!? Medizin, Kernenergie, S. (1979); S. in Forschung und Praxis, Jbb. der Vereinigung dt. S.-Ärzte, 23 Bde. (1982 ff.).

Strahlenschutzglas, Sammelbegriff für Gläser, die vor schädl. Wellen- oder Teilchenstrahlung schützen. Hochbleihaltige S. werden bes. in Röntgen- und kernphysikal. Anlagen verwendet. S. gegen Infrarotstrahlung sind meist eisenhaltige Phosphatgläser, gegen Ultraviolettstrahlung meist ceroxidhaltige Silikatgläser.

Strahlenschutz|zelle, heiße Zelle, mit Beton, Stahl oder Blei stark abgeschirmte Kammer, in der Arbeiten mit radioaktiven Materialien durchgeführt werden. Die Zellen sind bei Bedarf mit →Manipulatoren und Maschinen ausgerüstet. Um eine Verseuchung der Umgebung auszuschließen, sind Schleusen und Filter angeschlossen. Für kleinere Aktivitäten werden Strahlenschutzkästen gebaut, in deren Wände Gummihandschuhe gasdicht eingesetzt sind (→Handschuhkasten).

Strahler, Vorrichtung oder Materie, die Strahlung (z. B. akust. und elektromagnet. Wellen oder auch Teilchen wie Elektronen, α-Teilchen u. a.) aussendet **(Strahlungsquelle, Sender).** Für den S. ist die spektrale oder energet. Verteilung der ausgesandten Strahlung kennzeichnend: **Monochromat. S.** emittieren praktisch nur Strahlung einer einzigen Wellenlänge (z. B. Laser, Spektrallampen, Rundfunksender); **Selektiv-S.** strahlen in einem begrenzten Wellenlängen- oder Frequenzbereich, **kontinuierl. S.** emittieren ein kontinuierl. Spektrum ihrer Strahlung, z. B. die **Temperatur-S.** (Glühlampen) oder der auch als **Planckscher S. (Schwarzer S.)** bezeichnete →schwarze Körper. Ein S. wird oft nach dem Wellenlängengebiet bezeichnet, in dem er arbeitet (Gamma-S., Ultraviolett-S., Wärme-S.).

Strahlflugzeug, Düsenflugzeug, kurz **Jet** [dʒet, engl.], durch →Strahltriebwerk angetriebenes Flugzeug. Da →Strahlantriebe Vorteile bei hohen Geschwindigkeiten bieten und hohe Leistungskonzentration der Triebwerke ermöglichen, sind die weitaus meisten Kampfflugzeuge und großen Verkehrsflugzeuge auch S.

Strahl|lüftung, Raumlüftungsart, bei der die Zuluft mit großer Geschwindigkeit aus einer Öffnung (Düse, Gitter) in den zu lüftenden Raum geblasen wird. Durch den Luftstrahl wird Raumluft induziert, der sich unter starker Verwirbelung mit der Zuluft vermischt und die Strahlgeschwindigkeit abbaut.

Strahlmühle, Maschine zur Feinstzerkleinerung von vorzerkleinerten Stoffen durch Prall- und Reibwirkung der Teilchen gegeneinander oder an den Mühlenwänden in einem Gas- oder Dampfstrahl als Fördermedium.

Strahlpumpe, Strahl|apparat, Gerät zur Förderung von Gasen oder Flüssigkeiten, zur Vakuumerzeugung oder zum Zerstäuben von Flüssigkeiten nach dem Prinzip der →Dampfstrahlpumpe, der →Wasserstrahlpumpe, der →Diffusionspumpe oder des →Zerstäubers.

Strahlrohr, am Ende einer Schlauchleitung angekuppelte Feuerlöscharmatur zum Erzeugen eines wirksamen Löschstrahles. Unterscheidung in **Voll-S., Sprüh-S., Mehrzweck-S., Wassernebel-S., Pistolen-S.** Für hohe Wurfweiten und Wasserleistungen sind **Wende-S.** auf Fahrzeugen oder Feuerlöschbooten fest installiert.

Strahlstärke, Formelzeichen I, I_e. Die S. eines Strahlers in einer Richtung ist der Quotient aus dem von der Strahlungsquelle in einer best. Richtung ausgehenden →Strahlungsfluß $d\Phi$ und dem durchstrahlten Raumwinkelelement $d\Omega$, $I = d\Phi/d\Omega$. Die entsprechende →photometrische Größe ist die Lichtstärke I_v.

Strahlstein, langstengelige und wirrstrahlige Aggregate des Minerals Aktinolith sowie Tremolit und Grünerit; charakteristisch für kristalline Schiefer.

Strahlstrom, Jetstream [dʒ'etstri:m, engl.], Feld hoher Windgeschwindigkeit parallel zu den Isothermen in Zonen starker horizontaler Temperaturänderungen. Unterhalb 3 km Höhe erreicht es Längen von einigen 100 km mit Geschwindigkeiten um 40 km/h, die für einige Stunden anhalten **(Grenzschicht-S.).** Im Tropopausenbereich dagegen erstreckt es sich über mehrere 1 000 km, hat Lebensdauern von einer Woche und mehr, wobei Windgeschwindigkeiten von 120 km/h überschritten werden. Die Beschleunigung beginnt über einem weiten, sich mit zunehmender Geschwindigkeit verengenden Einzugsgebiet. Im Kern hat der S. die geringste Breite und dehnt sich bei der anschließenden Verzögerung wieder aus (›Delta‹). Die Wetterwirksamkeit des S. ist Folge einer überlagerten Querzirkulation, die im Einzugsgebiet auf der kalten Seite absteigt, zur warmen hinströmt und dort wieder aufsteigt. Im Delta verläuft sie entgegengesetzt. Dadurch kommt es an der →Frontalzone unter dem **Polarfront-S.** zu polwärtigen Warmluftvorstößen in der unteren Troposphäre und damit zu Zyklonenbildung, ferner im Delta des von den Philippinen bis nach N-Afrika reichenden **tropischen Ost-S.** zu Absinken und Niederschlagsarmut über der Sahara. In der winterl. Stratosphäre tritt in etwa 55° Breite der **Polarnacht-S.** auf. – Prakt. Bedeutung erlangten die S. mit dem Vordringen der Luftfahrt in größere Höhen, wo sie entweder genutzt oder gemieden werden.

Strahltrainer [-treɪnər], meist militär. Schul- und Übungsflugzeug mit Antrieb durch Strahltriebwerke. Mit zusätzl. Waffeneinbauten versehene S. werden von versch. Luftstreitkräften auch als leichte Erdkampfflugzeuge eingesetzt.

Strahltriebwerk, Düsentriebwerk, zu den →Strahlantrieben gehörendes Triebwerk für →Flugzeuge, mitunter auch für Flugkörper (z. B. Cruise missile). Die Wirkungsweise beruht auf dem Impulssatz. Der Vortrieb (→Schub 1) ist gleich dem Produkt aus Masse und deren Beschleunigung. Da bei den (i. Ggs. zur Rakete) **luftatmenden S.** die Atmosphäre eine notwendige Voraussetzung für ihre Funktion ist – Luft dient als Oxidator zur Verbrennung und als wesentl. Anteil der Strahlmasse –, sind S. nur in einem begrenzten Flughöhenbereich brauchbar.

Das Arbeitsprinzip der am häufigsten verwendeten **Turbinen-Luft-S.,** auch **TL-Triebwerk, Turbotriebwerk** oder **Flugturbine** genannt, beruht auf dem der →Gasturbine. Vom Triebwerkseinlauf gelangt die angesaugte Luft in einen mehrstufigen Verdichter (Kompressor). In den nachgeschalteten Brennkammern wird der stark verdichteten Luft Kraftstoff zugemischt; hier findet eine kontinuierl. Verbrennung des Luft-Kraftstoff-Gemisches statt. Die sehr stark expandierenden Verbrennungsgase

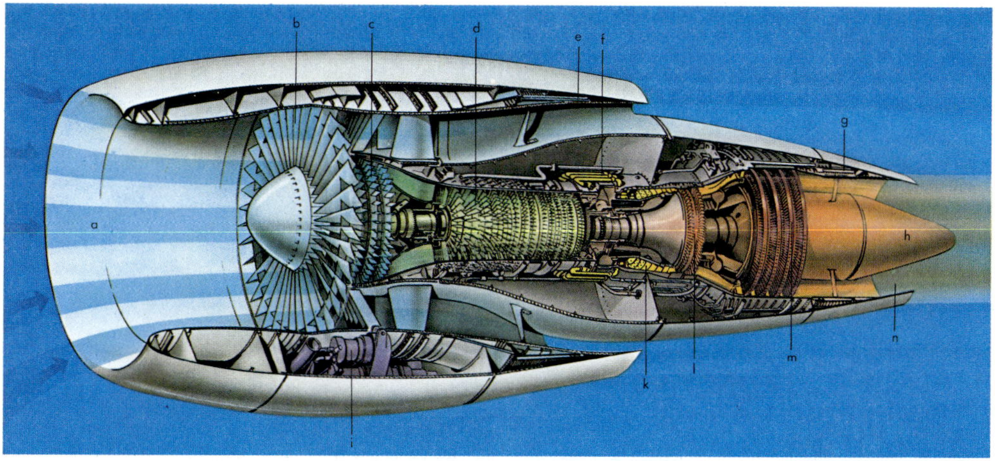

Strahltriebwerk 1 (Zweistromtriebwerk): a Lufteinlaß, b Gebläse (Fan), c 3stufiger Niederdruck-Verdichter, d 14stufiger Hochdruck-Verdichter, e Bläserstrom-Umkehranlage, f Brennstoffzuleitungen, g Turbinenschubumkehr-Anlage, h Düsenkonus, i Regelungs- und Hilfsgeräte, k Ringbrennkammer, l 2stufige Hochdruck-Turbine, m 4stufige Niederdruck-Turbine, n Schubdüse

treten mit hoher Geschwindigkeit nach hinten (entgegen der Schubrichtung) durch eine Schubdüse aus. Dabei treiben sie eine Turbine an, die den Verdichterteil und die Nebenaggregate versorgt. Die speziell geformte Schubdüse bewirkt weitere Erhöhung der Austrittsgeschwindigkeit und damit Abbau von Gasdruck und -temperatur.

Das **Einstrom-S.** ist die einfachste Bauform eines Turbinen-Luft-S. Bei ihm sitzen Verdichter und Turbine auf einer gemeinsamen Welle; dazwischen ist das meist koaxiale Ring- oder Einzelbrennkammersystem angeordnet. Die gesamte Luftmenge durchströmt alle Bauelemente, d. h., dieses S. hat nur einen Strom. Durch eine gewollte → Nachverbrennung der aus der Turbine ausströmenden, teilentspannten Reaktionsgase in einem Nachbrenner läßt sich der Schub um 50% und mehr steigern.

Wirtschaftlicher als Einstrom-Triebwerke sind die **Zweistrom-(Zweikreis-)Triebwerke (ZTL-Triebwerke)** oder **Mantelstrom-Triebwerke,** auch **By-pass-Triebwerke** [bˈaɪpɑ:s-]. Bei ihnen wird nur ein Teil der angesaugten Luftmenge über die Brennkammern in die Turbine geleitet. Der vorher abgezweigte Teil umströmt als sekundärer oder ›kalter‹ Luftstrom gewöhnlich das innenliegende Basistriebwerk. Primär- und Sekundärstrom expandieren meist in einer gemeinsamen Schubdüse. Das Nebenstromverhältnis (By-pass-Verhältnis) ist das Verhältnis von sekundärer (kalter) und primärer (heißer) Luft und liegt bei den in Großraumflugzeugen eingebauten S. zw. 4:1 und 5:1. Man spricht bei diesen hohen Nebenstromverhältnissen auch von **Fan-** [fæn] oder **Bläsertriebwerken:** Fan, Bläser oder Gebläserotor heißt das überdimensionierte erste Laufrad des Niederdruckverdichters, das den Nebenstrom beschleunigt. Nach der Art der Zuführung des Haupt- und Nebenstroms unterscheidet man: **Front-Fan-Triebwerk** mit gemeinsamem Lufteinlauf (die Sekundärluft wird zusammen mit dem Innenluftstrom im Gebläse verdichtet und dann mantelförmig um den Hochdruckverdichter, die Brennkammer und die Turbine geführt) und **Aft-Fan-Triebwerk** [ɑ:ft fæn-], **Heckgebläse-Triebwerk,** das keinen gemeinsamen Lufteinlauf hat.

Nach der Zahl der Wellen ergibt sich eine weitere Unterscheidung der Turbinen-Luft-S.: Um Strömungsprobleme im Verdichter zu vermeiden, wurden die **Zweiwellen-S.** und **Dreiwellen-S.** entwickelt. Sie verfügen über zwei oder drei nicht miteinander verbundene und mit unterschiedl. Drehzahlen laufende Rotorsysteme, bei denen Nieder- und Hochdruckteile getrennt sind. So ergeben sich durch Kombination unterschiedlicher Kreis- und Wellenzahlen viele Variationsmöglichkeiten von den Verwendungszwecken angepaßter S. – S. bieten die Möglichkeit der → Schubumkehr.

Beim **Propeller-Turbinen-Luft-S.,** auch **PTL-Triebwerk, Turboprop, Propellerturbine,** treibt die Turbine neben dem Verdichter noch einen Propeller an, der 70–90% des Schubes beim Start und bei kleinen Fluggeschwindigkeiten liefert. Wirtschaftlichstes Anwendungsgebiet dieses indirekten Strahlantriebes ist der mittlere Unterschallflugbereich (400–800 km/h).

Das **Stau-S.,** auch **Staustrahlrohr, Ram-Jet** [ræm dʒet], ist vom Aufbau her das einfachste S., da es keine umlaufenden Bauteile besitzt. Die mit Fluggeschwindigkeit zuströmende Luft wird in einem Überschalldiffusor aufgestaut, in der Brennkammer aufgeheizt und dann in einer Schubdüse durch Expansion beschleunigt. Für den Start und kleinere Fluggeschwindigkeiten ist das Stau-S. wegen zu geringen Luftaufstaues nicht geeignet, es benötigt hierzu also einen Zusatzantrieb. Der günstige Arbeitsbereich für das reine Stau-S. beginnt bei mehr als 2,5 Mach. Kombiniert man ein Stau-S. mit einem Turbinen-Luft-S., erhält man die **Staustrahlturbine (Turbo-Ram-Jet).**

Im Ggs. zum kontinuierl. Arbeitsprozeß der bisher genannten S. zeichnet sich das **Puls-S.** oder **Verpuffungs-S.,** häufig auch **Argus-Schmidt-Rohr, Schmidt-Rohr, Pulse-Jet** [pʌls dʒet], **Pulsotriebwerk** genannt, durch einen diskontinuierl. (intermittierenden) Gasfluß innerhalb des Triebwerkes aus. Durch mechanisch nicht gesteuerte Einlaßklappen (Flatterventile) tritt die Umgebungsluft von vorn in den Brennraum ein. Nach der Kraftstoffeinspritzung und Verbrennung steigt der Gasdruck stark an, so daß die Einlaßklappen von innen her geschlossen werden. Die Gasentleerung erfolgt anschließend durch das Schubrohr. Dadurch fällt der Kammerdruck, die Klappen öffnen sich wieder durch Druck von außen, und der Prozeß beginnt von neuem. Puls-S. sind zwar im Aufbau sehr einfach, haben aber große Lärmentwicklung, geringen Stirnflächenschub und relativ hohen Kraftstoffverbrauch. Die

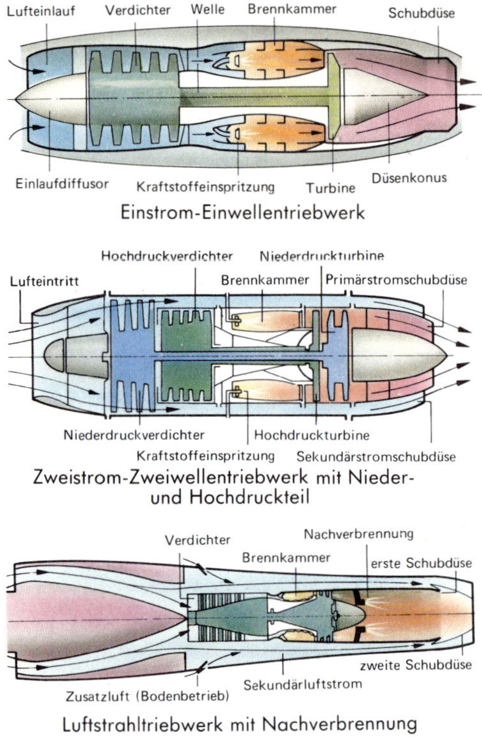

Strahltriebwerk 2: Turbinen-Luft-Strahltriebwerke

Verwendung (im 2. Weltkrieg V 1) ist beschränkt auf einzelne Motorsegler, Flugmodelle und Flugkörper. (Weitere BILDER S. 67)

H.-G. MÜNZBERG: Flugantriebe (1972); K. HÜNECKE: Flugtriebwerke (1976); J. FRÖTSCHEL: Flugzeugturbinen ([2]1981); H. HAGEN: Fluggasturbinen und ihre Leistungen (1981); D. STAMMER: Konstruktion der Luft-S. (1981); K. GRASMANN: Die modernen Flugtriebwerke (1982).

Strahlung, 1) allgemein und Physik: gerichtete, räuml. und zeitl. Ausbreitung von Energie von einer **S.-Quelle** aus in Form von Wellen **(Wellen-S.,** z. B. Schallwellen oder →elektromagnetische Wellen wie u. a. die →Gammastrahlung, →Röntgenstrahlung, →Infrarotstrahlung, →Bremsstrahlung, →Synchrotronstrahlung, →Tscherenkow-Strahlung, →Vernichtungsstrahlung) oder (elementarer) Teilchen **(Teilchen-, Korpuskular-, Partikel-S.,** z. B. →Alphastrahlung, →Betastrahlung). Jede S. kann in der einen oder anderen Art beschrieben werden (→Dualismus), z. B. Licht als Wellenvorgang oder als Strom von Lichtquanten. Die von einer S.-Quelle abgestrahlte elektromagnet. S. läßt sich mit Hilfe der →Strahlungsgrößen (bei **Licht-S.** auch durch →photometrische Größen) beschreiben. Die Stärke einer S. wird durch die **S.-Energiedichte** w (d. h. die in einem Volumenelement dV des S.-Feldes enthaltene →Strahlungsenergie dQ, $w = dQ/dV$; Einheit: Ws/m^3) oder durch die **S.-Flußdichte (S.-Intensität)** φ (d. h. die je Zeiteinheit durch die Flächeneinheit strömende Energie; Einheit: W/m^2) gemessen. Für viele Zwecke mißt man die Energieverteilung im Spektrum einer S., für andere die Energie der Gesamt-S. Zur subjektiven Messung im Bereich sichtbaren Lichts dient das Auge mit einem Photometer; für objektive Messungen sind kalorimetr. (Bolometer) und photometr. S.-Meßgeräte (Pyrhelio-, Pyranometer, Photoelemente und -zellen), Radiometer, Pyrometer, Szintillationszähler, Zählrohre, Blasen- und Wilson-Kammer u. a. im Gebrauch. Der S.-Nachweis kann z. B. auf der Ionisation der Meßmedien beruhen (→Dosis 1).

Die aus dem Weltall kommende →kosmische Strahlung umfaßt unterschiedl. Komponenten; **radioaktive S.** ist zusammenfassende Bez. für alle beim radioaktiven Zerfall (→Radioaktivität) auftretenden S.

S. wird bei Durchgang durch Materie geschwächt, durch Beugung, Brechung und Dispersion abgelenkt oder durch Stoßprozesse gestreut, es erfolgt →Absorption 1), Anregung oder Ionisierung (→ionisierende Strahlung) von Atomen oder Molekülen sowie anschließende →Lumineszenz, →Fluoreszenz oder →Phosphoreszenz. Die Wechselwirkung zw. S. und Materie ist Voraussetzung für die Photo- und Strahlenchemie, die Strahlenbiologie, Kernenergienutzung, Spektroskopie, den →Photoeffekt und viele andere Prozesse.

2) Meteorologie: Energieübertragung innerhalb der Atmosphäre oder zw. ihr und ihrer Umgebung (Erdoberfläche, Weltraum) durch elektromagnet. Wellen. In Abhängigkeit von der Quelle werden unterschieden: kurzwellige **solare S.** mit 0,12 bis 6 µm Wellenlänge und langwellige **terrestr. S.** mit 2,5 bis 125 µm Wellenlänge, wobei an den Grenzen die Intensität pro Wellenlängenintervall noch 1‰ des Maximalwertes beträgt. Im langjährigen planetar. Mittel erreichen 342 W/m^2 die Obergrenze der Atmosphäre (wegen des Verhältnisses von Querschnitt zu Oberfläche einer Kugel ein Viertel der →Solarkonstante). Davon kommen 25% als **direkte Sonnenstrahlung** D und ein ebenso großer Anteil nach Streuung an Luftmolekülen, Aerosolen und Wolkentröpfchen als **diffuse Himmelsstrahlung** H zum Boden, der wegen seiner Albedo a nur 46% des extraterrestr. Wertes absorbiert und das übrige als **Reflexstrahlung** R zurückwirft. Als Folge von Streuung und Reflexion gehen 34% der solaren S. in den Weltraum zurück (›planetar. Albedo‹), während der Rest (20%) durch Wasserdampf, Ozon, Kohlendioxid sowie durch Dunst und Wolkentröpfchen absorbiert wird, diese erwärmt und die langwellige **Gegenstrahlung** G anregt. Sie gleicht einen Teil des Energieverlustes durch langwellige Ausstrahlung der Erdoberfläche E aus. **Strahlungs-**

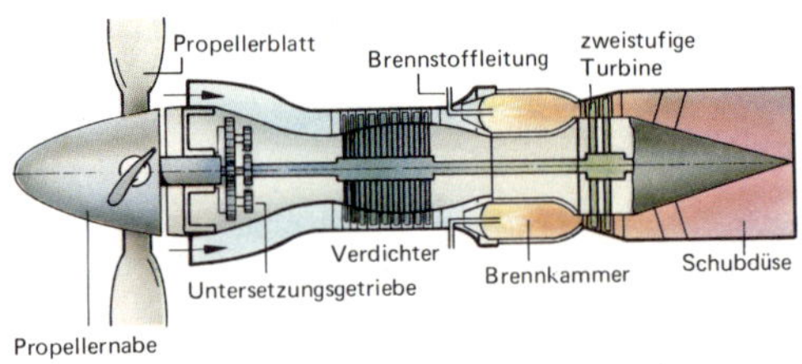

Strahltriebwerk 3: Propeller-Turbinen-Luftstrahltriebwerk

bilanz Q ist die Summe der durch eine Fläche einkommenden (+) und ausgehenden (–) S. Am Boden gilt: $Q=(D+H)\ (1-a)+(E-G)$. $(D+H)$ wird als **Globalstrahlung,** $(E-G)$ als **effektive Ausstrahlung** bezeichnet. Durchschnittlich ist $Q>0$, wodurch etwa 28% der extraterrestr. Energie für Verdunstung und zur Erwärmung der Luft zur Verfügung stehen. An der Obergrenze der Atmosphäre ist die S.-Bilanz vom Äquator bis 35° Breite positiv, jenseits aber so weit negativ, daß sie im planetar. Mittel ausgeglichen ist. Den deshalb erforderlichen horizontalen Energietransport besorgt die allgemeine → Zirkulation der Atmosphäre.

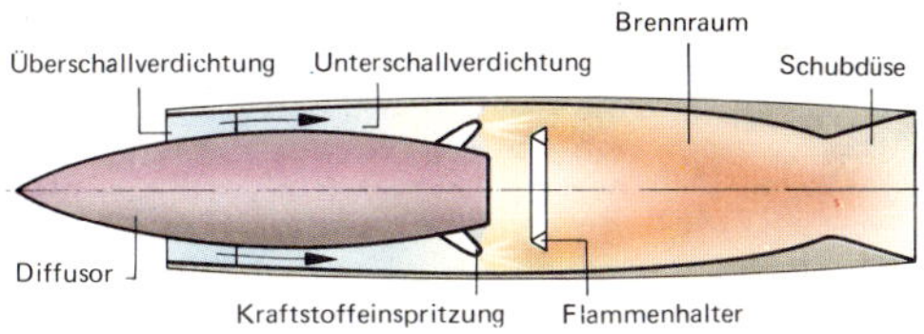

Strahltriebwerk 4: Stau-S.

Strahlungsmessung erfolgt durch Exposition von Körpern, die über einen Spektralbereich zw. 0,1 und 200 µm Wellenlänge S. absorbieren, die aufgenommene Wärme durch Schmelzen oder Verdunsten direkt messen oder durch Temperaturerhöhung eine Änderung ihres

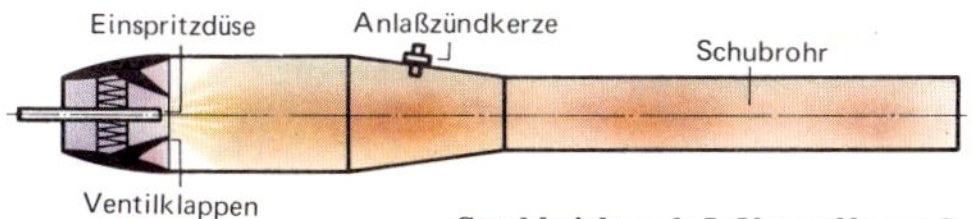

Strahltriebwerk 5: Verpuffungs-S.

Wärmehaushaltes anzeigen. Bei letztgenanntem Verfahren werden die Geräte entweder vor der Messung durch eine bekannte S. geeicht oder besitzen einen nichtexponierten Referenzkörper, dem anderweitig (z. B. elektrisch) eine definierte Energiemenge zugeführt wird. Interessiert nur ein Teil des atmosphär. Spektrums, so werden vor dem Meßkörper Filter in den Strahlengang gebracht, die nur best. Wellenlängen hindurchlassen. Der gewählte Ausschnitt wird durch sie entweder direkt festgelegt oder durch Differenz von Messungen mit verschiedenen Filtern. So wird die terrestr. S. durch Subtraktion der unter Glas empfangenen Energie, die nur Wellenlängen $\leqq 4{,}5$ µm enthält, von der Gesamtenergie des terrestr. und solaren Bereichs ermittelt. Die wolkenlose Atmosphäre ist für Wellenlängen zw. 0,3 und 0,9 µm weitgehend durchlässig. Bei größeren Wellenlängen absorbieren zunehmend Wasserdampf und Kohlendioxid, die nur den Bereich von 8 bis 12 µm nicht beeinflussen (›atmosphär. Fenster‹).

Strahlungs|charakteristik, Strahlungsdiagramm, die → Richtcharakteristik.

Strahlungsdämpfung, Energieabgabe eines schwingenden Systems durch Strahlung, z. B. eines elast. mechan. (akust.) durch Schallstrahlung oder eines elektr. durch elektromagnet. Strahlung. Die S. bewirkt ein Abklingen der Schwingung (gedämpfte Schwingung), wenn nicht gleichzeitig Energie zugeführt wird.

Strahlungsdruck, Druck, den elektromagnet. oder Schallstrahlung beim Auffallen auf eine reflektierende Fläche als Folge der mit der Reflexion verknüpften Impulsänderung der Strahlungsquanten ausübt. Der **Lichtdruck** wurde 1901 von P. N. LEBEDEW nachgewiesen. Der unter Laboratoriumsbedingungen mit Laser-Lichtquellen durch Ablenkung kleiner Partikel demonstrierbare S. erreicht im Innern der Fixsterne die Größenordnung der Gravitation und des Gasdrucks. Er übt in der Umgebung von Sternen auf benachbarte interstellare Materie und auf die Gashülle von Kometen (Schweif) eine abstoßende Wirkung aus.

Strahlungseinfang, ein → Einfangprozeß, z. B. der → Neutroneneinfang.

Strahlungs|energie, Strahlungsmenge, Formelzeichen Q, Q_e, W, die von einer Strahlungsquelle als Strahlung abgegebene Energie. SI-Einheit: $[Q]=\mathrm{Ws}$. Die entsprechende → photometrische Größe ist die Lichtmenge Q_v.

Strahlungsfluß, Strahlungsleistung, Formelzeichen Φ, Φ_e, P, die je Zeiteinheit von einer Strahlungsquelle abgegebene → Strahlungsenergie Q, $\Phi=Q/t$, genauer $\Phi=\mathrm{d}Q/\mathrm{d}t$, $t=$ Zeit. SI-Einheit: $[\Phi]=\mathrm{W}$. Entsprechende → photometrische Größe ist der Lichtstrom Φ_v.

Strahlungsfrost, → Strahlungskälte.

Strahlungsgesetze, Gesetze über die Abhängigkeit der in Form elektromagnet. Wellen abgestrahlten Energie von Temperatur und Wellenlänge bei einem strahlenden Körper; dem Grenzverhalten eines → schwarzen Körpers kommt dabei besondere Bedeutung zu (→ Plancksches Strahlungsgesetz, → Stefan-Boltzmann-Gesetz, → Kirchhoffsches Strahlungsgesetz, → Wiensches Verschiebungsgesetz).

Strahlungsgleichgewicht, Zustand, den ein System von strahlenden Körpern erreicht hat, wenn alle Strahler die gleiche Temperatur angenommen haben.

Strahlungsgrößen, physikal. Größen zur quantitativen Beschreibung der von einer Strahlungsquelle ausgehenden elektromagnet. → Strahlung 1), z. B. → Strahlungsenergie, → Strahlungsfluß, → Strahlstärke, → Strahldichte, → Bestrahlungsstärke, → spezifische Ausstrahlung. Zu jeder S. gibt es eine entsprechende → photometrische Größe.

Strahlungsgürtel, torusförmige Zone um einen Planeten, in der elektrisch geladene Teilchen in einem Magnetfeld eingefangen sind und zw. dem magnet. N- und S-Pol hin- und herpendeln. Die **S. der Erde (Van Allen-Gürtel** [væn'ælən-]) wurden 1958 von J. A. VAN ALLEN aus

Strahlungsgürtel: die beiden Strahlungsgürtel der Erde und der äquatoriale Ringstrom mit den Feldlinien des erdmagnetischen Feldes ——— Achse des erdmagnetischen Feldes — — — Rotationsachse der Erde

Messungen des amerikan. Erdsatelliten Explorer 1 entdeckt. Der **innere S.** befindet sich etwa 1000–6000 km, der **äußere S.** etwa 15000–25000 km über dem Erdäquator. Zu den geomagnet. Polen hin verringert sich die Höhe der S. (BILD); auf der sonnenzugewandten Seite ist sie etwas geringer als auf der sonnenabgewandten. Weitere Veränderungen ergeben sich aus der Sonnenaktivität. Die elektrisch geladenen Teilchen, meist Protonen und Elektronen, stammen aus dem Sonnenwind und der kosm. Strahlung oder deren Sekundärprodukten. In den dichtesten Teilen des ird. S. bewegen sich durch eine Fläche von 1 cm^2 etwa 50000 Teilchen je s. – Künstl., vorübergehende S. um die Erde wurden 1958–62 durch Kernwaffenexplosionen erzeugt. V. a. die im August/September 1958 und am 9. 7. 1962 stattgefundenen Explosionen führten zu einem S., der mehrere Jahre bestand.

Strahlungsheizung, Raumheizungsart (→Heizung), bei der die Wärme an den Raum v. a. durch Wärmestrahlung von den Heizflächen an die Raumumgrenzungsflächen, Einrichtungsgegenstände und Personen abgegeben wird. Die Raumluft wird dabei nur mittelbar durch Konvektion an den erwärmten Flächen beheizt.

Bei der **Flächenheizung** (Decken-, Wand-, Fußbodenheizung) sind von Heizwasser durchflossene Rohre oder elektr. Widerstände in den Baustoff der Umschließungsflächen eingebettet. Diese Heizflächen haben eine Oberflächentemperatur von 50–60 °C bei Decken- und Wandheizung und 25–30 °C bei Fußbodenheizung. Entsprechend beträgt die Wärmeabgabe durch Strahlung bei der Deckenheizung 70–85%, bei der Wandheizung 40–60%, bei der Fußbodenheizung 30–45%. Bei der **Strahlplattenheizung** werden von relativ heißem Heizwasser durchströmte Metallplatten an Decken oder Wänden angeordnet. Die Oberflächentemperaturen liegen i. a. zw. 100 und 200 °C, der Anteil der Strahlungswärmeabgabe beträgt 50–70%. Die **Infrarot-S.** mit einem Strahlungswärmeanteil von 85–95% besitzt hochtemperierte elektr. Widerstände oder Gasstrahler mit Oberflächentemperaturen bis zu 900 °C, mit denen i. a. mit Hilfe von Reflektoren eine gerichtete Strahlung erreicht wird.

E. WEISE: S. ([2]1973); B. GLÜCK: S. (1982).

Strahlungskälte, durch Ausstrahlung in wolkenlosen Nächten, also ohne Zufuhr kalter Luft, bewirkter Temperaturfall, der bei Unterschreitung des Gefrierpunktes zum **Strahlungsfrost** (→Frost) wird.

Strahlungskühlung, →Kernfusion.

Strahlungskurve, 1930 von W. MILANKOVIĆ bestimmte Kurve der Strahlungsintensität der Sonne der letzten 600000, später der letzten 900000 Jahre. Die darin erkennbaren Veränderungen wurden als langperiod. Schwankungen der Erdbahnelemente gedeutet. Die S. wurde auch mit den quartären Klimaschwankungen in Beziehung gesetzt.

Strahlungsleistung, der →Strahlungsfluß.

strahlungsloser Übergang, der →Übergang eines mikrophysikal. Systems aus einem energetisch höheren (angeregten) Zustand in einen energetisch tieferen oder umgekehrt, wobei die Energiedifferenz nicht als Photon emittiert bzw. absorbiert wird. In Festkörpern kann z. B. die Energiedifferenz durch Emission oder Absorption von Phononen ausgeglichen werden. Auch beim →Auger-Effekt liegt ein s. Ü. vor.

Strahlungsmenge, die →Strahlungsenergie.

Strahlungsmeßgeräte, →Strahlung.

Strahlungs|temperatur, Temperatur, die einem Strahler durch Vergleich mit dem →schwarzen Körper zugeordnet wird. Wichtige S. sind: die →Farbtemperatur; die →schwarze Temperatur; die **Gesamt-S.,** bei der dessen Gesamtstrahlung gleich der des realen Strahlers ist. Die Gesamt-S. ist stets kleiner als die tatsächl. Temperatur des Strahlers.

Strahlverfahren, das Aufschleudern (Strahlen) kleiner Teilchen aus Metall, Kunststoff oder Stein **(Sandstrahlen)** auf eine Werkstückoberfläche mit Hilfe von Druckluft **(Sandstrahlgebläse),** Flüssigkeit oder Dampf zum Reinigen, Aufrauhen, Glätten, Verfestigen u. a. der Oberfläche.

Strahlwäscher, Reaktionsapparat für Gas-Flüssigkeits-Reaktionen, der nach dem Prinzip der Wasserstrahlpumpe arbeitet. S. werden u. a. für die Absorption von Schadstoffen aus Abgasen verwendet.

Strak, Straak *der,* Schiffbau: kurvenförmiger Verlauf z. B. des Decks, der Außenhautplatten. **Straken** heißt Zeichnen einer harmon. Kurve durch vorgegebene Punkte mit Hilfe einer dünnen Holzplatte **(Straklatte).** Der Begriff wurde in den Flugzeugbau übernommen.

Strake-Flügel [streɪk-, engl.], →Hybridflugel.

Strand, der im Wirkungsbereich der Wellen liegende Teil einer →Küste (im allg. Sprachgebrauch v. a. der Sand-S., auch an Seen und Flüssen). Der S. umfaßt den Uferbereich von der Küstenlinie (der Linie der äußersten Wellenwirkung) bis zur **Ufer-** oder **Strandlinie** (an gezeitenlosen Küsten das Mittelwasser-Niveau, an Gezeitenküsten das Mittelhochwasser-Niveau); bei Gezeitenküsten wird meist ein weiter meerwärts gelegener Streifen bis zur Wattlinie (bei etwa – 2 m NN) als ›nasser S.‹ hinzugerechnet. Nach der Korngröße des S.-Materials unterscheidet man Sand-, Kies- oder Geröll-S. und (seltener) den Block-S., der sich an Moränenküsten (mit grobem Geschiebe) findet. Ein S. ist typisch für Flachküsten; an Steilküsten entsteht er vorwiegend im Inneren von Buchten.

Strandsee, im Küstengebiet liegender →See 1); entsteht, wenn ein →Haff völlig abgeschnürt wird und durch den Zustrom von Fluß- und Grundwasser aussüßt. Aus ehem. Flußmündungen können S. entstehen (→Liman).

Strandversetzung, Vorgang des Materialtransports längs einer →Küste. Bei vorherrschender Windrichtung schräg zum Strand wird durch die Wellen der Sand in dieser Richtung auf den Strand geworfen; der Rückstrom erfolgt dagegen senkrecht vom Ufer weg, so daß der Sand in zickzackförmiger Bahn verfrachtet wird. Die S. bewirkt einen Ausgleich des Küstenverlaufs.

Strang, 1) allg. und Textiltechnik: Handels- und Bearbeitungsform von Garnen und Zwirnen; auch Gewebe- und Gewirkebahnen werden ›im Strang‹ behandelt.

2) Elektrotechnik: **Phase,** die einzelne Wicklung (Spule) in einem Generator, an der die darin durch Induktion erzeugte **Strangspannung** abgegriffen werden kann. Der bei angeschlossenem Verbraucher in einem S. fließende Strom wird **Strangstrom** genannt. Bei Drehstromsystemen (→Drehstrom) sind jeweils drei S. in →Dreieckschaltung oder in →Sternschaltung miteinander verbunden, bei anderen Mehrphasensystemen entsprechend viele Stränge.

Strangeness [str'eɪndʒnəs, engl.], **Seltsamkeit, Fremdheitsquantenzahl,** Formelzeichen *S,* Quantenzahl für Elementarteilchen, die zur Klassifizierung der **strange particles** [streɪndʒ p'a:tɪklz] (→seltsame Teilchen) eingeführt wurde. Die S. ergibt sich aus der Kombination der elektr. Ladungszahl, der dritten Komponente des Isospins und der Baryonenzahl (→Gell-Mann-Nishijima-Gleichung). Bei den Baryonen ist für die Nukleonen

$S=0$, für Σ und Λ $S=-1$, für Ξ $S=-2$ und für das Ω $S=-3$ (ÜBERSICHT Elementarteilchen). Bei den Mesonen haben die Pionen $S=0$ und die Kaonen $S=\pm 1$. Die S. bleibt bei der starken und der elektromagnet. Wechselwirkung erhalten. Bei der schwachen Wechselwirkung bleibt S nicht erhalten, ändert sich aber maximal um ± 1.

Strange-Quark [strˈeɪndʒ-], fundamentales Elementarteilchen (→ Quarks).

Strang|guß, Strang|gießen, das kontinuierl. Gießen von Metall zu Strängen. Das flüssige Metall wird in eine Kokille mit Wasserkühlung gegossen, aus der der zu Knüppeln oder Brammenform erstarrende Strang abgezogen wird. Beim **Stahl-S.** kam man von der urspr. vertikalen Anordnung zur Bogengießanlage, bei der die Stränge im halberstarrten Zustand in die Horizontale umgelenkt werden.

Strangpressen, in der Metallverarbeitung das Umformen eines auf Umformtemperatur erwärmten Blocks zu Strängen mit vollem oder hohlem Profil in einem Arbeitsgang. Der vom Aufnehmer umschlossene Block wird vom Pressenstempel durch die formgebende Matrize gedrückt. S. dient v. a. zum Herstellen von Profilen, Stangen und Rohren aus Nichteisenmetallen, aber auch von Profilen aus Stahl.

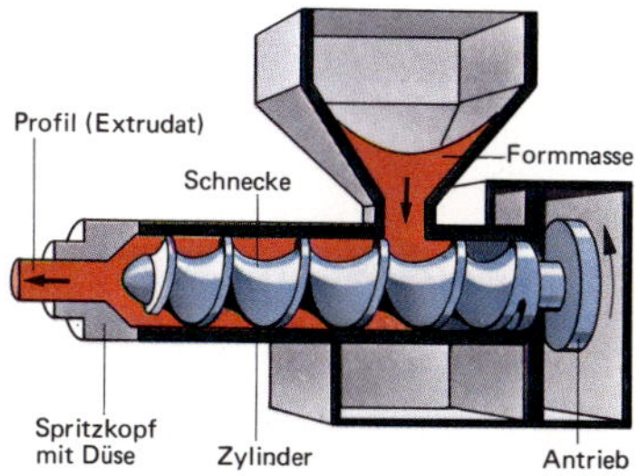

Strangpressen von Kunststoff

In der Kunststofftechnik wird durch S. Profilmaterial aus Kunststoff-Formmassen hergestellt. Thermoplast. Formmassen wie Polyolefine, Styrolpolymerisate, Polyvinylchlorid u. a. werden auf **Schnecken-S. (Extruder)** zu Tafeln, Bändern, Folien, Rohren, Schläuchen, Drahtummantelungen u. a. verarbeitet. Dabei wird die Formmasse von der rotierenden Schnecke der S. aus dem Vorratsbehälter in den beheizten Zylinder eingezogen, gefördert, aufgeschmolzen und durch die profilgebende Düse (Werkzeug) ins Freie gedrückt, wo das Extrudat von weiterführenden Anlagen, z. B. Kalibrier-, Blas-, Kühl-, Reck-, Glätt-, Abzieh-, Aufwickelanlagen, übernommen wird. Auch Kautschuk wird mit Extrudern verarbeitet. **Kolben-S.** verwendet man für manche Kunststoffe, die sich nicht für Schnecken-S. eignen, z. B. für Polytetrafluoräthylen oder für härtbare Formmassen.

Das S. von Glas befindet sich in Erprobung.

Straße, allg. jeder Verkehrsweg (z. B. Land-, Luft-, Wasser-S.), i. e. S. ein planmäßig angelegter, befestigter Verkehrsweg für den Fahrzeugverkehr (Fahr-S.).

Arten. Man unterscheidet nach der Verkehrsfunktion: **Autobahnen, Schnellverkehrs-, Hauptverkehrs-** und **Verkehrs-S.,** die bes. dem überörtl. und ortsverbindenden Verkehr dienen, sowie **Stadt-** und **Gemeinde-S., Anlieger-S., Wohnwege, Wirtschafts-, Feld-** und **Forstwege** (Wald-S., Holzabfuhrwege). Dabei erfüllen häufig die S. und Wege mehrere Funktionen, so daß man sie nicht eindeutig einer Gruppe zuordnen kann; nach ihrer Widmung: **öffentl. S.** und **Privat-S.**; nach der Ausweisung für best. Verkehrsarten: **Kraftfahr-S., Geh-, Rad-** oder **Reitwege;** nach ihrer Deckenbauweise (→ Straßenbau): **befestigte S.** (mit bituminösen Decken, Zementbeton-, Groß- und Kleinpflasterdecken, wassergebundene Decken) und **unbefestigte S.,** z. B. Feld- und Forstwege. Ferner gibt es entsprechend der topograph. Lage und Trassierung Ufer-, Berg-, Paß-S. u. ä.

Zu den Gemeinde-S. gehören die gemeindl. und städt. S., nicht jedoch die Ortsdurchfahrten, überörtl. S. und die Wirtschafts- oder anderen ländl. Wege, die nicht dem allg. Verkehr dienen. Die Gemeinde-S. sind unterteilt in Innerorts-S. (Hauptverkehrs-, Verkehrs-, Sammel- und Anlieger-[Wohn-]S.) sowie in Außerorts-S. mit Verbindungs-S. zu überörtl. S., Verbindungs-S. zw. Gemeinden und Ortsteilen u. a. – In der Bundesrep. Dtl. sind die S. nach der Verteilung der Straßenbaulast gegliedert: **Bundesfern-S. (Bundesautobahnen** und **Bundes-S.), Land(es)-** und – in Bayern – **Staats-S., Kreis-S., Gemeinde-S.**

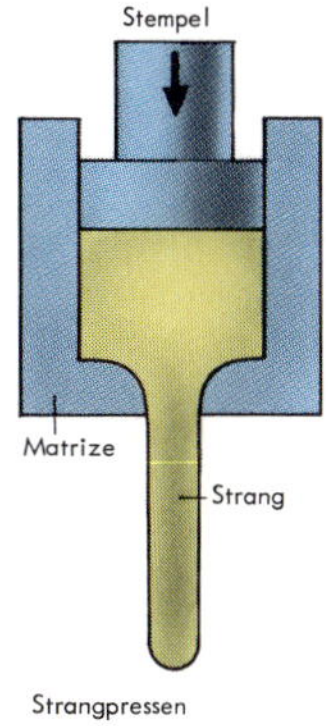

Strangpressen von Metall

Straßenbahnen, elektr. betriebene Schienenbahnen, die nicht zu den → Eisenbahnen zählen, ausschließlich oder überwiegend dem öffentl. Personennahverkehr innerhalb der Orte und im Nachbarschaftsbereich dienen und sich mit ihren baul. und betriebl. Einrichtungen sowie in ihrer Betriebsweise der Eigenart des Straßenverkehrs anpassen. Die Gleise sind häufig im Straßenkörper eingelassen oder auf besonderem Bahnkörper im Straßenraum oder außerhalb verlegt (→ Unterpflasterstraßenbahnen).

Aufbau und Betrieb. Die Betriebsspannung (meist zw. 600 und 1200 V Gleichspannung) wird der Oberleitung mittels Stromabnehmer entnommen. Der Strom fließt über Überstromselbstschalter, Fahrschalter, Vorwiderstände, Motoren und Schienen zurück zum Kraftwerk. Bei neueren Fahrzeugen, z. B. Großraumtriebwagen mit Antrieb aller Achsen, wird zur Fahrzeugsteuerung die verlustarme Leistungselektronik herangezogen. Die S. haben zwar große Verkehrsleistung bei großer Verkehrsdichte, verloren aber an Bedeutung wegen des fortschreitenden Indivudualverkehrs in den Städten und durch Einsatz von → Untergrundbahnen, → Stadtbahnen und → Kraftomnibussen. (BILD S. 70)

Geschichtliches. Die ersten S. waren Pferdebahnen (1832 in New York, 1854 Paris, 1865 Berlin, 1866 Hamburg, 1868 Stuttgart, 1872 Leipzig, Frankfurt a. M., Dresden, Hannover). Die erste elektr. Bahn mit einer kleinen, von WERNER VON SIEMENS gebauten elektr. Lokomotive wurde 1879 auf der Berliner Gewerbeausstellung vorgeführt. Die erste elektr. S. der Erde, gebaut von Werner von Siemens, wurde 1881 in Lichterfelde bei Berlin in Betrieb genommen (Stromzuführung durch die beiden Fahrschienen). Elektr. S. mit eindrähtiger Oberleitung und Stromrückführung über die Fahrschienen wurden 1884 in Frankfurt a. M., 1891 in Halle (Fahrdraht und Rollenstromabnehmer) gebaut. Der Bügelstromabnehmer (erfunden 1889 von W. REICHEL) wurde in verbesserter Form seit 1895 weitgehend angewandt.

F. VAN DER GRAGT: Moderne S. in Europa seit 1928 (1972); J. P. McKAY: Tramways an trolleys (Princeton, N. J., 1976); S.-Archiv, hg. v. F. BORCHERT u. R. NEUSTÄDT (1978); N. KLEIN: S.-Systeme und ihre Einsatzgrenzen (1978); D. HÖLTGE: Fahrzeuge dt. Straßen- und Stadtbahnen (1980).

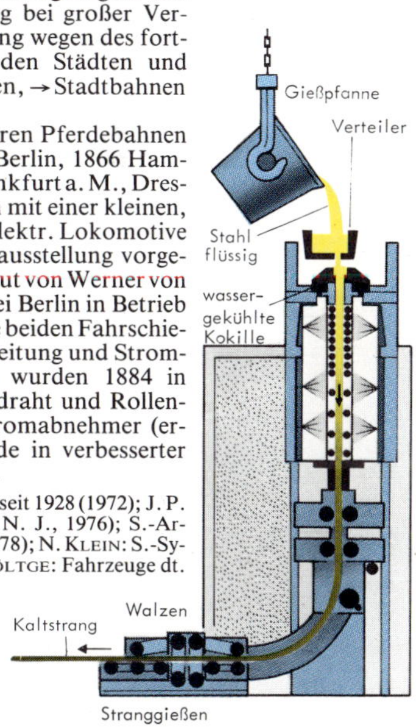

Strangguß

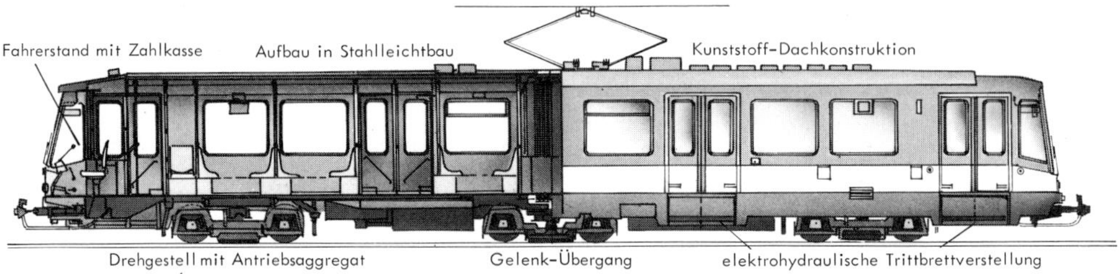

Straßenbahnen: sechsachsiger Stadt-Gelenkwagen für Straßenbahn- und U-Bahnbetrieb

Straßenbau, die planmäßige Herstellung befestigter Verkehrswege für Straßenfahrzeuge.

Straßenplanung. Die Straßenplanung beginnt mit der Betrachtung der Gesamtheit aller Straßen, dem Straßennetz. Die Ergebnisse der Netzplanungen finden ihren Niederschlag in **Ausbauplänen** und – speziell bei Gemeinden – **Generalverkehrsplänen.**

Das **Straßennetz** ist als integrierter Bestandteil der anderen Verkehrssysteme (Schiene, Luftfahrt, Wasserstraßen, Rohrleitungen) zu sehen. Seine Aufgaben sind die Bewältigung der zw. den versch. Lebensbereichen (Wohnen, Arbeiten, Versorgen, Erholen u. a.) anfallenden Transportaufgaben, die flächenhafte Erschließung (in Ergänzung zur linienhaften, z. B. der Eisenbahn) und die Raumordnung.

Die **Linienführung** einer Straße ist durch Lage (Lageplan) und Höhe (Höhenplan) festgelegt. Trassierungselemente des Lageplans sind Gerade, Kreis und Übergangsbogen (Klotoide). Der → Höhenplan stellt die Abwicklung der Fahrbahnachse dar (Gradiente). Seine Elemente sind die Gerade und – in Kuppen oder Wannen – der Ausrundungsbogen (Kreis). Die Fahrbahn erhält aus entwässerungstechn. Gründen stets eine Mindestquerneigung. Bei Kurven kann eine Erhöhung der Querneigung aus fahrdynam. Gründen erforderlich werden. Ausgangspunkt jeder Trassierung ist die Wahl einer **Entwurfsgeschwindigkeit.** Durch sie werden die Grenzwerte der Entwurfselemente festgelegt.

Die Elemente des → Straßenquerschnitts sind die **Fahrspuren (Fahrstreifen)** und **Randstreifen.** Sie bilden die **Fahrbahn.** Zusätzl. Bestandteile sind die befestigten → Seitenstreifen (Standspur, Mehrzweckspur), die unbefestigten Seitenstreifen (Bankette), Radwege und → Gehwege sowie die → Bordsteine. **Zusatzspuren,** früher auch → Kriechspuren genannt, werden an stark belasteten, räumlich begrenzten Streckenteilen angewendet. Der erforderliche **lichte Raum** (→ Lichtraumprofil) ist von festen Hindernissen freizuhalten.

Bei **Knotenpunkten** werden grundsätzlich **plangleiche** oder **höhengleiche** (Verkehr kreuzt sich in einer Ebene) und **planfreie** (Verkehrsführung in versch. Ebenen) oder **höhenfreie** unterschieden (→ Kreuzung).

Grundsatz einer Entwurfsbearbeitung ist die Schaffung optimaler Sicherheitsbedingungen. Dazu gehört die Bestimmung der Elemente aus Lage, Höhe und Querschnitt zu einer für den Fahrer leicht zu begreifenden räuml. Einheit. Die → Haltesichtweite und Überholsichtweite und die Übersichtlichkeit an Knotenpunkten sind wesentliche Elemente der Sicherheit. Außer der techn. Linienführung sind Untersuchungen der Wirtschaftlichkeit und Prüfungen der relevanten Umweltbedingungen unerläßlich. Als **Leistungsfähigkeit** eines Verkehrsweges gilt die Verkehrsmenge, die eine Straße bewältigen kann. Die zulässige Belastung ergibt sich aus dem Geschwindigkeits-Verkehrsmengen-Diagramm.

Straßenbautechnik. Die **Straßenbefestigung** baut sich aus einzelnen Schichten auf, deren Dickenbemessung Erfahrungswerte zugrunde liegen, die durch Auswertung der Ergebnisse von Versuchsstrecken und nach theoret. Berechnungsverfahren entstanden sind.

Für die Teilbereiche des Straßenaufbaues gelten folgende Bez.: **Untergrund:** gewachsener oder geschütteter Boden; **Unterbau:** künstlich hergestellter Dammkörper; **Oberbau:** Trag- und Deckschichten (Decke).

Zu den **Tragschichten** zählen die druckverteilenden Schichten zw. Straßendecke und → Planum. **Tragschichten ohne Bindemittel** sind Frostschutzschichten, Kiestragschichten, Schottertragschichten. Sie bestehen aus hohlraumarmen, korngestuften Kies-Sand- oder Schotter-Splitt-Sand-Gemischen (Mineralbeton) und werden mechanisch verdichtet. **Tragschichten mit hydraulischen Bindemitteln** sind hydraulisch gebundene Kiestragschichten, hydraulisch gebundene Schottertragschichten, Betontragschichten. Den kornabgestuften Gesteinsgemischen wird hierbei ein hydraul. Bindemittel zugegeben. **Tragschichten mit bituminösen Bindemitteln** werden im Heißeinbau hergestellt und bestehen aus korngestuften Mineralstoffgemischen und Straßenbaubitumen, Teerbitumen oder hochviskosem Straßenteer als Bindemittel. Das Mischgut wird mit Fertigern oder Verteilergeräten eingebaut und maschinell verdichtet (→ Straßenbaumaschinen). – Beim Bau neuzeitlicher **Fahrbahndecken** wird der Griffigkeit, der Ebenheit, der Verschleißfestigkeit und dem Reflexionsverhalten besondere Beachtung gewidmet. Diese Forderungen erfüllen in großem Maß **Zementbetondecken.**

Eine wesentliche Bedeutung beim Bau von Betonfahrbahnen kommt der Unterlage zu. Bei stark belasteten Straßen, z. B. Autobahnen, ist unter der Fahrbahndecke eine bituminöse Tragschicht, eine Tragschicht mit hydraul. Bindemittel oder eine durch Bodenverfestigung mit hydraul. oder bituminösem Bindemittel hergestellte Schicht anzuordnen. Die Dicke der Decke hängt ebenfalls von der Belastung ab. Der Beton wird maschinell mit Dekkenfertigern in Plattenlängen von 4,0 bis 7,5 m ein- oder zweischichtig eingebaut, wobei für Plattenlängen von mehr als 5 m Stahleinlagen vorgesehen sind. Die Platten werden in den Querfugen miteinander verdübelt, in den Längsfugen verankert.

Bituminöse Deckschichten bestehen aus Gemischen aus abgestuften Körnungen, denen im heißen Zustand ein erhitztes Bindemittel zugemischt wird. Die Gemische werden auf der Straße in heißem Zustand (80–180 °C) eingebaut und durch Walzen verdichtet. Der Bindemittelgehalt ist auf die Hohlräume der Mineralmasse abgestimmt, so daß die Decke nach der Verdichtung nahezu hohlraumfrei ist und ihre Eigenschaften unter Verkehr nicht mehr verändert. Je nach Art des Mineralgemisches und Bindemittels gibt es **Sandasphalt,** splittarmen und splittreichen **Asphalt-, Teerasphaltbeton, Asphalt-, Teerasphaltbinder.**

Gußasphalt ist eine gießfähige, hohlraumfreie, bituminöse Masse, die, heiß eingebaut, nur für Deckschichten verwendet wird. Gußasphalt bedarf weder beim Einbau noch unter Verkehr einer Verdichtung. Beim Autobahndeckenbau wird die zähflüssige Masse mit einer Einbaubohle, bei splittreichem Gußasphalt auch mit Vibrationsbohlen über die ganze Fahrbahnbreite verteilt und danach mit einer beheizbaren Abziehbohle geglättet. Zur Erhöhung der Griffigkeit wird die Oberfläche abgesplittet. Gußasphalt wird wegen seiner hohen Stabilität, Griffigkeit und Verschleißfestigkeit v. a. auf Autobahnen und Straßen mit schwerem Verkehr verwendet.

Asphaltmastix ist eine Mischung aus Steinmehl (Füller), Sand und Bitumen, die auf neue Schotter-Schichten als **Mastix-Eingußdecke** oder als Oberflächenschutzschicht auf vorhandene Decken als **Mastix-Deckschicht** aufgebracht wird. Die fabrikmäßig hergestellte Masse wird aufgeschmolzen und mit Splitt abgedeckt.

Geschichtliches. Planmäßig angelegte Straßen hatten zuerst die Ägypter und Babylonier. Die persische ›Königsstraße‹ von Susa nach Sardes in Lydien war 2300 km lang. Meister im S. waren die Römer. Das Netz der Römerstraßen reichte von der Nordsee bis zur Sahara und vom Atlantik bis Mesopotamien. Es war um 100 n. Chr. 80000 km lang. Die Straßen hatten z. T. einen Unterbau von sechs versch. Schichten. Noch lange nach dem Zerfall des Röm. Reiches wurden sie weiter benutzt.

In der Neuzeit ließ zunächst der in Dtl. und in anderen Ländern herrschende Wegefron (Unterhalt der Straße durch den Anlieger) keine festen Straßenanlagen aufkommen. Einen Aufschwung nahm der S. erst im 18. Jh.: In Dtl. wurde die Packlagenbauweise eingeführt, in Frankreich wurde die ›École nationale des ponts et chaussées‹ (1747) gegr. In Großbritannien verwendete im ersten Viertel des 19. Jh. J. L. MacAdam den Schotter (nicht die später nach ihm benannte Makadam-Teerdecke). In den folgenden Jahrzehnten wurde die Kombination Makadam-Schotterlage auf Packlage zur Standardbauweise des europäischen Straßennetzes.

Der Teer-S. begann 1832/38 in Großbritannien. Gußasphalt wurde erstmals 1835 in Paris als Bürgersteigbelag aufgetragen. 1854 begann man dort Stampfasphalt zu verwenden (A. Merian). Das Kleinpflaster wurde 1885 von F. Gravenhorst eingeführt. 1888 baute man in Dtl. (Breslau) die erste Betonstraße. Schon 1897 erfand P. Jantzen eine Einbaumaschine (Fertiger) für Betonstraßen. Zu Beginn des 20. Jh. wurden auf die sandgeschlämmten Makadam-Schotterlagen warme Teere aufgespritzt. 1913 wurde in Dtl. erstmals die aus den USA stammende Walzasphaltbauweise angewendet.

Der steigende Kraftverkehr führte in den dreißiger Jahren zu umwälzenden Neuerungen in der Linienführung und den Fahrbahnbefestigungen sowie zu einer neuen Straßenart, den Autobahnen. Mit ihrem Bau wurde die Entwicklung der Betondecke vorangetrieben. Nach dem 2. Weltkrieg wurde wegen der stark zunehmenden Verkehrslasten die vollständige bituminöse Befestigung mit maschineller Aufbereitung und maschinellem Einbau von Gußasphalt eingeführt. Heute haben sich im wesentlichen die Beton- und die bituminöse Bauweise international durchgesetzt.

Technik. Bituminöse Fahrbahndecken, hg. v. Bundesmin. für Verkehr (^{8}1976); M. Blumer: Prakt. S., 2 Bde. (^{2}1977); Hb. des S., hg. v. B. Wehner u. a., 1 (1979), 2 (1977), 3 (1977); S. Velske: S.-Technik (1977); W. Pietzsch: Straßenplanung (^{3}1979); J. Eisenmann: Betonfahrbahnen (1979); D. Richter: Straßen- und Tiefbau (^{3}1981). – Der Elsner, Hb. für S. und Straßenverkehrstechnik (jährlich, seit 1937). – **Geschichte.** A. Birk: Die Straße (Neudr. 1971); H. Hitzer: Die Straße (1971); H. Straub: Gesch. der Bauingenieurkunst (^{3}1975).

Straßenbaumaschinen dienen zur rationellen Herstellung von Straßen. Sie müssen den Ansprüchen an die Mengenleistungen genügen und sollen möglichst viele Arbeitskräfte einsparen. Es werden bes. Erdbaumaschinen und Deckenfertiger eingesetzt.

Die im →Erdbau anfallenden Arbeitsschritte Lösen, Laden, Transportieren, Einbauen und Verdichten von Boden- und Gesteinsmaterialien werden heute weitgehend durch →Bagger, Baggerlader, schwere Erdtransportlastwagen, Flachbagger (Erdhobel, Planierraupen, Schürfwagen) und →Bodenverdichter bewältigt.

Bei den **Deckenfertigern** ist zw. den Maschinen für den Bau von Betonfahrbahnen und für bituminöse Deckschichten zu unterscheiden. Die Hauptaufgaben der Betondecken-Einbaumaschinen sind das Einebnen oder Abgleichen, das Verdichten und Glätten (Deckenschluß) des Betons. Nach konventioneller Art werden die Maschinen durch auf den Randstreifen verlegte Schienen geführt. Die im bituminösen Straßenbau eingesetzten Deckenfertiger verteilen das in Kübeln aufgenommene Material und verdichten es anschließend mit einer beheizten Schwing-,

Straßenbau: Unter- und Oberbau; links als Damm, rechts im Einschnitt ausgeführt

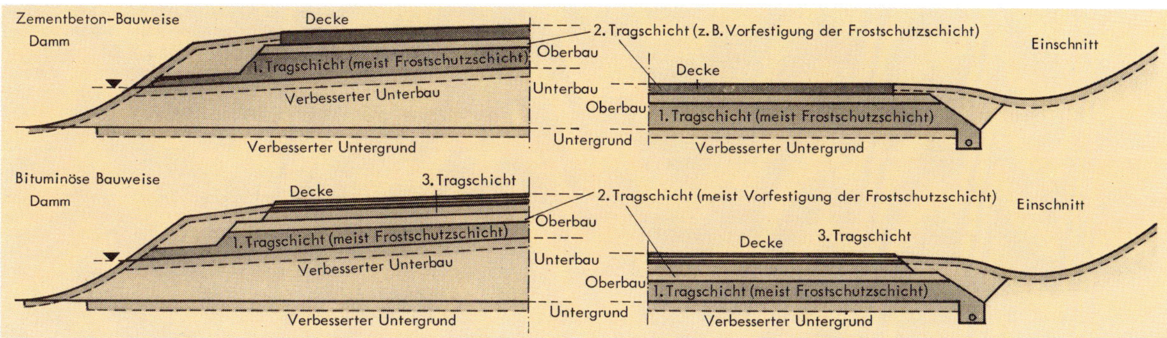

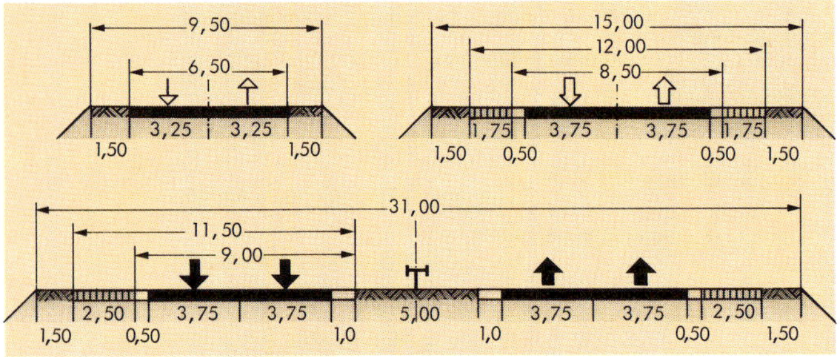

Straßenquerschnitt: Regelquerschnitte mehrspuriger Straßen; OBEN zweispurig, UNTEN vierspurig

Rüttel- oder Stampfbohle vor. Zur besseren Beweglichkeit der Maschinen werden die üblichen Raupenfahrzeuge zunehmend durch Radfahrwerke ersetzt.

Straßenbeleuchtung, Anlage zur künstl. Beleuchtung von Verkehrsräumen zur Gewährleistung der nächtl. Verkehrssicherheit. Ihre Qualität wird bestimmt durch die mittlere Leuchtdichte (je nach Straßenart 0,5–2 cd/m^2), die gleichmäßige Ausleuchtung der Fahrbahnen, Blendungsbegrenzung durch Abschirmung der Lichtquellen und die opt. Führung. Besondere Anforderungen werden an die Beleuchtung von Fußgängerüberwegen (hohe Vertikal-Beleuchtungsstärken) und Straßentunnel (hohe Leuchtdichten in der Einfahrtzone) gestellt.

Geschichtliches. Im 17. Jh. (Paris 1667, Hamburg 1672, Berlin 1679) begann die regelmäßige Aufstellung von Öllaternen an Häusern oder auf Pfosten. Entscheidenden Aufschwung nahm die S. durch die Schaffung der zentralen Gasversorgung. In Berlin brannten 1826 die ersten Gaslaternen. Der Anfang der elektr. S. wurde 1877 in Paris gemacht, in Berlin wurden 1882 erstmals Glühlampen und Bogenlampen eingesetzt. Diese sind bereits seit Ende der 50er Jahre des 20. Jh. aus der S. verschwunden. Neuere Straßenleuchten sind mit speziell geformten optischen Reflektoren ausgerüstet und werden mit Lichtquellen hoher Lichtausbeute (→ Entladungslampe) bestückt. Der Stromverbrauch beträgt 1% des Verbrauchs insgesamt.

M. ECKERT: Hb. der Stadtbeleuchtung (1969); S.: Planung, Bau, Betrieb, hg. v. d. Vereinigung Dt. Elektrizitätswerke ([2]1978).

Straßenreinigung: Selbstaufnehmende Straßenkehrmaschine

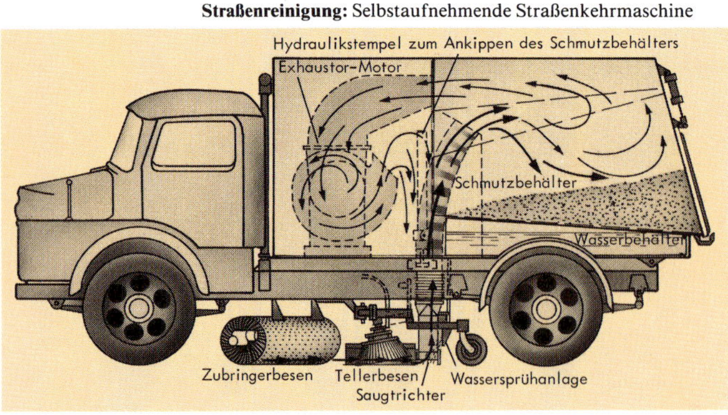

Straßenlage, Kfz: Begriff, der die Fahrtrichtungshaltung unter Einwirkung von Bodenkräften und Seitenwind, die Lenkwilligkeit bei Kurvenfahrt und die Annehmlichkeit der Federung umfaßt.

Straßenquerschnitt, wesentl. Bestandteil des Fahrraumes für den Kraftfahrzeugverkehr. Der S. setzt sich je Fahrstreifen aus dem Raumbedarf des **Bemessungsfahrzeuges** (2,50 m Breite; 4,00 m Höhe), dem **Bewegungsspielraum** (0,25–1,25 m Breite; 0,20 m Höhe) und ggf. einem **Breitenzuschlag** für den Gegenverkehr von 0,25 m zusammen. Der Raumbedarf des Bemessungsfahrzeuges bildet mit dem Bewegungsspielraum sowie den Räumen über den → Randstreifen, den befestigten → Seitenstreifen und den zusätzl. Entwässerungsrinnen den **Verkehrsraum** (je Fahrstreifen je nach Straßenklasse 3,25–4,25 m Breite; 4,20 m Höhe). Darüber hinaus bilden der Verkehrsraum und ein von festen Hindernissen freizuhaltender **Sicherheitsraum** (i. d. R. 1,50 m Breite; 0,30 m Höhe) den **lichten Raum.**

Straßenreinigung, die regelmäßige Säuberung der Straßen. Bei der Reinigung von Hand werden Besen, Eisen- oder Holzkratzer und Gummischieber verwendet; Maschinen zur S. sind **Sprengwagen, Kehrmaschinen** mit Walzenbürsten, Gummiwaschwalzen, Staubsauger u. a., **Schlammsaugewagen** (auch zur Kanalreinigung), **Schneepflüge** (→ Schneeräumung) u. a.

Straßenroller, Culemeyer-Fahrzeug, 32- bis 48rädriges Schwerlast-Spezialfahrzeug zur Beförderung von Eisenbahnwagen oder von Gütern, die für den Schienentransport zu schwer und ungeeignet sind (über 100 t, Lademaßüberschreitung), auf der Straße, ermöglicht Be- und Entladung an Stellen ohne Anschlußgleis.

Straßenverkehrszeichen, alle Zeichen zur Regelung des Straßenverkehrs nach der Straßenverkehrs-Ordnung (StVO) und der Wiener Weltkonferenz über Straßenverkehr und über Verkehrszeichen. Unterschieden werden die S. nach Gefahr-, Vorschrift- und Richtzeichen. Auch die Handzeichen und Weisungen der Polizeibeamten sind Verkehrszeichen i. w. S.; sie gehen den aufgestellten S. u. a. Regeln vor. **Verkehrseinrichtungen** sind u. a. Lichtzeichen- und Blinklichtanlagen (→ Lichtsignalanlage), Parkuhren, Leiteinrichtungen, Absperrschranken.

Strategie, in der → Spieltheorie die Menge der Entscheidungen eines Spielers in einem Spiel, meist in Abhängigkeit vom Spielstand.

strategische Waffen, Angriffswaffen zur Bekämpfung von Waffen, Wirtschaftsgütern, Bauten u. a. eines Gegners, deren Zerstörung weitreichende Auswirkungen auf dessen Fähigkeiten zur Kriegführung hat (→ taktische Waffen). Zu den s. W. gehören auch die zur Abwehr der Angriffswaffen geeigneten Systeme sowie die beiden dienenden Aufklärungs- und Führungssysteme, für die zunehmend Satelliten eingesetzt werden. S. W. haben große Reichweiten und sind mit nuklearen Gefechtsköpfen ausgerüstet. Zu den s. W. zählen Flugzeuge mit Bomben und Flugkörpern, U-Schiffe mit Flugkörpern, landgestützte verbunkerte oder bewegl. Abschußvorrichtungen für Flugkörper. Flugkörper können mit mehreren gegen versch. Ziele gerichteten Gefechtsköpfen ausgestattet sein (MIRV) und über Einrichtungen verfügen, die das Durchdringen der Abwehrsysteme erleichtern sollen. Die Wirkungsmöglichkeiten der s. W. in Reichweite, Treffgenauigkeit und Sprengkraft werden durch die techn. Entwicklung ständig gesteigert. Von s. W. geht allein durch ihr Vorhandensein eine starke polit. Wirkung aus.

Stratifikation, therm. Schichtung (Temperaturschichtung) des Wasserkörpers in tieferen → Seen 1) und Talsperren.

Stratigraphie, Schichtenkunde, Teil der histor. → Geologie, der die Schichten nach ihrer zeitl. Entstehung ordnet, meist mit Hilfe von Fossilien **(Bio-S.),** Mikrofossilien **(Mikro-S.),** nach petrograph. Methoden **(Litho-S.,** deren Grundeinheit die Formation ist). Die Ergebnisse werden in stratigraph. Tabellen zusammengefaßt.

Stratocumulus, Haufenschichtwolke, → Wolken.

Stratopause, Stratosphäre, Schichten der → Atmosphäre.

stratosphärische Erwärmung, sehr rasche Zunahme der Lufttemperatur im Höhenbereich von 25 bis 50 km. Sie tritt als Mittwinter-Erwärmung in unregelmäßigen Abständen mit einer Dauer von zwei bis acht Tagen von Dez. bis Febr. auf; die Temperatur steigt von einem Tag zum anderen um bis zu 40 °C. Die Frühjahrs-Erwärmungen (Februar bis Mai) führen zu einer Umstellung der atmosphär. Zirkulation auf Sommerbedingungen.

Stratovulkan, Schichtvulkan, Asche und Lava fördernder, kegelförmiger → Vulkan, aus Lavalagen und Tuffschichten aufgebaut.

Stratus, Schichtwolken, → Wolken.

Straumanis-Jevins-Verfahren [strɔm'ænɪs dʒ'evɪnz-; n. M. Straumanis und A. Jevins], Kristallstrukturanalyse: eine → Pulvermethode.

Streakkamera [str'i:k-, engl.], Photodetektor, mit dem der zeitl. Verlauf von sehr kurzen Lichtimpulsen (Dauer von einigen Pikosekunden) registriert werden

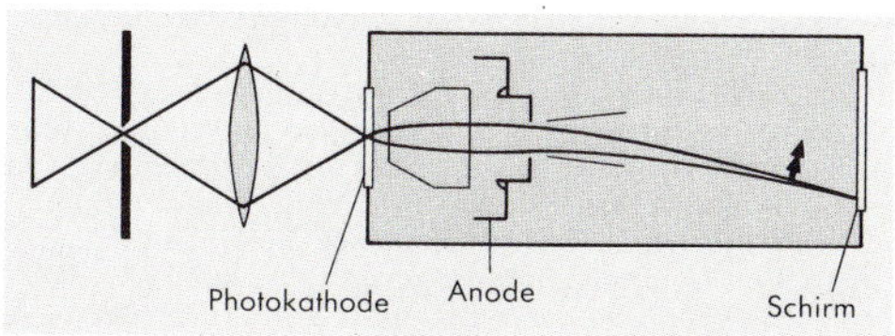

Streakkamera

kann. Der Lichtimpuls wird mit einer Optik auf die Photokathode projiziert und die resultierende Photoelektronenverteilung mit einer geeigneten Elektronenoptik auf einen phosphoreszierenden Schirm abgebildet (BILD). Mit Hilfe von zwei Ablenkelektroden, an die eine mit der Zeit sehr schnell linear anwachsende Spannung gelegt wird, werden die Elektronen um so stärker aus ihrer urspr. Flugrichtung abgelenkt, je später sie die Elektrodenstrecke passieren. Dadurch wird das elektronenopt. Bild mit nahezu Lichtgeschwindigkeit über den Phosphoreszenzschirm verschoben, und die zeitl. Verteilung der Intensität des Eingangsimpulses wird in eine koordinatenabhängige Änderung der Intensität der Phosphoreszenzstrahlung transformiert. Zur Auswertung wird das Streakbild photographiert oder mit einem → optischen Vielkanalanalysator aufgenommen.

Streamerkammer [str'i:mə-], eine → Funkenkammer.

Streb, Bergbau: langgestreckter, durch den Abbaufortschritt sich täglich verlagernder Abbauhohlraum.

Streb|bau, Bergbau: Abbauverfahren mit langfrontartiger → Bauweise 2). In einem bis mehrere hundert Meter langen, schmalen Abbauraum wird das nutzbare Mineral an einer Längsseite (Stoß) in schmalen Streifen gewonnen. Abbauraum mit Fördermittel und Ausbau wandern kontinuierlich nach. Zurück bleibt der Versatzraum.

Strebe, schräg gestellter Druckstab aus Holz, Stahl, Stahlbeton oder Leichtmetall zur Aussteifung **(Abstreben, Verstreben);** beim Fachwerk auch die schrägen Füllstäbe (Diagonalen).

Strecke, 1) Bergbau: schmaler, bis zu mehrere Kilometer langer Grubenbau mit Querschnitten von 2 bis etwa 20 m^2 Fläche zur Erschließung der Lagerstätte, zur Förderung, Fahrung, Wetterführung, Wasserhaltung. Man unterscheidet nach der Lage im Gebirge: → Richtstrecke, → Querschlag, **Flöz- oder Lager-S.,** nach der Hauptaufgabe: **Abbau-S., Lade-S., Förder-S.** u. a.

2) Mathematik: Eine S. $\overline{AB}$ besteht aus denjenigen Punkten einer Geraden durch A und B, die zw. A und B liegen, einschließlich der Punkte A und B selbst. Ihre Länge gibt den Abstand der Punkte A und B an. **Kommensurable Strecke,** → kommensurabel 2).

3) Spinnerei: Maschine zum Doppeln, Verziehen (→ Verzug 1) und Mischen von → Spinnfaserbändern.

Streckenvortrieb, Bergbau: Herstellen (Auffahren) von → Strecken 1). Die Arbeitsvorgänge des konventionellen Verfahrens sind weitgehend mechanisiert: Nach dem Bohren von Sprengbohrlöchern von bis zu 3 m Länge wird dieser Abschnitt (Abschlag) gesprengt, das Haufwerk mit → Lademaschinen geladen, der Ausbau mit rechteckigen (Türstock) oder bogenförmigen, mehrteiligen Elementen aus Stahl vorgenommen (→ Grubenausbau). Neu entwickelt und erfolgreich eingesetzt werden **S.-Maschinen,** die mit Bohrköpfen von bis zu 5 m Durchmesser den Streckenquerschnitt bohrend herstellen (BILD Bergbau). In Erprobung befindet sich die Kombination einer S.-Maschine mit Höchstdruckwasserbetrieb; aus rd. 100 Düsen mit 4000 bar austretende Wasserstrahlen schneiden ringförmige Kerben ins Gestein; die stehenbleibenden Gesteinsrippen werden von den nachfolgenden Rollenbohrwerkzeugen abgeschert.

Streckgrenze, die → Fließgrenze.

Streckmetall, durch Stanzen und nachträgl. Auseinanderziehen von Stahl- oder Aluminiumblechtafeln entstehendes festes Maschenwerk, verwendet als Gitter, für Drahtputzwände, Bewehrungseinlagen, Baumatten.

Streckung, zentrische S., Mathematik: Eine Abbildung σ_Z eines affinen Raumes in sich wird S. mit Zentrum Z genannt, falls der Punkt Z fest bleibt, jede Gerade durch das **S.-Zentrum** Z in sich übergeführt wird und jeder von Z verschiedene Punkt X so abgebildet wird, daß sein Bildpunkt $\sigma_Z X$ auf der Geraden durch Z und X liegt und $\overline{Z\sigma_Z X}/\overline{ZX} = k$ gilt, wobei k eine feste Zahl ist und **S.-Faktor** heißt. Für alle Geraden g ist die Bildgerade $\sigma_Z g$ parallel zu g. Z ist der einzige → Fixpunkt.

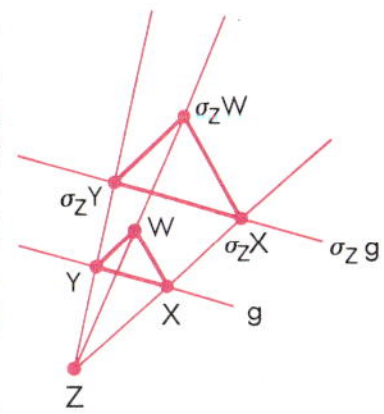

Streckung:
Streckungsfaktor
$k = \overline{Z\sigma_Z X}/\overline{ZX}$

Streckwerk, Spinnerei: Vorrichtung an Spinnereimaschinen zum Verziehen (→ Verzug 1) der → Spinnfaserbänder oder → Vorgarne.

Streckziehen, umformende Fertigung: das Erzeugen flachgewölbter Hohlformen, z. B. Karosserieteile aus Blech. Das am Rand eingespannte Werkstück wird durch den aufgedrückten Stempel starker Zugbeanspruchung unterworfen, bis es sich der Werkstückform anschmiegt. Kunststoffplatten und -folien werden nach Erwärmen durch Unterdruck in das Formwerkzeug gezogen.

Streckzwirnmaschine, Spinnereimaschine, die synthet. Endlosfäden in einem Arbeitsgang verstreckt und zwirnt.

Strehler, Gewindestrehler, Werkzeug zur Gewindeherstellung, dessen einzelne Schneidezähne mit zunehmender Schnittiefe hintereinander angreifen.

Streichblech, an das Schar des →Pfluges anschließendes gekrümmtes Blech zum Wenden und Ablegen des Erdbalkens.

Streichen, durch Beschichten mit Dispersionen erreichte Veredelung von →Papier.

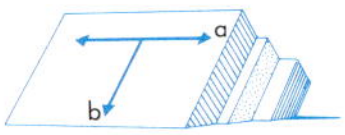

Streichen (a) und Fallen (b)

Streichen und Fallen, Bez. der geolog. Lagerungsverhältnisse von Schichten, Klüften, Spalten u. a., gemessen mit dem Geologenkompaß. Das **Streichen** ist die Schnittlinie einer geneigten Schicht mit der Horizontalen, ihre Richtung **(Streichrichtung)** die Abweichung von der Nord-Süd-Richtung. Einige Streichrichtungen sind bes. häufig und typisch und haben eigene Namen, z. B. rheinisches (NNO–SSW, nach dem Oberrheingraben), herzyn. (NW–SO, nach dem Harz) oder erzgebirg. (NO–SW) Streichen. – **Generalstreichen** ist die Hauptrichtung der Großfalten eines Gebietes, **umlaufendes Streichen** findet sich an Sattel- oder Muldenschlüssen, an den Flanken von Beulen und Salzstöcken.

Das **Fallen (Einfallen)** gibt den Neigungswinkel der zu messenden Fläche gegenüber der Horizontalen an. Die Linie stärkster Neigung **(Fallinie)** steht stets senkrecht zur Streichrichtung, ihre Richtung ist die **Fallrichtung.**

Streichgarn, im Ggs. zum →Kammgarn rauhes, moosiges Garn mit wirrer Faserlage, aus kürzeren gekräuselten Streichwollen, Kämmlingen, auch Anteilen von Reißwolle und Chemiefasern. **S.-Gewebe** zeigen ein geschlossenes, leicht filzartiges Oberflächenbild.

Streichhölzer, die →Zündhölzer.

Streichlini|e, planmäßige Ausbaubegrenzung eines Wasserlaufs beim Ausbauabfluß, z. B. Verbindungslinie der Buhnenköpfe.

Streichmaß, 1) Werkzeug zum →Anreißen von zur Kante parallelen Abständen. 2) Abstand der Rißlinien für Verbindungsmittel, z. B. für Nietlöcher.

Streifen|arten, Geologie: Lagen unterschiedl. Gefügebestandteile (Mazerale), die kennzeichnend für die verschiedenen Steinkohletypen sind. Die S. lassen sich bereits mit dem bloßen Auge erkennen, sind aber auch chemisch zu identifizieren. Im einzelnen werden unterschieden: der **Vitrit** (Glanzkohle; aus Vitrit, Tellinit und Resinit bestehend), der **Clarit** (seidenglänzende Glanzkohle), der **Durit** (harte Mattkohle) und der **Fusit,** eine weiche, stumpfschwarze Streifenart.

Streptomycin, Antibiotikum aus **Streptomyces griseum.** S. ist chemisch ein Glykosid aus stickstoffhaltigem Inosit, Streptose und N-Methylglucosamin; es stört die bakterielle →Proteinbiosynthese auf der Stufe der Translation.

Stress, Streß *der,* Geologie: einseitiger, gerichteter Druck bei tekton. Vorgängen, wobei es zur Bildung best. →Gefüge 1) und von **S.-Mineralen** (z. B. Disthen, Staurolith, Chlorit) kommt. **Antistressminerale:** Andalusit, Cordierit.

Streuformeln, →Rutherford-Streuung.

Streulicht, durch →Streuung, z. B. an Staubpartikeln, aus einem begrenzten Lichtbündel abgelenktes Licht (→Tyndall-Effekt). **S.-Messung,** →Nephelometrie.

Streuquerschnitt, Bez. für den →Wirkungsquerschnitt für →Streuung 1).

Streuströme, vagabundierende →Erdströme aus Starkstromanlagen, v. a. bei Gleichstrom-Bahnanlagen. Bei der Rückführung des Betriebsstromes (Gleichstrom) durch die Schiene können S. teilweise in den Erdboden übertreten und an benachbarten Gas-, Wasser- oder Kabelleitungen elektrolyt. Korrosion hervorrufen. Abhilfe durch Isolierung ist möglich. Da auch einpolig geerdete Fernmeldeanlagen betroffen werden können, werden alle zivilen Fernsprech- und Fernschreibanlagen zweidrähtig ohne Erdrückleitung ausgeführt.

Streuung, 1) Physik: die allseitige Ablenkung eines Teils einer gerichteten →Strahlung 2) beim Durchgang durch ein Medium auf Grund der korpuskularen Struktur der Materie, z. B. die S. von Licht beim Auftreffen auf kleine Partikel (Staub, Luftmoleküle) oder auf rauhe Oberflächen. Im weitesten Sinne kann auch die →Beugung als S. aufgefaßt werden. Durch die S. wird die Intensität der Strahlung in der urspr. Richtung geschwächt.

Im Teilchenbild kann die **Einzel-S.** als Stoßprozeß des Teilchens am Streuzentrum aufgefaßt werden; im Wellenbild wird sie durch die Emission einer Kugelwelle mit richtungsabhängiger Amplitude vom Streuzentrum beim Auftreffen der Primärstrahlung erklärt.

Werden beim Streuprozeß zw. Teilchen und Streuzentrum nur Impuls aber keine Energie ausgetauscht, so spricht man von **elastischer S.,** im Fall **inelastischer S.** wird neben Impuls auch Energie vom Teilchen auf das Streuzentrum (oder umgekehrt) übertragen. Haben die von verschiedenen Streuzentren ausgehenden Streuwellen eine feste Phasenbeziehung zur Primärwelle und damit untereinander, so daß sie miteinander interferieren können, liegt **kohärente S.** vor.

In dicken Materieschichten kann ein einzelnes Teilchen beim Durchgang mehr als einmal gestreut werden **(Mehrfach-** oder **Vielfach-S.).** Bleibt bei der S. von elektromagnet. Wellen die Wellenlänge unverändert, so spricht man von →Rayleigh-Streuung oder **Mie-S.** (→Mie-Effekt); kleine Wellenlängenänderungen treten bei der →Brillouin-Streuung und bei der Raman-Streuung (→Raman-Effekt) auf. Über S. von Röntgenstrahlung an Elektronen →Compton-Effekt. Die von E. RUTHERFORD untersuchte S. von Alphastrahlen an Materie führte ihn zur Aufstellung seines Atommodells (→Atom). Ein Maß für die Wahrscheinlichkeit der S. von Teilchen oder Photonen in Materie ist der **Streuquerschnitt.** Man unterscheidet totale und differentielle Streuquerschnitte, je nachdem, ob die Wahrscheinlichkeit einer S. überhaupt oder die der S. unter einem bestimmten Winkel gemeint ist. Die Maßeinheit für den Streuquerschnitt ist 1 cm^2, in der Kernphysik 1 barn = 10^{-24} cm^2 (→Wirkungsquerschnitt). Die Größe und Winkelabhängigkeit differentieller Streuquerschnitte im Zusammenhang mit der Energiedifferenz einfallender und auslaufender Strahlung geben Aufschluß über die Struktur des Streuzentrums (z. B. Atome, Atomkerne) sowie über die Art der Wechselwirkung zw. Strahlung und Streuzentrum. Die Untersuchung der S. ist das wichtigste Hilfsmittel zum Nachweis von →Elementarteilchen und zur Bestimmung der zw. ihnen wirkenden Kräfte (→Wechselwirkung).

2) Statistik: i. w. S. ein Maß für die Variabilität einer Gesamtheit, i. e. S. das Quadrat der →Standardabweichung, dann auch als **Varianz** bezeichnet. Andere **Streuungsmaße** (i. w. S.) sind der mittlere Abstand und die →Quantile.

3) Wahrscheinlichkeitsrechnung: Maß für die Abweichungen σ der Meßwerte vom Erwartungs- oder arithmet. Mittelwert infolge zufälliger Fehler, die während der Messung durch nicht erfaßbare und nicht beeinflußbare Änderungen der Maßverkörperung, der Meßgeräte u. a. hervorgerufen werden. Die zufälligen Fehler schwanken ungleich nach Betrag und Vorzeichen. Das gebräuchlichste Maß ist die Standardabweichung.

Streuwinkel, Formelzeichen ϑ, Θ, φ, Winkel um den ein Teilchen bei einem Streuvorgang (→ Streuung) aus der urspr. Richtung abgelenkt wird. Bei **Vorwärtsstreuung** gilt $\vartheta < 90°$, bei **Rückwärtsstreuung** $\vartheta > 90°$.

Strich, 1) Geologie: → Strichprobe.

2) Maßeinheiten: nicht gesetzl. Einheiten des ebenen Winkels: a) **artilleristischer S.:** $1^{-} = 3'22{,}5'' = (1/16)$ gon $= (\pi/3200)$ rad. – b) **nautischer S.:** 1 naut. S. = $11°15' = 12{,}5$ gon $= (\pi/16)$ rad; entspricht der Einteilung des Horizontes in 32 Richtungen, ausgehend von den Haupthimmelsrichtungen durch fortgesetztes Halbieren bis zur Unterteilung in Achtelquadranten; bei der rechtweisenden Navigation durch die 360°-Einteilung abgelöst.

3) Papier: der Aufstrich beim → Kunstdruckpapier **(gestrichenes Papier).**

Strich|ätzung, nach einer Strichzeichnung (ohne Halbtöne) hergestellte Originaldruckplatte aus Metall für den Buchdruck; Ggs.: → Autotypie.

Strichcode [-ko:d], der → Balkencode.

Strichmaße, Maßverkörperungen zur → Längenmessung, bei denen eine best. Längeneinheit durch den Abstand zweier Striche festgelegt ist; Ggs.: → Endmaße. S. sind → Gliedermaßstab, → Bandmaß u. a.

Strichprobe, Geologie: Spur **(Strich),** die ein Mineral auf einer rauhen weißen Porzellanplatte **(Strichplatte)** in der Farbe **(Strichfarbe)** des feingepulverten Minerals hinterläßt; eine Methode zur Mineralbestimmung. Viele Erze geben z. B. einen schwarzen, Eisenglanz und Roteisenstein einen roten Strich (→ Goldprobe).

Strickerei, Stricken, das Durchholen und Zur-Schlaufe-Ziehen von Fäden durch vorher bestehende Maschen mittels einzeln beweglicher Nadeln. Als Handarbeit wird **Flach-S.** mit zwei geraden Nadeln, **Rund-S.** mit einer elast. Rundnadel durchgeführt. Auf der rechten Warenseite dominieren die Maschenschenkel (rechte Maschen), auf der linken die Maschenköpfe (linke Maschen).

Strickmaschinen bilden textile Flächen mittels nacheinander einzeln bewegl. Nadeln (Zungen- oder Spitzennadeln), die einen Faden zu Maschen, Henkeln und Flottungen formen. Die von Strickmaschinen hergestellten Bindungseinheiten gleichen denen von Kulierwirkmaschinen. Die in den Nuten des Nadelbettes durch **Strickschlösser** im Schlitten auf- und abwärts bewegten Zungennadeln holen den vorgelegten Faden jeweils durch die vorher gebildeten Maschen durch und bilden so neue Maschen.

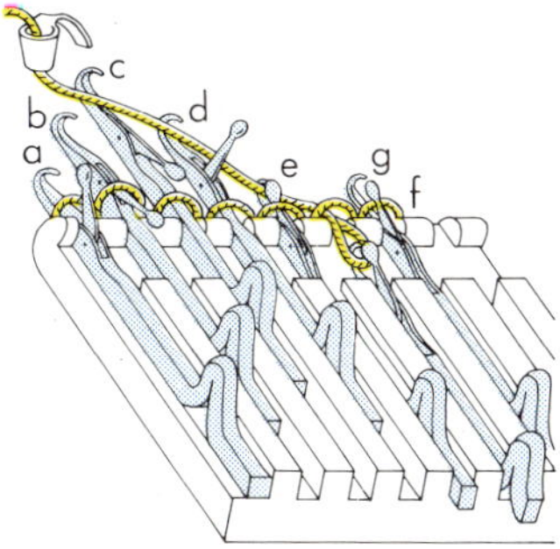

Strickerei 2: Maschenbildung bei einer Strickmaschine; a gebildete Masche am Nadelhaken, b Nadel geht vor, Zunge wird zurückgeschoben, c neuer Faden wird eingelegt, d Nadel geht zurück, Zunge wird umgelegt, e Faden ist eingeschlossen, f Faden wird als Schleife durch die alte Masche zurückgezogen, g die Schleife wird zur Masche, die die alte Masche trägt

Flachstrickmaschinen mit zwei einander dachförmig zugekehrten Reihen auf Lücke stehender Nadeln arbeiten Rechts-Rechts-(RR-) oder Rechts-Links-(RL-)Gestricke, solche mit doppelköpfigen Nadeln (Doppelzungennadeln) Links-Links-(LL-) oder RR- oder RL-Gestricke. **Handstrickapparate** arbeiten nach dem Prinzip der Flachstrickmaschine. **Rundstrickmaschinen** mit einer kreisförmig senkrecht angeordneten Nadelfolge (Fontur) arbeiten RL-Gestricke (Single-Jersey), solche mit senkrecht und horizontal angeordneten Nadeln arbeiten RR-Gestricke (Doppel-Jersey).

Nadelauswahleinrichtungen (gelochte Stahlkarten oder -bänder, Nockenzylinder, optisch-elektromagnet. Steuerung) ermöglichen Bindungs- und Farbmusterungen für Jacquardmusterung. Besondere Vorrichtungen sorgen für gleichmäßige Spannung der Fadenzuführung und des Warenabzugs. Die Anordnung vieler Fadenzuführungen und Schlösser, also Arbeitsstellen (Systeme) am Nadelkranz der Rundstrickmaschinen ermöglicht trotz langsamen Maschinenlaufs hohe Produktion.

Geschichtliches. Wahrscheinlich ist die S. im Spätmittelalter in Spanien erfunden worden. S. war Männerhandwerk; die älteste bekannte Gilde der Strumpfstricker entstand im 16. Jh. in Paris. 1589 erfand W. LEE in England den Strumpfwirkstuhl, der in ganz Europa Verbreitung fand. 1863 baute WILLIAM LAMB eine erste funktionierende Flachstrickmaschine, aus der die Motorflachstrickmaschinen entwickelt wurden.

P. OFFERMANN: Grundlagen der Maschenwarentechnologie (1978); D. TOLLKÜHN: Flachstrickautomaten (1979); K. P. WEBER: Die Wirkerei und S. ([2]1981).

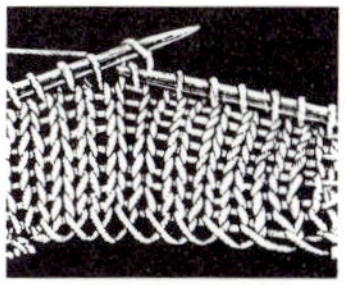

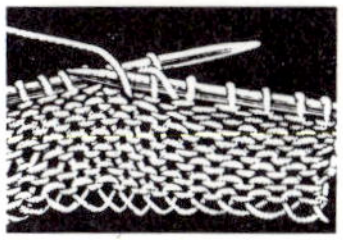

Strickerei 1: Handstricken; OBEN rechte, UNTEN linke Maschen

Stringer, 1) Flugzeug: Längsversteifungen in Schalenbauteilen, die das Ausbeulen der tragenden Außenhaut unter Belastung verhindern sollen.

2) Schiff: in Längsrichtung laufende Horizontalträger an der Außenhaut. Der äußerste Plattengang von Stahldecks heißt → Decksstringer.

Stringy Floppy [strˈɪŋɪ flˈɔpɪ, engl.], Massenspeicher zum Anschluß an eine elektron. Datenverarbeitungsanlage, besteht aus einer kleinen Kassette, in der ein Magnettonband in einer Endlosschleife aufgewickelt ist.

Stripfilm, Stripping-Film, zweischichtiger Film mit abziehbarer photograph. Schicht zur Verwendung im Photosatz oder bei der Montage von Repro-Vorlagen.

Strippen 1) Atomphysik: das ›Abreißen‹ eines oder mehrerer Elektronen von beschleunigten einwertigen Ionen beim Durchgang durch dünne Folien oder Gasstrecken. In der Kernphysik wird das Abstreifen eines Nukleons vom Deuteron bei der Wechselwirkung mit einem Atomkern als **Strippingreaktion** bezeichnet, wobei das eine Nukleon vom Kern absorbiert wird, während das andere am Kern vorbeifliegt, ohne in den Einflußbereich der Kernkräfte zu gelangen.

2) Chemie: → Stripper.

3) Halbleitertechnologie: → Lithographie 2).

Stripper, Abstreifkolonne, Destillationskolonne, in der aus Flüssigkeitsgemischen Lösemittel oder leichtflüchtige Bestandteile durch Einblasen von Dampf (Stripdampf) oder mit Aufkochern ausgetrieben werden.

Stroboskop, Vorrichtung in Zylinder- oder Scheibenform zum Beobachten oder Messen periodisch rasch veränderl. Vorgänge (entwickelt um 1830, auch Lebensrad, Wundertrommel, Bioskop u. a. genannt). Der oben offene, um seine Achse drehbare **stroboskopische Zylinder** trägt im Mantel eine Vielzahl paralleler Schlitze, die in gleichem Abstand voneinander angeordnet sind. Wird ein Bildstreifen mit einer entsprechenden Anzahl aufeinanderfolgender Darstellungen eines bewegten Gegenstandes in den Zylinder gelegt und dieser gedreht, so entsteht beim Betrachten durch die Schlitze ein Bewegungseindruck. Die **stroboskopische Scheibe** wird in Verbindung mit intermittierendem Licht z. B. zum Messen der Drehgeschwindigkeit von Wellen (z. B. von Plattenspielern) benutzt. Das **Lichtblitz-S.** sendet Lichtblitze in rascher Folge aus. Schnell verlaufende periodische Vorgänge erscheinen je nach S.-Frequenz verlangsamt oder stillzustehen und werden so leicht beobachtbar.

Strohschüttler, Vorrichtung zum Ausschütteln der in der Dreschvorrichtung einer Dreschmaschine oder eines Mähdreschers noch nicht ausgedroschenen Körner und zum gleichzeitigen Herausfördern des Strohes aus der Maschine. **Schwingschüttler** bestehen aus einem schwingenden Siebrost und Mitnehmern zur Strohförderung. Bei **Hordenschüttlern** werden mehrere nebeneinander angeordnete, mit einer Siebfläche versehene Horden in gegenläufige schwingende Bewegungen versetzt.

Strom, 1) großer → Fluß 2).

2) elektrischer Strom, → Elektrizität.

Strom|abnehmer, Vorrichtung an elektr. Triebfahrzeugen zur Entnahme elektr. Leistung aus einer Oberleitung **(Bügel-S., Einholm-S.)** oder seitlich angeordneter Stromschiene (dritte Schiene).

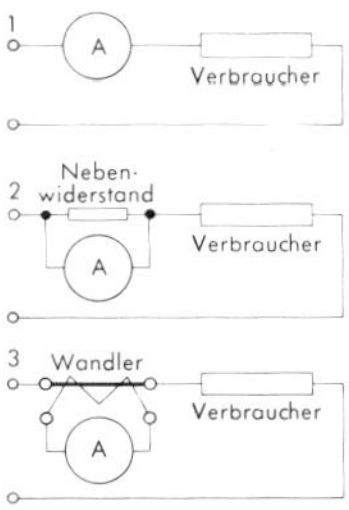

Strommesser: **1** Grundsätzliche Schaltung eines Strommessers. **2** Drehspul- oder Drehmagnetinstrument mit Nebenwiderstand. **3** Dreheiseninstrument, an Wandler angeschlossen

Stromatolith, knollig-schalige Kalkkrusten, wahrscheinlich durch Kalkausfällung von marinen Blaualgen gebildet; bes. aus präkambrischen, paläozoischen und triadischen Gesteinen bekannt.

Strombegrenzung, Teil einer elektron. Stabilisierungsschaltung in einem → Netzgerät zur Begrenzung des Stromes auf einen Höchstwert, der auch im Kurzschlußfall nicht überschritten wird.

Stromdichte, 1) Elektrizitätslehre: Die **elektr. S.** (Formelzeichen J, S) ist ihrem Betrag nach durch $J = I/A$ gegeben, falls die elektr. → Stromstärke I gleichmäßig über den Querschnitt A des Leiters verteilt ist. Für den homogen metall. Leiter gilt $\boldsymbol{J} = \gamma \boldsymbol{E}$ (E = elektr. Feldstärke, γ = elektr. → Leitfähigkeit).

2) Strömungslehre: das Produkt aus der Dichte des Strömungsmediums und der Strömungsgeschwindigkeit.

Strömen von Wasser, → Fließen 2), → Fließwechsel, → Wechselsprung.

Strom|erzeuger, allg. Bez. für Anordnungen zur Umwandlung nichtelektrischer in elektrische Energie.

Stromgegenkopplung, eine → Gegenkopplung eines Vierpols (insbes. eines Verstärkers), bei der die auf seinen Eingang rückgeführte Größe ein Strom ist; Ggs.: **Spannungsgegenkopplung.**

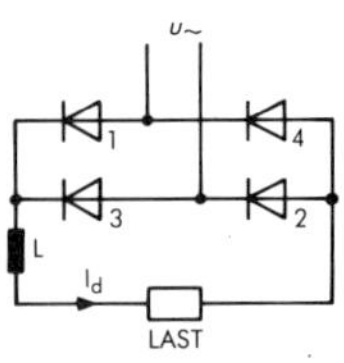

Stromrichter 1

Stromkreis, vom elektr. Strom durchflossenes, zum Kreis geschlossenes Leitungssystem, das im wesentl. aus Spannungsquelle, Verbraucher und Hin- und Rückleitung besteht.

Stromlaufplan, ein → Schaltplan, der alle für die Funktion einer elektr. Schaltung oder eines Gerätes notwendigen Stromkreise, Bauelemente und sonstige Angaben im einzelnen enthält.

Stromlini|en, Darstellungsweise eines Strömungsfeldes. S. sind Linien, deren Richtung in jedem Raumpunkt mit der Richtung des jeweiligen Geschwindigkeitsvektors der Strömung zusammenfällt. Bei stationären Strömungen sind die S. identisch mit den Bahnlinien der Teilchen. Diese lassen sich in Flüssigkeiten durch Farbstoffe, Gasbläschen, Feststoffteilchen, in Gasen durch Rauch sichtbar machen. In der Meteorologie dienen S. zur Darstellung des Windfeldes zu einem best. Zeitpunkt. Es sind Linien, deren Tangenten die an den betreffenden Orten herrschenden Windrichtungen wiedergeben.

Stromlinienform, Körperform mit geringem → Strömungswiderstand, bewirkt die weitgehende Aufrechterhaltung der laminaren Strömung, d. h., es wird vermieden, daß die laminare Strömung abreißt und sich Wirbel bilden (→ Grenzschicht).

Strom|messer, früher **Amperemeter** [amp'ɛ:r-, n. dem frz. Mathematiker und Physiker A. M. Ampère, * 1775, † 1836], elektr. Meßgerät zum direkten Messen und analogen oder digitalen Anzeigen eines elektr. Stromes. S. werden in die Leitung geschaltet, deren Strom gemessen werden soll (→ Dreheiseninstrument, → Drehmagnetinstrument, → Drehspulinstrument), oder als **Zangen-S.** (Stromzange) um den stromführenden Leiter gelegt, wobei das aufklappbare Eisenjoch als Stromwandler dient. S. dürfen nur einen kleinen Spannungsabfall verursachen, d. h. sie müssen einen kleinen Innenwiderstand haben (→ Spannungsmesser 1). Für große Ströme wird der Nebenwiderstand so dimensioniert, daß bei Nennstrom ein genau bestimmter Spannungsabfall auftritt, der Vollausschlag bewirkt. S. bei der → Kompensationsmethode messen auch den am Normalwiderstand hervorgerufenen Spannungsabfall. Zum Messen hoher Gleichströme kann man den → Hall-Effekt ausnutzen. (→ Meßwandler)

Stromquelle, jede Anordnung, die eine belastbare elektr. Spannung liefert, z. B. Generator, galvanisches Element, Photozelle, Akkumulator.

Stromregler, Stromvergleichsregler, elektrische oder elektron. Schaltung, die in einem Stromkreis die gewünschte Stromstärke konstant hält, indem im Regelkreis der Istwert mit dem Sollwert verglichen und durch ein Stellglied so verstellt wird, daß Abweichungen aufgehoben werden. Wichtigste Stellglieder: → Stromrichter.

Stromrichter, Einrichtungen mit → elektrischen Ventilen zum verlustarmen Umformen und Steuern elektr. Energie. Die S.-Technik hat zwei Prinzipien:

1) Fremd-(Netz-)geführte S. formen im einfachsten Fall als ungesteuerte → Gleichrichter über Schaltungen mit Dioden Wechselstrom in Gleichstrom um. Bei der **zweipulsigen Brückenschaltung (Graetz-Schaltung,** BILD 1) entsteht aus einer sinusförmig verlaufenden Wechselspannung $u_{\sim}$ an den Gleichstromanschlüssen eine zeitlich veränderl. Gleichspannung mit dem Mittelwert U_d (BILD 2). Der Gleichstrom I_d im Lastkreis wird meistens durch eine Drosselspule L geglättet. Bei den Nulldurchgängen der Wechselspannung kommutiert der Gleichstrom von den Ventilen 1 und 2 auf 3 und 4 oder umgekehrt. Mit steuerbaren Ventilen, heute fast ausschließlich → Thyristoren, entsteht ein steuerbarer S., bei dem sich

durch zeitl. Verzögern des Stromführungsbeginns der Ventile entsprechend dem Steuerwinkel α der Mittelwert der Gleichspannung verkleinern, zu Null machen oder auf negative Werte bringen läßt (BILDER 3–5). Im letzten Fall liegt Wechselrichterbetrieb vor, bei dem Energie von der Gleichstromseite in das Wechselstromnetz geliefert wird. Die wichtigste Schaltung für Drehstromanschluß und gleichzeitig auch Grundschaltung für S. größter Leistung ist die **sechspulsige Brückenschaltung** (BILD 6).

2) Selbstgeführte S. enthalten zusätzl. Zweige mit Ventilen und Kondensatoren (Löschzweige), über die zu beliebigen Zeitpunkten eine Kommutierung eingeleitet werden kann. Beim einfachen selbstgeführten **Wechselrichter,** über den Wechselstromverbraucher z. B. aus einer Batterie betrieben werden können, lädt sich der Löschkondensator C bei jeder Kommutierung auf den Spannungswert $2U_d$ um, so daß jeweils der Strom in einem Thyristor zum Erlöschen kommt, wenn der andere gezündet wird. Wenn die Wechselstromlast einen induktiven Anteil hat, beteiligen sich zeitweise auch die Rückarbeitsdioden D_R an der Stromführung. Der Aufwand an Bauelementen für selbstgeführte S. ist höher als für fremdgeführte, insbes. wenn durch weitere Ventilzweige eine Steuerung der Höhe der Wechselspannung vorgenommen wird. Die Frequenz wird durch einen elektron. Taktgeber vorgegeben. Selbstgeführte S. sind u. a. → Gleichstromsteller.

Kombinationen von zwei oder mehreren S. ermöglichen als **Umrichter** einen Energieaustausch zw. Wechselstromsystemen unterschiedl. Spannung, Frequenz und Phasenzahl. Mehr als 1/5 der gesamten elektr. Energie wird vor ihrem Verbrauch über S. umgeformt. Während dies früher über → Quecksilberdampfgefäße nur für große Leistungen wirtschaftlich war (Elektrolysen, Bahnstromversorgung, große Gleichstromantriebe), setzten sich seit 1960 Thyristoren auch für S. kleinerer Leistung durch. Dabei wurde die elektr. Antriebstechnik im gesamten Leistungsbereich erschlossen, wobei bes. die Bedeutung umrichtergespeister Drehstrommaschinen zunimmt.

G. MÖLTGEN: Netzgeführte S. mit Thyristoren ([3]1974); O. KOLB: Einf. in die S.-Technik (1976); W. HARTEL: S.-Schaltungen (1977); H. WATZINGER: S.-Gleichstromantriebe (1980); R. JÄGER: Leistungselektronik ([2]1980); A. KLOSS: S.-Netzrückwirkungen in Theorie und Praxis (1981).

Stromrichtermotor, die Kombination aus einem Drehstrom-Asynchronmotor und einem → Umrichter, über den der Motor mit veränderbarer Frequenz aus einem Drehstromnetz konstanter Frequenz gespeist wird zum Zweck einer kontaktlosen (kommutatorlosen) Drehzahlbeeinflussung.

Stromrichtung. In einem geschlossenen Stromkreis bildet sich beim Anlegen einer elektr. Spannung ein aus Elektronen bestehender Stromfluß aus, der vom negativen Pol der Spannungsquelle (Elektronenüberschuß) über einen Verbraucher zum positiven Pol (Elektronenmangel) fließt. In der Elektrotechnik und Physik wird jedoch die aus histor. Gründen festgelegte **technische (konventionelle) S.** verwendet, die der Elektronenbewegung entgegengesetzt ist, wodurch der Stromfluß von Plus nach Minus definiert ist. (→ Elektrizität)

Stromschiene, isoliert neben oder zw. den Fahrschienen angeordnete Schiene für den Stromabnehmer, v. a. bei gleichstrombetriebenen S- und U-Bahnen.

Stromschnelle, Flußstrecke mit größerem Gefälle und somit höherer Strömungsgeschwindigkeit, oft auch geringerer Wassertiefe. S. entstehen durch Felsschwellen im Flußbett, durch hineingestürzte Felsblöcke oder durch

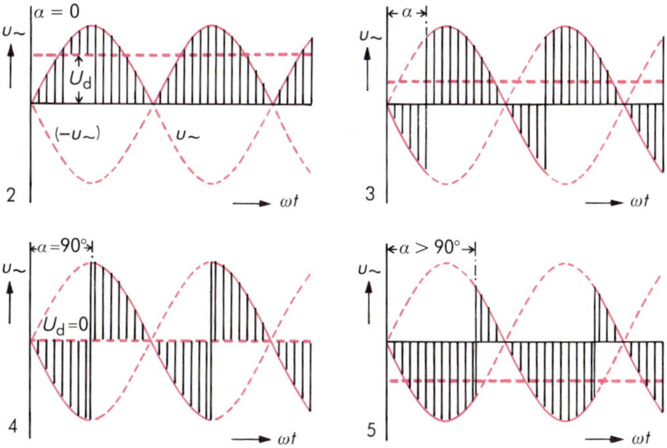

Stromrichter 2–5

Verengung des Flußbett-Querschnittes. Durch rückschreitende Erosion werden S. allmählich beseitigt.

Strom-Spannungs-Kennlinie, I-U-Kennlinie, Diagramm (→ Kennlinie) zur Darstellung des Zusammenhangs von Strom und Spannung bei elektr./elektron. Bauelementen und Geräten.

Stromstabilisierung, → Stabilisierungsschaltung.

Stromstärke, allg. bei einem Strömungsvorgang die durch einen Querschnitt hindurchtretende Menge je Zeit, insbes. ist die **elektrische S.** I die in der Zeitspanne dt durch einen Leiterquerschnitt hindurchtretende Elektrizitätsmenge (elektr. Ladung) dQ bezogen auf die Zeitspanne, $I = dQ/dt$. Falls sich der elektr. Strom zeitlich nicht ändert, gilt $I = Q/t$. SI-Basiseinheit der elektr. S. ist das → Ampere.

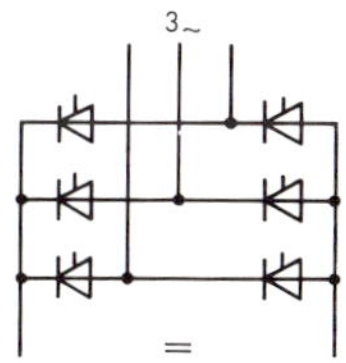

Stromrichter 6

Stromstrich, die Linie der größten Wassergeschwindigkeit an der Oberfläche eines Wasserlaufes.

Strömung, Bewegung von Flüssigkeiten und Gasen. Die **stationäre S.** unterliegt i. Ggs. zur **instationären S.** keinen zeitl. Durchflußänderungen. – Weitere Arten von S. → Strömungslehre, → Meeresströmungen, → Luftströmungen.

Strömungsdoppelbrechung, Doppelbrechung von Licht in strömenden Flüssigkeiten mit Fadenmolekülen oder in kolloidalen Lösungen. Diese Moleküle richten sich parallel zur Strömungsrichtung aus und rufen dadurch eine Anisotropie in der Flüssigkeit hervor.

Strömungsgetriebe, ein hydrodynamischer Wandler, bestehend aus Kreiselpumpe, Turbine und dazwischengeschaltetem Leitapparat (→ Druckmittelgetriebe), z. B. der → Drehmomentwandler.

Strömungskupplung, hydrodynamische Kupplung, hydraulische Kupplung, Föttinger-Kupplung [n. dem dt. Maschineningenieur H. Föttinger, * 1877, † 1945], Kupplung, die die Massenkräfte eines strömenden Mediums zur Kraftübertragung benützt; konstruktiv ein Strömungsgetriebe (→ Druckmittelgetriebe) ohne Leitapparat: In einem Pumpenrad (treibender Teil) wird mechan. Leistung durch Beschleunigung der Flüssigkeit (meist Öl) in hydraul. Leistung umgeformt und diese in einer Turbine (getriebener Teil) wieder in me-

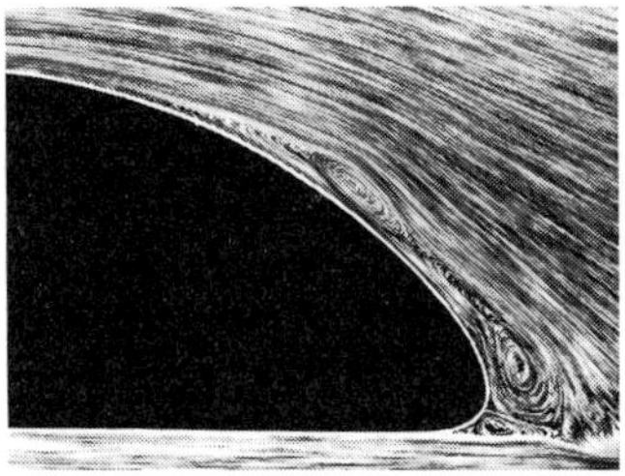

1

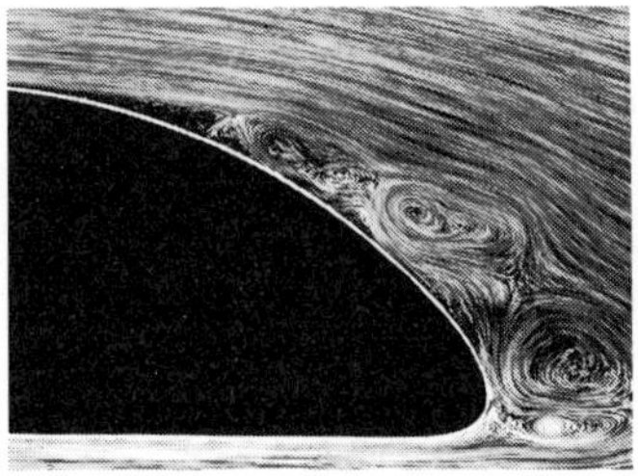

2

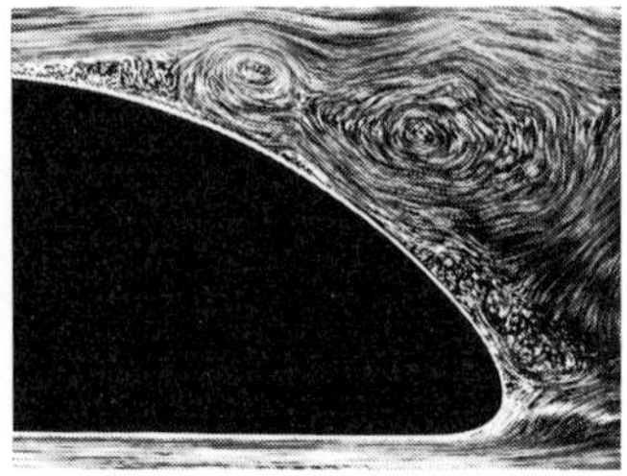

3

4

5

Strömungslehre: 1–3 Entwicklung des Wirbelsystems hinter einem von Flüssigkeit umströmten Körper. **4** Anliegende Flügelströmung. **5** Abgerissene Flügelströmung

chan. Leistung zurückverwandelt. Wirkungsgrad bis 98%, kein Verschleiß. S. werden z. B. beim →Kennungswandler angewendet.

Strömungslehre, die allg. Mechanik flüssiger und gasförmiger Körper, befaßt sich mit den Bewegungen der Flüssigkeiten und Gase bei der Umströmung von Körpern im Raum sowie mit den Strömungen in Rohren und Kanälen. Wichtige Eigenschaften strömender Medien sind Dichte, Zähigkeit (innere Reibung) und Kompressibilität. Die klass. Hydrodynamik und Aerodynamik behandeln ›ideale‹, d. h. reibungsfreie und inkompressible Flüssigkeiten. Auch Gase kann man als inkompressibel ansehen, solange die Strömungsgeschwindigkeiten geringer als etwa die halbe Schallgeschwindigkeit sind. Für höhere Geschwindigkeiten gelten die Gesetze für **kompressible Strömungen** (→Gasdynamik). Für **wirbelfreie Strömungen (Potentialströmungen)** gilt die dem Energiesatz entsprechende →Bernoullische Gleichung. Aus ihr ergibt sich z. B. Torricellis →Ausflußgesetz.

In der Theorie zäher Flüssigkeiten (Flüssigkeiten mit innerer Reibung) ist die Unterscheidung zw. laminaren und turbulenten Strömungen grundlegend. Bei **laminaren Strömungen (Schichtenströmungen)** schieben sich die Schichten verschiedener Geschwindigkeiten ohne Wirbelbildung aneinander vorbei. Bei Erhöhung der Strömungsgeschwindigkeit in einem Rohr oder beim umströmten Körper schlägt die zunächst laminare Bewegung plötzlich in eine statistisch ungeordnete **turbulente Strömung (Flechtströmung)** um mit starker Durchmischung in Quer- und Längsrichtung. Dies ist oft mit Wirbelablösung verbunden. Ursache für den Umschlag der Strömung ist, daß sie in der Nähe der Wand instabil ist (→Grenzschicht). Der Umschlag von laminarer zu turbulenter Strömung hängt wesentlich ab von der →Reynolds-Zahl *Re*. Die Übertragbarkeit von Modellversuchen im →Windkanal auf die wirkl. Strömung bei der Großausführung setzt konstante Reynolds-Zahl voraus (›Ähnlichkeitsgesetz‹ von O. REYNOLDS). Entscheidend für die Entwicklung dieser Erkenntnisse war die Grenzschichttheorie von L. PRANDTL, mit deren Hilfe die mehr mathematisch orientierte Hydrodynamik und die für die Ingenieurpraxis entwickelte Hydraulik wieder zusammengeführt wurden.

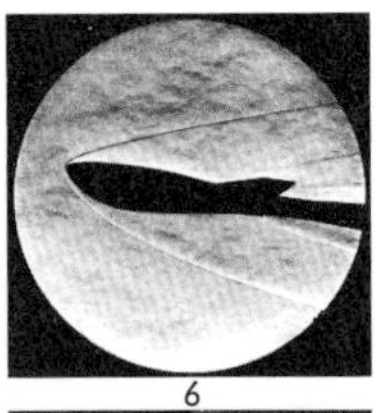

6

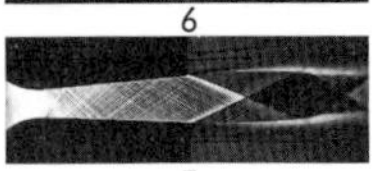

7

Strömungslehre 6 und 7: **6** Schlierenaufnahme für das Modell eines Raumtransporters im Hyperschallwindkanal bei der Machzahl von 6,9. **7** Überschallströmung aus einer Lavaldüse (Schlierenbild)

O. TIETJENS: S., 1 (1960), 2 (1970); H. SCHLICHTING: Grenzschichttheorie ([5]1965); L. PRANDTL u. a.: Führer durch die S. ([7]1969); E. BECKER: Techn. S. ([5]1982); B. ECK: Techn. S. ([8]1978); J. ZIEREP: Grundzüge der S. ([2]1982).

Strömungsmaschinen, Maschinen, in denen Energie übertragen wird von einem Fluid (Gas, Dampf, Flüssigkeit) auf ein oder mehrere mit Schaufeln besetzte Laufräder und weiter auf eine Welle **(Turbine, Windrad)** oder umgekehrt **(Kreiselpumpe, Turbogebläse** und **-verdichter, Propeller)** oder kombiniert von einem Pumpenrad auf eine Flüssigkeit und von dieser auf ein Turbinenrad mit anderer Drehzahl und anderem Drehmoment **(Strömungsgetriebe)** oder gleichem Drehmoment **(Strömungskupplung).** Nach der Richtung der Durchströmung der Laufräder werden die S. in **Radial-, Halbaxial-** und **Axialmaschinen** unterteilt.

S. arbeiten mit dynam. Energieübertragung auf Grund der Trägheit des Fluids. Dadurch unterscheiden sie sich von den mit stat. Energieübertragung arbeitenden Kolben- und Verdrängermaschinen sowie Becherwerken und oberschlächtigen Wasserrädern. S. haben außer dem rotierenden Läufer keine bewegten Teile. Dadurch sind sie i. a. für hohe Drehzahlen geeignet und können unmittelbar mit elektr. Maschinen (Generatoren, Motoren) gekuppelt werden. Für einen gegebenen Volumenstrom kann eine S. auf Grund der hohen Drehzahl und der stetigen Durchströmung wesentlich kleiner und billiger gebaut werden als eine Kolbenmaschine. Andererseits ist bei kleinen Leistungen und bes. bei hohen Drücken die Kolbenmaschine der S. hinsichtlich des Wirkungsgrades überlegen. Der Wirkungsgrad der S. nimmt jedoch mit dem Volumenstrom und der Baugröße schnell zu. Gewisse Leistungsgrenzen, die für das einzelne Laufrad bestehen,

z. B. die Grenzleistung der Dampfturbinen, können durch mehrflutige Anordnung, d. h. durch Parallelschaltung mehrerer Laufräder, überwunden werden.

C. PFLEIDERER u. H. PETERMANN: S. ([4]1972); KARL J. MÜLLER: Therm. S. (1978); F. DIETZEL: Turbinen, Pumpen und Verdichter: hydraul. und therm. S. (1980); H. T. WAGNER: Strömungs- und Kolbenmaschinen (1981); W. BOHL: S., 1 ([2]1983), 2 (1980).

strömungsmechanische Schaltkreistechnik, die → Fluidik.

Strömungsrohr, → Reaktionsapparate.

Strömungs|sicherung, Vorrichtung zur Gewährleistung eines ordnungsgemäßen Abzugs der Verbrennungsgase in den Schornstein von Gasheizgeräten; soll verhindern, daß durch zu starken Zug oder rückströmende Abgase die Flamme erlischt.

Strömungsstrom, eine → elektrokinetische Erscheinung, die beim Durchtritt von Flüssigkeiten durch eine Kapillare als elektr. Strom auftritt. Bei Nichtmetallen beruht dieser Effekt auf der Ladungstrennung durch elektr. Doppelschichten, bei flüssigen Metallen auf der Reduktion der freien Weglänge der Elektronen an der Wand.

Strömungswiderstand, Widerstandskraft W, die der Bewegung eines Körpers in einer Flüssigkeit oder einem Gas entgegenwirkt. Bei nichtlaminarer Umströmung ist W dem Quadrat der Relativgeschwindigkeit v, der Dichte ϱ des Mediums und der der Strömung ausgesetzten Querschnittsfläche F proportional: $W = \frac{1}{2}\varrho v^2 F C_W$. Der Widerstandsbeiwert C_W hängt u. a. ab von der → Reynolds-Zahl und der Form des Körpers (→ Luftwiderstand). Durch best. Formgebung **(Stromlinienform)** läßt sich der S. wesentlich herabsetzen. Günstige Stromlinienform hat ein Körper mit gerundetem Bug und allmählich in eine Spitze auslaufendem Heck (Tropfenform).

Stromverbund, Elektrizitätsverbund, die weiträumige Zusammenarbeit von Elektrizitätswerken. Sie soll bei örtl. Störungen und Ausfällen im übrigen Netz eine weitestgehend ungestörte Stromversorgung sichern und einen Netzzusammenbruch (black out) verhindern. Dies wird durch den Zusammenschluß möglichst vieler Kraftwerke über Hoch- und Höchstspannungsleitungen erreicht. Der Verbundbetrieb gestattet darüber hinaus eine bes. wirtschaftl. Betriebsweise, wenn durch einen Lastverteiler der Einsatz einzelner Kraftwerke je nach der zu verarbeitenden Primärenergie (→ Laufkraftwerk, → Speicherkraftwerk, → Pumpspeicherwerk, → Wärmekraftwerk) gesteuert wird.

Der rasch wachsende Bedarf an elektr. Energie drängte zur Schaffung eines überregionalen Großraum-Verbundbetriebes über Höchstspannungs-Verbundleitungen. Auf Grund internat. Vereinbarungen bilden die Drehstromnetze der westeurop. Länder einen dauernd zusammenhängenden, synchronen Block, der von der Nordseeküste bis Süditalien reicht. Über HGÜ-Leitungen sind Großbritannien, Skandinavien und Sardinien angeschlossen. So fließt z. B. während der warmen Jahreszeit bei Tag Wasserkraftenergie aus der Schweiz in die Bundesrep. Dtl. und nachts umgekehrt therm. Überschußenergie aus der Bundesrep. Dtl. in die Schweiz. Der S. des Ostblocks reicht von der Dt. Dem. Rep., Polen, der ČSSR und Ungarn bis zu den östl. Bereichen der UdSSR und damit von der Ostsee bis an den Pazif. Ozean. Alle Inseln Japans stehen miteinander im Verbund.

Auch bei der Gasversorgung gibt es einen **Verbund; Querverbund** ist die Koordinierung des Elektrizitätsverbundes mit anderen Energieträgern.

Stromversorgung, die → Elektrizitätsversorgung.

Stromwächter, elektromagnetisch oder thermisch betätigter Schalter, der bei Überschreitung einer einstellbaren Stromstärke ein Signal einschaltet oder den betroffenen Stromkreis stillegt. Anwendung z. B. zum Schutz von Motoren gegen Überlastung.

Stromwandler, ein → Meßwandler.

Stromwender, → Kommutator 1).

Stromzange, → Strommesser.

Strontianit, Mineral $SrCO_3$ (stets etwas Strontium durch Calcium ersetzt), farblos, gelblichgrau, häufig grünlich; H. 3,5, D. 3,7; Kristalle nadelig, säulig, oft büschelig verwachsen; auch derbe Aggregate. Vorkommen: a) auf hydrothermalen Erzgängen; b) in selbständigen Gängen und Kluftausfüllungen in Mergeln und Kalksteinen.

Strontium *das,* chem. Symbol **Sr**, ein → chemisches Element aus der Gruppe der Erdalkalimetalle, Ordnungszahl 38. Neben vier stabilen natürl. Isotopen, darunter ^{88}Sr (82,56%), sind mehr als 15 instabile künstl. Isotope bekannt. Reines S. ist ein silberweißes, weiches, unedles Metall, das gegen Wasser und Luft unbeständig ist. In der Natur ist S. verhältnismäßig selten; größere Mengen kommen nur als Minerale **Strontianit,** $SrCO_3$, und **Cölestin,** $SrSO_4$, vor. – Elementares S. kann durch Elektrolyse von geschmolzenem Strontiumchlorid, $SrCl_2$, hergestellt werden.

In seinen Verbindungen hat S. stets die Oxidationszahl +2. **Strontiumsulfat,** $SrSO_4$, ist schwer löslich. **Strontiumchromat,** $SrCrO_4$, wird als Malerfarbe **S.-Gelb** verwendet. **Strontiumsulfid,** SrS, ist ein Grundkörper vieler Leuchtstoffe. S.-Verbindungen färben die Flamme rot und werden daher für Feuerwerkskörper verwendet. Das durch den Betazerfall von ^{87}Rb entstandene ^{87}Sr läßt sich zur geolog. Altersbestimmung verwenden. ^{90}Sr wird leicht an Stelle von Calcium in das Skelettsystem von Mensch und Tier aufgenommen und ist deshalb wegen seiner Halbwertszeit (28,1 Jahre) ein gefährl. radioaktives Folgeprodukt von Kernwaffenexplosionen. S. wurde erstmals 1808 von H. DAVY dargestellt.

Strosse, treppenförmiger Absatz in für den Abbau vorgerichteten Lagerstättenabschnitten. Der arbeitende Bergmann steht auf der S. und baut diese von oben her ab. Bohr-, Lade- und Fördermaschinen fahren auf S., die von oben gebohrt und gesprengt werden. Gelöstes Haufwerk fällt auf die nächsttiefer gelegene S. Der **Strossenbau** gehört zur langfrontartigen Bauweise.

Strouhal-Zahl [str'ɔuhal-, n. dem Tschechen V. Strouhal], Formelzeichen Sr, Kennzahl für turbulente Strömungen: $Sr = fl/v$; f ist die Anzahl der Wirbel, die je Sekunde hinter einem angeströmten Körper entstehen (Frequenz), l dessen Querdurchmesser und v die Strömungsgeschwindigkeit.

Strudel, Wasserwirbel mit trichterförmig abwärtssaugender Spiraldrehung, entsteht durch Unregelmäßigkeiten im Flußbett. Im felsigen Untergrund führt die Erosion durch S. zur Bildung von **Strudellöchern, Strudeltöpfen** (→ Kolk), auch an der Sohle von Gletschern (Gletschermühlen, -töpfe).

Struktur, 1) in der Mathematik spricht man von einer S., wenn eine oder mehrere Mengen und Relationen auf oder zw. diesen Mengen gegeben sind, derart, daß die grundlegenden Eigenschaften der Relationen durch Axiome festgelegt sind (z. B. → angeordnet). Leitet man in einer S. Sätze nur unter Verwendung der Axiome und bereits vorher deduzierter Ergebnisse her, so gelten diese in allen S. derselben Art. **Unterstrukturen** sind Teilmengen, die mit den auf sie eingeschränkten Relationen wieder S. derselben Art sind. Strukturerhaltende Abbildungen zw. S. derselben Art heißen **Morphismen,** z. B. → Homomorphismen von Ringen.

Der Begriff der S. ermöglicht oft eine größere Einsicht in die wesentl. Aspekte eines mathemat. Sachverhaltes und bietet deshalb vielfach eine Grundlage für weitere Entwicklungen. (→ Strukturtheorie)

2) in Naturwissenschaft und Technik der durch Entstehung oder Herstellung bestimmte räuml. Aufbau eines Materials. In der Chemie, bezogen z. B. auf die Anordnung der Atome und Atomgruppen in einem Molekül, oder als Oberbegriff für Konfiguration und Konformation und in der Strukturchemie i. S. von Konstitution (→ Isomerie 1, → Stereochemie). – In der Physik Bez. für das relative Gefüge von → Systemen 3), z. B. Molekül-S. In der Kristallographie und Metallurgie **(Fein-S.)** die räuml. Anordnung der Bausteine im Kristallgitter (→ Kristall). In der Petrographie und Metallurgie **(Grob-S.)** die Ausbildung von Gesteinen oder Werkstücken hinsichtlich Größe, Form und gegenseitiger Angrenzung ihrer Einzelbestandteile (→ Gefüge). In der Geologie Bez. für tektonisch bedingte Bauformen wie Falten, Salzstöcke u. ä. – In der Biologie stellen S. Bauelemente der Zellen und Organe dar wie Membranen, Fibrillen, Skelett.

Struktur|analyse, kurz für **Kristallstrukturanalyse,** auch **Feinstrukturuntersuchung,** Bestimmung des Aufbaues eines Kristallgitters, d. h. der räuml. Anordnung seiner Bausteine (Ionen, Moleküle, Atomrümpfe u. a.), und zwar sowohl der Kerne (Massenschwerpunkte) als auch der dazwischen befindl. Elektronenwolken. Die Untersuchung erfolgt an Kristallpulvern oder Einkristallen mit Hilfe verschiedener Verfahren, wobei insbes. die Beugung von Röntgenstrahlen am Kristallgitter (→ Röntgenstrukturanalyse) wichtig ist. Aus dem erhaltenen Röntgenbeugungsdiagramm werden die kristallstrukturellen Daten ermittelt.

Eine vollständige S. umfaßt u. a. folgende Untersuchungen: 1) Bestimmung des Kristallsystems und der Kristallklasse u. a. an Hand der Morphologie, des lichtopt. Verhaltens und der Form und Lage von Ätzfiguren. – 2) Bestimmung und Indizierung der Gitterkonstanten, der Netzebenen und damit der Größe und Form der Elementarzelle des Gitters. Hierzu dienen Drehkristall- und Röntgengoniometer-Verfahren, die de-Jong-Bouman-Methode sowie das Straumanis-Jevins-Verfahren. – 3) Feststellung der Symmetrieelemente des untersuchten Kristallgitters und damit der Raumgruppe an Hand charakterist. Auslöschungen best. Reflexe (tabellarisch niedergelegt in den ›International Tables for X-Ray Cristallography‹). – 4) Errechnung der Zahl Z der Formeleinheiten in der Elementarzelle, aus deren Volumen V, der Kristalldichte D, der Loschmidtschen Zahl L und dem relativen Molekulargewicht M einer Formeleinheit, nach der Gleichung $Z = VDL/M$. Der hieraus erhaltene Wert für Z kann mit der Zahl mögl. Punktlagen verglichen werden, die man an Hand der Raumgruppen-Zugehörigkeit rechnerisch ermittelt, wobei u. a. die Ionenradien und die kristallchemisch mögl. Koordination zu berücksichtigen sind. Das Ergebnis ist eine ›Näherungsstruktur‹. – 5) Für die Näherungsstruktur werden mit Hilfe des → Strukturfaktors die ›relativen theoret. Intensitäten‹ der Reflexe errechnet, mit den photometrisch beobachteten Reflexen verglichen und zur Übereinstimmung gebracht. Weitere Berechnungen dienen der ›Strukturverfeinerung‹ und der Bestimmung interatomarer Abstände und Winkel.

Die Nachteile der Röntgenstrukturanalyse bestehen a) in der Nichtnachweisbarkeit von Wasserstoffkationen in Verbindung mit best. anderen Elementen und b) in der Nichtunterscheidbarkeit von Elementen, die im Periodensystem nahe benachbart sind.

Außer Röntgenstrahlen können auch Elektronen- oder Neutronenstrahlen (→ Neutronenbeugung) bei der S. verwendet werden. Die Beugung von Elektronenstrahlen am Kristallgitter wird nicht nur durch die Gitterelektronen, sondern auch durch die Atomkerne beeinflußt; die Belichtungszeiten betragen nur Sekundenbruchteile (bei Röntgenstrahlen mehrere Stunden). Dagegen ist die Absorption (Intensitätsverlust) sehr viel größer; auch sind die Versuche nur im Vakuum möglich. Die Elektronenbeugung wird daher nur in Sonderfällen angewandt, z. B. zur Untersuchung von Oberflächen, dünnen Schichten, Gasen und zur Feststellung von Wasserstofflagen im Gitter. Die Neutronenbeugungsvorgänge werden durch magnetische Kräfte geregelt; mit ihrer Hilfe ist beispielsweise die Lage von Wasserstoffionen im Gitter genau bestimmbar, auch können i. Ggs. zu den Röntgenmethoden Untersuchungen magnetischer Strukturen durchgeführt werden.

Strukturboden, Erscheinungsform der Bodenoberfläche, die durch Sortierung der Bodenbestandteile bestimmte Muster aufweist: Streifen-, Girlanden-, Ring-, Netz-, Polygon- oder Rauten-, Schachbrettböden u. a. – S. entstehen durch Solifluktion und Kryoturbation, finden sich daher v. a. in den Polar- und Subpolarregionen sowie in den Gebirgszonen oberhalb der Waldgrenze. Bei der frostbedingten Materialsortierung wandern die gröberen Gesteinsstücke nach außen, die feineren nach innen. In Gebieten mit tägl. Frostwechsel haben die Muster nur wenige Dezimeter Durchmesser (oder Breite); in den subpolaren Gebieten können sie bis 7 m erreichen. Infolge der stärkeren Bodenbewegung der Feinerde kann die Vegetation nur auf dem gröberen Material (den Steinringen, Steinnetzen) Fuß fassen, so z. B. in der ›Fleckentundra‹.

Strukturfaktor, wichtige Rechengröße bei der → Strukturanalyse von Kristallen. Der S. gibt die Summe der Reflexionsintensität des jeweiligen Gitters an und ist abhängig vom charakterist. Streuvermögen der beteiligten Gitterbausteine (›Atomfaktoren‹) sowie vom Zusammenwirken der von diesen ausgehenden, vom primären Röntgenstrahl angeregten Kugelwellen.

Strukturformel, → chemische Zeichensprache.

Struktur|gen, Teil einer Gruppe von Genen (→ Operon), die bei der Regulation der → Proteinbiosynthese gleichzeitig reguliert werden. Ein S. determiniert die Struktur eines zu synthetisierenden Proteinmoleküls.

strukturierte Programmierung, Art des Programmierens mit dem Ziel, die Programme in logisch zusammengehörige und übersichtlich angeordnete Blöcke zu zerlegen. Ein Mittel der s. P. ist z. B. die Verwendung von → Unterprogrammen.

Strukturproteine, → Skleroproteine.

Strukturschaumstoffe, Integralschaumstoffe, → Schaumstoffe.

Strukturtheorie. Nach → Bourbaki erfolgt der Aufbau der modernen Mathematik aus den **Grundstrukturen:** den **algebraischen Strukturen,** den **Ordnungsstrukturen** und den **topolog. Strukturen.** Einer Menge wird eine Ordnungsstruktur aufgeprägt, wenn in ihr eine Ordnungsrelation erklärt ist. Einer Menge wird eine topolog. Struktur (kurz eine Topologie) aufgeprägt, wenn in ihr ein System von Teilmengen mit best. Eigenschaften ausgezeichnet wird. Die traditionellen Teilbereiche der Mathematik lassen sich aus den Grundstrukturen und aus den daraus gebildeten Mischstrukturen durch Hinzufügung weiterer Axiome und Definitionen aufbauen.

Strukturtypen, auch **Gittertypen, Kristalltypen,** Benennungen bestimmter → Kristallstrukturen (Kristallgitter) entweder nach wichtigen oder früh untersuchten Substanzen, z. B. Kupfer(Cu)-Typ für den flächenzentrierten Würfel (Cu, Au, Ag und viele andere Metalle treten so auf), oder mit Buchstaben (Elemente mit A, A_1X_1-Verbindungen mit B, A_1X_2-Verbindungen mit C usw.) und Ziffern (in der Reihenfolge der Untersuchungen). So kristallisieren im Steinsalz- oder Natriumchlorid(NaCl)-Typ, dem B1-Typ, aus je einem kubisch-flächenzentrierten Gitter des Na und des Cl rund 150 Substanzen. Sie sind untereinander isotyp (→Typiebeziehungen; TAFEL Kristall II).

Strukturwasser, → Kristallwasser.

Strychnin, ein sehr giftiges, farbloses Alkaloid, $C_{21}H_{22}N_2O_2$ (MAK-Wert 0,15 mg/m³), aus dem Samen von Strychnos-Arten (z. B. Brechnuß), wirkt durch Lähmung der hemmenden Synapsen des Rückenmarks und des Zentralnervensystems; als Nitrat wurde es früher als Analeptikum angewendet.

Stuck, plast. Ausformung von Kalk- und Gipsmörteln auf verputzten Decken, Gewölben und Wänden; **Kalk-S.** vorwiegend für Fassaden, **Gips-S.** nur für Innenarbeiten. Bei **Sgraffito** werden mehrere verschiedenfarbige Schichten aufgetragen und durch Auskratzen in unterschiedl. Tiefe Ornamente oder Bilder erzeugt, bei **Zugarbeiten** Gesimse aus Mörtel mit Schablonen ausgeformt, bei **Versetzarbeiten** vorgefertigte Figuren angebracht, bei **Antrag-S.** künstler. Schmuckformen an Ort und Stelle geformt.

Stückgut, einzelnes, eine Einheit bildendes Gut, das durch seine geometr. Form und sein Gewicht gekennzeichnet ist.

stückweise stetig heißt eine in einem Intervall [*a, b*] definierte Funktion *f*(*x*), wenn sie bis auf höchstens endlich viele Sprungstellen stetig ist.

Stufe, allg. ein treppenförmiger Absatz. **1)** Bergbau: ein meist bes. schönes oder gut ausgebildetes Stück Gestein oder Erz **(Gesteins-S., Mineral-S.);** auch ein in das Gestein eingehauenes Merk- oder Grenzzeichen.

2) Elektrotechnik: Baugruppe oder Baueinheit zur Erfüllung einer best. Funktion innerhalb eines elektr. oder elektron. Systems, z. B. Verstärker-S., Kipp-S., Sende-S., Filter-S., Umsetzer-S.

3) Geologie: Unterabteilung einer stratigraph. Abteilung (Serie/Epoche). Sie besteht meist aus einzelnen → Zonen und kann in **Unterstufen** unterteilt sein. – In der Geomorphologie stärker geneigtes Stück der Erdoberfläche, das flachere Teile voneinander trennt; z. B. **Gefällstufe** in einem Fluß; eine **Talstufe** liegt meist in einer Talenge zw. zwei Talweitungen oder an der Mündung eines Nebentales in ein Haupttal **(Stufenmündung** von Hängetälern). Eine **Landstufe** führt zu einer niedrigeren oder höheren Landfläche und kann bis 1 000 m Höhe betragen; entweder tektonisch als **Bruchstufe (Flexurstufe)** entstanden oder bei Wechsellagerung von härteren und weicheren Gesteinsschichten als → Schichtstufe herausmodelliert. Wo mehrere etwa parallel verlaufende S. den Charakter einer Landschaft bestimmen, spricht man von einer **Stufenlandschaft** (→ Schichtstufenlandschaft).

4) Technik: bei mehrstufigen Kraft- oder Arbeitsmaschinen (Turbinen, Pumpen u. a.) eine Arbeitseinheit, bei mehrstufigen Raketen eine Antriebseinheit.

Stufenbauwerk, Wasserbau: → Stauregelung.

Stufenboot, ein → Gleitboot mit einer oder mehreren Stufen im Boden, die einen Strömungsabriß bewirken und das Boot bei höherer Geschwindigkeit teilweise aus dem Wasser heben.

Stufenfunktion, die → Treppenfunktion.

Stufenlinse, die → Fresnel-Linse.

Stufenschätzung, Verfahren zur Schätzung der Helligkeit eines Sternes (z. B. eines Veränderlichen) durch Vergleich mit benachbarten helleren und schwächeren Sternen, wobei die Helligkeitsunterschiede zweier Sterne in Stufen von je etwa 0,1 Größenklassen geschätzt werden. Die S. ist auch auf photograph. Himmelsaufnahmen anwendbar.

Stufenscheibe, abgestufte Riemenscheibe beim Riemengetriebe.

Stufenversetzung, eindimensionaler Gitterbaufehler im → Realkristall (BILD).

Stufenwinkel, gleichliegende Winkel an einer von einer Geraden geschnittenen Parallelenschar. S. sind gleich groß.

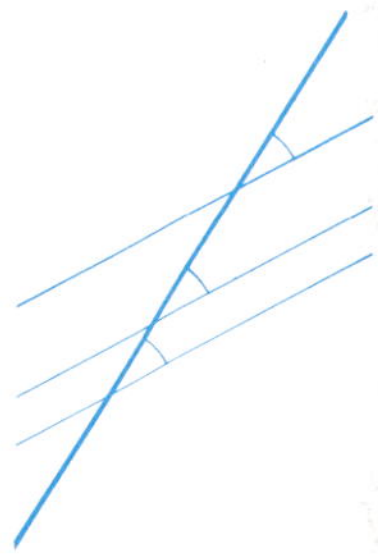

Stufenwinkel

Stülpdecken, Deckenverkleidungen aus Brettern, die sich gegenseitig überdecken. Entsprechend gibt es **Stülpwände** und für Außenverkleidungen **Stülpschalung.**

Stunde, 1) Bergbau: nach der Stundeneinteilung früherer Kompasse benanntes Hilfsmittel zur Richtungsbestimmung beim → Streckenvortrieb. Vom Markscheider werden drei vermessene Festpunkte mit anhängenden Loten in der Firste angebracht, mit denen der Bergmann beim Auffahren der Strecke die Richtung bestimmt.

2) Zeitrechnung: Einheitenzeichen **h,** bei Angabe der Uhrzeit auch hochgestellt: $^{\mathbf{h}}$, gesetzl. Einheit der Zeit; bis 1967 definiert als der 24ste Teil des mittleren Sonnentages, von da an nur das 3 600fache der atomar definierten → Sekunde 2).

Stundenkilometer, falsche Bez. für Kilometer je Stunde.

Stundenkreis, jeder größte Kreis, der an der Himmelskugel von Pol zu Pol verläuft und auf dem Himmelsäquator senkrecht steht (BILD astronomische Koordinaten).

Stundenwinkel, Winkel zw. Meridian und Stundenkreis eines Gestirns, gemessen auf dem Himmelsäquator vom Schnittpunkt Himmelsäquator/Meridian aus in Stunden, Minuten und Sekunden von 0^h bis 24^h in Richtung der tägl. Bewegung des Gestirns (BILD astronomische Koordinaten).

Sturm, 1) Geophysik: → erdmagnetischer Sturm.

2) Meteorologie: Winde der Stärke 9–11 nach der Beaufort-Skale (21–33 m/s), zw. S. (9), schwerem S. (10) und orkanartigem S. (11) unterschieden. → Windskala.

Sturmflut, durch auflandigen Sturm erzeugter, außergewöhnlich hoher Wasserstand des Meeres, bes. in Buchten, Mündungstrichtern der Flüsse, an Flachküsten.

Sturz, 1) Bautechnik: Träger aus Holz, Mauerwerk, Stahl oder Stahlbeton über einer Wandöffnung, nimmt die Last des Mauerwerks über der Öffnung auf. Eine besondere Art des S. ist das gemauerte, scheitrechte (geradlinige und waagerechte) Gewölbe (fälschlich scheitrechter Bogen).

2) Kfz: → Radsturz.

Sturzbett, Sturzboden, befestigte Sohle eines →Tosbeckens.

Sturzflug, nahezu senkrechter Bahnneigungsflug eines Flugzeuges mit starker Geschwindigkeitszunahme. Wird dabei eine best. Grenzgeschwindigkeit überschritten, so kann dieser Flugzustand nicht mehr beendet werden **(stabiler S.).** Die Geschwindigkeit muß deshalb (und auch mit Rücksicht auf die beim Abfangen auftretenden hohen Beanspruchungen) begrenzt werden, wozu häufig → Bremsklappen **(Sturzflugbremsen)** erforderlich sind.

Sturztreppe, veraltet für → Kaskade 3).

Stütze, vertikaler, druck-, knick- und biegesteifer Stab aus Holz, Beton oder Stahl, der die Belastung vom oberen Ende zum unteren weiterleitet. **Pendel-S.** ermöglichen zwanglose Drehungen um ihre Lagerpunkte.

Stützlini|en, Statik: die Wirkungslinien der sich in einem Gewölbe oder Pfeiler bildenden Druckkräfte.

Stützmauer, Mauer zur Stützung von Erdmassen, die steiler als mit natürlicher Böschung begrenzt werden müssen. Arten: Futtermauern, Gewichts-S., gegliederte S. (Winkelstützmauer).

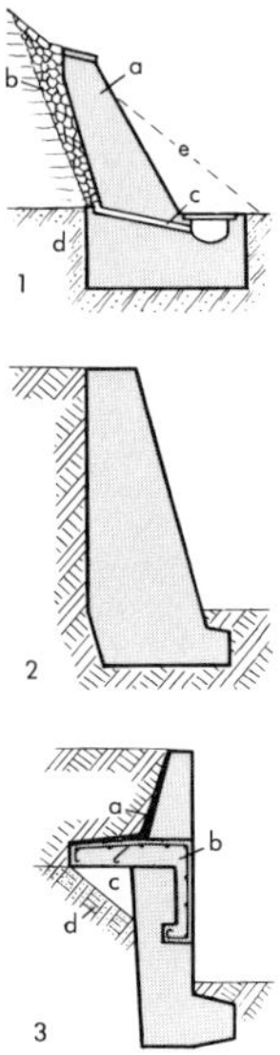

Stützmauer: **1** Futtermauer; **a** Beton oder Mauerwerk, **b** Steinpakkung, **c** Entwässerung, **d** Fels, **e** Böschungseinschnitt. **2** Volle Gewichts-S. aus Stein oder Beton. **3** Gegliederte S. aus Stein, Beton oder Stahlbeton; **a** Dichtung, **b** Kragplatte aus Stahlbeton, **c** Hohlraum, **d** festgelagerter Kies

Stützweite, → Spannweite.

Stylolith, zylindr., seitlich längsgeriefte Verzahnungen von Kalksteinschichten; entstanden durch Drucklösung.

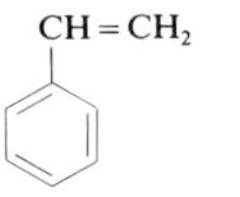

Styrol

Styrol, Vinylbenzol, farblose, schon bei Raumtemperatur leicht polymerisierende Flüssigkeit, die um 1830 erstmals bei der Destillation der Balsamart Styrax erhalten wurde. S. wird durch Dehydrierung von →Äthylbenzol an Eisenoxidkatalysatoren bei etwa 600 °C technisch hergestellt. Es ist ein wichtiges Monomer zur Herstellung von thermoplast. Kunststoffen (z. B. Polystyrol, ABS- und SAN-Polymerisate) und Synthesekautschuk.

Styropor, Handelsname für einen → Schaumstoff.

sub, Chemie: früher Vorsilbe zur Bez. von Verbindungen, in denen ein Element scheinbar in einer niedrigeren als der normalen Wertigkeit vorliegt; z. B. Kohlensuboxid, C_3O_2; bezeichnete auch bestimmte bas. Salze.

sub|aerisch, Geowissenschaften: Bez. für Abtragungsformen auf den nicht von Wasser und Eis bedeckten Teilen der Erdoberfläche.

sub|aquatisch, unter Wasser entstanden oder auftretend, z. B. Formen und Ablagerungen wie Kolke, Flußschotter, Seetone. – **subaquatische Faltung,** Form der Fließfaltung (→ Falte).

sub|arktische Zone, die nördliche, **sub|antarktische Zone,** die südliche → Subpolarzone.

sub|atomar, kleiner als die Atome; Bez., die sich auf ein spezielles oder die Gesamtheit der Elementarteilchen und Atomkerne bezieht.

Subduktion, Hinabziehen und Verschlucken sialischer Massen durch schwereres magmat. Substrat infolge Unterströmung. In der → Plattentektonik sind **S.-Zonen** Gebiete, in denen Lithosphärenplatten unter andere abtauchen; sie sind oft aktive Erdbebengebiete (Benioff-Zonen). → Orogen.

Suberin, Korkstoff, wasserundurchlässiger Baustoff der Korklamellen. S. besteht aus hochpolymeren Estern z. T. ungesättigter Carbonsäuren und Hydroxycarbonsäuren. **Suberinsäure,** → Korksäure.

subfossil, Bez. für Lebewesen, die in histor. Zeit ausstarben. Pleistozäne Fossilien gelten als s., wenn sie rezenten Formen phänotypisch und phylogenetisch sehr nahe stehen (viele Schneckenarten).

subglazial, unter Eis entstanden oder auftretend; z. B. Schmelzwässer, Gletscherschliffe, Gletschertöpfe, Trogtäler, Grundmoränen.

Subkontinent, größerer Teil eines Erdteils in exponierter Halbinsellage, der durch geograph. Lage, Besiedlung und Wirtschaft bedeutende Selbständigkeit aufweist, z. B. Vorderindien, Arabien.

Sublimat, Chemie: 1) → Sublimation. – 2) Bez. für das Quecksilber(II)chlorid, $HgCl_2$.

Sublimation, direkte Überführung eines Feststoffes in den gasförmigen Zustand ohne vorübergehende Verflüssigung bei der **S.-Temperatur (S.-Punkt).** Die dazu erforderliche Wärmemenge ist die **S.-Wärme.** Das bei der Umkehrung des Vorgangs (→ Kondensation, auch die Bez. S., **Desublimation** werden u. a. für den direkten Übergang gasförmig-fest verwendet) entstehende feste Destillat heißt **Sublimat.** Bei Atmosphärendruck sublimieren z. B. Jod oder Quecksilber(II)chlorid.

Sublistatic-Druck, Verfahren des →Textildrucks.

submarin, unter dem Meeresspiegel entstanden oder auftretend; z. B. Formen oder Vorgänge wie submarine Cañons oder submariner Vulkanismus.

Submillimeterwellen-Astronomie, → Radioastronomie.

subnival, 1) unter oder durch Schnee entstanden, unter dem Schnee auftretend; z. B. Nivationsmulden.

2) der unter der Schneegrenze liegende oder an die nivalen Gebiete sich anschließende Bereich (z. B. die Tundra).

Subnormale, → Subtangente.

Sub|oxide, unsystemat. Bez. für oft nicht stabile Oxide der Elemente, die weniger Sauerstoff enthalten, als ihrer Wertigkeit entspricht; z. B. Kohlenoxid.

Subpolarzonen, die Klimazonen, die den Übergang von den gemäßigten zu den Polarzonen bilden, etwa zw. 60° und 70° nördlicher und südlicher Breite.

Subrosion, 1) unterird. Auslaugung leicht lösl. Gesteine, bes. von Salzen. Die durch S. erzeugte Oberfläche eines Salzstocks wird **Salzspiegel** genannt. Durch Nachsinken können **S.-Senken** entstehen. – 2) unterird. Ausspülen durch Wasser, →Auslaugung.

Subroutine [-ru-], Datenverarbeitung: → Unterprogramm.

Subsolution, Carbonatlösung am Meeresboden, z. B. bei kühleren Meeresströmungen und/oder großer Wassertiefe.

Substantivität, Aufziehvermögen eines flüssigen Farbstoffs oder Textilhilfsmittels auf ein textiles Substrat und die Fixierung auf diesem, die durch Dipol-, van der

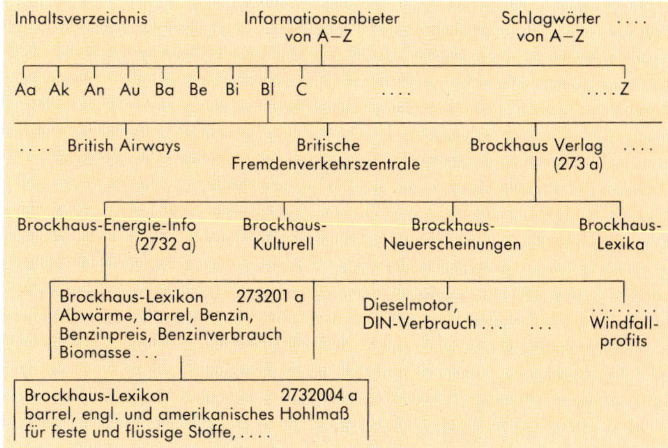

Suchbaumstruktur beim Bildschirmtext

Waalssche und koordinative Bindungs-Kräfte (Wasserstoffbrücken) bewirkt wird; z. B. bei Direktfarbstoffen (substantive Farbstoffe), → Farbstoffe.

Substitution, 1) Chemie: **Substitutionsreaktion,** chem. Reaktion, bei der in einem Molekül ein Atom oder eine Atomgruppe durch ein anderes Atom oder eine andere Atomgruppe ersetzt werden. S. sind u. a. → Hydrolyse, → Friedel-Crafts-Reaktion, → Nitrierung und → Veresterung. Bei der **elektrophilen S.** greift ein Reagens mit positiver Ladung an einer Molekülstelle hoher Elektronendichte an; z. B. bei der Nitrierung von Benzol mit Mischsäure, wo intermediär ein Nitroniumion (NO_2^+) auftritt:

$$\underset{\text{Benzol}}{C_6H_6} + NO_2^+ \longrightarrow \underset{\text{Nitrobenzol}}{C_6H_5NO_2} + H^+$$

Bei der **nukleophilen S.** greift ein Reagens mit negativer Ladung an einer Stelle niedriger Elektronendichte an, wie bei der alkal. Hydrolyse von Alkylhalogeniden:

$$\underset{\text{Methylbromid}}{CH_3-Br} + OH^- \longrightarrow \underset{\text{Methanol}}{CH_3-OH} + Br^-$$

Die **radikalische S.** läuft unter dem Einfluß von Licht, Wärme oder Peroxiden über → Radikale ab, wie die → Chlorierung 1) von Kohlenwasserstoffen.

2) Mathematik: Ersetzen eines Terms durch einen anderen. Bes. häufig verwendet man die Methode der S. in der Integralrechnung: Durch die S. $u = x^2 + x + 1$ und $du = (2x + 1)\,dx$ geht das Integral $\int \frac{2x+1}{x^2+x+1}\,dx$ in das Integral $\int \frac{du}{u}$ über, das leicht zu lösen ist, es gilt $\int \frac{du}{u} = \ln u + C$ mit C = Integrationskonstante.

Substitutions|isomerie, Stellungs|isomerie, Erscheinung, daß derselbe Substituent an verschiedenen Stellen in das Molekül eines best. Grundkörpers eingebaut werden kann. Es entstehen so chem. Verbindungen, die sich in ihren physikal. Eigenschaften (z. B. Siedepunkt) und meist auch in ihrem chem. Verhalten unterscheiden. Die Bez. der Stellung des Substituenten im Molekül erfolgt nach den von der IUPAC festgelegten Regeln durch Zahlen, veraltet auch durch andere Bez., z. B. ortho-, meta-, para-, α-, β- u. a. (→ Isomerie 1)

Substitutions|produkte, Verbindungen, die sich von einem Stammolekül (z. B. Benzol, Methan) ableiten, wobei ein oder mehrere Wasserstoffatome durch andere Atome oder Atomgruppen (Substituenten) wie $-NO_2$, $-Br$, $-COOH$ ersetzt sind.

Substrat, Träger best. physikal., chem. oder biolog. Eigenschaften; i. e. S. chem. Substanz, die von einem Enzym katalytisch verändert wird. Auch Bez. für unlösl., meist unbunten Stoff, der am Aufbau von Farblacken beteiligt ist.

Substrukturenmodell, ein → Kernmodell.

Subtangente. S. einer ebenen Kurve $f(x)$ bezüglich eines kartes. Koordinatensystems ist die Projektion des Tangentenabschnitts zw. dem Schnittpunkt mit der x-Achse S und dem Berührungspunkt P auf die x-Achse. Die **Subnormale** ist die Projektion des Normalenabschnitts zw. dem Kurvenpunkt P und dem Schnittpunkt mit der x-Achse R auf die x-Achse. (BILD)

Subtraktion, Grundrechnungsart: Bei der S. zieht man von einer Zahl eine andere Zahl ab, z. B. $8 - 5 = 3$. Die Zahl, von der abgezogen wird, heißt **Minuend** (8), die Zahl, die abgezogen (**subtrahiert**) wird, **Subtrahend** (5), das Ergebnis **Differenz** (3). Die S. ist die Umkehrung der Addition. Entsprechend der Addition läßt sich die S. auch auf andere Größen der Mathematik übertragen, z. B. auf Vektoren.

subtraktives Farbverfahren, → Farbphotographie.

Subtropen, die Klimazonen zw. den Tropen und den gemäßigten Breiten; gürtelförmig um die Erde angeordneter Bereich der Wüsten, warmen Steppen, Winterregengebiete und immerfeuchten sommerheißen Klimate zw. 20° und 40° nördlicher und südlicher Breite.

Subunits [sʼʌbju:nɪts, engl.], die → Untereinheiten.

Subvulkan, magmat. Schmelzmassen, die in Gesteinsausbildung und Tiefenlage zw. Pluton und Vulkan stehen und nur in wenigen km Tiefe erstarrt sind. Kennzeichnend sind Lagergänge, diskordante, meist steile Gänge und kleine Plutone wie Lakkolithe oder Quellkuppen.

Succinate, Salze und Ester der → Bernsteinsäure.

Succinimid, Bernsteinsäure|imid, kristalline organ. Verbindungen, deren Derivate als Antiepileptika und Schmierölzusätze verwendet werden (→ Imide).

Subtangente

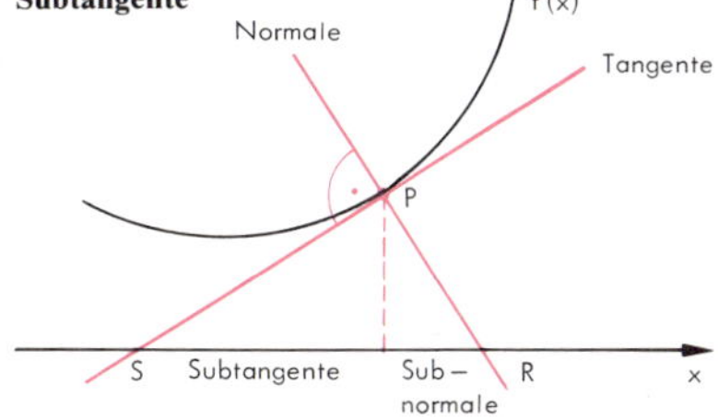

Succinit, der → Bernstein.

Suchbaumstruktur, Gliederungsprinzip von Datenmengen, meist von Datenbanken, zum schrittweisen

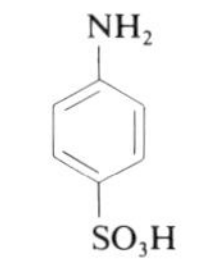

Sulfanilsäure

Auffinden spezieller Daten. Man geht dabei von allgemeinen Oberbegriffen aus und folgt meist einer Reihe von jeweils mehreren angebotenen Verzweigungen. Die einzelnen Ober- und Unterbegriffe werden häufig mit Zahlen versehen, so daß auch ein direkter Zugriff bei Kenntnis dieser Zahlen möglich ist. Anwendung z. B. beim Bildschirmtext.

Sucher, Hilfsgerät bei photograph. Kameras zur Wahl des gewünschten Bildausschnittes. Der einfache **Rahmen-S.** ist ein aufklappbarer Rahmen mit rückwärtiger Visiereinrichtung. Der **Newton-S.** [njˈuːtn-] aus einer Zerstreuungs- und einer Okular-Sammellinse stellt im Prinzip ein umgekehrtes Galileisches Fernrohr dar und ist der normale S. bei vielen älteren und einfachen heutigen Kameras. Eine verbesserte Bildfeldbegrenzung liefert der **Leuchtrahmen-S. (Albada-S.),** bei dem ein heller Begrenzungsrahmen eingespiegelt wird. Darüber hinaus zeigen moderne Kameras wichtige Aufnahmewerte (z. B. Belichtungszeit, Blende, Blitzbereitschaft) im S. an. Der **Meß-S.** ist als Entfernungsmesser ausgebildet (→ Entfernungsmessung). S. einäugiger Spiegelreflexkameras benötigen keinen → Parallaxenausgleich, da der Strahlengang durch das Aufnahmeobjektiv geht.

Sucrose, die → Saccharose.

Sudden Cosmic Noise Absorption [sʌdn kˈɔsmɪk nɔɪs əbsˈɔːpʃn, engl.], Abk. **SCNA,** → Ionosphäre.

Sudden Ionospheric Disturbance [sʌdn aɪɔnəsfˈɪərɪk dɪstˈəːbəns, engl.], Abk. **SID,** → Ionosphäre.

Süden, Abk. **S,** eine → Himmelsrichtung.

Südlicht, das → Polarlicht der südl. Erdhalbkugel.

Südpol, 1) Astronomie: a) **S. des Himmels,** Durchstoßungspunkt der über den irdischen S. hinaus verlängert gedachten Erdachse durch die Sphäre.

b) **S. eines Himmelskörpers,** im Planetensystem der Schnittpunkt der Umdrehungsachse des Himmelskörpers mit seiner Oberfläche, auf den blickend man den Körper sich im Uhrzeigersinn drehen sieht. Der **S. des Milchstraßensystems** liegt auf der Seite seiner Ebene, auf die der S. der Planeten des Sonnensystems zeigt.

2) Geographie: **S. der Erde,** der am weitesten vom Äquator entfernt liegende Punkt der Südhalbkugel, der südl. Schnittpunkt aller Meridiane. Auf ihm gibt es nur eine Himmelsrichtung, die nach N. Am S. geht die Sonne am 23. 9. auf und am 21. 3. unter und teilt damit das Jahr in den **Südpolartag** und die **Südpolarnacht.**

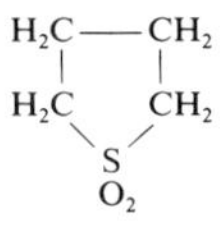

Sulfolan

3) Geophysik: **erdmagnet. S.,** → erdmagnetisches Feld.

4) Physik: **S. eines Magneten,** → Pol 4).

Südpunkt, Mittags|punkt, Gegenpunkt zum → Nordpunkt 1).

Sulf . . ., in Zusammensetzungen Bez. für Schwefel in Verbindungen.

Sulfamate, Salze und Ester der Sulfaminsäure.

Sulfamid, Schwefelsäurediamid, Sulfuryldiamid, Diamid der Schwefelsäure, $H_2N-SO_2-NH_2$. Die farblosen Kristalle lassen sich wie Harnstoff verwenden.

Sulfaminsäure, Sulfamidsäure, Amidosulfonsäure, Amidoschwefelsäure, Monoamid der Schwefelsäure, farblose, kristalline Substanz; die wäßrige Lösung reagiert stark sauer. S. wird u. a. in der Textil- und Seifenindustrie sowie in der Galvanotechnik verwendet, oft an Stelle von Schwefelsäure (geringere Korrosionswirkung). **Sulfamid** heißt das Amid der S., **Sulfamat** seine Salze und Ester, **Sulfamoyl-Rest** die Gruppierung $-SO_2NH_2$.

Sulfane, kettenförmige, von Schwefelwasserstoff abgeleitete Polyschwefelwasserstoffe, → Schwefelverbindungen.

Sulfanilsäure, 4-Aminobenzolsulfonsäure, kristalline organ. Verbindung, die durch Sulfonierung von Anilin mit Schwefelsäure hergestellt wird und als Zwischenprodukt für die Synthese von Farbstoffen, Pflanzenschutzmitteln und Pharmazeutika dient.

Sulfate, Salze und Ester der Schwefelsäure, H_2SO_4.

Sulfatierung, Bez. für die Darstellung von Schwefelsäureestern der allg. Formel $R-O-SO_3H$ (organ. Sulfate) z. B. durch Einwirkung von Schwefelsäure auf Fettalkohole. Die S. hat große techn. Bedeutung und wird dann gelegentlich auch **Sulfierung** genannt.

Sulfat-Verfahren, → Zellstoff.

Sulfensäuren, organische Säuren mit der funktionellen Gruppe $-SOH$.

Sulfide, Schwefelverbindungen mit Metallen, Nichtmetallen, Komplexen und organ. Radikalen, die formal Salze oder Ester des Schwefelwasserstoffs, H_2S, sind. Bei **sauren S., primären S.** oder **Hydrogen-S.** ist nur ein H-Atom durch Metall, bei den **neutralen, sekundären** oder **normalen S.** sind beide H-Atome ersetzt. **Schwer-** und **Halbmetall-S.** kommen als wertvolle Erze in der Natur vor und werden Glanze, Kiese, Blenden und Fahlerze genannt (→ Schwefelverbindungen). **Organ. S.,** → Thioäther.

Sulfidierung, Einführung von Schwefel in thiolartiger oder Sulfid- Bindung.

Sulfid-Oxidschale, hypothet. Schale des Erdmantels, soll aus Metallsulfiden und -oxiden bestehen (→ Erde).

Sulfidweiß, die → Lithopone.

Sulfierung, Verfahren zur Einführung der $-SO_3H$-Gruppe in organischen Verbindungen.

Sulfinsäuren, organische Säuren mit der funktionellen Gruppe $-SO_2H$.

Sulfit|ablauge, beim Sulfitaufschluß zur Gewinnung von → Zellstoff anfallende Abfallösungen.

Sulfite, Salze und Ester der schwefligen Säure, H_2SO_3; → Schwefelverbindungen.

Sulfocarbamid, der → Thioharnstoff.

Sulfochlorierung, Reaktion von Alkanen mit Schwefeldioxid und Chlor zu Alkansulfonylchloriden.

Sulfogruppe, Bez. für die einbindige funktionelle Gruppe $-SO_3H$ (→ Sulfonsäuren).

Sulfolan, Tetrahydrothiophendioxid, stark polare organische Verbindung, die als technisches Lösemittel zur Extraktion von Aromaten und zur Absorption saurer Gase verwendet wird.

Sulfonamide, Gruppe von Chemotherapeutika gegen bakterielle Infektionen, die sich vom Sulfanilamid ableiten. Sie werden in der Chemotherapie, auch als harntreibende Mittel und als orale Antidiabetika angewendet. S. sind für Mensch und Tier i. a. nicht schädlich. Eine primäre Resistenz und eine Resistenzbildung von Bakterien sind möglich.

Sulfonate, Salze und Ester der → Sulfonsäuren.

Sulfone, organische Verbindungen mit der funktionellen Gruppe $-SO_2-$ (→Polysulfone).

Sulfonierung, Substitutionsreaktion, bei der die →Sulfogruppe in ein organ. Molekül eingeführt wird. Durch S. aromat. Verbindungen mit konzentrierter Schwefelsäure, Oleum oder Schwefeltrioxid werden aromat. →Sulfonsäuren erhalten (RANDFORMEL).

Sulfonsäuren, starke organ. Säuren mit der funktionellen Gruppe $-SO_3H$. Ihre Salze heißen **Sulfonate. Alkan-S.** werden durch →Sulfoxidation hergestellt. Ihre Natriumsalze haben Bedeutung als Wachsrohstoffe. **Aromatische S.** werden durch →Sulfonierung gewonnen. Für die Synthese von Farbstoffen sind v. a. →Naphthalinsulfonsäuren und →Naphtholsulfonsäuren von Bedeutung. Als Tenside spielen →Alkylbenzolsulfonate und →Petrolsulfonate eine große Rolle.

Sulfonyl . . ., Bez. für die Atomgruppierung $-SO_2-$ in Namen organischer Verbindungen.

Sulfosäuren, die →Sulfonsäuren.

Sulf|oxidation, Reaktion von Alkanen (oder ihrer Derivate) mit Schwefeltrioxid und Sauerstoff unter Anregung durch UV-Strahlung, Ozon u. a., wobei Sulfonsäuren entstehen: $2\,R-H+2\,SO_2+O_2 \longrightarrow 2\,R-SO_3H$. Von besonderer Bedeutung ist die S. von n-Paraffinen mit 14–18 C-Atomen zu Alkansulfonsäuren, deren Natriumsalze als Wachsrohstoffe (v. a. für flüssige Spülmittel und Shampoos) verwendet werden.

Sulf|oxide, organische Verbindungen mit der funktionellen Gruppe $-SO-$.

Sulfurierung, Oberbegriff für die Einführung von Schwefel in organ. Verbindungen. Im einzelnen werden unterschieden: die →Sulfatierung (Sulfierung), die →Sulfidierung und die →Sulfonierung.

Sulfuryl . . ., in der anorgan. Nomenklatur der Halogenide Bez. für die Atomgruppierung $>SO_2$; z. B. **Sulfurylchlorid.** (→Schwefelverbindungen)

Sulfuryldiamid, das →Sulfamid.

Summations|töne sind →Kombinationstöne der Frequenzen $f=mf_1+nf_2$ (m, $n=0, 1, 2, \ldots$), die beim Zusammenklingen zweier Töne der Frequenzen f_1 und f_2 wahrgenommen werden können.

Summe. Das Zusammenzählen (Addieren) von zwei oder mehreren Objekten, den **Summanden** (meist Zahlen), ergibt die S. dieser Zahlen. Da sich die Addition auch auf andere Begriffe der Mathematik übertragen läßt, gibt es entsprechend S. von Vektoren, Matrizen, Mengen u. a. Ist $(a_1, a_2, \ldots, a_n)$ eine endl. Folge, so heißt das Element $c := \sum_{i=1}^{n} a_i = a_1 + a_2 + \ldots + a_n$ S. der Elemente $a_1, a_2, \ldots, a_n$, wobei $\sum$ das **S.-Zeichen** symbolisiert. – S. einer Reihe →Reihe.

Summer, mit Gleich- oder Wechselstrom betriebener Rufsignalgeber nach Art eines Weckers (Klingel), der jedoch nur einen Summ- oder Schnarrton verminderter Lautstärke abgibt. S. verschiedener Bauarten wurden früher auch als einfache Tonfrequenzsender in der Fernmeldetechnik verwendet.

Sumpf, 1) meist ständig mit Wasser durchtränkter Boden mit angepaßter Vegetation; geht leicht in →Moor über. S. bilden sich in regenfeuchten Gebieten bei Niederungen und Flußauen, in Senken mit wasserundurchlässiger Schicht **(Quell-S.),** in Gebieten gefrorenen Untergrundes, über dem sich das Schmelzwasser staut, und an Flachküsten. In Trockengebieten finden sich in geschlossenen Niederungen oft Salzsümpfe.

2) Grubenbau, in dem zufließende Grubenwässer gesammelt werden. **Schacht-S.** ist der tiefste Teil des Schachtes unterhalb der untersten Sohle.

Sumpf|erz, mit Ton vermengter Brauneisenstein; →Raseneisenerz.

Sumpfgas, ein →Biogas, das sich durch anaerobe Zersetzungsvorgänge in Sümpfen bildet.

Sumpfrasenwalze, →Röhrichtwalze.

Sunk und Schwall, →Schwall und Sunk.

Superfluidität, Suprafluidität, Zustand von Vielteilchensystemen, die bei sehr tiefen Temperaturen (in der Nähe des absoluten Nullpunkts) nicht in den festen Aggregatzustand übergehen. S. ist zunächst nur für das Isotop Helium 4 (^{4}He) nachgewiesen worden, das bei Abkühlung unter den **Lambda-Punkt** ($T=2{,}184$ K, $p=5\cdot10^{-2}$ bar) ein Gemisch aus supraflüssigem He II und normal flüssigem He I bildet. Bei Annäherung an den absoluten Nullpunkt geht dieses Gemisch in einem →Phasenübergang II. Art unter exponentieller Abnahme von He I in die ideale **Supraflüssigkeit** He II über **(Zweiflüssigkeitsmodell der S.).** Supraflüssiges He II unterscheidet sich von normalflüssigem He I durch seine verschwindende Viskosität, den verschwindenden Wärmeinhalt und eine abnorm hohe Wärmeleitfähigkeit, die etwa 10^8mal so groß wie die von gewöhnl. He I und noch mehr als hundertmal größer als bei den besten metall. Wärmeleitern ist. Der Wärmestrom wird dabei nicht wie üblich von Temperaturgradienten, sondern von He I/He II Konzentrationsunterschieden bestimmt. Wegen der fehlenden Reibung bleiben Wirbel in He II unbegrenzt erhalten. Die Ausbreitung von Temperaturschwankungen erfolgt in der Supraflüssigkeit in Form von ungedämpften Temperaturwellen mit einer charakterist. Geschwindigkeit, die vom Konzentrationsverhältnis abhängt **(Zweiter Schall).** Supraflüssiges He strömt unabhängig von einer Druckdifferenz mit hoher Geschwindigkeit durch enge Kapillaren und kriecht in dünnen Filmen (Dicke 10^{-5} mm) entgegen der Schwerkraft über den Rand von Gefäßen. Tritt zw. zwei He II enthaltenden Gefäßen, die durch eine sehr dünne Kapillare verbunden sind, eine kleine Temperaturdifferenz auf, so kann das He II/He I Konzentrationsgefälle auf Grund der unterschiedl. Zähigkeiten der beiden Komponenten nur durch Einströmen von He II in das wärmere Gefäß ausgeglichen werden. Bei Temperaturunterschieden von nur 10^{-3} K können Strömungsgeschwindigkeit und Druckunterschiede so groß werden, daß im wärmeren Gefäß eine bis zu 30 cm hohe Fontäne entsteht **(Springbrunneneffekt).**

Die S. ist ein typ. Quanteneffekt. ^{4}He-Atome sind Bosonen, die der Bose-Einstein-Statistik gehorchen und deshalb bei tiefen Temperaturen alle in das gleiche tiefste Energieniveau (Grundzustand) übergehen können (Phasenübergang II. Art), in dem sie nur noch die Nullpunktsenergie besitzen (→Bose-Einstein-Kondensation). Da die Atome keine therm. Energie besitzen, können sie keinen Impuls mehr übertragen, der zum Übergang in die angeregten Zustände des Systems, die dem normalflüssigen He I entsprechen, ausreicht. Dadurch wird, ähnlich wie im Fall der →Supraleitung für die Cooper-Paare, die Wechselwirkung (Impulsaustausch) zw. den Atomen in der Superflüssigkeit unterbunden, so daß die Strömung reibungslos verläuft.

Sulfonierung

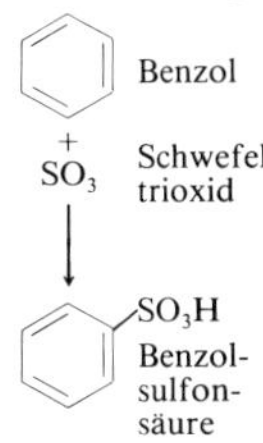

Die Erklärung der 1972 entdeckten S. von ^3He bei Temperaturen unterhalb 2,7 mK bedarf eines zusätzl. Effekts, da es sich bei ^3He-Atomen um Fermionen handelt, die wegen des Pauli-Prinzips nicht alle den gleichen Zustand besetzen können. Die S. von ^3He wird ähnlich wie die Supraleitung, die auf der Bildung von Cooper-Paaren beruht, durch Paarung von ^3He-Atomen über ihre magnet. Wechselwirkung ermöglicht, die zur Bildung von Bosonen führt. I. Ggs. zu den Cooper-Paaren werden jedoch Triplettzustände gebildet, bei denen die Spins der beiden ^3He-Atome parallel ausgerichtet sind.

Supergravitation, →Wechselwirkung, →Gravitation.

Superhaufen, →Sternsysteme.

Superheterodyn-Empfänger, Kurzwort **Superhet, Super,** Überlagerungsempfänger, →Rundfunk.

Super|ikonoskop, weiterentwickeltes→Ikonoskop.

Super|ionenleiter, Festkörper, die in einem breiten Temperaturintervall unterhalb des Schmelzpunktes eine

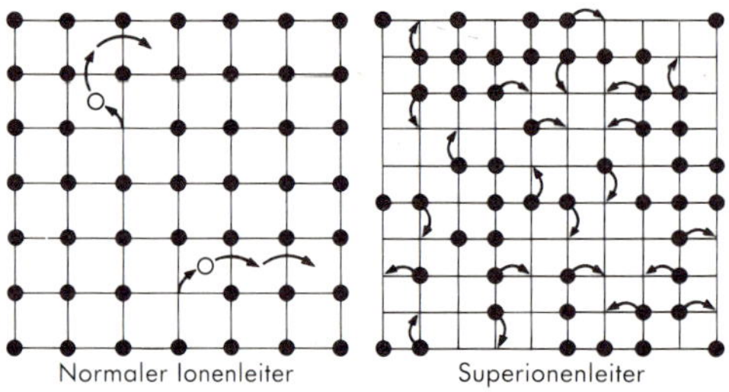

Superionenleiter: Beim normalen Ionenleiter ist die Ionenbewegung nur über energetisch ungünstige Zwischengitterplätze möglich, so daß jeweils nur wenige Ionen in Bewegung sind. In S. finden jederzeit viele Teilchensprünge statt, weil vielen Ionen energieäquivalente, leere Nachbarplätze zur Verfügung stehen

den flüssigen Elektrolyten und Salzschmelzen (→Ionenleiter) vergleichbare reine Ionenleitfähigkeit besitzen und die Leitfähigkeit normaler Ionenkristalle, z. B. von festem Kochsalz, um 15–17 Größenordnungen übertreffen. Ursache der hohen Ionenbeweglichkeit sind Defekte im Kristallgitter, die entweder durch Verunreinigung mit Fremdatomen oder durch therm. Bewegungen der Gitterbausteine erzeugt werden. Die wichtigste Rolle spielen unbesetzte Gitterplätze (Leerstellen) sowie die Besetzung von im Idealkristall bei 0 K unbesetzten Zwischengitterplätzen. Die Bewegung der Gitterdefekte, z. B. das Auffüllen einer Leerstelle durch Sprung eines benachbarten Ions in die Lücke (BILD) oder durch Wechsel eines im Zwischengitter befindlichen Ions auf einen benachbarten äquivalenten Platz, führt zu einer makroskop. Ionenverschiebung und damit zu einem Strom- und Materietransport durch den Kristall. Die Leitfähigkeit wächst mit der Zahl der Defekte und der Häufigkeit der Sprünge. Die höchsten Leitfähigkeitswerte findet man für Ag^+-, Cu^+-, Na^+- und Li^+-Ionen. Wichtige S. sind z. B. die oberhalb 147 °C stabile α-Phase von Silberjodid, Natrium-Beta-Aluminiumoxid ($Na_2O \cdot 11\ Al_2O_3$) oder Lithiumnitrid (Li_3N).

Für S. gibt es viele techn. Anwendungsmöglichkeiten. Festkörperelektrolytbatterien, die sich durch chem., therm. und mechan. Stabilität auszeichnen, haben eine sehr niedrige Selbstentladung und damit hohe Lebensdauer. Sie werden in medizin. Geräten (Herzschrittmacher, Hörgeräte), Photoapparaten, Uhren, aber auch als Stromquelle für integrierte Schaltungen im militär. Bereich oder in der Weltraumforschung eingesetzt. Da Batterien auf der Basis von S. bezüglich der Energie- und Leistungsdichte den Bleiakkumulator um mindestens eine Größenordnung übertreffen, wird an der Entwicklung von wiederaufladbaren Hochleistungsbatterien gearbeitet, die als Spitzenlastspeicher für die elektr. Energieversorgungsnetze sowie als mobile Energiequellen für Elektrofahrzeuge geeignet wären. Die therm. Beständigkeit der festen Elektrolyte kann bei der Hochtemperatur-Wasserelektrolyse ausgenutzt werden, die einen höheren Wirkungsgrad als die heutigen Elektrolyseverfahren mit flüssigen Elektrolyten besitzt.

Weil nur eine Ionensorte transportiert wird, wirken S. chemisch sehr selektiv, was in der Meßtechnik zum Bau empfindl. Sensoren für den Spurennachweis (z. B. von Cl^-, F^-, NO_3^-) oder für Prozeßsteuerungen ausgenutzt werden kann. Die **Sauerstoffsonde,** ein Keramikrohr aus Zirkonoxid mit porösen Elektroden auf beiden Seiten, liefert wegen der Ionenleitung von Sauerstoff in Zirkonoxid bei unterschiedl. Sauerstoffkonzentration auf beiden Seiten eine elektr. Spannung. Sie wird als Abgassensor zur automat. Regelung des Kraftstoff-Luft-Gemisches in Kraftfahrzeugen und Ölfeuerungen eingesetzt. Mit S. können auch neuartige elektrochem. Anzeigeelemente und elektron. Zeitschalter gebaut werden.

Superkardioidmikrophon, Mikrophon mit bes. starker Richtwirkung (→Richtcharakteristik).

Superkavitations|propeller, →Schiffsschraube.

superkritischer Flügel, Flugzeugtragflügel, der im Vergleich zu herkömml. Flügeln an der Flügeloberseite schwächer gewölbt ist und im hinteren Teil der Unterseite eine stark konkave Wölbung besitzt. Durch diese Flügelform wird die krit. Machzahl, bei der die starke Widerstandszunahme des Schallgrenzbereichs beginnt, zu höheren Flugmachzahlen verschoben.

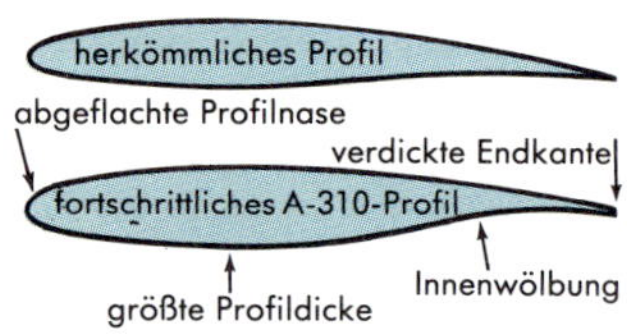

superkritischer Flügel

Superlegierungen, Legierungen mit hoher Warmfestigkeit, meist auch hoher Zunderbeständigkeit, verwendet v. a. im Ofen-, Triebwerks-, Turbinenbau und in der Raumfahrttechnik. S. sind Weiterentwicklungen austenitischer oder ferritischer Stähle, der Hartmetalle oder der Legierungen auf der Basis hochschmelzender Metalle wie Nickel, Chrom, Wolfram, Kobalt oder Niob.

Supernova, *Mz.* **Supernovae,** veränderl. Stern (→Veränderliche 1), der eine plötzl. Helligkeitszunahme von mehr als 20 Größenklassen erreichen kann. Die Leuchtkraft im Helligkeitsmaximum ist von derselben Größenordnung wie die einer Galaxie. Bisher wurden im Milchstraßensystem nur wenige S. direkt beobachtet, jedoch alle vor der Erfindung des Fernrohres. Nur von dreien liegen genauere Angaben vor: 1) von der im Jahre 1054 aufgetretenen S. im Sternbild Stier, die so hell war, daß sie sogar am Tageshimmel erschien, von deren Aufleuchten chines. und japan. Astronomen berichteten und deren Rest der → Crabnebel ist, 2) vom **Tychonischen Stern,** einer S. im Sternbild Kassiopeia, die 1572 von TYCHO BRAHE entdeckt wurde, und 3) die bisher letzte galakt. S. im Sternbild Schlangenträger, die 1604 von JOHANNES KEPLER beobachtet wurde.

S. werden als sehr späte Stadien der → Sternentwicklung angesehen, die sich im Zusammenhang mit dem nach dem Ende der thermonuklearen Entwicklung auftretenden → Gravitationskollaps entwickeln. Dabei wird ein erhebl. Teil der Sternmasse mit großer Geschwindigkeit abgestoßen, der in der Folge als sich rasch ausdehnender Emissionsnebel zu beobachten ist, während zumindest bei einem Teil der S. der zentrale Teil als rasch rotierender → Neutronenstern übrig bleibt, der sich als → Pulsar bemerkbar macht. Man nimmt an, daß, wenn der stellare Rest zu massereich ist, sich daraus ein → Schwarzes Loch entwickelt. – S. haben eine wichtige Bedeutung für die kosmolog. Entwicklung von Galaxien, weil sie für die Anreicherung der interstellaren Materie mit schweren Elementen verantwortlich sind, die bei den Ausbrüchen freigesetzt werden.

Super|orthikon, Bildaufnahmeröhre für Fernsehbilder. Das S. stellt im wesentl. die Vereinigung eines → Orthikons mit einem → Bildwandler und einem → Elektronenvervielfacher dar. Das auf der Photokathode abgebildete Bild wird als Photostrom beschleunigt auf die Speicherplatte (Glasfolie mit Drahtnetz) übertragen, wo durch Sekundärelektronenemission ein positives Ladungsbild entsteht. Dieses wird von einem langsamen Elektronenstrahl abgetastet. Die abgestoßenen und zurückkehrenden, mit dem Bildsignal modulierten Elektronen werden von einem Sekundärelektronenvervielfacher verstärkt und liefern an dessen Anode das Bildsignal. Für bes. geringen Lichtbedarf wurde das dem S. weitgehend ähnliche **Isocon** entwickelt. Das S. wird heute nicht mehr verwendet, es wurde von den verschiedenen Arten des → Vidikons abgelöst.

Super|oxide, frühere Bez. für Peroxide und Hyperoxide.

Super|oxid-Ion, frühere Bez. für Hyperoxid-Ion, → Hyperoxid.

Superphosphat, ältestes (1845) technisch hergestelltes Düngemittel aus Calciumdihydrogenphosphat, $Ca(H_2PO_4)_2$, und Calciumsulfat. Bei schweren Böden v. a. wird S. als Kopf- und Grunddünger verwendet, bes. für Getreide und Zuckerrüben.

Superplastizität, extrem hohen plast. Umformgrad ermöglichende Eigenschaft von best. Metallen und Legierungen. S. wird in der Umformtechnik zur Herstellung bes. komplizierter Teile ausgenutzt. Dabei darf die Formänderungsgeschwindigkeit einen best., extrem niedrigen Wert nicht überschreiten.

Superpositions|prinzip, Überlagerungsprinzip, Unabhängigkeitsprinzip, Grundsatz, daß sich gewisse physikal. Größen gleicher Art am gleichen Ort überlagern können. In der Mechanik führt z. B. Überlagerung der Schwingungsamplituden von Wellen zur Interferenz oder vektorielle Addition von Kräften zu resultierenden Kräften (Kräfteparallelogramm). Die ungestörte Überlagerung ist an die Linearität der zugrunde liegenden Gleichungen geknüpft. In der Elektrizitätslehre und Optik ist Linearität durch die Maxwellschen Gleichungen, in der Quantenmechanik durch die Schrödinger-Gleichung gegeben. In der Akustik erhält man nur für den Grenzfall kleiner Amplituden lineare Gleichungen.

superschwere Elemente, überschwere Elemente, hypothet. stabile Elemente mit einer Kernladungszahl Z, die größer ist als die der heute bekannten Elemente ($Z > 109$). Nach den theoret. Voraussagen des Schalenmodells der Atomkerne könnten jenseits der bisher bekannten Elemente schwerere Kerne mit außergewöhnl. Stabilität, d. h. langer Lebensdauer, existieren. Dies gilt insbes. für doppelt magische Kerne, die aus einer mag. Anzahl von Protonen und einer mag. Anzahl von Neutronen aufgebaut sind (→ magische Zahlen). Derartige durch abgeschlossene Nukleonenschalen bedingte → Inseln der Kernstabilität sind für das dem Blei homologe Element mit $Z = 114$, weiterhin für $Z = 126$ und für $Z = 164$ zu erwarten. Für das Nuklid $^{298}114$ (Massenzahl $A = N + Z = 298$; Kernladungszahl $Z = 114$; Neutronenzahl $N = 184$) mit abgeschlossener Protonen- und Neutronenschale ist eine Halbwertszeit von 10^8 Jahren berechnet worden, wobei die Unsicherheit des Werts durchaus einige Zehnerpotenzen betragen kann. Auch für die im Bereich der ersten Insel der Stabilität liegenden Isotope der Elemente 112 bis 116 sind relativ große Halbwertszeiten abgeschätzt worden. Der wesentl. Zerfallsprozeß der s. E. dürfte die Spontanspaltung sein, bei der wahrscheinlich erheblich mehr Neutronen als bei der Kernspaltung von Uran emittiert werden.

Bisher sind weder die Untersuchungen zum Nachweis natürlich vorkommender s. E. (die bei Supernovaexplosionen entstanden sein könnten) noch die Experimente zu ihrer künstl. Darstellung durch Kernreaktionen z. B. durch Schwerionenstöße (→ Schwerionenforschung), überzeugend und eindeutig positiv ausgefallen. Vereinzelt veröffentlichte Erfolgsmeldungen konnten nicht bestätigt werden und sind daher umstritten.

Es ist prinzipiell denkbar, daß es trotz der großen Stabilität der superschweren Kerne im Grundzustand unmöglich ist, diese Kerne zu erzeugen, da primär immer angeregte Kernzustände gebildet werden, die äußerst instabil gegenüber spontaner Spaltung sein können. Man muß deshalb versuchen, die Anregungsenergie so gering wie möglich zu halten. Sollte eines Tages ein s. E. in der Natur nachgewiesen werden, so hätte dies weitreichende Konsequenzen für die Vorstellung der Kosmologie über die Entstehung der Elemente im Weltall.

supersonisch, im Überschallgeschwindigkeitsbereich der Luft befindlich (→ Gasdynamik).

Superweitwinkel|objektiv, photograph. Objektiv (→ Photographie) mit einem Bildwinkel von mehr als etwa 100°.

Supplement *das,* Ergänzung, in der Mathematik ist das S. eines Winkels oder Bogens derjenige Winkel oder Bogen, der mit dem ersten zusammen 180° ausmacht, **Supplementwinkel** eines Winkels α ist also der Winkel β mit der Eigenschaft $\alpha + \beta = 180°$.

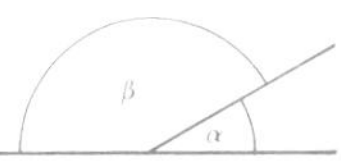

Supplement: Supplementwinkel

Support, Bewegungseinheit einer Werkzeugmaschine, auf der das Werkzeug aufgespannt wird oder die die Werkzeugspindel trägt.

Suprafluidität, die → Superfluidität.

Suprafluiditätsmodell, Supraleitungsmodell, Kernphysik: Modell, das unter Berücksichtigung der Paarungskraft zw. den Nukleonen im Atomkern einen der BCS-Theorie der Supraleitung analogen Formalismus zur Beschreibung des Nukleonensystems verwendet und durch Übertragung der von N. N. BOGOLJUBOW in seiner Theorie der Suprafluidität entwickelten Transformationsmethoden auf das Nukleonensystem des Kerns erhalten wird. Je nach Stärke der kurzreichweitigen Paarungskraft im Verhältnis zu langreichweitigen Kernkräften, die für die Kerndeformation verantwortlich sind, zeigt ein Atomkern ein mehr suprafluides oder ein mehr einer normalen Flüssigkeit entsprechendes Verhalten.

Supraflüssigkeit, → Superfluidität.

Supra|ionenleiter, die → Superionenleiter.

supraleitende Magnete sind → Magnete, bei denen der das Magnetfeld erzeugende Strom infolge → Supraleitung widerstandslos fließt.

Supraleiter, Metalle, Legierungen und metallähnl. Verbindungen (auf der Basis von Niob-Zirkonium, Niob-Zinn, Vanadium-Gallium und Vanadium-Silicium), die unterhalb einer stoffspezif. → kritischen Übergangstemperatur T_c unbegrenzte elektr. Leitfähigkeit erhalten (→ Supraleitung). Auf Grund ihres magnet. und therm. Verhaltens unterscheidet man verschiedene Arten von S. **S. 1. Art (Typ-I-S.)** zeigen unterhalb der → kritischen magnetischen Feldstärke vollständige Feldverdrängung (idealer → Meißner-Ochsenfeld-Effekt). Für **S. 2. Art (Typ-II-S.)** existiert neben dem Magnetfeldbereich, in dem das Innere völlig feldfrei bleibt, noch bei erheblich höheren magnet. Feldstärken die **Schubnikow-Phase,** in der das Feld teilweise in den S. eindringt und sich eine Vielzahl von feinen normalleitenden Flußschläuchen ausbildet, ohne daß die Supraleitung im verbleibenden Querschnitt des Leiters zusammenbricht. S., die in hohen Magnetfeldern auch noch hinreichend große Ströme widerstandsfrei transportieren können und daher große Bedeutung für techn. Anwendungen der Supraleitung haben, werden häufig als **S. 3. Art (Typ-III-S.)** oder auch **harte S.** bezeichnet. Da sie i. Ggs. zu den idealen S. 2. Art (reversible S. 2. Art) ein irreversibles Verhalten der Magnetisierung zeigen, werden sie auch als **irreversible S. 2. Art** oder **nichtideale S. 2. Art** bezeichnet. Alle reinen Metalle bis auf Niob und Vanadium sind S. 1. Art. Einige Elemente, z. B. Germanium, Silicium, Arsen oder Selen, werden erst bei sehr hohen Drucken (oberhalb 25 kbar) supraleitend **(S. in Hochdruckphasen),** für andere (z. B. Zinn) treten unter diesen Bedingungen neue supraleitende Modifikationen mit geänderten krit. Daten auf. Alle S. 1. Art lassen sich durch Zulegieren von Fremdatomen, die die freie Weglänge der Elektronen verkürzen, in S. 2. Art überführen. Die mehr als 1000 heute bekannten Legierungen und alle Verbindungen sind S. 2. Art und bleiben auch bei technisch interessanten Magnetfeldern noch supraleitend, z. B. beträgt die krit. magnet. Feldstärke H_{c2} für Nb_3Sn etwa 20 T bei 4,2 K. – **Schwacher S.,** der → Josephson-Kontakt.

Supraleitung, der erstmals 1911 von H. KAMMERLINGH-ONNES am Quecksilber beobachtete Effekt, daß für viele Metalle, Legierungen und metallähnl. Verbindungen der elektr. Widerstand bei Unterschreiten einer stoffspezif., nahe dem absoluten Nullpunkt liegenden → kritischen Übergangstemperatur T_c sprunghaft auf unmeßbar kleine Werte absinkt und somit die elektr. Leitfähigkeit unendlich groß wird **(Supraleitfähigkeit).**

Neben dem verlustfreien (widerstandslosen) Stromtransport ist die teilweise oder vollständige Verdrängung eines äußeren Magnetfeldes aus dem Leiter beim Übergang vom normal- zum supraleitenden Zustand charakteristisch für die S. (→ Meißner-Ochsenfeld-Effekt). Zu jeder Temperatur gibt es eine → kritische magnetische Feldstärke H_c und eine → kritische Stromstärke I_c für den durch die supraleitende Probe fließenden Strom, bei deren Überschreitung die S. zerstört wird, wobei in vielen Stoffen im überkrit. Magnetfeld ein Zwischenzustand durchlaufen wird, in dem supraleitende und normalleitende Lamellen oder Fäden nebeneinander im selben Leiter vorhanden sind (→ Supraleiter, 2. Art).

Weitere ungewöhnl., mit dem Übergang zur S. verknüpfte Erscheinungen sind das Auftreten einer → Energielücke im Anregungsspektrum der Leitungselektronen, ein unstetiger Sprung in der Temperaturabhängigkeit der spezif. Wärme bei der Übergangstemperatur sowie unterschiedl. Werte für die Wärmeleitfähigkeit im supra- und normalleitenden Zustand. Das elektromagnet. Verhalten kann für Supraleiter 1. Art durch die → Londonsche Theorie, für Supraleiter 2. Art durch die → Ginsburg-Landau-Theorie oder die daraus weiterentwickelte → GLAG-Theorie erklärt werden. Eine umfassende Beschreibung der außergewöhnl. Phänomene des supraleitenden Zustands ist aber erst der → BCS-Theorie gelungen, nach deren Vorstellungen beim Übergang von Normalleitung zur S. aus den Leitungselektronen → Cooper-Paare gebildet werden, die den → Suprastrom tragen. Damit können auch die → Josephson-Effekte erklärt werden.

Hauptziel der anwendungsorientierten Erforschung der S. ist die Entwicklung von Materialien mit möglichst hohen Werten für die krit. Temperatur, die krit. magnet. Feldstärke und die krit. Stromstärke, die eine wirtschaftl. Nutzung mit tragbarem Aufwand an Vakuum- und Kryotechnik ermöglichen.

Die wichtigste physikalisch-techn. Anwendung hat die S. bisher beim Bau großer Magnete gefunden, z. B. für magnetohydrodynam. Generatoren zur direkten Erzeugung elektr. Energie, für Elementarteilchen-Beschleuniger oder für die Grundlagenforschung im Bereich der Atom-, Molekül- und Festkörperphysik. Auch die Felder von etwa 10 T (bei Spuleninnendurchmessern von etwa 10 m), die in zukünftigen Fusionsreaktoren zum Einschluß des Plasmas benötigt werden, können nur mit supraleitenden Magneten erzeugt werden. Magnetschwebebahnen, die zum Antrieb einen eisenlosen Synchronmotor mit supraleitendem Magnet und zur Erzeugung der Hubkräfte mehrere supraleitende Magnete im Kurzschlußbetrieb verwenden, sind bes. in der Bundesrep. Dtl. und in Japan entwickelt worden. Die S. dient auch zur Messung kleinster Magnetfelder (bis etwa $2 \cdot 10^{-14}$ T), die z. B. zum Nachweis der Gehirnströme benutzt werden können.

Die naheliegendste Anwendung der S., der verlustfreie Transport hoher Ströme über große Entfernungen in supraleitenden Kabeln (→ Energieübertragung), dürfte erst bei Übertragungsleistungen von mehreren GW je Kabel, d. h. bei einem starken Anstieg des Stromverbrauchs in der Zukunft rentabel werden. Die entscheidende Rolle könnte der S. bei der Entwicklung von ultraschnellen Computern mit einer Zykluszeit von 1 ns (bei den derzeit schnellsten Rechenanlagen liegt die Zykluszeit zw. 30 und 50 ns) zufallen, in denen supraleitende Josephson-Kontakte als Schaltelemente zum Aufbau des Prozessors und Speichers eingesetzt werden, deren Schaltzustand in weniger als 10 ps geändert werden kann. Wegen der extrem niedrigen Leistungsaufnahme von etwa 1 μW je Josephson-Kontakt ließe sich eine kompakte Rechenanlage (wegen der Laufzeit der elektr. Impulse müssen die Abmessungen auf etwa 10 cm begrenzt werden) aufbauen, die durch Eintauchen in flüssiges Helium auf eine Temperatur von etwa 4 K abgekühlt werden kann.

W. BUCKEL: S. ([2]1977).

Supraleitungsmodell, Kernphysik: → Suprafluiditätsmodell.

Supraleitungs|speicher, aus → Josephson-Elementen aufgebauter digitaler Speicher für die elektron. Datenverarbeitung.

Supra|litoral, Spritzzone im Uferbereich der Meere und Süßwasserseen oberhalb der Wasserlinie.

Suprastrom, widerstandlos fließender Strom in einem → Supraleiter, dessen Ladungsträger die → Cooper-Paare sind.

Supremum, obere Grenze, Abk. **sup.** *M* sei eine Teilmenge der reellen Zahlen $\mathbb{R}$, die eine obere Schranke besitzt, d. h., es gibt $a \in \mathbb{R}$ mit $a \geqq m$ für alle $m \in M$. Eine obere Schranke a_0 heißt kleinste obere Schranke oder S. von *M,* wenn für alle oberen Schranken *a* gilt $a \geqq a_0$. Bezeichnung $a_0 = \sup M$. (→ Infimum)

surjektiv, Mathematik: → Abbildung 1).

Surveyor [səvˈeɪə, engl.], unbemannte Sonden der NASA für weiche Mondlandungen. Zw. Mai 1966 und Januar 1968 wurden sieben S. gestartet, zwei davon waren Fehlschläge. Die Sonden übertrugen während der Anflugphase und nach der Landung Fernsehbilder und lieferten v. a. im Hinblick auf das → Apollo-Programm wichtige Hinweise zur Landetechnik.

Suspension, disperses System aus unlösl. Feststoffteilchen oberhalb kolloider Größe (>200 nm) und Flüssigkeiten, plast. Massen oder erstarrten Schmelzen. Das Suspendieren geschieht in Rührwerken oder auch durch Aufschlämmen (Ton). S. können durch Filtrieren, Sedimentieren oder Zentrifugieren getrennt werden. Sie spielen in der techn. Chemie, Kosmetik, Pharmazie und im Haushalt eine bed. Rolle.

Suspensions|strom, Wassermassen, die durch aufgenommenes suspendiertes Material eine höhere Dichte haben und sich am Grund stehender Gewässer entlang bewegen **(Trübestrom).** S. können Lockersedimente transportieren und als **Turbidite** ablagern sowie submarine Cañons erodieren. (→ Rutschungen)

Süßgas, → Erdgas.

Süßstoffe, synthetisch gewonnene organ. Stoffe, die als Süßungsmittel dienen können, eine höhere Süßkraft als → Saccharose, aber einen nicht entsprechenden Nährwert haben. S. sind von → Zuckeraustauschstoffen zu unterscheiden. Zu den S. gehören → Saccharin und seine Natrium-, Kalium- und Calcium-Verbindungen sowie die Cyclamate. S. werden benutzt für Lebens- (bes. diätet.), Arznei-, Futtermittel und in der Galvanotechnik.

Süßverfahren, Sammelbez. für Verfahren, bei denen aus Benzin unangenehm riechende, korrosive Mercaptane durch Laugenwäsche entfernt und/oder durch Oxidation in Disulfide übergeführt werden. Beim bes. wichtigen **Merox-Verfahren** (Mercaptan-Oxidation) wird für die Extraktion eine wäßrige Natronlauge-Kobaltkomplex-Lösung (Merox-Lösung) verwendet. Die dabei gebildeten Mercaptide werden anschließend unter Rückgewinnung der Merox-Lösung mit Luft oxidiert.

Süßwasser, das aus Niederschlag gebildete → Oberflächenwasser, → Grundwasser und Quellwasser (→ Quelle). Ggs.: → Meerwasser mit hohen Salzgehalten. In Übergangszonen zw. S. und Salzwasser der Meere entsteht → Brackwasser.

Suszeptanz, der → Blindleitwert im Wechselstromkreis, Kehrwert der Reaktanz.

Suszeptibilität, 1) elektrische S., Formelzeichen χ_e, das Verhältnis des Betrages der Elektrisierung P/ε_0 zu dem der elektr. Feldstärke *E*: $\chi_e = P/(\varepsilon_0 E) = \varepsilon_r - 1$ (ε_r = Permittivitätszahl, *P* = elektrische Polarisation, ε_0 = elektrische Feldkonstante).

2) magnetische S., Formelzeichen χ_m, das Verhältnis des Betrages der Magnetisierung $M = J/\mu_0$ zu dem der magnet. Feldstärke *H*: $\chi_m = M/H = \mu_r - 1$ (μ_r = Permeabilitätszahl, *J* = magnetische Polarisation, μ_0 = magnetische Feldkonstante).

Sv, Einheitenzeichen für → Sievert.

Svekofenniden, Geologie: präkambr. Faltungskomplex des Baltischen Schildes (→ Fennoskandia).

Swing-by [-baɪ, engl.], → Fly-by.

SWR, Abk. für **Siedewasserreaktor,** ein → Kernreaktor.

Syenite *Mz.,* Gruppe körniger Tiefengesteine (→ magmatische Gesteine) von grauer, grünl. oder rosa Farbe, aus Kalifeldspat, natriumreichen Plagioklasen, Hornblende, Glimmer oder Pyroxen; Quarz < 10% (bei höherem Gehalt → Granit). Zahlreiche Abarten, z. B. **Larvikit, Mangerit.** Verwendung als Bau- und Dekorationsstein.

Sylvanit *der,* **Schrift|erz,** auch **Schrift|tellur,** früher **Weißgolderz,** Mineral $AuAgTe_4$, stahlgrau, silberweiß, lichtgelb, H. 1,5–2, D. 8,0–8,3; kleine Kristalle, meist in flachfiederigen oder schriftähnl. Gruppen. S. ist neben → Calaverit das häufigste Goldtellurid. Vorkommen auf Golderzgängen in Ergußgesteinen oder auf hydrothermalen Gängen.

Sylvin [n. dem dt. Arzt F. Sylvius, * 1614, † 1672] *der,* Mineral KCl, weiß und hellfarbig, H. 2, D. 1,99; meist körnige Aggregate. S. ist das wichtigste Kalisalz und seltener als das zum Verwechseln ähnliche Steinsalz, NaCl.

Sylvin, kristallisiert (Hannover)

Sylvinit *der,* Salzgestein aus einem Gemenge von → Sylvin und Steinsalz.

Symbol, 1) Chemie: chem. S. sind die Kurzzeichen für die → chemischen Elemente.

2) Datenverarbeitung: Zeichen mit einer eindeutig festgelegten Bedeutung; z. B. ist + das S. für die Addition.

symbolische Adresse, Datenverarbeitung: Kennzeichnung einer → Adresse durch eine frei wählbare Bez. bei der Programmierung in einer maschinenorientierten Sprache.

symbolische Programmierung, Programmieren mittels → symbolischer Adressen und Befehle.

Symmetrie, 1) Geometrie: Eine ebene Figur heißt symmetrisch bezüglich einer Geraden *g* **(S.-Achse)** oder eines Punktes *M* **(Punkt-S.),** wenn sie bei der Spiegelung an *g* oder *M* in sich übergeht. Analog für räuml. Figuren bezüglich Ebenen **(S.-Ebene)** und Punkten. Zwei ebene Figuren heißen symmetrisch bezüglich einer Geraden *g* oder eines Punktes *M,* wenn sie durch Spiegelung an *g* oder *M* auseinander hervorgehen. Analog für räuml. Figuren (BILD Spiegelung).

2) Physik: Beim Vorhandensein von S. kann ein best. physikal. Zustand durch eine Transformation in einen anderen Zustand, der in den entsprechenden physikal. Eigenschaften vom urspr. Zustand nicht zu unterscheiden ist, übergeführt werden. Ein Beispiel ist das gleichartige Verhalten von Proton und Neutron gegenüber der starken Wechselwirkung, zu dessen Beschreibung der → Isospin eingeführt wurde. Danach sind Proton und Neutron zwei Erscheinungsformen eines Teilchens, des Nukleons. Die Anwendung der Theorie der Gruppen auf die quantenmechan. Betrachtungen in der Molekül-, Atom- und Kernphysik führt zu **S.-Prinzipien,** die eng mit den → Erhaltungssätzen verbunden sind.

Symmetrie|elemente, Punkte, Geraden, Ebenen, die bei → Symmetrieoperationen ihre Lage nicht ändern, z. B. die Spiegelebene bei einer Spiegelung oder das Inversionszentrum **(Symmetriezentrum)** bei einer Inversion. **Symmetrie|achsen** sind die Drehachsen, Schraubenachsen, Drehinversionsachsen (Inversionsdrehachsen) und Drehspiegelachsen, **Symmetrieebenen** die Spiegelebenen und Gleitspiegelebenen. (→ Kristall)
Punkt-S. → Punktgruppe.

Symmetriegerüst eines Kristalls, → Kristall.

Symmetrie|inhalt eines Kristalls, → Kristall.

Symmetrieklassen, die → Kristallklassen (→ Kristall, ÜBERSICHT Symmetrieklassen der Kristalle).

Symmetrie|operation, eine Bewegung oder Koordinatentransformation, die ein geometr. Gebilde, insbes. ein Kristallgitter (→ Kristall) in sich selbst überführt. S. sind immer auch **Deckoperationen,** diese aber nicht immer auch S., z. B. die jedem Kristallgitter eigenen Translationen, durch die einander ident. Geraden einer Richtung nicht aber solche verschiedener Richtung ineinander überführbar sind. Durch S. ausgezeichnete Punkte, Geraden oder Ebenen des dreidimensionalen Objekts werden → Symmetrieelemente genannt.

Man unterscheidet **S. 1. Art,** denen eigtl. Raumbewegungen entsprechen, von **S. 2. Art,** bei denen die Koordinatentransformation durch eine Spiegelung mit einer nachfolgenden eigtl. Raumbewegung bewirkt wird. Einfache S. 1. Art sind **Translationen** und **Drehungen;** ihre Symmetrieelemente **Geraden in Richtung der Translationsbewegung** bzw. die **Drehachse.** Ist α der Drehwinkel, der das Objekt bei einer Drehung wieder mit sich zur Deckung bringt, so wird $x = \frac{360^\circ}{\alpha}$ als die **Zähligkeit** der Drehachse definiert. Im Raumgitter und damit in den Kristallstrukturen können nur 2-, 3-, 4- und 6zählige Achsen vorkommen. Die **Schraubung** (Symmetrieelement **Schraubenachse)** ist eine aus Translation und Drehung zusammengesetzte S. 1. Art (BILD Kristall). Als einfache S. 2. Art wird entweder die **Inversion (Spiegelung an einem Punkt)** oder die **Spiegelung** an einer Ebene gewählt. Im ersten Fall wird die Spiegelung durch die aus Inversion und 2zähliger Drehung zusammengesetzte S. dargestellt, im zweiten Fall die Inversion aus Spiegelung an einer Ebene und 2zähliger Drehung. Symmetrieelemente der Inversion (TAFEL Kristall I, A) und der Spiegelung sind das **Inversions-** oder **Symmetriezentrum** bzw. die **Spiegelebene.** Weitere zusammengesetzte S. 2. Art sind die **Drehspiegelung** oder **Inversionsdrehung (Drehinversion),** d. h. die Kopplung einer Drehung mit einer Spiegelung oder Inversion (Symmetrieelement 2-, 3-, 4- oder 6zählige **Drehspiegelachse),** und die **Gleitspiegelung** (BILD Kristall), d. h. die Kopplung einer Translation mit einer Spiegelung (Symmetrieelement **Gleitspiegelebene).**

Da die Ausführung einer S. das Objekt unverändert läßt, kann sie wiederholt, rückgängig gemacht oder an eine andere S. angeschlossen werden, wobei die zusammengesetzte Koordinatentransformation ebenfalls eine S. des Objekts ist. Die Menge aller S. eines Körpers hat daher die Struktur einer algebraischen Gruppe und wird als Symmetriegruppe dieses Körpers bezeichnet.

Drehung, Spiegelung sowie ihre Zusammensetzungen heißen **Punktsymmetrieoperationen,** da bei ihrer Ausführung mindestens ein Punkt des Körpers auf sich selbst abgebildet wird. Die Kombination der wirksamen Symmetrieelemente führt zu 32 verschiedenen **Punktsymmetriegruppen** (→ Punktgruppe), durch die sich sämtl. Kristalle bezüglich ihrer Gestalt (Morphologie) klassifizieren lassen **(Kristallklassen).** Die Symmetriegruppen dreidimensionaler period. Körper, die außerdem Translationen als S. enthalten, werden als → Raumgruppen bezeichnet. Alle Kristalle lassen sich durch 14 Translationsgitter mit unterschiedl. Symmetrie beschreiben (BILDER Bravais-Gitter). Die Gesamtheit aller Translationen läßt sich aus einem Tripel von drei nichtkomplanaren Basisvektoren ***a, b, c*** erzeugen (→ Elementarzelle) und bildet als Translationsgruppe eine Untergruppe der Raumgruppe. Man kann sieben kristallograph. Achsensysteme (Achsenkreuze) verschiedener relativer Längen und Orientierung der Basisvektoren unterscheiden. Auf der Grundlage dieser Achsenkreuze definiert man die sieben → Kristallsysteme. Insgesamt gibt es 230 Raumgruppen der Kristallstruktur. I. Ggs. zur Punktgruppe existieren in der Raumgruppe außer Punkt-S. zusammengesetzte S., z. B. die Schraubung oder die Gleitspiegelung, deren Einzelelemente (Drehung und Translation, Translation und Spiegelung) allein keine S. der Raumgruppe sind.

Symmetriezentrum, Inversionszentrum, zur Inversion gehörendes → Symmetrieelement.

symmetrisch, Mathematik: → Matrix 2), → Relation.

symmetrische Belastung, gleichmäßige Belastung der Außenleiter eines Drehstromsystems (→ Drehstrom).

symmetrische Doppel|leitung, → Lecher-Leitung.

symmetrische Funktion, symmetrisches Polynom, Bez. für ein → Polynom in mehreren Unbestimmten, das bei jeder Permutation der Unbestimmten ungeändert bleibt.

symmetrische Gruppe, volle Permutationsgruppe. Die Menge aller → Permutationen einer Menge M mit n Elementen bildet mit der Hintereinanderausführung als Verknüpfung eine Gruppe der Ordnung $n!$, die als s. G. S_n bezeichnet wird. Jede Untergruppe einer s. G. ist eine Permutationsgruppe.

Symphonie, Name von zwei deutsch-frz. Nachrichtensatelliten, die am 19. 12. 1974 und 26. 8. 1975 von Cape Canaveral gestartet und wenig später auf ihre geostationären Positionen gebracht wurden. Obwohl nur experimentelle Aufgaben vorgesehen waren, konnte das S.-Programm in einigen Fällen auch im internat. und im Regionalbereich genutzt werden, woran in 35 Ländern etwa 70 Erdefunkstellen und Empfangsstationen beteiligt waren. Jeder Satellit besaß urspr. eine Kapazität von je 1200 Fernsprechkanälen oder zwei Farbfernseh-Programmen. Die Nutzung leidet seit Anfang 1980 zunehmend unter Störungen und Leistungsabfall der Batterien.

Synärese, 1) Chemie: das Altern von Gelen unter Flüssigkeitsabgabe, wobei das Gel schrumpft, aber die urspr. Struktur beibehält. Die S. hängt vom pH-Wert ab und wird durch höhere Temperaturen begünstigt.

2) Geologie: Rißbildung durch subaquatische osmot. Entwässerung in Tonen.

Synchrongetriebe, ein → Kraftwagengetriebe.

Synchronisation, Synchronisierung, 1) Fernsehen: die Erhaltung des Gleichlaufs des schreibenden Elektronenstrahls der Bildröhre im Empfänger mit dem abtastenden Elektronenstrahl der Abtaströhre der Aufnahmekamera durch **Gleichlaufsignale (Synchronsignale, S-Signale, Synchronisierimpulse),** die zusammen mit den Videosignalen übertragen werden. Das Synchronsignal besteht aus den am Ende einer jeden Zeile übertragenen **Zeilensynchronimpulsen,** den am Ende eines jeden Halbbildes übertragenen **Vertikalsynchronimpulsen** und den vor oder nach den Vertikalsynchronimpulsen übertragenen **Vor-** und **Nachtrabanten.** – Beim Farbfernsehen ist S. auch die Erhaltung des Gleichlaufs der senderseitigen und der empfängerseitigen Farbträgerfrequenz.

2) Tonfilmtechnik: Maßnahmen für die gleichzeitige Wiedergabe von Bild und Ton. Bildstreifen und Tonspur können auf einem Tonfilm vereinigt sein, oder der Tonteil befindet sich auf einem getrennten Träger (Magnetband, Schallplatte) und wird durch mechan. oder elektr. Steuerung synchron mit dem Film abgespielt. **Voll-S.** bedeutet die gleichzeitige Aufnahme von Bild und Ton, bei der **Nach-S.** wird zu einer vorhandenen Bildaufnahme nachträglich der Ton aufgenommen, bei der **Vor-S.** wird zu einer Tonaufnahme nachträglich das Bild hergestellt. (→ Playback 2)

Synchronismus, a) innnerhalb einer Drehstrommaschine die Übereinstimmung der Umlaufgeschwindigkeit des Drehfeldes mit der Drehgeschwindigkeit des Läufers nach Richtung und Größe. – b) zw. zwei elektr. Netzen: dauernde Gleichzeitigkeit der Augenblickswerte der Spannung nach Größe und Richtung.

Synchronmaschine, elektr. Maschine **(Synchronmotor, Synchrongenerator),** deren Drehzahl in einem starren Verhältnis zur Netzfrequenz steht: Anzahl der Umdrehungen durch Sekunde mal der Polpaarzahl ist stets gleich der Netzfrequenz in Hertz.

Synchronmotor, → Elektromotor.

Synchronsignale, Synchronisier|impulse, Fernsehen: → Gleichlaufsignale, → Synchronisation 1).

Synchron|uhr, von einem kleinen wechselstromgespeisten Synchronmotor angetriebene Uhr, deren Ganggenauigkeit durch die Genauigkeit der Netzregelung bestimmt ist.

Synchronverschluß, Kameraverschluß (→ Verschluß 1), der beim Betätigen einen elektr. Kontakt zum Auslösen eines Blitzlichtes schließt. Bez. beim Zentralverschluß: M für Kolbenblitz, X für Elektronenblitz; beim Schlitzverschluß: X für Elektronenblitz, F für Kolbenblitz, FP für Kolbenblitz mit langer Verzögerung.

Synchrotron *das,* ein → Beschleuniger; Maschine, in der geladene Teilchen (z. B. Elektronen, Protonen, Ionen) nach einem von E. M. McMillan und unabhängig davon von V. Weksler 1945 vorgeschlagenen Prinzip auf hohe Energien beschleunigt werden. Die Teilchen werden im Vakuum auf einem Kreis mit nahezu konstantem Radius (Sollkreis) durch ein Magnetfeld geführt und durchlaufen Beschleunigungsstrecken mit angelegter hochfrequenter Wechselspannung, in denen sie Energie gewinnen. Wichtig ist, daß die Teilchen stets dann die Beschleunigungsstrecken durchlaufen, wenn die Wechselspannung das für eine Beschleunigung richtige Vorzeichen hat: Das Teilchen muß phasenrichtig zur Wechselspannung (synchron) umlaufen. Dies gelingt bei fester Frequenz für relativist. Teilchen, die mit nahezu Lichtgeschwindigkeit in das S. eingeschossen werden. Diese Teilchen vergrößern während des Beschleunigungsvorgangs nur noch ihre Energie, während sich ihre Geschwindigkeit kaum noch ändert **(Elektronen-S.).** Protonen dagegen erreichen wegen ihrer großen Ruhemasse erst bei sehr viel höheren Energien die Nähe der Lichtgeschwindigkeit. Während des Beschleunigungsprozesses nimmt ihre Geschwindigkeit und damit die Umlaufsfrequenz ständig zu. Daher wird die Frequenz der beschleunigenden Wechselspannung laufend erhöht, also frequenzmoduliert **(Protonen-S., Synchrophasotron).** Die Feldstärke der Führungsmagneten muß mit steigender Energie der Teilchen synchron erhöht werden, um die Teilchen auf dem Sollkreis führen zu können, der durch ein Gleichgewicht zw. der nach außen weisenden Zentrifugalkraft und der nach innen weisenden Lorentz-Kraft bestimmt ist. Teilchen mit etwas vom Sollkreis abweichender Bahn werden durch diese Kräfte auf ihn zurückgetrieben und führen Schwingungen um ihn aus **(Betatronschwingungen).** Durch besondere Gestaltung der Polschuhe können die rücktreibenden Kräfte erhöht werden (schwache und starke Richtungsfokussierung). Das Protonen-S. von Batavia erreicht eine Protonenenergie von 1 000 GeV (Übersicht Beschleuniger). Im Elektronen-Synchrotron sind die Strahlungsverluste durch → Synchrotronstrahlung beträchtlich, so daß für eine Elektronenenergie von mehr als etwa 10 GeV ein Linearbeschleuniger wirtschaftlicher ist.

Synchrotronstrahlung, elektromagnet. Strahlung, die zuerst an Synchrotrons entdeckt wurde. Die S. wird von energiereichen, geladenen Teilchen emittiert, die ein transversales Magnetfeld durchqueren und dadurch auf gekrümmte Bahnen gezwungen werden (magnetische → Bremsstrahlung); sie entsteht aber auch bei Geschwindigkeitsänderung auf gerader Bahn. Bei Elektronensynchrotrons mit einer Endenergie über 1 GeV reicht das Spektrum der S. vom Megahertzbereich bis in den Bereich der Röntgenstrahlung, wobei die maximale Frequenz von der Energie der Elektronen abhängt. Das Maximum der Intensität liegt im Bereich des Ultravioletten und der weichen Röntgenstrahlung. Bei der transversalen Beschleunigung wird die S. tangential zu den Bahnen abgestrahlt, wobei die Intensität rasch mit dem Winkel gegen die Bahnebene abfällt. In der Bahnebene ist die S. vollständig linear polarisiert, außerhalb elliptisch.

Die Leistung der S. ist proportional der 4. Potenz der Energie der Teilchen und umgekehrt proportional dem Quadrat des Radius und der 4. Potenz der Ruhemasse. Der Energieverlust durch S. begrenzt die mit Kreisbeschleunigern erreichbare Maximalenergie.

Auch gewisse Radiostrahlungen aus dem Weltall werden als S. gedeutet, erzeugt durch energiereiche Elektronenströme in kosmischen Magnetfeldern.

Für die S., die sich zunächst nur als störender Verlustfaktor an den Elektronen- und Positronen-Beschleunigungsanlagen der Hochenergiephysik bemerkbar gemacht hat, sind in den letzten Jahren interessante Anwendungsmöglichkeiten entdeckt worden, die von der Physik, Chemie und Elektronik bis zur Biologie und Medizin reichen. Die Strukturen von Atomen, Molekülen oder Festkörpern, Photoreaktionen und Photokatalysen auf Oberflächen, Photoemissionen von Metallen, die Zusammensetzung von Muskelfasern, die Prozesse, die zur Schädigung der Ozonschicht in der Atmosphäre durch Treibgase oder Kühlmittel führen, können u. a. mit S. untersucht werden. Auch bei der angewandten Strahlungs-

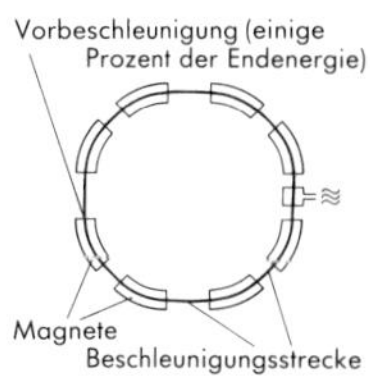

Synchrotron

meßtechnik und bei Entwicklungsaufgaben der Röntgenoptik kann S. nützlich sein. Für den industriellen Bereich dürfte die wichtigste Anwendung in der Herstellung von integrierten Schaltkreisen mit Hilfe der Röntgenlithographie (→ Lithographie 2) zu sehen sein. Hauptvorteil der S. sind das breite Spektrum vom Infraroten über das Ultraviolette bis in den Bereich der weichen Röntgenstrahlung, die hohe Intensität, die die herkömml. Röntgenröhren bei weitem übertrifft, die scharfe Bündelung und die Polarisation der Strahlung. Da man sich von der gezielten Nutzung der S. ähnl. Impulse für die Grundlagenforschung verspricht, wie sie die Entwicklung des Lasers geliefert hat, wurden Elektronen-Beschleuniger gebaut, deren Geometrie für die Erzeugung von S. optimiert wurde und die ausschließlich als Strahlungsquelle eingesetzt werden sollen, z. B. in den USA am Brookhaven National Laboratory, an den Universitäten von Wisconsin und Stanford und in der Bundesrep. Dtl. die Speicherring-Anlage BESSY (Abk. für Berliner Elektronen-Speicherring für Synchrotronstrahlung) in West-Berlin (BILD). Auch am Deutschen Elektronen-Synchrotron wurde am Speicherring DORIS ein Laboratorium (HASYLAB, Abk. für Hamburger Synchrotronstrahlungs-Laboratorium) für Experimente mit S. eingerichtet.

Synchrozyklotron, ein → Zyklotron, bei dem die Hochfrequenz der Beschleunigungsspannung frequenzmoduliert ist, um die Beschleunigungsspannung mit der Umlaufsfrequenz synchron zu halten. Damit ist es möglich, den Energiebereich eines Zyklotrons auf solche Energien auszudehnen, bei denen die relativist. Massenänderung nicht mehr zu vernachlässigen ist. Bei vernachlässigbarer Massenänderung ist der Krümmungsradius proportional der Geschwindigkeit, so daß, da die Umlaufszeit konstant bleibt, die hochfrequente Beschleunigungsspannung und Umlaufsfrequenz synchron bleiben. Im relativist. Bereich nimmt der Krümmungsradius stärker als die Geschwindigkeit zu. Die dadurch bewirkte Änderung der Umlaufszeit wird durch die Frequenzmodulation ausgeglichen. S. wurden für Protonen bis zu etwa 1 000 MeV gebaut. Bei noch höheren Energien wird ein S. aufwendiger als ein → Synchrotron.

Syn|ergetik, von dem Physiker H. HAKEN entwickeltes interdisziplinäres Forschungsgebiet zur Beschreibung offener Systeme. Während sich abgeschlossene Systeme mit Hilfe der darin geltenden Erhaltungssätze sowie des Entropiebegriffs oftmals einheitlich beschreiben lassen, reichen diese Methoden zur Behandlung offener Systeme nicht mehr aus. Die S. bedient sich neuartiger Begriffsbildungen, die es gestatten, das kooperative Verhalten von vielen Einzelsystemen zu behandeln, die zusammen ein offenes System bilden. Die S. beschäftigt sich mit der Frage nach der Bildung geordneter Systeme aus ungeordneten Phasen. Mit Hilfe der mathemat. Methoden der S. gelingt es, die Entstehung von Strukturen in Physik, Chemie, Biologie, Soziologie u. a. zu verstehen, quantitativ zu erfassen und Einheit in die Vielfalt verschiedenster Ordnungsprozesse zu bringen. Die entwickelten Vorstellungen, bes. die wesentl. Begriffe **Versklavung** und **Ordnungsparameter** lassen sich z. B. am Modell des Lasers erläutern. Dieser bestehe aus einer speziellen Leuchtstoffröhre, deren Endflächen zwei Spiegel bilden, die aber noch etwas Licht durchlassen können. Wird ein Strom durch die Röhre geschickt, so werden einzelne Gasatome angeregt und senden ganz ungeordnet kurze Lichtwellenzüge aus. Beim Überschreiten einer best. Stromstärke beginnen die Atome völlig gleichgeordnet zu schwingen und einen praktisch unendlich langen Wellenzug (Laserlicht) auszusenden. Dieser kommt dadurch zustande, daß beim Auftreffen der kurzen Wellenzüge auf angeregte Atome diese mitschwingen und die Wellen verlängern. Zw. den verschiedenen Wellen setzt ein Konkurrenzkampf ums ›Überleben‹ ein. Schließlich gewinnt eine Welle die Oberhand und ›versklavt‹ alle Atome, d. h., alle Atome müssen im Takt dieser Welle schwingen. Die überlebende Welle ist ›Ordnungsparameter‹ des Systems geworden, da sie die Ordnung in den Schwingungen der Atome bestimmt. Der hochgeordnete Zustand kann nur entstehen, wenn von außen ständig Energie zugeführt wird, d. h., wenn stets genügend Atome vom elektr. Strom angeregt werden.

H. HAKEN: Erfolgsgeheimnisse der Natur, S.: Die Lehre vom Zusammenwirken (1981); ders.: S. (a. d. Engl., 1982).

Syn|ergismus, Zusammenwirken verschiedener Stoffe oder Faktoren derart, daß die Gesamtwirkung größer ist als die Summe der Wirkungen der Einzelkomponenten; z. B. in der Pharmazie oder Chemie. **Synergisten** sind Substanzen, die sich in ihrer Wirkung additiv oder potenzierend ergänzen.

Synfuel [sˈɪnfjuəl], Abk. für **Synthetic fuel** [sɪnθˈetɪk fjˈuəl], flüssiger oder gasförmiger Brenn- oder Kraftstoff, der aus Kohle, Ölsand oder Ölschiefer, nicht jedoch aus Erdöl oder Erdgas hergestellt wird, bes. durch → Kohlehydrierung.

Syngenit, Mineral $K_2Ca[SO_4]_2 \cdot H_2O$, das in Kalisalz-Lagerstätten die Salzverarbeitung manchmal empfindlich beeinträchtigt.

Synklinale, Synkline *die,* Mulde einer geolog. → Falte. **Synklinaltal,** einer S. folgendes Tal.

Synklinorium, Geologie: muldenförmiges Faltenbündel, bei dem die zentralen Faltenachsen am tiefsten liegen. Ggs.: **Antiklinorium.**

synodisch, auf die Stellung der Sonne (und Erde zueinander) bezüglich, z. B. s. → Rotation, → synodische Umlaufszeit.

synodische Umlaufszeit, der Zeitraum, der beim Umlauf eines Planeten um die Sonne zw. zwei aufeinanderfolgenden Konjunktionen oder Oppositionen (→ Konstellation 1) des Planeten mit der Sonne liegt. Die s. U. des Mondes ist der synodische → Monat.

Syn|optik, Teilgebiet der Meteorologie, das sich mit den Wettererscheinungen und deren Entwicklung befaßt und daraus die Wettervorhersage ableitet.

syn|orogen, geolog. Geschehen während der → Orogenese; z. B. **synorogener Magmatismus.** Dagegen bezeichnet die **Synorogenese** epirogene tekton. Bewegungen, die gleichzeitig mit orogenen ablaufen.

Synproportionierung, Redoxreaktion, während der Verbindungen höherer und tieferer Oxidationsstufe desselben Elementes miteinander unter Bildung von Verbindungen mittlerer Oxidationsstufe reagieren; z. B. $CuCl_2 + Cu \longrightarrow 2\,CuCl$. Ggs.: → Disproportionierung.

Synroc, → Endlagerung.

Syntexis, die magmat. → Assimilation 2).

Synthese, Aufbau chem. Verbindungen aus einfacheren Stoffen. S. werden zur Herstellung technisch wichtiger Verbindungen (z. B. Ammoniak, Arzneimittel) oder zur Lösung theoret. Probleme (z. B. Strukturaufklärung von Naturstoffen durch Total-S.) durchgeführt. Die Bildung von Naturstoffen unter dem Einfluß von Enzymen wird als **Biosynthese** bezeichnet. Mit dem Zusatz ›S.‹ werden häufig künstlich hergestellte Produkte gekennzeichnet (z. B. S.-Kautschuk, S.-Öle, S.-Benzin).

S. von digitalen Schaltungen, → Schaltungssynthese; von Sprache, → Sprachsynthese.

Synthesebenzin, durch → Fischer-Tropsch-Synthese oder über → Methanol synthetisch hergestelltes Benzin.

Synthesefasern, Synthetics [sɪnθ'etɪks, engl.], Gruppe der → Chemiefasern, die aus Hochpolymeren durch Polymerisation (Polyvinylchlorid-, Polyamid 6-, Polyacryl- und Polyolefinfasern), Polykondensation (Polyamid 6.6- und Polyesterfasern) sowie Polyaddition (Polyurethan- und Elastomerfasern) entstehen.

Synthesegas, Gemische aus Kohlenoxid und Wasserstoff unterschiedl. Zusammensetzung, die Ausgangsbasis für die Synthese von Ammoniak, Methanol, Oxoprodukten u. a. sind. Als (Ammoniak-)S. wird darüber hinaus ein Gemisch aus Stickstoff und Wasserstoff im

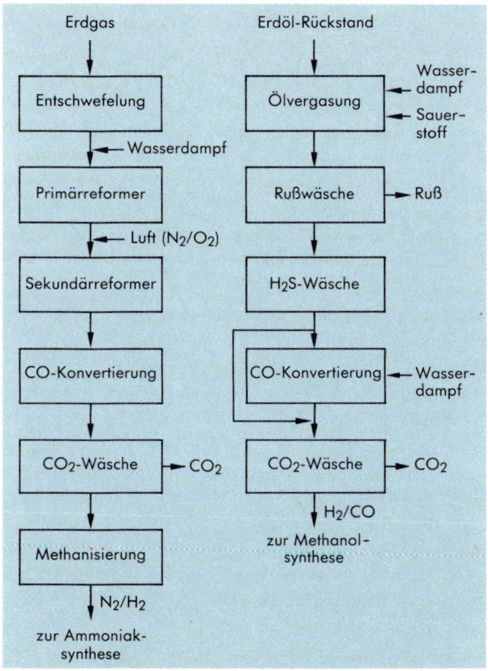

Synthesegas: Beispiele für die Synthesegasherstellung

Stoffmengenverhältnis 1:3 bezeichnet. S. wird heute v. a. aus Erdgas (→ Steamreforming) oder Rückständen der Erdöldestillation (→ partielle Oxidation) hergestellt. Es kann aber auch durch Kohlevergasung gewonnen werden. Der Gang der S.-Aufbereitung hängt vom verwendeten Rohstoff und vom Verwendungszweck ab. Meist wird das bei der S.-Herstellung gebildete Kohlenoxid durch → CO-Konvertierung vollständig (für Ammoniak-S.) oder teilweise (für Methanol-S.) in Kohlendioxid übergeführt. Kohlendioxid, CO_2, wird durch Absorption (CO_2-Wäsche) mit tiefgekühltem Methanol (Rectisol-Verfahren), Kaliumcarbonatlösungen (Benfield- und Giammarco-Vetrocoke-Verfahren) oder Aminlösungen (z. B. Methyldiäthanolamin) entfernt. Spuren von Kohlenoxid und Kohlendioxid, die bei der Ammoniaksynthese als Katalysatorgifte wirken, lassen sich durch → Methanisierung umwandeln. Neuerdings werden zur Reinigung von S. auch → Molekularsiebe verwendet.

Synthese|öle, Schmieröle und artverwandte Produkte (z. B. Isolieröle, Hydrauliköle), die nicht auf Mineralölbasis, sondern synthetisch hergestellt werden. Als S. werden z. B. Polymere von Alkenen mit sechs bis zwölf C-Atomen, Polyäther, Ester von Dicarbonsäuren (z. B. Sebacin- und Adipinsäure) mit höheren Alkoholen (z. B. Äthylhexanol), Siliconöle und Chlorkohlenwasserstoffe verwendet. Sie haben häufig einen niedrigeren Stockpunkt, höheren Viskositätsindex und/oder bessere therm. und chem. Stabilität als Mineralöle.

Synthese|teleskop, → Radioteleskop.

Synthesizer [s'yntəsaɪzər; engl. s'ɪnθəsaɪzə], elektron. Gerät, das sowohl zur Erzeugung künstl. Klänge und Geräusche dient als auch zur Veränderung und Verfremdung von natürlich erzeugten Tönen und Klängen. Der S. ist ein selbständiges Musikinstrument, wird aber auch in Verbindung mit einer → elektronischen Orgel eingesetzt. Ein S. ist aus einer Reihe verschiedener elektron. Baugruppen aufgebaut: Die zur Tonerzeugung verwendeten → Generatoren 2) sind fast ausschließlich spannungsgesteuerte Oszillatoren (VCO, Abk. von engl. ›Voltage Controlled Oscillator‹). Die zur Steuerung benötigten Spannungen werden über die Tastatur an einer internen Widerstandskette (Spannungsteiler) abgegriffen und lassen den Oszillator mit einer bestimmten, jeder Taste exakt zugeordneten Frequenz schwingen. Die Bildung von Klangvariationen setzt voraus, daß zu den einzelnen Grundtönen genügend Oberschwingungen zur Verfügung stehen und diese wahlweise zugefügt oder weggelassen werden können. Hierzu wird bei der additiven Klangformung eine hochfrequente Schwingung erzeugt, aus der durch Frequenzteilung der Grundton und alle dazugehörigen harmon. Obertöne entstehen. Die bei der Teilung gebildeten rechteckförmigen Schwingungen werden z. B. durch Integratoren in Sinusschwingungen umgewandelt und können (additiv) in einem bestimmten Amplitudenverhältnis zusammengemischt werden. Für Geräusche oder nichtharmon. Klänge ist ein → Ringmodulator notwendig. Die **subtraktive Klangbildung** geht von einer obertonreichen Schwingung aus (z. B. Sägezahnschwingung), deren Spektrum durch wahlweise zu- und abschaltbare Filtersysteme verändert werden kann. Neben der eigtl. Tonerzeugung prägt bes. das An- und Ausklingen der Tonschwingungen den Klangcharakter. Kurze Ein- und Ausschwingzeiten ergeben scharfe, klare Töne, bei längeren Zeiten erscheinen die Töne eher weich und verwaschen. Hierzu werden Hüllkurvengeneratoren eingesetzt. Weitere (mögliche) Einrichtungen: Zufallsgeneratoren zur Steuerung von Filtern, Phasenschieberschaltungen zur Erzeugung von Interferenzen, Nachhallgeräte, Rauschgeneratoren für die Geräuschsynthese u. a. Digital arbeitende Speicherwerke dienen zur Speicherung häufig wiederkehrender Steuerspannungswerte, die für best. Klangvariationen mehrfach benötigt werden. Sie sind – ebenso wie verschiedene Ton- oder Geräuschfolgen – programmierbar und mit einstellbarer Geschwindigkeit durch Tastendruck abrufbar. Die Steuerung kann auch durch externe Schallquellen erfolgen.

In der Meßtechnik werden S. als Bestandteil von Meßgeneratoren eingesetzt. Ein **S.-Generator** liefert Wechselspannungen mit hoher Frequenzkonstanz und hoher spektraler Reinheit. Das Ausgangssignal läßt sich – abgestuft in kleinen Schritten – über einen weiten Frequenzbereich bis zu einigen GHz einstellen. Anwendungen sind in der Satellitentechnik, in Eichlabors; zum Prüfen von Frequenzmessern, Filtern und Schwingquarzen, zum Messen schmalbandiger Nachrichtengeräte und zum Steuern selektiver Empfänger zu finden.

Auch in modernen Rundfunkempfängern wird die S.-Technik eingesetzt, z. B. zur Erzeugung der UKW-Oszillatorfrequenz. Die Grundschaltung besteht aus einem spannungsgesteuerten Oszillator (VCO), der über einen Regelkreis (→PLL) mit einer Referenzfrequenz phasensynchronisiert wird.

Über die Erzeugung künstl. Sprache →Sprachsynthesizer.

synthetisch, 1) Chemie: →Synthese.

2) Geologie: →Verwerfung.

synthetische Geometrie, Teilgebiet der Geometrie, in dem geometr. Theorien von Axiomensystemen ausgehend entwickelt werden, in denen geometr. Begriffe (z. B. Punkte, Geraden) Grundbegriffe der Theorie sind (z. B. EUKLIDS Behandlung der →Geometrie).

synthetisches Papier, Produkt aus Kunststoff-Folie oder -Fasern für Verpackungs- und Druckzwecke. Zur Verbesserung der Bedruckbarkeit wird die Oberfläche z. B. mit Pigmentstrich versehen. Rohstoffe sind Polyäthylen, Polypropylen u. a.

Synthol-Prozeß, →Fischer-Tropsch-Synthese.

Syphon, der →Siphon.

Syrosem [sirɔsj'ɔm, russ.], Rohboden gemäßigter Klimate, der v. a. durch physikal. Verwitterung gebildet wird. Bez. nach dem Ausgangsgestein, z. B. Granit-S., Quarzit-S.

System, 1) Datenverarbeitung: Anordnung zusammenwirkender Einzelteile, Komponenten, Prozesse, Vorgänge, Verknüpfungen, Beziehungen u. a., die zur zielgerechten Bearbeitung von Problemstellungen dient, z. B. die Hard- und Software eines Computers zur Verarbeitung von Daten oder der Verbund dezentral aufgestellter Datenverarbeitungsanlagen zu einem →Computerverbundnetz (→Teilnehmerrechensystem, →Betriebssystem). In allgemeingültiger Form untersucht die →Systemtheorie das Zusammenwirken einzelner Elemente.

2) Geologie: Schichtenfolge, die während eines längeren Zeitraumes der Erdgeschichte **(Periode)** abgelagert wurde, einschließlich der in der gleichen Zeit in sie eingedrungenen Magmatite (frühere Bez. Formation). Ein S. ist durch Leitfossilien gekennzeichnet.

3) Physik: in irgendeiner Weise von seiner Umwelt abgegrenztes Gebilde, das der Betrachtung unterzogen wird. Ein S. kann z. B. ein einzelnes Atom **(atomares S.)**, die Gesamtheit der Planeten **(Planeten-S.)**, oder die Gesamtheit der Fixsterne **(Milchstraßen-S.)** umfassen. Auf die Wechselwirkung mit der Umwelt beziehen sich die Begriffe ›offen‹ und ›abgeschlossen‹ u. a. bei **thermodynam. S.;** bei **offenen S.** findet ein Materie- und/oder Energieaustausch mit der Umgebung statt, bei **abgeschlossenen S.** dagegen nicht. Begriffe wie ›homogen‹, ›heterogen‹ kennzeichnen die Verteilung der Teile im S. Im **homogenen S.** sind untereinander gleiche, im **heterogenen S.** untereinander versch. Teile räumlich gleichmäßig verteilt.

4) →Maßsystem, →Einheitensystem, →Größensystem.

System|analyse, Methode zur Untersuchung und Gestaltung von Systemen **(Systemforschung)**, gliedert ein System in Subsysteme, Elemente, Verknüpfungen sowie Ein- und Ausgangsgrößen. Durch dann überschaubare, qualitativ oder quantitativ erfaßbare Teilbereiche werden Aussagen oder Vorhersagen über Abläufe und Verhaltensweisen des gesamten Systems ermöglicht. Die Systemforschung muß bei zunehmender Komplexität eines Systems interdisziplinär betrieben werden, z. B. die Untersuchung von Mensch-Maschine-Umwelt-Systemen zur Erfassung techn., wirtschaftl., sozialer, polit., militär. Zusammenhänge. (→Kybernetik, →Systemtheorie)

G. WUNSCH: S., 3 Bde. (1–3 1972–74); H. WEDEKIND: S. (2 1976); K. DITTERICH u. H. SCHNEIDER: S. und Prozeßstrategie (1979); K. EPPLE: Theorie und Praxis der S. (1979); T. SPITTA u. a.: Systemanalyt. Einführung in die kommerzielle EDV (1979); T. SCHMITZ-BENDER: Systemforschung (1980).

Système International d'Unités [sist'ɛ:m ɛ̃tɛrnasjɔn'al dynit'e, frz.], kurz **SI**, das Internationale Einheitensystem der →SI-Einheiten.

Systemprogramm, Programm, das die Datenverarbeitungsanlage steuert oder ihr wirtschaftlicheres Arbeiten ermöglicht, aber keine betriebl. Sachaufgaben erfüllt.

Systemtheorie, grundlegendes Erkenntnismodell, seit Entwicklung der allg. S. (L. v. BERTALANFFY) und der Durchsetzung des Funktionalismus sowie der Entstehung der →Kybernetik (N. WIENER) und der Informations- und Kommunikationstheorie zunehmend auf alle Bereiche der Erkenntniswirklichkeit angewendet. Die S. beschäftigt sich mit der Erforschung des Zusammenwirkens der durch ihre Einzelfunktionen beschriebenen Elemente eines Systems miteinander und mit der Außenwelt sowie der Beziehungen zw. gekoppelten Systemen. Das System kann dabei formaler oder prakt. Art sein, z. B. eine techn. Einrichtung, bes. eine Anlage mit verschiedenen, einander beeinflussenden Regelungsvorgängen, ein biolog. Organismus oder sozialer Verband sowie ein Wissenschaftssystem. Wesentl. Aspekte der allg. S. sind die Klassifikation von Systemen und die mathemat. Erfassung von Beziehungen und Gesetzen, in engerer kybernet. Betrachtung der Einfluß von Systemänderungen auf das Verhältnis von Eingangs- und Ausgangsgrößen. Wesentl. Einfluß auf die S. übte N. LUHMANN aus.

Mathematische Methoden der S. sind bei kontinuierl. Behandlung Differential- und Integralgleichungssysteme, bei der zunehmend verbreiteten diskreten Betrachtung Mengentheorie, Algebra der Gruppen und Graphen zur Beschreibung der Systemzustände und -übergänge.

Systemmodelle, hg. v. F. BEA (1979); R. UNBEHAUEN: S. (3 1980).

Syzygi|en, Zeit um Voll- oder Neumond, wenn Sonne, Mond und Erde annähernd auf einer Linie stehen.

Szilard-Chalmers-Effekt [sɪl'ɑ:d tʃ'ɑ:məz-, n. dem ungar. Physiker L. Szilard, * 1898, † 1964, und T. A. Chalmers], erstmals 1934 beobachtete Änderung des chem. Bindungszustandes von radioaktiven Atomen nach Neutroneneinfang mit nachfolgender Emission von γ-Quanten oder anderen Elementarteilchen. Da die dabei auftretende Rückstoßenergie i. a. größer ist als die Bindungsenergie des betreffenden Atoms im Molekülverband, wird es aus diesem herausgeschleudert und kann chemisch abgetrennt werden. Auf dem S.-C.-E. beruhte das erste Verfahren zur Isotopentrennung von künstl. radioaktiven Elementen **(Szilard-Chalmers-Verfahren).**

Szintigramm, bildl. Darstellung der Verteilung eines inkorporierten Radionuklids im Körpergewebe bei der **Szintigraphie,** einer Untersuchungsmethode, bei der eine Körperregion durch einen → Szintillationszähler abgetastet wird. Das S. läßt Rückschlüsse auf grobstrukturelle Veränderungen (z. B. bösartige Geschwülste) innerhalb des untersuchten Organs (z. B. Schilddrüse, Leber, Gehirn; BILD) zu.

Szintillation, 1) Astronomie: das Flackern der Sterne, d. h. die raschen, ungleichmäßigen Richtungs- und Helligkeitsschwankungen des Sternlichts infolge der → Luftunruhe.

2) Physik: das Auftreten von Lichtblitzen, wenn energiereiche Teilchen- oder elektromagnet. Strahlung auf fluoreszierende Substanzen (→ Szintillator) trifft. Beim Durchgang der Strahlung werden Elektronen in einen angeregten Zustand versetzt. Bei der anschließenden Rückkehr in den Grundzustand wird Licht (Photonen) emittiert. Unter dem Einfluß der Strahlung entsteht also Fluoreszenz. Die Lichtblitze dienen im → Szintillationszähler zum Nachweis und im → Szintillationsspektrometer zur Messung des Energiespektrums der auslösenden Teilchen oder Photonen.

Szintillations|spektrometer, Gerät zur Messung des Energiespektrums von geladenen Elementarteilchen und Photonen, v. a. von γ-Quanten, wobei die in einem → Szintillationszähler ausgelösten Lichtblitze auf ihre Intensität, die proportional zur Teilchenenergie ist, analysiert und in einem angeschlossenen Vielkanalimpulshöhenanalysator registriert werden.

Szintillations|zähler, Kern- und Teilchenphysik: Gerät, mit dem energiereiche Teilchen oder Photonen über die in einem → Szintillator ausgelösten Lichtblitze

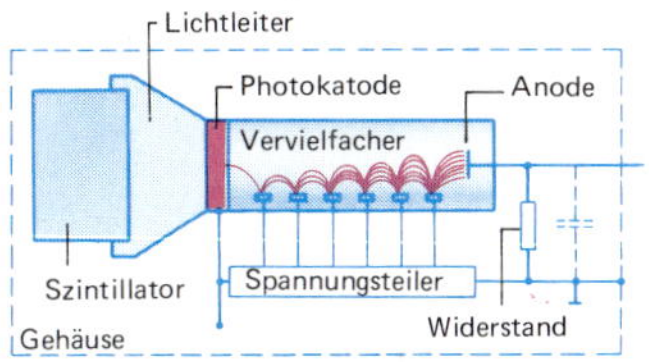

Szintillationszähler

(→ Szintillation 2) nachgewiesen werden. Während in den Anfängen der Kernphysik die Lichtblitze mit dem Auge beobachtet und gezählt wurden **(Spinthariskop),** verwendet man heute Sekundärelektronenvervielfacher, die das Lichtsignal in ein verstärktes elektr. Signal umwandeln, das elektronisch weiterverarbeitet wird.

Szintillator, die szintillierende Substanz (→ Szintillation 2) eines → Szintillationszählers oder → Szintillationsspektrometers. Als S. dienen organ. Verbindungen in fester Form (z. B. Anthrazen, einige Kunststoffe) oder in flüssiger Form (z. B. Terphenyl in Toluol) sowie anorgan. Verbindungen (z. B. Zinksulfid oder Natriumjodid mit einem Zusatz Thallium). Man sucht sich einen geeigneten S. je nach Art der nachzuweisenden Strahlung (geladenes oder ungeladenes Teilchen, Photonen) sowie nach der erforderl. Energie- und Zeitauflösung aus.

s-Zustand, Energiezustand eines Elektrons mit der Nebenquantenzahl $l = 0$ **(s-Elektron)** in einem → Atom.

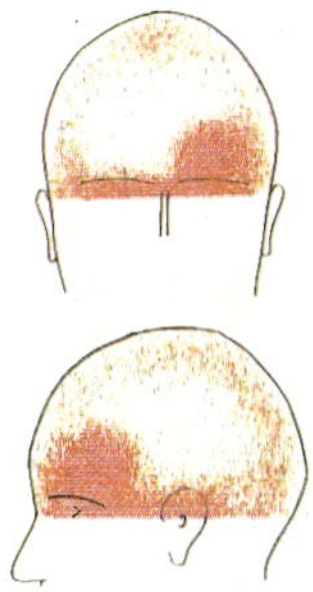

Szintigramm: Hirn-S.

T

t, 1) Einheitenzeichen für → Tonne.

2) *t,* Formelzeichen für Zeit und Celsius-Temperatur.

3) physikal. Symbol für Triton und Top-Quark (Truth-Quark).

t.-, Abk. für → tertiär.

T, 1) chem. Symbol für → Tritium.

2) Einheitenzeichen für → Tesla.

3) *T,* Formelzeichen für kinet. Energie, Periodendauer, thermodynamische Temperatur, Zeitumkehr.

4) Vorsatzzeichen für → Tera.

T_c, T_c, Formelzeichen für die → kritische Übergangstemperatur (des Supraleiters).

T_C, T_C, Formelzeichen für → Curie-Temperatur.

T_N, T_N, Formelzeichen für → Néel-Temperatur.

$T_{1/2}$, $T_{1/2}$, Formelzeichen für → Halbwertszeit 3).

T_3, kurz für → Trijodthyronin.

T 4, kurz für → Thyroxin.

2,4,5-T., Trichlorphenoxyessigsäure, → Chlorphenoxyessigsäure.

Ta, chem. Symbol für → Tantal.

Tabelliermaschine, Hauptmaschine der konventionellen Lochkartentechnik zum Drucken von Daten aus → Lochkarten 1).

Tablette, festes, verschieden geformtes, häufig scheibchenförmiges Erzeugnis der Pharmazie und chem. Technologie, besteht aus Grundsubstanz (z. B. Arzneistoff) und ggf. Zusatz von Füll-, Binde-, Gleitmittel u. a., dient der besseren Dosierung oder Handhabung seiner ursprünglich ungeformten Bestandteile, z. B. Arzneimittel-T., Brennstoff-T., Kunststoff-T.

Tablettieren, Verfahren der Preßagglomeration, mit dem pulverige, körnige oder faserige → Formmassen unter Druck zu meist zylindrischen Tabletten verdichtet werden als Vorbereitung zur Weiterverarbeitung z. B. durch Pressen oder Spritzpressen.

Tabun, zu den nervenschädigenden → chemischen Kampfstoffen gehörender Phosphorsäureester.

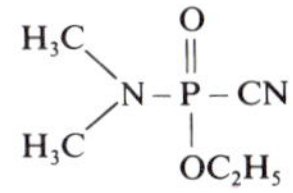

Tabun

TACAN [t'ækæn], Abk. für **Tactical Air Navigation** [t'æktıkl'εə nævıg'eıʃn, engl.], Funknavigationshilfe in der Militärluftfahrt (→ Funkortung). Durch Ausbildung des TACAN-Drehfunkfeuers (~ 1 GHZ) als

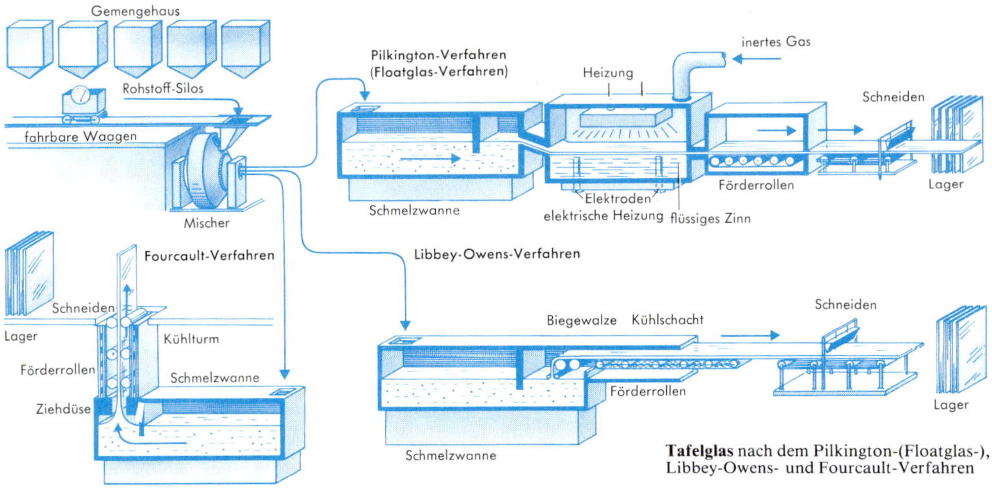

Tafelglas nach dem Pilkington-(Floatglas-), Libbey-Owens- und Fourcault-Verfahren

→Transponder liefert TACAN auf dem gleichen Frequenzkanal Azimut- und Entfernungsangaben direkt, bezogen auf den Standort der Bodenstation. Diese besteht aus einem →Drehfunkfeuer nach dem Phasenmeßprinzip (→VOR), bei dem durch eine kombinierte Grob- und Feinmessung eine hohe Genauigkeit der Azimutangaben erzielt wird. Die Entfernungsmessung geschieht mittels →DME. Etwa 100 Flugzeuge können innerhalb des Bedeckungsbereiches einer Anlage gleichzeitig bedient werden. – Beim SETAC-Landeverfahren, einem TACAN-Abkömmling, werden durch ein besonderes Sendeprinzip (umlaufende Hyperbeln) die 360°-Azimutinformationen in einem Anflugsektor von nur ± 18° beiderseits der Anfluggrundlinie erzeugt (daher Steigerung der Winkelmeßgenauigkeit um das Zehnfache).

Tachometer *das* oder *der,* als →Drehzahlmesser gebauter Geschwindigkeitsmesser für Landfahrzeuge; Anzeige auf Kreisskala oder gestreckter Skala oder digital. Beim **Fliehkraft-T.** wird ein auf der Welle befestigter Schwungring durch die Fliehkraft, entgegen einer Federkraft, gespreizt. Beim **Wirbelstrom-T.** entstehen zw. den Polen eines rotierenden Magneten Wirbelströme, die eine Rückstellfeder um so stärker mitnehmen, je höher die Drehzahl ist. Beim **elektr. Fern-T.** ist mit der Achse ein Generator gekuppelt, Anzeigegerät ist ein Spannungsmesser.

Tachydrit, Tachyhydrit, Mineral $CaCl_2 \cdot 2\,MgCl_2 \cdot 12\,H_2O$, in Kalisalz-Lagern als störende Beimengungen.

Tachylit, natürliches, gelbbraun bis schwarzes, fast wasserfreies Basaltglas.

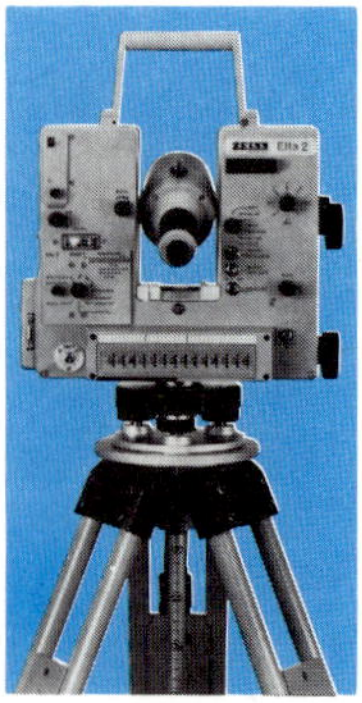

Tachymeter: elektronisches T.

Tachymeter *das,* Instrument für Geländeaufnahmen, mit dem vom Standpunkt aus ein zweiter Punkt durch →Horizontalwinkel, →Distanz 2) und →Höhenwinkel festgelegt wird. Beim **T.-Theodolit** wird die schräge Entfernung mit Hilfe eines →Theodolits und einer vertikal aufgestellten Distanzlatte gemessen. Ein **Reduktions-T.** besitzt Distanz- und Höhenkurven zur Messung der Horizontalentfernung und des Höhenunterschiedes. Mit dem Kompaß eines **Bussolen-T.** können Horizontalrichtungen gegenüber Magnetisch-Nord orientiert werden. In **elektron. T.** (BILD) werden sämtl. Messungen elektronisch ausgeführt und registriert. Die Ergebnisse einer T.-Aufnahme dienen als Grundlage für die Herstellung von Lage- und Höhenplänen und von topographischen Karten.

Tachyon *das,* hypothet. Teilchen, das nur mit Geschwindigkeiten v vorkommen soll, die größer als die Lichtgeschwindigkeit c sind. Die relativist. Beziehung zw. Energie E, Masse m (Ruhemasse m_0) und Geschwindigkeit v: $E = m \cdot c^2 = m_0 c^2/\sqrt{1 - v^2/c^2}$ gibt reelle Lösungen für $v > c$, wenn m_0 imaginär ist. Die T. werden mit zunehmender Energie langsamer und erreichen im Grenzfall unendlicher Energie die Lichtgeschwindigkeit. Experimentell konnten T. (noch) nicht nachgewiesen werden. T. unterscheiden sich von →Tardyonen, deren Geschwindigkeit immer kleiner als die Lichtgeschwindigkeit ist, und von →Luxonen, die sich stets mit Lichtgeschwindigkeit bewegen.

Taconite, Taconit|erze, den →Itabiriten ähnl. metamorphe Eisenerze im Gebiet des Oberen Sees. Durch Verwitterungs- und Umlagerungsvorgänge entstanden aus den T. (25% Fe) die Oberen-See-Erze (40–60% Fe).

Taenit, an Nickel reiches Mineral in Eisenmeteoriten (›Bandeisen‹).

Tafelbauart, Bauart, bei der Wände und Decken aus großformatigen Tafeln von Stockwerkshöhe (bei Wandtafeln) und Raumbreite (bei Deckentafeln) zusammengebaut werden; angewendet v. a. als →Großtafelbau.

Tafelberg, 1) Astronomie: lat. **Mensa,** ein →Sternbild am Südhimmel.

2) Geographie: Berg von tafelförmigem Aussehen, besitzt an Stelle eines Gipfels eine Rückenebene (Hochplateau). T. bestehen meist aus flachlagernden Sedimentgesteinen oder Lavadecken.

Tafelglas, gezogenes, klar durchsichtiges →Flachglas; als **Dünnglas** 1–1,5 mm, **Fensterglas** 2–4 mm, **Dickglas** 4,5–6,5 mm dick. T. wird fast ausschließlich als kontinuierl. Band aus Glasschmelzwannen gezogen. Am weitesten verbreitet sind: **Fourcault-Verfahren** [furk'o-], Senkrechtziehen aus einer Düse, **Pittsburgh-Verfahren** [p'ıtsbə:g-], Senkrechtziehen aus der Oberfläche der Schmelze durch Ziehkammern, **Libbey-Owens-Verfahren** [l'ıbı 'əʊınz-], Waagerechtziehen aus der Schmelze, **Pilkington-Verfahren** [p'ılkıŋtn-], Waagerechtziehen über flüssiges Zinn (→ Floatglas).

Tafel|land, ein Flachland, dessen Untergrund aus horizontal gelagerten Gesteinsschichten besteht und dessen Oberfläche i. a. eine Schichtfläche bildet **(Schichttafelland).** Nach tekton. Heraushebung sind T. meist in einzelne, voneinander durch Bruchlinien getrennte **Tafelschollen, Tafelhorste** oder → Tafelberge 2) aufgelöst.

Tafelspat, Mineral, der → Wollastonit.

Täfelung, Vertäfelung, Verkleidung von Innenwänden und Decken mit Stab- und Faserbrettern, Rahmen und Füllung, mit Holzspanplatten und Holzfaserplatten sowie Sperrholzplatten. Die T. wird meist auf Latten oder Leisten befestigt.

Tafelwasser, aus natürl. oder künstl. Quellen gewonnenes Mineralwasser, das im Liter mindestens 1 g gelöste Substanzen oder 250 mg freie Kohlensäure enthält. T. werden unterteilt in → Mineralwässer, mineralarme Wässer und künstliche Mineralwässer.

Tafoni-Verwitterung, Tafonierung, Geologie: unregelmäßige Hohlräume bes. in Graniten, auf Korsika und Elba verbreitet. Die kugel- bis nierenförmigen Auswitterungen können zimmergroß werden.

Tag, 1) Astronomie, Zeitmessung: a) der Zeitraum zw. Sonnenaufgang und -untergang i. Ggs. zur → Nacht. b) die Dauer einer Erdumdrehung, wobei man den **Sonnentag** und den **Sterntag** unterscheidet. Der Sonnen-T. umfaßt die 24 Stunden zw. zwei aufeinanderfolgenden unteren Kulminationen der Sonne (→ Sonnenzeit). Der → Sterntag mißt die Umdrehung der Erde gegenüber dem Fixsternhimmel (→ Sternzeit). c) gesetzl., SI-fremde Einheit der Zeit, Einheitenzeichen d (in der Astronomie auch hochgestellt: ^{d}), entspricht etwa dem mittleren Sonnen-T. Da der mittlere Sonnen-T. wegen der Abnahme der Rotationsgeschwindigkeit der Erde laufend länger wird (jedes Jahrhundert ist um etwa 9,1 s länger als das vorhergehende), ist er als Grundlage eines unveränderl. Zeitmaßstabes ungeeignet. Daher leitet sich die gesetzl. Zeiteinheit T. von der atomar definierten → Sekunde 2) ab: 1 d = 24 h = 1440 min = 86400 s.

2) Bergbau: die Erdoberfläche (›über/unter Tage‹).

Tagbogen, der über dem Horizont liegende Teil der scheinbaren Bahn eines Gestirns am → Himmel.

Tagebau, bergbaul. Abbaubetrieb an der Erdoberfläche unter freiem Himmel (im Unterschied zum Untertagebau, → Bergbau). Meist muß über der Lagerstätte liegender Abraum beseitigt werden. Lagerstätte und Abraum werden in treppenförmigen Absätzen (→ Strosse) söhlig fortschreitend abgebaut. Die Strossenhöhe, von der Festigkeit des anstehenden Materials, der maschinellen Ausrüstung und betriebswirtschaftl. Überlegungen bestimmt, beträgt im Durchschnitt etwa 15 m, auch weniger oder wesentlich mehr. Zw. den Strossen werden geneigte Ebenen als Verkehrswege angelegt. Das abzubauende Material wird durch Grabgeräte (Löffel-, Schaufelrad-, Schürfkübelbagger), überwiegend jedoch durch Sprengarbeit gelöst (→ Sprengen). Mit einer Sprengserie können bis zu mehrere hunderttausend m³ Gestein gelöst werden. Ziel der Sprengung ist ein möglichst geschlossen liegendes, gleichmäßig stückiges Haufwerk.

Zum Laden auf Fördermittel dienen Löffelbagger oder Frontendlader (auf Raupen oder Rädern fahrende, planierraupenähnl. Fahrzeuge mit Ladeschaufeln bis zu 10 m³ Fassungsvermögen an der Stirnseite). Die Löffelgröße von Baggern übersteigt 20 m³, v. a. im Kohle-T. Als

Tagebau: Schaufelradbagger

Fördermittel dominieren heute als Muldenkipper gebaute Schwerkraftwagen (SKW, Kapazität bis 200 t), die durch Dieselmotoren, teils über Getriebe, teils dieselelektrisch mit je einem Elektromotor an den vier Rädern angetrieben werden. Der SKW-Transport entfällt, wenn die Ladegeräte in fahrbare Großbrecheranlagen mit nachgeschaltetem Gurtförderer (Förderband) laden. Meist ist →Aufbereitung der Rohförderung erforderlich.

Schaufelradbagger erfüllen gleichzeitig die Aufgaben des Lösens und Ladens, meist auch durch einen in einem Ausleger montierten Gurtförderer mindestens einen Teil der Förderarbeit. Größte Schaufelradbagger leisten über 200000 m^3/Tag. Zum Anschütten von Abraumkippen werden →Absetzer eingesetzt, mancherorts auch Abraumförderbrücken.

Tagebautechnik, hg. v. K. STRZODKA u. a., 1 (1979), 2 (1980); Grundlagen für die Berechnung von Tagebauen, hg. v. H. HÄRTIG (³1982).

Tagesgang, die Kurve der Werte meteorolog. oder hydrologischer Elemente im Lauf eines Tages.

Tagesleuchtfarben, Anstrichstoffe und als opt. Aufheller verwendete Textilhilfsmittel, die bei Sonnen- und UV-Licht leuchten, indem sie die Eigenfarbe zeigen, daneben aber auch den kurzwelligen Lichtanteil in langwelligen, sichtbaren umwandeln. T. sind chemisch meist feinpulverisierte organ. Gläser, gefärbt mit fluoreszierenden Farbstoffen (Rhodamin, Fluorescin u. a.). Sie werden verwendet u. a. in Reflexfolien, Sicherheits- und Warnanstrichfarben sowie zum Bedrucken von Textilien.

Tageslicht, das durch die Sonnenstrahlung verursachte natürl. Licht. Die horizontale Global-Beleuchtungsstärke beträgt z. B. in rd. 50° n. Br. im Sommer bei klarem Himmel maximal etwa 100000 lx, im Winter (Dezember, Mittagszeit) etwa 20000 lx, bei bedecktem Himmel entsprechend 20000 lx (Sommer), 5000 lx (Winter). Die den Farbeindruck kennzeichnende Farbtemperatur liegt für den klaren Himmel zw. 12000 und 26000 K, für die direkte Sonnenstrahlung bei 5500–6000 K, für den bedeckten Himmel bei 7000 K.

Tageslichtfilm, photograph. Aufnahmematerial, das auf die Farbtemperatur des mittleren Tageslichts (etwa 5600 K) abgestimmt ist, demnach auch bei künstl. Tageslicht (Elektronenblitz, blauer Kolbenblitz) verwendet werden kann. Ggs.: →Kunstlichtfilm.

Tageslichtquoti|ent, Größe zur Kennzeichnung der Tageslichtbeleuchtung in Innenräumen, abhängig von der Fenstergröße und der Verbauung; definiert als der Quotient der Beleuchtungsstärke des betrachteten Raumpunktes zu der gleichzeitig unter freiem (bedecktem) Himmel vorhandenen Beleuchtungsstärke. In Wohnräumen sollte der T. im ungünstigsten Punkt der Nutzebene wenigstens 1% betragen.

Tages|tonne, Abk. **Tato,** fälschl. Bez. für Tonne je Tag.

Tagkreis, die von einem Gestirn in 24 Stunden scheinbar zurückgelegte Bahn am →Himmel, die sich aus Tagbogen und Nachtbogen zusammensetzt.

Tagundnachtgleiche, das →Äquinoktium.

Taifun *der,* Bez. für →tropische Wirbelstürme im westl. Pazifik. T. treten ganzjährig auf, meist jedoch von Juli bis November. Sie entstehen zw. 6° und 12° n. Br. im zentralen Pazifik, ziehen nach Westnordwesten über die Philippinen und biegen hier z. T. nach Norden bis Nordosten um.

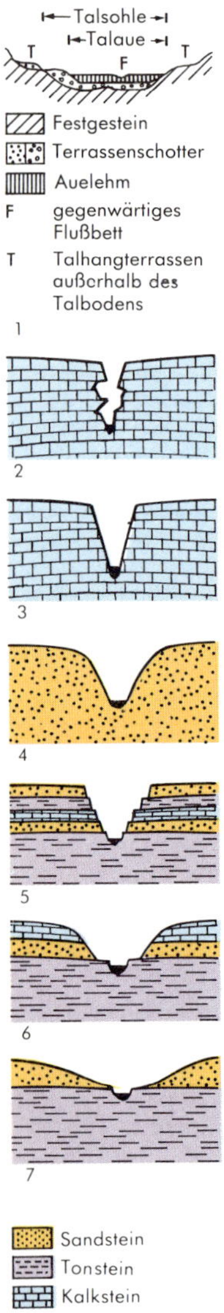

Tal:
1 Talquerschnitt, **2** Klamm, **3** Schlucht, **4** Kerbtal, **5** Cañon, **6** Sohlental, **7** Muldental

Taiga *die,* die Subzone des euras. Waldgürtels, die nördl. Nadelwaldzone (bes. Fichten und Lärchen).

Takelung, Takelage [-ʒə], die gesamte, aus Masten, Stengen, stehendem und laufendem Gut (Tauwerk, Ketten), Segeln u. a. bestehende Segeleinrichtung eines Schiffes (→Segelschiff).

Takt, 1) Datenverarbeitung: in bestimmtem Abstand aufeinanderfolgende Zeitpunkte, denen diskrete Signalwerte zugeordnet sind. Das für techn. Anwendungen notwendige Zeitraster wird durch **Taktimpulse** gebildet, die von einem →Taktgenerator erzeugt werden. Ein Taktimpuls ist gekennzeichnet durch seine Vorder- und Rückflanke sowie die Impulsdauer. Er besitzt auf Grund seiner rechteckigen Form nur zwei den Logikpegeln eines digitalen Signals entsprechende Amplitudenwerte. Der zeitl. Abstand zweier Taktimpulse wird **Taktfrequenz** (Periodendauer) genannt.

2) Maschinenbau: die Bewegung des Kolbens einer Hubkolbenmaschine von einem →Totpunkt zum anderen, wobei ein Arbeitsspiel aus mehreren Takten besteht (→Verbrennungsmotor).

Taktgenerator, elektron. Schaltung oder Gerät zur Erzeugung rechteckförmiger, periodischer Ausgangsspannungen. Der T. dient als Zeitgeber **(Taktgeber)** in elektron. Digitalschaltungen, als zentrale Einrichtung für mehrere Einzelgeräte zur zeitl. Abstimmung (Synchronisation) verschiedener Vorgänge, als Impulsgenerator im Steuerwerk der Zentraleinheit eines Computers oder als Rechteckgenerator in Schaltnetzteilen. In komplexen Logiksystemen werden zur Steuerung der einzelnen Funktionen auch mehrphasige T. eingesetzt.

taktische Waffen, i. w. S. alle Waffen und Waffensysteme, die von Streitkräften im Kampf gegen feindl. Streitkräfte verwendet werden können und im Unterschied zu →strategischen Waffen nicht vornehmlich zur Zerstörung des feindl. Kriegspotentials verwendet, sondern v. a. gegen Streitkräfte und ihre Einrichtungen oder gegen die den Streitkräften nutzbare Infrastruktur gerichtet werden. I. e. S. sind t. W. auch die auf dem Gefechtsfeld wirkenden atomaren Waffen. Hierbei ist im begrenzten Krieg in dichtbesiedeltem Gebiet die Abgrenzung gegenüber den strateg. Waffen nicht eindeutig vorzunehmen.

Taktizität, Regelmäßigkeit in der Aufeinanderfolge der sich wiederholenden Konfigurationsbausteine innerhalb der Hauptkette eines polymeren Moleküls.

Tal, langgestreckte, nach einer Seite geöffnete Hohlform mit gleichsinnigem, nicht immer gleichmäßigem Gefälle. Talähnliche Tiefenlinien, denen das gleichsinnige Gefälle fehlt, nennt man **Talungen.** Gleichmäßig abnehmendes Gefälle findet sich bes. in T. der humiden Klimabereiche, jedoch wechseln auch hier Abschnitte stärkeren Gefälles (Talstufen mit →Wasserfällen und →Stromschnellen) mit solchen schwächeren Gefälles, in denen sich manchmal **Talseen** (Schaltseen) finden. – Alle T. sind zunächst durch die erodierende Tätigkeit von →Flüssen 2) entstanden, auch wenn sie heute nicht mehr durchflossen (z. B. →Trockentäler) oder von Gletschern benutzt werden **(Gletschertäler).** – Ein **Haupttal** bildet mit seinen **Nebentälern** ein **Talsystem. Taldichte** heißt der Grad der fluviatilen Zerschneidung eines Gebietes. Wird ein ehemaliges T. heute nach zwei Richtungen hin entwässert und ist dabei die Wasserscheide kaum oder nur als flache Bodenschwelle erkennbar, spricht man von einer **Talwasserscheide.** – Innerhalb eines T. ist der niedrigste, gewöhnlich flache Teil die **Talsohle (Talboden, Talgrund)**; in ihr wird die Verbindungslinie der tiefsten Punkte als **Talweg** bezeichnet, dem i. a. auch der Flußlauf **(Talbett)** folgt. Die **Talaue** (→Aue) ist der Teil des Talbodens, den der Fluß bei Hochwasser überflutet. Die seitwärtigen Begrenzungen eines T. bilden die **Talränder,** dazwischen liegen die **Tal(ge)hänge** (Talwand, Talseite, Talflanke, Lehne, Leite), die man mit ›rechts‹ und ›links‹ in Richtung des Talgefälles benennt. In das T. bastionsartig vorspringende Hangstücke heißen **Talsporne** oder **Talriegel.** Vom **Talanfang (Talschluß, Talzirkus)** führt der Talverlauf zum Talausgang **(Talmündung** in ein anderes T., in eine Ebene oder ins Meer); in Karstgebieten enden **blinde T.,** deren Flüsse versickern, oft vor einer Bergwand. In gewundenem oder ungleichmäßigem Talverlauf wechseln **Talengen** mit **Talweitungen (Talbecken** oder, bes. im Hochgebirge, **Talkessel),** was durch unterschiedl. Gesteinsbeschaffenheit, verschieden starke Heraushebung der einzelnen Talabschnitte oder in ehemals vereisten Gebieten durch unterschiedl. Gletscherwirkung bedingt ist. – Junge T. oder solche in jungen Hebungsgebieten haben einen V-förmigen Querschnitt: **Kerbtäler;** wo sie bes. tief und eng sind, bilden sie eine **Schlucht,** im Felsgestein eine **Klamm** mit senkrechten oder gar überhängenden Wänden. Ein **Sohlental** entsteht, wenn sich bei Zunahme der Hangabflachung ein Talboden ausbildet. Ein Sohlental kann die Form eines **Kastentales** oder eines **Muldentales** haben. T. mit U-förmigem Querschnitt in ehemals vergletscherten Gebirgen heißen **Trogtäler.** Vielfach münden deren Nebentäler hoch über ihnen **(Hängetäler)** mit einer Mündungs-Talstufe, die häufig mit Klammen und Wasserfällen ausgestattet ist.

Antezedente T. sind älter als die letzte Gebirgshebung, mit der die Talbildung Schritt halten konnte. Ein **epigenet. T.** entsteht, wenn der Fluß bei seiner Eintiefung aus weichen Schichten in harten Untergrund gelangt und deswegen eine enge und steilwandige Talform bildet . Solche ›Durchbruchstäler‹ finden sich auch dort, wo Gebirgsketten durchbrochen werden oder das Tal quer zum Streichen der Gesteinsschichten verläuft (Quertäler).

TA Lärm, Abk. für **Technische Anleitung zum Schutz gegen Lärm,** 1968 erlassene Allgemeine Verwaltungsvorschrift über genehmigungspflichtige Anlagen nach § 16 der Gewerbeordnung (nach § 66 des →Bundes-Immissionsschutzgesetzes übergeleitet). Die TA L. regelt verbindlich die Prüfung von Anträgen auf Errichtung und Betrieb genehmigungspflichtiger Anlagen; außerdem enthält sie Immissionsrichtwerte, Meßvorschriften und die Konkretisierung des Begriffs ›Stand der Technik‹.

Talje *die,* seemännisch für →Flaschenzug. T. werden auf Segelschiffen in der Takelung, allg. an Bord für Rettungsboote und das Handhaben der Ladung gebraucht (→Ladebaum).

Talk *der,* **Steatit,** Mineral $Mg_3\,[(OH)_2|Si_4O_{10}]$, H. 1, D. 2,7–2,8; selten Kristalle und stengelige Aggregate, meist schuppig. Grobblättriger T. ist lichtapfelgrün bis nahezu farblos; dichte Aggregate sind als **Speckstein** weiß (fein gemahlen als **Federweiß),** als **Topf-** oder **Lavezstein** grau, gelb, rötlich, braun. Dichter T. ist auch der meiste **Bildstein (Agalmatolith).** T. entsteht v. a. bei der epizonalen Metamorphose von →Ultrabasiten aus der Umwandlung von Olivin, Strahlstein u. a., sowie metasomatisch aus Dolomit.

Tall|öl, überwiegend aus Harzsäuren und ungesättigten Fettsäuren bestehendes Nebenprodukt bei der Gewinnung von Zellstoff nach dem Sulfatverfahren. T. wird als Bestandteil von Anstrichstoffen, Weichmacher in der Gummiindustrie und zur Herstellung von Emulgatoren verwendet.

Talmi, Talmigold, mit Gold plattiertes Messing mit 90% Kupfer und 10% Zink für Schmuckgegenstände.

Talsperre, eine →Stauanlage, die über den Querschnitt eines Wasserlaufs hinaus die ganze Talbreite abschließt und einen Stauraum erzeugt, der als Speicher verwendet wird. T. dienen meist mehreren Zwecken gleichzeitig: Elektrizitätserzeugung, Bewässerung, Trink- und Brauchwasserversorgung, Hochwasserschutz, Speisung von Schiffahrtskanälen, Niedrigwasseranreicherung von Flüssen, Fischerei, Erholung, Sport.

Nach der Bauweise unterscheidet man →Staudämme und →Staumauern. Welche Bauweise jeweils die sicherste, zweckmäßigste und wirtschaftlichste ist, hängt v. a. ab von der geolog. Beschaffenheit der Sperrstelle, den verfügbaren Baustoffen und den Arbeitsverhältnissen. Zu berücksichtigen ist ferner die Möglichkeit von Erdbeben, die u. U. auch durch die Auflast des angestauten Wassers und durch die Lastwechsel beim Füllen und Leeren ausgelöst werden können. – Die wichtigsten Nebenanlagen von T. sind der Grundablaß, der Hochwasserüberfall und die Betriebsauslässe.

T. können, wie die beiden in der UdSSR an der Wachsch in Bau befindl. Staudämme Rogunskij und Nurek, über 300 m hoch sein. Der größte T.-Stauraum der Erde befindet sich mit rd. 170 Mrd. m^3 ebenfalls in der UdSSR (Bratsk in der Angara, Sibirien). Die größte Wasserkraftanlage (12600 MW) enthält die ihrer Vollendung entgegengehende T. Itaipu im Rio Paraná auf der Grenze zw. Brasilien und Paraguay (Stauanlage 185 m hoch, Stauinhalt 27 Mrd. m^3). In der Bundesrep. Dtl. wurde 1981 der 83 m hohe Staudamm Frauenau (Kleiner Regen, Bayer. Wald) als z. Z. höchste T. Deutschlands fertiggestellt. In Planung ist eine 100 m hohe Bogenstaumauer der Ernstbach-T. im Taunus. Den größten Stauraum haben in der Bundesrep. Dtl. die Schwammenauel-T. (Rur, Eifel) mit 205 Mio. m^3 und die Eder-T. (Eder, Waldeck) mit 202 Mio. m^3.

T. wurden in jüngster Vergangenheit zunehmend in wirtschaftlich weniger entwickelten Ländern erbaut, oft als Grundlage für industrielle und landwirtschaftl. Aufbaupläne. In trockenen Klimaten bereitet die hohe Verdunstung von den Oberflächen der Stauseen Schwierigkeiten. So wird man auf dem 5860 km^2 großen Nasser-See bei Assuan in Ägypten mit jährl. Verdunstungsverlusten von mehr als 3000 mm, d. h. rd. 20 Mrd. m^3 rechnen müssen, fast 25% des mittleren jährl. Nil-Zulaufs.

Stauräume schrumpfen allmählich durch Sedimentation der vom Zulaufwasser mitgeführten Feststoffe, und zwar um so rascher, je wärmer und regenreicher das Klima, je größer der Tag-Nacht-Temperaturunterschied und je steiler und vegetationsärmer das Einzugsgebiet ist. Für Großspeicher ist das unerheblich, kleine Stauseen können sich aber unter ungünstigen Bedingungen in recht kurzer Zeit fast vollständig mit Schotter, Kies, Sand, Schluff und Ton füllen. – Unterhalb von T. kann das Sediment-Defizit erhebl. Flußbett-Erosionen bewirken. In den ersten zwölf Jahren nach dem Bau des Hoover Dam in den USA tiefte sich der Colorado auf einer Länge von 150 km um 2 bis 5 m ein. Ähnl. Erscheinungen werden heute am Nil unterhalb der Assuan-T. beobachtet.

T.-Brüche können große Katastrophen auslösen, so 1959 in Fréjus. Ferner wurde der Ort Longarone 1963

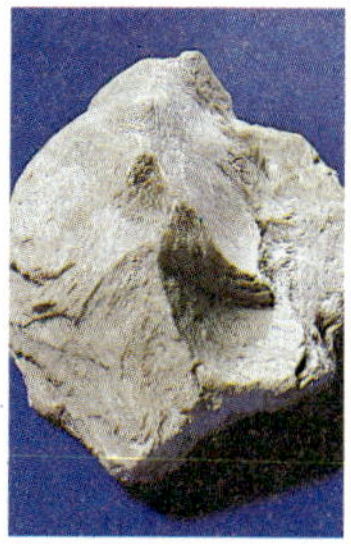

Talk
aus Talk-Schiefer
(Hnûstà, Slowakisches
Erzgebirge, ČSSR)

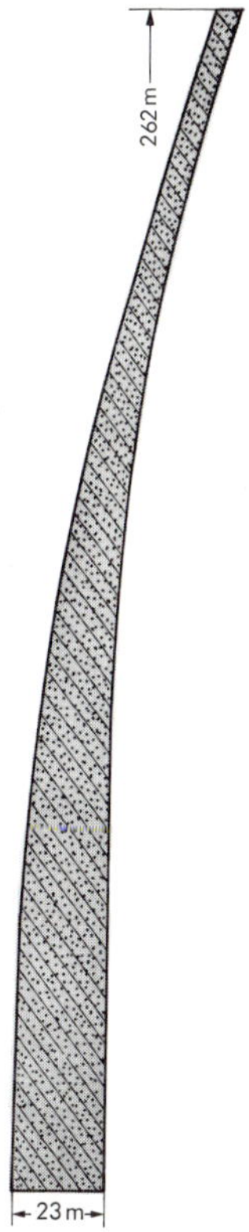

Talsperre 1:
Querschnitt der
Bogenstaumauer
Vaiont
(Venetien, Italien)

Talsperre 2:
Pfeilerstaumauern

durch eine Wasserlawine verwüstet, ausgelöst von einem Bergrutsch, der viele Mio. m^3 Wasser aus dem Piave-Stausee Vaiont verdrängte und über die Mauer drückte, die selber kaum zu Schaden kam.

Geschichtliches. T. i. w. S. sind schon aus dem frühen Altertum aus Ägypten, Indien, China, Mesopotamien bekannt; sie dienten der Bewässerung. Die älteste größere T. in Europa scheint der aus der Römerzeit stammende Erddamm von Cornalbo bei Badajoz in Süd-west-Spanien zu sein (Stauhöhe 24 m, Kronenlänge 200 m). Die erste größere ausgeführte Staumauer ist die von Alicante (Spanien) um 1580 (41 m Höhe). In Dtl. sind die ›Oberharzer Teiche‹ (Oderteich, für die dortigen Erzgruben) aus dem 18. Jh. wohl die ältesten bekannten T. Die ersten nach modern-wissenschaftl. Prinzipien entworfenen T. wurden in Frankreich in der zweiten Hälfte des 19. Jh. zum Zweck der Wasserversorgung erstellt.

H. PRESS: Stauanlagen und Wasserkraftwerke, 1 (²1958); H. W. FLEMMING: Energie für die Welt. Große T. in fünf Kontinenten (1967); The World Register of dams, hg. v. International Commission on large dams (Paris 1973, Erg. 1976 und 1979); T.-Bau und baul. Probleme der Pumpspeicherwerke, hg. v. Dt. Verband für Wasserwirtschaft und Kulturbau e. V. (1980); Tb. der Wasserwirtschaft, hg. v. H. BRETSCHNEIDER u. a. (⁶1982).

Talterrassen entstehen, wenn sich ein Fluß in seinen Talboden einschneidet und in einem tieferen Niveau einen neuen Talboden bildet. Dabei wird der ältere zerstört, manchmal ganz beseitigt, meist aber bleiben Reste am Talgehänge in Form von Terrassen erhalten. Tekton. Bewegungen, Klimawechsel, Veränderungen der Wasserführung oder der Erosionsbasis führen dazu, daß Perioden verstärkter Taleintiefung mit solchen schwächerer oder fehlender abwechseln.

TA Luft, Abk. für **Technische Anleitung zur Reinhaltung der Luft,** erste Allgemeine Verwaltungsvorschrift zum → Bundes-Immissionsschutzgesetz, erlassen 1974. Die TA L. enthält Auflagen für die Betreiber von genehmigungspflichtigen Anlagen; konkret beschrieben werden der ›Stand der Technik‹ an Hand von emissionsvermindernden Einrichtungen und Maßnahmen für verschiedene Anlagenarten sowie die Meßtechnik zur Ermittlung von Emissionen und Immissionen. Weitere Inhalte der TA L. sind Vorschriften zur Emissionsverteilung, Grenzwerte für bestimmte Schadstoffimmissionen (→ Immissionswerte) sowie Emissionsgrenzwerte für insgesamt 170 Schadstoffe, unterteilt in drei Gefährlichkeitsklassen.

Talus, Bez. für Riffschutt am Meeresboden in der Umgebung von Riffen.

tan, Abk. für **Tangens,** eine → Winkelfunktion.

Talsperre 3: Staudamm,
Dammquerschnitt der Großen Dhünntalsperre (Bergisches Land)

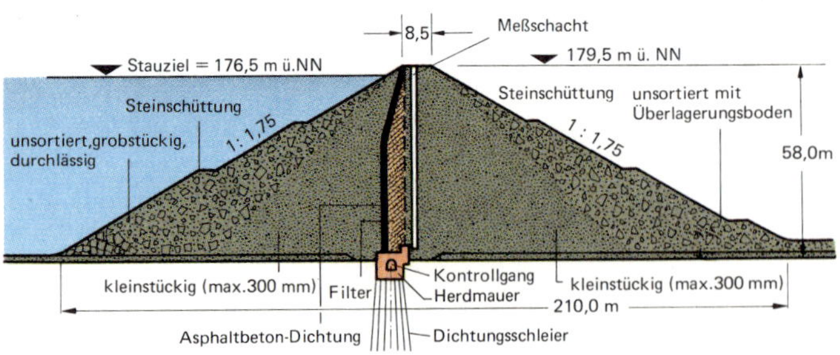

Tandem, Anordnung bei Maschinen, Fahrzeugen u. a., bei der zwei hintereinandergeschaltete Antriebe auf die gleiche Welle oder den gleichen Kurbelbetrieb wirken (z. B. Fahrrad für zwei Personen) oder ein Kurbelbetrieb zwei hintereinanderliegende Arbeitskolben bewegt, z. B. zwei Kolben eines Verdichters mit gemeinsamer Kolbenstange. (→ Tandemofen)

Tandemgenerator, Tandem-Bandgenerator, Van-de-Graaff-Tandemgenerator [n. dem amerikan. Ingenieur und Physiker R. J. van de Graaff, * 1901, † 1967], zweistufiger elektrostat. Beschleuniger, mit dem Ionen beschleunigt und zur Erforschung von Atomkernen verwendet werden. Wie beim → Bandgenerator wird durch ein aufgeladenes, umlaufendes Band eine hohe positive Spannung von mehreren Mio. Volt erzeugt (BILD).

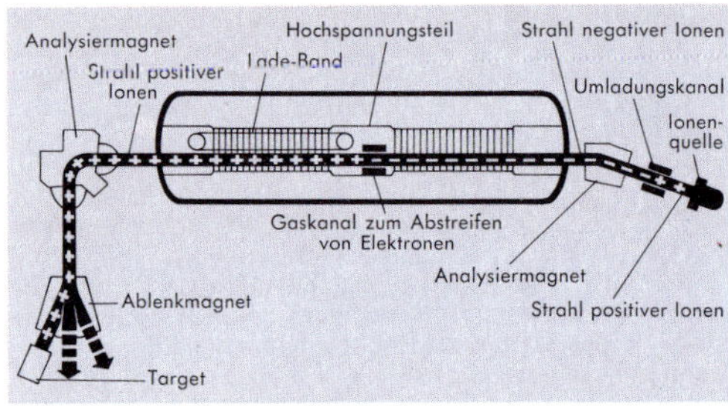

Tandemgenerator

Die in einer Ionenquelle erzeugten positiven Ionen werden in einem Umladungskanal negativ umgeladen und von der der positiven Hochspannung durch Anziehung beschleunigt. Sie durchlaufen im Hochspannungsteil einen Gaskanal oder eine dünne Folie (z. B. aus Kohlenstoff) und verlieren dabei Elektronen, so daß sie als nunmehr positive Ionen erneut von der positiven Hochspannung durch Abstoßung weiter beschleunigt werden und schließlich durch einen Analysier- und Ablenkmagneten auf die zu untersuchende Materieschicht (Target) treffen. Der T. liefert einen kontinuierl. Strahl positiver Ionen, deren Energie sehr genau konstant gehalten werden kann. T. werden meist für Spannungen bis etwa 10 MV, also für Protonenenergien bis etwa 20 MeV gebaut.

Tandemofen, Schmelzofen zum Stahlfrischen (→ Eisen) mit zwei Herden nebeneinander. Beim Einblasen des Sauerstoffstrahls in die Stahlschmelze des ersten Herdes verbrennt der Kohlenstoff mit dem Sauerstoff zu Kohlenmonoxid, das in den zweiten Herd eintritt und dort mit zusätzl. Sauerstoff zu Kohlendioxid weiterverbrannt wird. Die dabei frei werdende Energie kann den in den zweiten Herd gefüllten Schrott vorwärmen. Der erste Herd hat inzwischen fertigen Stahl abgelassen und wird erneut mit Schrott und Zuschlägen beschickt. Indessen befindet sich der zweite Herd in der Frischperiode. Durch diese wechselnde Arbeitsweise erzielt man eine verbesserte Energieausnutzung und eine Steigerung der Stahlerzeugung in der Zeiteinheit.

Tangens, Abk. **tan,** früher auch **tg,** eine → Winkelfunktion, in der elementaren Geometrie das Verhältnis von Gegenkathete zu Ankathete.

Tangente, Gerade, die eine Kurve oder Fläche in einem Punkt berührt, z. B. T. an einem → Kreis. Senkrecht auf der T. steht die → Normale. Die **T.-Gleichung** ist gegeben durch $t(x) = f(x_0) + f'(x_0)\,(x-x_0)$, wenn f eine differenzierbare Funktion, der Punkt $(x_0, f(x_0))$ der Berührpunkt und $f'(x_0)$ die Ableitung von f in x_0 **(Steigung der T.)** ist.

Tangentenbussole, Meßinstrument für erdmagnet. Messungen. Ein bewegl. Permanentmagnet, der sich in Richtung des Erdmagnetfeldes einstellt, abgelenkt durch ein zusätzl. Feld einer elektr. Spule. Aus Spulenstrom und Windungszahl wird die Erdfeldstärke berechnet.

Tangentenviereck, Viereck, dessen Seiten Tangenten eines Kreises sind. Im T. ist die Summe zweier gegenüberliegender Seiten gleich der Summe der anderen Gegenseiten.

Tangential|ebene. Können in einem Punkt einer gekrümmten Fläche beliebig viele Tangenten angelegt werden, so spannen diese die T. auf.

tangentialer Spurfehlwinkel, ein Verzerrungen verursachender Fehlwinkel beim Tonarm von → Plattenspielern, der dadurch entsteht, daß die Mittelachse des Tonabnehmersystems von der Tangente der Plattenrille am Abtastpunkt abweicht. Der t. S. wird durch Tonarmkröpfung gering gehalten, beim Tangentialtonarm tritt er nicht auf.

tanh, th, Abk. für **Tangens hyperbolicus,** eine → Hyperbelfunktion.

Tank, Lager- und Transportbehälter für Flüssigkeiten oder Gase (→ Gasbehälter, → Kraftstoffbehälter, → Druckbehälter). Für Mineralöle, petrochem. Produkte u. a. haben oberird. **Hoch-T.** große Bedeutung. **Festdach-T.** besitzen eine gewölbte, feste Dachkonstruktion. Sie werden überwiegend für Heizöle, Dieselkraftstoff, Bitumen und Schmieröle verwendet. Bei **Schwimmdach-T.** hebt und senkt sich das Dach mit dem Flüssigkeitsspiegel. Da sich zw. Dach und Flüssigkeit kein Gasraum befindet, können Verdampfungsverluste weitgehend verhindert werden. Schwimmdach-T. werden für Rohöl, Benzin und andere → brennbare Flüssigkeiten der Gefahrenklasse A I bis zu einem Fassungsvermögen von 150 000 m^3 gebaut. Hoch-T. sind aus Sicherheitsgründen von flüssigkeitsdichten Auffangräumen umgeben. T. für A I-Produkte müssen mit zusätzlichen Sicherheitseinrichtungen (Überdruckventile, Berieselungs- und Beschäumungsanlagen) ausgerüstet sein.

Tanker, Tankschiff, Spezialschiff zum Transport flüssiger Ladung. Man unterscheidet **Öl-T.** (Roh-, Heiz-, Dieselöle, Petroleum, Benzin), **Gas-T.** (verflüssigte Gase) und **Spezial-T.** (Chemikalien, pflanzl. und tier. Öle, Wein u. a.). **Erz-Öl-T.** transportieren auf einer Reise Schüttgut (Erz, Getreide), auf der anderen Öl. Bei allen T. ist eine intensive Unterteilung des Schiffskörpers in Einzeltanks aus Stabilitäts-, Festigkeits-, Sicherheits- und Beladungsgründen erforderlich. Der größte z. Z. existente T. trägt rd. 500 000 t. Seit der Erdölkrise von 1973 ist die Tendenz zum Bau größerer Super-T. (zw. 150 000 und 500 000 tdw) rückläufig.

Tankflugzeug, zur → Luftbetankung verwendetes Militärflugzeug, seit Einführung von Strahlkampfflugzeugen von zunehmender Bedeutung wegen des hohen Kraftstoffverbrauchs des Strahlantriebs. Als T. werden meist militär. Varianten ziviler Strahlverkehrsflugzeuge verwendet, in deren Unterflurfrachträumen die zusätzl. Betankungsbehälter untergebracht werden; so ist die zusätzl. Nutzung dieser Flugzeuge als militär. → Transportflugzeug möglich.

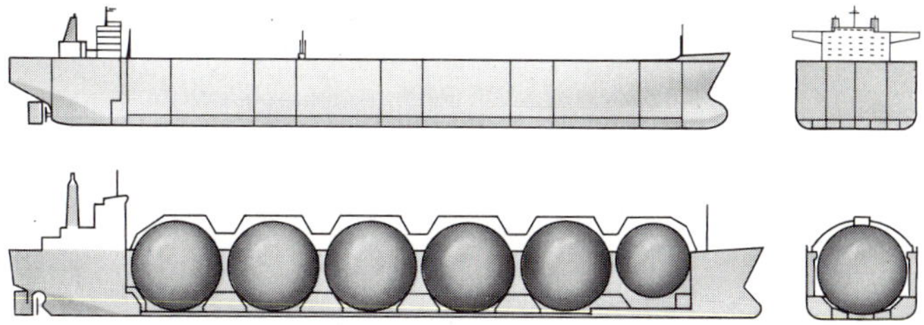

Tanker: Schematischer Längs- und Querschnitt OBEN eines T. für Flüssigguttransporte, UNTEN eines Flüssiggas-T.

Tankreaktor, leistungsstarker Kernreaktor für Forschungszwecke, bei dem i. Ggs. zu den → Schwimmbadreaktoren ein Wassertank verwendet wird, der unter erhöhtem Druck steht. Dadurch wird eine höhere Leistungsdichte im Reaktorkern möglich.

Tankstelle, Anlage zur Versorgung von Kraftfahrzeugen mit Kraft- und Schmierstoffen, Wasser und Luft; ausgestattet mit **Tanksäule** zum Fördern des Kraftstoffs aus einem unterird. Tank, häufig auch mit Waschanlage, Reparaturwerkstatt u. a.

Tankwagen, ein Kesselwagen der Eisenbahn, der statt des zylindr. Kessels einen rechteckigen Behälter hat. **Straßen-T.** haben festen oder abnehmbaren Tank oder sind Sattelwagen.

Tannine, Gruppe von natürl. Gerbstoffen, die in Galläpfeln und Kastanienholz vorkommen, die aber u. a. auch den bitteren Geschmack von Tee hervorrufen. T. sind farblose, in Wasser lösliche Pulver mit der Fähigkeit, Eiweiß zu fällen. Sie enthalten u. a. das Glucosid der → Gallussäure. T. werden als Gerbmittel und für medizin. Zwecke verwendet.

Tantal *das,* chem. Symbol **Ta,** ein → chemisches Element aus der 5. Nebengruppe des Periodensystems, Ordnungszahl 73. Von den mehr als 20 Isotopen haben die natürlich vorkommenden die Massenzahl 181 (99,98%) und 180 (0,02%). T. ist ein hellgraues, glänzendes, sehr hartes Schwermetall, das walz- und dehnbar ist. Wegen seiner hohen chem. Resistenz wird es für chem. Geräte, für medizin. Instrumente, zur Herstellung von Elektrolytkondensatoren und als Legierungsbestandteil von Edelstählen verwendet. In der Natur kommt es stets zus. mit Niob in Form isomorpher Niobate und Tantalate (Niobit, Tantalit) vor, aus denen nach Aufschließen die Abtrennung vom Niob meist durch fraktionierte Kristallisation

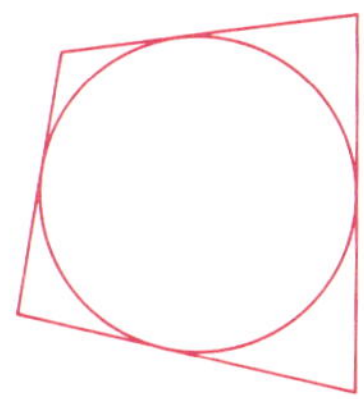

Tangentenviereck

Tankflugzeug: Boeing KC-135 der US Air Force beim Betanken des Überschallbombers Rockwell B-1. Das Tankflugzeug wurde von dem Verkehrsflugzeug Boeing 707 abgeleitet; es hat mit maximaler Nutzlast von 26 t eine Reichweite von rd. 10 000 km

der Kaliumdoppelfluoride erfolgt. Die Reduktion des dabei anfallenden Kaliumheptafluorotantalats, $K[TaF_7]$, führt zum elementaren T. Knapp 65% der Primärproduktion von T. fallen bei der Zinnproduktion an.

In seinen Verbindungen tritt T. überwiegend mit der Oxidationszahl +5, daneben auch +4 und +3 auf. **Tantalpentoxid,** Ta_2O_5, **T.-Säure,** ist ein weißes reaktionsträges Pulver, das zur Herstellung von opt. Spezialgläsern dient. T. bildet mit Halogenen in der Hitze Pentahalogenide. Das sehr harte **T.-Carbid,** TaC, besitzt einen sehr hohen Schmelzpunkt (3909 °C) und wird zur Herstellung von Hartmetallen verwendet. Techn. Interesse als Hartstoffe haben auch T.-Boride und T.-Nitride.

T. wurde 1802 von A. G. EKEBERG entdeckt und benannt, aber erst nach Entdeckung des Niobs (1844) von den Niobverbindungen unterschieden und 1866 von J. C. G. MARIGNAC in reiner Form abgetrennt.

Tantal-Elektrolytkondensator, →Kondensator 1).

Tantalit *der,* Mineral (Fe, Mn) Ta_2O_6, metallisch glänzendes rhomb. Kristalle oder derbe Massen (→Columbit); wichtigstes Tantalerz.

Tape [teɪp], engl. Bez. für Band, →Magnetband, →Tonband, →Videoband.

Tape-Deck [tˈeɪp-, engl.], das →Kassettendeck.

Taphro|genese, Geologie: Bildung von Großgräben und Großgrabensystemen durch Zerrungstektonik. – Ggs.: →Orogenese.

Tarantelnebel, leuchtender →Gasnebel in der Großen →Magellanschen Wolke, der trotz einer Entfernung von 190000 Lichtjahren noch einen Winkeldurchmesser von 15 Bogenminuten (1/2 Vollmonddurchmesser) aufweist (linearer Durchmesser rd. 800 Lichtjahre). Der T. ist das größte bekannte zusammenhängende H II-Gebiet im Weltall, dessen Masse auf Grund radioastronom. Beobachtungen auf mindestens 500000 Sonnenmassen geschätzt wird. Im T. wurde 1980 ein stellares Objekt (Katalogbez. R 136a) gefunden, dessen Masse auf mindestens 3500 Sonnenmassen geschätzt wird. Dies steht im Widerspruch zur bisherigen Meinung, daß Sterne mit mehr als rd. 60 Sonnenmassen instabil sein müßten.

Tardyonen, Teilchen mit Ruhemasse, wie Protonen, Elektronen, Neutronen u. a., deren Geschwindigkeit immer kleiner als die Lichtgeschwindigkeit ist. Je mehr sie sich der Lichtgeschwindigkeit nähern, desto höher wird ihre Energie. Die →Luxonen bewegen sich mit Lichtgeschwindigkeit, die hypothet. →Tachyonen mit Überlichtgeschwindigkeit.

Target [tˈɑːgɪt, engl.] *das,* **1)** Atom-, Kern- und Hochenergiephysik: Bestrahlungsobjekt, an dem durch Beschuß mit beschleunigten Teilchen Reaktionen ausgelöst und messend verfolgt werden. Die Dicke des T. hängt vom zulässigen Energieverlust der einfallenden Teilchen und der bei der Reaktion entstehenden, auslaufenden Teilchen sowie von Intensitätsüberlegungen ab. Als T. wird Material mit natürl. oder angereicherter Isotopenzusammensetzung verwendet. Man unterscheidet frei tragende und auf einer Unterlage (z. B. Kohlenstoff) aufgebrachte T. Das T.-Material kann gewalzt, elektrolytisch aufgebracht oder im Vakuum aufgedampft werden. Ist es gasförmig, läßt man die beschleunigten Teilchen in eine mit diesem Gas gefüllte Kammer fliegen **(Gas-T.).**

2) bei Bildaufnahmeröhren die Speicherplatte, bei Röntgenröhren Bez. auch für die Anode (Antikathode).

Tarnung, der geochemische Effekt, daß manche Elemente, die nur extrem selten eigene Minerale bilden, fast stets als Gast-Ionen gleichwertige und annähernd gleich große Ionen in Wirtsmineralen in sehr geringen Konzentrationen diadoch vertreten. Bei der T. handelt es sich um die Bildung einfacher Substitutions-Mischkristalle, beim →Abfangen 3) (Capturing) zwangsweise um gekoppelte Substitutionen. (→Mischkristalle)

Tartrate, Ester und Salze der →Weinsäure.

Taschenbuch, Typ des billigen, in großer Auflage meist im Rotationsdruck hergestellten broschierten Buchs, meist mit →Klebebindung, ähnlich dem Paperback, aber kleinformatiger; in Dtl. nach englisch-amerikan. Muster, **pocket book** [pˈɔkɪt bʊk], nach 1945 eingeführt.

Taschenlampe, Taschenleuchte, elektr. Handleuchte mit Trockenbatterie, Flachbatterie oder runder Stabbatterie, mit handbetriebenem kleinen Generator oder mit aufladbarem Trockenakkumulator.

Taschenrechner, aus integrierten Schaltkreisen und Mikroprozessoren aufgebauter elektron. Rechner mit Lumineszenzdioden- oder Flüssigkristallanzeige, Eingabetastatur und netzunabhängiger Batterie- oder Akkumulatorstromversorgung. Nach Umfang der mögl. Rechenoperationen sind zu unterscheiden: T. für die vier Grundrechenarten und einem Speicher für einfache Anforderungen, T. mit einer Vielzahl mathemat. und trigonometr. Funktionen und mehreren Speichern **(technisch-wissenschaftl. T.)** und T. mit speziellen Rechenoperationen, wie Zinsrechnung, Abschreibung, Rendite **(kaufmänn. T.).** Daneben stehen die **programmierbaren T.** mit bis zu mehreren 1000 Programmzeilen und eingebautem oder anschließbarem Magnetkartenleser und Thermodrucker. Zusätzlich können Speichererweiterungsmodule, Kassettenlaufwerke, opt. Lesestifte und elektr. Meßgeräte zur direkten Meßwertverarbeitung angeschlossen werden.

Auch nach der funktionellen Arbeitsweise der Rechenwerke, d. h. der verwendeten Rechenlogik, ist eine Klassifizierung der T. möglich, wobei der Unterschied im wesentl. auf der Schreibweise arithmet. Ausdrücke basiert. Bei algebraischer Notation werden bei der Eingabe die Symbole (+, −, ·, :, . . .) für die mathemat. Operationen zw. zwei Operanden in den Rechner eingegeben. T. mit algebraischer Logik sind äußerlich an der [=]-Taste zu erkennen, die für den Abschluß der Rechenoperationen bedient werden muß. Ist die algebraische Logik hierarchisch organisiert, werden bei gemischten Aufgaben automatisch Multiplikationen und Divisionen vor Additionen und Subtraktionen abgearbeitet (Punktrechnung wird vor Strichrechnung durchgeführt), andernfalls müssen Klammern gesetzt werden, um den Ausdruck eindeutig zu machen (algebraische Logik mit Klammern).

Die höchste interne Organisation bietet das algebraische Operationssystem (→AOS), bei dem sowohl die Klammerhierarchie als auch die Hierarchie unter den Funktionen berücksichtigt wird. Mit der von dem poln. Mathematiker J. ŁUKASIEWICZ begründeten klammerfreien Schreibweise **(poln. Notation)** läßt sich eine der menschl. Denkweise bes. entsprechende Eingabestruktur verwirklichen. In T. wird bes. die Postfix-Schreibweise ›Operand-Operand-Operator‹ verwendet **(umgekehrte poln. Notation,** →UPN). Mit UPN-Technik arbeitende T. sind an der nach Eingabe des ersten Operanden zu bedienenden [ENTER]-Taste zu erkennen. Insbes. bei programmierbaren T. ergibt die UPN-Technik weniger Programmschritte und übersichtlichere Programmstruktur.

Task [tɑ:sk, engl.], selbständiger Teil eines Programms für eine elektron. Datenverarbeitungsanlage, der parallel zu anderen T. abgearbeitet werden kann, z. B. Eingabeprogramm für ein dialogfähiges Datensichtgerät. T. stellen eine Vorstufe zum →Multiprogramming dar.

Tato, Abk. für →Tagestonne.

Tau (τ, T), ein →griechischer Buchstabe (ÜBERSICHT).

1) τ, Formelzeichen für Relaxationszeit (→Abklingen), mittlere →Lebensdauer 1), Schubspannung.

2) τ, physikal. Symbol für das →Tauteilchen.

Tau, 1) *der,* Meteorologie: Ablagerung von kondensiertem Wasser an bodennahen Oberflächen, die meist durch →Strahlungskälte unter den →Taupunkt abgekühlt sind. Gefrieren Tautropfen nachträglich, so entsteht **weißer T.;** eine Ablagerung bei Temperaturen unter dem Gefrierpunkt ergibt →Reif. Die Ergiebigkeit des T. wird mit **Taumessern** (Drosometern) bestimmt. In mittleren Breiten kann in einer Strahlungsnacht bis zu 0,3 mm T. auftreten, in Wüstengebieten auch höhere Werte.

2) *das,* Seilerei: **Tauwerk,** dickes →Seil aus mehreren zusammengedrehten, vorher geteerten Seilergarnen (Litzen).

taub, Bergbau: kein nutzbares Mineral enthaltend, z. B. ›taubes Gestein‹.

Taube, lat. **Columba,** ein →Sternbild des südl. Himmels.

Taucherglocke, stählerner, unten offener, beweglicher Arbeitsraum für Arbeiten unter Wasser, z. B. Suchen und Beseitigen von Hindernissen, Bauarbeiten. Die T. wird durch Druckluft wasserfrei gehalten und ist im Unterschied zum stehenden Caisson aufgehängt. Zugang durch Druckluftschleuse wie bei Druckluftgründung (→Gründung).

Tauchgeräte, Vorrichtungen, die einen längeren Aufenthalt unter Wasser erlauben. **Kreislauf-Schwimm-T. (Flachwasser-T.)** mit geschlossenem oder halbgeschlossenem Luftkreislauf (→Sauerstoffschutzgeräte), Tauchtiefen bis zu 50 m, werden bei der Marine als Kampfschwimmer- oder Minen-T. eingesetzt, da sie geräuschlos arbeiten und amagnetisch sind. **Preßluft-Schwimm-T.** mit offenem Kreislauf (→Preßluftatmer) werden für das gewerbl. Tauchen, Sporttauchen und Rettungsdienste verwendet; Tauchtiefen bis zu 50 m. **Standard-Helm-T.** mit automat. oder manuellem Luftzusatz durch Pumpen bestehen aus Helm mit Schulterstück, Tauchanzug, Brustgewicht, Rückengewicht, Sitzgewicht, Tauchschuhen, Luftversorgungsschlauch, Gürtel für Tauchermesser, Taucher-Wollzeug und kompletter Telephoneinrichtung; Tauchtiefen für gefahrloses Hochtreiben müssen für jedes Gerätemodell errechnet werden; Einsatz für die gewerbl. Taucherei. **Tief-T.** mit offenem Atemsystem werden mit halbgeschlossenem Kreislauf als autonome schlauchversorgte Geräte (Fertiggas- oder selbstmischendes Gerät), mit geschlossenem Kreislauf als schlauchversorgte Geräte für Tauchtiefen zw. 200 und 300 m eingesetzt, über **Taucherkammer** oder vom **Unterwasserlabor** oder **Unterwasserhaus** aus. Solche bewegl. oder stationären **Unterwasserstationen** erlauben einen längeren Aufenthalt, z. B. das dreiwöchige Unternehmen ›Précontinent III‹ unter der Leitung von J.-Y. COUSTEAU, 1965. Zur Tiefseeforschung entwickelt wurden die **Bathysphäre** (eine an einem Kabel hängende Tauchkugel) und der **Bathyskaph,** ein frei schwimmendes Tiefseeboot; weiter wurden mittlere Meerestiefen erforscht (Golfstrom-Untersuchungen durch J. PICCARD mit dem Mesoskaph, 1969).

Bei den Taucheranzügen unterscheidet man: **Naßtauchanzüge,** die das unmittelbare Vorbeifließen des Wassers am Körper verhindern und Wärmeverlust durch Konvektion vermeiden sollen; sie schützen den Körper aber nicht vollständig vor der Berührung mit Wasser. **Trockentauchanzüge** für Schwimmtaucher lassen den Körper nicht direkt mit dem Wasser in Berührung kommen. **Konstantvolumen-Anzüge** erlauben das Abblasen der Atemluft in den Anzug als Druckausgleich beim Tieftauchen, wenn durch zunehmenden Wasserdruck die Luft im Raum zw. Anzug und Körperfläche zusammengedrückt und aus dem Anzug herausgepreßt wird (dadurch Abnahme der Isolierfähigkeit und durch Quetschfalten Beeinträchtigung der Beweglichkeit des Tauchers). **Spezialanzüge** sind solche für Tieftauchtechnik, heizbare Taucheranzüge, Helmtaucheranzüge.

Zubehör: Taucherbrillen, Tauchermasken, Kommunikationseinrichtungen (Tauchertelephon, drahtlose Sprecheinrichtungen), Tauchersicherungskragen, Orientierungshilfen, Lampen, Messer, Sicherungsleinen, Flossen; Tauchsimulatoren, Dekompressionskammern (Rettungskammern).

Geschichtliches. Von Tauchern ist in der antiken Literatur häufig die Rede. Taucheranzüge mit Taucherhelmen oder Luftschlauch sind im 15. Jh. bezeugt und um 1500 von LEONARDO DA VINCI dargestellt. D. PAPIN baute und erprobte 1692 einen zylindr. Tauchapparat mit Luftschlauch. Die Taucherglocke wurde zuerst im 16. Jh. verwendet, um zu versunkenen Schiffen zu gelangen oder Bauwerke unter Wasser zu fundamentieren.

G. HAUX: Tauchtechnik, 2 Bde. (1969/70); W. MATTES: Das große Taucherbuch ([3]1975); Tauchen (Feuerwehr-Dienstvorschrift 1975); D. MARCANTE: Das ist Tauchen (a. d. Ital., [2]1977); N. GIERSCHNER: Sicherheit für Taucher (1980).

Tauchkörper-Verfahren, Verfahren zur aeroben, biolog. →Abwasserreinigung, bei dem ein langsam rotierender, großflächiger Körper z. T. in das Abwasser eintaucht. Die auf dem Körper sich entwickelnden schmutzabbauenden Mikroorganismen gelangen abwechselnd in das Abwasser und erhalten beim Auftauchen den für den biolog. Abbau nötigen Luftsauerstoff.

Tauchmotor, Unterwassermotor, Drehstrom-Asynchronmotor (→Elektromotor) zum Antrieb von Unterwasserpumpen. Der T. ist von bes. schlanker Bauart. Bei der **trockenen Bauart** befinden sich Ständer und Läufer in einer luftgefüllten Taucherglocke, bei der **halbnassen Bauart** läuft nur der Kurzschlußläufer im Wasser. Bei der vorherrschenden **nassen Bauart** befinden sich Ständer und Läufer im Wasser. T. werden für Leistungen bis zu 1500 kW gebaut.

Tauchretter, Kleintauchgerät, das Besatzungen gesunkener U-Boote in geringeren Wassertiefen das Aussteigen ermöglicht.

Tauchschwinger, Ultraschallquelle zum Entgasen von Flüssigkeiten oder Metallschmelzen.

Tauchsieder, elektr. Kleingerät zur Heißwasserbereitung. In dem meist wendelförmigen Rohr aus Metall oder Quarz liegt der isolierte Widerstandsheizkörper. Anschlußwerte für Haushaltsgeräte 500 bis 1000 Watt, für Industriegeräte bis 6000 Watt.

Tauchstrahl, Wasserstrahl, der mit großem Geschwindigkeitsunterschied zur Umgebung in Wasser eintritt.

Taylor-Wulst

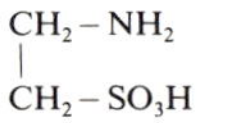
Taurin

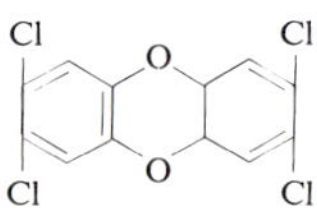
TCDD

Tauchwand, mit der Unterkante unter den Wasserspiegel reichende Wand zum Fernhalten von Schwimmstoffen aus Wasserentnahmen.

Taumelscheibe, ebene, runde, um einen Festpunkt räumlich bewegte (taumelnde) Scheibe, deren Ebene schräg zur Drehachse gestellt ist und deren Punkte achtförmige sphär. Bahnkurven durchlaufen; erteilt einem auf ihr gleitenden Kolben o. ä. eine axial auf- und abgehende Bewegung. Verwendung in Axialkolbenpumpen und -motoren hydrostatischer Antriebe (→Hydraulik). T.-Verbrennungsmotoren werden nicht mehr gebaut, früher als Doppelkolben-Zweitaktmotoren mit Gleichstromspülung.

Taupunkt, Taupunktstemperatur, Temperatur, bei der in einem Gas-Dampf-Gemisch das Gas mit dem Dampf gerade gesättigt ist. Bei Abkühlung unter den T. tritt →Kondensation 2) des Dampfes infolge Übersättigung ein, im Fall von Wasserdampf in Luft bilden sich Wassertröpfchen, z. B. in Form von Tau. Bei Wasserdampf in Luft ist der T. erreicht, wenn die relative Luftfeuchtigkeit 100% beträgt.

Taurin, 1-Amino-äthan-2-sulfonsäure, kristalline Substanz, die als Bestandteil der →Taurocholsäure Bedeutung hat.

Taurocholsäure, Verbindung zw. →Taurin und der zu den Gallensäuren gehörenden Cholsäure. T. kommt in der Galle von Tieren vor.

Taurus, lat. Bez. des Sternbilds →Stier.

Tauteilchen, τ-Teilchen, Tauon, Symbol τ, 1975 entdecktes Elementarteilchen, ein schweres →Lepton mit einer Ruhemasse von 1792 MeV/c^2 (c = Lichtgeschwindigkeit). Das T. und sein Antiteilchen werden bei energiereichen Stößen von Elektron-Positron-Paaren gebildet und zerfallen nach einer mittleren Lebensdauer von 10^{-12} s in Elektronen, Myonen und Neutrinos: $\tau^- \longrightarrow e^- + \nu_\tau + \bar{\nu}_e$; $\tau^+ \longrightarrow \mu^+ + \nu_\mu + \nu_\tau$.

Tautochrone, →Pendel.

Tautologie, Logik: Formel der Aussagenlogik, die für jede Belegung der Variablen mit Wahrheitswerten den Wert wahr besitzt (→Prinzip vom ausgeschlossenen Dritten).

Tautomerie, →Isomerie 1).

tautozonale Flächen, →Zone.

Tauwasser, →Kondenswasser.

Taxiway [tˈæksɪweɪ, engl.], internat. Bez. für die Rollwege, die auf Flughäfen die Start- und Landebahnen mit den Abfertigungsanlagen verbinden.

Taylorscher Satz [tˈeɪlə-, n. dem brit. Mathematiker B. Taylor, * 1685, † 1731]. Der T. S. ermöglicht die näherungsweise Darstellung und Berechnung von Funktionen mit Hilfe von Polynomfunktionen mit abschätzbarem Fehler. Die Funktion f: $[a, b] \longrightarrow \mathbb{R}$ sei im Intervall $[a, b]$ $(n+1)$mal differenzierbar. Dann gilt für $x_0 \in [a, b]$:

$$f(x) = f(x_0) + (x - x_0) f'(x_0) + \frac{(x-x_0)^2}{2!} f''(x_0) + \ldots + \frac{(x-x_0)^n}{n!} f^{(n)}(x_0) + R_n(x).$$

Für das **Restglied** $R(x)$ gibt es verschiedene Darstellungen, z. B. $R_n(x) = \frac{(x-x_0)^{n+1}}{(n+1)!} f^{(n+1)}(\xi)$, wobei ξ in dem offenen Intervall (a, b) liegt **(Lagrangesches Restglied** [lagrˈãʒʃə-]) oder $R_n(x) = \frac{1}{n!}(x-a)(x-\xi)^n f^{(n+1)}(\xi)$ mit $\xi \in (a, b)$ **(Cauchysches Restglied** [koʃˈi-]). Ist f beliebig oft differenzierbar und gilt $|R_n(x)| \xrightarrow[n\to\infty]{} 0$, so heißt die so entstehende Reihe **Taylor-Reihe** für f. Die Taylor-Reihe für die Exponentialfunktion lautet: $e^x = \sum_{n=0}^{\infty} \frac{x^n}{n!}$ für $x_0 = 0$, sie konvergiert für alle x. Ist $x_0 = 0$, spricht man von →Maclaurinschen Reihen.

Taylor-Wulst [tˈeɪlə-, n. dem amerikan. Admiral D. W. Taylor, * 1864, † 1940], **Wulstbug, Bugwulst,** wulstförmige Verdickung des Unterwasserteils des Vorstevens von Schiffen. Diese ergibt eine Verringerung der Wellenbildung und damit des Widerstands (5–20% des Gesamtwiderstands). Der T.-W. wird heute zunehmend und in verschiedenen Ausführungen im Kriegs- und Handelsschiffbau verwendet.

Tb, chem. Symbol für →Terbium.

T-Belag, Abk. für **Transparenz-Belag, Antireflexschicht, Vergütung,** auf Objektive u. a. opt. Gläser aufgebrachte dünne Schicht meist von Magnesium- oder Lithiumfluorid zur Reflexverminderung. Hochwertige photograph. Objekte besitzen oft mehrere aufgedampfte T-B. **(Mehrfachvergütung, Multicoating** [-kəʊtɪŋ], **MC).**

Tc, chem. Symbol für →Technetium.

TCDD, Abk. für **2,3,7,8-Tetrachlordibenzo-p-dioxin,** kurz **Dioxin,** als Seveso-Gift bekanntgewordene, hochtox. Verbindung (LD_{50}: 0,022 mg/kg Ratte; →Dosis 2). Der T.-Gehalt von 2,4,5-T (→Chlorphenoxyessigsäuren), bei dessen Herstellung T. in geringen Mengen gebildet werden kann, darf 0,1 mg/kg nicht übersteigen.

TDF-1, Abk. für **Télévision Diffusion de France** [televizjˈɔ̃ difyzjˈɔ̃ də frɑ̃s], frz. Direktempfangs-Satellit, dessen erster Start mit Ariane-2 für Juni 1985 geplant ist. TDF-1 soll zus. mit dem dt. Satelliten →TV-Sat 1 hauptsächlich zu Meß- und Versuchszwecken verwendet werden. Jeder der beiden Satelliten verfügt über drei Kanäle zur Übertragung von Fernseh- und/oder Stereo-Hörfunkprogrammen, die direkt vom Satelliten in die Hausantennen von etwa 90 cm ∅ abgestrahlt werden.

TDI, Abk. für **Toluylendi|isocyanat,** →Diisocyanate.

TDMA, Abk. für **Time Division Multiple Access** [taɪm dɪvˈɪʒn mˈʌltɪpl ˈækses, engl.], →FDMA.

TDRS, Abk. für **Tracking and Data Relay Satellite** [trˈækɪŋ ænd dˈeɪtə rˈi:leɪ sˈætəlaɪt, engl.], neues amerikan. Satellitensystem für die Bahnverfolgung und Datenübermittlung des →Raumtransporters und niedrig fliegender Satelliten. TDRS-1 wurde am 5. 4. 1983 mit dem Raumtransporter STS-6 Challenger in eine niedere, vorläufige Erdbahn gebracht, doch der entscheidende Einschuß in die geostationäre Bahn schlug fehl. Durch oftmaliges Zünden des Lagereglungs-Raketensystems gelang es jedoch bis Ende Juni, die erforderl. Bahn zu erreichen. Ob TDRS-2 wie geplant mit STS-8 noch 1983 folgen kann, ist z. Z. noch offen. Dies kann den Spacelab-Start beeinträchtigen, denn das europ. Raumlabor →Spacelab benötigt mindestens einen voll funktionsfähigen TDRS zur Übertragung der zahlreichen wissenschaftl. und techn. Daten.

Te, chem. Symbol für →Tellur.

Technetium, chem. Symbol **Tc,** künstl. radioaktives →chemisches Element aus der 7. Nebengruppe des Periodensystems, Ordnungszahl 43. Mehr als 20 instabile Isotope sind bekannt; die langlebigsten haben die Massenzahl 97 (Halbwertszeit 2,6 Mio. Jahre) und 98 (β-Strahler, Halbwertszeit 1,5 Mio. Jahre). T. wurde 1937 von C. PERRIER und E. SEGRÉ bei der Bestrahlung von Molybdän mit Deuteriumkernen erhalten und 1947 benannt. Die von W. NODDACK und I. TACKE 1925 postulierte Entdeckung des Eka-Mangan (›Masurium‹) konnt nicht bestätigt werden. Heute fällt T. als Spaltprodukt des Urans in Kilogramm-Mengen an. T. ist ein silberweißes Metall. T.-Isotope werden in der Szintigraphie und bei anderen medizin. Untersuchungen, Pertechnetate als Korrosionsinhibitoren für Eisen und Stahl verwendet. Außerdem hat T. Bedeutung als Katalysator von chem. Prozessen, in der Supraleitungstechnik und zur Herstellung von Hochtemperatur-Thermoelementen.

In seinen chem. Verbindungen hat es überwiegend die Oxidationszahl +4, +6 und +7. In seinem chem. Verhalten ähnelt T. dem Rhenium. Gelbes flüchtiges **T.-Hept|oxid,** Tc_2O_7, entsteht beim Verbrennen des T. im Sauerstoffstrom. Mit Wasser bildet es **Pertechnetiumsäure;** ihre Salze sind die **Per|technetate.**

Technicolor-Verfahren, →Farbphotographie.

Technik, konstruktives Schaffen von Erzeugnissen, Vorrichtungen und Verfahren unter Benutzung der Stoffe und Kräfte der Natur und unter Berücksichtigung der Naturgesetze. Für das techn. Schaffen sind so wesentlich: die schöpferische Idee, die Kenntnis der Naturgesetze, der Materialien und ihrer Eigenschaften sowie der Möglichkeiten ihrer Bearbeitung und schließlich das wirtschaftl. und gesellschaftl. Bedürfnis. Die Entwicklung der T. zielt darauf ab, die Erzeugung von Stoffen und Gütern ohne Beeinträchtigung der Humanität am Arbeitsplatz und mit möglichst großer Schonung der Umwelt und der Ressourcen immer zweckentsprechender und wirtschaftlicher zu gestalten. Bes. in diesem Zusammenhang wird heute auch der Begriff →Technologie verwendet.

Gliederung. Die herkömml. Einteilung richtet sich nach praktisch und industriell zusammengehörigen Bereichen wie Berg- und HüttenT., Förder-T., Maschinenbau, Elektro-T. mit Elektronik, Fertigungs-T., Feinwerk-T., Verkehrs-T., Bau-T., Licht-, Heizungs- und Kälte-T., Textil-T., chem. T., graph. T., Meß-T., Kunststoff-T., Lebensmittel-T. u. a.

Schwerpunkte der T. der letzten Jahrzehnte liegen auf dem Gebiet der Automatisierung, der Regelungs- und der Informations-T., zu der auch die Computer-T. gehört, der (Kern-)Energie-T., der Raketen- und Raumfahrt-T. sowie der Meß-, Förder-, Verkehrs- und Kunststoff-T. Mitgetragen und z. T. erst ermöglicht wurde die Entwicklung dieser u. a. Gebiete durch die Elektronik und deren zunehmende Miniaturisierung. Die immer stärker werdende Durchdringung techn. Probleme mit mathematisch-physikal. Erkenntnissen und Methoden hat eine vermehrte ingenieurwissenschaftliche Grundlagenforschung bewirkt.

Nachteilige Begleit- und Folge-Erscheinungen führten zu der Forderung nach einer umweltfreundl. T., deren Verfahren und Erzeugnisse die Umwelt möglichst wenig belasten. Die enge Verflechtung des techn. Fortschritts mit der sozialen, wirtschaftl., polit. und kulturellen Entwicklung ist auch für die Technisierung der Volkswirtschaften der Entwicklungsländer anerkannt worden.

Technik und Kultur. Die Erklärung und Deutung der T. im Zusammenhang der menschl. Zivilisation (L. MUMFORD) stand seit Beginn des industriellen Zeitalters im Mittelpunkt sozialphilosoph. und soziolog. Überlegungen. Fast alle Gesetzlichkeiten in der Entwicklung industrieller Gesellschaften lassen sich auf das ›Dreierbündnis‹ (A. GEHLEN) von Wissenschaft, Industriesystem und T. zurückzuführen. Wissenschaftlich angeleitete techn. Verfahren und damit Kriterien der ›Machbarkeit der Sachen‹ (H. FREYER) und der Manipulierbarkeit werden auf immer weitere Bereiche der Produktion, aber auch der Sozietät und der Psyche angewendet. Bei H. SCHELSKY führt die Weiterentwicklung dieser Gedanken zur Charakterisierung unserer Epoche als ›wissenschaftlich-technischer Zivilisation‹. Ein Charakteristikum dieser Zivilisation ist ein in fast allen Bereichen aufweisbarer ›cultural lag‹, d. h. ein zeitlicher Rückstand der kulturellen Verarbeitung hinter den durch die T. bewirkten Gegebenheiten und Veränderungsmöglichkeiten. Das Aufholen dieses Rückstands wird erschwert durch die Distanz der ›zwei Kulturen‹ (naturwissenschaftlich-techn. und geisteswissenschaftlich-literar. Kultur, nach C. P. SNOW). Zus. mit der sozialeth., sozialphilosoph. und polit. Erörterung der Anwendungsberechtigung techn. Möglichkeiten wird dieser Tatbestand zu den zentralen Themen dieser Epoche gerechnet.

Der enge Zusammenhang zw. T., Anwendungsmöglichkeiten und Prägung eines best. Menschentypus wird in der Philosophie, Literatur, Ästhetik und Kulturkritik mannigfach erörtert (u. a. ausgehend von F. NIETZSCHE, M. HEIDEGGER). Im Zusammenhang mit den genetisch-biolog. Steuerungsmöglichkeiten des Menschen hat die T.- und Technokratiediskussion zu einem Kulturpessimismus geführt und seit A. HUXLEYS Werk ›Brave new world‹ (1932) den Hintergrund der negativen Utopien abgegeben. Von vielen Analytikern und Deutern der T. werden jedoch die aufgezeigten Entwicklungen auch als Steigerung oder Übersteigerung der prinzipiell auf T. und Machbarkeit angewiesenen menschl. Natur angesehen.

Vorgeschichte. Die frühesten Menschen, die einfache Geräte aus Knochen und Stein herstellten, sind dem Pleistozän Ostafrikas zuzurechnen. Der erste Gebrauch des Feuers ist für den Sinanthropus pekinensis um 350000 v. Chr. nachgewiesen. Die Altsteinzeit kannte Axt, Feuersteinschaber, Speer, Bogen und Pfeil, Bohrer, Öllampe und Knochenwerkzeuge, später auch Tierfallen aus Baumstämmen mit Auslösemechanismus. In der Jungsteinzeit erschienen geschliffenes Steinbeil, Feuersteinsichel, Hacke mit geschliffener Schneide, Säge, Knochennadel, Fiedelbohrer, Spindel und Webstuhl, Töpferei, Handmühle und im Übergang zur Metallzeit der Pflug. Revolutionierend war die Erfindung des Rades in der späteren Jungsteinzeit. Seit etwa 3000–2000 v. Chr. folgten gegossene und getriebene Kupfer- und Bronzewerkzeuge, seit etwa 1000 v. Chr. geschmiedete Eisenwerkzeuge.

Altertum. In Mesopotamien und Ägypten wurden techn. Großleistungen vollbracht bei der Nutzbarmachung von Euphrat, Tigris und Nil (Bewässerungs-, Deich-, Kanalbauten), bei der Lastenförderung mit Rolle und Hebel (Pyramiden, Aufstellung von Obelisken). Aus dem altägypt. Kulturkreis stammen u. a. Segelschiff, Papyrus, Bierbrauerei, Gerberei, Glas, Pergament, Waage, aus Vorderasien Rad, Blasebalg, Zange.

In der grch. Antike zeigten die alexandrin. Mechaniker hervorragende techn. Gedanken, aber es fehlte vielfach an den prakt. techn. Mitteln, um sie zu verwirklichen. Die römische T. erzielte v. a. im Straßen-, Brücken-, Aquädukten-, Kriegsmaschinen-, Hoch- und Bergbau Großleistungen.

Aus dem alten China stammen Erfindungen wie Armbrust, Papier, Kummetgeschirr, Eisenguß, Porzellan, Schießpulver, Druck mit bewegl. Wortbild-Typen, Kompaß für Schiffahrt. Im alten Indien war die Stahlbereitung früh entwickelt (z. B. 6 t schwere Kutubsäule aus Stahl in Delhi, um 350 n. Chr.). Auch das Spinnrad scheint zuerst in Indien erfunden worden zu sein.

Im Mittelalter wurden tier. Muskelkraft (Kummetgeschirr), Wind und Wasser (Windrad, Wasserrad als Mühlenantrieb) stärker genutzt, das Segelschiff wurde verbessert. Spinnrad und Trittwebstuhl, Drehbank mit Wippe und Gewichtsräderuhr kamen auf. Die Bauhütten vollbrachten im Sakralbau hohe Leistungen. Im 13./14. Jh. wurde das Gußeisen erfunden, im 14. Jh. der Hochofen und das Schießpulvergeschütz. Dies und der Buchdruck (Mitte des 15. Jh.) beeinflußten die gesamte materielle und geistige Kultur nachhaltig.

Neuzeit. In der Renaissance suchten die ital. Künstleringenieure (MARIANO DI JACOPO, FRANCESCO DI GIORGIO MARTINI, LEONARDO DA VINCI) techn. Fragen durch das Experiment zu entscheiden. In der Textil-, der Berg- und Hütten-T. entstanden Großbetriebe. Grundlegend wirkte GEORG AGRICOLAS ›De re metallica‹ (1556).

Das 17. Jh. brachte die neue messende Physik (G. GALILEI) und Fortschritte der exerimentellen Naturwissenschaft; langsam kam man zu neuen Lösungen techn. Aufgaben (erste einfache atmosphär. Dampfmaschine von D. PAPIN, 1690 ff.). In England bildete sich ein geregeltes Patentwesen. Im Rahmen des Merkantilismus entwickelte sich das Manufakturwesen stärker.

Im 18. Jh. begann man, die mathemat. Naturwissenschaft auf das techn. Schaffen anzuwenden, bes. in Frankreich (R. A. F. DE RÉAUMUR, J. R. PERRONET, CH. A. DE COULOMB u. a.). Günstige polit. und wirtschaftl. Verhältnisse gaben der engl. T. bald einen Vorsprung. J. WATT entwickelte eine Dampfmaschine, die eine starke Steigerung der Wasser-, Kohlen- und Erzförderung und den Aufschwung der Textilindustrie ermöglichte. Die Verwendung des Kokses im Hochofenprozeß, die Erfindung des Gußstahls u. a. machten die großtechn. Verwendung des Eisens möglich. Die Verfügbarkeit über Eisen und Energie führten zu neuen Arbeitsmaschinen und zur Einleitung der industriellen Revolution.

Das 19. Jh. ist gekennzeichnet durch die umfassende Ausbreitung der Dampfmaschine, später der Verbrennungsmotoren mit weitreichenden Auswirkungen v. a. auf das Verkehrswesen, durch immer leistungsfähigere Arbeitsmaschinen und durch die steigende Anwendung der Wissenschaft auf die T., gefördert durch die zahlreichen technischen Schulen und Technischen Hochschulen. Seit dem späten 19. Jh. entwickelte sich die Elektro-T. in wenigen Jahrzehnten zu einem umfassenden Gebiet.

Im 20. Jh. spezialisierte sich die T. immer stärker. Die Massenfabrikation zusammengesetzter Gegenstände, verbunden mit der Einführung des Grundsatzes der Austauschbarkeit der einzelnen Teile, kam bes. seit dem 1. Weltkrieg auf. Die Stoff- und Werkstückzuleitung wurde durch das Fließbandsystem mechanisiert. Das Flugzeug eroberte den Luftraum, Dampf- und Gasturbine verdrängten die Dampfmaschine. Mit der Entwicklung der Hochfrequenztechnik (Funk-T., Rundfunk, Fernsehen, Radar, Fernwirk-T.) trat neben die T. der mit Bewegungsmechanismen arbeitenden Maschinen, der statischen Konstruktionen des Bauwesens und der Stoffe aufbauenden chem. Verfahren eine apparative elektronische T. (Elektronenröhre, Halbleiter-T., Mikroprozessor), die die Fortschritte der modernen Nachrichten-T., der Automatisierung, der Rechen- und Regelungsanlagen (Computer) ermöglichte. Daneben hebt sich der Ausbau der chem. Großsynthesen bes. hervor (Ammoniak, flüssige Kohlenwasserstoffe, hochpolymere organ. Kunststoffe und Chemiefasern). Die Raketen-T. und die Kernenergie-T., deren großangelegte Entwicklung im 2. Weltkrieg begann, führten zur Weltraumfahrt und zur Erschließung neuer Energiequellen.

Nachschlagewerke: LUEGERS Lexikon der T., 17 Bde. (⁴1960–72); Meyers Lexikon der T. und der exakten Naturwiss., 3 Bde. (1969/70); Enzyklopädie Naturwiss. und T., Gesamt-Redaktion F. SCHUH, 5 Bde. (a. d. Amerikan., 1972–81, Jahresbde. 1982 ff.); T., hg. v. J. JENTZSCH (Leipzig 1980); Brockhaus der Naturwiss. und der T., 5 Bde. (1983); Fachlexikon ABC T., hg. v. B. ROHR u. H. WIELE (Leipzig 1983).

Technik und Kultur: O. SPENGLER: Der Mensch und die T. (1931, Neuaufl. 1971); E. DIESEL: Das Phänomen der T. (1940); J. ORTEGA Y GASSET: Betrachtungen über die T. (a. d. Span., 1949, Neuaufl. 1978); F. DESSAUER: Streit um die T. (²1958); K. TUCHEL: Herausforderung der T. (1967); H. R. MÜLLER-SCHWEFE: T. und Glaube (1971); H. SACHSSE: T. und Verantwortung (1972); ders.: Anthropologie der T. (1978); T. und Gesellschaft, hg. v. dems. u. a., 3 Bde. (³1983); A. HUNING: Das Schaffen des Ingenieurs (²1978); T. zw. Macht und Mangel, hg. v. F. J. SCHLÖSSER u. P. TECKENTRUP (1978); H. BECK: Kulturphilosophie der T. (1979); L. MUMFORD: Mythos der Maschine. Kultur, T. und Macht (a. d. Engl., ³1980); F. G. JÜNGER: Die Perfektion der T. (⁶1980); H. RUMPF: T. zw. Wissenschaft und Praxis (1981); T. als Schulfach, hg. v. W. E. TRAEBERT (1981).

Geschichte: F. M. FELDHAUS: Die T. der Vorzeit, der geschichtl. Zeit und der Naturvölker (1914); ders.: Die T. der Antike und des MA. (1930); ders.: Die Maschine im Leben der Völker (1954; u. d. T. Kulturgesch. der T. 2. Aufl. des Neudr. 1980); FR. KLEMM: T. Eine Gesch. ihrer Probleme (1954); ders.: Kurze Gesch. der T. (1961); C. MATSCHOSS: Große Ingenieure (⁴1954); History of technology, hg. v. CH. SINGER u. T. J. WILLIAMS, 7 Bde. (Oxford 1954–78); Histoire générale des techniques, hg. v. M. DAUMAS, 5 Bde. (Paris 1962–79); P. HONORÉ: Es begann mit der T. Das techn. Können der Steinzeitmenschen (1969); Aus Lehm und Gold. Über 7000 Jahre frühe techn. Kultur, hg. v. H. F. DÖBLER (1969); Knaurs Gesch. der T., bearb. v. C. GRAF VON KLINCKOWSTROEM (⁵⁶ᵀˢᵈ·1972); Moderne Technikgesch., hg. v. KARIN HAUSEN u. R. RÜRUP (1975); History of technology, hg. v. A. R. HALL (London 1976 ff).); B. BRENTJES u. a.: Gesch. der T. (1978); W. SANDERMANN: Das erste Eisen fiel vom Himmel. Die großen Erfindungen der frühen Kulturen (1978); J. G. LANDELS: Die T. in der antiken Welt (a. d. Engl., 1979).

Zeitschriften: VDI-Ztschr. (seit 1858); VDI-Nachrichten (seit 1947); T. heute (seit 1948). – Beitr. zur Gesch. der T. und Ind. (1909–32, u. d. T. Technikgesch., 1933–41, 1965 ff.); Abhandlungen und Berichte des Dt. Mus. (seit 1929); Blätter für Technikgesch. (seit 1932); Technology and Culture (seit 1959); Informationsdienst Gesch. der T. (seit 1961); Kultur und T. (seit 1977).

Technikbewertung, Technikfolgen|abschätzung, engl. **Technology Assessment** [tekn'ɔlədʒɪ əs'esmənt], nach B. BARTOCHA ›Analyse, in der Aus- und Nebenwirkungen einer Technologie möglichst ausführlich bestimmt, bewertet und bemessen und zugleich die Ursache-Folge-Verhältnisse festgestellt werden‹. Nach Ermittlung und Kritik von Ist-Zuständen sollen alternative Problemlösungen angeboten werden, die zu technisch-wirtschaftl. und politisch-legislativen Beschlüssen führen können. Die vorwegnehmende Beurteilung einer Technologie ist mit allen method. Schwierigkeiten der Zukunftsforschung und -planung behaftet. Besondere Probleme liegen in der schwierigen Vergleichbarkeit von Werten und Risiken verschiedener Ordnungen (ökonomisch, technisch, sozial, politisch, ethisch, ästhetisch), deren qualitative Verschiedenheit eine Quantifizierung und damit Meßbarkeit erschweren und, in der Einschätzung von langfristigen Planungen, die Nachteile für die gegenwärtige Generation, aber Vorteile und Lebenschancen für spätere Populationen enthalten. Den wissenschaftl. und

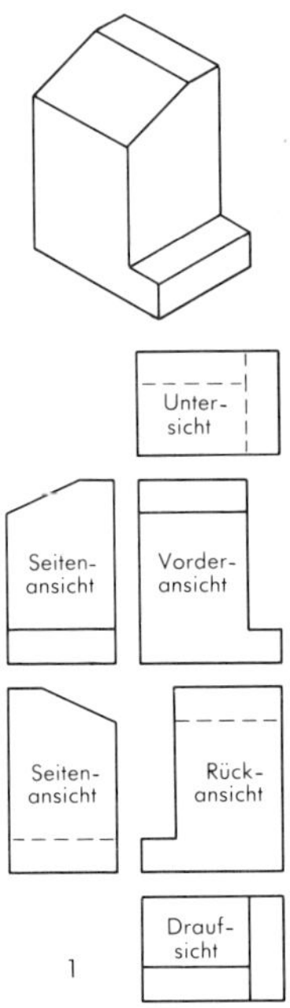

1

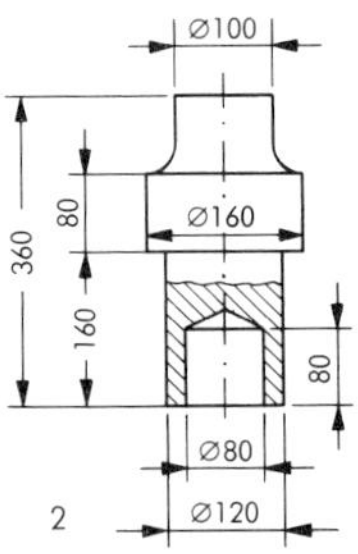

2

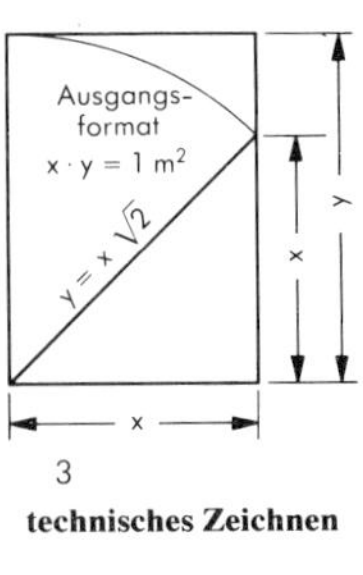

3

technisches Zeichnen

prakt. Austausch fördern soll die **International Society for Technology Assessment** [ıntən'æʃnl səs'aıətı fɔ:-], Abk. **ISTA,** in Washington, D. C. (Ztschr. ›Technology Assessment‹, seit 1972).

Wertpräferenzen in Technik und Gesellschaft, hg. v. S. MOSER u. A. HUNING (1976); Maßstäbe der T., hg. v. G. ROPOHL u. a. ([2]1979); C. BÖHRET u. P. FRANZ: Technologiefolgen-Abschätzung (1982).

technischer Fortschritt, Veränderung der Technik, die in wenigstens einer Hinsicht eine Verbesserung bedeutet, z. B. Ersparnis von Kapital oder Arbeit oder größerer Nutzen für den Hersteller, den Arbeitnehmer und Anwender oder die Gesellschaft; größerer Nutzen ist auch die Verringerung oder Vermeidung von Belastungen und Schädigungen.

Autonomer t. F. ist ein von anderen, bes. ökonom. Größen unabhängiger Fortschritt, während **induzierter t. F.** durch die Verbindung mit ökonom. und gesellschaftl. Größen zustande kommt. Ferner wird unterschieden zw. **ungebundenem t. F.,** wenn er ohne zusätzl. Investitionen wirksam wird, und **gebundenem t. F.,** wenn vorausgehende Investitionen unentbehrlich sind.

Der t. F. hat seit der industriellen Revolution eine ungeheure Steigerung des Sozialprodukts in den westl. Ländern bewirkt (H. DIETZEL), wo er eine besondere Rolle bei den Konjunkturbewegungen spielt (J. A. SCHUMPETER). Der t. F. wird im Marxismus v. a. unter dem Begriff der ›wissenschaftlich-techn. Revolution‹ diskutiert und zumindest in den kommunist. Ländern fast ohne Einschränkung positiv bewertet. In nichtmarxist. Ländern hat die Diskussion um die Grenzen des Wachstums, die →Technikbewertung und die Umweltpolitik die Forderung nach krit. Beobachtung, Bewertung, Kontrolle und Steuerung des t. F. in das Bewußtsein der Öffentlichkeit gerückt.

Technische Richtkonzentrationen, Abk. **TRK,** vom ›Ausschuß für gefährl. Arbeitsstoffe‹ (AgA) festgelegte Werte **(TRK-Werte)** für die zulässige Konzentration gesundheitsschädigender Gase, Dämpfe oder Schwebstoffe in der Luft. Die T. R. dienen als Anhalt für die zu treffenden Schutzmaßnahmen am Arbeitsplatz und deren meßtechn. Überwachung zur Minderung des Risikos einer Gesundheitsgefährdung (z. B. berufsbedingte Krebserkrankungen). Die T. R. werden laufend an den Stand der techn. Entwicklung, der analyt. Möglichkeiten und der arbeitsmedizin. Erkenntnisse angepaßt. (→MAK-Wert)

Technischer Überwachungsverein, Abk. **TÜV,** früher ›Dampfkesselüberwachungsverein‹, Verein Bürgerl. Rechts mit der Aufgabe, best. techn. Einrichtungen zu überprüfen und ggf. zur Inbetriebnahme (oder Weiterführung des Betriebs) zuzulassen (→Musterprüfung). Außer Dampfkesseln, Druckanlagen, Kernkraftwerken werden Kraftfahrzeuge und Anhänger regelmäßig auf ihre Verkehrssicherheit überprüft nach der Straßenverkehrs-Zulassungs-Ordnung. Die Zeitabstände der Hauptuntersuchung betragen bei Personenkraftwagen i. d. R. zwei Jahre, bei Lastkraftwagen, Omnibussen und Taxen ein Jahr. Die Untersuchung wird durch eine Prüfplakette am hinteren Nummernschild nachgewiesen. Die für best. Gebiete zuständigen TÜV sind in der **Vereinigung der Technischen Überwachungsvereine (VdTÜV),** Essen, zusammengeschlossen.

technisches Maßsystem, ein nicht absolutes, nicht gesetzl. →Maßsystem.

technische Stromrichtung, →Elektrizität.

technisches Zeichnen, die Anfertigung maßstäblicher Zeichnungen von Gegenständen. Diese werden in so viel zueinander senkrecht stehenden **Ansichten** (BILD 1) dargestellt, wie zum eindeutigen Erkennen und Bemaßen erforderlich sind. Ist es nicht möglich, einen Gegenstand in dieser Darstellungsweise eindeutig wiederzugeben, so sind **Schnittdarstellungen** anzuwenden (BILD 2). Die in der Bundesrep. Dtl. gültigen **Zeichenformate** beziehen sich im wesentl. auf die A-Reihe der →DIN-Formate (BILD 3). Die Bedeutung von **Liniendicke** und **-art** ist auch aus DIN ersichtlich. Des weiteren werden Angaben für die Oberflächenbearbeitung, Rauheitsmaße, Toleranzen und die zu verwendenden Werkstoffe in die techn. Zeichnung eingetragen. In der am Reißbrett befestigten, aus zwei gelenkig miteinander verbundenen Parallelogrammen bestehenden **Zeichenmaschine** sind alle erforderl. Zeichengeräte vereinigt (Reißschiene, Zeichenwinkel und Maßstab). Als modernstes Verfahren der Entwicklung und Darstellung techn. Erzeugnisse gilt das **rechnergestützte Konstruieren** (→CAD, →CAE) am Bildschirm im direkten Dialog mit einem Computer. Die fertige Zeichnung kann ein Plotter ausgeben. (BILDER S. 106)

P. BÖTTCHER: T. Z. ([18]1980); H. HOISCHEN: T. Z. ([18]1980); H. SCHINDLER: Einführung in das t. Z. ([8]1980); Zeichnungswesen, hg. v. DIN, DIN-Tb. 2 und 148 (1980).

Technologie, im 18. und 19. Jh. die Lehre von der Entwicklung der Technik in ihren gesellschaftl. Zusammenhängen; in den Ingenieurwissenschaften in Dtl. dann eingeschränkt auf die Bedeutung **Verfahrenskunde.** Die heutige Wiederaufnahme des älteren, weiteren Bedeutungsinhalts deutet auf ein wachsendes Bewußtsein der engen Verflechtung der Technik mit anderen gesellschaftl. Faktoren hin. T. wird heute auch häufig im Sinne von →Technik verwendet.

Technoskop, Hohlkörperprüfgerät zum Beobachten und Prüfen der Innenwände von Körpern mit kleinen Öffnungen, von Rohren oder Stellen, die dem Auge nicht zugänglich sind; in der Medizin **Endoskop** genannt.

Teclu-Brenner [n. dem österr. Chemiker N. Teclu, * 1839, † 1916], Universalgasbrenner zur Erzielung sehr hoher Temperaturgrade; dazu ist das Mischrohr (Gas und Luft) unten kegelförmig erweitert.

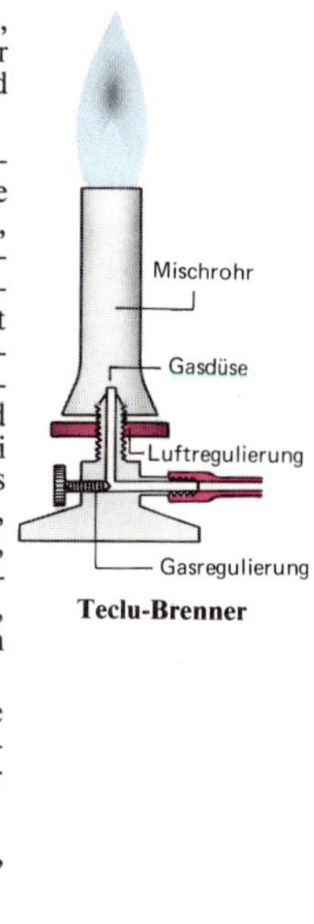

Teclu-Brenner

Teer, durch zersetzende therm. Behandlung (Pyrolyse) organ. Naturstoffe gewonnene flüssige bis halbfeste Erzeugnisse. Je nach Ursprung wird zw. Steinkohlen-T., Braunkohlen-T., Schiefer-T., Holz-T. u. a. unterschieden. **Tieftemperatur-T. (Schwel-T.)** wird durch →Schwelung von Steinkohle erhalten. Besondere Bedeutung hat **Hochtemperatur-T. (Kokerei-T.),** der bei der →Verkokung von Steinkohle als schwarze, viskose Flüssigkeit anfällt. Seine Hauptbestandteile sind Naphthalin, 3- und 4kernige Aromaten und heterozykl. Verbindungen. Bei der T.-Destillation wird der Roh-T. in wasserhaltiges Leichtöl (Siedebereich bis 180 °C), Carbolöl (180–210 °C), Naphthalinöl (210–220 °C), Waschöl (230–300 °C), →Anthracenöl und →Pech aufgetrennt. Die **T.-Öle** dienen zur Gewinnung von Aromaten (z. B. Naphthalin, Anthracen, Phenanthren), als Imprägnieröle für den Holzschutz und zur Herstellung von Ruß.

Teerbeton, Straßenbau: hohlraumarme bituminöse Deckschichten aus Füller, Sand, Splitt und Teer, kompressionsfähig hergestellt. Sie erhalten erst nach längerer Verkehrsbelastung ihre endgültige Dichte.

Teerfarben, histor. Bez. für die organ. Farbstoffe, die aus dem Steinkohlenteer gewonnen wurden.

Teersande, die →Ölsande.

Teflon, Handelsname für → Polytetrafluoräthylen.

Tegel *der,* **Badener T.,** tonigmergeliges Gestein v. a. im Oligozän/Miozän des Wiener Beckens, reich an marinen Fossilien.

Teichonsäure, polymere Phosphate in der Zellwand von Bakterien.

Teil|apparat, Teilkopf, Teilmaschine, Vorrichtung an Werkzeugmaschinen zur genauen Einstellung von

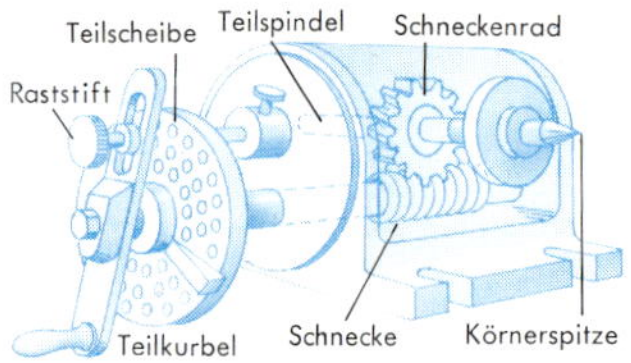

Teilapparat

Kreisteilungen mit Hilfe mechan. Loch- und Rastscheiben und Rastbolzen oder optischer Winkelskalen.

Teilbarkeitsregeln. Zur Bestimmung der → Teiler von gegebenen natürl. Zahlen lassen sich folgende Regeln anwenden: Eine natürl. Zahl ist (ohne Rest) teilbar durch 2, wenn die letzte Ziffer durch 2 teilbar ist; durch 3, wenn ihre → Quersumme durch 3 teilbar ist; durch 4, wenn die letzten beiden Ziffern eine durch 4 teilbare Zahl bilden; durch 5, wenn die letzte Ziffer eine 5 oder 0 ist; durch 8, wenn die letzten drei Ziffern eine durch 8 teilbare Zahl bilden; durch 9, wenn ihre Quersumme durch 9 teilbar ist; durch 10, wenn die letzte Ziffer eine 0 ist; durch 11, wenn ihre alternierende Quersumme durch 11 teilbar ist; durch 25, wenn die letzten zwei Ziffern eine durch 25 teilbare Zahl bilden.

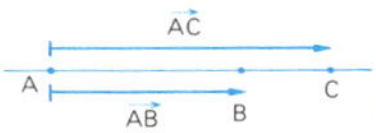

Teilverhältnis

Teilchen, Korpuskel, Partikel, kleine Körper (z. B. Staub-T. oder Schwebe-T. in Gasen und Flüssigkeiten), kleinste T. chemischer Verbindungen und Elemente (Moleküle und Atome), Bestandteile des Atoms (Elektronen und Atomkern) und des Atomkerns (Nukleonen, d. h. Protonen und Neutronen), Elementarteilchen und ferner Bausteine der Elementarteilchen (→ Quarks). Auf die T. der zuerst genannten Art lassen sich die Gesetze der klass. Physik anwenden; dagegen sind die atomaren und subatomaren ›Teilchen‹ keine Teilchen im klass. Sinn, da auf sie die Gesetze der Quantenphysik angewandt werden müssen, wobei der → Dualismus von Wellen- und Teilchenbild eine wesentl. Rolle spielt.

Tektite
aus Thailand

Teilchenbild, modellhafte, einseitige Beschreibung von Objekten der Mikrophysik als räumlich punktförmige lokalisierte Objekte (Teilchen); sie vernachlässigt den Wellencharakter der Materie (→ Wellenbild, → Dualismus, → Komplementarität).

Teilchendetektor, Gerät zum Nachweis und zur Registrierung von atomaren Teilchen oder Elementarteilchen (→ Zähler). In der Atom-, Kern- und Hochenergiephysik kennt man Detektoren, die Spuren von Teilchen sichtbar machen (z. B. → Nebelkammer, → Blasenkammer, → Funkenkammer), und solche, die Teilchen durch Ausnutzung best. physikal. Effekte nachweisen (z. B. → Szintillationszähler, → Halbleiterdetektoren).

Teilchenresonanzen, die → Massenresonanzen.

Teilchenstrahlen, Korpuskularstrahlen, Partikelstrahlen, Anoden-, Kathoden-, Kanal-, Alpha-, Beta-, Atom-, Molekülstrahlen u. a. materielle Strahlung in Analogie zu den Lichtstrahlen.

Teiler. Eine ganze Zahl t heißt T. der ganzen Zahl a (Symbol $t|a$), wenn es eine ganze Zahl b gibt, so daß $a = t \cdot b$ ist, man sagt auch, a ist durch t **teilbar.** Ist t gleichzeitig T. mehrerer ganzer Zahlen, nennt man t **gemeinsamen T.** Der größte Wert der gemeinsamen T. wird **größter gemeinsamer T. (ggT)** genannt. Zwei ganze Zahlen a und b heißen **teilerfremd** oder **relativ prim,** wenn der größte gemeinsame T. 1 ist. Ist $h(x)$ ein → Polynom, so heißt das Polynom $f(x)$ T. von $h(x)$, wenn es ein Polynom $g(x)$ gibt, so daß $h(x) = f(x) \cdot g(x)$ gilt. Die Teilbarkeitstheorie wird auf Ringe (z. B. Integritätsbereiche) verallgemeinert.

Teilfolge. Ist die Folge (k_n), $(n = 1, 2, 3, \ldots)$ irgendeine monoton wachsende unendl. Folge natürlicher Zahlen, z. B. 1, 2, 3, 5, 7, 11, . . ., so heißt sie eine T. der Folge der natürl. Zahlen. Wählt man eine solche Folge als Indizes, so erhält man aus jeder Zahlenfolge (a_n) eine T. (a_{k_n}); z. B. ist 1, 1/3, 1/5, 1/7, . . . T. der Folge 1, 1/2, 1/3, 1/4, . . .

Teilhaberbetrieb, Teilhabersystem, Datenverarbeitungssystem, bei dem mehrere Benutzer an einem Programm teilhaben; z. B. für zentrale betriebl. Aufgaben in besonderen dezentralisierten Betrieben.

Teilkreis, 1) bei opt. Geräten für Winkelmessungen (Theodolit, Spektrometer) der Teil, der die Kreisteilung trägt (Winkelteilung).

2) Maschinenbau: der Kreis, auf den sich die Verteilung von Bohrungen, Nuten, Zähnen (→ Zahnrad) bezieht.

Teilmenge, Bez. für eine → Menge A, wenn jedes Element von A auch Element einer Menge B ist, in Zeichen $A \subset B$ oder $B \supset A$. A ist **echte T.,** wenn gilt $A \subset B$ und $A \neq B$.

Teilnehmer|rechensystem, Datenverarbeitung: Ausführungsform eines → Betriebssystems zur interaktiven Nutzung einer Rechenanlage. Beim T. wird eine Rechenanlage für verschiedene Anwendungsgebiete (→ Teilhaberbetrieb) im Dialog von verschiedenen Teilnehmern eingesetzt. Oft stehen die Benutzer über → Terminals 2) mit der zentralen Rechenanlage in Verbindung. Jeder Benutzer erhält kurze Rechenzeiten (Zeitscheiben) zur schrittweisen Durchführung seines Programms zugeteilt.

Teilung, Mathematik: 1) die → Division. 2) T. einer Strecke in einem vorgegebenen Verhältnis, dem → Teilverhältnis λ. Liegt der Teilpunkt zw. den Endpunkten der zu teilenden Strecke, so spricht man von **innerer T. Äußere T.** liegt vor, wenn der Teilpunkt außerhalb der Strecke liegt.

Teilverhältnis, diejenige reelle Zahl λ, die das Verhältnis der Abstände zweier, auf einer Geraden (eines affinen Raumes) liegenden Punkte B, C von einem dritten auf der Geraden liegenden Punkt $A \neq C$ angibt: $AB = \lambda AC$, abgekürzt TV $(A; B, C)$ des geordneten Tripels (A, B, C). $\overrightarrow{AB}$ und $\overrightarrow{AC}$ sind die Ortsvektoren von A aus. Manchmal wird für $A \neq B$ auch die Zahl β mit $\overrightarrow{AC} = \beta \cdot \overrightarrow{AB}$ oder für $B \neq C$ die Zahl α mit $\overrightarrow{AB} = \alpha \cdot \overrightarrow{BC}$ T. genannt.

Teinochemie, Teilgebiet der physikal. Chemie, das sich mit der Erzeugung von mechan. Engerie durch chem. Prozesse befaßt; so dienen z. B. Polyacrylsäure- oder Polyvinylalkohol-Lamellen durch wechselweise Zugabe von Salzsäure und Natronlauge als Kontraktions- und dehnungsfähige Muskelmodelle.

Tektite *Mz.,* irreführend **Glasmeteorite,** hell- bis dunkelgrüne, braune oder schwarze, bis kopfgroße, natürl. Glaskörper von unregelmäßiger, fast stets gerundeter Form und mit glänzender, genarbter **(Piezoglypten)**

oder gefurchter Oberfläche. T. treten in tertiären oder quartären Sedimenten in unterschiedlich großen Fundgebieten (›Streufeldern‹) auf, nach denen sie benannt werden. Wichtigste Vorkommen: Böhmen, Mähren: **Moldavite;** SO-Asien, Australien: schwarze **Indochinite, Billitonite, Philippinite (Rizalite), Australite;** z. T. auch vom Boden angrenzender Ozeane; Elfenbeinküste, Süd-Staaten der USA: **Bediasite;** UdSSR: **Irgisite.** – Die zw. 0,7 und 34,2 Mio. Jahre alten T. bestehen wahrscheinlich aus Erdmaterie, die beim Aufschlag von Riesenmeteoriten (→ Stoßwellenmetamorphose) aufgeschmolzen und ausgeworfen wurde. So werden z. B. die Moldavite dem Ries zugeordnet.

Tektogenese, auch **Tektonogenese,** alle das Gefüge der Gesteine ändernden und zur Ausbildung neuer Lagerungsformen der Gesteinsschichten zueinander beitragenden Vorgänge; sie gehen i. a. der morpholog. Heraushebung eines Gebirges voraus. Die früher verwendete Bez. **Orogenese** wird heute für die Entstehung von Gebirgen im geographisch-morpholog. Sinn verstanden. Die T. prägt sich aus in Faltung, Schieferung, Metamorphose, Bruchbildung, Verschiebungen u. a. und betrifft i. d. R. regional eng umgrenzte Gebiete, z. B. Geosynklinalen. Tektogenet. Vorgänge verliefen im Lauf der Erdgeschichte phasenhaft; sie lassen sich jeweils in tekton. Ären einordnen, z. B. die variskische Ära (→ Faltungsphasen) mit einer Dauer von 150 bis 200 Mio. Jahren. Allerdings sind tekton. Phasen nicht überall genau gleichzeitig und intensiv wirksam. – Durch T. werden **Tektogene** gebildet, die nicht Gebirge im geographisch-morpholog. Sinn sein müssen.

Tektonik, Teilgebiet der Geologie; die Lehre vom Bau der Erdkruste, von den Bewegungen und Kräften, die diese erzeugen, und i. w. S. Bez. für best. Erscheinungsbilder wie → Salztektonik oder Alpen-T. Nach best. Gesichtspunkten läßt sie sich u. a. einteilen in: Platten-, Stockwerk-, Magmen- oder Seismo-T. Tekton. Prozesse sind z. B. die Epiro-, Dictyo-, Oro-, Taphro- oder Tektogenese. Als tekton. Baustile werden v. a. der → alpinotype und → germanotype unterschieden. Die tekton. Kräfte sind endogen. (→ Geotektonik)

Tektonit *der,* durch tekton. Beanspruchung gefügemäßig verändertes Gestein, z. B. die → Schiefer 3).

Tektonosphäre, bis in rd. 700 km Tiefe reichende obere Erdkrustenzone, in der sich die tekton. Vorgänge abspielen.

TEL, Abk. für engl. **Tetra Ethyl Lead** [tˈetrə ˈi:θaɪl led], ein → Antiklopfmittel.

Telebrief, elektronische Briefübermittlung, Form der → Telekommunikation zur immateriellen Übermittlung von Briefen mit kombinierter Anwendung von → Fernkopieren und → Teletex (Bürofernschreiben). Private Teilnehmer benutzen dabei öffentl. Fernkopierer (›elektronische Briefkästen‹), deren Ausgabe am Empfangsort als Briefpost zugestellt wird, seit 1980 in der Bundesrep. Dtl. versuchsweise zugelassen.

TELECOM, erster nationaler frz. Nachrichtensatellit. T.-1A und T.-1B sollen 1984 von Frankreich und der Bundesrep. Dtl. in Betrieb genommen werden v. a. für die Datenübertragung der Bürokommunikation. Zum Satellitensystem gehören ein Betriebs- und je ein Reservesatellit im geostationären Orbit und am Boden. Die Erdefunkstellen werden in der Bundesrep. Dtl. verteilt aufgestellt. T. wiegt etwa 1120 kg, davon entfallen 140 kg auf die Nutzlast.

Telefax, Telefaxdienst, seit dem 1. 1. 1979 neuer Dienst der Dt. Bundespost. Beim T.-Dienst werden geeignete Vorlagen über Fernsprechanschlüsse mit Fernkopierer (Telefaxanschlüsse) übertragen. Im Telefaxverzeichnis sind alle Telefaxanschlüsse aufgeführt.

Telefon, → Fernsprecher.

Telegraphie, älteste Form der elektr. Nachrichtenübertragung auf Leitungen, später auch auf Funkwegen. Die **T.-Zeichen** haben nur zwei Zustände (z. B. Strom, kein Strom), die Übertragung erfolgt demnach in einem → Binärcode. Die **Telegraphenalphabete** sind internat. genormt; das älteste ist das → Morsealphabet, dessen Zeichen mit → Morseapparaten oder ähnl. Geräten übertragen werden. In der drahtlosen T. werden die Morse-Signale durch Modulation oder Tastung eines Senders erzeugt und im Empfänger durch Demodulation hörbar gemacht.

Die Weiterentwicklung der T. führte zum → Fernschreiben: Das Morsealphabet wurde durch das Fünferalphabet und der Morseapparat durch den → Fernschreiber verdrängt. Die drahtlose T. entwickelte sich zum → Funkfernschreiben. Für Funkverbindungen wurde auch der → Hell-Schreiber verwendet. Zur Mehrfachausnutzung der Übertragungswege im Fernmeldenetz setzt man → Multiplex-Systeme ein, wodurch man gebündelte Fernschreibsignale über Fernsprechverbindungen und deren Multiplex-Systeme übertragen kann.

In den meisten Staaten unterhalten die Fernmeldeverwaltungen (Post) oder private Gesellschaften einen umfangreichen T.- oder Fernschreibdienst. Als Sonderform wächst die Datenübertragung über die klassische T. immer weiter hinaus. In der Bundesrep. Dtl. strebt man daher die Zusammenfassung beider in einem integrierten Fernschreib- und Datennetz an (→ Dateldienste).

Geschichtliches. Als Vorläufer der T. kann die Lichttelegraphie betrachtet werden. 1791/92 erfand C. CHAPPE den opt. Flügeltelegraphen, bei dem an einem Mast bewegl. Flügel befestigt waren. Der erste elektr. Telegraph von S. TH. VON SÖMMERRING beruhte auf der elektrolyt. Wasserzersetzung (1809). Auf der Ablenkung einer Magnetnadel durch das Feld eines stromdurchflossenen Leiters beruhten verschiedene Nadeltelegraphen (P. L. SCHILLING VON CANSTADT, 1832; C. F. GAUSS und W. WEBER, 1833). W. F. COOKE und C. WHEATSTONE konstruierten 1837 einen verbesserten elektromagnet. Vier- und einen Fünfnadeltelegraphen. Entscheidenden Erfolg hatte S. MORSE 1837 mit dem nach ihm benannten Apparat. Über Klopfer und Zeigertelegraph ging die Entwicklung zu den Drucktelegraphen (D. E. HUGHES, 1855; J. M. E. BAUDOT, 1874; Schnelltelegraph des Hauses Siemens, 1913), deren modernste Art, der Fernschreiber, nach 1918 in den USA und in Dtl. entwickelt wurde.

Telegraphentechnik, bearb. v. FR. SCHIWECK u. H. CASSENS, 2 Bde. (1955–68); J. LEHNERT: Introduction to telegraph engineering (Erlangen [3]1977). – G. WILSON: The old telegraphs (London 1976); D. HERBARTH: Die Entwicklung der opt. T. in Preußen (1978).

Telekommunikation, Fernmeldewesen, Nachrichtenwesen: Sammelbegriff für alle theoret. und prakt. Aspekte der → Nachrichtenübertragung mit den Mitteln der elektr. Nachrichtentechnik. Es gibt eine Vielzahl von Formen der T., je nach Kommunikationspartner (Mensch, Maschine), nach Art der Übertragung (Aufnahme, Umformung, Speicherung, Wiedergabe der Nachricht), nach Verfügbarkeit (eingeführt, Einführung möglich) u. a. Die folgende Systematik geht auf die **KtK**

Neue Telekommunikationsformen

Art der Telekommunikation	Telekommunikationsform	Telekommunikationsnetz	Ausgabe der Nachricht
1) Fernsprechen	Fernsprechkonferenz	Fernsprechnetz mit Zusatzeinrichtungen	durch Telephonhörer oder Lautsprecher
2) Fernwirken	Fernsteuern, Fernüberwachen	Fernsprechwählnetz, Fernschreib- und Datennetz, GGA-Kabelnetz	durch Meß- und Anzeigegeräte, Schalter, evtl. auch akustische oder visuelle Anzeige
3) Datenkommunikation	Datenkommunikation zwischen Rechnern	Breitbandverbindungen des Fernmeldenetzes	als Datensignal
	über Speichervermittlungssysteme	Erweiterung des öffentlichen Fernschreib- und Datennetzes	
4) Textkommunikation (codierte Nachricht)	Bürofernschreiben	Fernschreib- und Datennetz oder Fernsprechwählnetz (mittels Modems)	auf Papier (gedruckt)
	Videotext	Fernsehverteilnetz (Funk und/oder Kabel)	auf Bildschirm des Fernsehgerätes
	Bildschirmtext	Fernsprechwählnetz, Datenwählnetz	auf Bildschirm des Fernsehgerätes
	Fernschreibkonferenz	Fernschreib- und Datennetz mit Zusatzeinrichtungen	auf Papier (gedruckt)
5) Festbildkommunikation (uncodierte Nachricht)	Fernkopieren	Fernsprechwählnetz, evtl. Datenwählnetz für Geräte der Gruppe 3	auf Papier (Kopie)
	Faksimile-Zeitung	Fernsprech- und/oder Verteilnetz	auf Papier (Kopie)
	Video-Einzelbild	Fernsehverteilnetz	auf Bildschirm
	Fernsprech-Einzelbild	Fernsprechwählnetz	auf Bildschirm
	Fernzeichnen	Fernsprechwählnetz	mittels Zeichenstift auf Papier
6) Kombination von Text- und Festbildkommunikation	elektronische Briefübermittlung (Telebrief)	Fernsprechnetz oder Fernschreib- und Datennetz	auf Papier (gedruckt und/oder kopiert)
7) Bewegtbildkommunikation	Videokonferenz	Feste Fernsehverbindungen	durch Bild- und Tonwiedergabe in Konferenzstudios
	Videoüberwachungsdienste	Sammelnetze unter Verwendung von festen Fernsehverbindungen	durch Monitore in einer Zentrale
8) Mobile Dienste	Funkrufdienst	Funkverteilnetz	durch akustische und visuelle Anzeige
	Sprechfunkdienst öffentl. bewegl. Landfunkdienst (öbL)	Neugestaltetes öbL-Funk-Dialognetz	durch Telephonhörer
	Daten-, Bild-, Textübertragung über Funk		durch entsprechende Endgeräte

zurück (1974 vom Bundesminister für das Post- und Fernmeldewesen eingesetzte unabhängige ›Kommission für den Ausbau des techn. Kommunikationssystems‹): 1) bestehende T.-Formen, 2) neue T.-Formen in bestehenden Netzen, 3) T.-Formen in Breitbandverteilnetzen, 4) T.-Formen in Breitbandvermittlungsnetzen.

1) Bestehende Telekommunikationsformen sind → Fernsprechen, → Fernschreiben, → Datenübertragung, → Funkdienst, → Rundfunk (Hörfunk, Fernsehen) sowie andere Formen geringerer Verbreitung, z. B. Dienstnetze bei Bahn (→ Eisenbahn-Fernmeldeanlagen) und Energieversorgung, → Bildtelegraphie u. a.

2) Neue Telekommunikationsformen in bestehenden Netzen haben große Bedeutung, da sie bei Bedarf mit relativ geringem Aufwand (meist mit Zusatzgeräten, jedoch ohne neue Übertragungswege) eingeführt werden können, sofern es die Belastbarkeit der Netze zuläßt (ÜBERSICHT).

Innerhalb des Fernsprechens ist die **Fernsprechkonferenz** (→ Konferenzschaltung) eine neue und versuchsweise bereits eingeführte Art.

Das **Fernwirken** (→ Fernwirktechnik) bisher auf Sondernetzen betrieben, läßt sich auf öffentl. Netze ausdehnen und damit im kommunalen und privaten Bereich nutzen (Fernanzeigen von Zählerständen für Strom, Gas und Wasser, Fernschalten von Haushaltsgeräten u. a.).

Die **Datenkommunikation** kann durch Modernisierung der Einrichtungen und mit dem Aufbau des integrierten Fernschreib- und Datennetzes (→ Dateldienste) beschleunigt und zum Dialog zwischen Rechnern benutzt werden. **Textkommunikation** ist der Sammelbegriff für die Übertragung von codierten Textnachrichten; sie benötigt gegenüber der Festbildkommunikation (s. unten) geringere Kapazität oder Dauer der Übertragung. Eine neue Form ist → Teletex (Bürofernschreiben). Bei → Videotext werden mit dem Fernsehsignal, jedoch unabhängig davon, einseitig Textnachrichten übertragen und wahlweise auf dem Bildschirm dargestellt. Bei → Bildschirmtext werden Wählnetze im Dialogbetrieb benutzt, wodurch selektive Auswahl aus einem beliebig großen Textangebot möglich ist. Beim Fernschreiben sind Konferenzschaltungen möglich.

Festbildkommunikation ist der Sammelbegriff für die uncodierte Übertragung ruhender Bilder (auch von Momentaufnahmen bewegter Vorgänge). Hierfür ist größere Kapazität oder Dauer der Übertragung erforderlich als bei der Textkommunikation. Die wichtigste Art ist das → Fernkopieren (Faksimile). Eine Abart ist die **Faksimile-Zeitung,** d. h. die elektron. Übertragung (mit Abdruck) von Zeitungsberichten direkt in Haushalte, Hotels u. a. **Video-Einzelbild** entspricht Videotext, jedoch mit Übertragung beliebiger Bildvorlagen (ohne Beschränkung auf Texte und einfache Graphiken). Ebenso verhält sich das **Fernsprech-Einzelbild** zum Bildschirmtext. Das **Fernzeichnen** ermöglicht zur Ergänzung von Ferngesprächen die Übertragung handschriftl. Notizen und Skizzen im Dialogbetrieb. Kombination von Text- und Festbildkommunikation ist die **elektron. Briefübermittlung** (→ Telebrief). Hierbei werden Briefe als Textbriefe codiert mittels Bürofernschreiben oder Festbildbriefe uncodiert mittels Fernkopieren übertragen. Die Eingabegeräte müssen öffentlich zugänglich sein; die ankommenden Sendungen werden postlagernd, durch Briefträger oder elektronisch an Teilnehmer mit eigenem Endgerät verteilt.

Im Ggs. zur **Festbild-** steht die **Bewegungsbildkommunikation,** zu der die **Videokonferenz** und die **Videoüberwachungsdienste** gehören. Beide erfordern fest geschaltete Breitbandverbindungen für die Bildübertragung. Bei der Videokonferenz ist zusätzlich eine Tonübertragung erforderlich.

Bei den **mobilen Diensten** gibt es die teilweise schon eingeführten und im Ausbau befindl. Arten →Funkrufdienst und Sprechfunk (→Funkfernsprechen, →Funksprechgerät) über die öffentl. bewegl. →Funkdienste. Durch Zusatzgeräte ist dabei auch Daten-, Bild- und Textübertragung möglich.

3) Zu den Telekommunikationsformen in Breitbandverteilnetzen zählt v. a. das →Kabelfernsehen (KTV), das eine Erweiterung der Gemeinschafts- und Großgemeinschaftsantennenanlagen (GA und GGA) ist. Die Kommunikation ist einseitig gerichtet. Durch Einführung eines (meist schmalbandigen) Rückkanals ist ein begrenzter Dialogbetrieb und damit eine erhebl. Ausweitung der Nutzungsmöglichkeiten gegeben.

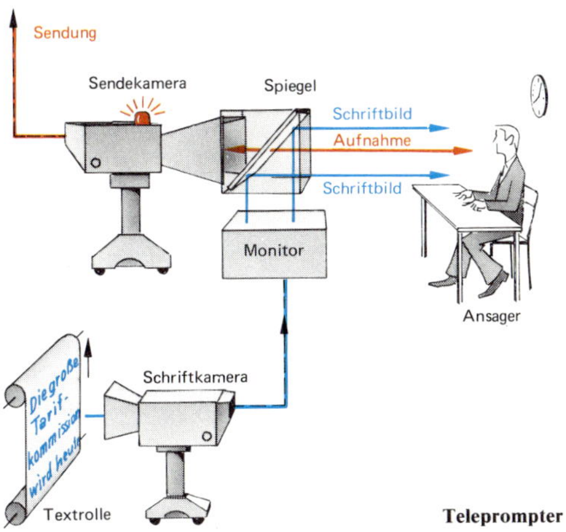

Teleprompter

4) Die Telekommunikationsformen in Breitbandvermittlungsnetzen ermöglichen einen teilnehmerindividuellen Dialog in Bild und Ton. Hierzu gehören das →Bildfernsprechen, die Bildfernsprechkonferenz (→Konferenzschaltung) und der Bewegtbildabruf. Bei der **Bildfernsprechkonferenz** befindet sich, im Ggs. zu der Videokonferenz, jeder Teilnehmer an einem anderen Ort, und auf dem Bildschirm erscheint jeweils der sprechende Teilnehmer. Der **Bewegtbildabruf** bietet den Teilnehmern die Möglichkeit, aus zentralen Informationsbanken individuelle Bewegtbilder (z. B. Filme) abzurufen. Dazu gehört auch das **Abonnement-** [abɔnm'ã-] oder **Münz-Fernsehen,** engl. **pay-TV** [p'eɪ ti:vi:]. Hierunter versteht man die Abnahme eines Fernsehprogrammes oder von Programmteilen über einen speziellen Fernsehkanal gegen gesonderte Bezahlung.

Breitbandnetze mit vermittelten Verbindungen, in denen jeder Teilnehmer mit jedem anderen in Ton, Bild und Daten kommunizieren kann, sind noch nirgends in nennenswertem Umfang erprobt. In näherer Zukunft ist mit Ausbau bestehender und schrittweiser Einführung neuer T.-Formen in bestehenden Netzen zu rechnen.

T. für den Menschen, hg. v. E. Witte (Kongreßbericht, 1980); M. Bullinger: Kommunikationsfreiheit im Strukturwandel der T. (1980).

Telekonferenz, alle Formen der →Telekommunikation mit Hilfe von →Konferenzschaltungen.

Tele|manipulator, Tele|operator, ein →Manipulator, der von einem Menschen ferngesteuert wird, der die Entscheidungen trifft und die erforderl. Signale für die verschiedenen Bewegungen gibt oder diese selbst ausführt. Leistung, Reichweite und Ausdauer des Menschen können damit verstärkt werden. Durch geeignete Kommunikationssysteme können diese Geräte in beliebiger Entfernung vom regelnden Menschen arbeiten **(Master-Slave-System** [m'ɑ:stə sl'eɪv-, engl.]). Einsatzgebiete: Meeresforschung, Weltraumforschung, Kerntechnik.

Telematik, Kombination aus →Telekommunikation und →Informatik, moderner Forschungsbereich, der sich mit der wechselseitigen Beeinflussung und Verflechtung verschiedener nachrichtentechn. Disziplinen befaßt. In erster Linie sind damit die auf den gleichen Basistechnologien (Digitaltechnik, Halbleitertechnologie, Mikro- und Optoelektronik) beruhenden Gebiete der elektron. Datenverarbeitung und der Telekommunikation gemeint, die wegen der Durchdringung ihrer Anwendungsbereiche neue Dimensionen für die Informationstechnologie eröffnet haben. Besondere Beachtung wird dabei dem starken Einfluß geschenkt, den umfassende Informationssysteme auf das gesellschaftl. Leben haben können.

Telemetrie, Übertragung elektr. Meßwerte auf drahtgebundenem oder drahtlosem Weg, →Fernmessung.

Tele|objektiv, photograph. Objektiv mit langer Brennweite und schmalem Bildwinkel (→Photographie).

Tele|operator, der →Telemanipulator.

Telephon, →Fernsprecher.

Teleprocessing [telɪpr'əʊsəsɪŋ], Abk. **TP,** engl. für →Datenfernverarbeitung.

Teleprompter, Vorrichtung, die es Fernsehmoderatoren und -ansagern ermöglicht, beim Blick in die Studiokamera Texte ablesen zu können. Die auf einem Monitor ablaufende Schrift wird dem Sprecher über einen einseitig durchlässigen Spiegel vor der Optik der Fernsehkamera präsentiert, diese erfaßt jedoch nur den Sprecher, der beim Lesen in die Kamera blicken kann.

telescoping [t'elɪskəʊpɪŋ, engl.], →Erzlagerstätten.

Telescopium, Fernrohr, ein →Sternbild am Südhimmel.

Teleskop, das →Fernrohr 1). I. w. S. wird der Begriff auch für astronom. Instrumente verwendet, die kein sichtbares Licht untersuchen, z. B. →Radioteleskope.

Teleskopie, Verfahren, mit dem (wie bei demoskop. Umfragen) aus einer Reihe von repräsentativ ausgewählten Haushalten ermittelt werden kann, welche Fernsehsendungen vom Zuschauer angeschaut werden (Bestimmung der **Einschaltquote).** Verwendet wird dazu ein Zusatzgerät zum Fernsehapparat **(Teleskomat),** das von den ausgesuchten Fernsehteilnehmern durch Druck best. Tasten bedient wird. Diese Informationen werden gespeichert und auf ein bestimmtes Abrufsignal hin einem Zentralcomputer zur Auswertung zugeleitet.

Telespiel, Fernsehspiel, Bildschirmspiel, engl. **TV Game** [t'i:v'i: geɪm], **Video-Game** [v'idɪəʊ-], mit einem handelsüblichen Fernsehempfänger gekoppeltes

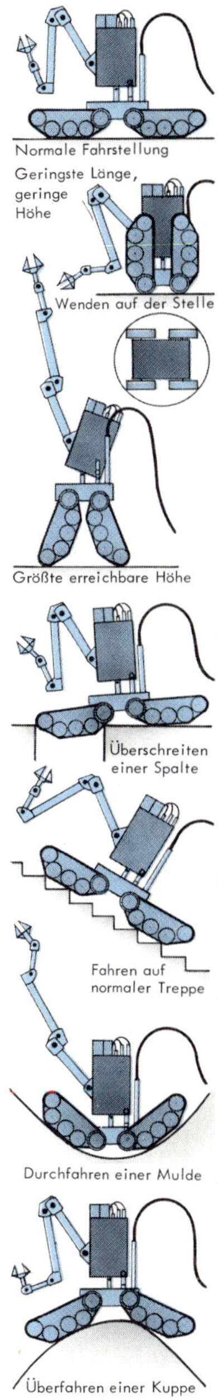

Telemanipulator

Telemanipulator: verschiedene Bewegungsmöglichkeiten des durch Fernsehbilder ferngesteuerten Manipulatorfahrzeugs MF 3, entwickelt im Kernforschungszentrum Karlsruhe

Spielgerät, besteht aus einem Codiergerät zur Erzeugung von Spielfeldmarkierungen und Lichtflecksymbolen auf dem Bildschirm sowie einem oder mehreren Bediengeräten zur Beeinflussung von Größe, Form, Lage, Richtung und/oder Geschwindigkeit der Lichtflecksymbole. Es gibt einfache Spiele wie Tennis, Fußball, bei denen ›Bälle‹ durch mit konstanter oder veränderbarer Geschwindigkeit über den Bildschirm bewegte Lichtflecksymbole und ›Schläger‹ durch weitere, anders geformte Lichtflecksymbole dargestellt werden, die von den Bediengeräten auf und ab bewegt werden können. Treffen die ›Bälle‹ auf die ›Schläger‹, so werden sie reflektiert oder abgelenkt, treffen sie auf Bildfeldbegrenzungen, so verschwinden sie und bewirken auf dem Bildschirm die Anzeige eines Fehlerpunktes. Weiter fortgeschrittene T. sind mit → Mikroprozessoren ausgerüstet. Sie enthalten zur Anpassung an künftige Spielwünsche oder Spielangebote vorprogrammierte auswechselbare Speicher (z. B. in Kassettenform). Die Codiergeräte können in den Fernsehempfänger eingebaut sein. Als gesonderte Zusatzgeräte erzeugen sie Signale, die einem hochfrequenten Träger aufmoduliert sind und dem Antenneneingang des Fernsehempfängers zugeführt werden.

Teletex, internat. Bez. für **Bürofernschreiben,** eine Form der → Telekommunikation. T. stellt ein digitales Nachrichtenübertragungsverfahren dar, das von der Dt. Bundespost im benutzungsrechtl. Rahmen der Datendienste angeboten wird; es gestattet den unmittelbaren schriftl. Nachrichtenaustausch von Schreibmaschine oder Textautomaten zu Schreibmaschine mit einer Übertragungsgeschwindigkeit von 1 200 Bit/s. Die Endgeräte können dezentral direkt am Arbeitsplatz (wie ein Telephon) aufgestellt werden, außerdem besteht die Möglichkeit eines automat. Nachtbetriebs. Ziel des T.-Dienstes ist es, die Textkommunikation mit ihren Vorteilen (schriftl. Dokumentation) ebenso leicht verfügbar zu machen wie die Sprachkommunikation, und dabei das bestehende Fernmeldenetz auszunutzen.

Teletext, engl. Bez. für **Videotext,** Form der → Telekommunikation zur Übertragung von Textnachrichten innerhalb eines Fernsehsignals und ihrer Darstellung auf dem Bildschirm eines Fernsehempfängers.

telethermal, Geologie: Temperaturbereich der Mineralausscheidung unter 100 °C.

Teletype Setter [engl. telɪt'aɪp s'etə], Abk. **TTS,** Zeilensetzmaschine, deren Setzvorgang von der Gießmaschine getrennt verläuft. Ein am → Perforator getasteter Lochstreifen dient zum Steuern der Gießmaschine, u. U. über beliebige Entfernungen über Draht oder Funk. Leistung: vier- bis fünffache Satzproduktion einer handbedienten Zeilensetzmaschine (→ Setzmaschine 1).

Television [t'elɪvɪʒn], Abk. **TV** [ti:v'i:], engl. Bez. für → Fernsehen.

Telex, Abk. für **Teleprinter Exchange** [t'elɪprɪntə ɪkstʃ'eɪndʒ, engl.], **Telex-Netz,** das Fernschreibteilnehmernetz (→ Fernschreiben, → Fernmeldenetz). Der **Telexdienst** ist in der VO für den Fernschreib- und den Datexdienst geregelt. Danach kann jedermann Telexteilnehmer werden. Die Telexteilnehmereinrichtungen werden privat beschafft, von der Dt. Bundespost angeschlossen, gegen Gebühren (nach den Fernschreib- und Datexgebührenvorschriften) unterhalten und durch Amtsleitungen mit der Telexvermittlungsstelle verbunden.

telezentrisches System, opt. System, v. a. in der opt. Meßtechnik, bei dem durch eine Blende in einem der beiden Brennpunkte des Objektivs das zugehörige Perspektivitätszentrum virtuell nach Unendlich **(telezentrische Lage)** verlagert wird.

Teller|ofen, aus mehreren dicht übereinanderliegenden Herden bestehender → Schachtofen.

Tellur *das,* chem. Symbol **Te,** ein → chemisches Element aus der 6. Hauptgruppe des Periodensystems (ein → Halbmetall), Ordnungszahl 52. Von den rd. 30 Isotopen kommen acht natürlich vor. Davon ist ^{123}Te unter Elektroneneinfang instabil mit einer Halbwertszeit von $1{,}2 \cdot 10^{13}$ Jahren. Aus Lösungen der Tellurigen Säure fällt mit Reduktionsmitteln T. als braunes Pulver aus, das nach dem Schmelzen silberweiß und metallglänzend ist. T. ist etwa 100mal seltener als Selen und findet sich in einzelnen Erzen angereichert, z. B. als **Tellurobismutit,** Bi_2Te_3, **Tetradymit,** Bi_2Te_2S. Das in vielen Schwefelerzen angereicherte T. findet sich nach deren Aufarbeitung in Bleikammer- und Anodenschlämmen und wird daraus gewonnen. T. wird als Legierungspartner gewissen Stahllegierungen und Kupfer zugesetzt. Ferner findet es Verwendung zum Färben von Gläsern und für einige Halbleiter.

T. tritt in seinen Verbindungen in den Oxidationszahlen −2, +2, +4 und +6 auf. **Tellurwasserstoff,** TeH_2, ist ein farbloses, unangenehm riechendes, sehr giftiges Gas. Seine wäßrige Lösung reagiert schwach sauer und bildet die **Telluride,** die auch unmittelbar aus T. und den Metallen durch Erhitzen hergestellt werden können. Einige Telluride spielen in der Supraleitungs- und Halbleitertechnik sowie für thermoelektr. Elemente eine Rolle. **Tellurdioxid,** TeO_2, entsteht bei der Verbrennung von T. Mit starken Oxidationsmitteln geht es in die **Orthotellursäure,** H_4TeO_6, über, die stark oxidierend wirkt. Ihr Anhydrid ist das gelbe **Tellurtrioxid,** TeO_3. Es sind auch zahlreiche Halogenverbindungen bekannt. – T.-Verbindungen sind giftig. Im menschl. Körper bewirken sie einen intensiven Knoblauchgeruch.

T. wurde 1782 von F. J. MÜLLER V. REICHENSTEIN entdeckt, aber erst 1798 von M. H. KLAPROTH als Element erkannt und isoliert.

tellurische Methode, → Geoelektrik.

Temperafarben, Künstlerfarben mit einer Emulsion aus Leim, trocknenden Ölen und Emulgator als Bindemittel. Als Emulgator wirken bei Ei-T. das Lecithin des Eigelbs, bei Casein-T. mit Borax oder Ammoniak aufgeschlossenes Casein.

Temperatur, 1) allgemein und Physik: eine Zustandsvariable, die sich urspr. aus der Wärme- oder Kälteempfindlichkeit des Tastsinns ableitet, aber nicht mit der → Wärme identisch ist. Bei Gasen stellt die T. ein Maß für die mittlere Bewegungsenergie der einzelnen Moleküle dar (→ statistische Mechanik), die beim → absoluten Nullpunkt verschwindet. Allgemein gilt folgendes: Bringt man zwei unterschiedlich ›warme‹, nicht miteinander mischbare Stoffe in Kontakt, so laufen bis zur Einstellung eines therm. Gleichgewichts Prozesse ab, die sich z. B. bei konstantem Druck in einer Volumenänderung der Komponenten, also in einer mechan. Größe, bemerkbar machen. Systeme, die in einem **thermischen Gleichgewicht** vorliegen, haben eine gemeinsame, stoffmengenunabhängige Eigenschaft, sie besitzen die gleiche T. Diese Tatsache läßt sich heranziehen zur **T.-Messung** mit Hilfe eines einfachen Flüssigkeitsthermometers (Flüssigkeit in dünnem Glasrohr bei konstantem Druck). Wählt man die Masse des Thermometers vernachlässigbar klein gegen die Masse des zu vermessenden Systems, so nimmt es im therm. Gleichgewicht die T. des Systems an und spiegelt diese wider im Volumen, das die Flüssigkeit nunmehr beansprucht. Zur T.-Messung lassen sich alle temperaturabhängigen Stoffeigenschaften heranziehen, wobei den elektr. Eigenschaften besondere Bedeutung zukommt (→ Thermometer, → Thermoelemente, → Pyrometer).

Unter der willkürl. Annahme, daß das Volumen eines realen Stoffes eine lineare Funktion der T. ist, kann man eine empir. → Temperaturskale einführen, indem man verschiedene → Festpunkte definiert. Bei der **empir. Celsius-Skale** (1743 von A. CELSIUS vorgeschlagen) sind die Fundamentalpunkte mit 0 °C der Gefrier- und mit 100 °C der Siede-P. von Wasser unter Normaldruck. Infolge der unterschiedl. Abweichung realer Stoffe von der angenommenen linearen Temperaturabhängigkeit des Volumens können die mit unterschiedl. Thermometerflüssigkeiten gemessenen T.-Werte auf dieser T.-Skale geringfügig differieren. Wählt man das ideale Gas als Thermometersubstanz (→ Gasthermometer), so erhält man die **ideale Gas-Celsius-Skale,** die von den zufälligen Ausdehnungseigenschaften eines speziellen Stoffes unabhängig ist. Da zur T.-Messung jedoch nur reale Gase verwendet werden können, hat man zur völlig stoffunabhängigen T.-Messung die **absolute (thermodynam.) T.-Skale** eingeführt, indem man die Messung von T.-Verhältnissen über den → Carnotschen Kreisprozeß auf die Messung von Wärmemengen zurückführt. Um nicht nur T.-Verhältnisse, sondern auch T. messen zu können, ist die (willkürl.) Festlegung eines (neben dem absoluten Nullpunkt weiteren) Festpunktes nötig, für den in der Kelvin-Skale der Tripelpunkt des Wassers zu 273,16 Kelvin festgelegt wurde. Die SI-Basiseinheit Kelvin (K) ist somit der 273,16te Teil der **thermodynam. T.** (Formelzeichen T) des Tripelpunktes des Wassers. Präzisiert man mit Hilfe dieser Definition die empir. Celsius-Skale und führt, der größeren Genauigkeit und Reproduzierbarkeit wegen, den Tripelpunkt des Wassers mit einem Wert von 0,0100 . . . °C als neuen Festpunkt ein, so erhält man die heute gebräuchl. thermodynamisch fundierte Celsius-Skale, die sich von der Kelvin-Skale nur durch die Wahl des Nullpunkts unterscheidet (→ Grad Celsius). Das Formelzeichen für die **Celsius-T.** ist ϑ oder t.

Für die höchsten im Weltall vorkommenden T. hat man Werte von 10^9 K berechnet, auf der Erde wurden für kürzeste Zeiten 10^7 K realisiert; die tiefsten im Labor erreichten T. liegen bei 10^{-5} K (→ Tieftemperaturphysik).

2) Meteorologie: Klimaelement und Zustandsgröße der Luft, mit deren Hilfe sich bei bekanntem Druck die Energie der Atmosphäre und die Luftdichte ermitteln lassen. Ihr vertikaler Gradient bestimmt die → Stabilität der Atmosphäre. Gemessen wird die T. mit strahlungsgeschützten Thermometern (→ Aspirationspsychrometer, → Radiosonde, → Wetterhütte) zu bestimmten Terminen. Sie zeigt i. d. R. einen Tages- und Jahresgang, wobei für beide gewöhnlich gilt, daß die Amplitude über Land größer ist als über See und am Boden größer als in der freien Atmosphäre, was nachts und im Winter häufig zu → Inversionen 5) führt. Unterschiedlich ist dagegen, daß der Tagesgang, mit tiefsten Werten um Sonnenaufgang und höchsten gegen 14 Uhr Ortszeit, in den Tropen und Subtropen bes. ausgeprägt ist, während der Jahresgang, dessen Extreme etwa ein bis zwei Monate nach dem Tiefst- oder Höchststand der Sonne auftreten, in mittleren und polaren Breiten den Tagesgang übertrifft. Die höchsten T. (mehr als 50 °C) werden im Innern der Wüsten beobachtet, die höchsten Jahresmittel (etwa 28 °C) im Bereich der nordhemisphär. Savannen. Die tiefsten Werte (weniger als − 80 °C, Jahresmittel − 55 °C) treten an den Inlandstationen der Antarktis auf. Für Berechnungen wurden in der Meteorologie spezielle T.-Begriffe eingeführt, z. B.: die **virtuelle T.,** die trockene Luft unter gleichem Druck annehmen müßte, um die gleiche Dichte zu haben wie feuchte bei Lufttemperatur; die **potentielle T.,** die Luft erreicht, wenn sie ohne Wärmezufuhr von außen auf 1 000 Millibar gebracht wird; die **Feuchttemperatur,** die sich auf einer benetzten Oberfläche einstellt, wenn der als Folge des T.-Gefälles zur Umgebungsluft zu ihr gerichtete Wärmestrom den Energieverlust durch Verdunstung voll ausgleicht.

Temperaturbewegung, die → Wärmebewegung.

Temperaturgrade, → Grad 2) und → Grad 3).

Temperaturgradi|ent, die räuml. Änderung der Temperatur, das **Temperaturgefälle.** Der T. wird in festen Körpern v. a. durch die Wärmeleitung bestimmt, in Flüssigkeiten und Gasen überwiegt der Einfluß der Konvektion. Im Erdinnern treten im wesentlichen Gradienten in vertikaler Richtung auf, deren Kehrwert → geothermische Tiefenstufe heißt.

Temperaturko|effizi|ent, 1) allgemein: die relative Änderung einer physikal. Größe (z. B. Länge, Volumen, Druck, elektr. Widerstand) bei Änderung der Temperatur bezogen auf die Temperaturdifferenz. Die Abhängigkeit einer physikal. Größe y von der Temperatur t kann i. a. für ein begrenztes Temperaturintervall $\Delta t = t - t_0$ näherungsweise durch $y = y_0\ (1 + \alpha \cdot \Delta t)$ beschrieben werden, wobei y_0 der Wert von y bei der Temperatur t_0 und $\alpha = (y - y_0)/y_0 \cdot \Delta t$ der T. ist.

2) Kerntechnik: Veränderung der → Reaktivität mit der Temperatur eines Kernreaktors. Der T. ist negativ, wenn eine Temperatursteigerung die Reaktivität verringert.

Temperatur|regler, Gerät zum Aufrechterhalten eines best. Temperatursollwertes durch eine Regelung. Einfache T. (in Bügeleisen, Kochplatten in elektr. Herden) arbeiten als **Zweipunktregler** (→ Zweipunktregelung), indem die Temperatur mittels eines → Bimetalls gemessen und bei Unterschreiten des gewählten Sollwertes die Heizleistung eingeschaltet wird. Dadurch ergibt sich ein fortgesetztes Pendeln der Regelgröße Temperatur. Bei höheren Ansprüchen an die Regelgüte sind stetige Regler mit genaueren Meßinstrumenten (elektr. Thermometer, Thermoelemente) erforderlich. **Pneumat. T.** arbeiten mit Dampfspannungsthermometern. Ein **Thermostat** ist ein Kompaktgerät aus T. und Heiz- oder Kühleinrichtung.

Temperaturskale, Temperaturskala, Skale zur Angabe von Temperaturen und Temperaturdifferenzen, zu deren Festlegung physikalisch genau definierte Temperaturen (→ Festpunkt) dienen. In der **Celsius-Skale** (→ Grad Celsius) sind die beiden Fundamentalpunkte der → Eispunkt (0 °C) und der → Dampfpunkt (100 °C), in der

°C	°R	°F	K
100	80	212	373,15
90	72	194	363,15
80	64	176	353,15
70	56	158	343,15
60	48	140	333,15
50	40	122	323,15
40	32	104	313,15
30	24	86	303,15
20	16	68	293,15
10	8	50	283,15
0	0	32	273,15

Temperaturskale: Vergleich der T. von Celsius, Réaumur, Fahrenheit und Kelvin

Kelvin-Skale (→Kelvin) der →absolute Nullpunkt (0 K) und der →Tripelpunkt des Wassers (273,16 K). Zu den **empirischen T.**, die auf der linearen Ausdehnung von Flüssigkeiten und Gasen beruhen, gehören neben der Celsius-Skale auch die **Fahrenheit-Skale** (→Grad Fahrenheit) und die **Réaumur-Skale** [reom'yr-] (→Grad Réaumur). **Thermodynam. T. (absolute T.)**, die auf dem Carnotschen Kreisprozeß beruhen (→Temperatur) und am absoluten Nullpunkt beginnen, sind die Kelvin-Skale und die **Rankine-Skale** [r'æŋkin-] (→Grad Rankine).

Temperaturstrahlung, →Wärmestrahlung.

tempern, 1) Eisenhüttenkunde: Gußeisen best. Zusammensetzung nachbehandeln, um es zäher und schmiedbar zu machen. Die Wärmebehandlung solchen **Tempergusses** geschieht durch mehrtägiges Glühen in **Temperöfen,** wobei der Kohlenstoff an der Oberfläche entzogen und der im Kern verbleibende zementitische Kohlenstoff in Graphit umgewandelt wird. (→Gießerei)

2) Glastechnik: a) Wannen, Hafen, z. T. fertige Ware allmählich aufheizen oder abkühlen; b) Glasartikel zur Festigkeitssteigerung kontrolliert wiedererwärmen und abschrecken (→Chemtempern; →vorgespanntes Glas).

3) Kunststofftechnik: Kunststoff-Formteile oder -Halbzeug warmlagern zum Erzielen best. Eigenschaften, z. B. bessere Wärmebeständigkeit, Abbau innerer Spannungen, Vorwegnehmen einer Nachschwindung.

TEM-Welle, Abk. für **Transverse Elektromagnetic-Welle** [tr'ænsvəːs ɪl'ektrəʊmægn'etɪk-, engl.], **Lecher-Welle,** [n. dem österr. Physiker E. Lecher, * 1856, † 1926], elektromagnet. Welle, deren Feldkomponenten (elektr. Feldstärke E und magnet. Feldstärke H) senkrecht zur Fortschreitungsrichtung stehen, d. h., in Fortschreitungsrichtung der Welle ist keine Feldkomponente vorhanden. TEM-W. breiten sich z. B. auf einer →Lecher-Leitung aus.

Tender, 1) von der Dampflokomotive mitgeführtes, kurzgekuppeltes Fahrzeug **(Schlepp-T.)** zur Aufnahme von Brennstoffen (Kohle, Öl) und Kesselspeisewasser für die Dampferzeugung. (→Lokomotive)

2) Marine: Hilfsfahrzeug, Begleit-, Wohn- und Versorgungsschiff für Kriegsschiffverbände, bes. Kleinkampfschiff-Geschwader.

Tennantit, Mineral, ein →Fahlerz.

Tenside, waschaktive Substanzen, organ. Verbindungen, die aus einer wasserverdrängenden (hydrophoben) Kohlenwasserstoffkette und einer wasseranziehenden (hydrophilen) Gruppe bestehen. Die hydrophile Gruppe ist bei **anionischen T.** negativ (z. B. $-COO^-$, $-SO_3^-$, $-O-SO_3^-$), bei **kationischen** T. positiv geladen (z. B. $-N(R)_3^+$). **Ampho-T.** haben sowohl eine negativ geladene als auch eine positiv geladene Gruppe. **Nichtionische T.** enthalten Kohlenwasserstoffgruppen, die durch mehrere, die Wasserlöslichkeit begünstigende Äthergruppen verbunden sind (z. B. $-(O-CH_2-CH_2)_n-$). In Wasser gelöste T.-Moleküle lagern sich zu Gruppen (Mizellen) zusammen. Dabei ordnen sich die Moleküle so an, daß die hydrophilen Gruppen nach außen zeigen, d. h. mit dem Wasser in Kontakt bleiben. T. werden an Grenzflächen zw. Wasser und gasförmigen, flüssigen oder festen Phasen (z. B. Luft, Öl oder Schmutzpartikel) so adsorbiert, daß die hydrophilen Gruppen dem Wasser zugekehrt sind und die hydrophoben Ketten aus der wäßrigen Phase herausragen. Dadurch wird die Grenzflächenspannung herabgesetzt und Feststoffe (z. B. Textilfasern, Glas) werden durch Wasser benetzt (→Netzmittel). Fetthaltige Schmutzteilchen, Öl, Pigmente u. a. werden durch T. von Festkörperoberflächen abgelöst und in der wäßrigen Phase in Form kleiner Teilchen stabilisiert (→Emulgatoren, →Dispersion 1).

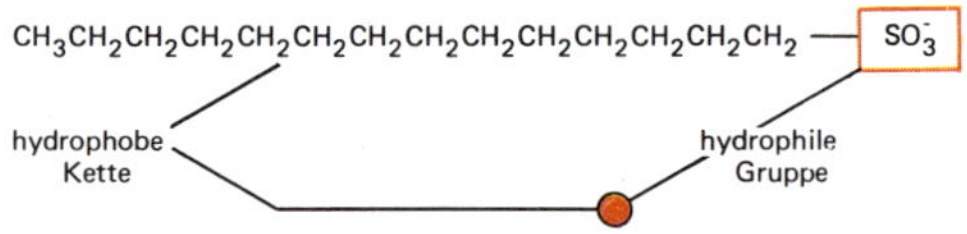

Tensidmolekül (Alkansulfonat)

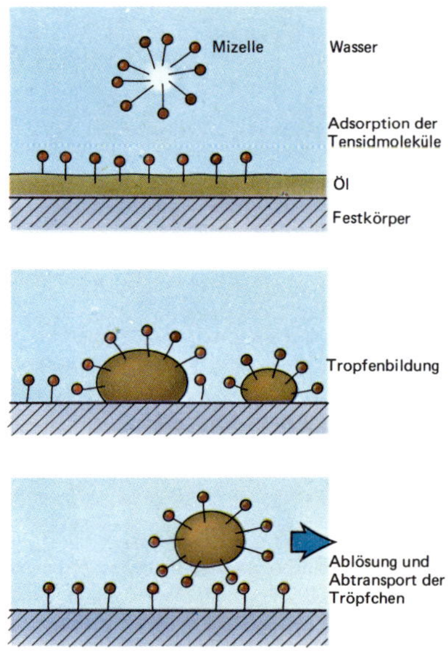

Wirkung von Tensiden

Tenside: Wirkung von T.

T. werden v. a. für Wasch- und Reinigungszwecke verwendet. Dabei spielen anionische T. die größte Rolle (v. a. →Alkylbenzolsulfonate in Waschmitteln und →Seifen für die Körperreinigung). Alkansulfonate werden für flüssige Reinigungsmittel (→Sulfoxidation), Fettalkoholsulfate für Shampoos verwendet. Kationische T. dienen v. a. als →Desinfektionsmittel und →Weichspülmittel. Nichtionische T. (z. B. Oxäthylate von Fettalkoholen) sind bei niedrigen Waschtemperaturen (30–60 °C) und in phosphatfreien Waschmitteln den Alkylbenzolsulfonaten überlegen. T. werden u. a. auch in der Textil-, Metall-, Kunststoff-, Erdölindustrie sowie in der Kosmetik und Nahrungsmittelindustrie verwendet.

Tension, Spannung, Druck, bes. von Gasen und Dämpfen.

Tensor, früher auch **Affinor,** Verallgemeinerung des Vektorbegriffs, u. a. in der Differentialgeometrie und Physik verwendete Größe. Ein **T. m-ter Stufe** ist ein in einem Punkt des n-dimensionalen Raumes $\mathbb{R}^n$ erklärtes System von n^m Zahlen, das ein best. Transformationsverhalten zeigt. In diesem Sinn sind →Skalare als **T. 0. Stufe,** die →Vektoren als **T. 1. Stufe** aufzufassen. Da sich die Komponenten eines **T. 2. Stufe** (auch **Dyade** genannt) zu einer quadrat. → Matrix anordnen lassen, können alle elementaren Rechenoperationen gemäß den Regeln der Matrizenrechnung erfolgen. Jeder T. 2. Stufe läßt sich aus einem symmetr. und einem antisymmetr. T. zusammensetzen. Ein T. heißt **symmetrisch,** wenn für seine Komponenten gilt $T_{ik} = T_{ki}$, und **antisymmetrisch** (schiefsymmetrisch), wenn $T_{ik} = -T_{ki}$. Ein T. kann auch als Element eines **Tensorprodukts** (tensorielles Produkt) von Vektorräumen aufgefaßt werden. Das Tensorprodukt $C = A \otimes B$ eines m-dimensionalen Vektorraumes A mit einem n-dimensionalen Vektorraum B ist ein $m \cdot n$-dimensionaler Vektorraum mit best. Eigenschaften. Beispiele für Anwendungen: In der Differentialgeometrie wird die Krümmung einer Fläche oder eines Raumes durch den **Krümmungs-T.** beschrieben. In der Relativitätstheorie bilden die Energie und die Komponenten des Impulses den **Energie-Impuls-T.** In der Elastizitätstheorie tritt der **Spannungstensor** auf, in der Elektrodynamik der **Maxwellsche Spannungstensor.**

Tephrit *der,* basalt. Ergußgestein aus Plagioklas, Pyroxen, Nephelin oder Leucit.

Tephro|chronologie, Methode der Gliederung und Datierung geolog. Ablagerungen mit Hilfe durch Wind verbreiteter vulkan. Aschen, deren Herkunft und Alter bekannt sind; bes. im Quartär.

Teppich, Fußbodenbelag (T., Läufer, Auslegware, T.-Boden, T.-Fliesen, Bettumrandungen, Brücken), auch Wandbehang oder Möbelbedeckung aus Wolle u. a. Tierhaaren, Seide, Baumwolle, Hanf, Jute, Kokosfaser, Sisal, Bast, Schilf und Chemiefasern sowie Mischungen davon; auch Fellstreifen, Textilreste, Papier, Gold-, Silber- u. a. Metallfäden werden verwendet.

Maschinen-T. werden v. a. als schwere Web-T., Tufting- oder Nadelfilz-T. hergestellt. Geknüpfte Maschinen-T. sind heute selten. **Gewebte Maschinen-T.** werden als Flachgewebe ohne Flor aus Baumwolle, Haargarn, Wolle, Jute, Kokos, Sisal, Chemiefasern u. a. hergestellt oder als **Flor-T.** mit geschlossenen Florschlingen **(Bouclé-T.** [bukl'e-], **Brüsseler T.)** oder mit aufgeschnittenen Flornoppen **(Velours-** [vel'u:r-] oder **Plüsch-T., Tournai-T.** [turn'ɛ-]) oder mit vorgewebtem Polmaterial **(Chenille-** [ʃən'ij-] oder **Axminster-T.** ['æksmınstə-]). Beim Weben werden einzelne Schüsse nach oben zur Oberflächenbildung gezogen **(Ruten-T., Tapestry-T.** [t'æpıstrı-]). Jacquard-Maschinen sorgen für die Musterbildung. Bei den **Druck-T.** entsteht die mehrfarbige Musterung der einchorigen Schaftware durch Bedrucken der Polfäden vor dem Weben. Vielfarbige durchgewebte Muster zeigt der auf der Greiferwebmaschine hergestellte **Gripper-Axminster-T. (Mechanisch-Smyrna-T.);** er ist dem Knüpf-T. recht ähnlich. **Wirk-T.** werden auf Raschelmaschinen in Plüschtechnik hergestellt.

Als **Auslegware (T.-Böden, T.-Fliesen)** werden v. a. **Nadelflor-** oder **Tufting-T.** [t'ʌftıŋ-] hergestellt. Sie erhalten ihren geschlossen oder später aufgeschnittenen Flor durch Einziehen von Schlingen mit Hilfe einer Vielnadelmaschine in ein Traggewebe oder -gewirk. Es muß zur Festigung der Florschlingen oder -noppen linksseitig latexiert sein. Bei Klebe-T. wird das Flormaterial zw. zwei Tragegeweben oder -gewirken oder sonstigen textilen Flächen in Schlingen geklebt und anschließend in gleichem Abstand von den textilen Trageflächen auseinandergeschnitten. Zur Auslegware gehören auch **Nadelfilz-T.** (→ Nadelfilz) und **beflockte T.** (→ Beflocken).

Handgefertigte T. sind vorwiegend **Knüpf-T.,** der

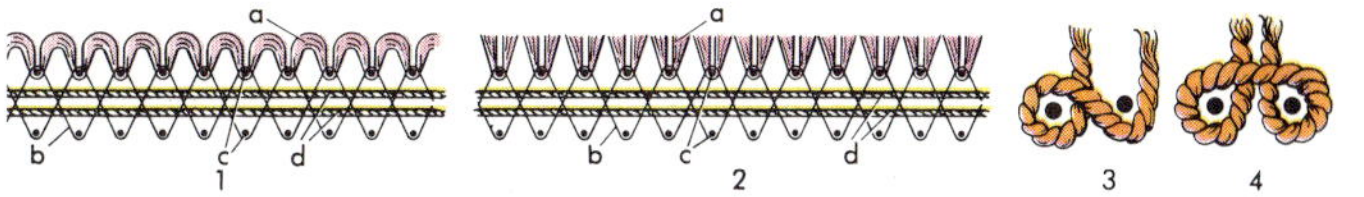

Teppich: Teppichherstellung; **1** Bouclé-Teppich (mit geschlossener Polkette; Schlingen). **2** Velours-Teppich (mit aufgeschnittener Polkette; Flor); **a** Polkette, **b** Bindekette, **c** Schuß, **d** Füllkette. **3** Persischer Knoten. **4** Türkischer Knoten

Kelim (beidseits gleiches Aussehen), der **Allgäuer T.** (gewebt), der **Gobelin** [gobl'ɛ̃] (gewirkt) und **Applikations-T.,** bei denen die Musterung aus aufgenähten, aufgeklebten oder eingefilzten Stoff- oder Filzstückchen besteht. Zu den handgefertigten T. gehören auch die **Hobby-T.,** die durch Einziehen oder Einknüpfen von Fadenabschnitten in vorbereiteten Grund entstehen.

Bei den handgeknüpften T. werden die einzelnen, rd. 2–4 cm langen Florfadenstücke aus Schafwolle, Ziegenhaar, Kamelhaar oder seltener aus Seide in eine senkrecht aufgespannte Kette aus Wolle oder Baumwolle eingeknüpft. Man unterscheidet zwei Knotenarten: den **Türk. (Ghordes-** oder **Smyrna-)Knoten,** bei dem jeweils zwei Kettfäden ganz und gleichartig umschlungen werden, und den **Pers. Knoten (Sinnehknoten),** bei dem ein Kettfaden ganz und der andere halb umschlungen werden. Nach jeder Knotenreihe werden zumeist zwei Schüsse in Leinwandbindung eingetragen und mit einem schweren Kamm angeschlagen. Durch Scheren der fertigen T. wird eine gleichmäßige Florhöhe erreicht. Mittlere Knotenzahl bei Orient-T.: 100000–200000 je m^2, die höchste um eine Mio. je m^2, bei anderen Knüpf-T. meist weniger.

D. C. Buurmann: T. und textile Bodenbeläge (1975); Bruckmann's T.-Lexikon, bearb. v. Effi Biedrzynski ([2]1975); N. Znamierowski: T. selbermachen (a. d. Amerikan., 1980).

Tera, Vorsatzzeichen **T,** der → Vorsatz 2) vor Einheiten für 10^{12} (Billion); z. B.: 1 Terawatt = 1 TW = 10^{12} W.

Terbium, chem. Symbol **Tb,** seltenes → chemisches Element aus der Gruppe der Lanthanoide, Ordnungszahl 65. Neben dem natürl. stabilen Isotop der Massenzahl 159 sind mehr als 20 künstl. instabile Isotope bekannt. T. ist ein silbergraues Metall, das in seinen Verbindungen (Phosphate, Silikate) meist dreiwertig auftritt. Es wird für einige Laser und Festkörper-Elektronikelemente benutzt. – T. wurde 1843 von C. G. Mosander in den Yttererden entdeckt. Im Monazit sind 0,03% T. enthalten.

TERCOM Abk. für **Terrain Contour Matching** [ter'eın k'ɔntuə m'ætʃıŋ, engl.] oder **Terrain Comparison** [-kəmp'ærısn, engl.], Verfahren zur Führung von Lenkflugkörpern oder zur Berichtigung der Standortanzeige von deren Trägheitsführungssystemen. Dabei wird das mit einem Funkhöhenmesser ermittelte Höhenprofil des überflogenen Geländes verglichen mit den in einem Geländevergleichsrechner gespeicherten Bodenprofilen. Der Rechner sucht die beste Übereinstimmung zw. gemessenen und gespeicherten Profilen und bestimmt daraus den Standort des Flugkörpers.

Terephthalsäure, 1,4-Benzoldicarbonsäure, unschmelzbare, in Wasser und organ. Lösemitteln unlösliche aromat. Dicarbonsäure, die durch katalyt. Flüssigphasenoxidation von p-Xylol hergestellt wird. T. und ihr Dimethylester sind wichtige Zwischenprodukte bei der Herstellung von Polyestern, bes. auf dem Fasersektor.

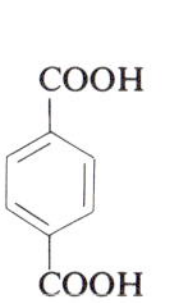

Terephthalsäure

Term, 1) Mathematik: Teil einer mathemat. Formel.

2) Physik: Bez. für die Energieeigenwerte eines Atoms, die die quantenmechanisch möglichen Energiestufen des

Atoms angeben. Nach der Bohrschen Frequenzbedingung wird die Energiedifferenz, die sich beim Übergang eines Elektrons aus dem Quantenzustand der Energie E_1 in einen der Energie E_2 ergibt, als Photon emittiert oder absorbiert, je nachdem, ob E_1 größer oder kleiner als E_2 ist. Die Frequenz ν des Photons ist durch $h\,\nu = |E_1 - E_2|$ als Differenz zweier Terme gegeben (h = Plancksches Wirkungsquantum).

Terminal [tˈəːmınl, engl.], **1)** Abschluß einer techn. Anlage, z. B. das Abfertigungsgebäude eines Flughafens, Empfangsgebäude eines Bahnhofs.

2) Datenverarbeitung: Endgerät, Datenendstation, Anschlußstation, Endstelle. I. e. S. ist ein T. eine Bedienungsstation für den Benutzer eines Computers (z. B. bei der → Datenfernverarbeitung), die mindestens eine Eingabeeinheit (Tastatur, Lichtgriffel), eine Ausgabeeinheit (Bildschirm, Drucker) und eine Einheit für den Datenverkehr mit dem Computer besitzt. **›Intelligente‹ T.** sind zusätzlich mit einer Verarbeitungseinheit ausgerüstet, die viele Routineaufgaben bei der Gestaltung der Datenausgabe und eine teilweise Bearbeitung der Eingabedaten unabhängig vom Zentralrechner im T. selbst durchführen kann. Zu diesen Aufgaben gehören u. a. die Cursorsteuerung und -positionierung, das Löschen des Bildschirms, Manipulation des Bildschirminhalts (Löschen, Einfügen, Verschieben von Zeichen), Lokalbetrieb, Blockübertragung der gespeicherten Daten.

3) Setzerei: Eingabetastatur mit gekoppeltem Bildschirm für Photo- und Lichtsetzmaschinen (→ Photosatz). Auf dem Bildschirm kann der beim Setzer gespeicherte Text vor der Belichtung korrigiert und redigiert werden **(Korrektur-T.)**.

Terminator, Grenzlinie zw. dem beleuchteten und unbeleuchteten Teil des Mondes oder eines inneren Planeten.

Termone, geschlechtsbestimmende Wirkstoffe in niederen Organismen. Die männlich bestimmenden **Androtermone** und die weiblich bestimmenden **Gynotermone** entscheiden nicht die sekundären Geschlechtsmerkmale, sondern das Geschlecht.

Termschema, Energieschema, Niveauschema [nivˈo-], zeichner. Darstellung der → Terme 2), d. h. der Energiestufen eines Atoms, geordnet nach Energie, Drehimpuls und Multiplizität $2S+1$. Ein Term mit dem gesamten Bahndrehimpuls L und dem gesamten Eigendrehimpuls (Spin) $S=0$ ist ein einfacher Term, ein **Singulett.** Auf Grund der Spin-Bahn-Wechselwirkung spaltet ein Term mit $L \neq 0$ und $S = 1/2$ zweifach auf **(Dublett)**; die Gesamtdrehimpulse sind $J = L - 1/2$ und $J = L + 1/2$. Ein Term mit $L \geq 1$ und $S=1$ ergibt ein **Triplett** mit $J = L+1$, $J = L$ und $J = L-1$. Das Wasserstoffatom hat z. B. ein Dublettsystem, das Heliumatom besitzt ein Singulett- und ein Triplettsystem. Die Spektrallinien ergeben sich als Differenz zweier Terme. (→ Atom)

ternär, aus drei Teilen (Elementen, Komponenten) bestehend, z. B. bestehen **ternäre Verbindungen** aus drei Elementen.

Tero|technologie, Wissenschaft von der Instandhaltung und Reparatur (mit Ersatzteilwesen) technisch-industrieller Gebäude, Geräte und Einrichtungen oder auch die Anwendung dieser Wissenschaft in der Praxis (dann im Deutschen meist: **Terotechnik**). Das Ziel der T. ist die Verbesserung der Effizienz durch Optimierung der Lebensdauer der Produktionsinstrumente.

Terpene, Gruppe von Naturstoffen, die durch Wasserdampfdestillation (äther. Öle) oder Extraktion aus Blüten, Blättern oder anderen Pflanzenteilen isoliert werden. Viele T. werden wegen ihres angenehmen Geruchs als → Riechstoffe verwendet. T. sind Kohlenwasserstoffe, Alkohole, Äther, Aldehyde oder Ketone, deren Kohlenstoffskelett sich vom Isopren (C_5H_8) ableiten läßt. Je nach Anzahl der Isopreneinheiten erhält man **Mono-T.** (C_{10}), **Sesqui-T.** (C_{15}), **Di-T.** (C_{20}), **Tri-T.** (C_{30}) und **Tetra-T.** (C_{40}). Unter den Mono-T. gibt es azyklische, wie den T.-Kohlenwasserstoff → Myrcen oder die T.-Alkohole → Geraniol und → Linalool, monozyklische, wie den T.-Kohlenwasserstoff → Limonen und den T.-Alkohol Menthol und bizyklische, wie die → Pinene oder das T.-Keton → Campher. Zu den Di-T. gehören Vitamin A und das im Chlorophyllmolekül enthaltene Phytol. Das → Carotin ist ein Tetra-T.

Terpentin *der* oder *das,* Balsam verschiedener Pinusarten, aus dem durch Vakuum- oder Wasserdampfdestillation das → Terpentinöl gewonnen wird (Rückstand Kolophonium). Zu den T. gehört u. a. → Canadabalsam.

Terpentin|öl, farblose bis hellgelbe Flüssigkeit mit einem Siedeverlauf 155–180 °C. T. wird durch Destillation aus Kiefernharz **(Balsam-T.)** oder durch Wasserdampfdestillation aus harzreichen Holzabfällen **(Wurzel-T.)** gewonnen. T. enthält neben anderen Terpenen v. a. Pinene. Es wird als Lösemittel für Lacke, Schuhcreme und Bohnerwachs sowie zur Herstellung von Campher und Riechstoffen verwendet.

Terpolymere, → Copolymere.

Terra di Siena, → Eisenpigmente.

Terra fusca *die,* **Kalksteinbraunlehm,** meist plastischer, ockergelber bis braunroter, tonmineralhaltiger Boden bes. feuchtwarmer Gebiete auf Kalken, Dolomiten, Mergeln u. ä., der im Mittelmeergebiet vielfach als Reliktboden vorkommt.

Terrainfolgeflug [tɛrˈɛ̃-, frz.], → Konturenflug.

Terrainfolge|radar [tɛrˈɛ̃-, frz.], Bordradargerät, das → Fernlenkflugzeugen und → Flugkörpern sowie bemannten Militärflugzeugen auch bei fehlender Sicht den → Konturenflug ermöglicht. Die Radarechos von in Flugrichtung liegenden Bodenerhebungen und die Meßwerte eines Funkhöhenmessers werden im Bordrechner verarbeitet, der Steuerbefehle dem Piloten anzeigt oder Führungssignale für einen → Flugregler erzeugt.

Terra rossa *die,* im Mittelmeergebiet bes. auf reinen Kalkgesteinen verbreiteter Bodentyp. Der tonreiche, kalkfreie A-Horizont ist durch Eisenoxidreichtum rot gefärbt **(mediterrane Roterde)** und liegt dem Muttergestein (C-Horizont) auf; meist auf kleinen Flächen, Karsttaschen und -schlotten.

Terrasse, Geowissenschaften: eine i. d. R. ebene, meist langgestreckte, mehr oder weniger breite Fläche, durch welche die allg. Neigung einer Abdachung, eines Berghangs oder eines Talgehänges unterbrochen wird. T. treten oft treppenförmig auf. Nach Vorkommen, Untergrund und Bildungsweise gibt es: **Fluß-** oder **Tal-T.** (durch

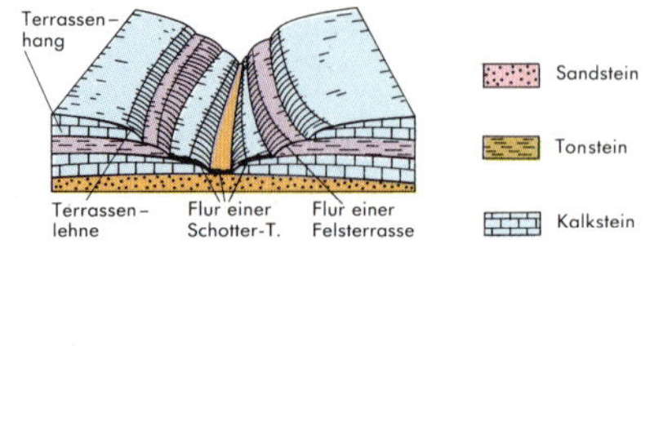

Terrasse

fluviatile Erosion, → Talterassen), **Strand-T.** (durch marine Erosion), **Land-T.** (durch weiträumige flächenhafte Denudation mit Ausbildung von Schicht- oder Schnittflächen, → Schichtstufenlandschaft), **Fels-, Schotter-, Lehm-T.** u. a. (unmittelbar aus dem Untergrund ausgeschnitten oder auf eigenen Anschüttungen). Die T. besteht aus **T.-Fläche** und **T.-Stufe;** wenn beide deutlich ausgebildet sind, finden sich **T.-Kante** und **T.-Fuß.**

Terrazzo, fugenloser Zementestrich aus farbigen Natursteinkörnungen und -mehlen, der gewalzt und nach dem Erhärten geschliffen wird; dient auch als Wandbelag und zur Herstellung von Spül- und Waschtischen und von **T.-Platten** für Plattenbeläge.

terrestrisch, Bez. für alle Vorgänge, Kräfte und Formen, die auf dem festen Land auftreten.

terrigen, chersogen, in oder auf der Erdkruste oder aus Festlandsmaterial entstanden.

tertiär, Abk. **tert.-** oder **t.-,** in der organ. Chemie sind t.-Kohlenstoff- und t.-Stickstoffatome im Mol mit drei Kohlenstoffatomen verbunden, z. B. Isobutan, tert.-Amine $= R_3N$. – In der anorgan. Chemie heißen **t.-Salze** solche Salze von mehrbasigen Säuren, in denen drei Wasserstoffionen der Säure durch andere Kationen besetzt sind; z. B. tert.-Natriumphosphat Na_3PO_4.

tertiär

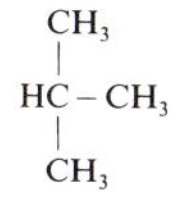

Isobutan

Tertiär *das,* Geologie: ältere Periode des Känozoikums; von der unterlagernden → Kreide 1) meist durch Schichtlücken (→ Diskordanz) und Fazieswechsel sowie auffällige Faunenschnitte, vom überlagernden → Quartär v. a. paläoklimatisch abgegrenzt. Da ein rascher Fazieswechsel großräumige Stufenvergleiche erschwert, werden die einzelnen Abteilungen in zahlreiche Stufen und Unterstufen unterteilt, die i. d. R. nach den Typlokalitäten der Sedimentationsräume benannt sind.

Gliederung in Abteilungen, Stufen und Unterstufen

		Ende vor rd. 1,8 Mio. Jahren		
Jungtertiär (Neogen)	Pliozän	Asti, Piacent Zancla, Pannon		
	Miozän	Messin, Pont		
		Torton Serraval	Sarmat Helvet	Vindobon
		Langhe		
		Burdigal Aquitan	Girund	
Alttertiär (Paläogen)	Oligozän	Chatt Stamp, Rupel		
				Latdorf
	Eozän	Priabon	Lud Auvers	
		Barton Lutet Ypern, Sparnac		
	Paläozän	Thanet, Landen Mont, Dan		
		Beginn vor rd. 65 Mio. Jahren		

Paläogeographie. Im T. entstand weitgehend das heutige Erdbild; Pole und Kontinente näherten sich ihrer heutigen Lage. Die alpinen orogenen und außeralpinen epirogenen Bewegungen des T. prägen heute unsere Landschaft. In der → Tethys 2), die noch zu Beginn des T. Eurasien von Afrika (einschließlich Arabien und Vorderindien) als breiter Meeresraum trennte, kam es zu intensiver Tektonik, in deren Verlauf die alpid. Gebirge entstanden, deren Kernzonen sich bereits in der Kreide gebildet hatten; in Afrika (Atlas), in Eurasien (Pyrenäen, Alpen, Apenninen, Karpaten, Kaukasus, Himalaya u. a.) und an der W-Küste Amerikas (Kordilleren). Ihre Vortiefen wurden mit Abtragsschutt (Flysch, Molasse) gefüllt und den entstehenden Gebirgen angefaltet. Auf den Festländern transgredierte das Meer und hinterließ Flachmeerablagerungen in seichten Buchten (z. B. Londoner, Pariser, Belgisches, Wiener und Mainzer Becken). Die Erdkrustenbewegungen hatten starken Vulkanismus im Gefolge mit riesigen Basaltergüssen auf den konsolidierten Schollen und Ozeanböden (Mittelatlant. Rücken, Island); junge Granite intrudierten in den Geosynklinalen. Im Oberrheingraben kam es zw. Schwarzwald/Odenwald und Vogesen zu den Hauptbewegungen. Im T. bildeten sich zahlreiche große Braunkohlen- **(Braunkohlenzeit),** Erdöl- und Salzlagerstätten sowie Bernstein-Vorkommen.

Stratigraphisch wichtig sind Mikrofossilien (Nannoplankton, Foraminiferen, Pollen, Sporen), Mollusken und Wirbeltiere. Die Flora war bereits der heutigen angenähert; die Angiospermen breiteten sich weiter aus. Die gemäßigten Zonen verschieben sich im Alttertiär; beide Pole waren eisfrei. Nach dem Eozän setzt eine phasenhafte Abkühlung ein, mit der sich die beginnende Eiszeit des Quartärs ankündigt.

Tertiärquarzit, auch **Süßwasserquarzit, Braunkohlenquarzit, Zementquarzit, Knollenstein,** durch Kieselsäurelösungen zu festen Gesteinen verkittete tertiäre (tonige) Sande oder Konglomerate, die oft porös sind und ungeschichtete oder auch nur knollige Massen bilden. Die T. dienen zur Herstellung von Silicasteinen (früher auch von Mühlsteinen).

Tertiärstruktur, Chemie: definierte gegenseitige räuml. Orientierung aller Atome in Eiweißen. Die Summe der von den Aminosäure-Seitenketten ausgebildeten Bindungen führt unter räuml. Faltung der Peptidkette zum energieärmsten und stabilsten Zustand des Proteinmoleküls: 1) Wechselwirkungen hydrophober Aminosäurereste, 2) Wasserstoffbrücken-Bindungen, 3) weitere elektrostat. Bindungen, 4) kovalente Disulfidbrücken-Bindungen. Die individuelle T. der Proteine steht mit ihren spezif. biolog. Funktionen in engem Zusammenhang.

Tertiärverfahren, → Erdöl.

tertium non datur, das → Prinzip vom ausgeschlossenen Dritten.

Terylene [tˈerəli:n, engl.], Handelsname für die erste engl. Synthesefaser auf Polyesterbasis.

Tesla [n. dem amerikan. Physiker und Elektrotechniker N. Tesla, * 1856, † 1943] *das,* Einheitenzeichen **T,** die abgeleitete SI-Einheit der → magnetischen Flußdichte (Induktion): $1\,T = 1\,Wb/m^2 = 1\,Vs/m^2$.

Tesla-Ströme, hochfrequente elektr. Ströme hoher Spannung und geringer Stromstärke, die sich z. B. in der Sekundärwicklung eines **Tesla-Transformators** erzeugen lassen und wegen der hohen Frequenz physiologisch ungefährlich sind, so daß sie wegen der Wärmewirkung zur Wärmebehandlung von Patienten mit hochfrequenten Wechselströmen genutzt werden.

Test, (Stich-)Probe, Wertbestimmung, (Eignungs-)Prüfung. **1)** Biochemie: → optischer Test.

2) Datenverarbeitung: T. spielen beim Erstellen von → Programmen eine große Rolle. Dazu muß eine **T.-Strategie** festgelegt werden, um die log. Struktur eines Programms überprüfen zu können.

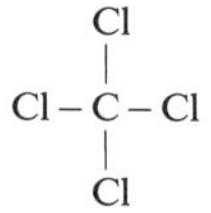

Tetrachlorkohlenstoff, CCl_4

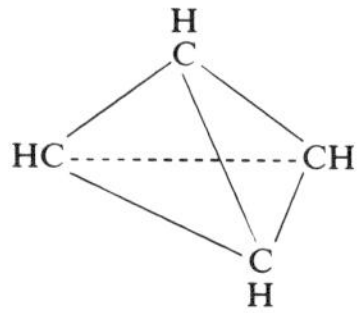

Tetrahedran

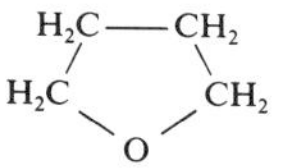

Tetrahydrofuran

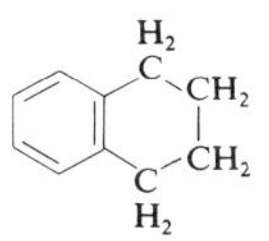

Tetralin

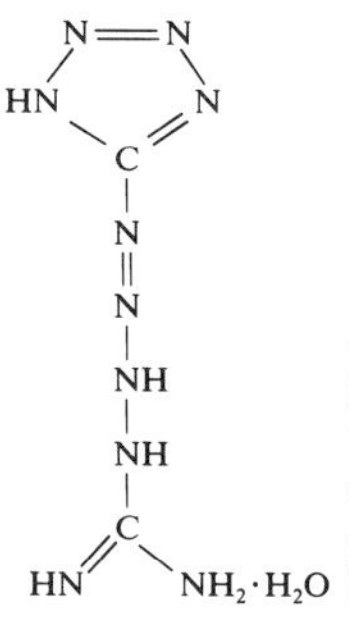

Tetrazen

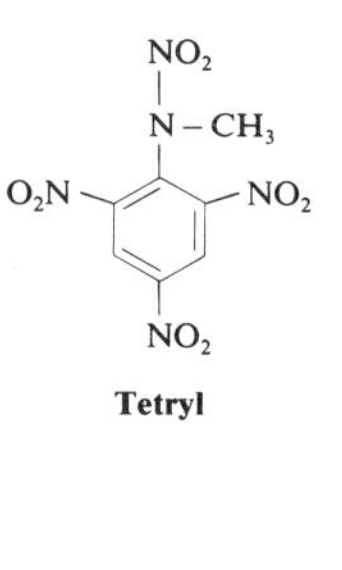

Tetryl

Testosteron, Hormon der männl. Keimdrüsen, das die sekundären Geschlechtsmerkmale des Mannes bewirkt. A. F. J. BUTENANDT und L. RUZICKA klärten 1935 die chem. Konstitution auf (→Steroide).

Tetarto|edrie *die,* Bez. für die Kristallklassen mehrerer Kristallsysteme (→Kristall, TABELLE Symmetrieklassen) mit dem 4. Teil der Flächen der zugehörigen vollflächigen Klassen. Die Kristallformen der T. heißen **Tetartoeder** (Viertelflächner). Insbes. ist T. Kurzbez. für die tetraedrisch-pentagondodekaedr. Kristallklasse, deren allg. Form auch **Tetartoeder, Tetartoid,** heißt (TAFEL Kristall I, Bild E 28).

Tethys, 1) Astronomie: ein Mond des Planeten →Saturn.

2) Geologie: Ostwestgerichtetes zentrales Mittelmeer von Südeuropa über Kleinasien und den Himalaya nach Hinterindien, das als Geosynklinalmeer vom Paläozoikum bis ins Alttertiär bestand. Aus den Sedimenten der T. wurden in der alpid. Orogenese die jungen Faltengebirge Eurasiens gebildet. Das heutige europäische Mittelmeer ist ein Restmeer der ehemaligen T. Reste eines epikontinentalen Restmeeres **(Paratethys)** sind u. a. Schwarzes Meer, Kaspisches Meer und Aralsee.

Tetrachlor|äthylen, →Chlorkohlenwasserstoffe.

Tetrachlordibenzo-p-dioxin, 2,3,7,8-Tetrachlordibenzo-p-dioxin, das →TCDD.

Tetrachlorkohlenstoff, Tetrachlormethan, Abk. **Tetra,** farblose, schwere (Dichte 1,598 g/cm^3), nicht brennbare, in Wasser unlösl., tox. Flüssigkeit, Siede-P. 76,7 °C, die in der Hitze Phosgen bildet. Früher fast ausschließlich durch Chlorierung von Schwefelkohlenstoff, CS_2, oder durch Chlorierung von Kohlenwasserstoffen bei höheren Temperaturen, neuerdings durch Hochdruck-Chlorolyse von Kohlenwasserstoffen dargestellt. Verwendung v. a. als Löse- und Reinigungsmittel. MAK-Wert 60 mg/m^3.

Tetrade, aus 4 Bits gebildetes binäres Informationswort. Im Ggs. hierzu stehen die →Pseudotetraden, denen keine Information zugeordnet ist.

Tetradecansäure, die →Myristinsäure.

Tetraeder *das,* **1)** Mathematik: eine Pyramide mit dreieckiger Grundfläche. Ein regelmäßiges T. ist einer der fünf →regelmäßigen Körper.

2) Kristallographie: geometrisch gleichartige, regelmäßige, aber nach dem Symmetrie-Inhalt unterschiedl. T. gibt es in mehreren kub. Kristallklassen (TAFEL Kristall I, BILD F 2).

Tetraedertheorie, von L. GREEN 1875 aufgestellte Theorie, nach der die Erde bei der Erstarrung Tetraederform angenommen habe, da ein Tetraeder bei größtmöglicher Oberfläche den kleinsten Raum beansprucht.

Tetra|edrit *der,* Mineral, ein →Fahlerz.

tetragonal heißt eines der →Kristallsysteme, sowie die zugehörigen Kristallklassen (→Kristall, ÜBERSICHT Symmetrieklassen) und Kristallformen (TAFEL Kristall I, BILDER E 21–27).

Tetrahedran, C_4H_4, verbrückter polyzykl. Kohlenwasserstoff, bei dem die C-Atome an den Ecken eines Tetraeders angeordnet sind. Bisher konnte nur **Tetra-tert-butyl-T.,** nicht aber T. selbst hergestellt werden.

Tetrahydrofolsäure, reduzierte Form des Vitamins Folsäure, das in verschiedenen Nahrungsmitteln vorkommt. T. entsteht aus Folsäure und ist Coenzym bei enzymat. Reaktionen, durch die im Intermediär-Stoffwechsel Reste mit einem Kohlenstoffatom übertragen werden, z. B. bei der Purin-, Pyrimidin-, Serin-, Methionin- und Cholin-Synthese.

Tetrahydrofuran, mit Wasser und organ. Lösemitteln mischbare, brennbare Flüssigkeit, die als Lösemittel in Lacken, Druckfarben, Klebstoffen und Spinnlösungen verwendet wird.

Tetrahydro|thiophendoxid, das →Sulfolan.

Tetrajodthyronin, das →Thyroxin.

Tetrakishexa|eder, Pyramidenwürfel, spezielle (geschlossene) Kristallform des kub. Systems mit 24 gleichschenkeligen Dreiecken (TAFEL Kristall I, BILD F 8).

Tetralin, 1,2,3,4-Tetrahydro|naphthalin, farblose Flüssigkeit, die durch partielle Hydrierung von Naphthalin hergestellt wird. T. dient als Lösemittel und zur Herstellung von Insektiziden (Carbaryl).

Tetramethylbenzol, 1,2,4,5-Tetramethylbenzol, das →Durol.

Tetra|nitro|tetrazocin, das →Oktogen.

Tetrazen, schwachgelbe Kristalle, die aus Aminoguanidin und Natriumnitrit hergestellt werden. T. kann Sprengstoffe sensibilisieren, ist deshalb Bestandteil schlag- und wärmeempfindlicher Zündsätze.

Tetrazoliumsalze, salzartige Verbindungen, die einen Fünfring mit vier Stickstoffatomen enthalten. **Triphenyltetrazoliumchlorid** wird als Redoxindikator in der Biologie verwendet.

Tetrosen, →Zuckerarten.

Tetryl, N-Methyl-N, 2,4,6-tetranitroanilin, gelbliches Pulver, das durch Nitrierung von Di- oder Monomethylanilin hergestellt wird. T. ist ein brisanter Sprengstoff, der v. a. in Sprengkapseln und zur Detonationsübertragung verwendet wird.

Teufe, bergmännisch für die Tiefe (eines Schachtes, einer Bohrung).

Teufen|unterschied, bergmänn. Ausdruck für die in Erzlagerstätten häufig auftretende Änderung des Mineralgehaltes mit zunehmender Tiefe (›Teufe‹). **Primärer T.** beruht auf dem niveaubedingten Temperaturgefälle zur Zeit der Abscheidung der Erzminerale; **sekundärer T.** entsteht durch Verwitterungseinflüsse von oben her (z. B. Bildung der →Oxidationszone).

Tex *das,* Einheitenzeichen **tex,** die abgeleitete gesetzl. Einheit mit eingeschränktem Anwendungsbereich für die längenbezogene Masse (Titer, Feinheit, →Garnfeinheit) von textilen Fasern und Garnen: 1 tex = 1 g/km.

Textilchemie, Zweig der Chemie, der sich mit der Herstellung, dem Verhalten, der Verarbeitung und der Prüfung von natürl. und synthet. Fasern, Farbstoffen, Textilhilfsmitteln u. a. beschäftigt.

H. RATH: Lb. der T. (^{3}1972); D. BEHR: Grundlagen der T. (Leipzig ^{3}1981).

Textildruck, früher auch **Stoffdruck, Zeugdruck,** die Erzeugung farbiger Muster durch Aufbringen von Druckfarben auf Gewebe, Gewirke und Bänder aus Textilfasern. Auch Kammzüge (Vigoureuxdruck), Stranggarne (Garndruck) und Webketten (Ketten- und Teppichdruck) können farbig bedruckt werden.

Drucktechniken. Die älteste Technik ist der →Modeldruck. Derzeit bedeutend ist der **Rouleauxdruck** [rul'o-], bei dem das Druckmuster in die Metallwalzen eingraviert ist. Zunehmend wichtig ist der **Schablonen-, Film-, Rahmendruck** oder →Siebdruck. Beim **Flachschablonendruck** bildet die Schablone eine Fläche, beim **Rundschablonendruck** hingegen einen Zylinder, wodurch kontinuierl. Arbeiten möglich wird. Der **Photodruck** beruht auf der Tatsache, daß best. Farbstoffe vor der Fixierung lichtempfindlich sind.

Nach dem Bedrucken wird die Ware in einem geheizten Raum (→Mansarde 2) getrocknet, zum Entwickeln und Fixieren der Druckfarben meist gedämpft (→dämpfen), schließlich je nach Druckart gewaschen, zur Entfernung der Druckverdickungen ›gemalzt‹, geseift und appretiert.

Druckarten. Beim **Aufdruck** oder **Direktdruck** wird die Druckfarbe, die alle zur Fixierung der Farbstoffe erforderl. Zusätze enthält, direkt auf die Ware aufgetragen. Beim **Zweiphasendruck** wird in der ersten Phase nur die Druckfarbe mit Verdickung gedruckt; die zur Fixierung nötigen Chemikalien werden in der zweiten Phase zugesetzt. Beim **Ätzdruck** wird eine vorhandene Färbung an den bedruckten Stellen durch zugesetzte Oxidations- oder Reduktionsmittel zerstört. Man erhält weiße Muster auf farbigem Grund **(Weißätze).** Bei Zusatz von ätzbeständigen Farbstoffen zur Ätze erhält man **Buntätzen. Reservedruck,** auch **Schutzdruck,** ist ein Verfahren, bei dem die mit Schutzpasten mustergemäß bedruckten Stellen **(Vordruckreserven)** in der nachfolgenden Stückfärbung keinen Farbstoff aufnehmen und reserviert bleiben. Batik ist ein von Hand ausgeführter Reservedruck mit Wachsmischungen als Reservierungsmittel. Beim **Pigmentdruck** werden wasserunlösl. Farbstoffe (Pigmente) ohne Faseraffinität durch Zusatz von Kunstharz-Bindemitteln aus dem Textilgut fixiert. Der neuerdings an Bedeutung gewinnende **Transferdruck,** auch **Sublistaticdruck,** ist ein **Umdruckverfahren,** d. h. ein indirektes Druckverfahren: gedruckt wird zuerst auf Papier; von hier werden die sublimierfähigen Farbstoffe durch Erhitzen und Pressen auf das Textilgut übertragen (transferiert).

KARL SCHMIDT: T. (1973); K. SPITZNER: T. ([3]1980).

Textilfarbstoffe, →Färberei, →Farbstoffe.

Textilglas, Glasseide oder Stapelfaser zur Herstellung von Garnen und Zwirnen, die weiterverarbeitet werden zu Geweben aus →Glasfasern.

Textilhilfsmittel, Chemikalien aus meist organ. Verbindungen, die bei den Vorgängen der →Textilveredlung benötigt werden, insbes. bei der Faserherstellung und Vorbehandlung des Textilgutes, zur Unterstützung von Färberei- und Druckprozessen, zur Unterstützung und Ermöglichung von Ausrüstungs- und Hochveredlungsprozessen und zur Durchführung von Waschprozessen im weitesten Sinn.

Textili|en, Sammelbez. für Begriffe, die nach DIN zusammengefaßt sind: 1) textile →Faserstoffe; 2) textile Fäden und Flächengebilde, die gesponnen, gehaspelt, gewebt, gewirkt, gestrickt oder als Textilverbundstoffe aus Fasern und/oder Fäden gebildet sind; 3) Fertigwaren aus den vorgenannten T.

Textilmaschinen, Maschinen der Spinnerei, Weberei, Strickerei, Wirkerei, der Textilveredlung, Färberei und des Stoffdrucks, zum Häkeln, Sticken, Klöppeln einschließlich der dazugehörigen Vorbereitungsmaschinen, z. B. zum Spulen, Zwirnen, Schären, sowie Maschinen der Vliesstoff-, Tufting-, Verbundstoff-, Filzherstellung. Die Bekleidungsindustrie verwendet Zuschneide- und Nähmaschinen, Näh- und Stickautomaten, Bügelpressen, Plissiermaschinen u. a.

Textilprüfung, Untersuchung von Textilien mit nach DIN genormten Prüfverfahren technolog., mikroskop. und biolog. Art, z. B. Bestimmung der →Garnfeinheit, des Trockengewichtes von Garnen oder textilen Flächen (→Konditionierung), Faserlängen-, Faserdurchmesser- und Faserreißkraftbestimmung, Farb-, Wasch- und Lichtechtheitsbestimmung. Die Untersuchungen werden in Labors der Produktionsstätten (Qualitätsüberwachung) oder von amtl. Prüfanstalten vorgenommen.

Textilveredlung, der technolog. Zweig der Textilchemie, beschäftigt sich mit den Maschinen und Verfahren für das Färben (→Färberei), →Bleichen, Drukken (→Textildruck), Ausrüsten/Hochveredeln (→Ausrüstung 2) und Pflegen (→Waschen, →Chemischreinigung) von textilen Materialien.

C.-H. FISCHER-BOBSIEN: Internationales Lexikon T. und Grenzgebiete ([4]1975, Nachtragsbd. 1978); M. PETER: Grundlagen der T. ([11]1980); T., hg. v. Autorenkollektiv (Leipzig 1981).

Textkommunikation, Formen der →Telekommunikation, die codierte Textnachrichten übermitteln, z. B. Fernschreiben, Bildschirmtext und Videotext.

Textur, 1) Metallkunde: bevorzugte Orientierung von Metallkristallen in einer Richtung infolge besonderer Erstarrungsbedingungen **(Stengelkristallisation)** oder besonderer Umformungsverfahren **(Zieh-, Walz-T.),** oft in Verbindung mit speziellen Wärmebehandlungen. T. führen unter Umständen zu einer →Anisotropie der physikal. und mechan. Eigenschaften.

2) Petrographie: das Gefüge.

Texturieren, Strukturieren, Modifizieren, verschiedene Verfahren, die glatten, strukturlosen Filamentgarne auf Synthesebasis unter Ausnutzung ihrer Thermoplastizität beständig zu kräuseln **(Kräuselgarn, Kräuselzwirn),** dadurch in Griff und Aussehen ›gespinstähnlich‹ zu gestalten **(Setgarne),** ihr Volumen zwecks erhöhter Wärmehaltung und Feuchtigkeitsaufnahme zu vergrößern **(Bauschgarne, Hochbauschgarne)** sowie ihre Dehnbarkeit und Elastizität zu steigern **(Stretchgarne).** Hierzu gehören das Torsionskräusel-, Falschdraht-, Stauchkammer-, Strickfixier- (Crinkle-), Düsenblas-, Kantenzieh- und Spinnkräuselverfahren.

Textverarbeitung, Aufbereitung, Fixierung und Verfügbarmachen von Texten aller Art zu ihrer opt. Erfassung, z. B. mit Hilfe der Schreibmaschine, des Kopierens und Vervielfältigens, der Satzherstellung und des Druckverfahrens. Neuerdings wird T. betrieben mit **T.-Systemen (Textsystemen, Schreibautomaten, Speicherschreibmaschinen),** d. h. elektronisch gesteuerten Büromaschinenanlagen zur rationellen Erfassung, Speicherung, Verarbeitung und Ausgabe von Schriftgut. Der Text wird über eine Tastatur eingegeben, erscheint dabei meist auf einem Bildschirm und wird gleichzeitig in einen Speicher eingegeben. Von dort kann er nach Korrektur über ein angeschlossenes Druckwerk (Schreibmaschine, Typenraddrucker) fehlerlos und mit hoher Geschwindigkeit auf Einzelblätter oder Endlosformulare ausgeschrieben werden. T.-Systeme werden z. B. angewendet für Briefe aus vorformulierten Textbausteinen (programmierte Korrespondenz) und für mehrfach benötigte Texte (Serienbriefe) an versch. Empfänger. Die **elektron. T.** hat die früher verbreiteten Lochstreifen fast völlig verdrängt. Durch austauschbare Speicher, durch direkte Verkabelung oder über Telephonleitungen können verschiedene Systeme zu einem Informationsverbund zusammengefügt werden (Mehrplatzsysteme). →Bürotechnik.

Computergestützte T., hg. v. O. GRÜN (1979).

Theodolit

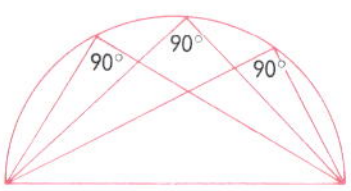

Thales-Kreis: Satz des Thales

TFH-Technik, Abk. für **Trägerfrequenztechnik auf Hochspannungsleitungen,** auch **EW-Telephonie,** Abk. für **Elektrizitätswerkstelephonie,** von Energieversorgungsunternehmen betriebene Sonderform der →Trägerfrequenztechnik, bei der besondere Fernmeldeleitungen durch Verwendung der Hoch- und Mittelspannungsleitungen eingespart werden. Die Übertragung erfolgt nach den Prinzipien der Trägerfrequenztechnik (ggf. mit reduzierter Bandbreite und anderer Modulation) im Frequenzbereich 50–375 kHz mit Sendeleistungen von etwa 10 W. Bei Ankopplung an die Hochspannungsleitungen sind besondere Schutzmaßnahmen erforderlich. Durch geeignete Leitungsausrüstung (Filter, Weichen) müssen die trägerfrequenten Signale von der Energieübertragung getrennt und gegen Störungen geschützt werden. Die Systeme haben geringe Kanalzahlen und übertragen auch Fernwirk- und Datensignale.

TF-Technik, Abk. für →Trägerfrequenztechnik.

tg, frühere, noch verwendete Abk. für **Tangens,** →Winkelfunktionen.

TGL, in der Dt. Dem. Rep. urspr. Abk. für **Technische Normen, Gütevorschriften und Lieferbedingungen,** dann nur noch Symbol für die dortigen staatl. Standards.

th, tanh, Abk. für **Tangens hyperbolicus,** eine →Hyperbelfunktion.

Th, chem. Symbol für →Thorium.

Thalattokratie, geolog. Zeit, in der weite Festlandsbereiche vom Meer überflutet waren, z. B. im Silur und in der Oberen Kreide.

Thales-Kreis [n. dem grch. Naturphilosophen Thales von Milet, * um 650 v. Chr., † um 560 v. Chr.], geometrischer Ort, der Scheitel aller rechten Winkel, deren Schenkel durch zwei vorgegebene Punkte gehen.

Thallium, chem. Symbol **Tl,** ein →chemisches Element aus der 3. Hauptgruppe des Periodensystems, Ordnungszahl 81. Neben den zwei natürl. Isotopen (Massenzahl 203 und 205) sind mehr als 25 künstl. instabile Isotope bekannt. T. ist ein bläulichweiß glänzendes, sehr weiches Metall, das äußerlich und in seinem chem. Verhalten dem Blei ähnlich ist. Es bildet nur selten eigenständige Minerale, ist aber häufig in Kiesen, Blenden und Kaliumsalzen enthalten. Angereichert findet es sich in Flugstäubchen und im Bleikammerschlamm der Schwefelsäuregewinnung. Die techn. Bedeutung von T. ist gering.

In seinen Verbindungen besitzt T. die Oxidationszahl +3 und +1. T.-Verbindungen sind äußerst giftig und färben die Flamme grün. Die wichtigste T.-Verbindung ist das **Thallium(III)-sulfat,** $Tl_2(SO_4)_3 \cdot 7H_2O$. T.-Verbindungen dienen zur Herstellung stark lichtbrechender Gläser, von Photozellen und als Rattengift.

W. CROOKES entdeckte T. 1861 im Bleikammerschlamm; 1862 wurde es von A. LAMY isoliert.

Thanato|zönose, Gesamtheit der an einer Stelle vorkommenden Fossilien, z. B. Leichenfelder (Braunkohle des Geiseltales bei Halle a. d. S.).

Thebe, ein 1979 entdeckter Mond des Planeten →Jupiter, vorläufige Bez. war **1979 J2.**

Thein *das,* das →Coffein.

thematische Karte, früher auch **angewandte Karte,** Kartographie: Karte, die ein best. Thema (z. B. Geologie, Klima, Bevölkerung, Wirtschaft) auf einem topograph. Kartengrund darstellt, der der geograph. Einbettung und dem Verständnis des Themas dient. **Themat. Atlas,** die Sammlung t. K. eines Themas (Fachatlas) oder mehrerer Themen (z. B. Nationalatlas) für ein Land.

Thenardit [n. dem frz. Chemiker L. J. Thenard, * 1777, † 1857] *der,* Mineral $\alpha - Na_2SO_4$ (< 197 °C), weiß, H. 2,5, D. 2,67; scheidet sich in der heißen Jahreszeit in vielen Salzseen aus, auch als Exhalationsprodukt von Vulkanen. Zw. 197 und 250 °C sind weitere Modifikationen bekannt **(Meta-T.,** $\delta - Na_2SO_4$, in vulkan. Fumarolen).

Theodolit, optisch-mechan. Instrument zum Messen von →Horizontalwinkeln und →Höhenwinkeln. Wichtigster opt. Teil ist das Fernrohr mit Fadenkreuz und einer für die Scharfeinstellung verschiebbaren Zwischenlinse. Mechan. Teile sind der feststehende Unterbau und der um die Vertikal-(Steh-)Achse drehbare Oberbau. Der Unterbau besteht aus dem durch die Fußschrauben horizontierbaren Dreifuß und dem horizontalen Teilkreis. Der Oberbau trägt das um die Horizontal-(Kipp-)Achse kippbare Fernrohr, den mit der Kippachse verbundenen →Höhenkreis und Mikroskope zur Ablesung der Teilkreise. Beim Feldgebrauch wird der T. auf ein Stativ aufgesetzt, mit einem Lot über dem Vermessungspunkt zentriert und mit Hilfe von Libellen horizontiert. Für die Horizontalwinkelmessung wird das Fernrohr nacheinander auf das linke und das rechte Ziel eingestellt und die Differenz der zugehörigen Teilkreisablesungen gebildet. Der Höhenwinkel kann bei einspielender Höhenlibelle direkt am Höhenkreis abgelesen werden. Ein T. mit Einrichtungen zur Distanzmessung ist ein Tachymeter-T. (→Tachymeter).

Theorem der übereinstimmenden Zustände, Theorem der korrespondierenden Zustände, ein 1881 von J. D. VAN DER WAALS aufgestellter physikal. Satz (→Flüssigkeit).

Theorema egregium, von C. F. GAUSS aufgestellter Satz: Die Gaußsche →Krümmung einer Fläche, d. h. das Produkt der beiden Hauptkrümmungen, bleibt bei isometr. Abbildungen invariant.

Theralith *der,* dunkles Tiefengestein aus Plagioklas, Nephelin, Titanaugit, Hornblende und Biotit.

Thermen, Thermalquellen, warme Quellen (Temperaturen über 20 °C); steigen, meist längs Störungen, aus tieferen Erdschichten auf oder sind vulkan. Ursprungs. – Liegt die Summe an gelösten festen Bestandteilen unter 1 g/l, spricht man von **einfachen T.** oder **Wildwässern (Akratothermen),** andere Thermalquellen enthalten Bestandteile von spezif. Wirksamkeit (z. B. Kochsalz-T., Schwefel-T., kohlensäurehaltige T.). Die einfachen T. werden in der Medizin bes. zur Behandlung von Aufbraucherscheinungen des alternden Menschen und von Schäden des Bewegungsapparates genutzt. Sie eignen sich bes. zur Unterwasserbewegungsbehandlung. Über T. mit spezif. Wirkstoffgehalt →Heilquellen.

Thermik *die,* von der Einstrahlung der Sonne und der Erwärmung des Erdbodens hervorgerufene lokal begrenzte Aufwärtsbewegung der Luft (→Konvektion), wird beim Segelflug ausgenutzt. **Blauthermik** heißt das Auftreten von T. bei unbewölktem (blauem) Himmel. Die Bildung der sonst typischen Haufenwolken unterbleibt wegen einer stabilen Schichtung der Luftmassen oder wegen des Auftretens einer unterhalb der Kondensationsbasis liegenden Sperrschicht (Inversion).

Therm|ionen, aus glühenden Metallen oder aus erhitzten Metallsalzen austretende Ionen.

therm|ionisch, 1) die Glühelektronenemission

(→Glühemission) betreffend, 2) die →Thermionen betreffend.

therm|ionischer Umwandler, Therm|ionik|element, Glühkathodenwandler, Vorrichtung, die den glühelektr. Effekt (→Glühemission) zur mittelbaren Umwandlung hochwertiger Wärmeenergie in elektr. Energie ausnutzt. In einem evakuierten oder mit einem dünnen Cäsiumdampf erfüllten Gefäß wird eine von zwei metall. Elektroden (Emitter) bis zur Elektronenemission (2000 °C) erhitzt. Der Cäsiumdampf dient zur Herabsetzung der Austrittsarbeit und zur Kompensation der Raumladung. Von der (Glüh-)Kathode fließen die Elektronen zur gekühlten Anode (Kollektor). Die Stromdichte der emittierten Elektronen steigt mit der Temperatur. Die nutzbare Spannung ist die Differenz der Austrittsarbeiten der beiden Elektroden. Es wird ein Wirkungsgrad von 10% erreicht. Die hohe Temperatur begrenzt die Einsatzmöglichkeiten stark.

thermische Analyse, Thermo|analyse, alle analyt. Verfahren, bei denen sowohl die bei physikalisch-chem. Prozessen auftretenden Temperaturänderungen und Wärmetönungen beobachtet oder gemessen werden als auch solche, bei denen die durch Temperaturänderungen hervorgerufenen Effekte Rückschlüsse auf die physikalisch-chem. Eigenschaften von Stoffen wie Gewichts- oder Volumenänderungen erlauben. Die t. A. schließt demnach u. a. ein die Bestimmung von Schmelz- und Umwandlungspunkten, die Kalorimetrie, die Pyrolyse. Ältestes und einfachstes Verfahren der t. A. und manchmal mit ihm gleichgesetzt ist die **Thermometrie (thermometr. Analyse, Enthalpometrie),** bei der die Phasenumwandlungen festgestellt werden, die eine Substanz erfährt, wenn sie mit gleichbleibender Geschwindigkeit erhitzt oder abgekühlt wird. In einem Temperatur-Zeit-Diagramm treten die für die Umwandlung kennzeichnenden Temperaturen als Stufe oder Knick deutlich in Erscheinung, z. B. Umwandlungspunkte von Mineralen oder Metallen. Verfeinert ist dieses Verfahren in der **Differential-Thermoanalyse,** bei der die zu untersuchende Probe mit einer thermisch inerten Vergleichsprobe erhitzt wird. Aus Temperaturunterschieden zw. den beiden Proben lassen sich Rückschlüsse auf Strukturveränderungen der Probe oder auf exo- oder endotherme Prozesse ziehen.

thermische Bewegung, die →Wärmebewegung.

thermische Emission, die →Glühemission.

thermische Energie, die Wärmeenergie (→Wärme, →Energie).

thermisches Kraftwerk, →Wärmekraftwerk.

thermische Trennverfahren, Verfahren zur Trennung von Stoffgemischen durch Wärmezufuhr oder -entzug, wie Destillation, Extraktion, Absorption, Adsorption oder Trocknung. Bei t. T. werden Stoffe zw. zwei Phasen (z. B. Flüssigkeit und Dampf) ausgetauscht.

thermische Zyklen, geotekton. Theorie, die von der durch radioaktiven Zerfall in der Erde entstehenden Wärme ausgeht. Infolge Wärmestaus kann es dabei zu einer Temperaturerhöhung bis zu einem Grenzwert kommen, bei dem sich die Unterkruste der Erde verflüssigt. Als Folge davon werden starke magmat. Eruptionen und zunehmende Konvektionsströme angenommen, die eine beschleunigte Abkühlung, und verbunden damit, eine Schrumpfung und Faltung der Erdrinde bewirken. Auf diese Weise werden in der Erdgeschichte die verschiedenen aufeinander folgenden geotekton. Zyklen erklärt. Diese Hypothese wurde v. a. von J. JOLY (1925) und A. HOLMES (1928/30) vertreten.

Thermistor, Halbleiterwiderstand mit temperaturabhängigem Widerstandswert; →Kaltleiter bei positivem, →Heißleiter bei negativem Temperaturkoeffizienten.

Thermo|analyse, die →thermische Analyse.

Thermochemie, Lehre von den Wärmeeffekten, die mit chem. Reaktionen oder physikal. Vorgängen (wie Schmelzen, Verdampfen oder Verdünnen) verbunden sind. Wird bei einem betrachteten Prozeß Wärme frei, so handelt es sich um einen **exothermen,** wird Wärme verbraucht, um einen **endothermen** Vorgang. Die Tatsache, daß der Wärme-Inhalt eines Systems eine →Zustandsfunktion ist und daher nicht vom Weg abhängt, auf dem dieser Zustand erreicht wurde **(Heßscher Satz,** 1840), bedeutet, daß z. B. bei der Verbrennung von Wasserstoff unter →Normalbedingungen nach der Gleichung

$$H_2 + {}^1/_2\,O_2 \longrightarrow H_2O_{(\text{gasförmig})}$$

genausoviel Wärme freigesetzt wird, wie zur Zerlegung von gasförmigem Wasser in seine Elemente unter den gleichen Bedingungen benötigt wird (241818 Joule pro Mol Wasser). – Zur direkten Bestimmung der Wärmeeffekte dienen →Kalorimeter; indirekt läßt sich die umgesetzte Wärme auch mit Hilfe thermodynam. Beziehungen (→Thermodynamik) aus der Temperaturabhängigkeit der Gibbsschen Energie bestimmen, z. B. aus Dampfdruck- oder elektrochem. Messungen bei verschiedenen Temperaturen.

B. BARANOWSKI: Nichtgleichgewichts-Thermodynamik in der physikal. Chemie (1975); G. M. BARROW: Physikal. Chemie, 3 Bde. (a. d. Engl., 3-5 1977–82); Angewandte chem. Thermodynamik u. Thermoanalytik, hg. v. E. MARTI u. a. (1980, Vorträge); G. KORTÜM u. H. LACHMANN: Einführung in die chem. Thermodynamik (7 1981).

Thermochromie, Auftreten von reversiblen Farbänderungen an chem. Elementen und Verbindungen bei Temperaturänderungen. Die T. wird bes. bei **Temperaturmeßfarben,** aber auch bei **Temperaturmeßstreifen** und **Temperaturlacken** angewendet. So werden Zinkoxid, ZnO, und Titandioxid, TiO_2, in der Hitze gelb, beim Abkühlen wieder weiß. Die T. beruht auf Veränderungen in den Absorptionsspektren als Folge der Wärmeausdehnung durch Änderungen der Atomabstände zw. den Metallatomen und ihren Koordinationspartnern.

Thermodiffusion, Entmischung zweier Gase oder Lösungen **(Soret-Effekt)** beim Vorliegen eines Temperaturgefälles, wobei sich einzelne Komponenten anreichern können. So wandern die leichteren Moleküle bevorzugt zur heißen, die schwereren zur kalten Seite. Im →Trennrohr wird die T. zur →Isotopentrennung herangezogen. (→Diffusionstrennverfahren)

Thermodrucker, Peripheriegerät zur Ausgabe von Daten, z. B. für einen elektron. Tischrechner. Der Druckkopf besitzt einen oder mehrere durch Stromfluß erhitzbare Punkte, die auf dem wärmeempfindl. Papier geschwärzte Stellen hinterlassen.

Thermodure, →Kunststoffe, →Polyester.

Thermodynamik, Lehre von der ›bewegten‹ Wärme, d. h. von allen mit Energieumsetzungen verbundenen Vorgängen. Die **klass. T.** verknüpft, ausgehend von empir. Erfahrungssätzen, den Hauptsätzen der T., verschiedene, der Messung unmittelbar zugängl. Eigenschaften der Materie, wie Druck, Temperatur, Volumen, spezif. Wärmekapazität, Reaktionswärme oder verrichtete Arbeit. Ihre Aussagen beziehen sich lediglich auf Gleichgewichte, geben also keine Auskunft, wie schnell diese Zustände erreicht werden. Im Rahmen der **T. irreversibler**

Prozesse können jedoch auch Ungleichgewichte behandelt werden, wozu als zusätzl. Postulat das Prinzip der mikroskop. Umkehrbarkeit von Vorgängen benötigt wird (L. ONSAGER 1931).

Der **0. Hauptsatz der T.** besagt, daß im thermodynam. Gleichgewicht eine (gegenüber der Mechanik) neue Zustandsgröße, die Temperatur, existiert, die im gesamten System gleich ist.

Der **1. Hauptsatz der T.** bezieht in das Prinzip von der Erhaltung der Energie (→Energiesatz) auch die →Wärme als eine besondere Form der Energie mit ein, da mechan. Arbeit in Wärme (z. B. durch Reibung) und Wärme in Arbeit (z. B. in einer Wärmekraftmaschine) umgewandelt werden kann, und die umgewandelten Arbeits- und Wärmebeträge in einem festen Zahlenverhältnis zueinander stehen **(mechan. Wärmeäquivalent,** ROBERT MAYER 1842, J. P. JOULE 1843). Führt man die →innere Energie U eines Systems ein, so gilt nach dem 1. Hauptsatz für deren Änderung $\Delta U = \Delta Q + \Delta W$, wobei zugeführte Wärmemengen ΔQ und Arbeitsbeiträge ΔW positiv, abgeführte negativ gerechnet werden. Anders formuliert besagt der 1. Hauptsatz, daß die Konstruktion einer Maschine, die aus dem Nichts Arbeit leistet **(Perpetuum mobile 1. Art),** unmöglich ist.

Der **2. Hauptsatz der T. (Entropiesatz)** kann verschieden formuliert werden: a) Der von selbst verlaufende Wärmeübergang von höherer zu tieferer Temperatur (Wärmeleitung) oder die Erzeugung von Wärme durch Reibung kann in keiner Weise rückgängig gemacht werden, ohne daß andere Veränderungen der Natur zurückbleiben **(irreversible Prozesse);** b) Die Umwandlung von Wärme in Arbeit bei einem periodisch wirkenden Prozeß (Kreisprozeß, Maschine) ist nur möglich, wenn dabei Wärme von höherer (T_1) zu tieferer Temperatur (T_2) übergeht; nicht die ganze bei der höheren Temperatur verbrauchte Wärme Q_1 wird in Arbeit W umgewandelt, sondern nur ein Teil davon. Der Rest $Q_2 = Q_1 - W$ wird bei der tieferen Temperatur wieder abgegeben. Der thermodynam. Wirkungsgrad η eines solchen Prozesses ist bestenfalls $\eta = W/Q_1 = 1 - T_2/T_1$ (→Carnotscher Kreisprozeß). Da eine periodisch wirkende Wärmekraftmaschine zw. zwei verschiedenen Temperaturen arbeiten muß, ist es nicht möglich, z. B. eine Schiffsmaschine mit der im Meerwasser in großer Menge vorhandenen Wärme allein durch Abkühlung von Meerwasser einer best. Temperatur zu betreiben **(Perpetuum mobile 2. Art);** die →Meereswärmekraftwerke arbeiten zw. zwei verschiedenen Temperaturen. – Bei einem mit dem bestmögl. Wirkungsgrad arbeitenden Kreisprozeß ist die Größe Q_1/T_1, die als Zunahme der →Entropie des dem Prozeß unterworfenen Körpers definiert wird, gleich der Entropieabnahme Q_2/T_2, die Entropie hat sich also nicht geändert, solche Prozesse nennt man **reversibel;** bei irreversiblen Prozessen wird die Entropie vermehrt. Von selbst verlaufende Prozesse in abgeschlossenen Systemen sind immer mit einer Entropiezunahme verbunden. Sie laufen so weit, bis ein weiterer Umsatz eine Entropieabnahme zur Folge hätte, das Maximum der Entropie kennzeichnet den chem. Gleichgewichtszustand.

Zur mathemat. Behandlung thermodynam. Gleichgewichtsprobleme sind außer der Entropie noch weitere **thermodynamische Funktionen** definiert worden: die →freie Energie, die →Enthalpie und die →freie Enthalpie.

Der **3. Hauptsatz der T.** ist der →Nernstsche Wärmesatz.

F. BOŠNJAKOVIĆ: Techn. T., Tl. 1 ([6]1972), Tl. 2 ([5]1971); R. BECKER: Theorie der Wärme ([2]1978); N. ELSNER: Grundlagen der techn. T. (Berlin-Ost [5]1982).

thermodynamische Kräfte, auch **thermodynamische Affinitäten,** kennzeichnen in der Thermodynamik irreversibler Prozesse die Abweichungen aus dem thermodynam. Gleichgewicht, z. B. der Temperatur- und Konzentrationsgradient, die chem. Affinität. Die t. K. werden als Ursache für diese Prozesse (z. B. Wärmeleitung, Diffusion) angesehen.

thermodynamisches Gleichgewicht, →Gleichgewicht, →Thermodynamik.

Thermo|elastizität, Bez. für die elast. Verformungen eines festen (Form- und Volumenelastizität), flüssigen oder gasförmigen (Volumenelastizität) Körpers bei Temperaturerhöhung, die die normale therm. Ausdehnung überdecken. Auch Bez. für die bei der Deformation eines Körpers auftretenden Temperaturänderungen; z. B. bewirkt (adiabat. Zustandsänderungen) eine Volumenänderung auch eine Temperaturänderung (Erwärmung eines Gases beim Verdichten in einer Pumpe).

Bei **thermoelast. Kunststoffen** (auch Naturstoffen, z. B. Kautschuk) ist die durch äußere Kräfte oberhalb einer best. Temperatur bewirkte Formänderung elastisch und wenig gedämpft. Bei niedrigen Temperaturen ist die Dämpfung stärker, so daß im Grenzfall der Werkstoff sehr hart ist. Eine bei höherer Temperatur durch eine Last bewirkte Formänderung verschwindet dann nach Entlasten nicht. Wird der Körper jedoch wieder erwärmt, wird der Werkstoff wieder gummielastisch, und die Formänderung verschwindet. Ursache ist eine weitmaschige nebenvalenzmäßige Verknüpfung über blockartig eingebaute kristalline Molekülbereiche von linear aufgebauten Hochpolymeren in best. Temperaturbereichen. – Ähnl. Eigenschaften zeigen auch best. Metall-Legierungen, z. B. eine Nickel-Titan-Legierung.

thermo|elektrische Effekte, i. w. S. Sammelbez. für alle Effekte der →Thermoelektrizität, i. e. S. versteht man unter dem t. E. den Seebeck-Effekt.

Thermo|elektrizität, zusammenfassende Bez. für die Erscheinungen, die Zusammenhänge zw. Temperaturdifferenzen und elektr. Spannungen oder Strömen innerhalb von elektr. Leitersystemen betreffen. – An Kontaktstellen zw. unterschiedl. Metallen bildet sich eine Berührungsspannung aus (→Spannungsreihe), deren Größe von der Temperatur abhängt. Werden also in einem Stromkreis zwei gleichartige Kontakte auf unterschiedl. Temperatur gehalten, so fließt infolge der auftretenden (elektromotor.) **Thermokraft (Thermospannung)** der **Thermostrom** (→Seebeck-Effekt); umgekehrt führt in einer derartigen Anordnung bei zunächst konstant gehaltener Temperatur ein von außen aufgezwungener Stromfluß dazu, daß sich eine Lötstelle abkühlt und die andere aufheizt (→Peltier-Effekt). Auch im Fall homogener elektr. Leiter beobachtet man thermoelektr. Erscheinungen; hier tritt neben der Stromwärme noch eine zusätzl. Wärme (die **Thomson-Wärme** Q_T) auf, wenn ein Temperaturgefälle ΔT vorliegt **(Thomson-Effekt,** 1856), $Q_T = -\tau \cdot I \cdot \Delta T \cdot t$ (I = Stromstärke, t = Zeit, τ = **Thomson-Ko|effizient** des Materials). Theoretisch beschreibbar sind die benannten Effekte mit Hilfe der Elektronentheorie der Metalle, der Zusammenhang zw. ihnen wird durch die →Thomsonschen Gleichungen erfaßt.

Thermo|element, aus zwei oder mehr verschiedenen Leitern bestehender Leiterkreis, der nach dem →Seebeck-Effekt bei Temperaturdifferenz der Verbindungsstellen elektr. Spannung liefert. Meist wird eine größere Anzahl von T. zu einer **Thermosäule** zusammengeschaltet. (→Thermometer)

Thermofixieren, Formfestigen von Chemiefasern durch kurzzeitiges Erhitzen auf Temperaturen im Erweichungsbereich, verhindert späteres Schrumpfen und Knittern, stabilisiert die gewünschte Form (Kräuseleffekt beim →Texturieren, Plastifizieren der Damenstrümpfe).

Thermograph, Temperaturschreiber auf mechan. oder elektr. Grundlage für die meteorolog. Beobachtung.

Thermographie, Verfahren zur Abbildung von Objekten durch Wärmestrahlen. Bei Objekttemperaturen über 300 °C benutzt man Infrarotplatten, sonst wärmeempfindl. Phosphore (→Phosphoreszenz) oder leicht verdampfbare Ölfilme (→Evaporographie).

Bürotechnik. Beim **Thermokopierverfahren** dringt Infrarotstrahlung durch das Kopierblatt hindurch und trifft auf das damit in Kontakt stehende Original, dessen dunkle Stellen die Wärmestrahlen absorbieren, was zu einer bildmäßigen Erwärmung und Färbung des Kopierblattes führt (Thermofaxverfahren).

Prüf-, Diagnosetechnik. Die **Infrarot|thermographie** ist ein Verfahren zur Sichtbarmachung der Temperaturverteilung auf einem Objekt, indem sie als Wärmebild auf dem Bildschirm einer Elektronenstrahlröhre durch eine Infrarotkamera unmittelbar dargestellt wird. Einsatz im medizin. Bereich zur Differentialdiagnose, Verlaufsbeobachtung und Therapiekontrolle von Blutgefäßkrankheiten, zur Früherkennung von Krebs, im techn. Bereich für zerstörungsfreie Prüfmethoden, z. B. bei der Fehlersuche in Kraftübertragungsanlagen, bei der Suche nach Wärmeleckagen in Gebäudeisolationen, in der Fertigungskontrolle z. B. beim Test von bestückten gedruckten Schaltungen, um fehlerhafte Bauelemente zu identifizieren, und bei Temperaturuntersuchungen in der chem. Industrie.

Thermographie:
Wärmekarte eines Mehrfamilienhauses, durch die die Zonen unzureichender Wärmedämmung im Mauerwerk aufgespürt werden

Thermogravimetrie, Verfahren der therm. Analyse, bei dem die Gewichtsveränderungen festgestellt werden, die Stoffe bei durch Erhitzen bewirkten Umwandlungen erfahren. Dazu werden **Thermowaagen** benutzt, die es erlauben, das Gewicht einer in einem Ofen befindl. Probe während des Erhitzens kontinuierlich zu verfolgen und als Funktion der Temperatur oder der Zeit aufzuzeichnen. Die T. dient zur Identifizierung hochmolekularer Stoffe, Prüfung der Haltbarkeit chem. Stoffe, Untersuchung von Hydraten, Metallen, Erzen, Brennstoffen u. a.

Thermokompressions-Schweißen, →Bonden.

Thermokraft, a) **integrale T., Thermospannung,** →Thermoelektrizität, →Spannungsreihe. b) **differentielle T., Seebeck-Koeffizient,** →Thomsonsche Gleichungen.

Thermolumineszenz, durch Erwärmung ausgelöste oder verstärkte (aber nicht erzeugte) →Lumineszenz, die z. B. bei Kristallen, Mineralen oder Halbleitern auftritt. Die T. wird als Rekombinationsleuchten von Elektronen angesehen, die im Kristallgitter ›eingefroren‹ oder sich auf Zwischengitterplätzen (→Realkristall) befanden und durch die Erwärmung rekombinieren können.

Thermolumineszenzanalyse, Verfahren zur →Altersbestimmung für alle Arten von Keramiken. Das Maß für das Alter der Probe sind die Strahlenschäden (Fehler in der Kristallstruktur), die beim radioaktiven Zerfall von Spurenelementen (Uran, Thorium, Kalium) durch die ausgesandte α-, β- und γ-Strahlung hervorgerufen wurden. Die Strahlenschäden werden bei Erhitzen auf 500 °C ausgeheilt, wobei Elektronen, die in höheren Akzeptorenergieniveaus (Elektronenfallen) eingefangen wurden, ihre Überschußenergie in Form von sichtbarem Licht abgeben (→Thermolumineszenz) und in die energetisch niedrigen Valenzbänder zurückkehren. Die abgegebene Lichtenergie, die photometrisch bestimmt wird, hängt von der Radioaktivität sowohl der Probe als auch der Umgebung des Fundortes sowie von der Zeit ab, die seit dem Brennen des Fundstücks, bei dem alle Strahlenschäden im Ton ausgeheilt waren, vergangen ist. Zur Eichung der Energiespeicherkapazität wird die durch Bestrahlung mit einer bekannten Gammadosis ausgelöste Thermolumineszenz gemessen. Die T. ermöglicht Altersbestimmungen bis zu 60000 Jahren mit Fehlern von 6–8%.

Thermolyse, durch therm. Dissoziation bewirkter spontaner Zerfall oder gezielte Spaltung von organ. Verbindungen, meist →Pyrolyse bezeichnet.

thermomagnetische Effekte, Effekte, die in elektrisch leitenden Stoffen bei einer Wärmeströmung auftreten, die senkrecht oder parallel zu den Feldlinien eines homogenen Magnetfeldes verläuft. Da die Wärmeleitung bevorzugt durch die frei bewegl. Ladungsträger erfolgt, treten auch elektr. Potentialdifferenzen auf. Analog zu den →galvanomagnetischen Effekten kann das Magnetfeld senkrecht zum Wärmestrom (transversales Magnetfeld) oder parallel (longitudinales Magnetfeld) gerichtet sein. Bei den **transversalen t. E.** tritt senkrecht zum Wärmestrom (und senkrecht zum transversalen Magnetfeld) eine Temperaturdifferenz (**1. Righi-Leduc-Effekt** [r'igi lǝd'yk-]) bzw. eine elektr. Potentialdifferenz (**1. Ettingshausen-Nernst-Effekt**) auf. Bei den **longitudinalen t. E.** tritt eine Temperaturdifferenz (**2. Righi-Leduc-Effekt, Maggi-Righi-Leduc-Effekt** [mɑddʒi-] bei transversalem Magnetfeld; unbenannter t. E. bei longitudinalem Magnetfeld) bzw. eine elektr. Potentialdifferenz (**2. Ettingshausen-Nernst-Effekt** bei transversalem Magnetfeld; unbenannter t. E. bei longitudinalem Magnetfeld) in Wärmestromrichtung auf.

Thermometamorphose, Pyrometamorphose,

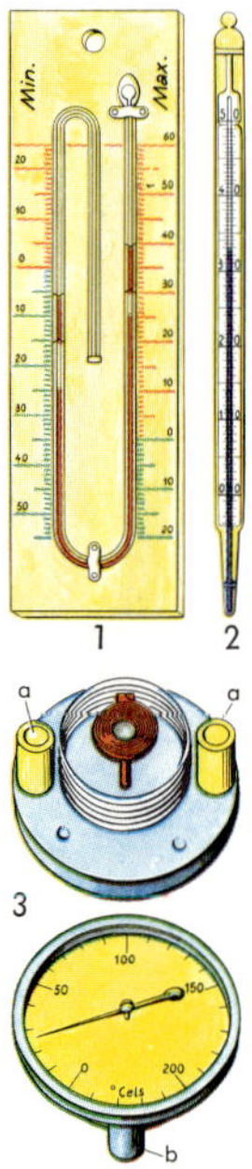

Thermometer: **1** Maximum-Minimum-T. **2** Wissenschaftliches T. **3** Bimetall-Haft-T., a Haftmagnete, b darüberfassende Kappe (um 90° gedreht)

Gesteinsmetamorphose durch Wärmezufuhr, v. a. die → Kontaktmetamorphose.

Thermometer, Temperaturmesser, Gerät zur Messung der → Temperatur. Das T. wird mit der Meßstelle in engen therm. Kontakt gebracht (**Berührungs-** oder **Kontakt-T.**), so daß es deren Temperatur durch Wärmeleitung annimmt, nur bei den opt. → Pyrometern (**Strahlungs-T.**) ist eine unmittelbare Berührung nicht erforderlich. – Um ein T. eichen zu können, müssen best. Temperaturen genau definierbaren Festpunkten zugeordnet werden, z. B. Schmelz- und Verdampfungspunkt von Wasser 0 und + 100 °C.

Am gebräuchlichsten sind die T., die auf der therm. Ausdehnung beruhen. Beim nur für wissenschaftl. Zwecke benutzten **Gas-T.** mißt man Druck und Volumen einer abgemessenen Gasmenge (Wasserstoff, Stickstoff, Luft u. a.) und berechnet die Temperatur. Nach dieser Methode liegt die Temperatur unmittelbar in der absoluten Temperaturskala (→ Kelvin) vor. **Flüssigkeits-T.** bestehen aus einem kleinen Glaskolben zur Aufnahme der T.-Flüssigkeit (Quecksilber, gefärbter Äthylalkohol u. a.) mit einer angeschmolzenen Glaskapillare, in die die Flüssigkeit, je nach der Temperatur, verschieden weit hineinragt. An einer Skala kann die Temperatur abgelesen werden. Bei **Fieber-T.** ist die Skala von 36 bis 42 °C in Zehntelgrade geteilt. Beim **Maximum-T.** und **Minimum-T.** läßt sich die Maximal- oder die Minimaltemperatur bis zur Ablesung speichern. Das **Maximum-Minimum-T.** ist ein U-förmig gebogenes Alkohol-T., in dessen Kapillare die Flüssigkeit durch einen Quecksilberfaden unterbrochen ist; auf beiden Enden des Quecksilberfadens liegt je ein Eisenstäbchen, das mit dem Quecksilberfaden jeweils in Richtung maximaler oder minimaler Temperaturanzeige verschoben wird und nach dem Ablesen durch einen Magneten zur Quecksilbersäule zurückgebracht werden kann. Das **Bimetall-T.** besteht aus einem Bimetallstreifen, der sich abhängig von der Temperatur krümmt. Die Krümmung kann durch einen Zeiger sichtbar gemacht oder durch eine Schreibvorrichtung aufgezeichnet werden (→ Thermograph). Bei den **Tensions-T.,** die bes. für tiefe Temperaturen bis in die Nähe des absoluten Nullpunktes geeignet sind, wird die Temperatur aus dem Dampfdruck einer Flüssigkeit bestimmt, der mit einem Quecksilbermanometer gemessen wird.

Elektrische T. Auch die elektr. Berührungs-T. sollen die Temperatur des Meßobjekts annehmen, was Maßnahmen für einen guten Wärmeübergang zum Fühler erfordert, der seinerseits wenig Wärme ableiten darf. Der Fühler enthält, durch einen Mantel gegen mechan. und chem. Zerstörung geschützt, meist in seiner Spitze ein temperaturempfindliches Element.

Widerstands-T. nutzen die Temperaturabhängigkeit des spezif. elektr. Widerstands aus. Metall. Widerstände (meist Platin, Nickel) nehmen mit steigender Temperatur zu, bei → Halbleiterthermometern ab. Aufbau und Abmessungen sind nach DIN genormt; für 0 °C sind 100 Ω vorgeschrieben. Fehler bei 20 °C betragen etwa 0,3 °C, bei 500 °C etwa 2,5 °C. Die Signalverarbeitung erfolgt in einer → Meßbrücke.

Digital anzeigende Fieber-T. haben als Meßsonde einen Heißleiter, der über eine flexible Leitung mit dem elektron. Auswertegerät vom Format eines kleinen Taschenrechners lösbar verbunden ist. Vorteile: verkürzte Meßzeit, keine Bruchgefahr, auch für Messung an inneren Organen, z. B. des Magens, und für Dauermessung geeignet.

Thermoelemente beruhen auf dem → Seebeck-Effekt: Verbindet man zwei Drähte aus unterschiedl. Materialien und setzt die Verbindungsstellen verschiedenen Temperaturen aus, entsteht eine Thermospannung, ein direktes Maß für die Temperaturdifferenz. Für techn. Messungen muß daher die Vergleichsstelle auf konstanter (Raum-) Temperatur gehalten werden; Schwankungen werden in Kompensationsdosen elektrisch unterdrückt. Ausgleichsleitungen mit den gleichen Materialien wie das Thermoelement führen vom Fühler zur Vergleichsstelle. Häufige Paare sind Eisen/Konstantan, Nickel/Nickelchrom, Platin/Platinrhodium. Verarbeitung der Spannung mit → Meßverstärkern oder mittels → Kompensationsmethode.

Geschichtliches. Die ersten Luft-T. stammen aus dem Anfang des 17. Jh. (G. Galilei, S. Santorio, C. Drebbel). Die Anordnung geht auf das Altertum (Philon, Heron) zurück. Flüssigkeits-T. (Wasser) beschrieb erstmals J. Rey 1632. D. G. Fahrenheit entwikkelte seit 1714 geeichte Weingeist- und Quecksilber-T., die vergleichende Temperaturmessungen erlaubten. Sie wurden von R.-A. Réaumur, J. A. Deluc und A. Celsius (100teilige T.-Skala, 1742) verbessert. Die gasthermometr. Skala, 1702 von G. Amontons angeregt, wurde bis Mitte des 19. Jh. ausgebildet (J. H. Lambert, A. Volta, L. J. Gay-Lussac, J. Dalton, F. Rudberg, G. Magnus, W. Thomson u. a.). Die Benutzung des thermoelektr. Effekts zur Temperaturmessung dürfte L. Nobili (1824/25) zuzuschreiben sein.

H. Lindorf: Techn. Temperaturmessungen (^{4}1970); Hb. der techn. Temperaturmessung, hg. v. F. Lieneweg (1976); F. Henning: Temperaturmessung (^{3}1977); L. Weichert u. a.: Temperaturmessung in der Technik (^{3}1980); F. X. Eder: Arbeitsmethoden der Thermodynamik, 1: Temperaturmessung (1981).

thermonukleare Reaktion, Kernreaktion, die bei hohen Temperaturen unter Energiegewinn zur Verschmelzung leichter Atomkerne führt (→ Kernfusion) und die z. B. bei **thermonuklearen Sprengkörpern** (→ Kernwaffen) abläuft.

Thermoplaste, → Kunststoffe, → Polyester.

Thermo|remanenz, Dauermagnetisierung ferromagnet. Stoffe bei Temperaturen unterhalb der → Curie-Temperatur; führt z. B. zu einer Konservierung fossiler magnet. Richtungen in vulkan. Gesteinen. (→ Paläomagnetismus)

Thermosäule, → Thermoelement.

Thermosflasche, Handelsname für ein → Dewar-Gefäß.

Thermosolieren, Färben von Polyesterfasermaterialien sowie Polyester-/Baumwoll-Mischgeweben durch Behandlung mit Dispersionsfarbstoffen oder -farbstoff-Mischsortimenten unter kurzfristigem Erhitzen.

Thermospannung, → Thermoelektrizität.

Thermosphäre, Teil der → Atmosphäre 2).

Thermostat, Bez. für einen → Temperaturregler, gelegentlich auch für eine Einrichtung zur Einhaltung einer best. Raumtemperatur.

Thermostrom, → Thermoelektrizität.

Thermo|umformer, Gerät zum Messen vorwiegend hochfrequenter elektr. Ströme. Der Meßstrom durchfließt einen Heizleiter und erzeugt in einem Thermoelement eine proportionale Temperatur. Die Thermospannung des Thermoelements wird mit einem →Drehspulinstrument gemessen.

Thermowaage, →Thermogravimetrie.

Theta, (ϑ, Θ), ein →griechischer Buchstabe (ÜBERSICHT).

1) *ϑ*, Formelzeichen für Bragg-Winkel, Celsius-Temperatur (→Grad Celsius), Streuwinkel.

2) *Θ*, Formelzeichen für Streuwinkel und charakterist. Temperatur, z. B. Θ_D für die Debye-Temperatur (→Debyesche Theorie).

Thetafunktionen, holomorphe Funktionen mehrerer komplexer Veränderlicher, die im Zusammenhang mit speziellen algebraischen Mannigfaltigkeiten auftreten. Spezialfall und Ausgangspunkt sind die ellipt. Funktionen. Jede ellipt. Funktion kann z. B. als Quotient zweier T. geschrieben werden.

Theta-Pinch [-pɪntʃ, engl.], magnet. Kompressionsverfahren zur Erzeugung eines Plasmas sehr hoher Dichte und Temperatur, bei dem das Plasma durch den →Pincheffekt stark komprimiert wird und sich durch die in ihm induzierten Ströme stark aufheizt. **Thetatrons** sind Plasmamaschinen, die nach dem T.-P. arbeiten. (BILD Kernfusion)

Thi(a) . . ., Chemie: Vorsilbe in Namen organ. Verbindungen, in denen die Methylengruppe $-CH_2-$ durch ein Schwefelatom ersetzt ist.

Thiazine, heterozykl. Verbindungen, die ein Schwefel- und ein Stickstoffatom im sechsgliedrigen Ring enthalten. **T.-Farbstoffe,** →Azinfarbstoffe, →Methylenblau.

Thiazol, pyridinähnlich riechende Flüssigkeit. Der heterozykl. Fünferring des T. ist im Vitamin B_1 enthalten. T.-Derivate dienen als Vulkanisationsbeschleuniger.

Thio . . ., Vorsilbe für Verbindungen, in denen ein Sauerstoffatom durch ein Schwefelatom ersetzt ist.

Thio|äther, organ. Verbindungen der Struktur $R-S-R$. T. werden heute als **Sulfide** bezeichnet, z. B. Dimethylsulfid, CH_3-S-CH_3.

Thiocyanate, früher **Rhodanide,** Salze und Ester der Thiocyansäure, allg. Formel M^ISCN (M^I = einwertiges Metallatom) bzw. $R-SCN$. Bis auf einige Schwermetall-T. sind T. wasserlöslich; ihr chem. Verhalten ähnelt dem der Chloride. Mit Fe(III)-Ionen ergeben die lösl. T. eine tiefrote Färbung (Nachweisreaktion). T. dienen als Fungizide, Fixierzusätze in der Photographie u. a.

Thiocyansäure, Rhodanwasserstoffsäure, im freien Zustand leicht polymerisierende Verbindung, deren wäßrige Lösungen stark sauer reagieren. Die T. liegt mit der **Iso-T.** in einem tautomeren Gleichgewicht. Die Ester der Iso-T. (Alkylisothiocyanate) heißen →Senföle.

Thio|ester, energiereiche Verbindungen des intermediären Stoffwechsels, aus einer Säure und einem Thioalkohol gebildet. T. sind an Biosynthese-Prozessen beteiligt; z. B. Acetyl-Coenzym A.

Thioglykolsäure, Mercapto|essigsäure, farblose, hautreizende und ätzende, unangenehm riechende Flüssigkeit, die leicht oxidiert. T. zeigt die typ. Reaktionen von Carbonsäuren und Thiolen. Die **Thioglykolate** (Salze und Ester der T.) dienen bes. zur Herstellung von Kaltwellpräparaten, zur Permanentverformung von Wollwaren und von Enthaarungsmitteln.

Thioharnstoff, kristalline Verbindung, die durch Reaktion von Cyanamid mit Schwefelwasserstoff hergestellt wird. T. wird zur Herstellung von Aminoplasten verwendet. T.-Derivate dienen als Antioxidantien, Vulkanisationsbeschleuniger und Pharmazeutika.

Thio|indigo, roter Küpenfarbstoff; auch Grundsubstanz der T.-Farbstoffe. Von P. FRIEDLÄNDER 1905 als erster Küpenfarbstoff synthetisiert.

Thiole, organ. Verbindungen mit der funktionellen Gruppe $-SH$. **Alkan-T.** (alte Bez. **Mercaptane**) entstehen formal aus Alkoholen, indem das Sauerstoffatom der OH-Gruppe durch ein Schwefelatom ersetzt wird. Sie sind widerlich riechende Gase oder Flüssigkeiten mit schwach sauren Eigenschaften, die u. a. im Erdöl vorkommen (→Süßverfahren).

Thiophen, farblose Flüssigkeit, die im Erdöl und Kohlebenzol vorkommt und die durch Reaktion von Butadien mit Schwefel hergestellt werden kann. T. ist eine heterozykl. Verbindung mit aromat. Eigenschaften (→Aromaten).

Thiophosphor|säure|ester, das →Parathion.

Thixotropie, die Eigenschaft bestimmter Zweistoffsysteme (Gele), durch mechan. Beanspruchung (Schütteln, Einwirkung von Ultraschall) vom festen in den flüssigen Zustand überzugehen, ohne daß sich dabei der Wassergehalt ändert. In Ruhe verfestigt sich die Substanz wieder. Im Bauwesen wird die T. genutzt zur Herstellung thixotrop eingestellter Anstrichmittel, für thixotrope Stoffe als Schmiermittel bei Senkkästen und Schildvortrieb (→Tunnel) und thixotrope Suspensionen als Stützflüssigkeit bei der →Schlitzwandbauweise. In der Tiefbohrtechnik sind thixotrope Stoffe wesentl. Bestandteile der →Bohrspülmittel.

Tholeiit, Tholeyit, basisches, subvulkan. Gestein der Rotliegend-Zeit; als tholeiitisch werden Basalte bezeichnet, die olivinfrei sind und etwas freien Quarz enthalten (u. a. die Plateaubasalte).

Thololyse, Bez. für die Verwitterung an Böden von Binnengewässern.

Thomas-Fermi-Modell [n. den Physikern L. H. Thomas, *1903, und E. Fermi, *1901, †1954], statist. Modell des →Atoms, das bes. zur ungefähren Beschreibung von Atomen mit hohen Ordnungszahlen geeignet ist.

Thomas-Konverter [n. dem engl. Metallurgen S. G. Thomas, *1850, †1885], zur Stahlherstellung nach dem Thomas-Verfahren (Windfrischverfahren) dienender kippbarer Behälter. (→Eisen)

Thomas-Schlacke, beim Windfrischen von phosphatreichen Eisenerzen (→Eisen) gebildete phosphorreiche Schlacke, die als **Thomas-Mehl** zu Düngemitteln verwendet wird.

Thomson-Effekt [t'ɔmsn-, n. dem brit. Physiker Sir W. Thomson, *1824, †1907], a) **thermoelektrischer T.-E.,** ein Effekt der →Thermoelektrizität. b) **galvanomagnetischer T.-E.,** ein →galvanomagnetischer Effekt.

Thomsonit [n. dem brit. Chemiker Th. Thomson, *1773, †1852], Mineral, ein →Zeolith.

Thomson-Formel, Thomsonsche Schwingungsformel, Thomson-Kirchhoffsche Gleichung [n. Sir W. Thomson und dem dt. Physiker G. R. Kirchhoff, *1824, †1887], physikal. Beziehung über den Zusammenhang von Schwingungsdauer *T* oder Kreisfrequenz *ω* von elektr. Schwingungen (→elektromagnetische Wellen) in einem Schwingungskreis mit der Kapazität *C* und Induktivität *L*

$$T = 2\pi\sqrt{L \cdot C} \text{ oder } \omega = 1/\sqrt{L \cdot C}.$$

Thiole

CH_3-SH

Methanthiol (Methylmercaptan)

$HS-(CH_2)_3-SH$

Propandithiol

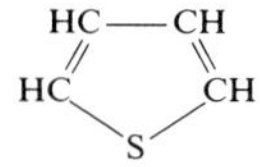

Thiophen

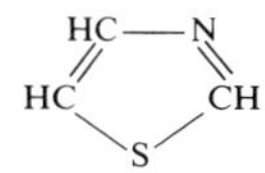

Thiazol

Thiocyansäure

$H-\overline{S}-C\equiv N|$

Thiocyansäure

$\overline{S}=C=\overline{N}-H$

Isothiocyansäure

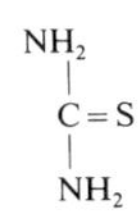

Thioharnstoff

Thomsonsche Gleichungen, Thomsonsche Beziehungen [n. Sir W. Thomson], Verknüpfung der thermoelektr. Effekte untereinander. Die **1. T. G.** $\Pi_{AB} = \alpha_{AB} \cdot T$ (T = absolute Temperatur) beschreibt den Zusammenhang zw. dem Peltier-Koeffizienten Π_{AB} (→ Peltier-Effekt) und dem **Seebeck-Koeffizienten** α_{AB}, d. h. der **differentiellen Thermokraft** $\alpha_{AB} = dU_{AB}/dT$. U_{AB} ist die beim → Seebeck-Effekt auftretende integrale Thermokraft (Thermospannung). Die **2. T. G.** $d\alpha_{AB}/dT = (\tau_A - \tau_B)/T$ liefert eine Differentialbeziehung zw. der differentiellen Thermokraft und den Thomson-Koeffizienten (→ Thermoelektrizität) τ_A und τ_B der verschiedenen Leiter A und B eines Stromkreises.

Thomson-Streuung [t'ɔmsn-, n. dem brit. Physiker J. J. Thomson, * 1856, † 1940], Streuung von unpolarisierten Lichtwellen und allg. von elektromagnet. Strahlung an freien geladenen Teilchen, bes. an Elektronen.

Thor [engl. θɔ:], 1955–59 entwickelte amerikan. einstufige militär. Mittelstrecken-Flüssigkeitsrakete, schon frühzeitig Unterstufe von Satelliten-Trägerraketen, z. B. T.-Able, T.-Agena oder T.-Delta (→ Delta 3).

Thorex-Verfahren, Abk. für **Thorium Recovery by Extraction** [θ'ɔ:rɪəm rɪk'ʌvərɪ baɪ ɪkstr'ækʃən, engl.], Kerntechnik: Prozeß zur Wiederaufarbeitung verbrauchter Kernbrennstoffe, die ursprünglich angereichertes Uran oder Thorium-233 enthielten.

Thorianit, Mineral $(Th, U)O_2$, H. 6, D. bis 10, bräunl. Kristalle, meist nur in Seifen, auch pegmatitisch.

Thorit *der*, Mineral $ThSiO_4$, enthält bis 22% U_3O_8; in Pegmatiten Norwegens.

Thorium, chem. Symbol **Th**, von J. J. BERZELIUS 1828 entdecktes radioaktives → chemisches Element, Ordnungszahl 90. T. ist ein silberweißes, weiches Metall, das zur Reihe der → Actinoide gehört, aber in seinem chem. Verhalten mehr dem Zirkon ähnelt. Natürlich vorkommendes T. besteht fast ausschließlich aus dem Isotop ^{232}Th, das als Anfangsglied der T.-Zerfallsreihe (→ Radioaktivität) mit einer Halbwertszeit von 14,1 Mrd. Jahren als α-Strahler zerfällt. Weitere, mehr als zehn instabile, meist kurzlebige Isotope treten in den natürl. radioaktiven Zerfallsreihen auf. Die Erdkruste enthält etwa 0,001% T., rd. fünfmal mehr als Uran. Angereichert findet sich T. im **Monazit**, mit 3–9% ThO_2, im **Thorit**, $ThSiO_4$, und **Thorianit**, $(Th, U)O_2$. Zur Gewinnung des T. werden die Erze mit konzentrierter Schwefelsäure aufgeschlossen, T. als Oxalat gefällt und nach Verglühen zum Oxid mit Calcium reduziert. Auch durch Reduktion von T.-Tetrafluorid oder T.-Tetrachlorid mit Calcium oder Magnesium erhält man T. Zur Abtrennung von den Seltenen Erden wird auch die Extraktion des T.-Nitrats mit Tributylphosphat herangezogen. – T. ist wichtiger Legierungsbestandteil und wird als Zusatz für opt. Gläser und zur Herstellung von Quecksilberlampen und Elektronenröhren verwendet, sein Oxid und Dicarbid mit Uran als Brutstoff in Hochtemperaturreaktoren.

T. besitzt in seinen Verbindungen die Oxidationszahlen +4 (bevorzugt), +3 und +2. Das thermisch sehr stabile weiße **Thoriumdioxid**, ThO_2, Schmelz-P. 3220 °C, wird als feuerfestes Material in der Feinmetallurgie und im chem. Laboratorium, auch in Glasglühstrümpfen, verwendet. Es entsteht beim Glühen von Thoriumnitrat.

Thorium-Zerfallsreihe, radioaktive Zerfallsreihe, benannt nach dem Ausgangsnuklid $^{232}_{90}Th$ (ÜBERSICHT Radioaktivität).

Thortveitit [n. dem norweg. Sammler O. Thortveit] *der*, Mineral $(Sc, Y)_2[Si_2O_7]$, schmutzig-grün bis fast schwarz, H. 6,5, D. um 3,6, wichtiges Scandium-Mineral; z. T. sehr große Kristalle; in Granitpegmatiten; z. T. Sc durch Th und Si durch Al ersetzt **(Befanamit)**.

Three-State-Logik [θri: steɪt-, engl.], die Möglichkeit, beim Aufbau digitaler Schaltungen außer den beiden → Logikpegeln High und Low einen dritten, inaktiven (hochohmigen) Zustand herbeizuführen, um bes. bei Bus-Systemen mehrere Ausgänge abwechselnd auf eine einzige Leitung wirken zu lassen.

Threonin, α-Amino-β-hydroxybuttersäure, Biochemie: essentielle Aminosäure mit zwei asymmetr. Kohlenstoffatomen und vier stereoisomeren optisch-aktiven Formen; Proteinbaustein bes. in Eiern und Milch.

THTR, Abk. für **Thorium-Hochtemperaturreaktor**, ein → Kernreaktor.

Thufur, *Mz.* **Thufa**, kleine (i. a. bis 1 m hohe), geschlossen von Vegetation bedeckte, durch Frostaufwölbung entstandene Bodenbuckel.

Thulit, Mineral, rosenrote, manganhaltige Varietät des → Zoisit.

Thulium *das*, chem. Symbol **Tm**, ein → chemisches Element aus der Gruppe der → Lanthanoide, Ordnungszahl 69. Neben dem natürl. stabilen Isotop der Massenzahl 169 sind mehr als 15 künstl. instabile Isotope bekannt. T. ist ein hartes silbergraues Metall. In der Natur sehr selten, kommt es im Monazit mit 0,007% vor und wird aus diesem gewonnen. In seinen meist grün gefärbten Verbindungen ist es dreiwertig.

T. wurde 1879 von P. T. CLEVE entdeckt.

Thuringit, Mineral, eisenreicher → Chlorit 2); sehr ähnlich dem → Chamosit.

Thymidin, Biochemie: aus der Pyrimidinbase Thymin und Ribose zusammengesetztes Nucleosid, das am Aufbau der → Nucleinsäure beteiligt ist.

Thymonucleinsäure, frühere Bez. für Desoxyribonucleinsäure; → DNS.

Thyratron, steuerbare → Ionenröhre mit Glühkathode.

Thyreoglobulin, spezif. Protein der Schilddrüsenzelle, das einen hohen Anteil an Tyrosinresten enthält, an denen die Synthese der Schilddrüsenhormone einsetzt. Die am T. synthetisierten Hormone werden durch Proteolyse abgespalten und in die Blutbahn abgegeben.

Thyreotropin, Thyrotropin, thyreotropes oder **thyroidstimulierendes Hormon**, Abk. **TSH**, Glykoproteid des Hypophysenvorderlappens, das den Aufbau und Stoffwechsel der Schilddrüse (Jodspeicherung) sowie die Ausschüttung der Schilddrüsenhormone aus Thyreoglobulin steuert.

Thyristor, steuerbares Silicium-Halbleiterbauelement mit besonderer Bedeutung für die → Leistungselektronik (z. B. als ›elektr. Ventil‹ bei einem → Stromrichter). Ein T. besteht aus vier Halbleiterschichten, die abwechselnd mit Akzeptoren (p-Leitung) und Donatoren (n-Leitung) dotiert sind (pnpn-Schichtenfolge). Auf diese Weise entstehen drei hintereinandergeschaltete, in ihrer Richtung jeweils entgegengesetzte → pn-Übergänge. Die Anschlüsse werden mit Anode (an der p-leitenden Schicht) und Kathode (an der n-leitenden Schicht) bezeichnet, die Steuerelektrode (Gate) kann sowohl an der inneren p- als auch an der inneren n-leitenden Schicht angebracht sein. Die → Thyristortetrode besitzt an beiden Seiten je einen Steueranschluß (n-Gate und p-Gate). Schematisch kann der T. aufgefaßt werden als eine Kombination aus einem npn- und einem pnp-Transistor, bei der jeweils die Basis des einen mit dem Kollektor des anderen verbunden ist (BILD 1). Für eine Stromrichtung bleibt das Bauelement

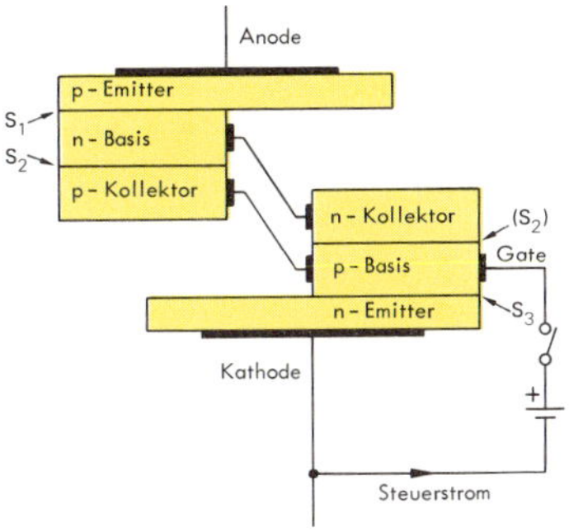

Thyristor 1: Transistorersatzschaltbild mit kathodenseitigem Steueranschluß (Gate)

infolge der Sperrschichten S1 und S3 stets gesperrt. Durch einen Steuerstrom von der inneren p-Schicht (Gate) zur benachbarten n-Emitterschicht gelangen Elektronen als Majoritätsladungsträger bis in die Sperrschicht S2, wobei sie dann einen Steuerstrom für den p-Emitter darstellen, der seinerseits Defektelektronen bis in S2 liefert und damit den urspr. Steuerstrom verstärkt. Wenn gleichzeitig am T. zw. Anode und Kathode eine Spannung in Durchlaßrichtung liegt, wird die mittlere Sperrschicht S2 durch die beiden Emitterströme in wenigen Mikrosekunden mit Ladungsträgern überschwemmt, womit der T. ›gezündet‹, d. h. durchlässig ist und auch bleibt, wenn der Steuerstrom wieder abgeschaltet wird. Es genügt dann zum Zünden ein Stromimpuls. Nimmt der Strom im T. den Wert Null an, weil z. B. im Stromrichterbetrieb eine Kommutierung stattgefunden hat, so ist die Sperrfähigkeit in der Durchlaßrichtung nach der Freiwerdezeit von 10 bis 200 Mikrosekunden wiederhergestellt.

T. gibt es für Ströme von einigen bis etwa 1 000 A und Sperrspannungen von einigen kV. Die Durchlaßverluste sind noch geringer als bei →Quecksilberdampfgefäßen, die Durchlaßspannung beträgt 1–2 V. Da bei Sperrschichttemperaturen oberhalb etwa 130 °C infolge des Einflusses der Eigenleitung des Siliciums kein Betrieb mehr möglich ist, muß die Wärmeabfuhr möglichst rasch erfolgen; daher wird der Halbleiterkristall über möglichst geringe Wärmewiderstände mit einem Kühlkörper verbunden. Bei kleinen T. (BILD 2) geschieht dies durch Schraubverbindung, bei größeren in Scheibenzellenausführung (BILD 3) durch Einspannen zw. zwei Kühlkörper.

Spezielle T. sind der →Triac, ein Zweirichtungs-T. (→Wechselstromsteller), und der RC-T. (Abk. für engl. Reverse Conducting-T.), der in einer Richtung dauernd durchlässig ist; bis zu mittleren Strömen gibt es den GTO-T. (Abk. für engl. Gate Turn Off-T.), der über einen impulsförmigen Steuerstrom abschaltbar ist, und T. für direkte Lichtzündung (→Photothyristor).

A. HOFFMANN u. K. STOCKER: T.-Hb. ([4]1976); W. GERLACH: T. (1981).

Thyristortetrode, wie ein →Thyristor aufgebautes Halbleiterbauelement, jedoch mit zwei Steueranschlüssen (Gates) versehen. Die T. kann sowohl anodenseitig über das an der inneren n-leitenden Schicht liegende n-Gate als auch kathodenseitig über das an der inneren p-leitenden Schicht liegende p-Gate durch einen kurzzeitigen Stromimpuls ›gezündet‹ werden.

Thyrotropin-Releasing-Hormon [-rɪlˈiːsɪŋ-, engl.], Abk. **TRH, Thyreotropin-Releasing-Faktor** [-fˈæktə], **Thyroliberin,** neurosekretor. Hormon des Hypothalamus. Tripeptid aus den Aminosäuren Glutaminsäure, Histidin und Prolin, das auf die Hypophyse wirkt und zur Thyrotropin-(TSH-)Freisetzung führt.

Thyroxin, T4, Tetrajodthyronin, wichtiges Schilddrüsenhormon (Wachstum und Entwicklung), gemeinsam mit dem **Trijodthyronin (T3)** gebildet. Dazu wird mit der Nahrung aufgenommenes Jodid an Thyrosinreste des Thyreoglobulins gebunden und in T. umgewandelt.

Ti, chem. Symbol für →Titan 2).

Tiden *Mz.,* und **Tidenhub,** →Gezeiten.

Tief, 1) Tiefe, veraltet für →Wattstrom. **2) barometrisches Tief,** →Tiefdruckgebiet.

Tief|ausläufer, keilförmige Ausbuchtung des vorwiegend runden Isobarenfeldes im Bereich der →Front einer Zyklone. Da der T. um das →Tiefdruckgebiet herumschwenkt, erzeugt er in einem weiten Bereich Druckfall, lebhafte Winde und wechselhaftes Wetter.

Tiefbau, im Unterschied zum Hochbau die Bauarbeiten zu ebener Erde, in oder unter der Erde (Straßen-, Erd-, Tunnelbau, Eisenbahnbau, Wasserbau, Kanalisation u. a.), auch Bergbau unter Tage i. Ggs. zum Tagebau.

B. VOTH: T.-Praxis, 3 Bde. (1977); T.-Prozesse, hg. v. K. FIEDLER ([2]1981); T.-Technologie, hg. v. K. ZOLLER u. a. (1981).

Tiefbehälter, ein Wasserbehälter in Wasserförder- und Verteilungsanlagen, dessen freie Wasserspiegelhöhe so tief liegt, daß der Versorgungsdruck im Rohrnetz durch Pumpen erzeugt werden muß.

Tiefbohrung, Bohrtechnik: Bohraufschluß in Tiefen von 1 000 bis 5 000 m. **Übertiefe Bohrungen** gehen darüber hinaus. Tiefste Bohrung 10 000 m (1982) auf der Kola-Halbinsel. Wichtigstes →Bohrverfahren für T. ist das Rotary-Verfahren.

Tiefdecker, →Flugzeug.

Tiefdruck, i. w. S. alle Druckverfahren, bei denen eine vertieft in die Platte eingearbeitete Zeichnung eingefärbt und dann gedruckt wird, z. B. Heliogravüre, Kupferstich, Radierung, Stahlstich. I. e. S. ein →Druckverfahren, bei dem von geätzten Kupferzylindern oder -platten **(Kupfer-T.)** gedruckt wird, wobei die überflüssige (dünnflüssige) Druckfarbe durch eine Art Stahllineal, die Rakel **(Rakel-T.)**, oder eine Wischvorrichtung **(Stich-T.)** abgenommen wird. Die gebräuchlichste Druckmaschine für den T. ist die **T.-Rotationsmaschine** zum Bedrucken von Papier von der Rolle, selten geworden bei kleinen Auflagen die **T.-Bogenmaschine.**

Tiefdruckgebiet, Tief, Zyklone, barometrisches Minimum, Gebiet, in dem der Luftdruck auf einer horizontalen Ebene oder wo die Höhe einer isobaren Fläche geringer ist als in der Umgebung. Die Bez. T. wird allerdings nur verwendet, wenn seine Ausdehnung 300 bis 3 000 km beträgt (darüber →Tiefdruckzone). Nach Aufbau und Dynamik unterscheidet man zw. →Tiefdruckrinne, →Trog, →tropischem Wirbelsturm und außertrop. Zyklone. Letztere entstehen vorwiegend im Bereich der →Polarfront 2), wenn durch Querzirkulation unter dem →Strahlstrom in der unteren Troposphäre warme Luft, in der sich der Druck vertikal weniger ändert als in Kaltluft, polwärts fließt. Bei zunächst unverändertem Druckfeld in der Höhe entsteht dort am Boden ein T. mit geschlossenen Isobaren **(Zyklogenese).** Um sein Zentrum entwickelt sich ein zyklonales Windfeld, d. h., es wird auf der Süd-

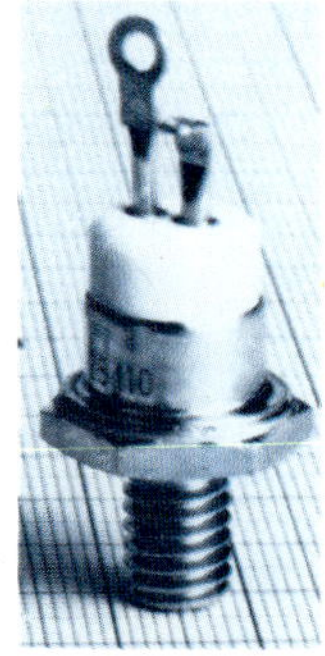

Thyristor 2

Thyristor 3

halbkugel im Uhrzeigersinn, auf der Nordhalbkugel entgegengesetzt umströmt. Folge davon ist dynamisch bedingte → Labilität; weiterhin dringt auf der Vorderseite (Ostseite) warme Luft polwärts, auf der Rückseite kalte Luft äquatorwärts vor, so daß → Fronten entstehen. Während das T. mit der Höhenströmung nach Osten driftet, breitet sich die Kaltluft am Boden rasch aus und drängt die Warmluft in die Höhe ab. Unterstützt von der an den Fronten auftretenden Durchmischung, wird dadurch der horizontale Temperaturgegensatz, der die Energie für die Zyklone liefert, im Lauf von etwa fünf Tagen abgebaut, so daß sich das T. auflöst. Die Kenntnis dieses charakterist. Lebenszyklus und die gewisse regelmäßige Anordnung der Wettererscheinungen in seinem ausgedehnten Einzugsgebiet (z. B. Islandtief) ermöglichten bereits im 19. Jh. bei dem damals weitmaschigen Beobachtungsnetz eine Wettervorhersage in Europa.

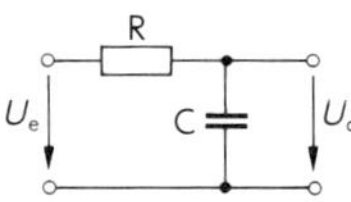

Tiefpaß 1: einfachster Tiefpaß, gebildet aus einem RC-Glied (U_e = Eingangsspannung, U_a = Ausgangsspannung)

Tiefdruckpapier, meist holzhaltiges, satiniertes Druckpapier mit über 20% Füllstoffgehalt.

Tiefdruckrinne, langgestrecktes Gebiet tiefen Luftdrucks mit weitgehend geraden Isobaren; ist wegen fehlender zyklonaler Strömung trotz → Konvergenz 5) im Windfeld meist wenig wetterwirksam.

Tiefdruckzone, Gebiet relativ geringen Luftdrucks von mehreren 1000 km Ausdehnung, das sich meist gürtelartig um die Erde zieht, wie die äquatoriale T. oder die subpolare T. (zw. 60° und 80° geograph. Breite).

Tief|ebene, in geringer Meereshöhe gelegene → Ebene 1), meist in Meeresnähe im Mündungsgebiet großer Ströme, z. B. Amazonasbecken, Ganges- und Indus-T.

Tiefenbruch, Geologie: → Lineament.

Tiefengesteine, plutonische Gesteine, Plutonite, Hauptgruppe der magmat. Gesteine; entstehen durch die Erstarrung eines Magmas in größerer Erdtiefe. Die hier wirksame Wärmedämmung bedingt ein nur langsames Fortschreiten der Kristallisation und dadurch die Bildung relativ großer, idiomorpher, hypidiomorpher oder xenomorpher Kristalle. Die meist mittel- bis grobkörnigen T. haben ein richtungslos körniges Gefüge und bestehen v. a. aus Silikatmineralen. Während ihrer Entstehung intrudieren sie in das Nebengestein und bilden meist mächtige Gesteinskörper (Plutone, z. B. Granitmassive), die durch tekton. Bewegungen (→ Orogenese) in höhere Krustenbereiche gelangen und nach Abtragung ihrer Überdeckung sichtbar werden.

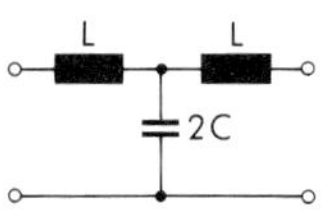

Tiefpaß 2: verlustloser passiver Tiefpaß in T-Schaltung

Tiefenschärfe, Photographie: → Schärfentiefe.

Tiefenstufen, 1) Geologie: → geothermische Tiefenstufe.

2) Petrologie: **Tiefenzonen,** Bereiche unterschiedl. Metamorphosegrades bei der → Regionalmetamorphose (Epi-, Meso-, Katazone). Die von F. BECKE (1903) und U. GRUBEMANN (1904) konstatierte Zunahme von Druck und Temperatur mit der Krustentiefe besteht nicht zwangsläufig (z. B. Wärmezufuhr in höhere Krustenbereiche), auch ist der Chemismus nicht tiefengebunden. Neben der entsprechend modifizierten Zonengliederung dient auch die → Mineralfazies zur Charakterisierung des Metamorphosegrades.

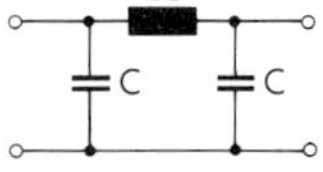

Tiefpaß 3: verlustloser passiver Tiefpaß in π-Schaltung

Tiefenwinkel, → Höhenwinkel.

Tiefgang, die Höhe des Schiffskörpers unter Wasser, ablesbar durch am Vor- und Hintersteven, häufig auch auf halber Schiffslänge angebrachten **Tiefgangsmarken** oder **Ahmings,** Steuerbord in Dezimeter und arab. Ziffern, Backbord in engl. Fuß und röm. Ziffern. (→ Tiefladelinie, → Freibord 1)

Tiefkühltruhe, truhenartiger Behälter (Kühltruhe) mit Einrichtung zur → Kälteerzeugung zur längeren Aufbewahrung gefrorener Lebensmittel bei Temperaturen unter − 18 °C **(Tiefkühlung).**

Tieflade|lini|e, durch internat. Vorschriften (Freibordvorschrift) festgelegter, durch die Freibordmarke gekennzeichneter Maximaltiefgang eines Handelsschiffs. (→ Freibord 1, → Tiefgang)

Tief|ofen, kammerförmiger, gas- oder ölbeheizter Industrieofen, der die Temperaturdifferenz zw. Oberfläche und Innerem der aus dem Stahlwerk kommenden Blöcke gering hält und eine zur Weiterverarbeitung im Walzwerk geeignete Temperatur erzielt.

Tiefpaß, elektr. Schaltung (→ Filter), die Spannungen tiefer Frequenzen unverändert überträgt und bei hohen Frequenzen eine Abschwächung und Phasenverschiebung bewirkt. Man unterscheidet passive (RC-Glied, LC-Schaltung z. B. als T- oder π-Schaltung, BILDER) und aktive T.-Schaltungen, die i. a. aus RC-Eingangsschaltungen und einem Operationsverstärker bestehen. Charakteristisch für einen T. ist die im Querzweig liegende Kapazität. Ggs.: → Hochpaß.

Tiefsee, pelagische Region, abyssische Region, umfaßt die landfernen, lichtlosen Meeresräume unterhalb 800 m Tiefe, bedeckt rd. 60% der Erdoberfläche. Gliederung → Meeresboden, → Tiefseegräben, über die Bedeutung des Bodens → Meeresablagerungen.

Im Bereich der T. finden sich mineral. Rohstoffe als Bodenschätze in Lockergesteinen (→ Manganknollen, Phosphoritvorkommen, Erzschlämme, Mineralseifen) auf und dicht unterhalb des Meeresbodens und im Meeresuntergrund (Steinsalz, Erdöl, Erdgas). Diese mineral. Rohstoffe der T. werden bis jetzt noch nicht genutzt. Zur Förderung der Minerale vom und aus dem T.-Boden sind größere technolog. Entwicklungsarbeiten im Gang (→ Meeresbergbau, → Meerestechnik).

Tiefseebecken, topograph. Großform des → Meeresbodens.

Tiefseeberge, engl. **Sea Mounts** [si: maʊnts], bis mehr als 1000 m hohe, kegelförmige Erhebungen auf dem Tiefseeboden, bes. häufig im Pazifik, selten im Nordatlantik. T. scheinen v. a. vulkanisch entstanden zu sein. Abgestumpfte Kegel heißen → Guyots.

Tiefseebohrungen, Erforschung der Untergrundes von Meeren durch Bohrungen von einem Bohrschiff aus. Angeregt durch die 1964 gegr. Joint Oceanographic Institutions for Deep Earth Sampling (JOIDES), begann die US National Science Foundation (NSF) 1966 das Deep Sea Drilling Project (DSDP), dem 1974–76 die UdSSR, die Bundesrep. Dtl., Japan, Großbritannien und Frankreich beitraten. Im September 1975 wurde dieses durch die International Phase of Ocean Drilling (IPOD) abgelöst, deren erste Phase 1979 endete. 1976 übernahm die Joint Oceanographic Institutions Inc. (JOI Inc.) das Management von JOIDES. – Im Rahmen des DSDP wurden 1969–79 durch das Forschungsschiff ›Glomar Challenger‹ rd. 700 Bohrungen in allen Ozeanen und Nebenmeeren der Erde mit Bohrtiefen bis 1740 m (Vigo-Kuppe vor Portugal) in Wassertiefen bis mehr als 7000 m abgeteuft. Die techn. Leistung bestand im Gelingen von Bohrungen in den Tiefseeboden, der Stabilisierung der Schiffsposition und der Wiedereinführung des Gestänges in das Bohrloch am Meeresboden nach dem Wechsel des Bohrmeißels. Besondere wissenschaftl. Erkenntnisse: Die Ozeanböden sind maximal 0,2 Mrd. Jahre alt (Kontinente

3,5 Mrd.); durch aufquellende Lava längs der mittelozean. Rücken werden sie ständig neu gebildet und bewegen sich von dort auseinander zu Verschluckungszonen hin, in denen sie verschwinden (→ Plattentektonik). Ferner wurden neue Vorstellungen für die Rohstoffsuche und zum Verständnis klimat. Entwicklungen gewonnen.

Für Bohrungen in erdöl- und erdgashöffigen Ozeanteilen, in arkt. und antarkt. Gewässern wird ein größeres Bohrschiff mit längerem Bohrgestänge, mit verbessertem Seegangsverhalten u. a. benötigt. Dazu soll die ›Glomar Explorer‹ gebaut werden.

Tiefseegräben, langgestreckte Senken (300 bis 4000 km lang) des → Meeresbodens mit steilen Flanken (Gefälle größer als 1:40) und Tiefen von 6000 bis 11000 m. Die T. erstrecken sich meist entlang den Rändern der Ozeane sowie entlang von Inselgruppen und fallen mit Zonen sehr häufiger und dabei oberflächennaher Erdbeben zusammen. Die meisten T. befinden sich im Pazif. Ozean.

Tiefseetafel, topograph. Großform des → Meeresbodens.

Tiefseeton, → Roter Tiefseeton.

Tieftemperaturphysik, Spezialgebiet der Physik, das sich mit der Erzeugung und Messung sehr tiefer Temperaturen unterhalb 80 K, die mit normalen Kältemaschinen nicht erreichbar sind, sowie mit der Untersuchung von Materialeigenschaften und Prozessen bei diesen tiefen Temperaturen befaßt. Die Technik zur **Erzeugung tiefer Temperaturen** nutzt meist die Verflüssigung von Gasen durch Kompression am → kritischen Punkt oder mit Hilfe des → Joule-Thomson Effekts aus. Die verflüssigten Gase, v. a. Stickstoff (Siedetemperatur 77 K), Wasserstoff (20,4 K) und Helium (4,2 K) werden als Kühlmittel in

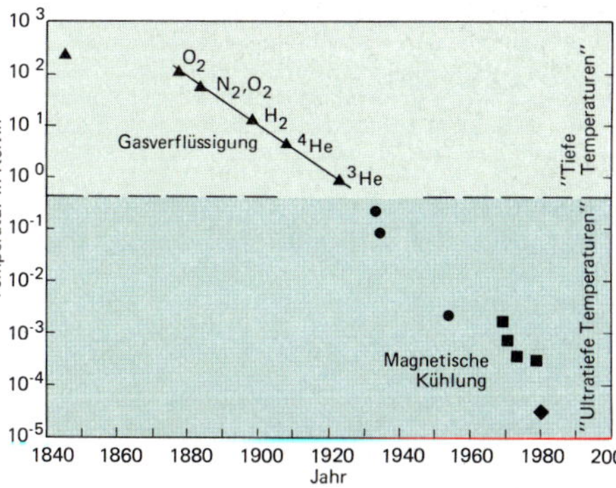

Tieftemperaturphysik 1:
Die historische Entwicklung der Minimaltemperatur, zu der Proben gekühlt worden sind durch Gasverflüssigung (▲) sowie durch adiabatische Entmagnetisierung von Atommomenten (•) und von Kernmomenten (■; ◆ Jülich 1979: 48 μK)

→ Kryostaten eingesetzt. Die Siedetemperatur nimmt ab, wenn der Druck über der Flüssigkeit reduziert wird. So kann man durch **Abpumpen** von flüssigem Helium 4 (^{4}He) 0,8 K erreichen. Wird das seltenere Isotop ^{3}He verwendet, das einen etwas höheren Dampfdruck als das im natürl. Isotopengemisch überwiegende ^{4}He besitzt, so liegt die untere Grenze bei 0,3 K. Durch die Methode der → adiabatischen Entmagnetisierung von elektronischen magnet. Momenten der Atome wurde der Bereich von 300–2 mK erschlossen. Ein alternatives, kontinuierlich arbeitendes Verfahren zur Erzielung von 2 mK ist die **^{3}He-^{4}He-Verdünnungskühlung,** bei der normalflüssiges ^{3}He in ein superfluides ^{3}He–^{4}He-Gemisch eingetropft

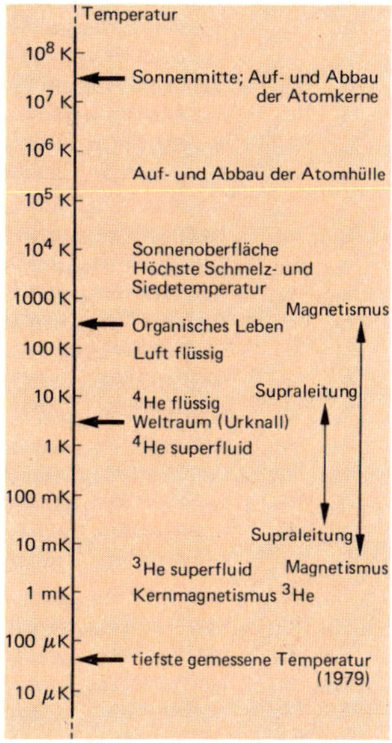

Tieftemperaturphysik 2:
Dekadische Temperaturskale mit einigen, in den jeweiligen Temperaturbereichen auftretenden Phänomenen

wird. Da die beiden Isotope unterhalb 0,8 K nicht vollständig miteinander mischbar sind, tritt Abkühlung auf, weil ^{3}He bei der Abtrennung einer normalflüssigen ^{3}He-reichen Phase Arbeit gegen die Attraktionskräfte im Gemisch leisten muß.

Die 1979 in Jülich erreichte tiefste Temperatur eines massiven Festkörpers betrug 48 μK. Dazu wurden zunächst 1,86 kg der Praseodym-Nickel-Verbindung, $PrNi_5$, und eine damit verbundene Kupferprobe von 600 g mit flüssigem Helium in drei Schritten auf 25 mK vorgekühlt. Vor der Kernentmagnetisierung des $PrNi_5$, die bei einem Magnetfeld von 6 T beginnt, wurde der Wärmekontakt zu dem ^{3}He-^{4}He-Verdünnungskühler unterbrochen, mit dem die Starttemperatur für die Entmagnetisierung der Kernstufe erreicht wurde. Durch die Entmagnetisierung des $PrNi_5$ wurde die damit verbundene Kupferprobe auf 5 mK vorgekühlt. In einem Magnetfeld von 8 T wurden dann die Kupferatomkerne ausgerichtet. Nach der therm. Entkopplung des Kupfers von der $PrNi_5$-Vorkühlstufe wurde das die Kupferkerne ausrichtende Magnetfeld im Lauf mehrerer Stunden allmählich verringert, wodurch die Temperatur der Kupferprobe bis auf 48 μK abgesenkt werden konnte. – Mit einer vergrößerten Kopie der Jülicher Anlage wurden 1983 in Tokio 30 μK erreicht.

Zur **Messung tiefer Temperaturen** werden Gasthermometer und Widerstandsthermometer verwendet. Das Platin-Widerstandsthermometer ist für Temperaturen von 273–15 K, das Kohlewiderstandsthermometer von 20–2 K geeignet. Im Bereich von 0,3 bis 5,2 K kann die Temperatur durch Messung des Dampfdrucks von ^{4}He oder ^{3}He aus der Dampfdruckkurve dieser Substanzen bestimmt werden. Für den Milli- und Mikro-Kelvin-Bereich wurden Spezialthermometer entwickelt, die Informationen

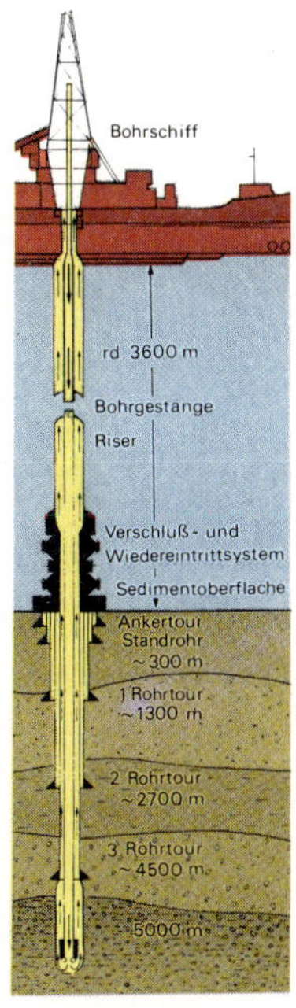

Tiefseebohrungen:
schemat. Darstellung

über die Temperatur aus magnet. oder kernphysikal. Eigenschaften oder aus therm. Relaxationszeiten gewinnen.

Bei tiefen Temperaturen treten **neue Eigenschaften der Materie** auf, da die therm. Bewegung der Atome verringert wird und alle Substanzen in einen Zustand höherer Ordnung übergehen. Wegen der kleinen therm. Energien treten schwache Wechselwirkungen und die Energiequantisierung deutlich in Erscheinung. Derartige Tieftemperatureffekte, die unter Normalbedingungen in der Natur nicht beobachtet werden können, sind die → Supraleitung, die → Superfluidität von flüssigem He, die magnetische Superfluidität des flüssigen ^{3}He, Magnetoquanteneffekte in sehr schwach magnetischen Substanzen (→ Schubnikow-De-Haas-Effekt, → De-Haas-Van-Alphen-Effekt) sowie das Verhalten der spezif. Wärme, das Verschwinden der Wärmekapazität, des Ausdehnungskoeffizienten oder der Entropie in der Nähe des absoluten Nullpunkts der Temperatur.

Die Ergebnisse der T. haben zahlreiche **techn. Anwendungen** gefunden. Die Verflüssigung von Gasen im großtechn. Maßstab ist heute Voraussetzung für viele industrielle Prozesse. Supraleitende Magnete ermöglichen die Erzeugung extrem hoher Magnetfelder in großen Teilchenbeschleunigern und Kernfusionsanlagen. Diskutiert wird der Einsatz supraleitender Kabel zur → Energieübertragung. Die Untersuchung der Materieeigenschaften bei tiefen Temperaturen hat u. a. zur Entwicklung der Halbleiterbauelemente geführt; ferner wird an einer neuen Generation von Großrechenanlagen gearbeitet, die zur Erhöhung der Rechengeschwindigkeit aus supraleitenden Bauelementen (→ Josephson-Kontakt, → Squid) aufgebaut werden sollen.

Tigerauge

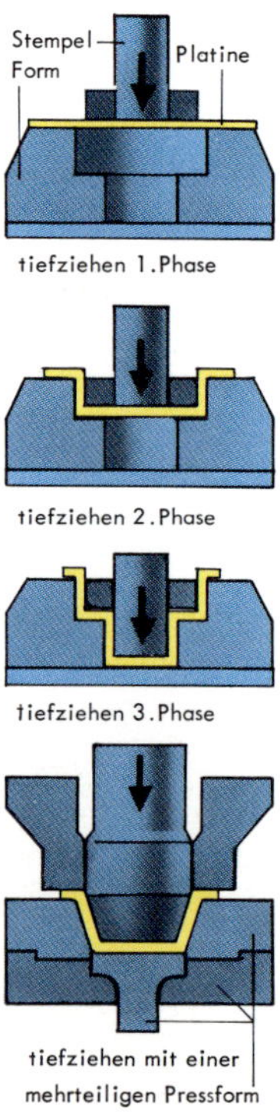

Tiefziehen (Ziehstadien)

Tiefziehen, Umformung eines ebenen Bleches (auch Kunststoffolie oder -platte) in einen Hohlkörper mit kleinerem Querschnitt von etwa gleichbleibender Wanddicke (z. B. Töpfe, Behälter, Karosserieteile). Der Zuschnitt wird durch einen Stempel oder elast. Medien (Flüssigkeit, Gummikissen) in eine **Ziehmatrize** oder einen **Ziehring** hineingezogen oder an einen starren Stempel angelegt. Ein **Niederhalter** verhindert die Bildung von Falten im **Ziehflansch** und in der Umformzone. Größere Querschnittabnahmen erfordern mehrere Züge **(Anziehen** und **Weiterziehen).** Zwei Züge in einem Arbeitsgang gestattet der **Stülpzug.** T. wird v. a. unter Kurbelpressen und hydraul. Pressen ausgeführt. – Die **Tiefziehfähigkeit** bezeichnet die Eignung von Blechen zum T. Sie wird durch **Tiefungsversuch** (verschiedene Arten) festgestellt. Dazu wird ein Blechstück best. Größe in einer dem T. ähnl. Weise verformt, d. h. stark zweiachsig gereckt, wobei es entweder noch nicht reißen darf oder die Dehnung bis zum Abriß bestimmt wird.

Tiegel, im chem. Laboratorium benutzte, meist kon. Gefäße mit aufsetzbarem Deckel aus glasiertem Porzellan, Platin, Iridium, Quarz, Schamotte, Magnesia, Zirkonium- und Thoriumoxid, Graphit oder Eisen. T. werden zum Erhitzen, Rösten, Veraschen und Schmelzen verwendet. **Rose-T.** mit einem durchbohrten Porzellandeckel dienen zum Erhitzen fester Stoffe im Gasstrom, **Filter-T.** mit feinporigem Boden zur Vakuumfiltration von feinen Niederschlägen. Für das **T.-Schmelzverfahren** zur Gewinnung von Eisenlegierungen werden T. aus einem Gemisch von Ton, Schamotte und Graphit verwendet.

Tiegeldruckpresse, Tiegeldruckmaschine, eine Hochdruckmaschine kleinen Formats.

Tiegel|ofen, tiegelförmiger, öl- oder gasbeheizter Ofen zum Schmelzen von Metallen.

Tierkreis, Zodiakus, Zone am Himmel, in deren Mitte die → Ekliptik verläuft und die von den zwölf **T.-Sternbildern (Ekliptiksternbildern)** besetzt ist. Die Sonne wandert scheinbar durch diese Zone als Folge des jährl. Erdumlaufs um die Sonne. Die T.-Sternbilder sind: Widder, Stier, Zwillinge, Krebs, Löwe, Jungfrau, Waage, Skorpion, Schütze, Steinbock, Wassermann und Fische. Das Sternbild Schlangenträger wird nicht zu den Tierkreissternbildern gezählt, obwohl es ebenfalls von der Ekliptik geschnitten wird.

Von den tatsächlich beobachtbaren T.-Sternbildern sind die **T.-Zeichen** zu unterscheiden. Wegen der → Präzession 1) der Erdachse steht die Sonne bei Frühlingsanfang heute nicht mehr wie vor etwa 2000 Jahren am Beginn des Sternbilds Widder, sondern etwa am Beginn des Sternbilds Fische. Trotzdem läßt man das T.-Zeichen Widder am Frühlingspunkt beginnen. Die Sonne wandert also bei Frühlingsanfang in das T.-Zeichen Widder. Die T.-Zeichen umfassen einen Abschnitt von 30° auf der Ekliptik und werden durch best. Symbole (ÜBERSICHT astronomische Zeichen) gekennzeichnet (BILD Ekliptik).

Tierkreislicht, das → Zodiakallicht.

Tiger|auge, Handelsname für parallelfaserige, gelbbraun gestreifte, seidenglänzende Quarzaggregate. – Die Färbung beruht auf Brauneisen, das aus der pseudomorphen Umwandlung feinstengeliger Hornblende (Krokydolith) in → Quarz entstand; Schmuckstein.

Tillit *der,* diagenetisch verfestigter Geschiebemergel aus vorquartären → Eiszeiten, z. B. der permo-karbon. Vereisung (im südl. und südwestl. Afrika).

Time-Sharing [t'aım ʃeərıŋ, engl.], Datenverarbeitung: die zeitl. Aufteilung der Rechenzeit einer elektron. Datenverarbeitungsanlage und Vergabe dieser ›Zeitscheiben‹ (engl. ›time slices‹) an mehrere Benutzer. T.-S. wird bei → Teilnehmerrechensystemen verwendet, da mit diesem Verfahren eine wirtschaftlich optimale Ausnutzung der zur Verfügung stehenden Rechenzeit der Zentraleinheit eines Computers erreicht wird. In den Rechenpausen werden andere Aufgaben (z. B. Ein- und Ausgabe von Daten) durchgeführt.

Tinguait, dunkles, feinkörniges Ganggestein, aus Kalifeldspaten, Foiden und Pyroxen (Aegirin).

Tinkal, der → Borax.

Tinte, Flüssigkeit aus Lösungen oder Suspensionen von Farbstoffen oder Pigmenten (z. B. Anilinblau) in Wasser zum Schreiben und Kennzeichnen. Da reine Farbstoff-T. nur ungenügend dokumentenecht sind, wird für Urkunden **Eisengallus-T.** verwendet. Diese Eisen(II)-Verbindung wird durch Luftsauerstoff zu Eisen(III) oxidiert, das mit der Gallussäure eine schwarze, licht- und luftbeständige Verbindung bildet. Neben den gewöhnl. T., auch als **T.-Tabletten** hergestellt, gibt es **Spezial-T.** besonderer Zusammensetzung, z. B. Kopier-T. oder Hektographen-T., Wäsche(zeichen)-T., → Geheimtinte (sympathet. T.) sowie **Glas-** oder **Porzellan-T.**

Tintenstrahldrucker, als Peripheriegerät für elektron. Rechenanlagen zur Ausgabe von Daten geeigneter → Matrixdrucker. Ähnlich dem Prinzip eines → Nadeldruckers besitzt der Schreibkopf des T. eine Reihe von senkrecht untereinander angeordneten Düsen, durch die einzelne Tintentröpfchen ausgestoßen werden. Die im → Farbstrahldruckverfahren gedruckten Buchstaben, Ziffern und Zeichen setzen sich bei den heute verwendeten Verfahren aus 5 × 7 Punkten zusammen.

T-Invarianz, → CP-Invarianz.

Tiptank, Flügel|endtank, an den Tragflügelenden (engl. tips) eines Flugzeugs fest oder abwerfbar angeordneter Kraftstoffbehälter. T. können die Beanspruchungsverhältnisse des Flügels verbessern und den → induzierten Widerstand vermindern.

Tisch, bei Werkzeugmaschinen der tischartige Teil, der das Werkstück trägt.

Tischcomputer [-kɔmpj'u:tər], **Tischrechner,** kleinere digitale Rechenanlage als Nachfolger der früher verwendeten mechan. Tischrechner. T. verfügen zur Eingabe von Daten und Befehlen i. a. über eine Tastatur, die Ausgabe erfolgt meist über ein Zeilendisplay oder einen Bildschirm, auf dem auch Diagramme graphisch dargestellt werden können. Viele programmierbare T. lassen sich auch durch Speichererweiterungen und Peripheriegeräte (Disketten, Magnetplatten, Plotter, Drucker u. a.) zu leistungsfähigen Datenverarbeitungssystemen ausbauen. Häufig können Peripherie- und Meßgeräte unmittelbar an den T. angeschlossen werden, ohne daß umfangreiche Programme dafür geschrieben werden müssen, da es für die Steuerung und den Datenaustausch mit diesen Geräten spezielle Programmspeicher sowie Interfacekarten gibt.

Tischlerplatte, 13–45 mm dickes → Sperrholz aus Mittellage (Blindholz) und mindestens einer Furnierlage auf jeder Seite. Nach der Art der Mittellage unterscheidet man **Stäbchenplatten** (miteinander verleimte Furniere), **Stabplatten** (verleimte Holzleisten) und **Streifenplatten** (nebeneinanderliegende Holzleisten). Nach DIN zählt die T. zu den → Verbundplatten, nicht zu den → Lagenhölzern. Verwendung: Tischplatten, Türen u. a.; heute teilweise durch die → Holzspanplatte verdrängt.

Titan, 1) Astronomie: *der,* größter Mond des Planeten → Saturn.

2) Chemie: *das,* chem. Symbol **Ti,** ein → chemisches Element, Übergangsmetall aus der vierten Gruppe des Periodensystems, Ordnungszahl 22. Neben den natürl. stabilen Isotopen der Massenzahlen 46 bis 50 sind weitere künstliche, instabile Isotope bekannt. T. ist ein silberweißes, dehnbares Metall, das kalt gewalzt und zu Drähten gezogen werden kann. In seiner Korrosionsbeständigkeit übertrifft es den rostfreien Stahl. T. ist ein relativ häufiges Element und zu etwa 0,44 Gewichts-% am Aufbau der Erdkruste beteiligt. In der Natur fein verteilt, ist es in einigen Eisenerzen, z. B. **Titaneisen (Ilmenit),** $FeTiO_3$, stark angereichert. Weitere T.-Minerale sind der **Titanit,** $CaTi[O|SiO_4]$, der **Perowskit,** $CaTiO_3$, und das in mehreren Modifikationen vorkommende **Titandioxid,** TiO_2 **(Rutil, Anatas, Brookit).** T.-Lagerstätten von weltwirtschaftl. Bedeutung sind die → Seifen 1) von Rutil und Ilmenit. Zur Darstellung des Metalls wird zunächst durch chlorierende Verflüchtigung aus den T.-Konzentraten **T.-Tetrachlorid,** $TiCl_4$, erhalten. Dieses wird mit Magnesium bei 800 °C unter Argon reduziert. Sehr reines T. erhält man durch therm. Zersetzung von **T.-Tetrajodid,** TiJ_4 (Van-Arkel-de-Boer-Verfahren). T. findet Verwendung als Pigment für Lacke, Farben, Emaille, Kautschuk und Kabel, für Schweißelektroden, chem. Apparate, Überschallflugzeuge, Raketen, im Schiffbau und in der Weltraumfahrt.

T. wurde als Dioxid 1791 von W. GREGOR und unabhängig davon 1795 von M. H. KLAPROTH entdeckt, elementares T. erstmals 1825 von J. J. BERZELIUS erhalten.

3) Raketentechnik: *die,* in der ältesten Version seit 1957 hergestellte zweistufige amerikan. Interkontinentalrakete. T. II wurde auch als Trägerrakete im → Gemini-Programm der NASA eingesetzt. Auch T. III C (vierstufig) und T. III D (dreistufig) dienen als Trägerrakete für zivile Nutzlasten. In Verbindung mit der Oberstufe → Centaur entstanden mit der T. III E/Centaur und der T. T-34 D die derzeit (1983) schubstärksten Trägerraketen (rd. 50 m Länge, Startmasse 680 t).

Titandioxid, ein → Titanpigment.

Titan|eisen, Mineral $FeTiO_3$, → Ilmenit.

Titania, ein Mond des Planeten → Uranus.

Titanit, Mineral $CaTi[O|SiO_4]$; H. 5–5,5, D. 3,4–3,6; eingewachsene Kristalle flach-briefkuvertförmig, braun bis schwarz; aufgewachsene Kristalle **(Sphen)** sind langprismatisch oder tafelig, oft verzwillingt, durchsichtig, gelb oder grün (Edelstein); auch derb und in körnigen Aggregaten. In Magmatiten, kristallinen Schiefern und auf alpinen Klüften.

Titanlegierungen sind gegenüber Säuren und Salzen sehr beständig, haben ein dem Aluminium ähnliches, niedriges spezif. Gewicht, jedoch höhere Warmfestigkeit. Sie werden daher im chem. Apparatebau, im Flugzeug- und Raketenbau sowie für hochbeanspruchte Maschinenteile verwendet. Die wichtigsten T. enthalten neben 3–7% Aluminium Zusätze an Zinn, Vanadium, Molybdän und Chrom. **Titancarbid** ist Bestandteil vieler Hartmetalle.

Titanomagnetit, Mineral, titanreicher → Magnetit, z. T. mit Entmischungskörpern von Ilmenit, $FeTiO_3$, und Ulvit, $TiFe_2O_4$.

Titanpigmente, als Pigmente verwendete Titanverbindungen. **Titandioxide:** Weißpigment zur Pigmentierung von Lacken, Kunststoffen, Papier u. a., die auf Grund der hohen Brechzahlen (Rutil 2,75, Anatas 2,7) ein sehr hohes Deckvermögen besitzen. Titandioxidpigmente werden nach dem Sulfatverfahren mit Ilmenit und dem Chloridverfahren mit natürl. Rutil als Rohstoff hergestellt. **Titanweiß** ist ein Mischpigment, dessen farbbestimmender Anteil Titandioxid ist.

Titanverbindungen. Titan tritt in seinen Verbindungen mit den Oxidationszahlen + 4 (bevorzugt), + 3 bis 0 auf. **Titandioxid,** TiO_2, – in der Natur als Brookit, Rutil und Anatas – ist das wichtigste Weißpigment (→ Titanpigmente). Beim Glühen mit Bariumoxid entsteht **Bariumtitanat,** $BaTiO_4$, das als Dielektrikum in der Elektrotechnik verwendet wird. **Strontiumtitanat,** $SrTiO_3$, dient als Teilchendetektor; es zählt wie **Blei-** und **Bariumtitanat** zu den Ferroelektrika. Letzteres wird wegen seiner piezoelektr. Eigenschaften auch in der Ultraschall-Technik verwendet. Alle Erdalkali-Titanate werden als keram. Werkstoffe für Dielektrika eingesetzt. Einige Titanate zeigen Supraleitung. Mit Wasser entsteht aus den Alkalititanaten **Titansäure** in Form von TiO_2-Hydraten, die mit Schwefelsäure **Titansulfat,** $Ti(SO_4)_2$, bildet, das beim Verdünnen infolge Hydrolyse farbloses **Titanoxidsulfat,** $TiO(SO_4)$, bildet. Mit H_2O_2 entsteht daraus das orangegelbe **Titanperoxidsulfat,** $TiO_2(SO_4)$, das zum Nachweis des Ti geeignet ist. **Titan(IV)-chlorid, Titantetrachlorid,** $TiCl_4$, ist eine stark rauchende wasserhelle Flüssigkeit vom Siede-P. 136,5 °C. Sie dient u. a. zur Herstellung von Titan, Titandioxid, künstl. Nebel und zur Oberflächenvergütung opt. Linsen. Durch Reduktion von $TiCl_4$-Dampf mit Wasserstoff bei 400 °C entsteht dunkelviolettes kristallines **Titan(III)-chlorid,** $TiCl_3$, dessen violette, wäßrige Lösungen stark reduzierend wirken und in der Maßanalyse verwendet werden **(Titanometrie).** Wasser-

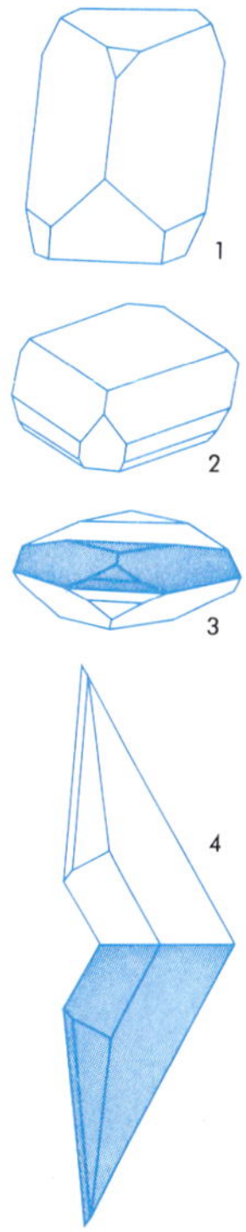

Titanit 1–4:
1 langprismatisch,
2 tafelig,
3 Durchkreuzungs-Zwillinge,
4 Berührungs-Zwillinge

Titanit 5:
Kristall
(Eganville, Kanada)

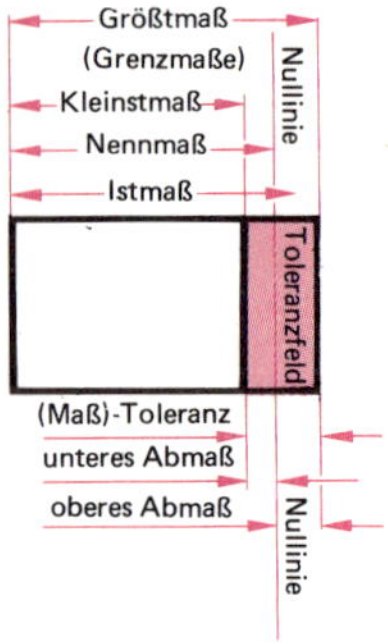

Toleranz

freies **Titan(III)-chlorid** ist auch Bestandteil von Katalysatoren bei organ. Synthesen. **Titannitrid,** TiN, und **Titancarbid,** TiC, sind dunkelfarbige halbmetall., harte Stoffe von hohem Schmelzpunkt.

Titer *der,* **1)** Bez. für die Reaktionsstärke einer → Normallösung, ausgedrückt als das Gewicht einer titrierten Substanz, das 1 ml der Normallösung entspricht.

2) Erstarrungspunkt eines Fettes oder fetten Öles.

3) Textilindustrie: **Feinheit,** die längenbezogene Masse einer textilen Faser oder eines Garnes. Gesetzliche Einheit: → Tex.

Titius-Bodesche Reihe, Bode-Titiussche Reihe [n. dem dt. Physiker und Mathematiker J. D. Titius, * 1729, † 1796, und dem dt. Astronomen J. E. Bode, * 1747, † 1826], von Titius 1766 aufgefundene und von Bode bekanntgemachte Gesetzmäßigkeit für den mittleren Abstand a eines Planeten von der Sonne, ausgedrückt in astronom. Einheiten AE: $a = 0{,}4 + 0{,}3 \cdot 2^n$. Für den Merkur ist $n = -\infty$, für die Venus $n = 0$, für die Erde $n = 1$, für den Mars $n = 2$ usw. Die für $n = 3$ urspr. vorhandene Lücke wurde durch die Entdeckung der Planetoiden geschlossen. Bis auf die Abstände von Neptun und Pluto stimmen die so errechneten Planetenentfernungen recht gut mit der Wirklichkeit überein. Bessere Übereinstimmungen ergeben sich bei Berücksichtigung der Planetenmassen. Da die Entstehungsgeschichte des Sonnensystems nicht endgültig geklärt ist, gibt es für das Zustandekommen der T.-B.-R. nur verschiedene Hypothesen.

Titrand, die zu bestimmende Substanz bei der → Maßanalyse.

Titrans, Bez. für die bei einer Titration (→ Maßanalyse) verwendete Reagenzlösung (Titrierflüssigkeit).

Titration, Chemie: Vorgang der Bestimmung einer Substanz A durch allmähliches Hinzufügen einer Substanz B (i. d. R. eine → Normallösung) in bekannten Portionen (→ Maßanalyse). → Hochfrequenztitration.

Titrimetrie, die → Maßanalyse.

Tl, chem. Symbol für → Thallium.

TL-Triebwerk, Abk. für **Turbinen-Luftstrahl-Triebwerk,** → Strahltriebwerk.

Tm, chem. Symbol für → Thulium.

TME, Einheitenzeichen für ein tausendstel → ME (veraltet).

TML, Abk. für **Tetra Methyl Lead** [t'etrə meθɪl led, engl.], → Antiklopfmittel.

TNT, Abk. für → **Trinitrotoluol.**

TOC, Abk. für **Total Organic Carbon** [təʊtl ɔ:g'ænɪk kɑ:bn, engl.], gesamter organisch gebundener Kohlenstoff und damit Maß für organ. Verunreinigungen in einer Wasserprobe. Zur Bestimmung wird eine Wasserprobe im Sauerstoffstrom oder durch Naßoxidation (z. B. mit Kaliumperoxidisulfat) oxidiert und das entstehende Kohlendioxid z. B. infrarotspektroskopisch bestimmt.

Tocopherol, Bez. für eine Reihe von Naturstoffen mit Vitamin-E-Charakter.

TOD, Abk. für engl. **Total Oxigen Demand** [təʊtl 'ɔksɪdʒn dɪm'ɑ:nd], → TSB.

Todd-AO-Verfahren, ein → Breitwandverfahren.

Tödlichkeitsprodukt, → chemische Kampfstoffe.

Tohu, Elementarteilchenphysik: ein → Rishon.

Toilette [twa-], Abort und Waschraum. Wesentlicher Teil ist der **Spülabort (Wasserklosett, WC),** der Wasserspülung besitzt und an eine Kanalisation angeschlossen ist. Als Spüleinrichtung dienen Druckspüler oder → Spülkasten. – Nach der Konstruktion des Klosett-Beckens werden **Flachspül-, Tiefspül-** und **Absaugeklosetts** unterschieden. Bei Tiefspül- und Absaugeklosett fallen die Fäkalien in das Wasser des Geruchverschlusses und werden von dort herausgespült oder abgesaugt. Das **Wandklosett** ist an die Wand angebaut.

Tokamak, in der UdSSR entwickeltes Großgerät zur Verwirklichung der kontrollierten → Kernfusion (BILD) für die Energiegewinnung.

Toledische Tafeln, angeblich 1070 von dem spanisch-arab. Astronomen SARKALA in Toledo zusammengestellt, enthalten u. a. astronom. Tafeln der Planetenbewegungen, der Finsternisse und anderer Vorgänge am Himmel sowie ein Sternverzeichnis.

Toleranz, zulässige Abweichung von vorgeschriebenen Maßen. Da sich Abmessungen nicht mathematisch genau erzeugen lassen, ist ihnen ein Spielraum (T.) nach Lage zum → Nennmaß und von best. Breite zuzuordnen **(T.-Feld).** Die T. muß bei Teilen des Maschinen- und Gerätebaus aus Gründen der Herstellungsart, Wirtschaftlichkeit, Funktion und Austauschbarkeit angegeben werden. Den Qualitätsanforderungen und Nennmaßbereichen entsprechen best. T.-Einheiten, die zu **T.-Reihen** zusammengestellt sind. Das Nennmaß legt die Nullinie fest, auf die alle anderen Maße bezogen werden. Die Differenz zw. Größtmaß und Kleinstmaß ergibt ebenso wie die vorzeichenrichtige Differenz zw. oberem Abmaß und unterem Abmaß die **Maßtoleranz.** Das → Istmaß muß im Toleranzfeld innerhalb der → Grenzmaße liegen. **Paßmaß** ist eine besondere Art von Nennmaß, bei dem die Tolerierung durch ISO-Kurzzeichen im Hinblick auf den späteren Zusammenbau erfolgt (→ Passung).

Im ISO-T.-System, dem das DIN-System entspricht, wird die Lage des T.-Feldes eines Maßes (kleinster Abstand vom Nennmaß) durch Buchstaben gekennzeichnet, die Breite des T.-Feldes durch eine Ziffer, die Qualität, angegeben. Die durch Buchstaben benannten Kleinstabstände der T.-Felder von der Nullinie (Nennmaß) liegen für Außenmaße (kleiner Buchstabe) und Innenmaße (großer Buchstabe) symmetrisch zu ihr und sind für Abmessungen von 1 bis 500 mm, in Nennmaßbereiche unterteilt, tabellarisch in den T.-Reihen festgelegt.

M. KLEIN: Einführung in die DIN-Normen ([8]1980).

Toliman, der Stern Alpha Centauri (→ Proxima Centauri).

Tolu|balsam, plastisches, bräunl., vanilleartig riechendes Baumharz des tropisch amerikan. Hülsenfrüchters **Myroxylon balsamum var. balsamum;** verwendet als Expektorans und als Riechstoff.

Toluidine

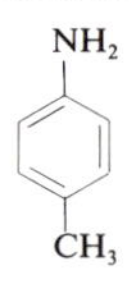

para-Toluidin

Tolu|idine, Methyl|aniline, Amino|toluole, vom Toluol abgeleitete aromat. Amine. Die Isomere o-T. (2-Methylanilin), m-T. (3-Methylanilin) und p-T. (4-Methylanilin) werden durch Reduktion der entsprechenden Nitrotoluole hergestellt. Sie dienen zur Herstellung von Farbstoffen und Vulkanisationsbeschleunigern.

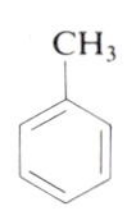

Toluol

Toluol, Methylbenzol, farblose Flüssigkeit mit benzolähnl. Geruch (→ Aromaten). T. ist in → Reformat und → Pyrolysebenzin enthalten, zu deren hoher Klopffestigkeit es beiträgt und aus denen es durch Extraktion oder Extraktivdestillation isoliert wird. Es dient als Lösemittel sowie zur Herstellung von Benzol (→ Hydrodealkylierung), Diisocyanaten, Phenol, Benzoesäure, Trinitrotoluol u. a.

Toluylẹn|di|isocyanạt, Abk. **TDI,** → Diisocyanate.

Tolyl . . ., Bez. für die einbindige, vom Toluol abgeleitete Kohlenwasserstoffgruppe $-C_6H_4-CH_3$.

Tọmbak *das,* zur Herstellung von Schmuckwaren, Musikinstrumenten und Beschlägen verwendetes → Messing mit 67–90% Kupfer, Rest Zink; Farbe je nach Zinkgehalt rot, gold, gelb.

ton [tʌn], Einheitenzeichen **ton;** in Großbritannien Gewichts- und Masseneinheit: 1 ton = 20 cwt = 2240 lb = 1,0160469 t (→ long ton, → short ton), in den USA nur i. S. von short ton. (ÜBERSICHT Einheiten, Angloamerikanische Einheiten)

Ton, *Mz.* **Tone,** klast. feinkörniges Lockergestein (Korndurchmesser < 0,002 mm), zusammengesetzt aus Verwitterungsneubildungen (→ Tonminerale) und -resten (Quarz, Feldspat, Glimmer), Mineralumbildungen im Sediment (z. B. Aluminium-Hydroxide, Glaukonit, Dolomit), biogenen Bestandteilen (Kalk- und Kieselschalen, Humus- und Kohlesubstanz) und amorphen Beimengungen (Allophan, Opal). **Salz-T.** enthalten außerdem Steinsalz und Gips. Nach der Genese werden marine, fluviatile, limnische und glazilimnische T. unterschieden; sehr regelmäßig feinschichtige T. mit wechselnder Schichtführung (z. B. Schmelzwasserablagerungen) heißen **Bändertone.** Eine besondere Stellung nehmen die Tiefseetone (→ Meeresablagerungen) ein. Form und Eigenart der Tonminerale haben folgende besondere natürl. und techn. Eigenschaften von T. zur Folge: T. nimmt leicht Wasser auf, quillt und wirkt gesättigt wasserstauend (wichtig in Bautechnik und Hydrologie); T. haben selektive Adsorptions- und Austauschqualitäten auf best. Ionen (Stoffhaushalt der Böden); best. T.-Wasser-Gemische verfestigen sich bei gleichbleibendem Wassergehalt, lassen sich aber mechanisch wieder verflüssigen (→ Thixotropie). T. dient bes. als Rohstoff für keram. Erzeugnisse (→ Keramik) und bei der Zementherstellung (→ Zement) sowie im Erd- und Grundbau als Baustoff für Dichtungen. – In Mitteleuropa ist T. v. a. als Süßwasser- und Meersediment des Quartärs und Teritärs weit verbreitet, kommt aber bis in den Jura vor. Diagenetisch verfestigt T. zu **Tonstein** und → Schieferton. (→ Tonschiefer)

Ton, *Mz.* **Töne,** Gehörempfindung, ausgelöst durch eine harmon. (sinusförmige) Schallwelle **(reiner T.).** Sein Klangspektrum hat nur eine Frequenz; er ist somit Grundelement aller anderen Gehörempfindungen, wie → Klang oder → Geräusch. Physikalisch wird ein T. durch die **Tonhöhe** (Frequenz der Schallwelle) und **Tonstärke** (Amplitude der Schallwelle; der als Lautstärke empfundene Schallpegel) gekennzeichnet. (→ Kombinationstöne)

Ton|abnehmer, Wandlersystem zum Umwandeln mechan. Schwingungen in elektr. Wechselspannungen, angewendet in → Plattenspielern und in → elektrischen Musikinstrumenten.

Tonalịt, quarzreiches, diorit. Tiefengestein mit Plagioklas, Hornblende und Biotit.

Ton|arm, schwenkbarer Arm an → Plattenspielern, der den Tonabnehmer trägt und die Abtastnadel in den Schallrillen führt.

Tonband, mit magnetisierbarem Material beschichtetes Kunststoffband (Acetat, PVC u. a.) zur → magnetischen Aufzeichnung von Schall mit Hilfe eines → Tonbandgeräts. T. gibt es als **offene Wickel** auf Wickelkernen **(Bobbies)** für Studiogeräte und auf Spulenkörpern **(Flanschspulen)** sowie in genormten **T.-Kassetten.** Bei den Flanschspulen übl. Werte für den Heimgebrauch sind Spulendurchmesser von 7,5 cm, 10 cm, 13 cm, 15 cm und 18 cm. Nach den Banddicken unterscheidet man Normal- (Standard-), Langspiel-, Doppelspiel- und Dreifachspielbänder. Eine Spule von 10 cm Durchmesser nimmt 90 m Normalband, 135 m Langspielband, 180 m Doppelspielband und 270 m Dreifachspielband auf, eine Spule von 18 cm Durchmesser jeweils das Vierfache.

Die **T.-Kassetten** sind entweder unbespielt (Leerkassette) oder fertig bespielt (Musikkassetten u. a.). Sie lassen sich bequem ohne Einfädeln und dgl. in das Gerät einlegen. Ein Kleben oder Schneiden des Bandes ist nicht möglich. Zur Herstellung einer Musikkassette wird von dem bei der Aufnahme entstehenden Original-Magnetband eine Kopie angefertigt, das ›Mutterband‹ (12,7 mm = 0,5 inch breit, vier Spuren, 19 cm/s Bandgeschwindigkeit). Zur Bearbeitung (z. B. Nachregelung der Balance, Verringerung der Dynamik) wird eine Zwischenkopie, die ›Arbeitskopie‹, angefertigt. Um den Kopierprozeß zu beschleunigen, läuft das Mutterband auf der Gebermaschine mit 32facher Geschwindigkeit (32 · 19 cm/s = 6 m/s). Auf angeschlossenen Maschinen wird das Programm auf das in den Kassetten verwendete 3,8 mm breite Magnetband überspielt, das ebenfalls mit 32facher Normalgeschwindigkeit (32 · 4,75 cm/s = 1,5 m/s) läuft. Das auf große Vorratsspulen aufgespulte Band hat eine Länge von 1800 m und enthält 15–40mal das Programm (je nach Zeitdauer), das mit Hilfe eines Meßtons an der richtigen Stelle geschnitten und in die Kassette eingespult wird.

Eisenbänder sind mit Eisenoxid (Fe_2O_3) beschichtet. Die mit Chromdioxid (CrO_2) beschichteten **Chrombänder** geben v. a. die hohen Frequenzen besser wieder und erlauben niedrigere Bandgeschwindigkeiten. **Doppelschichtbänder,** meist als ›Ferrichrom‹ bezeichnet, sind mit Eisenoxid und Chromdioxid beschichtet und vereinigen die guten Eigenschaften beider Bandarten. **Reineisenbänder** (›Metal powder‹, ›Metal alloy‹, ›Metafine‹ u. a.) bieten als neueste T. höchste Qualität, erfordern aber dafür konzipierte T.-Geräte.

Tonbandgerät, Aufnahme- und Wiedergabegerät für Schallschwingungen, die nach dem Magnetton-Verfahren auf einem Band aufgezeichnet sind (→ magnetische Aufzeichnung). Der Antriebsmotor **(Tonmotor)** wirkt direkt oder über eine Übertragung auf die **Tonwelle** (Tonachse, Tonrolle, → Capstan) für den Bandantrieb. Die **Wickelteller** werden über eigene **Wickelmotoren** oder auch vom Tonmotor her angetrieben. Die normale Bandgeschwindigkeit beträgt bei T. für offene Spulen 19 oder 9,5 cm/s, bei Kassetten-T. 9,5 oder 4,75 cm/s, die von Spezial- und Studio-T. ist z. T. einstellbar und höher. Das T. enthält mindestens zwei **Magnetköpfe** (→ Löschkopf, Aufnahme- und Wiedergabekopf, letztere getrennt oder kombiniert), Aufnahme- und Wiedergabeverstärker.

Mit **Stereo-T.** werden zwei Spuren gleichzeitig aufgezeichnet und wiedergegeben. Dazu sind je zwei unter- oder im Winkel zueinander angeordnete Tonkopfsysteme, bei getrenntem Sprech- und Hörkopf also insgesamt vier Tonkopfsysteme, erforderlich, ferner je zwei Verstärker für Aufnahme und Wiedergabe und je zwei Mikrophone und Lautsprecher. – Für Quadrophonie-Aufnahmen, die auf vier Spuren aufgezeichnet werden, benötigt man je vier der genannten Anordnungen.

Nach der Anzahl von Tonspuren, die auf einem Band untergebracht werden können, unterscheidet man T. für **Doppelspuraufzeichnung (Halbspurverfahren)** und T. für **Vierfachspuraufzeichnung (Viertelspurverfahren).** T. nach dem Viertelspurverfahren enthalten zwei (oder

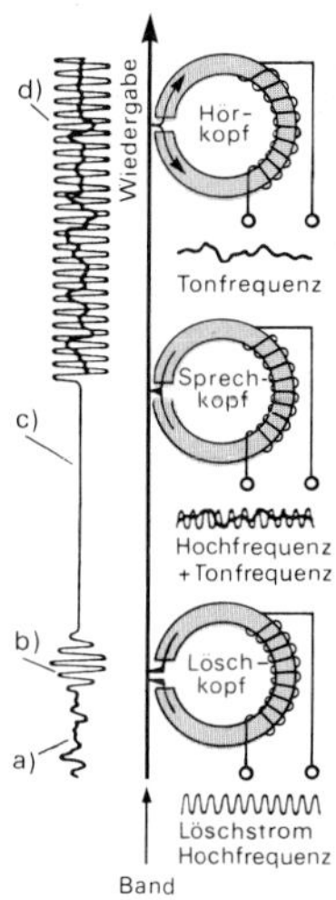

Tonbandgerät: a alte Aufzeichnung, b löschen, c unbespielt, d Aufnahme

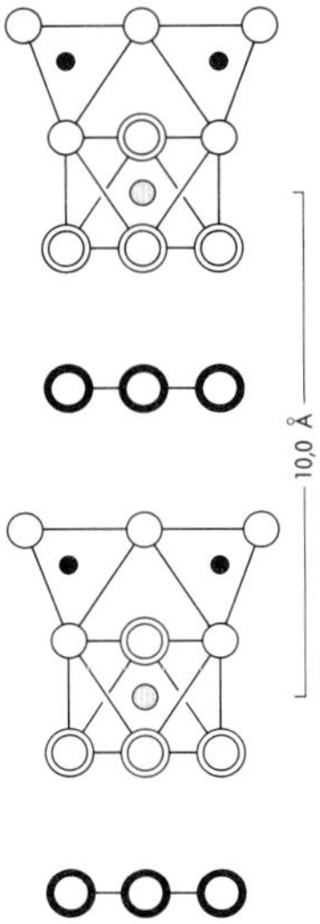

Tonminerale 1:
Halloysit

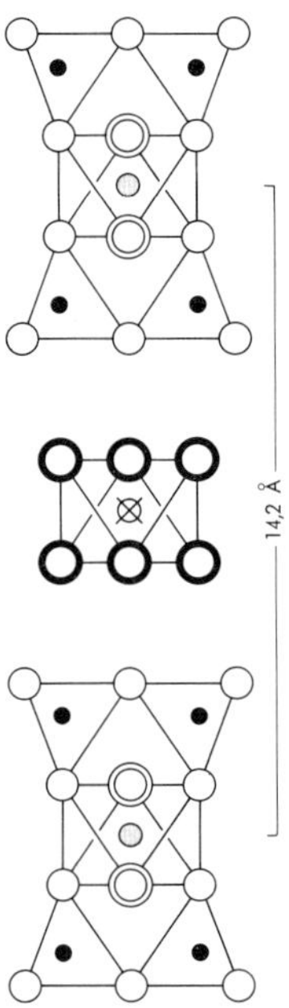

Tonminerale 2:
Montmorillonit
oder Vermiculit

vier) in einem Abstand von einem Viertel der Bandbreite angeordnete Tonkopfsysteme. Bei Mono-T. werden sie getrennt eingeschaltet, bei Stereo-T. gleichzeitig. Viertelspuraufnahmen benötigen weniger Bandmaterial, sind aber wegen der kleineren Spurbreite störanfälliger.

T. für Film- und Diavertonung, zur Eigenproduktion von Hörspielen und für Trickaufnahmen sind mit zusätzl. Einrichtungen wie → Mischpult 1), → Tricktaste, Echoleitung und Hinterbandkontrolle (zum Mithören mit einem hinter dem Sprechkopf liegenden getrennten Hörkopf) ausgestattet. **Synchron-T.** liefern Bänder mit Synchronisierungskennzeichen (Perforierung oder Synchronisierspur); sie werden bei Film und Fernsehen verwendet. **Kassetten-T. (Kassetten-Recorder)** dienen als Aufnahmegeräte für Leerkassetten (→ Tonband) und zur Wiedergabe von bespielten Kassetten. Ihre Bedienung ist einfacher. Sie sind je nach Preisklasse mit Rauschunterdrükkungsschaltungen (z. B. → DNL-Schaltung, → Dolby-System, → High-Com-System), Umschaltemöglichkeiten zw. Chromdioxid- und Eisenoxidbändern und mit automatischer Bandendeabschaltung ausgerüstet. Als **HiFi-T.** [h'aıfi:-] gelten solche Geräte, die mindestens den Qualitätsanforderungen nach DIN 45500 gerecht werden.

W. W. Diefenbach: Tonband-Hobby ([12]1978); C. G. Nijsen: Leitfaden für Tonbandfreunde (1978); ders.: Moderne T.-Technik (1978); J. Webers: Tonstudio-Technik ([3]1979); Hb. der Tonstudiotechnik, hg. v. M. Dickreiter ([4]1980); W. Junghaus: T.-Praxis ([13]1981).

Ton|eisenstein, Geologie: 1) Braun- oder Roteisenstein. 2) Konkretionen von Siderit in Tonen und Tonschiefern (›Sphärosiderite‹); ›Lebacher Knollen‹.

Ton|erde, die verschiedenen Aluminiumoxid-Modifikationen. – **Tonerdehydrat,** die Aluminiumhydrate. – **Tonerdezement,** das Calciumaluminat. – **Essigsaure T.** ist eine 8,5%ige wäßrige Lösung von bas. Aluminiumacetat, Al $(CH_3COO)_2$ OH, angewendet als antisept. und adstringierendes Mittel.

Tonfilm, Tonfilmtechnik, → Film 3).

Ton|galle, rundl. bis linsenförmige, in Sandsteinen eingelagerte Tonkörper.

Tongemisch, → Klang.

Tongenerator, Tonfrequenzgenerator, ein → Generator 2) für sinusförmige Wechselspannungen fester oder einstellbarer Frequenz im Bereich der Hörfrequenzen (16 Hz bis etwa 20 kHz). T. werden für Meßzwecke und in elektron. Musikinstrumenten verwendet.

Tonkamera, Filmkamera zur gleichzeitigen Aufzeichnung von Bild und Ton bei der Herstellung von Tonfilmen (→ Film 3).

Tonkopf, der Aufnahme- und/oder Wiedergabekopf, auch Kombinationskopf, beim → Tonbandgerät.

Tonminerale, wasserhaltige Aluminiumsilikate, durch Verwitterung anderer gesteinsbildender Minerale entstanden, Hauptbestandteile von → Ton und → Kaolin. Die sehr kleinen (Durchmesser rd. 2 µm), plättchenförmigen Kristalle bestehen aus einem Schichtgitter, in dem sich flächig vernetzte Ringe aus SiO_4-Tetraedern mit oktaedr. Aluminium(Al)-oxidhydroxid-Schichten abwechseln. In der Tetraederschicht kann Al das Si z. T. ersetzen, in der Oktaederschicht Magnesium, Eisen, Chrom u. a. das Al. Bei den **Zweischicht-T.** wechselt jeweils eine Tetraeder- mit einer Oktaederschicht; zu ihnen gehören die Minerale der Kaolinreihe (→ Kaolinit) sowie Halloysit. Bei **Dreischicht-T.** liegt jeweils eine Oktaederschicht zw. zwei Tetraederschichten und zw. den Dreierschichten oft noch Kationen; zu ihnen zählen Montmorillonit, Beidellit, Illit, Nontronit, Vermiculit. Bei **Vierschicht-T.** folgt auf eine Dreierschicht zusätzl. eine Metallhydroxidschicht; z. B. Chlorit. T. sind quellfähig und plastisch verformbar. (→ Ton; weitere Bilder und Zeichenerklärung S. 135)

Tonne, 1) Einheitenzeichen **t,** gesetzl. Einheit der Masse und des Gewichts, besonderer Name für das Megagramm: 1 t = 1 Mg = 1 000 kg. 1 Dezitonne = 1 dt = 10^{-1} t = 100 kg (statt des nicht gesetzl. Doppelzentners). 1 Kilotonne = 1 kt = 10^3 t = 1 000 t. 1 Megatonne = 1 Mt = 10^6 t = 1 000 kt. – Zur Größenbestimmung von Schiffen → Registertonne.

2) veraltet **Boje,** verankerter rotationssymmetr. Schwimmkörper als Schiffahrtszeichen mit Kennung durch Form und Farbe sowie eventuell durch Aufschrift und/oder Toppzeichen. **Festmache-T.,** verankerter Schwimmkörper zum Festmachen von Schiffen. **Ankerboje,** Schwimmkörper zur Kennzeichnung, der durch ein Seil mit einem ausgelegten Schiffsanker verbunden ist.

tonnlägig, bergmännisch für geneigt, bes. bei Schächten und Strecken.

Tonschiefer, durch → Schieferung mit ausgeprägter Spaltbarkeit versehene ehemalige Tone oder Schiefertone. T. bestehen v. a. aus feinsten Quarzkörnchen, Sericit- und Chloritschüppchen und sind durch kohlige Substanz bläulichgrau bis schwarz, durch Chlorit grünlich, durch Eisenoxid rot bis violett, durch Eisenhydroxid braun gefärbt. Verwendung als Dach-, Tafel-, Griffel-, Zeichen- und Wetzschiefer.

Tonstein, 1) diagenetisch verfestigter massiger Ton, der, i. Ggs. zum → Schieferton, keine Absonderung parallel zur Schichtung zeigt. – 2) umgewandelter Porphyrtuff.

Tonträger, 1) allgemein: Vorrichtung zur wiederholten Wiedergabe von Tonfolgen (→ Schallaufzeichnung 1); dem T. entspricht der Begriff des **Bildträgers** (Film, Bildplatte u. a.).

2) Fernsehen: die mit der begleitenden Toninformation modulierte Trägerfrequenz, die mit konstantem Frequenzabstand zum Bildträger (5,5 MHz bei der dt. CCIR-Norm) abgestrahlt wird.

Tonung, Photographie: die Umwandlung des schwarzen Bildtons von Schwarzweißbildern in einen farbigen, entweder direkt durch Überführung des Silbers in braunes Silbersulfid oder indirekt über eine Ausbleichstufe und anschließende Behandlung in einem Tonerbad.

Topas *der,* Mineral, $Al_2[F_2|SiO_4]$, manchmal farblos, meist weingelb, meerblau, meergrün, auch violett, gelbrot und rosenrot. Intensiv gefärbte Kristalle bleichen oft am Tageslicht aus; H. 8, D. 3,5–3,6; Kristalle z. T. sehr flächenreich (über 140 Formen), einzeln oder in Drusen aufgewachsen, auch derb oder in stengeligen Aggregaten **(Pyknit).** – T. ist Leitmineral pneumatolyt. Abläufe und entsteht während der Erstarrung saurer Tiefengesteine durch Einwirkung von Fluor auf Tonerdesilikate; z. B. bei der Bildung von → Greisen. In Ergußgesteinen ist T. selten (Quarzporphyre, Rhyolithe), aber lokal reichlich. Sekundär auf Edelsteinseifen und in Flußsanden.

Die durchsichtigen T. sind geschätzte Edelsteine, im Handel **Edeltopase** genannt, i. Ggs. zur Falschbez. **Goldtopas** für gebrannte Amethyste. (Bild S. 135)

Topazolith, hellgelbe bis -grüne klare Kristalle des Minerals Andradit (→ Granat).

Töpferei, handwerkl. Fertigung keram. Kunst- und Gebrauchsgegenstände. Kennzeichnend ist die weitgehende Verwendung der **Töpferscheibe** zum Freidrehen von Gefäßen (→Keramik).

Geschichtliches. Tongefäße entstanden um 8000 v. Chr. zuerst, indem man Tonklumpen aushöhlte und brannte; dann wurden Tonwülste spiralig aufeinandergelegt und glatt verstrichen. Mattenabdrücke am Boden deuten an, daß die Gefäße auf einer bewegl. Unterlage modelliert wurden; bald kamen Untersätze aus Holz oder Keramik hinzu; als man diese zentral lagerte, war die urtümlichste Form der Töpferscheibe erfunden. Im Nahen Osten wurde im 3. Jahrtsd. v. Chr. durch Verbesserung der Lagerung und Steigerung der Drehmasse die schnelllaufende, noch von Hand gedrehte Scheibe entwickelt, die es ermöglichte, ein Gefäß in einem einzigen Arbeitsgang aus dem Tonklumpen zu ziehen. In hellenist. Zeit wurde (in Ägypten) die fußgetriebene Scheibe erfunden. Erst gegen Ende des MA. erschien, von Italien ausgehend, die Spindelscheibe mit rotierender Achse. Die industrielle Herstellung von Tonwaren geschieht heute überwiegend durch Gießen oder Pressen. – Urform des **Töpferofens** war die offene Feuergrube der frühen Jungsteinzeit. Die bemalte Ware der späteren Jungsteinzeit setzt Kuppelöfen voraus, in denen die getrockneten Gefäße auf einer Rostplatte aufgestellt wurden. Der Typ wurde später vergrößert; die wichtigsten Fortschritte bestanden in besserer Beherrschung des Brennvorgangs (oxidierender oder reduzierender Brand; bei grch. Keramik auch kombiniert), heißerer Flamme und sorgfältigerem Abkühlen des Ofens (weniger Ausschuß).

Topfkreis, sich selbst abschirmender Schwingkreis hoher Güte für den Dezimeter- und Meterwellenbereich. Er besteht i. a. aus einem koaxialen Leitungsstück, das am einen Ende kurzgeschlossen, am anderen Ende zur Abstimmung mit einer Kapazität versehen ist.

Topfstein, dichtes Aggregat von →Talk, z. T. im Gemenge mit Chlorit; zur Herstellung von elektr. Isoliermassen und zur Ofenauskleidung.

Topochemie, Zweig der Chemie, der sich mit den Einflüssen von Struktur und Morphologie von Ausgangs- und Endprodukten auf den Ablauf von Reaktionen fester Stoffe miteinander, mit Flüssigkeiten und Gasen befaßt. Topochem. Reaktionen finden v. a. in oder auf der Oberfläche von Festkörpern statt. Reaktionen, die zu einem Stoff mit Kristallorientierung führen, veranlaßt durch Orientierungen im Ausgangsmaterial, werden als **Topotaxie (topotakt. Reaktionen)** bezeichnet. Die T. spielt z. B. bei Sinter- und Korrosionsvorgängen eine bed. Rolle, aber auch in der Biochemie, z. B. bei der Knochen- oder Zellbildung. Die **T. der Zelle** beschreibt Zusammensetzung und Funktion von Zellbestandteilen (z. B. Zellmembran, Zellkern, Mitochondrium, endoplasmat. Retikulum, Cytoplasma) sowie die in und an ihnen ablaufenden biochem. Reaktionen mit Hilfe chem. und physikalisch-chemischer Meßverfahren.

Topographie, 1) Geographie, Geodäsie: Erfassung und Wiedergabe des Geländes mit seinen Formen und den auf ihm befindlichen Objekten, wie Gewässer, Gebäude, Wege; auch die Gesamtheit aller Erscheinungen des Geländes. Die **topograph. Vermessung, topograph. Geländeaufnahme,** besteht in der vermessungstechn. und begriffl. Erfassung der topograph. Gegenstände für die kartograph. Darstellung.

2) Meteorologie: die kartograph. Darstellung einer Fläche gleichen Luftdrucks (Isobarenfläche) durch Linien gleichen Schwerepotentials; **absolute T.,** die Höhenlage einer Isobarenfläche über dem Meeresspiegel, **relative T.,** der Abstand zweier Isobarenflächen.

topographische Karte, eine →Karte, die Gewässer, Wege, Bodenbedeckungen, Gebäude u. a. einzelne Objekte sowie die Geländeformen darstellt (Grundriß- und Höhendarstellung) und durch Kartenschrift erläutert.

Topoklima, durch Geländeunterschiede bedingtes örtliches Sonderklima. Es entsteht durch die aus dem Wärmehaushalt ($L = Q - B - V$) resultierende räumlich differenzierte Erwärmung der Luft L als Folge der jeweiligen lokalen Strahlungsbilanz Q und Verdunstung V. Der Bodenwärmestrom B ist im Mittel von geringer Bedeutung. – In klaren Nächten entsteht durch Ausstrahlung auf Hochflächen Kaltluft, die durch →katabatische Winde zu Tal fließt und dort noch vorhanden ist, wenn die Sonne die Höhen schon wieder erwärmt. Thermisch begünstigt sind dabei Hänge, die über der Kaltluft des Tales liegen und deren Ausstrahlung geringer ist als die freier Flächen. Folge der unterschiedl. Erwärmung und Abkühlung sind lokale Winde (Berg- und Talwind, Land- und Seewind), die vom kalten zum warmen Gebiet hin wehen, dort aufsteigen und dabei die Bildung örtlicher Niederschläge fördern.

Topologie, 1) früher **Analysis situs,** Teilgebiet der Mathematik, das seine Wurzeln v. a. in der Geometrie und Analysis hat. Auf Grund der sehr allg. Begriffsbildungen und Methoden ist sie von großer Bedeutung für viele mathemat. Gebiete. Bei der Behandlung von Mengen von Funktionen wurde es u. a. erforderlich, analoge Begriffsbildungen zu Stetigkeit und Konvergenz von Funktionen in allgemeineren Situationen zu entwickeln. Dazu hatte man die intuitiven Vorstellungen über Umgebung von Elementen oder ihrer Nachbarschaft zu präzisieren. Mit den so entwickelten Begriffen konnten z. B. neue geometr. Objekte wie topolog. →Mannigfaltigkeit exakt eingeführt und in großer Allgemeinheit Stetigkeit, Konvergenz und Grenzwert definiert werden. Dies und andere Verallgemeinerungen faßt man heute in der Theorie des topologischen Raumes (auch **mengentheoret. T.**) zusammen. Eine andere Wurzel war das Bemühen um die Präzisierung der anschaul. Deformation geometr. Objekte durch Kneten, Verzerren, Dehnen, Verbiegen, wobei Brechen oder Zerreißen und Wiederzusammensetzen nicht zugelassen sind. Z. B. kann auf diese Weise ein Quader zu einer Kugel, nicht aber zu einem Torus (Fahrradschlauch) verformt werden. Bei solchen Betrachtungen sieht man u. a. von metr. Beziehungen wie Abstand oder Winkel ab. Es spielen nur ›qualitative‹ Lagebeziehungen der Teile des Körpers zueinander eine Rolle. Für Kugel und Torus sind diese z. B. dadurch verschieden, daß durch jeden kreisförmigen Schnitt die Kugel in zwei Teile zerlegt wird, während es für den Torus kreisförmige Schnitte gibt, die ihn nicht zerlegen (er bleibt ein zusammenhängendes verbogenes Rechteck; BILD). Faßt man bei der Deformation nur Anfangs- und Endzustand ins Auge, kann man den Vorgang als Abbildung des Ausgangs- in den Endkörper mit ›zulässigen‹ Mitteln ansehen. Präzise gefaßt und verallgemeinert ist das die Fragestellung, wann zwei topolog. Räume durch topolog. Abbildungen, auch **Homöomorphismen** genannt, aufeinander abgebildet werden können **(topolog. Klassifizierung).** Diese Frage ist i. a. nicht durch Angabe eines Homöomorphismus für zwei topolog. Räume zu beantworten. Daher untersucht man in der **algebraischen T.** ›Invarianten‹ gegenüber topolog. Abbildungen, die man einem topolog. Raum zuordnen kann, so daß man im günstigsten Fall aus der Übereinstimmung

Topas: säulenförmige Kristalle (Mitte und linke Seite) in Quarz (Ouro Preto, Brasilien)

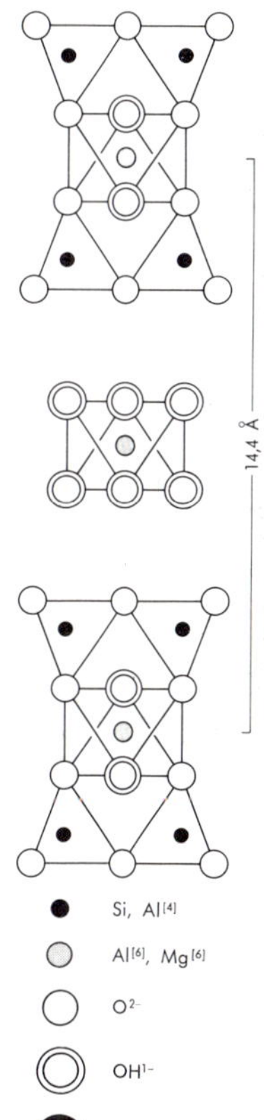

Tonminerale 3: Chlorit oder Sudoit

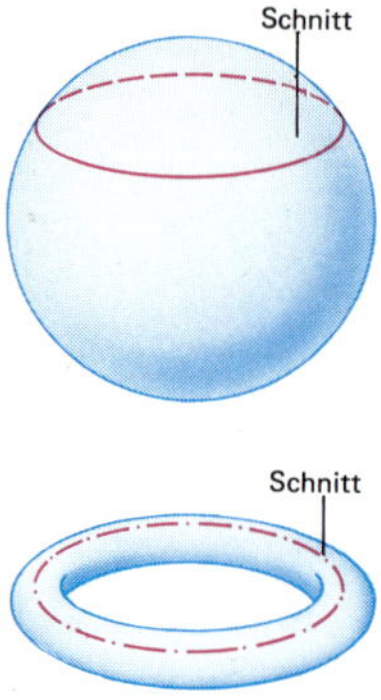

Topologie

dieser Invarianten für zwei topolog. Räume schließen kann, daß sie homöomorph sind. Die Ergebnisse der algebraischen T. werden insbes. in verschiedenen Gebieten der Analysis angewendet. Trotz großer Fortschritte sind wichtige Fragen noch offen. Ein weiteres, heute intensiv bearbeitetes Gebiet ist die **Differential-T.**, in der mehr ›quantitative‹ Fragen aus der Theorie der Mannigfaltigkeiten untersucht werden.

2) Bez. für eine →topologische Struktur.

H. SCHUBERT: T. ([4]1975); M. K. AGOSTON: Algebraic topology (New York 1976); B. v. QUERENBURG: Mengentheoret. T. ([2]1976); L. FÜHRER: Allg. T. mit Anwendungen (1977); K. JÄNICH: T. (1980).

topologische Gruppe, Mathematik: eine Gruppe mit folgenden Eigenschaften: 1) G ist ein topologischer Raum. 2) Die Gruppenverknüpfung $G \times G \longrightarrow G$ ist eine stetige Abbildung. 3) Die Inversenbildung $G \longrightarrow G$ $(x \mapsto x^{-1})$ ist stetig. Entsprechend sind **topolog. Ringe, Körper** und **Vektorräume** definiert. Die zugrunde liegende Menge ist ein topolog. Raum, die jeweiligen Verknüpfungen, ggf. die Inversenbildung, sind stetige Abbildungen.

topologischer Raum, Bez. für eine Menge T mit einer auf ihr erklärten →topologischen Struktur, die Elemente von T sind die **Punkte** des t. R. Beispiel für einen t. R. ist die Menge $\mathbb{R}$ der reellen Zahlen, der Umgebungsbegriff ist der der offenen Intervalle.

topologische Struktur, auch **Topologie.** Einer Menge T wird eine t. S. aufgeprägt, wenn in ihr ein System von Teilmengen mit best. Eigenschaften ausgezeichnet wird, die durch Axiome festgelegt wurden. Man kann eine t. S. mit Hilfe des Umgebungsbegriffs definieren, dazu ordnet man jedem Element $x \in T$ ein System $U(x)$ von Teilmengen von T mit folgenden Axiomen zu:

1) Jedes Element von $u \subset U$ enthält das Element x.

2) Für jede Teilmenge $t \subset T$, für die gilt $t \supset u \subset U(x)$, gilt $t \subset U(x)$.

3) Der Durchschnitt von endlich vielen Elementen $u_1, u_2, \ldots \subset U(x)$ ist in $U(x)$ enthalten.

4) Zu jedem $u \subset U(x)$ gibt es ein $\upsilon \subset U(x)$, so daß für alle Elemente $y \in \upsilon$ gilt $u \subset U(y)$. Die Mengen u_1, u_2, ... sind die **Umgebungen** von x, das System $U(x)$ wird als **Umgebungsfilter** von x bezeichnet.

Äquivalent zu diesem Axiomensystem kann die t. S. mit Hilfe offener Mengen definiert werden. Hierbei wird eine t. S. erklärt, wenn in T ein System O von Teilmengen aus T erklärt wird, wobei gilt:

1) Die leere Menge gehört zu O.

2) T ist in O enthalten.

3) Die Vereinigung von Teilmengen o_1, o_2, ... $\subset O$ ist in O enthalten.

4) Der Durchschnitt endlich vieler Teilmengen o_1, o_2, ... $\subset O$ ist in O enthalten.

Die Mengen $o_1, o_2, \ldots$ sind **offene Mengen** in bezug auf die t. S.

topomineralischer Effekt, →Erzlagerstätten.

Topotaxie, →Topochemie.

Topp *der,* Schiffahrt: oberstes Ende eines Mastes oder einer Stenge. Vorsilben wie **Vor-T., Groß-T.** spezifizieren den Ort, Nachsilben wie **T.-Laterne, T.-Segel, T.-Flaggen, T.-Zeichen** besondere, dort angebrachte Gegenstände. Letzteres ist Teil eines →Schiffahrtszeichens, das dieses zusätzlich kennzeichnet.

Top-Quark [-kwɔ:k, engl.], das Truth-Quark (→Truth).

Topside Sounder [tˈɔpsaɪd sˈaʊndə, engl.], in einen künstl. Satelliten eingebaute →Ionosonde, die nach dem Radarprinzip die Oberseite der Ionosphäre auslotet und die Ergebnisse zum Erdboden übermittelt.

Torbernit [n. dem schwed. Chemiker Torbern O. Bergman, * 1735, † 1784] *der,* **Chalkolith,** Mineral, ein →Uranglimmer.

Torf *der,* Produkt der unvollkommenen Zersetzung abgestorbener pflanzl. Substanz in Mooren unter Luftabschluß, wobei die Pflanzenstruktur z. T. erhalten bleibt und der Anteil an kolloidalen Humusstoffen zunimmt. Der Wassergehalt des T. (>75%, meist >90%) kann durch Druck größtenteils ausgequetscht werden. T.-Bildung ist die erste Stufe der →Inkohlung und Ursprung aller Humuskohlen. T. ist nach Moortyp (Flachmoor, Hochmoor) sehr unterschiedlich. – Bei Sphagnum-(Sumpfmoos-)T. aus Hochmooren unterscheidet man den oberen **Weißtorf** vom tieferliegenden, durch Huminstoffe dunkleren **Schwarztorf.** T. findet sich in Torfmooren mit einer Mächtigkeit von 2–5 (selten 10) m. Unter günstigen Umständen bildet sich eine 1 m dicke Schicht in etwa 1000 Jahren. T. enthält freie, nicht inkrustierte Cellulose; er wird mit dem Spaten gestochen **(Stichtorf)** oder maschinell **(Steintorf, Breittorf)** gewonnen, bis zu einem Wassergehalt von 25–30% luftgetrocknet und ist in Form von **Torfsoden** oder **Torfbriketts** Brennstoff (Heizwert 12600–16800 kJ). – Weiß-T. wird für landwirtschaftl. Zwecke aufgearbeitet, dient als Dünger oder Streu, als Verpackungsmaterial sowie in Gärtnereien zur Aufzucht von epiphyt. Orchideen, Aronstabgewächsen und tierfangenden Pflanzen **(Torfmull).** Schwarz-T. wird in Quadern abgestochen und luftgetrocknet. Durch Verschwelung werden **T.-Gas, T.-Teer** und **T.-Koks** (Sondererzeugnis Aktivkohle, auch für metallurg. Zwecke), bei Vollvergasung Kraftgas gewonnen. Zur Energiegewinnung dient T. in Irland, Finnland, der Schweiz und in der UdSSR. Ferner dient T. zu medizin. Zwecken **(Moorpakkungen;** antisept. Verbandsmaterial).

Torfdolomit, dolomitisierte Konkretionen in Steinkohlenflözen mit marinem Hangenden. In ihnen sind pflanzliche Feinstrukturen oft gut erhalten.

torische Fläche, Fläche, die durch Rotation eines Kreisbogens um eine nicht durch den Kreismittelpunkt gehende Achse entsteht; Oberfläche best. Brillengläser.

Torkretverfahren, Verfahren zur Herstellung von →Spritzbeton im Trockenspritzverfahren.

Tornado *der,* 1) eng begrenzter Wirbelsturm in Nordamerika, →Trombe. 2) Gewitter in Westafrika, bes. am Anfang und Ende der Regenzeit.

Torpedo *der,* zigarrenförmiges, 1200–1600 kg schweres Unterwasserkampfmittel mit eigener Antriebsanlage und selbsttätiger Steuereinrichtung für den horizontalen und vertikalen Suchlauf auf Grund von akustisch aktivem oder passivem Zielsuchkopf, von Drahtlenkung oder Vorprogrammierung. Beim Abschuß von Über- und Unterwasserfahrzeugen wird der T. aus einem Ausstoßrohr mittels Druckluft oder einer mechan. Vorrichtung oder eigener Kraft vom Träger gelöst. Er kann auch durch Abwurf aus Flugzeugen eingesetzt werden. T. mit Verbrennungsmaschinen verursachen an der Wasseroberfläche eine erkennbare Spur. Für U-Boote wurde der blasenlose elektr. T. mit Akkumulator entwickelt. Da der T. das Ziel unter Wasser bekämpft, ist die Sprengwirkung durch Verdämmung wesentlich verstärkt. (BILD S. 137)

Torpedoboot, kleines, schnelles, wendiges Kriegsschiff, dessen Hauptwaffe der →Torpedo war. Durch Verstärkung der Artillerie entstand der Typ des T.-Zerstörers. Heute ist der Torpedoeinsatz v. a. den Schnellbooten zugefallen.

Torpedoflugzeug, Kampfflugzeug, das Schiffsziele mit im Tiefflug abgeworfenen Torpedos angreift; heute weitgehend durch Flugzeuge ersetzt, die Lenkflugkörper zur Schiffsbekämpfung verwenden.

Torr [n. dem ital. Mathematiker und Physiker E. Torricelli, * 1608, † 1647] *das,* Einheitenzeichen **Torr,** nichtgesetzl. Einheit des Druckes, bes. des Luftdruckes; definiert als der 760ste Teil der physikal. →Atmosphäre 1): 1 Torr = 1/760 atm = 1,33322 mbar = 133,322 Pa.

Torricellische Ausflußformel [-tʃˈɛli-], das →Ausflußgesetz.

Torricellisches Vakuum [-tʃˈɛli-], **Torricellische Leere,** →Barometer.

Torse *die,* gekrümmte Fläche, bei der durch jeden ihrer Punkte mindestens eine in der Fläche liegende Gerade geht und die Tangentialebene längs dieser Geraden festbleibt. Beispiel: Kegelmantel; T. sind →abwickelbar.

Torsion, 1) Mathematik: Windung einer →Raumkurve.

2) Drillung, Verwindung, Verdrehung, Verdrillung, Mechanik: Beanspruchung eines Bauteils, z. B. einer Welle, durch Verdrehen, wodurch Schubspannungen in dem Querschnitt der Welle verursacht werden. T. ist ein Sonderfall der →Scherung 3 (BILD).

Torsionsmodul, der Schubmodul (→Scherung 3, →Elastizität 1).

Torsionsstab, der →Drehstab.

Torsionswaage, Federwaage, bei der die Last aus der Verformung einer Torsionsfeder ermittelt wird; ermöglicht genauere Messungen als eine einfache Federwaage mit Schraubenfeder.

Torus, die →Ringfläche.

Tosbecken, Becken unterhalb eines Wehrs, eines Absturzes oder am unteren Ende einer Schußrinne, in dem sich die kinet. Energie des stürzenden oder schießenden Wassers unter Ausbildung eines Wechselsprungs (→Fließwechsel) in Verbindung mit Grund- und Deckwalzen größtenteils in Wärme umwandelt.

totales Differential, vollständiges Differential, im zweidimensionalen Fall eine Differentialform $g\mathrm{d}x + h\mathrm{d}y$, deren Koeffizienten g und h die Ableitungen $g = f_x$ und $h = f_y$ einer geeigneten Funktion $f(x, y)$ sind. In diesem Fall gilt die Gleichung $\mathrm{d}f = g\mathrm{d}x + h\mathrm{d}y$; kann für höhere Dimensionen erweitert werden.

Totalintensität, in der Geophysik bisher Formelzeichen F, gesamte Flußdichte B oder magnet. Feldstärke H des erdmagnet. Feldes.

Totalisator, Meteorologie: ein Niederschlagssammler, →Niederschlag 2).

Total Organic Carbon [təʊtl ɔ:gˈænɪk kɑ:bn, engl.], Bez. für den gesamten organisch gebundenen Kohlenstoff, →TOC.

Totalreflektometer, ein →Refraktometer.

Totalreflexion, vollständige →Reflexion von (Licht-)Wellen an der Grenzfläche von einem optisch dichteren Medium (z. B. Glas, Brechzahl n_1) zu einem optisch dünneren (z. B. Luft, Brechzahl n_2, $n_2 < n_1$), wenn die einfallende Welle von der Seite des optisch dichteren Mediums auf die Grenzfläche fällt und der Einfallswinkel α_1 des Lichtes größer als der **Grenzwinkel der T.** α_T ist. α_T erhält man aus dem Snelliusschen Brechungsgesetz (→Brechung) für den zugehörigen Brechungswinkel α_2 von 90° zu $\sin \alpha_T = n_2/n_1$. Die T. findet Anwendung bei Reflexionsprismen, opt. Geräten und in der Glasfaseroptik. Eine exakte wellentheoret. Behandlung der T. zeigt, daß sich längs der Grenzfläche eine Lichtwelle ausbreitet, deren Amplitude im optisch dünneren Medium exponentiell mit dem Abstand von der Grenzfläche abnimmt. Die Eindringtiefe beträgt etwa 1 Wellenlänge.

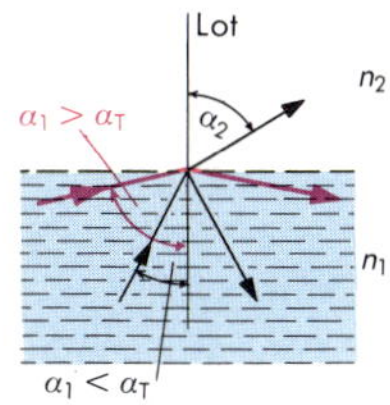

Totalreflexion

Toteis, bewegungslos gewordene Teile von Gletschern oder Inlandeis (meist infolge Abtrennung bei raschem Gletscherrückzug), über die sich Sande und Kiese der Gletscherschmelzwässer lagern, wodurch das T. lange erhalten bleibt. Beim Abtauen des T. entstehen unregelmäßige Hohlformen **(T.-Loch),** meist abflußlos, daher heute vielfach von Seen erfüllt. (→Sölle)

toter Gang, unwirksame Bewegung infolge des Spiels zw. zwei Maschinenteilen, z. B. zw. Schraubenspindel und Mutter.

toter Winkel, 1) Militärwesen: Geländeraum hinter einer Deckung, einem natürl. Hindernis oder um ein Kampffahrzeug, den das eigene oder gegnerische Feuer nicht bestreichen kann.

2) Kfz: der hinter und seitlich von einem Kraftwagen durch die Rückspiegel nicht einsehbare Raum.

totes Werk, Bez. für die über der Konstruktionswasserlinie liegenden Teile des Schiffs (Überwasserschiff). Ggs.: **lebendes Werk** (Unterwasserschiff).

tote Zone bei Kurzwellensendern, →Kurzwellen.

Totmanneinrichtung, Bez. für →Sicherheitsfahrschaltung.

Totpunkt, toter Punkt, Totlage, beim Kurbelgetriebe die äußerste Lage z. B. des Hubkolbens, bei der er durch Richtungswechsel **(oberer T.** und **unterer T.)** die Geschwindigkeit Null hat. Der T. muß durch das →Schwungrad überwunden werden. Im oberen (äußeren) T. ist der Arbeitsraum eines Zylinders am kleinsten.

Totwasser, nahezu strömungsloser Bereich in einer

Torpedo: schematischer Längsschnitt durch einen Zielsuch-T. mit Elektroantrieb

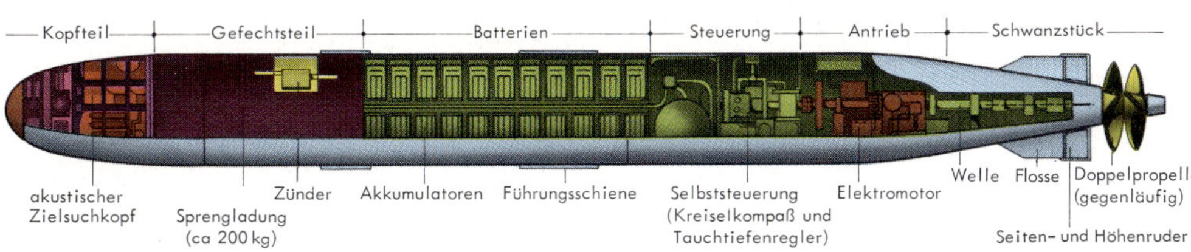

turbulenten Strömung, z. B. in einer seitlichen Ausbuchtung oder hinter einem Hindernis, z. B. Brückenpfeiler.

Totzeit, allg. die Zeit zw. dem Auftreten eines Ereignisses und dem dadurch bewirkten Effekt, z. B. in der Meßtechnik die Zeit zw. der Änderung einer Meßgröße und deren Nachweis durch einen Meßfühler. Bei einem Teilchendetektor ist die T. die Zeit, die nach der Registrierung eines Teilchens vergehen muß, bis ein weiteres Teilchen nachgewiesen werden kann.

Totzeitsystem, Regelungstechnik: ein → Übertragungsglied, das eine zeitliche Verschiebung bewirkt, derart, daß das Eingangssignal nach Ablauf einer festen Zeitspanne (Totzeit) als Ausgangssignal auftritt. Totzeiten entstehen bei Transportvorgängen (Förderband) oder durch Ausbreitungserscheinungen (Laufzeiten in elektr. Leitungen).

Tourenzähler [t'u-], der → Drehzahlmesser.

Tower [t'aʊə, engl.], der → Kontrollturm.

Townsend-Entladung [t'aʊnzend-, n. dem brit. Physiker Sir (1941) J. S. E. Townsend, * 1868, † 1957], eine Form der → Gasentladung.

Toxaphen, wachsartige, gelbe Substanz der durchschnittlichen Zusammensetzung $C_{10}H_{10}Cl_8$, die durch Isomerisierung von α-Pinen und Chlorierung des entstehenden Camphens hergestellt wird. T. wird als Insektizid v. a. in Baumwollplantagen angewendet.

Toxikologie, die Lehre von den → Giften 1), ihrer Wirkungsweise, ihren Wirkungen und der Therapie der Vergiftungen; Anfang des 19. Jh. begründet; steht in enger Beziehung zur Pharmakologie.

Toxine, Sammelbez. für alle Stoffwechselprodukte von Bakterien, Tieren oder Pflanzen, die eine starke Giftwirkung auf den Organismus von Säugetieren und bes. den des Menschen ausüben. T. haben Antigencharakter und rufen u. a. die Bildung von **Anti-T.** hervor. Wird die toxophore Gruppe zerstört, so erhält man ein ungiftiges Toxoid, dessen Antigenwirkung erhalten bleibt. Künstlich ungiftig gemachte T. heißen **Toxoide** oder **Anatoxine.**

tps, Einheitenzeichen für → **t**ransmutation **p**er **s**econd.

Trabanten, die → Monde.

Tracer [tr'eɪsə, engl.], Substanz, die mit einer anderen gemischt oder an diese gekoppelt wird, um deren Verteilung oder Lokalisierung verfolgen und/oder untersuchen zu können. **Physikal. T.** sind nur durch Adsorption, Lösung oder Mischung mit der zu verfolgenden Substanz kombiniert, z. B. Farbstoffe, die bei Strömungsmessungen eingesetzt werden, oder spezif. Ferritpulver, mit denen Rohöle markiert werden, um Ölpestverursacher auf See identifizieren zu können. **Chem. T.** haben gleiche oder ähnl. Eigenschaften wie die nachzuweisende Substanz. Große prakt. Bedeutung haben → Isotopenindikatoren.

T. werden z. B. in der Biologie und Medizin zur Untersuchung von Stoffwechsel- und Transportvorgängen, in der Chemie zur Aufklärung von Reaktionsmechanismen und in der Technik für Verschleiß-, Strömungs- und Verteilungsmessungen eingesetzt.

Tracht, kurz für → Kristalltracht.

Trachyt *der,* hellfarbenes Ergußgestein mit porphyr. Gefüge, bestehend aus Sanidin, Plagioklas und Biotit, Hornblende oder Pyroxen. Sanidin bildet größte Einsprenglinge. Kalifeldspatführende Abarten paläozoischen Alters wurden früher als **Orthophyr (Orthoklasporphyr)** bezeichnet.

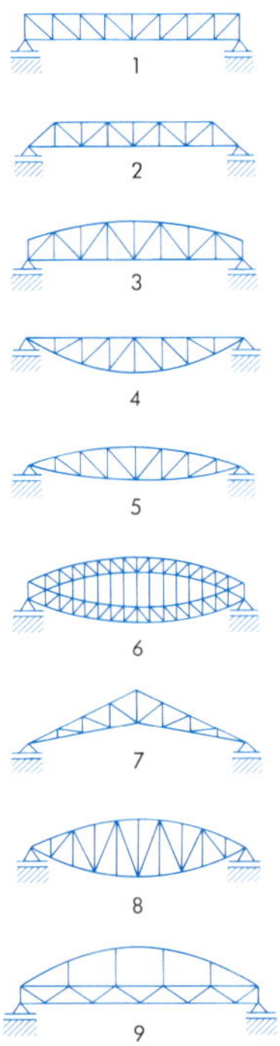

Träger 1): **1–9** Formen von Fachwerkträgern; **1** Parallelträger, **2** Trapezträger, **3** Halbparabelträger, **4** Fischbauchträger, **5** Linsenträger, **6** Lohseträger, **7** Dreiecksträger, **8** Pauliträger, **9** Langerscher Balken

Trackability [trækəb'ɪlɪtɪ, engl.], **Tracking Ability** [tr'ækɪŋ əb'ɪlɪtɪ], Abtastfähigkeit eines Tonabnehmersystems, beurteilt an den frequenzabhängigen Schnellewerten, die das System noch verarbeiten kann.

Tracking-Stationen [tr'ækɪŋ-, engl.], Bodenstationen zur Beobachtung und Bahnverfolgung von Satelliten u. a. Raumflugkörpern.

Tragant, Pflanzengummi, der aus einem komplexen Gemisch verschiedener Polysaccharide besteht, in Wasser aufquillt und einen trüben, schlüpfrigen Schleim bildet. In 1–2%iger Lösung dient T. u. a. als Verdickungsmittel und Emulsionsstabilisator in der Lebensmittelindustrie und Kosmetik sowie als Bindemittel bei der Herstellung pharmazeut. Produkte.

Tragbild, Abbildung des tragenden Flächenanteiles von zusammengehörigen Flächen von Maschinenteilen, wird durch → Tuschieren sichtbar gemacht.

Träger, 1) Bautechnik: waagerechter, bei Belastung auf Biegung beanspruchter Bauteil aus Stahl, Stahlbeton oder Holz. **Stahl-T.** sind entweder gewalztes genormtes → Profilmaterial oder **Vollwand-T.** mit Blechstegen und Flanschen oder **Fachwerk-T.** (→ Fachwerk). **Stahlbeton-T.** haben entweder Rechteck- oder Plattenbalkenquerschnitte (T-Träger) oder Hohlquerschnitte und sind schlaff bewehrt oder vorgespannt. **Holz-T.** sind einfache oder verdübelte Balken, Nagel-T. (→ Holz-Nagelbau) oder geleimte Vollwand-T. (→ Holz-Leimbau). Man unterscheidet nach der Lagerung: **Krag-T.** kragen an ihrem Ende über die letzte Unterstützung frei aus, **Einhänge-T.** lagern auf Kragträgerenden auf. Die Kombination von beiden nennt man **Gelenk-T.** (z. B. Gerber-T.). **Durchlauf-T.** sind auf mehr als zwei Punkten gelagert. Man unterscheidet nach der Form: Parallel-, Trapez-, Parabel- (Pauli-), Halbparabel-, Fischbauch-, Linsen-, Sichel-, Rauten-, Lohse-, Dreiecks-, Vierendeel-(Rahmen-)T., Langerscher Balken. Der **T.-Rost** besteht aus sich kreuzenden und miteinander verbundenen T., die örtl. Belastungen nach allen Seiten verteilen.

W. Förster u. A. Stegbauer: Wandartige T. (1974); E. Zellerer: Durchlaufträger ([4]1978); J. Hahn: Durchlaufträger, Rahmen, Platten und Balken auf elast. Bettung ([13]1981).

2) Chemie: → Carrier 1).

3) Nachrichtentechnik: kurz für → Trägerschwingung.

Trägerdampfdestillation, eine → Destillation in Gegenwart eines Hilfsstoffes, der in dem zu trennenden Flüssigkeitsgemisch unlöslich ist. Da sich die Dampfdrücke ineinander unlösl. Komponenten zum Gesamtdruck über der Mischung addieren, hat die Mischung eine niedrigere Siedetemperatur als die reinen Komponenten. Dadurch können temperaturempfindliche und hochsiedende Flüssigkeitsgemische z. B. in Gegenwart von Wasserdampf (Wasserdampfdestillation) unterhalb ihrer Siedetemperatur schonend destilliert werden. Die T. wird z. B. bei der Erdöldestillation angewandt.

Träger|elektrophorese, Verfahren zur Trennung chem. Substanzen (z. B. Serumproteine) im elektr. Gleichspannungsfeld auf Grund der durch unterschiedliche elektr. Ladung der Substanzen bedingten unterschiedl. Wanderungsgeschwindigkeiten (→ Elektrophorese). Die Trennung erfolgt in oder an festen Trägermaterialien (z. B. Papier, Celluloseacetat, Stärke, Agar). Anwendung der T. als Serumprotein-Elektrophorese in der medizin. Diagnostik.

Trägerflugzeug, für den Einsatz auf → Flugzeugträgern bestimmtes Flugzeug. Kennzeichnend sind: Eignung zum Katapultstart, unkritische Landeeigenschaften, für hohe Sinkgeschwindigkeiten bemessene Fahrwerke, Fanghaken zum Greifen von Bremsseilen sowie anklappbare Flügel- und Rumpfteile zur raumsparenden Unterbringung in Unterdeckhangars.

Trägerfrequenz, Frequenz einer → Trägerschwingung.

Trägerfrequenztechnik, Trägerstromtechnik, nachrichtentechn. Verfahren zur Mehrfachausnutzung von Übertragungswegen mit Hilfe von Frequenzmultiplex (→ Multiplex-System), bes. für das → Fernsprechen. Die Sprachsignale werden aus ihrem Grundfrequenzbereich von 300 . . . 3400 Hz durch → Modulation und Frequenzumsetzung in einen höheren Frequenzbereich gebracht. Dabei wird von den bei Amplitudenmodulation entstehenden zwei Seitenbändern und dem Träger zur Ersparnis an Bandbreite nur ein Seitenband verwertet. Gibt man den Seitenbändern verschiedener Sprachsignale verschiedene, z. B. im Abstand von 4000 Hz nebeneinanderliegende Frequenzbereiche, so lassen sich innerhalb eines dadurch entstehenden → Basisbandes zahlreiche Fernsprechkanäle auf einem Übertragungsweg bilden. Am Empfangsort werden die Seitenbänder durch Selektion, Frequenzumsetzung und Demodulation (mit Trägerzusatz) wieder in ihren Grundfrequenzbereich gebracht und dem Teilnehmer zugeführt.

Die Aufbereitung eines Basisbandes erfolgt in mehreren Stufen, wobei die Seitenbänder zu kleineren Gruppen und diese zu immer größeren Gruppen gebündelt werden. Je nach Größe der Endgruppe entstehen Systeme unterschiedl. Kanalzahlen oder Basisbandbreiten. In der Bundesrep. Dtl. werden neben einigen älteren Systemen geringer Kanalzahl Trägerfrequenzsysteme bis zu 120 Kanälen (Basisband 12 . . . 552 kHz) auf symmetr. Leitungen und Systeme bis zu 10800 Kanälen (Basisband etwa 4 . . . 60 MHz) auf Koaxialkabeln im Vierdraht-Gleichlageverfahren betrieben (→ Nachrichtenübertragung, → Vierdrahtbetrieb). Spezielle, für Richtfunkstrecken geeignete Systeme können alternativ zu rd. 1000 Fernsprechsignalen ein Fernsehsignal übertragen.

Trägergas, → Gaschromatographie.

Trägerschwingung, kurz **Träger,** elektromagnet. Schwingung, deren Frequenz für eine drahtgebundene oder drahtlose Übertragung geeignet gewählt wird und der die Nachricht durch → Modulation aufgeprägt wird. Das → Frequenzband des Nachrichtensignals kann damit in eine gewünschte Frequenzlage umgesetzt werden. So ist z. B. eine günstige Übertragung auf Leitungen oder eine günstige Abstrahlung durch Antennen möglich. Wählt man für verschiedene Nachrichtensignale verschiedene Trägerfrequenzen, so entstehen → Multiplex-Systeme (Frequenzmultiplex) zur Mehrfachausnutzung von Nachrichtenwegen (z. B. → Trägerfrequenztechnik).

Tragfähigkeit, 1) Bautechnik: der Widerstand eines Baugliedes oder einer Gesamtkonstruktion gegen Bruch und das Vermögen, die nach den baubehördl. Bestimmungen anzunehmenden Lasten (Nutzlast, Verkehrslast) einschließlich des Eigengewichts unter Berücksichtigung eines Sicherheitszuschlags zu tragen. Zwei Lastgrenzen sind wesentlich: die Last, bei der der erste als unzulässig erachtete Zustand (z. B. unzulässige Spannung, unzulässige Verformung) entsteht, und die Last, bei der die T. erschöpft ist (Bruchgrenze). In der Bodenmechanik ist T. der Widerstand des Bodens gegen unzulässigen Grundbruch oder unzulässige → Setzung.

2) → Schiff, → Deadweight.

Tragflügel, Flügel, Tragfläche, zur aerodynam. Auftriebserzeugung dienendes Flugzeugbauteil, dessen Grundrißform (→ Flugzeug) und Querschnittsform (→ Profil 7) so gewählt wird, daß die senkrecht zur Zuströmrichtung wirkende Komponente der resultierenden Luftkraft (Auftriebskraft, → Auftrieb) ein Vielfaches der in Zuströmrichtung wirkenden Komponente (Widerstandskraft, → Luftwiderstand) beträgt (Quertriebskörper). Der als leichter und steifer Hohlkörper ausgebildete T. wird durch die → Luftkräfte vorwiegend auf Biegung (Biegeträger) und Verdrehung beansprucht. Die Flügelhälften sind meist starr mit dem Rumpf verbunden, in Ausnahmefällen jedoch schwenkbar am Rumpf angelenkt (→ Schwenkflügel). Rotierende T. sind die Rotoren der → Drehflügler.

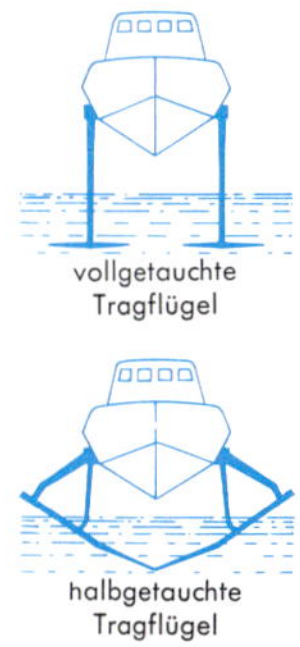

Tragflügelboot 1

Tragflügelboot, Tragflächenboot, schnelles Wasserfahrzeug (30–60 kn), dessen Bootskörper durch dynam. Auftrieb an halb- oder vollgetauchten Tragflügeln über der Wasseroberfläche schwebt. **Halbgetauchte Tragflügel** durchbrechen im Schwebezustand die Wasseroberfläche. Sie sind konstruktiv einfach und selbststabilisierend, d. h., sie richten durch Änderung der eingetauchten Flügelflächenanteile bei seitlicher Neigung das Fahrzeug selbsttätig wieder auf. **Vollgetauchte Tragflügel** bleiben auch im Schwebezustand unter Wasser. Sie sind mit dem Bootskörper nur durch schmale Stützen verbunden. Sie benötigen aufwendige, durch Radar, Ultraschall und Kreisel gesteuerte Stabilisierungsanlagen, laufen aber im Seegang sehr ruhig. Halbgetauchte Tragflügel sind meist starr am Bootskörper befestigt, vollgetauchte können zur Verringerung des Tiefgangs im Schwimmzustand eingezogen werden. – Antrieb durch Motoren oder Gasturbi-

Tragflügelboot 2 (sowjetischer Bauart) ›Rheinpfeil‹ der Köln-Düsseldorfer Rheinschiffahrt AG

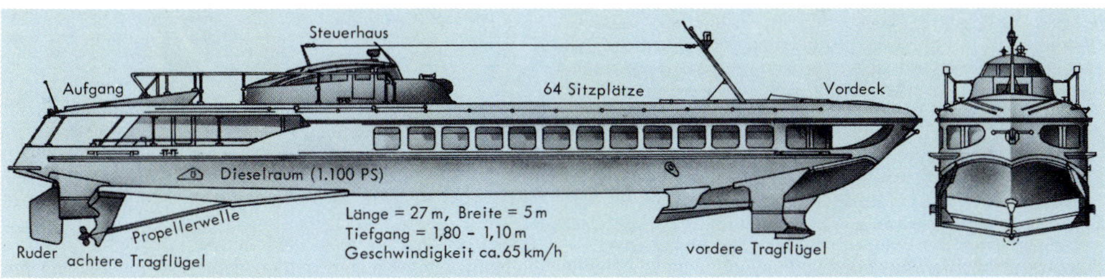

nen, Vortrieb über lange, schräge Propellerwelle oder Kegelradgetriebe und Schiffsschraube, durch →Wasserstrahlantrieb, seltener durch Luftschrauben. T. erhalten als Hochgeschwindigkeitsfahrzeuge Konkurrenz durch →Bodeneffektfahrzeuge.

Tragflügeltheorie, Lehre von der Entstehung und Berechnung der Strömungskräfte, die an →Tragflügeln auftreten. Grundlegende Beiträge zur T. lieferten W. KUTTA (1902) und N. J. SCHUKOWSKIJ (1902–09); eine erste für die Praxis brauchbare, jedoch in ihrer Gültigkeit begrenzte zweidimensionale und inkompressible Theorie wurde 1918 von L. PRANDTL formuliert, der diese in den 20er und 30er Jahren mit seinen Mitarbeitern (J. ACKERET, H. SCHLICHTING u. a.) auf kompressible Vorgänge und dreidimensionale Betrachtung ausweitete. Die T. macht Aussagen über die an einem Tragflügel angreifenden Luftkräfte und Momente in Abhängigkeit aller wirkenden Einflußgrößen (geometr. Gestalt und Oberflächenbeschaffenheit des Flügels, Zuströmbedingungen und Eigenschaften des strömenden Mediums); diese Aussagen sind von Bedeutung für Entwicklung und Entwurf von Flugzeugen, Luftschrauben, Schiffsschrauben, Tragflügelbooten u. a.

Trägheit, Beharrungsvermögen, Eigenschaft jedes Körpers, einer Änderung der Größe oder Richtung seiner Geschwindigkeit zu widerstehen. Die T. eines Körpers ist proportional seiner →Masse, bei Rotationsbewegungen seinem →Trägheitsmoment. Das 1609 von G. GALILEI andeutungsweise ausgesprochene und von I. NEWTON formulierte **T.-Prinzip (1. Newtonsches Axiom)** lautet: Jeder Körper verharrt im Zustand der Ruhe oder der gleichförmigen Bewegung in geradliniger Bahn, solange er nicht durch von außen wirkende Kräfte gezwungen wird, diesen Zustand zu ändern. Nach dem →Einsteinschen Gesetz 1) $E = mc^2$ kommt auch jeder Energie E eine träge Masse und damit eine T. zu.

Trägheitskraft, 1) die d'Alembertsche Hilfskraft (→Alembertsches Prinzip). 2) die Kraft, die, von einem Beobachter in einem beschleunigten Bezugssystem aus gesehen, scheinbar auf einen relativ zu einem raumfesten Inertialsystem ruhenden Körper ausgeübt wird **(Scheinkraft).** T. sind z. B. die →Zentrifugalkraft und die →Coriolis-Kraft.

Trägheitsmoment, bei der Drehung starrer Körper auftretende Größe **(Drehmasse, Massenmoment 2. Grades),** die der Masse bei der geradlinigen Bewegung von Massenpunkten entspricht. Das T. J eines Massenpunktes ist das Produkt aus seiner Mase m und dem Quadrat seines Abstandes r von der Drehachse: $J = mr^2$. Das T. eines starren Systems von Massenpunkten mit den Massen m_k ist $J = \sum_k m_k r_k^2$, wobei die r_k die senkrechten Abstände der Massenpunkte von der Drehachse sind. Das T. eines ausgedehnten starren Körpers in bezug auf eine vorgegebene Drehachse ist gleich der Summe der T. seiner Massenelemente, d. h. bei kontinuierl. Massenverteilung gilt $J = \int r^2 \mathrm{d}m$, $\mathrm{d}m = \varrho \mathrm{d}V$, $\mathrm{d}m$ Massenelement, ϱ Massendichte, $\mathrm{d}V$ Volumenelement. Das T. hängt von der Wahl der Drehachse ab. Kennt man das T. in bezug auf eine durch den Schwerpunkt gehende Achse, so kann man mit Hilfe des →Steinerschen Satzes das T. für jede beliebige parallele Achse berechnen.

Bei Festigkeitsberechnungen von Bauwerken spielt das Flächen-T. **(Flächenmoment 2. Grades)** eine große Rolle, wobei statt über das Körpervolumen jeweils nur über eine Querschnittsfläche summiert oder integriert wird. Mit Hilfe der rechtwinkligen Koordinaten x, y in der Ebene der Fläche A definiert man: das **polare Flächen-T.** in bezug auf den Koordinatenursprung $I_p = \int (x^2 + y^2)\mathrm{d}A$, die beiden **axialen Flächen-T.** in bezug auf die Koordinatenachsen $I_x = \int y^2 \mathrm{d}A$ und $I_y = \int x^2 \mathrm{d}A$ und das **Flächen-Zentrifugalmoment(-Deviationsmoment)** $I_{xy} = -\int xy\,\mathrm{d}A$.

Trägheitsnavigation, Inertialnavigation, autonomes, d. h. von äußeren Einrichtungen unabhängiges Navigationsverfahren, bei dem auf dem Fahrzeug aus den Trägheitskräften von Beschleunigungsmessern und Kreiseln Meßwerte gewonnen werden für Geschwindigkeit und zurückgelegten Weg. Grundgerät der T. ist eine durch Kreisel um die drei Raumachsen stabilisierte, von mindestens zwei Beschleunigungsmessern überwachte ›Plattform‹; sie ist so abgestimmt, daß sie im Fahrzeug ein von Störbeschleunigungen unabhängiges Lot darstellt. Dieses synthet. Kreiselpendel liefert primär Drehgeschwindigkeit und Drehwinkel im Raum und sekundär Drehgeschwindigkeit und Drehwinkel des wahren Lotes relativ zur Erde und damit den vom Fahrzeug zurückgelegten Weg. Das Verfahren der zweifachen Integration der Beschleunigung führt zu Wegfehlern, die mit der Zeit schnell anwachsen. Es ist nur für Einsätze kurzer Dauer brauchbar und in der Raumfahrt bei Langzeiteinsätzen mit laufender Korrektur durch Sternbeobachtungen und Funkkorrektur von der Erde. – Die T. wird im militär. und zivilen Bereich der Luft- und Raumfahrt angewandt, weniger in der Schiffahrt und bei Erdkampffahrzeugen.

Tragkabel, ein Kabel (→Drahtseil) als Trägerelement von Brücken u. a.

Traglufthalle, →pneumatische Baukonstruktionen.

Tragschicht, →Straßenbau.

Tragschlepper, Sonderbauart der →Ackerschlepper mit kompakt um die Hinterachse angeordnetem Motor- und Getriebeblock und einem oder zwei davor angeordneten Holmen zum Anbringen von Maschinen und Geräten im Blickfeld des Fahrers.

Tragschrauber, Autogiro [-ʒ'i:ro], ein →Drehflügler, bei dem die den Auftrieb liefernde **Tragschraube (Rotor)** durch den Fahrtwind in Umdrehung gehalten wird, während eine motorisch angetriebene Luftschraube den Vortrieb liefert. T. sind nicht schwebeflugfähig und können nur Kurzstarts (nicht Senkrechtstarts) ausführen. Da keine aufwendigen Rotorgetriebe und kein Drehmomentausgleich benötigt werden, ist der T. im Aufbau einfacher als der →Hubschrauber; trotzdem hat er sich gegenüber diesem nicht durchsetzen können.

Tragseil, Drahtseil für Seilschwebebahnen, Hängebrücken, Kabelkrane, Kabelbagger, Laufkatzen.

Tragwerk, 1) Bautechnik: Teil einer Konstruktion, der die Wirkungen aus ständigen Lasten, Verkehrs- und Nutzlasten aufnimmt und an die Auflager (Pfeiler, Widerlager u. a.) weiterleitet. Man unterscheidet nach dem Material: Holz-, Beton-, Stahl-T.; nach der stat. Wirkung: Sprengwerk-, Balken-, Bogen-T., →Rahmentragwerke, →Flächentragwerk (→Platte 3, →Schale 2, →Scheibe 2), →Seiltragwerke u. a. Kontinuierl. T. laufen über drei und mehr Stützen, wie Durchlaufrahmen, Durchlaufträger.

H. ENGEL: Tragsysteme ([4]1977); E. WERNER: T.-Lehre, 2 Tle., 1 ([3]1980), 2 ([2]1974); F. KRAUSS u. a.: Grundlagen der T.-Lehre ([2]1982).

2) eine Flugzeug-Baugruppe, →Flugzeug.

Trailerschiff [tr'eɪlə(r)-, engl.], Spezialschiff zum

Transport von Sattelschlepperanhängern, →Roll-on/Roll-off-Schiff.

Trajektori|e, Kurve, die eine gegebene Kurvenschar unter konstantem Winkel **(isogonal,** bei rechtem Winkel **orthogonal)** schneidet.

Trajektschiff, Spezialschiff zum Transport von Eisenbahnwaggons im Fährverkehr.

Traktor, →Ackerschlepper.

Traktrix, Schleppkurve, ebene Kurve, bei der die Länge des Tangentenabschnitts vom Berührungspunkt bis zu einer gegebenen Kurve konstant ist.

Trane, im rohen Zustand hellgelbe bis braune, fischartig riechende, fette Öle, die aus dem Fettgewebe oder den Lebern großer Meeressäugetiere (z. B. Robben, Wale) oder aus Fischen (z. B. Dorsch, Hai) durch Auspressen oder Erhitzen mit kochendem Wasser oder Dampf gewonnen werden (→Walrat). Neben Olein und Stearin kommen in T. Glyceride mehrfach ungesättigter Fettsäuren vor. Durch katalyt. Hydrierung lassen sich die T. in fast geruchfreie feste Fette umwandeln, durch therm. Polymerisation von gereinigten T. erhält man **Polytrane,** die als Speiseöle verwendet werden. T. dienen als Nahrungsfett (arkt. Gebiete), zur Herstellung von Margarine, Seifen, Leberfett und von pharmakolog. Präparaten (wegen des Vitamingehaltes), zu Beleuchtungszwecken u. a.

Tränengase, →chemische Kampfstoffe.

Tränkharze, →Isolierstoffe.

Tränkmetalle, poröse Sinterkörper aus hochschmelzenden Metallen, Carbiden u. a., deren Poren mit niedrigschmelzenden Metallen oder Legierungen wie Blei, Silber, Kupfer ausgefüllt sind. Aus T. werden v. a. elektrische Kontakte und Gleitkörper hergestellt.

Tränkvollholz, durch →Imprägnieren vergütetes Holz. Erhöhte Dauerhaftigkeit erreicht man mit →Holzschutzmitteln; Verringerung der Schwindung und Quellung mit Polyäthylenglykol, Kunstharzen, Salz- und Zuckerlösungen; Erhöhung der Dichte, Härte und Festigkeit mit Kunstharzen **(Polymerholz);** Verringerung der Reibung mit Ölen und Fetten.

trans-, →Stereochemie.

Trans|actino|ide, Bez. für die sich an die →Actinoide anschließenden chem. Elemente mit den Ordnungszahlen 104–121. (→superschwere Elemente)

Trans|aminasen, Aminotransferasen, in Bakterien, Hefen, menschl., tier. und pflanzl. Geweben häufige →Transferasen, die Amino-(NH_2-)Gruppen **(Transaminierung)** von einem Substrat auf ein anderes übertragen. Gehemmt wird die Wirkung der T. durch Chinon, Hydrochinon und Schwermetallionen. T. haben in der klin. Diagnostik (z. B. Lebererkrankungen) große Bedeutung.

Transaxle-Anordnung [trænz'æksl-, engl.], Triebwerkanordnung bei Personenkraftwagen mit Bugmotor und Hinterradantrieb und Zahnrad-Wechselgetriebe; gekennzeichnet durch Verlegung von Kupplung und Wechselgetriebe in die Nähe des Achsantriebes und entsprechende Verlängerung der Motorwelle.

Transceiver [træns'i:və, engl.], Sende-Empfangs-Gerät, z. B. Sprechfunkgerät zum Senden und Empfangen.

Transcoder, Farbfernsehen: Gerät zur Umsetzung der Farbinformation eines Systems (z. B. PAL) in die eines anderen Systems (z. B. SECAM).

Transduction, Transduktion, die Übertragung genet. Materials von einer Bakterienzelle in eine andere unter Zuhilfenahme von Bakteriophagen (Bakterienfressern). Sie nehmen Teile der Bakterien-DNS auf, transportieren sie in die Empfängerzelle und geben dort die DNS-Teile ab (Infektion). Die übertragenen DNS-Bruchstücke werden meist in das Chromosom der Empfängerzelle integriert.

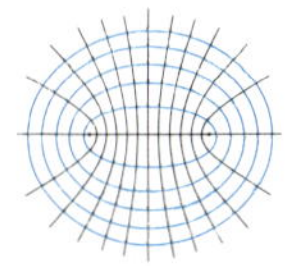

Trajektorie

Trajektorie: Orthogonale Trajektorien (konfokale Hyperbel- und Ellipsenschar)

Transduktor, magnetischer Verstärker, mit einem Verbraucher in Reihe geschaltete Drosselspule, deren Eisenkern durch einen in gesonderter Wicklung fließenden Gleichstrom (Steuerstrom) vormagnetisiert wird. So können große elektr. Leistungen durch kleine Gleichstromleistungen gesteuert werden, indem der induktive Widerstand der Drosselspule und damit der Wechselstromwiderstand im Verbraucherkreis verändert werden.

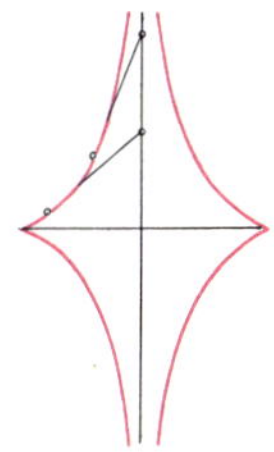

Traktrix

Transferasen, Enzyme, die im Zellstoffwechsel die Übertragung chem. Reste (Methyl-, Carboxyl- und Acylreste; Zuckerreste, Aminogruppen u. a.) katalysieren. Coenzyme der T. sind z. B. →Tetrahydrofolsäure, Biotin, Thiaminpyro-, Uridindi- und Pyridoxalphosphat sowie Coenzym A.

Transferdruck, Verfahren des →Textildrucks.

Transfer-Ribonucleinsäure, Transfer-RNS, t-RNS, Träger-RNS, ein Ribonucleinsäuremolekül, das die Übertragung einer Aminosäure an das Ende einer wachsenden Polypeptidkette bewirkt. Eine T.-R. besteht aus 70–90 Nucleotiden und hat eine räumliche Struktur.

Transferstraße, vollautomatisierte Fertigungseinrichtung, die mehrere Bearbeitungsstationen über eine Transporteinrichtung verbindet. T. werden in der Massenfertigung eingesetzt.

transfinit, Bez. für eine nichtendliche Ordinal- oder Kardinalzahl. Die t. Induktion ist eine Verallgemeinerung der vollständigen →Induktion 2) auf der Grundlage t. Ordinalzahlen.

Transfluxor, magnet. Schalt- und Speicherelement, das durch Ummagnetisierung verschiedene Zustände annehmen kann. Der T. hat i. a. zwei Löcher, um mehrere Erregerströme zu verarbeiten; meist als Ferritscheibe ausgebildet. T. werden für Torschaltungen, Schieberegister u. a. benutzt. Vorteilhaft ist die durch Remanenz erreichbare Speicherung über längere Zeit.

Transformation, 1) Genetik: die Übertragung von genet. Material auf eine Empfängerzelle mit dem Ziel, die darin enthaltenen Erbinformationen zu integrieren. Die erste T. wurde von dem kanad. Bakteriologen O. T. AVERY 1944 durchgeführt und leitete die Epoche der Molekulargenetik ein.

2) Mathematik: Umformung, bes. eines mathemat. Ausdrucks, meist mit dem Ziel, ihn auf eine Gestalt zu bringen, die sich rechnerisch leichter behandeln läßt. So kann man die Gleichung einer vorgegebenen Ellipse, die in einem kartes. Koordinatensystem die Form $rx^2 + sy^2 + txy + ux + vy + w = 0$ hat, durch eine **Hauptachsen-T.,** d. h. durch Einführung eines neuen kartes. Koordinatensystems, die eine Drehung und Verschiebung des Ausgangskoordinatensystems bewirkt, auf die Gestalt $(x^2/a^2) + (y^2/b^2) = 1$ bringen, in der die Hauptachsen auf die Koordinatenachsen fallen. Der Zusammenhang der Koordinaten-T. mit den Abbildungen besteht darin, daß

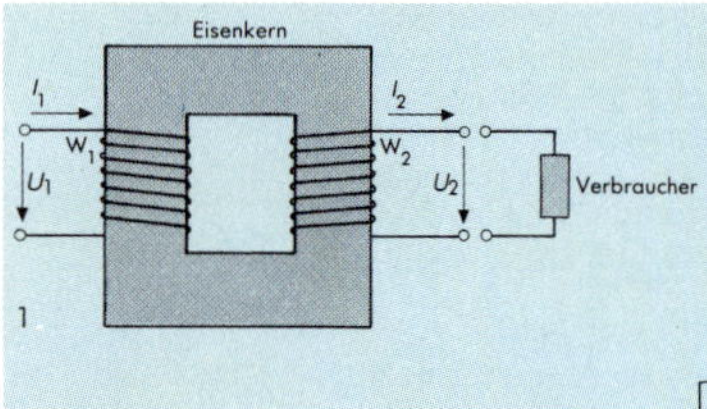

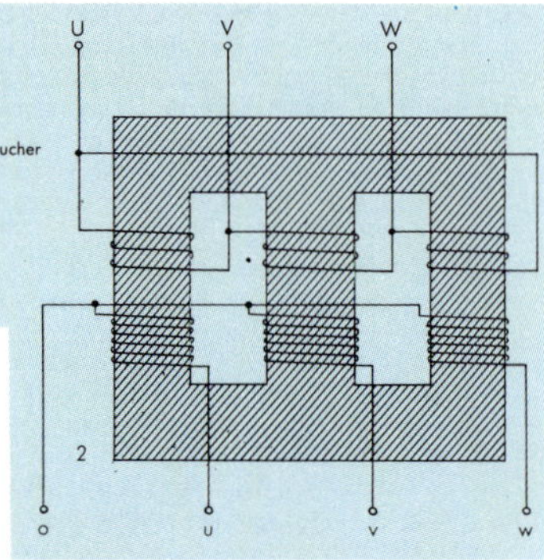

Transformator 1 und 2: 1 Einphasen-Kerntransformator, *w* Wicklung, *U* Wechselspannung, *I* Strom. **2** Drehstrom-Kerntransformator, U, V, W Spannungszuführungen (in Dreieckschaltung), u, v, w Leitungen zu den Verbrauchern (in Sternschaltung), o gemeinsame Rückleitung

man eine umkehrbare eindeutige und lineare Abbildung des Raumes auf sich festlegt und dann den Ort eines Punktes *P* durch die Koordinaten seines ihn eindeutig bestimmenden Bildpunktes angibt.

Die einfachsten T., die **linearen T.,** lassen sich durch ein lineares Gleichungssystem ausdrücken, z. B.

$$x'_1 = a_{11}x_1 + a_{12}x_2 + a_{13}x_3,$$
$$x'_2 = a_{21}x_1 + a_{22}x_2 + a_{23}x_3,$$
$$x'_3 = a_{31}x_1 + a_{32}x_2 + a_{33}x_3.$$

Das Koeffizientenschema einer homogenen linearen T. ist eine quadratische →Matrix 2). Die linearen T. mit von 0 verschiedener →Determinante von *n* Veränderlichen $x_1, \ldots, x_n$ bilden eine Gruppe. Zu vielen mathemat. und physikal. Theorien gehören Gruppen, deren T. zw. den bevorzugten Koordinaten der betreffenden Theorie vermitteln. – Eine besondere T. ist die →Fourier-Transformation.

3) Physik: Übergang von einem Bezugssystem in ein anderes. In physikal. Theorien sind T. insofern wichtig, weil sich Naturgesetze erst nach Wahl von Koordinaten (Bezugssystemen) analytisch formulieren lassen und diese Koordinaten i. a. nur bis auf gewisse T. festlegbar sind. So gehört zur Newtonschen Mechanik die Gruppe der →Galilei-Transformationen, zur speziellen Relativitätstheorie die der →Lorentz-Transformationen.

Transformationsbereich, Temperaturgebiet, in dem Glas mit steigender Temperatur allmählich vom spröden in den zähflüssigen Zustand übergeht.

Transformator, Umspanner, in der Nachrichtentechnik →Übertrager, in der Meßtechnik →Meßwandler, ein Gerät zur Umwandlung einer ein- oder mehrphasigen Wechselspannung (→Wechselstrom) in eine höhere oder niedrigere Spannung gleicher Frequenz. Einen Grenzfall stellt der **Trenn-** oder **Isolier-T.** dar, der eine galvan. Abtrennung vom speisenden Netz bei ungeänderter Spannung (Windungsübersetzung 1:1) bewirkt.

In seiner einfachsten Form als **Einphasen-Zweiwicklungs-T.** besteht der T. aus einem geschlossenen →magnetischen Kreis, aus isolierten T.-Blechen geschichtet, dessen →Kerne (Schenkel) von zwei gegeneinander isolierten Wicklungen umschlossen sind. Über zwei →Joche sind die beiden Kerne miteinander magnetisch verbunden. Fließt durch eine der beiden Wicklungen – die Primärwicklung – ein Wechselstrom, dann ist damit ein magnet. Wechselfluß im magnet. Kreis verbunden, der in der Primär- wie auch in der Sekundärwicklung je eine Wechselspannung induziert (→Induktion 1). Diese beiden Spannungen (U_1 und U_2) verhalten sich so wie die beiden Windungszahlen (w_1 und w_2): $U_1/U_2 = w_1/w_2$. Ist der Sekundärkreis offen (Leerlauf), nimmt der Primärkreis nur einen →Magnetisierungsstrom (bei Klein-T. 10–15%, bei Groß-T. weniger als 0,5% des Nennstromes) auf. Dieser enthält auch eine Wirkkomponente zur Deckung der Eisen- und der hier geringen Kupferverluste. Bei kurzgeschlossenem Sekundärkreis verhalten sich dagegen die Ströme (I_1 und I_2) umgekehrt wie die Windungszahlen: $I_1/I_2 = w_2/w_1$. Daraus ist ersichtlich, daß bei Belastung die primär zugeführte Scheinleistung gleich ist der auf der Sekundärseite abgegebenen Scheinleistung zuzüglich der Verlustleistung und der Magnetisierungs-Blindleistung. Die Verlustleistung setzt sich aus den Kupferverlusten (Stromwärmeverlusten) in den beiden Wicklungen und den Eisenverlusten (Hysteresis- und Wirbelstromverlusten) im magnetischen Kreis zusammen.

T. werden meist als **Kern-T.** mit Röhren-(Zylinder-) Spulen gebaut. Dabei befindet sich die Wicklung mit der niedrigeren Spannung aus isolationstechn. Gründen am Kern und konzentrisch darum herum die Hochspannungswicklung. **Hochstrom-T.** (z. B. Ofen-T.) werden der besseren Wärmeabfuhr wegen als **Mantel-T.** mit Scheibenwicklung gebaut. Auch Kleinst-T. (z. B. **Klingel-T.**) werden meist als Mantel-T. gebaut.

Für Grenzleistungen (500–1000 MVA) führt man Drehstrom-T. als **Fünfschenkel-T.** aus, da hierbei die Jochhöhe geringer ist und dadurch die T. noch innerhalb des Eisenbahnprofils untergebracht werden können.

Bei kleinen T. wird die Verlustwärme unmittelbar an die umgebende Luft abgegeben **(Trocken-T.).** Bei allen größeren T. befindet sich das Blechpaket mit den Wicklungen in einem Blechkessel unter Isolieröl **(Öl-T.).** Für T. in geschlossenen Räumen verwendet man oft an Stelle des brennbaren Mineralöls ein nicht brennbares synthet. Öl aus chloriertem Diphenyl. Das Öl dient dabei zur Isolierung und zur Abfuhr der Verlustwärme über die meist gerippte oder mit Röhren versehene Kesselwand. Bei ganz großen T. wird das Öl durch einen mit Luft oder Wasser gekühlten Wärmeübertrager gepumpt.

Drehstrom-T. haben drei bewickelte Kerne (Schenkel). Die Ober- und auch die Unterspannungswicklungen können je im Stern oder im Dreieck geschaltet sein. Zum Ausgleich von Belastungsunsymmetrien zw. den Strängen (Phasen) kann die Unterspannungswicklung im Zickzack geschaltet sein (BILDER). Bei ganz großen Leistungen baut man auch Drehstrom-T. aus je drei Einphasen-T.

In der Energieerzeugungs- und Verteilungstechnik werden T. in großer Zahl in Kraftwerken und Umspannwerken verwendet. Auf Tiefladewagen montierte und betriebsbereite T. können als **Wander-T.** an beliebigen Verbrauchsschwerpunkten kurzfristig eingesetzt werden. **Stell-T.** mit Anzapfungen, die z. T. auch unter Last geschaltet werden können, haben ein schrittweise veränderbares Übersetzungsverhältnis. Zu den kontinuierlich einstellbaren T. gehören →Drehtransformator und →Schubtransformator. Andere Sonderausführungen: →Spartransformator, →Schwenktransformator, die **Zusatz-T., Isolier-T.** und die T. in →Scottscher Schaltung. Zur Prüfung der Isolationsfestigkeit verwendet man →Prüftransformatoren, zur Speisung von Elektroöfen **Ofen-T.** und beim Schweißen **Schweiß-T.** In elektronisch arbeitenden Geräten dienen **Netz-T.** zur Erzeugung der Versorgungsspannungen. **Klingel-T.** müssen aus Sicherheitsgründen mit ausreichend hoher Streuung gebaut werden, damit bei einem lang dauernden sekundären Kurzschluß keine unzulässige Erwärmung auftritt.

R. KÜHN: Der Klein-T. ([2]1964); R. KÜCHLER: Die T. ([2]1966); W.

HANNCKE: Klein-T. und Eisendrosseln (1970); G. SEIFERT: Stell-T. (1971); H. NESSLER u. F. STADELMEIER: Wirkungsweise und Aufbau des T. ([3]1974); H. SPANNEBERG: Ruhende elektr. Maschinen, T. und Wandler ([10]1983).

Transformatorenblech, Eisenblech, dünner (0,35 mm) und verlustärmer als → Dynamoblech, zum Aufbau der Kerne und Joche von Transformatoren.

Transformatorenstation, eine → Umspannstation.

Transformismus, Theorie der Bildung magmat. Gesteine durch Metamorphose.

Transform|störungen, Geologie: große Querbrüche und Bruchzonen, die gleichzeitig mit dem Aufreißen untermeer. Riftzonen (→ Rift) entstehen, die mittelozean. Rücken unterbrechen und seitlich versetzen. Zw. den versetzten Riftzonen ist die Relativbewegung der T. umgekehrt wie bei üblichen Horizontalverschiebungen (transformed), da sich beiderseits der Störungslinie jeweils entgegengesetzte Flanken mittelozean. Rücken befinden. (→ Plattentektonik, → Seafloor-Spreading, → World-Rift-System)

Transgression, Geologie: das Vordringen des Meeres auf das Land, durch Landsenkung oder Ansteigen des Meeresspiegels. Die dabei abgelagerten marinen Sedimente überlagern das Liegende zumeist diskordant. Einige Autoren verwenden die Bez. allg. bei allen Sedimentationsbecken. Aus aufgearbeitetem Untergrundgestein können **T.-Konglomerate (Basalkonglomerate)** entstehen (→ Ingression); Ggs.: → Regression.

Transistor, aktives elektron. Bauelement, das aus einem Halbleiterkristall mit Zonen unterschiedl. Leitfähigkeitstyps besteht und mindestens drei Elektroden besitzt. Das Ausgangsmaterial für T. ist meist Silicium, für spezielle Anwendungen werden aber auch Germanium und Galliumarsenid verwendet. Auf Grund der Möglichkeit, den Stromfluß durch den T. von außen steuern zu können, ist der T. zur Verwendung in elektron. Schaltungen als Verstärker, Schalter, Sensor u. a. bes. geeignet. T. lassen sich grundsätzlich in bipolare und unipolare T. unterteilen, je nachdem, ob beide Ladungsträgerarten (Elektronen und Löcher) oder nur eine Ladungsträgerart für die Funktion des T. notwendig sind (ÜBERSICHT S. 145).

Der **bipolare T.** besteht aus drei aufeinanderfolgenden Schichten, die abwechselnd als p- und n-leitende Zonen ausgebildet sind. Die Schichtenfolge kann positiv-negativ-positiv sein (man spricht dann von einem **pnp-T.**) oder negativ-positiv-negativ (diese Art ergibt den ›komplementären‹ **npn-T.**). Die äußeren Halbleiterbereiche werden als **Kollektor** (C) und **Emitter** (E) bezeichnet, die mittlere Schicht als **Basis** (B). Die Basis ist wesentlich dünner als die anderen Schichten, sie stellt die Steuerelektrode des bipolaren T. dar. Zw. Basis und Kollektor einerseits sowie Basis und Emitter andererseits besteht je ein → pn-Übergang. Kennzeichnend für bipolare T. ist, daß sie mit unterschiedlich gepolten pn-Übergängen arbeiten. Der Emitter-Basis-Übergang wird in Durchlaßrichtung, der Basis-Kollektor-Übergang in Sperrichtung gepolt. Dies gilt sowohl für pnp- als auch für npn-T., unterschiedlich ist jedoch die Polung der Speisespannungen. Bei der am meisten benutzten → Emitterschaltung erhalten Basis und Kollektor des pnp-T. negative Spannungswerte, Basis und Kollektor des npn-T. positive Spannungswerte, jeweils bezogen auf den Emitter. Für den gebräuchlichsten Fall (npn-T. in Emitterschaltung) bedeutet dies also, daß der Emitter auf konstantem Potential, der Kollektor demgegenüber auf positivem Potential liegt. Die Emitter-Basis-Strecke ist in Durchlaß betrieben, die Basis-Kollektor-Strecke befindet sich im Sperrzustand. Der Strom der Elektronen aus dem Emitter in die Basis wird vom positiven Basispotential bestimmt. Durch die dünne Basis (µm-Bereich) gelangen die Elektronen zum Kollektor und bilden dort den T.-Ausgangsstrom. Die geringen Verluste an Ladungsträgern bestimmen den Basisstrom und damit den T.-Eingangsstrom. So sind Werte der Stromverstärkung über 500 realisierbar. Mit der → Basisschaltung läßt sich Spannungsverstärkung erzielen. Die → Kollektorschaltung, bei der der Kollektor der für Eingang und Ausgang gemeinsame Anschluß ist, wird wegen ihres hohen Eingangswiderstandes als → Impedanzwandler verwendet.

Der T. hat nicht nur als Verstärkerelement, sondern auch als kontaktloser Schalter große Bedeutung. Als **Schalt-T.** eingesetzt, wird er zw. zwei Zuständen (Arbeitspunkten) hin- und hergesteuert: In einem Arbeitspunkt ist die Kollektor-Emitter-Strecke bes. hochohmig (dieser Zustand entspricht einem geöffneten Schalter), im anderen Arbeitspunkt ist die Kollektor-Emitter-Strecke niederohmig (entsprechend einem geschlossenen Schalter). Gesteuert wird der T. durch einen Basisstrom oder durch die Basis-Emitter-Spannung. Dabei sind die beiden Betriebsarten **nicht übersteuerter** und **übersteuerter Zustand** möglich, die unterschiedliches Schaltverhalten zeigen. Eine geringe Einschaltzeit erreicht man beim Betrieb eines T. im übersteuerten Zustand, im anderen Fall ist die Ausschaltzeit (Speicherzeit) bes. kurz.

Mit einem T. können um so höhere Frequenzen erreicht werden, je dünner die Basiszone ist, weil dann die Laufzeit der Ladungsträger in der Basiszone kürzer ist. Die Lösung der Aufgabe, eine möglichst dünne Basiszone zu erzielen, hat zu verschiedenen Ausführungsformen des **Flächen-T.** geführt. Beim **Legierungs-T.,** dem ältesten Flächen-T., stellt die Basis den Grundkörper dar (n-leitendes Germanium), in den von zwei gegenüberliegenden Seiten aus Fremdstoffe zur Herstellung der Emitter- und Kollektorzonen einlegiert werden, und zwar durch Aufschmelzen von Indiumperlen. Die Legierungstiefe bestimmt die Stärke der Basiszone. Beim **Diffusions-T.** oder **Drift-T.,** einer Abart des Legierungs-T., wird die Laufzeit durch Dotierung des Grundkörpers so verkürzt, daß die Dichte der Störstellen (unbesetzte oder mit Fremdatomen besetzte Kristallgitterstellen) vom Emitter zum Kollektor abnimmt, wodurch die Ladungsträger beschleunigt werden. Beim **Mesa-T.,** der aus dem Halbleiterkristall ›tafelbergartig‹ herausgeätzt wird, und beim Planar-T. läßt sich eine weitere Verringerung der Basiszonendicke dadurch erreichen, daß der Grundkörper nicht als Basis, sondern als Kollektor dient, auf dem zuerst die Basisschicht und dann die Emitterschicht durch Eindiffundieren von Dotierungsstoffen erzeugt werden. Die heute meist angewandte Halbleitertechnologie ist die → Planartechnik zur Herstellung von **Planar-T.** Dabei wird die diffusionshemmende und die Halbleiteroberfläche (insbes. den pn-Übergang) schützende Wirkung (Passivierung) von dünnen Siliciumdioxidschichten auf Silicium ausgenutzt. Mit Hilfe von Maskierungs- und Ätzprozessen (→ Lithographie 2) werden Fenster in die SiO_2-Schicht eingeätzt, durch die best. Dotierungsstoffe eingebracht werden können. Auf diese Weise entstehen die übereinander angeordneten Schichten unterschiedl. Leitfähigkeitstyps, aus denen die T.-Strukturen aufgebaut sind. Für Anwendungen in der Leistungselektronik werden T. für grö-

3

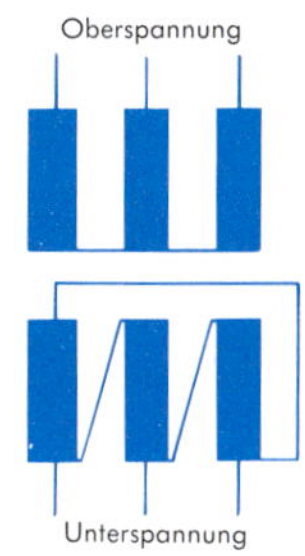

4

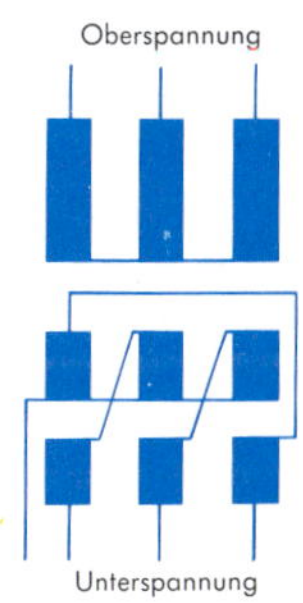

5

Transformator 3–5

Transformator 3–5: Drei häufige Schaltungen bei Drehstrom-T.; **3** Stern-Stern, **4** Stern-Dreieck, **5** Stern-Zickzack

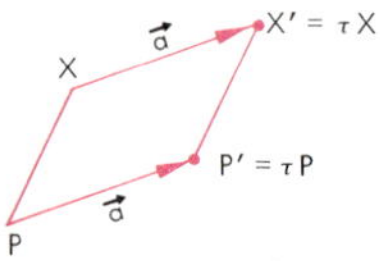

Translation 3)

ßere Leistungen als Einfachdiffusions-T., doppelt diffundierte (Epibasis-T.) und dreifach diffundierte T. ausgeführt.

Zu den Bipolar-T. mit besonderen Eigenschaften gehört der → Phototransistor, der sich – unter Ausnutzung des inneren Photoeffekts – durch Lichteinwirkung auf den Halbleiterkristall steuern läßt. In der Digitaltechnik werden häufig zum Aufbau logischer Verknüpfungsglieder in TTL-Technik **Multi|emitter-T.** verwendet. Diese besitzen neben einem Kollektor und einer Basis mehrere Emitter, die als Eingänge, z. B. für ein NAND-Glied, benutzt werden. Spezielle → Mikrowellentransistoren sind für den Betrieb bei sehr hohen Frequenzen geeignet. Druckempfindliche Bauelemente, die z. B. als Sensoren eingesetzt werden können, sind → Piezotransistoren.

Der wichtigste Vertreter der **unipolaren T.** ist der → Feldeffekttransistor, Abk. FET. Kennzeichnend für ihn ist, daß er i. Ggs. zu den bipolaren T. mit gleichgepolten pn-Übergängen betrieben wird. Es lassen sich zwei Varianten unterscheiden: Der **Sperrschicht-Feldeffekt-T.** (**JFET**, Abk. für engl. **J**unction **F**ield **E**ffect **T**ransistor) und der → MOSFET, wobei beide Arten sowohl mit p-leitendem als auch mit n-leitendem Kanal hergestellt werden. **MOSFETs** gibt es als selbstsperrende (**Anreicherungstyp**, engl. ›enhancement type‹) und als selbstleitende T. (**Verarmungstyp**, engl. ›depletion type‹). Die Anschlüsse der Feldeffekt-T. werden mit **Source** [sɔːs, ›Quelle‹] und **Drain** [dreɪn, ›Senke‹] bezeichnet, zw. ihnen liegt je nach Typ der p- oder n-leitende **Kanal;** die dritte Elektrode heißt **Gate** [geɪt], sie beeinflußt den Stromfluß im Kanal. Ein wesentliches Merkmal zur Unterscheidung von MOSFETs und Sperrschicht-FETs ist neben ihrem konstruktiven Aufbau die Ausbildung der Sperrschicht(en). Beim letzteren werden die Sperrschichten durch die beiden pn-Übergänge zw. den Gatezonen und dem Kanal gebildet, beim MOSFET verwendet man eine dünne Siliciumdioxidschicht zur Erzeugung einer Sperrschicht zw. Steuerelektrode und Kanal. Wird statt SiO_2 Aluminiumoxid (Al_2O_3) verwendet, spricht man von einem → MASFET. Herstellungsverfahren: → MOS-Technologie, → CMOS-Technologie, → VMOS-Technologie. – Zu den unipolaren T. zählt auch der → Unijunktionstransistor, der nur einen wirksamen pn-Übergang besitzt.

Die wesentliche Bedeutung der T. liegt im Festkörperaufbau und den damit zusammenhängenden kleinen Abmessungen sowie der geringen Verlustleistung. Der T. hat die Elektronenröhre bis auf einige Gebiete ganz verdrängt. Nur bei sehr großen Leistungen und bei sehr hohen Frequenzen werden noch Elektronenröhren eingesetzt. Durch seinen geringen Raumbedarf, die hohe Zuverlässigkeit und die niedrigen Herstellungskosten hat der T. die → Elektronik grundlegend verändert und den Bau vieler elektron. Systeme ermöglicht. Die Weiterentwicklung der T.-Technologie hat zur → Miniaturisierung der Bauelemente und damit zur Realisierung von → integrierten Schaltungen geführt, die die heutige Massenproduktion von komplexen elektron. Schaltkreisen für analoge und digitale Anwendungen, von Schaltern, Verstärker-, Speichereinheiten u. a. erlaubt. Die Einsatzmöglichkeiten der Elektronik in der Meß-, Regel-, Steuer-, Nachrichtentechnik, Datenverarbeitung, Automatisierung und Medizin wurden dadurch wesentlich erweitert.

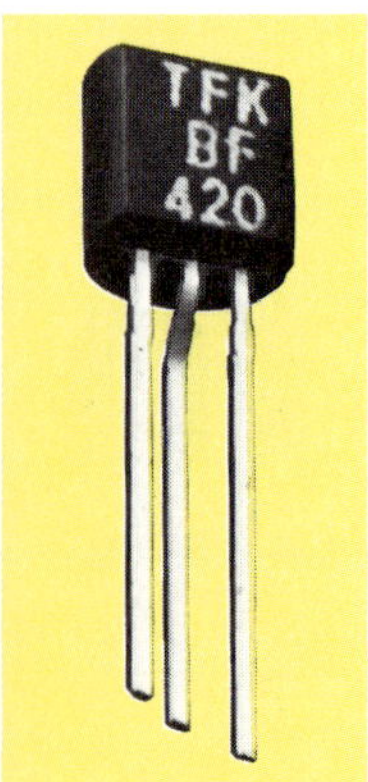

Transistor 1: OBEN Hochvolt-T. mit guter Sperrstromstabilität bei hoher Temperatur für allgemeine Schaltaufgaben. UNTEN Hochfrequenz-T. z. B. für die Endstufe in Fernsehempfängern

C. MOERDER: Grundlagen der T.-Technik (1964); H. E. KADEN: Das neue T.-Lb. ([4]1974); R. ZIERL: So arbeitet man mit T., 1 ([3]1978), 2 ([2]1976); J. H. JANSEN: T.-Hb. (1980).

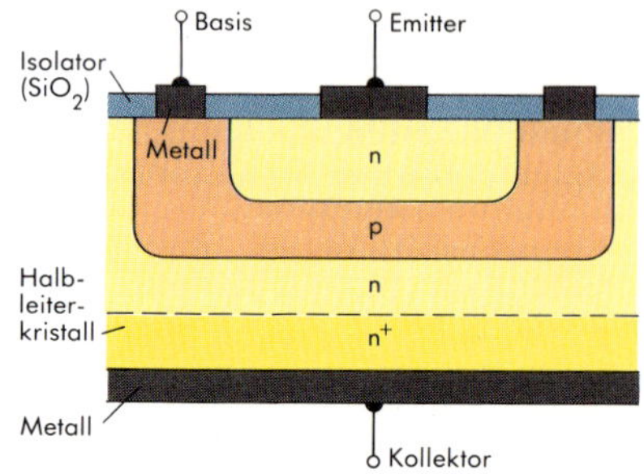

Transistor 2: bipolarer npn-T. in Planartechnik

Transistor-Transistor-Logik, → TTL 1).

transitiv, → Relation.

Transkription, Übertragung von Erbinformation. Ausgangspunkt ist die codierte Form (Nucleinsäure). Die Information wird unter Beteiligung verschiedener RNS-Moleküle kopiert.

Translation, 1) Biochemie: Übersetzung der in einer m-RNS enthaltenen Information (je drei aufeinanderfolgende Purin- und/oder Pyrimidinbasen codieren eine Aminosäure) in die Aminosäuresequenz bei der → Proteinbiosynthese.

2) Kristallographie: eine → Symmetrieoperation (→ Kristall).

3) Mathematik: **Schiebung, Verschiebung,** affine Abbildung τ, so daß alle Punkte X, Y um den gleichen Vektor $\boldsymbol{a}$ verschoben werden. Ist $\boldsymbol{r}$ der Ortsvektor von X, so gilt für alle $\boldsymbol{r}$: $\tau\boldsymbol{r} = \boldsymbol{a} + \boldsymbol{r}$. In der Ebene gilt: Führt die T. τ den Punkt P in $P' = \tau P$ über und ist $X \neq P$ beliebig, so ist X' der eindeutig bestimmte Punkt, so daß P, P', X, X' ein Parallelogramm ist. Im Euklid. Raum ist eine solche T. eine Bewegung ohne Fixpunkt. Die T. bilden zus. mit der ident. Abbildung und der Hintereinanderausführung als Verknüpfung eine Gruppe.

Translationsgitter, → Elementarzelle.

Transmission, 1) Physik: Durchgang von Strahlen durch ein Medium ohne Frequenzänderung.

2) Technik: Anlage zum Antrieb mehrerer Arbeitsmaschinen mit Riemengetrieben von einer Kraftmaschine aus. Heute wird Einzelantrieb bevorzugt.

Transmissionsgrad, → Absorption 1).

Transmitter, i. w. S. jeder Stoff, der Überträgerfunktion ausübt; i. e. S. die → Neurotransmitter.

transmutation per second [trænzmjuːt'eɪʃn pəː s'ekənd, engl.], Einheitenzeichen **tps,** Zerfälle je Sekunde, alte Einheit der → Aktivität 1) einer radioaktiven Substanz, ersetzt durch die SI-Einheit → Becquerel.

Transparent, von hinten beleuchtete, stark lichtstreuende Fläche, die ein Bild, eine Schrift oder dgl. trägt.

Transparenz, Durchsichtigkeit, Lichtdurchlässigkeit von durchscheinenden Medien, z. B. Papier, Glas; Photographie: das Verhältnis von durchfallendem zu auffallendem Licht bei photograph. Schichten (→ Schwärzung).

Transpluto, möglicher weiterer Planet, auf den eine

transpluton. Kometenfamilie und ungeklärte Störungen der Uranus- und Neptunbahn hinweisen. – Neue Hinweise auf die mögl. Existenz von T. erhofft man sich aus Bahnabweichungen der beiden Raumsonden → Pioneer 10 und 11, die das Sonnensystem in entgegengesetzten Richtungen verlassen.

Transponder, Empfangs-Sendegerät, das nach dem Abfrage-Antwort-System arbeitet. Ein vom T. empfangenes codiertes Abfragesignal wird entschlüsselt und nach der → Kennung und sonstigen Informationen des Abfragenden ausgewertet. Daraufhin wird automatisch ein codiertes, selektiv für den Abfragenden bestimmtes Antwortsignal mit den gewünschten Informationen ausgesendet, das beim Abfragenden ebenfalls automatisch entschlüsselt und ausgewertet wird. Anwendung z. B. in der Navigation und Sicherung der See- und Luftfahrt, etwa als → Sekundärradar in der Flugsicherung (automat. und selektive Abfrage der Daten anfliegender Flugzeuge) oder als ›Freund-Feind-Kennung‹ (→ IFF-Gerät).

transponierte Matrix. Vertauscht man in einer Matrix A die Zeilen und Spalten, entsteht die t. M. A^T, z. B.:

$$A = \begin{pmatrix} a & b \\ c & d \end{pmatrix}, \quad A^T = \begin{pmatrix} a & c \\ b & d \end{pmatrix}.$$

Transport *der,* **1)** allgemein: die Beförderung von Menschen, Sachgütern und Nachrichten an einen anderen Ort, bes. unter dem Aspekt der Beförderungstechnik. Die wichtigsten **T.-Mittel** sind Schienenbahnen, Kraftwagen, Schiffe, Flugzeuge und Rohrleitungen im zwischenbetriebl. sowie Fördermittel im innerbetriebl. T.

2) Biochemie, Chemie: bei chem. Transportreaktionen wird ein Stoff von einem anderen reversibel aufgenommen und an anderer Stelle wieder freigesetzt oder auf eine dritte Substanz übertragen. Anorgan. Stoffe können z. B. in flüchtige Produkte umgesetzt, bei höheren Temperaturen über die Gasphase wandern, was beim Reinigen von Stoffen, bei der Kristallisation oder bei der Dotierung eingesetzt wird. Im biolog. Geschehen sind T.-Reaktionen von großer Bedeutung, z. B. bei der Sauerstoffübertragung durch Hämoglobin bei der → Atmung oder beim → Stoffwechsel. Dabei wird der **passive T.** durch → Osmose und → Diffusion vom **aktiven T.** unterschieden, der auf chem. T.-Reaktionen beruht und i. a. eines Trägers (→ Carrier 1) bedarf. Biochem. Stoffaustausch erfolgt v. a. durch biolog. Membranen, z. B. a) Wasserdurchtritt durch Membranpressen, b) passive Diffusion gelöster Substanzen auf Grund thermodynam. Unterschiede (z. B. Konzentration, elektr. Potential), c) erleichterte Diffusion (Moleküle werden mit Hilfe von Carrier-Membranproteinen und Konzentrationsdifferenzen durch die Membran transportiert) und d) Carrier-vermittelter Transport von Molekülen unter Energieverbrauch.

Transportbehälter, → Container.

Transportbeton, Beton, der vom T.-Werk in Fahrzeugen der Baustelle im einbaufertigen Zustand angeliefert wird. **Werkgemischter T.** wird im Werk, **fahrzeuggemischter T.** während der Fahrt oder an der Baustelle fertiggemischt.

Transportflugzeug, Transporter, militär. Frachtflugzeug zur Beförderung von Truppen, Waffen, Ausrüstung und Versorgungsgütern. Hauptanforderungen: hohe Tragfähigkeit, große Frachtraumabmessungen, schnelle Be- und Entlademöglichkeit, Unabhängigkeit von Bodenanlagen, Start- und Landefähigkeit auf unvorbereiteten Plätzen, geringe Beschußempfindlichkeit.

Transport-Metabolite, → Coenzyme.

Transportmittel, → Fördermittel.

Transportreaktionen, chem. Reaktionen, die einen Transport von festen Stoffen über gasförmige oder auch gelöste Reaktionsprodukte im Temperaturgefälle bewirken. Voraussetzung ist das Vorliegen eines temperaturabhängigen chem. Gleichgewichts, in dem alle Partner mit Ausnahme des zu transportierenden Stoffes gasförmig oder gelöst sind. T. spielen eine Rolle bei der Reinigung von Stoffen, der Herstellung kristalliner Substanzen und bei biochem. Prozessen, z. B. dem Transport von Ionen durch einen Träger (→ Carrier 1).

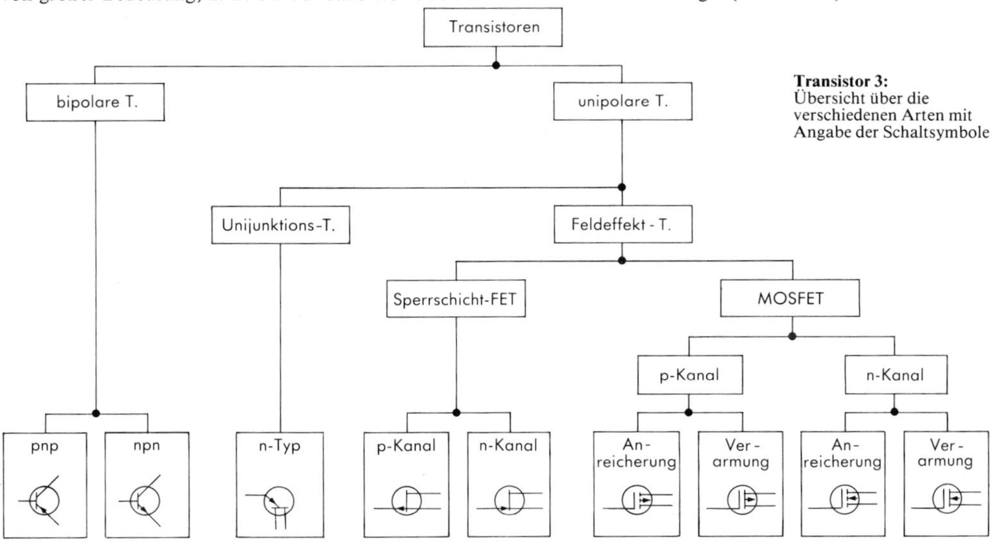

Transistor 3: Übersicht über die verschiedenen Arten mit Angabe der Schaltsymbole

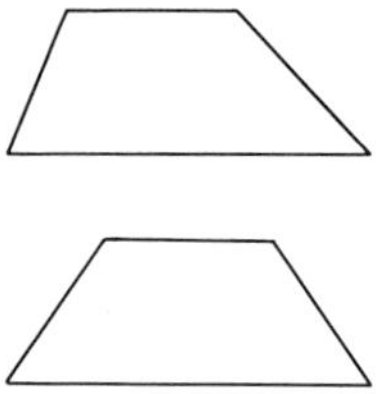

Trapez: OBEN T., UNTEN gleichschenkliges T.

Transportschnecke, gutbewegender Teil eines →Schneckenförderers.

Transportsteuerung, Anwendung moderner Informationssysteme im Eisenbahnwesen, das sich auf Grund seiner Spurbindung für eine weitgehende Automatisierung eignet. Grundlage der T. bildet bei der Dt. Bundesbahn eine umfassende Nachrichtentechnik **(Integrierte T., ITS),** die sich eines Rechnersystems mit weitgefächerten Übertragungsnetzen bedient. Die einzelnen Rechner übernehmen die Betriebs- und Verkehrsdaten auf der untersten Eingabeebene (Stellwerke, Güterabfertigungen) und verarbeiten diese.

Transport|theorie, allg. die theoret. Behandlung der aus der Bilanz sehr vieler stoßender Teilchen in einem Medium folgenden zeitabhängigen Gleichung für die Teilchendichte im Orts-Geschwindigkeits-Raum **(Boltzmann-Gleichung).** Häufig begnügt man sich mit Näherungen, z. B. in der Theorie der Diffusion. Die T. wird insbes. in der Physik von Reaktoren viel angewendet.

Transposition, Vertauschung zweier Elemente einer Permutation (→Kombinatorik).

trans|sonisch, schallnahe; Bez. für Strömungsvorgänge in kompressiblen Medien, wobei im gesamten Strömungsfeld die Geschwindigkeiten nur wenig von der Schallgeschwindigkeit verschieden sind und sowohl Unterschall- als auch Überschallgeschwindigkeiten auftreten. (→Gasdynamik)

Trans|urane, chem. Elemente mit höherer Ordnungszahl als Uran (92), die in der Natur nicht oder nur in äußerst geringen Mengen ($^{237}_{93}$Np; $^{238}_{94}$Pu) vorkommen und alle radioaktiv sind. Bisher konnten folgende T. künstlich erzeugt werden (in Klammer chem. Symbol und Massenzahl des längstlebigen Isotops): Neptunium (Np; 237), Plutonium (Pu; 244), Americium (Am; 243), Curium (Cm; 247), Berkelium (Bk; 247), Californium (Cf; 251), Einsteinium (Es; 252), Fermium (Fm; 257), Mendelevium (Md; 258), Nobelium (No; 259); Lawrencium (Lr; 260), Unnilquadium (Unq; 261), Unnilpentium (Unp; 262), Unnilhexium (Unh; 263), Element 107 (262), Element 109 (266). Von den T. werden laufend neue Isotope erzeugt. Chemisch verhalten sich die T. ähnlich den homologen Elementen der Lanthanoiden-Reihe. Die ersten Glieder können unter best. Bedingungen in relativ stabilen Wertigkeiten auftreten. Mit steigender Ordnungszahl nimmt die Stabilität der höheren Wertigkeitsstufen ab.

T. lassen sich über Neutroneneinfang-Reaktionen oder über Kernverschmelzungsreaktionen bei Stoßprozessen aufbauen, wobei bei letzteren Elemente hoher Ordnungszahl (Targetnuklide) mit schweren geladenen Teilchen (Projektil) beschossen werden. Auf diese Weise versucht man auch die →superschweren Elemente im Bereich der →Inseln der Kernstabilität zu erzeugen (→Schwerionenforschung). Neutroneneinfang-Reaktionen können kontrolliert in Kernreaktoren mit hohem Neutronenfluß erfolgen, wobei sich Elemente bis $^{257}_{100}$Fm herstellen lassen. Beim unkontrollierten Aufbau in Kernexplosionen entstehen Elemente mit einer max. Massenzahl von 275, z. B. Cm 250 und Cf 254.

Von den T. werden u. a. verwendet: Pu 235 als Kernbrennstoff, langlebige α-Strahler, wie Pu 238, Cm 244 oder 242, als Wärmequelle in Isotopenbatterien, Pu 238 zur Energieerzeugung in nuklearen Herzschrittmachern, Am 241 als Strahlenquelle z. B. für die Fluoreszenzspektroskopie (→Americium), Cf 252 als Neutronenquelle für die Aktivierungsanalyse und die Krebstherapie sowie zur Herstellung von Radionukliden.

transversal, senkrecht zu einer Vorzugsrichtung. Z. B. schwingt bei transversalen elastischen →Wellen das Medium senkrecht zur Fortpflanzungsrichtung; Ggs.: **longitudinal.** (→elastische Schwingungen)

Transversalverschiebung, die →Horizontalverschiebung.

transzendente Zahlen, Bez. für die nicht →algebraischen Zahlen, z. B. die Zahl e und π. Die Menge der t. Z. ist nicht →abzählbar.

Trapez *das,* Viereck mit zwei parallelen Gegenseiten, den **Grundlinien.** Sind die beiden anderen Seiten, die **Schenkel,** gleich lang, heißt das T. **gleichschenklig.**

Trapezformel, Formel zur näherungsweisen Berechnung von best. Integralen, Formel →numerische Integration.

Trapezo|eder *das,* von Trapezoiden umschlossene Kristallformen, sechs beim trigonalen T., acht beim tetragonalen und zwölf beim hexagonalen T. T. bilden die allg. Formen der trigonal-trapezoedr., tetragonal-trapezoedr. und hexagonal-trapezoedr. Kristallklassen (→Kristall, TAFEL I, BILDER E 11, 19, 24).

Trapezoid *das,* ein Viereck, das keine parallelen Gegenseiten besitzt.

Trapp *der,* **Plateaubasalt** [plat'o-], sehr ausgedehnte (bis mehrere 100 km) und mächtige (bis mehrere 100 m) basalt. Ergußgesteine, oft in treppenartig angeordneten Decken übereinander; z. B. im Deccan, in S-Brasilien und auf Island.

Traß *der,* **Duckstein,** aus vulkan. Schlammströmen oder aus Glutwolken abgesetzter, gelber, grauer oder bräunlicher, stark glasiger Bimstuff; z. B. bei Andernach; wird in feingemahlener Form als →Puzzolan bei der Herstellung von Zement, Mörtel und Beton verwendet.

Trasse *die,* im Gelände durch Pfähle, Schnüre, Furchen o. ä. kenntlich gemachte Linie; auch die Linienführung **(Trassierung)** eines Verkehrswegs. Diese wird festgelegt durch Geländevermessung, geolog. Untersuchung, kartograph. Bearbeitung und techn. Projektierung unter Berücksichtigung von Wirtschaftlichkeit, Grundbesitzverhältnissen und Umweltschutz. Die Linienführung einer Straße ist durch Lage (Lageplan) und Höhe (Höhenplan) festgelegt (→Straßenbau). Im Eisenbahnbau umfassen die techn. Parameter der Projektierung: Spurweite, Regellichtraum, Nutzlänge der Gleise, Art der Bahn (Haupt- oder Nebenbahn), Leistungsfähigkeit der Gleisanlagen. Erstellt werden Lageplan und Längsprofil mit Angaben über Bogenhalbmesser, Längsneigung, Übergangsbögen, Überhöhungen und Überhöhungsrampen, Kunstbauten, Kreuzungen mit Leitungen und Verkehrswegen sowie Entwässerung des Bahnkörpers.

Traubenmühlen, Mühlen zum Zerquetschen von Trauben, speziell von Weintrauben; sie arbeiten mit Walzen, die mit Stiften besetzt sind.

Traubensäure, →Weinsäure.

Traubenzucker, →Glucose.

Trauf *die,* oberer Rand einer →Schichtstufe.

Traufe *die,* **Dachtraufe,** österr. **Saum,** die waagerechte Unterkante eines geneigten Daches.

Träufelharze, →Isolierstoffe.

Trautonium *das,* von F. TRAUTWEIN entwickeltes →elektronisches Musikinstrument (1930 erstmals vorgeführt), das ein- oder zweistimmig gespielt wird, indem man saitenartige Widerstandsdrähte auf Metallschienen niederdrückt. Durch elektr. Schalteinrichtungen lassen sich reichhaltige Klangfarben erzeugen.

Traverse, 1) Querstück, das als Oberhaupt zwei Ständer zu einem festen Gestell verbindet.

2) Querträger, z. B. an einem Mast, woran die Freileitungen hängen.

3) Flußbau: Querbauwerk zw. → Parallelwerk und altem Ufer, das eine Hinterströmung des Parallelwerks verhindern und die Verlandung fördern soll.

Travertin *der,* Kalktuff (→ Kalkstein, → Sinter); Werk- und Dekorationsstein, der in bergfeuchtem Zustand leicht zu bearbeiten ist. Vorkommen in Tivoli bei Rom und bei Bad Cannstatt.

Trecker, der → Ackerschlepper.

Trehalose, aus zwei Molekülen D-Glucose aufgebautes Disaccharid, in Pilzen und im Blut von Insekten.

Treib|eis, Trift|eis, Drift|eis, auf Flüssen, Seen und Meeren (→ Meereis) als einzelne Schollen oder in Feldern zusammengeschlossen an der Wasseroberfläche treibendes Eis. Die **Treibeisgrenzen** sind wichtig für die Schiffahrt und Fischerei.

Treibhaus|effekt, die Erscheinung, daß die Temperatur in glasgedeckten geschlossenen Häusern bei Sonneneinstrahlung erheblich über die Außentemperatur ansteigt und auch in klaren Nächten nicht übermäßig zurückgeht. Bewirkt wird dieser Effekt durch die unterschiedl. Durchlässigkeit des Glases für Strahlung verschiedener Wellenlängen. Das sichtbare Licht, das einen großen Teil der Strahlungsenergie der Sonne ausmacht, kann ungehindert das Glas passieren und den Innenraum erwärmen. Die von dem Innenraum ausgehende Strahlung liegt jedoch im langwelligen Infrarot, für das Glas undurchlässig ist, so daß eine Abkühlung durch Strahlung nicht stattfinden kann. – Eine ähnl. Wirkung hat die Erdatmosphäre für die Erdoberfläche: Wasserdampf und Kohlendioxid (→ Kohlendioxidproblem) absorbieren die Infrarotstrahlung und verhindern dadurch, daß nachts ein zu großer Teil der tagsüber empfangenen Wärmeenergie verlorengeht. Auf der Oberfläche der → Venus kommen durch den T. ihrer Atmosphäre noch wesentlich höhere Temperaturen zustande.

Treibladungspulver, → Schießpulver.

Treibmittel, 1) unter Druck leicht verflüssigbare Gase, mit deren Hilfe Wirkstoffflüssigkeiten aus Sprühdosen herausgedrückt und zerstäubt werden. Verwendung finden → Chlorfluorkohlenstoffe, in einigen Fällen auch Lachgas. 2) Verdampfende oder gasliefernde Stoffe, die bei der Herstellung von → Schaumstoffen der zu verschäumenden Masse zugesetzt werden. **Feste T.** (z. B. Azoverbindungen) zersetzen sich bei erhöhter Temperatur unter Abspaltung von Treibgasen (z. B. Stickstoff). **Flüssige** (z. B. Chlorfluorkohlenstoffe, Petroläther) verdampfen, **gasförmige T.** (z. B. Kohlendioxid) entlösen sich bei höherer Temperatur unter Schaumbildung. Gasförmige T. können auch durch chem. Reaktion gebildet werden, z. B. Wasserstoff aus Aluminiumpulver und Calciumhydroxid bei der Herstellung von Gasbeton. 3) → Explosivstoffe.

Treibprozeß, Treiben, Abtreiben, 1) Chemie: Entfernung eines Stoffes durch chem. Umsetzung.

2) Metallurgie: **Treibarbeit,** Verfahren zur Isolierung von Edelmetallen durch Oxidation der unedlen Begleitmetalle.

Treibscheibe, am Antrieb befestigtes Antriebselement mit Laufrillen für Seiltriebe. Die Reibung zw. Seil und T., die Vorspannkraft und der Umschlingungswinkel bestimmen die übertragbare Kraft, z. B. in Aufzügen.

Treibselkante, → Spülsaum.

Treibstange, Kurbelstange, Schubstange, die → Pleuelstange bei der Dampflokomotive; sie überträgt die Zylinderkräfte vom → Kreuzkopf zum Treibzapfen, **Kuppelstangen** leiten die Kraft vom Treibzapfen weiter zu den Kuppelzapfen, die sie auf alle Antriebsachsen verteilen. Bei manchen Dieselloks wird die Kraft mittels T. von einer Blindwelle auf die Treibzapfen der Antriebsachsen übertragen.

Treibstoffe, Bez. für alle energieliefernden Betriebsstoffe, deren freie Verbrennungsenergie in mechan. Arbeit umgesetzt wird, z. B. die Otto- und Dieselkraftstoffe, die → Turbinenkraftstoffe, Raketen-T. (→ Rakete) sowie die in Treibsätzen verwendeten langsam abbrennenden → Explosivstoffe.

treideln, → Leinpfad.

Tremolit, Grammatit, Mineral $Ca_2Mg_5[OH|Si_4O_{11}]_2$, weiß, grau, flaschengrün; stengelig-strahlige Kristalle in metamorphen Kalken (→ Strahlstein, → Amphibole).

Tremolit: Kristallaggregat, faserig (Campolungo, St. Gotthard, Schweiz)

Trend, in der Statistik die Grundrichtung oder Entwicklungstendenz einer geordneten Reihe, meist einer → Zeitreihe.

Trenndüsenverfahren, Methode zur → Isotopentrennung.

Trennen, 1) Fertigungstechnik: das Abnehmen eines Teils von einem Werkstück zur Formgebung, indem der Werkstoffzusammenhalt aufgehoben wird: spanlos durch → Schneiden, spanend durch → Sägen, → Trennschleifen, → Abstechen 1), umformend durch → Abschroten, thermisch durch → Brennschneiden, elektrothermisch durch → Elektroerosion.

2) Verfahrenstechnik: Zerlegung stoffl. Gemische entsprechend den physikal. und chem. Eigenschaften ihrer Komponenten. Je nach Art des angewandten → Trennverfahrens und dem erreichten **Trennungsgrad** werden Stoffe unterschiedlicher chem. Reinheit erhalten. Das T. ist ein wichtiger Prozeß für die Verfahrenstechnik, für das Laboratorium und in der analyt. Chemie.

Trennfestigkeit, Festigkeit gegenüber verformungslosem Bruch (z. B. von Metallen), der bei dreiachsigem Zugspannungszustand auftritt; ist nicht genau durch Versuch ermittelbar, da ein solcher Spannungszustand nicht eindeutig erzeugt werden kann.

Trennmittel, Hilfsstoffe bei der Kunststoffverarbeitung, die ein Festkleben des Kunststoffs in den Formwerkzeugen verhindern. Verwendet werden u. a. Siliconöle und Fettsäureamide.

Trennrohr, 1938 entwickeltes Gerät zur Trennung von Gasen verschiedenen Atom- oder Molekulargewichtes, wobei die Thermodiffusion zur Entmischung zweier Gase oder Flüssigkeiten in einem Temperaturgefälle ausgenutzt wird: Der schwerere Bestandteil wird bei der tieferen, der leichtere bei der höheren Temperatur angereichert. Das T. besteht aus einem vertikalen, gekühlten Rohr, in dem axial ein elektrisch heizbarer Draht gespannt ist (BILD). Zw. Draht und Rohrwand herrscht das die

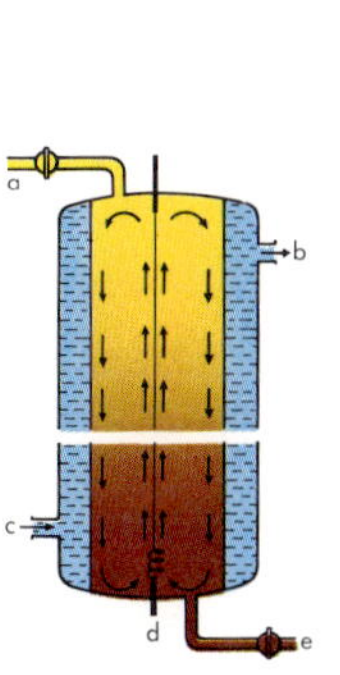

Trennrohr

Trennrohr: a Gaszuführung und -entnahme (leichter Anteil); b und c Kühlwasser; d elektrisch geheizter Draht; e Entnahme (schwerer Anteil)

Trennung bewirkende Temperaturgefälle. Der an sich kleine Trenneffekt wird durch eine vom Temperaturgefälle unterhaltene Gasströmung, innen aufwärts, außen abwärts, stark vervielfacht und auf eine für prakt. Zwecke brauchbare Größe gebracht. Das T. wird für die → Isotopentrennung benutzt; seine Wirkung kann in Verbindung mit einer Zentrifuge noch erhöht werden.

Trennsäule, → Gaschromatographie.

Trennschärfe, Selektivität, Eigenschaft eines Empfängers, den gewünschten Sender so von den frequenzmäßig benachbarten Sendern zu trennen, daß diese nicht mehr gehört werden und auch keinen störenden Einfluß mehr ausüben können. Die T. ist um so besser, je mehr Schwingkreise (z. B. im Zwischenfrequenzteil eingebaute → Bandfilter) ein Rundfunkempfänger hat.

trennschleifen, Fertigungstechnik: Teile vom Werkstück oder Halbzeug mit einer dünnen Schleifscheibe auf der **Trennschleifmaschine** abtrennen.

Trennsystem, Trennverfahren, Entwässerungssystem mit getrennten Leitungsnetzen für Schmutz- und Regenwasser. Das Schmutzwasser wird zur Kläranlage geleitet, das Regenwasser direkt zum → Vorfluter; Ggs.: → Mischsystem.

Trennung der Variablen, das Umformen einer Differentialgleichung auf die Form $y' = \frac{g(x)}{h(x)}$, die Lösung erhält man aus $\int h(y)\mathrm{d}y = \int g(x)\mathrm{d}x + C$ mit C = Konstante.

Trennungslicht, Trennungsleuchten, die → Triboluminеszenz.

Trennverfahren, Bez. für die in der Analytik und Verfahrenstechnik angewendeten Verfahren zum Trennen von Stoffgemischen und zur Reinigung von Einzelstoffen auf Grund der physikal. und/oder chem. Eigenschaften ihrer Komponenten. Nach der Art der zu leistenden Trennenergie **(Trennarbeit)** lassen sich unterscheiden: 1) **Mechan. Verfahren,** bei denen Schwer- und Zentrifugalkraft, Druck oder Vakuum ausgenutzt werden, z. B. Dekantieren, Sieben, Windsichten, Sortieren, Filtration, Dialyse, Sedimentation, Osmose, Flotation, Klärung und Zentrifugieren. 2) Die → thermischen Trennverfahren, bei denen die Trennung auf Phasenumwandlung beruht. 3) **Elektr. und magnet. Verfahren,** fußend auf der elektr. Leitfähigkeit oder den magnet. Eigenschaften der zu trennenden Stoffe, z. B. Elektrophorese, -osmose, -dialyse, elektrostat. Entstaubung und Magnetscheiden. 4) **Chem. Verfahren,** die z. B. Stoffumwandlungen, Verbindungsbildung, Ionenaustausch zur Grundlage haben. – Eine andere Gliederung unterscheidet die Trennung durch unterschiedl. Verteilung zw. zwei nicht mischbaren Phasen sowie die Trennung durch unterschiedl. Wanderungsgeschwindigkeit in einer Phase. Zur ersten Gruppe gehören z. B. die Verteilung und Gegenstromverteilung zw. zwei Flüssigkeiten, die Löslichkeit von Gasen in Flüssigkeiten, Adsorption und Absorption von Stoffen an Festkörpern (dazu gehören die Verfahren der → Chromatographie), Ionenaustausch, Fällungsreaktionen, Extraktion, Zonenschmelzverfahren, Kristallisation und Destillation. Zur zweiten Gruppe zählen z. B. Massenspektrometrie, Elektrophorese und -dialyse, Diffusion, Sedimentation und Flotation. (→ Diffusionstrennverfahren)

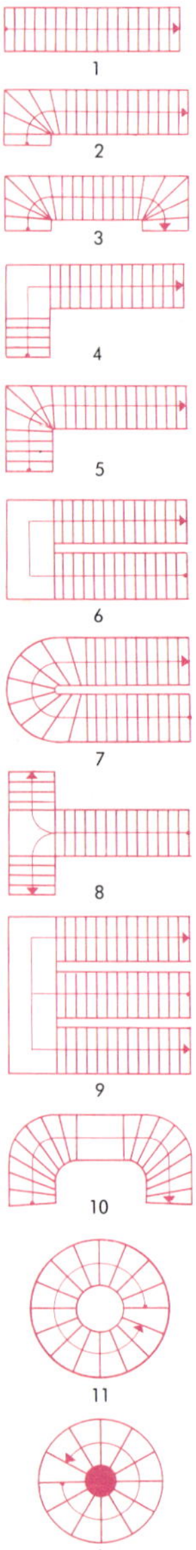

Treppe: **1–3** Einläufige Treppen; **1** gerade Treppe, **2** und **3** mit Wendelstufen. **4–7** Zweiläufige Treppen; **4** mit Eckpodest, **5** mit Wendelstufen, **6** mit Zwischenpodest, **7** gewendelte Treppe. **8** und **9** Dreiläufige Treppen. **10** Runde Treppe mit Zwischenpodest. **11** und **12** Spindeltreppen mit **11** hohler und **12** voller Spindel

Trennverstärker, zur galvan. Trennung von Stromkreisen, z. B. bei analogen Meßschaltungen, eingesetzter elektron. Verstärker. Ein- und Ausgangsstufe des z. B. als Operationsverstärker aufgebauten T. sind durch einen hohen Isolationswiderstand und geringe Kapazität voneinander getrennt. Das Nutzsignal wird i. a. auf optischem Weg (→ Optokoppler) übertragen.

Trennwand, Innenwand von geringer Dicke und geringem Gewicht, die keine wesentl. Lasten zu tragen, keine statischen Aufgaben (Gebäudeaussteifung u. ä.), oft auch nicht dem Wärme- und Schallschutz zu dienen hat, z. B. Stahlsteinwände, Drahtputzwände, Anwurfwände, Gipsdielenwände. – In Büros werden vielfach Schrankwände zur Raumtrennung installiert. Zur Gestaltung (bes. Abschirmung) von Arbeitsplätzen in Großraumbüros gibt es (frei stehende) Raumgliederungselemente (Wandhöhe bis etwa 2 m).

Trennwand|diffusion, ein → Diffusionstrennverfahren.

Trepidation, im Altertum bei den Arabern aufgestellte falsche Theorie, nach der die Fixstern-Sphäre außer ihrer tägl. Rotation noch eine oszillierende Bewegung vollführen sollte; hielt sich bis ins 16. Jh.

Treppe, Stiege, Steige, Aufgang aus Stufen, gliedert eine schiefe Ebene in senkrechte Steigungen und waagerechte Auftritte. Die erste Stufe heißt **Antritt,** die letzte **Austritt,** eine Stufenreihe **Lauf** oder **Arm.** Ein Wechsel der Gangrichtung wird durch Einbau von Wendelstufen erreicht; bei größeren Geschoßhöhen werden **T.-Absätze** (Zwischenpodeste) eingefügt.

Frei-T. dienen als Aufgang zu einem Gebäude. **Außen-T.** liegen außerhalb der Hausmauern; **innere T.** sind Hauptgeschoß-T. im T.-Haus sowie Neben-T. wie Keller- und Boden-T. **Wendel-T.** werden mit Mittelsäule als **Spindel-T.** oder gewundener innerer Wange als **Hohl-T.** mit einem **Treppenauge** ausgeführt.

Holz-T. erhalten mitunter als Antritt eine Blockstufe (Klotzstufe). Die senkrechten Setz- und waagerechten Trittstufen werden in die **Wangen** eingelassen. **Stein-T.** können auch freitragend ausgeführt werden. Bei gemauerten T. werden die Stufen entweder als scheitrechte Bogen zw. den Wangenmauern ausgeführt oder als Rollschichten auf ein steigendes Gewölbe aufgebaut. **Stahlbeton-T.** bieten vielseitige Gestaltungsmöglichkeiten und haben große Feuersicherheit. **Eiserne T.** werden von den Gießereien fertig geliefert.

Treppenfunktion, Stufenfunktion, eine in einem Intervall $[a, b]$ erklärte Funktion $f(x)$, falls $[a, b]$ durch Punkte $a = c_0 < c_1 < \ldots < c_n = b$ so in endlich viele Teilintervalle zerlegt werden kann, daß $f(x)$ in jedem Teilintervall (c_i, c_{i+1}) konstant ist.

Treppenhausschaltung, Schaltung in der Hausinstallation für die Beleuchtung von Gemeinschaftseinrichtungen (Eingänge, Flure, Treppenhäuser, Garagen) unter Verwendung von Tastschalter, Stromstoßrelais und einer Schaltuhr, die das Relais einige Minuten nach dem Einschalten selbsttätig ausschaltet.

Treppenrost, Rost für geringwertiges Brennmaterial (→ Feuerung).

Treppenverwerfung, der → Staffelbruch.

Trevira, Handelsname für eine Synthesefaser auf Polyesterbasis.

Trevorit, Mineral, → Spinell.

TRH, Abk. für → **T**hyrotropin-**R**eleasing-**H**ormon.

Tri, Abk. für **Trichloräthylen** (→ Chlorkohlenwasserstoffe).

Triac, Abk. aus **Tri** (drei Anschlußelektroden) und **AC** (alternating current), **Zweiwegthyristor,** elektron. Bauelement, das im Prinzip aus zwei antiparallelgeschalteten → Thyristoren aufgebaut ist. Die in einem Halbleiterkristall integrierte Struktur besteht aus fünf Schichten

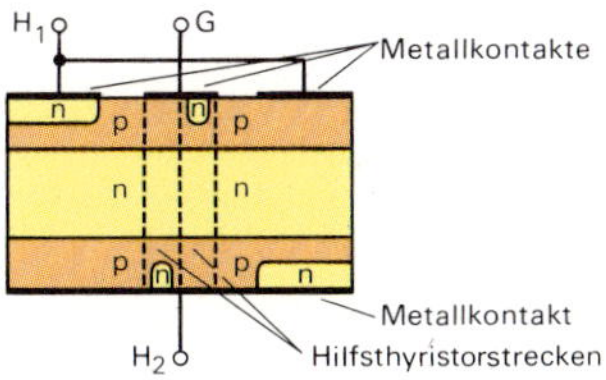

Triac 1: schematischer Aufbau

abwechselnden Leitfähigkeitstyps, wobei noch ein oder zwei n-leitende Inseln für Hilfsthyristorstrecken hinzukommen. Die äußeren Schichten der beiden Strukturen sind jeweils zu einem Anschluß zusammengefaßt. Der T. besitzt nur eine Steuerelektrode, die für die eine Thyristorstruktur an der inneren p-leitenden Zone, für die andere an einer n-leitenden Insel innerhalb der genannten p-Zone liegt. Führt man dem T. über die Steuerelektrode einen Impuls bestimmter Polarität zu, so wird eine der beiden Thyristorstrukturen durchgeschaltet (›leitend‹), die andere gesperrt (›nichtleitend‹); bei einem Impuls entgegengesetzter Stromrichtung entsprechend umgekehrt. Die Ansteuerung erfolgt meist über einen → Diac, wodurch definierte Schaltzeitpunkte erreicht werden. T. werden in Wechselstromkreisen bes. zur Leistungssteuerung (z. B. → Phasenanschnittsteuerung für einen → Dimmer) eingesetzt.

Triacontanol, → Myricylalkohol.

Triade *die,* Gruppe von drei bes. nahe verwandten Elementen, z. B. Chlor, Brom, Jod. T. spielten in der histor. Entwicklung des → Periodensystems eine Rolle.

Triakis|oktaeder, Trisoktaeder, Pyramidenoktaeder *das,* von 24 gleichschenkligen Dreiecken umschlossene spezielle Kristallform des kub. Systems (→ Kristall, TAFEL I, BILD F 10).

Triakis|tetraeder, Tristetraeder, Pyramidentetraeder *das,* von 12 gleichschenkligen Dreiecken begrenzte spezielle Kristallform des kub. Systems (→ Kristall, TAFEL I, BILD F 4).

Tri|amino|triazin, → Melamin.

Triangulation, Geodäsie: Verfahren der Vermessungstechnik zur Bestimmung von → Festpunkten 2) durch Messung von → Horizontalwinkeln. Hierbei werden in dem durch die trigonometr. Punkte (TP) gebildeten Dreiecksnetz sämtl. Winkel mit dem Theodolit gemessen und die Längen einzelner Dreiecksseiten durch Basismessung (→ Basis 3) oder elektron. Distanzmessung (→ Distanz 2) bestimmt **(Dreiecksaufnahme).** Zur Orientierung des Netzes auf der Erdoberfläche dienen die astronomisch bestimmten → Breiten 1) und → Längen 4) einzelner TP sowie die → Azimute 2) einzelner Dreiecksseiten.

In der klass. Landesaufnahme wird zw. TP 1. Ordnung (Dreiecksseite 40 . . . 60 km), 2. Ordnung (10 . . . 20 km), 3. Ordnung (3 . . . 10 km) und 4. Ordnung (1 . . . 3 km) unterschieden. Die TP dienen als Grundlage für die topograph., die Kataster- und die Ingenieurvermessungen, wobei i. a. weitere Verdichtungsmessungen durch → Polygonzüge oder → Aerotriangulation notwendig werden.

Seit der Entwicklung der elektron. Distanzmessung werden die Lagefestpunkte meist durch die wirtschaftl. Verfahren der → Trilateration oder der Polygonierung (→ Polygonzug) bestimmt. Großräumige Festpunktfelder (500 . . . 5000 km) lassen sich durch Richtungsmessungen zu Erdsatelliten (→ Satellitengeodäsie) aufbauen **(Satellitentriangulation).**

Triangulum, Astronomie: **1) T. australe,** lat. Bez. für das → Sternbild Südliches Dreieck am Südhimmel.

2) T. (boreale), lat. Bez. für das Sternbild (Nördliches) Dreieck, in dem der **Triangulumnebel (Dreiecksnebel,** M 33) liegt, der bereits mit einem lichtstarken Feldstecher zu erkennen ist und zur → lokalen Gruppe gehört.

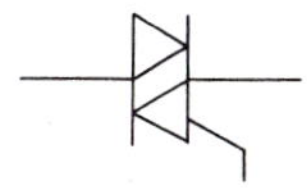

Triac 2: Schaltzeichen

Tri|arylmethanfarbstoffe, synthet. Farbstoffe, deren Grundgerüst aus drei aromat. Ringsystemen (→ Aryl . . .) besteht, die an ein gemeinsames C-Atom gebunden sind. Handelt es sich um drei Phenylgruppen, spricht man auch von **Tri|phenylmethanfarbstoffen.** T. sind meist nicht sehr lichtecht. Das → Methylviolett und Malachitgrün werden auf dem Bürosektor verwendet. Saure T., wie Naphthalingrün V und Wollgrün BS sind wichtige Wollfarbstoffe. Als Indikatorfarbstoff ist v. a. → Phenolphthalein von Bedeutung.

Trias *die,* ältestes System (Periode) des → Mesozoikums. Die T. war eine Zeit bed. festländ. Ablagerungen (Geokratie) mit gelegentl. Flachmeereinschaltungen. Dagegen wurden in den Geosynklinalen (Alpen, Tethys) mächtige marine Sedimente abgelagert, die bei der → alpidischen Gebirgsbildung aufgefaltet wurden. Man unterscheidet daher eine **germanische,** vorwiegend kontinentale, und eine **alpine** oder **mediterrane** T.-Fazies.

Der Name (›Dreiheit‹) stammt von der **german. T.,** die in → Buntsandstein, → Muschelkalk und → Keuper gegliedert wird und die sich von S-Dtl. bis in den Nordseeraum (Brit. Inseln), im Bereich des → Germanischen Beckens, erstreckte. Von der alpinen T. wurde sie durch die → Vindelizische Schwelle getrennt. Erst in der jüngsten T. leiteten epirogene Bewegungen die transgressive Periode des → Jura ein. – Die Ablagerungen von Buntsandstein und Keuper sind v. a. festländisch, die des Muschelkalks in einem seichten Binnenmeer entstanden. Ähnliche Verhältnisse wie im German. Becken bestanden im westl. Mittelmeergebiet, in der UdSSR und in China.

Schwerpunkte der geosynklinalen marinen (pelag.) **alpinen T.** lagen in den Nord- und Südalpen, getrennt durch einen zentralalpinen Rücken. Riff- und Dolomitablagerungen erreichen hier bis zu 3000 m. Die Kalke und Dolomite, die sich vom Rif-Atlas über die Kalkalpen und den Balkanraum bis in den Himalaya und nach Malaysia finden, sind charakterist. Ablagerungen der → Tethys 2). Sie mündete im Malaiischen Archipel in eine zirkumpazif. Senkungswanne (Sibirien, Japan, amerikan. Kordilleren) mit vorwiegend klast. Gesteinen mit eingeschalteten vulkan. Tuffen. Im Skyth und Karn sind festländ. Einflüsse bemerkbar, im Ladin und Nor ist die pelag. Ausbildung am stärksten. Im Flachwasserbereich kamen die salinaren Werfener Schichten, in Lagunen das steinsalz- und gipsführende Haselgebirge zur Ablagerung (Solquellen von

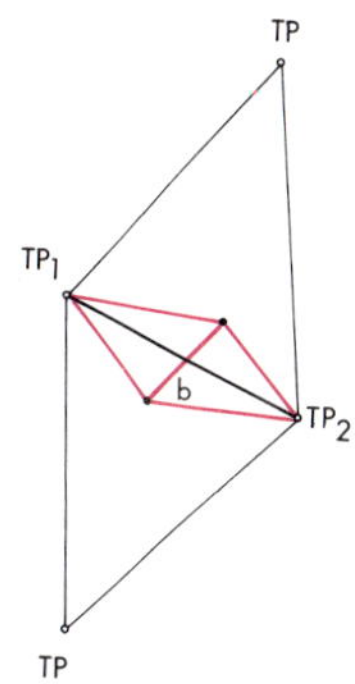

Triangulation

Triangulation: Von den trigonometr. Punkten TP_1 und TP_2 aus wird die Länge der Strecken über ein Netz mit der bekannten Basis b berechnet

	germanische Trias		alpine Trias	
				195 Mio. Jahre
Obere Trias	Keuper	Oberer (Sandstein-K.)	Rhät	
		Mittlerer (Gips-K.)	Nor	
		Unterer (Letten-K.)	Karn	
Mittlere Trias	Muschelkalk	Ob. (Hauptmuschelkalk)	Ladin	
		Mittl. (Anhydritgruppe)		
		Unterer (Wellenkalk)	Anis	
Untere Trias	Buntsandstein	Oberer (Röt)	Skyth	
		Mittlerer (Haupt-B.)		
		Unterer		
				230 Mio. Jahre

Bad Reichenhall, Steinsalzabbau in Berchtesgaden, Hallein, Hallstatt u. a.). Die Mittel-T. der Südalpen war eine Zeit reger vulkan. Tätigkeit, wobei sich die Riffe des Schlerndolomits mit vulkan. Tuffen verzahnen. Anzeichen der Aufspaltung der Landmasse der Südkontinente (→ Gondwana) zeigen sich in der späten T. In Südamerika und Südafrika kam es zu riesigen Basaltergüssen.

Das Klima der T. war verhältnismäßig ausgeglichen. Auf stärkere Erwärmung in der Mittel-T. deuten Kalkalgen. Auch die kontinentalen Ablagerungen lassen semiarides Klima vermuten. Zu Kohlebildungen kam es in Asien und im Umkreis des Pazifik.

Mit der T. vollzog sich bes. die Entwicklung der Reptilien, die in den Landablagerungen durch Fährtenabdrücke (Chirotherium) überliefert sind; die ersten Ichthyosaurier und Dinosaurier traten auf. Erstmals finden sich Säugetiere mit etwa rattengroßen Formen. Die Hexakorallen traten als Riffbildner auf, Tetrakorallen und Tabulate starben ebenso wie in der Obertrias die zu den Nautiloideen gehörenden Orthoceren aus. Die Nacktsamer entwickelten sich weiter, mit dem Keuper erschienen die Cycadeen (Palmfarne). Wichtigste Leitfossilien sind Ammoniten (Ceratiten), daneben in den marinen Schichten Conodonten, Brachiopoden, Muscheln und Kalkalgen (häufig gesteinsbildend), in den brackischen und kontinentalen Sedimenten Ostracoden, Wirbeltiere sowie höhere Pflanzen und Sporen.

Triäthanol|amin, →Äthanolamine.

Triäthylen|glykol, →Glykoläther.

Triazine

1,3,5-Triazin

Triazine, heterozykl. Sechsringverbindungen mit drei Stickstoffatomen. Derivate des 1,3,5-T. sind Cyanursäure, Melamin und einige Herbizide.

Tribochemie, Zweig der physikal. Chemie, der sich mit den chem. Veränderungen von Festkörpern unter Einwirkung mechan. Energie (z. B. Reibung, Stoß, Wechselwirkung zw. Werkzeug und Werkstück) befaßt. Durch Gitterstörungen und das entstehende sehr ›heiße‹, kurzlebige **Triboplasma** erlangen feste Körper höhere Aktivität und Reaktionsfähigkeit. Hierdurch werden chem. Umsetzungen bei Normalbedingungen möglich, die sonst nur bei hohen Temperaturen und Drücken ablaufen.

Tribo|elektrizität, die →Reibungselektrizität.

Tribologie, 1966 eingeführte Bez. für die wissenschaftl. Erforschung von →Reibung, →Schmierung und →Verschleiß. Die angewandte T. wird als **Tribotechnik** bezeichnet. Ihre Aufgaben sind u. a. die Werterhaltung von Maschinen und Energieeinsparungen durch Reibungsverminderung.

Dokumentation T., hg. v. der Bundesanstalt für Materialprüfung (1975); Wissensspeicher Tribotechnik, hg. v. H. BRENDEL und H. WINKLER (1978); T., Bd. 1, hg. v. W. BUNK u. a. (1981); Internat. Jb. der T., hg. v. W.-J. BARTZ (1982).

Tribo|lumineszenz, Trennungslicht, Trennungsleuchten, Form der →Lumineszenz, die als schwaches Leuchten von Kristallen (z. B. Quarz, Kalkspat, Zucker) beim Zerbrechen oder Zerstoßen auftritt.

Tri|brom|methan, →Bromoform.

Tricarbonsäurezyklus, →Zitronensäurezyklus.

Trichite *Mz.,* haarförmige Mikrolithe sowie fadenähnl. Kapillaren z. B. in Turmalinen u. a. Mineralen.

Trichlor|acet|aldehyd, →Chloral.

Trichlor|äthan, →Chlorkohlenwasserstoffe.

Trichlor|äthylen, →Chlorkohlenwasserstoffe.

Trichlormethan, →Chloroform.

Trichterbau, im Tagebau und Untertagebau anwendbares Abbauverfahren für mächtige Lagerstätten mit standfestem Erz und Nebengestein. Ein →Rolloch oder senkrechtes Bohrloch wird von oben nach unten fortschreitend trichterförmig erweitert, das gelöste Material wird am Fuße des Loches abgezogen.

Trickfilm, die filmische Darstellung unwahrscheinl. oder unwirklicher Begebenheiten mit Hilfe von techn. Tricks während der Aufnahme oder von Montage und Schnitt. Neben Spiel- und Puppenfilmen ist der **Zeichentrickfilm (Animationsfilm)** eine weitverbreitete Form des T.; hier werden Graphiken in einzelnen Phasenbildern gezeichnet und zur Vortäuschung von Bewegung am Tricktisch nacheinander einzeln aufgenommen.

T.-Techniken, die als Filmtricks auch in normalen Filmen angewandt werden, sind u. a.: Überblendungen, Einblendungen und Ineinanderkopieren; Änderung der Aufnahmegeschwindigkeit durch →Zeitdehner und →Zeitraffer; Rückwärtslauf oder Stillstand der Kamera; Mehrfachbelichtungen mit entsprechenden Teilabdekkungen in der Kamera oder beim Kopieren; Fahr- und Schwenkaufnahmen, Verwendung von →Vario-Objektiven; Einspiegelung von Personen, die anderenorts aufgenommen wurden; Aufnahmen von Modellbauten; Rückprojektionsverfahren: Personen spielen vor einer Szene, die auf eine halbdurchlässige Bildwand projiziert wird; Beleuchtung von Objekten, die verschwinden sollen, mit Licht einer solchen Farbe, für die das Aufnahmematerial nicht empfindlich ist; Cinemagic: Erzielen utop. Wirkungen durch Kombination von Realaufnahmen mit Zeichen- und Modelltricks.

W. REFF u. I. VÁSÁRHELYI: Der Filmtrick und der T. (Leipzig [5]1978); F. FRESE: Filmtricks und T. (Neuaufl. 1978).

Tricktaste, Übersprechtaste, Einrichtung an Tonbandgeräten, die den Löschkopf abschaltet, so daß mehrere Aufzeichnungen übereinander aufgespielt werden können.

Tridymit *der,* Mineral, eine Modifikation von SiO_2, glashell oder milchig-trüb; H. 6,5–7, D. 2,27; T. wird bei hohen Temperaturen als hexagonaler Hoch-T. gebildet und wandelt sich unter 130 °C reversibel in den rhomb. Tief-T. um; Kristalle als sechsseitige Täfelchen, meist fächerartig zu Drillingen oder kugeligen Gruppen verwachsen. T. entsteht exhalativ in Poren saurer Ergußgesteine, durch Frittung in Sandstein am Basaltkontakt, auch als Komponente des Opals; künstlich im Martinofen und als Entglasungsprodukt schlecht gekühlter Gläser.

Trieb|achs|anhänger, meist einachsiger Ackerwagen, dessen Achse durch die Schlepperzapfwelle angetrieben wird; zum Befördern schwerer Lasten auf dem Feld.

Triebrad, Treibrad, bei mechan. Rädergetrieben das erste angetriebene Rad, das die Bewegung weiterleitet.

Triebstockverzahnung, Zykloidenverzahnung (→Zahnrad), bei der Bolzen mit kreisrundem Querschnitt die Zähne eines Rades (Uhr) oder einer Zahnstange (Zahnradbahn) bilden.

Triebwagen, Schienenfahrzeug mit eigener Antriebsmaschine zur Beförderung von Personen oder Gütern; Antrieb heute ausschließlich durch Elektro- oder Verbrennungsmotoren.

Elektrische T. Die Antriebskraft der am Drehgestell aufgehängten Elektromotoren (Tatzmotorantrieb) wird über Zahnräder auf die Achsen übertragen. Stromzuführung durch **Oberleitung** (Straßen- und Überlandbahnen, Fernbahnen), **seitliche (dritte) Schiene** (S- und U-Bahnen), eigene Stromquelle bei **Speicher-** oder **Akkumulatoren-T.** mit begrenztem Aktionsradius (→elektrische Bahnen). – Für den Stadt- und Nahverkehr hat der S-Bahn-Verkehr mit 15 kV, 16²/₃ Hz immer größere Bedeutung erlangt, z. B. mit dem T. Baureihe 420. Im Fernverkehr wird häufig der **Triebzug,** eine mehrgliedrige Zuggarnitur aus T., Mittel- oder Steuerwagen, eingesetzt (z. B. Baureihe 403, in Frankreich TGV, →Eisenbahn). Die Frz. Staatsbahnen (SNCF) und die Régie Autonome des Transports Parisiens (RATP) setzen **Zweisystem-Triebzüge** ein (auf Strecken der SNCF im Pariser Vorortverkehr mit 25 kV, 50 Hz Einphasen-Wechselspannung, auf denen der RATP als S-Bahn mit 1,5 kV Gleichspannung).

T. mit Verbrennungsmotoren. Verbrennungsmotoren mit Flüssigkeitsgetriebe oder mit Generator und Elektromotorantrieb für die Übertragung, Leichtbauweise und immer leistungsstärkere, schnellaufende Dieselmotoren ermöglichten seit den 1930er Jahren den wirtschaftl. Einsatz von Eil- und Schnell-T. mit Höchstgeschwindigkeiten bis zu 160 km/h (›Fliegender Hamburger‹). Der ›Schienenzeppelin‹ erreichte sogar 230 km/h. Urspr. für den TEE- und Intercity-Verkehr beschafft wurden die dieselhydraul. Triebzüge Baureihe 601 und 602 mit Gasturbine. – Auf Nebenstrecken werden häufig →Schienenomnibusse eingesetzt.

Triebwerk, bei Fahrzeugen alle Bauteile, die zum Antrieb dienen (z. B. Verbrennungsmotor mit Zusatzaggregaten, Kupplung, Getriebe, Differential u. a.). Bei Luftfahrzeugen werden nach Art der Antriebsmaschine Kolben- und Turbinen-T., nach Art der Vortriebserzeugung Luftschrauben- und Strahl-T. unterschieden.

Triebwerksbremse, 1) Kfz: →Motorbremse.

2) Schienenfahrzeuge: Bremsanlage in Triebfahrzeugen, bei denen die kinet. Energie der Fahrzeuge elektrisch oder hydrodynamisch in Nutz- oder Wärmeenergie umgewandelt wird. Bei elektr. Triebfahrzeugen werden die Fahrmotoren als Generatoren geschaltet und speisen entweder in elektr. Widerstände (Verlustbremsung) oder in die Oberleitung (→Nutzbremsung). Bei Dieseltriebfahrzeugen treiben die Achsen Hydraulikpumpen, deren durch kleine Öffnungen gedrücktes und damit erwärmtes Öl in Ölkühlern rückgekühlt wird (Verlustbremsung).

Triebwerk|überwachungsgeräte, in Luftfahrzeugen →Bordinstrumente zur Überwachung des Betriebszustandes von Triebwerken, v. a. Drehzahl-, Druck- und Temperaturmeßgeräte sowie Kraftstoffvorrats- und -verbrauchsmeßgeräte.

Tri|ergol, Dreistoffsystem für flüssige Raketenantriebe: Zum Oxidator und Brennstoff kommt noch eine dritte Komponente zur Leistungssteigerung hinzu (z. B. Metalle oder deren Verbindungen). Nachteil: zusätzl. Behälter und Fördereinrichtung.

Tri|ergon, von J. B. ENGL, J. MASSOLLE und H. VOGT in den Jahren von 1918 bis 1922 entwickeltes vollständiges Aufnahme- und Wiedergabeverfahren für Lichttonfilme **(Triergon-Tonfilmverfahren);** 1922 erste öffentliche Tonfilmvorführung in Berlin. (→Lichttonverfahren)

Trifokalgläser, →Brille.

Triftröhren, seltene Bez. für das →Klystron, da die Elektronen im Laufraum des Klystrons ›triften‹.

Triftstrom, Reaktion des Meeres auf die tangentiale Schubspannung des Windes an der Meeresoberfläche. Der T. ist eine Meeresströmung, deren Richtung auf Grund der Coriolis-Kraft auf der nördl. Halbkugel um 45° nach rechts, auf der südl. Halbkugel um 45° nach links von der Richtung des erzeugenden Windes abweicht. Mit zunehmender Tiefe dreht der T. unter Abschwächung weiter nach rechts bzw. links und klingt schließlich in der ›Reibungstiefe‹ des T. ab. Diese Tiefe liegt in der Größenordnung von 10 bis 50 m. Der gesamte Massentransport des T. erfolgt senkrecht zur Windrichtung.

Trigger, engl. für **Auslöser,** elektr. Einrichtung, Schaltung oder Bauelement zur definierten Auslösung oder Steuerung eines Vorgangs. Die zu diesem Zweck notwendigen Signale werden z. B. durch einen →Schmitt-Trigger oder mit einer →Triggerdiode erzeugt, die immer dann einen Triggerimpuls abgeben, wenn eine bestimmte Schwelle (Spannung oder eine andere Größe) über- oder unterschritten wird. Anwendungen sind z. B. die Triggerung (intern oder extern) der Zeitablenkung beim Oszilloskop, die Ansteuerung eines Registers zur Übernahme einer am Eingang anliegenden Information, die Steuerung eines Impulsgenerators, die Auslösung eines Schaltvorgangs.

Triggerdiode, Halbleiterbauelement zur Ansteuerung (›Triggerung‹) eines →Thyristors oder →Triacs. Die T. geht bei Überschreiten eines bestimmten Wertes der zw. den beiden Anschlüssen angelegten Spannung vom Sperr- in den Durchlaßzustand über und erzeugt dadurch den notwendigen Zündimpuls. Man unterscheidet die →Vierschichtdiode (vergleichbar einem Thyristor ohne Steuerelektrode) und den →Diac, der zwei antiparallel geschalteten Gleichrichterdioden entspricht.

Triglyceride, →Fette.

Trigon, das →Dreieck 2).

trigonal nennt man eine Abteilung des hexagonalen →Kristallsystems, sowie die zugehörigen Kristallklassen (→Kristall, ÜBERSICHT Symmetrieklassen) und Kristallformen (→Kristall, TAFEL I, BILDER E 9–15).

Trigonalschein, eine →Konstellation 1).

Trigondodekaeder, ein Körper, der von zwölf Dreiecken umschlossen wird (BILD Dodekaeder).

Trigonometrie, Theorie der →Winkelfunktionen und ihrer Anwendungen in der Geometrie, z. B. zur Berechnung von Dreiecken in der Ebene oder auf der Kugeloberfläche **(sphär. T.)** oder anderer Figuren.

trigonometrische Funktionen, die →Winkelfunktionen.

trigonometrische Höhenmessung, Verfahren zur Bestimmung des Höhenunterschiedes zw. zwei Punkten aus dem mit einem Theodolit gemessenen Höhenwinkel und der Horizontalentfernung. Bei Zielweiten ab 250 m müssen die Erdkrümmung und die Refraktion berücksichtigt werden, ab 5 km geht die Genauigkeit der t. H. wegen der Refraktionsunregelmäßigkeiten zurück.

Trinitrotoluol

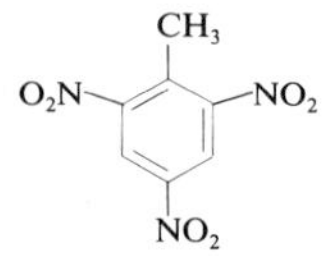

2,4,6-Trinitro-toluol

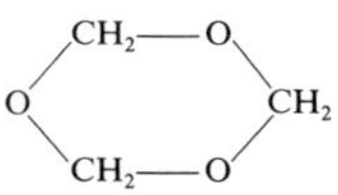

Trioxan

trigonometrischer Punkt, →Triangulation.

3,4,5-Trihydroxybenzo|esäure, →Gallussäure.

1,2,3-Trihydroxybenzol, →Pyrogallol.

Trihydroxyphenol, →Phloroglucin.

2,6,8-Trihydroxypurin, →Harnsäure.

Trijodthyronin, T 3, neben Thyroxin in der Schilddrüse gebildetes Hormon. Es ist etwa fünfmal biologisch aktiver als →Thyroxin.

triklin heißt eines der →Kristallsysteme sowie die zwei zugehörigen Kristallklassen (→Kristall, ÜBERSICHT Symmetrieklassen) und Kristallformen (→Kristall, TAFEL I, BILDER E 1, 2).

Tri|kresylphosphat, Isomerengemisch mit der Formel $(CH_3C_6H_4O)_3PO$. Die viskose Flüssigkeit wird als Hydraulikflüssigkeit und Schmiermittel bei Hochtemperaturbeanspruchung sowie als Kraftstoffadditiv gegen Glühzündung verwendet. Als Weichmacher für PVC spielt T. wegen seiner Giftigkeit keine Rolle mehr.

Trilateration, Verfahren zur Bestimmung von Lagefestpunkten durch elektron. Distanzmessung (→Distanz 2). Hierzu werden in einem Dreiecksnetz sämtliche Seiten und zur Kontrolle auch übergreifende Verbindungen gemessen. Der techn. Aufwand bei der T. ist geringer als bei der →Triangulation. Für den Aufbau großräumiger Festpunktfelder lassen sich Distanzmessungen zu Erdsatelliten verwenden **(Satelliten-T.).**

Trilliarde, die Zahl 10^{21} = 1000 Trillionen.

Trillion, die Zahl 10^{18}, die 3. Potenz einer Million, in den USA Bez. für die Zahl 10^{12}.

Trilobiten, Dreilapper, Ur|krebse, krebsähnl. Tiere des Erdaltertums, deren Körper von einem dreigelappten Rückenpanzer aus Kopfschild, Bruststück und Schwanzschild bedeckt war; jeder Abschnitt war durch zwei Längsfurchen in einen stark gewölbten mittleren und zwei flachere seitl. Teile gegliedert. – Die T. lebten bes. in küstennahen Flachmeeren vom Kambrium bis Perm.

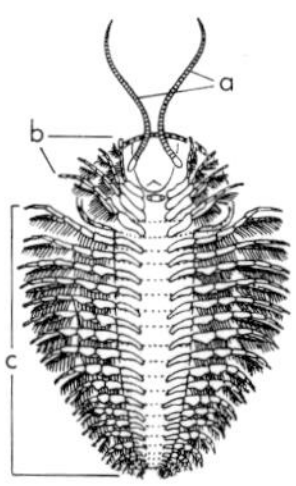

Trilobiten: **a** Fühler, **b** Mundfüße (unter dem Kopfschild), **c** Spaltfüße (unter den Rumpf-Segmenten und dem Schwanzteil)

Trimaran *der,* Schiff (Boot) mit einem (meist größeren) Hauptrumpf und zwei Nebenrümpfen.

Trimellithsäure, 1,2,4-Benzoltricarbonsäure, kristalline organ. Säure. **T.-Anhydrid** wird zur Herstellung von Weichmachern und Polyimiden verwendet.

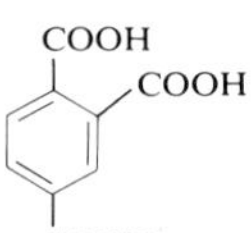

Trimellithsäure

Trimerisierung, →Oligomerisierung.

Trimethyl|amino|acetat, →Betain.

Trimethyl|essigsäure, →Pivalinsäure.

Trimm *der,* die Schwimmlage eines Schiffes in Längsrichtung: kann vorder-(kopf-) oder hecklastig sein.

trimmen, 1) bei Flugzeugen die zur Aufrechterhaltung eines stationären Flugzustandes erforderl. Steuerkräfte nahezu zum Verschwinden bringen: durch Veränderung des Einstellwinkels von Leitwerksflossen, den Ausschlag von Trimmrudern oder die Verlagerung von Massen (Kraftstoff); dient zur Entlastung des Flugzeugführers oder als Maßnahme zum Einnehmen bestimmter Flugzustände.

2) die Schwimmlage eines Schiffes in der Längsrichtung **(Trimm)** ändern durch Verteilung der Ladung oder des festen Ballasts (Sand, Eisenbarren) oder durch Füllen und Lenzen (Auspumpen) der **Trimmtanks.**

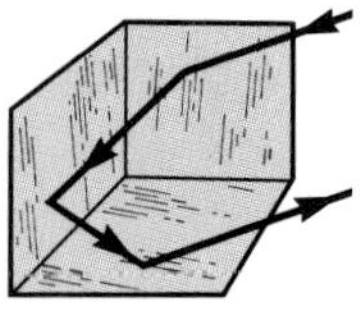

Tripelspiegel

Trimmer, Kurzbez. sowohl für einen **Trimmkondensator** (fest einstellbarer →Kondensator 1, z. B. Keramikscheiben-T., mit i. a. geringer Kapazität) als auch für einen **Trimmwiderstand** (fest einstellbarer →Widerstand, meist in ungekapselter Ausführung).

Trimmklappe, Trimmkante, Flugzeug: an der Hinterkante eines Tragflügels oder einer Leitwerksfläche angeordnete und am Boden einstellbare Hilfsfläche zum Ausgleich von durch bauliche Unsymmetrien entstandenen Roll- und Giermomenten.

Trimmruder, Flugzeug: an der Hinterkante von Hauptrudern angeordnetes Hilfsruder, das vom Flugzeugführer während des Fluges so verstellt werden kann, daß es das Hauptruder in einer zur Einhaltung eines best. Flugzustands erforderl. Stellung hält, ohne daß der Pilot entsprechende Steuerkraft aufbringen muß.

Trimmstab, Kerntechnik: ein →Regelstab für kleine Leistungsänderungen im Kernreaktor.

Trinitron, Fernsehen: Form der →In-Line-Bildröhre mit einer Gittermaske.

Tri|nitrotoluol, 2,4,6-Trinitrotoluol, TNT, Trotyl, gelbl. Kristalle, die durch mehrstufige Nitrierung von Toluol hergestellt werden. T. ist ein wichtiger →Explosivstoff, dessen Sprengwirkung als Maß der Wirkung von Atombomben verwendet wird. Wegen seiner Gießbarkeit und Handhabungssicherheit ist T. allein sowie in Mischungen mit Hexogen **(Composition B)** oder Ammoniumnitrat **(Amatol)** der am meisten gebrauchte militär. Sprengstoff. Es kann nur durch Initialsprengstoffe gezündet werden.

Trinkwasser, für den menschl. Genuß und Gebrauch geeignetes Wasser. Nach der T.-Verordnung der Bundesrep. Dtl. muß T. frei von Krankheitserregern sein. Diese Anforderung gilt als nicht erfüllt, wenn es Darmbakterien (Escherichia coli) enthält. Im T. dürfen best. Grenzwerte für chem. Stoffe nicht überschritten werden, z. B. Blei: 0,04; Cadmium: 0,006; Fluorid: 1,5; Nitrat: 90 mg/l.

Triode *die,* eine →Elektronenröhre mit drei Elektroden: Kathode, Gitter, Anode.

Triosen, Monosaccharide der Summenformel $C_3H_6O_3$, die sich vom Glycerin ableiten. Sie sind in phosphorylierter Form wichtig als Intermediärprodukte des Kohlenhydratstoffwechsels. Zu den T. gehören u. a. D-Glycerinaldehyd und Dihydroxyaceton.

Trioxan, zykl. Trimeres des Formaldehyds, das als Zwischenprodukt bei der Herstellung von Polyoxymethylen von Bedeutung ist.

Tripel *der,* **1)** Geologie: aschgrauer bis gelbl. Polierschiefer aus →Kieselgur.

2) Mathematik: Verallgemeinerung von geordnetem Paar: Das T. (x_1, x_2, x_3) mit Elementen $x_i \in M$ ist zu unterscheiden von der Menge, deren Elemente x_1, x_2 und x_3 sind, da die Anordnung zur Definition des T. gehört.

Tripelpunkt, Wertepaar von Temperatur und Druck, bei dem drei Phasen eines Reinstoffes im Gleichgewicht vorliegen. Die Temperatur am T. des Wassers (bei dem Eis, Wasser und Wasserdampf im stabilen Gleichgewicht nebeneinander bestehen können) ist als Fundamentalpunkt der internationalen Temperaturskale zu 273,16 K (= 0,01 °C) festgelegt. (→Aggregatzustand)

Tripelspiegel, Spiegelsystem aus drei senkrecht zueinander zusammengesetzten Planspiegeln, in Form einer Würfelhohlecke. Jeder auftreffende Lichtstrahl wird nach dreifacher Reflexion parallel zur Einfallsrichtung zurückgeworfen. T. dienen z. B. als → Rückstrahler.

Tri|phenyl|methanfarbstoffe, →Triarylmethanfarbstoffe.

Triplet, urspr. **Cookesches** [kʊk-] oder **Taylorsches T.** [tˈeɪlə-], Objektiv aus zwei Sammellinsen mit dazwischenstehender Zerstreuungslinse. T. sind preiswerte →Anastigmate hoher Qualität, sie werden häufig als Normalobjektive für Kleinbildkameras verwendet.

Triplett, 1) Biochemie: **Basentriplett, Codon,** Aufeinanderfolge von drei Purin- und/oder Pyrimidinbasen (Adenin, Guanin, Cytosin, Uracil) auf der Matrizen-Ribonucleinsäure (m-RNS). Ein T. determiniert eine definierte Aminosäure. (→ Proteinbiosynthese)

2) Physik: ein → Multiplett 1) mit drei Komponenten. (→Termschema)

Tripton, → Seston.

Tritium, chem. Symbol **T** oder **^{3}H,** schwerstes, radioaktives Isotop des Wasserstoffs, Massenzahl 3, enthält in seinem Atomkern **(Triton)** zwei Neutronen und ein Proton, Atommasse 3,01605. T. zerfällt unter Aussendung weicher β-Strahlen (maximale Energie 18 keV) mit einer Halbwertszeit von 12,323 Jahren; wurde 1934 erstmals künstlich hergestellt. Sehr kleine Mengen bilden sich in den oberen Schichten der Lufthülle aus Stickstoff und Neutronen der Höhenstrahlung. Die sich einstellende Gleichgewichtskonzentration im Wasser ändert sich nach Abtrennung des Wassers aus der äußersten Atmosphäre infolge des Zerfalls des T. Aus der verbleibenden Restkonzentration kann man auf das Alter der wasserhaltigen Probe (bis etwa 30 Jahre) schließen (→Tritiummethode). T. entsteht auch in Kernreaktoren und bei Kernwaffenversuchen. T. dient als Radioindikator, als Tracer zur Markierung organ. Verbindungen **(Tritiierung),** ist ein gutes Ionisierungsmittel für Gase und wird in Leuchtmassen benutzt. T. kann für die Kernfusion Bedeutung gewinnen.

Tritiummethode, Verfahren zur →Altersbestimmung von Grundwässern und wasserhaltigen Stoffen (z. B. alte Weine) mit Hilfe des →Tritiums. Die T. ist wegen der kurzen Halbwertszeit des Tritiums von rd. 12,3 Jahren nur für Zeitabschnitte bis etwa 30 Jahre brauchbar. Die Zuverlässigkeit ist durch die starke Zunahme des Tritiumgehalts in der Atmosphäre auf Grund der Wasserstoffbombentests eingeschränkt.

Triton, 1) Astronomie: ein Mond des Planeten → Neptun.

2) Kernphysik: Symbol **t,** Atomkern des →Tritiums; besteht aus einem Proton und zwei Neutronen.

Trittschall, Spezialfall des →Körperschalls, der durch punktweise Anregung einer Decke beim Begehen entsteht. T.-Schutz durch schwimmenden Estrich oder elastischen Gehbelag.

TRK, Abk. für →**T**echnische **R**icht**k**onzentrationen.

Trochiten, fossile Stielglieder von Seelilien (Crinoiden), im oberen Muschelkalk gesteinsbildend.

Trochoide, → Zykloide.

Trocken|eis, Kohlendioxid, CO_2, im festen Aggregatzustand, in Aussehen und Verwendungsmöglichkeit (Kühl- und Konservierungsmittel) dem Wassereis ähnlich. Es geht unter Atmosphärendruck bei − 78,9 °C (Sublimationswärme 574 kJ/kg) unmittelbar vom festen Aggregatzustand in den gasförmigen über, ohne daß eine Schmelzflüssigkeit entsteht (→ Sublimation).

Trocken|element, ein → galvanisches Element (Primärelement) mit pastenartigem Elektrolyten.

Trockengebiete, die Gebiete der Erde (Savannen, Steppen, Wüsten), in denen im Jahresmittel mehr Wasser verdunsten könnte, als durch Niederschlag fällt. Ihr Bewuchs hat sich durch Art und Dichte der Trockenheit angepaßt. T. sind selten vegetationslos.

Trockengrenze, die Grenze zw. feuchten und trokkenen Klimaten; an ihr sind Niederschlag und Verdunstung gleich groß.

Trockenlöscher, Feuerlöscher mit Löschpulver (→ Feuerlöschmittel).

Trockenmittel, hygroskopische chem. Stoffe, die Wasser binden und daher den Wasserdampfgehalt der Luft oder anderer Gase vermindern; sie dienen deshalb zum Trocknen von Gasen und organ. Lösungsmitteln. T. können regenerierbar und nicht regenerierbar sein. T. sind z. B. Silicagel, Calciumchlorid, konzentrierte Schwefelsäure, Phosphorpentoxid, Magnesiumperchlorat, Glycerin und Glykole.

Trocken|ofen, mit festen, flüssigen oder gasförmigen Brennstoffen oder elektrisch beheizter Ofen zum Trocknen feuchter Güter.

Trocken|offset, 1) Druck im Flachdruck ohne Wasser mit einer Platte, deren nichtdruckende Teile eine Spezialbeschichtung haben. 2) unkorrekte Bez. für indirekten Hochdruck (›Letterset‹), bei dem die Farbe ohne Feuchtung von der Druckplatte auf den Gummizylinder übertragen und von dort auf den Bedruckstoff gedruckt wird.

Trockenputzplatten, Wand- und Deckenverkleidungsplatten aus Gips (→ Gipsbauplatten, → Gipskartonplatten), aus →Asbestzement, aus mit vorgefertigtem Putzauftrag versehenen Glas- und → Holzfaserplatten und Hartschaumplatten; ersetzen den Baustellenputz.

Trockenrisse, beim Austrocknen des Bodens durch Schrumpfung entstehende Bodenspalten, bes. in Lehm, Ton, Mergel; Millimeter- bis Metertiefe. T. schließen sich zu netzartigen, oft polygonalen Gebilden zusammen. Wenn T. nach Niederschlägen zugeschlämmt werden, entstehen **Netzleisten.** Fossile T. deuten auf Sedimentationsunterbrechungen mit zeitweiliger Trockenlegung hin.

Trockenspinnverfahren, das Erspinnen von → Chemiefasern aus Acetat und z. T. auch Polyacrylnitril durch Verdampfen des leicht flüchtigen Lösungsmittels.

Trockenstarre, →Weichspülmittel.

Trockenstoffe, Sikkative, organ. Metallverbindungen, die oxidativ trocknenden → Lacken (z. B. Öllacke, Alkydharzlacke) zugesetzt werden, um die Trocknungszeit abzukürzen. T. fördern die Bildung von Radikalen im Bindemittel und damit dessen Polymerisation. Sie bestehen aus einem aktiven Metallkation (z. B. Kobalt, Blei, Mangan) und dem Anion einer organ. Säure (höhere Fettsäuren, Harzsäuren, Naphthensäuren), das die Löslichkeit des T. in Löse- und Bindemitteln bewirkt.

Trockensubstanz, Bez. für den in der analyt. Chemie nach dem Trocknen verbleibenden wasser- und/oder lösungsmittelfreien Anteil eines Stoffes. Die beim Trocknen eintretende Gewichtsabnahme eines Stoffes wird als **Trocknungsverlust** bezeichnet. In der Lebensmittelchemie heißt es statt T. oft **Trockenmasse.**

Trockental, dauernd oder zeitweise wasserloses Tal; z. B. die Karsttäler, die nur nach stärkeren Niederschlägen oder in der Schneeschmelzzeit Wasser führen. Am häufigsten vertreten sind T. in den Trockengebieten. In den mittleren Breiten sind T. meist Vorzeitformen, z. B. die Schmelzwassertäler ehemals vergletscherter Gebiete. Andere T. entstanden durch natürl. oder künstl. Flußlaufveränderungen oder Absinken des Grundwasserspiegels.

Trockenzeit, Trockenperiode, die Jahreszeit ohne oder mit nur geringem Niederschlag, in trop. Ländern meist der Winter, im Mittelmeergebiet und in den Subtropen der Sommer.

Trocknung, therm. Trennverfahren, bei dem an Feststoffen haftende Flüssigkeit **(Feuchte)** durch Verdunsten oder Verdampfen abgetrennt und durch ein Trockenmittel (z. B. Luft, Rauchgase, überhitzter Dampf) weggetragen wird. Luft kann nur eine begrenzte Dampfmenge aufnehmen. Diese Sättigungsdampfmenge steigt mit zunehmender Temperatur. Sie beträgt bei + 10 °C 9,4 g und bei + 30 °C 30,3 g Wasserdampf je m^3 Luft. Die T. wird deshalb durch hohe Temperatur und großes Luftvolumen begünstigt. Bei zu hoher Temperatur kann allerdings eine Schädigung des zu trocknenden Gutes eintreten. Die **T.-Geschwindigkeit** wird, bes. im fortgeschrittenen Stadium der T., auch vom Stofftransport im Inneren des Feststoffes beeinflußt. Deshalb lassen sich feinkörnige Feststoffe leichter trocknen. Die T. wird in Trocknern durchgeführt. **Kurzzeittrockner** arbeiten mit Trockenzeiten von einigen Sekunden. Zu ihnen gehören Stromtrockner, in denen das feinkörnige Gut mit Hilfe von Heißluft pneumatisch durch ein senkrecht stehendes Stromrohr gefördert wird, und Zerstäubungstrockner, bei denen eine Suspension in einen heißen Luftstrom versprüht wird (z. B. bei Waschmitteln). **Langzeittrockner** arbeiten mit Trockenzeiten bis zu einigen Stunden. Beispiele sind Trommeltrockner, Tellertrockner, Bandtrockner, Kammertrockner und Walzentrockner. Temperaturempfindl. Trockengüter (z. B. Lebensmittel, Pharmazeutika) werden durch **Gefrier-T.** getrocknet. Dabei wird im Vakuum Wasser durch Sublimation von dem gefrorenen Gut entfernt und als Eis auf einem Kondensator niedergeschlagen. – I. w. S. versteht man unter T. auch die Abtrennung von Wasserdampf aus Gasen, z. B. durch Absorption mit Glykolen (Di- oder Triäthylenglykol) oder Adsorption an Kieselgel oder Molekularsieben sowie die Entfernung geringer Wassermengen aus Flüssigkeiten, z. B. durch Destillation (→Azeotropdestillation) oder wie bei Gasen durch Adsorption. Über die T. von Anstrichstoffen → Lacke.

F. KNEULE: Das Trocknen ([3]1975); O. KRISCHER u. K. KRÖLL: Trocknungstechnik, 3 Bde. ([1–3]1978–80).

Trog, Meteorologie: Ausbuchtung einer →Tiefdruckzone, die in das Gebiet höheren Drucks hineinreicht (→Easterly waves, →Höhentrog). Er hat keine geschlossenen Isobaren, so daß zyklonale Strömung und dynam. →Labilität meist nur in der **Trogachse** auftreten. Ein T. kann sich verlagern und auch zu einem selbständigen →Tiefdruckgebiet werden.

Trogtäler, Täler mit trog-(oder U-)förmigem Talquerschnitt, durch Gletscherschurf entstanden, daher kennzeichnend für gegenwärtig oder ehemals vergletscherte Gebiete. Bei stärkerer spät- und nacheiszeitl. Talverschüttung liegt die Felssohle oft tief unter dem heutigen meist ebenen Talboden; die Steilheit der **Trogwände** wird vielfach durch Schutthalden gemildert. Über der **Trogkante** liegt die **Trogschulter** mit flacheren Hangteilen, dann erst folgt mit neuerlichem Steilanstieg die eigentliche Talbegrenzung. Wo das Meer in T. eindringen konnte, entstanden Fjorde.

Tro|ilit [n. dem ital. Naturforscher D. Troili, * 1722, † 1792] *der,* Mineral, in Eisen-, selten auch in Steinmeteoriten vorkommendes Eisensulfid FeS (→Pyrrhotin). T. bildet Tropfen bis 10 cm Durchmesser oder dünne Platten (Reichenbachsche Lamellen).

Trojaner, Astronomie: Gruppe von bislang 22 →Planetoiden, die die Sonne im gleichen Abstand wie der Planet Jupiter umrunden, jedoch jeweils rd. 60° voraus oder nachfolgend. Die T. bewegen sich damit in der Nähe der →Lagrangeschen Punkte L_4 und L_5, die eine stabile Lösung des →Dreikörperproblems darstellen. Die zwölf dem Jupiter vorauseilenden Planetoiden tragen die Namen griech. Helden, die zehn nacheilenden Namen troјan. Helden aus dem Sagenkreis des Trojan. Krieges.

Trolleybus [trˈɔlı-, engl.], →Oberleitungs-Omnibus.

Trombe *die,* heftiger lokaler Wirbelwind, der entsteht, wenn bei geringer Stabilität der Atmosphäre (→Stabilität 2) eine horizontale Strömung die durch →Konvektion aufgestiegene Luft ersetzt. In Bodennähe bilden sich dabei **Kleintromben,** die bei Durchmessern von einigen Metern bis zu 100 m hoch werden, wobei sie durch aufgewirbelten Staub erkennbar sind **(Staubteufel).** Tritt dieser Vorgang an der Basis eines Cumulonimbus auf, so entwickelt sich eine **Großtrombe** mit einem Durchmesser bis zu 500 m (→Tornado). Im Ggs. zum zufälligen Drehsinn der Kleintrombe ist hier die Rotation vorwiegend zyklonal. Sie kann so stark werden, daß sich Druckgradient- und Zentrifugalbeschleunigung das Gleichgewicht halten, wodurch ein Einströmen von Luft nur in einem tieferen Niveau, das diesen Gleichgewichtszustand noch nicht erreicht hat, möglich ist. So wächst der Wirbel auf den Boden zu. Durch den Unterdruck in seinem Innern, der bis 100 Millibar betragen kann, kommt es durch adiabat. Abkühlung zu Kondensation, die ihn als rüsselartigen Wolkenschlauch sichtbar macht **(Windhose,** über See **Wasserhose).** Der Sog im Innern der T. kann selbst schwere Gegenstände vom Boden anheben und kilometerweit forttragen.

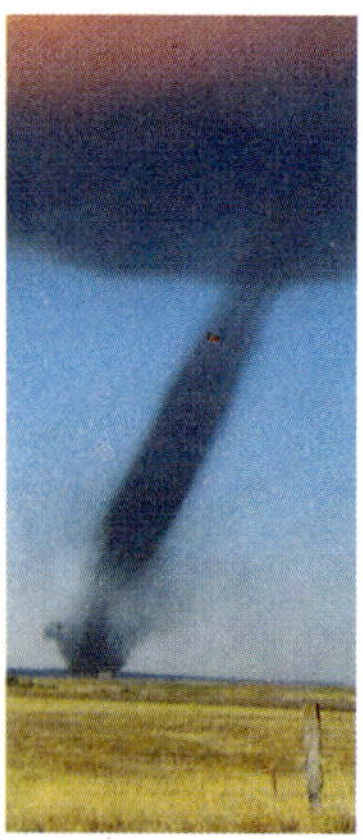

Trombe: Großtrombe (Tornado) am 5. 8. 1965 in Oklahoma, USA. Der durch den rüsselartigen Wolkenschlauch gekennzeichnete Wirbel hat den Boden erreicht und schleudert dort Staub, aber auch größere Gegenstände hoch in die Luft

Trommelmühle, Oberbegriff für eine Gattung von Zerkleinerungsmaschinen mit rotierendem Mahlraum, in dem Mahlkörper das Gut zerkleinern: →Kugelmühle, →Rohrmühle, →Stabmühle.

Trommelspeicher, trommelförmiger Magnetspeicher für Rechenanlagen. (→Speicher)

Trommersche Probe [n. dem Chemiker K. A. Trommer, * 1806, † 1879], Nachweisreaktion für Glucose, bes. im Harn. Die Probe wird durch Zugabe von Natronlauge alkalisch gemacht und solange Kupfer (II)-sulfat zugegeben, bis sich das gebildete Kupfer (II)-hydroxid nicht mehr löst. Wird die Probe erwärmt, so entsteht durch die Reduktionswirkung der Glucose braunrotes Kupfer (I)-oxid oder gelbrotes Kupfer (I)-hydroxid.

Trona *die,* Mineral $Na_3H(CO_3)_2 \cdot 2\,H_2O$, farblos, weiß bis gelblich; H. 2,5, D. 2,17; Kristalle tafelig oder prismatisch; in Krusten am Rand von Natronseen.

Tropan, bizykl., stickstoffhaltiges Ringsystem, von dem sich die in Nachtschattengewächsen (z. B. Tollkirsche, Bilsenkraut) oder im Kokastrauch enthaltenen Tropa-Alkaloide (Tropin-Alkaloide) Atropin, Scopolamin und Cocain ableiten.

Tropan

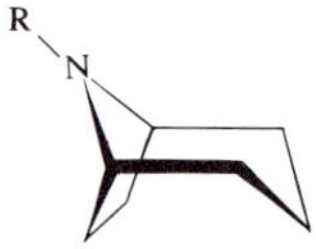

Tropan-Gerüst

Tropasäure, 2-Phenyl-3-hydoxy|propionsäure, organ. Säure, die als Esterkomponente in den Tropa-Alkaloiden (→Tropan) Atropin und Scopolamin enthalten ist.

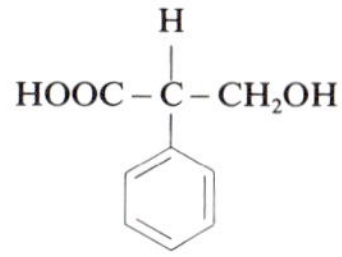

Tropasäure

Tropen *Mz.,* die Zone der Erde zw. den Wendekreisen (23° 27′ nördlicher und südlicher Breite), in der die Sonne im Zenit stehen kann. Charakteristisch ist hier eine sich parallel zum Sonnenstand verlagernde →Zirkulation der Atmosphäre mit feucht-labiler Luft um den Äquator und Absinken in den polwärts angrenzenden Gebieten. Im ganzen Bereich sind die horizontalen Gradienten der Temperatur gering, so daß sie sich durch Advektion nicht ändert. Bei im Laufe des Jahres wenig variabler Tageslänge und Kulminationshöhe der Sonne sind so die tageszeitl. Temperaturschwankungen ausgeprägter als die jahreszeitlichen. Die Energie für die Wettersysteme liefert neben der Strahlung v. a. der in der labilen Atmosphäre kondensierende Wasserdampf, der zu ergiebigen Niederschlägen führt (→Tropenregen, →tropischer Wirbelsturm). Wo diese ganzjährig auftreten oder nicht länger ausfallen, als die Verdunstung aus dem Grundwasser gedeckt werden kann, wächst üppiger immergrüner Regenwald. Wird die Trockenzeit länger, so tritt diese Vegetation nur an Flußufern auf; zw. den laubwerfenden Bäumen breitet sich Gras aus (→Savanne). Das Klima dieser für die T. typ. Vegetationen muß im Tiefland Monatsmitteltemperaturen über 18 °C haben und mindestens zwei humide Sommermonate. Es reicht, abhängig von der Orographie, gewöhnlich um mehrere Breitengrade über die Wendekreise hinaus, die es nur an den Kaltwasserküsten Afrikas und Südamerikas nicht erreicht.

Tropenregen, heftige, meist gewittrige Regenfälle im Bereich der jahreszeitlich wandernden äquatorialen Tiefdruckfurche (→Zirkulation der Atmosphäre).

Tropentag, Meteorologie: ein Tag, an dem die Temperatur mindestens 30 °C erreicht.

Tröpfchenmodell, ein →Kernmodell, das einen Atomkern als sehr kleines Tröpfchen einer inkompressiblen, wirbel- und reibungsfreien Flüssigkeit aus Protonen und Neutronen beschreibt. Es gestattet, die Bindungsenergie je Nukleon und die konstante Dichte der Atomkerne zu erklären sowie Kernanregung und -spaltung (Tröpfchenschwingungen und -deformationen) zu deuten.

Tropfen, kleine, kugelförmige Körper, die Flüssigkeiten dann bilden, wenn allein Kohäsion und Oberflächenspannung auf sie wirken. Die T. sind um so größer, je geringer die Dichte der Flüssigkeit und je größer die Kohäsion ist.

Tropfenboden, in Dauerfrost- und Periglazialgebieten entstandener Strukturboden, in dem feinkörnige Schichten z. T. tropfenförmig abgesunken, gröberkörnige dagegen aufgestiegen sind.

Tropfkörper-Verfahren, →Abwasserreinigung.

Tropf|öler, Vorratsbehälter mit Nadelventil zur tropfenweisen Versorgung einer Lagerstelle oder Gleitbahn mit Schmieröl.

Tropfpunkt, Temperatur, bei der unter Prüfbedingungen ein →Schmierfett durch die Öffnung eines Nippels fließt. Am T. löst sich der Eindicker im Grundöl.

Tropfstein, eiszapfenähnliche und/oder säulenförmige Gebilde aus Kalkspat (seltener Aragonit), vorwiegend in Höhlen. Sie werden von abtropfendem Wasser gebildet, wenn dieses aus dem Gestein in einen lufterfüllten Raum tritt und durch den so bewirkten Druck- und Temperaturwechsel das Gleichgewicht von gelöstem Kalk und Kohlendioxid im Wasser gestört wird. T. bilden sich an der Stelle des abtropfenden Wassers als **Stalaktiten;** wo dieses am Boden auftrifft, entstehen **Stalagmiten.** Vereinigen sich beide, entstehen **T.-Säulen** oder **T.-Orgeln.** Läuft die Kalklösung streckenweise abwärts, entstehen **Sintervorhänge** oder **Sinterfahnen.** – Der konzentrische, radialstrahlige Bau der T. (ähnlich den Jahresringen von Bäumen) weist auf eine wechselnde Bildungsgeschwindigkeit hin (0,04–100 mm je Jahr).

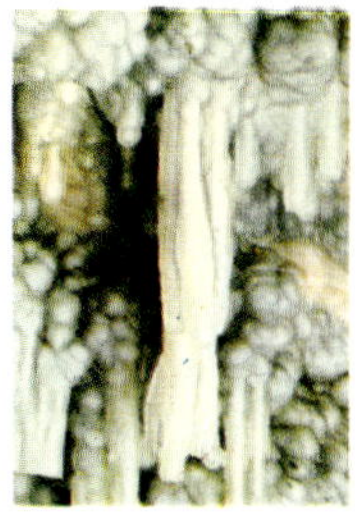

Tropfstein

tropische Böden, meist humus- und nährstoffarme, z. T. lehmige Böden, unter immergrünen Regenwäldern im dauerfeuchten Tropenklima außerhalb der trop. Moore; nährstoffreiche Böden bilden die Ausnahme, z. B. in vulkan. Gebieten mit Aschendüngung wie in Java; die lehmigen Böden enthalten Kaolinit als Tonmineral. Unter der Bodendecke folgen meist tiefe Verwitterungsdecken (oft 20 m und mehr). Hohe Temperatur und Durchfeuchtung haben die meisten urspr. Minerale umgeformt, wobei v. a. Nährstoffe, Erdalkalien und Kieselsäuren ausgewaschen wurden, so daß außer Resten von Kaolinit nur noch Eisen- und Aluminiumoxide neben Hydratwasser verbleiben (→Laterit). – In den äußeren wechselfeuchten Tropen herrschen unter Feuchtsavannen →Rotlehme und Roterden vor (Böden der →Rubefizierung). Es überwiegen Weidenutzung und ggf. auch Kaffee- und Teeanbau.

tropischer Wirbelsturm, tropische Zyklone, →Tiefdruckgebiet mit geschlossenen Isobaren von 300 bis 1000 km Durchmesser in einheitlicher trop. Luftmasse. Übersteigt die Windgeschwindigkeit Orkanstärke (117 km/h), wird der t. W. zum **trop. Orkan,** der je nach Gegend **Hurrikan, Taifun** u. a. genannt wird. Ein t. W. kann entstehen, wenn die in eine Störung, z. B. eine →Easterly wave, zum Ausgleich der Vertikalströmung horizontal einfließende Luft aus einem so großen Gebiet stammt, daß sich durch die Coriolis-Kraft, deren Intensität erst polwärts von 6° Breite an dazu ausreicht, ein zyklonaler Wirbel bildet. Die Energie dazu liefert die Wärme, die durch kondensierenden Wasserdampf frei wird. Folge davon sind intensive Niederschläge, deren Wasser durch Verdunstung nur über dem Meer bei Temperaturen von mehr als 27 °C ersetzt werden kann. Gerät ein t. W. über Land oder kälteres Wasser, löst er sich auf oder er wird durch einfließende Kaltluft eine außertrop. Zyklone.

Tropomyosin, eines der vier wesentl. Proteine der Muskelzelle (T., Troponin, Actin, Myosin), das die Actin-Myosin-Wechselwirkung beim Kontraktionsvorgang reguliert.

Troponin, eines der vier wesentl. Proteine der Muskelzelle (→Tropomyosin). T. ist in seiner Wirkung von der Calcium-Ionen-Konzentration abhängig.

Tropopause, Obergrenze der Troposphäre.

Troposphäre, die untere, durchschnittlich 11 km mächtige Schicht der →Atmosphäre 2).

Tropyliumsalze, Salze, die vom **Tropylium-Kation** (Cycloheptatrienylium-Kation) gebildet werden. Ein Beispiel ist das **Tropyliumbromid,** $C_7H_7^+ Br^-$, das durch Anlagerung von Brom an Cycloheptatrien und anschließende Abspaltung von Bromwasserstoff entsteht.

Tropyliumsalze

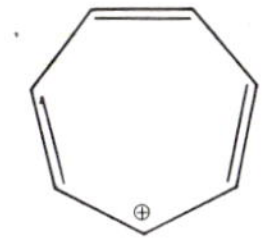

Tropylium-Kation

Trotyl, das →Trinitrotoluol.

Troy system [trˈɔɪ sˈɪstɪm, engl.], System von Gewichts- und Masseneinheiten, in Großbritannien und den USA bei Edelmetallen und Edelsteinen noch gebräuchlich, gekennzeichnet durch den Zusatz ›tr‹ in Großbritannien und ›t‹ in den USA hinter dem Einheitenzeichen

Tryptophan

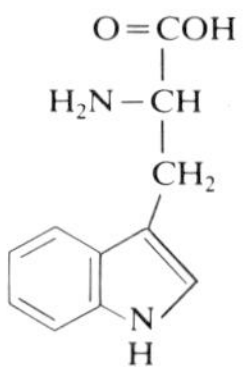

(→ Apothecaries' system, → Avoirdupois system; ÜBERSICHT Einheiten, Angloamerikanische Einheiten).

Trübe, Flüssigkeit mit suspendierten Feststoffteilchen in feinverteilter, meist kolloidaler Form, neigen nicht zur Agglomeration und Sedimentation.

Trüb|eis, Eis aus Brunnen- oder Leitungswasser ohne besondere Behandlung. (→ Eiserzeugung)

Trübe|strom, Turbidity Current [təːbˈɪdətɪ kˈʌrənt, engl.], Geologie: ein → Suspensionsstrom hoher Dichte und Geschwindigkeit an submarinen Hängen (→ Turbidit).

Trübglas, nicht durchsichtiges Glas, entsteht durch Einführung von Fluorverbindungen, Phosphaten, Zinnoxid in Silikat- oder Borosilikatschmelzen. Je nach der Art des Zuschlages und der Wärmebehandlung entstehen lichtstreuende Kriställchen, die eine zarte Trübung (Bein-, Opal-, Milchglas) oder dichte Trübung (Alabaster-, Opakglas) bewirken. T. wird in der Beleuchtungstechnik, Hohlglas-Ind. und im Baugewerbe verwendet.

Trübung, Verminderung der Sichtweite in einem transparenten Medium durch Streustrahlung und Absorption, die von optisch dichteren Einlagerungen, z. B. Aerosolen in der Atmosphäre, verursacht wird.

Trübungsmessung, Turbidimetrie, opt. Meßverfahren, bei dem die **Trübungszahl** gemessen wird. Diese stellt das Verhältnis des Streulichtstromes, der von der Probe in einem Raumwinkel von 80° um die Achse des einfallenden Strahles nach vorn ausgesandt wird, zu dem fast rechtwinklig auf die Probe auffallenden Primärlichtstrom dar (nach DIN). I. Ggs. zur T. wird bei der (eigentlichen) → Nephelometrie die Intensität des Streulichts gemessen. Die T. spielt in der Trink- und Abwassertechnologie, bei Getränkeuntersuchungen u. a. eine Rolle.

Trübungspunkt, Kenngröße für das Kälteverhalten von Mineralölen. Der T. ist die Temperatur, bei der beim Abkühlen unter Prüfbedingungen erstmalig eine sichtbare Trübung oder Ausscheidung von Paraffin auftritt.

Trudeln, durch eine unsymmetrische Störung aus einem überzogenen Flugzustand entstandene oder als Kunstflugfigur absichtlich herbeigeführte stationäre Flugbewegung, bei der sich der Schwerpunkt des Flugzeugs auf einer schraubenlinienförmigen Bahn um eine vertikale **Trudelachse** mit konstanter Winkelgeschwindigkeit abwärts bewegt. Nach Lage der Flugzeuglängsachse zur Horizontalen wird zw. dem gefährlicheren **Flach-T.** und dem steuerbaren **Steil-T.** unterschieden.

Trum, Trumm *das,* **1)** Bergbau und Geologie: Teil eines Querschnittes und dessen Ausdehnung in Längsrichtung (z. B. **Fahr-T., Förder-T.** eines Schachtes, **liegendes** und **hängendes T.** eines Erz- oder Mineralganges, **Ober-** und **Unter-T.** eines Förderbandes).

2) Technik: der Riemenstrang beim Riemengetriebe. Der die Umfangskraft übertragende Riemenabschnitt zw. den Scheiben heißt **Arbeits-T.,** der entlastete **Leer-T.**

Trümmer|erz, durch Aufbereitung älterer Lagerstätten im fließenden Wasser oder in der Meeresbrandung entstandene Erzanreicherung; Vorstufe der → Seifen 2) (z. B. Eisenerze von Salzgitter).

Trümmergesteine, die ausschließlich durch physikal. Verwitterung gebildeten Psephite, Psammite und Pelite (→ Sedimentgesteine).

Truth [truːθ, engl.], charakterist. → Quantenzahl (t) des sechsten (hypothet.) → Quarks, genannt **Truth-Quark** oder **Top-Quark** (t).

Tryptophan, Abk. **Trp,** essentielle Aminosäure in zahlreichen Proteinen. T. wird z. B. zur künstl. Ernährung oder als Futterzusatz verwendet.

TSB, Abk. für **Totaler Sauerstoffbedarf,** engl. **TOD,** Abk. für **Total Oxigen Demand** [təʊtl ˈɔksɪdʒn dɪmˈɑːnd], Meßgröße für den Gehalt an organischer Substanz im Wasser; die Ermittlung des TSB erfolgt durch Verbrennung des Abdampfrückstandes und Bestimmung des dabei verbrauchten Sauerstoffs. Nachteilig ist z. B. die Ergebnisverfälschung durch Nitrate und Chlorate.

T-Schaltung, elektr. Vierpol mit zwei Impedanzen im Längszweig und einer Impedanz im Querzweig der Schaltungsanordnung (BILDER Bandpaß, Bandsperre, Tiefpaß). Die Bez. ist auf Grund der Ähnlichkeit zw. der graph. Darstellung dieses Schaltungstyps und dem Buchstaben ›T‹ entstanden. – Ggs.: → Pi-Schaltung.

Tschebyschowsche Polynome [n. dem russ. Mathematiker P. L. Tschebyschow, * 1821, † 1894], Polynome vom Grad n, deren Werte im Intervall $-1 \leqq x \leqq +1$ zw. $+1$ und -1 hin- und herschwanken, sie spielen eine Rolle bei Reihenentwicklungen nach Polynomen.

Tschebyschowsche Ungleichung besagt, daß für die Wahrscheinlichkeit P einer Zufallsvariablen X mit endlichem Erwartungswert $E(X) = \mu$ und endlicher Standardabweichung σ für jede positive Zahl k gilt: $P(|X-\mu| \geqq k \cdot \sigma) \leqq 1/k^2$.

Tscherenkow-Strahlung [n. dem sowjet. Physiker P. A. Tscherenkow, * 1904], elektromagnet. Strahlung, die auftritt, wenn schnelle geladene Teilchen ein opt. Medium mit einer Geschwindigkeit durchsetzen, die größer ist als die Ausbreitungsgeschwindigkeit des Lichtes in diesem Medium. Die Verhältnisse sind ähnlich der Kopfwelle beim Überschallflug. Die T.-S. wird unter bestimmten, von der Geschwindigkeit des Teilchens und dem Brechungsindex abhängigen Winkeln emittiert. Über die T.-S. kann die Geschwindigkeit von schnellen Elementarteilchen bestimmt werden (→ Tscherenkow-Zähler). Die T.-S. ist mit bloßem Auge sichtbar, wenn man z. B. Elektronen aus einem Betatron in gewöhnl. Wasser eintreten läßt: Die Flüssigkeit leuchtet im Strahlbereich fluoreszenzartig bläulichviolett auf.

Tscherenkow-Zähler, Nachweisgerät für schnelle geladene Teilchen, das auf der Erscheinung der → Tscherenkow-Strahlung beruht. Die durch das Teilchen in einem durchsichtigen Medium (Festkörper, Flüssigkeit oder Gas) erzeugte Tscherenkow-Strahlung wird direkt oder über Spiegel auf die Photokathode eines Sekundärelektronenvervielfachers gelenkt, dessen elektr. Ausgangsimpuls zur Registrierung des Teilchens dient. Mit einem T.-Z. kann die Geschwindigkeit eines Teilchens in gewissen Grenzen nach Größe und Richtung bestimmt werden. T.-Z. finden in der Elementarteilchenphysik Anwendung zur Unterscheidung von Elementarteilchen, die durch magnet. Ablenkung nach dem Impuls sortiert wurden. Da der Impuls von Masse und Geschwindigkeit des Teilchens abhängt, ist eine zweite Messung, z. B. die Geschwindigkeitsbestimmung mittels eines T.-Z., notwendig.

TSH, Abk. für **thyroidstimulierendes Hormon,** → Thyreotropin.

Tsunamis, seismische Wogen, durch unterseeische Erdbeben und Vulkanausbrüche erzeugte Oberflächenwellen des Meeres, die sich ringförmig (mittlere Fortpflanzungsgeschwindigkeit im Pazifik 700 km/h) vom Herd ausbreiten und einen ganzen Ozean, gelegentlich sogar mehrere Ozeane durchqueren können; Wellenlänge 150–300 km. Im offenen Ozean haben sie eine geringe Wellenhöhe, aber an Küsten können sie sich bis zu etwa 35 m Höhe aufsteilen und dadurch katastrophale Überschwemmungen hervorrufen. Die meisten T. treten im Pazif. Ozean auf.

T Tauri-Sterne, Gruppe von unregelmäßig →Veränderlichen 1) der Unterriesenklasse (→Hertzsprung-Russell-Diagramm), die stets im Verbund mit interstellarer Materie (galakt. Nebeln) auftreten und daher auch als **Nebelveränderliche** bezeichnet werden. Sie werden gedeutet als sehr junge Sterne (Alter $\leq 10^7$ Jahre) kurz vor Erreichen der Hauptreihe und sind offenbar Quellen eines starken Sternwindes.

TTL, 1) Elektronik: Abk. für **Transistor-Transistor-Logik,** gebräuchlichste digitale Schaltkreisfamilie, bei der alle log. Verknüpfungsfunktionen und die Verstärkerfunktionen mit direkt gekoppelten bipolaren Transistoren dargestellt werden. Im Unterschied dazu werden bei der Dioden-Transistor-Logik (Abk. DTL) und bei der Widerstands-Transistor-Logik (Abk. RTL, von engl. resistor transistor logic) im Verstärkerteil Transistoren verwendet, im Verknüpfungsteil jedoch einerseits Dioden, andererseits Widerstände. DTL und RTL sind Techniken mit stark abnehmender Bedeutung. Die Übertragung der →Logikpegel erfolgt in Form von elektr. Spannungen (Low-Pegel $< 0{,}8$ V; High-Pegel $> 2{,}4$ V) bei einer festgelegten Versorgungsspannung von $+5$ V.

TTL-Bausteine sind als →integrierte Schaltungen in →Bipolartechnik aufgebaut. Außer den für den Aufbau der Bauelemente notwendigen Schichten ist eine ›vergrabene‹ n^+-Schicht zur Erzielung kurzer Schaltzeiten notwendig. Vorteile gegenüber MOS-Schaltkreisen: größere Schnelligkeit (Verzögerungszeit je log. Funktion etwa 10 ns), Nachteile: höhere Verlustleistung (etwa 10^{-4} W je aktives Bauelement) und großflächigerer Aufbau.

2) Photograpie: Abk. für **Through The Lens** [θru: ðə lens, engl.], Belichtungsmessung durch das Objektiv (→Belichtungsmesser).

TTS, Abk. für →**Tele**type **S**etter.

TTY, Abk. für **Teletype(writer)** [tˈelɪtˈaɪp raɪtə], engl. Bez. für einen →Fernschreiber.

Tübbing *der,* gebogenes, plattenförmiges Ringsegment aus Gußeisen, Walzstahl oder Stahlbeton zum Schacht- und Tunnelausbau. T. werden abschnittsweise von unten nach oben eingebaut, nach Einlegen von Bleidichtungen untereinander an den außen angegossenen Flanschen verschraubt und mit Rüttelbeton hinterfüllt.

Tube, zylindr. Behälter, meist mit Schraubverschluß, aus Aluminium oder Kunststoff, für pastenartige Stoffe, die durch den Tubenhals herausgedrückt werden. T. werden auf der **T.-Füllmaschine** am hinteren Ende gefüllt und durch mehrfaches Falzen geschlossen.

Tubus *der,* **1)** Chemie: oft mit einem Schliff versehenes Rohrstück an chem. Geräten zum Einführen und Befestigen von Thermometern u. a.

2) Optik: Fassungsrohr für Linsen an opt. Geräten, z. B. beim →Fernrohr 1) und bei der T.-Kamera (→Photographie).

Tuchel-Kontakt, elektr. Steckverbindung, bei der die Kanten eines geschlitzten federnden Rohres den Stekkerstift mit hohem Kontaktdruck zangenartig umfassen.

Tuff *der,* Geologie: 1) **vulkan. T.:** nachträglich verfestigte vulkan. Auswurfmassen verschiedener Korngrößen, oft mit Nebengesteinsfragmenten. Nach Art der Förderung werden unterschieden: Staub-, Aschen-, Bimsstein-, Lapilli-, Schlacken- und Bomben-T. Mineralogisch entsprechen die T. den verschiedenen Ergußgesteinen (z. B. Rhyolith-, Trachyt-, Basalt-T.); z. T. enthalten sie große Kristalle von Plagioklas, Augit u. a. **(Kristall-T.)** oder bestehen weitgehend aus Glasfragmenten **(Glas-T.).** T. sind oft geschichtet, bilden Decken oder Aufschüttungskegel und wechsellagern in Stratovulkanen mit Ergußgesteinen (Lavaströmen).

2) Absätze von Calciumkarbonat oder Kieselsäure aus Quellen, z. B. poröser Kalk-T. (→Travertin) oder kompakter Kalksinter (→Sinter). Aus heißen Quellen setzen sich gebänderte oder kleinkugelige Aragonit- (Karlsbader Erbsenstein) oder Kieselsinter ab.

Tuffit *der,* mit klastischem Sedimentmaterial vermengter Tuff; entsteht durch vulkan. Aschefall in Wasser oder bei Umlagerung vulkan. Lockermassen.

Tuftingmaschine [tˈʌftɪŋ-, engl.], Textiltechnik: Vielnadelmaschine, die mit einer Nadelreihe in eine vorgelegte Textilfläche, z. B. Jute-, Baumwoll-, Glas- oder Synthetikbändchengewebe oder Vlies, Florfäden mit Blindstichen einnäht. Die Florfäden werden von einem Groß spulengatter durch Röhren pneumatisch zugeführt, Greifer halten die Fäden nach dem Einstich der Nadeln zurück, so daß Schlingenflor gebildet wird. Die Kombination von Greifern und Messern gestattet, die Schlingen während des Tuftens aufzuschneiden, um Velours zu bilden. Durch Steuerung der Fadenzuführung können Musterungen eingearbeitet werden.

Tukan, lat. **Tucana,** ein →Sternbild des Südhimmels, in dem die Kleine →Magellansche Wolke liegt.

TUN, in der Hobbyelektronik verwendete Kurzbez. für einen **u**niversell einsetzbaren **n**pn-**T**ransistor; als pnp-Typ aufgebaut, wird er als **TUP** bezeichnet.

Tundra, arkt. Vegetationszone jenseits der Waldgrenze in Eurasien, Nordamerika und einigen antarkt. Inseln, besteht aus Moosen, Flechten, Zwergstrauchheiden. Für die Tundrenzone sind niedrige Temperaturen, geringe Niederschläge, Dauerfrostboden charakteristisch.

Tundraböden, am weitesten verbreitete Böden der nördl. N-Kontinente, meist auf Dauerfrost im Unterboden. T. sind flachgründig, unfruchtbar und in ebener Lage infolge oft ständig gefrorenen Untergrunds im kurzen und kühlen Sommer (0 °C-Jahresisotherme) oft versumpft. Alle T. neigen zur Vergleyung, Rohhumusbildung und Vermoorung. Anbauversuche mit Getreide- und Gemüsearten in wärmeren Teilen der Tundra sind gelungen (→Dauerfrostboden). Auf T. können infolge einer Belastung durch Bauwerke die oberen Lagen des Frostbodens auftauen, zusammensinken und dadurch Bauten, oft auch Eisenbahnstrecken, gefährden.

Tuner [tjˈu:nə(r), engl.] *der,* die Abstimmeinrichtung von Hörrundfunk- und Fernsehempfängern, i. w. S. bei Hörrundfunkempfängern der als Baueinheit ausgebildete Empfangsteil bis zum Ausgang des Demodulators.

Tungstein, Mineral, der →Scheelit.

Tungstenit, seltenes Mineral WS_2; D. 8,1.

Tuning [tjˈu:nɪŋ, engl.], umgangssprachlich **Frisieren,** leistungssteigernde Maßnahmen an Serienmotoren, auch Veränderungen an der Karosserie und am Fahrwerk von Kraftfahrzeugen; z. T. von eigenen T.-Firmen.

Tunnel *der,* unterirdisch geführte Strecke eines Verkehrsweges. Nach der Zweckbestimmung unterscheidet

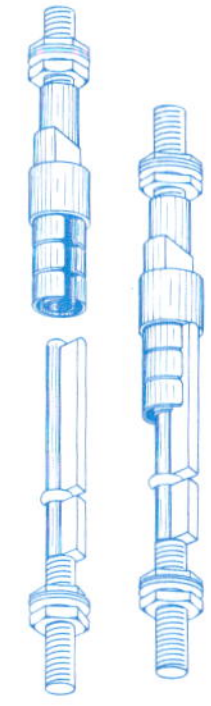

Tuchel-Kontakt

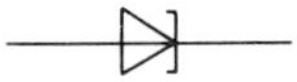

Tunneldiode: Schaltzeichen

man: Eisenbahn-, Straßenbahn- und U-Bahn-, Straßen-, Fußgänger- und Wasserstraßen-T.; nach der Lage: Gebirgs-T., innerstädt. T. und Unterwasser-T. Die T. werden in geschlossener oder offener Bauweise hergestellt.

Geschlossene Bauweisen. Für die versch. Gebirgsverhältnisse wurden folgende, heute weitgehend überholte **klassische Bauweisen** entwickelt: die **deutsche** oder **Kernbauweise** mit neben- und übereinander vorgetriebenen → Stollen unter Belassen eines Erdkernes bis zum Schlußausbruch, die **belg.** oder **Unterfangungsbauweise** mit Ausbruch des oberen Tunnelgewölbes (Kalotte) von einem Firststollen aus und nach dessen Abstützen mit Ausbruch des unteren Teiles (Strossenbau), die **österr.** oder **Aufbruchbauweise** mit zonenweise getrenntem Vollausbruch und Einrüsten des Gewölbes vor dem Wechsel zur nächsten Ausbruchzone, die **engl.** oder **Vortriebsbauweise** mit nacheinander folgendem Vollausbruch und sofortigem Einziehen des Gewölbes, die **ital.** oder **Versatzbauweise** mit Ausbruch des unteren Drittels und sofortigem Einziehen des unteren Widerlagerteiles und Sohlengewölbes. – In **standfestem Gebirge** ist ein Vollausbruch ohne sofortige Sicherung des Querschnittes möglich, in **gebrächem Gebirge** sind mehrere Arbeitsgänge zur Herstellung von Teilausbrüchen wegen der mangelnden Standfestigkeit geboten, in **druckhaftem Gebirge** kann der Querschnitt nur im Schutz eines vorauseilenden Ausbaus hergestellt werden. Beim Gebirgsausbruch wird das Gestein meist durch Sprengen gelöst, mit Abbaumaschinen entfernt und durch Fördermittel abtransportiert.

Neuere geschlossene Bauweisen, die einen teil- oder vollmechanischen Abbau in fast allen Gebirgsklassen gestatten, sind das **Messervortriebsverfahren,** bei dem stählerne, zugespitzte Kanaldielen am Rand des Gewölbes zur Sicherung des Ausbruchquerschnittes in das Gebirge vorgetrieben werden und in deren Schutz das Gewölbe schubweise erstellt wird, und der **Schildvortrieb,** bei dem ein meist kreisrunder, mit einer Schneide versehener Stahlzylinder in Querschnittsgröße des späteren T. mit Pressen vorgeschoben wird, die sich jeweils gegen das fertige, im Schutz des Stahlzylinders hergestellte Gewölbe abstützen. Bei wasserführenden Bodenschichten kann der Arbeitsraum durch eine rückwärtige Wand dicht abgeschlossen und unter Überdruck gesetzt werden, so daß kein Wasser einbricht. Im Schutz des Schildes wird das Gewölbe nach Einziehen der Pressen mit Beton- oder Stahltübbings ausgekleidet. Zur Einsparung kostspieliger Einrüstungen und zum Vermeiden von Gebirgsbewegungen (Setzungen) eignet sich die **neue österr. Bauweise,** bei der das T.-Gewölbe nach Ausbruch sofort mit Spritzbeton und Stahleinlagen (Matten) bedeckt wird. Hierdurch wird die Tragwirkung des Gebirges aktiviert. Zum Unterfahren schwerer Bauwerke (Gebäude- und Brückenfundamente) werden **Rohrschirmdecken** angeordnet, wobei dicke Stahlrohre von einem Stollen aus unter die Fundamente vorgetrieben und mit Stahlbeton ausgefüllt werden. In Sonderfällen wird wassergesättigter, schwimmender Boden vor dem Ausbruch mit Kältelösungen oder chem. Lösungen vereist oder versteinert **(Gefrier-, Versteinerungsverfahren,** auch beim → Schachtabteufen).

Offene Bauweisen. Bei geringer Bodenüberdekkung werden T. in offener Bauweise erstellt, wenn ein Öffnen der Baugrube von oben her möglich ist. Für die Baugrube werden die seitl. Verbauwände vor oder mit dem Bodenaushub niedergebracht. Als Baugrubenumschließung kommen u. a. in Frage: **Berliner Verbau** mit Stahlträgern, Längshölzern und Quersteifen oder **Schlitzwände** (→ Schlitzwandbauweise) und **Bohrpfahlwände** aus Stahlbeton. Letztere können in das T.-Bauwerk einbezogen werden. Unter verkehrsreichen Straßen eignen sich wegen der kurzzeitigen Behinderung des Straßenverkehrs die **Deckelbauweise,** bei der ein Trägerrost mit Abdeckplatten als vorübergehende Straßenfahrbahn errichtet wird, oder die **Deckenbauweise,** bei der zunächst die T.-Decke auf Bohrpfahl- oder Schlitzwänden für die Straßenfahrbahn gebaut und der weitere T.-Bau im Schutz der fertigen T.-Decke vollzogen wird.

Besondere Verfahren sind beim Bau von **Unterwasser-T.** üblich, wobei im Senkkasten-(Caisson-)Verfahren (→ Caisson, → Gründung) gearbeitet wird oder an Land vorgefertigte T.-Stücke eingeschwommen und an der Baustelle im ausgespülten Flußbett versenkt werden. Nach Aneinanderfügen der einzelnen ›Schüsse‹ und deren Verankern wird der mit Wasser gefüllte Hohlraum im T. leergepumpt. – Verkehrstunnelbauten, bes. Straßen-T., erfordern besondere Betriebseinrichtungen, wie Signalisation, Entwässerung, Beleuchtung und Belüftung.

Geschichtliches. Vorläufer der heutigen T. waren die unterird. Be- und Entwässerungskanäle, die schon in babylon. und assyr. Zeit, bes. aber von Griechen und Römern, ausgeführt wurden (z. B. T. des EUPALINOS VON MEGARA für die Wasserleitung der Stadt Samos durch den Berg Kastro, 1 km lang, um 530 v. Chr.; Ableitung des Fucino-Sees, 5,6 km langer T., Mitte des 1. Jh. n. Chr.). Der T.-Bau lebte erst wieder auf mit der Einführung des Schwarzpulvers zum Gesteinsprengen im 17. Jh. (z. B. 1679/81 der 157 m lange Malpas-T. für den Kanal von Languedoc). 1824–42 baute M. I. BRUNEL unter Anwendung des Schildverfahrens den T. unter der Themse in London. Die ältesten Eisenbahn-T. sind die beiden kleinen Durchstiche auf der Strecke Liverpool–Manchester, 1826/30 von G. STEPHENSON ausgeführt. In Dtl. wurde der erste Eisenbahn-T. 1837/39 bei Oberau (Strecke Leipzig–Dresden) gebaut (512 m lang, abgetragen 1933/34). Die frühesten großen Alpentunnel sind: 1857/71 der über 13 km lange Mont-Cenis-T., dessen Bau G. SOMMEILLER leitete, der dafür den pneumat. Gesteinsbohrhammer auf Bohrwagen erfand, 1872/82 der 15 km lange Gotthard-T. (verbesserte Bohrmaschine, Dynamit als Sprengmittel), 1898/1906 der 20 km lange Simplon-T. Bisher längster T. mit 53,8 km Länge wird der 1971 begonnene Seikan-T. (Untermeeres-T.) in Japan. (Weitere BILDER S. 159, 160)

Technik: W. BERGER: Der moderne T.- und Stollenvortrieb (1970); W. RUTSCHMANN: Mechan. T.-Vortrieb im Festgestein (1974); Tb. für den T.-Bau (1977 ff., jährlich); M. SCHERLE: Rohrvortrieb, 2 Bde. (1977); L. MÜLLER-SALZBURG: Der Felsbau, 3 (1978); J. SIEDENTOP: T. in Dtl. (1980).

Geschichte. G. E. SANDSTRÖM: The history of tunneling (London 1963); H. STRAUB: Gesch. der Bauingenieurkunst ([3]1975); A. A. HÄSLER: Gotthard. Als die Technik Weltgeschichte schrieb (1982).

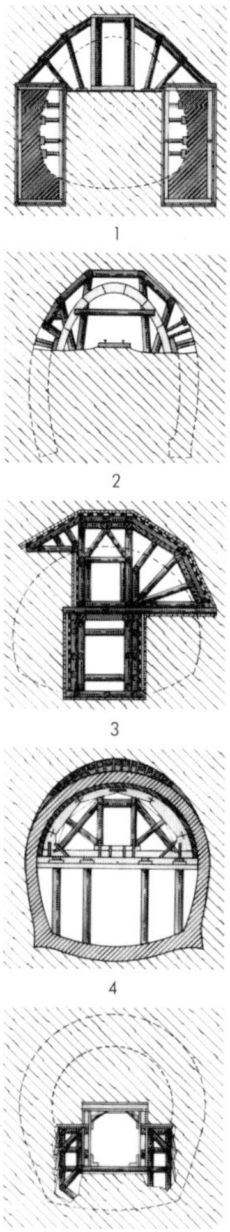

Tunnel 1–5: **1** deutsche Bauweise, **2** belgische Bauweise, **3** österreichische Bauweise, **4** englische Bauweise, **5** italienische Bauweise

Tunneldiode, auch **Esaki-Diode** [n. dem japan. Physiker L. Esaki, * 1925], Halbleiterdiode mit sehr hoher Dotierung (etwa 10^{19} bis 10^{20} Fremdatome je cm^3). Die Kennlinie einer in Vorwärtsrichtung (Durchlaßrichtung) betriebenen T. zeigt mit zunehmender von außen angelegter Spannung zunächst einen starken Stromanstieg bis hin zu einem Strommaximum. Danach fällt die Kennlinie ab, d. h., in diesem Bereich tritt ein negativer differentieller Widerstand auf. Nach Durchlaufen eines flachen Stromminimums steigt die Kurve wieder an, die T. verhält sich dann im weiteren wie eine gewöhnliche → Diode. Der fal-

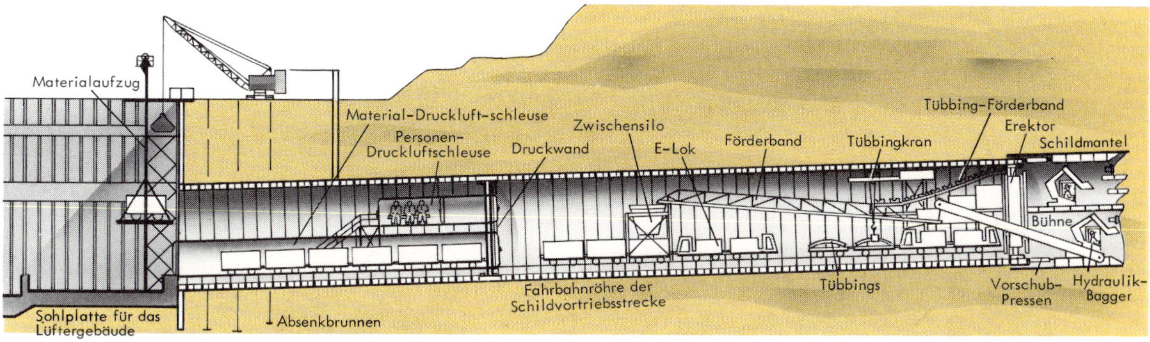

Tunnel 6: Schildvortrieb, Schildvortriebsstrecke beim Bau des Elbtunnels Hamburg

lende Kennlinienast entsteht durch den bei extrem hoch dotierten pn-Übergängen auftretenden →Tunneleffekt, bei dem die Ladungsträger die schmale Raumladungszone bereits bei niedrigen Spannungen ›durchtunneln‹ können. T. werden in rauscharmen Verstärkern für die Mikrowellentechnik eingesetzt **(Tunneldiodenverstärker),** sie eignen sich zur Schwingungserzeugung in Oszillatoren für den GHz-Bereich, ferner werden sie als sehr schnell arbeitende elektron. Schalter benutzt.

Tunnel|effekt, die Überwindung eines Hindernisses durch ein Teilchen mit geringerer Energie, als hierzu nach den Gesetzen der klass. Physik aufgebracht werden müßte. Nach klass. Gesetzen kann z. B. eine rollende Kugel einen allmählich ansteigenden Wall nur dann überwinden, wenn ihre anfängl. Bewegungsenergie größer ist als die aus der Höhe des Walles zu berechnende potentielle Energie auf der Krone des Walles. Anziehende und abstoßende Kräfte etwa in der Nähe eines Atomkerns lassen sich durch **Potentialmulden** und **Potentialwälle** gut veranschaulichen. Nach der Quantenmechanik kann ein Teilchen einen → Potentialwall (BILD) entgegen den klass. Gesetzen mit bestimmter Wahrscheinlichkeit ›durchdringen‹, d. h. seinen Ort von der Innenseite nach der Außenseite wechseln, ohne die zur Übersteigung notwendige Energie zu besitzen. Die Durchdringungswahrscheinlichkeit ist um so kleiner, je höher und je breiter der Potentialwall ist. Der T. spielt z. B. eine Rolle bei der Durchlässigkeit dünner Materieschichten für Licht (für Einfallswinkel, die größer sind als der Grenzwinkel der Totalreflexion) und bei den →Josephson-Effekten. Ferner werden der α-Zerfall (→ Gamowsche Theorie) und die spontane → Kernspaltung mit dem T. erklärt.

Tunnelmikroskop, Mikroskop, das den Tunneleffekt zur topograph. Oberflächenabtastung und zur Beobachtung von Adsorptions- und Wachstumsprozessen an Oberflächen ausnutzt. An die zu mikroskopierende Oberfläche wird im Ultrahochvakuum eine Wolframspitze bis auf wenige Zehntel Nanometer herangebracht, an die eine Spannung von 60 mV gegen die Oberfläche angelegt wird. Der Abstand *d* dieses Tunnelkontakts von der Oberfläche und seine seitl. Auslenkung werden piezoelektrisch gesteuert. Da die Tunnelwahrscheinlichkeit für Elektronen aus der Festkörperoberfläche durch den Luftspalt zur Wolframspitze proportional zu *d* anwächst, variiert der Tunnelstrom über die Tiefe einer Monolage um einen Faktor 1000. Diese extreme Abstandsempfindlichkeit erfordert sehr saubere Oberflächen, hohe Positioniergenauigkeit der Spitze und die Eliminierung von mechan. Vibrationen. Letztere kann durch schwebende ›Lagerung‹ des T. im Feld eines supraleitenden Magneten erreicht werden. Die bisher erzielte Tiefenauflösung des T. von 10^{-2} nm übertrifft die des Raster-Elektronenmikroskops um 1 bis 2 Größenordnungen. Anwendungen kann das T. v. a. in der Mikroelektronik zur Untersuchung von Halbleiter- und Oxidschichten finden.

Tunnel|ofen, bis etwa 100 m langer → Industrieofen zum Trocknen, Glühen, Brennen v. a. in der keram. Industrie (→ keramische Öfen). Gas-, Öl- oder Elektrobeheizung an beiden Seiten und an der Decke.

TUP, →TUN.

Tüpfelmethode, Chemie: Verfahren der qualitativen und quantitativen Mikro- und Spurenanalyse, bei dem Farb- und Fällungsreaktionen meist nur mit einem oder zwei Tropfen Untersuchungs- und Reagenzlösung auf **Tüpfelpapier** oder **Tüpfelplatten** (Porzellanplatten mit napfförmigen Vertiefungen) durchgeführt werden.

Tunnel 7: Caissonbauweise

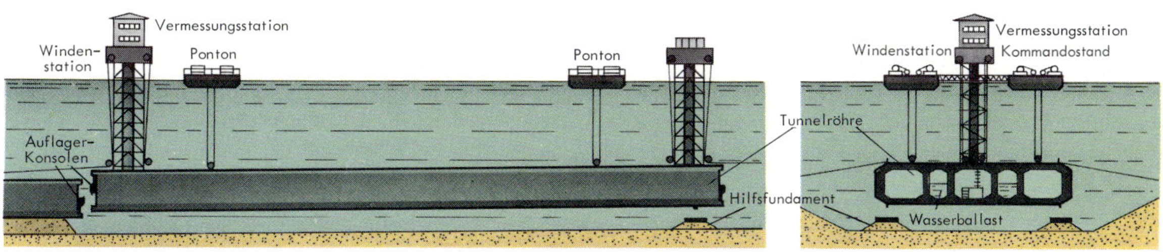

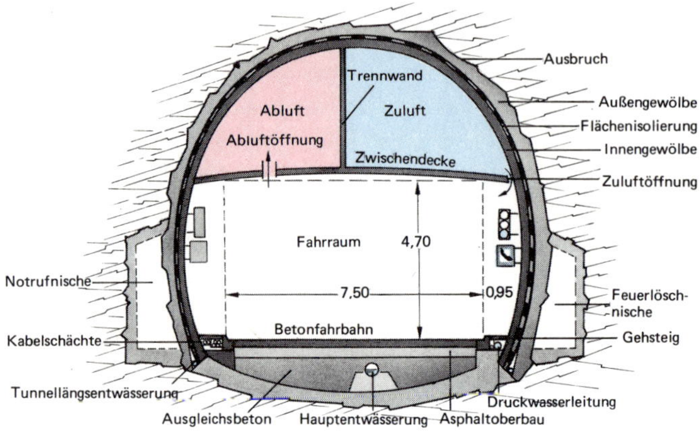

Tunnel 8: Querschnitt des Arlberg-Straßentunnels

Tür, Vorrichtung zum Verschließen einer den Zugang ermöglichenden Öffnung in einer Wand, einer Einfriedung, einem Fahrzeug oder einem Schrank.

Die T. in Gebäuden wird seitlich durch die Laibung, oben durch den →Sturz 1) begrenzt und durch T.-Flügel geschlossen. Den →Anschlag bildet das Mauerwerk oder die mit diesem verbundene →Zarge aus Holz oder Stahl. Bei Zimmer-T. wird die Maueröffnung meist innen mit Futter, an beiden Seiten mit Bekleidung aus Brettern versehen. Ein im gemauerten Anschlag mit Steinschrauben befestigter T.-Rahmen heißt Blendrahmen. **Türflügel** von Holz-T., **Sperr-T.,** mit glatter Oberfläche bestehen entweder aus →Tischlerplatten oder aus einem Vollholzrahmen, der die Einlage umschließt und beidseitig Deckplatten aufnimmt; die Einlage wird von wärme- und schalldämmenden Werkstoffen oder Platten (z. B. Holzspanplatten) gebildet; als Deckplatten dienen Furnier-, Holzfaser- und Holzspanplatten oder zwei kreuzweise aufeinandergeleimte Furnierlagen. Latten- oder Bretter-T. bestehen aus senkrechten Latten, die auf zwei Querlatten genagelt und mit einer Schrägplatte verstrebt werden. Türflügel werden auch aus Stahl, Aluminium oder Spiegelglas hergestellt (Nurglas-T. ohne Rahmen).

Am häufigsten ist die **Drehflügel-T.** Die **Pendel-T.** kann nach beiden Seiten geöffnet werden. Als Windfang ist bes. die **Dreh-** oder **Wendeflügel-T.** geeignet. Bei **Schiebe-T.** hängen die T.-Flügel mit je zwei Rollen auf einer Laufschiene. Die **Falt-, Harmonika-** oder **Scherengitter-T.** besteht aus einem mit Stoff bespannten oder mit Holzplatten bekleideten Scherengitter. Die **Fall-, Klapp-, Schwing-** oder **Schwebe-T.,** mit Seil und Gegengewicht, dient als waagerechter Verschluß. Feuersichere T. werden mit Stahlblechbekleidung in Stahlzarge hergestellt.

Türverschlüsse sind in erster Linie die Schlösser (→Schloß 1) und Riegel.

Türschließer, in der einfachsten Form Schraubenfedern oder Gewichtszüge, sind selbsttätige Vorrichtungen. Beim **Druckluft-Türschließer** wird die Feder durch einen Kolben gebremst, der beim Öffnen der T. durch ein kleines Loch Luft ansaugt und sie beim Schließen langsam ausstößt. Beim **Öldruck-Türschließer** bremst das durch einen dünnen Kanal gepreßte Öl die Bewegung.

Türöffner ermöglichen durch Fernbetätigung des Riegels eines Türschlosses das Öffnen der T. Beim **elektromagnet. Türöffner** (bei Garten- oder Haustüren) ist der sperrende Teil des Schließbleches um seine Längsachse federnd drehbar. Der ihn festhaltende Riegel wird durch einen von der Wohnung aus betätigten Elektromagneten hörbar gelöst, so daß bei Druck gegen die T. die Schloßfalle den Schließblechteil zur Seite drückt und frei wird. Beim **pneumat. Türöffner** (bes. bei Fahrzeugen) wird durch Druckluft eine Schiebetür unmittelbar, eine Dreh- und Falttür durch eine Gelenkstange geöffnet oder geschlossen. Der Vorgang wird oft elektrisch ausgelöst.

Durch eine zu den →Raumschutzanlagen gehörende **Türverriegelungsanlage** können sämtliche nach außen führende T. eines Gebäudes selbsttätig geschlossen werden durch einen an jeder Außen-T. angebrachten elektromagnetisch betätigten Riegel. Offenstehende T. werden vorher elektromagnetisch ausgehakt. Zur Entriegelung wird ein zweiter Kontakt betätigt.

E. ROTH: T. und Tore aus Stahl und Aluminium (1965); U. REITMAYER: Holztüren und Holztore in handwerkl. Konstruktion ([8]1979); G. ZIETZ: Türen- und Fensterbau ([5]1980).

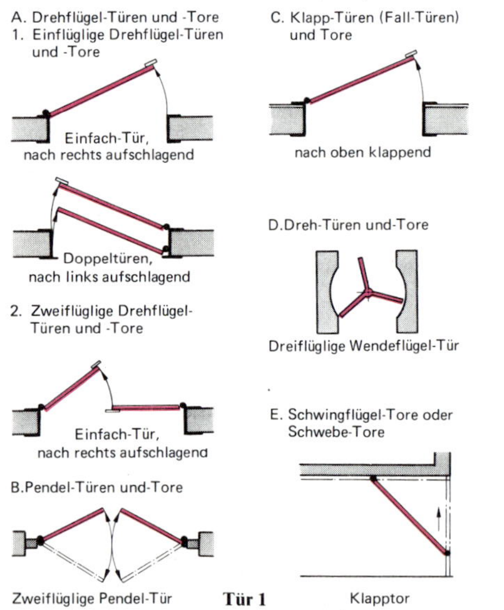

Tür 1

Tür 2

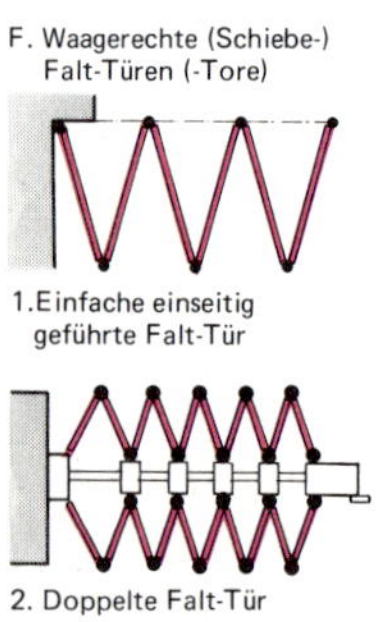

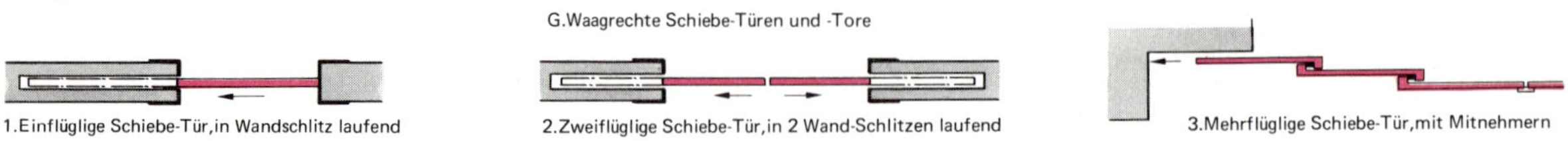

Turas, Kettenstern, vier- bis sechskantiger Antriebs- und Umlenkkörper von Laschen- und Rundgliederketten in Stetigförderern (→Fördermittel).

Turbidimetrie, die →Trübungsmessung.

Turbidit [lat.], Geologie: gradierte, klast. Ablagerung aus →Suspensionsströmen; z. B. im Flysch.

Turbidity Current [tə:b'ɪdətɪ k'ʌrənt, engl.], Geologie: der →Trübestrom.

Turbine, Strömungsmaschine, die in einem rotierenden Laufrad einer Flüssigkeit, einem Dampf oder einem Gas mechanische Energie entzieht und durch die rotierende Welle weiterleitet (→Dampfturbine, →Gasturbine, →Wasserturbine). Das Turbinenlaufrad wird bei **Axial-T.** parallel zur Welle, bei **Radial-T.** senkrecht zur Welle beaufschlagt. (BILDER S. 162)

Turbinenkraftstoffe, Kraftstoffe zum Betrieb von →Gasturbinen. Für den normalen Bedarf der zivilen Luftfahrt und z. T. auch für militär. Zwecke (z. B. auf Flugzeugträgern) werden T. vom Kerosintyp mit einem Siedeverlauf 180–290 °C verwendet (z. B. Jet A 1, JP-5). **Flug-T.** vom Benzin-Kerosin-Typ mit einem Siedeverlauf 50–250 °C (z. B. Jet B, JP-4) werden v. a. für militär. Zwecke eingesetzt. Damit auch bei tiefen Außentemperaturen ein ungehinderter Kraftstofffluß garantiert ist, müssen Flug-T. Kristallisationspunkte von unter – 38 bis – 60 °C haben. Außerdem dürfen beim Erhitzen und bei der Verbrennung keine festen Rückstände gebildet werden (→Fuel Coker). Als **Hochleistungs-T.** werden Kohlenwasserstoffgemische mit hohem Anteil an zykl. Verbindungen (z. B. Decalin) sowie Wasserstoffverbindungen und organ. Verbindungen von Bor, Aluminium u. a. Metallen verwendet. Als T. für industrielle Zwecke (z. B. Kraftwerke) sind Erdgas und Heizöle geeignet.

Turbinen-Luftstrahltriebwerk, Turbo-Luftstrahltriebwerk, TL-Triebwerk, →Strahltriebwerk.

Turbo, Abk. für **Turbolader,** →Abgasturbine.

turbo|elektrischer Wandler, aus Turbine und mit ihr verbundenem Generator bestehender Energiewandler. Für Raumfahrtzwecke wurden **Metalldampfturbinen** untersucht. Flüssige Metalle, durch Kernspaltungs- oder Solarenergie erhitzt, verdampfen dabei in einem Wärmetauscher das Arbeitsmittel der Turbine.

Turbogebläse, Kreiselgebläse, Turboverdichter, →Verdichter.

Turbogenerator, meist dreiphasiger, zweipoliger Synchrongenerator (→Generator 1), der von einer Dampf- oder Gasturbine angetrieben wird.

Turbolader, Abk. **Turbo,** der Abgasturbolader, →Abgasturbine.

Turboprop-Triebwerk, Propeller-Turbinen-Luftstrahltriebwerk, ein →Strahltriebwerk.

Turbo-Ram-Jet [-r'æm dʒet, engl.], **Staustrahlturbine,** →Strahltriebwerk.

Turbosatz, Dampf- oder Gasturbine, die mit einem →Turbogenerator und oft auch mit einer →Erregermaschine direkt gekuppelt ist.

Turbulenz, Bewegungszustand von Flüssigkeiten oder Gasen, bei dem, i. Ggs. zur →laminaren Strömung, der mittleren Hauptbewegung unregelmäßige Geschwindigkeits- und Druckschwankungen in Form von →Wirbeln überlagert sind. Dadurch wird der Reibungswiderstand an Flächen (z. B. Wände, Leitungen, Kanäle, Tragflügelprofile) wesentlich vergrößert. Infolge heftiger Durchmischung des Mediums werden Beimengungen (z. B. Rauch in Luft) rasch verteilt und die Wärmeübertragung intensiviert. Bei hohen Geschwindigkeiten führt T. zu starker Lärmentstehung (Flugzeugantriebe).

Bei turbulenten Strömungen wird dauernd kinet. Energie in Wärme umgewandelt. T. tritt nur dann auf, wenn die Zähigkeit eine best. Größe unterschreitet, d. h. wenn die →Reynolds-Zahl einen krit. Wert Re_{krit} überschreitet. – Die Theorie der T., die auf Methoden und Vorstellungen der mathemat. Statistik aufbaut, ist noch unvollkommen. In der Praxis werden Berechnungsmethoden angewandt, die sich durch Verbindung von Theorie und Erfahrung unter Benutzung von Dimensionsbetrachtungen und Ähnlichkeitsgesetzen ergeben.

Die T. gehört zu den interessantesten Phänomenen der klass. Physik und ist bis heute nicht in allen Details verstanden. Da die Strömung einer Flüssigkeit im Prinzip streng determinist. Gesetzen gehorcht, muß sich der Strömungsverlauf im Prinzip aus der vollständigen Kenntnis des Strömungszustands zu einem beliebigen Zeitpunkt exakt berechnen lassen. Das experimentell beobachtete statist. (zufällige) Verhalten turbulenter Strömungen scheint diesem Determinismus zu widersprechen, und es ist bisher nicht möglich, die statist. Gesetze der T. aus den determinist. Gesetzen der Hydrodynamik abzuleiten. Durch neue experimentelle und theoret. Untersuchungen dieses Problems konnte in den letzten Jahren aber das Verständnis der Ursachen und Prozesse, die zum Einsetzen der T. führen, erheblich vertieft werden. Danach überlagern sich einer zunächst völlig regelmäßigen laminaren Strömung bei Überschreiten best. Temperatur- oder Druckgradienten period. Teilströmungen. Es konnte gezeigt werden, daß bereits bei Überlagerung von mehr als zwei period. Teilströmungen deren gegenseitige Beeinflussung zu einem Verlust jeglicher Periodizität und zum Auseinanderstreben benachbarter Flüssigkeitsteilchen führen kann. Deshalb wird der Strömungsweg eines Teilchens auch grundlegend anders verlaufen, wenn seine Ortskoordinaten oder Geschwindigkeitskomponenten zu einem bestimmten Zeitpunkt um einen beliebig kleinen Wert verändert werden. Da sich aber z. B. der Ort eines Teilchens nicht genauer als der Moleküldurchmesser festlegen läßt, können zwei anfänglich kaum unterscheidbare Strömungen sich im Laufe der Zeit völlig verschieden entwickeln, da das Verhalten von kleinen Unterschieden der Anfangsbedingungen entscheidend beeinflußt wird. Der zur T. führende Mechanismus spielt wahrscheinlich auch beim Übergang anderer Systeme von geordnetem (periodischem) zu ›chaotischem‹ (statistischem) Verhalten eine wichtige Rolle, z. B. bei chemischen Reaktionen, bei Emissionsprozessen in Lasern oder bei Josephson-Kontakten.

Meteorologie. Bes. in bodennaher Luft führt die Scherung des →Windes zu **dynamischer,** die →Labilität zu **thermischer T.,** die Voraussetzung für turbulente Diffusion sind (→Austausch). Durch sie können Wärme, Wasserdampf und Impuls in der →planetarischen Grenzschicht erheblich schneller befördert werden als durch molekulare Diffusion. T. tritt häufig in Wolken auf, aber auch als ›clear-air-turbulence‹ in wolkenfreien Zonen auf der kalten Seite des →Strahlstroms.

Meereskunde. Kleinskalige, dreidimensionale T. beschränkt sich meist auf eine oberflächennahe, bis zu etwa 100 m starke Deckschicht, die durch die Einflüsse des Windes und der Sonnenstrahlung turbulent durchmischt ist, sowie eine etwa 10 m starke Bodenschicht, die auf Grund der Bodenreibung T. aufweist. Großskalige, nahezu zweidimensionale T. findet sich in Form von Wirbeln mit Durchmessern bis zu mehreren 100 km im gesamten Weltmeer, ist jedoch in Gebieten mit starker Stromscherung (äquatoriales Stromsystem, westl. Randströme) bes. energiereich. T. spielt v. a. beim Transport von Impuls, Wärme, Salz (auch Fremdstoffen) im Meer eine bed. Rolle.

Turgor *der,* Innendruck der Zellen, durch den der

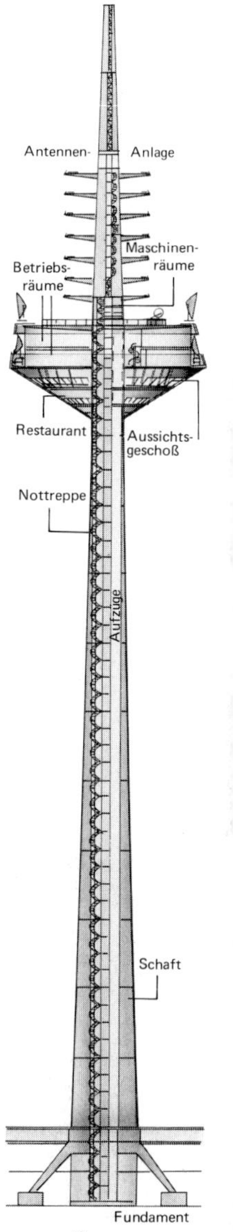

Turm: Teilschnitt des Fernmeldeturms Frankfurt a. M., Höhe: 331 m

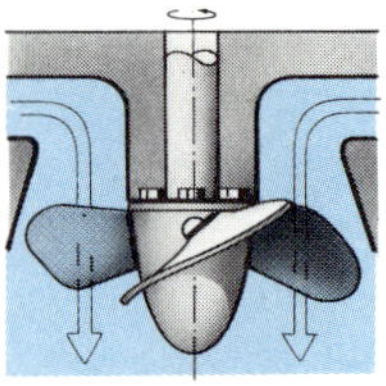

Axial - Turbine (Schnitt durch eine Kaplan-Wasserturbine)

Radial - Turbine

Turbine

zytoplasmat. Wandbelag gegen die Zellwand gepreßt und in der Zellwand durch elast. Dehnung ein Gegendruck (Wanddruck) ausgelöst wird. Darauf beruht die Straffheit **(Turgeszenz)** der Kräuter. Der T. ist am größten, wenn die Zelle infolge → Osmose wassergesättigt ist. Läßt der T. durch Transpiration und geringen Wassernachschub nach, so erschlaffen die Pflanzen und welken.

Manche Bewegungsvorgänge **(T.-Bewegungen)** kommen durch örtl. T.-Änderungen zustande, so u. a. das Öffnen und Schließen der Spaltöffnungen, die kreisenden Bewegungen der seitl. Blattfiedern der Telegraphenpflanze, die Blattbewegungen der Sinnpflanze (Mimose).

Turing-Maschine [tj'uəriŋ-, engl., n. A. M. Turing, 1936], Gedankenmodell über den grundsätzl. Aufbau eines universellen Rechenautomaten, bei dem die Eingangssignale seinem Speicher entnommen und die Ausgangssignale wieder dem Speicher zugeführt werden. Die Verbindung zur Außenwelt (Ein- und Ausgabe) ist ebenfalls über den Speicher zu denken. Der Speicher (bei der Einband-T.-M.) ist als unendlich langer in Felder unterteilter Bandspeicher gedacht, dessen gespeicherte Informationen zeichenweise verarbeitet werden. Nach dem Modell der T.-M. ist jede berechenbare Zahl auch automatisch berechenbar, und zwar durch einen endlichen Prozeß.

Türkenkopf, Mineral, →Turmalin.

Türkis *der,* **Kallait,** Mineral $CuAl_6[(OH)_8|(PO_4)_4]$, himmelblau, blaugrün bis apfelgrün; H. 5–6, D. 2,6–2,8; selten winzige Kristalle, meist extrem feinkörnig in undurchsichtigen, traubig-nierigen Aggregaten; **T.-Matrix** ist T. mit eingeschlossenem Begleitgestein oder mit zahlreichen, durch Brauneisen oder Manganhydroxid verkitteten Rissen. Vorkommen in Hohlräumen und auf Klüften stark zersetzter aluminiumreicher Gesteine.

Türkis 1: feinkörniges Aggregat (Sierra Nevada, Kalifornien)

Turm, hohes Bauwerk, dessen Grundfläche im Verhältnis zur Höhe gering ist und das im Unterschied zum → Hochhaus i. d. R. nicht zum Wohnen dient. Baustoffe waren früher Holz und Mauerwerk, heute haben Stahl und Stahlbeton Höhen von einigen hundert Metern ermöglicht. Unter Windeinwirkung entsteht die Gefahr des Kippens oder Verschiebens der Teile gegeneinander, bei biegefesten Baustoffen die Gefahr des Biegebruchs. Deshalb müssen bei nicht abgespannten T. Grundfläche und Höhe in einem bestimmten, vom Baustoff abhängigen Verhältnis zueinander stehen. T. mit kleinerer Grundfläche müssen abgespannt (Funkmaste) oder in die Fundamente eingespannt werden (Fernseh-, Fernmelde-T., Freileitungsmaste). BILD S. 161

L. SCHNEIDER: Schwingungs- und Stabilitätsuntersuchungen von T. . . . (1968); L. VARGA u. S. KALISZKY: Gründung turmartiger Bauwerke (a. d. Ungar., 1974); W. GÜNTHER: Straßen, Brükken, T. (1981).

Turmalin *der,* Gruppe von Mineralen, die untereinander Mischkristalle bilden. Allg. Formel XY_3Z_6 $[(OH, F/O)_4|(BO_3)_3|Si_6O_{18}]$, (X = Na, Ca, Mn, Y = Mg, Li, Al, Mn, Fe^{2+}, Z = Al, Fe^{3+}, Ti, Mg); H. 6–7,5, D. 3–3,25; T. ist piezo- und pyroelektrisch (›Aschentrekker‹); Kristalle ein- oder aufgewachsen (in Drusen), erreichen bis 7 m Länge und 1 m Durchmesser, sind gestreckt oder gedrungen, z. T. in radialstrahligen Aggregaten **(T.-Sonnen).** T. ist durchsichtig bis undurchsichtig und das farbenreichste Mineral, z. T. mit Farbwechsel in der Längserstreckung **(Mohrenköpfe** mit schwarzem, **Türkenköpfe** mit rotem Ende) oder im Querschnitt zonar gefärbt. Nach Farbe und Zusammensetzung gibt es viele Varietäten. (BILDER S. 163)

Türkis 2 (geschliffen)

Turmalinzange, einfaches Gerät zur Untersuchung der → Polarisation 3) von Licht sowie der Doppelbrechung von Kristallen; besteht aus zwei parallel zur opt. Achse geschnittenen Turmalinplatten, gegeneinander drehbar gelagert und als Polarisator und Analysator wirkend.

Turmteleskop, in einen Turm eingebautes feststehendes Fernrohr, in dessen waagerecht liegendes Objektiv das Licht eines Himmelskörpers, meist der Sonne **(Sonnenturm)** durch einen → Zölostaten hineingespiegelt wird. Das fokale Bild des Himmelskörpers entsteht am Fußende des Turms in einem meist unterirdisch gelegenen Laboratorium, wo es, geschützt gegen äußere Temperaturschwankungen, mit Spektrographen oder Polarimetern physikalisch untersucht werden kann. (BILD astronomische Instrumente)

Turmwagen, Kraft- oder Schienenfahrzeug **(Turmtriebwagen)** mit heb- und schwenkbarer Arbeitsbühne, bes. für Arbeiten an Straßenbeleuchtung oder Oberleitung.

Turnbulls-Blau [t'ə:nbulz-], mit Berliner Blau identische → Eisenverbindung.

Turnerit, dicktafelige Kristalle von → Monazit.

Türstock, dreiteiliges Bauteil aus Holz, auch ganz oder teilweise aus Stahlschienen, zum → Grubenausbau, auch beim Tunnelbau. Die horizontal unter der Firste liegende Kappe wird durch zwei schwach nach außen geneigte **(deutscher T.)** oder senkrecht stehende **(oberschles.** oder **poln. T.)** Stempel (Grubenstempel) gestützt.

Tuschieren, Einfärben von Werkstückflächen zur Erfassung der Berührungsstellen zweier zusammenwirkender Flächen, z. B. Führungen an Werkzeugmaschinen. Mit **Tuschierplatten** oder mit dem **Tuschierlineal** prüft man die Ebenheit von Flächen, deren Erhöhungen z. B. durch → Schaben abgetragen werden.

Tutenmergel, Tutenkalk, Tütenmergel, in Wechsellagerungen von Kalk und Ton auftretende ineinandergestellte tongesäumte Kalkkegel, die sich lagenweise die Spitzen zukehren und untereinander verzahnt sind. Durch Verwitterung entstehen auf der Schichtfläche nagelkopfartige Erhebungen **(Nagelkalk).**

TÜV, Abk. für → Technischer Überwachungsverein.

TV, internat. Abk. für **Television,** das → Fernsehen.

TV-Sat, Direktempfangs-Satellit der Bundesrep. Dtl., Start von TV-S. 1 ist für 1985 geplant, aber erst mit TV-S. 2 soll etwa 1986/87 der offizielle Sendebetrieb beginnen. Obwohl die Anwendung zunächst nur in der Bundesrep. Dtl. und Frankreich vorgesehen ist, besteht bei entsprechender Modifikation der Nutzlast die Möglichkeit eines operationellen Betriebs auch für andere europ. Länder. Die Einführung neuartiger Modulationsverfahren wird die europaweite Ausstrahlung von 16 hochwertigen Stereo-Programmen und die Versorgung des Bundesgebietes mit zusätzlichen Fernsehprogrammen ermöglichen. (→ TDF-1)

TW, Einheitenzeichen für **Terawatt** (→ Watt).

Tweeter [tw'i:tə, engl.], **Hochtöner,** ein → Lautsprecher für den hohen Frequenzbereich.

TWT, Abk. für **Travelling Wave Tube** [tr'ævliŋ weiv tju:b, engl.], → Wanderfeldröhre.

Tychonischer Stern [n. dem dän. Astronomen Tycho Brahe, * 1546, † 1601], die von TYCHO BRAHE im Jahre 1572 beobachtete → Supernova.

Tychonisches Weltsystem, ein → geozentrisches Weltsystem, bei dem Sonne und Mond die im Mittelpunkt der Welt ruhende Erde umkreisen, während die Planeten die Sonne umkreisen. Das T. W. sollte das → heliozentrische Weltsystem des Kopernikus ersetzen (→ Astronomie).

Tyndall-Effekt [tɪndl-, n. dem irischen Physiker J. Tyndall, * 1820, † 1893], i. w. S. Erscheinungen, die bei der Streuung von elektromagnet. Wellen (Licht) an suspendierten kleinen Teilchen in Abhängigkeit von deren Größe, Form und Material auftreten, z. B. Spektrum (Farbe), Intensität, Winkelverteilung und Polarisation des Lichtes. I. e. S. die Erscheinung, daß ein Lichtstrahl beim Durchgang durch ein trübes Medium (z. B. Nebel) infolge Streuung von der Seite sichtbar ist. Messungen der Extinktion des durchgelassenen Lichts oder der Intensität und Polarisation des Streulichts liefern Informationen über Größe und Dichte der streuenden Teilchen (→ Nephelometrie). Weitere Anwendungen beim Ultramikroskop und Schallsichtgerät.

Tyndallisierung, Tyndallisation, fraktionierte Sterilisation hitzeempfindl. Substrate durch dreimaliges Erhitzen auf 100 °C mit zwischenzeitl. eintägiger Standzeit bei Raumtemperatur, wodurch das Auskeimen hitzeaktivierter Bacillus- und Clostridium-Endosporen und die anschließende Abtötung der gekeimten Sporen erreicht wird.

Tyndallometer, Gerät zur Bestimmung des Staubgehalts der Luft aus der Streuung von polarisiertem Licht an den Staubpartikeln infolge des → Tyndall-Effekts. I. Ggs. zur → Trübungsmessung wird beim T. die Intensität des Streulichts photometrisch gemessen. – **Tyndallometrie,** → Nephelometrie.

Type, die → Letter.

Typenbeschränkung, Typung, Typisierung, Beschränkung von techn. Erzeugnissen, z. B. Fertigungsmitteln und Konsumgütern, auf wenige Typen; ein besonderer Zweig der → Normung und oft eine Vorstufe für sie. Bei der T. wird aus den vorhandenen Typen durch Streichung der nicht notwendigen eine beschränkte Auswahl erzielt; bei der **Typnormung** wird an Stelle dieser willkürl. Auswahl eine wohlgestufte **Typenreihe** konstruktiv aufgebaut. Die T. ist ein Mittel der Rationalisierung, um aus vielen Typen die für die Bedarfsdeckung notwendigen auszuwählen und in großen Stückzahlen wirtschaftlich (z. B. durch größere Lose, geringere Sortenwechselkosten, geringere Lagerhaltung) herstellen zu können.

Typenprüfung, → Musterprüfung.

Typenrad|drucker, Peripheriegerät für elektron. Datenverarbeitungsanlagen zur Ausgabe von Klartexten auf Papier. Die Schriftzeichen werden (i. Ggs. zu einem Zeilendrucker) einzeln nacheinander gedruckt. Die Typen befinden sich kreisförmig auf einem beweglichen **Typenrad** (→ Schreibmaschine) angeordnet und werden von einem Stift auf Farbband und Papier geschlagen. T. erreichen wesentl. geringere Schreibgeschwindigkeiten als → Matrixdrucker oder → Laserdrucker.

Typhon, engl. **Tyfon** [tˈaɪfɔn] *das,* dampf- oder druckluftbetriebene Pfeife als Schallsignalgerät auf Schiffen.

Typiebeziehungen, Typie. T. kennzeichnen den Grad der Ähnlichkeit der Strukturen verschiedener Kristallarten. Diese können sein: 1) untereinander ›gleich‹ **(isotyp),** d. h. mit gleicher Atomanordnung und daher gleichem Achsenabschnittsverhältnis (→ Kristall), gleichen Gitterkomplexen und gleicher Raumgruppe, z. B. die Gitter von Diamant, Germanium und Silicium; 2) untereinander ›ähnlich‹ **(homöotyp),** wobei z. B. Unterschiede im Achsenabschnittsverhältnis, im Inhalt der Elementarzelle, zw. entsprechenden Gitterkomplexen **(Polytropie)** oder im Winkelbetrag der Bindungsrichtung **(Polysyngonie,** z. B. bei Hochquarz-Tiefquarz) vorliegen können; 3) **polytype,** gittermäßig sehr unterschiedl. Strukturvarianten einer polymorphen Kristallart, z. B. die ein- bis sechsschichtigen Stapelungen in den Schichtstrukturen der Biotite; 4) Kristallgitter ohne jede Ähnlichkeit heißen **heterotyp.**

Typographie, die künstler. Gestaltung eines Druckwerkes. Dazu gehören Wahl der Type und des Schriftgrads, Bestimmung des Satzspiegels und dessen Stand auf der Buchseite, Satz des Textes und der Titelei. Auch Papier und Einband sollten von der T. mitbestimmt werden.

typographischer Punkt, Einheitenzeichen **p,** nicht gesetzl., im graph. Gewerbe aber seit 1795 durch F.-A. Didot eingebürgerte Längeneinheit für Satzmaterialien (→ Schriftgrad); 1 p = 0,376065 mm. Gegenüber diesem ›Didot-Punkt‹ ist in angloamerikan. u. a. Ländern der ›Pica-Punkt‹ (point) gebräuchlich: 1 point = 0,351 mm.

typomorphe Minerale, typomorphe Gemengteile, Minerale, deren Auftreten für best. Bildungstemperaturen und -drucke sowie für best. Bildungsbereiche typisch ist; bes. die Leitminerale der → Tiefenstufen 2) der Gesteinsmetamorphose. Ggs.: die → Durchläufer.

Tyrosin, Abk. **Tyr,** nichtessentielle Aminosäure, in den meisten Proteinen, v. a. im Casein. Ausgangssubstanz für die Biosynthese von Catecholaminen und Melanin.

Turmalin 1: OBEN Kristalle mit zonarer Farbänderung (Kalifornien); UNTEN schwarze Kristalle in Glimmerschiefer (Spessart)

Turmalin 2 (geschliffen)

U

u, Einheitenzeichen für → atomare Masseneinheit.

U, 1) chem. Symbol für → Uran.

2) Einheitenzeichen für → Umdrehung (veraltet).

3) *U,* Formelzeichen für elektrische Spannung und → innere Energie.

Überbau, 1) Brücken: das gesamte, oberhalb des Unterbaues (Fundamente, Pfeiler, Widerlager) befindliche Tragwerk einschließlich der Lager.

2) Haus: der über die untere Mauerflucht hinausragende Teil eines Obergeschosses.

Überblattung, → Holzverbindungen.

überblenden, Film-, Hörfunk- und Fernsehtechnik:

zwei Bild- und/oder Toneinstellungen ineinander übergehen lassen.

Überdeckung, 1) Mathematik: Ü. einer Menge M mit Teilmengen M_i, $i \in I$ (I = Indexmenge), liegt vor, wenn $M = \bigcup_{i \in I} M_i$ ist. Eine Ü. heißt **offene Ü.**, wenn M, M_i Teilmengen eines topolog. Raumes X und alle M_i offen in X sind; analog **abgeschlossene Ü.**

2) Photogrammetrie: das zur Ausmessung von Meßbildern erforderliche Überschneiden benachbarter Bilder: bei → Luftbildern zur räuml. Betrachtung und Ausmessung eine Längs-Ü. in Flugrichtung von rd. 60% und zur lückenlosen Erfassung des Geländes eine Quer-Ü. benachbarter Flugstreifen von rd. 20%.

Überdeckungssatz von Heine-Borel [-bor'ɛl, n. dem dt. Mathematiker E. Heine, * 1821, † 1881, und dem frz. Mathematiker E. Borel, * 1871, † 1956]. Ist A eine beschränkte, abgeschlossene Menge des n-dimensionalen Euklid. Raumes, in dem jedem Punkt $x \subset A$ eine offene Umgebung $U(x)$ zugeordnet ist, dann genügen endlich viele Punkte $x_1, x_2, \ldots, x_m \in A$, um mit deren jeweiligen Umgebungen $U(x_1)$, $U(x_2)$, ..., $U(x_m)$ die Menge A zu überdecken.

Überdruck, Druckdifferenz zum herrschenden Außendruck; meist Druckanteil oberhalb des normalen Luftdrucks von 1 bar.

Überfall, Wasserbau: Strömung mit freier Oberfläche, bei der Wasser über einen in den Abflußquerschnitt eingebauten Körper (z. B. Wehr) fließt. Der Ü. ist **vollkommen** bei Eintritt eines Fließwechsels vom Strömen zum Schießen (das Unterwasser beeinflußt den Oberwasserspiegel dann nicht), andernfalls ist der Ü. **unvollkommen.**

Überfang|glas, aus mindestens zwei Schichten bestehender Glasgegenstand. Ein → Külbel aus meist farblosem Grundglas wird durch Eintauchen in eine Farbglasschmelze mit einer dünnen Glasschicht überzogen und dann zum gewünschten Gegenstand fertiggeblasen.

Übergang, Physik: Veränderung des energet. Zustandes eines Teilchens oder eines Systems von Teilchen (→ Atom). **Strahlungsübergänge** erfolgen i. Ggs. zu → strahlungslosen Übergängen durch Emission oder Absorption von Photonen. **Verbotene Ü.** sind Strahlungsübergänge, die auf Grund best. Auswahlregeln nicht vorkommen dürften (→ verbotene Linien).

Übergangsbahn, Bahn, längs der ein Raumflugkör per von einer Umlaufbahn in eine andere gebracht wird, z. B. → Hohmann-Übergang.

Übergangs|elemente, Übergangsmetalle, metall. Elemente, deren Atome eine inkomplette d-Schale haben oder die eine oder mehrere Kationen mit unvollständigen d-Schalen bilden können. So die Elemente der Ordnungszahlen 21–28, 39–46, 57–78, 89–103 (→ Periodensystem). Die Ü. treten häufig in mehreren Oxidationsstufen auf und bilden viele Komplexverbindungen.

Übergangsfunktion, → Sprungantwort.

Übergangsmetalle, die → Übergangselemente.

Übergangs|temperatur, kurz für → kritische Übergangstemperatur (des Supraleiters).

Übergangswahrscheinlichkeit, Physik: die Wahrscheinlichkeit eines Übergangs zw. zwei Quantenzuständen.

Übergemengteil, Petrologie: genetisch und nomenklatorisch wichtiger, aber nur etwa 1 Vol.-% ausmachender Mineralbestandteil eines → Gesteins.

übergreifende Lagerung, durch → Transgression bewirkte diskordante Überlagerung älterer durch jüngere geologische Schichten.

Übergußschichtung, Geologie: die Schrägschichtung an Riff-Flanken, wobei sich der seeseitig entstandene und gebankte Riffschutt mit dem massigen Riffkalk verzahnt.

Überhauen *das,* **Überbruch,** im Erzbergbau svw. Aufhauen, d. h. von unten nach oben hergestellte Verbindung zw. zwei Strecken. (→ Abhauen)

Überhitzer, Teil eines heute üblichen → Dampferzeugers. Sattdampf wird ohne Drucksteigerung weiter erhitzt bis etwa 600 °C. Dadurch wird der therm. Wirkungsgrad erheblich gesteigert. Der **Zwischen-Ü.,** der den in der Turbine bereits teilweise entspannten Dampf wieder ›überhitzt‹, steigert ebenfalls den therm. Wirkungsgrad und vermeidet Schäden an Turbinenschaufeln durch auftreffende Wassertropfen.

Überhitzung, Erwärmung eines Stoffes über eine Temperatur, bei der er schon in einer anderen Phase, z. B. in Dampfphase (Siedeverzug, → Sieden), oder in einer anderen Modifikation vorliegen müßte.

Überhöhung, 1) Hoch- und Brückenbau: das Maß, um das ein Tragwerk bei der Herstellung, entgegengesetzt der bei Belastung zu erwartenden Durchbiegung, in der Mitte eine höhere Lage erhält als an den Enden. Man überhöht für Eigengewicht oder für Eigengewicht und Verkehr (→ Pfeilhöhe).

2) Kartographie: die Darstellung der Höhen in Blockdiagrammen, Militärperspektiven, Profilen, Reliefs oder Reliefgloben in einem Maßstab, der größer ist als der Grundrißmaßstab. Die Ü. macht Höhenunterschiede besser erkennbar, verfälscht aber z. B. die Hangneigung.

3) Straßen- und Eisenbahnbau: Erhöhung des äußeren Fahrbahnrandes oder der äußeren Fahrschiene in einer Kurve. Die Ü. wirkt der Fliehkraft eines Fahrzeuges beim Durchfahren der Kurve entgegen. Sie ist abhängig von der Krümmung des Kreisbogens und von der Entwurfsgeschwindigkeit des Streckenabschnittes.

Überkippung, Geologie: Aufrichtung von Gesteinsschichten um mehr als 90°, wodurch inverse → Lagerung entsteht.

überkritisch, 1) Kerntechnik: → kritisch, → Kernreaktor.

2) Thermodynamik: **überkritische Zustände der Materie,** die Zustandsformen der Materie, wenn Temperatur und Druck oberhalb der krit. Werte p_{crit} und T_{crit} liegen (→ kritischer Zustand, → Gasverflüssigung).

Überlagerung, Überlagerung von Schwingungen, das Zusammenfügen von Schwingungen nach Art einer Addition (→ Superpositionsprinzip). Befinden sich in einem elektr. Stromkreis nur lineare, d. h. stromunabhängige Widerstände, so verhält sich nach dem Überlagerungsgesetz von HELMHOLTZ (1853) jede Schwingung so, als ob andere nicht vorhanden wären. Ist die genannte Bedingung nicht erfüllt, so findet eine → Modulation (Multiplikation) statt.

Überlagerungs|empfänger, der Superheterodyn-Empfänger, → Rundfunk.

Überlagerungsprinzip, → Superpositionsprinzip.

Überlastbarkeit, Verhältnis zw. Überlast und Nennlast, z. B. bei elektr. Maschinen und Geräten (in diesem Fall ein Verhältnis zweier Leistungen). Die Überlast wird nur für eine begrenzte Zeit zugelassen.

Überlebenswahrscheinlichkeit, die Wahrscheinlichkeit für ein Element (z. B. elektron. Bauelement), aus einem (Anfangs-)Bestand von gleichartigen, zu Beginn des Beanspruchungszeitraums funktionstüchtigen Elementen erst nach einem bestimmten Zeitpunkt auszufallen, d. h. das betrachtete Zeitintervall zu ›überleben‹. Die Ü. $R(t)$ ist ebenso wie ihre komplementäre Größe, die **Ausfallwahrscheinlichkeit** $F(t)$, eine wichtige Kenngröße für die →Zuverlässigkeit von Komponenten und Systemen.

Überleitung, Wasserbau: →Beileitung.

Überreichweite, nur unter besonderen Ausbreitungsbedingungen in der Ionosphäre (bei Kurzwellen) oder Atmosphäre (bei Ultrakurzwellen) auftretende, abnorm große Reichweite elektromagnetischer Wellen (→Funkverkehr).

Überriese, Stern bes. großer Leuchtkraft (Leuchtkraftklasse I) und mit bes. großem Radius (→Riesen).

Überrollbügel, Umsturzbügel, bei Renn- und Sportwagen, auch bei Ackerschleppern und Geländefahrzeugen eine **Umsturzvorrichtung,** d. h. ein über den Kopf des Fahrers verlaufender Stahlbügel als Ersatz oder zur Verstärkung der Dachkonstruktion; dient als Schutz bei Überschlägen. Geschlossene Fahrerkabinen sind im Innenraum i. d. R. nicht nur durch einen Ü., sondern durch eine dreidimensionale Konstruktion, den **Überrollkäfig** oder den **Sicherheitsrahmen,** verstärkt.

Übersättigung. Eine Lösung ist übersättigt, wenn sie mehr gelösten Stoff enthält, als dem Gleichgewicht entspricht. Sie kann aus gesättigten Lösungen durch Einstellung von Temperatur- oder Druckbedingungen geringerer Löslichkeit entstehen, wenn die Bildung einer zweiten Phase infolge fehlender Kondensations- oder Kristallisationskeime stark behindert wird.

Überschallflug, Bewegung von Luftfahrzeugen mit →Überschallgeschwindigkeit. Der dabei bes. hohe →Luftwiderstand (→Schallmauer) kann nur durch sehr schubstarke →Strahltriebwerke in Verbindung mit einer dem Ü. angepaßten Formgebung der Zelle (besonders schlanke Rümpfe, Tragflügel geringer Dicke und Streckung mit besonderer Grundrißform wie →Deltaflügel und →Pfeilflügel) überwunden werden. Durch Verlagerung des Angriffspunktes der Auftriebskraft beim Überschreiten der Schallgeschwindigkeit und durch elast. Verformungen der dünnen Tragflügel werden Stabilisierung und Steuerung erschwert. Starke Aufwärmung der tragenden Bauteile durch Reibungswärme verlangt, daß Aluminiumlegierungen z. T. durch Titan oder Stahl ersetzt werden. Die Überwindung des hohen Luftwiderstands führt zu hohem Kraftstoffverbrauch, wodurch Nutzlast oder Reichweite stark eingeschränkt werden. Der Ü. wird daher fast ausschließlich militärisch genutzt (Ausnahmen: Concorde und Tu 144). Hohe Beanspruchungen der Flugzeugzelle durch den dichteabhängigen Staudruck und Rücksichtnahme auf die Lärmbelästigung (→Fluglärm) überflogener Gebiete verweisen den Ü. in große Flughöhen. – Der erste bemannte Ü. gelang dem amerikan. Piloten C. YEAGER am 14. 10. 1947 mit dem raketengetriebenen Forschungsflugzeug BELL XS-1.

Überschallgeschwindigkeit, Geschwindigkeit von Körpern, die größer ist als die →Schallgeschwindigkeit des umgebenden Mediums. (→Gasdynamik, →Schallmauer, →Überschallflug)

Überschiebung, Geologie: Lagerungsstörung (Einfallen $<45°$), bei der längs der **Ü.-Fläche** ein Gesteinspaket auf oder über ein anderes geschoben wird, so daß ältere Schichten über jüngeren liegen. Eine **Falten-Ü.** entsteht durch Auswalzen oder Zerreißen des Mittelschenkels einer überkippten oder liegenden Falte, eine **Schollen-Ü.** durch Überschieben einer Gesteinsscholle durch eine andere. Ü. mächtiger Schichtfolgen mit großen Schubweiten sind **Überschiebungsdecken.**

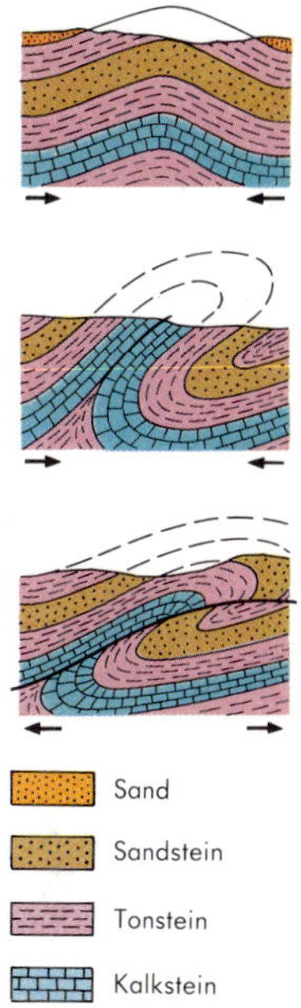

Überschiebung: Entwicklung einer Ü. aus einer stehenden über eine liegende Falte

Überschlag, Überschlagsrechnung, Rechnung mit gerundeten Zahlen, um auf einfache Weise die Größenordnung des Ergebnisses zu erhalten, z. B. $5{,}839 \cdot 12{,}321 = ?$ Überschlag: $6 \cdot 12 = 72$.

Überschwemmung, durch natürl. oder künstl. →Hochwasser hervorgerufene Ausuferung und Überflutung der Nachbargebiete von Seen und Flußläufen.

Überschwemmungsgebiet, Fläche, die von Flüssen, Bächen oder Seen nach ihrem Ausufern über das Gewässerbett hinaus zusätzlich eingenommen wird.

überschwere Elemente, die →superschweren Elemente.

überschwerer Wasserstoff, das →Tritium.

Übersetzen, Umwandeln eines in einer →Programmiersprache codierten Programms in die →Maschinensprache einer Datenverarbeitungsanlage.

Übersetzungscomputer [-kɔmpjˈu:tər], für automat. Sprachübersetzung genutzte elektron. Datenverarbeitungsanlage, bei begrenztem Umfang des Vokabelschatzes auch in der Größe eines Taschenrechners.

Übersetzungsverhältnis, 1) das Verhältnis zwischen der Antriebs- und Abtriebsdrehzahl eines Getriebes oder einer Getriebestufe, nach der Formel $i = n_1 : n_2$ (n_1 Drehzahl der treibenden Welle, n_2 Drehzahl der getriebenen Welle). Bei $i<1$ liegt eine Übersetzung ins Schnelle vor, bei $i>1$ eine Übersetzung ins Langsame (unkorrekt oft als **Untersetzung** bezeichnet).

2) Elektrotechnik: Verhältnis von Primärspannung zur Sekundärspannung eines →Transformators im Leerlauf.

Überspannung, 1) Elektrochemie: die Erscheinung, daß zur elektrolyt. Abscheidung von Ionen meist höhere Spannungen benötigt werden, als nach der Nernstschen Gleichung berechnet. Die Größe der Ü. hängt unter sonst gleichen Bedingungen von der Stromdichte (A/m^2) und vom verwendeten Elektrodenmaterial ab; sie hat große prakt. Bedeutung, z. B. bei der Chloralkalielektrolyse.

2) Elektrotechnik: Spannung, die zw. den Leitern oder zw. Leiter und Erde wirkt und die höchste dauernd zulässige Betriebsspannung meist nur kurzzeitig überschreitet. Zu unterscheiden sind **innere Ü.,** die durch Schaltvorgänge, Erdschlüsse oder Resonanzen entstehen, **Fremd-Ü.,** die bei Beeinflussung durch fremde Netze wirken, und **äußere Ü.,** z. B. Gewitter-Ü. – Ü. gefährden die Isolierung elektrischer Anlagen.

Überspannungsschutzgerät, Einrichtung zum Schutz der Isolierung von Leitungen und Apparaten vor Überspannungen. Dazu dienen Funkenstrecken, Rohrableiter (Löschrohre), Kathodenfall-Ableiter (→Gasentladung), spannungsabhängige Widerstände und zur Abflachung der Wellenstirn Überspannungs-Schutzkondensatoren (→Kondensator 1).

Überspielung, Aufnahme von Funksendungen auf

Ton- und Bildträger, auch Übertragung eines Werkes von einem Ton- oder Bildträger auf einen anderen.

Übersprechen, die unerwünschte gegenseitige Beeinflussung von benachbarten Informationskanälen, z. B. bei nebeneinander verlaufenden Fernsprechleitungen, frequenzmäßig eng beieinanderliegenden Rundfunksendern, parallellaufenden Spuren zur Schallaufzeichnung u. a. Ü. tritt auf bei Tonbändern mit zwei oder mehreren Spuren zwischen diesen Spuren und bei Stereo-Schallplatten zwischen den in der gleichen Rille enthaltenen zwei oder vier Kanälen. Ein Maß für das Ü. eines Schallträgers ist die **Übersprechdämpfung (Kanaldämpfung).** Sie ist das am Ausgang des Wiedergabeverstärkers gemessene Verhältnis der von einer voll ausgesteuerten Informationsspur erzeugten Ausgangsspannung zu der von einer unausgesteuerten Nachbarspur gelieferten Ausgangsspannung. Bei Tonbändern vergleicht man die Ausgangsspannung einer bespielten Spur mit der einer benachbarten unbespielten Spur. Bei Stereo-Schallplatten wird ein Kanal der Rille mit einer Komponente der Zwei- oder Vierkomponentenschrift moduliert und die erhaltene Ausgangsspannung mit der Ausgangsspannung des unmodulierten Kanals derselben Rille verglichen. Je höher die Übersprechdämpfung ist, um so weniger beeinflussen sich die Aufzeichnungen gegenseitig.

Übersteuern, Kfz: →Eigenlenkverhalten.

Übersteuerung, bei Verstärkern eine Überlastung durch eine so hohe Wechselspannung, daß der annähernd geradlinige Teil der Kennlinie einer Verstärkerstufe überschritten wird. Dadurch entstehen Verzerrungen des Nutzsignals, der →Klirrfaktor nimmt zu.

Überstrom, elektr. Strom, der den größten dauernd zulässigen Strom überschreitet infolge von Erd- oder Kurzschlüssen oder infolge Überlastung. Ü. gefährdet die Isolierung elektr. Maschinen und Geräte durch Wärmeentwicklung. Schutz bieten →Überstromschutzgeräte.

Überstromschutzgerät, elektr. Einrichtung, die einen Stromkreis beim Auftreten von →Überströmen selbsttätig abschaltet: Schmelzsicherungen, Leistungsschalter, Motorschutzschalter, Sicherungsautomaten, Überstromrelais, (Bimetall- oder Magnet-)Auslöser (→Sicherung, →Schalter).

Überstrukturen, 1) Halbleiterphysik: →Halbleiter.

2) Kristallographie: energieärmere Strukturen als die eigtl. Mischkristalle, wobei i. Ggs. zu diesen die beteiligten Komponenten im Gitter geordnet verteilt sind. Ü. können aus Mischkristallen (v. a. Legierungen) durch Temperung entstehen. Auch Gitterleerstellen können eine Ü. bilden. Beim Übergang vom Mischkristall (›ungeordnet‹) zur Ü. (›geordnet‹) verändern sich die physikal. Eigenschaften beträchtlich. Ü. haben meist höhere Härten, Elastizitätsgrenzen, elektr. Leitfähigkeiten und sind wegen geringerer Gittersymmetrie röntgenographisch an Hand zusätzl. **Ü.-Linien** erkennbar.

Übertiefung, glaziale Übertiefung, →glazial.

Übertrager, in der Nachrichtentechnik verwendeter kleiner →Transformator. Ü. dienen zur Transformation von Widerständen (Anpassung eines Verbrauchers an die Spannungsquelle) oder – bei einem Übersetzungsverhältnis von 1 : 1 — der galvanischen Trennung von Stromkreisen. Da ihre Übertragungseigenschaften auch material- und konstruktionsabhängig sind, können Ü. nur in für sie ausgelegten Frequenzbereichen eingesetzt werden.

Übertragerkopplung, →induktive Kopplung.

Überträgersubstanzen, Transmitter, niedrigmolekulare Vermittlerstoffe, die der Weiterleitung von Nervenimpulsen dienen, z. B. auf Organe (Muskeln, Drüsen u. a.) oder innerhalb des Gehirns. Ü. sind u. a. Acetylcholin, Adrenalin, Noradrenalin, Dopamin, Serotonin.

Übertragungsglied, Baustein eines →Regelkreises oder einer Steuerkette, wobei nur das Zeitverhalten beachtet wird. Unter Vernachlässigung aller gerätetechn. Einzelheiten werden Ü. genau dann als gleich angesehen, wenn sie bei gleichem Eingangssignal stets auch das gleiche Ausgangssignal liefern. Diese abstrahierende Betrachtungsweise ermöglicht die Einteilung der Ü. in wenige Grundtypen.

Übertragungskanal, →Nachrichtenübertragung.

Übertragungs|technik, Teilgebiet der →Nachrichtentechnik, das sich mit der **Übertragung** verschiedenartiger Informationen (Nachrichten) über mehr oder weniger große Entfernungen unter Ausnutzung der Ausbreitungseigenschaften von elektromagnetischen Wellen befaßt (→Nachrichtenübertragung).

Überziehen, durch Ziehen des Steuerknüppels einen Flugzustand herbeiführen, bei dem der →Anstellwinkel des maximalen Auftriebsbeiwertes überschritten wird, was zum Abreißen der Strömung am Tragflügel mit plötzl. Auftriebsminderung führt. Bei gleichzeitigem Abreißen an beiden Flügelhälften sackt das Flugzeug unter Höhenverlust durch; bei einseitigem Abreißen an einer Flügelhälfte tritt →Abkippen auf.

Überziehflugfähigkeit, die Fähigkeit eines Flugzeugs, über die durch Abreißen der Strömung an einem konventionellen Flügel gegebene Überziehgrenze hinaus noch flugfähig und steuerbar zu bleiben. Dies läßt sich erreichen durch Flügelformen, die auch bei abgerissener Strömung noch Auftrieb durch kontrollierte Wirbelsysteme erzeugen (→Hybridflügel), durch Einbau von Triebwerken, die einen das Fluggewicht übersteigenden und in seiner Richtung beeinflußbaren Schub liefern, und durch Steuer- und Stabilisierungssysteme, die auch bei abgerissener Strömung noch wirksam bleiben.

Überzug, →beschichten, →Metallüberzüge, →Lakkieren.

Ubichinon, Co|enzym Q, 2,3-Dimethoxy-5-methylbenzochinon mit isoprenoider Seitenkette, eine niedermolekulare Komponente beim Elektronentransport der Atmungskette. Dieser wird durch den reversiblen Übergang von U. in Dihydroubichinon (Redoxpaar) gewährleistet.

U-Boot, Abk. für →Unterseeboot.

UDMH, Abk. für **unsymmetrisches Dimethylhydrazin,** $(CH_3)_2N_2H_2$, in der Raketentechnik als flüssiger Brennstoff verwendet.

UDP, Abk. für **Uridin|diphosphat,** →Uridinphosphate.

Ufer, die Grenze zw. Land und Wasser, bei periodisch wechselndem Wasserstand ein entsprechend breiter Grenzsaum, am Meer Küste genannt. (→Strand)

Uferdeckwerk, starke →Ufersicherung an schiffbaren Flüssen und Schiffahrtskanälen.

Uferfiltration, Eindringen von Wasser oberird. Gewässer durch das Gewässerbett (Sohle und Ufer) in den Untergrund. Durch Brunnen an Flüssen und Seen kann dadurch das vorhandene Grundwasser ergänzt werden; Voraussetzungen sind geeignete Oberflächenwassergüte und Durchlässigkeit des Gewässerbettes (keine Selbstdichtung). **Uferfiltrat** (Seihwasser) heißt das durch das Gewässerbett gelangende Wasser.

Uferrehne, Uferaufhöhung durch Ablagerungen.

Ufersicherung, bautechn. und/oder ingenieurbiolog. Maßnahme gegen Beschädigungen oder Zerstörung eines Gewässerufers. Es gibt →Lebendbau und Verbau mit totem Material wie Pflaster, Setzpack, Steinsatz, Steinschüttung, Drahtschotterkästen, Bitumenüberzüge, Bodenverfestigung, auch mit Faschinen, Wippen, Faschinenmatten, Rauwehr, Stangenbeschlag, Flechtwerk.

Uferwand, Bauwerk zur Befestigung eines senkrechten oder nahezu senkrechten Ufers, z. B. →Spundwand, Pfahlwand, →Bohlwand, Betonmauer.

UFO, Abk. für **Unidentified Flying Objects** [ʌnaɪd'entɪfaɪd fl'aɪɪŋ 'ɔbdʒɪkts, engl.], unbekannte Flugobjekte, umgangssprachlich ›Fliegende Untertassen‹, seit 1947 bes. über den USA angeblich beobachtete scheiben- oder zigarrenförmige Flugobjekte unbekannter Herkunft. Eine Untersuchung der US-Luftwaffe von mehr als 12000 Fällen ergab keine gesicherten Hinweise auf die Existenz außerird. Flugkörper; dennoch gehen wissenschaftl. Beobachtungen in mehreren Ländern weiter.

UHF, Abk. für **Ultra High Frequency** ['ʌltrə h'aɪ fr'i:kwənsɪ, engl.], der →Frequenzbereich von 300 bis 3000 MHz, entsprechend Wellenlängen zw. 100 und 10 cm **(Dezimeterwellen).**

Uhren, Meßinstrumente, die den Ablauf der Zeit in gleichmäßigen Zeitspannen lückenlos zählen und anzeigen. Hierbei gewinnen neben der klassischen mechanischen U. auch elektrisch (elektronisch) angetriebene und gesteuerte U. sowie die vollelektron. U. mit elektron. Anzeige zunehmend an Bedeutung.

TECHNISCHES

Das **Arbeitsprinzip** einer U. beruht auf dem Zusammenwirken von im wesentlichen vier Teilen: 1) der Schwinger, dessen Periode (Schwingungsdauer) das eigtl. Zeitmaß liefert; 2) die Energiequelle; 3) der Teil zw. Energiequelle und Schwinger, der die Energie dem Schwinger zuführt, ohne dabei dessen Schwingungsdauer zu stören; 4) die Zeitanzeige oder -zählung (Zifferblatt mit Zeiger bei Analog-U. oder Ziffernanzeige bei Digital-U.).

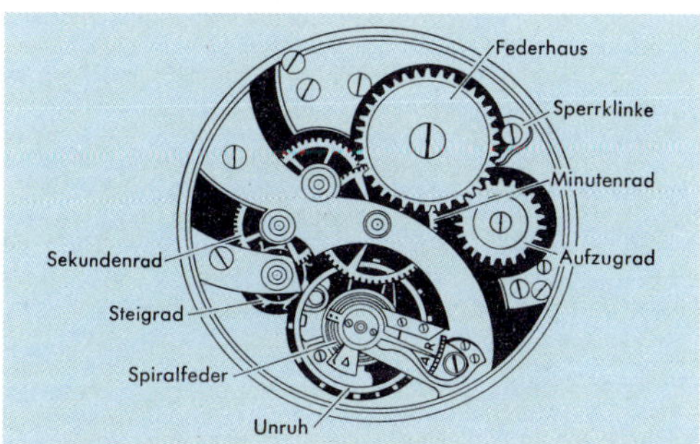

Uhren 1: Innenansicht einer mechanischen Taschenuhr

Als **Energiequellen** für den Antrieb werden verwendet: potentielle Energie (Gewicht), Federenergie (Zugfeder), elektr. (elektrochem., elektrodynam.) Energie, Wärmeenergie, Druck (Atmosphäre), Strahlungsenergie, Kernenergie, Muskelenergie. **Gewichtsantrieb:** Das Zuggewicht hängt an einer Kette oder Schnur, die über eine Walze geschlungen und an dieser befestigt ist. Vorteil: konstantes Drehmoment auf dem Räderwerk; Nachteil: Anwendung nur bei ortsfesten U. und bei genügend großer Fallhöhe. **Federantrieb:** Die Zugfeder liegt meist in einem trommelförmigen Federhaus oder auch frei, sie wird von Hand aufgezogen oder bei Armband-U. durch eine Schwungmasse über die Armbewegung des Benutzers **(Automatikuhr)** oder elektrisch. Bei der Automatikuhr ist der Antrieb weitestgehend konstant. Die von der leicht gelagerten Schwungmasse (Rotor) kommenden pendelnden oder kreisförmigen Bewegungen werden durch ein Getriebe so auf das Federhaus übertragen, daß sie in jedem Fall aufziehend wirken. Die Zugfeder – als Schleppfeder ausgebildet – gleitet im Federhaus durch, sobald sie zu stark aufgezogen wird. Den elektr. Aufzug übernimmt ein kleiner, in der U. eingebauter Motor oder ein Magnet (Klappanker). Nach Ablauf des Zuggewichtes oder der Zugfeder um einen kleinen Betrag wird die U. selbsttätig wieder aufgezogen.

Das **Räderwerk** einer U. besteht aus dem Gehwerk, dem Schlagwerk, dem Weckerwerk und dem Zeigerwerk. Das Räderwerk bewirkt die Bewegung der Zeiger, bei digitaler mechanischer Zeitanzeige die Bewegung einer gerasteten Ziffernscheibe, und bringt die lückenlose Zählung der Schwingungen zur Anzeige. Je nach Konstruktionsart überträgt es auch die Energie von der Energiequelle zum Schwingsystem.

Die **Genauigkeit** der Zeitmessung hängt davon ab, wie gleichförmig die einzelnen period. Vorgänge des Schwingers sind. Zur Erzeugung der period. Vorgänge werden bei einem großen Teil der heute für den tägl. Gebrauch hergestellten U. Unruhschwingsysteme verwendet. Ein **Unruhschwingsystem** – eine Art Drehpendel – besteht aus einer Unruh und einer Spiralfeder. Die Schwingungsdauer kann durch den Rücker verändert werden; dabei wird die wirksame Länge der Spiralfeder verändert. Wegen der Reibungsverluste muß dem Schwinger während jeder Vollschwingung ein- oder zweimal je nach Konstruktion Energie zugeführt werden. Damit dies stets rechtzeitig geschieht, muß der zeitliche Einsatzpunkt durch das Schwingsystem selbst gesteuert oder ausgelöst werden (Rückkopplung), und zwar bei mechan. U. mechanisch, bei elektr. U. je nach Bauart mechanisch oder elektrisch. U. mit hoher Ganggenauigkeit nennt man Präzisions-U. (z. B. Chronometer, Präzisionspendel-U.).

Die Zählung der Schwingungen wird durch eine Fortschaltvorrichtung (Schrittschaltwerk) verwirklicht, die das Räderwerk und die Zeiger während jeder Vollschwingung ein- oder zweimal je nach Konstruktion um einen best. Schritt weiterschaltet. Bei den mechan. U. übernimmt diese Funktionen die →Hemmung. Bei elektr. (elektron.) U. wird das Schwingsystem direkt durch eine elektromagnet. Wirkung zw. einem auf dem Schwingsystem befindl. Teil und einem am Werksgestell unbeweglich befestigten Teil angetrieben. Der Impuls kann dabei über einen mechan. Kontakt oder über einen Transistor in Verbindung mit einem Magneten (kontaktlos) übertragen werden. Die anderen Funktionen (Fortschaltung der Zeiger, Begrenzung der Amplitude) übernehmen zusätzl. Glieder. Außer Unruh oder Pendel als Schwingsystem verwendet man für hohe Ganggenauigkeit noch Blattfeder, Stimmgabel, piezoelektr. Schwingsysteme (Quarzschwinger, →Quarzuhr), elektr. Schwingkreise und Atom- und Molekülschwingungen (→Atomuhr).

Wegen der Hemmungsgeräusche werden in der Uhren-

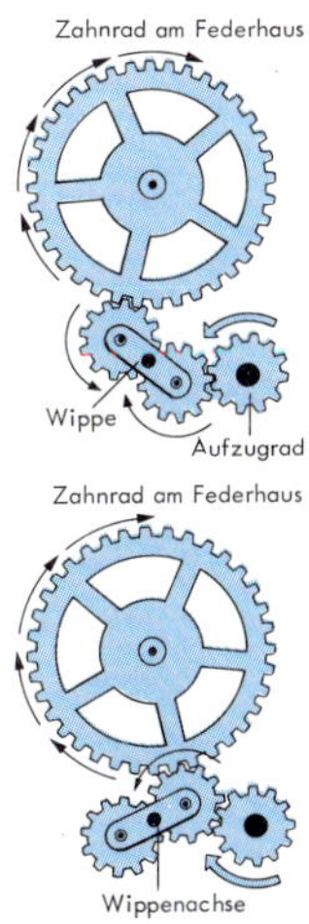

Uhren 2: Prinzip eines automatischen Aufzugs

technik **Schlagzahlen** angegeben, die die Anzahl der Halbschwingungen nennen. Gebräuchl. Schlagzahlen sind:

	je s	je min	je h	Frequenz
Pendeluhr . .	1–3	60–180	3600–10800	0,5–1,5 Hz
Taschen- und Armbanduhr	5–10	300–600	18000–36000	2,5–5 Hz
Wecker . . .	3–5	180–300	10800–18000	1,5–2,5 Hz
Chronometer	4	240	14400	2 Hz

Quarz-U. haben Frequenzen von 8 kHz–2,4 MHz, Atom-U. von 1000–25000 MHz.

Schlagwerke dienen der akust. Zeitanzeige. Sie werden durch Steuermechanismen vom Zeigerwerk aus gesteuert. Bei Schlag-U. werden zu best. Zeiten (Stunde, Halbstunde, Viertelstunde) durch Anschlagen akust. Mittel Töne oder Melodien erzeugt. Das Schlagwerk kann selbsttätig, nach Handauslösung oder bei beiden (Repetition) auslösen. Als Schallgeber dienen Glocken, Gongstäbe, Pfeifen, Musikwerke und in elektron. U. Lautsprecher oder Piezoschwinger. Das Schlagwerk wird über Gewichte oder Federn angetrieben. Eine Regulierung (meist Windflügelregler) sorgt für einen gleichmäßigen Ablauf des Schlagwerks. Beim Rechenschlagwerk erreicht man durch Verwendung einer Stundenstaffel auf dem Stundenrohr, die die Stundenschlagzahl beim Auffallen des Rechenhebels bestimmt, eine eindeutige Zuordnung von Stundenzeigerstellung und Stundenschlag. Beim Schloßscheibenschlagwerk müssen Schlag- und Uhrzeit aufeinander eingestellt werden. Bei Stehenbleiben des Schlagwerkes kommt die Schlagfolge außer Tritt. Das Westminsterschlagwerk ist eine Kombination von Viertelstunden-Schloßscheibenwerk und Stunden-Rechenschlagwerk.

Zentraluhrenanlagen dienen der dauernden Übereinstimmung mehrerer U., z. B. in Schulen, Fabriken, Eisenbahnanlagen. Sie bestehen aus einer Haupt- oder Mutter-U. und den von ihr gesteuerten Neben-U. Als **Hauptuhr** dienen mechan. Präzisions-U. mit elektr. Aufzug und Gangreserve, unabhängige Quarz-U. oder Quarz-U., die über einen Sender durch eine Atom-U. gesteuert werden. Die Haupt-U. enthält ein besonderes Kontaktwerk, durch das Gleichstromimpulse wechselnder Richtung, meist in minutl. Abständen, an die Neben-U. gegeben werden.

Synchronuhren werden durch Wechselstrom angetrieben. Strenggenommen sind sie keine U., da sie keinen Schwinger haben. Ihre Ganggenauigkeit hängt allein von der Betriebsfrequenz ab. Diese muß also konstant sein. In ihrer einfachsten Form bestehen sie aus einem kleinen Synchronmotor (→ Elektromotor), der über ein Rädergetriebe das Zeigerwerk antreibt. Sie werden an das Wechselstromnetz angeschlossen. Man baut auch Synchron-U. mit Gangreserve und Selbstanlauf, die gegen Netzstörungen unempfindlich sind. **Signaluhren** enthalten eine Kontakt- und Steuereinrichtung zur Auslösung regelmäßig wiederkehrender optischer oder akustischer Signale (›sprechende Uhr‹). – Die **Normaluhr** ist eine Präzisions-U., deren Zeitangabe als Vergleichsgrundlage für andere U. dient, z. B. astronom. Pendeluhr, Hauptuhr einer elektrischen Zentraluhranlage.

In **Datenverarbeitungsanlagen** ist die U. der Taktgeber (→Taktgenerator). Zur Eingabe der Uhrzeit oder zum Abmessen von Zeitspannen bei → Echtzeitbetrieb dient eine besondere, von einer äußeren U.-Anlage gesteuerte Realzeit- oder Echtzeit-U.; für Zeitspannen genügt oft der zentrale Taktgeber als Uhr.

In den **vollelektron. U.** sind die letzten klassischen Bauteile, wie Zifferblatt mit Zeiger oder mechan. Ziffernanzeigen, auch durch elektron. Bauelemente ersetzt worden. Verwendet werden Flüssigkristallanzeigen (LCD), die zum Ablesen der U. Tages- oder Fremdlicht benötigen, oder Leuchtdiodenanzeigen (LED), die aus Gründen der Energieersparnis bei Armband-U. nur zum Zwecke der Zeitablesung eingeschaltet werden (→ Display). Diese U. arbeiten auf der Basis der Quarz-U., deren Schwingungsnormal aus einem Schwingquarz besteht. Bei solchen U. mit mehreren Funktionen neben der Zeitanzeige wird die übliche Frequenzteilerschaltung in CMOS-Technik mehr und mehr durch den Mikroprozessor ersetzt. – Die **Hybriduhr** vereinigt Vorteile von Analog- und Digitaluhr. Sie ist mit normalen Zeigern und Zifferblatt ausgerüstet. Zusätzlich befindet sich innerhalb des Zifferblattes eine LCD-Anzeige, auf der neben der Zeit Monat, Wochentag, Tag, gestoppte Zeiten, die Zeit einer anderen Zeitzone oder die Weckzeit abgelesen werden können.

Zur **Qualitätsbestimmung** einer U. sind eingehende Untersuchungen erforderlich, z. B. Messen von → Gang 3) und Amplitude über kurze und längere Zeit in Abhängigkeit von Lage, Aufzugszustand, Temperatur, äußerem Magnetfeld und Einfluß des Tragens, Prüfung der Wasserdichtigkeit und Stoßsicherheit. Eine Kurzprüfung kann nur das derzeitige Gangverhalten angeben.

GESCHICHTLICHES

Die ältesten Mittel zur Darstellung des Zeitablaufs waren → Sonnenuhr, →Wasseruhr und → Sanduhr. Die ersten Räder-U. mit Gewichtsantrieb kamen um 1300 auf (Turm-U.); als Hemmung diente eine Balkenunruhe (Foliot oder Waag) mit Spindel, die mit zwei Ansätzen in das Steigrad eingriff. Die Federzug-U. tauchte zuerst in der zweiten Hälfte des 14. Jh. auf. Bei ihr wurde zur Egalisierung des Drehmoments bei abnehmender Federspannung seit dem 15. Jh. die ›Schnecke‹ angewandt. Kleine tragbare U. begegnen u. a. in Italien in den achtziger Jahren des 16. Jh. Tragbare dosenförmige Feder-U. (Sack-U.) mit vierzigstündigem Gang und Stundenschlag baute der Nürnberger Schlosser PETER HENLEIN um 1510. Eiförmige Taschen-U. kamen um die Mitte des 16. Jh. auf. 1657 führte CH. HUYGENS als wesentl. Fortschritt das Pendel als Gangregler ein, 1675 erfand er auch die Feder-U. mit Unruhe. Die erste freie Ankerhemmung (Vorläuferin der heute angewandten Hemmung) stammt von THOMAS MUDGE (um 1759). Die ersten U., die sich auf See zur Bestimmung der geograph. Länge als geeignet erwiesen, entwickelte JOHN HARRIS (1735–61). Der Kronenaufzug an Taschen-U. wurde um 1840 erfunden. Um diese Zeit wurden auch schon elektr. U. gebaut, die aber erst um 1920 Verbreitung fanden. Die ersten Quarz-U. stammen von W. A. MARRISON (1928) und von A. SCHEIBE und U. ADELSBERGER (um 1933/34). Die erste brauchbare Atom-U. wurde 1948 gebaut. Die bisher dünnste U. mit einer Dicke von 0,98 mm wurde 1980 in Form einer Quarz-Armbanduhr in der Schweiz gebaut.

Technik. Lexikon der U.-Technik, hg. v. G. GLASER (1974); Quarzuhrentechnik, hg. v. dems. (1979); G. KRUG: Elektr. U. (⁴1977); K. ERBRICH: Präzisionspendel-U. (1978); Z. MARTINEK u. J. REHOR: Mechan. U. (²1978); DIN 8235 und 8236.

Geschichte. S. GUYE u. H. MICHEL: U. u. Meßinstrumente des 15. bis 19. Jh. (a. d. Frz., 1971); J. ABELER: Ullstein-Uhrenbuch (1975); K. MAURICE: Die dt. Räderuhr, 2 Bde. (1976); F. J. BRITTEN: Old clocks and watches and their makers (London 1977); C. JAGGER: Wunderwerk U. (1977); Bruckmann's U.-Lexikon, hg. v. M. BALLWEG (²1980); E. v. BASSERMANN-JORDAN u. H. v. BERTELE: U. (⁹1982). – **Zeitschr.** Dt. Uhrmacher-Ztschr. (seit 1896); Die Uhr (seit 1947).

Uhrenparadoxon, das → Zwillingsparadoxon.

Uhrgläser, Uhrglasschalen, meist als Kugelsegmente geformte kreisförmige flache Schälchen zum Bedecken von Gefäßen u. a. in chem. Laboratorien.

Uhuru, 1970 von der NASA gestarteter Röntgensatellit (Explorer 42), der einige hundert punktförmige kosm. Röntgenquellen fand, darunter den pulsierenden Röntgenstern → Hercules X-1 und damit die → Röntgenastronomie entscheidend voranbrachte.

UHV, Abk. für **Ultrahochvakuum** (→ Vakuum).

U-Jagdkreuzer, sowjet. Bez. für die Hubschrauberträger u. a. Träger, deren Hauptaufgabe die U-Boot-Bekämpfung mit Hubschraubern ist.

Ukrainischer Schild, Teil der Osteuropäischen Tafel, in dem der präkambr. Untergrund zutage tritt.

UKW, Abk. für → Ultrakurzwellen.

Ulbrichtsche Kugel [n. dem Ingenieur F. R. Ulbricht, * 1849, † 1923], **Kugelphotometer,** Hilfsvorrichtung zur Messung des Lichtstroms (→ Photometrie). Die U. K. ist eine innen mattweiß gestrichene Hohlkugel, in deren Mitte die zu messende Lichtquelle gesetzt wird. Die auf der Kugelwand erzeugte indirekte Beleuchtungsstärke ist dem Lichtstrom der Lichtquelle proportional; der Proportionalitätsfaktor wird durch Vergleich mit einem Lichtstromnormal bestimmt.

Ulexit [n. dem dt. Chemiker G. L. Ulex, * 1811, † 1883], **Boro|natrocalcit,** Mineral $NaCaB_5O_9 \cdot 8\,H_2O$, schneeweiß; H. 1, D. 2; meist feinstfaserige, lockere Knollen (›cotton balls‹). Wichtiges Bormineral in Boraxseen und Sümpfen N- und S-Amerikas. Verwendung in der Glasfaseroptik (→ Glasfaser).

Ullmannit [n. dem Mineralogen Chr. Ullmann, * 1771, † 1821], Mineral NiSbS, **Antimonnickelglanz** oder **-kies,** bleigrau, Metallglanz.

Ultrabasite, Ultramafitite, Magmatite mit weniger als 45% SiO_2-Gehalt, mehr als 90% dunkle Gemengteile. U. sind u. a. Pyroxenit, Dunit und Peridotit sowie Pikrit.

Ultrafiltration, ein → Membranverfahren, → Abwasserreinigung.

Ultrahochvaku|um, Abk. **UHV,** das → Vakuum im Druckbereich unter 10^{-7} mbar.

Ultrakurzwellen, Abk. **UKW** (engl. **VHF),** elektromagnet. Wellen in einem → Frequenzbereich von 30 bis 300 MHz, entsprechend Wellenlängen zw. 10 und 1 m **(Meterwellen).**

Funktechnik. U. verhalten sich ähnlich wie das Licht (quasioptisch), breiten sich also geradlinig aus, lassen sich bündeln und reflektieren. Die Reichweite ist annähernd auf die Sichtweite beschränkt; deshalb werden die U.-Sendeantennen möglichst hoch auf Antennentürmen oder Bergen aufgestellt. Der U.-Bereich ist in Bänder für die einzelnen Funkdienste aufgeteilt, von denen in Dtl. das 3-m-Band (90-MHz-Band) von 3,0 bis 3,43 m (entsprechend 100 bis 87,7 MHz) für den Hörrundfunk und die Bänder 1,35 bis 1,72 m (223 bis 174 MHz) und 4,41 bis 6,38 m (68 bis 47 MHz) für das Fernsehen verwendet werden. Wegen der Wellenknappheit auf dem Mittelwellenbereich wurden 1949 in Dtl. die U. eingeführt. Die durch die geringe Reichweite bedingte geringe Beeinflussung der Sender untereinander ermöglicht die Aufstellung vieler Sender trotz des großen Frequenzabstandes von 300 kHz, der die Wiedergabe der hohen Töne bis 15 kHz und die Anwendung der Breitbandfrequenzmodulation nach E. H. ARMSTRONG gestattet (zur Befreiung von Zündstörungen von Kraftwagen zusammen mit einer Amplitudenbegrenzung im Empfänger).

Ultramarine, bes. lichtechte anorgan. Pigmente hoher Leuchtkraft aus schwefelhaltigen Natrium-Aluminium-Silikaten wechselnder Zusammensetzung (Näherungsformel $Na_8Al_6Si_6O_{24}S_{(2-4)}$; ähnliche Kristallstruktur wie die Minerale der Sodalithgruppe und von Lasurit); meist blau, aber auch grün, rot oder violett. U. werden noch heute nach histor. Rezepturen aus Kaolin, Schwefel, Soda, Quarz und Holzkohle hergestellt. – Im MA. wurde U. als blaue Malerfarbe aus Lapislazuli gewonnen, das von jenseits des Meeres (lat. ultra marinus) kam. **Gelber U.** ist Bariumchromat, gehört also nicht zu den U.

Ultrametamorphose, Gesteinsumwandlung unter hohen Temperaturen (650–800 °C) und Drucken (2000–6000 bar), wobei i. Ggs. zur → Metamorphose eine Aufschmelzung stattfindet (Ana-, Meta-, Diatexis). Diese kann zur Neubildung einer Schmelze (→ Palingenese) und zur → Granitisation führen.

Ultramikro|analyse, Verfahren der → Mikroanalyse, bei der Substanzmengen zw. 10^{-5} und 10^{-6} g oder 1 bis 5 µl **(Mikrogramm-, Mikroliter-Methoden)** erfaßt oder verwendet werden.

Ultramikroskop, Lichtmikroskop zur indirekten Untersuchung von Objekten von nicht mehr auflösbarer Ausdehnung, z. B. von Kolloiden, deren Teilchen kleiner als die Wellenlänge des sichtbaren Lichts sind, jedoch bei Dunkelfeldbeleuchtung noch als Beugungsscheibchen oder leuchtende Punkte erscheinen. Farbe, Intensität und Polarisationsgrad der Beugungsscheibchen erlauben Rückschlüsse auf Größe und Gestalt der Teilchen.

Ultrarot, ältere Bez. für → Infrarot. – **Ultrarotspektroskopie,** die → Infrarotspektroskopie.

Ultraschall, Schallwellen (→ Schall) mit Frequenzen höher als 20 kHz (lt. DIN höher als 16 kHz), d. h. oberhalb der menschl. Hörgrenze (→ Hören). Bei 500 MHz beträgt die Wellenlänge einer U.-Welle in Luft etwa 0,6 µm, ist also gleich der Wellenlänge des grünen Lichts. Daher erfolgt die Ausbreitung des U. ähnlich wie die des Lichts, z. B. unter Auftreten von Absorption, Reflexion, Brechung und Beugung. Mit besonderen Mitteln hat man U. mit Frequenzen über 1 Mrd. Hz hergestellt (→ Hyperschall). Da bei höheren Frequenzen der Schalldruck und die Schallschnelle proportional mit der Frequenz, die Schallintensität (Leistung) und die Beschleunigung proportional mit dem Quadrat der Frequenz wachsen, ist der U. bes. geeignet zur Übertragung von Energie auf feste, flüssige oder gasförmige Stoffe.

Zur Erzeugung wurden früher kleine Stimmgabeln, Platten oder Longitudinalsaiten, später die → Galton-Pfeife verwendet. Mit U.-Sirenen werden Schalleistungen über 200 Watt in der Luft erreicht; bei solchen Leistungen entzündet sich in den Schallstrahl gebrachte Watte. Techn. Bedeutung haben die magnetostriktiven und piezoelektr. Schallgeber. Bei den **magnetostriktiven Schwingern** (bis 300 kHz) wird ein Nickelstab in ein starkes magnet. Wechselfeld gebracht, dessen Frequenz gleich seiner elast. Eigenfrequenz ist; unter dem Einfluß der Feldänderungen gerät der Stab in mechan. Schwingungen. Weiter reicht die U.-Erzeugung durch **piezoelektr. Schwinger,** im wesentl. plattenförmige → Schwingquarze, deren Grunddickenschwingung z. B. bei 1 mm Plattendicke 3 MHz beträgt. Zur Erzeugung höchster Frequenzen regt man die Quarzplatten zu Oberschwingungen an.

Anwendungen findet U. zur Nachrichtenübermittlung unter Wasser bis zu 15 km (→Unterwasser-Schallanlagen), Echolotung (→Echolot), Werkstoffprüfung (→Ultraschallprüfung) und -bearbeitung, Herstellung sehr feiner Dispersionen, Beseitigung von feinverteilten Nebeln, Entgasung von Flüssigkeiten oder Schmelzen sowie zur Reinigung schwer zugängl. Oberflächen kompliziert geformter Gegenstände in ultraschallerregten Flüssigkeitsbädern, in der Chemie (→Ultraschallchemie), in der Mikroskopie (→Ultraschallmikroskop) und in der Medizin zur Ultraschalldiagnostik und Ultraschalltherapie.

Ultraschallbildwandler, das →Schallsichtgerät.

Ultraschallchemie, Sonochemie, Teilgebiet der Chemie, das sich mit der chem. Wirkung des Ultraschalls befaßt. Sonochem. Reaktionen verlaufen nur in flüssiger Phase und gehen auf →Kavitationen zurück. Beim Kollaps von Kavitationsblasen treten kurzzeitig Temperaturen von 100–2100 °C auf. Dadurch lassen sich z. B. organ. Moleküle spalten **(Sonolyse)** oder Monomere polymerisieren, in der anorgan. Chemie Oxidschichten auf Aluminium (Al), Eisen (Fe), Kupfer (Cu) u. a. zerstören (Löten von Fe und Al ohne Flußmittel), alkohol. Getränke künstlich altern u. a. Reaktionen durchführen.

Ultraschall|interferometer, Anordnung zur genauen Bestimmung der Wellenlänge von Ultraschallwellen sowie der Schallgeschwindigkeit in Gasen und Flüssigkeiten mit Hilfe stehender Ultraschallwellen; besteht aus Ultraschallgeber und verschiebbarem Reflektor.

Ultraschallmikroskop, akustisches Mikroskop, ein Mikroskop, bei dem die Absorption und die Ablenkung von Schallwellen zur Untersuchung von Objekten ausgenutzt werden. Man unterscheidet zwei Typen von U.: das **Abtast-(Raster-)Mikroskop,** Abk. **SAM** (von engl. Scanning Acoustic Microscope), und das zusätzlich mit einem Laser gekoppelte **Raster-Mikroskop,** Abk. **SLAM** (von engl. Scanning Laser Acoustic Microscope).

Beim SAM (BILD 1) ist ein kurzer Stab aus Saphir, dessen eines Ende flach, das andere konkav geschliffen ist, wesentlich. Das flache Ende ist mit Zinkoxid überzogen, das als piezoelektr. Wandler elektromagnet. Wellen in Schallwellen umwandelt und umgekehrt. Die einfach konkave Saphirfläche dient als Fokussierelement (Durchmesser etwa 80 µm). Sie grenzt an Wasser, das die Schallwellen auf das Objekt überträgt. Die Schallwellen werden auf einen Fleck fokussiert, dessen Durchmesser nur einen Bruchteil der Wellenlänge ausmacht. Wegen der starken Brechung spielen Abbildungsfehler keine Rolle, so daß

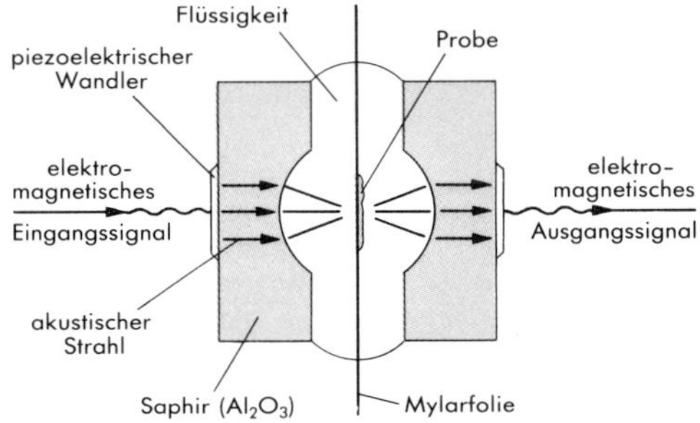

Ultraschallmikroskop 1:
Prinzipskizze des Abtast-(Raster-)Mikroskops SAM

das Auflösungsvermögen des SAM nur von der Wellenlänge abhängt. I. Ggs. zum Rasterelektronenmikroskop wird beim punktförmigen Abtasten des Objekts mit Ultraschall das Objekt bewegt, das auf einer dünnen Mylarfolie liegt. Die von dem Objekt durchgelassenen und gebeugten Schallwellen werden von einem zweiten Saphir aufgenommen und mit einem piezoelektr. Wandler wieder in elektr. Signale umgesetzt. Diese werden verstärkt und zur Intensitätsmodulation des Elektronenstrahls in einer gewöhnl. Fernsehröhre benutzt, mit der das Bild dargestellt wird. Bei unterschiedl. Ablenkungsgeschwindigkeiten für den Schallstrahl auf dem Objekt und den Elektronenstrahl auf dem Bildschirm entsteht ein vergrößertes Bild. Durch Variation des Abstands zw. Objekt und Linse können Bilder der versch. Ebenen des Objekts aufgenommen werden. Mit Schallfrequenzen von 3 GHz (Wellenlänge im Wasser rd. 520 nm) ist eine Auflösung von 0,5 µm erreicht worden, was dem Auflösungsvermögen herkömml. Lichtmikroskope nahekommt. Es bestehen sogar Möglichkeiten, das opt. Mikroskop in dieser Beziehung zu übertreffen, z. B. mit einem U., das flüssiges Helium zur Ultraschallübertragung benutzt; denn in flüssigem Helium ist die Schallgeschwindigkeit und damit die Wellenlänge achtmal kleiner als in Wasser.

Ultraschallmikroskop 2: Fibroblasten-Zelle aus dem Bindegewebe eines Hühnerembryos, aufgenommen mit Hilfe eines herkömml. Lichtmikroskops (LINKS) und eines U. (RECHTS). Während der Kontrast bei der Mikrophotographie durch selektive Färbung erzeugt wurde, ist dagegen bei der Ultraschallaufnahme die unterschiedliche Elastizität der Zellbestandteile die Quelle des Kontrastes

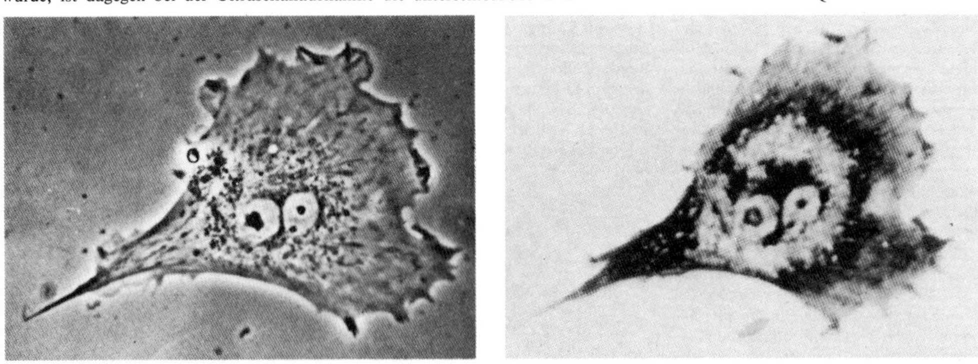

Das SLAM unterscheidet sich vom SAM dadurch, daß es den Schall nicht fokussiert, sondern das Objekt gleichmäßig bestrahlt. Die vom Objekt modulierten Schallwellen rufen auf dem teilverspiegelten Objektträger Schwingungen hervor, die durch einen Laserstrahl abgetastet werden, dessen Durchmesser das erreichbare Auflösungsvermögen bestimmt.

Hauptanwendungsgebiet der U. ist derzeit die Materialprüfung, bes. die Untersuchung von Halbleitern und mikroelektron. Schaltkreisen. Einsatzmöglichkeiten zeichnen sich auch in der Biologie und Medizin ab, z. B. die Beobachtung von Vorgängen in lebenden Zellen.

Ultraschallprüfung, Verfahren der zerstörungsfreien Werkstoffprüfung und (noch in Entwicklung) der Spannungsmessung in Bauteilen (→Spannungsakustik). Zur Ermittlung von Einschlüssen, Rissen oder Hohlräumen im Werkstoff wird dieser mittels eines Gebers mit Ultraschallwellen durchstrahlt. Die vom Empfänger aufgenommenen Wellen werden als Sonogramm auf dem Bildschirm eines Elektronenstrahloszilloskops dargestellt und lassen Rückschlüsse auf Fehler zu.

Ultraschall-Schweißen, →Bonden.

Ultraschall|sichtverfahren, in Ultraschallbildwandlern (→Schallsichtgerät) verwendete Verfahren zur Sichtbarmachung von Ultraschallwellen, z. B. in einer Suspension von Aluminiumflitter in Xylol. Die Aluminiumscheibchen stellen sich im Schallfeld mit ihren Flächen senkrecht zur Schallstrahlrichtung, so daß dieses durch Reflexion des Lichtes bei schräger Beleuchtung sichtbar gemacht werden kann. Bei anderen U. werden die Schallsignale in elektr. Schwingungen umgesetzt, verstärkt und mittels einer Braunschen Röhre sichtbar gemacht. U. lassen sich z. B. zur Materialprüfung einsetzen.

Ultrasima, Teil der unteren Erdkruste; →Erde.

Ultrastrahlung, die →kosmische Strahlung.

Ultraviolett, Abk. **UV, Ultraviolettstrahlung,** Bereich des Spektrums der elektromagnet. Wellen, der sich von etwa 400 nm bis etwa 10 nm erstreckt und sich unterhalb von 60 nm mit dem Bereich der weichen Röntgenstrahlen überdeckt. Bereiche der UV-Strahlung sind: **UV-A** (320–400 nm, fluoreszenzanregend), **UV-B** oder **Dorno-Strahlung** (280–320 nm, rötet und bräunt die Haut, wirkt antirachitisch durch Bildung von Vitamin D) und **UV-C** (unterhalb 280 nm, wird von der Ozonschicht der Atmosphäre absorbiert). UV-Strahlung folgt den gleichen Gesetzmäßigkeiten wie sichtbares Licht (z. B. Brechung, Beugung, Reflexion, Interferenz). – Da Glas für U. unterhalb 350 nm undurchlässig ist, müssen Linsen und Prismen aus Quarz (bis 200 nm), Steinsalz (bis 180 nm), Flußspat (Fluorit), Magnesiumfluorid oder Lithiumfluorid (bis 125 nm) bestehen. Unterhalb 180 nm muß der ganze Spektralapparat evakuiert werden, weil der Sauerstoff der Luft die Strahlung absorbiert.

Natürliche UV-Strahlung wird z. B. von der Sonne abgestrahlt. Künstl. UV-Strahler sind hocherhitzte Temperaturstrahler, Edelgas-, Quecksilber- und Wasserstofflampen. Zum Nachweis dienen Photoelemente und -zellen, Sekundärelektronen-Vervielfacher (→Elektronenvervielfacher) sowie UV-Dosimeter. – UV-Strahlung wird verwendet in Leuchtstofflampen, zur Synthese von Kunststoffen bei der Photochlorierung und -polymerisation, zum Nachweis vieler Stoffe, die bei UV-Bestrahlung fluoreszieren (z. B. in Lebensmitteln und bei Ausbesserungen von Kunstwerken und Urkunden), für Farbechtheitsprüfungen und zur Beeinflussung lichtempfindl.

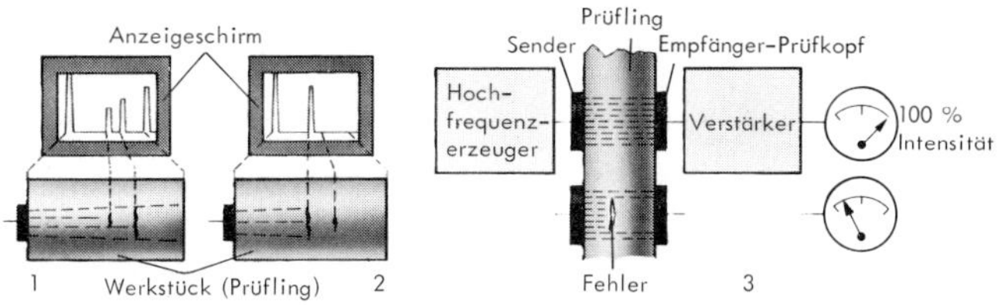

Ultraschallprüfung: Schematische Leuchtschirmanzeigen beim Impuls-Echo-Verfahren; **1** zwei kleine Fehler im Schallstrahl, **2** ein großer Fehler im Schallstrahl; der zweite Fehler und die Rückwand werden abgeschattet, **3** Intensitätsverfahren in Durchschallung

Schichten. Wichtig ist die biolog. Wirkung bes. der UV-B-Strahlung, allerdings kann Überdosis schaden (Gefahr von Verbrennungen, Netzhautablösungen). Therapeutisch und technisch wird UV-Strahlung zur Luftentkeimung und Sterilisation verwendet.

Ultraviolett|astronomie, Teilgebiet der →Astronomie, das Himmelskörper anhand ihrer Ultraviolettstrahlung untersucht. Um die starke Absorption der UV-Strahlung durch die Erdatmosphäre zu umgehen, beobachtet man die UV-Quellen von Erdsatelliten aus. Mit Hilfe des ›Internationalen Ultraviolett Explorer‹-Satelliten IUE wurde u. a. in der Großen Magellanschen Wolke ein sternartiges Objekt (R 136 A) mit gewaltigem Energieausstoß (schätzungsweise in 1 s etwa soviel Energie wie die Sonne in fünf Jahren) entdeckt. Die Meßdaten lassen sich dahingehend deuten, daß es sich um einen jungen Stern (etwa 100000 Jahre) handelt, dessen Masse mehr als das 2000fache der Sonnenmasse beträgt. Bisher ging man davon aus, daß Sterne, die mehr als 100mal schwerer als die Sonne sind, nicht existieren können.

ultraviolettdurchlässiges Glas, für ultraviolette Strahlung durchlässiges Glas, meist sehr reines →Quarzglas, für wissenschaftl. Zwecke und in Bestrahlungslampen.

Ultraviolettfilter, UV-Filter, ein →Lichtfilter.

Ultraviolettkatastrophe, von P. EHRENFEST geprägte Bez. für das Versagen der klass. Strahlungstheorie im Fall des →schwarzen Körpers, nach der sich (nach dem →Rayleigh-Jeansschen Strahlungsgesetz) ein unbegrenztes Anwachsen der Strahlungsenergie mit zunehmender Frequenz ergeben müßte. M. PLANCK nahm deshalb an, daß die Strahlungsenergie nur portionsweise abgegeben und aufgenommen wird, und erhielt so das →Plancksche Strahlungsgesetz. Diese Erkenntnis wurde zum Ausgangspunkt der Quantenmechanik.

Ultraviolettmikroskopie, Verfahren der →Mikroskopie, bei dem zur Abbildung UV-Strahlung verwendet wird. Diese ermöglicht u. a. eine höhere Auflösung wegen der kurzen Wellenlängen und kontrastreichere Bilder von best. organ. Stoffen wegen ihrer Absorptionsbanden im UV. Als Objektive werden bei langwelliger UV-Strahlung Glaslinsen, bei kürzerwelliger Quarz-, Flußspat- oder Lithiumfluorid-Linsen und Spiegelobjektive verwendet.

Ultraviolettspektroskopie, spektroskop. Verfahren (→Spektroskopie), bei dem die Elektronenanregung chem. Verbindungen bei Bestrahlung mit monochromat. UV-Licht (verwendete Wellenlängen i. a. von 120 bis 400 nm) zur Bestimmung und Strukturaufklärung verwendet wird. Atomspektren werden vorwiegend in Emission aufgenommen, Molekülspektren in Absorption.

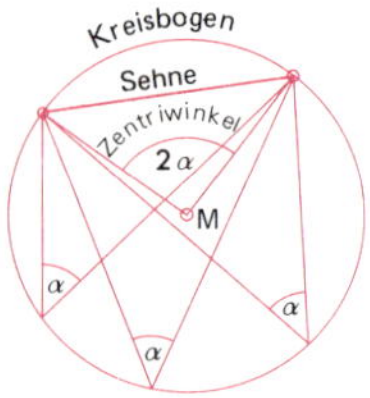

Umfangswinkel (Peripheriewinkel)

Umfangswinkel

Ultrazentrifugen, Spezialzentrifugen, deren durch Gasströme oder magnetisch angetriebene und gelagerte, oft aus Titan bestehende Rotoren in einer Wasserstoff-Atmosphäre oder im Vakuum laufen. Die Rotoren, deren Durchmesser nur wenige mm bis cm beträgt, erreichen maximale Umdrehungszahlen von mehr als 10^6 U/min; die Beschleunigung erreicht etwa den millionenfachen Betrag der Erdbeschleunigung. U. werden in der Kolloid- und Biochemie u. a. zur Molekulargewichtsbestimmung von Makromolekülen oder Abtrennung hochmolekularer Naturstoffe verwendet. – U. können auch zur → Isotopentrennung eingesetzt werden.

Umbra, 1) Astronomie: *die,* der dunkle Kernbereich eines → Sonnenflecks.

2) Farbstoffe: *das,* **Erdbraun, Römischbraun, Kaledonischbraun, Sepiabraun, Mulm,** durch Verwitterung von Eisen- und Manganerzen entstandenes manganhaltiges → Pigment für Mal- und Anstrichfarben guter Lichtechtheit, eines der ältesten Pigmente.

Umbri|el, ein Mond des Planeten → Uranus.

Umbruch, 1) Buchherstellung: das Herrichten **(Umbrechen)** von fertigen Druckseiten durch Ein- und Zusammenbau von Satzspalten (Fahnen), Klischees u. ä.; wird in der Setzerei vom Metteur ausgeführt. Auch das Ergebnis heißt U. **(U.-Bogen). Ganzseiten-U.** bedeutet U. in der Photosetzmaschine in einem Arbeitsgang mit dem Satz.

2) Geologie: **geotekton. U.,** die weltweite Rückführung von bereits starren, durch ältere Faltungen konsolidierten Erdkrustenteilen in den Zustand der Faltbarkeit. U. fanden nach H. STILLE am Ende des Archäikums **(Laurent. U.)** und im Proterozoikum **(Algonk. U.)** statt.

Umdrehung, eine Drehung um 1 Vollwinkel $= 2\pi$ rad $= 360° = 400$ gon, dient als Hilfseinheit zur Kennzeichnung von Drehzahlen in Verbindung mit Kehrwerten der Zeiteinheiten. Im dt. Sprachraum war früher das Einheitenzeichen **U** üblich, von IEC und ISO wurde **r** internat. vorgeschlagen. r steht für die Einheit ›Eins‹ bei Drehzahlen; daher entspricht Umdrehung je Sekunde der SI-Einheit der Frequenz: $1\ r/s = 1\ s^{-1} = 1$ Hz. Umdrehung je Minute: $1\ r/min = 1/60$ Hz. Umdrehung je Stunde: $1 r/h = 1/3600$ Hz.

Umdrehungsflächen, Rotationsflächen, Flächen, die durch Drehung einer ebenen Kurve **(Meridiankurve)** um eine Achse entstehen. Sie bilden zugleich die Oberflächen des dabei entstandenen **Umdrehungskörpers (Rotationskörpers).** Beispiele für beides sind die Kugel, der gerade Kreiszylinder, der Kegel, das Rotationsellipsoid und der Torus.

Umdrehungsfrequenz, die → Drehzahl.

Umdrehungszähler, Gerät zur Registrierung der Umdrehungen eines Läufers, z. B. in Elektrizitätszählern, in Verbindung mit einem Zählwerk.

Umdruck, Verfahren der Lithographie zum Übertragen eines Originaldruckbildes für die Herstellung einer weiteren Druckform, z. B. für den Auflagendruck, mit Hilfe eines bes. präparierten **U.-Papiers.**

Um|esterung, Reaktion eines Esters mit Alkoholen, Säuren oder anderen Estern, wobei ein Austausch der Alkohol- oder Säurekomponente im Ester erfolgt, z. B.

$CH_3COOC_2H_5$	+	$C_5H_{11}OH$	$\rightleftharpoons$	$CH_3COOC_5H_{11}$	+	C_2H_5OH
Essigsäure-äthylester		Amylalkohol		Essigsäure-amylester		Äthylalkohol

Die U. läuft unter dem katalyt. Einfluß von Säuren oder Basen bis zu einem Gleichgewichtszustand ab. Sie hat Bedeutung bei der Herstellung von Estern höher siedender Alkohole und → Polyestern.

Umfang, Geometrie: die Länge der Begrenzungslinie eines Flächenstücks, z. B. Kreisumfang gleich $2\pi r$.

Umfangswinkel, Peripherie̤winkel, ein Winkel, dessen Scheitel auf einer Kreislinie liegt und dessen Schenkel durch die Endpunkte einer Sehne dieses Kreises laufen. Alle zu einem Kreisbogen gehörigen U. (α) sind einander gleich und halb so groß wie der zugehörige Zentriwinkel (2α). → Thales-Kreis.

Umformen, umformende Fertigung, Teilgebiet der → spanlosen Formung: Fertigen durch bildsames Ändern der Form eines starren Körpers v. a. aus Metall oder Kunststoff, ohne daß der Zusammenhalt des Werkstoffs aufgehoben noch die Masse des Werkstücks verändert wird. Die wichtigsten Umformverfahren sind Walzen, Pressen, Schmieden, Drahtziehen, Biegen, Abkanten, Verwinden, Tiefziehen, Prägen.

Lb. der Umformtechnik, hg. v. K. LANGE, 3 Bde. (1972–75); H. TSCHÄTSCH: Tb. Umformtechnik (1977); K. GRÜNING: Umformtechnik ([3]1982).

Umformer, elektr. Maschine zur Umwandlung elektr. Energie einer Art in eine solche anderer Art (→ Motorgenerator 2, → Einanker-Umformer, Kaskaden-U., Erreger-U.). **Kontakt-U.** sind mechan. Gleichrichter.

Umformerwerk, ein Werk, in dem sich → Umformer, z. B. Frequenzumformer (→ Frequenzwandler), befinden. (→ Betriebswerke)

Umgebung, Mathematik: U. eines Punktes x eines topolog. Raumes T ist eine Teilmenge $U \subset T$, die zusammen mit dem Punkt x eine offene Menge enthält, die x umfaßt. Im → metrischen Raum (M, d) sind diejenigen Mengen U. von $x \in M$, die eine ›offene Kugel‹ $K_\varepsilon(x) := \{y \in M | d(y, x) < \varepsilon; \varepsilon > 0, \varepsilon \in \mathbb{R}\}$ enthalten.

umgekehrte polnische Notation, Datenverarbeitung: → UPN.

Umkehr|entwicklung, Umkehrprozeß, Photographie: Verfahren, bei dem das bei der Erstentwicklung entstandene negative Silberbild oxidativ entfernt und das restliche Silberhalogenid nach einer Zwischenbelichtung oder chem. Reduktion (Verschleierung) in einem Zweitentwickler in ein positives Silberbild überführt wird. Bei Farbumkehrmaterialien wird die Erstentwicklung als Schwarzweiß-, die Zweitentwicklung als Farbentwicklung durchgeführt (Anwendungsbeispiele: Dia-Film, Schmalfilm, Farbumkehrpapier). **Direktpositivverfahren** erfordern nur eine Entwicklung; man verwendet entweder spezielle Direktpositiv-Emulsionen oder man nutzt die → Solarisation oder den Herschel-Effekt (→ photographische Effekte) aus. Weitere positiv arbeitende Verfahren, die nur eine Entwicklung erfordern, sind das → Diffusionskopierverfahren und das Silberfarbbleichverfahren (→ Farbphotographie).

Umkehrfunktion, inverse Funktion, inverse Abbildung. Eine Funktion (Abbildung) f einer Menge A auf eine Menge B ($f(A) = B$) heißt **umkehrbar** (auch **umkehrbar eindeutig, eineindeutig),** wenn zu jedem Element b des Wertebereichs B nur ein Element a des Definitionsbereichs A gehört. Ist f umkehrbar, dann heißt f^{-1} U. von f, falls $f^{-1}(f(a)) = a$ für alle $a \in A$, d. h., die U. von f ordnet jedem Bildelement $b = (f(a))$ von f wieder das Element a des Definitionsbereichs von f zu.

Umkehr|osmose, umgekehrte Osmose, ein → Membranverfahren.

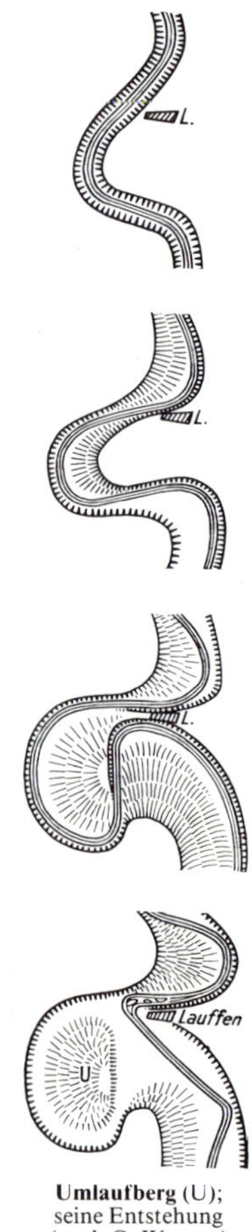

Umlaufberg (U); seine Entstehung (nach G. Wagner)

Umkehrsystem, in opt. Geräten ein zusätzliches abbildendes System zur Bildaufrichtung. Als Bauelemente können Linsen (terrestr. Fernrohr), Reflexionsprismen (Prismenfernrohr) oder Spiegelkombinationen dienen.

Umkippen eines Gewässers, → Eutrophierung.

Umkopieren, Photographie: ein- oder mehrmaliges Kopieren von Negativen oder Positiven auf entsprechende Kopierfilme zwecks Änderung des Kontrastes, bei Farb-Diapositiven auch zur Behebung von Farbstichen.

Umkreis, Kreis, der durch alle Eckpunkte eines Vielecks geht. Vielecke, die einen U. haben, sind somit Sehnenvielecke. Jedes → Dreieck, jedes Viereck, in dem die Summe der gegenüberliegenden Innenwinkel 180° beträgt (z. B. Rechteck, gleichschenkliges Trapez), sowie jedes regelmäßige Vieleck weisen U. auf.

Umkristallisation, 1) Chemie: Reinigungsverfahren für feste Substanzen. Die Substanz wird dabei z. B. in der Hitze gelöst und durch Abkühlung in gereinigter Form wieder zur Kristallisation gebracht.

2) Geologie: allg. für die Entstehung neuer Mineralkristalle auf Kosten der älteren in einem Gestein, z. B. Kornvergröberung des Kalkspats bei der U. von Kalkstein zu Marmor oder die Bildung neuer Mineralarten durch U. im Verlauf einer Metamorphose (→ Rekristallisation 1, → Sammelkristallisation).

Umlagerung, Chemie: besondere Form der Isomerisierung; Umgruppierung der Atome eines Moleküls unter Bildung einer neuen Verbindung mit gleichem Ausgangsatombestand (→ Isomerie 1). U. spielen bes. in der organ. Chemie eine Rolle (→ Harnstoff). Sie werden durch Energiezufuhr (Wärmeenergie, energiereiche Strahlung) oder durch Katalysatoren ausgelöst.

Umlaufberg, in einem Tal isoliert aufragende Erhebung, von einer ehem. Flußschlinge (→ Mäander) umgeben. Durch Verlegung der Prallhänge infolge der am Schlingenhals bes. stark wirkenden Erosion wurde der Talsporn durchtrennt. Der dadurch entstandene U. wird nur noch an einer Seite vom Fluß berührt. Das ehem. Flußtal auf den anderen Seiten bildet ein Trockental, von Altwasser erfüllt oder von Nebenbächen benutzt. (BILD S. 172)

Umlaufdauer, die → Periodendauer.

Umlaufen, stetige Richtungsänderung des Windes.

Umlaufrädergetriebe, eine Form der → Rädergetriebe, mit dem Steg als umlaufendem Glied. In ihrer Grundform **(Planetengetriebe)** bestehen sie als → Zahnradgetriebe aus einem zentralen **Sonnenrad,** auf dem sich die im Steg geführten (meist drei) **Planetenräder** abwälzen. Sie stützen sich außen im konzentrischen, ruhenden **Hohlrad** ab. U. ergeben ein günstiges Verhältnis zw. Bauvolumen und übertragbarer Leistung bei relativ großem möglichen Übersetzungsverhältnis, gleichachsigem An- und Abtrieb ohne Drehrichtungsumkehr. Wird der bei der Grundform feste Zahnkranz ebenfalls drehbar angeordnet, so ergeben sich vielfältige Möglichkeiten zur Drehzahl- und Drehmomentenüberlagerung sowie Leistungsverzweigung (automatische → Kraftwagengetriebe). U. mit Kegel- und Reibrädern werden ebenfalls gebaut (→ Ausgleichsgetriebe).

J. VOLMER: U. (²1978); A. BÖGE: Die Mechanik der Planetengetriebe (1980).

Umlauf(s)zeit, die Zeit, die ein Himmelskörper zum Umlauf um einen anderen Himmelskörper braucht. Je nach Bezugspunkt werden verschiedene U. unterschieden, z. B. bei den Planeten die siderische Umlaufszeit und die → synodische Umlaufszeit, bei der stark gestörten Mondbewegung zusätzlich noch eine tropische, eine anomalistische und eine drakonitische U. (→ Monat). Die U. der Erde um die Sonne heißt → Jahr 1).

Umluft, derjenige Teil der → Abluft einer Lüftungsanlage, der nach Aufbereitung dem zu lüftenden Raum wieder zugeführt wird.

UMP, Abk. für **Uridin|monophosphat,** → Uridinphosphate.

Umrichter, ein → Stromrichter zum Umwandeln von Wechselstrom gegebener Spannung, Frequenz und Phasenzahl in Wechselstrom mit anderen Eigenschaften, bes. veränderbarer Frequenz im Hinblick auf die Drehzahlsteuerung von Drehstrommaschinen im gesamten Leistungs- und Drehzahlbereich. Beim **Zwischenkreis-U.** sind ein Gleich- und ein Wechselrichter gleichstromseitig verbunden, er ist für Antriebe bis zu sehr hohen Drehzahlen geeignet (Textilmaschinen, Ultrazentrifugen). Der **Direkt-U.** liefert niedrige Ausgangsfrequenzen bis etwa 1/3 Netzfrequenz und wird bei langsam laufenden Großantrieben eingesetzt, z. B. bei Zementmühlen.

Umrißkarte, eine Karte, in der meist nur Gradnetz, Landumrisse, Gewässernetz, einzelne Ortsangaben und evtl. Grenzen eingetragen sind; wird als Arbeits- und Unterrichtskarte für spezielle Eintragungen benutzt.

Umsatz, Stoffumsatz, bei einer chem. Reaktion der Quotient aus der Substanzmenge, die tatsächlich reagiert hat zu der verwendeten.

Umschlags|intervall, Konzentrationsbereich von Wasserstoff-, Metall- u. a. Ionen, in dem man Änderungen der Farbe oder anderer Eigenschaften eines Indikators (→ Indikatorfarbstoffe) wahrnimmt, wenn sich das vorher bestandene Gleichgewicht verschiebt.

Umsetzer, 1) Datenverarbeitung: Gerät zum Umwandeln elektr. Signale (z. B. Meßwerten) von der analogen in die digitale Darstellungsform (→ Analog-Digital-Umsetzer) und umgekehrt (→ Digital-Analog-Umsetzer); außerdem eine Einrichtung zur Umsetzung von digitalen Zeichen auf verschiedene Leitungssysteme (→ Parallel-Serien-Umsetzer, → Serien-Parallel-Umsetzer).

2) Fernsehen: → Frequenzumsetzer.

Umspanner, ein → Transformator.

Umspannstation, Umspannwerk, Anlage zur Änderung der Netzspannung mittels → Transformatoren, z. B. von der Generatorspannung zur Hochspannung der Freileitung, in der Nähe der Verbraucher dann herunter zur Mittelspannung des Verteilungsnetzes und schließlich auf die Verbraucherspannung. Die U. besteht aus der → Schaltanlage, den Transformatoren und der → Schaltwarte mit den Meß- und Schutzgeräten.

Umspinnzwirnen, Ummantelung von Garnen mit gleichen oder anderen Gespinsten. Auch die mit Gespinsten umwickelten Gummi- oder Drahtfäden oder die mit Metallfäden umwickelten Garne sind **Umspinnzwirne.**

Umstehen, Bez. für die Entmischung im festen Zustand, z. B. bei der ›Entglasung‹ von Gläsern.

Umsteuerung, Umkehrung der Drehrichtung von Arbeits- und Kraftmaschinen, auch die Vorrichtung dafür. Bei **Dampfmaschinen** (Lokomotiven) wird durch Verstellen des Schiebers (Kulisse) der Dampf in entgegengesetzter Richtung dem Maschinenkolben zugeleitet. Bei **Verbrennungskraftmaschinen** (nur in Sonderfällen, z. B.

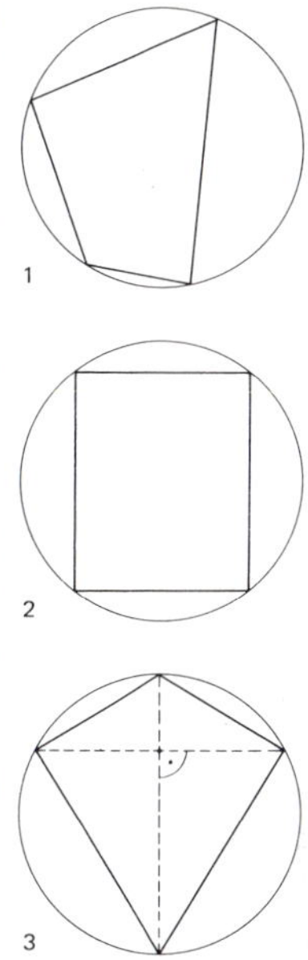

Umkreis um **1** ein Viereck, **2** ein Rechteck, **3** einen rechtwinkligen Drachen

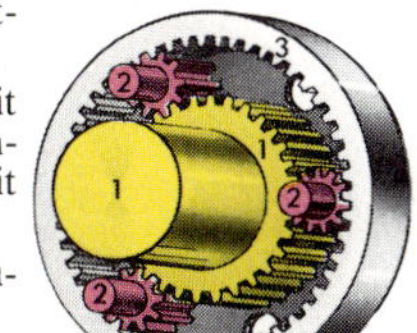

Umlaufrädergetriebe: 1 Sonnenrad, **2** Planetenräder, **3** Hohlrad

Schiffs-Dieselmotoren) wirken Nocken für Vorwärts- und Rückwärtsgang je nach der Drehrichtung auf die Ventile ein. Bei den nicht direkt umsteuerbaren Verbrennungs- und Strömungskraftmaschinen wird der Drehsinnwechsel durch Wechselgetriebe erreicht, bei Schiffswellen meist mit zwei Schaltkupplungen, die auf Getriebe mit unterschiedl. Drehrichtung wirken. **Elektromotoren** werden bei Gleichstrom durch Umkehrung der Stromrichtung in der Anker-, selten in der Erregerwicklung, umgesteuert, bei Drehstrom durch Vertauschen zweier Zuleitungen für die Ständerwicklung.

Umstimmung, die Fähigkeit des Auges, sich in seiner Farbempfindlichkeit den jeweils herrschenden Beleuchtungsverhältnissen so anzupassen, daß die beleuchtende Lichtfarbe als unbunt empfunden wird. Die U. hat große Bedeutung z. B. für die farbrichtige Wiedergabe in der Farbphotographie.

Umwandlung, 1) Kristallographie: die Bildung einer polymorphen kristallinen Phase aus einer anderen, meist reversibel bei einer best. **U.-Temperatur,** dem **U.-Punkt,** oder innerhalb eines Temperaturbereichs, dem **U.-Intervall.** Die U. kann beim Unterschreiten der U.-Temperatur gehemmt sein, so daß die Hochtemperaturmodifikation als metastabile Modifikation erhalten bleibt. Reversible U. heißen auch **enantiotrope U. Monotrope U.** laufen nur in einer Richtung ab, z. B. die U. von weißem in roten Phosphor. Strukturell werden unterschieden: a) U. mit Beibehaltung der Koordination der Nachbaratome, b) die U. von Legierungen in →Überstrukturen, c) U. mit Änderung der Koordination der Nachbaratome, d) U. mit Änderung des Bindungscharakters. Auch andere Zustandsänderungen, z. B. die Bildung oder Aufhebung einer quasikristallinen Ordnung bei polymeren →Kunststoffen, heißen U. (→Allotropie, →Polymorphie)

2) Physik: a) **Phasenumwandlungen,** die →Phasenübergänge (→Umwandlungswärme). b) →Kernumwandlungen.

Umwandlungsgesteine, →metamorphe Gesteine.

Umwandlungswärme, ältere Bez. **latente Wärme,** Wärme, die bei →Phasenübergängen 1. Art verbraucht oder freigesetzt wird, ohne zu einer entsprechenden Temperaturveränderung zu führen. Die Temperatur, bei der der Übergang erfolgt, heißt **Umwandlungspunkt.** Zugeführte Wärme bewirkt z. B. beim →Schmelzen von Eis keinen Temperaturanstieg, solange Eis und Wasser nebeneinander vorliegen, sondern sie wird als →Schmelzwärme gebunden und beim Gefrieren wieder freigesetzt **(Kristallisationswärme, Erstarrungswärme).** Weitere U. sind u. a. die →Verdampfungswärme, die **Kondensationswärme** (→Kondensation) und die **Sublimationswärme** (→Sublimation).

Umwelt, unterschiedlich angewendeter Begriff für 1) die gesamte belebte und unbelebte Umgebung eines Organismus, in diesem Sinn auch die Gesamtheit der natürlichen Gegebenheiten und des kulturell (z. B. zivilisatorisch, wirtschaftlich, technisch) veränderten Lebensraums des Menschen; 2) die Gesamtheit der existenzbestimmenden Faktoren (abiotische und biotische Umweltfaktoren), die von einem Lebewesen wahrgenommen werden oder auf es einwirken (→Umweltschutz).

Umweltprobenbank, Institution zur Langzeitkonservierung und Aufbewahrung von Proben (z. B. menschl., tier., pflanzl. Gewebeteile, Lebensmittel). Zweck der U. ist es, die chronolog. Entwicklung der →Kontamination von Mensch und Umwelt zu dokumentieren und so in der Zukunft den Vergleich zw. aktuellen und früheren Kontaminationsgraden sowie Untersuchungen auf bisher nicht erkannte Belastungen zu ermöglichen.

Umweltschutz, Sammelbegriff für Maßnahmen zur Erhaltung, Entwicklung und Förderung lebensgerechter Umweltbedingungen für den Menschen und die gesamte belebte Natur. Ziel des U. ist es, die Belastung von Ökosystemen, die durch Eingriffe des Menschen (Land- und Forstwirtschaft, Städtebau, Industrie, Verkehr u. a.) verursacht werden, zu reduzieren und ihre Selbstregulationsfähigkeit zu verbessern. Als **biologisch-ökolog. U.** werden Naturschutz und Landschaftspflege verstanden; **technischer U.** dient dem Erkennen, Vorbeugen und Beseitigen von Umweltbelastungen sowie der Entwicklung umweltfreundl. Technologien, die die Umwelt wenig oder gar nicht belasten (→Umwelttechnik). Zu den techn. Maßnahmen zur Sicherung einer gesunden Umwelt und zur Abwehr von Umweltschäden gehören z. B. →Abwasserreinigung, Beseitigung von →Abfallstoffen und →Müll (→Abfallbeseitigung), Maßnahmen gegen →Luftverschmutzung und →Lärm, →Strahlenschutz und →Wasseraufbereitung; Gewässerpflege und →Gewässerschutz umfassen biologisch-ökolog. und techn. Maßnahmen.

Wirksame Maßnahmen des U. setzen genaue Kenntnisse der Umweltschäden und der mögl. Umweltgefährdung durch chem., physikal., techn., biolog., soziolog., physisch und psychisch einwirkende Umwelteinflüsse voraus. Der Lebensraum von Mensch, Tier und Pflanze, die Natur und Landschaft werden durch Abfälle sowie durch Emissionen verseucht. Aber auch die mangelhafte Berücksichtigung biolog. Faktoren bei der Gestaltung der Wohn- und Arbeitsplatzwelt kann Gesundheitsschäden verursachen. Umweltschäden können entstehen, wenn natürl. Ökosysteme gestört oder Naturgüter ohne Rücksicht auf Erneuerung genutzt werden, z. B. Abholzen von Wäldern, Bodenzerstörung durch Raubbau.

Die Luft wird durch Industrialisierung und Verstädterung bes. in den Verdichtungsräumen zunehmend verunreinigt (→Rauchgasschäden, →Schwefeldioxid-Immissionsschäden, →Staub). Darunter leiden Herz- und Kreislaufkranke wie auch Tiere und Pflanzen; Gebäude, Kunstwerke u. a. lassen verstärkte Korrosionsschäden erkennen.

Die häufigsten Schadstoffe in der Bundesrep. Dtl. sind Kohlenmonoxid, Schwefeloxide, Stickoxide, Fluor- und Schwermetallverbindungen (Blei, Cadmium u. a.); ferner Grob- und Feinstaub. Hinzu kommt die Geruchsbelästigung durch unangenehm riechende Stoffe. Zu den krebserregenden Verbindungen der Luft gehören bes. Reaktionsprodukte der Ruß- und Ölstoffe. Schwefeloxid und Stickoxide sind bei der Smogbildung beteiligt; bei bestimmten Wetterlagen kann die Smogbildung zu lebensgefährlichen Konzentrationen ansteigen (→Smog).

Vom Einsatz von Erdgas wird z. T. eine Verringerung der Emissionen erwartet. Kernkraftwerke bewirken eine erhöhte therm. Belastung der Flüsse durch angewärmtes Kühlwasser (→Abwärme) und können zu einer vermehrten Umweltradioaktivität führen, wenn die radioaktiven Abfälle nicht vorschriftsmäßig gelagert werden.

Das Wasser wird durch industrielle, häusl. und landwirtschaftl. →Abwässer, durch den Schiffsverkehr, Mineralöl u. a. verunreinigt. Die Zahl der Schadstoffe wächst, z. B. Waschmittel, Pestizide, Mineralölprodukte, Lösungsmittel, Hormone, Antibiotika, anorgan. Salze, Farbstoffe, Abfallprodukte der Kunststoffsynthese, Kosmetika, radioaktive Stoffe, Arsen, Blei, Cadmium, Quecksilber, Fäkalien. Der Zulauf an Phosphaten und Stickstoffverbindungen (bes. aus Dünge- und Waschmitteln) führt zur Überdüngung der Gewässer (→Eutrophierung). Die Erwärmung der Gewässer durch Kühlwasser von Kraftwerken ohne gleichzeitige Luftzufuhr verursacht einen Sauerstoffschwund und setzt die Selbstreinigungsfähigkeit des Wassers herab (→Selbstreinigung). Die zunehmende Nutzung von Seen und Flüssen als Trinkwasserreservoir ist durch die Verunreinigung der Oberflächengewässer z. T. bedroht. Das Grundwasser ist gefährdet durch Stickstoff- und Phosphorverbindungen aus Düngemitteln, Mineralölversickerung, Auslaugung von Müllkippen, Einschwemmung von Bleiverbindungen, die mit dem Regenwasser ins Grundwasser gelangen. Pestizide z. B. sind für die Umwelt gefährlich, u. a. wegen der nur geringen biolog. Abbaufähigkeit und der mögl. Entstehung von giftigeren Abbau- oder Umwandlungsprodukten. Sie können schwere Schädigungen eines Ökosystems erzeugen, z. B. eine Übervermehrung der Schädlinge durch die Beseitigung der natürl. Feinde (→Pflanzenschutzmittel).

Der Abfallbeseitigung kommt zunehmende Bedeutung zu, da Konsumsteigerung, Verwendung kurzlebiger Wirtschaftsgüter und aufwendige Verpackung zu einem starken Anwachsen von Müll geführt hat. Neben die umweltfreundl. Beseitigung fester Abfallstoffe über geordnete →Deponien durch Verbrennen oder Kompostierung treten neuerdings zentrale Systemanlagen, die eine komplexe Gesamtabfallentsorgung zulassen. Auch gewinnt gegenüber der bloßen Volumenreduzierung zunehmend die Wiederverwendung von Abfallstoffen (→Recycling, Abfallbörsen der Industrie- und Handelskammern) und ihre Nutzung als Energiequelle an Bedeutung. Der Teil, der auf wilden Deponien abgelagert wird, kann Grund- und Oberflächenwasser und beim Abbrennen die Luft belasten sowie zur Ansiedlung von Ungeziefer beitragen.

Besonderes Augenmerk wird auf radioaktive Abfälle (→Entsorgung), Sonder- und Industriemüll gelegt. Sie werden umweltsicher in Spezialdeponien und stillgelegten Salzbergwerken gesammelt oder auf Verbrennungsschiffen verbrannt. Autowracks und Großgeräte aus Stahlblech können in →Shredderanlagen in Eisenschrott verwandelt werden.

Ferner sind Maßnahmen zum →Lärmschutz notwendig, z. B. durch konstruktive Gestaltung der Lärmquelle, der Übertragungswege und Empfangsorte, da Lärm ab einer gewissen Höhe zu vorübergehenden oder dauerhaften Schäden führen kann.

G. Fellenberg: Umweltforschung (1977); Handbuch für Planung, Gestaltung und Schutz der Umwelt, 4 Bde., hg. v. K. Buchwald u. W. Engelhardt (1978–80); Lärm-Wirkung und Bekämpfung, hg. v. H. Ising (1978); W. L. Moll: Taschenbuch für U., 3 Bde. (1978–1980); O. Ahlhaus u. a.: Taschenlexikon U. ([4]1980); W. J. Fleischhauer u. a.: U. (1980); G. Feldhaus u. H. D. Hansel: Bundes-Immissionsschutzgesetz ([3]1980); R. Foss Frey u. a.: Wasser, Abwasser, Abfall. Lexikon von A–Z ([2]1980).

Umwelt|technik, jene Bereiche der Technik und Technologie, die mit den Maßnahmen zur Erhaltung und zum Schutz der Umwelt mit wissenschaftl. Methoden und technischen Mitteln befaßt sind (→Umweltschutz). Hierzu gehören v. a. die meßtechnische Erfassung von Umweltschäden, Verunreinigungen und Schadstoffen, die Behandlung, Verwertung und Beseitigung von Abfällen (→Abfallbeseitigung, →Deponie), die Wasser- und Abwassertechnik (→Gewässerschutz, →Abwasserreinigung), die Luft-, Staub- und Klimatechnik (→Luftüberwachung, →Staubabscheidung), die Lärmschutztechnik (→Lärmschutz, →Verkehrslärm) sowie die Konzipierung und Realisierung von umweltfreundlichen Technologien. Als **aktiven Umweltschutz** bezeichnet man dabei Maßnahmen, die an der Belästigungsquelle ansetzen (z. B. Kapselung von Motoren, Einbau von Filteranlagen), als **passiven Umweltschutz** Maßnahmen, die Menschen, Tiere, Pflanzen oder Gebäude vor belastenden oder schädigenden Einwirkungen schützen.

Umwelt|testmethoden, Zuverlässigkeitstechnik: Um festzustellen, ob ein Bauelement oder Gerät in der Lage ist, auch unter bes. rauhen Umweltbedingungen seine Funktion zu erfüllen, wird dies verschiedenen, auch kombinierten, dem späteren Verwendungszweck nachgebildeten Belastungen ausgesetzt. Bei Qualifikationstests (z. B. in der Raumfahrttechnik) werden diese Werte auch überschritten, um Aufschlüsse über die zu erwartende →Lebensdauer 2) zu erhalten. Genaue Anweisungen sind z. B. in dem →MIL-Spezifikationssystem enthalten. Wichtige U. sind u. a.: Temperaturzyklustests, Vibrationsbelastungen, Schock- und Stoßfestigkeitsprüfungen, Beschleunigungstests, Lagerung in feuchter und/oder chemisch aggressiver Atmosphäre, Beeinflussungsmöglichkeiten durch elektromagnet. Wellen (→elektromagnetische Verträglichkeit).

Unabhängigkeit, 1) Logik: Ein Axiom heißt unabhängig, wenn es aus den übrigen Axiomen nicht deduziert werden kann.

2) Mathematik: **linear abhängig, linear unabhängig,** →Vektorraum.

3) Statistik, Wahrscheinlichkeitsrechnung: die symmetr. Eigenschaft zweier Ereignisse A und B, daß die Wahrscheinlichkeit von A dieselbe ist, gleichgültig, ob B gegeben ist oder nicht und umgekehrt. Die U. ist eine sehr starke Eigenschaft mit bed. Vereinfachungswirkungen, weshalb sie oft vorausgesetzt wird, obgleich sie empirisch im strengen Sinn selten gegeben ist.

Unabhängigkeitsprinzip, das →Superpositionsprinzip.

unbedingt konvergent, Bez. für eine konvergente unendliche →Reihe, wenn diese bei beliebiger Umordnung ihrer Glieder immer gegen denselben Grenzwert konvergiert; die Reihe ist genau dann u. k., wenn sie absolut konvergent ist.

Unbekannte, Bez. für eine gesuchte Größe; z. B. ist x in der Gleichung $3x + 5 = 0$ die Unbekannte.

Unbestimmte, Mathematik: In der Algebra bezeichnet man den Ausdruck $a_0 + a_1 x + a_2 x^2 + \ldots + a_n x^n$, als Polynom ›in der Unbestimmten x‹, wobei die Koeffizienten $a_0, a_1, \ldots, a_n$ feste Zahlen sind. Die U. ist also ein Symbol, für das man geeignete Rechenregeln (z. B. $x^i \cdot x^k = x^{i+k}$) so einführt, daß die Multiplikation zweier Polynome nach dem Distributivgesetz erfolgt.

unbestimmter Ausdruck, →L'Hospitalsche Regeln.

unbestimmtes Integral, →Integralrechnung.

Unbestimmtheitsrelation, die →Unschärferelation.

unbunt sind Farben ohne →Farbton, also Weiß, Grau, Schwarz. Für das neutral gestimmte Auge gilt ein Licht als u., das den gleichen Farbeindruck wie das →energiegleiche Spektrum erzeugt (Bild Farbtafel).

und, in der →Aussagenlogik die Verknüpfungsvorschrift für eine →Konjunktion.

Undation, langsame, vertikale Erdkrustenverlagerungen unterschiedl. Größenordnung, z. B. die Entstehung von Geosynklinalen und deren Gliederung in Schwellen und Tröge.

Undations|theorie, von R. W. VAN BEMMELEN seit 1933 entwickelte Weiterführung der →Oszillationstheorie; dabei geht er von physikalisch-chemisch ausgelösten aktiven subkrustalen magmat. Strömungen im Erdmantel aus, die →Undationen bewirken sollen.

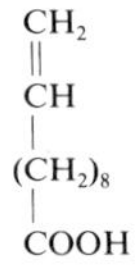

Undecensäure

Undecensäure, Undecylensäure, ungesättigte Carbonsäure, die bei der thermischen Zersetzung von Rizinusöl entsteht.

UND-Glied, engl. **AND-Gate** [ænd geɪt], elektron. Grundschaltung der Digitaltechnik zur logischen Verknüpfung von zwei oder mehreren Eingangssignalen im Sinn der →Schaltalgebra (→Verknüpfungsglieder). Der Ausgang eines UND-G. führt immer dann den Signalzustand logisch 1, wenn zur gleichen Zeit an allen Eingängen ebenfalls eine logische 1 anliegt. Im einfachsten Fall läßt sich eine UND-Verknüpfung durch die Reihenschaltung zweier oder mehrerer Schaltkontakte realisieren.

UND-Verknüpfung, eine der Grundverknüpfungen der →Schaltalgebra (Konjunktion). Die schaltungstechn. Verwirklichung in der Digitaltechnik erfolgt durch das →UND-Glied.

unedle Metalle, Metalle, die an der Luft oxidieren und von nichtoxidierenden Säuren (z. B. HCl) auch unter Luftabschluß angegriffen werden. Die u. M. haben in der elektrochem. →Spannungsreihe ein gegenüber Wasserstoff negatives →Normalpotential. Rd. 55 der metall. Elemente sind u. M. – Ggs.: →Edelmetalle.

uneigentliche Punkte, unendlich ferne Punkte, Fernpunkte, Punkte, die durch Hinzunahme zu den eigentlichen Punkten eine affine Ebene zu einer projektiven Ebene erweitern (→projektive Geometrie).

uneigentliches Integral. Das Integral $\int f(x)\,dx$ wird uneigentlich genannt, wenn entweder der Integrand $f(x)$ im Integrationsintervall $a \leqq x \leqq b$ eine Unendlichkeitsstelle besitzt oder wenn mindestens eine der Integrationsgrenzen a, b unendlich ist.

unendlich, qualitativ oder quantitativ ohne Ende. Mathematik: Zeichen ∞. a) Die Aussage, daß es unendlich viele natürliche Zahlen gibt, bedeutet, daß zu jeder Zahl n eine größere existiert, z. B. ihr Nachfolger $n+1$. b) M ist eine **unendliche Menge,** wenn M eine Teilmenge enthält, die bijektives Bild der Menge der natürl. Zahlen ist; **aktual unendlich,** →Menge. c) In verschiedenen mathemat. Gebieten wird der unterliegenden Menge mathemat. Objekte ein weiteres Element, vielfach mit ∞ ›unendlich‹ bezeichnet, hinzugefügt, um übersichtlichere Ergebnisse oder übersichtlichere und damit besser handhabbare Strukturen zu erhalten. Z. B. wird die Gaußsche Zahlenebene durch ein Element ∞ zur →Riemannschen Zahlenkugel erweitert, in der →projektiven Geometrie werden **unendlich ferne Punkte** (dort auch uneigentliche Punkte genannt) erklärt.

Unendlichkeit, →Endlichkeit.

Ungenauigkeitsrelation, die →Unschärferelation.

ungerade Funktion, Funktion $y=f(x)$, für die gilt $f(-a) = -f(a)$ für alle a, z. B. ist $y = \sin x$ eine u. F.

ungerade Zahl, jede ganze Zahl, die nicht durch 2 teilbar ist, z. B. 1, 3, 5, 7 usw.

ungesättigte Logik, Elektronik: digitale Schaltungstechnik, bei der die aktiven Elemente (Transistoren) nicht durch Überschwemmen des Steuereingangs (Basis) mit Ladungsträgern in die Sättigung gebracht werden, also durchgeschaltet werden, sondern das logische Ausgangssignal aus der Differenz der Eingangsspannungen gewonnen wird (→ECL-Technologie).

ungesättigte Verbindungen, chem. Verbindungen, deren Moleküle das Bestreben haben, weitere Atome oder Atomgruppen anzulagern, z. B. Verbindungen mit Doppelbindungen oder Radikale.

Ungleichung. Zwei Größen a und b sind entweder einander gleich, $a=b$, oder einander verschieden (ungleich), $a \neq b$, z. B. $3 \neq 2$. Falls $a \neq b$ und falls Größenvergleiche innerhalb der betrachteten Theorie möglich sind, dann ist entweder a größer als b, $a>b$, oder a kleiner als b, $a<b$; a kleiner gleich b, $a \leqq b$, bedeutet, daß a höchstens so groß ist wie b, a größer gleich b, $a \geqq b$, bedeutet, daß a mindestens so groß ist wie b. Die beiden Seiten einer U. können miteinander vertauscht werden, wenn man gleichzeitig das Größer- in ein Kleinerzeichen verwandelt oder umgekehrt. Zur Lösung von U. hat man die Gesetze angeordneter Ringe R zu beachten; z. B. 1) aus $a \leqq b$, folgt für alle $c \in R$, daß $a+c \leqq b+c$; 2a) aus $a \leqq b$ und $0 \leqq c$ folgt $ac \leqq bc$; 2b) aus $a \leqq b$ und $c \leqq 0$ folgt $ac \geqq bc$. Bes. bekannte U. sind z. B. die →Bernoullische Ungleichung, die →Dreiecksungleichung, die →Schwarzsche Ungleichung, die →Tschebyschowsche Ungleichung.

uniforme Struktur, Verallgemeinerung der Struktur eines →metrischen Raumes, um analoge Sachverhalte wie gleichmäßige Konvergenz oder Vollständigkeit behandeln zu können.

Unijunktions|transistor, wegen seiner zwei Basisanschlüsse auch **Doppelbasisdiode** genannt, unipolarer →Transistor mit nur einem →pn-Übergang. Der U. besteht im Prinzip aus einer n-leitenden Halbleiterschicht, die mit zwei Ohmschen Kontakten (Anschlüsse Basis 1 und Basis 2) versehen ist. In diese Schicht wird eine kleine p-leitende Zone eindotiert, die den Emitter darstellt. Der U. läßt einen Strom zw. dem Emitter und der einen Basis erst oberhalb einer bestimmten Durchbruchspannung durch. Er läßt sich zur Erzeugung von Kippschwingungen einsetzen und dient z. B. zur Steuerung von Thyristoren.

unimodular. Eine →Matrix $A = (a_{ik})$ ist unimodular, wenn die Matrixelemente a_{ik} ganze rationale Zahlen sind und ihre Determinante gleich $+1$ oder -1 ist. Entsprechend heißt eine Transformation unimodular, wenn die zugehörige Matrix unimodular ist.

unipolare Transistoren, Oberbegriff für alle →Transistoren, die mit gleichgepolten pn-Übergängen betrieben werden, z. B. →Feldeffekttransistoren. – Ggs.: →bipolare Transistoren.

Unipolarmaschine, kommutatorlose Gleichstrommaschine, bei der nur ein Magnetpol zur Spannungserzeugung ausgenutzt wird. Das Magnetfeld tritt längs des Ankerumfanges überall mit gleicher Größe und Richtung in den Läufer ein. Die induzierte Spannung wird zu beiden Seiten des Läufers mittels Bürsten abgegriffen. Der Läufer trägt keine Wicklung. Die U. kann zur Erzeugung großer Ströme bei kleiner Spannung verwendet werden, z. B. 50000 A bei 40 V. Unipolarmotoren werden als Scheibenläufermotoren gebaut.

Unipolymere, die →Homopolymere.

unitäre Matrix, Bez. für eine quadrat. →Matrix M mit komplexen Zahlen als Elementen, wenn das Produkt der Transponierten M^T mit der Matrix $\overline{M}$, die aus den konjugiert komplexen Zahlen von M besteht, die Einheitsmatrix ist: $M^T \cdot \overline{M} = E$ oder gleichwertig: $M \cdot \overline{M}^T = E$, d. h. $\overline{M}^T = M^{-1}$. Besteht M nur aus reellen Elementen, dann heißt M orthogonal.

unitärer Operator, Bez. für einen → Operator U in einem Hilbert-Raum H, der H auf sich abbildet, wobei für alle $f, g \in H$ gilt $(Uf, Ug) = (f, g)$.

unitärer Raum, Bez. für einen Vektorraum U über $\mathbb{C}$, wenn zwei Vektoren $\boldsymbol{a}, \boldsymbol{b} \in U$ eine komplexe Zahl $(\boldsymbol{a}, \boldsymbol{b})$ als → Skalarprodukt zugeordnet werden kann, für das gilt:

1) Für $\boldsymbol{a}, \boldsymbol{b}, \boldsymbol{c} \in U$, $x, y, \in \mathbb{C}$ gilt $(x\,\boldsymbol{a} + y\,\boldsymbol{b}, \boldsymbol{c}) = x\,(\boldsymbol{a}, \boldsymbol{c}) + y\,(\boldsymbol{b}, \boldsymbol{c})$
2) $(\boldsymbol{a}, \boldsymbol{b}) = \overline{(\boldsymbol{b}, \boldsymbol{a})}$
3) Für alle $\boldsymbol{a} \in U$ ist $(\boldsymbol{a}, \boldsymbol{a}) \geqq 0$, ist $(\boldsymbol{a}, \boldsymbol{a}) = 0$, so ist $\boldsymbol{a} = 0$; dadurch ist U normiert mit $\|\boldsymbol{a}\| = \sqrt{(\boldsymbol{a}, \boldsymbol{a})}$.

unitäre Symmetrie. Bei der Anwendung der Symmetrieprinzipien auf die Elementarteilchen sind, im Hinblick auf die Erhaltungssätze, die unitären Gruppen als Verallgemeinerung der Drehung im dreidimensionalen Raum von besonderer Bedeutung. Zu den u. S. gehören der **Isospinformalismus,** dessen unitäre Gruppe mit SU (2) bezeichnet wird, und die darauf aufbauenden höheren Symmetrien wie SU (3), bei der zusätzlich die Seltsamkeit (→ Strangeness) und die Änderung des Isospins und der Seltsamkeit einbezogen werden, und SU (6), bei der der Spin der Elementarteilchen einbezogen wird.

univariant heißt ein physiko-chem. System, wenn von seinen Zustandsgrößen nur eine frei wählbar ist, während alle übrigen durch diese Wahl bereits festgelegt werden (→ Gibbssche Phasenregel).

Universaldrehtisch, Kristallographie: Hilfsgerät für polarisations-mikroskop. Untersuchungen, das einen Kristallschnitt durch Drehung um verschiedene (bis fünf) Achsen in jede Durchstrahlungsrichtung bringen kann.

Universalindikatoren, aus Farbstoffgemischen aufgebaute Indikatoren (→ Indikatorfarbstoffe), die über weite pH-Bereiche verschiedene Farbumschläge zeigen. Der pH-Wert kann an Hand einer Farbskala ermittelt werden. U. gibt es als Lösungen oder als Reagenzpapier und Teststäbchen (mit den Lösungen imprägniert).

Universal|instrumente, Meßgeräte, die erlauben, mehrere Größen gleichzeitig zu messen, z. B. ein → Theodolit zur Bestimmung von Azimut und Höhe eines Gestirns, elektr. Meßgeräte für Stromstärke- und Spannungsmessungen von Gleich- und Wechselstrom u. a.

Universalmotor, kleiner, schnellaufender Reihenschlußmotor (bis etwa 500 W) für Gleich- und Wechselstromspeisung geeignet. (→ Elektromotor)

universelle Algebra, Oberbegriff für die in der Algebra am häufigsten auftretenden Strukturen, wie Halbgruppen, Gruppen, Ringe, und deren Theorie. Eine u. A. ist eine Menge A, auf der eine oder mehrere ein- oder mehrstellige Operationen erklärt sind. Dabei ist eine n-stellige Operation $f^{(n)}$ auf der Menge A eine Abbildung, die jedem geordneten n-Tupel $(a_1, a_2, \ldots, a_n)$ von Elementen aus A ein Element $f^{(n)}\,(a_1, a_2, \ldots, a_n)$ aus A zuordnet. Zum Beispiel ist die Multiplikation in einer Halbgruppe A eine zweistellige Operation, nämlich $f(a_1, a_2) = a_1 \cdot a_2$, oder auch die Addition in einem Ring A, $f(a_1, a_2) = a_1 + a_2$. Die Bildung des Inversen in einer Gruppe ist eine einstellige Operation, $f(a) = a^{-1}$. Trotz dieser großen Allgemeinheit lassen sich viele Begriffe und Sätze der klass. Algebra übertragen.

Universum, das → Weltall.

Unnilhexium, Element 106, künstlich hergestelltes → chemisches Element, ein Transuran mit der Kernladungszahl 106. Im Juni 1974 berichteten sowjet. Forscher, sie hätten das Element erstmals hergestellt. Im September des gleichen Jahres gaben amerikan. Wissenschaftler an, das Element durch Beschleunigen von ^{18}O (Sauerstoff)-Ionen auf ^{249}Cf (Californium) erzeugt zu haben, das unter α-Emission über das Element 104 und Nobelium wieder zerfallen sei. Beim Isotop 263 wurde mit 0,9 s die längste Halbwertszeit festgestellt.

Unnilpentium, Element 105, auch **Bohrium, Hahnium** und **Nielsbohrium,** künstlich hergestelltes → chemisches Element, ein Transuran mit der Kernladungszahl 105. Bereits 1967 berichteten sowjet. Forscher, sie hätten durch Beschießen von ^{243}Am (Americium) mit ^{22}Ne (Neon) die Isotope ^{260}105 und ^{261}105 erhalten. Ende 1970 stellten A. GHIORSO und Mitarbeiter in Berkeley durch Beschuß von ^{249}Cf (Californium) mit Stickstoffkernen das Isotop ^{260}105 her, Ende 1971 durch Beschuß von ^{250}Cf mit ^{15}N (Stickstoff) und ^{249}Bk (Berkelium) mit ^{16}(O) Sauerstoff das Isotop ^{261}105. Durch Beschuß von ^{249}Bk mit ^{18}O erzeugten sie das Isotop ^{262}105. Heute (1983) sind sechs Isotope (eines fraglich) bekannt, von denen ^{262}105 mit 35 s die längste Halbwertszeit hat.

Unnilquadium, Element 104, auch **Eka-Hafnium, Kurtschatowium, Rutherfordium,** künstlich hergestelltes → chemisches Element, ein Transuran mit der Kernladungszahl 104. Der sowjet. Forscher I. ZWARA erzeugte das Element erstmals 1964 durch Beschuß von ^{242}Pu (Plutonium) mit beschleunigten ^{22}Ne (Neon). A. GHIORSO und Mitarbeiter von der Universität Berkeley berichteten 1969, sie hätten sicher zwei, wahrscheinlich sogar drei Isotope des Elementes durch Beschießen von ^{249}Cf (Californium) mit ^{12}C- und ^{13}C-Kernen (Kohlenstoff) hergestellt. Heute (1983) sind zehn Isotope (drei fraglich) bekannt, von denen das Isotop 261 mit 65 s die längste Halbwertszeit hat.

unpolare Bindung, Art der → chemischen Bindung.

Unruh, Teil in → Uhren, der mit einem mechan. oder elektr. Unruhschwingsystem in Verbindung mit einer Spiralfeder den → Gang 3) regelt.

Unschärfekreis, → Zerstreuungskreis.

Unschärferelation, Unbestimmtheitsrelation, Ungenauigkeitsrelation, von W. HEISENBERG aus der Quanten- oder Wellenmechanik abgeleitete Beziehung, die zum Ausdruck bringt, daß Ort q und Impuls p eines Teilchens nicht zugleich mit beliebiger Genauigkeit bestimmt werden können. Grundsätzlich ist das Produkt der beiden Ungenauigkeiten Δq und Δp stets mindestens von der Größenordnung des Planckschen Wirkungsquantums h, $\Delta q \cdot \Delta p \geq h/4\pi$. Entsprechendes gilt für die Messung der Energie E eines Teilchens und die Festlegung des Zeitpunkts t, für den diese Energiemessung gilt: $\Delta E \cdot \Delta t \geq h/4\pi$. Die unvermeidbare Unbestimmtheit des Anfangszustandes macht auch eine exakte Vorausberechnung künftiger Bewegung des Teilchens unmöglich (→ Indeterminismus, → Komplementarität).

unstetige Regelung, ein → Regelkreis, der mindestens ein Glied mit unstetigem Verhalten besitzt. Solche Glieder antworten auf sehr kleine Änderungen der Eingangsgröße nicht immer mit entsprechend kleinen Änderungen der Ausgangsgröße. Beispiele: → Zweipunktregelung und → Dreipunktregelung.

Unstetigförderer, ein → Fördermittel, mit unterbrochenem Fördergutstrom infolge abwechselndem Hin- und Herbewegen der lasttragenden Teile.

Unstetigkeit, → Stetigkeit.

unsymmetrische Belastung, ungleichmäßige Belastung der Außenleiter eines Drehstromsystems (→ Drehstrom).

Unterbau, der in der Erde liegende Teil eines Gebäudes (z. B. die Fundamente); im Eisenbahnbau → Bahnkörper; bei Straßen → Straßenbau; im Brückenbau → Brücke.

Unterboden, Bodenkunde: der → Untergrund 1).

Unterbodenschutz, Korrosionsschutz des Kraftwagen-Unterbodens durch aufgespritzte oder von Hand aufgetragene Konservierungsmittel auf Wachs- oder Bitumengrundlage. Der Unterboden muß vorher gereinigt und von Roststellen befreit werden. U. richtet sich bes. gegen Schäden durch Streusalz.

Unterbrecher, Vorrichtung zum period. Öffnen und Schließen eines Stromkreises. U. dienen entweder dazu, einen Gleichstrom zu zerhacken, um diesen einer Induktionsspule, z. B. Zündspule eines Ottomotors, zuzuführen (→ Zündung) oder um die mechan. Schwingungen des

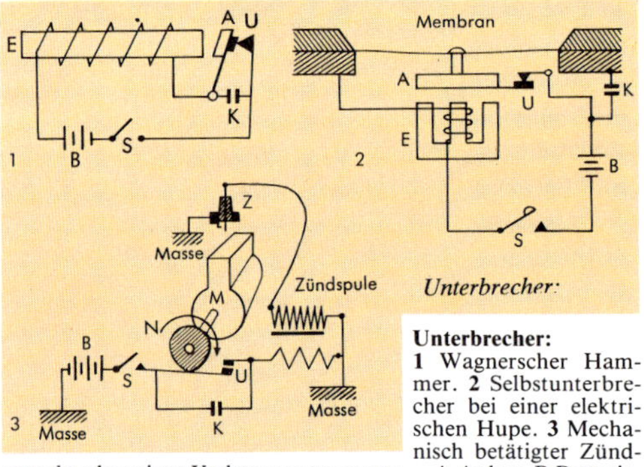

Unterbrecher: **1** Wagnerscher Hammer. **2** Selbstunterbrecher bei einer elektrischen Hupe. **3** Mechanisch betätigter Zündunterbrecher eines Verbrennungsmotors. – A Anker, B Batterie, E Elektromagnet, K Funkenlöschkondensator, M Motor, N Nokken, S Schalter, U Unterbrecherkontakt, Z Zündkerze

U. auszunutzen (Prinzip des Wagnerschen Hammers, Bild, z. B. bei der elektr. → Klingel und elektr. Hupe). Ein U. hoher Leistung ist der **Quecksilber-** oder **Turbinen-U.,** bei dem ein rotierender Quecksilberstrahl als bewegl. Stromleiter gegen feste Kontakte geschleudert wird. **Relais-U.** zum Antrieb von Schrittschaltwerken, Wählern oder dgl. enthalten zwei Relais, die sich wechselseitig einschalten und wieder kurzschließen.

Elektronische U. sind Schaltstufen und Kippschaltungen mit Transistoren und Thyristoren.

Unterdeterminante, Minor, → Determinante.

Unterdruckkammer, eine → Klimakammer, in der für medizin. Untersuchungen und Behandlungen ein Luftdruck unter Atmosphärendruck eingestellt wird.

untere Grenze, das → Infimum.

Unter|einheiten, Subunits [s'ʌbju:nɪts, engl.], einzelne tertiärstrukturierte Polypeptidketten, die durch Zusammenlagerung das biologisch aktive höhermolekulare Proteinmolekül mit → Quartärstruktur ergeben.

untere Schranke. Ist M eine Teilmenge der reellen Zahlen $\mathbb{R}$, und gibt es ein Element $s \in \mathbb{R}$, so daß für alle Elemente $x \in M$ gilt $s \leqq x$, so heißt s u. S. von M. (→ Infimum)

unterfahren, 1) Bautechnik: Gebäudegründungen nachträglich vertiefen und unter dem Bauwerk verbreitern, indem der dazu nötige Bauraum durch abschnittsweises Abgraben geschaffen wird.

2) Bergbau: einen Grubenbau unter einer Lagerstätte oder einem anderen Grubenbau auffahren.

Unterfahrschutz, vorgeschriebene Anordnung an Lastkraftwagen, die verhindert, daß ein anderes Fahrzeug bei Aufstoß unter den Lastwagen gedrückt wird.

unterfangen, ein Bauteil oder Bauwerk zur Sicherung gegen Absinken von unten her abstützen, z. B. bei Fundamentarbeiten, bei Unterspülungen u. a.

Unterflur-Installation, Art der Elektroinstallation in der Haustechnik, bei der die horizontalen Leitungen für Steckdosen und Telephonanschlüsse in einem System von flachen Fußbodenkanälen verlegt werden; angewendet, wo eine veränderl. Raumaufteilung gewünscht ist, z. B. in Bürogebäuden, Kaufhäusern, Schulen.

Unterflurmotor, Verbrennungsmotor mit liegend angeordneten Zylindern, bes. bei Omnibussen zum raumsparenden Einbau unter dem Fußboden. Nachteil: schlechte Zugänglichkeit zum Motor.

Untergang, Verschwinden eines Gestirns unter dem Horizont infolge der Erddrehung. Über Besonderheiten des U. → Aufgang.

Untergrund, 1) Bodenkunde: auch **Unterboden,** Bodenschicht unter der regelmäßig bearbeiteten Krume (→ Boden); humusarm mit Ausnahme der tiefgründigen Schwarzerden der Steppengebiete. In verschieden tiefen Schichten gibt es natürl. Verdichtungen, im Extremfall im feuchten Klima wurzelundurchdringl. → Ortstein.

2) Straßenbau: gewachsener oder geschütteter Boden unterhalb der Straßenbefestigung.

Untergrundbahnen, kurz **U-Bahnen,** Stadtbahnen mit eigenem Bahnsystem auf besonderem Bahnkörper, im Stadtzentrum meist unmittelbar unter der Straßenoberfläche verlegt. Evtl. vorhandene Hochbahnabschnitte sind begrifflich in den U. enthalten. Die U. dienen dem öffentl. Personennahverkehr. Sie fahren in kurzen und regelmäßigen Zeitabständen (›Taktfahrplan‹), Höchstgeschwindigkeit 80–100 km/h, und können bei einem Zugabstand von 90 s bis zu 40000 Personen je Stunde und Richtung auf zweigleisigen Strecken befördern.

Die meisten U. besitzen Normalspur, jedoch gegenüber den Eisenbahnen eine kleinere Wagenbegrenzung, geringere Zuggewichte und Achsfahrmassen, kleinere zulässige Bogenhalbmesser, stärkere Neigungen und schwächeren Oberbau. Die Bahnsteige werden als Mittel- oder Außenbahnsteige angelegt; in den Tunneln befinden sich in best. Abständen Notausstiege. U. werden meist mit Gleichstrom von 600–800 V betrieben. Die Triebfahrzeuge entnehmen die elektr. Energie einer neben den Fahrschienen verlegten Stromschiene über einen Stromabnehmer am Wagendrehgestell. U. besitzen meist Lichtsignale und Streckenblockeinrichtungen, ähnlich wie die Eisenbahnen. Auf manchen U-Bahn-Strecken (z. B. in Berlin) werden Versuche zur automat. Fahrweise ohne Triebfahrzeugführer angestellt. Die U.-Tunnel werden in offener oder geschlossener Bauweise erstellt (→ Tunnel; → Unterpflasterstraßenbahnen).

Untergrundpacker, walzenartiges Bodenbearbeitungsgerät, dient zum Verdichten tieferer Bodenschichten, ohne die Oberfläche zu verdichten; besteht aus mehreren nebeneinander angeordneten scharfkantigen, glatten oder gezackten gußeisernen Ringen mit Speichen.

Untergrundspeicher, unterirdischer Speicher für feste Stoffe, Flüssigkeiten und Gase. Man unterscheidet **Porenspeicher (Aquiferspeicher)** und **Kavernenspeicher** (→ Untertagespeicherung).

Untergruppe, → Gruppe 2).

Unterkühlung, Abkühlung einer Flüssigkeit unter ihren Gleichgewichts-Erstarrungspunkt, d. h., eine unterkühlte Flüssigkeit oder Schmelze hat bei gegebenem Druck niedrigere Temperatur, als ihrem Aggregatzustand entspricht. U. gelingt v. a. bei bes. reinen Flüssigkeiten (Wasser bis − 72 °C) und reinen Metallen (Silber 219 °C, Gold 230 °C, Eisen 295 °C, Nickel 319 °C, Erstarrung jeweils bis um die angegebene Temperaturdifferenz unter dem normalen Schmelzpunkt), wenn Erschütterungen vermieden werden. Erschüttern oder Einbringen von Kristallisationskeimen bewirkt bei U. schlagartiges Erstarren.

Unterlegscheibe, meist ringförmige metall. Zwischenlage zw. Schraube oder Mutter und Bauteil zur Vermeidung von Oberflächenbeschädigungen, Verminderung der Pressung am Bauteil durch plane Auflageflächen.

Unterpflasterstraßenbahnen, kurz **U-Strab,** meist nur auf Teilstrecken unterirdisch geführte Straßenbahnen. Auf den U.-Linien verkehren die übl. Straßenbahnfahrzeuge. Es bestehen Übergangsmöglichkeiten in die oberirdisch verbliebenen Netzteile.

Unterprogramm, Subroutine [s'ʌbru:ti:n], Datenverarbeitung: eigenständiges Computerprogramm, das unter einem eigenen → Label von verschiedenen Stellen des Hauptprogramms aus aufgerufen (aktiviert) werden kann. Es braucht nur einmal mit Anfangsadresse und Rücksprunganweisung formuliert zu werden. Der Vorteil der **U.-Technik** besteht darin, daß ein U. von verschiedenen Programmen auch mehrfach aufgerufen und abgearbeitet werden kann, z. B. bei häufig wiederkehrenden mathemat. Funktionen. Die U.-Technik spielt in der Praxis wegen der Möglichkeit der Strukturierung (Zusammenfassung von Befehlen zu logischen und organisator. Einheiten) eine große Rolle.

Unter|raum, Bez. für eine Teilmenge *U* eines Raumes *R* (z. B. eines metrischen Raumes), wenn *U* den Charakter des Raumes *R* (eines metrischen Raumes) hat.

Unter|riese, Stern der → Leuchtkraftklasse IV (→ Riesen).

Unterschnitt, die Abnahme der Zahndicke bei → Zahnrädern in der Nähe des Zahnfußes bei Unterschreiten der theoretischen Mindestzähnezahl.

Unterseeboot, kurz **U-Boot, 1)** zur Unterwasserfahrt geeignetes Kriegsschiff. Es besitzt einen wasserdichten, mehrfach unterteilten, röhrenförmigen Rumpf (Druckkörper), nach dessen Festigkeit sich die erreichbare Tauchtiefe richtet. In Tauchzellen wird zum Herstellen des Schwebezustands Wasser eingelassen und zum Auftauchen durch Druckluft wieder ausgedrückt. Als Antriebsanlagen dienen bei modernen U. über 3500 t Wasserverdrängung Kernreaktoren, sonst meist Dieselmotoren (Frischluftverbraucher) für die Überwasser- und Elektromotoren für die Unterwasserfahrt (→ Schnorchel). Die Elektromotoren werden mit Akkumulatorenbatterien angetrieben. Der Beschleunigung des Tauchens dient die Pufferschaltung, bei der das U. nur noch über die Elektromotoren angetrieben wird, während die Dieselmotoren die Ladegeneratoren betreiben. Durch Horizontalruder (Tiefenruder), paarweise vorn und achtern, wird die vorgesehene Tiefe eingenommen und gehalten. ›Trimm‹-Zellen vorn und achtern gleichen die Lastigkeit (→ Trimm), eine Zelle in der Mitte des U. gleicht kleinere Gewichtsänderungen (Reglerzelle) aus. Das U. ist mit einem oder zwei Sehrohren bestückt. Kalipatronen binden das sich bei geschlossenem U. entwickelnde Kohlendioxid, und Sauerstoffflaschen ergänzen den durch Atmen und die Dieselmotoren verbrauchten Sauerstoff.

Die Hauptwaffe des U. sind Torpedos, aus Ausstoßrohren vorn und achtern geschossen, neuerdings Flugkörper. U. werden auch als Minenträger eingesetzt. Außerdem benötigt das U. für den Einsatz Funk- und Radargeräte, Unterwasserhorch- und Ortungsgeräte. Zur genauen Ortsbestimmung dienen Trägheits- und Satellitennavigation. Die Führung befindet sich in der unter dem Kommandoturm liegenden Zentrale. Die größten bisher gebauten U. der OHIO-Klasse (USA) haben eine Wasser-

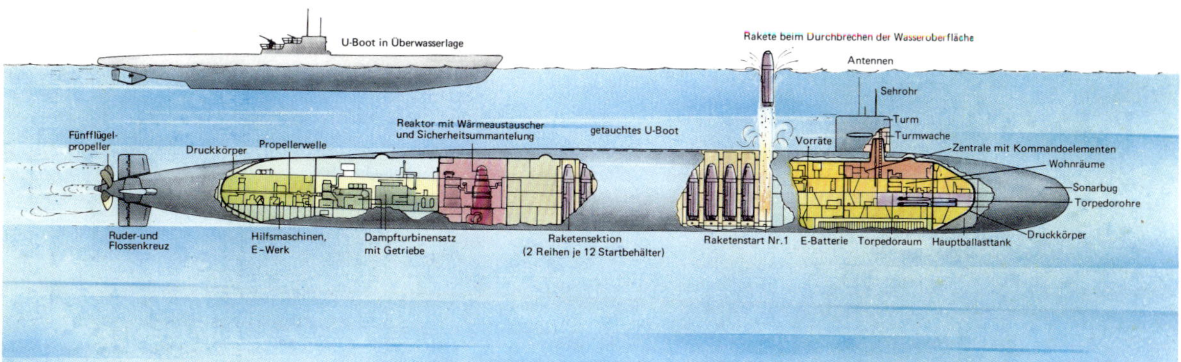

Unterseeboot: Nuklear getriebenes amerikanisches Raketen-U-Schiff der OHIO-Klasse im Größenvergleich mit einem Weltkrieg-II-U-Boot des dt. Typs VII c (500 ts) links oben. Technische Daten: Wasserverdrängung 18700 t (getaucht), Länge 170,7 m, Breite 12,8 m, Geschwindigkeit getaucht 25 kn und mehr. Bewaffnung: 24 Unterwasser-/Boden-Raketen ›Trident I‹ (Reichweite 4000 sm = 7400 km), 4 Torpedorohre. Indienststellung ab 1981

verdrängung von 18700 t; Geschwindigkeit über 25 kn; Bewaffnung: Flugkörper bis zu 7400 km Reichweite. In den Kriegsmarinen sind Sondertypen für die einzelnen Aufgaben entwickelt worden.

Die moderne **U.-Abwehr** stützt sich auf den Flugzeugeinsatz und hochentwickelte Sensoren. Als Waffen werden Wasserbomben- und Raketenwerfer sowie zielsuchende U-Jagd-Torpedos eingesetzt. **U.-Begleitschiffe, U.-Tender,** dienen zu Versorgungszwecken, zur Unterbringung von Besatzungen im Hafen sowie zur Hilfeleistung bei kleineren Instandsetzungen. Angesichts der Größe der neuesten U. spricht man neuerdings von **U-Schiffen.** Eine Weiterentwicklung der früheren U.-Bergungsschiffe sind das ferngelenkte U.-Bergungsschiff und das Tieftauch-Bergungsboot.

Geschichtliches. Versuche mit Unterwasserfahrzeugen gehen bis ins 17. Jh. zurück. Das 1. dt. U. konstruierte 1851 der bayer. Unteroffizier W. BAUER, das erste brauchbare U. der Ire J. P. HOLLAND 1898. Schiffbaulich entwickelten sich zwei Typen: das Einhüllenboot mit Tauchzellen im Innern des Druckkörpers und das Tauchboot, dessen Seetüchtigkeit über Wasser durch eine zweite, nicht druckfeste, die Tauchzellen und die Brennstoffbunker aufnehmende Hülle verbessert worden war (Konstruktion des Amerikaners S. LAKE) und nach dem alle größeren Boote bis zum Ende des 2. Weltkrieges gebaut wurden. Seitdem ist man auf einen für die schnelle Unterwasserfahrt günstigen, möglichst wirbelfreien Bootskörper und den propulsionsgünstigen Einwellenantrieb zurückgekommen.

2) wenig gebräuchl. Bez. für Tauchboote oder bewegl. Unterwasserstationen für Forschung und Offshore-Technik (→ Tauchgeräte, → Unterwasserlabor).

Untersonne, eine Halo-Erscheinung (→ Halo 1).

Untersteuern, Kfz: → Eigenlenkverhalten.

Unterströmungs|theorie, von O. AMPFERER 1906 begründete geotekton. Hypothese, die mit Konvektionsströmen (therm. Ausgleichsbewegungen) in der zähplast.

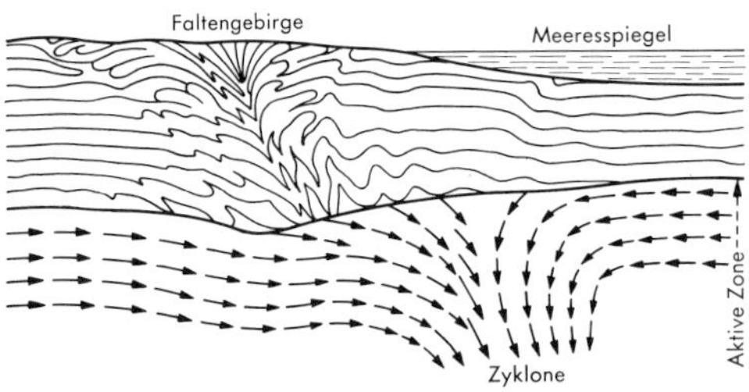

Unterströmungstheorie:
Subkrustale Strömungen bewirken ein Zusammendrängen der überlagernden Schichten (nach R. Schwinner)

Unterkruste oder in tieferen Zonen die verschiedensten Krustenbewegungen zu klären sucht. Als Energiequelle wird die durch radioaktiven Zerfall erzeugte Wärme angenommen.

Untersumme, → Integralrechnung.

Untertage|speicherung, Untergrundspeicherung, Speicherung von Rohöl, Mineralölprodukten und Erdgas in unterird. Hohlräumen, bes. zur gesetzlich vorgeschriebenen Krisenvorsorge verwendet. Vorteile gegenüber oberird. Tanks: geringere Kosten, geringerer Platzbedarf, größere Sicherheit; geeignet sind aufgelassene Bergwerke, der Porenraum von Sandstein (Porenspeicher für Gase), Felskavernen und durch Auslaugen von Salzstöcken gewonnene Salzkavernen. (BILD Erdgas)

Untertagevergasung, In-situ-Vergasung, Vergasung von fossilen Brennstoffen in der Lagerstätte. Die U. wird für die Erschließung von Kohle-, Ölschiefer- und Ölsandlagerstätten erwogen, die wegen zu großer Teufen mit konventionellen Abbaumethoden nicht erschlossen werden können. Im Rahmen eines dt.-belg. Projektes zur U. von Steinkohle wurden Bohrungen in 860 m Teufe niedergebracht und durch unterird. Herausbrennen von Kanälen miteinander verbunden. Die U. der Kohle soll durch Injektion von Dampf-Luft-Gemischen unter Drücken von 30–45 bar erfolgen (→ Kohlevergasung).

Untertöne, Töne der Frequenz f/n (n = natürliche Zahl), die in geeigneten nichtlinearen Systemen, z. B. kegelförmigen Lautsprechermembranen, entstehen, wenn sie durch einen Ton der Frequenz f angeregt werden.

Unterwasser, Gewässerstrecke unmittelbar unterhalb eines Stufenbauwerks (Wehr, Schleuse, Kraftwerk).

Unterwasserkabel, Telegraphen-, Fernsprech- oder Starkstromkabel (→ Kabel 2), die durch Binnengewässer, Meeresarme oder Meere (→ Seekabel) verlegt werden. Zur Energieübertragung mit Drehstrom verwendet man U. zur Unterquerung schmaler Meeresarme und von Flußmündungen, z. B. den Öresund mit 132 kV. Bei größeren Entfernungen wird die Hochspannungs-Gleichstrom-Übertragung (HGÜ) verwendet.

Unterwasserkraftwerk, ein → Wasserkraftwerk, dessen Turbinen und Generatoren innerhalb eines Wehres angeordnet und von Wasser überronnen sind.

Unterwasserlabor, Abk. **UWL,** engl. **Sealab** [s'i:læb], Tauch- und Arbeitsstation auf dem Meeresboden für meereskundl. Aufgaben wissenschaftl. und techn. Art. Zum U. gehört eine schwimmende **Versorgungsstation,** die über dem getauchten Labor verankert wird und es automatisch mit Energie und Druckluft über Kabel und Hochdruckschlauchverbindungen versorgt und die Funkverbindungen mit dem Labor herstellt. Alle anderen Versorgungs- und Gebrauchsgüter werden von einem Schiff mit einem speziellen Versorgungsbehälter trocken in das Labor eingebracht. Das System wird durch versetzbare Unterwasser-Aufenthaltsstationen und Personenrettungskapseln vervollständigt. Ein U. wird schwimmend zum Einsatzort geschleppt und erst vor Ort abgesenkt. Das gesamte System muß für Schlechtwetterphasen fachgerecht verankert werden und entsprechenden Bodendruck haben.

Ein U. ist im Betrieb ein nach unten offenes System, d. h., in dem Raum herrscht der Druck der umgebenden Wassertiefe. Die Besatzung (Aquanauten) kann ohne weiteres viele Stunden vom U. aus tauchen und im freien Wasser Beobachtungen und Experimente machen. Die Taucher dürfen allerdings nicht an die Oberfläche, da sie unter dem Druck im Labor mit Gasen gesättigt sind (→ Tauchgeräte). Das ausgeatmete Kohlendioxid und störende Geruchsstoffe werden durch Filter aus der Atmosphäre entfernt. Am Ende eines Aufenthaltes steht eine Dekompressionszeit entweder im getauchten Labor oder in einer Druckkammer auf einem Schiff oder an Land, wo der Körper wieder dem Normaldruck angepaßt wird.

Unterwassermotor, → Tauchmotor.

Unterwasserphotographie, von Sporttauchern und Meeresforschern gepflegtes Spezialgebiet der Photographie. Kamera und ggf. Beleuchtungsgerät befinden sich meist in einem wasserdichten, druckfesten Gehäuse, das die Betätigung von außen gestattet. Verwendet werden meist Kleinbild-, bes. Spiegelreflexkameras mit lichtstarken Weitwinkelobjektiven, die die durch den hohen Brechungsindex des Wassers bedingte Bildwinkelverkleinerung mildern. Bei Farbaufnahmen ist zur Vermeidung eines Blaustichs ein Blitzgerät erforderlich.

Unterwasser-Schall|anlagen nutzen die Ausbreitungsverhältnisse der Schallwellen im Wasser. Sie dienen der Nachrichtenübermittlung, der Feststellung der Standorte von Schiffen, Hindernissen, Fischschwärmen und der Ermittlung von Meerestiefen (→Echolot, →Schallortung, →Sonar). Durch eine Kombination von Unterwasserschallsignalen und drahtlosen Signalen kann man eine Entfernungsmessung durchführen, wenn von einer Stelle, zu der die Entfernung gemessen werden soll, gleichzeitig Schallsignale und Funksignale ausgesendet werden.

Unterwasserschutz, Schutzeinrichtungen auf Kriegsschiffen gegen die Wirkungen von Unterwassertreffern (Torpedos): wasserdichte Quer- und Längsschotten, Doppel- oder Dreifachboden sowie Wallgänge.

Unterwasserstrand, →Vorstrand.

Unterwerk, 1) ein Umspannwerk (→Umspannstation), das Niederspannungsenergie an nahe gelegene Verbraucher abgibt; 2) ein →Umformerwerk, das ein Straßenbahn- oder U-Bahn-Netz mit Gleichstrom versorgt; 3) →elektrische Bahnen.

Unterzug, Träger, der die eigtl. Deckenträger trägt und so die Last einer Decke oder Wand aufnimmt und auf Wände oder Stützen überträgt.

Unterzwerge, Sterne, deren absolute Helligkeiten rd. 1–1,5 Größenklassen geringer sind als die normaler Zwergsterne (Hauptreihensterne); sie liegen im →Hertzsprung-Russell-Diagramm unterhalb der Hauptreihe.

Untiefe, örtlich begrenzter Bereich einer Wasserstraße mit für die Schiffahrt unzureichender Wassertiefe.

Unwucht, Massenverteilung eines rotierenden Körpers, bei der der Schwerpunkt außerhalb der Drehachse liegt oder Dreh- und Trägheitsachse nicht zusammenfallen. U. verursacht unruhigen Lauf (z. B. bei einem Autoreifen) und erregt Schwingungen. U. wird durch stat. und dynam. →Auswuchten beseitigt.

Unze *die,* früher weitverbreitete Gewichtseinheit sehr unterschiedl. Wertes, in Dtl. nach Einführung des Zollpfundes 1 U. = 1/16 Zollpfund = 31,250 g. Über U. im englisch-amerikan. Maßsystem →ounce.

unzerlegbares Element, irreduzibles Element, in einem Integritätsbereich I mit Einselement ein vom Nullelement verschiedenes Element $a \in I$, das nur sich selbst oder die Einheit von I zum Teiler hat.

UP, Abk. für ungesättigte →Polyester.

UPC, Abk. für **Universal Product Code** [ju:nɪˈvəːsl prˈɔdʌkt kəʊd, engl.], →Zeichenerkennung.

UPN, Abk. für **umgekehrte polnische Notation,** Postfix-Schreibweise algebraischer Operationen, die bes. bei →Taschenrechnern verwendet wird, um Programmschritte einzusparen. Die Möglichkeit der UPN-Schreibweise des algebraischen Ausdrucks $2 \times 3 + 4 \times 5$ läßt sich an Hand einer Graphenstruktur (BILD) zeigen.

Up-Quark [ˈʌpkwəːk, engl.], fundamentales Elementarteilchen (→Quarks).

Uralit, Mineral, faserige, pseudomorph nach Augit umgewandelte Hornblende.

Uran, chem. Symbol **U,** radioaktives →chemisches Element aus der Reihe der →Actinoide, Ordnungszahl 92. Es sind drei natürl. und mehr als zehn künstl. Isotope bekannt. Die natürlich vorkommenden mit den Massenzahlen 238 (99,27%), 235 (0,711%) und 234 (0,0054%) sind Stammelemente radioaktiver Zerfallsreihen (→Radioaktivität). Das aus ^{238}U gebildete ^{206}Pb **(Uranblei)** kann zur geolog. Altersbestimmung benutzt werden (→Bleimethode). – U. ist ein silberweißes, mäßig hartes Metall, das an der Luft anläuft und in feinverteiltem Zustand →pyrophor ist. Von verdünnten Säuren wird es gelöst, nicht aber von Alkalien. U. wurde als Element 1789 von M. M. H. KLAPROTH entdeckt und von E. M. PÉLIGOT 1841 als Metall gewonnen.

In der Natur ist U. in zahlreichen Gesteinen in kleinen Mengen enthalten; der Durchschnittsgehalt der Erdrinde wird auf $3 \cdot 10^{-4}$% geschätzt. Das wirtschaftlich bedeutendste U.-Mineral ist →Uranpecherz. Weitere wichtige U.-Minerale sind Carnotit, Torbernit und Autunit (→Uranglimmer). Zur Gewinnung des U. werden die aufbereiteten und angereicherten Erze naßmetallurgisch sauer oder alkalisch aufgeschlossen. Anschließend wird mittels Ionenaustauschern oder organ. Lösungen U. extrahiert. Die Gewinnung von U. aus Meerwasser durch Ionenaustauscher oder mit Hilfe von Bakterien befindet sich im Versuchsstadium. Durch →Wiederaufarbeitung verbrauchter Brennelemente kann U. zurückgewonnen werden. Die Darstellung des reinen Metalls kann durch aluminotherm. Reduktion, durch Schmelzflußelektrolyse von U.-Oxid oder durch Elektrolyse von U.-Chloriden oder -Fluoriden erfolgen. U. ist heute bes. als Kernbrennstoff wichtig. Element und Verbindungen sind sowohl vom chem. als auch radiolog. Standpunkt sehr giftig.

Anreicherungsmethoden für ^{235}U: Zur Anreicherung des Isotops ^{235}U im Kernbrennstoff auf die von den heute überwiegend gebauten Leichtwasserreaktoren benötigten 3% ist eine Vielzahl von Verfahren vorgeschlagen worden (→Isotopentrennung). Bis heute wird der Bedarf an Reaktor-U. in den USA und Europa fast ausschließlich mit **Gasdiffusionsanlagen** gedeckt. – Um verschiedene Verfahren vergleichen zu können, muß neben dem Trennfaktor (Verhältnis der Konzentration an ^{235}U im angereicherten Produkt zur Konzentration am Anfang) auch der Durchsatz berücksichtigt werden. Bei niedrigem Trennfaktor müssen viele Trennstufen in Kaskaden hintereinandergeschaltet werden, um eine Anreicherung auf 3% zu erlangen, was einen außerordentlich hohen Energieaufwand erfordert. Allg. akzeptiertes Maß für die Leistung einer U.-Anreicherungsanlage ist die Trennleistung (kg U/Jahr) bezogen auf den Energieverbrauch (kWh/Jahr). Hauptnachteil der Gasdiffusion ist der kleine Trennfaktor von 1,002 (theoret. Grenze 1,004). Zur Anreicherung von Natur-U. auf 3% ^{235}U.-Gehalt müssen mehr als 1000 Trennstufen hintereinandergeschaltet werden, was hohe Energiekosten und großen Investitionsaufwand bedeutet.

Die **Gaszentrifuge** arbeitet auf Grund ihres hohen Trennfaktors von 1,12 (theoretisch 1,2 bis 1,6), der mit der 3. bis 4. Potenz der Umfangsgeschwindigkeit ansteigt (mit Verbundwerkstoffen aus Glasfasern und Polyester sind Werte von 500 m/s erreicht worden), wesentlich wirtschaftlicher. Die Anreicherung auf 3% ist mit 10–30 Kaskadenstufen und nur etwa 4% des Energieaufwands der

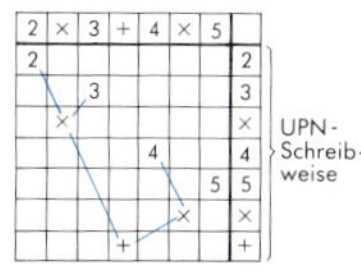

UPN: Graphenstruktur

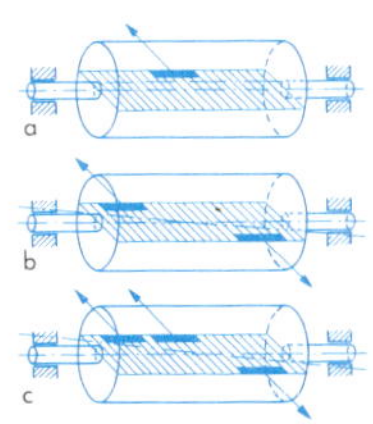

Unwucht

Unwucht: a Statische U. in einem zylindrischen Körper. **b** Dynamische U. in einem zylindrischen Körper. **c** Kombination einer statischen und einer dynamischen U.

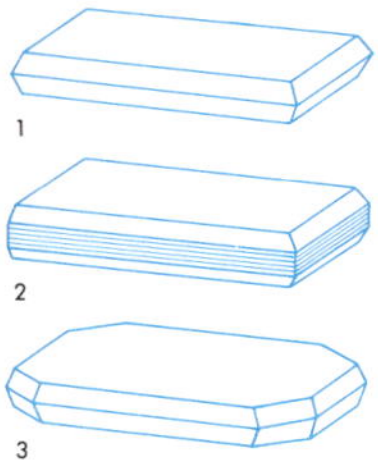

1 2 3

Uranglimmer 1–3

Uranglimmer 4: Autunit, gelbe Kristalle (Portugal)

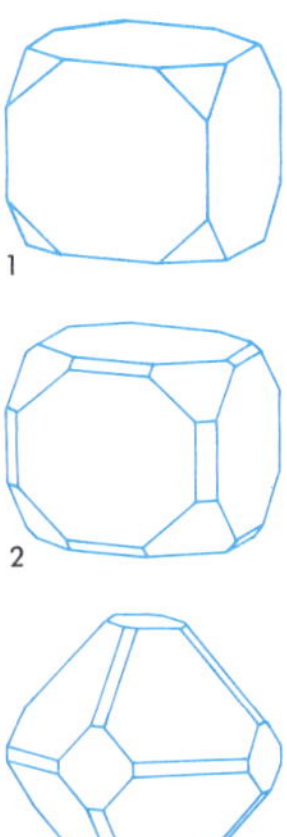

1 2 3

Uranpecherz 1–3 Uraninit

Gasdiffusion möglich. Dem stehen als Nachteil die höheren Herstellungskosten und der geringere Durchsatz (nur 100 mg UF_6 pro s) gegenüber. Um 10000 t auf 3% angereichertes U. je Jahr zu produzieren, müßten etwa 500000–5000000 Zentrifugen in einer Kaskade aus etwa 25 Stufen, in denen viele Zentrifugen parallel arbeiten, eingesetzt werden. Das techn. Hauptproblem der Gaszentrifuge sind die extremen Anforderungen an die Konstruktion und die Werkstoffe auf Grund der hohen Rotationsgeschwindigkeiten.

Eine ernst zu nehmende Konkurrenz zur Gasdiffusion und zur Gaszentrifuge könnte das am Kernforschungszentrum Karlsruhe entwickelte **Trenndüsen-Verfahren** werden, das mit 1,02 einen wesentlich günstigeren Trennfaktor als die Diffusion hat, während die aufzuwendende Energie in etwa vergleichbar ist. Eine Trenndüsenanlage würde 500 in Reihe geschaltete Stufen erfordern. Die Produktionskapazität ist so groß, daß wie bei der Gasdiffusion auf eine Parallelschaltung mehrerer Einheiten in den einzelnen Stufen verzichtet werden kann. Bei diesen drei z. Z. aussichtsreichsten Verfahren zur U.-Anreicherung muß das Natur-U. zunächst in U.-Hexafluorid umgewandelt werden, das zu den sehr wenigen U.-Verbindungen gehört, deren Dampfdruck bei Zimmertemperatur hinreichend hoch für einen in der Gasphase ablaufenden physikal. Prozeß ist. Das Endprodukt wird zu dem als Reaktorbrennstoff geeigneten UO_2 weiterverarbeitet. Im Labor ist auch bereits mit drei unterschiedl. Methoden eine Anreicherung von ^{235}U mit Hilfe der **Laser-Isotopentrennung** gelungen, z. B. durch Bestrahlung von U.-Hexamethoxid ($U(OCH_3)_6$) mit einem Hochleistungs-CO_2-Laser. Der erzielte Trennfaktor von 1,023 liegt zwar weit über demjenigen der Gasdiffusion, doch ist die Trennleistung noch zu niedrig, um das Verfahren in naher Zukunft konkurrenzfähig zu machen.

Uran-Actinium-Zerfallsreihe, radioaktive Zerfallsreihe, benannt nach dem Ausgangsnuklid $^{235}_{92}U$ und dem in ihr auftretenden Actinium $^{227}_{89}Ac$ (→ Radioaktivität, ÜBERSICHT).

Uranblei, veraltete Bez. für das Endprodukt $^{206}_{82}Pb$ der Uran-Radium-Zerfallsreihe (→ Radioaktivität).

Uran-Blei-Methode, die → Bleimethode mit Uranisotopen als Ausgangsprodukt.

Uran|glas, uranhaltiges, gelbl. Glas, das unter UV-Strahlung grünlich fluoresziert.

Uran|glimmer, große Gruppe uranylhaltiger Minerale mit der Baugruppe $(UO_2)^{2+}$ und glimmerähnl. Schichtstrukturen (BILDER 1–3). Es werden unterschieden: 1) die **eigentl. U.:** wasserhaltige Uranyl-Doppelphosphate und -arsenate, u. a. mit Mangan **(Saléeit,** zitronengelb), Kupfer **(Torbernit,** leuchtend gras- bis smaragdgrün), Calcium **(Autunit,** gelbgrün, und der ähnl. **Uranospinit),** Barium **(Uranocircit,** zeisiggrün); 2) die artenreiche **Phosphuranylit-Gruppe;** 3) die **Carnotit-Gruppe** mit zahlreichen Uranyl-Vanadaten, z. B. dem wirtschaftlich wichtigen Carnotit, $K_2[UO_2|VO_4]_2 \cdot 3\,H_2O$ (kanariengelb). Der Wassergehalt der U. schwankt: Die wasserärmeren Glieder werden **Meta-U.** genannt und weichen in verschiedenen Merkmalen ab.

Uraninit *der,* Mineral, → Uranpecherz.

Uranocircit *der,* zeisiggrüner → Uranglimmer.

Uranophan *der,* **Uranotil,** Mineral $CaH_2[(UO_2)|(SiO_4)_2] \cdot 5\,H_2O$, gelb, häufigstes und z. T. bauwürdiges Uranylsilikat.

Uranosphärit *der,* orangefarbenes bis ziegelrotes Mineral $2\,(UO_2)[OH]_2 \cdot Bi_2O_3$; auf verwittertem Uranpecherz.

Uranospinit *der,* Mineral, ein → Uranglimmer.

Uranpech|erz, Mineral UO_2, als **Uraninit** idiomorph, als **Pechblende (Uranpech)** kollomorph ausgebildet; stets schwarz, H. 6 (bis <4), D. 10,6–7,5 (mit zunehmendem geolog. Alter); **Uraninit:** glatt spaltend, große Kristalle fast nur in Pegmatiten (BILDER 1–3); **Pechblende** auf Gängen meist derb, in niedrigtraubigen, stark glänzenden Aggregaten, stets muschelig brechend, auch in kleinen Kugeln; selten locker mulmig (›Uranschwärze‹). Im U. kann das Uran diadoch vertreten sein durch Thorium, Seltenerdmetalle und Calcium; z. T. besteht völlige Mischbarkeit mit → Thorianit. – U. kommt selten in großen Mengen vor, ist aber v. a. in sauren Gesteinen (Graniten, Pegmatiten) weit verbreitet: 1) in Pegmatiten oft reich an Thorium- und Cer-Oxid, selten abbauwürdig; 2) in wenigen, aber wichtigen kontaktmetasomat. Vorkommen; 3) in hydrothermalen Erzgängen; 4) im zirkulierenden Grundwasser durch Reduktion gefällt und mit Sulfiden (Pyrit) vergesellschaftet (z. B. die ›black ores‹ des Colorado-Plateaus); 5) große Anreicherungen von Uraninit-Körnchen in sehr alten Konglomeraten. U. ist der Hauptrohstoff für die Gewinnung des Urans.

Uran-Radium-Zerfallsreihe, radioaktive Zerfallsreihe, benannt nach dem Ausgangsnuklid $^{238}_{92}U$ und dem in ihr auftretenden Radium $^{226}_{88}Ra$ (→ Radioaktivität).

Uranus, Zeichen ♅, von der Sonne aus gezählt der 7. Planet im Sonnensystem, gehört zu den jupiterähnl. → Planeten; Uranus wurde erst 1781 von W. HERSCHEL mit einem Fernrohr entdeckt, obwohl er unter günstigen Bedingungen noch mit bloßem Auge erkennbar ist. U. bewegt sich in 84,01 Jahren (= ein Uranusjahr) auf einer ellipt. Bahn mit einer mittleren Entfernung von 2,87 Mrd. km oder 19,2 AE um die Sonne (Periheldistanz 2,74 Mrd. km, Apheldistanz 3 Mrd. km); die Bahnebene ist um 0,75° gegen die Ekliptik geneigt. Im Fernrohr erscheint U. als grünlich leuchtendes Scheibchen von etwa 4 Bogensekunden Durchmesser, auf dem so gut wie keine Details erkennbar sind; die Farbe wird auf den Methangehalt der Atmosphäre zurückgeführt.

Neuere Rotationsbestimmungen, die auf Helligkeitsschwankungen im infraroten Licht basieren, deuten auf eine Umdrehungsdauer von 22,5 Stunden hin. Dabei ist die Äquatorebene des U., wie man an Hand der Bahnen der U.-Monde nachweisen kann, um 98° gegen die Bahnebene des Planeten geneigt, so daß U. extreme Jahreszeiten erlebt. Die mittlere Dichte von 1,19 g/cm³ deutet auf

Uranus: astronomische und physikalische Daten

Äquatordurchmesser	51800 km
Poldurchmesser	50700 km
Abplattung	0,021
Masse	$8{,}68 \cdot 10^{22}$ t
mittlere Dichte	1,19 g/cm³
Rotationsdauer	22,5 h
mittlere Entfernung zur Sonne	2,87 Mrd. km

Uranus: Uranusmonde

Name	Durchmesser	Entfernung zu Uranus	Umlaufzeit
Miranda	300 km	130100 km	1,414 Tage
Ariel	600 km	191800 km	2,52 Tage
Umbriel	400 km	267300 km	4,144 Tage
Titania	1000 km	438700 km	8,706 Tage
Oberon	800 km	586600 km	13,463 Tage

einen verhältnismäßig kleinen, aus Gestein oder Metall bestehenden Kern des U. hin.

1977 wurde auf indirektem Weg ein Ringsystem des U. entdeckt, das von der Erde aus nur mit besonderen photograph. Hilfsmitteln wiedergegeben werden kann.

Bislang sind fünf U.-Monde bekannt. Anfang 1986 soll die amerikan. Raumsonde Voyager 2 an U. vorbeifliegen und Meßdaten sowie Nahaufnahmen vom Planeten, seinem Ringsystem und den Monden übermitteln.

Uranverbindungen. Uran kommt in seinen meist stark gefärbten Verbindungen in den Wertigkeiten + 3 bis + 6 vor. Alle U. haben niedrige MAK-Werte. **Uran(IV)-oxid (Urandioxid),** UO_2, das leicht Sauerstoff unter Bildung von U_3O_8 aufnimmt und als feines Pulver pyrophor ist, ist der wichtigste Kernbrennstoff für Kernreaktoren. Auch das graue **Uranmonocarbid,** UC, und das dunkelbraune **Urandicarbid,** UC_2, werden als Kernbrennstoffe verwendet. Große techn. Bedeutung kommt dem **Uran(VI)-fluorid (Uranhexafluorid),** UF_6, zur Trennung der Uranisotope ^{235}U und ^{238}U sowie zur Herstellung nuklearreiner U. zu. Das braune **Uranmononitrid,** UN, dient als Reaktorbrennstoff. Das grüne pyrophore **Uranocen,** $(C_8H_8)U(C_8H_8)$, eine Sandwich-Verbindung mit aromat. Charakter, soll als Ausgangsstoff für Urandampf dienen. Von den Uranylverbindungen, die das Kation $(UO_2)^{2+}$ enthalten, haben einige technische Bedeutung, so das gelbe, wasserlösl. **Uranyl|acetat,** $UO_2(CH_3COO)_2$, als Reagenz bei der Phosphorsäurebestimmung, zum mikrochem. Natriumnachweis bei Gesteinsanalysen und als Kontrastiermittel bei elektronenmikroskop. Untersuchungen. Das zitronengelbe **Uranylnitrat,** $UO_2(NO_3)_2$, wird in der Photographie, in Tonungsbädern und in der Atomabsorptionsspektroskopie eingesetzt.

Urate, Salze der → Harnsäure.

Ur|atmosphäre, Gashülle der Erde, die entstand, als ihre Oberflächentemperatur auf etwa 300 K abgenommen hatte. Unter der Annahme, daß sich die Zusammensetzung der Entgasungsprodukte im Lauf der Zeit nur unwesentlich änderte, ist v. a. Wasserdampf, H_2O, (80%) und Kohlendioxid, CO_2, (10%) abgegeben worden, in weitem Abstand gefolgt von Schwefelwasserstoff, H_2S, Kohlenmonoxid, CO, Wasserstoff, H_2, Stickstoff, N_2, Methan, CH_4, Ammoniak, NH_3, Fluorwasserstoff, HF, Salzsäure, HCl, Argon, Ar, u. a. Von diesen Gasen zersetzten sich einige unter der Einwirkung des Sonnenlichtes (CO, CH_4) oder reagierten mit den Oberflächengesteinen so rasch, daß ihre Konzentration bis auf sehr kleine Werte absank. Lediglich N_2, Ar, H_2O und CO_2 reicherten sich an und bildeten die Hauptkomponenten der U. Wesentlicher Unterschied zu den Atmosphären der Nachbarplaneten ist, daß bei den weitgehend von der Intensität der Sonnenstrahlung bestimmten Temperaturen der Erde das Wasser in allen drei Phasen vorliegt. Aus der starken Sauerstoffuntersättigung der vor über 2 Mrd. Jahren gebildeten Sedimentgesteine kann man schließen, daß die U. praktisch keinen freien Sauerstoff O_2 enthielt. Erst die Ausbildung der kontinentalen Pflanzendecke im Silur brachte die Wende zur heutigen sauerstoffhaltigen Atmosphäre.

Ur|atom, → Urknall.

Urbild, → Abbildung 1).

Urca-Prozeß, von G. GAMOW und E. SCHÖNBERG hypothetisch angenommener Vorgang im Innern sehr heißer Sterne, bei dem durch abwechselnden Elektroneneinfang und Beta-Zerfall an demselben Atomkern Neutrino-Antineutrino-Paare erzeugt werden. Diese können ungehindert den Stern verlassen und ihm so Energie entziehen. Bei hoher Dichte und Temperatur führt der U.-P. zu so hohem Energieverlust, daß der Stern eine Kontraktionsbewegung ausführt. – Der Prozeß hat seinen Namen nach dem Spielkasino ›da Urca‹ von Rio de Janeiro, in scherzhafter Anspielung auf die Besucher, denen das Geld verlorengeht, wie die Neutrinos den Sternen.

Urease, → Harnstoff.

Ureide, N-Acylharnstoffe, Derivate organ. Säuren mit Harnstoff, z. B. Essigsäure-U. (Acetylharnstoff), CH_3–CO–NH–CO–NH_2. Zykl. U. sind Barbitursäure und die davon abgeleiteten Barbiturate.

Urethane, → Carbamidsäuren, → Polyurethane.

Ur|europa, → Fennosarmatia.

Urformen, Urformung, eine Hauptgruppe der Fertigungsverfahren: Fertigen eines festen Körpers aus formlosem Stoff (Gase, Flüssigkeiten, Pulver, Fasern, Späne, Granulat) durch Schaffen des Zusammenhaltes, z. B. durch Gießen von Metallen, durch Pressen und Sintern von Metallpulvern. Durch U. entsteht die erste Form eines festen Körpers.

E. AMBOS: Urformtechnik metall. Werkstoffe (1981); Hb. der Fertigungstechnik, hg. v. G. SPUR u. T. STÖFERLE, 1 (1981).

Urgebirge, 1) veraltet für → Grundgebirge.

2) Urgebirgsmassiv, der → Kraton.

Uridin, Nucleosid aus der Pyrimidinbase Uracil und Ribose. U. ist Bestandteil der Ribonucleinsäuren.

Uridinphosphate, Mono-, Di- und Triphosphorsäureester des → Uridins. Das **Monophosphat, UMP** (Abk. für **Uridinmonophosphat),** entsteht bei der Pyrimidinbiosynthese und dem Abbau von Nucleinsäuren. Zykl. UMP (cUMP) ist an Regulationsprozessen beteiligt. **Diphosphat, UDP** (Abk. für **Uridindiphosphat),** ist als Coenzym an der Glykosidierung beteiligt. **Uridintriphosphat** (Abk. **UTP)** ist eine dem Adenosintriphosphat (ATP) analoge, energiereiche Verbindung. Sie entsteht im zellulären Stoffwechsel und wird zu Syntheseprozessen (Bildung von UDP-Glucose und Biosynthese von Aminozuckern) benötigt.

Urkilogramm, Vorläufer des Kilogrammprototyps, das zusammen mit dem → Urmeter im frz. Staatsarchiv verwahrt wurde. Als U. wird häufig auch der Internationale Kilogrammprototyp (→ Kilogramm) bezeichnet. (→ metrische Einheiten)

Urknall, Big Bang [-bæŋ, engl.], nach der U.-Theorie die Explosion, mit der das Weltall vor etwa 12–18 Mrd. Jahren entstanden ist. Verfolgt man die Expansion des Weltalls (→ Hubble-Effekt) zurück, so kommt man zu dem Ergebnis, daß das Weltall anfangs auf einen sehr kleinen Raum mit sehr hoher Dichte und Temperatur beschränkt war. Die heute als Standardmodell akzeptierte U.-Theorie geht von einem Anfangszustand des Universums aus, in dem es bei unendlich hoher Temperatur und mit unendlich hoher Dichte auf engstem Raum konzentriert war **(kosmologische Singularität)** und beim U. explosionsartig auseinandergetrieben wurde, wobei die Temperatur des schnell expandierenden Weltalls rasch abnahm (in Bruchteilen einer Sekunde auf 10^{11} Kelvin). Neuere (durch die Ergebnisse der Elementarteilchenphysik untermauerte) Theorien gehen davon aus, daß unmittelbar nach dem U. Materie und Antimaterie in gleich großen Mengen vorhanden waren (→ Kosmologie). In der urspr. Form dieses kosmolog. Modells, das auf G. LEMAÎTRE einerseits und F. ALPHER, H. A. BETHE und G. GAMOW andererseits zurückgeht, soll die Urmaterie

(Ylem [ˈaɪləm]) in einem überdichten Zustand existiert haben (den Lemaître **Ur|atom** nannte), der sich dann im U. entspannte. Mit den bis jetzt zur Verfügung stehenden theoret. Grundlagen lassen sich ›nur‹ Aussagen treffen über Vorgänge, die ab 10^{-43} Sekunden nach dem U. abgelaufen sind. Zur Beschreibung von Ereignissen, die noch kürzer nach dem U. stattgefunden haben, müßte man auch Quanteneffekte der Gravitation berücksichtigen, die sich aber noch der theoret. Behandlung entziehen.

Urmagma *das,* hypothetische ursprüngl. Gesteinsschmelze, aus der sich die früheste Gesteinskruste der Erde gebildet haben soll.

Urmeter, auch **mètre des archives** [mˈɛtrə dɛzarʃˈiv, frz.], ein Vorläufer des durch die erste Generalkonferenz für Maß und Gewicht am 26. 9. 1889 ausgewählten Meterprototyps. Das U. ist eine Stange aus gehämmertem Platinschwamm von 1 m Länge als → Endmaß (Querschnitt rechteckig 25,3 × 4,0 mm). Es sollte den 40millionsten Teil eines Erdmeridians darstellen. Der **Meterprototyp** dagegen ist ein als → Strichmaß gebauter Stab von x-förmigem Querschnitt 20 × 20 mm aus einer Legierung von 90% Platin und 10% Iridium. Es sollte die Länge des U. möglichst genau wiedergeben und war Verkörperung und Definition der metr. Längeneinheit zugleich. Seit der 11. Generalkonferenz für Maß und Gewicht (1960) ist das → Meter durch ein Wellenlängennormal definiert. (→ Urkilogramm)

Uronsäuren, chem. Verbindungen, die durch Oxidation der endständigen primären alkohol. Hydroxylgruppe zur Carboxylgruppe bei einfachen Zuckern entstehen. Von physiolog. Bedeutung ist die D-Glucuronsäure, die aus Uridindiphosphatglucose (→ Uridinphosphate) entsteht und mit OH-Gruppen-haltigen Substanzen im Organismus gut wasserlösl. Glucuronide bildet, die über die Niere ausgeschieden werden können.

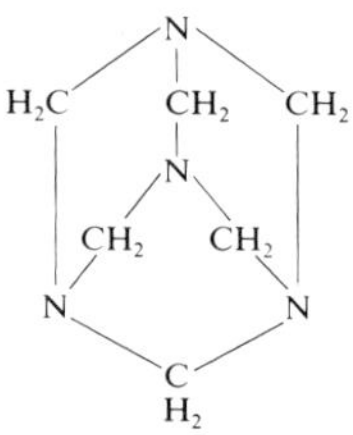

Urotropin

Uro|tropin, Handelsname für **Hexamethylentetramin,** zykl. Amin, das durch Reaktion von Ammoniak mit Formaldehyd hergestellt wird. U. ist ein kristalliner Stoff, der als Ammoniak- oder Formaldehydspender (z. B. bei der Herstellung von Phenolharzen) und zur Herstellung von Hexogen verwendet wird.

Ur|ozeane, seit Ende des mittleren → Proterozoikums bestehende Ozeane (H. STILLE), die die damalige Landmasse (Megagäa) durchbrachen: Urpazifik, nördl. und südl. Uratlantik, Urskandik. Durch Absinken von Kontinenten entstanden später die **Neuozeane.**

Ursa Maior, das Sternbild Großer → Bär 1).

Ursa Maior-Haufen, Bärenstrom, ein → Bewegungssternhaufen mit mehr als 40 Mitgliedern, darunter u. a. die Sterne β, γ, δ, ε und ζ des Großen Bären (Ursa Maior) und der Sirius.

Ursa Minor, das Sternbild Kleiner → Bär 1).

Urspannung, Quellenspannung, die → Elektromotorische Kraft.

Ursprung, in der Geometrie der Nullpunkt oder **Koordinaten|ursprung,** der Schnittpunkt der Achsen eines ebenen oder räuml. Koordinatensystems (→ Koordinaten).

Urstromtäler, breite Talniederungen, die während der Eiszeiten am Rand des Inlandeises entstanden, weil die Schmelzwässer parallel zum Eisrand abfließen mußten, wenn (wie in Mittel- und Nord-Dtl.) die periglaziale Landoberfläche gegen das Eis hin geneigt war. Damit hängt zusammen, daß die U. nicht durchgehend von nur einem Fluß benutzt wurden und auch kein gleichmäßiges, nicht einmal ein gleichsinniges Gefälle besitzen. Auch heute werden sie nur streckenweise von einem größeren Fluß benutzt, im übrigen von kleinen, wegen des geringen Gefälles oft nur trägen Wasserläufen. Die in den U. durch die eiszeitl. Schmelzwasserfluten abgelagerten Sande bilden häufig das Material für Binnendünen. – Im Umkreis der Alpen werden entsprechende, am ehemaligen Gletschersaum verlaufende Schmelzwasserrinnen oder Talzüge als **Eisrandtäler** bezeichnet.

Die U. sind von großer Bedeutung für den Verkehr (Anlage von Kanälen) und – infolge ihrer reichen Grundwasservorräte – für die Wasserversorgung.

Ur|tiere, die → Protozoen.

Urtit *der,* bis zu 85% aus Nephelin bestehendes foidit. Tiefengestein. Enthält als Nebengemengteile Pyroxene, Apatit, Albit sowie auch Zeolithe. (→ magmatische Gesteine)

Ur|titersubstanz, Ursubstanz, chemisch reinste, unbegrenzt haltbare, nicht hygroskop., in Wasser und/oder Alkohol leicht lösl. Chemikalien zur Faktoreinstellung von Normallösungen, z. B. Natriumoxalat.

UTC, Abk. für **Universal Time Coordinated** [ju:nɪvˈə:sl taɪm kəʊˈɔ:dɪneɪtɪd, engl.], **koordinierte Weltzeit,** Atomzeitskala, die aus der 1971 definierten ›Internationalen Atomzeitskala‹ hervorgeht (die auf der atomar definierten → Sekunde 2 beruht) und durch bedarfsweise Einfügung oder Weglassung von Schaltsekunden in annähernder Übereinstimmung mit der astronom. Weltzeit (→ Zeitmessung) gehalten wird (→ Zeitzeichen).

UTP, Abk. für **Uridintriphosphat,** → Uridinphosphate.

UV, Abk. für → **Ultraviolett;** die Ultraviolettstrahlung wird eingeteilt in **UV-A, UV-B** und **UV-C.**

Uvala, durch Zusammenwachsen von Dolinen entstandene becken- oder wannenartige Hohlform im → Karst.

UV Ceti-Sterne, die → Flackersterne.

UV-Filter, Abk. für **Ultraviolett-Filter,** → Lichtfilter.

Uwarowit, Mineral, smaragdgrüner → Granat.

V

v, *υ,* Formelzeichen für → Geschwindigkeit.

V, 1) chem. Symbol für → Vanadium und empfohlenes Symbol für -vinyl – bei abgekürzten Namen von Polymeren und Weichmachern.

2) Einheitenzeichen für → Volt.

3) *V,* Formelzeichen für elektrisches Potential, elektrische Spannung, magnetische Spannung, potentielle Energie und Volumen.

4) Zeichen für die → römische Ziffer 5.

VA, Einheitenzeichen für → Voltampere.

Vabohu, Wabohu, Elementarteilchenphysik: ein →Rishon.

vadoses Wasser, unterird. (v. a. Grund-)Wasser, das aus Sicker- oder Niederschlagswasser entsteht und z. B. als Quelle an der Erdoberfläche austritt.

vagabundierende Ströme, →Streuströme, →Erdströme.

Vagus|stoff, Chemie: →Acetylcholin.

Vaku|um, im Idealfall der materiefreie Raum; in der Praxis ein Raum mit verminderter Gasdichte, der durch Verdünnung von Gasen und Dämpfen auf Drücke zw. 1000 und 0 mbar beim Auspumpen **(evakuieren)** eines Gefäßes entsteht. Man unterscheidet **Grobvakuum:** 10^3 bis 1 mbar; **Feinvakuum:** 1 bis 10^{-3} mbar; **Hochvakuum:** 10^{-3} bis 10^{-7} mbar; **Ultrahochvakuum:** 10^{-7} bis 0 mbar (→Vakuumtechnik).

Da man früher meinte, daß elektromagnet. Kräfte nicht durch den materiefreien Raum hindurch übertragen werden können, ging man von der Vorstellung eines auch das V. erfüllenden →Äthers 2) als Träger der Kräfte aus. Diese Annahme geht auf R. DESCARTES und I. NEWTON zurück, die sich nur so die Ausbreitung von →Feldern vorstellen konnten. Durch eine Reihe von Experimenten (→Michelson-Versuch, →Mitführungskoeffizient) wurde die Ätherhypothese jedoch widerlegt.

Vaku|umbeton, Saugbeton, Beton, dem beim Verdichten überschüssiges Anmachwasser und Luft durch Unterdruck entzogen wird.

Vaku|umdestillation, chem. Verfahren zur Trennung und Reinigung von hochsiedenden oder thermisch empfindl., v. a. hochmolekularen Stoffen, das darauf beruht, daß im Vakuum die Siedetemperatur vieler Stoffe um 80–150 °C herabgesetzt werden kann.

Vaku|umheizung, Dampfheizung (→Heizung) mit einem Druck unter 1 bar und entsprechenden Dampftemperaturen unter 100 °C; wegen der aufwendigen Druckhaltung Anwendung nur für Sonderfälle.

Vaku|umkonstanten, diejenigen universellen →Naturkonstanten (ÜBERSICHT), die das elektromagnet. Feld im Vakuum kennzeichnen: die Vakuumlichtgeschwindigkeit c, die elektr. Feldkonstante ε_0 (frühere Bez.: absolute Dielektrizitätskonstante des Vakuums) und die magnet. Feldkonstante μ_0 (frühere Bez.: absolute Permeabilität des Vakuums).

Vaku|umpolarisation, die →Polarisation 4) des Vakuums durch ein elektromagnet. Feld auf Grund virtueller Erzeugung und Trennung von Elektron-Positron-Paaren.

Vaku|umpumpe, Gerät, das in einem abgeschlossenen Raum die Gasdichte und damit den Druck erniedrigt. Die Gasmoleküle können von der Vakuumpumpe aus dem Raum nach außen gefördert wie auch im Innern durch Kondensations- oder Sorptionsprozesse gebunden werden. Über die verschiedenen Typen von V. →Vakuumtechnik.

Vaku|umtechnik, Erzeugung, Erhaltung, Messung und Anwendung von Drücken unterhalb des Normaldrucks ($p < 1013$ mbar) in den Bereichen Grob-, Fein-, Hoch- und Ultrahochvakuum (ÜBERSICHT S. 186).

Zur Vakuum-Erzeugung dienen Vakuumpumpen, die einzeln oder im Verbundbetrieb die Gasdichten und damit die Drücke in den jeweiligen Anlagen (= Rezipienten) erniedrigen oder das Endvakuum (die niedrigste in einer best. Anordnung erreichbare Gasdichte) als Gleichgewichtszustand halten. Die Vakuumpumpen entsprechen den unterschiedl. Strömungsarten der Gase in den Vakuumbereichen. Für Grobvakuum mit Kontinuums- oder viskoser Strömung und für Feinvakuum mit Knudsen-Strömung (Knudsen-Zahl, →Gasdynamik) werden →Verdrängerpumpen eingesetzt. Die wichtigsten Typen sind **(Gasballast-)Drehschieber-, Drehkolben-, Wälzkolben-** oder **Rootspumpen, Membranpumpen** und **Flüssigkeitsringpumpen.** Außerdem werden Strahlpumpen mit Wasser (→Wasserstrahlpumpe) oder Dampf (→Dampfstrahlpumpen) als Treibmittel und, bei besonderen Reinheitsforderungen, Adsorptionspumpen (→Sorptionspumpe) eingesetzt.

Im Hoch- und Ultrahochvakuum ist die →mittlere freie Weglänge (λ, auch Λ oder $\bar{l}$) groß, und Gasströmung wird nur durch die therm. Bewegung freier Moleküle oder Atome in Richtung fallender Gasdichte bewirkt. In diesen Bereichen fördern →Diffusionspumpen und →Molekularpumpen die Moleküle aus dem Rezipienten hinaus. Oberflächenaktive Pumpen halten auftreffende Gasteilchen durch Kondensation, Kryosorption (→Kryopumpe) oder einen Getterprozeß mit neutralen oder ionisierten Molekülen oder Atomen fest. Diese Pumpen werden zur Vermeidung von Leitungsverlusten auch als integrierte Pumpen in Rezipienten eingebaut.

Die Vakuum-Messung bestimmt den absoluten Druck gegenüber dem praktisch unerreichbaren Vakuum. Druckeinheiten sind →Pascal (Pa) und Millibar (mbar, →Bar), früher →Torr. Als Drucknormale werden heute **Membranmanometer** mit elektr. Anzeige benutzt. Sie messen den (mechan.) gaskinet. Druck unabhängig von der Gasart und sind sehr genau zu eichen. **U-Rohr-** und **Kompressionsmanometer** mit Quecksilber zeigen für Permanentgase den gaskinet. Druck an. Weitere Meßgeräte für den gaskinet. Druck im Grob- und teilweise auch im Feinvakuum sind mechan. **Membran-, Kapselfeder-** und **Piezo-Manometer. Wärmeleitungsmanometer** (Grob- und Feinvakuum) nutzen den Transport therm. Energie durch Einzelmoleküle und Atome von einem elektrisch geheizten dünnen Draht auf einen konzentr. Zylinder. Die Druckanzeige erhält man durch Kalibrieren der unmittelbaren elektr. Meßgrößen für Temperatur oder Widerstand des Drahtes mit einem Absolutdruck-Normal. **Ionisationsmanometer** (Feinvakuum bis UHV) erzeugen durch Stöße von Elektronen (oder auch Ionen) auf neutrale Gasteilchen positive Ionen. Der Gasdruck entspricht dem Ionenstrom, den man zu einer Auffängerelektrode fließen läßt. Als Empfindlichkeit wird für Ionisationsmanometer das Verhältnis Ionenstrom/Gasdruck bezeichnet. Für jedes Meßsystem wird sie durch Vergleich mit einem Druckstandard für die verschiedenen Gasarten

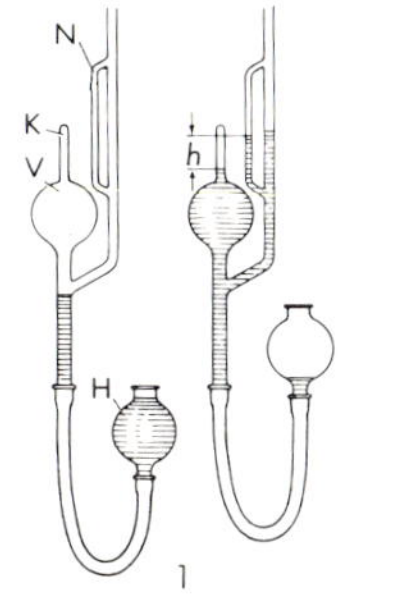

1

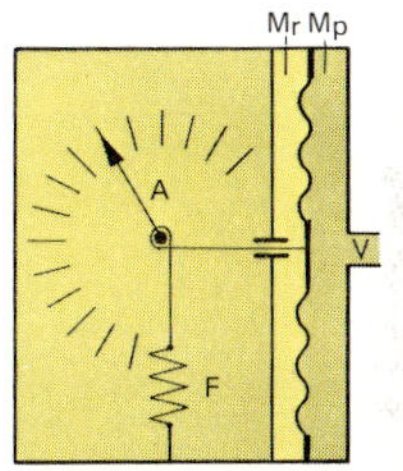

2

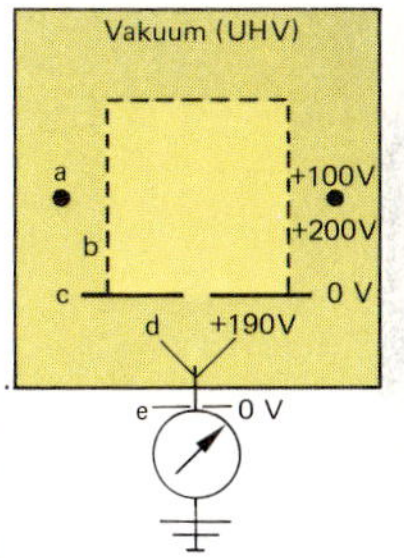

3

Vakuumtechnik

Vakuumtechnik: 1 Vakuummeter nach H. McLeod. Durch Heben der Kugel H steigt das Quecksilber und trennt die in der Kugel V vorhandene Gasmenge vom übrigen Vakuumraum ab. Diese wird in der Kapillaren K dann auf einen Bruchteil, z. B. 1/100 ihres ursprüngl. Volumens, also auf ein Vielfaches (im Beispiel das Hundertfache) des ursprüngl. Druckes komprimiert. Dieser erhöhte Druck kann an dem Höhenunterschied *h* der Quecksilberoberflächen in den Kapillaren K und N abgelesen werden. Daraus läßt sich dann der ursprüngl. Druck berechnen. **2** Membranmanometer, A Anzeigenmechanik mit Druckskala und Rückstellfeder F, M_r Membranraum unter Vakuum bzw. Referenzdruck, M_p Membranraum für veränderlichen Druck mit Anschluß zur Vakuumapparatur V. **3** Ionisationsmanometer. Die Kathode (a) emittiert Elektronen, die im Stoßraum (b) positive Ionen erzeugen. Sie werden durch die Optik (c, d) zum Auffänger (e) geführt und sind ein Maß für den Totaldruck

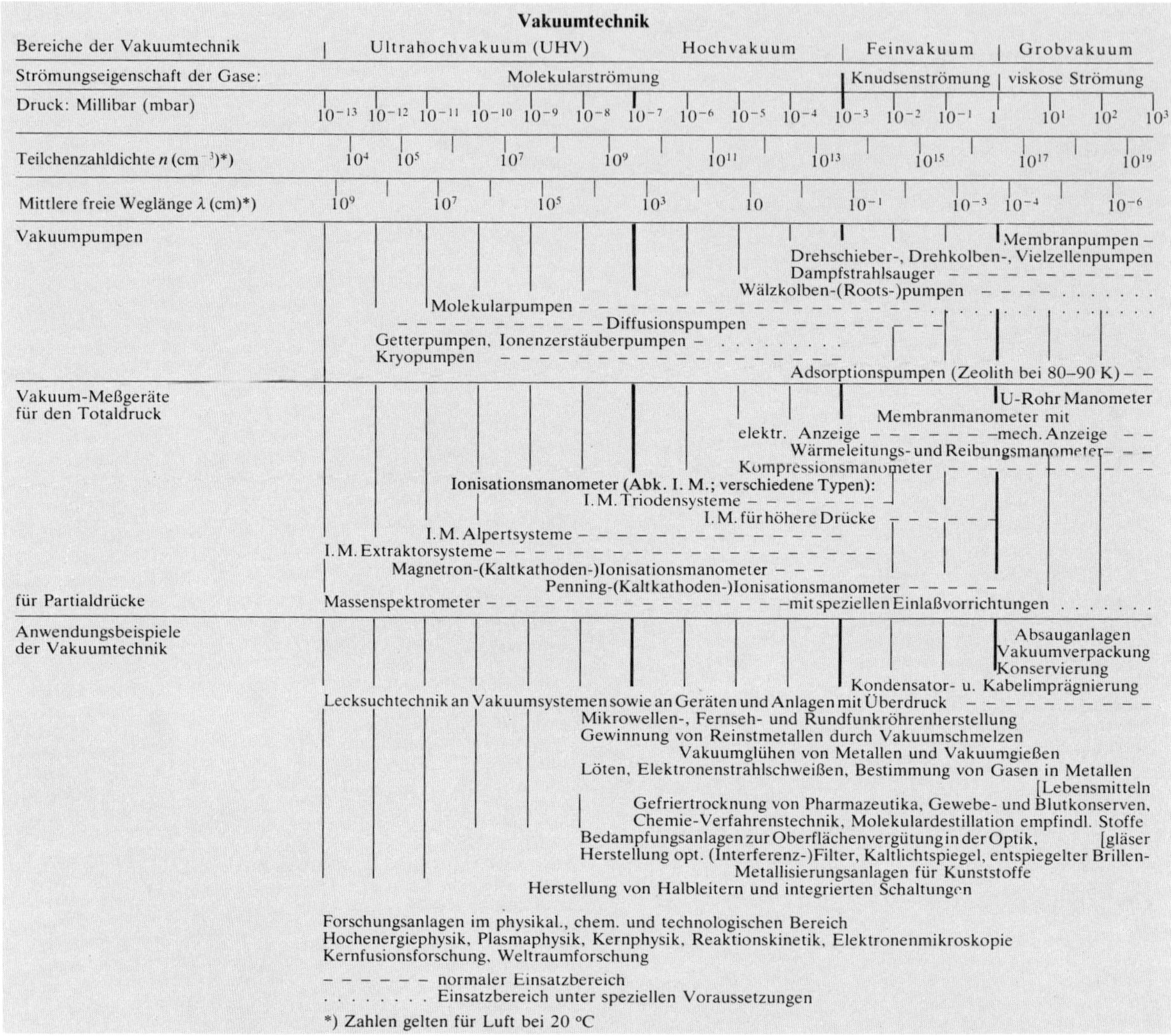

bestimmt. Diese Bestimmung erfolgt meistens für Stickstoff. Für andere Gase und Gasgemische entspricht dann die Anzeige dem stickstoffäquivalenten Gesamt- oder Totaldruck. Die Komponenten eines Gasgemisches lassen sich mit **Partialdruckmeßgeräten** (Massenspektrometern) bestimmen; sie sind wesentl. Elemente der **Lecksucher** für die Dichtigkeitskontrolle. Das Arbeitsprinzip der Lecksucher besteht im hochempfindl. Nachweis einer Testgaskomponente, z. B. Helium oder Frigen in einem Gasgemisch, das normalerweise hinreichend wenig vom Testgas enthält.

Im UHV-Bereich werden meist Bauelemente mit metallgedichteten Flanschen verwendet. In den übrigen Bereichen der V. reichen Elastomerdichtungen aus.

W. PUPP: V. Grundlagen und Anwendungen ([2]1972); H. KATZ: Technolog. Grundprozesse der Vakuumelektronik (1974); C. EDELMANN u. a.: Vakuumphysik und -technik (1978); Theorie und Praxis der V., hg. v. M. WUTZ u. a. ([2]1982).

Vaku|umtrocknung, Verdampfungstrocknung im Vakuum, sehr schonendes Trocknungsverfahren bei niedrigen Temperaturen. V. wird bei Lebensmitteln bes. angewendet, wenn hitze- und oxidationsempfindl. Geruchs- und Geschmacksstoffe, Vitamine sowie Proteine und Kohlenhydrate weitgehend erhalten bleiben sollen, z. B. für Obst-, Gemüse-, Fleisch-, Fisch- und Eiprodukte sowie zur Trocknung flüssiger Extrakte.

Val, Einheitenzeichen **val,** von **Äquival**ent abgeleitete Einheit der Stoffmenge. Die Stoffmenge von 1 val erhält man, wenn man diejenige von 1 mol durch die →Wertigkeit des Stoffes teilt. Eine Lösung, die 1 val eines Stoffes im Liter gelöst enthält, heißt →Normallösung. In Zukunft soll nur noch das Mol als Stoffmengeneinheit verwendet werden. – Es war früher auch üblich, das Mol (→Grammolekül) als eine ›individuelle‹ Masseneinheit aufzufassen, was dann entsprechend auch für das V. galt. Für das V. als Masseneinheit war auch die Bez. **Grammäquivalent** gebräuchlich.

valare Masse, →Faradaysche Gesetze.

Valence-Bond-Theorie [vˈæləns bɔnd-, engl.], **Valence-Bond-Methode, VB-Methode,** Näherungsverfahren zur theoret. Beschreibung kovalenter →chemischer Bindungen, die davon ausgeht, daß die Elektronen in der Elektronenhülle eines Atoms verschiedene Energiezustände einnehmen können, die sich durch Wellenfunktionen beschreiben lassen. Die einzelnen Zustände, die als **Orbitale** bezeichnet werden, können maximal mit zwei Elektronen entgegengesetzten Spins besetzt werden. Die meisten Orbitale sind nicht kugelsymmetrisch, so daß die Elektronen in bestimmten räuml. Richtungen konzentriert sind (→Atom). Eine kovalente Bindung kommt dadurch zustande, daß sich überlappende Orbitale benachbarter Atome mit einem gemeinsamen ›bindenden‹ Elektronenpaar besetzt sind. Durch die in jeder Elektronenschale gegebene Maximalzahl der Elektronen, die für jedes Atom oder Ion charakterist. Zahl der Valenzelektronen, d. h. Elektronen in der äußersten Schale, und durch die räuml. Ausrichtung der Orbitale ergibt sich die Zahl der mögl. Bindungspartner (→Bindigkeit 1, →Wertigkeit) und deren räuml. Anordnung. Die V.-B.-T. nimmt weiter an, daß Orbitale eines Atoms, deren Energien sich geringfügig unterscheiden, zu gleichwertigen Hybridorbitalen kombinieren können, die besser zur Überlappung mit anderen Orbitalen geeignet sind; z. B. bildet Kohlenstoff vier in die Ecken eines Tetraeders gerichtete Hybridorbitale aus. Die V.-B.-T., seit 1927 von W. H. HEITLER, F. W. LONDON, L. C. PAULING und J. C. SLATER entwickelt, konkurriert mit anderen theoret. Ansätzen zur Beschreibung der chem. Bindung, z. B. der **Molekül-Orbital-Methode,** die sich über das ganze Molekül erstreckende Orbitale annimmt.

Valentinit, Antimonblüte, Mineral Sb_2O_3, farblose bis graue, langsäulige bis nadelige Kristalle oder faserige Aggregate; Verwitterungsprodukt von Antimonerzen.

Valenz, Chemie: die →Wertigkeit. – **Partial-V.,** nach der Theorie J. THIELES werden die beiden Wertigkeiten von zwei Kohlenstoff-(C-)Atomen, die durch eine Doppelbindung verbunden sind, nicht völlig aufgebraucht, sondern es bleibt an jedem C-Atom noch ein Rest einer freien V. übrig.

Valenzband, →Bändermodell.

Valenz|elektronen, Elektronen, die im äußeren Bereich der Elektronenhülle eines Elementes angeordnet sind und dessen chem. Verhalten bestimmen. Die Angabe erfolgt meist in den Lewis-Formeln durch Punkte (Einzelelektron) oder Striche (Elektronenpaar), z. B. H·(Wasserstoff), |N̈· (Stickstoff).

Valenz|elektronenkonzentrationsregel, die →Hume-Rothery-Regel.

Valenz|isomere, Isomere (→Isomerie 1), bei denen die Reihenfolge der Atome im Molekül gleich, die Art der Bindungen aber verschieden sind. V. des Benzols sind z. B. Prisman und Dewarbenzol.

Valenztautomerie, →Bullvalen.

Valerianate, Valerate, Salze und Ester der →Valeriansäuren.

Valeriansäuren, vier isomere →Carbonsäuren der Summenformel C_4H_9COOH, die z. T. als Ester in Heilpflanzen (z. B. Baldrianwurzel) vorkommen. V. werden über die Oxosynthese hergestellt (z. B. aus Butenen). Ihre Ester dienen als Fruchtaromen und Riechstoffe.

Valin, Abk. **Val,** essentielle →Aminosäure. Das rechtsdrehende L-Val kommt in fast allen Proteinen vor.

Valles Marineris, nach der amerikan. Marssonde Mariner 9 benanntes gewaltiges Talsystem auf dem →Mars 1); es erstreckt sich über eine Gesamtlänge von rd. 5000 km, ist an der tiefsten Stelle mehr als 6 km tief und an der breitesten Stelle über 200 km breit.

Vanadinit, Vanadinblei|erz, Mineral $Pb_5Cl(VO_4)_3$, gelb bis braun, oft orangerot; H. 3, D. um 7; in der Verwitterungszone von Bleilagerstätten, lokal wichtiges Vanadinerz.

Vanadium, Vanadin, chem. Symbol **V,** metall. →chemisches Element aus der fünften Nebengruppe des Periodensystems, Ordnungszahl 23. Neben den stabilen Isotopen ^{50}V (0,25%) und ^{51}V (99,75%) sind weitere zehn instabile künstl. Isotope bekannt. V. ist ein stahlgraues, kalt schmied-, walz- und ziehbares Metall, das gegen Alkalien und nicht oxidierende Säuren sowie an der Luft bis 600 °C beständig ist. Geringe Gehalte von V. finden sich in Eisenerzen (Bohnerz, Minette), Basalten, Erdöl, Kohlen und Ackerböden. In der oberen Erdkruste sind rd. 0,015% V. enthalten. Wichtige **V.-Minerale** sind der **Vanadinit,** $Pb_5Cl(VO_4)_3$, der **Patronit,** V_2S_5, und der **Carnotit,** $K_2[UO_2|VO_4]_2 \cdot 3\,H_2O$. Bed. Vorkommen gibt es in den USA, in Chile, SW- und S-Afrika, Rhodesien, UdSSR und Finnland. Große Reserven finden sich in vanadiumhaltigen Bauxiten und Phosphaten. Für den Menschen sind V.-Verbindungen giftig.

Biologisch kommt V. bes. in den Geweben und Blutkörperchen von Manteltieren sowie als Spurenelement in Grünalgen und Schimmelpilzen vor.

Reines V. wird durch Reduktion von V.-Pentoxid mit Calcium oder durch therm. Zersetzung von VJ_2 (→Van-Arkel-de-Boer-Verfahren) gewonnen. Als Eisenlegierung mit 50% V. **(Ferro|vanadin)** wird es durch Reduktion von V. und Eisenoxid mit Kohle gewonnen und für die Herstellung von Edelstählen **(Vanadinstahl)** verwendet. V.-Pentoxid hat als Katalysator Bedeutung. – V. wurde 1801 von M. DEL RIO entdeckt, 1830 von dem schwed. Chemiker N. G. SEFSTRÖM wiederentdeckt und benannt. 1869 stellte H. E. ROSCOE erstmals reines V. her.

Vanadiumverbindungen, Vanadinverbindungen. Vanadium tritt in den V. mit den Oxidationszahlen −1 bis +5 auf. Das orangefarbene **Vanadiumpent|oxid (Vanadium[V]-oxid),** V_2O_5, ist amphoter; wird zur Herstellung von Vanadaten, in der Textilfärberei, zur UV-Absorption und zur Gelbgrünfärbung von Gläsern verwendet. Mit Basen bilden sich farblose, von der **Orthovanadinsäure,** H_3VO_4, abgeleitete **Vanadate (V),** die beim Ansäuern unter Wasserabspaltung in **Polyvanadate (V)** übergehen. Die von den niederen **Oxiden,** VO_2 (tiefdunkelblau), V_2O_3 (glänzend schwarz) und VO (grauschwarz) mit Säuren gebildeten Salze zeigen charakterist. Färbungen und enthalten die **Aquokationen** $[VO(H_2O)_5]^{2+}$ (blau), $[V(H_2O)_6]^{3+}$ (grün) und $[V(H_2O)_6]^{2+}$ (violett). Mit den Halogenen bildet Vanadium zahlreiche Verbindungen, z. B. **Vanadium(II)-chlorid,** VCl_2, das als Reduktionsmittel dient. **Vanadin(V)-oxidchlorid,** $VOCl_3$, ist

Valentinit: helle Kristalle (Příbram, ČSSR)

Valenzisomere

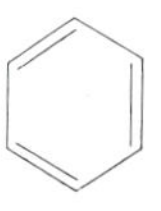

Benzol

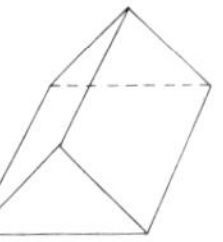

Prisman

Dewarbenzol

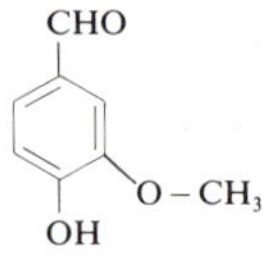

Vanillin

Vanillin,
etwa 100fach vergr.

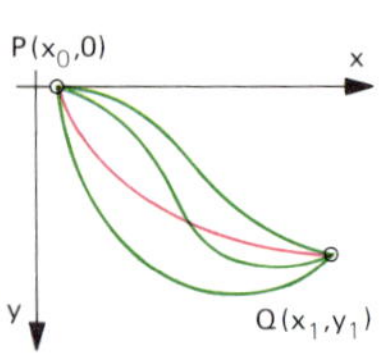

Variationsrechnung: Die Lösung des Brachistochronenproblems ist ein Zykloidenbogen (rot)

eine gelbe, bei 126 °C siedende Flüssigkeit; es ist ein wasserfreies Lösungsmittel für Schwefel und organ. Verbindungen und Katalysator für Olefinpolymerisationen. Außerdem dient es zur Herstellung von vanadiumorgan. Verbindungen und reinsten Vanadiumoxiden. **Vanadincarbide,** VC und V_2C, sind harte, hochschmelzende Stoffe, die in legierten Stählen vorkommen.

Van Allen-Gürtel [væn ˈælən-], nach ihrem Entdekker benannte → Strahlungsgürtel der Erde.

Van-Arkel-de-Boer-Verfahren [-bu:r-], 1924 von A. E. VAN ARKEL und J. H. DE BOER entwickeltes Verfahren zur Herstellung reinster Elemente, z. B. Titan, Vanadin, Silicium oder Hafnium; beruht auf der Abscheidung der Metalle aus der Gasphase durch Zersetzung ihrer flüchtigen Halogenide an hocherhitzten Drähten.

Van-de-Graaff-Generator [n. dem amerikan. Ingenieur und Physiker R. J. van de Graaff, * 1901, † 1967], der → Bandgenerator.

Vandermondesche Determinante [vãdɛrmˈɔ̃d-, n. dem frz. Mathematiker A. T. Vandermonde, * 1735, † 1796], Bez. für die Determinante

$$\begin{vmatrix} 1 & 1 & \dots & 1 \\ x_1 & x_2 & \dots & x_n \\ x_1^2 & x_2^2 & \dots & x_n^2 \\ \vdots & \vdots & & \vdots \\ x_n^{n-1} & x_2^{n-1} & \dots & x_n^{n-1} \end{vmatrix} = \prod_{\substack{i,\,j=1 \\ i>j}}^{n} (x_i - x_j).$$

Van-der-Waals-Bindung [n. dem niederländ. Physiker J. D. van der Waals, * 1837, † 1923], Art der → chemischen Bindung.

Van-der-Waals-Gleichung, Zustandsgleichung zur Beschreibung von Druck p, Volumen V und Temperatur T realer Gase und Flüssigkeiten unter Berücksichtigung des Eigenvolumens b der Moleküle und der Anziehungskraft der Moleküle durch eine Größe a:

$$\left(p + \frac{a}{V_m^2}\right)(V_m - b) = RT.$$

R ist dabei die universelle Gaskonstante, V_m das molare Volumen V/n, n Stoffmenge, a/V_m^2 ist der Binnendruck (→ Kohäsion). Die V.-d.-W.-G. ist die einfachste Gleichung, die den Übergang von dem gasförmigen zum festen Zustand beschreiben kann. (→ Gas)

Van-der-Waals-Kräfte, zwischenmolekulare Kräfte v. a. bei elektrisch neutralen Gasen und Gitterbausteinen von Molekülkristallen und kristallisierten Edelgasen **(Van-der-Waals-Gitter);** beruhen auf gegenseitiger Induzierung von Dipolmomenten in den Teilchen.

Vanillin, 4-Hydroxy-3-meth|oxybenz|aldehyd, kristalline, vanilleartig riechende Substanz, die durch Fermentation von Vanilleschoten entsteht. V. wird aus dem Lignin von Sulfitablaugen oder durch Oxidation des in Gewürznelken enthaltenen Eugenols synthetisch hergestellt und als Riech- und Aromastoff verwendet.

Vanillin-Mandelsäure, 3-Methoxy-4-hydroxymandelsäure, Hauptabbauprodukt von Adrenalin und Noradrenalin im zellulären Stoffwechsel; wird mit dem Urin ausgeschieden.

Van t'Hoffsche Regel [n. dem niederländ. Chemiker J. H. van't Hoff, * 1852, † 1911], die → RGT-Regel.

Van't Hoffsches Gesetz, → Osmose.

Var, Einheitenzeichen **var,** Abk. für **volt-ampère-réactif** [-ãpˈɛ:r-], Produkt von Spannung und reaktiver (= Blind-)Komponente des Stromes, gesetzl. Einheit der elektr. → Blindleistung: 1 var = 1 W. 1 Kilovar = 1 kvar = 1 000 var = 1 kW.

Varaktor, Kurzwort für **Variable Reactor** [vˈeərɪəbl rɪˈæktə, engl.], **Varaktor|diode,** eine Halbleiterdiode für den Mikrowellenbereich mit einer von der Vorspannung abhängigen Kapazität. Beim **Sperrschicht-V.,** auch → Kapazitätsdiode genannt, wird die stetige Änderung der Kapazität im Sperrbereich für eine Abstimmung oder Modulation ausgenutzt. Beim **Speicher-V.** dagegen, der zur Frequenzvervielfachung dient, tritt die Änderung der Kapazität im Durchlaßbereich fast abrupt auf.

Varec, Varech [varˈɛk, frz.] *der,* Asche von Algen und Tang, diente zur Gewinnung von Jod.

Variable, 1) Datenverarbeitung: zum Aufbau von arithmet. Ausdrücken für ein Computerprogramm benötigte Größen, die im Verlauf der Rechenoperationen verschiedene Werte annehmen können (Ggs.: **Konstante).** Jeder V. ist ein bestimmter Speicherplatz zugeordnet, der mit dem V.-Namen angesprochen werden kann.

2) Mathematik: die Elemente des Definitionsbereichs einer Funktion $f{:}A \longrightarrow B$, auch ›unabhängige‹ V. oder ›unabhängige‹ **Veränderliche** genannt. Die Elemente des Bildes $f(A) \subset B$ heißen ›abhängige‹ V. oder ›abhängige‹ Veränderliche.

Varianz, Statistik: meist gleichbedeutend mit → Streuung, zugleich das Quadrat der → Standardabweichung.

Varianz|analyse, Streuungszerlegung, Verfahren der Statistik zur Untersuchung der Wirkung einer oder mehrerer unabhängiger Variabler auf einen oder mehrere Tatbestände oder aufeinander.

Variation, 1) Astronomie: Störung des Mondumlaufs um die Erde durch die Sonnenanziehung, entdeckt um 1590 durch TYCHO BRAHE. Zw. Neumond und erstem Viertel sowie zw. Vollmond und letztem Viertel ist der wahre Mondort vor dem mittleren voraus (maximal 39′), zw. erstem Viertel und Vollmond sowie zw. letztem Viertel und Neumond ist er hinter ihm zurück. Bei Voll- und Neumond sowie auch beim ersten und letzten Viertel ist die V. gleich Null.

2) Geophysik: **Säkular-V.,** → erdmagnetisches Feld.

3) Mathematik: → Kombinatorik.

Variationsbreite, in einer statist. Reihe, Gesamtmasse oder Stichprobe die Differenz zw. dem größten und dem kleinsten vorkommenden Wert.

Variationsrechnung, Zweig der Analysis, der sich mit der Ermittlung von Extremalwerten befaßt. Eine für die V. typische Fragestellung ist z. B. die nach der kürzesten Verbindungslinie zw. zwei Punkten auf einer best. Fläche. Abstrakt ausgedrückt ist eine Teilmenge B eines topolog. Vektorraums A gegeben und ein Funktional J, d. h. eine Abbildung $J: B \longrightarrow \mathbb{R}$ oder $\mathbb{C}$. Gesucht sind die Elemente $b \in B$, so daß $J(b)$ ein Maximum oder Minimum von $J(B)$ ist. In den meisten Fällen ist A ein dem Problem angepaßter Raum von Funktionen, so daß Funktionen $b \in B$ gesucht sind, für die $J(b)$ extremal ist. Die Teilmenge B ist häufig durch Bedingungen für die Funktionen, die in Betracht gezogen werden, z. B. Differentialgleichungen, festgelegt; ihre Lösungen heißen **Extremalen.** Ein Beispiel ist das **Brachistochronenproblem:** Ein Massenpunkt soll sich auf einer Kurve unter Einwirkung der Schwerkraft reibungsfrei von $P = (x_0, 0)$ nach $Q = (x_1, y_1)$ bewegen, wobei er in P die Geschwindigkeit Null haben soll. Die positive y-Achse zeige nach unten. Gesucht wird von allen

Kurven diejenige, die der Massenpunkt in der kürzesten Zeit durchläuft **(Brachistochrone).** Das zu minimierende Funktional ist dann

$$J(y) = \int_{x_0}^{x_1} \sqrt{\frac{1 + y'(x)^2}{2gy(x)}}\, dx,$$

mit g = Gravitationskonstante. Der Funktionenraum der zum Vergleich herangezogenen Funktionen ist der Raum der positiven, zweimal stetig differenzierbaren Funktionen mit $y(x_0) = 0$, $y(x_1) = y_1$. Die Lösung wird durch eine geeignete Zykloide gegeben.

Ein noch älteres Extremalproblem ist das → isoperimetrische Problem. Auch Randwertprobleme bei partiellen Differentialgleichungen können oft auf Variationsprobleme zurückgeführt werden, ebenso gewisse Gesetzmäßigkeiten in den Naturwissenschaften. Auf der V. beruhen auch Verfahren der numer. Mathematik, z. B. das → Finite-Elemente-Verfahren.

R. COURANT u. D. HILBERT: Methoden der mathemat. Physik, 1 (³1968), 2 (²1968).

Varicap [vˈeərɪkæp, engl.], Abk. für **Variable Capacity** [vˈeərɪəbl kəpˈæsətɪ, engl.], → Kapazitätsdiode.

Variolith, Perldiabas, Blatterstein, dichtes bas. Eruptivgestein (meist Diabas) mit kleinen grauen bis violetten, schaligen oder strahligen Kügelchen (Variolen).

Variometer, 1) allg.: Gerät zur Beobachtung der Veränderung von Meßwerten, z. B. des Luftdruckes **(Barometer),** der Temperatur **(Thermometer),** des elektr. **(Elektrometer),** des magnet. Feldes **(Magnetometer).**

2) Funktechnik: eine Spule mit veränderbarer Induktivität, urspr. als **Zylinder-V.,** bestehend aus zwei ineinander drehbaren **(Drehspulen-V.)** oder verschiebbaren, hintereinander geschalteten Zylinderspulen **(Schiebespulen-V., Drehschiebe-V.).** Beim **Massekern-V.** oder **Tauchkern-V.** (Taucherkernspule) wird die Induktivität durch Verschieben eines ferromagnet. Kerns (z. B. Ferritkern) oder eines Aluminiumkerns geändert.

3) Luftfahrt: **Steig- und Sinkgeschwindigkeitsmesser,** Flugüberwachungsinstrument zur Bestimmung der Vertikalgeschwindigkeit eines Luftfahrzeugs. Durch Änderung des Luftdrucks mit der Höhe entsteht bei einer Vertikalbewegung zw. der umgebenden Luft und einem druckdichten Behälter im Luftfahrzeug eine Ausgleichsströmung, deren Richtung und Stärke mit unterschiedl. Meßfühlern (Druckdose, Stauscheibe, elektr. Fühler) gemessen und auf einer in Vertikalgeschwindigkeiten geeichten Skala angezeigt wird.

Vario-Objektiv, Zoom|objektiv [zˈu:m-], Objektiv mit stufenlos veränderl. Brennweite. Die gleichbleibende Schärfe und Lichtstärke wird durch ungleichförmige Lageveränderung der einzelnen Linsenglieder in axialer Richtung erreicht. V. bestehen meist aus vier Linsengruppen mit insgesamt 14 oder mehr Einzellinsen. Angewandt werden V. in Kleinbild- (veränderl. Brennweite meist rd. 1:3, maximal 1:6), Mittelformat- (rd. 1:2) und Schmalfilmkameras (1:10, auch mehr), in der Kinematographie (rd. 1:20) und Fernsehtechnik. Anwendungsbeispiele: Pseudofahraufnahmen (scheinbare Abstandsänderung von Kamera und Objekt), Übergang von einer Total- zur Nahaufnahme.

variskisch, Geologie: mit der Varisk. Gebirgsbildung zusammenhängend, wie das Varisk. Gebirge ausgerichtet.

Variskische Gebirgsbildung, auch **Variszische, Variscische, Varistische Gebirgsbildung,** im Ausland auch **Herzynische Gebirgsbildung,** Gebirgsbildung im Jungpaläozoikum (bes. Karbon), die Teile Eurasiens und Nordamerikas in mehreren → Faltungsphasen erfaßte. Die in der **Varistischen Ära (Varistikum)** gebildeten Orogene werden als **Varisziden** und die Einzelorogene mit verschiedenen Namen bezeichnet.

Variskisches Gebirge, Variszisches Gebirge, in der → Variskischen Gebirgsbildung entstandenes, heute nur noch in einzelnen Massiven und kleineren Aufbrüchen zutage tretendes Gebirge in Mittel- und Westeuropa, bestehend aus dem **Armorikan.** und dem **Varisz. Faltenbogen.** – Das **Armorikan. Gebirge** zieht von Süd-Irland über Südwest-England und die Bretagne zum Frz. Zentralmassiv. Von hier streicht das V. G. i. e. S. in nordöstl. Richtung, später in südöstl. umbiegend bis in die poln. Mittelgebirge. Durch zonaren Bau läßt es sich von Norden nach Süden (von außen nach innen) untergliedern in: 1. die **Subvarisk. Vortiefe,** die in ihren mächtigen gefalteten karbon. Sedimenten die paral. Steinkohlen von Süd-England, Nord-Frankreich, Belgien, Aachen und des Ruhrgebiets enthält, als östl. Fortsetzung das kohleführende Oberkarbon Oberschlesiens. – 2. die **Rhenoherzyn. Zone** (Ardennen, Rhein. Schiefergebirge, Oberharz, Flechtinger Höhenzug, Ost-Sudeten), die Außenzone mit intensiv gefalteten, z. T. überschobenen Sedimentgesteinen und mächtigen Diabasergüssen im Lahn-Dill-Gebiet mit Vererzungen. – 3. die **Saxothuring. Zone** (Nord-Vogesen, Nord-Schwarzwald, Haardt, Odenwald, Spessart, Thüringer Wald, Kyffhäuser, Vogtland, Fichtelgebirge, Erzgebirge, Teile der West-Sudeten) aus Kristallin und großen Intrusionsmassen (z. B. Granit im Erzgebirge mit Erzbildung). Zw. den Hebungszonen liegen große Innensenken (z. B. Saar-Selke-Trog mit den limnischen Saarkohlen). – 4. die **Moldanub. Zone** (Teile des Frz. Zentralmassivs, Süd-Vogesen, Süd-Schwarzwald, → Vindelizische Schwelle, Böhmische Masse) bildet die Innenzone, bestehend aus Kristallin mit großen Intrusionskörpern und vorherrschender Bruchtektonik. – 5. die **südl. Außenzone** (Montagne Noire, Karnische Alpen) mit nicht metamorphem, mächtigem, gefaltetem Paläozoikum.

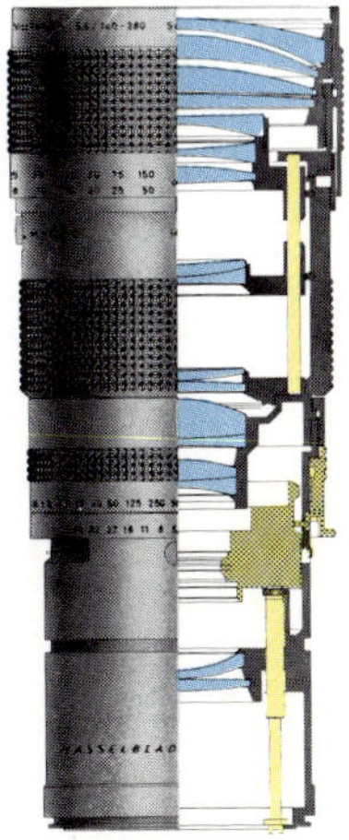

Vario-Objektiv

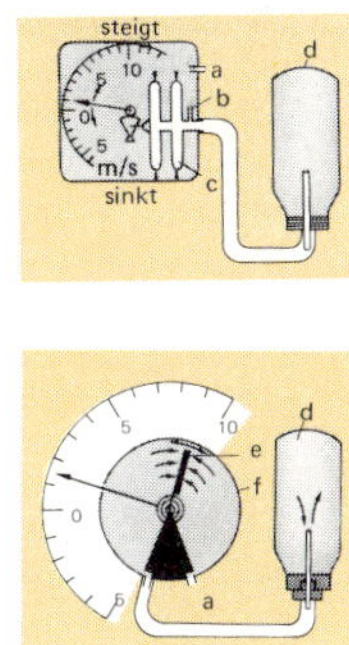

Variometer 3)

Variometer 3): OBEN Dosen-V.; UNTEN Stauscheiben-V. (schematisch), a Abnahme des statischen Drucks, b Kapillare, c Membrandosen, d Ausgleichsgefäße, e Stauscheibe, f Ringkammer

Varistor, Abk. für **Variable Resistor** [vˈeərɪəbl rəzˈɪstə, engl.], **VDR-Widerstand,** Abk. für **Voltage Dependent Resistor** [vˈəʊltɪdʒ dɪpˈendənt-], **spannungsabhängiger Widerstand,** nichtlineares Bauelement, dessen elektr. Widerstand bei konstanter Temperatur mit zunehmender Spannung stark abnimmt. Unterhalb einer bestimmten Spannung (Potentialschwelle) ist die Leitfähigkeit gering; steigt die Spannung weiter an, nimmt der Strom rapide zu (Durchbruch-Effekt). Hergestellt werden V. aus Siliciumcarbid (SiC) und Sinterkeramiken, z. B. Titandioxid (TiO_2) oder Zinkoxid (ZnO). Dazu werden die Granulate unter hohem Druck zu Scheiben oder Stäben gepreßt und nach dem Trocknen gesintert. Sinterzeit und Sintertemperatur beeinflussen die elektr. Werte der V. Anschließend werden Kontaktflächen aus Kupfer oder Silber und eine schützende Lackierung aufgebracht. V. dienen zur Spannungsstabilisierung, zum Löschen von Funken bei elektr. Kontakten und können als Schutzwiderstände parallel zu anderen Bauelementen eingesetzt werden, um diese vor möglichen Überspannungen zu schützen.

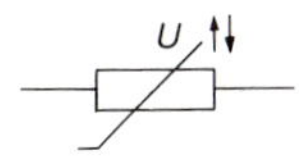

Varistor: Schaltzeichen

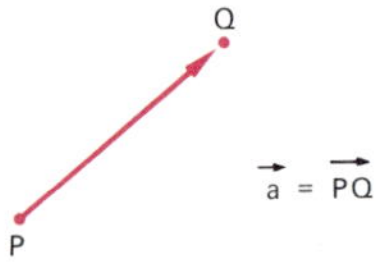

Vektor 1: Bild eines V.

Variszịden, →Variskische Gebirgsbildung.

Vaselịne, Vaselịn, Petrolạtum, salbenartige Gemische von Kohlenwasserstoffen mit Erstarrungspunkten von 38 bis 56 °C. **Natur-V.** ist der Destillationsrückstand asphaltenfreier Erdöle. **Kunst-V.** wird durch Mischung aus Paraffin und Mineralölraffinaten hergestellt. V. wird zur Herstellung von Salben und Cremes (weiße und gelbe V.) sowie als Korrosionsschutzmittel für Waffen und Maschinen verwendet.

Vaterịt [f-, n. dem Chemiker H. Vater, 20. Jh.], instabile Modifikation des Calciumcarbonats, $CaCo_3$, die sich bei 400 °C schnell in Calcit umwandelt; u. a. in Gallensteinen.

VB-Methode, die →Valence-Bond-Theorie.

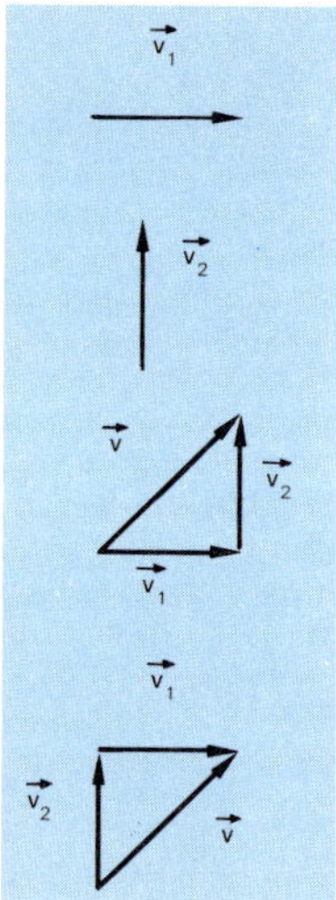

Vektor 2: Vektoraddition

VCF, Abk. für **Voltage Controlled Filter** [v'ɔltɪdʒ kəntr'ould f'ɪltə, engl.], spannungsgesteuertes Filter, dessen Durchgangsbereich oder Resonanzfrequenz nicht konstant, sondern durch elektron. Steuerung über einen weiten Frequenzbereich verschiebbar ist. Die Steuerung erfolgt durch eine Spannung, deren zeitl. Verlauf z. B. das ›Hochziehen‹ der Resonanzfrequenz bewirkt und dadurch die Übertragungseigenschaften der Filteranordnung deutlich verändert. Anwendung z. B. in einem Synthesizer zur Klangveränderung.

VCM, Abk. für **Vinyl|chloridmonomẹr,** →Vinylchlorid.

VCO, Abk. für **Voltage Controlled Oscillator** [v'ɔltɪdʒ kəntr'ould 'ɔsɪleɪtə, engl.], der Schwingungserzeugung dienender Sinus- oder Rechteckgenerator, dessen Schwingfrequenz über eine von außen zugeführte Spannung innerhalb bestimmter Grenzen beeinflußt werden kann (spannungsgesteuerter Oszillator). Da die Frequenz des VCO-Ausgangssignals durch eine steuernde Gleichspannung veränderbar ist, kann man den spannungsgesteuerten Oszillator auch als Spannungs-Frequenz-Umsetzer ansehen. VCOs werden als integrierte Schaltkreise hergestellt und eingesetzt z. B. für regelungstechn. Zwecke als Nachlaufsynchronisation in Verbindung mit einer ›phasenverriegelnden Schleife‹ (engl. Phase Locked Loop, Abk. PLL) oder auch zur Tonerzeugung in einem Synthesizer.

VCR, Abk. für **Video Cassette Recorder** [v'ɪdɪəʊ kæs'et rɪk'ɔ:də, engl.], Videobandgerät (→Videorecorder) mit in Kassetten gelagerten Spulen; auch Bez. für ein Videoaufzeichnungsverfahren, das später durch Video 2000 ersetzt wurde.

VD, Kurzzeichen für →Verdunstungszahl.

VDR-Widerstand, Abk. für **Voltage Dependent Resistor** [v'əʊltɪdʒ dɪp'endənt rɪz'ɪstə, engl.], →Varistor.

Vega [b'eγa], Böden in Flußtälern, die jährlich bei Überflutungen entstanden; humusarme, oft geschichtete, sandigkiesige bis tonige Böden mit großer Schwankung der Grundwassertiefe. Nach Absenkung des Grundwassers und Eindeichung können aus der V. gesteinsmäßig oder klimatisch best. Böden entstehen, z. B. sehr fruchtbare schwarzerdeartige Böden der Steppengebiete.

Vektogrạphen, Vektogrạphenbilder, Stereobilder mit (ortsgleich gegensinnig) selbstpolarisierend überlagerten Halbbildern (→Stereoskopie).

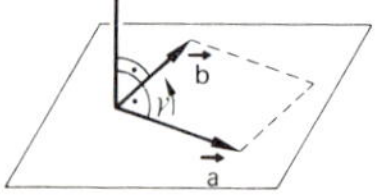

Vektorprodukt

Vẹktor, auch **Tensor 1. Stufe.** V. unterscheiden sich von →Skalaren dadurch, daß zu ihrer vollständigen Beschreibung neben dem zahlenmäßigen Wert, dem **Betrag,** noch die Angabe ihrer **Richtung** erforderlich ist, z. B. Geschwindigkeit, Kraft. Geometrisch anschaulich läßt sich ein V. durch eine gerichtete Strecke entsprechender Länge darstellen. Häufige Schreibweisen für V.: in fetter, kursiver Schrift ›$\boldsymbol{a}$‹, mit Pfeil ›$\vec{a}$‹, fett gedruckt ›**a**‹, deutsch ›$\mathfrak{a}$‹; $\overrightarrow{PQ}$ bedeutet den V., der durch die vom Punkt P zum Punkt Q führende Strecke veranschaulicht wird (BILD 1): Der V. $\overrightarrow{OP}$ von einem Festpunkt O zu einem beliebigen Punkt P heißt **Ortsvektor** von P bezüglich O. Ein V. vom Betrag 1 heißt **Einheitsvektor.** Unter dem **Nullvektor** $\boldsymbol{0}$ versteht man den richtungslosen V. vom Betrag Null. Allg. bezeichnet man die Elemente eines →Vektorraumes als Vektoren.

Mit V. kann man Algebra betreiben **(Vektoralgebra):** Überquert z. B. ein Boot mit der Geschwindigkeit v_1 einen Fluß, wird es in Richtung des mit der Geschwindigkeit v_2 strömenden Wassers abgetrieben. Die Geschwindigkeit v **(Resultierende)** erhält man, wenn man die V. so parallel verschiebt, daß der Endpunkt des ersten mit dem Anfangspunkt des zweiten V. zusammenfällt und dann den Anfangspunkt des ersten mit dem Endpunkt des zweiten V. verbindet (BILD 2). Diese Zusammensetzung heißt **Vektor|addition.** Analog entsteht die Resultierende zweier Kräfte im **Kräfteparallelogramm.** Die **Subtraktion zweier V.** $\boldsymbol{a}$ und $\boldsymbol{b}$ ist definiert als Addition von $\boldsymbol{a}$ und dem zu $\boldsymbol{b}$ entgegengesetzt gerichteten V. $(-\boldsymbol{b})$: $\boldsymbol{a}-\boldsymbol{b}:=\boldsymbol{a}+(-\boldsymbol{b})$. **Multiplikation von V. und Skalar** (Skalarmultiplikation) →Vektorraum. **Multiplikation von V.** →Skalarprodukt, →Vektorprodukt, →Spatprodukt.

Vẹktor|anạlysis, Anwendung der Methoden der Differential- und Integralrechnung auf Vektorfelder und die Komponenten von Vektoren (→Gradient, →Divergenz, →Rotation), wird z. B. in der Strömungslehre und in der Elektrodynamik vielfältig verwendet.

Vẹktorbosọn, Teilchen mit dem Spin $1h/2\pi$ (h = Plancksches Wirkungsquantum), Quant eines Vektorfeldes, also eines Feldes, das an jedem Ort durch Angabe von Größe und Richtung festzulegen ist. Beispiele für V.: das masselose Photon als Quant des elektromagnet. Feldes; die intermediären Bosonen W^+, W^- und Z^0 als Quanten der schwachen Wechselwirkung, deren Massen zw. 80 und 100 GeV/c^2 (c = Lichtgeschwindigkeit) betragen (→Weinberg-Salam-Theorie); die masselosen →Gluonen als Quanten der starken Wechselwirkung.

Vẹktorfeld, ein →Feld, in dem jedem Punkt des Raumes ein Vektor zugeordnet ist, z. B. in einer strömenden Flüssigkeit jedem Punkt der Flüssigkeit deren Geschwindigkeit in diesem Punkt.

Vẹktorprodukt, vektorielles Produkt, äußeres Produkt. W sei der dreidimensionale euklidische →Vektorraum, der zusätzlich eine Orientierung besitze. In W gibt es eine interne Verknüpfung $V\times V\longrightarrow V$, das V. genannt, die so definiert ist (BILD): Für $\boldsymbol{a}\neq 0$ und $\boldsymbol{b}\neq 0$ ist $\boldsymbol{c}:=\boldsymbol{a}\times\boldsymbol{b}$ der Vektor, der senkrecht auf der durch $\boldsymbol{a}$ und $\boldsymbol{b}$ bestimmten Ebene steht, und zwar so gerichtet, daß $\boldsymbol{a}, \boldsymbol{b}, \boldsymbol{c}$ in dieser Reihenfolge ein Rechtssystem bilden. Der Betrag von $\boldsymbol{c}$ ist gleich dem Flächeninhalt des von $\boldsymbol{a}$ und $\boldsymbol{b}$ aufgespannten Parallelogramms, also gleich $|\boldsymbol{a}|\cdot|\boldsymbol{b}|\cdot\sin\gamma$. Für $\boldsymbol{a}=0$ oder $\boldsymbol{b}=0$ wird $\boldsymbol{a}\times\boldsymbol{b}:=0$ definiert. Bezüglich einer orthonomierten Basis $(\boldsymbol{e}_1, \boldsymbol{e}_2, \boldsymbol{e}_3)$ berechnet sich $\boldsymbol{a}\times\boldsymbol{b}$ für $\boldsymbol{a}=\alpha_1\boldsymbol{e}_1+\alpha_2\boldsymbol{e}_2+\alpha_3\boldsymbol{e}_3$ und $\boldsymbol{b}=\beta_1\boldsymbol{e}_1+\beta_2\boldsymbol{e}_2+\beta_3\boldsymbol{e}_3$ als

$$\begin{vmatrix} \boldsymbol{e}_1 & \boldsymbol{e}_2 & \boldsymbol{e}_3 \\ \alpha_1 & \alpha_2 & \alpha_3 \\ \beta_1 & \beta_2 & \beta_3 \end{vmatrix} = (\alpha_2\beta_3-\alpha_3\beta_2)\boldsymbol{e}_1+(\alpha_3\beta_1-\alpha_1\beta_3)\boldsymbol{e}_2 + (\alpha_1\beta_2-\alpha_2\beta_1)\boldsymbol{e}_3,$$

wobei man die Determinante formal so nach der ersten Zeile entwickelt, als ob dort Skalare stünden. Das V. ist distributiv, antikommutativ, d. h., es gilt $\boldsymbol{a}\times\boldsymbol{b}=-(\boldsymbol{b}\times\boldsymbol{a})$ und nicht assoziativ. Ein V. als interne Verknüpfung gibt es nur in euklid., orientierten Vektorräumen mit der Dimension 3.

Vektor|raum, linearer Raum. Ein V. W über einem Körper **(Grundkörper)** K ist eine Menge W, zus. mit einer internen Verknüpfung $K\times W\xrightarrow{+}W$, $(\boldsymbol{x},\ \boldsymbol{y})\longmapsto\boldsymbol{x}+\boldsymbol{y}$, **Vektoraddition** (→Vektor) genannt, und einer externen Verknüpfung $K\times W\xrightarrow{\sigma}W$, **Skalarmultiplikation** genannt, und mit $\alpha\cdot\boldsymbol{x}$ oder $\alpha\boldsymbol{x}$ für $\sigma(\alpha,\boldsymbol{x})$ ($\alpha\in K$, $\boldsymbol{x}\in W$) geschrieben, wenn folgende Axiome gelten:

Für alle α, α_1, $\alpha_2\in K$ und für alle $\boldsymbol{x}$, $\boldsymbol{x}_1$, $\boldsymbol{x}_2\in W$ gilt:

1) $(W,+)$ ist eine Abelsche Gruppe;
2) $\alpha(\boldsymbol{x}_1+\boldsymbol{x}_2)=\alpha\boldsymbol{x}_1+\alpha\boldsymbol{x}_2$;
3) $(\alpha_1+\alpha_2)\boldsymbol{x}=\alpha_1\boldsymbol{x}+\alpha_2\boldsymbol{x}$;
4) $(\alpha_1\alpha_2)\boldsymbol{x}=\alpha_1(\alpha_2\boldsymbol{x})$;
5) $1\,\boldsymbol{x}=\boldsymbol{x}$ (1 = Einselement von K).

Anschaulich bedeutet die Skalarmultiplikation, daß unter Berücksichtigung des Vorzeichens ein Vektor $\boldsymbol{x}$ um α gestreckt wird.

Beispiele für V.: 1) $W=K^n$ (n-faches →kartesisches Produkt von K) mit komponentenweiser Addition $(\xi_1,\ \xi_2,\ \ldots,\ \xi_n)+(\eta_1,\ \eta_2,\ \ldots,\ \eta_n):=(\xi_1+\eta_1,\ \xi_2+\eta_2,\ \ldots,\ \xi_n+\eta_n)$ und $\alpha(\xi_1,\xi_2,\ldots,\xi_n)=(\alpha\xi_1,\alpha\xi_2,\ldots,\alpha\xi_n)$.

2a) Die Lösungsmenge eines homogenen →linearen Gleichungssystems ist ein V.;

2b) analog die Lösungsmenge eines homogenen linearen Differentialgleichungssystems.

3) Mit Hilfe des dreidimensionalen euklid. Punktraumes E kann ein V. über den reellen Zahlen $\mathbb{R}$ gebildet werden.

4) Die Menge $C([a,\ b])$ der stetigen reellwertigen Funktionen auf einem Intervall $[a,\ b]$ von $\mathbb{R}$ ist mit der ›punktweisen‹ Addition $(f+g)\ (x):=f(x)+g(x)$ und $(\alpha f)(x):=\alpha f(x)$, $\alpha\in\mathbb{R}$, ein V. über $\mathbb{R}$.

Ein Unterraum $U\subset W$ heißt **Unter-V.**, wenn U mit den auf U eingeschränkten Verknüpfungen ein V. ist. Ein Vektor der Form $\alpha_1\boldsymbol{x}_1+\alpha_2\boldsymbol{x}_2+\ldots+\alpha_n\boldsymbol{x}_n$ ($\alpha_i\in K$, $\boldsymbol{x}_i\in W$) heißt **Linearkombination** der Vektoren $\boldsymbol{x}_1,\ldots,\boldsymbol{x}_n$. Die Vektoren $\boldsymbol{u}_1,\ldots,\boldsymbol{u}_s\in W$ heißen **linear unabhängig**, wenn aus

$$\sum_{i=1}^{s}\beta_i\boldsymbol{u}_i=\beta_1\boldsymbol{u}_1+\beta_2\boldsymbol{u}_2+\ldots+\beta_s\boldsymbol{u}_s=\boldsymbol{0}$$

folgt, daß alle β_i ($i=1,\ldots,s$) gleich Null sind; andernfalls heißen sie **linear abhängig.** Eine Teilmenge $M\{v_i\}_{i\in I}\subset W$ heißt ein **Erzeugendensystem** für W, wenn sich jedes $\boldsymbol{x}\in W$ als Linearkombination endlich vieler Elemente aus M darstellen läßt, ein minimales Erzeugendensystem ist eine **Basis** B von W. In diesem Fall läßt sich jedes $x\in W$ eindeutig als Linearkombination

$$\boldsymbol{x}=\sum_{i=1}^{r}\xi_i\boldsymbol{b}_i=\xi_1\boldsymbol{b}_1+\xi_2\boldsymbol{b}_2+\ldots+\xi_r\boldsymbol{b}_r$$

mit Elementen aus B darstellen. Die $\xi_i\boldsymbol{b}_i$ heißen häufig die **Komponenten** von $\boldsymbol{x}$ bezüglich B, die ξ_i die **Koordinaten.** Man kann beweisen, daß jeder V. eine Basis besitzt. Gibt es eine Basis aus endlich vielen Elementen, so haben alle Basen gleich viel Elemente. Ihre Anzahl heißt **Dimension** (dim W) von W; sonst heißt W unendlich-dimensional. Hier gilt, daß alle Basen gleichmächtig sind. V. über nichtkommutativen Körpern kann man analog definieren, für sie gelten dieselben Resultate. Der kleinste Unter-V. U von W, der eine Menge $M\subset W$ enthält, heißt **lineare Hülle von M**, er besteht aus allen Linearkombinationen mit Elementen aus M.

Eine Abbildung $f\colon U\longrightarrow W$ eines Unter-V. in den V. W heißt **lineare Abbildung,** wenn für alle $\boldsymbol{x}$, $\boldsymbol{y}\in U$ und für alle $\alpha\in K$ gilt:

1) $f(\boldsymbol{x}+\boldsymbol{y})=f(\boldsymbol{x})+f(\boldsymbol{y})$,
2) $f(\alpha\boldsymbol{x})=\alpha f(\boldsymbol{x})$.

Dies sind die strukturerhaltenden Abbildungen zw. V. Die Menge $\mathrm{Hom}_K(U,\ W)$ der linearen Abbildungen ist mit den Verknüpfungen analog Beispiel 4) ein V. über K. Sind $\dim U=n<\infty$ und $\dim W=m<\infty$ und wählt man eine Basis $(\boldsymbol{a}_1,\ldots,\boldsymbol{a}_n)$ für U und eine Basis $(\boldsymbol{b}_1,\ldots,\boldsymbol{b}_m)$ für W fest aus, so läßt sich jede lineare Abbildung $f\in\mathrm{Hom}_K(U,\ W)$ eindeutig durch eine Matrix $A=(a_{ij})$ mit m Zeilen und n Spalten durch

$$A\begin{pmatrix}\xi_1\\ \xi_2\\ \vdots\\ \vdots\\ \xi_n\end{pmatrix}=\begin{pmatrix}\xi'_1\\ \xi'_2\\ \vdots\\ \vdots\\ \xi'_m\end{pmatrix}$$

beschreiben. Die ξ_i sind die Koordinaten von $\boldsymbol{x}$ bezügl. $(\boldsymbol{a}_1,\ldots,\boldsymbol{a}_n)$, die ξ_i' die Koordinaten von $f(\boldsymbol{x})$ bezügl. $(\boldsymbol{b}_1,\ldots,\boldsymbol{b}_m)$. $\mathrm{Hom}_K(U,\ W)$ ist als V. über K isomorph zum V. $M_{(m,\ n)}(K)$ der $(m,\ n)$-Matrizen mit Elementen aus K. Die Skalarmultiplikation ist in $M_{(m,\ n)}(K)$ durch $\alpha(a_{ij})=(\alpha a_{ij})$ definiert. Für $U=W$ ist $\mathrm{Hom}_K(W,\ W)$ sogar als Ring isomorph zum Ring $M_{(n,\ n)}(K)$ der n-reihigen quadrat. Matrizen. Wichtig ist der Fall $W=K$. Dann ist $\mathrm{Hom}_K(U,\ K)$ der **V. der Linearformen** auf U, also der linearen Abbildungen in den Grundkörper. $\mathrm{Hom}_K(U,\ K)$ heißt der **Dualraum** oder **duale V. von U** und wird oft mit U_K^* bezeichnet. Ist $\dim U=n<\infty$ und $(\boldsymbol{a}_1,\ldots,\boldsymbol{a}_n)$ eine Basis, so heißt die Menge $\{f_j|j=1,\ldots,n\}\subset U_K^*$ mit der Eigenschaft $f_j(\boldsymbol{a}_i)=1$ für $j=i$ und $f_j(\boldsymbol{a}_i)=0$ für $j\neq i$ die **duale Basis** zu $(\boldsymbol{a}_i)$ und wird mit $\boldsymbol{a}_i^*:=f_i$ bezeichnet. Der Dualraum spielt bei der Konstruktion der versch. Arten von →Tensoren auch in den Anwendungen eine große Rolle.

Ist der Grundkörper $K=\mathbb{R}$ oder $\mathbb{C}$, so läßt sich durch ein →Skalarprodukt auf W eine zusätzl. Struktur einführen. W wird so u. a. zu einem **metr. V.,** in dem zusätzlich ein Orthogonalitätsbegriff analog demjenigen des Anschauungsraums definiert werden kann.

Im dreidimensionalen euklid. V. erhält man als Spezialfall allgemeinerer Begriffsbildungen das →Vektorprodukt.

Mit Hilfe der Theorie der V. lassen sich die Sätze über →lineare Gleichungssysteme übersichtlich beschreiben. Dieser Problemkreis war andererseits einer der Ausgangspunkte der Theorie der V. In fast allen Gebieten der Mathematik und in vielen Anwendungen sind V.-Methoden von großer Wichtigkeit, v. a. wenn die V. zusätzl. Strukturen, z. B. topolog., besitzen. Die Entwicklung der Quantenmechanik gab wichtige Anstöße zur Untersuchung unendlich-dimensionaler V. Auch spezielle Probleme der Wirtschaftswissenschaften, in denen Linearformen auf Extremstellen unter Nebenbedingungen, die aus linearen Ungleichungen bestehen, untersucht werden, gaben Anlaß, solche Fragen aufzugreifen (lineare Programmierung).

W. H. Greub: Lineare Algebra ([2]1976); H. J. Kowalsky: Lineare Algebra ([9]1979); G. Fischer: Lineare Algebra ([7]1981); K. Jänich: Lineare Algebra ([2]1981).

Vektor|rechnung, →Vektor, →Vektoranalysis, →Vektorraum.

Vela, das Sternbild →Segel des Schiffes.

Venera, oft auch **Venus,** sowjet. Raumsonden zur Erforschung des Planeten Venus. Von den seit Febr. 1961 gestarteten 15 V.-Sonden waren die ersten nur z. T. erfolgreich. Mit V. 7 gelang im Dez. 1970 die erste weiche Venus-

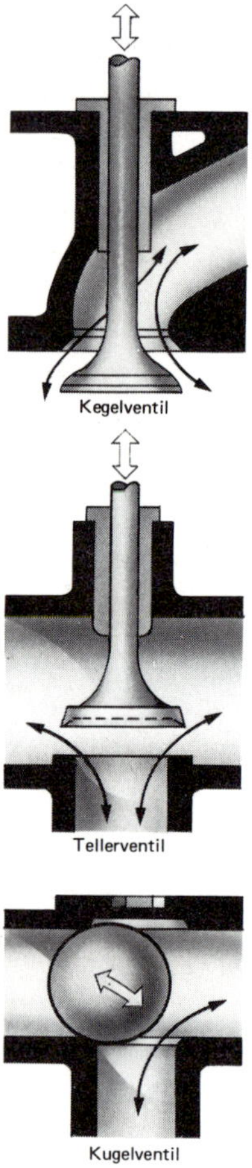

Ventil 1) 1

landung, V. 9 und V. 10 übertrugen im Okt. 1975 je ein Panoramabild des Landeplatzes (die ersten Photos der Venusoberfläche). V. 11 und V. 12 setzten im Dez. 1978 weich auf der Venus auf und übertrugen dabei Meßergebnisse. Farbpanoramaaufnahmen lieferten V. 13 und V. 14 nach ihrer Landung im März 1982, ferner Analysen der Venusatmosphäre und des Venusbodens. Im Juni 1983 wurden V. 15 und V. 16 zur Radarabtastung des Planeten gestartet.

Venite, Migmatite, bei denen der mobile Anteil v. a. aus dem Nebengestein stammt. – Ggs.: **Arterite.**

Venn-Diagramm [n. dem brit. Logiker J. Venn, * 1834, † 1923], Darstellung von → Mengen und ihren Verknüpfungen in einem schematischen Bild.

Ventil, 1) ein → Absperrorgan, dessen Verschlußelement vorwiegend in Durchflußrichtung bewegt wird i. Ggs. zu Schiebern und Hähnen. I. S. dieser Definition sind die als ›Hähne‹ benannten Absperrmittel in sanitären Leitungen meist Ventile.

In der einfachsten Form wird als Verschlußorgan ein Teller verwendet **(Teller-V.)**, der im geschlossenen Zustand plan auf dem **V.-Sitz** aufsitzt. Bei **Kegel-V.** ist die Fläche zw. Sitz und Schließteil kegelförmig ausgebildet, **Kugel-V.** benutzen Kugeln als Verschlußorgan mit kegeliger oder kalottenförmiger Gegenfläche. **Ring-V.**, bei denen der V.-Körper in einem oder mehreren konzentr. Ringen angeordnet ist, geben bei kleinem Hub große Querschnitte frei. Für Sonderzwecke (Dampfmaschinensteuerung) verwendet man **Doppelsitz-V.** Bei **Klappen-V.** wird eine Klappe um eine seitlich angeordnete Achse geschwenkt. Strömungsverluste werden durch schräg angeordneten Sitz **(Schrägsitz-V.)** und günstige Gehäusegestaltung **(Freifluß-V.)** vermindert. **Druckminderungs-** oder **Reduzier-V.** vermindern den Druck auf ein best. Maß; der V.-Teller steht im einfachsten Fall unter der Spannung einer Feder, so daß im Ringspalt eine Drosselung entsteht.

Selbsttätige V. werden durch das durchströmende Medium gesteuert. Zu ihnen zählen **Rückschlag-V.**, die den Durchfluß in einer Richtung gestatten, bei Strömungsumkehr sofort schließen. **Sicherheits-V.** sprechen bei Überschreiten eines mittels Federkraft oder Gewichtsbelastung eingestellten Druckes an und schützen Anlageteile vor unzulässigem Überdruck. **Selbstschluß-V.** dienen zum selbsttätigen Abschluß bei Rohrbruch.

Gesteuerte V. werden von außen durch die Steuerung betätigt. In Dampfkraftanlagen gehören dazu die von Hand oder Regler gestellten **Manövrier-**, **Anfahr-** und **Düsengruppen-V.** zur Leistungs- oder Drehzahlregelung. **Schnellschluß-V.** werden bei Überdrehzahl oder Wellenverlagerungen ausgelöst. Bei Freistrahl-Wasserturbinen (Pelton-Turbinen) dienen zur Regelung **Nadeldüsen-V.**

In Kolbenmaschinen verwendet man Stößel, Nocken, Schwing- und Kipphebel, die ihre von der Drehung der Kurbelwelle hergeleitete Bewegung auf den V.-Schaft übertragen und das V. üblicherweise gegen eine Federkraft öffnen. In Verbrennungsmotoren werden die V. heute meist hängend angeordnet, so daß der Zylinderkopf V.-Sitz, Führung und Antrieb aufnimmt. Hier sind die V. mechanisch, chemisch (durch Korrosion) und thermisch **(Einlaß-V.** bis 500 °C, **Auslaß-V.** bis 800 °C) hoch beansprucht. Daher können V. am Schaft verchromt, am Sitz gepanzert und mit einer Natriumfüllung (bessere Wärmeabfuhr) versehen werden (→ Ventilsteuerung). Weiteres BILD S. 193.

2) in der Leistungselektronik → elektrische Ventile.

Ventilator, Lüfter, ein → Verdichter mit sehr niedrigem Druckverhältnis zur Erzeugung einer Luftströmung (z. B. Autokühler, Trocknungsanlagen), zur Be- und Entlüftung von Räumen (z. B. Tunnel, Schächte).

Ventilboden, → Kolonne.

Ventilsteuerung, bei Verbrennungsmotoren die Steuerung der Ventile von Viertaktmotoren zum Öffnen und Schließen des Ein- und des Auslasses des Zylinders während des → Ladungswechsels. Die V. erfolgt über Ventile, Ventilfedern, wobei Ventil und Feder durch den Federteller und zwei Keile verbunden sind, Kipphebel, Stoßstangen (nur bei untenliegender Nockenwelle), Stößel, → Nockenwelle und Nockenwellenantrieb (durch Zahnräder, Ketten oder Zahnriemen). Bei obenliegender Nockenwelle (→ Königswelle) betätigt der Nocken die Ventile über Stößel, Kipp- oder Schwinghebel. Um bei kaltem und warmem Motor ein Schließen der Ventile zu gewährleisten, wird ein best. **Ventilspiel** oder ein hydraul. **Spielausgleich** (z. B. hydraulischer Stößel) vorgesehen.

Ventil|überschneidung, bei Verbrennungsmotoren die gleichzeitige Öffnung der Ein- und Auslaßventile zur Verbesserung des → Ladungswechsels (Überschneidung der Steuerzeiten).

Venturi-Rohr [n. dem ital. Physiker G. B. Venturi, * 1746, † 1822], sich konisch oder düsenförmig verengendes und dann diffusorförmig erweiterndes Rohr zum Messen des Durchflusses von Flüssigkeiten und Gasen aus dem **Wirkdruck,** d. i. der Druckübergang im engsten Querschnitt des V. gegenüber dem Druck im Eintrittsquerschnitt. Aus der Druckabsenkung kann die Strömungsgeschwindigkeit bestimmt werden.

Venturi-Wäscher, Anlage zur → Staubabscheidung, in der kleine Staubpartikel im Gasstrom beschleunigt werden und mit Tröpfchen einer Waschflüssigkeit zusammenprallen. Die entstehenden größeren Teilchen können anschließend leicht abgeschieden werden.

Venus, 1) Astronomie: Zeichen ♀, von der Sonne aus gezählt 2. Planet im Sonnensystem, der zweitgrößte der erdähnl. → Planeten, nach Sonne und Mond das hellste Objekt am Himmel. V. bewegt sich in 225 Tagen (1 Venusjahr) auf einer nahezu kreisförmigen Bahn mit einer mittleren Entfernung von 108,21 Mio. km oder 0,723 AE um

Venus 1) 1: Photo von Pioneer-Venus aus 65 000 km Entfernung am 19. 2. 1979 aufgenommen. Die dunklen Strukturen in der Form eines liegenden Y entsprechen einem Wolkenloch in einer etwa 65 km hohen Wolkenschicht

die Sonne (Periheldistanz 107,45 Mio. km, Apheldistanz 108,97 Mio. km); die V.-Bahn ist um 3,4° gegen die Ekliptik geneigt. Als unterer Planet zieht V. im Mittel alle 584 Tage zw. Erde und Sonne hindurch (untere → Konjunktion 1); bedingt durch die räuml. Anordnung von V.- und Erdbahn, wandert V. jedoch nur äußerst selten von der

Erde aus gesehen vor der Sonne her **(V.-Durchgang)**, zuletzt 1882, dann wieder 2004. Die Entfernung zur V. schrumpft bei einer unteren Konjunktion auf rd.

Venus 1) 2: OBEN Radarkarte der V., erstellt von Pioneer-Venus. UNTEN Zeichnung einer V.-Landschaft, ausgehend von der Radarabtastung der V.-Oberfläche

40 Mio. km, den geringsten Abstand zw. Erde und einem anderen Planeten. Eine dichte Atmosphäre versperrt den Blick auf die V.-Oberfläche, so daß die Rotationsperiode der V. erst 1965 anhand von Radarmessungen zu 243,16 Tagen bestimmt werden konnte; dabei dreht sich die V. von Ost nach West, also umgekehrt zur Erdrotation. Der V.-Äquator ist um 7° gegen die Bahnebene geneigt.

V. wurde im Dezember 1962 als erster Planet von einer irdischen Sonde erkundet (Mariner 2); es folgten zahlreiche sowjet. und amerikan. Instrumententräger (→Venussonden), die zuletzt auch bis zur V.-Oberfläche vordrangen. Sie übermittelten das Bild von extremen Umweltbedingungen: Bei einem Luftdruck von über 90 bar beträgt die Temperatur an der V.-Oberfläche rd. 470 °C, eine Folge des durch den hohen Kohlendioxidgehalt (96%) der V.-Atmosphäre hervorgerufenen →Treibhauseffekts. Die V.-Atmosphäre enthält zw. 66 und 47 km Höhe drei Wolkenschichten, die v. a. aus Schwefelsäure und elementarem Schwefel bestehen; Wasserdampf wurde nur in geringen Spuren nachgewiesen. Messungen eines erhöhten Deuteriumgehaltes lassen den Schluß zu, daß V. in der Frühgeschichte des Sonnensystems einmal über ausreichend Wasser für einen planetenweiten Ozean verfügte.

Venus: astronomische und physikalische Daten

Äquatordurchmesser	12104 km
Masse	$4{,}87 \cdot 10^{21}$ t
mittlere Dichte	5,24 g/cm³
Rotationsdauer	243,16 Tage
Dauer eines Umlaufes um die Sonne	224,7 Tage
mittlere Entfernung zur Sonne	108,2 Mio. km

Auf der Radarkarte, die von dem amerikan. Pioneer-V.-Satelliten erstellt wurde, sind zwei ausgedehnte Hochlandregionen sowie mehrere große Bergmassive (Schildvulkane?) zu erkennen (→Maxwell Montes); der überwiegende Teil der V.-Oberfläche besteht jedoch aus leicht hügeligem Gebiet. Für die Deutung der gewaltigen Einzelberge als Vulkane sprechen u. a. Wärmemessungen, der Nachweis auffallend vieler elektr. Entladungen in diesen Bereichen (hervorgerufen durch die von diesen Gebieten ausgehenden Luftturbulenzen) sowie die automat. Gesteinsanalysen, die von einigen sowjet. Sonden vorgenommen wurden. Anders als die Erde besitzt V. jedoch offenbar keine der Plattentektonik verwandte Erscheinung, was auf eine im Vergleich zur Erdkruste dickere V.-Kruste zurückgeführt werden könnte.

2) Raumfahrt: sowjet. Raumsonde, →Venera.

Venus Radar Mapper [v'i:nəs r'eɪdɑ: m'æpə, engl.], aus dem urspr. Raumfahrt-Programm →VOIR abgeleitetes, einfacheres Venus-Forschungsvorhaben zur Kartierung der Venus-Oberfläche mit Hilfe der Radartechnik. V. R. M. wird kaum vor 1988 gestartet werden.

Venus|sonden, Raumflugkörper zur Erkundung des Planeten Venus. Realisiert wurden Vorbeiflug, harte und weiche Landung, Umlenkung in eine Venusumlaufbahn (→Venera, →Mariner, →Pioneer-Venus).

ver|allgemeinerte Funktion, Bez. für die →Distribution.

Ver|änderliche, 1) Astronomie: **veränderliche Sterne,** Sterne, die regelmäßig oder unregelmäßig ihre Helligkeit verändern. Man unterscheidet zw. **optischen V.,** bei denen es sich um Doppelsterne handelt, deren Lichtwechsel hervorgerufen wird durch gegenseitige Bedeckung der Komponenten (→Bedeckungsveränderliche, BILD) oder durch die wechselnde Größe der sichtbaren leuchtenden Fläche auf Grund der ellipsoidischen Gestalt der Komponenten infolge starker gegenseitiger Anziehung **(ellipsoidische V.),** und **physischen V. (eigentl. V.),** deren Lichtwechsel auf innere Vorgänge (zumeist Instabilitäten im Sternaufbau) zurückgeführt werden können. Hier sind v. a. die **pulsierenden V.** (→Pulsationsveränderliche) zu nennen wie →RR Lyrae-Sterne, →Cepheiden und →Mira-Sterne, die mit großer Regelmäßigkeit ihre Helligkeit verändern. Bei den **Alpha-Canum Venaticorum-Sternen** treten äußerst kleine Helligkeitsveränderungen (meist <0,1 mag) auf, die durch Intensitätsänderungen einzelner Gruppen von Spektrallinien verursacht werden **(Spektrumveränderliche);** häufig treten auch Änderungen des Magnetfeldes auf **(magnet. V.).** Zu den **eruptiven V. (Eruptionsveränderliche)** zählen v. a. →Novae, →Supernovae und →Flackersterne sowie die →T Tauri-Sterne. Während die beiden letztgenannten Gruppen als Sterne gedeutet werden, die das stabile Hauptreihenstadium noch nicht erreicht haben, stellen die meisten übrigen V.-Typen späte Entwicklungsstadien dar (→Sternentwicklung). Die ebenfalls zu den eruptiven V. gehörenden →R Coronae Borealis-Sterne sind Überriesen.

2) Mathematik: die →Variable 2).

Ver|ankerung, Konstruktion zur Überleitung von Zugkräften in den Baugrund, um z. B. Masten oder Hängebrücken gegen Umfallen, Ausbiegen zu sichern.

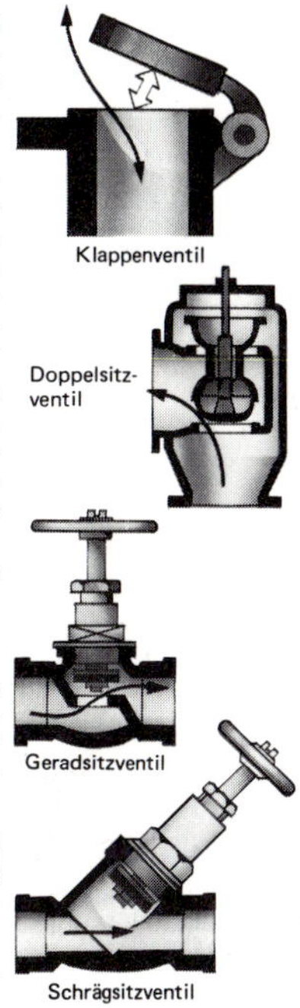

Ventil 1) 2

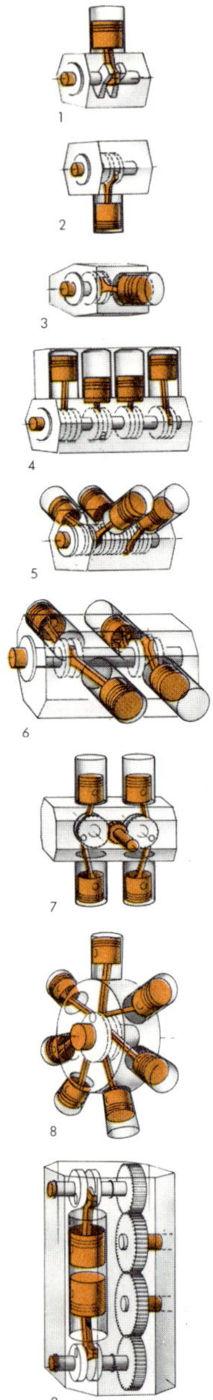

Verbrennungsmotor 1: **1** Einzylindermotor stehend, **2** Einzylindermotor hängend, **3** Einzylindermotor liegend, **4** Reihenmotor stehend, **5** V-Reihenmotor stehend, **6** Boxer-Reihenmotor, **7** H-Reihenmotor (2 Kurbelwellen im Zahnradverbund), **8** Sternmotor, **9** Gegenkolbenmotor stehend (Kurbelwellen im Zahnradverbund)

Ver|armungs|typ, Elektronik: ein MOS-Feldeffekttransistor (→ MOSFET). – Ggs.: **Anreicherungstyp.**

Ver|aschen, oxidative Zerstörung von organ. Stoffen (z. B. Cellulose, Eiweiß) durch Erhitzen unter Luftzutritt **(trockenes V.)** in elektrisch beheizten **Ver|aschungsöfen,** bis nur noch unbrennbare mineral. Asche übrigbleibt. Aus dieser läßt sich z. B. bei Nahrungsmitteln auf den Faser- und Schalenanteil in der Probe schließen. Schonend läßt sich bei niederen Temperaturen organ. Substanz durch oxidierende Gemische, z. B. aus konzentrierter Schwefel- und konzentrierter Salpetersäure zersetzen **(nasses V.).** Es sind auch schonende trockene Verfahren bekannt.

Verband, 1) Bautechnik: bei → Holzverbindungen die Verbindung sich kreuzender Hölzer; bei → Mauern **(Mauer-V.)** die Arten des Ineinandergreifens der Mauersteine; bei Brücken und Hochbauten Verbindung von Stäben der Hauptträger oder Binder durch Diagonalen und Pfosten zu einem Fachwerkträger (Wind-, Quer-, Schlinger-, Brems-V. u. a.).

2) Mathematik: ein V. ($M, \sqcap, \sqcup$) ist eine Menge M mit zwei internen → Verknüpfungen $\sqcap$ und $\sqcup$, so daß folgende Axiome gelten: Für alle $a, b, c \in M$ gilt:

1) $a \sqcap b = b \sqcap a$ und $a \sqcup b = b \sqcup a$ (Kommutativgesetz).

2) $a \sqcap (b \sqcap c) = (a \sqcap b) \sqcap c$ und $a \sqcup (b \sqcup c) = (a \sqcup b) \sqcup c$ (Assoziativgesetz).

3) $a \sqcap (a \sqcup b) = a$ und $a \sqcup (a \sqcap b) = a$ (Absorptionsgesetz).

Beispiele: a) ($M, \leqq$) sei eine geordnete Menge, so daß für je zwei Elemente a und b das → Supremum sup $\{a, b\}$ und das → Infimum inf $\{a, b\}$ existieren. Dann ist M mit $a \sqcap b := \inf \{a, b\}$ und $a \sqcup b := \sup \{a, b\}$ ein V. b) $M = \mathfrak{P}(A)$ die Potenzmenge einer Menge A mit $\sqcap := \cap$ Durchschnitt und $\sqcup := \cup$ Vereinigung. c) **Boolesche Verbände,** auch **Boolesche Algebren** [bu:l-] B sind V., die folgende weitere Eigenschaften besitzen:

4) Es gibt ein Maximum 1 in B und ein Minimum 0 in B (wenn die Ordnung gemäß Beispiel a) verwendet wird).

5) Zu jedem Element $a \in B$ gibt es ein ›Komplement‹ a^*, d. h. ein Element mit $a \sqcap a^* = 0$ und $a \sqcup a^* = 1$.

6) B ist distributiv, d. h. $a \sqcup (b \sqcap c) = (a \sqcup b) \sqcap (a \sqcup c)$ und $a \sqcap (b \sqcup c) = (a \sqcap b) \sqcup (a \sqcap c)$.

Verbandsfestigkeit, i. Ggs. zur Materialfestigkeit der Gesteine die Festigkeit natürl. Felskörper (Gesteinsverband) mit diskontinuierl. Gefüge. Die V. ist von Bedeutung in der Felsmechanik.

Verbau, 1) Baugruben-V., Stützkonstruktion (Aussteifung) zur Sicherung von Baugrubenwänden gegen Abrutschen.

2) Lebend-V., → Lebendbau.

Verbindung, 1) → chemische Verbindungen.

2) Technik: Zusammenschluß von Werkstücken oder Werkstückteilen durch Verbindungselemente (→ Maschinenelemente) oder Verbindungsmittel und -verfahren, so daß die Werkstücke oder ihre Teile in einer best., ggf. veränderbaren Lage zueinander gehalten werden.

Nach der Lösbarkeit teilt man die V. ein in **lösbare V.,** die zerstörungsfrei gelöst werden können (z. B. Schraub-, Stift-, Keil-, Renk-, Steck-V.), und **unlösbare V.,** deren Lösung nur durch Zerstörung der Verbindungselemente oder der verbundenen Teile möglich ist (z. B. Niet-, Schweiß-, Löt-, Kleb-, Schrumpf-V.); vgl. auch → Crimpen, → Schneid-Klemm-Technik, → Wire-Wrap-Technik. Nach dem Wirkungsprinzip unterscheidet man **formschlüssige V.** (z. B. Schraub-, Zahnrad-, Stift-V., → Formschluß), **kraftschlüssige V.** (z. B. Keil-, Schrumpf-, Reibrad-, Schraub-V., → Kraftschluß) und **stoffschlüssige V.** (z. B. Schweiß-, Löt-, Kleb-V., → Stoffschluß). Für manche V. gelten mehrere Wirkungsprinzipien. Nach der Bewegbarkeit der verbundenen Teile lassen sich die V. einteilen in **starre V.** (z. B. Schraub-, Schrumpf-, Schweiß-V.), **elastische V.** (z. B. Feder-V., Kupplungs-V.) und **gelenkige V.** (z. B. Kugelgelenk-V., Kardangelenk-V.).

Verbindungsflugzeug, nicht oder nur leicht bewaffnetes Militärflugzeug (Hubschrauber oder Starrflügelflugzeug) für Personentransport oder Befehlsübermittlung zw. militär. Kommandostellen.

Verbindungsgesetz, das assoziative Gesetz in der → Schaltalgebra.

Verbleien, das Überziehen von Metallgegenständen mit Blei durch a) Tauchen in schmelzflüssiges Blei **(Schmelztauch-** oder **Feuerverbleiung),** b) Aufspritzen von flüssigem Blei **(Spritzverbleien),** c) elektrolyt. Abscheidung aus sauren Lösungen von Bleifluoroborat, -fluorosilikat oder -sulfamat (→ Galvanotechnik), d) Aufschmelzen in einer Wasserstoff-Flamme **(Homogen-V.).** – V. heißt auch das Auskleiden von Behältern mit Bleiblech.

verbotene Linien, Spektrallinien, die bei Übergängen zw. Energiezuständen mit sehr geringer Übergangswahrscheinlichkeit ausgesandt werden. Bei einer theoret. Berechnung in erster Näherung sind nur Übergänge mit einer Änderung des Bahndrehimpulses von 1 $\hbar$ ($\hbar = h/2\pi$, h = Plancksches Wirkungsquantum) möglich, solche mit einer größeren Änderung oder konstantem Drehimpuls sind durch Auswahlregeln ›verboten‹; ebenso sind Elektronenübergänge ›verboten‹, bei denen sich die Orientierung des Spins eines Elektrons ändert **(Spin-Flip).** Erst Rechnungen in höherer Näherung ergeben eine geringe Wahrscheinlichkeit für ihr Auftreten. – Unter ird. Bedingungen lassen sich v. L. häufig deswegen nicht beobachten, weil die zugehörigen Energiezustände durch Wechselwirkung mit anderen Atomen vorwiegend durch strahlungslose Übergänge entvölkert werden. Erst unter den Bedingungen am Rande der Atmosphäre und im interstellaren Raum (→ Nebellinien) können solche v. L. ausgesandt werden. – Verbotene Übergänge werden im Wasserstoffatom nicht beobachtet, da hier, i. Ggs. zu schwereren Atomen, Zustände zu gleicher Hauptquantenzahl, aber verschiedenem Bahnimpuls, energetisch in erster Näherung gleich (d. h. entartet) sind.

verbotene Zone, → Bändermodell.

Verbraucher, die elektr. Leistung aufnehmende und in eine andere Energieform (z. B. Wärme, Licht) umsetzende Baueinheit **(Last)** in einem elektr. Stromkreis.

Verbrennung, Chemie: unter Licht- und Wärmeentwicklung schnell ablaufende chem. Reaktion (i. Ggs. zur → Autoxidation) eines Stoffes mit Sauerstoff oder einem anderen Oxidationsmittel. Der Beginn der V. heißt **Entzündung,** bei Dämpfen und Gasen **Entflammung.** Die äußere Erscheinung ist das **Feuer.** Die bei der V. wirksame Temperatur ist die **Verbrennungstemperatur,** die bei vollständiger V. entstehende Wärmemenge **Verbrennungswärme.** Die V. ist eine Kettenreaktion, die chemisch z.B. durch → Feuerlöschmittel oder durch Wärmeabfuhr abgebrochen werden kann. V.-Prozesse spielen in Natur und Technik eine bed. Rolle. – Die V. mit selektiv wirkenden Katalysatoren sind in der → Elementaranalyse wichtig.

Verbrennungskraftmaschine, Brennkraftmaschine, früher Bez. für eine Wärmekraftmaschine, bei der die Wärmeenergie direkt im Arbeitsraum durch Verbrennen des Kraftstoffes freigesetzt wird (Otto- und Dieselhubkolbenmotor), heute auch Bez. für Gasturbine, Heißgasmotor und Kreiskolbenmotor. Durch Wärmezufuhr wird der Druck des Arbeitsgases erhöht, was zu einer Arbeitsabgabe an den Kolben oder zu einer Geschwindigkeitserhöhung des Gases mit Arbeitsabgabe an die Turbinenschaufeln führt. Bei Strahltriebwerken wird der Schub der aus Düsen austretenden Gase benutzt. Als Kraftstoffe dienen kohlenwasserstoffhaltige Flüssigkeiten und Gase, die Verwendung von Kohlenstaub bei V. ist noch nicht in die Praxis eingeführt.

Verbrennungsmotor, eine → Verbrennungskraftmaschine, bei der durch Verbrennung eines Luft-Kraftstoff-Gemisches innerhalb eines thermodynam. Kreisprozesses mechan. Arbeit geleistet wird. Man unterscheidet zw. dem Gleichraumprozeß (→ Ottomotor) und dem Gleichdruckprozeß (→ Dieselmotor). Die → Gemischbildung im V. findet entweder vor Eintritt in den → Brennraum (Vergaser, Einspritzung in das Saugrohr) oder im Brennraum (durch Einspritzung) statt. Die → Zündung des Gemisches geschieht bei Ottomotoren durch elektr. Funkenzündung (Fremdzündung), in Dieselmotoren durch Selbstzündung. Bei V. mit hin- und hergehendem → Kolben 2) wird der Brennraum aus dem Zylinderkopf, dem → Zylinder und dem Kolben im oberen → Totpunkt gebildet.

Nach dem Ablauf des Arbeitsverfahrens unterscheidet man Viertakt- und Zweitakt-V. Die einzelnen Takte des **Viertaktverfahrens** sind: 1) Ansaugen des Luft-Kraftstoff-Gemisches oder der Luft, 2) Verdichten des Zylinderinhaltes, 3) Verbrennung und Expansion mit Arbeitsleistung, 4) Ausschieben der verbrannten Gase. Viertakt-V. weisen fast ausschließlich → Ventilsteuerungen auf. Beim **Zweitaktverfahren** stellen nur Verdichten der Frischladung und Ausdehnen der Verbrennungsgase eigene Arbeitstakte dar. Der → Ladungswechsel findet im Bereich des unteren Totpunktes statt; er wird meist über Schlitze im Zylinder gesteuert (Schlitzsteuerung), die durch den hin- und hergehenden Kolben geöffnet und geschlossen werden (→ Spülung 1).

Zur Leistungsregelung (Veränderung von Drehzahl und Drehmoment) wird bei Ottomotoren durch eine Drosselklappe die jeweils benötigte Menge des Luft-Kraftstoff-Gemisches dem Motor zugeteilt (Füllungsregelung), während bei Dieselmotoren nur die eingespritzte Kraftstoffmenge verändert wird (Gemischregelung). Maßgebend für die Leistung eines V. ist außer der Drehzahl der mittlere effektive Druck (Mitteldruck), der durch → Aufladung erhöht werden kann. Mit Rücksicht auf die Werkstoffestigkeit und die Schmierung der gleitenden Teile müssen die V. gekühlt werden (→ Kühlung).

Die Bauformen der V. unterscheidet man nach der Lage oder der Anordnung der Zylinder. Fahrzeugmotoren werden meist mit mehreren Zylindern in Reihe (**Reihenmotor** stehend, liegend oder geneigt), in V-Form (**V-Motor** stehend) oder als **Boxermotoren** gebaut. Zwei stehende Boxermotoren mit gemeinsamer Abtriebswelle ergeben den **H-Motor.** Ein früher üblicher Flugmotor war der **Stern-** oder **Doppelsternmotor.** Seltener gebaut wurden der → Doppelkolbenmotor und der → Gegenkolbenmotor. Eine Sonderbauart ist der → Kreiskolbenmotor.

Ausgangsbasis für die Herstellung der → Kraftstoffe der V. ist überwiegend das Erdöl. Um die Abhängigkeit davon zu verringern, wird die Verwendung alternativer → Ottokraftstoffe untersucht, z. B. Menthanol, Äthanol, Wasserstoff, wobei das Mitführen ausreichender Mengen Wasserstoff im Fahrzeug nicht gelöst ist. Dagegen wird → Flüssiggas (Autogas) schon häufig verwendet. Den niedrigsten spezif. Kraftstoffverbrauch b_e aller Wärmekraftmaschinen hat der aufgeladene langsam- oder mittelschnellaufende Dieselmotor großer Leistung mit $b_e = 185$ g/kWh, womit sich ein effektiver Wirkungsgrad von $\eta_{eff} = 45\%$ ergibt. Die entsprechenden Werte von Viertakt-Fahrzeug-Ottomotoren liegen bei $b_e = 240$ g/kWh, $\eta_{eff} = 35\%$.

V. werden als Einzylinder-V. mit einem Hubraum von 0,3 cm^3 (Modellflugzeug-V.) bis zu großen mehrzylindrigen Schiffsdiesel-V. mit Hub von 2000 mm, Bohrung von 980 mm und Zylinderleistung von 3000 kW gebaut.

Hauptsächliche Anwendungen: kleine und leichte luftgekühlte Zweitakt-Otto-V.: für Rasenmäher u. ä. landwirtschaftl. Geräte, für Zweiräder bis 50 cm^3 Hubraum. Luftgekühlte Viertakt-Otto-V.: für Zweiräder über 100 cm^3 Hubraum. Wassergekühlte Viertakt-Otto-V.: für Personenkraftwagen und leichte Lieferwagen. Wassergekühlte Viertakt-Diesel-V.: für Lastkraftwagen, Schlepper, Lokomotiven, Schiffe. Für alle V. gilt die Entwicklungstendenz, sie abgasgünstiger (→ Abgase, → Abgasreinigung) unter Beachtung wirtschaftl. Gesichtspunkte (Kraftstoffverbrauch), leichter, geräuschärmer und wartungsfreundlicher zu machen. Kurzfristig gibt es zu Otto- und Dieselmotoren noch keine Alternative, die für Kraftfahrzeuge allgemein einsetzbar wäre (→ Elektrofahrzeug, → Stadtfahrzeug). Weiteres BILD S. 194.

Geschichtliches. Schon LEONARDO DA VINCI plante um 1506 einen atmosphär. Schießpulvermotor, wie ihn als kleine Versuchsmaschine CH. HUYGENS 1673 baute. Die ältesten, praktisch verwendeten V. sind → Gasmotoren, so auch N. A. OTTOS Viertaktmotor von 1876. Frühe Versuche, mit flüssigen Brennstoffen zu arbeiten (z. B. B. BRAYTON, 1872), führten nicht zu prakt. Erfolgen. Der Ottosche Gasmotor wurde von G. DAIMLER und K. MAYBACH 1883 zum schnellaufenden Benzinmotor weiterentwickelt, der seit 1885 zur Fahrzeugmotorisierung verwendet wurde. Zum Gebrauch schwerflüchtiger Kraftstoffe kam 1890/93 der engl. Ingenieur H. AKROYD STUART (Glühkopfverfahren). Aber erst der 1893–97 von R. DIESEL geschaffene Dieselmotor brachte den entwicklungsfähigen Ölmotor. Von den langjährigen Versuchen mit Kreiskolbenmotoren erlangte nur der F. WANKELS die Serienreife (Prototyp 1957).

P. DEMUTH: V. für Flug-, Schiffs- und Automodelle (1974); H. HÜTTEN: Motoren. Technik, Praxis, Gesch. (1974); H. BUSCHMANN u. P. KOESSLER: Hb. für den Kraftfahrzeugingenieur, 2 Bde. ([8]1976); Die Verbrennungskraftmaschine, hg. v. H. LIST u. A. PISCHINGER, Neue Folge (1979 ff.); K. ZINNER: Die Aufladung von V. ([2]1980); H. GROHE: Otto- und Dieselmotoren ([5]1981).

Verbrennungsregler, selbständig arbeitendes Gerät einer → Feuerung zur Feuerführung im Feuerraum nach vorgegebenem Wert oder Programm. Im Regler wird der vorgegebene Wert (Sollwert) mit dem augen-

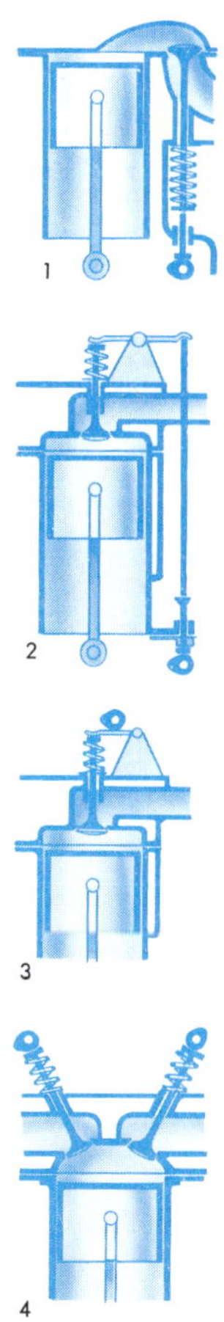

Verbrennungsmotor 2

Verbrennungsmotor 2: Ventilanordnung; **1** stehende Ventile, **2** hängende Ventile durch Stoßstangen gesteuert, **3** hängende Ventile mit obenliegender Nockenwelle, **4** hängende Ventile mit zwei obenliegenden Nockenwellen

blicklichen Meßwert (Istwert) verglichen, z. B. Feuerraumtemperatur, Dampfdruck, Sauerstoffgehalt. Der V. regelt Brennstoffzufuhr, Verbrennungsluftzufuhr und Rauchgasschieber. Als Temperaturfühler dienen Thermoelemente, Widerstandsfühler, als Druckmesser Manometer, zur Sauerstoffmessung Zirkondioxidsonden.

Verbrennungswärme, Thermochemie: die bei der vollständigen Verbrennung (Oxidation) eines Brennstoffs frei werdende Wärmemenge, die genauer **Verbrennungsenthalpie** ΔH_V (Druck konstant) oder **Verbrennungsenergie** ΔU_V (Volumen konstant) genannt wird. Die V. wird meist auf 1 Mol bezogen **(molare V.).** Bei exothermen Reaktionen wird die frei werdende V. mit einem Minus-Vorzeichen versehen. Die V. ist abhängig vom molekularen Aufbau der zu verbrennenden Substanz und deren chem. Stabilität; Bestimmung mit → Kalorimetern.

Verbund, → Stromverbund.

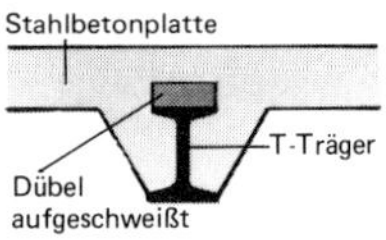

Verbundbau

Verbundbau, Bauweise, bei der mehrere Baustoffe statisch zusammenwirken, indem best. Eigenschaften jedes Werkstoffes besondere bauliche Vorteile des Verbundes erzielen, z. B. im Stahlbetonbau schlaffe Stahlbewehrung und Beton (→ Stahlbeton), im → Spannbeton Spannstahl und Beton, im Brückenbau die Stahlbetonfahrbahndecke mit dem Stahltragwerk, im Hochbau Stahlbetondecke mit den Stahlträgern. Betonbauteil und Stahlträger werden durch Dübel verbunden.

Verbundglas, aus mindestens zwei miteinander verklebten oder verschmolzenen Glasschichten bestehendes → Sicherheitsglas. Das v. a. in Bau- und Verkehrstechnik verwendete V. besteht meist aus Glastafeln gleicher Zusammensetzung, die durch dünne Kunststoffschichten miteinander verklebt sind. Bei etwaigem Bruch haften Splitter an der Zwischenschicht. Schußfestes **Panzerglas** entsteht durch Zusammenfügen von mehreren Scheiben und Folien **(Mehrschichten-Sicherheitsglas). Vorgespanntes V.** entsteht, wenn auf einen Glasgegenstand ein zweites Glas mit niedrigerer Wärmeausdehnung aufgeschmolzen wird.

Verbundkern, Compoundkern [kəmp'aʊnd-, engl.], der → Zwischenkern.

Verbundmaschine, Compoundmaschine [kəmp'aʊnd-, engl.], **1)** die → Doppelschlußmaschine.

2) eine → Dampfmaschine mit zweistufiger Expansion.

Verbundplatte, Bauplatte aus Holz, Holzwerkstoff in → Sandwichbauweise: verleimte Platten aus Lagen verschiedener Holzwerkstoffe, z. B. Tischlerplatten, auch im Verbund mit anderen Materialien, z. B. Metallen (Panzerholz).

Verbundröhre, eine → Elektronenröhre, die zwei oder mehr Röhrensysteme (z. B. Dioden- und Pentodensystem) in einem gemeinsamen Kolben enthält.

Verbundsteine, Betonpflastersteine mit Verzahnungsflächen zur Verlegung im kräfteverteilenden Verbund für Geh- und Fahrbahnen, Parkplätze u. a.

Verbundstoffe, Textilverbundstoffe, Bonded Fabrics [b'ɔndɪd f'æbrɪks, engl.], flexible, poröse Flächengebilde, die ganz oder teilweise aus textilen Fasern und/oder Garn oder Fäden bestehen. Unter teilweisem oder völligem Umgehen des Spinnens, Webens oder Wirkens entstehen textile Flächen wie Filz durch Walken, Vliesstoffe durch Verkleben oder Anlösen; Malimo, Malipol, Maliwatt durch kettenwirkartiges Vernähen von Fäden oder Einnähen von Fäden in ein Wattevlies oder Einnähen von Polfäden in ein Gewebe oder Gewirk; Nadelfilz und Nadelflorteppich durch Fadenverschlingen auf Vielnadelmaschinen; Alcantara durch Koagulieren.

Verbundtriebwerk, Compound-Triebwerk [kəmp'aʊnd-, engl.], **Mischtriebwerk,** Koppelung von zwei verschiedenen Triebwerkstypen, wodurch ein wirtschaftlicherer Betrieb möglich ist. Bekanntestes Beispiel ist der Kolbenmotor mit Abgasturbolader.

Verbundwerkstoffe bestehen aus verschiedenartigen, untereinander fest verbundenen Materialien, wodurch wesentl. Eigenschaften der einzelnen Komponenten vorteilhaft miteinander kombiniert sind. V. können auf verschiedene Art und Weise erzeugt werden: Bei den **Teilchen-V.** führt die Einlagerung von feinverteilten Carbiden, Oxiden, Nitriden und Siliciden in den Grundwerkstoff (Matrix) zu verbesserten Festigkeitseigenschaften. Die Herstellung erfolgt i. a. mit pulvermetallurg. Verfahren (→ Pulvermetallurgie). **Faser-V.** bestehen aus Legierungen und Kunststoffen, in die Fäden, Fasern, Whisker, Matten, Gewebe oder Drähte aus den verschiedensten Werkstoffen eingebettet werden. Zu den **Tränklegierungen** gehören V., die aus einem porösen keram. oder metall. Grundwerkstoff bestehen, der mit einem Metall getränkt wird. **Schicht-V.** werden z. B. durch Aufdampfen, Spritzen, Plattieren u. a. von dünnen Schichten auf einen Grundwerkstoff hergestellt.

Vercadmen, das Überziehen von Metallgegenständen, vorwiegend aus Eisen und Stahl, mit Cadmium in cyanidhaltigen, alkalischen oder auch sauren Elektrolyten zum Schutz gegen Korrosion (→ Galvanotechnik). Zur Erhöhung der Korrosionsbeständigkeit werden die Überzüge häufig noch chromatiert (→ Chromatieren).

Verchromen, das Überziehen von Gegenständen mit Chrom, in dünner Schicht zur Verbesserung von Glanz und Korrosionsbeständigkeit **(Glanzchrom)** oder in dikkerer Schicht zur Erzeugung einer harten, abriebfesten Oberfläche **(Hartchrom)** oder zur Wiederherstellung der Maßhaltigkeit bei verschlissenen oder unter Maß geratenen Teilen. Meistens wird das Chrom elektrolytisch aus Lösungen von ›Chromsäure‹ (CrO_3) mit Zusätzen anderer Säuren abgeschieden. (→ Galvanotechnik)

Verdampfer, 1) Bestandteil einer → Kältemaschine, in dem das flüssige Kältemittel unter Wärmeaufnahme aus der Umgebung verdampft wird.

2) In der chem. Verfahrenstechnik ist der V. ein Apparat, in dem durch Wärmezufuhr eine Flüssigkeit zum Sieden gebracht und der Dampf abgeleitet wird. V. dienen zum Konzentrieren von Lösungen und zur Trennung von Stoffgemischen, z. B. zur Trennung von Feststoff und flüssigem Lösungsmittel.

Verdampfung, Verdampfen, der Übergang eines Stoffes vom flüssigen in den gasförmigen Aggregatzustand durch → Sieden oder → Verdunstung. In der Chemie ist die V. ein therm. Trennverfahren, bei dem eine Flüssigkeit oder das Lösemittel der Lösung eines nicht flüchtigen Feststoffes unter Sieden in den Dampfzustand überführt wird. Oberhalb der Siedetemperatur entstehen an der Heizfläche Dampfblasen, die sich ablösen und unter Durchmischung der Flüssigkeit zu deren Oberfläche aufsteigen **(Blasenverdampfung).** Bei sehr hohen Heizflächentemperaturen bilden sich an der Heizfläche geschlossene, isolierende Dampffilme, die die V. hemmen **(Filmverdampfung).** Die V. von Lösungen (Eindampfen) hat die Gewinnung von reinem Lösemittel (z. B. → Meerwasserentsalzung) oder das Aufkonzentrieren der Lösung (z. B. für eine Kristallisation) zum Ziel. Der entweichende

Dampf (→ Brüden) enthält i. Ggs. zur Destillation nur die Lösemittelkomponente. Apparate für die V. werden Verdampfer genannt.

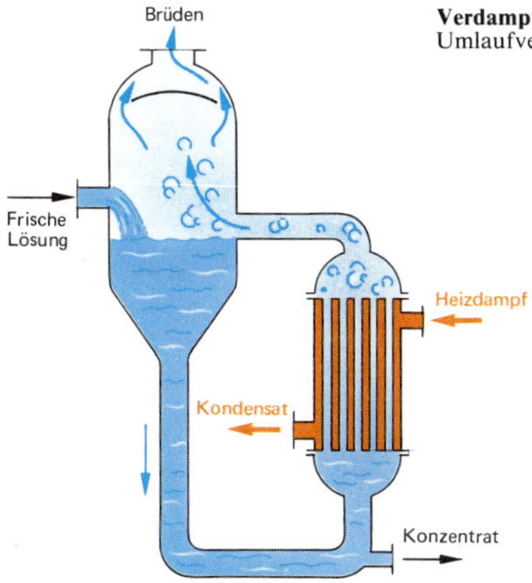

Verdampfung: Umlaufverdampfer

Verdampfungsbrenner, Bauart eines Ölbrenners (→ Brenner), bei der das Heizöl in einem Topf oder einer Schale an der Oberfläche verdampft und gezündet wird. Die Verbrennungsluft strömt über seitliche Öffnungen zu. V. sind geeignet für Heizöfen kleiner und mittlerer Leistung bis zu etwa 10 kW.

Verdampfungswärme. Die **spezifische V.** eines Stoffes ist der Quotient Q/m, wenn Q die Wärmemenge ist, die benötigt wird, um die Masse m einer auf die Siedetemperatur erhitzten Flüssigkeit in Dampf der gleichen Temperatur zu überführen. Die spezif. V. ist gleich der spezif. Kondensationswärme. Sie ist bei Wasser, verglichen mit anderen Flüssigkeiten, mit 2257 kJ/kg sehr groß. Die **molare V.** eines homogenen Körpers der Stoffmenge ν ist der Quotient Q/ν. Die molare V. des Wassers beträgt bei der Siedetemperatur 100 °C etwa 40600 J/mol.

Verdet-Konstante [vɛrd'ɛ-, n. dem frz. Physiker M. E. Verdet, * 1824, † 1866], → Magnetooptik.

Verdichter, Arbeitsmaschinen und Apparate zur Verdichtung und Förderung von gasförmigen Medien von einem niederen Anfangsdruck auf einen höheren Enddruck. Anfangs- und Enddruck können gegenüber dem Luftdruck der Umgebung (Atmosphärendruck) im Unterdruckgebiet (Vakuum) und im Überdruckgebiet liegen. Bei Luftförderung ist gewöhnlich der Atmosphärendruck der Ansaugedruck (Drucklufterzeugung) oder der Enddruck (Vakuumerzeugung). Das Verhältnis des absoluten Enddrucks zum absoluten Ansaugedruck wird als **Druckverhältnis** bezeichnet.

V. mit einem Druckverhältnis bis 1,1, die i. a. nur zur Erzeugung einer Luftbewegung dienen, heißen **Ventilatoren,** solche mit einem Druckverhältnis bis 3 werden auch **Gebläse,** bei Verwendung zur Luftabsaugung **Lüfter** genannt. Bei sehr hohen Druckverhältnissen wird häufig die Bez. → Kompressor benutzt. Geräte zur Vakuumerzeugung heißen **Pumpen.** Die Fahrradluftpumpe (→ Luftpumpe 2) und der Blasebalg sind Verdichter.

V. können **Verdrängermaschinen** (Hubkolben-V., Drehkolben-V.), **Strömungsmaschinen** (Turbo-V.) oder **Strahlapparate** (Strahl-, Treibmittelpumpen) sein.

Bei Verdränger-V. wird das Fördermittel durch Raumvergrößerung angesaugt und durch Raumverkleinerung verdichtet und anschließend aus dem Arbeitsraum verdrängt. Das je Stufe erreichbare Druckverhältnis wird bestimmt vom Verhältnis der Volumina des Arbeitsraums bei Verdichtungsbeginn und -ende, ferner vom Fördermedium und der Kühlung.

Beim **Hubkolben-V.** besteht der einzelne Arbeitsraum aus einem Zylinder mit einem – meist durch einen Kurbeltrieb – geradlinig hin- und herbewegten Kolben. Wirkungsgrad, aber auch Baugröße und -gewicht sinken mit wachsender Drehzahl. Die Wirkungsgrade langsam laufender großer Hubkolben-V. werden von keiner anderen V.-Bauart erreicht. Durch selbststeuernde Ventile paßt sich der Verdichtungsenddruck automatisch dem Gegendruck an. Die Förderung erfolgt pulsierend. Hubkolben-V. sind als kleine und mittlere V. (z. B. für Tankstellen, fahrbar für Baustellen) weit verbreitet, einstufig für Druckverhältnisse bis 5, zweistufig bis 16 und für stationäre Anlagen mit Liefermengen bis maximal 30000 m^3/h. Mit Hubkolben-V. können Höchstdrücke bis 2000 bar erreicht werden. Sonderbauarten ohne Kurbeltrieb sind der **Freiflugkolben-V.,** bei dem der V.-Kolben starr mit einem Brennkraft- oder Dampfmaschinenkolben verbunden ist, und der **Elektro-Schwing-V.,** bei dem die Kolbenstange direkt durch ein Magnetfeld hin- und herbewegt wird.

Beim **Drehkolben-V.** oder **Rotations-V.** werden die zum Ansaugen und Verdichten dienenden Arbeitsräume durch ein Gehäuse und einen oder mehrere darin rotierende Drehkolben gebildet. Kurbeltrieb und Ventile entfallen. Dadurch sind hohe Drehzahlen und kompakte Bauweise möglich. Einlaß- und Verdichtungsende sind jeweils durch feste Steuerkanten begrenzt (eingebautes Druckverhältnis). Dadurch ist der Verdichtungsenddruck festgelegt. Bei davon abweichendem Gegendruck entstehen Verluste. Nachteilig sind die hohen Leckverluste infolge des betriebsnotwendigen Spiels zw. Gehäuse und Drehkolben. – Die zweiwelligen **Roots-** [ru:ts] und **Kapselgebläse** arbeiten ohne innere Verdichtung, d. h., die Arbeitsräume ändern zw. Ein- und Auslaß nicht ihr Volumen. Das Gas wird erst nach Erreichen der druckseitigen Steuerkante durch Rückströmen aus der Druckleitung verdichtet. Der Wirkungsgrad sinkt rasch mit wachsendem Druckverhältnis. Beide Bauarten werden bevorzugt zur Grobvakuumerzeugung eingesetzt, das Roots-Gebläse u. a. Drehkolben-V. auch als mechanisch angetriebene Lader (oft Kompressor genannt) für Kraftwagenmotoren.

Der zweiwellige **Schrauben-V.** hat zwei schraubenförmige Rotoren, bei deren Drehung sich axial wandernde, zw. den Schraubengängen und dem Gehäuse abgeschlossene Arbeitsräume bilden, deren Volumen stetig abnimmt. Die Förderung erfolgt kontinuierlich. Zur Abdichtung und inneren Kühlung wird meist Öl eingespritzt (dann sind Ölabscheider erforderlich). Schrauben-V. konkurrieren mit Kolben-V. bei fahrbaren und mittelgroßen stationären V.-Anlagen (Druckverhältnis zweistufig bis 22). – Einwellige Drehkolben-V. mit innerer Verdichtung sind die **Vielzellen-V.,** die **Flüssigkeitsring-V.** (Vakuumerzeugung, Verdichtung aggressiver oder explosiver Gase) und die **Dreh-** und **Sperrschieberpumpen.** In zweiwelligen Drehkolben-V. ohne Öleinspritzung sind die Drehkolben berührungsfrei geführt; sie eignen sich deshalb zur Erzeugung ölfreier Druckluft.

Bei Turbo-V. oder Kreisel-V. wird in einem kontinuierl. Gasstrom Geschwindigkeitsenergie in Druckenergie umgesetzt. Hohe Drehzahlen sind üblich, das spezif.

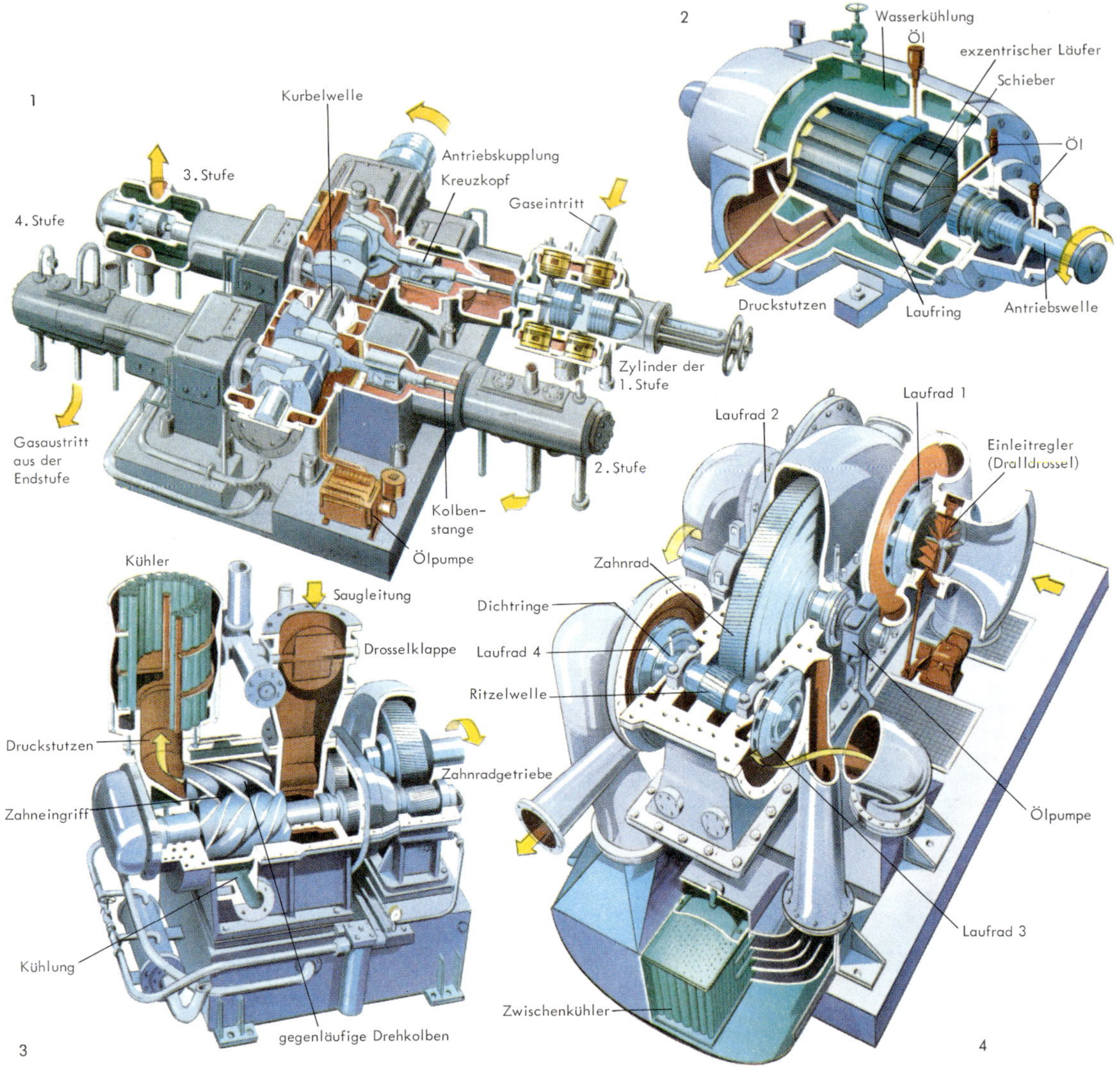

Verdichter: 1 Kolbenverdichter in Boxerbauart.
2 einstufiger Rotationsverdichter. **3** Schraubenverdichter. **4** vierstufiger Getriebe-Turboverdichter

Bauvolumen ist erheblicher kleiner als das von Hubkolben-V. Die Wahl der Bauart hängt ab von Fördermedium und -menge, dem Druckverhältnis und der gewünschten Liefercharakteristik bei wechselnden Gegendrücken und Drehzahlen. Das Stufendruckverhältnis bei Luftförderung beträgt etwa 1, bei Axial-V. 2 und bei Radial-V. bis etwa 4. Die Beschaufelung wird so konstruiert, daß die Strömungsgeschwindigkeit des Fördermediums unter Schallgeschwindigkeit bleibt (bei Überschallflugzeugen Verzögerung der eintretenden Luft auf Unterschall durch Verdichtungsstoß).

Turbo-V. werden zahlreich als einstufige Gebläse oder Lüfter unterschiedl. Größe (z. B. Kühlung von Diaprojektoren, Hochofenwinderzeuger) und mehrstufig bis zu größten Gasmengen (Axial-V. bis 700000 m^3/h) in der Stahlindustrie, Verfahrenstechnik, zum Erdgastransport, für Flugtriebwerke, als Abgasturbolader u. a. bei unterschiedl. Enddrücken eingesetzt. Der Wirkungsgrad steigt mit der Liefermenge, bleibt aber unter dem guter Hubkolben-V.

Beim Strahl-V. (→ Strahlpumpe; Treibmittelpumpe) reißt ein mit hoher Geschwindigkeit aus einer Düse austretender Treibmittelstrahl (Gas, Dampf oder Flüssigkeit) das ihn umgebende Gas mit und erteilt ihm dadurch Geschwindigkeitsenergie. In einem anschließenden Diffusor wird die Geschwindigkeitsenergie durch Verzögerung in Druckenergie umgewandelt.

B. ECK: Ventilatoren ([5]1972); C. PFLEIDERER u. H. PETERMANN: Strömungsmaschinen ([4]1972); L. RINDER: Schrauben-V. (1979); H. T. WAGNER u. a.: Strömungs- und Kolbenmaschinen (1981).

Verdichtung, Kompression, die Verringerung des Volumens eines festen, flüssigen oder gasförmigen Körpers durch allseitige Druckerhöhung (→Kompressibilität). Der Begriff Kompression wird häufig gebraucht anstatt →Verdichtungsverhältnis oder i. S. von Verfestigen unter Verringerung der Hohlräume, z. B. bei der Bodenverdichtung.

Verdichtungsschwingungen, →elastische Schwingungen.

Verdichtungsverhältnis, bei Verbrennungsmotoren das Verhältnis von größtem zu kleinstem Zylindervolumen. Bei Verdichtern das Verhältnis des absoluten Enddrucks zum absoluten Ansaugedruck.

Verdichtungswelle, →elastische Schwingungen, →Stoßwellen.

Verdickungsmittel, Quellungsmittel, Quellmittel, meist hochmolekulare organ. Stoffe, die v. a. Wasser aufsaugen, dabei quellen und (mit Ausnahme anorgan. V.) in zähflüssige, kolloidale Lösungen übergehen. V. werden u. a. in techn., kosmet., pharmazeut. Präparaten verwendet. Sie sind oft eßbar, haben aber keinen Nährwert.

Verdrahtung, Gesamtheit der elektr. leitenden Verbindungen zw. Bauelementen, Baugruppen, Moduln, Funktionseinheiten u. a. innerhalb eines Systems oder einer Anlage und zu externen Anschlüssen. Die V. besteht i. a. aus Schaltdraht, Litze, Kabel (Kabelbaum, Flachkabel, Bündelleiter) oder auch aus auf starren oder flexiblen Isolierschichten aufgebrachten Leiterbahnen.

Verdrängerpumpe, eine Art von →Pumpen, die durch periodisch abwechselndes Vergrößern und Verkleinern ihres Arbeitsraumes fördern. Die Flüssigkeit oder das Gas wird in den Arbeitsraum angesaugt und anschließend in die Druckleitung gedrückt; dabei wird an das Medium vorwiegend Druckenergie übertragen. V. werden ausgeführt als Kolben-, Flügel- und Rotationspumpen.

Bei der **Kolbenpumpe** bewegt sich ein Kolben im Zylinder hin und her; beim Saughub wird durch das Saugventil Flüssigkeit angesaugt, beim Druckhub durch das Druckventil in die Leitung gedrückt. Gleichförmigeres Fördern wird mit mehreren parallelgeschalteten Kolben erreicht **(Zwillings-, Drillings-, Vierlingspumpen).** Kolbenpumpen werden mit einfachwirkenden **Tauchkolben (Plungerkolben),** mit zweifachwirkenden **Scheibenkolben** oder mit **Stufenkolben (Differentialkolben),** die beim Ansaugen einfachwirkend, beim Drücken doppeltwirkend arbeiten, ausgeführt. Bei verunreinigten Flüssigkeiten werden stopfbuchsenlose **Membrankolbenpumpen (Diaphragmapumpen)** verwendet. – Sonderbauarten: →Dampfpumpe, →Hubkolbenpumpe, →Pulsometer.

Bei der **Flügelpumpe** schwingt ein Plattenkolben im zylindr., durch eine radiale Rippe in zwei Arbeitsräume unterteilten Gehäuse. Die Druckventile sitzen im Plattenkolben, die Saugventile im Gehäuse.

Bei **Rotationspumpen** laufen die Arbeitsräume mit dem rotierenden Förderelement um und ändern dabei periodisch ihr Volumen; sie benötigen weder Saug- noch Druckventile. Gestalt und Art der Abdichtung der Arbeitsräume sind sehr verschieden. Bei **Kapselpumpen** ist jeder Arbeitsraum gebildet vom Gehäuse und zwei benachbarten, in Schlitzen des außermittig gelagerten Drehkolbens gleitenden Schiebern. Bei **Wasserringpumpen** tauchen radiale Schaufeln eines im zylindr. Gehäuse exzentrisch gelagerten Laufrads in die aus einem rotierenden Wasserring bestehende Gehäusewandung ein. Bei der **exzentrischen Schneckenpumpe** wird das Gehäuse aus Weichgummi deformiert und ein Arbeitsraum von der Saugseite zur Druckseite gedrückt. Bei Rotationspumpen mit mehreren Förderelementen, wie **Zahnrad-, Schraubenspindel- (Spindel-), Wälzkolben-** und **Schneckenpumpen,** stehen Zahnräder, Gewindespindeln, Wälzkolben, Schnecke und Schneckenrad mit engen Spielen miteinander im Eingriff. Durch dieses Ineinandergreifen der Förderelemente wird die Flüssigkeit aus dem Saugraum in den Druckraum gedrückt.

Die Saugfähigkeit einer V. hängt von Bauart, Größe und Drehzahl der Pumpe ab. V. sind selbstentlüftend. (Weitere BILDER S. 200)

Verdrängerverdichter, →Verdichter.

Verdrängung, Wasserverdrängung, das →Deplacement (→Schiff).

Verdrängungslagerstätten, Erzlagerstätten, die durch Verdrängung, d. h. durch chem. Reaktion von Metallösungen mit reaktionsfähigen Gesteinen (z. B. Kalke und Dolomite), entstanden sind (→Metasomatose). Je nach Charakter des Erzbringers gibt es z. B. pneumatolyt. und hydrothermale V. (→Erzlagerstätten).

Verdrängungslüftung, Raumlüftungsart, bei der die Zuluft durch relativ große Öffnungen mit geringer Geschwindigkeit in den zu lüftenden Raum eingeführt wird. Sie ›drängt‹ die verbrauchte Luft vor sich her und schiebt sie über Abluftöffnungen aus dem Raum.

Verdrehung, gelegentlich auch **Verdrillung,** die →Torsion, ein Sonderfall der →Scherung 3). Beim **Verdrehversuch** werden Proben aus Metall belastet zur Ermittlung a) der Schubfestigkeit und plast. Verformungsfähigkeit für Bauteile oder b) der bei einem durchzuführenden plastischen Umform-Arbeitsgang zu erwartenden Eigenschaften des Werkstoffs.

Verdrillungsmodul, Torsionsmodul, der Schubmodul (→Scherung 3).

Verdünnungsgesetz, das →Ostwaldsche Verdünnungsgesetz.

Verdünnungsmittel, 1) i. w. S. Bez. für flüssige oder gasförmige Stoffe, die zum Verdünnen konzentrierterer Stoffe dienen. **2) Verdünner,** leichtverdunstende Flüssigkeiten zur Herstellung und/oder Anwendung von Anstrichmitteln und Kunstharzen.

Verdünnungswärme, der Unterschied zw. der Lösungswärme einer stark verdünnten Lösung und der einer gesättigten Lösung des gleichen gelösten Stoffes.

Verdunstung, Verdunsten, der bei Temperaturen unterhalb des Siedepunktes stattfindende Übergang aus dem flüssigen in den gasförmigen Aggregatzustand, der sich i. Ggs. zum →Sieden nur an der Oberfläche der Flüssigkeit abspielt. Die zur V. benötigte Energie wird der Umgebung entzogen, so daß sich diese abkühlt **(Verdunstungskälte).** Die Intensität der V. hängt von Form, Rauhigkeit und Benetzung der Oberfläche sowie von Sättigungsdefizit, Druck, Temperatur und →Austausch in der

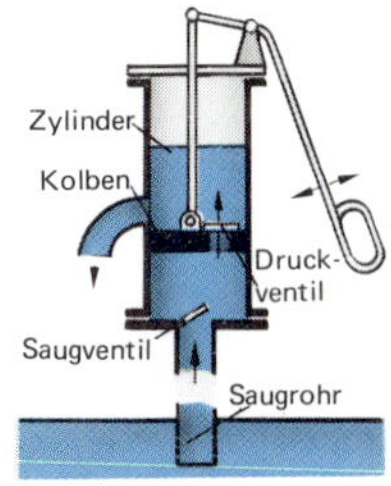

Handpumpe als Saugpumpe

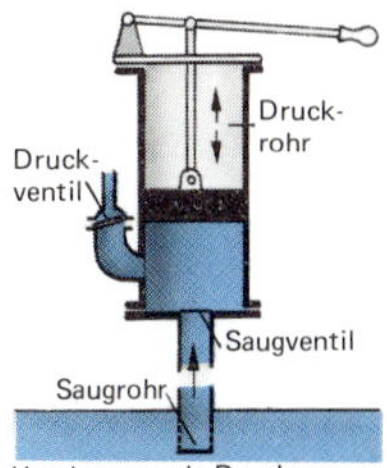

Handpumpe als Druckpumpe

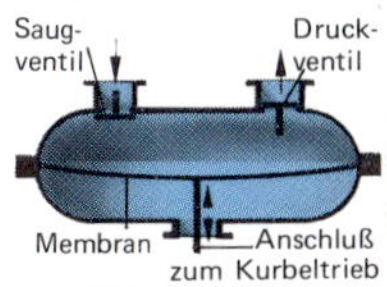

Membranpumpe

Kolbenpumpen

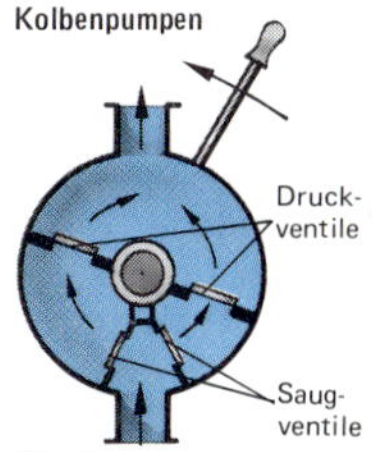

Flügelpumpe

Verdrängerpumpe 1

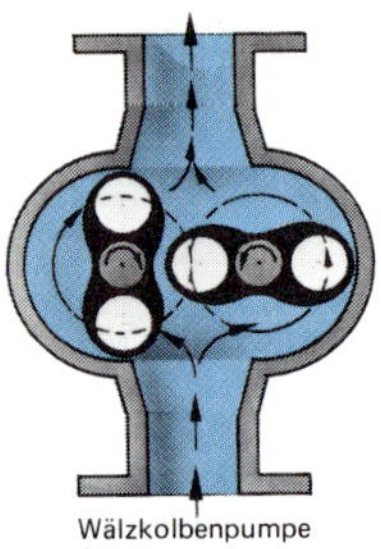

Rotationspumpen

Verdrängerpumpe 2

angrenzenden Schicht ab. Wichtig für viele Vorgänge auf der Erde ist die V. des Wassers. Lebenden Organismen ermöglicht der durch V. **(Transpiration)** bedingte Wasserstrom, Nährstoffe in ihrem Innern zu transportieren, die Verdunstungskälte, ihre Körpertemperatur zu regulieren. V. von nassen und feuchten Oberflächen **(Evaporation)** ergänzt den Wassergehalt der Atmosphäre (→Wasserkreislauf) und versorgt sie gleichzeitig mit der während des Verdunstungsvorganges aufgenommenen Energie **(latente Wärme)**, die bei Kondensation wieder frei wird und entscheidend für den Antrieb der Zirkulation der Atmosphäre (→Zirkulation) ist.

Verdunstungskondensator, Kondensator einer Kältemaschine, in dem das Kühlwasser über die Kondensatorrohre verteilt wird. Ein Teil des Wassers verdampft (verdunstet) durch Aufnahme der vom Kältemittel innerhalb der Rohre abgegebenen Kondensationswärme.

Verdunstungsmesser, →Heizkostenverteiler.

Verdunstungszahl, Zeichen **VD,** Maßzahl zur Kennzeichnung der Flüchtigkeit von Flüssigkeiten; wichtig für die Beurteilung von Lösungs-, Verdünnungs- und Verschnittmitteln. Die V. ist der Quotient aus der Verdunstungszeit der zu prüfenden Flüssigkeit und der von Diäthyläther (zum Vergleich) bei 293 ± 2 K und einer relativen Luftfeuchtigkeit von $65\% \pm 5\%$.

Veredlung, Veredelung, 1) Fertigungstechnik: unscharfe Bez. für die Wertmehrung eines Gegenstandes a) durch Überführung von einem Roh- oder Zwischenzustand in einen Fertigzustand durch eine relativ geringfügige techn. Veränderung, die nicht zu einer völligen Stoffumwandlung führt. Durch V. entstehen Erzeugnisse, die den Bedürfnissen der Nachfrager in Form und Qualität entgegenkommen; b) durch Verbesserung des Gußgefüges von Metallen durch Schmelzzusätze; c) durch Verbesserung von Oberflächen, besonders durch Färben oder Beschichten.

2) →Textilveredlung.

Vereinheitlichungslänge, →Wechselwirkung.

Vereinigung, Vereinigungsmenge, zweier →Mengen M_1 und M_2 ist die Menge der Elemente, die mindestens in einer der Mengen M_1 oder M_2 enthalten sind,

Verdrängerpumpe 3: Kolbenpumpe, Hauswasserpumpe; Druck- und Saugleitung liegen in der Ebene des Betrachters

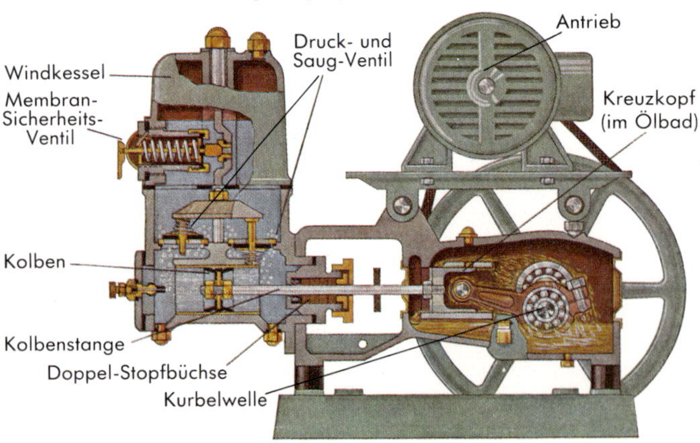

und man schreibt $M_1 \cup M_2 := \{x | x \in M_1 \text{ oder } x \in M_2\}$, z. B. ist die Menge $\mathbb{Z}$ der ganzen Zahlen die V. der Menge der geraden Zahlen und der Menge der ungeraden Zahlen.

Vereisenen, Verstählen, die galvan. Abscheidung von Eisenüberzügen aus Lösungen von Eisensalzen.

Vereisung, 1) am Flugzeug Eisbildung v. a. an Tragflügel- und Leitwerksvorderkanten sowie Luftschrauben durch unterkühlte Wassertröpfchen, die beim Auftreffen anfrieren. V. hat schädliche und z. T. fluggefährdende Auswirkungen (Gewichtszunahme, Auftriebsminderung und Widerstandszunahme durch Veränderung der Profilform, Minderung der Ruderwirkung, Unwucht von Luftschrauben, Ausfall von Meßfühlern für Flugüberwachungsinstrumente), weshalb Enteisungsvorrichtungen und -maßnahmen gebräuchlich sind (Absprengen durch aufblasbare Schläuche an den Vorderkanten, Beheizung, eislösende Flüssigkeiten).

2) bei Motoren **Vergaser-V.,** Niederschlag von Luftfeuchtigkeit als Eis oder Schnee an unterkühlten Vergaserteilen (Düse, Drosselklappe), begünstigt durch die Verdunstungskälte beim Verdampfen des Kraftstoffes; kann zum Ausfall des Vergasers führen. Gegenmaßnahmen: Alkoholzusätze oder Beimischung besonderer V.-Hemmstoffe, z. B. Glykol.

Vererbungslehre, die →Genetik.

Vererzung, Metallisation, 1) Vorgang der nachträgl. Bildung von Erzmineralen in einem Gestein durch →Imprägnation oder Verdrängung (→Verdrängungslagerstätten). – 2) Bergmannsausdruck für ein erzhaltiges Gestein. – 3) **Vererztes Gold** ist feinst verteilt in anderen Erzmineralen (z. B. Pyrit), Ggs.: **Freigold.**

Veresterung, Reaktion nach dem Schema

$$\text{Alkohol} + \text{Säure} \rightleftharpoons \text{Ester} + \text{Wasser}.$$

Die V. läuft bis zu einem Gleichgewichtszustand ab. Ihre Umkehrung heißt **Hydrolyse.** Die V. von Carbonsäuren wird durch Zusatz starker Säuren (z. B. Schwefelsäure) beschleunigt.

Verfahren, nach DIN der Ablauf von chem., physikal. oder biolog. Vorgängen zur Gewinnung, Herstellung oder Beseitigung von Stoffen oder Produkten; eine der Patentkategorien (→Patent).

Verfahrens|technik, anwendungsorientierte Wissenschaft, die sich mit Entwurf, Projektierung und Betrieb von Verfahren und Anlagen der Stoffwandlung beschäftigt. Aufgaben für die V. finden sich u. a. in der chem. Industrie, Mineralölindustrie, Energiewirtschaft, Hüttenindustrie, Textilindustrie und Nahrungsmittelindustrie. Der Teil der V., der sich mit der Durchführung von chem. Reaktionen in →Reaktionsapparaten beschäftigt, wird **Reaktionstechnik** genannt (→Chemische Technologie). Als Grundoperationen der V. werden die bei vielen Verfahren wiederkehrenden physikal. Vorgänge zur Vor- und Aufbereitung der reagierenden Stoffe bezeichnet. Sie lassen sich entweder der mechan. oder der therm. V. zuordnen. Die **mechanische V.** umfaßt Prozesse, die mit Hilfe von mechanischen Einwirkungen ablaufen, z. B. Mischen, Zerkleinern, Filtration. Gegenstand der **thermischen V.** sind Prozesse der Wärme- und Stoffübertragung, z. B. Destillation, Extraktion, Absorption und Kristallisation.

ULLMANNS Encyklopädie d. techn. Chemie, 25 Bde., hg. v. E. WEISE u. a. ([4]1972–84); ABC V. (1980); H. PHILIPP: Einführung in die V., hg. v. P. GRASSMANN (1980); W. HEMMING: V. ([2]1980); W. BRÖTZ: Techn. Chemie, 2 Bde. (1981); B. KÖGL u. F. MOSER: Grundlagen der V. (1981); Lb. der chem. V., hg. v. H. RABEL

([4]1981); K. Winnacker u. L. Küchler: Chem. Technologie, 7 Bde. ([4]1981 ff., bisher 5 Bde.).

Verfestigung, i. a. jede Zunahme der Härte und Festigkeit von verformbaren Werkstoffen, i. e. S. besonders die bei einer Verformung auftretende Festigkeitssteigerung **(mechan. V.).** Die **chem. V.** beruht auf der Einlagerung von Fremdatomen in ein Kristallgitter, die **Dispersions-V.** auf einer Einlagerung von Ausscheidungen (→Aushärtung) oder anderen Fremdphasen in die Matrix (→Gefüge 2). Eine V. ist i. d. R. mit einer Abnahme der Dehnbarkeit und Verformbarkeit verbunden. Daher müssen bei Umformungen nach best. Verformungsgraden Zwischenglühungen eingelegt werden, durch die eine Entfestigung oder →Rekristallisation 2) hervorgerufen wird.

Verflüssigen, Überführen eines Stoffes in den flüssigen Aggregatzustand. Feststoffe lassen sich durch Wärmezufuhr oder Druckerhöhung verflüssigen. V. von Gasen und Dämpfen, →Gasverflüssigung, →Luftverflüssigung, →Kondensation 2). – I. w. S. spricht man auch bei best. chemischen Umsetzungen von Verflüssigung, z. B. bei der Kohleverflüssigung, d. h. bei der Gewinnung flüssiger Kohlenwasserstoffe aus fester Kohle durch Hydrierung (→Kohlehydrierung).

Verflüssiger, der →Kondensator 2).

Verfolgungskurve, Hundekurve, Fliehkurve, Fluchtkurve. Wenn sich ein Punkt (Körper) Q mit konstanter Geschwindigkeit v längs einer ebenen Kurve K bewegt, während sich ein verfolgender Punkt (Körper) P in derselben Ebene mit der k-fachen Geschwindigkeit kv stets auf Q zu bewegt, beschreibt P eine V. Je nach dem Verhältnis der Geschwindigkeiten von P und Q entstehen für dieselbe Kurve K verschiedene V. Eine V. wird z. B. von einem Hund durchlaufen, der so läuft, daß seine augenblickl. Bewegungsrichtung immer zum augenblickl. Standort des sich bewegenden Ziels zeigt. V. können u. a. auch bei der Bekämpfung bewegl. Ziele mit zielsuchenden Waffen auftreten.

Verformung, die →Deformation.

Verfügbarkeit, die Wahrscheinlichkeit, daß sich ein Gerät oder System innerhalb eines Zeitraumes oder zu einem best. Zeitpunkt in funktionstüchtigem Zustand befindet und für die vorgesehene Aufgabe zur Verfügung steht. Zus. mit der →Wartbarkeit ist die Angabe der V. bei reparierbaren Systemen ein Maß für die →Zuverlässigkeit. Eine hohe V. erhält man, wenn die Abstände zw. den Reparatur-/Wartungsarbeiten groß sind und/oder die Dauer der Reparatur/Wartung (während der das betroffene Gerät normalerweise nicht betriebsbereit ist) möglichst klein gehalten werden kann.

Vergällung, Denaturierung, Behandlung von Lebens- und bes. Genußmitteln, z. B. Äthanol, Kochsalz, mit V.-Mitteln, die das Produkt für den menschl. Genuß unbrauchbar machen; man erlangt dadurch Zollfreiheit oder Zollermäßigung und Steuerfreiheit oder Steuerbegünstigung; **V.-Mittel** zur vollständigen V. von Äthanol bestehen aus Menthanol, Aceton und Pyridinbasen. Für best. Zwecke ist auch eine teilweise V. mit Äther, Petroläther, Benzol, Chloroform, Campher, Phenol u. a. zugelassen. Kochsalz zur Viehfütterung (Viehsalz) wird mit Eisenoxid, Wermut oder Holzkohlenpulver vergällt, Kochsalz für gewerbl. Zwecke mit Petroleum, Seife, Braunkohle u. a.

Vergaser, Teil eines Ottomotors für flüssigen Kraftstoff, in dem dieser fein zerstäubt und mit der angesaugten Verbrennungsluft in dem für ein zündfähiges Gemisch notwendigen →Luft-Kraftstoff-Verhältnis gemischt wird. Der Kraftstoff gelangt vom Tank in das Schwimmergehäuse des V., wo der Schwimmer die Höhe des Kraftstoffspiegels konstant hält, und von dort über die Hauptdüse zum Mischrohr. Im Lufttrichter (eine Querschnittsverengung) erhöht sich die Luftgeschwindigkeit. Durch den entstehenden Unterdruck wird der Kraftstoff aus dem Mischrohr angesaugt und der Luft zugemischt. Die darauf folgende Drosselklappe steuert die Gemischmenge. Weitere Einrichtungen (z. B. Warmlaufanreicherung, Leerlaufsystem bei geschlossener Drosselklappe, Teillaststeuerung, Vollastanreicherung, Beschleunigungspumpe) sorgen dafür, daß bei allen Betriebszuständen die gewünschte Gemischzusammensetzung erreicht wird. Bei Kaltstart des Motors wird die →Starterklappe durch Hand (Choke) oder Startautomatik geschlossen (dadurch erhöhter Unterdruck, fetteres Gemisch) oder ein zusätzlicher **Start-V.** verwendet. Über V.-Vereisung →Vereisung 2).

Beim **Gleichdruck-V.** verändert ein Kolbenschieber, an dem auch die konische Düsennadel zur Kraftstoffzumessung befestigt ist, den Durchströmquerschnitt so, daß Unterdruck und Strömungsgeschwindigkeit in der Mischkammer annähernd konstant sind. Bei **Fallstrom-V.** geht der Gemischstrom von oben nach unten, bei **Schrägstrom-V.** schräg nach unten. **Steigstrom-V.** (heute selten) haben aufsteigenden, **Flachstrom-V.** waagerechten Gemischstrom. Für getrennte Ansaugrohre werden oft **Doppel-V.** verwendet, für Hochleistungsmotoren **Register-V.** mit nacheinander öffnenden Stufen.

Alternative zum V.-Motor: →Einspritzmotor.

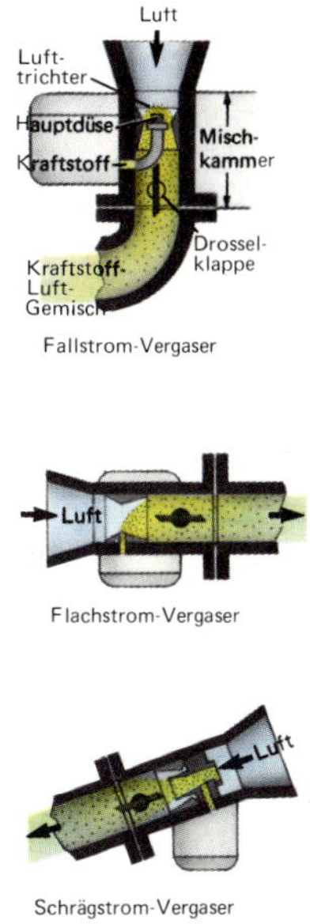

Vergaser 1: Bauarten der V. nach Strömungsrichtung

Vergasung, Überführung eines festen Stoffes in den gasförmigen Zustand durch Zufuhr der erforderl. Umwandlungsenergie und i. a. mit Hilfe von Luft oder Sauerstoff und Wasserdampf. Besondere Bedeutung hat die →Kohlevergasung, die Erzeugung von →Brenngasen, von →Synthesegas (→partielle Oxidation) u. a. Eine teilweise V. findet auch bei der →Schwelung statt. Zur Nutzung schwer zugänglicher oder armer Kohlelager sind Untersuchungen zur →Untertagevergasung im Gang.

Vergaser 2: Fallstrom-V., Bauart Solex (VW)

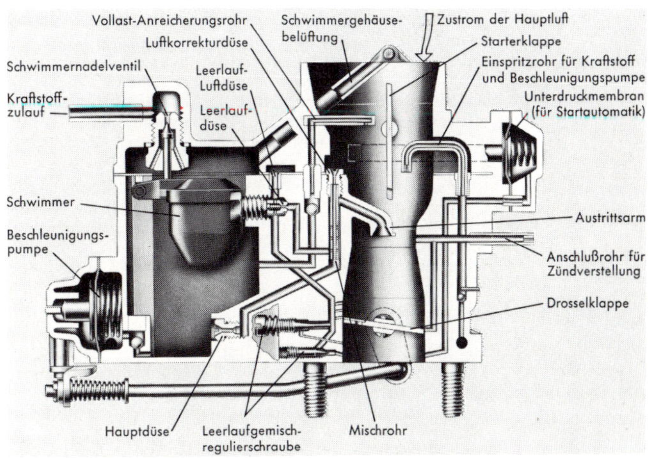

Vergenz *die,* Richtung des Faltenwurfs in einem Faltengebirge, meist gegen das Vorland gerichtet. Bei entgegengesetzter V. in einem Faltengebirge spricht man von **Divergenz** oder **Antivergenz,** je nachdem, ob die Achsenebenen einen nach oben oder nach unten geöffneten Fächer bilden (→ Falte).

Vergiftung, 1) Chemie: gezielte Aktivitätsminderung von Katalysatoren durch teilweise Desaktivierung mittels **Kontaktgiften** (→ Katalyse).

2) Kerntechnik: Bez. für die die Kettenreaktion beeinträchtigende hohe Neutronenabsorption durch best. Stoffe (→ Reaktorgifte) in einem Kernreaktor.

3) Medizin: **Intoxikation,** Gesundheitsschädigung durch Aufnahme eines → Giftes, z. B. in Form von Lösemitteln, flüchtigen Substanzen, Schädlingsbekämpfungsmitteln. Das Gift wird meist durch den Verdauungskanal aufgenommen, seltener über Atemwege, Haut oder Schleimhaut.

Verglasung, die Einbettung hochradioaktiver Spaltprodukte in Glas (wie Borosilikatgläser) zur → Endlagerung.

Vergleichs|prozeß, theoret. Prozeß einer → Wärmekraftmaschine, bei dem die thermodynam. Vorgänge verlustfrei angenommen und damit der Rechnung zugänglich sind. Der → Wirkungsgrad einer Wärmekraftmaschine wird durch die Art des vorliegenden V. bestimmt. Der Gesamtwirkungsgrad ergibt sich aus dem thermodynam. Wirkungsgrad des V., dem Gütegrad und dem mechan. Wirkungsgrad.

Vergolden, das Überziehen von Metall- oder Nichtmetallgegenständen für dekorative oder techn. Zwecke mit Gold, meist elektrolytisch aus cyanidhaltigen u. a. Lösungen (→ Galvanotechnik), ferner durch chem. Reduktion, durch Aufwalzen dünner Goldfolien (→ Doublé) oder durch Aufdampfen im Hochvakuum.

Neben diesen Verfahren, bei denen das Gold direkt (ohne Bindemittel) aufgebracht wird, gibt es das Vergolden mit → Blattgold (in besonderen Fällen auch Pudergold), das mit Bindemitteln aufgeklebt oder aufgepreßt wird. Man vergoldet so Kunst- und Gebrauchsgegenstände aus Metall, Stein, Gips, Holz, Papier, Leder und dgl., wie Bauteile, Plastiken, Devotionalien, Bilderrahmen oder Bucheinbände. Wichtigste Verfahren: Ölvergoldung (mit Öl als Bindemittel) und Polimentvergoldung (polierbare Glanzvergoldung).

Vergrauungs|inhibitoren, Waschmittelbestandteile, die dazu beitragen, den von der Faser abgelösten Schmutz in der Waschflotte in der Schwebe zu halten und ein Wiederabsetzen auf der Faser zu verhindern. Als V. dient v. a. Carboxymethylcellulose (→ Celluloseäther).

Vergrößerung, bei opt. → Abbildungen 2) das Verhältnis der Bildgröße zur Objektgröße **(Abbildungsmaßstab);** bei opt. Instrumenten (→ Mikroskop 2, → Fernrohr 1, → Lupe) das Verhältnis vom Tangens des Sehwinkels mit Instrument zum Tangens des Sehwinkels ohne Instrument, wobei als Bezugssehweite ein Abstand von $s_0 = 25$ cm (→ deutliche Sehweite) vom Auge festgelegt ist.

Vergrößerungs|apparat, Gerät zum Herstellen eines vergrößerten photograph. Papierbildes von einem Negativ oder Diapositiv. Die Vorlage wird in einem Halter plan befestigt und durch eine Beleuchtungseinrichtung gleichmäßig ausgeleuchtet. Ein Objektiv bildet die Vorlage auf das im Kopierrahmen eingelegte photograph. Papier ab. Der Vergrößerungsmaßstab wird durch Verändern des Abstandes von Vorlage und Papier eingestellt. Die Wahl der Belichtungszeit und die Scharfeinstellung geschehen je nach Gerätetyp manuell oder automatisch. Für Farbvergrößerungen werden entsprechende Farbkorrekturfilter in den Strahlengang eingebracht.

Vergrößerungsglas, die → Lupe.

Vergrusung, Geologie: die → Abgrusung.

Vergüten, 1) Metallkunde: die Verbesserung der Eigenschaften von Stählen durch → Härten und → Anlassen.

2) Optik: das Überziehen der Oberflächen optischer Gläser mit einer dünnen Schicht meist von Magnesium- oder Lithiumfluorid zur Verminderung der Reflexionsverluste und des Streulichts in mehrlinsigen Anordnungen. Sind alle Grenzflächen mit reflexmindernden Schichten belegt, spricht man auch von T-(Transparenz-)Optik, T-Belag, T-Schutz, Oberflächenvergütung, Entspiegelung. Hochwertige photograph. Objektive und Filter können auch mit einer Mehrschichtenvergütung (engl. Multi-Coating, Abk. MC) versehen sein. (→ Entspiegeln)

Verhältnis. Den Quotienten a/b zweier gleichbenannter Größen a und b bezeichnet man auch als V. $a:b$ (lies: a zu b); haben zwei V. gleichen Wert, kann man dies in Form einer V.-Gleichung oder → Proportionalität ausdrücken, z. B. $12:3 = 4:1$.

Verharzung, meist unerwünschte Bildung dunkler, harziger Massen aus organ. Stoffen (z. B. Pyrolysebenzin, Schmieröle) bei höherer Temperatur, Lichteinwirkung und/oder in Gegenwart von Sauerstoff. V. sind auf unkontrollierte Polymerisationen und Kondensationen zurückzuführen.

Verhieb, Bergbau: Hereingewinnung, Lösen; Merkmal zur Kennzeichnung von → Abbauverfahren: **V.-Art** und **V.-Richtung** kennzeichnen die Form des Abbaustoßes (→ Stoß 1) und die Richtung, in der ihn der Bergmann oder die Gewinnungsmaschine angreift.

Verhüttung, Verarbeitung von Erzen, Schrott und metallhaltigen Zwischenprodukten auf ihre verwertbaren Bestandteile in einem Hüttenwerk.

Verkarstung, Vorgänge, die zur Ausbildung von Karsterscheinungen (→ Karst) führen.

Verkehr, Raumüberwindung von Personen (Personen-V.), Gütern (Güter-V.) und Nachrichten (Nachrichten-V.) unter Benutzung besonderer techn. und organisator. Einrichtungen (Verkehrsmittel, Verkehrswege, Verkehrsanlagen: → Eisenbahn, → Kraftwagen, → Schiff, → Flugzeug, → Raumfahrt, → Rohrleitung, → Telekommunikation).

Verkehrsflugzeug, zur Beförderung von Personen, Post und Fracht bestimmtes Flugzeug, für dessen Zulassung besondere Lufttüchtigkeitsforderungen erfüllt werden müssen; außerdem müssen wirtschaftl. Forderungen berücksichtigt werden (Anpassung an jeweilige Verkehrsbedürfnisse und jeweils gültige Rahmenbedingungen, z. B. Personallage, Kraftstoffkosten, Umweltschutzforderungen). V. zur Personenbeförderung werden meist auch gleichzeitig zur Beförderung von Fracht und Post verwendet; daneben gibt es reine Frachtflugzeuge.

Verkehrsfunk, Verkehrswarnfunk, Verkehrsrundfunk, Funkeinrichtungen, die über die Straßenverkehrslage informieren. Durchsagen werden seit den 60er Jahren in der Bundesrep. Dtl. zu best. Zeiten für das gesamte Bundesgebiet über den Deutschlandfunk auf Mittel- und Langwelle und als regionale Verkehrsdurchsagen über die Landesrundfunkanstalten ausgestrahlt. Ein verbessertes System wurde in der Bundesrep. Dtl. 1974 als

UKW-Kennsignal-System, auch **ARI-System (Autofahrer-Rundfunk-Information),** eingeführt, das mit UKW-Sendern eine bessere Zuordnung von Durchsagen zu best. Gebieten ermöglicht **(Autofahrer-** oder **Servicewelle** [sˈəːvɪs-]). Dieses System bringt auf Grund von verschiedenen Kennsignalen und entsprechenden **V.-Decodern** im Empfänger mehrere Bedienungsvereinfachungen (Anzeige der Sender mit Verkehrsdurchsage durch Lämpchen, Hörbarmachen nur von Sendern mit Verkehrsdurchsagen oder nur der zuständigen Sender und auf Wunsch nur von Verkehrsdurchsagen, automat. Umschalten von Unterhaltung auf Verkehrsdurchsage). Mit dem normalen Autoempfänger (ohne Spezialgerät für den V.) kann man den in Betracht kommenden Sender einstellen, dessen Frequenz auf blau-weißen Schildern an den Autobahnen und wichtigsten Bundesstraßen angegeben ist. Ein weiterentwickeltes V.-System ist das in Planung befindliche **Autofahrer-Leit- und Informationssystem (ALI).**

Verkehrslärm. Durch die ständig steigende Zahl von Kraftfahrzeugen ist der **Straßen-V.** zur Hauptstörquelle vor dem → Industrielärm und → Fluglärm geworden. Die Schallemission von für den Straßenverkehr zugelassenen Kraftfahrzeugen ist gesetzlich begrenzt. Folgende Grenzwerte für das Fahrgeräusch in einem vorgeschriebenen Betriebszustand gelten in der EG seit 1980:

Pkw bis 9 Sitze	80 dB (A)
Lkw, Bus unter 3,5 t Gesamtgewicht	81 dB (A)
Lkw bis 147 kW	86 dB (A)
Lkw über 147 kW	89 dB (A)
Bus bis 147 kW	82 dB (A)
Bus über 147 kW (ab 1982)	85 dB (A)

Für Krafträder wurden Werte zwischen 78 dB (A) und 86 dB (A) festgelegt. Diese Höchstwerte dürfen bei der Typenzulassung nicht überschritten werden.

Der V. wird im wesentl. durch Roll-, Motoren- und Windgeräusche verursacht. Die **Rollgeräusche** liegen für Pkw bei 50 km/h auf glatter Asphaltstraße zw. 64 dB (A) und 72 dB (A). Da beim Lkw die **Motorengeräusche** stark überwiegen, kann durch Motorkapselung die Gesamtemission um etwa 10 dB (A) gesenkt werden. Bei Geschwindigkeiten über 100 km/h überwiegt beim Pkw das **Windgeräusch.** – Bei Verdoppelung der Verkehrsdichte steigt der V. um 3 dB (A). Ein Lkw kann dabei etwa wie zehn Pkw angesetzt werden. (→ Lärmschutz)

Verkehrslast, Bautechnik: im Unterschied zu der ständigen Belastung aus Eigengewicht die veränderl. Belastung, die sich bei Brücken aus dem darübergehenden Verkehr, Wind und Schnee, bei Gebäuden aus der aufzunehmenden Nutzbelastung (Menschen, Einrichtungen, Lagergüter usw.), Wind und Schnee ergibt; für Brücken und Hochbauten genormt.

Verkehrs|theorie, Fernmeldetechnik: Zweig der mathemat. Statistik, liefert Planungs- und Bemessungsunterlagen für → Vermittlungsnetze, bes. im Fernsprechverkehr.

Verkehrszeichen, alle Zeichen zur Verkehrsregelung: → Eisenbahnsignale, → Schiffahrtszeichen, → Straßenverkehrszeichen; → Lichtsignalanlage.

verkettete Spannung, bei Mehrphasensystemen (z. B. Drehstrom) die Spannung zw. zwei Außenleitern, im Unterschied zu der Phasenspannung zw. dem Mittelpunktleiter und den Außenleitern. (→ Drehstrom)

Verkettungsfluß, die magnetische → Durchflutung.

Verkieselung, Silifikation, Silifizierung, sekundäre Ersetzung der urspr. Substanz eines Gesteins oder Fossils durch Kieselsäure, als Quarz, seltener Chalcedon oder Opal. (→ Einkieselung)

Verkiesung, Ersetzung der urspr. Substanz eines Gesteins oder Fossils durch Pyrit oder Markasit, bes. bei tonigen Gesteinen.

Verklappen, Verklappung, das Versenken von (z. T. giftigen) Abfallstoffen durch Schiffe auf See.

Verknüpfung, Komposition, Mathematik: **Interne** oder **innere V.** auf einer Menge M ist eine Abbildung $f: M \times M \longrightarrow M$ des kartes. Produkts, gelegentlich auch einer Teilmenge von $M \times M$, in M, d. h., durch eine innere V. wird jedem geordneten Paar (a, b) von Elementen aus M eindeutig ein Element aus M zugeordnet, häufig mit $a \cdot b$ bezeichnet. Beispiel: Die Addition oder Multiplikation der ganzen rationalen Zahlen $\mathbb{Z}$, wobei dem geordneten Paar (z_1, z_2) die Summe $z_1 + z_2$ oder das Produkt $z_1 \cdot z_2$ zugeordnet wird. Als Verallgemeinerung der internen V., die dann binäre oder zweistellige V. heißen, werden auch n-stellige V. als Abbildungen $M \times \ldots \times M \longrightarrow M$ des n-fachen kartes. Produkts in M betrachtet. Mengen mit verschiedenen solcher V. werden v. a. in der → universellen Algebra untersucht.

Eine **externe** oder **äußere V.** zweier Mengen M_1 und M_2 in M_2 ist eine Abbildung $g: M_1 \times M_2 \longrightarrow M_2$, gelegentlich auch nur auf einer Teilmenge definiert, z. B. Skalarmultiplikation eines Körpers K und eines Vektorraums V, $K \times V \longrightarrow V$, $(\alpha, \boldsymbol{x}) \longmapsto \alpha\boldsymbol{x}$ in → Vektorräumen.

Verknüpfungsglieder, Gatter, logische Schaltungen, Schaltungen zur Verknüpfung elektr. Signale i. S. der → Schaltalgebra. V. können nur duale Signale verarbeiten, d. h., die Eingangsgrößen müssen deutlich unterscheidbare → Logikpegel (High und Low) aufweisen, sie bilden die Grundlage der digitalen Datenverarbeitung. Die Verknüpfung besteht darin, best. Signalzuständen am Eingang wiederum best. Schaltzustände am Ausgang zuzuordnen, also einen logischen Zusammenhang herzustellen. Die für diese Aufgabe benötigten Grundschaltungen sind das → UND-Glied, das → ODER-Glied und das → NICHT-Glied. Darüber hinaus gibt es noch Kombinationen dieser Grundschaltungen, z. B. das → NAND-Glied (zusammengesetzt aus NICHT- und UND-Glied) und das → NOR-Glied (aus NICHT- und ODER-Glied). V. werden i. a. als Halbleiterschaltungen in Form von integrierten Schaltungen hergestellt, am weitesten verbreitet ist der Aufbau in Transistor-Transistor-Logik (→ TTL 1) mit Multiemittertransistoren. Im Prinzip lassen sich logische Verknüpfungen auch auf andere Weise erzeugen, z. B. mechanisch, pneumatisch oder mit Relais.

Verkohlung, Zersetzung organ. Stoffe zu kohlenstoffreichen Rückständen. V. kann z. B. durch Erhitzen unter Luftabschluß erreicht werden (→ Holzverkohlung).

Verkokung, therm. Behandlung von Kohle, Holz, Ölschiefer u. ä. Brennstoffen unter Sauerstoffausschluß bei Temperaturen zw. 700 und 1 300 °C. Bei niedrigeren Temperaturen spricht man von → Schwelung. Große Bedeutung für die Herstellung von Hochofenkoks (→ Koks) hat die **Hochtemperatur-V.** von Steinkohle in Kokereien. Dabei wird Kokskohle (bes. Fett- und Gaskohle mit 19–35% flüchtigen Bestandteilen) mit gutem → Backvermögen überwiegend in diskontinuierlich arbeitenden Horizontalkammeröfen verkokt. Die Kohle wird in Ofenkammern eingefüllt, von denen bis zu 500 zu einer Koksofenbatterie zusammengefaßt sind. Zw. den Kammern befinden sich Heizzüge, mit deren Hilfe die Kammerwände aus feuerfesten Silica-Erzeugnissen auf 900–1300 °C aufgeheizt werden. Fortschreitend von der Kammerwand zur Kammermitte werden aus der Kohle zunächst Feuchtigkeit und adsorbierte Gase ausgetrieben. Oberhalb 250 °C beginnt die Zersetzung unter Abspaltung leichtflüchtiger Kohlenwasserstoffe (Vorentgasung). Ab 350 °C geht die Kohle unter weiterer Entgasung (Austreiben von Teer) in einen plast. Zustand und schließlich über Halbkoks in Koks über. Die Garungszeit liegt zw. 12 und 30 Stunden. Der Koks wird aus der Kammer in einen Löschwagen gedrückt und durch Berieselung mit Wasser abgelöscht. Aus dem Koksofen-Rohgas scheidet sich bei der Abkühlung zunächst → Teer ab. Nach der Entfernung von mitgerissenen Teertröpfchen, Ammoniak, Benzol und Schwefelwasserstoff kann das überwiegend aus Wasserstoff, Methan, Stickstoff und Kohlenoxid bestehende Gas für Heizzwecke verwendet werden.

Verkrautung, massenhaftes Vorkommen von Wasserpflanzen in einem Wasserlauf, wodurch der Wasserspiegel ansteigt.

Verkupfern, das Aufbringen von Kupferüberzügen, meist elektrolytisch aus sauren oder alkal. oder alkalisch-cyanidischen Kupfersalzlösungen oder durch chem. Reduktion auf Gegenständen aus Glas, Kunststoffen und dgl. (→ Galvanotechnik). Die Kupferüberzüge dienen als Zwischenschicht vor dem Vernickeln und Verchromen von Stahl und Zinkdruckguß, für Druckwalzen und -platten, zur Herstellung von Schallplatten-Matrizen, von gedruckten Schaltungen u. a.

Verlackung, in der Textilfärberei die Bildung eines unlösl., festhaftenden Farblackes auf der Faser.

Verladebrücke, spezielle Bauart des → Krans.

Verlandung, das Zuwachsen der Wasserfläche stehender oder langsam fließender Gewässer durch Sedimentation von Schwebe- und Sinkstoffen und Vorrücken der Ufervegetation, deren abgestorbene Reste sich am Boden der Gewässer anhäufen. Die V. kann auch durch ein Absinken der Wasserstände verursacht oder ausgelöst werden. Die V. wird begünstigt durch ein flaches Ufer (Uferbank) und beschleunigt durch Zufuhr von Schlamm, Sand und Kies sowie von Nährstoffen (Einleiten von Abwässern, Einschwemmung von Düngemitteln); → Eutrophierung. Verlandungsstadien sind: Verschilfung, Schwingrasen-, Flach- oder Hochmoor. In Flußtälern verlanden bes. die toten Flußschlingen.

Verlaufmittel, Zusätze in Anstrichstoffen, die deren Verlaufen und die Ausbildung von glatten Anstrichen begünstigen. Als V. dienen kleine Mengen schwerflüchtiger Lösemittel (z. B. Butylglykol).

Verlehmung, Vorgang der chem. Verwitterung kalk- und tonerdesilikatreicher Gesteine (→ Lehm).

Verlesebänder, Auslesebänder, Klaubebänder, → klauben.

Verlustfaktor, Elektrotechnik: das Verhältnis der in einem verlustbehafteten Bauelement mit Blindwiderstand, z. B. im Dielektrikum eines Kondensators, umgesetzten Wirkleistung P zur Blindleistung Q: $\tan \delta = P/Q$, der Winkel δ heißt **Verlustwinkel.** Der Kehrwert des $\tan \delta$ wird als **Güte** des Kondensators oder der Spule bezeichnet. Bei hochwertigen Bauelementen ist der Verlustwinkel sehr klein, so daß dieser mit dem V. gleichgesetzt wird ($\tan \delta \approx \delta$).

Verlustleistung, bei einem elektron. Bauelement die größte zulässige Gesamt(verlust)-Leistung, die während des Betriebes in Wärme umgesetzt wird. Der Grenzwert für das jeweilige Bauelement ist in Datenblättern angegeben, er hängt von den Kühlbedingungen, d. h. von der Wärmeabfuhr z. B. durch Kühlkörper ab. Bei einer Diode ergibt sich die V. aus der angelegten Spannung und dem durch das Bauelement fließenden Strom; beim Transistor setzt sich die Gesamt-V. aus der Kollektor-Emitter-V. und der meist wesentlich kleineren Basis-Emitter-V. zusammen.

Verlustwärme, → Joulesches Gesetz.

Vermarkung, dauerhafte Kennzeichnung von Vermessungs- und Grenzpunkten mit Steinen, Bolzen, Rohren u. a.

Vermehrungsfaktor, der → Multiplikationsfaktor.

Vermeil [vɛrm'ɛj, frz.], **1)** Zinnober.

2) feuervergoldete Silber- und Bronzewaren.

3) hochrote Granatvarietät mit Stich ins Honiggelbe.

Vermessingen, das Überziehen von Metallgegenständen, bes. aus Stahl oder Zinkdruckguß, mit einer Messingschicht. Die Überzüge werden elektrolytisch aus cyanidhaltigen, Kupfer und Zink enthaltenden Lösungen abgeschieden (→ Galvanotechnik) und häufig noch durch → Chromatieren oder durch → Lackieren mit Klarlack (z. B. Lampenteile, Möbelbeschläge) geschützt.

Vermessungskunde, die → Geodäsie.

Vermessungs|schiff, Spezialschiff (→ Forschungsschiff) für die Seevermessung. Zur rationellen Durchführung von Profilvermessungen sind die V. meist mit mehreren Vermessungsbeibooten ausgerüstet.

Vermiculite *Mz.,* Minerale, Gruppe der Hydroglimmer. Der eigtl. V. entsteht unter trop. Klima aus Biotit und Phlogopit, ist schwarz, braun, gelb oder grün und bläht sich bei Erwärmung zum 50fachen Volumen auf (Rohstoff für Isolationszwecke); hohes Basenaustauschvermögen.

Vermittlungsnetz, Fernmeldetechnik: ein → Fernmeldenetz, in dem jeder Teilnehmer mit jedem anderen im Dialogverkehr verbunden werden kann (z. B. Fernsprech-, Fernschreib- und Datennetz, → Telekommunikation, → Vermittlungstechnik).

Vermittlungs|technik, Teil der Nachrichtentechnik, der eine gewünschte Verbindung zw. zwei oder mehreren Teilnehmern eines Fernmeldedienstes herstellt. Sie hält eine begrenzte Anzahl von Verbindungswegen unterschiedlichen Teilnehmern für eine jeweils gewünschte Dauer zur Verfügung.

Unter mehreren solcher Vermittlungsnetze (→ Fernmeldenetz) ist die V. beim → Fernsprechen bes. ausgeprägt. Man unterscheidet verschiedene Systeme: Handvermittlung, Selbstwählverkehr im Orts- und Ferndienst. Bei der früher ausschließlich benutzten **Handvermittlung** wurden alle Verbindungen auf Wunsch durch eine Vermittlungsperson über steckbare Schnüre, Schalter oder Tasten hergestellt. Mit Erfindung des → Wählers wurde erst der Ortsverkehr und dann auch der Fernverkehr (stufenweise über Bezirks- und Landesfernwahl bis zum internat. und weltweiten **Selbstwählverkehr)** automatisiert. In der Bundesrep. Dtl. werden bis auf wenige alle abgehenden In- und Auslandsgespräche automatisch vermittelt.

Automat. Vermittlungssysteme sind dezentral, teilzentral oder zentral gesteuert. **Dezentral gesteuerte Systeme** bestehen aus hintereinandergeschalteten Wählergruppen, deren jeweils eigene Steuereinrichtung durch die Wählimpulse des Nummernschalters (→ Fernsprecher) schritthaltend gesteuert wird. In jeder Stufe wird nur der nächstfolgende Wegeabschnitt ausgewählt. In den Ortsnetzen der Dt. Bundespost werden überwiegend Systeme mit Hebdrehwählern (HDW) oder Edelmetall-Motordrehwählern (EMD) verwendet. **Teilzentral gesteuerte**

1. Automatisierung des Wählvorgangs - Fernverkehr

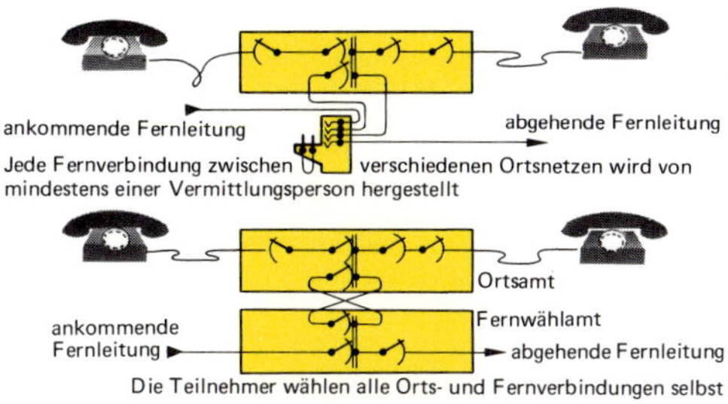

2. Prinzipien der Steuerung von Vermittlungssystemen

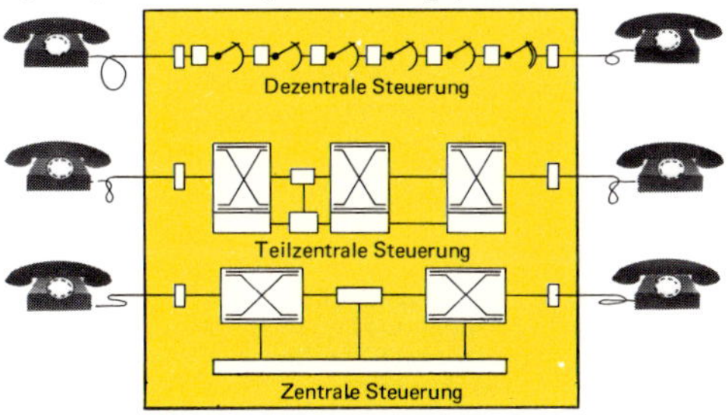

Vermittlungstechnik

Systeme haben gemeinsame Steuereinrichtungen für ganze Wählergruppen, prüfen die Wege eines Teilbereiches gleichzeitig und wählen den besten aus. Dies führt zu besserer Ausnutzung und größerer Flexibilität. Im Fernverkehrsnetz der Dt. Bundespost wird teilzentrale neben dezentraler Steuerung angewendet. **Zentral gesteuerte Systeme** haben einen elektron. Rechner als Steuerung, der den gesamten Zustand des Netzes prüft und die Verbindungen optimal aussucht und herstellt.

Die Durchschaltung der Verbindungen kann im Raum- oder Zeitvielfach erfolgen. Im **Raumvielfach** wird jeder bestehenden Verbindung eine über Koppelpunkte (Kontakte) zusammengeschaltete Leitung fest zugeteilt. Bestehende Vermittlungen arbeiten größtenteils im Raumvielfach, wobei die Koppelpunkte aus den Schaltarmen der Wähler (bei dezentraler Steuerung) oder aus elektromagnet. oder elektron. Kontakten (bei zentraler Steuerung) bestehen. Im **Zeitvielfach** dagegen werden viele bestehende Verbindungen über eine gemeinsame Leitung geführt, wobei jeder Verbindung ein periodisch wiederkehrendes Zeitintervall zur Verfügung steht (→Multiplex-System). Diese Art der Durchschaltung kommt hauptsächlich für digitale Signale (z. B. →Puls-Code-Modulation, →Dateldienste) in Betracht.

Die Dt. Bundespost plante in den 70er Jahren die Einführung eines **elektronisch gesteuerten Wählsystems (EWS)** mit Zentralsteuerung, Speicherprogrammierung, versch. Versionen für den Orts- und Fernverkehr **(EWSO** und **EWSF)** von hoher Flexibilität, z. B. durch Tastwahl, Kurzrufnummern, Anrufumleitung, ›Anklopfen‹ bei besetztem Teilnehmer, Ruhe vor dem Telephon, Datenaustausch. Das EWS war für die analogen Fernsprechnetze konzipiert, die jedoch voraussichtlich durch die geplante schrittweise Einführung der digitalen V. abgelöst werden.

Als wirtschaftlichste Lösung gilt ein **digitales Telephonie-Netz (DTN)** mit Analog-Digital-Wandlung direkt beim Teilnehmer und durchgehendem digitalem →Vierdrahtbetrieb von Teilnehmer zu Teilnehmer, d. h. mit rein digitaler Vermittlung. Zunächst für Sprachübertragung mittels Puls-Code-Modulation konzipiert, würde es mit der erforderl. Übertragungsgeschwindigkeit von 64 kbit/s die Übertragung von Texten, Daten und Bildern mit höherer Geschwindigkeit als bisher erlauben.

Die Entwicklung der **opt. Nachrichtentechnik** dagegen soll den direkten Anschluß der Teilnehmer über →Lichtleiter ermöglichen, deren hohe Übertragungsgeschwindigkeit zu einem universellen Fernmeldenetz für →Breitbandkommunikation führt.

G. SCHNEIDER: Einf. in die elektron. V. (1973); R. KRAUSE: Edelmetall-Motor-Drehwähler in der Fernsprech-V. ([3]1975); L. LOHMANN: Tb. des Elektron. Wählsystems EWS (1976); V., hg. v. HANS MAYER (1977); H.-J. SCHWERTFEGER: Vermittlungssysteme für Nachrichtennetze (1977).

Vernetzungs|reaktionen, Reaktionen, die zu räuml. Verknüpfungen von Molekülketten führen und damit Thermoplaste oder niedermolekulare Vorprodukte von Polymeren in unschmelzbare und unlösl. Duroplaste (Thermodure) überführen (→Kunststoffe). V. bewirken das Härten von Kunststoffen und das chem. Trocknen von Lacken. Die V. kann gleichzeitig mit dem Kettenaufbau stattfinden, z. B. bei der Polymerisation von Styrol in Gegenwart geringer Mengen Divinylbenzol. Molekülketten können auch nachträglich über funktionelle Gruppen mit **Vernetzungsmitteln (Härtern)** vernetzt werden (z. B. Epoxidharze, Aminoplaste, Polyurethane). V. finden auch bei der →Vulkanisation von Kautschuk statt. (BILDER S. 206)

Verneuille-Verfahren, [vɛrn'œj-, n. dem frz. Chemiker A. L. V. Verneuil, * 1856, † 1913], Verfahren der →Kristallzüchtung.

Vernichtungs|strahlung, bei der Vernichtung eines Antiteilchen-Teilchen-Paares auftretende Strahlung. Trifft ein Positron auf ein Elektron, so können beide unter Ausstrahlung von 2 oder 3 γ-Quanten vernichtet werden. Bei der Vernichtung von Antiprotonen oder -neutronen beim Zusammenstoß mit einem Proton bzw. Neutron werden bevorzugt Mesonen erzeugt, ebenso bei der Elektron-Positronvernichtung bei hohen Energien. Die **Paarvernichtung (Annihilation, Zerstrahlung)** ist der Umkehrprozeß zur →Paarerzeugung.

Vernickeln, das Überziehen metallischer oder nichtmetallischer Gegenstände mit Nickel, meist galvanisch (→Galvanotechnik), in Sonderfällen auch durch chem. Reduktion. Galvanisch: aus Nickelsalzlösungen mit Zusätzen; chemisch: aus Nickelsulfat- oder -chloridlösungen mit Komplexbildnern und Reduktionsmitteln, z. B. Natriumhypophosphit. Die Nickelüberzüge, meistens noch leicht verchromt, haben neben ihrer dekorativen Wirkung v. a. Wert als Schutz gegen Korrosion und wegen ihrer guten mechan. Eigenschaften (Härte) in einigen techn. Prozessen.

Vernis mou [vɛrnim'u, frz.], weiterführende Tiefdrucktechnik der →Radierung: Auf die mit einem bes. weichen Ätzgrund überzogene Platte wird ein körniges Papier gelegt, auf das mit Blei- oder Wachsstift gezeichnet wird. Dabei drückt sich der Ätzgrund auf die Rückseite

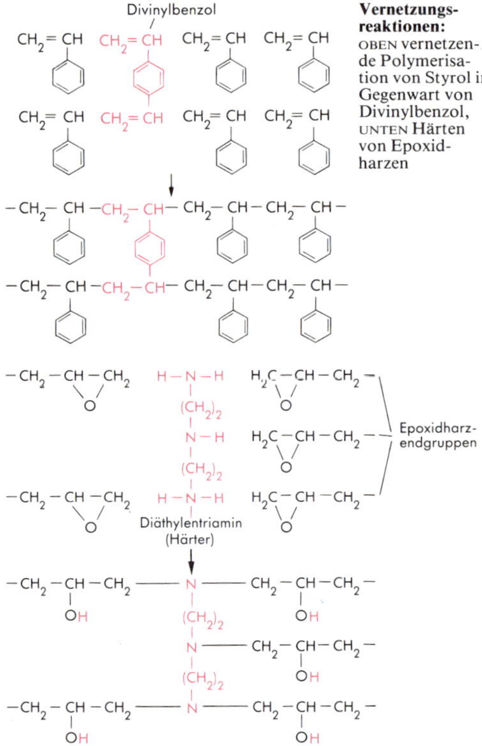

Vernetzungsreaktionen: OBEN vernetzende Polymerisation von Styrol in Gegenwart von Divinylbenzol, UNTEN Härten von Epoxidharzen

des Papiers, entsprechend wird das Metall für die Einwirkung der Säure freigelegt. Beim Druck entsteht die Wirkung eines leicht aufgelösten, bleistiftartigen Striches.

Veronẹser Gelb, Kasseler Gelb, Patẹnt- oder **Minerạl-Gelb,** Malerfarbe aus Bleioxidchlorid $PbCl_2 \cdot 5–7\,PbO$.

Veronẹser Grün, 1) Anstrichfarbe, → Seladonit.

2) Chemie: das Chromoxidhydratgrün.

Verpackungsmaschinen gibt es in sehr vielen Ausführungen entsprechend der breiten zu verarbeitenden Warenpalette (von Massengütern wie Zement bis zu Arzneimitteln) und der Vielzahl der verwendeten Verpackungsarten. Nach dem zu verpackenden Gut unterscheidet man Maschinen für dünnflüssige, pastose, teigige und zähflüssige Flüssigkeiten, schüttbare Güter, Einzelteile, feste Teile, Pakete u. a. Für umfangreiche Arbeitsgänge reiht man für die einzelnen Arbeiten geeignete Maschinen hintereinander.

Erster Arbeitsabschnitt: Aus Papier-, Metall-, Kunststoffolienbändern entstehen durch Kleben, Schweißen und Umformung Beutel, Näpfe, Röhrchen u. a.; Ampullen werden sterilisiert, Flaschen gereinigt (→ Flaschenreinigungsmaschinen), Faltschachteln gestanzt und vorbereitet. Zweiter Abschnitt: Das Füllgut muß dosiert und eingebracht werden (→ Abfüllmaschinen). Dritter Abschnitt: Die Verpackung wird ihrem Füllgut und Verpackungsmaterial entsprechend verschlossen **(Verschließmaschine)** durch Falzen, Leimen, Schweißen, Stecken oder Aufbringen eines Verschlusses in natürl. Atmosphäre, im Vakuum oder in Schutzgasumgebung.

An den ersten Verpackungsvorgang (innere Verpakkung) schließt sich oft ein zweiter an, z. B. die Umhüllung des verpackten Guts mit Benutzungsvorschriften und einer Faltschachtel, die Zusammenfassung zu größeren Gebinden, die wiederum zu transportgerechten Einheiten zusammengefaßt werden. Weitere Arbeiten sind das Bedrucken von Verpackungsmaterial, das Anbringen von Kontrollstempeln, Datumsangaben, Etiketten, ferner Kontrollfunktionen, Transport- und Sortieraufgaben. Die Leistung der V. liegt im Mittel bei mehreren hundert Packungen in der Minute.

Verpuffung, selbständige Flammenfortpflanzung in explosibler Atmosphäre (→ Explosionsschutz) oder in einem Explosivstoff mit Geschwindigkeiten unterhalb der Schallgeschwindigkeit (→ Deflagration).

Verquicken, das Abscheiden von dünnen Quecksilberschichten aus Quecksilbersalzlösungen auf Kupfer- und Nickellegierungen als Vorbehandlung vor dem galvanischen → Versilbern.

Verrohrung, die teleskopartige Auskleidung einer → Bohrung mit Stahlrohren, den **Futterrohren.** Die V. dient dazu, den auf die Bohrlochwand wirkenden Gebirgsdruck sowie den Porendruck poröser Gesteine aufzunehmen und damit das Bohrloch vor Zusammenbruch, Nachfall von Gesteinsbruchstücken und Wassereinbruch zu schützen. Die V. besteht i. d. R. aus mehreren ›Rohrfahrten‹ und wird nach best. V.-Programmen durchgeführt.

Verrucạno, vorwiegend buntgefärbte, schlecht sortierte, feldspathaltige, konglomerat. Sandsteine der Permotrias (die ungetrennten geolog. Systeme Perm und Trias) in Alpen und Apennin.

Versalzung, natürl. Entstehung von Salzböden oder nach Bewässerung der Böden in Trockengebieten. Ursache sind stärkere Verdunstung als Niederschläge in ariden Gebieten und oft höherer Salzgehalt des Wässerwassers als in humiden Gebieten. Abhilfe schaffen u. a. Drainage, Kalk-, Gips- und Gründüngung. Auf Böden humider Klimate entsteht keine V., auch nicht bei Verwendung von Mineraldünger.

Versatz, planmäßiges Verfüllen von Hohlräumen unter Tage, auch das Füllmaterial selbst, zur Sicherung von Grubenbauen und der Erdoberfläche und zur Vermeidung von Wetterverlusten (→ Wetterführung). Beim **Versatzbau** wird der Hohlraum hinter der Abbaufront mit → Bergen oder Sand von Hand, durch Schwerkraft, als **Blasversatz** (durch Druckluft) oder **Spülversatz** (durch Einspülen) ganz oder teilweise verfüllt. Bei **Bruchbau** wirft man die unmittelbar über dem Abbau liegenden Gebirgsschichten im Rücken der Abbaufront planmäßig zu Bruch, die höheren Gebirgsschichten legen sich bruchlos auf das gebildete Polster auf.

Verschiebung, 1) Elektrizitätslehre: **elektrische V., elektrische Flußdichte,** Formelzeichen D, vektorielle physikal. Größe, die neben der elektrischen Feldstärke E zur Beschreibung des elektr. Feldes dient (→ Elektrizität, → Maxwellsche Theorie). Veraltete Bez. sind **(elektrische) Verschiebungsdichte, (di)elektrische Erregung** und **di|elektr. V.**

2) Geologie: Bewegung eines Erdkrustenteils entlang einer Fläche; in vertikaler (→ Verwerfung) oder horizontaler Richtung (→ Horizontalverschiebung; → Plattentektonik).

3) Mathematik: die →Translation.

4) Mechanik: **virtuelle V.**, die →virtuelle Verrückung.

Verschiebungsdichte, veraltete Bez. für die elektr. →Verschiebung 1).

Verschiebungsgesetz, →Wiensches Verschiebungsgesetz.

Verschiebungskonstante, veraltete Bez. für die elektr. Feldkonstante (→Elektrizität).

Verschiebungssatz, 1) radioaktive Verschiebungssätze, von F. SODDY und K. FAJANS aufgestellte Regeln, die die Änderungen der Ordnungszahlen von radioaktiven Elementen beim radioaktiven Zerfall (→Radioaktivität) beschreiben: Beim α-Zerfall entsteht ein neues Element, das im Periodensystem zwei Stellen weiter links als das Ausgangselement liegt **(1. V.)**, beim β-Zerfall eine Stelle weiter rechts **(2. V.)**.

2) spektroskopischer V., für die Linienspektren der Atome und Ionen gültige Gesetzmäßigkeit. Die Spektralserien n-fach positiv geladener Ionen der Ordnungszahl Z gleichen denen des ungeladenen Atoms mit der Ordnungszahl $Z-n$.

Verschiebungsstrom, n. J. C. MAXWELL Bez. für einen elektr. Strom, der i. Ggs. zum Leitungsstrom nicht durch die Bewegung von freien Ladungsträgern, sondern durch die Änderung von elektr. Feldern verursacht wird, und der die Ursache der mit zeitlich veränderlichen elektr. Feldern im Vakuum und im Dielektrikum verknüpften magnet. Felder ist. Er ergänzt im Wechselstromkreis mit dazwischengeschaltetem Dielektrikum den Leitungsstrom zu einem geschlossenen Stromkreis, z. B. zw. den Platten eines Kondensators. Er ist definiert durch $\int \dot{\boldsymbol{D}} \mathrm{d}\boldsymbol{A}$, wobei die **Verschiebungsstromdichte** $\dot{\boldsymbol{D}} = \partial \boldsymbol{D}/\partial t$ die partielle Ableitung der elektr. Verschiebung $\boldsymbol{D}$ (→Elektrizität) nach der Zeit t ist (→Maxwellsche Theorie).

Verschleiß, fortschreitender Materialverlust aus der Oberfläche eines festen Körpers, hervorgerufen durch Kontakt und Relativbewegung eines festen, flüssigen oder gasförmigen Gegenkörpers. Der V. ist von der Härte des beanspruchten Werkstoffes und der Art der Beanspruchung abhängig. Er tritt v. a. bei Festkörperreibung und Mischreibung (→Reibung) auf und kann durch Schmierung vermindert werden. Die wichtigsten V.-Mechanismen sind Abrasion (Ritzung durch harte Gegenkörper), Oberflächenzertrümmerung (Rißbildung und Abtragung von Partikeln durch wechselnde Spannungen in der Oberfläche), tribochem. Reaktionen (durch Reibung bedingte Reaktionen mit der Umgebung oder einem Zwischenstoff) und Adhäsion (Bildung und Trennung von Bindungen zw. Grund- und Gegenkörper).

Verschleißausfälle, →Ausfallrate.

Verschluckungszone, Begriff der →Unterströmungstheorie. An der V. werden zähplast. Gesteinsmassen in die Tiefe gesogen, wogegen der Massenüberschuß der oberen starren Gesteinszonen durch Faltungen und Überschiebungen ausgeglichen wird. (→Subduktion)

Verschluß, 1) Photographie: Einrichtung an Kameras zur zeitl. Steuerung der Belichtung. Meist verwendet man bewegl. mechan. Elemente, für extrem kurze Zeiten jedoch nichtmechan. Verfahren (→Hochgeschwindigkeitsphotographie).

Der weitverbreitete **Zentral-V.** befindet sich im Objektiv oder dicht dahinter. Er ist aus mehreren, durch Federwerksantrieb bewegbaren Lamellen aufgebaut, die beim Auslösen eine Öffnung vom Zentrum aus freigeben und wieder schließen. Die genormte Belichtungszeitenreihe reicht bis höchstens 1/500 s. Beim **Spann-V.** wird die Federspannung durch Betätigen eines besonderen Hebels erzeugt, heute ist das Spannen mit dem Filmtransport gekoppelt. Bei modernen Kameras mit Belichtungsautomatik wird die Öffnungszeit elektronisch gesteuert und das Schließen des durch Federkraft geöffneten V. auf elektromagnet. Wege bewirkt **(elektronischer V.)**. Hochwertige Systemkameras, insbes. einäugige Spiegelreflexkameras, besitzen meist einen in den Kamerakörper direkt vor dem zu belichtenden Film eingebauten **Schlitz-V.**, der beim Betätigen wie ein Vorhang vor dem Bildfenster vorbeigezogen wird. Ein je nach Belichtungszeit mehr oder weniger breit eingestellter Schlitz unterbricht diesen Vorgang und ermöglicht eine definierte Belichtung bis zu 1/2000 s. Bei Belichtungszeiten von 1/125 oder 1/60 s und länger ist der Schlitz so breit wie das Blickfeld. In diesem Bereich erfolgt die Zeitsteuerung durch unterschiedlich schnelle Vorhangbewegung. Ein elektr. Kontakt (→Synchronverschluß) sorgt für die rechtzeitige Zündung eines angeschlossenen Blitzlichtgerätes. V. besitzen oft ein Vorlaufwerk zur zeitl. Verzögerung der Auslösung (→Selbstauslöser).

2) Waffentechnik: der den Lauf oder das Rohr nach hinten abschließende bewegl. Teil der Hinterlader-Feuerwaffen, bei Handfeuerwaffen meist Schloß genannt. Der V. enthält auch die Einrichtung zum Abfeuern, Sichern und Auswerfen der Hülse. Bei Waffen hoher Feuergeschwindigkeit werden automat. oder halbautomatische V. verwendet.

Verschmelzungsfrequenz, Filmtechnik: diejenige Bildzahl/s, bei der die Einzelbilder eines Films gerade nicht mehr getrennt gesehen werden, so daß für den Zuschauer die ruckartigen Bewegungen aufhören. (→Film)

Verschnittmittel, Stoffe zum Strecken und Verbilligen von Produkten.

Verseifung, urspr. Herstellung von →Seifen 1) durch Hydrolyse von Fetten oder Neutralisation von Fettsäuren. Der Begriff wird häufig allgemein anstelle von →Hydrolyse verwendet.

Versenkungsmetamorphose, Geologie: Abart der →Regionalmetamorphose der Gesteine, wobei die Veränderungen durch Druckzunahme infolge Versenkung der Gesteine in größere Tiefe (ohne tekton. Durchbewegung) eintreten. Bei Temperaturen $< 400\,^{\circ}\mathrm{C}$ entstehen bei der V. mit steigendem Druck Gesteine der Zeolith- bis Glaukophanschiefer-Fazies (→Mineralfazies).

Versetzung, eindimensionaler Gitterbaufehler im →Realkristall.

Versicherungsmathematik, Gebiet der angewandten Mathematik, das sich aus der Statistik, der Wahrscheinlichkeits- und Zinseszinsrechnung entwickelt hat. Die V. liefert die Grundlage für die Kalkulation von Versicherungsprämien zur Deckung der Versicherungsrisiken und stützt sich in vielen Fällen auf Beobachtungen aus der Vergangenheit (Sterbetafeln u. a.).

Versickerung, Eindringen von Niederschlagswasser und des Wassers aus Gewässern in den Untergrund.

Versiegelung, Fußboden-V., das Lackieren von Fußböden aus Holz, auch Natur- oder Kunststein, mit transparentem Fußbodenlack aus Kopal- oder Kunstharzen, der in das Holz eindringt (Imprägniersiegel, porenfüllend) oder einen Oberflächenfilm bildet.

Versilbern, das Überziehen metall. oder nichtmetall. Gegenstände für dekorative oder techn. Zwecke mit Silber, vorwiegend galvanisch (→Galvanotechnik), ferner durch chem. Reduktion oder Aufdampfen im Hochvakuum. Anwendung für Bestecke, Schmuck, elektrotechn. Geräte, Spiegel u. a.

Versorger, Versorgungsschiff, Hilfsfahrzeug, das Arbeits- und Forschungstrupps (z. B. auf Bohrinseln) auf hoher See mit Brennstoff, Proviant und wichtigen Ersatzteilen, Kampfschiffe auch mit Munition, versorgt.

Verstählen, →Vereisenen.

Verständlichkeit, Elektroakustik: Maß für die Güte einer Fernsprechverbindung oder einer Lautsprecher-Beschallungsanlage. Man unterscheidet zw. **Laut-, Silben-, Wort-** und **Satz-V.** und versteht darunter den in Reihenversuchen ermittelten Prozentsatz der richtig verstandenen von allen gesprochenen Lauten, Silben, Wörtern oder Sätzen. Den besten Maßstab liefert die **Silben-V.** (→Logatom). In großen Sälen bedient man sich des **Letzten-Wort-Verfahrens,** das Aufschluß über die Satz-V. gibt. Allg. wird die V. durch Einengung des übertragenen Frequenzbereichs, ungünstige Lautstärke, Störgeräusche und Nachhall vermindert.

Verstärken, Verstärkung, allg. die Vergrößerung oder Hervorhebung eines Effektes, einer Wirkung oder einer physikal. Größe. In der Photographie bedeutet es die Steigerung des Kontrastes und der Dichte von Negativen und Positiven durch Behandlung mit einem Metallsalzbad (Verstärker). Das an das Silberbild angelagerte Metallsalz wird anschließend zu Metall reduziert. – Ggs.: **Abschwächen** (→Tonung).

In Nachrichtentechnik und Elektronik: →Verstärker.

Verstärker, engl. **Amplifier** ['æmplıfaıə], **1)** Elektrotechnik: Schaltung oder Gerät zur Verstärkung (Vergrößerung) von Spannungen **(Spannungs-V.),** Strömen **(Strom-V.)** oder Leistungen **(Leistungs-V.)** unter Verwendung aktiver Bauelemente, bes. von →Transistoren **(Transistor-V.),** seltener (auf Spezialgebieten) von →Elektronenröhren **(Röhren-V.).** Die aktiven Bauelemente liefern bei Zuführung von Hilfsenergie und nur geringer Steuerleistung eine größere Leistung am Ausgang. Die Verstärkung geschieht häufig in mehreren Stufen **(Kaskaden-V., V.-Stufen,** z. B. **Vor-V., End-V.),** wobei man nach der Art der Schaltung zw. →Eintaktverstärker (A-Betrieb) und →Gegentaktverstärker (B-Betrieb oder AB-Betrieb) unterscheidet. Bei mehrstufigen V. ist eine →Kopplung 1) der einzelnen Stufen notwendig, diese erfolgt induktiv, kapazitiv, galvanisch oder optisch. Zur Verbesserung best. Eigenschaften kann ein Teil des Ausgangssignals durch →Gegenkopplung oder →Mitkopplung auf den Eingang zurückgeführt werden. Bei einer linearen Abhängigkeit (→linear 1) zw. Ausgangs- und Eingangsgrößen spricht man von einem **Linear-V.,** sonst von einem **nichtlinearen V.** In der Analogtechnik hat der →Operationsverstärker besondere Bedeutung. Komplexe mehrstufige V., die aus einer Vielzahl von Transistoren u. a. Bauelementen aufgebaut sind, können heute als integrierte Schaltungen hergestellt werden; bei größeren Leistungen muß für ausreichende Ableitung überschüssiger Wärme vom Chip (z. B. durch spezielle Kühlkörper) gesorgt werden. Ferner werden V. nach Lage und Weite des Frequenzbereiches der zu verstärkenden Signale unterschieden, z. B. **Tonfrequenz-** und **Zwischenfrequenz-V.** in Rundfunkempfängern, **Video-V.** in Fernsehgeräten, **Niederfrequenz-V.** für elektroakust. Anlagen, **Schmalband-** und **Breitband-V.** in der Fernmeldetechnik, **Sende-V.** zur Verstärkung der hochfrequenten Sendeleistung u. a. Für die Rauscharmut des V. (→Rauschen) ist v. a. die erste Stufe maßgebend. Deshalb verwendet man in ihr auf dem Mikrowellengebiet in der Radioastronomie und Raumfahrt und bei Nachrichtensatelliten wegen der schwachen Eingangssignale bes. rauscharme V.: den →parametrischen Verstärker **(Reaktanz-V.)** oder den →Maser **(Molekular-V.).** Ohne aktive Bauelemente arbeitet der →Transduktor **(magnet. V.).** Über die Nachrichtentechnik hinaus hat der →Laser besondere Bedeutung.

J. Dosse: V.-Technik (1975); M. Zirpel: Operations-V. (1976); G. Harms: Grundlagen und Praxis der Linear-V. (1978); S. Wirsum: V.-Bau mit integrierten Schaltungen ([4]1979); G. Harms: Linearverstärker ([2]1980).

2) Mechanik: Kraftverstärker als Hilfsgerät, z. B. Bremskraftverstärker (→Servobremse, →Servomechanismen).

Verstärkerstelle, Fernmeldetechnik: Mit Verstärkern ausgerüstete Anlage im Zug einer Fernmeldeleitung, z. B. im Fernsprech-Weitverkehr (→Fernmeldenetz, →Vierdrahtbetrieb). Die Abstände der V. (Verstärkerfeldlängen) hängen vom übertragenen Signal und der verwendeten Leitung ab. In der →Trägerfrequenztechnik liegen sie zw. 18 km für schmalbandige und 1,55 km für breitbandige Systeme. – V. sind in ober- oder unterird. Gebäuden oder, infolge zunehmender Miniaturisierung, in unterird. Behältern oder in Muffen im Zuge des Fernmeldekabels untergebracht und werden hierbei über das Kabel ferngespeist.

Versteifungs|träger, Hauptträger von Bogen-, Hänge- oder Schrägseilbrücken, der an den Bogen oder Kabeln aufgehängt ist oder durch Schrägseile abgespannt wird. Er gibt dem Brückensystem die notwendige Steifigkeit gegenüber Verformungen infolge Verkehrs- und Windlasten.

Versteinerung, das →Fossil.

Versteinerungskunde, die →Paläontologie.

Verstellpropeller, →Luftschraube, →Schiffsschraube.

Versteppung, früher die Umwandlung einer Waldlandschaft in eine Ackerlandschaft **(Kultursteppe);** heute die Verarmung einer Natur- oder Kulturlandschaft an Sträuchern und Bäumen. Ursachen: übermäßige Rodung der Waldbestände, Überbeanspruchung der natürl. Wasservorräte, falsche Flußregulierungen, Senkung des Grundwasserspiegels, ununterbrochener Anbau von Monokulturen, unzweckmäßige Bodenbearbeitung u. a.; dadurch kann es zu immer stärkerer Austrocknung des Bodens und zur →Bodenerosion kommen.

Verstimmung, bei einem →Schwingkreis das Maß für die Abweichung einer Frequenz ω von der Resonanzfrequenz ω_0: $v = \frac{\omega}{\omega_0} - \frac{\omega_0}{\omega}$.

Verstromung der Kohle, die Umwandlung der chem. Energie von Kohle in elektr. Energie.

Versuch, das →Experiment.

Versuchsfeld, Experimentieranlage aus verschiedenen Prüfeinrichtungen für Entwicklungs- und Erprobungsaufgaben, meist zur experimentellen Erfassung theoretisch schwer zugänglicher Parameter und/oder zur Simulation von Betriebsbelastungen in Probelaufversuchen. (→Umwelttestmethoden)

Versuchsstrecke, bes. bestimmte Strecke für die Erprobung neuer Straßenfahrzeuge und -fahrbahnen (vielfach betrieben von Automobilherstellern) und zur Weiterentwicklung spurgeführter Verkehrsmittel (→Eisenbahnforschung), z. B. zw. Rheine und Freren oder die Magnetschwebebahn im Emsland.

vertauschbar heißen zwei Elemente a, b einer Menge $(M, \circ)$ mit einer internen →Verknüpfung $\circ$, wenn für sie das →Kommutativgesetz gilt mit $a \circ b = b \circ a$.

Vertauschungsgesetz, das kommutative Gesetz in der →Schaltalgebra.

Vertauschungsrelationen, Vertauschungsregeln, Gesetze, durch die in der Quantentheorie die ›Kommutatoren‹ $ab - ba$ oder ›Antikommutatoren‹ $ab + ba$ (a, b sind physikal. Größen) durch andere solche Größen ausgedrückt werden. Das Auftreten von V. beruht darauf, daß in der Quantentheorie z. B. Ortskoordinaten q_i und Impulskoordinaten p_i von Teilchen, Besetzungszahlen von Feldzuständen sowie allgemeinere dynam. Variable durch mathemat. Symbole $a, b, \ldots$ dargestellt werden, für die i. a. $ab \neq ba$ ist. Die V. haben →Unschärferelationen zur Folge und treten beim Übergang von einer klass. Theorie zu einer entsprechenden Quantentheorie als ›Quantisierungsvorschriften‹ auf. **Nichtvertauschbarkeit** zweier Größen bedeutet, daß diese nicht in einem Meßvorgang zus. gemessen werden können. Ein Beispiel ist die für eine Koordinate q und die zugehörige Impulskoordinate p geltende ›kanon. V.‹: $pq - qp = h/2\pi i$ ($i = \sqrt{-1}$, h = Plancksches Wirkungsquantum).

Verteiler, 1) Energiewirtschaft: Betrieb, der Energieträger (Gas, elektr. Strom) an Verbraucher oder Verbrauchergruppen weiterleitet. Er verteilt nach Einkauf oder ist Teil eines erzeugenden Unternehmens. Der V. ist meist Besitzer des **V.-Netzes,** z. B. eines Ortsnetzes, und nimmt die Anpassung des Energieträgers an die Bedürfnisse der Verbraucher (beim Gas: Druck und Heizwert, beim elektr. Strom: die Spannung) vor. Die Speisung der **V.-Leitungen** geschieht von Speisepunkten aus. Dort befinden sich die Meß- und Steuerorgane in **V.-Tafeln** (Schalttafeln) zusammengefaßt.

2) Verbrennungsmotoren: →Zündung.

Verteilnetz, Fernmeldetechnik: ein →Fernmeldenetz, in dem Nachrichten von einer Zentrale aus gleichzeitig an viele Teilnehmer einseitig gerichtet verteilt werden (z. B. Rundfunk, →Telekommunikation).

Verteilung, 1) Chemie: Einstellung eines chem. Gleichgewichts **(V.-Gleichgewicht)** unterschiedl. Konzentrationen eines Stoffs in zwei aneinander grenzenden Phasen; z. B. zw. zwei nicht mischbaren Lösungsmitteln mit stark unterschiedl. Lösungsvermögen für einen best. Stoff.

2) Statistik: generell die Art und Weise, wie Häufigkeiten, Wahrscheinlichkeiten oder Wahrscheinlichkeitsdichten den Modalitäten von Merkmalen oder den Realisationen von Zufallsvariablen zugeordnet sind; Oberbegriff zu Häufigkeitsverteilung, →Verteilungsfunktion.

Verteilungs|chromatographie, auf Verteilungs-Phänomenen beruhende chromatograph. Trenn- und Nachweisreaktionen; meist ausgeführt in Form der Säulen- und Papierchromatographie, heute vorzugsweise als Dünnschichtchromatographie.

Verteilungsfunktion. In der Statistik und Wahrscheinlichkeitsrechnung ist die V. $F(x)$ einer Zufallsvariablen X definiert als $F(x) = P(X \leqq x)$, wobei x eine beliebige mögliche Realisation von X darstellt und P der Wahrscheinlichkeitsoperator ist. In **Verteilungskurven** wird die V. häufig anschaulich dargestellt (BILD Fehler).

Verteilungsgesetz, das distributive Gesetz in der →Schaltalgebra.

Verteilungs|satz, der →Gleichverteilungssatz der Energie.

Verteilungs|temperatur, die Temperatur des →schwarzen Körpers, bei der seine Strahlung die gleiche relative spektrale Strahlungsverteilung im sichtbaren Spektralbereich zeigt wie der zu kennzeichnende Strahler. Diese spektrale Strahlungsverteilung läßt sich nach dem →Planckschen Strahlungsgesetz berechnen. Da gleiche spektrale Strahlungsverteilung auch gleiche Farbart beider Strahler einschließt, wird die V. oft mit der →Farbtemperatur verwechselt; nur die V. kennzeichnet die spektrale Strahlungsverteilung exakt, die Farbtemperatur sagt darüber nichts aus.

Vertex, 1) Astronomie: **Fluchtpunkt,** Zielpunkt der Bewegung von Sterngruppen am Himmel, z. B. von →Bewegungssternhaufen. Der Zielpunkt der Sonne heißt dagegen →Apex.

2) Elementarteilchenphysik: →Feynman-Graphen.

Vertikal|ablenkung, 1) Fernsehen: auch **Rasterablenkung,** die →Ablenkung 2) des Elektronenstrahls in der Bildröhre oder der Abtaströhre in Richtung senkrecht zu den Zeilen. Durch den Zeilensprung (→Zeilensprungverfahren) geht die V. mit der doppelten Bildfrequenz vor sich (→Raster). Der Gleichlauf der V. am Sender und Empfänger wird durch Übermittlung von **Vertikalsynchronsignalen** als →Gleichlaufsignale sichergestellt.

2) Meßtechnik: beim →Oszilloskop die Ablenkung des Elektronenstrahls durch die Y-Platten senkrecht zur Zeitachse.

Vertikal|intensität, Formelzeichen in der Geophysik bisher Z, Komponente B_z der Flußdichte B oder Komponente H_z der magnet. Feldstärke H des erdmagnet. Feldes, positiv in Nadirrichtung.

Vertikalkreis, 1) auf dem Horizont senkrecht stehender Großkreis an der Himmelssphäre, der durch den Zenit des Beobachtungsortes geht. Der **Erste Vertikal** geht durch den Ost- und Westpunkt (→Himmelsrichtungen; BILD astronomische Koordinaten).

2) astronom. Winkelmeßinstrument, um eine waagerechte und eine senkrechte Achse drehbar.

Vertikal|ofen, zur kontinuierl. Herstellung von →Glas dienender Schmelzofen mit vertikalem Glasfluß. Beheizung meist elektrisch durch Stromfluß durch die Glasschmelze. Das Gemenge wird auf die Schmelze aufgelegt, das geschmolzene Glas am unteren Ofenende durch einen waagerechten, manchmal U-förmig aufsteigenden Kanal den Verarbeitungsmaschinen zugeführt.

Vertikal|synchron|impulse, →Synchronisation 1).

Vertikutieren, Bez. für die wurzeltiefe Lockerung und Belüftung der Grasnarbe eines Rasens, indem der Boden aufgerissen und vom Rasenfilz (abgestorbene Gräser, Schnittgutreste, Moos) befreit wird, so daß Luft, Wasser und Nährstoffe zu den Wurzeln der Rasenpflanzen vordringen können. Als **Vertikutierer (Vertikutiergeräte)** dienen z. T. fahrbare Handrechen, umgerüstete Rasenmäher oder spezielle, Rasenmähern ähnliche Motorgeräte, deren feste oder pendelnde, bei manchen Geräten auch rotierende Stifte oder mit Widerhaken versehene Messer in den Boden eindringen und den Rasenfilz auswerfen. Die Vertikutiertiefe ist vielfach einstellbar.

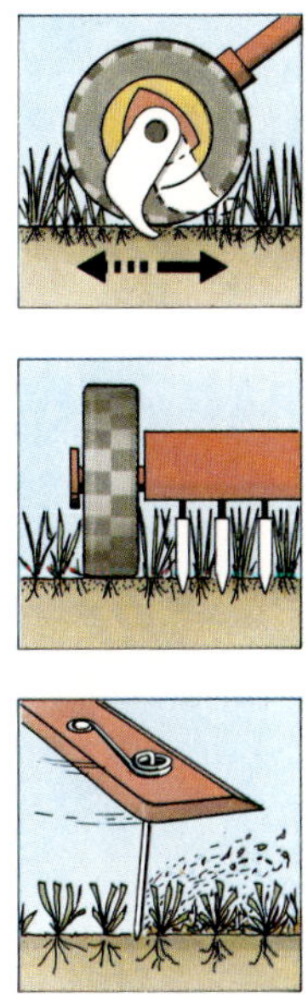

Vertikutieren: OBEN und MITTE Vertikutiergerät mit pendelnden Messern; UNTEN Vertikutierstift

Verträglichkeit, →elektromagnetische Verträglichkeit (EMV).

Vervielfältigen, Text und/oder Bild in mehreren Exemplaren originalgetreu wiedergeben, wobei zur Er-

Verwandlungshubschrauber:
Bell XV-15. Das amerikan. zweisitzige Senkrechtstart-Versuchsflugzeug wird von zwei schwenkbaren Gasturbinen von je 1550 WPS angetrieben. Der Übergang vom Hubschrauber- in den flügelgestützten Flug dauert etwa 12 s. Beide Triebwerke sind untereinander mit einer Welle verbunden. Fluggewicht 5900 kg, höchste Horizontalgeschwindigkeit über 600 km/h

zeugung eines Bildkontrastes Farbe auf den Bedruckstoff aufgebracht wird. **Vervielfältigungen** gewinnt man durch die klass. → Druckverfahren, auf → Vervielfältigungsmaschinen, → Hektographen, → Schreibmaschinen, auch durch → Stempel 1).

Vervielfältigungsmaschinen, Bürodruckmaschinen, Büromaschinen zum rationellen → Vervielfältigen eines Text- oder Zeichnungsoriginals. Im Unterschied zu den → Kopiergeräten, die mit strahlungsempfindl. Schicht arbeiten und für nur wenige Kopien rentabel sind, arbeiten die V. mit einem Druckträger und mit Druckfarbe.

Umdrucker übertragen von einer Walze den Druckträger (Original) auf das Papier, das mit einer Druckfarbe lösenden Flüssigkeit angefeuchtet wurde. Der Druckträger entsteht auf der Schreibmaschine oder durch Strichzeichnung in Spiegelschrift auf der Rückseite des Originals, wenn beim Schreiben oder Zeichnen ein Farbträgerblatt (Durchschlagpapier) mit der Schichtseite zum Original beigelegt ist.

Bei **Schablonen-V.** dient als Druckträger eine Matrize (Schablone), die auf der Schreibmaschine ohne Farbband beschriftet werden kann. An den Anschlagstellen wird eine farbundurchlässige Schicht zerstört, so daß diese Stellen von der Farbe, die man mit einer Walze auf die Schablone drückt, bedruckt werden.

Der **Klein-** oder **Bürooffsetdrucker** ist die vielseitigste V. für Auflagen jeder Größe (›Hausdruckerei‹). Druckträger sind Papier- oder Metallfolien, die auf der Schreibmaschine mit einem Fettfarbband oder von Hand mit fetthaltiger Tusche beschriftet werden. Zeichnungen und Abbildungen kann man auf die Druckfolien (›Platten‹) mit einem Kopiergerät oder durch photomechan. Verfahren übertragen. Nach Art des Offsetdrucks nehmen die Stellen der Druckfolie, die drucken sollen, die fetthaltige Druckfarbe an, während die anderen Stellen sie abstoßen, weil sie mit Wasser oder einer Spezialflüssigkeit befeuchtet werden. Mehrfarbendrucke erfordern mehrmaligen Druck- und Einfärbevorgang.

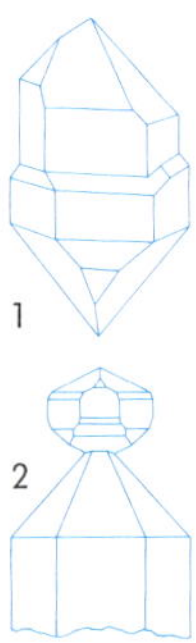

Verwachsung:
1 und **2** Parallel-V. bei Szepterquarz

Verwachsung, Mineralogie: im festen Verbund miteinander befindliche Kristallindividuen, wobei der V.-Zustand die jeweilige Bildungsgeschichte der beteiligten Mineralphasen widerspiegelt. Regelmäßige oder gesetzmäßige V. können zw. Kristallen derselben Mineralart (als einfache Parallel-V. oder streng symmetr. → Zwillinge) oder verschiedener Mineralarten (→ Epitaxie) auftreten.

Verwandlungshubschrauber, Flugzeug mit wandelbarer Auftriebserzeugung: Für Senkrechtstart und -landung sowie im Schwebeflug wird der Auftrieb durch Hubschrauberrotoren erzeugt, im Horizontalflug durch eine starre Tragfläche, wobei der Vortrieb von den um 90° geschwenkten Rotoren **(Kipprotorflugzeug)** oder von gesonderten Vortriebsanlagen geliefert wird.

Verweilzeit, individuelle Aufenthaltsdauer eines Teilchens (z. B. Molekül) in einem → Reaktionsapparat. Die **mittlere V.** ist der Quotient aus dem Apparatevolumen (z. B. in m^3) und dem Volumenstrom (z. B. in m^3/h) des durch den Apparat strömenden Mediums. Die V. ist für Umsatz und Selektivität chem. Reaktionen bedeutend.

Verwerfen, Holz: → Werfen.

Verwerfung, Bruch, Sprung, Paraklase, Lageänderung von Gesteinsschollen längs einer mehr oder weniger geneigten Bewegungsfläche **(V.-** oder **Bruchfläche),** wobei die **Sprunghöhe** den Betrag der relativen Vertikalverschiebung beider Flügel angibt. Zur Schichtneigung gleichsinnig einfallende V. sind **syn-** oder **homothetisch,** gegensinnig einfallende **antithetisch.** Je nach der relativen Bewegung der Schollen gibt es **Ab-, Auf-** oder **Überschiebung** oder bei ausschließlich horizontaler Dislokation

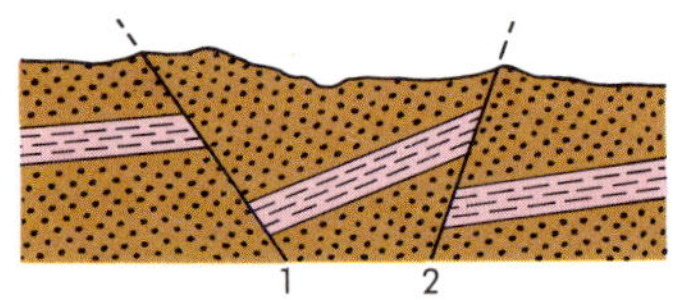

Verwerfung:
1 antithetische V.,
2 synthetische V.

Blattverschiebung. Auf der V.-Fläche können → Harnische 1), → Brekzien oder → Mylonite entstehen. Nach der Richtung zum Streichen der Falten unterscheidet man **Quer-, Längs-** und **Diagonal-V.** Mehrere V. bilden → Staffelbrüche, → Horste oder → Gräben.

Verwesung, unter Zutritt von Luft durch die Wirkung aerober Bakterien eintretende oxidative Zersetzung organ. Verbindungen. Endprodukte sind v. a. Ammoniak, Kohlendioxid und Wasser. Die V. endigt mit dem völligen Verschwinden der organ. Substanz. (→ Fäulnis)

Verwindeversuch, Verfahren zur Werkstoffprüfung v. a. von Blechen und Drähten. Beim Verwinden werden die plast. Verformbarkeit und Werkstoffehler (z. B. Doppelungen in Blech) ermittelt.

Verwindung, 1) bei Flugzeugen: Änderung der Stellung oder der Form der Profile eines Tragflügels entlang der Spannweite, wodurch die Auftriebsverteilung so beeinflußt wird, daß der → induzierte Widerstand vermindert und das Überziehverhalten (→ Überziehen) des Flügels verbessert wird (Erhaltung der Quersteuerbarkeit).

2) Physik: die → Torsion 2).

3) Straßenbau: jede Änderung der Querneigung im Verlauf einer Straße.

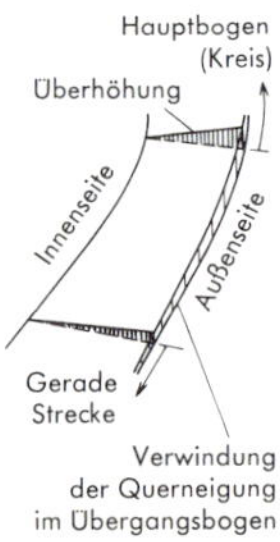

Verwindung 3)

Verwitterung, Zerstörung und/oder Veränderung oberflächennaher Gesteine durch exogene Kräfte. Nach den vorherrschenden Faktoren wird physikal. oder mechan. V., chem. V. und biolog. V. unterschieden. – Durch **physikal. V.** wird das Gestein ohne wesentliche chem. Veränderung in seine Bestandteile zerlegt. Bei der **Temperatur-V.** ist die unterschiedl. Volumenänderung der verschiedenen Minerale und Gesteine bei Temperaturwechsel ausschlaggebender Faktor. So treten durch → Insolation im ariden Klima → Abschuppung und → Kernsprünge auf. Gesteinszerstörende Volumenvergrößerung verursacht bei der **Frost-V.** gefrierendes Wasser in Gesteinshohlräumen (→ Spaltenfrost), bei der **Salz-V.** Hydratation (→ Hydrate) und/oder auskristallisierende Salze. Bes. grobkristalline Gesteine zerfallen bei der physikal. V. durch → Abgrusung in kantengerundete Blöcke **(Wollsack-V.)**, die sich in Blockmeeren anreichern können. Sie bilden die gröbste Fraktion der klast. → Sedimentgesteine.

Durch die **chem. V.** wird das Gestein entweder gelöst oder durch Umsetzungen in andere Verbindungen übergeführt. Voraussetzung dazu ist das Vorhandensein von Wasser, dessen Lösungskraft durch Säuren und Basen in Luft und Boden gesteigert sein kann. Die chem. V. ist daher bes. für humides Klima kennzeichnend. – Leicht lösl. Salze und Gesteine (Steinsalz, Gips) unterliegen der **Lösungs-V.**, die als → Subrosion größere geolog. Bedeutung hat. Die weit verbreitete Verkarstung (→ Karst) von Kalkstein und Dolomit ist Folge der **Kohlensäure-V.** Die **Rauchgas-V.** bewirkt Rauchschäden. Der in Wasser enthaltene Luftsauerstoff führt v. a. in den oberen Bodenmetern zur **Oxidations-V.**, die aber spätestens an der Grundwasseroberfläche endet. Oxidiert werden bes. Eisen-, Mangan- und Schwefelverbindungen, was zur Bildung bed. Erzlagerstätten führen kann (→ Oxidationszone).

Nahezu unbeeinflußt bleiben von den bisher genannten V.-Arten die Silikate. Diese werden bei der **hydrolyt. V.** durch dissoziiertes Wasser zersetzt, wobei Kieselsäure kolloidal in Lösung geht. Bes. für das vollhumide Klima kennzeichnend ist die **siallit. V.** mit Bildung von Tonmineralen und Kaolin. Im semihumiden und -ariden Klimabereich führt dagegen die **allit. V.** durch Wegführung der Kieselsäure zur Bildung von Eisen- und Aluminiumhydroxiden (→ Laterit, → Bauxit).

Die physikalisch wirkende **biolog. V.** hat nur geringe Bedeutung (z. B. Wurzelsprengungen, Tätigkeit grabender oder bohrender Tiere). Wichtiger ist dagegen die chem. Wirkung der von Pflanzen abgeschiedenen Säuren oder des durch sie gebildeten Humus.

Auch untermeerisch findet V. statt (→ Halmyrolyse). V. ist Vorbedingung für Abtragung und Umlagerung der oberen Erdkruste und damit für die Bildung der Sedimentgesteine und der Böden. Durch V. entstehen verschiedene V.-Formen (Karst, Waben, Erdpfeiler u. a.).

Auch Bauwerke und Denkmäler sind einer langsam fortschreitenden Oberflächenzerstörung durch äußere Umwelteinflüsse unterworfen. Die V. wird oft verstärkt durch → Abgase und → Ausblühungen.

Verwitterungslagerstätte, → Erzlagerstätte.

Very Large Array [v'erı la:dʒ er'eı, engl.], → Radioteleskop (BILD).

Very Low Density Lipoproteins [v'erı ləʊ d'ensətı lıpəpr'əʊti:nz, engl.], Abk. **VLDL,** mit Hilfe der → Trägerelektrophorese nachweisbares Plasma-Protein-Gemisch aus Proteinen, Triglyceriden, Cholesterin und Phospholipiden; in der medizin. Diagnostik zur Erkennung von Fettstoffwechselstörungen verwendet.

Verzeichnung, ein → Abbildungsfehler.

Verzerrung, 1) Akustik: Hörphänomene, die v. a. bei der Einwirkung einfacher Tonreize (›Sinustöne‹) über die zu erwartenden Wahrnehmungen hinaus auftreten. Sie werden verursacht durch zusätzlich entstehende Sinusschwingungen, die als → Kombinationstöne, insbes. als → Differenztöne gehört werden und zur V. (Verformung) einer Schallinformation führen. V. treten bei mechan. und elektroakust. Schallübertragung (vgl. 3) sowie innerhalb des menschlichen Ohres auf.

2) Kartographie: Maß für die in → Kartennetzentwürfen auftretende geometr. Deformation bei der Abbildung der Erdoberfläche. Da jeder beliebige kleinste Kreis auf der Ausgangsfläche sich als Ellipse best. Form und Größe abbildet (→ Indikatrix 1), kann man daraus jeweils lokale Längen-, Flächen- und Winkelverzerrungen ableiten, die Kriterien der Güte von Kartennetzen sind. Sie erreichen z. B. bei Gesamtdarstellungen der Erde erhebl. Beträge.

3) Nachrichtentechnik: übertragungsbedingte Verfälschung des zeitl. Verlaufs oder des Spektrums elektr. Signale. Bei den **linearen V.** werden Betrag **(Betrags-** oder **Dämpfungs-V.)** und/oder Phase **(Phasen-V.)** der einzelnen Spektralanteile verfälscht. Bei den **nichtlinearen V.** entstehen neue Frequenzen als Vielfache (→ Klirrfaktor) und Summen oder Differenzen (Kombinationsschwingungen) der urspr. Spektralanteile. Gewollte lineare und nichtlineare V. dienen zur Signalformung, Filterung, Modulation, Frequenzumsetzung u. a.

Verwitterung

Verwitterung: Wabenverwitterung (Kalksandstein) an der Burg von Les Arcs, Provence

Verziehen, 1) von Holz: Formänderungen von Brettern u. a. Konstruktionsteilen senkrecht zur Faserrichtung.

2) Spinnerei: → Verzug 1).

Verzinken, das Überziehen von Metallen, bes. Stahl, mit Zink als Schutz gegen Korrosion, vorwiegend im Schmelztauchverfahren **(Feuerzink)** oder galvanisch (→ Galvanotechnik), ferner nach dem → Metallspritzverfahren oder durch Diffusion **(Sherardisieren).** Das **Feuer-V.** wird nach verschiedenen Verfahrensvarianten durch Tauchen der Teile in geschmolzenes Zink unter Verwendung von Flußmitteln durchgeführt. Beim **Spritz-V.** wird geschmolzenes Zink (in Schutzgas) aufgespritzt. Für die galvan. Abscheidung dienen alkal. oder saure Zinksalzlösungen mit Zusätzen. Zur Erhöhung der Korrosionsbeständigkeit werden die Zinküberzüge vielfach noch chromatiert, gelegentlich auch phospatiert und geölt, lackiert oder mit Kunststoffen beschichtet.

Verzinnen, das Überziehen von Metallen mit Zinn zum Schutz gegen Korrosion, zur Verbesserung der Lötbarkeit, der Gleitfähigkeit u. a., in geringem Umfang durch **Feuerverzinnung** (Tauchen in schmelzflüssiges Zinn mit Flußmitteln), heute v. a. durch **elektrolyt. V.** (→ Galvanotechnik) in sauren Sulfat-, Chlorid- oder Fluoroboratelektrolyten sowie alkal. Stannatbädern. Ferner können Zinnüberzüge nach dem → Metallspritzverfahren hergestellt werden. Anwendungsgebiete: Lebensmitteltechnik (Konservendosen, Haushaltsgeräte) u. a.

Verzögerer, die → Inhibitoren.

Verzögerungsleitung, in → Wanderfeldröhren (auch in → Magnetrons) verwendete Leitung, auf der eine eingekoppelte Welle mit einer gegenüber der Geschwindigkeit im freien Raum reduzierten Geschwindigkeit geführt wird: Drahtwendeln als Innenleiter einer koaxialen V. wirken als sehr breitbandige V., bei denen die Phasengeschwindigkeit näherungsweise um den Quotienten aus Steigung zu Umfang der Wendel verzögert wird. V. aus z. B. durch Löcher in den gemeinsamen Wänden gekoppelten Hohlraumresonatoren sind schmalbandig ($\Delta\, v/v$ etwa 10%), aber thermisch stärker belastbar, da sie besser zu kühlen sind.

Verzuckerung, hydrolyt. Spaltung von Polysacchariden zu niedermolekularen Zuckern (→ Holzverzuckerung).

Verzug, Spinnerei: **1) Verziehen,** das Verfeinern von Fasermassen auf dem Batteur und der Krempel sowie das Auseinanderziehen linienförmiger Fasergebilde (Faserband, Vorgarn) durch Streckwerke. – **2)** einheitenlose Zahl, berechnet aus dem Verhältnis zw. Eingabe- und Ausgabefeinheit der Maschine oder aus dem Verhältnis von Auslauf- und Einlaufgeschwindigkeit.

Verzweigung, → Programm.

Vesikularverfahren, Bläs|chenkopierverfahren, Kalvar-Verfahren, Kopierverfahren, das auf der Zersetzung von (in einer durchsichtigen thermoplast. Polymerschicht dispergierten) Diazoniumsalzen bei Belichtung beruht. Bei anschließender Wärmebehandlung bilden sich an den belichteten Stellen lichtstreuende Bläschen (∅ 0,5–5 µm) aus Diazoniumsalz-Zersetzungsprodukten (bes. Stickstoff). Die Kopie kann bei Durchlicht oder Auflicht betrachtet werden. Anwendungsbeispiel: Mikrofilmkopien.

Vesta, 1807 entdeckter drittgrößter → Planetoid.

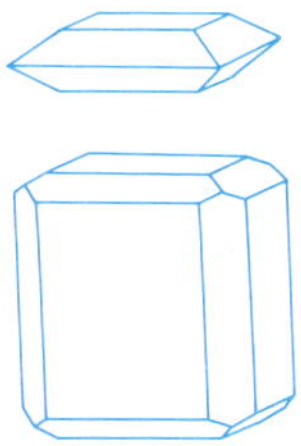

Vesuvian

Vesuvian *der,* **Idokras,** Mineral $Ca_{10}(Mg, Fe)_2 Al_4[(OH)_4|(SiO_4)_5|(Si_2O_7)_2]$, durchscheinend bis durchsichtig, braun, grün, gelb (verschiedenster Tönungen), selten blau oder rosenrot; H. 6,5, D. 3,27–3,45; Kristalle kurzsäulig, zuweilen recht groß, strahlig **(Egeran),** auch derb und körnig **(Kolophonit);** mehrere Abarten. Vorkommen v. a. in kontaktmetamorphen Kalksteinen und im Serpentin, untergeordnet auf Klüften in kristallinen Schiefern, selten magmatisch; mitunter als Schmuckstein verwendet.

VF, Abk. für → **Videofrequenz.**

V-Form, V-Stellung, Anordnung der Tragflügel eines Flugzeuges derart, daß sie von vorn gesehen die Form eines nach oben **(positive V-F.)** oder unten **(negative V-F.)** offenen, flachen V haben; Maßnahmen zur Beeinflussung der Querstabilität. (BILD Flugzeug)

VFR, Abk. für **Visual Flight Rules** [v'ɪzjuəl flaɪt ru:lz, engl.], dt. **Sichtflugregeln,** → Sichtflug.

v. H., Abk. für **vom Hundert,** das → Prozent.

VHD, Abk. für **Video High Density** [v'ɪdɪəʊ haɪ d'ensətɪ, engl.], kapazitives Bildplattensystem (→ Bildplatte).

VHF, Abk. für **Very High Frequency** [v'erɪ haɪ fr'i:kwənsɪ, engl.] der → Frequenzbereich von 30 bis 300 MHz, entsprechend Wellenlängen zw. 10 und 1 m **(Meterwellen,** → Ultrakurzwellen).

VHS, Abk. für **Video Home System** [v'ɪdɪəʊ həʊm s'ɪstɪm, engl.], ein Videoaufzeichnungsverfahren, → Videorecorder.

VI, Abk. für → **Viskositätsindex.**

Viadukt *der,* Brücke, die aus vielen auf Pfeilern aneinandergereihten Gewölben mit verhältnismäßig kleinen Öffnungen besteht. Über tief eingeschnittenem Gelände wird so die Anschüttung hoher Dämme vermieden.

Vibrationen, die → elastischen Schwingungen kontinuierl. Medien.

Vibrator, Schwingungserzeuger, verwendet bes. als → Rüttelgerät in der Bautechnik, als Schwingsiebe in der Klassierung und als Massagegeräte.

Vibrograph, Gerät zum Messen und Aufzeichnen von Schwingungen, z. B. in Maschinen, Schiffen, Brücken, Häusern. Dabei werden die Verschiebungen gegenüber einer Masse, die an einer weichen Feder aufgehängt ist, ermittelt und aufgezeichnet.

Vickershärte, Abk. **HV,** → Härteprüfung.

Video 2000, ein Videoaufzeichnungsverfahren, → Videorecorder.

Videoband, Bildband, bis zu 102 mm breites Kunststoffband mit einer magnetisierbaren Eisenoxid- oder Chromdioxidschicht als Speichermedium für Fernsehbilder (→ Videorecorder). Wegen der größeren Frequenzbandbreite der Fernsehprogramme muß das V. wesentlich breiter sein als ein Tonband (je nach Aufzeichnungsverfahren z. B. 1/4, 1/2, 3/4, 1, 2 oder 4 Zoll). Auch ist wegen der aus dem gleichen Grund hohen Relativgeschwindigkeit zw. rotierendem Abtastkopf und V. die Stabilitätsanforderung an das Band höher.

Video-Einzelbild, Form der → Telekommunikation zur Übertragung ruhender Bilder innerhalb eines Fernsehsignals (jedoch unabhängig davon) und ihrer Darstellung auf dem Bildschirm.

Video-Einzelbildkamera, → Photographie.

Videofrequenz, Abk. **VF,** Fernsehen: das durch die Frequenzen der Bildsignale überdeckte Frequenzspektrum des → Fernsehens. Die **Videobandbreite** (VB) ist in den → Fernsehnormen festgelegt. Die **Videofrequenztechnik** (VF-Technik) befaßt sich mit der Erzeugung und Übertragung von → Videosignalen.

Videographie, die Speicherung einer Bildinformation durch magnet. Aufzeichnung von Videosignalen, die mittels einer Fernsehkamera gewonnen werden.

Videokamera, elektron. Fernsehkamera (→ Fernsehen) zur → magnetischen Aufzeichnung von Bildinformationen; in der Fernseh-Studiotechnik wird meist das → Vidikon verwendet. Leichte, handliche Kameras (auch Amateurkameras für geringere Ansprüche) sind mit lichtempfindl. Halbleitersensoren (→ CCD) ausgestattet.

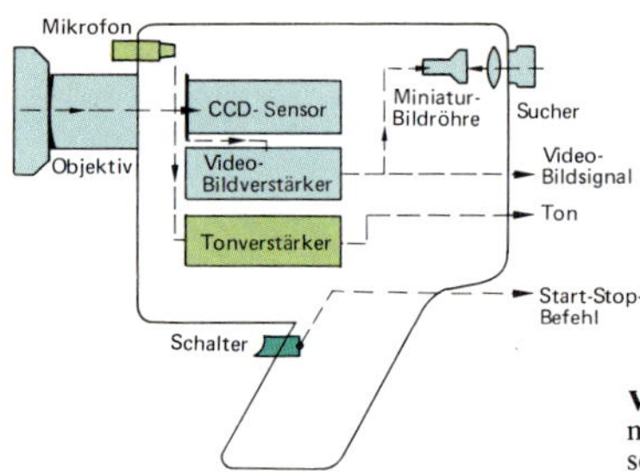

Videokamera mit elektronischem Sucher

Videokonferenz, Form der → Telekommunikation, speziell der Telekonferenz, bei der mit Mikrophon, Kamera, Lautsprecher und Bildschirm ausgerüstete Konferenzräume durch Breitbandverbindungen zusammengeschlossen sind, so daß zw. allen Konferenzteilnehmern Hör- und Sehverbindung besteht.

Videoplatte, die → Bildplatte.

Videorecorder [-rɪk'ɔ:də, engl.], ein → Recorder zur Speicherung von Fernsehbildern (Videosignalen) durch zeitlich aufeinanderfolgende Aufzeichnungen der Bildpunkte: 1) magnetisch auf einem **Videobandgerät,** 2) mechanisch, magnetisch oder optisch auf einer → Bildplatte, 3) optisch auf einem Film (→ EVR). V. enthalten einen Modulator, so daß die Videosignale trägerfrequent aufgezeichnet werden. – In jüngster Zeit wird der Begriff eingeschränkt auf das sich stärker durchsetzende → Kassettenfernsehen mittels Magnetbandgerät; dem älteren →VCR folgten inzwischen neuere Systeme.

Auf dem Sektor der Heim-V. für Amateuranwendung konkurrieren heute drei Systeme, die untereinander nicht kompatibel sind: **Betamax** (auch Beta-Format genannt), **VHS,** Abk. für **Video Home System** [-həUm s'ıstım] und **Video 2000.** Alle drei Systeme benutzen ½-Zoll-Videobänder und zeichnen die Videosignale in Schrägspurweise auf. Bei Video 2000 wurde die Spurbreite halbiert, so daß das Band in beiden Richtungen bespielbar ist (Wendekassette mit maximal 2 × 4 Stunden Bandspielzeit).

F. MANZ: V.-Technik (1979); G. LECHENAUER: Videomachen (1979); D. FAHRY u. K. PALME: Video-Technik, 2 Bde. (²1980); R. VAN WEZEL: Video-Hb. (a. d. Niederländ., 1980); H. BAHR: Alles über Video (1980); P. LANZENDORFER: Videofilmen (1981); K. FELTER: Filmen mit Video (1982). –Ztschr.: Video (seit 1976).

Videosignal, Fernsehen: Signalgemisch aus den eigtl., den Leuchtdichtewert (und die Farbinformation) darstellenden Bildsignalen (→Fernsehen) und den →Gleichlaufsignalen.

Videotex, internat. gebräuchl. Sammelbegriff für Formen der →Telekommunikation, bei denen die Information auf Fernsehbildschirmen dargestellt wird; unterschieden wird **Broadcast Videotex** [br'ɔ:dkɑ:st-, engl.], svw. →Videotext, und **Interactive Videotex** [ıntər'æktıv-, engl.], svw. →Bildschirmtext.

Videotext, Abk. **VTX** oder **Vtx,** gelegentlich auch **Bildschirmzeitung,** engl. **Teletext** [t'elıtekst], oder **Broadcast-Videotex** [br'ɔ:dkɑ:st-], Form der →Telekommunikation zur Übertragung von Nachrichten und Daten innerhalb des Fernsehsignals und ihrer Darstellung auf dem Bildschirm. Außer Textnachrichten können auch grobgerasterte Graphiken dargestellt werden. Die Information wird vom Fernsehsender zusätzlich zum Bildinhalt in der vertikalen →Austastlücke des Videosignales ausgestrahlt (also unabhängig von den Bildsignalen) und kann von Fernsehgeräten mittels eines Zusatzgerätes empfangen werden.

Die in der Austastlücke zur Verfügung stehende Zeit läßt die Übertragung von maximal 100 Seiten (›Tafeln‹) von 24 Zeilen zu je 40 Buchstaben zu, zw. denen der Empfänger bei einer maximalen Wartezeit von 15 s für den Bildaufbau auswählen kann. Damit ist die Menge der übertragbaren Nachrichten i. Ggs. zum →Bildschirmtext relativ gering. Als Anwendungsmöglichkeiten kommen die Übertragung aktueller Nachrichten, Programmhinweise, Untertitel, Verbraucherinformationen u. a. in Frage.

Vidikon, elektron. →Bildaufnahmeröhre zur Aufnahme von Fernsehbildern. Ähnlich wie beim früher verwendeten →Superorthikon wird ein Elektronenstrahl zur Abtastung der Halbleiter-Speicherplatte eingesetzt, wobei hier i. Ggs. zu anderen Aufnahmeröhren statt des äußeren der innere Photoeffekt in einem Halbleiterkristall ausgenutzt wird. Das V. ist wegen seines einfachen Aufbaus und seiner Handlichkeit bes. für Videokameras, industrielles Fernsehen, zur Verkehrsüberwachung u. dgl. geeignet, in Form des →Plumbicons v. a. für Fernsehstudios.

Viehsalz, →Kochsalz.

Viel|eck, das →Polygon.

Vielfaches einer →komplexen Zahl z ist das Produkt $n \cdot z$, wobei n eine natürl. Zahl ist (n-faches von z). Entsprechend ist das n-fache eines Elements a in einer kommutativen →Halbgruppe $(H, +)$ als $n \cdot a = (n-1) \cdot a + a$ definiert. (→kleinstes gemeinsames Vielfaches)

Vielfachheit, in der Mathematik für verschiedene Sachverhalte verwendeter Begriff; meist für die **V. einer Nullstelle** x_0 eines →Polynoms $f(x)$, die V. ist hier das Maximum der Menge der natürlichen Zahlen k, so daß $(x-x_0)^k$ ein Teiler von $f(x)$ ist, d. h., daß es ein Polynom $h(x)$ gibt, derart, daß $f(x) = (x-x_0)^k \cdot h(x)$ gilt. Die V. ist daher die natürl. Zahl n, so daß zum einen gilt: $f(x) = (x-x_0)^n \cdot g(x)$, zum anderen: $(x-x_0)$ ist kein Teiler von $g(x)$.

Vielfachmeß|instrument, ein digital oder analog anzeigendes →elektrisches Meßgerät.

Vielflach *das,* das →Polyeder.

Vielkanal-Impulshöhenanalysator, Vielkanalanalysator, Abk. **VKA,** →Impulshöhenanalyse, →optischer Vielkanalanalysator.

Vielkörperproblem, Mehrkörperproblem, n-Körperproblem, Problem der Bewegung eines Systems von n miteinander wechselwirkenden, als Massenpunkte idealisierten Körpern oder Teilchen. Die Bewegung z. B. von n Massenpunkten unter dem Einfluß der gegenseitigen Massenanziehung läßt sich durch $3n$ gewöhnl. Differentialgleichungen 2. Ordnung beschreiben. I. Ggs. zum →Zweikörperproblem ist für $n > 2$ die Lösung nur in seltenen Spezialfällen exakt möglich (z. B. existieren beim →Dreikörperproblem strenge algebraische Lösungen, wenn sich der eine Körper in einem der fünf →Lagrangeschen Punkte der beiden anderen befindet), sonst ist man auf Näherungsverfahren angewiesen. Das V. wird z. B. in der Himmelsmechanik (Einfluß der Bewegung der Himmelskörper des Sonnensystems untereinander), Quantenmechanik, Molekül- und Festkörperphysik angewendet.

Vielkristall, der →Polykristall.

Viel|linge, gesetzmäßige Verwachsung von mehreren Kristallen gleicher Art (→Zwillinge).

Vielstoffmotor, Dieselmotor, der auch mit Ottomotorenkraftstoff betrieben werden kann. Wegen der geringen Zündwilligkeit dieser Kraftstoffe muß das Verdichtungsverhältnis oder die Temperatur der Ansaugluft erhöht werden.

Vierdrahtbetrieb, Fernmeldetechnik: Verbindung zweier Teilnehmer im Dialogbetrieb über getrennte Leitungen für Hin- und Rückrichtung, insbes. in der Fernsprechtechnik (BILD a, S. 214).

In den Vermittlungsstellen werden die beiden Gesprächsrichtungen durch Gabelschaltungen getrennt. Dank Verstärkung sind niederfrequente Verbindungen über praktisch beliebige Entfernungen möglich **(Vierdraht-Gleichlage).** In der →Trägerfrequenztechnik erfolgt zw. den beiden Gabelschaltungen eine Frequenzumsetzung und Multiplexbildung der Signale. Die Frequenzen für die Hin- und Rückrichtung können dabei gleich sein, da unterschiedl. Frequenzen **(Vierdraht-Getrenntlage)** keinen Vorteil bringen.

Im Ggs. zum V. steht der **Zweidrahtbetrieb** mit nur einer Leitung für Hin- und Rückrichtung (BILD b, S. 214). Bei Weitverkehrsverbindungen müssen zur Verstärkung die Gesprächsrichtungen durch Gabelschaltungen getrennt und wieder zusammengeführt werden **(Zweidrahtverstärker** für **Zweidraht-Gleichlage);** die Reichweite ist begrenzt. In der Trägerfrequenztechnik werden die Signale in den Vermittlungsstellen moduliert und demoliert. Da Gabelschaltungen für hohe Frequenzen ungeeignet sind, müssen sie durch →Frequenzweichen ersetzt werden. Dies bedingt unterschiedl. Frequenzen für Hin- und Rückrichtung **(Zweidraht-Getrenntlage).**

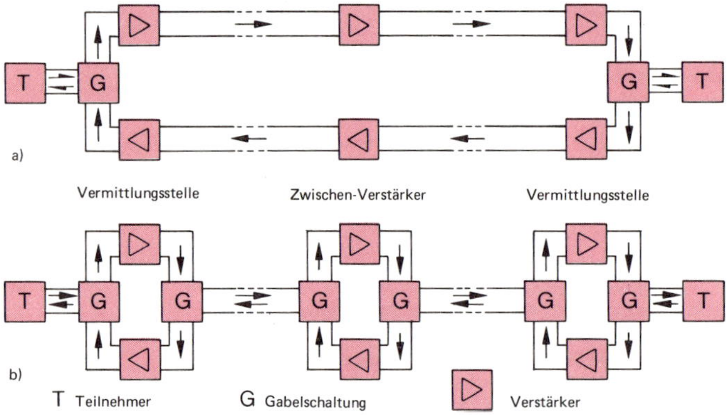

Vierdrahtbetrieb: a) Vierdraht- und b) Zweidrahtbetrieb

Durch geschickte Ausnutzung zweier Zweidrahtleitungen läßt sich eine dritte Leitung **(Phantomleitung)** gewinnen, die allerdings nur niederfrequent nutzbar ist. (→Fernmeldenetz, →Nachrichtenübertragung)

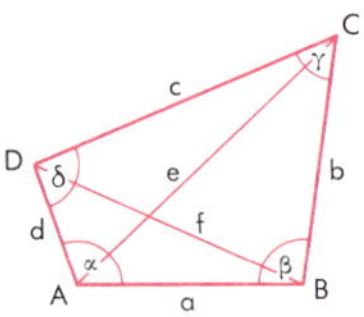

Viereck

Vier|eck. Vier voneinander verschiedene Punkte *A, B, C, D* einer Ebene (von denen keine drei auf einer Geraden liegen) lassen sich genau durch sechs gerade Linien verbinden und werden damit zu Eckpunkten eines V. Besondere V. sind u. a. das →Deltoid, das →Parallelogramm, das →Quadrat, das →Rechteck, der →Rhombus, das →Trapez.

Vierergruppe, →Kleinsche Vierergruppe.

Vierfarbendruck, →Farbendruck.

Vierfarbenproblem, die Fragestellung, ob die Länder einer Landkarte unter Verwendung von nur vier Farben so gefärbt werden können, daß je zwei aneinandergrenzende verschiedene Farben besitzen. Das V. wurde 1976 nach Vorarbeiten verschiedener Autoren bejahend gelöst. Zum Beweis wurden neben graphentheoret. Methoden u. a. aufwendige Rechnungen auf großen Computern herangezogen. Wegen der prinzipiellen Unmöglichkeit, diese umfangreichen Computerrechnungen Schritt für Schritt nachvollziehen zu können, wie es bei üblichen mathemat. Beweisen der Fall ist, wird diese neue Beweismethode in der Mathematik diskutiert.

Vierkant, vierkantiger Kopf auf Schrauben oder Spindeln, z. B. Gas- oder Wasserhähnen, zum Aufsetzen eines **V.-Schlüssels.** Man unterscheidet **Außen-V.** und **Innen-V.** – **V.-Stahl,** warm- oder kaltgewalzter Profilstahl mit vier Kanten; entsprechend gezogene **V.-Stangen** aus Aluminium oder Kupfer.

Vierkugel|apparat, Prüfgerät für Schmieröle, die bei hohen Flächenpressungen im Mischreibungsgebiet (→Reibung) eingesetzt werden sollen. Der V. besteht aus einer rotierenden Kugel (Laufkugel), die auf drei Standkugeln gleitet. Eine auf die Laufkugel einwirkende Prüfkraft kann stufenweise erhöht werden, bis infolge Reibungswärme das Vierkugelsystem verschweißt (Schweißkraft). Es kann auch bei konstanter Prüfkraft der Verschleiß an den Kugeloberflächen gemessen werden.

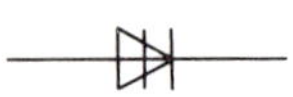

Vierschichtdiode: Schaltzeichen

Vierleitersystem, →Drehstrom.

Vierpol, elektr. Netzwerk mit je zwei Eingangs- und zwei Ausgangsklemmen (also insges. vier Pole). Das Übertragungsverhalten eines linearen V. wird durch zwei i. a. komplexe Gleichungen beschrieben. Diese können als Widerstandsform, Leitwertsform, Kettenform oder Hybridform angegeben werden. V. lassen sich auch durch ihre Wellenparameter (Wellenwiderstand und Strom- bzw. Spannungswellenübertragungsfunktion) beschreiben. Enthält ein V. Energiequellen, wird er als **aktiver V.** bezeichnet, im anderen Fall als **passiver V.** Ein V. kann z. B. ein Transformator, eine Leitung, ein Netzwerk, eine Filterschaltung, ein Übertragungsglied sein. Die **Vierpoltheorie** befaßt sich mit der rechner. Behandlung von V. und der Beschreibung gemeinsamer Eigenschaften.

Vierschichtdiode, Shockley-Diode [ʃ'ɔklɪ-, n. dem amerikan. Physiker W. B. Shockley, * 1910], Halbleiterbauelement mit der Zonenfolge pnpn. Der Aufbau durch Ineinanderschachtelung zweier Transistorstrukturen (pnp und npn) führt zu hoher Sperrspannung für beide Stromrichtungen, wobei sich nach Überschreiten einer bestimmten Sperrspannung in der einen Richtung ein Umschlagen in den leitenden Zustand (geringer Spannungsabfall) ergibt. Wird außer den beiden äußeren Halbleiterzonen auch noch eine der inneren Zonen mit einem Kontakt versehen, erhält man einen →Thyristor.

Vierstrahl|oszilloskop, ein →Oszilloskop mit vier voneinander unabhängigen Elektronenstrahlsystemen.

Viertaktmotor, →Verbrennungsmotor.

vierte Dimension, in der speziellen Relativitätstheorie Bez. für die Zeit, die, mit der imaginären Einheit und der Lichtgeschwindigkeit multipliziert, als imaginäre Zeitkoordinate zu den drei Raumkoordinaten formal gleichberechtigt hinzutritt und mit diesen die vierdimensionale Raum-Zeit-Welt (→Minkowski-Raum) bildet.

Vịetascher Satz [n. dem frz. Mathematiker F. Viete, * 1540, † 1603], auch **Ko|effiziẹntensatz,** die Lösungen x_1, x_2 einer quadrat. Gleichung der Form $x^2+px+q=0$ erfüllen die Bedingungen $x_1+x_2=-p$ und $x_1 \cdot x_2=q$. Dieser Satz läßt sich verallgemeinern für ganze rationale Funktionen n-ten Grades.

Viewdata [vj'u:deɪtə], engl. für →Bildschirmtext.

Vignettịerung [vinjɛ-], **Abschattung,** Optik, Photographie: Abfallen der Bildhelligkeit zum Bildrand hin, tritt z. B. bei Weitwinkelobjektiven auf, bes. störend aber bei der Verwendung von zu engen Linsenfassungen oder falschen Gegenlichtblenden.

Vigoureuxdruck [vigur'ø-, frz.], **Vigoureux-Verfahren,** Verfahren des →Textildrucks für →Kammzüge, die von Reliefwalzen fest gegen eine Farbwalze gepreßt werden. Es entstehen Streifenmuster, die beim späteren Verspinnen der Kammzüge melangeartige Mischfarbeffekte erzielen.

Viking [v'aɪkɪŋ], **1)** erste (seit 1949) amerikan. Forschungsrakete, einstufig mit Flüssigkeitsraketentriebwerk; erreichte 225 km Gipfelhöhe.

2) amerikan. Raumfahrtprogramm mit zwei Raumsonden zur Erforschung des Planeten Mars. **V. 1** am 20. 8. und **V. 2** am 9. 9. 1975 gestartet und mit je 13 wissenschaftl. Experimenten ausgestattet, wurden im Sommer 1976 in ellipt. Umlaufbahnen um den Mars umgelenkt. Am 20. 7. und 4. 9. 1976 trennten sich die V.-Landegeräte von den ›Orbitern‹ und setzten weich auf der Marsoberfläche auf. In den folgenden Monaten wurde ein ausgedehntes Erkundungsprogramm gleichzeitig vom Orbit und auf der Planetenoberfläche abgewickelt (v. a. atmosphär. und meteorolog. Messungen sowie vielfältige Bodenuntersuchungen). An den beiden Landepunkten konnten keinerlei sichere Anzeichen niederen biolog. Lebens gefunden werden, wohl aber ungewöhnl. chem. Eigenschaften der

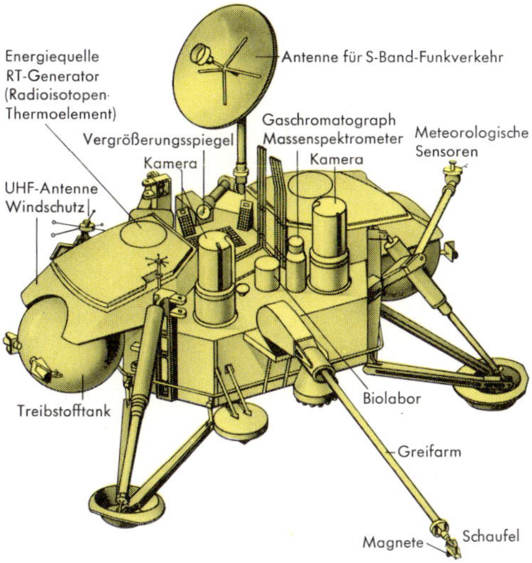

Viking 2): Das Landegerät nach Entfernen der Schutzkapsel

Oberflächenschicht. Die vielen wissenschaftl. Daten und Photographien machen Mars zu dem bisher am besten erforschten Planeten. Der Orbiter V. 2 stellte Juli 1978 den Betrieb ein, V. 1 im August 1980, das Landegerät V. 2 verstummte April 1980, das von V. 1 im Nov. 1982.

Villard-Schaltung [vɪl'ɑ:r-, n. P. U. Villard], aus zwei Dioden und zwei Kondensatoren aufgebaute Gleichrichterschaltung, bei der die Ausgangsspannung in unbelastetem Zustand den doppelten Scheitelwert der speisenden Wechselspannung erreicht ($U_a = 2\sqrt{2}\, U_{eff}$). Die einstufige V.-S. wird daher zur Spannungsverdopplung eingesetzt, durch Kombination mehrerer V.-S. erhält man eine Spannungsvervielfacherschaltung.

Vindelizische Schwelle, Geologie: ehemalige Landschwelle in Trias und Jura, die das german. Becken vom südeuropäischen Tethysmeer trennte. Sie erstreckte sich von der Böhmischen Masse über das Bodenseegebiet bis ins Zentralmassiv (hier auch **Gallische Schwelle** genannt) und zerfiel seit dem unteren Jura. Sie wurde im oberen Jura vom Meer überflutet. Durch die V. S. wird die verschiedenartige Ausbildung der german. und alpinen →Trias erklärt.

Vinyl . . ., Bez. für die einbindige ungesättigte Kohlenwasserstoffgruppe $CH_2{=}CH-$. Verbindungen mit der V.-Gruppe sind zur Polymerisation befähigt.

Vinyl|acetat, Essigsäureester des Vinylalkohols. V. wird durch Addition von Essigsäure an Acetylen oder in modernen Anlagen, durch →Oxyacetylierung von Äthylen hergestellt. Es ist ein wichtiges Monomeres für die Herstellung von Polyvinylacetat (→Polyvinylester), Polyvinylalkohol und Dispersionsfarben.

Vinylacetat

Vinylbenzol, das →Styrol.

Vinylchlorid, Vinylchloridmonomer, Abk. **VCM,** schwach süßlich riechendes, brennbares Gas, großtechnisch durch therm. Spaltung von 1,2-Dichloräthan (→Chlorkohlenwasserstoffe) bei 500–600 °C hergestellt:

$$\underset{\text{1,2-Dichloräthan}}{Cl-CH_2-CH_2-Cl} \longrightarrow \underset{\text{Vinylchlorid}}{CH_2{=}CH-Cl} + \underset{\text{Chlorwasserstoff}}{HCl}$$

Der abgespaltene Chlorwasserstoff wird bei der Oxychlorierung von Äthylen wieder zur Herstellung von 1,2-Dichloräthan verwendet oder in Gegenwart von Quecksilberchlorid als Katalysator mit Acetylen zu V. umgesetzt **(Vinylierung):**

$$\underset{\text{Acetylen}}{HC\equiv CH} + \underset{\text{Chlorwasserstoff}}{HCl} \longrightarrow \underset{\text{Vinylchlorid}}{CH_2{=}CH-Cl}$$

V. ist ein wichtiges Monomeres für die Herstellung von PVC und anderen Polymeren. Es gehört zu den krebserzeugenden Arbeitsstoffen A 1 (→MAK-Wert).

Vinylcyanid, das →Acrylnitril.

Vinylidenchlorid, 1,1-Di|chloräthylen, farblose Flüssigkeit, die zus. mit Vinylchlorid, Acrylnitril u. a. zu Copolymeren verarbeitet wird, die sich durch geringe Wasserdampfdurchlässigkeit auszeichnen.

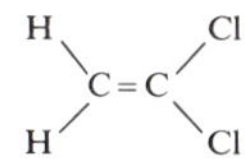

Vinylidenchlorid

Vinylierung, Reaktion von Acetylen mit Chlorwasserstoff, Carbonsäuren, Alkoholen u. a. zu Vinylverbindungen (→Vinylchlorid).

Virgation, Geologie: das Auseinanderstreben gebündelter Faltenketten in einem Faltengebirge; z. B. das Ostende der Alpen. – Ggs.: **Scharung.**

Virgo, lat. Name des Sternbilds →Jungfrau.

Virial, nach R. Clausius der zeitl. Mittelwert der Summe der kinet. Energie aller Teilchen eines betrachteten Systems.

Viroid, hüllenloser (d. h. nicht antigen wirkender), zur Kette geschlossener RNS-Strang, der intrazellulär als Krankheitserreger wirkt; als pathogen bisher nur bei Pflanzen nachgewiesen. Zu seiner Reproduktion benötigt ein V. Enzyme und Nucleotide der Wirtszelle.

virtuelle Arbeit, →virtuelle Verrückung.

virtueller Zustand, quantenmechan. Zustand, dessen Existenz mit dem Energie- und Impulssatz nicht verträglich ist. V. Z. sind auf Grund der →Unschärferelation möglich, aber auf äußerst kurze Zeiten beschränkt und deshalb nicht beobachtbar. V. Z. treten bei **virtuellen Prozessen** auf, wie bei der Bildung **virtueller Teilchen.** Z. B. kann ein Photon, dessen Energie für eine tatsächl. →Paarerzeugung nicht ausreicht, ein virtuelles Elektron-Positron-Paar erzeugen, daß sofort wieder in ein Photon zerstrahlt.

virtuelles Bild, →Abbildung 2).

virtuelles Speicher-Betriebssystem, Betrieb einer Datenverarbeitungsanlage mit einem scheinbar vorhandenen einheitl. Speicher, der sich real auf verschiedene Speicher mit unterschiedl. Zugriffszeiten verteilt **(virtueller Speicher).** Für den Anwender ist die wirkl. Verteilung fast unbedeutend, da das gesamte Programm in gleich große Blöcke (Seiten, Segmente) aufgeteilt wird, die automatisch nach Bedarf in den realen Arbeitsspeicher geladen und dort abgearbeitet werden.

virtuelle Verrückung, virtuelle Verschiebung, mit den Bedingungen der Beweglichkeit eines Systems von Körpern verträgl. (lediglich gedachte) infinitesimal kleine

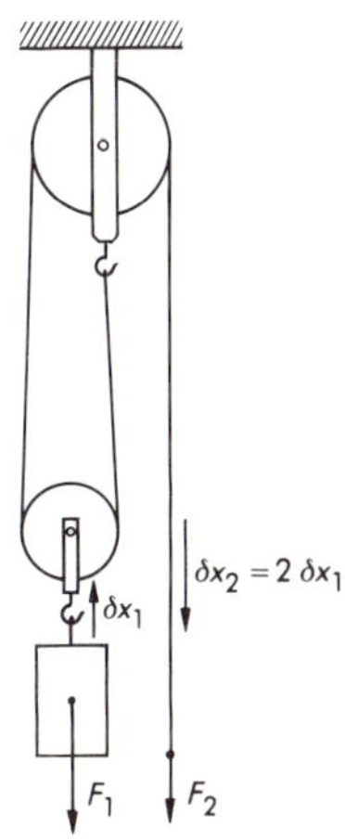

virtuelle Verrückung

virtuelle Verrückung: Am einfachen Flaschenzug ist bei einer virtuellen Verrückung δx_1 des Gewichtes die virtuelle Verschiebung des Zugseils $\delta x_2 = 2\delta x_1$. Da die Arbeit $F_1\delta x_1 - F_2\delta x_2 = 0$ sein muß, ist $F_1 = 2F_2$

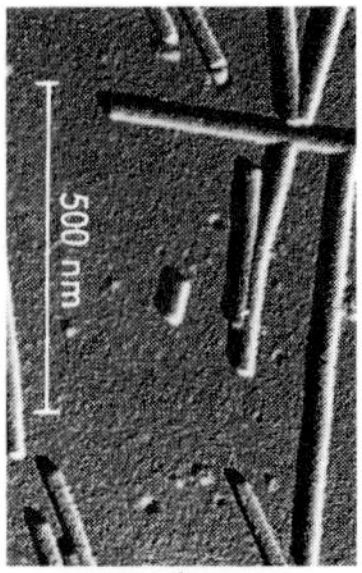

1

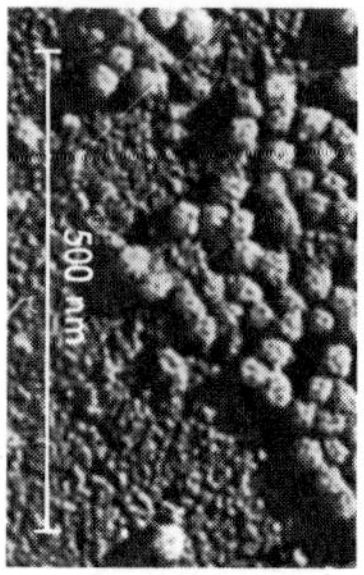

2

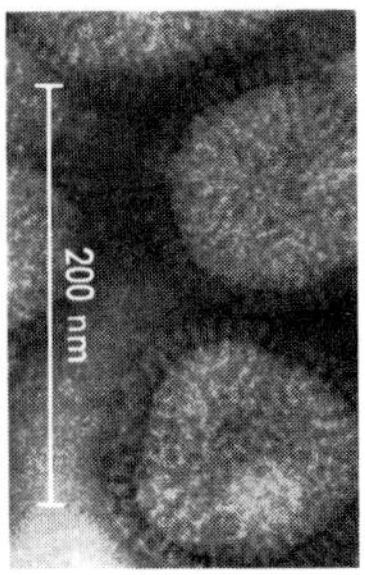

3

Virus: **1** Tabakmosaikvirus, schrägbedampft. **2** Poliomyelitis-Virus, schrägbedampft. **3** Influenza-Virus A2, negativer Kontrast mit Phosphorwolframsäure. (Aufnahmen: H. Frank, Max-Planck-Institut für Virusforschung, Tübingen)

Verschiebung der Elemente des Systems. Bei v. V. um die Gleichgewichtslage eines reibungsfreien Systems ist die Arbeit, die die auf die Elemente des Systems wirkenden Kräfte verrichten **(virtuelle Arbeit)** gleich Null **(Prinzip der virtuellen Arbeit,** BILD S. 215).

Virus *das, Mz.* **Viren,** Erreger von Infektionskrankheiten bei Menschen, Tieren, Pflanzen und Bakterien. Zu den V. rechnet man Mikroorganismen, die auf lebende Wirtszellen angewiesen sind und keinen eigenen Stoffwechsel besitzen. Es ist noch strittig, ob man die V. zu den lebenden Mikroorganismen rechnen darf. Heute werden die V. biochemisch systematisiert. Als Einteilungseigenschaften gelten: die Art der Nucleinsäure (DNS oder RNS), die Größe des Virusteilchens (Virion), die Mikrostruktur der Eiweißhülle seines Nucleinsäurekerns, des Capsids, und seiner Hüllen, der Lipidgehalt u. ä. Die kleinsten V. sind rund und nur 8 nm im Durchmesser, die größten V. messen 300 nm in ihrer größten Ausdehnung und sind quaderförmig. Dazwischen liegen viele Größen und Formen (kugelige, fadenförmige, ovale, geschwänzte). Bei den Pflanzen-V. unterscheidet man die kleineren mit kub. Symmetrie von den stäbchenförmigen V. mit Wendelsymmetrie.

Alle V. vermehren sich nur in lebenden Zellen. Bei den Bakteriophagen legt sich z. B. dazu das V. infolge von Oberflächenladungen an die Zellwand der Wirtszelle (Adsorption). Durch einen enzymat. Vorgang wird dann ein Loch in die Zellwand der Wirtszelle gefressen, durch das die Nucleinsäure des V. in die Wirtszelle eindringen **(Infektion)** kann. Das ganze V.-Teilchen kann aber auch von der Wirtszelle aufgenommen werden. Mehrere Minuten lang (Latenzperiode) ist das V. weder morphologisch noch biologisch in der Zelle nachweisbar. Danach entsteht nach Umsteuerung des Nucleinsäure- und Protein-Stoffwechsels der Wirtszelle eine neue Generation von V.-Teilchen (oft über 100); dadurch geht die Wirtszelle meist zugrunde. – Es gibt auch eine latente V.-Infektion. Unter best. Umständen wird die Wirtszelle nach der Infektion nicht durch V.-Vermehrung vernichtet, sondern das V. wird in einer unschädl. Vorstufe **(Provirus)** gehalten, die der Wirtszelle ein weiteres Leben und Vermehren ermöglicht. Zum Tod der Wirtszelle kommt es nur nach Einwirkung best. chem. Substanzen oder Strahlungen **(Induktion).**

Man kennt heute über 100 verschiedene V., die für Epidemiologie und Klinik der Infektionskrankheiten wichtig sind. Man hat auch V. gefunden, die nicht nur die Wirtszelle nicht zerstören, sondern sie zur Wucherung anreizen.

Visbreaking [vˈɪsbreɪkɪŋ, engl.], → Cracken.

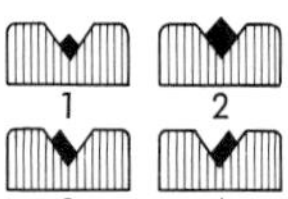

Visier: Zielfehler; **1** Feinkorn, **2** Vollkorn, **3** links geklemmtes Korn, **4** rechts geklemmtes Korn

Visier, Visier|einrichtung, Richt- und Zieleinrichtung, mechanische, mechanisch-optische oder optoelektron. Vorrichtung zum Richten und Zielen mit Rohrwaffen, Raketenstartvorrichtungen oder mit ballist. Bomben. Die Entfernung muß vorgegeben sein. **Visierlinie,** auch Schuß- oder Ziellinie, ist die geradlinige Verbindung von Auge, Kimme, Korn und Ziel. Als **Visierwinkel** wird der Winkel bezeichnet, den die Seelenachse des Rohrs oder Laufs mit der V.-Linie bildet; er hängt von den ballist. Eigenschaften der Waffe, von der relativen Lage von Waffe und Ziel sowie von der möglichen Bewegung des Ziels ab. Die Werte des Visierwinkels werden entweder von Hand am V. eingestellt (mit Hilfe von Skalen und Marken oder der Schußtafel) oder durch einen Rechner automatisch in das V. eingegeben. Beim Zielen auf ein sichtbares Ziel (sichtbares Licht, Infrarot, Radar) wird die Waffe direkt gerichtet. Ist das Ziel von der Feuerstellung aus nicht einsehbar, muß indirekt gerichtet werden: es werden entweder der Abgangswinkel (→ Flugbahn) und der Azimutwinkel mit Hilfe einer Beobachtungsstelle ermittelt, die das Ziel direkt einsehen kann, oder es wird blind nach geograph. Koordinaten geschossen.

Bei Handfeuerwaffen und leichten Maschinenwaffen werden überwiegend **mechanische V.** verwendet. Sie bestehen grundsätzlich aus einer für unterschiedl. Entfernungen meist höhenverstellbaren Kimme im Bereich des Verschlusses und einem Korn nahe der Rohrmündung. Abwandlungen sind z. B. der Diopter, bei dem ein von einem ringförmigen Kornhalter umgebenes Korn durch eine Lochkimme anvisiert wird. Unter den **optischen V.** bei Handfeuerwaffen ist das → Zielfernrohr am häufigsten. Sonderzwecken dienen **optoelektron. V.** (z. B. Infrarot-Zielgeräte, → Nachtsichtgeräte).

Die V. für indirekt schießende Geschütze und für Startvorrichtungen ungelenkter Raketen bestehen aus einem **Richtaufsatz** mit dem Winkelzielfernrohr. Für direkt zu richtende Geschütze, z. B. Panzerkanonen und Panzerabwehrkanonen, werden spezielle **Zielfernrohre** mit eingespielten Zielmarken für verschiedene Munitionsarten und Entfernungen verwendet. Die Kopplung mit → Waffenleitsystemen ist bei modernen Waffen üblich, v. a. auch beim Schießen auf Luftziele und bei → Flugzeugbordwaffen, deren **Reflex-V.** ein eingespieltes Fadenkreuz zur direkten Durchsicht besitzen.

Bombenzielgeräte werden auf die Steuerung des Flugzeugs aufgeschaltet und ebenfalls als computergestütztes Waffenleitsystem ausgeführt.

Für → Lenkflugkörper sind V. im eigtl. Sinn unnötig, sie verfügen über → Eigenlenkung oder → Fernlenkung.

Visionsradius, Astronomie: die → Gesichtslinie 1).

Visko|elastizität, verzögerte, aber mechanisch noch reversible Elastizität, die z. B. bei thermoplastischen Kunststoffen auftritt.

Viskose, eine → Chemiefaser auf Cellulosebasis, auch die beim V.-Verfahren entstehende zähflüssige Spinnlösung des Cellulosexanthogenats. Das **V.-Verfahren** dient zur Herstellung der Spinnlösung aus → Hydratcellulose für Filamentgarne (→ Reyon), Spinnfasern (→ Zellwolle), Folien (→ Zellglas) und Viskoseschwämme. Durch Behandeln der Cellulose in Form von Zellstoffplatten mit 18%iger Natronlauge (Alkalisieren) und Schwefelkohlenstoff (Sulfidieren) entsteht das Cellulosenatriumxanthogenat **(Xanthat)** und ergibt nach Lösung in 4%iger Natronlauge die Spinnlösung. Diese enthält 7–9% Cellulose und wird aus Gold-/Platindüsen in ein Koagulationsbad aus Schwefelsäure, Natrium- und Zinksulfat gepreßt, wobei sich der Cellulosefaden bildet. Es folgt die Nachbehandlung durch Entsäuern, Entschwefeln, Bleichen, Auswaschen und Trocknen.

Viskosimeter *das,* Gerät zur Bestimmung der → Viskosität von Flüssigkeiten. Beim **Kapillar-V.** wird die Zeit gemessen, die eine best. Flüssigkeitsmenge zum Durchfließen einer Kapillare bekannter Länge und bekannten Durchmessers braucht. Beim **Kugelfall-V. (Fallkörper-V.)** wird die Fallzeit einer best. Kugel auf einer geneigten Fallbahn durch die Flüssigkeit bestimmt **(Höppler-V.).** Das **Rotations-V.** besteht aus zwei koaxialen Zylindern, von denen einer mit konstanter Geschwindigkeit rotiert; das Drehmoment des anderen durch die im Zwischenraum befindl. Flüssigkeit mitgenommenen Zylinders wird gemessen. Neben den beschriebenen, theoretisch fundierten gibt es auch empirische oder halbempirische Meßverfahren, z. B. beim **Engler-V.**, einem Ausfluß-V. zur Messung der Viskosität in **Engler-Graden** (°E).

Viskosität, Zähigkeit, innere Reibung, die Eigenschaft eines fließfähigen Stoffsystems, bei einer Verformung eine Spannung aufzunehmen, die von der Verformungsgeschwindigkeit abhängt. Im einfachsten Fall, der bei Gasen und vielen Flüssigkeiten, den **Newtonschen Flüssigkeiten** [nju:tn-], auftritt, ist die Schubspannung τ zw. zwei laminar strömenden Schichten dem Geschwindigkeitsgefälle D senkrecht zur Strömungsrichtung proportional, $\tau = \eta D$. Der Proportionalitätsfaktor η heißt **dynamische V.,** auch **Koeffizient der inneren Reibung, dynamische Zähigkeit.** SI-Einheit ist die Pascalsekunde (Pa·s); nicht gesetzl., früher oft benutzte Einheit ist das →Poise (P): $1\ \mathrm{Pa \cdot s} = 1\ \mathrm{N \cdot s/m^2} = 1\ \mathrm{kg \cdot s^{-1} \cdot m^{-1}} = 10\ \mathrm{P}$. Der Kehrwert von η wird **Fluidität** (Formelzeichen φ) genannt, $\varphi = 1/\eta$.

Wird eine große ebene Platte in der Mitte zw. zwei ebenen, parallelen Wänden eines mit einer Newtonschen Flüssigkeit (z. B. Wasser) gefüllten Troges mit konstanter Geschwindigkeit bewegt, so muß eine die Bewegung hemmende Kraft überwunden werden, ähnlich der Reibungskraft zw. zwei festen Oberflächen. Ist der Abstand x zw. Platte und Wand des Troges klein, so nimmt die Geschwindigkeit der von der Platte durch Schubkräfte mitgenommenen Flüssigkeit linear zum Rand R hin ab (BILD). Die bewegungshemmende Kraft F hängt von der V. η der Flüssigkeit ab, sie ist proportional der Fläche A der Platte (beide Seiten) und der Geschwindigkeit v, aber umgekehrt proportional dem Abstand x von der Trogwand, $F = \eta \cdot A \cdot v/x$, F/A ist die Schubspannung, v/x das Geschwindigkeitsgefälle. Bei hohen Geschwindigkeiten und großem x treten Abweichungen durch Wirbelbildung auf.

Die **kinematische V.** ist $\eta/\varrho = \nu$ (ϱ = Flüssigkeitsdichte), SI-Einheit ist $\mathrm{m^2/s}$; nicht gesetzl., früher oft benutzte Einheit ist das →Stokes (St): $1\ \mathrm{St} = 10^{-4}\mathrm{m^2/s}$. Bei Gasen nimmt η mit der Temperatur zu, bei idealen Gasen wächst η annähernd mit der Wurzel aus der absoluten Temperatur und ist bei normalen und hohen Drücken vom Druck kaum abhängig. Bei Flüssigkeiten nimmt η mit der Temperatur ab. Anomale (strukturviskose) Flüssigkeiten, bes. hochpolymere und solche mit stäbchenförmigen Molekülen, folgen dem Newtonschen Ansatz nicht. Hier nimmt η mit wachsender Strömungsgeschwindigkeit zu oder ab. Das Verhalten solcher Stoffe wird in der Rheologie untersucht.

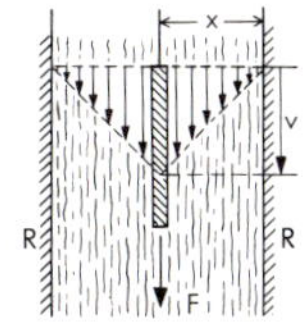

Viskosität

Viskositäts|index, Abk. **VI,** empir. Zahl zur Kennzeichnung des Viskositäts-Temperatur-Verhaltens von Mineralölen. Die **V.-Skala** wurde 1929 willkürlich von 0 (Öle aus dem Golf von Mexiko mit starker Temperaturabhängigkeit der Viskosität) bis 100 (Pennsylvanische Öle mit geringer Temperaturabhängigkeit der Viskosität) festgelegt und später auf Werte über 100 erweitert. Zur Berechnung des V. dienen die kinemat. Viskositäten des Mineralöls bei 37,8 und 98,9 °C. (→SAE-Viskositätsklassen)

Vitalstoffe, unspezif. Bez. für Wirkstoffe, z. B. Vitamine, Hormone, essentielle Fett- und Aminosäuren, zur Unterhaltung lebenswichtiger Funktionen.

Vitamine, Wirkstoffe, deren Mangel- oder Nichtzufuhr Mangelerscheinungen **(Hypo-** und **Avitaminosen)** hervorrufen und die im Vergleich zu Nährstoffen keine Energie liefern. Auch ein Überangebot kann zu Erkrankungen **(Hypervitaminosen)** führen. V. sind für Mensch und Tier mehr oder weniger wichtige Verbindungen, die über die Nahrung aufgenommen oder durch Darmbakterien erzeugt werden. Neben Mikroorganismen erzeugen primär Pflanzen V. Einige V. kommen in der Natur als Vorstufen (Provitamine) vor, viele sind Teile von Coenzymen oder prosthet. Gruppen. Die V. werden in **wasserlösliche** und **fettlösliche** eingeteilt und mit lat. Buchstaben A, B usw. oder entsprechend ihrer chem. Konstitution bezeichnet.

Wasserlösliche Vitamine. **V. B_1, Thiamin (Aneurin, Antineuritis-, Antiberiberi-V.),** physiolog. Funktion mit Pyrophosphat verestert (Thiaminpyrophosphat) als Coenzym bei Decarboxylasen (Cocarboxylase) oder Aldehydtransferasen. Unentbehrlich für den Stoffwechsel der Kohlenhydrate, z. B. zur Bildung von Acetyl-CoA aus Brenztraubensäure. Hitze-, alkali- und Sauerstoff-(O_2-) labil. Vorkommen bes. in Hefe, Getreide (Keime, Hülle), Leber und Muskelfleisch. – **V. B_2 (Riboflavin, Lactoflavin),** alkali- und O_2-empfindl., in Lösung fluoreszierende Verbindung; vom Isoalloxazin abgeleitet. Mit Phosphorsäure oder Adenosindiphosphat verbunden als Flavinmononucleotid oder Flavin-Adenin-Dinucleotid; an Oxidationsvorgängen als prosthet. Gruppe bei Flavinenzymen beteiligt. Vorkommen bes. in Hefe, Leber, Weizen- und Roggenkeimlingen. – **Nicotinsäureamid (Niacinamid, PP-Faktor** oder **V. PP,** d. h. **P**ellagra **p**reventing), Teil des Nicotinamid-adenin-Dinucleotids oder Nicotinamid-Dinucleotid-Phosphats als Coenzym von Dehydrogenasen; im tier. Stoffwechsel teilweise oder ganz aus Tryptophan gebildet. – **V. B_6 (Pyridoxin, Adermin),** Sammelbez. für ähnliche Verbindungen wie Pyridoxol, Pyridoxal, Pyridoxamin; die beiden letzten mit Pyrophosphat verestert, nehmen als Pyridoxal- oder Pyridoxamin-Phosphat speziell am Aminosäurestoffwechsel teil. – **Biotin (V. H)** ist über Lysin an Enzyme gebunden und als Coenzym bei Carboxylasen an der Fixierung des CO_2 (›aktivierte Kohlensäure‹) beteiligt. – **Pantothensäure (Hühner-Antidermatitis-Faktor, Antigrauhaar-Faktor)** greift als Teil des Coenzyms A in den Fettsäure- und Essigsäure-Stoffwechsel ein. – **Folsäuregruppe (V. M, V. B_c;** c = chicken), Gruppe von Substanzen, die in Blattgemüse **(folium** = Blatt), Leber, Niere und Hefe vorkommen. Abgeleitet von den wichtigsten Vertretern der Folsäure, die den Pteridinring, p-Aminobenzoesäure und ein oder mehrere L-Glutaminsäurereste enthalten. V. B_c sind Wachstumsfaktoren für niedere (Lactobacillus casei Faktor) und höhere Organismen. Biologisch aktive Form ist die **Tetrahydrofolsäure (Folinsäure, Citrovorumfaktor),** die als Coenzym für die Übertragung von 1-Kohlengruppen (Methyl-, Formyl-, Formiat- und Hydroxymethylreste) unentbehrlich ist. – **V. B_{12} (Cyanocobalamin, Erythrotin, extrinsic factor)** enthält Kobalt zentral gebunden und Cyanid. Ersatz der Cyanogruppe durch Desoxyadenosin ergibt das biologisch wirksame Coenzym Desoxyadenosin-Cobalamin, das an intramolekularen Umlagerungen von Alkyl- und v. a. von Methylresten beteiligt ist. Ersatz durch den Methylrest ergibt das Coenzym Methylcobalamin. Vorkommen in Leber, Muskel und Eiweiß. – **V. C (Ascorbinsäure, Antiscorbut-V.),** bildet mit Dehydroascorbinsäure ein Redoxsystem, das an Hydroxylierungsreaktionen be-

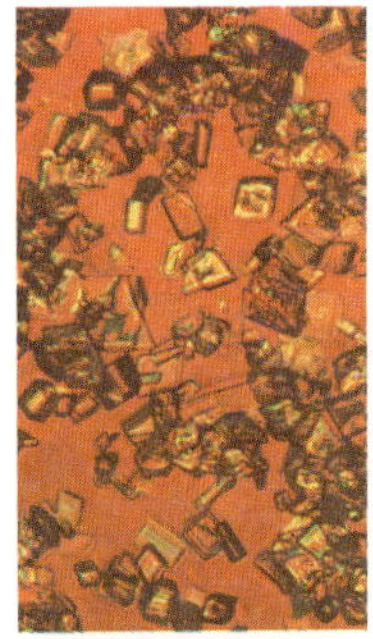

Vitamine

Vitamine: Mikroaufnahmen; OBEN Vitamin A (800fach vergr.), MITTE Vitamin B_{12} (170fach vergr.), UNTEN Vitamin C (440fach vergr.)

teiligt ist. V. C wird durch Sauerstoff beim Erhitzen schnell zerstört. Vorkommen: bes. reich in Zitronen, Kartoffeln, grünen Pflanzen, Milch und Leber; auch synthetisch erhältlich. – **V. P-Gruppe (Antipermeabilitäts-Faktor),** Gruppe von Pflanzenflavonoiden; wurden früher zu den V. gezählt.

Fettlösliche Vitamine. **V. A (Axerophthol, Retinol)** wird entweder als solches oder in Form der Carotine als Provitamin mit der Nahrung zugeführt. Durch oxidative Spaltung entsteht aus den Carotinen Retinal. Der V.-A-Aldehyd (Retinal) entsteht durch Dehydrierung des Retinols oder durch Carotinspaltung; es ist Teil des Sehpigments Rhodopsin. Zur Säure oxidiert, als Retin(in)säure, ist es vermutlich als Wachstumsfaktor wichtig. Speicherformen sind Ester des Retinols in der Leber. Vorkommen: als Provitamin in gelben Gemüsen und Früchten sowie in Blättern grüner Pflanzen. Als Retinol (tier. Produkt) in Milch und Leber. – **V. D-Gruppe (Calciferole, antirachit. V.),** den Steroiden nahestehende Verbindungen. Wichtigste Vertreter: **V. D_3 (Cholecalciferol)** tier. und **V. D_2 (Ergocalciferol)** pflanzl. Ursprungs. Provitamin ist das 7-Hydroxycholesterin, das im tier. Organismus entsteht und in der Haut durch UV-Strahlung des Sonnenlichts in V. D_3 umgewandelt wird. In hoher Konzentration in der Leber von Meerfischen, daneben in Milchprodukten und Eiern. Zusammen mit den Hormonen Calcitonin und Parathormon am Calcium- und Phosphat-Stoffwechsel beteiligt. V. D wird in der Leber hydroxyliert und in der Niere in die eigtl. biologisch aktive Verbindung, das 1,25-Dihydroxycalciferol, umgewandelt, das die Calciumresorption aus dem Dünndarm, das enchondrale Wachstum und die Mineralisierung der Röhrenknochen fördert. – **V. E (Tocopherol, Antisterilitäts-V.** der Ratte), Gruppe von mindestens sieben V., die chemisch vom Tocol abgeleitet und pflanzl. Ursprungs sind, bes. in Weizenkeimen, Baumwollsamen u. ä. oder deren Ölen. Biochemisch wirksam vermutlich als Redoxsystem Tocopherol/Tocochinon zum Schutz gegen Oxidation von ungesättigten Fettsäuren und Thiolgruppen. – **V. F** ist eine ältere Bez. für ein Gemisch von mehrfach ungesättigten Fettsäuren (Linol-, Linolen- und Arachidonsäure). – **V. K-Gruppe (Phyllochinon, Koagulations-** oder **antihämorrhag. V.). V. K_1** kommt in Pflanzen, **V. K_2** nur in Bakterien vor. Coenzym oder dessen Vorstufe bei der Carboxylierung von Glutamylresten, der Vorstufen der Gerinnungsfaktoren VII, IX und X und des Prothrombins. – Die Bez. **V. L** gilt als ungebräuchlich für **o-Aminobenzoesäure.** Für → Rutin wird gelegentlich die Bez. **V. P** benutzt; als **V. Q** wird ein Faktor bezeichnet, der wesentlich zur Blutgerinnung beitragen soll. Coenzyme Q oder → Ubichinone sind nicht als V. anzusehen.

Vitriol *der* und *das,* ältere Bez. für wasserlösl. Sulfate zweiwertiger Schwermetalle, bes. des Kupfers, Eisens und Zinks. Die V. kristallisieren mit fünf und sieben Molekülen Kristallwasser und besitzen die Konstitution $[Me(H_2O)_4]SO_4 \cdot H_2O$ und $[Me(H_2O)_6]SO_4 \cdot H_2O$. – **Vitriolöl,** die rauchende Schwefelsäure. – **Vitriolluft,** der Sauerstoff. **Vitriolschiefer,** der → Alaunschiefer.

Vitrit, glasglänzende, helle, meist strukturlose, homogene → Streifenart der Steinkohle; besteht v. a. aus Vitrinit, daneben Resinit u. a. Mazeralen.

Vitrophyr, vulkan. Ergußgestein mit Einsprenglingen in einer glasigen Grundmasse.

VI-Verbesserer, → Motorenöle.

Vivianit

Vivianit [n. dem engl. Mineralogen J. G. Vivian, 19. Jh.] *der,* **Blau|eisen|erz,** Mineral $Fe_3(PO_4)_2 \cdot 8\ H_2O$, weiß oder farblos, an der Luft blau werdend; H. 2, D. 2,6–2,7; Kristalle langsäulig, vorwiegend strahligfaserige, kugelförmige Aggregate, auch erdig-krümelig **(Blaueisenerde).** Entstehung durch Einwirkung phosphorsäurehaltiger Wässer auf Eisenminerale, v. a. auf Klüften, in Tonen, fossilen Muscheln und Knochen.

VLB-Interferometrie, engl. **Very Long Baseline Interferometry** [vˈerɪ lɔŋ bˈeɪslaɪn ɪntəferˈɔmətrɪ], Abk. **VLBI,** Verfahren der Radioastronomie (→ Radioteleskop).

VLF, Abk. für **Very Low Frequency** [vˈerɪ ləʊ frˈi:kwənsɪ, engl.], der → Frequenzbereich von 3 bis 30 kHz, entsprechend Wellenlängen zw. 100 und 10 km (Längstwellen). **VLF-Verfahren,** Verfahren der → Funknavigation für Weitstrecken im Längstwellenbereich, z. B. → Omega-Verfahren. **VLF-Emissionen,** sehr niederfrequente Radiowellen natürl. Herkunft von nur einigen Hz bis 10^4 Hz, die in der Troposphäre, der Ionosphäre oder der Magnetosphäre entstehen und nach ihrem akust. Eindruck → Whistler (Pfeifgeräusch), Hiss (Geräusch zischenden Dampfes) oder Dawnchorus (Vogelgezwitscher) genannt werden.

Vlies, Spinnerei: → Flor.

Vliesstoff, ein Textilverbundstoff, der durch Verfestigung von → Spinnvliesen (z. B. Parallel-, Kreuz- oder Wirrfaservlies) auf nassem oder trockenem Weg hergestellt wird. Die Verfestigung geschieht mechanisch (z. B. Nadelfilz) oder nach Art der Papierherstellung mit Hilfe von Zellstoffasern oder chemisch durch Verkleben, Verschweißen oder Anlösen. Papierartige V. dienen als Wegwerfartikel, wie Taschentücher; mechanisch oder chemisch verfestigte V. als Einlagefutter, Schutzkleidung u. a.; beschichtete oder kaschierte V. z. B. als Kunstleder für Polsterbezüge und Fußbodenbeläge.

VLSI, Abk. für **Very Large Scale Integration** [vˈerɪ lɑ:dʒ skeɪl ɪntəgrˈeɪʃn, engl.], → Integrationsgrad.

VMOS-Technologie, Abk. für **Vertikal-MOS-Technologie,** weiterentwickelte → MOS-Technologie zur Herstellung von MOS-Feldeffekttransistoren

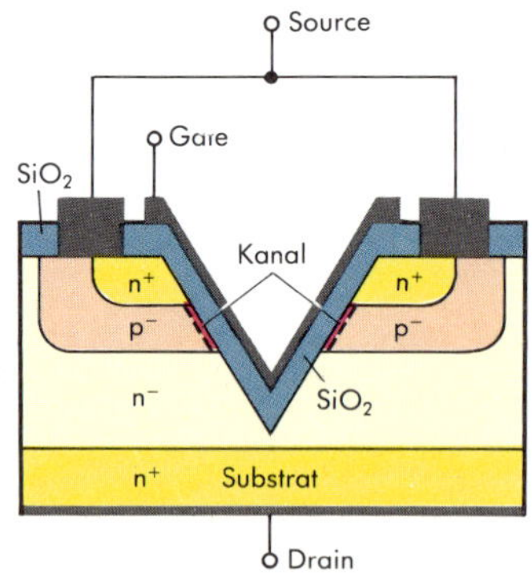

VMOS-Technologie: MOS-Feldeffekt-Transistor in VMOS-T. n^+ . . . hochdotiertes n-leitendes Silicium, n^- . . . schwachdotiertes n-leitendes Silicium, p^- . . . schwachdotiertes p-leitendes Silicium

(→ MOSFET). Der wesentl. Unterschied zu herkömml. MOSFETs liegt darin, daß der wirksame Strompfad (Kanal) nicht mehr in horizontaler Lage zw. den Elektroden Source und Drain liegt, sondern auf Grund der modifizierten Geometrie vertikal gerichtet ist. Der V-förmige Einschnitt teilt den Kanal in zwei sehr kurze, elektrisch parallel geschaltete Strecken. Das hat eine Verbesserung des Durchlaßwiderstandes (u. a. abhängig von der Länge des Kanals) zur Folge sowie wegen der geringeren Kapazitäten zw. den Elektroden kürzere Schaltzeiten (4 ns gegenüber 50–2000 ns) und eine höhere Grenzfrequenz. Die VMOS-Transistoren sind daher für den Einsatz als Schalttransistoren und für Hochfrequenzanwendungen bei höheren Leistungen bes. gut geeignet.

Vocoder, Abk. von **Voice Coder** [vˈɔɪs kˈəʊdə, engl.], Gerät zur Erzeugung künstl. Sprache und zur Sprachfrequenzkompression (→Sprachsynthese). Jeder V. besteht aus einem Analyseteil **(Coder),** der aus den Sprachfrequenzen die wesentl. Signale zur Übertragung herausfiltert, und aus einem Syntheseteil **(Decoder),** in dem die urspr. Frequenzen aus den übertragenen Signalen regeneriert werden. Mit zunehmender Bedeutung der Datenfernübertragung wird die digitale Sprachübertragung, die mit Hilfe eines V. möglich ist, immer wichtiger. Weitere Anwendungen bei Sprachverfremdung, abhörsicherer Übertragung, Computeransagen und zur Verständlichkeitserhöhung bei Sprachübertragung z. B. aus Taucherhelmen.

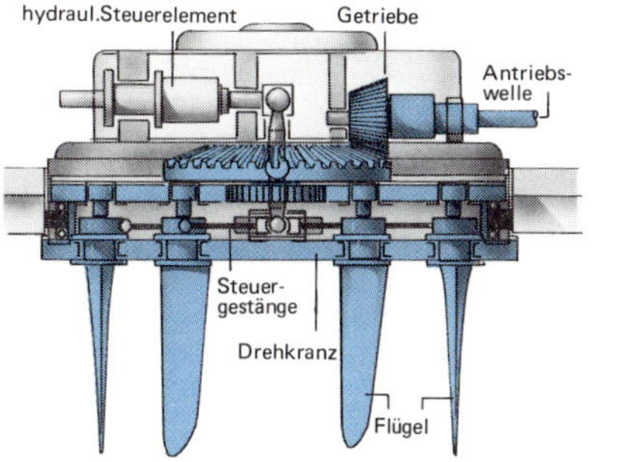

Voith-Schneider-Propeller 1

Voder, Abk. von **Voice Operation Demonstrator** [vˈɔɪs ɔpərˈeɪʃn dˈemənstreɪtə, engl.], Gerät zur künstl. Laut- und Spracherzeugung (→künstliche Sprache).

Vogelperspektive, Kartographie: Darstellung, die dem schrägen Blick auf eine Landschaft aus größerer Höhe entspricht; geht mit zunehmender Höhe in die **Satellitenperspektive** über. (→Perspektive)

Vogelschlag, Bez. für den Zusammenprall zw. Luftfahrzeugen und Vögeln, durch den schwere Schäden bis zum Absturz von Flugzeugen verursacht werden können.

Vogesit, lamprophyr. Ganggestein, im wesentl. aus Kalifeldspat, untergeordnet Plagioklas, Hornblende und Pyroxen. Vorkommen: Vogesen, Odenwald u. a.

Vohu, Elementarteilchenphysik: ein →Rishon.

Voids, in Metallen u. a. kristallinen Festkörpern (z. B. infolge →Strahlenschädigungen 2) durch energiereiche Partikel gebildete Hohlräume (Durchmesser bis zu mehreren hundert Gitterabständen). Kristallgitter mit V. heißen **Lochgitter.** Besonderes Interesse erlangten die in Reaktorwerkstoffen bei Temperaturen von etwa einem Drittel des Schmelzpunktes durch schnelle Neutronen (bei typ. Neutronenflüssen von 10^{21} Neutronen/cm^2 und mehr) entstehenden V. Da bei der Bildung von V. sich der Werkstoff um bis zu 15% vergrößert und beträchtlich an mechan. Festigkeit verliert, ist die Ummantelung von Brennelementen eines Reaktors ein technolog. Problem.

Voigt-Effekt [fo:kt-, n. dem dt. Physiker W. Voigt, * 1850, † 1919], →Magnetooptik.

VOIR, Abk. für **Venus Orbiting Imaging Radar** [vˈi:nəs ˈɔ:bɪtɪŋ ˈɪmɪdʒɪŋ rˈeɪdɑ:, engl.], urspr. für die Zeit ab 1988 geplanter amerikan. Radarsatellit zur Kartierung der Venus. Die Mission wird in stark vereinfachter Weise als →Venus Radar Mapper durchgeführt.

Voith-Schneider-Propeller [f-, n. der Firma J. M. Voith GmbH und dem Erfinder E. L. Schneider], ein Schiffsvortrieb, bei dem an einer horizontalen, motorisch rotierenden Grundplatte vier bis sechs vertikal nach unten stehende ›Messer‹ mittels einer Exzentersteuerung jeweils so angestellt werden, daß Vorschub in jeder gewünschten Richtung erzeugt wird. Damit ist der V.-S.-P. gleichzeitig Vortrieb und Ruder. Er dient v. a. für Wasserfahrzeuge, bei denen extreme Manövrierfähigkeit verlangt wird. V.-S.-P.-Schiffe können auf der Stelle drehen und – bei Vorhandensein von zwei V.-S.-P. – querschiffs fahren.

Volans, Fliegender Fisch, ein →Sternbild am Südhimmel.

Volkswetterregeln, die →Bauernregeln.

Volldecker, Volldeckschiff, Frachtschiff mit von vorn bis achtern durchlaufendem Oberdeck, das gleichzeitig Freibord- und Schottendeck ist, da die Schotte bis zu ihm hinaufgeführt sind. Hier ist das Oberdeck oder das ebenfalls durchlaufende zweite Deck für die →Schiffsvermessung maßgeblich. Dagegen ist beim **Freidecker (Freideckschiff,** früher **Schutzdecker)** das Freiborddeck ein Deck tiefer angeordnet, so daß große Teile des Laderaums oberhalb des Vermessungsdecks liegen. Freidecker haben eine wesentlich geringere Reserveschwimmfähigkeit als V., dafür aber ein beträchtlich größeres →Freibord, als es sich aus den Hauptabmessungen der früheren Schiffsvermessung ergab.

Voll|erntemaschinen, Maschinen, die das Trennen und Sammeln und zusätzlich das Laden landwirtschaftl. Erntegüter in Transportbehälter oder -wagen übernehmen; im Unterschied zu →Vorratserntemaschinen. Eine Kartoffel-V. übernimmt z. B. Roden, Reinigen, Sammeln und Laden in Transportbehälter oder -wagen.

Vollholz, Massivholz, Holz als Werkstoff im natürl. Zustand, meist getrocknet. Die →Holzwerkstoffe sind mechanisch oder mechanisch-chemisch verändert. **Preß-V.** (→Preßholz) und →Tränkvollholz sind vergütet.

Völligkeitsgrad, das Verhältnis einer Schiffsfläche oder des Schiffskörpers zum umgebenden Rechteck oder Quader: **V. der Verdrängung** = Rauminhalt des Unterwasserschiffs: Länge × Breite × Tiefe; **V. der Wasserlinie** = Fläche der Wasserlinie: Länge × Breite; **V. des Hauptspants** = Hauptspantfläche: Breite × Tiefe. **Schärfegrad** oder **Schlankheitsgrad** ist das Verhältnis der Schiffslänge zu der dritten Wurzel aus der Verdrängung. Die V. beeinflussen sich gegenseitig und haben großen Einfluß auf Stabilität, Fahrtwiderstand, Wirtschaftlichkeit der Schiffe.

vollkantig, Schnittklasse des →Bauholzes: mindestens 2/3 jeder Querschnittseite sind ohne Baumkante.

vollkommener Körper, ein →Körper K, in dem jedes irreduzible Polynom $f(x) \in K[x]$ separabel über K ist.

vollkommene Zahlen, Bez. für natürl. Zahlen, die gleich der Summe ihrer echten natürl. Teiler sind. Beispiel: $6 = 1 + 2 + 3$.

Voith-Schneider-Propeller 2

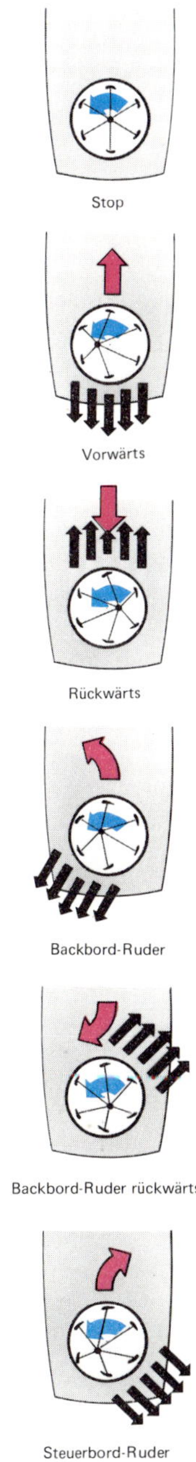

Voith-Schneider-Propeller 2: Wirkungsweise der V.-S.-P.; Erklärung der Pfeile: Rot Fahrtrichtung des Schiffes, Blau Drehrichtung, Schwarz Ruderwirkung je nach Anstellwinkel der Flügel

Vollmond, eine → Phase 1) des → Mondes.

Vollspur, Regelspur, Spurweite → Eisenbahn.

vollständige Gruppe, Bez. für eine Gruppe G, deren Zentrum nur aus ihrem Einselement besteht und deren Automorphismen α sämtlich innere sind, d. h., es gibt ein $g \in G$, so daß für alle $x \in G$ gilt $\alpha(x) = gxg^{-1}$.

vollständige Induktion, → Induktion 2).

vollständiges Differential, das → totale Differential.

Vollständigkeit, 1) Logik: die Eigenschaft einer axiomat. Theorie, daß in ihr für eine Aussage A der Theorie allemal A oder $\neg A$ (nicht-A) beweisbar ist.

2) Mathematik: Beschaffenheit eines → metrischen Raumes, so daß in diesem **vollständigen metrischen Raum** jede → Cauchy-Folge konvergiert.

Vollwinkel, gesetzl. Winkeleinheit ohne festgelegtes Einheitenzeichen; entspricht dem Winkel einer vollen Umdrehung: 1 Vollwinkel = 2π rad = 360° = 400 gon.

Volt [n. dem ital. Physiker A. Volta, * 1745, † 1827], Einheitenzeichen **V**, abgeleitete SI-Einheit der elektrischen → Spannung: 1 V = 1 W/1 A. 1 Mikrovolt = 1 µV = 10^{-6} V = 0,001 mV, 1 Millivolt = 1 mV = 10^{-3} V = 0,001 V, 1 Kilovolt = 1 kV = 10^3 V = 1000 V, 1 Megavolt = 1 MV = 10^6 V = 1000 kV.

Volta-Element, das älteste → galvanische Element, das aus einer Kupfer- und einer Zinkelektrode in verdünnter Schwefelsäure besteht; die Spannung an den Klemmen beträgt etwa 1 Volt. Die **Volta-Säule** ist eine Hintereinanderschaltung von V.-E.

Voltameter, das → Coulombmeter.

Voltametrie, elektrochem. Analyseverfahren, bei dem Titrationsvorgänge an Änderungen des elektr. Potentials zw. zwei Elektroden (Indikator- und Bezugselektrode), die in den Elektrolyten eintauchen, verfolgt werden.

Voltammetrie, von **Volt-** und **Amperometrie,** sehr empfindliches (nicht mit Voltametrie zu verwechselndes) Verfahren der Elektroanalyse; mit einer polarisierten Mikroelektrode werden die bei Spannungsänderungen sich gegen eine unpolarisierte Bezugselektrode einstellenden Ströme gemessen. Die erhaltenen Strom-Spannungs-Kurven zeigen bei einem best. Potential (Spitzenpotential) einen Spitzenstrom, der eine Maßzahl für die Konzentration des Depolarisators in der Analysenlösung ist. Die mit Wechselspannung durchgeführte V. wird oft als **Tensammetrie** bezeichnet; die von der IUPAC hierfür vorgeschlagene Bez. ist ›Messung der dynam. Kapazität‹.

Volt|ampere [-amp'ɛ:r], Einheitenzeichen **VA,** Einheit der elektrischen Scheinleistung. Die SI-Einheit Watt darf bei der Angabe von Scheinleistungen auch VA genannt werden: 1 VA = 1 W. 1 **Kilovoltampere** = 1 kVA = 1000 VA = 1 kW.

Volta-Säule, → Volta-Element.

Volta|sche Spannungsreihe, → Spannungsreihe.

Voltmeter, elektrischer → Spannungsmesser 1).

Volumen *das, Mz.* **Volumina,** der Rauminhalt (→ Inhalt); entsprechend allgemeiner die Maßzahl, die der Punktmenge einer Figur bezüglich eines Maßes zugeordnet wird (→ Maßtheorie).

Volumenkraft, eine → Kraft, die an den Volumenelementen eines Körpers angreift, z. B. die Schwerkraft bei einem homogenen Körper.

Volumenometer, Stereometer, Gerät zur Volumenmessung von Stoffen, die mit Flüssigkeiten nicht in Berührung kommen sollen; es basiert auf der Bestimmung der Luftverdrängung nach dem Boyle-Mariotte-Gesetz.

Volum(en)prozent, → Konzentration.

Volumetrie, → Maßanalyse.

Volumregel, Gesetzmäßigkeit in der Geologie, die bei der Metamorphose zu beobachten ist: Bei konstanter Temperatur entstehen bei steigendem Druck Mineralparagenesen mit geringerem, bei sinkendem Druck solche mit größerem Volumen als im Ausgangsgestein.

VOR, Abk. für engl. **Very High Frequency Omnidirectional Range** [v'erɪ haɪ fr'i:kwənsɪ ɔmnɪdɪr'ekʃənl reɪndʒ], von der ICAO weltweit standardisiertes → Drehfunkfeuer im Bereich von 108–118 MHz, dient zur Kursführung von Flugzeugen auf Kurz- und Mittelstrecken. Die Bodenstation strahlt zwei Signale aus: eine HF-Welle, die in ihrer Größe im Takt einer rotierenden Richtantenne zeitlich verschoben in den verschiedenen Richtungen schwankt, und einen Hilfsträger, der zur Vermeidung gegenseitiger Beeinflussung mit einer richtungsunabhängigen Bezugsschwingung frequenzmoduliert wird. Im Bordempfänger werden die beiden Schwingungen getrennt demoduliert und der Phasenwinkel (gegenseitige Verschiebung der beiden Schwingungen) gemessen, der dem Azimut proportional ist. Die Genauigkeit der VOR-Radialstandlinien (1–2°) kann durch Rückstrahler in der Nähe der Bodenanlage, aber auch durch große reflektierende Objekte (z. B. Berge) auf der Strecke stark herabgesetzt werden (→ Mehrwegeausbreitung). In einem solchen Gelände werden → Großbasisantennen **Doppler-VOR** eingesetzt. Hier ist die Entstehung der beiden Signale – jedoch ohne Einfluß auf ihre bordseitige Auswertung – vertauscht: Man erzeugt das richtungsabhängige Signal durch den Umlauf eines Sendedipols auf einer Kreisbahn, so daß die period. Abstandsänderung zw. Sender und Empfänger den Hilfsträger durch den Doppler-Effekt in seiner Frequenz moduliert. Die für die geforderte 30-Hz-Modulation nötigen 30 U/s werden durch zyklisches Anschalten des Senders an 39 Dipole einer Kreisgruppe mit 13 m Durchmesser simuliert. Als Bezug strahlt eine Mittelantenne der Anordnung ungerichtet einen mit 30 Hz amplitudenmodulierten Träger ab.

Vorbelichtung, diffuse Belichtung photograph. Materials vor der eigtl. bildmäßigen Belichtung zur Empfindlichkeitssteigerung und/oder Gradationsverflachung (→ Hypersensibilisierung, → Schwärzung).

Vorderrad|antrieb, Front|antrieb, Kfz.: Antriebsanordnung, bei der die Triebkraft des vorn liegenden Motors auf die Vorderräder übertragen wird; ergibt eine ähnlich kompakte Baueinheit wie beim → Heckantrieb.

Vordüne, durch Baumaßnahmen geförderte, neu entstehende Düne seewärts einer Randdüne.

Vorflügel, vor dem Hauptflügel eines Flugzeugs liegender Hilfsflügel (starr oder an der Flügelvorderkante aus- und einfahrbar), der als → Schlitzflügel wirkt und durch → Grenzschichtbeeinflussung das Abreißen der Strömung zu größeren Anstellwinkeln verschiebt.

Vorflut, 1) in Gezeitengewässern die erste Flutwelle. **2)** Möglichkeit des Wassers, mit natürl. Gefälle **(natürl. V.)** oder durch künstl. Hebung **(künstl. V.)** abzufließen. Gewässer, die u. a. diesem Zweck dienen, sind → Vorfluter.

Vorfluter, natürl. oder künstl. Gewässer (Bach, Fluß, See, Kanal, Graben), das der → Vorflut 2) dient und damit die Voraussetzung für eine ausreichende Entwässerung schafft. Ein V. darf nicht zu stark mit Abwasser belastet werden (→Abwasserlast).

Vorgänger, →Nachfolger.

Vorgarn, Lunte, Spinnerei: wenig gedrehtes oder durch →Nitscheln verfestigtes Vorprodukt.

Vorgelege, ein →Schaltgetriebe 1) zur Herabsetzung der Spindeldrehzahl bei Werkzeugmaschinen für best. Arbeitsgänge (z. B. Gewindeschneiden).

vorgespanntes Glas, einkomponentiges →Sicherheitsglas mit Druckvorspannung in der Oberfläche; bei mechan. Belastung muß diese Vorspannung überwunden werden, bevor die Festigkeitsgrenze erreicht ist und Bruch eintritt; meist hergestellt durch kontrolliertes Erhitzen und Abschrecken fertiger Glasgegenstände oder →Chemtempern. V. G. zerfällt bei Verletzung der Oberfläche i. d. R. in kleine, rundl. Stücke **(Glastränen).** Das Prinzip der Druckvorspannung durch Abschrecken wird auch bei den **Bologneser Fläschchen** angewandt, kleinen, kugeligen, dickwandigen, bes. festen Glasflaschen.

Vorglühen, →Glühkerze.

Vorhafen, 1) Hafen an der Flußmündung, der einem Seehafen flußaufwärts zugeordnet ist. 2) Schiffswarteplatz ober- und unterhalb einer Schleuse oder eines Schiffshebewerks; dient auch zum Einordnen sowie zum Zusammenstellen und Auflösen von Schiffsverbänden.

Vorhaltewinkel, 1) Schießen: beim direkten Schießen mit Rohrwaffen und ungelenkten Raketen auf bewegl. Ziele der Winkel zw. der auf das Ziel gerichteten Visierlinie und der durch die Abschußvorrichtung (Lauf oder Raketenabschußgestell) bestimmten Abgangsrichtung des Geschosses (der Rakete) zur Berücksichtigung der vom Ziel zurückgelegten Strecke während der Geschoßflugzeit. Der V. wird errechnet aus der Geschwindigkeit des Zieles und der Flugzeit des Geschosses; bei Handwaffen wird der V. geschätzt.

2) Schiffahrt: der Winkel, um den wegen des Wind- oder Strömungseinflusses anders gesteuert werden muß (Steuerkurs), um den beabsichtigten Kurs über Grund einzuhalten. (→Abdrift)

Vorhangwand, Curtainwall [kˈəːtnwɔːl, engl.], aus dem amerikan. Hochhausbau nach Europa gekommene Ausbildung von Außenwänden bei Stahl- und Stahlbetonskelettbauten, neuerdings auch bei Großtafelbauten: Nichttragende, nur bauphysikal. Bedingungen erfüllende Elemente aus Leichtmetall, Beton, Asbestzement, Glas, Kunststoff werden dem Skelett vorgehängt.

Vorkammermotor, →Dieselmotor.

Vorklärung, Vorreinigung, Prozeß zur Behandlung von →Abwässern aus Gewerbe und Industrie mit dem Zweck, dem belasteten Wasser vor der Einleitung in kommunale Kläranlagen bestimmte Schadstoffe zu entziehen, die dort zu Betriebsstörungen bei der →Abwasserreinigung oder Schlammbehandlung führen könnten; wird i. a. bereits am Anfallort vorgenommen, so daß gleichzeitig mögl. Schäden am Kanalnetz vorgebeugt wird.

Vorlage, Chemie: →Destillation.

Vorland, 1) Geologie: der Raum, gegen den die Faltung eines entstehenden Gebirges gerichtet ist.

2) Geomorphologie: allg. das Gebiet vor einem Gebirge. – **Vorlandgletscher** reichen aus Gebirgen ins V.

3) über dem mittleren Wasserstand (MW), im Tidebereich über dem mittleren Tidehochwasserstand (MThw) liegendes Gelände, das einem Deich, einer Düne oder einem Hochufer vorgelagert ist.

Vorlaufwerk, Photographie: →Selbstauslöser.

Vorlegierung, Legierung, die das Legierungselement in relativ großer Menge enthält und die der Schmelze des Basismetalls dosiert zugesetzt wird. V. werden verwendet, wenn sich die reine Legierungskomponente nur schwer mit dem Basismetall legieren läßt, z. B. bei zu verschiedenen Dichten oder Schmelzpunkten. Häufig verwendete V. sind die →Ferrolegierungen.

Vorpfändung, Bergbau: vorläufiges Sichern der freigelegten Firste und der Stöße bis zum Einbringen des endgültigen Ausbaus.

Vorrangschaltung, Regeleinrichtung der Heiztechnik, mit der die Wärmeversorgung der Heizanlage unterbrochen wird und die gesamte Leistung des Wärmeerzeugers während der meist kurzen Dauer großer Wasserentnahme der Warmwasserbereitung zufließt.

Vorrats|erntemaschinen, Maschinen, die das Trennen und Sammeln landwirtschaftl. Erntegüter übernehmen; im Unterschied zu →Vollerntemaschinen. Eine Kartoffel-V. rodet z. B. die Kartoffeln, siebt die Erde ab und legt die Kartoffeln in Schwaden oder Haufen ab.

Vorrichtung, 1) allg. Gerät, Apparat, Einrichtung für einen best. Zweck, z. B. eine Maschine oder eine Sicherheitsskibindung; Patentkategorie (→Patent).

2) →Bergbau.

3) Fertigungstechnik: Hilfsmittel bes. für die Serienfertigung, das die zu bearbeitenden Werkstücke in einer best. Lage zum Werkzeug oder zum Meßgerät festhält oder als Schablone größte Genauigkeit (z. B. beim Bohren, Schweißen) für den →Austauschbau 2) ermöglicht.

Vorsatz, 1) Buchwesen: **Vorsatzblatt,** je ein dem Buchblock vor- und nachgesetzter Viertelbogen aus kräftigem Papier zum Schutz der ersten und letzten Seite und zur Klebeverbindung mit der Einbanddecke.

2) Meßwesen: **Vorsätze,** von der →Generalkonferenz für Maß und Gewicht festgelegte Vorsilben, die vor den Namen einer →metrischen Einheit gesetzt werden zur dezimalen Vervielfachung und dezimalen Teilung, z. B. Kilo für das 1 000fache: 1 Kilometer = 1 km = 1 000 m. Das Aneinanderreihen zweier oder mehrerer V. ist nicht zulässig (z. B. nicht Millimikro, sondern Nano). Kurzzeichen für diese V. sind die **Vorsatzzeichen** (TABELLE).

Vorsätze und Vorsatzzeichen

Vorsatz Name	Vorsatz Zeichen	Bedeutung	Faktor als Zehnerpotenz	Faktor als Dezimalzahl
Atto	a	Trillionstel	10^{-18}	0,000 000 000 000 000 001
Femto	f	Billiardstel	10^{-15}	0,000 000 000 000 001
Piko	p	Billionstel	10^{-12}	0,000 000 000 001
Nano	n	Milliardstel	10^{-9}	0,000 000 001
Mikro	µ	Millionstel	10^{-6}	0,000 001
Milli	m	Tausendstel	10^{-3}	0,001
Zenti	c	Hundertstel	10^{-2}	0,01
Dezi	d	Zehntel	10^{-1}	0,1
Deka	da	Zehnfache	10^{1}	10
Hekto	h	Hundertfache	10^{2}	100
Kilo	k	Tausenfache	10^{3}	1 000
Mega	M	Millionenfache	10^{6}	1 000 000
Giga	G	Milliardenfache	10^{9}	1 000 000 000
Tera	T	Billionenfache	10^{12}	1 000 000 000 000
Peta	P	Billiardenfache	10^{15}	1 000 000 000 000 000
Exa	E	Trillionenfache	10^{18}	1 000 000 000 000 000 000

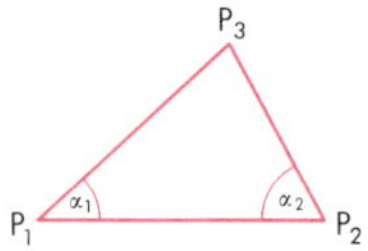

Vorwärtseinschneiden

Vorsatzlinsen, vor das Objektiv eines opt. Geräts (z. B. Kamera, Projektor) gesetzte Linsen zur Verlängerung oder Verkürzung der Brennweiten, in der →Photographie z. B. für Nah- oder Trickaufnahmen oder als →Weichzeichner verwendet.

Vorschub, 1) Datentechnik: der Papiertransport bei einem Ausgabegerät (z. B. Drucker) für Datenverarbeitungsanlagen mittels eines in der V.-Einrichtung abgetasteten **V.-Bandes** oder durch spezielle **V.-Befehle,** die – meist als →Makrobefehl aufgebaut – Teil des vom Computer abzuarbeitenden Programms sind. Der V.-Befehl löst Steuerzeichen aus, die den Transport des Papiers über eine oder mehrere Zeilen (Zeilen-V.) bewirken.

2) Nebenbewegung an Werkzeugmaschinen: der während eines Bearbeitungsvorganges vom Werkstück oder Werkzeug zurückgelegte Weg in mm/min, mm/Umdrehung und mm/Hub. (→Zerspanung)

Vorsignal, →Eisenbahnsignale.

Vorspannung, 1) Bautechnik: im →Spannbeton durch das Anziehen der Spannglieder, die sich gegen die Betonbauteile abstützen, erzeugte Druckspannungen. Auch im Stahlbau werden vorgespannte Konstruktionen ausgeführt.

2) Elektronik: an den Eingang einer Elektronenröhre oder eines Transistors gelegte Gleichspannung, der eine Wechselspannung überlagert wird, meist **Gitter-V.** oder **Basis-V.**

3) Glas: →vorgespanntes Glas.

Vorspinnmaschine, →Flyer.

Vorspur, Kfz: →Lenkung.

Vorstrand, Unterwasserstrand, aus abgelagerten Meeressedimenten aufgebauter flacher Küstenstreifen, der seewärts an die Mitteltide-Niedrigwasserlinie (MTnw) anschließt und die Zone des brandungsbedingten Längstransports umfaßt.

VORTAC, ein aus einem →VOR und →TACAN zusammengesetzes →Drehfunkfeuer mit konzentrisch angeordneten Antennen als kombinierte Navigationshilfe: Zivile Flugzeuge erhalten die Azimutinformation von VOR, die Entfernung durch die Transponder-Funktion von TACAN (→DME); für Militärflugzeuge liefert die TACAN-Anlage beide Informationen.

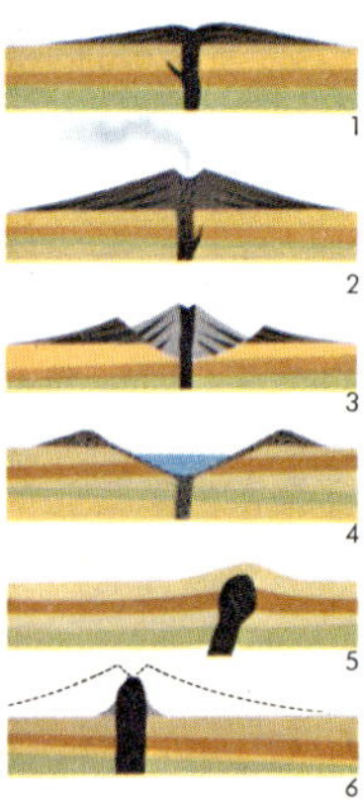

Vulkan 1–5:
1 Schild-V., **2** Strato-V., **3** Strato-V. mit Explosionstrichter, **4** Explosionstrichter mit Maar, **5** Quellkuppe, **6** herausgewitterte Schlotfüllung

Vortiefe, Randsenke, Saumtiefe, Außensenke, Geologie: Senke, die sich an der Außenseite aufsteigender Faltengebirge durch isostatische Ausgleichsbewegung bildet. Die V. nimmt das Abtragungsmaterial des Gebirges auf. (→Molasse)

Vortrieb, 1) in der Bewegungsrichtung eines Schiffes oder Luftfahrzeugs wirkende Kraft, die von einem Propeller oder einem Strahltriebwerk geliefert wird und zur Beschleunigung des Fahrzeugs sowie zur Überwindung des Wasser- und/oder Luftwiderstandes dient. (→Schub 1)

2) →Streckenvortrieb, →Tunnel.

Vorwahl, Möglichkeit zum Voreinstellen eines für später gewünschten Betriebszustandes (z. B. Drehzahl, Kamerablende), der dann automatisch eintritt; in der Vermittlungstechnik das Wählen einer Verkehrsausscheidungszahl, womit das eigene Orts- oder Nahbereichsnetz verlassen werden kann (→Kennzahl).

Vorwärmer, in →Dampferzeugern der →Ekonomiser.

Vorwärts|einschneiden, Verfahren zur Bestimmung von neuen Punkten bei der Landesvermessung. Von zwei bekannten Ausgangspunkten P_1 und P_2 gewinnt man P_3 durch Messung des Abstandes $\overline{P_1P_2}$, der **Basis** genannt wird, sowie der Winkel α_1 und α_2. Die Abstände $\overline{P_1P_3}$ und $\overline{P_2P_3}$ lassen sich mit Hilfe der Trigonometrie berechnen und sind dann weitere Ausgangsbasen.

Vorwärtszähler, aus →Flipflops aufgebaute elektron. Schaltung, die Impulse von einem Anfangswert (i. a. Null) ausgehend in Richtung Höchstwert zählt; Ggs.: →Rückwärtszähler.

Vorzeichen, Mathematik: die Zeichen – und + (→minus, →plus).

Vorzeitformen, in erdgeschichtl. Vergangenheit entstandene Formen der Erdoberfläche, die sich heute nicht mehr weiterbilden, z. B. Rumpfflächen (vermutlich Tertiär) sowie der glaziale und periglaziale Formenschatz der mittleren Breiten (Pleistozän).

Voute [vuːt, frz.] *die,* 1) Verstärkung eines Stahlbetonbalkens am Auflager durch Vergrößerung seiner Höhe oder Breite. 2) halbkreisförmiger Anschluß des Wandputzes an den Deckenputz eines Raumes. 3) Deckenkehle, z. B. Teil eines bogenförmigen Gesimses.

Voyager [vˈɔɪədʒə], amerikan. Raumfahrtprogramm mit zwei gleichnamigen Raumsonden zur Erforschung der äußeren Planeten. Die beiden je etwa 820 kg schweren V.-Sonden starteten am 20. 8. (V. 2) und 5. 9. 1977 (V. 1) mit jeweils zehn wissenschaftl. Instrumenten im Gesamtgewicht von je 105 kg. **V. 1** näherte sich →Jupiter im März 1979 bis auf 278 000 km, **V. 2** im Juli 1979 bis auf 650 000 km. Ergebnisse der rd. 33 000 Photos: Entdeckung eines Ringsystems, erste Nahaufnahmen der Monde Amalthea, Io (mit acht aktiven Vulkanen), Europa, Ganymed, Kallisto, Entdeckung mehrerer neuer Jupitermonde u. a. Zweites Ziel von V. war →Saturn, dem sich V. 1 im Nov. 1980 bis auf 142 000 km, V. 2 im Aug. 1981 bis auf 102 000 km näherte. Ergebnisse: Nachweis weiterer Saturnringe und Ringstrukturen, mindestens sechs neuer Monde, erste Temperaturmessungen bei Saturn und seinem Mond Titan, Bestätigung eines Magnetfeldes, ein 400 km weiter und 16 km tiefer Krater auf dem Mond Tethys, erste Nahaufnahmen des buckligen Mondes Hyperion, Registrierung unerwartet starker Gewitter, Zirkulationserscheinungen in der planetaren Wolkenschicht u. a. U. U. besteht für V. 2 die Möglichkeit eines engen Vorbeifluges an Uranus (Jan. 1986) und Weiterfluges zu Neptun (1989).

VPI-Verfahren, Abk. für **Vapour Phase Inhibitor** [vˈeɪpə feɪz ɪnhˈɪbɪtə, engl.], Verfahren zum temporären →Korrosionsschutz.

V-Stellung, Flugzeug: →V-Form.

V/STOL-Flugzeug, Kombination von VTOL-Flugzeug und STOL-Flugzeug, ein →Senkrechtstartflugzeug, das wie ein →Kurzstartflugzeug starten und landen kann (→STOVL-Technik).

V-Teilchen, veraltete Bez. der →Seltsamen Teilchen (Elementarteilchen), die von der Form der Spuren in der Blasenkammer oder der photograph. Emulsion herrührt.

VTOL-Flugzeug, Abk. für engl. **Vertical Take-off and Landing** [vˈəːtɪkl tˈeɪkɔf ænd lˈændɪŋ], Kurzbez. für →Senkrechtstartflugzeug.

VTX, Vtx, Abk. für →Videotext.

Vulkan *der,* jede Stelle der Erdoberfläche, an der →Magma und Gase austreten; i. e. S. ein dadurch gebildeter Berg. V.-Eruptionen sind an tekton. Schwächezonen der Erde gebunden. In den Magmaansammlungen

(V.-Herd), z. T. in sehr großer Tiefe (bis über 50 km), kommt es durch Druckentlastung, Temperaturaufnahme und Kristallisation zur Freisetzung von Gasen, die das Magma emporreißen. Bei der Eruption treten das Magma und seine Gase durch einen **Schlot** (Zentraleruption) oder durch eine **Spalte** (Spalten- oder Lineareruption) aus. Bei der Zentraleruption entsteht am oberen Schlotende eine trichter- oder kesselförmige Mündung, der **Krater.** Um ihn bilden Trümmer des durchbrochenen Nachbargesteins und Auswürflinge (Bomben, Schlacken, Lapilli, Asche) zunächst einen niedrigen Ringwall, der durch weitere Förderung von → Lava und Auswürflingen zu einem innen steil, außen flach geböschten Aufschüttungskegel emporwächst. Viele basische (siliciumarme) Laven strömen mit 20–30 km Stundengeschwindigkeit; saure (siliciumreiche) Laven bewegen sich langsam. Durch Eruption ausgestoßene Aschen werden oft in große Höhen getragen und verbinden sich mit den Gasen zu einer häufig pinienförmigen Eruptionswolke.

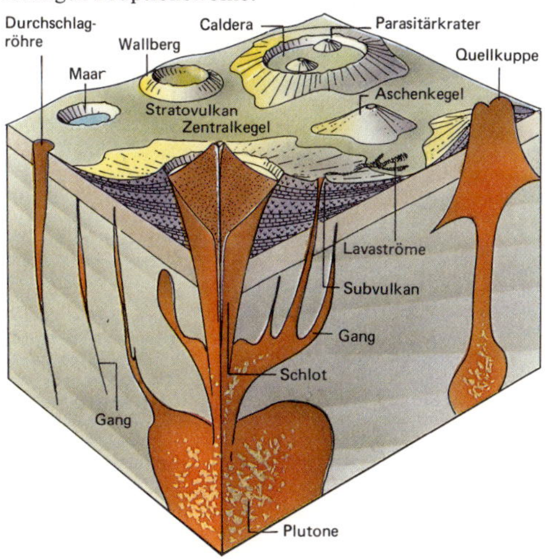

Vulkan 6: vulkanisches, subvulkanisches und plutonisches Stockwerk (nach H. Cloos)

Vulkantypen. Ausschließliche Lockereruptionen lassen nur kleinere V. entstehen; sie sitzen größeren V.-Bergen oft seitlich als **Parasitärkrater** auf. Wird vorherrschend dünnflüssige Lava gefördert, so lagern sich bei Lineareruptionen die Lavadecken von oft riesiger Ausdehnung übereinander (Island, Dekkan), Zentraleruptionen bilden flachgeböschte **Schild-V.** (Island, Hawaii). Aus zähflüssiger (rhyolith. oder trachyt.) Lava entstehen **Quell-** oder **Staukuppen** (Drachenfels, Hohentwiel) oder **Lavanadeln (Stoßkuppen;** Pelée auf Martinique). Am häufigsten sind gemischte, aus geschichteten Tuffen und Lavabänken aufgebaute **Schicht-** oder **Stratovulkane.** Bei Gasexplosionen unter Einfluß von Grund- oder Oberflächenwasser entstehen → Maare. Reine **Gas-V.** gibt es auf der Schwäb. Alb. Untermeer. (submariner) Vulkanismus ist weit verbreitet, wird aber selten direkt beobachtet.

Man unterscheidet **erloschene V.,** die ganz ruhen (z. B. V. älterer Epochen der Erdgeschichte), **untätige V.,** die vorübergehend ruhen (z. B. der Vesuv von 1139 bis 1631), und **tätige V.,** die ihre Tätigkeit meist schon im Pleistozän begonnen haben. In geschichtl. Zeit waren etwa 500 V. tätig. Sie liegen hauptsächlich in den jungen Faltengebirgs- und Bruchzonen der Erde.

Neben- und Nachwirkungen der vulkan. Tätigkeit. Als Begleiterscheinungen der Ausbrüche treten Erdbeben in der Umgebung, heftige Geräusche, Gewitter in der Eruptionswolke, Regengüsse, Schlammströme, Aschenlawinen, Luftdruckschwankungen bei den Explosionen, Wirbelwinde, Dämmerungserscheinungen oder Verfinsterung durch den Aufstieg der Asche in große Höhen der Atmosphäre und Flutwellen auf.

F. M. Bullard: Volcanoes of the earth (Austin, Tex., 1976); H. Williams u. A. R. McBirney: Volcanology (San Francisco 1979); H. Rast: V. u. Vulkanismus (1980); A. Rittmann: V. u. ihre Tätigkeit ([3]1981).

Vulkanfiber, Schichtkunststoff, der durch Behandlung von ungeleimten Papierbahnen mit Zinkchloridlösung hergestellt wird. Die weichen Cellulosefasern werden dadurch hart und hornartig und verkleben miteinander. V. wird zur Herstellung von Koffern, Transportbehältern und in der Elektroindustrie verwendet.

Vulkanisation, Verfahren, bei dem thermoplast. → Kautschuk in elast. Weichgummi (→ Elastomere) überführt wird. Bei der V. werden zw. den Makromolekülen des Kautschuks Vernetzungsbrücken gebildet, so daß sich die Moleküle nicht mehr frei gegeneinander bewegen können. Während der Anvulkanisationszeit existieren erst wenige Vernetzungen. Die Kautschukmischung läßt sich deshalb z. B. in Pressen (Reifenherstellung) noch verarbeiten. Für Kautschuke mit Doppelbindungen (z. B. Naturkautschuk, Styrol-Butadien-Kautschuk) ist Schwefel das wichtigste **V.-Mittel.** Da Schwefel allein nur langsam und erst bei hoher Temperatur reagiert, werden außerdem **V.-Beschleuniger** (bes. Thiazole z. T. in Kombination mit Guanidinen) und Aktivatoren (z. B. Zinkoxid) zugesetzt. Durch geeignete Wahl der Zusätze können V.-Zeit und V.-Temperatur in weiten Grenzen verändert werden. Kautschuke ohne Doppelbindung (z. B. Siliconkautschuk) lassen sich nur mit Peroxiden (z. B. Dicumylperoxid) vulkanisieren. Die V. ist auch ohne V.-Mittel mit Hilfe von energiereichen Strahlen (z. B. γ-Strahlen) möglich.

Vulkanisieren heißt u. a. auch, Textilmaterialien mit Kautschuk beschichten, in der Schuhherstellung eine nicht vulkanisierte Kautschukmischung unter Einfluß von Temperatur und Druck zu einem Schuhboden (Sohle und Absatz) formen und dabei mit dem Schaft verbinden.

vulkanisches Glas, das → Gesteinsglas.

Vulkanismus, Geologie: Bez. für alle mit der Förderung von → Magma an die Erdoberfläche zusammenhängenden Vorgänge (→ Vulkan, → Lava; → Plutonismus). Der V. ist an bes. aktive tekton. Zonen gebunden, wie den Mittelozeanischen Rücken, Gräben und geologisch jungen Faltengebirgen. Chemische und physikalische Eigenschaften des Magmas bei Druckentlastung, Temperaturabnahme und Differentiation der Schmelze beeinflussen den Charakter des Vulkanismus.

Vulkanite, vulkanische Gesteine, Bez. für magmatische Gesteine, die aus → Lava durch relativ rasche Abkühlung entstanden und daher meist nur kleinkristallin ausgebildet sind. Das Gefüge der V. ist oft porphyrisch (→ Porphyr), bei verzögerter Entgasung auch körnig. Zähflüssige Laven erstarren oft zu Gesteinsglas (→ Obsidian, → Pechstein). Verbreitet sind Blasen- und Fluidaltextur. Bei untermeer. Ergüssen bildet sich → Pillowlava. Lockere vulkan. Auswurfmassen werden zu → Tuff verfestigt. Die V. enthalten meist Fremdeinschlüsse (Xeno-

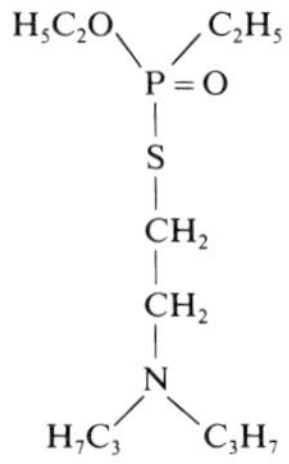

VX

lithe) und bilden stockartige Schlotfüllungen sowie schicht- bis deckenartige Gesteinskörper.

Vulkankraftwerk, → geothermisches Kraftwerk.

Vulpecula, lat. Name des Sternbilds → Fuchs.

VU-Meter, Abk. für **Volume Unit Meter** [vˈɔlju:m jˈu:nɪt mˈi:tə, engl.], Elektroakustik: eigtl. Lautstärkemesser, speziell Zeigerinstrument für die Aussteuerungskontrolle, z. B. bei Tonbandgeräten und Kassettenrecordern. Die Meßwerte werden meist in Dezibel (dB) angegeben, wobei der Übersteuerungsbereich i. a. bes. gekennzeichnet ist.

VX, zu den nervenschädigenden → chemischen Kampfstoffen zählender Phosphorsäureester.

Vycorglas, Handelsname für ein Alkali-Boro-Silikatglas, das bes. stark zur Phasentrennung im submikroskop. Bereich neigt: Unter Wärmeeinfluß bilden sich eine wasserunlösl., an Siliciumdioxid reiche und eine wasserlösl. Alkaliboratphase. Durch Auslösen letzterer entsteht ein feinstporiges, etwa 97% Siliciumdioxid enthaltendes Glas, das als Träger von Katalysatoren und in der Chromatographie verwendet wird. Durch Erhitzen auf Sintertemperatur entstehen dem Quarzglas ähnl. Produkte.

W

w, *w*, Formelzeichen für → Massenanteil.

W, 1) Abk. für **W**esten.

2) chem. Symbol für → Wolfram.

3) Einheitenzeichen für → Watt.

4) *W*, Formelzeichen für Arbeit und Energie.

Waage, 1) Astronomie: lat. **Libra,** zum → Tierkreis gehörendes → Sternbild der Äquatorzone, im Frühjahr am Abendhimmel sichtbar.

2) Meßgerät zur Ermittlung (Wägung) der Masse eines Körpers. Bei der Wägung werden i. a. Kräfte miteinander verglichen, aus denen auf Grund physikal. Gesetze die Masse ermittelt werden kann. Bei den klassischen W. unterscheidet man im wesentlichen Hebel- oder Balken-W., Feder-W. und hydraulische W.

Hebel- oder Balken-W. Es werden die an einem Hebel (Balken), der um eine waagerechte Achse drehbar ist, die beim Wägen in der Lotebene durch Schwerkräfte wirkenden Drehmomente einer bekannten und einer unbekannten Masse verglichen. Die Wirkungen der Drehmomente werden durch Änderung des Hebelverhältnisses mit einem konstanten Gewichtsstück oder durch Änderung von Gewichtsstücken bei konstantem Hebelverhältnis oder auch durch Kombination beider Prinzipien ausgeglichen. Zu den Hebel-W. gehören:

Brücken-W., deren Hebelanordnung gleich- und ungleicharmig sein kann. Die gleicharmige Brücken-W. heißt auch **Tafel-W.,** meist als **Tisch-W.** für eine Höchstlast von 20 kg (größte erlaubte Masse des Wägegutes). Die ungleicharmige Brücken-W. wird verwendet als → Dezimalwaage (Höchstlast bis 1 000 kg, Hebelverhältnis konstant), als **Gleis-W.** (Höchstlast bis 400 t, Hebelverhältnis veränderlich) zum Wägen von Gleisfahrzeugen ohne Gleisunterbrechung und als **Straßenfahrzeug-W.** (Höchstlast 50 t). – **Laufgewichts-W.** oder **Rollgewichts-W.,** bei der die Last durch Verschieben eines oder mehrerer eingebauter Lauf- oder Rollgewichte ausgeglichen wird. – **Schaltgewichts-W.** mit abgestuften Gewichtssätzen. Beim Wägen werden durch ein Einstellwerk die Schaltgewichte von außen zu- oder abgeschaltet. – **Hubgewichts-W.,** mit der festgestellt wird, ob eine Last innerhalb vorgeschriebener Grenzen liegt **(Grenz-W.),** indem die entsprechenden Gewichte vom Gewichtshebel automatisch nacheinander abgehoben werden, bis die Last ausgeglichen ist. – **Neigungs-W.,** bei der die Last durch ein unveränderl. Gewichtsstück (Neigungsgewicht), das an einem sich unter dem Einfluß der Last veränderl. Hebelarm angreift, ausgeglichen wird, z. B. bei der **Brief-W.** Der Meßbereich einer Neigungs-W. läßt sich durch Zusatzgewichte erweitern **(Neigungstafel-W., Neigungsschaltgewichts-W.).** – **Elektromagnetische W.,** bei der das durch die Last hervorgerufene Drehmoment durch ein elektromagnet. Gegendrehmoment, das proportional dem Strom im Elektromagneten ist, ausgeglichen wird, z. B. bei der **magnet. Schwebe-W.** (Wägbereich 10^{-7} bis $4 \cdot 10^3$ g). Die Entwicklung führt bis zur W. mit freischwebender magnetischer Aufhängung.

Feder-W. Die Schwerkraft, die auf die zu wägende Masse wirkt, wird von der elast. Verformung eines auf Biegung oder Torsion beanspruchten elast. Meßgliedes kompensiert. Bei den **mechan. Feder-W.** wird die Verformung unmittelbar durch Zeiger und Skala angezeigt. Bei den **elektromechan. Feder-W.** wird die von der zu wägenden Masse ausgeübte Kraft durch mechanisch-elektr. Meßgrößenumformer (Geber, Wägezelle) in elektr. Größen (proportional der elast. Verformung) umgewandelt.

Hydraulische W. Die Last verändert den Druck in einem abgeschlossenen Flüssigkeitsbehälter (Wasser mit Glycerin); Gewichtsbestimmung durch Druckmessung.

Eine andere Einteilung der W. beruht auf der Genauigkeit und Empfindlichkeit einer W. **Handels-W.** sind W. mittlerer Genauigkeit, die den betreffenden Vorschriften der Eichordnung genügen. W. für wissenschaftl. Zwecke werden nach Höchstlasten unterschieden: **Analysen-Groß-W.** (1–50 kg), **Analysen-W.** (200–500 g), **Semi-Mikro-W.** (100 g), **Mikro-W.** (30–20 g und weniger, mit einer Genauigkeit von $\pm$ 5 μg). – **Fein-W.** sind die im Laboratorium am meisten verbreiteten, meist gleicharmigen Balken-W. mit einem Skalenwert von 1 mg oder 0,1 mg. Sie haben i. a. sehr lange Zeiger oder optisch stark vergrößerte projizierte Skalen. **Apotheker-W.** sind Fein-W. nach den Vorschriften der Apothekenbetriebsordnung.

Die Genauigkeit einer Wägung hängt von Umgebungseinflüssen (Erschütterung, Temperaturänderungen, Luftströmungen, -auftrieb) und bei gleicharmigen Balken-W. auch vom Verhältnis der Waagearme ab. Im Gleichgewicht schwingt die W. um die Gleichgewichtslage (Einspielungslage). Um die Dauer der Wägung zu verkürzen, werden Dämpfungsvorrichtungen eingebaut (Luft-, Flüssigkeits-, Wirbelstromdämpfung). Die Empfindlichkeit einer W. ist der Quotient aus Änderung der Gleichgewichtslage in Skalenteilen und der Mehrbelastung einer Waagschale durch eine (kleine) Masse.

Spezial-W. dienen z. B. zur Bestimmung spezif. Gewichte, des Feuchtigkeitsgehaltes von Mehl oder Getreide

Waage 2)

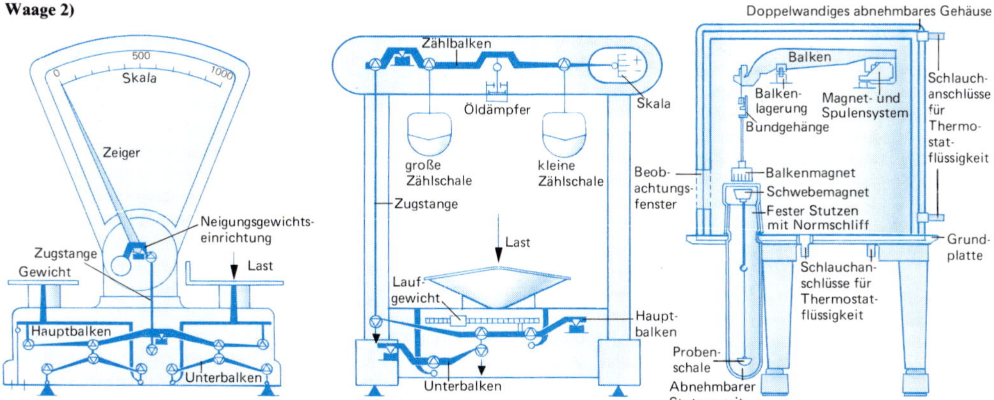

1 Neigungswaage 2 Zählwaage 3 Schwebewaage

oder des Wassergehaltes von Fetten. Von besonderer Bedeutung für industrielle Zwecke sind **Zähl-, Misch-** und **Gattierungs-W.** sowie **Dosier-** und **Verpackungs-W.** mit automat. Zuführung des Wägegutes. – Nach neueren Verfahren ermittelt man die Masse auch aus der massenabhängigen Resonanzfrequenz des Masseträgers, z. B. eines piezoelektr. Kristalls oder eines Spannbandes.

Geschichtliches. Ein W.-Balken aus dem 5. Jahrtsd. v. Chr. wurde in einem prähistor. Grab in Ägypten entdeckt. Die W. mit Laufgewicht (›römische W.‹) trat in Ägypten um 1400 v. Chr. auf; sie war auch bei den Etruskern und in der Römerzeit sehr gebräuchlich. Auf die Antike geht auch die ungleicharmige W. mit veränderl. Drehpunkt zurück. Die Anfänge der Tafel-W. begannen mit dem Franzosen G. P. DE ROBERVAL (1669). Die Feder-W. erschien Ende des 17. Jh. Eine Neigungs-W. wurde 1763 von PH. M. HAHN, eine Torsions-W. 1784 von CH. A. DE COULOMB erfunden. Seit der zweiten Hälfte des 18. Jh. erlangte die W. in der wissenschaftl. Chemie wesentl. Bedeutung (J. BLACK, A. L. LAVOISIER). Die Dezimal-W. erfand A. QUINTENZ (1821).

Hb. des Waagenbaues, 1, bearb. v. M. RAUDNITZ (51955), 2 u. 3, bearb. v. J. REIMPELL u. a. (1960–66); K. E. HÄBERLE: 10000 Jahre W. (1967); J. T. STOCK: Development of the chemical balance (London 1969); ERNA PADELT u. H. DAMM in: Hb. der Meßtechnik in der Betriebskontrolle, 2, Tl. 1 (1970); Wägetechnik in der Automatisierung, hg. v. dens. (1972); O. HARTMANN: Wägetechnik in der Stahlindustrie (1981).

Waagepunkt, Astronomie: der → Herbstpunkt.

Wabohu, Elementarteilchenphysik: ein → Rishon.

Wachs, technolog. Bez. für organ. Stoffe, die in der Regel bei 20 °C knetbar, fest bis brüchig hart, durchscheinend bis opak und polierbar sind und die über 40 °C in eine relativ niedrig viskose Schmelze übergehen. **Tier. W.** (z. B. Walrat, Bienen-W.) und **Pflanzen-W.** (z. B. Carnauba-W., Zuckerrohr-W.) bestehen überwiegend aus Estern höherer Fettsäuren (z. B. Palmitinsäure) mit höheren Alkoholen (z. B. Cetylalkohol, Myricylalkohol). Natürlich vorkommendes **Erdwachs** (Ozokerit und das daraus hergestellte Ceresin) und Erdöl-W. sind Gemische fester → Paraffine. W. werden zur Herstellung von Kerzen, Schuh- und Möbelpolituren sowie für wasserfeste Imprägnierungen und elektr. Isolierungen verwendet.

Wachsfarben, Wachskreiden, Farbstifte für Wachsmalerei, Zeichenunterricht u. ä., aus fettlöslichen anorgan. und organ. Pigmenten mit Schlämmkreidezusatz und einem Bindemittel aus Wachs hergestellt.

Wachskohlen, aus Harzen und Wachsen gebildete Kohlen, z. B. Pyropissit.

Wachstum, Biologie: meist nicht umkehrbare (irreversible) Größenzunahme oder Formveränderung von Zellen, pflanzl. oder tier. Organismen oder Teilen davon. Zellen wachsen durch Vermehrung des Protoplasmas, vielzellige Lebewesen oder deren Teile durch Zellvermehrung, Zellvergrößerung oder Ablagerung von Interzellularsubstanzen. Bei den Pflanzen dauert das W. i. d. R. bis zu deren Lebensende, bei fast allen Tieren und beim Menschen ist das W. mit dem Erreichen der Geschlechtsreife beendet. In **Wachstumskurven** wird das W. als Funktion der Zeit dargestellt, so in Masse-Zeit-Kurven oder in Länge-Zeit-Kurven. Die zeitl. Änderung der Größe wird **Wachstumsrate** genannt. Bei den meisten Säugetieren durchlaufen die Kurven einen Wendepunkt und nähern sich asymptotisch einem für jeden Organismus kennzeichnenden Grenzwert der Körpermasse. Der menschl. Organismus erreicht im Alter von rd. 12 Jahren seine maximale W.-Rate des Massenwachstums. (→ Auxine, → Wuchsstoffe)

Wachstumskurve, in der Spektralanalyse bes. der Sonne und der Sterne die graph. Darstellung der Beziehung zw. der Intensität einer Spektrallinie und der Anzahl der Atome in der Sternatmosphäre, die zu ihrer Entstehung beitragen, wobei sich eine monoton ansteigende (wachsende) Kurve ergibt. Die W. wird zur Bestimmung der Häufigkeit der Elemente in Sternatmosphären benutzt.

Wachstums|regulatoren, synthet. Stoffe, die ähnlich den pflanzeneigenen Phytohormonen fördernd oder hemmend auf den Pflanzenstoffwechsel einwirken, z. B. → Halmfestiger.

Wächte *die,* **Schneewächte,** an Hochgebirgskämmen über den Grat auf der Leeseite hinauswachsende Schneemassen.

Wacke, histor. Gesteinsbez.; z. B. Rauch- und Grauwacke.

Wackelkontakt, Fehler in einer elektr. Anlage auf Grund lockerer Verbindungen und ›kalter‹ Lötstellen, die zu zeitweisen Stromunterbrechungen führen.

Wad, säulenförmig (Herdorf, Siegerland)

Wackelsteine, Gesteinsblöcke, meist locker auf Blockgipfeln und Felsenburgen in → Blockmeeren aufsitzend; durch starke Auspräparierung der Horizontalbankung und/oder -klüftung entstanden.

Wad, auch **Manganschaum, Manganschwärze,** lockeres bis pulvriges, braunes Manganerz aus versch. Manganoxid-/Hydroxid-Mineralen.

Wadi *das,* Talform in ariden Gebieten (→ Wüste), vielfach mit unausgeglichenem Gefälle und schroffen Talwänden, die durch fluviatile Erosion entstand. Oft jahrelang wasserlos (→ Trockental), können W. nach → Ruckregen von reißenden Wasserabflüssen, befrachtet mit Sand und Kies, mit vernichtender Wirkung erfüllt sein, die jedoch rasch abfließen, versiegen oder verdunsten. Daher finden sich in W. in nicht zu großer Tiefe Grundwasser, das an Quellen austritt, so daß häufig in den W. und an ihren Rändern Oasen vorkommen. (→ Wasserwalze)

Wafer [w'eɪfɔ, engl.], → Chip.

Waffen, Mittel und Vorrichtungen, die zur Bedrohung, Schädigung oder Tötung eines Gegners, zur Zerstörung seines festen oder bewegl. Besitzes, zur Verteidigung sowie weidmänn. und sportl. Zwecken dienen. Militärisch unterscheidet man W. und **W.-Plattform** (der Mensch, der die W. trägt, Land-, See- oder Luftfahrzeug) und das darin integrierte **W.-System.** W. kann man einteilen nach Wirkungsprinzip, Wirkungsreichweite, Einsatzraum und Einsatzzweck.

Wirkungsprinzip. Genutzt werden kann a) die mechan. Energie, z. B. in Bajonett, Geschoß, Splitter; b) die chem. Wirkung mittelbar zur Erzeugung mechan. Energie bei Feuer-W., unmittelbar als Giftkampfstoff und Brandstoff und als Nebelmittel; c) die nukleare Energie bei Kern-W. mit den Wirkungskomponenten radioaktive Strahlung, Druck (Luftdruckwelle) und Hitze; d) die biolog. Wirkung mit Bakterien und Viren als Krankheitserreger; e) die elektromagnet. Energie bei der elektron. Kampfführung (Eloka). Nach der Wirkungsreichweite unterscheidet man: Nahkampf-W. (Messer, Revolver, Flammenwerfer), Gefechtsfeld-, takt. W. (z. B. Panzer und Artillerie, Flugzeugbomben), strateg. W. (z. B. Interkontinentalraketen) und Weltraum-W. (z. B. Killersatelliten). Nach dem Einsatzraum sind die W. zu gliedern in Land-, Luft-, See- und Raumkriegsmittel, nach dem Einsatzzweck in Kriegs-, Jagd- und Sport-W.

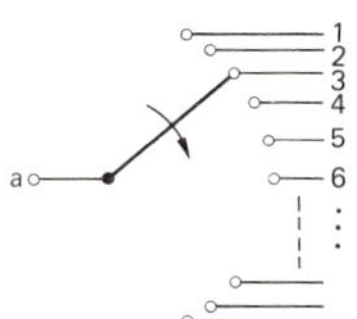

a) Wähler

• geschlossene Kontakte

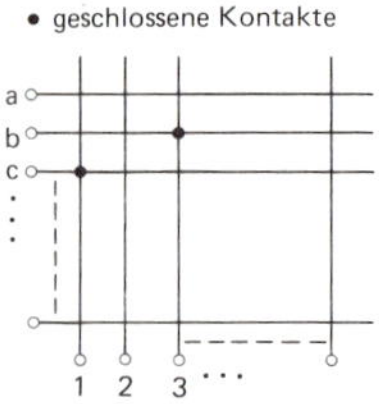

b) Koppler

Wähler:
a Elemente eines Raumkoppelfeldes,
b Koppler

Waffenleitsystem, Feuerleitsystem, Anlagen und Einrichtungen zur Optimierung des Waffeneinsatzes, i. e. S. zur Führung von gelenkten Waffen. W. sollen dem Waffenleitpersonal Entscheidungshilfen über den Waffeneinsatz anbieten und folgende Aufgaben erfüllen: Suche, Erfassung und Identifizierung gegner. Ziele, Verfolgung der Ziele, Speicherung und ständige Aktualisierung der Zieldaten, Auswahl der bestgeeigneten Waffen, Bestimmung des am besten geeigneten Einsatzprofiles und Einsatzzeitpunktes der ausgewählten Waffen, bei gelenkten Waffen Heranführung an das Ziel und Zielbekämpfung, Rückführung rückführbarer Waffenträger. Zur Erfüllung dieser Aufgaben sind erforderlich: opt., akust., radartechn. und im infraroten Wellenbereich arbeitende Zielsuch- und Verfolgungsgeräte, Ortungs- und Identifizierungsgeräte, Datenverarbeitungsgeräte (Rechner und Speicher), Datenübertragungsgeräte mit störsicheren Fernmeldeverbindungen, Datendarstellungsgeräte und Geräte für → elektronische Kampfführung. W. werden nach Umfang und Funktionsweise der jeweiligen Aufgabenstellung angepaßt; sie können ortsfest eingerichtet sein oder sich an Bord von Schiffen oder Flugzeugen befinden. W. arbeiten weitgehend automatisch; wichtige Entscheidungsfunktionen bleiben jedoch dem Waffenleitpersonal überlassen.

Waffensystem, aus materiellen und personellen Elementen bestehendes komplexes Kampfmittel, dem alle für die Einsatzbereitschaft erforderlichen Anlagen, Geräte, Ausrüstungen, Dienste und Personen zuzurechnen sind.

Wagen, 1) Astronomie: Die Sternbilder **Großer W.** und **Kleiner W.** werden jeweils von den hellsten Sternen des Großen und Kleinen → Bären gebildet.

2) Fahrzeugbau: meist zweiachsiges Fahrzeug mit Rädern; i. e. S. ein bespanntes, z. B. von Pferden gezogenes Fahrzeug, i. w. S. → Kraftwagen, → Eisenbahnwagen, → Anhänger. Beim bespannten W. ist die mit der Zugdeichsel oder -schere verbundene Vorderachse drehbar. Die Räder laufen auf den Achsschenkeln der Achsen. Damit sie auch Seitenkräfte aufnehmen können, sind sie gegen die Fahrzeuglängsebene geneigt (Radsturz). Eine Federung haben die **Personen-W.** (Kutsche, Droschke), auch viele → Ackerwagen.

Geschichte. Der W. entwickelte sich mit der Erfindung des Rades im 4. Jahrtsd. v. Chr. Um 2000 v. Chr. kam das Rad mit Speichen in Nordmesopotamien auf. Der zweirädrige, von Pferden gezogene Streitwagen spielte seit der 1. Hälfte des 2. Jahrtsd. v. Chr. eine wesentl. Rolle. Auch der Norden kannte seit der Bronzezeit Streit- und Last-W. Erst das MA. (9./10. Jh.) machte mit der Erfindung des Kummetgeschirrs den Pferde-W. für größere Lasten geeignet. Durch die Erfindung der drehbaren Vorderachse im 13. Jh. wurde der Wagen wendig. Eine Verbesserung der starren Verbindung von W.-Kasten und Fahrgestell brachte die Mitte des 15. Jh. aufkommende Kutsche, bei der der W.-Kasten am Fahrgestell mittels Ketten, Lederriemen oder Seilen aufgehängt war. Der geschlossene Post-W. (Postkutsche) entstand im letzten Viertel des 18. Jh. Seit dem ausgehenden 19. Jh. wurde der Pferde-W. mehr und mehr durch das Automobil verdrängt.

3) Maschinenbau: Maschinenteil zur Führung eines Gegenstandes, z. B. an der Schreibmaschine zur Führung des Papiers.

Wagenheber, Gerät zum Anheben eines Kraftfahrzeugs bei Reifenwechsel, beim Abschmieren u. a. W. haben eine der Last entsprechende Übersetzung (durch Hebel, Spindeln, hydraulisch, pneumatisch) und sind meist zum Einstecken in seitl. Holme gebaut. **Werkstatt-W.** sind fahrbare Wagenheber, die in Achsmitte angesetzt werden können.

Wagenspinner, Spinnerei: der → Selfaktor.

Wäge|satz, → Masse.

Wäge|stück, → Masse.

Wagnerscher Hammer [n. dem dt. Ingenieur und Physiker J. P. Wagner, * 1799, † 1879], ein selbsttätiger → Unterbrecher.

Wähler, Fernmeldetechnik: elektromechan. Koppeleinrichtung mit eigenem Steuerteil zum Durchschalten eines Leitungsabschnittes zu einem anderen. Ziel ist das Herstellen gewünschter Verbindungen zw. je zwei Teilnehmern, insbes. in der Fernsprechtechnik (Raumvielfach, → Vermittlungstechnik).

Prinzip (BILD a): Der Eingang a kann durch einen Schaltarm wahlweise mit einem von mehreren Ausgängen 1, 2, 3, . . . verbunden werden, wobei gleichzeitig nur eine

Verbindung möglich ist. Beim **Schrittschalt-W.** wird der Kontaktarm über Elektromagnete durch die Wählimpulse auf den gewünschten Kontakt eingestellt, wobei der Arm eine reine Drehbewegung **(Dreh-W.)** oder senkrecht dazu noch eine Hebbewegung ausführt **(Hebdrehwähler, HDW,** mit z. B. 100 Ausgängen in zehn übereinanderliegenden Kontaktebenen). Beim **Motor-W. (Motordreh-W.)** erfolgt der Antrieb ohne die ungünstigen ruckartigen Bewegungen durch einen Motor. **Edelmetall-Drehwähler (EMD)** mit 50–200 Ausgängen werden in großem Umfang verwendet.

An Stelle von W. können auch **Koppler** (BILD b) verwendet werden. Sie arbeiten wie ein Kreuzschienenverteiler und bedürfen einer externen Steuerung. Es sind gleichzeitig mehrere Verbindungen möglich, indem die an allen Kreuzungspunkten vorhandenen Kontakte an den geeigneten Stellen geschlossen werden. Z. B. sind im Bild die Eingänge b und c mit den Ausgängen 3 bzw. 1 verbunden. Die Koppelpunkte sind elektron. (nur in Nebenstellenanlagen) oder luftabgeschlossene, unter Schutzgas arbeitende elektromechan. Schalter unterschiedlicher Bauart.

Wählstern|einrichtung, Fernsprechtechnik: eine ›Vorfeldeinrichtung‹ zur Verringerung der Anzahl der Hauptanschlußleitungen zw. den Teilnehmern und der Ortsvermittlungsstelle. An einen **Wählsternschalter** (Konzentrator) in der Nähe der Teilnehmer werden bis zu 120 benachbarte Teilnehmer angeschlossen und lediglich über 18 Hauptleitungen mit der Vermittlungsstelle verbunden. Hier verbindet die vom Wählsternschalter gesteuerte **Wählsternübertragung** die Hauptleitungen wieder mit den jeweiligen teilnehmerindivuduellen Einrichtungen. Der Sprechverkehr der Teilnehmer einer W. untereinander ist möglich.

Wählton, Fernsprechen: → Signaltöne.

Wählvermittlung, i. Ggs. zur Handvermittlung automat. Aufbau von Fernsprechverbindungen (→ Vermittlungstechnik).

Wahrheitsfunktionen, Wahrheitswertfunktionen, in der klass. Aussagenlogik werden zwei **Wahrheitswerte,** z. B. w für ›wahr‹ und f für ›falsch‹ zugrunde gelegt, in anderen Systemen $n>2$ Wahrheitswerte. Es sei W die Menge der jeweils verwendeten Wahrheitswerte; eine m-stellige W. ist die Funktion

$$\varphi\colon W^m := W \times W \times \ldots \times W \longrightarrow W.$$

Für den einfachsten Fall $n=2$ und $m=1$ wird z. B. die Funktion ›Negation‹ beschrieben durch

$$\varphi_{\neg}\colon \{w, f\} \longrightarrow \{w, f\} \text{ mit } \varphi_{\neg}(w) := f \text{ und } \varphi_{\neg}(f) := w.$$

Für $n=2$ und $m=2$ können die Werte von φ in einer **logischen Matrix** dargestellt werden, die für die in der Aussagenlogik verwendeten → Junktoren ›oder‹, ›und‹ sowie ›wenn . . ., dann‹ folgende Gestalt haben:

$\varphi_\vee$ x_i \ y_j	w	f
w	w	w
f	w	f

$\varphi_\wedge$ x_i \ y_j	w	f
w	w	f
f	f	f

$\varphi_\rightarrow$ x_i \ y_j	w	f
w	w	f
f	w	w

An der Stelle (i, j) steht der Wert $\varphi(x_i, y_j)$; z. B. ist für $i=1$ und $j=2$ $\varphi_\vee(w, f) = w$ (d. h., eine Aussage ›x oder y‹ ist wahr, wenn eine der beiden Aussagen ›x‹ oder ›y‹ wahr ist) und $\varphi_\wedge(w, f) = f$ (d. h., die Aussage ›x‹ und ›y‹ ist nur dann wahr, wenn ›x‹ wahr ist und ›y‹ wahr ist).

wahrscheinlicher Fehler, der Zufallsfehler, dessen Wahrscheinlichkeit genau 0,5 ist.

Wahrscheinlichkeit, der Grad der Leichtigkeit der Verwirklichung von zufälligen Ereignissen. Die grundlegende Vorstellung (in reiner Form nur bei Glücksspielen realisiert): Ein stabiler, unabhängiger Ursachenkomplex hat mögliche zufällige Folgen, diese treten mit W. ein. Wissenschaftlich wirft die W. ein philosoph. (ihre Rolle als Erkenntnisinstrument), ein mathemat. (ihre Grundlegung durch Axiome, W.-Rechnung) und ein statist. (empir. Messung, prakt. Anwendung) Problem auf.

Durch W. wird der Zufall meßbar und damit einerseits strenger (kausaler) Determinismus überwunden, andererseits völliger Indeterminismus vermieden. Die W. hat als Erkenntnisinstrument trotz vielfältiger Bemühungen noch keinen gefestigten Platz gefunden, bes. infolge starker Annahmen (z. B. Stabilität, Unabhängigkeit) fundamentaler Probleme der Messung und Unsicherheit in der Einschätzung der Anwendungsmöglichkeiten.

Der Aufbau der **W.-Theorie** als einer axiomat. Theorie geht auf A. N. KOLMOGOROW (1933) zurück. Sei E der Ereignis- oder Merkmalsraum, d. h. die Menge aller Elementarereignisse eines stochast. Vorgangs, z. B. beim einmaligen Werfen eines Würfels die Zahlen 1, 2, . . ., 6. Eine beliebige Teilmenge des Ereignisraumes heißt ein Ereignis A.

1. Axiom: Jedem Ereignis A wird eine Zahl $P(A)$, seine W. zugeordnet, wobei $0 \leqq P(A) \leqq 1$.

2. Axiom: $P(E) = 1$, d. h., die W. des sicheren Ereignisses ist 1.

3. Axiom: Schließen sich die Ereignisse $A_1, A_2, \ldots, A_n$ gegenseitig aus, dann ist die W., daß entweder A_1 oder A_2 oder A_n eintritt, gleich der Summe der Einzelwahrscheinlichkeiten.

Nach den Methoden der numer. Bestimmung von W. werden drei Arten unterschieden: **Objektive a-priori-Bestimmung:** In der klass., auf die Beschäftigung mit Glücksspielen zurückgehenden W.-Rechnung definiert man die W. eines Ereignisses (objektiv a priori) als das Verhältnis der für das Ereignis günstigen Fälle zur Anzahl aller möglichen Fälle. **Objektive a-posteriori-Bestimmung:** $P(A)$ wird durch die relative Häufigkeit des Ereignisses A oder den Grenzwert dieser Häufigkeit bei unendl. Anzahl von Beobachtungen erklärt. Dann können über den Wert $P(A)$ mit Hilfe wiederholter Beobachtungen (→ Stichprobe) wenigstens näherungsweise Aussagen, allerdings nur mit einer gewissen, doch mit zunehmender Zahl von Beobachtungen oft sehr großen W., gemacht werden. **Subjektive Bestimmung:** Eine Person bestimmt aus Erfahrung, Intuition oder der subjektiven Bereitschaft, auf ein Ereignis zu wetten, die W. des betreffenden Ereignisses.

Der Wahrscheinlichkeitsbegriff wird insbes. in der Physik häufig verwendet, z. B. wird bei der → Ausgleichsrechnung der wahrscheinlichste Wert einer Größe aus einer Serie von mit zufälligen → Fehlern behafteten Meßwerten ermittelt; auch für die → statistische Mechanik (→ Boltzmann-Statistik, → Boltzmann-Konstante) und die → Quantenmechanik (→ Wellenfunktion) ist er wesentlich.

Wahrscheinlichkeitsdichte, Dichtefunktion, eine Funktion $f(x)$, die bei einer stetigen Zufallsgröße an die Stelle des Verteilungsgesetzes tritt und die Bedingungen $f(x) \geqq 0$ und $\int_{-\infty}^{+\infty} f(t)\,\mathrm{d}t = 1$ erfüllt.

Wahrscheinlichkeitsrechnung. Auf den Axiomen der → Wahrscheinlichkeit aufbauend, entwickelt man in der W. ein System von Theoremen über Wahrscheinlichkeiten. Dieses gilt auch für bedingte Wahrscheinlichkeiten. Als **bedingte Wahrscheinlichkeit** des Ereignisses E_1 unter der Hypothese E_2 bezeichnet man die Wahrscheinlichkeit für E_1, wenn E_2 eingetreten ist. Sind die Ereignisse als Mengen reeller Zahlen aufzufassen (z. B. beim Würfeln gerade Augenzahl = $\{2, 4, 6\}$) oder sind sie auf solche Mengen abgebildet, so bezeichnet man die auftretenden reellen Zahlen als **Werte einer Zufallsvariablen** X. Die zugehörigen Wahrscheinlichkeiten geben die Verteilung der Zufallsvariablen an. Diese kann vollständig beschrieben werden durch die Wahrscheinlichkeiten der Mengen $\{x \leqq t\}$ für alle reellen Zahlen t, die **Verteilungsfunktion** $F(t) = P(\{x \leqq t\})$. Eine der wichtigsten Verteilungen mit (gewöhnlicher) **Wahrscheinlichkeitsdichte** ist die **Normalverteilung** mit der Dichte

$$f(t) = \frac{1}{\sigma\sqrt{2\pi}} \exp\left\{-\frac{(t-\mu)^2}{2\sigma^2}\right\},$$

wobei μ der **Erwartungswert,** σ^2 die **Varianz** der Zufallsvariablen ist. Wichtige Beispiele für Verteilungen diskreter Zufallsvariablen (mit diskreter Dichte) sind die →Binomialverteilung und die →Poisson-Verteilung.

Sind jedem betrachteten Ereignis zwei oder mehrere Zufallsvariablen $X, Y, \ldots$ zugeordnet (z. B. Körpergröße und Gewicht bei anthropolog. Messungen), so kann man sie zu einem **Zufallsvektor** $(X, Y, \ldots)$ zusammenfassen und analog dessen Verteilung, Verteilungsfunktion, Wahrscheinlichkeitsdichte u. a. definieren. X und Y heißen dabei **stochastisch unabhängig,** wenn das Multiplikationsgesetz der Wahrscheinlichkeiten $p(X \in S_1$ und $Y \in S_2) = p(X \in S_1) \cdot p(Y \in S_2)$ für alle meßbaren reellen Mengen S_1, S_2 gilt.

Die W. findet verbreitete Anwendung, oft in Verbindung mit der →Statistik, zu deren wichtigsten Grundlagen sie zählt, in vielen Wissenschaften, in Physik (Theorie der Gase, Atomphysik), Biologie (Populationsdynamik, Genetik), Biometrie, Wirtschaftswissenschaften u. a.

G. Bangen: W. u. mathemat. Statistik ([7]1978); H. Bauer: Wahrscheinlichkeitstheorie u. Grundzüge der Maßtheorie ([3]1978); R. Storm: W., mathemat. Statistik u. Qualitätskontrolle ([7]1980); W. Dürr u. Horst Mayer: W. u. Schließende Statistik (1980).

Wahrscheinlichkeitsverteilung. Eine Zufallsvariable X heißt diskret, wenn die Anzahl der Realisationen x_i, die sie annehmen kann, endlich oder abzählbar ist: $i = 1, 2, \ldots, n$ oder $i = 1, 2, 3, \ldots$ Jeder Realisation x_i wird eine Wahrscheinlichkeit $p_i = P(X = x_i)$ zugeordnet, wobei P der Wahrscheinlichkeitsoperator ist und wobei gilt

$$\sum_{i=1}^{n} p_i = 1 \text{ oder } \sum_{i=1}^{\infty} p_i = 1.$$

Die geordneten Paare (x_i, p_i), $i = 1, 2, \ldots, n$ oder $i = 1, 2, 3, \ldots$ heißen die W. der (diskreten) Zufallsvariablen X.

Walfisch, lat. **Cetus,** Astronomie: ein →Sternbild der Äquatorzone, im Herbst und Winter am Abendhimmel sichtbar, mit dem veränderlichen Stern →Mira **(Omikron Ceti),** dem Prototyp der →Mira-Sterne.

walken, 1) Hüttentechnik: Bleche durch mehrfaches Hin- und Herbiegen über Rollen auf eine Umformung vorbereiten; soll z. B. beim Tiefziehen unerwünschte Oberflächenstrukturen (Fließfiguren) vermeiden.

2) Lederherstellung: die zu enthaarenden oder zu gerbenden Häute in rotierenden Fässern behandeln.

3) Textilveredlung: Stückwaren aus Wolle in feuchtwarmem Zustand verfilzen und verdichten zur Herstellung von Tuchen, Hüten und technischen Filzen.

Walk|erde, die →Bleicherde 1).

Wallgang, Kriegsschiffbau: vom **W.-Schott** begrenzter, schmaler, wasserdichter Raum an den Schiffsseiten, der bei Treffern den Wassereinbruch in wichtige Räume verhindern soll; vielfach Brennstoffbunker.

Wallissches Produkt [w'ɔlɪs-, n. dem engl. Mathematiker J. Wallis, * 1616, † 1703], Bez. für die Produktdarstellung der Zahl π, es gilt

$$\frac{\pi}{2} = \frac{2}{1} \cdot \frac{2}{3} \cdot \frac{4}{3} \cdot \frac{4}{5} \cdot \frac{6}{5} \cdot \frac{6}{7} \cdot \ldots$$

Walrat *der,* tier. Wachs, das bei der Abkühlung des aus Kopfhöhlen und Speck des Pottwals gewonnenen Spermöls abgeschieden wird. W. besteht überwiegend aus den Cetylestern der Laurin- und Myristinsäure. Es dient zur Creme- und Salbenherstellung.

Walsh-Funktionen [wɔːlʃ-, n. dem amerikan. Mathematiker J. L. Walsh], vollständiges System orthogonaler Funktionen, die i. Ggs. etwa zu den Winkelfunktionen Sinus und Cosinus unstetig sind und nur die Werte ± 1 annehmen. Sie gleichen Rechteckschwingungen. Ihre Schwingungszahl wird durch den Begriff der →Sequenz 2) charakterisiert.

In der Theorie und Praxis der Nachrichtentechnik spielen vollständige Orthogonalsysteme eine wichtige Rolle. Als geeignete Basis für spezielle Vektorräume (Hilbert-Räume) dienen sie der funktionalanalyt. Beschreibung bzw. Approximation von Signalen und Systemen bei Erzeugung, Übertragung und Verarbeitung von Nachrichten. W.-F. gewannen erst in der modernen Digitaltechnik an Bedeutung, da sie hier manchen Zwecken besser angepaßt sind und sich mit vergleichbarem Aufwand erzeugen lassen wie die Winkelfunktionen, die in der klass. Nachrichtentechnik fast ausnahmslos benutzt wurden.

Waltenhofensches Pendel [n. dem österr. Physiker A. v. Waltenhofen, * 1828, † 1914], Demonstrationsgerät zum Nachweis der Bremswirkung von →Wirbelströmen. Der Pendelkörper besteht aus einer Kupferscheibe, die sich zw. den Polen eines starken Elektromagneten bewegt.

Walter-Antrieb [n. dem Maschinenbauer H. Walter, * 1900, † 1980], luftsauerstoffunabhängiger Strahlantrieb, bei dem ausschließlich die katalyt. Zersetzungsreaktion von Wasserstoffperoxid (H_2O_2, ›T-Stoff‹) ausgenutzt wurde. Das entstehende Gemisch aus Wasserdampf und Sauerstoff diente beim ›kalten Verfahren‹ unmittelbar als Vortriebsstrahl für Raketen oder zum Turbinenantrieb; beim ›heißen Verfahren‹ wurde der Sauerstoff zusätzlich mit einem Kohlenwasserstoff (›C-Stoff‹) verbrannt, wobei die Verbrennungsgase in gleicher Weise genutzt wurden. Anwendung als U-Boot-Antrieb (heute weitgehend durch Nuklearantrieb verdrängt) und in früheren →Raketenflugzeugen sowie in einigen militär. Raketen.

Walze, Bodenbearbeitungsgerät oder Baumaschine zum Verdichten des Bodens. **1) Acker-W.** gehören zu den →Bodenbearbeitungsgeräten. Sie sollen die Bodenoberfläche verdichten, harte Kluten zerdrücken, eine möglichst glatte Bodenoberfläche erzeugen und damit auch den Wasserhaushalt im Boden günstig beeinflussen. **Glatt-W.** sind Stahl-W. mit glatter Oberfläche. **Profilierte W.** bestehen aus mehreren profilierten gußeisernen Ringen nebeneinander (z. B. Ringel-W., Cambridge-W., Crosskill-W.), **Stab-W.** aus wendelförmigen Stahlstäben.

2) Straßenbau-W. gehören zu den →Bodenverdichtern. Knetende und verdichtende Wirkung zugleich erzielen **Gummirad-, Schaffuß-** und neuartige **Gitter-W.** –

Glatt-W. werden fast ausschließlich im bituminösen Dekkenbau eingesetzt; sie können statisch oder als Vibrationswalze arbeiten. **Vibrations-W.** wirken weniger durch ihr Gewicht als durch eine in der Frequenz und Amplitude verstellbare Vibration. Sie gibt es als Anhänge-W. oder selbstfahrende Einzel- oder Tandem-W. Sie werden v. a. zur Verdichtung von nichtbindigen Böden, auch beim Einbau bituminöser Baustoffe eingesetzt.

Walzen, das Umformen von Material durch sich drehende zylinder-, kegel- oder scheibenförmige Körper **(Walzen)** mit glatter oder profilierter Oberfläche; dient zum Umformen eines bildsamen Werkstoffs (z. B. im →Walzwerk), zum Verdichten (z. B. bei Acker- oder Straßenbauwalzen, →Walze 2), Auspressen oder Verfestigen eines breiigen oder lockeren Stoffs (z. B. des feuchten Faserfilzes bei der Papierherstellung) und zum Auftragen von Anstrichmitteln, Lacken, Kunststoffen oder metallischen Überzügen.

Beim W. von Metallen wird der Werkstoff **(Walzgut)** in den **Walzspalt** (→Kaliber 2) eingeführt, von den Walzen ergriffen und mit Hilfe der Reibung durch den Spalt hindurchgezogen **(Walzstich).** Durch die Querschnittsverminderung wird das Walzgut gestreckt, in geringem Maß auch gebreitet. Wird ein Werkstück mit rechteckigem Querschnitt hochkant in den Walzspalt geführt, so wird es gestaucht. Streckziehen ist ein W., bei dem zugleich ein Zug auf das Walzgut ausgeübt wird, z. B. im Steckelwalzwerk. Bei langen Walzenkörpern (Blechwalzen) tritt eine Durchbiegung auf, der durch ballige Form der Walzen oder durch Abstützen der **Arbeitswalze** mit **Stützwalzen** begegnet wird.

Walzenbrecher, Walzenmühle, Maschine zum Brechen und Schroten spröder Stoffe zw. einer Walze und einer Brechbacke **(Ein-W.)** oder zw. zwei Walzen **(Zwei-W., Doppel-W.).** Die Walzen können mit Brecharmen, Zähnen, Nocken bestückt, geriffelt oder glatt sein.

Walzendrucker, Datenverarbeitung: Ausgabegerät mit Papier als Datenträger. Der Zeichenvorrat ist für jede Schreibstelle auf einer Walze angeordnet. Mittels eines kleinen Hammers wird das gewünschte Druckzeichen auf das Papier übertragen.

Wälzkolbenpumpe, eine →Verdrängerpumpe.

Wälzkreis, →Zahnrad.

Walz|öle, →Kühlschmierstoffe.

Walzprofilieren, das →Biegen von Blechen zu beliebig geformten Profilen durch Kaltwalzen auf Profil- oder Sonder-Walzmaschinen. Das Walzenprofil entspricht dem zu erzeugenden Blechprofil.

Walzwerk, auch **Walzstraße,** Anlage für Umformung von Metallen durch →Walzen. Die im **Walzgerüst** gelagerten Walzen stehen unter einer Druckanstellung, meist Druckspindeln. Sie werden von den mit dem **Walzenzugmotor** gekuppelten **Kammwalzen** (mit Schrägverzahnung) oder auch direkt von je einem Motor angetrieben. Die Walzen eines Walzenpaars rotieren im entgegengesetzten Sinn, außer beim Schräg-W.

Arten. Je nachdem, ob ein W. aus einem oder mehreren Walzgerüsten besteht, spricht man von **ein-** oder **mehrgerüstigen Straßen.** Nach dem Durchmesser der Fertigwalzen teilt man W. ein in **Grob-W., Mittelstahl-W.** und **Feinstahl-W.,** nach dem Erzeugnis in **Blockbrammen-, Knüppel-, Halbzeug-, Band-W.** (→Breitbandstraße), **Formstahl-, Stabstahl-, Draht-W.** u. a.

Nach der Anzahl der Walzen oder nach der Art des Walzvorgangs werden unterschieden: **Zweiwalzen-** oder **Duo-W.; Dreiwalzen-(Trio-)W.** und das **Lauthsche Trio-W.,** dessen Mittelwalze dünner als die Ober- und Unterwalze ist; **Doppel-Duo-W.,** bei denen zwei Walzenpaare übereinander in einem Walzgerüst angeordnet sind; **Vierwalzen-(Quarto-)W.** mit zwei dünneren Arbeitswalzen, die oberhalb und unterhalb von zwei dickeren Stützwalzen abgestützt werden; **Vielwalzen-W.** mit mehr als zwei Stützwalzen, z. B. das **Sendzimir-W.** mit zwei sehr dünnen Arbeitswalzen, die sich auf einem System von Stützwalzen abstützen und abrollen, so daß praktisch keine Walzendurchbiegung auftreten kann; **Planeten-W.** mit mehreren dünnen Arbeitswalzen um zwei Tragwalzen, mit denen in einem Walzstich eine Verformung von 90% erzielt werden kann; **Universal-W.** mit Stauchwalzen; **Kegelloch-W., Schräg-W.** und **Pilgerschritt-W.** für die Rohrherstellung (→Rohr 1); **Radreifen-W.** und **Radscheiben-W.** als Rollen-W. zur Herstellung von Radreifen und Radscheiben für Eisenbahnräder und Fahrzeugbau. Beim **Umkehr-(Reversier-)W.** (in Duo- oder Quarto-W.) wird die Umdrehungsrichtung der Walzen nach jedem Walzstich umgekehrt, das Walzgut in demselben Walzgerüst hin- und hergewalzt. Im Trio-W. und im Doppel-Duo-W. kann das Walzgut auf dem Hingang in den unteren, beim Hergang in den oberen Walzspalt eingeführt werden, so daß die Drehrichtung nicht geändert werden muß. Beim **kontinuierl. W.** stehen mehrere Walzgerüste, oft im Wechsel mit horizontalen und vertikalen Walzen, dicht hintereinander, so daß das Walzgut gleichzeitig in mehreren Walzgerüsten verformt wird.

Im Warmwalzwerk wird der auf Temperaturen von 800 bis 1300 °C erwärmte Stahlblock auf der **Vor-** oder **Blockstraße** vorgeblockt oder zu einer **Bramme** ausgewalzt, an seinen Enden mit einer Schere abgeschopft und auf der Fertigstraße zu **Knüppeln, Platinen, Formstahl** u. dgl. weitergewalzt. Das warmgewalzte Material wird auf dem **Warmbett** abgekühlt; Draht und Band werden zu Ringen oder Bunden aufgehaspelt. An die Auswalzung von Fertigerzeugnissen schließt sich ein Richten und Sortieren in der **Zurichterei (Adjustage)** an, oft auch →Wärmebehandlung und Beizen oder Verputzen; das Verputzen wird oft schon am Halbzeug vorgenommen.

Im Kaltwalzwerk wird das Kaltwalzen von Stahlband auf **Zweiwalzen-** und **Vielwalzen-W.** durchgeführt, und zwar in W. mit Einzelgerüsten oder mit kontinuierl. Straße aus drei bis sieben Quartogerüsten. Bei dem Einzelgerüst als Umkehrwalzwerk verläuft der nächste Stich in umgekehrter Richtung des vorhergehenden. Beim Duogerüst werden beide Walzen angetrieben, beim Triogerüst die untere und mittlere oder nur die untere Walze, beim Quarto- und Sechswalzengerüst die Arbeitswalzen, bei Zwölf- und Zwanzigwalzengerüsten best. Stützwalzen.

Je kleiner der Durchmesser der Arbeitswalze ist, um so größer ist der bei gleichem Druck erzielte Verformungsgrad, die Dickenabnahme des Bleches bei jedem Stich. Durch die Verformung tritt eine Erhöhung der Festigkeit und Senkung der Zähigkeit ein. Um letzteres zu beheben, wird das kaltgewalzte Blech rekristallisierend geglüht (→Rekristallisation 2); das wieder erkaltete Blech erhält in einem Duo- oder Quartogerüst einen leichten Dressierstich mit 1–3% Dickenabnahme, wodurch die Gefahr der Fließfigurenbildung verringert wird. (ÜBERSICHT S. 230)

F. KÖSTERS: W. für Profil- und Stabstahl, 3 Bde. (1971/72); B. SCHOELE: Kalt-W. (1975); Kalibrieren von Walzen, hg. v. H. NEUMANN (²1976); W. BUCKWAR: Warm-W. (1979); W. SCHWENZFEIER: W.-Technik (1979); W., hg. v. Autorenkollektiv (Leipzig 1980). – Fachinformation Technik: Dokumentation Maschinenbau, Maschinelle Anlagen in Hüttenwerken u. W. (seit 1981).

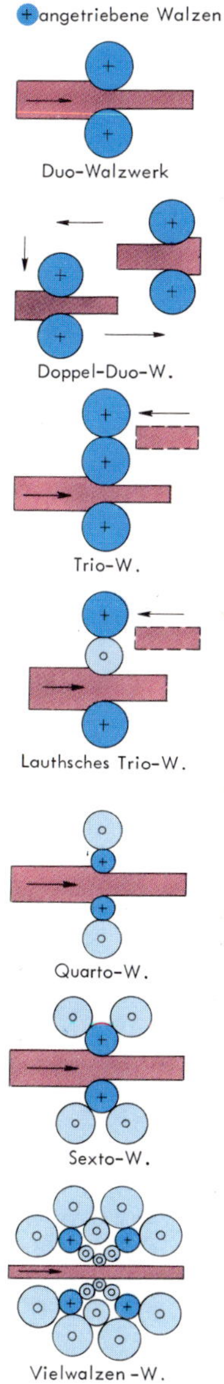

Walzwerk
(Systeme)

WALZWERK

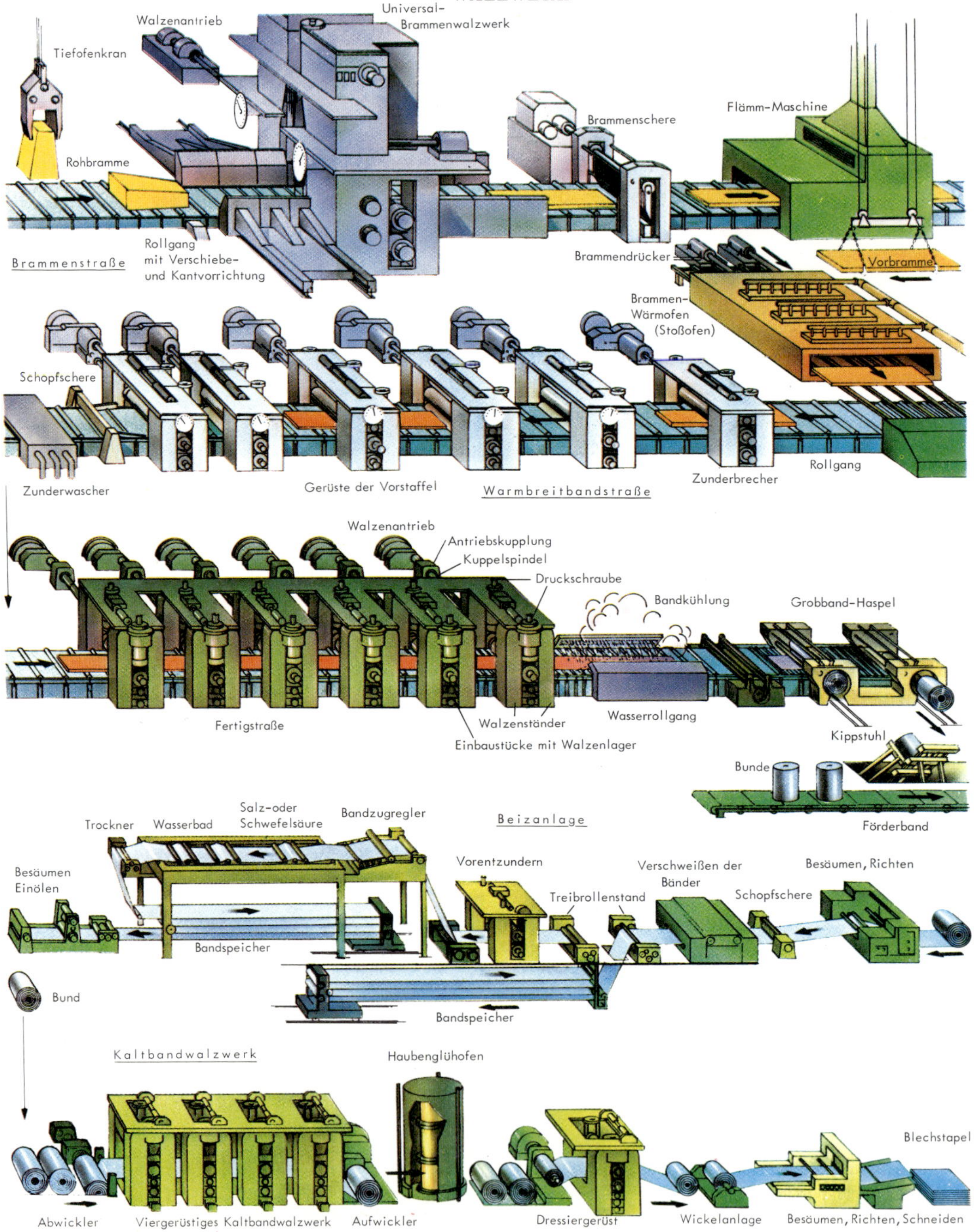

Schema eines kontinuierlichen Breitbandwalzwerks (Brammenstraße – Warmbreitbandstraße – Beizanlage – Kaltbandwalzwerk)

Wand, seitl. Begrenzung eines Raumes, bes. eines Zimmers oder Gebäudes. W., die der Standsicherheit der Gebäude dienen **(belastete W.),** müssen die Lasten der Decken und Dächer, den Erd- und Winddruck und Erschütterungen aufnehmen. **Außen-W.** müssen im Hochbau trocken sein und →Wärmeschutz gewährleisten, **Innen-W.,** bes. als Wohnungstrenn-W., den → Lärmschutz. Das Ausbreiten von Bränden zw. Gebäuden und innerhalb großer Gebäude sollen → Brandwände verhüten. Der schnell veränderbaren Unterteilung von Räumen dienen →Trennwände.

Wandelsterne, die → Planeten.

Wanderdünen, in der vorherrschenden Windrichtung langsam vorrückende → Dünen.

Wanderfeldmotor, der → Linearmotor.

Wanderfeldröhre, engl. **Travelling Wave Tube** [trˈævəlɪŋ weɪv tjuːb], Abk. **TWT,** eine → Laufzeitröhre mit Energieaustausch zw. Elektronen und verzögert fortschreitenden Feldern (auch **Lauffeldröhre** genannt). Ein aus einem Strahlerzeugungssystem austretender Elektronenstrahl wird durch das Feld einer →Verzögerungsleitung aus einer Drahtwendel oder aus gekoppelten Hohlraumresonatoren geführt und trifft außerhalb des Wechselwirkungsraums auf einen Kollektor. Der Verzögerungsleitung wird am kathodenseitigen Ende die zu verstärkende Spannung zugeführt. Am anderen Ende wird die durch Influenzwirkung der Elektronenladungswolken verstärkte Leistung (bis etwa 50 dB) entnommen. Zur Trennung von Ein- und Ausgang ist etwa an der Mitte der Leitung eine beiderseits angepaßte Dämpfungsschicht angebracht. Zum Erzielen einer Verstärkung muß die Phasengeschwindigkeit der verzögerten Leitungswelle etwas kleiner sein als die Elektronengeschwindigkeit. Zur Führung des Elektronenstrahls durch die Verzögerungsleitung ist ein statisches Magnetfeld erforderlich. Dieses wird heute meist mit periodisch magnetisierten Permanentmagneten erzeugt und wird bei Röhren mit kleinerer Hochfrequenzleistung in die Röhrenhülle integriert.

Wander|rost, → Feuerung.

Wanderschutt, langsam hangabwärts wandernder Verwitterungsschutt, bes. in den vegetationslosen Gebieten des periglazialen und subnivalen Klimabereichs. Bei genügender Durchfeuchtung tritt W. noch an sehr flachen Hängen (bis 1°) auf.

Wandertisch, Plattenbandförderer mit horizontaler Umlenkung für große Stückgüter (Montageband).

Wanderwellen, elektromagnet. Ausgleichsvorgänge auf elektr. Freileitungen und in Kabeln, verursacht durch Schaltvorgänge oder Blitzeinschlag in die Leitung. W. sind Spannungs- und Stromwellen, die bei Freileitungen mit nahezu Lichtgeschwindigkeit der Leitung entlanglaufen und dabei gedämpft werden. Dabei treten oft → Überspannungen 2) auf.

Wanderwellenbeschleuniger, → Linearbeschleuniger.

Wanderwellenröhre, wörtliche Übersetzung der englischen Bez. ›Travelling Wave Tube‹; im deutschsprachigen Raum allgemein als →Wanderfeldröhre bezeichnet, um Verwechslungen mit den →Wanderwellen der Energietechnik zu vermeiden.

Wandheizung, eine →Flächenheizung nach dem Prinzip der → Strahlungsheizung.

Wankelmotor [n. dem dt. Maschinenbauer F. Wankel, * 1902], ein → Kreiskolbenmotor.

Wankwinkel, Kfz: der Winkel, um den sich der Fahrzeugaufbau beim **Wanken** (→ Rollen 2) um seine Längsachse neigt. Das Wanken wird durch über der Fahrbahnebene angreifende Seitenkräfte (Fliehkraft bei Kurvenfahrt, Seitenwindkraft) verursacht.

Wanne, → Becken 2).

Want *die, das, Mz.* **Wanten,** seemännisch: starkes Stahltau, auf Segelbooten auch Hanftau, das paarweise den Mast seitlich abstützt. Je zwei W., durch ›Webeleinen‹ quer miteinander verbunden, bilden Strickleitern zum ›Aufentern‹. (→ Segelschiff)

Warf(t)en, →Wurten.

Waringsches Problem [wˈeərɪŋ-, n. dem engl. Mathematiker E. Waring, * 1734, † 1798], die Fragestellung, ob jede natürl. Zahl sich als Summe von höchstens neun Kuben natürl. Zahlen darstellen läßt. Der Beweis erfolgte 1907 durch D. HILBERT, und zwar in der allg. Form, daß jede natürl. Zahl n die Summe von höchstens $g(k)$ k-ten Potenzen natürl. Zahlen ist, d. h. $n = n_1^k + n_2^k + \ldots + n_s^k$ mit $s \leqq g(k)$. Z. B. ist $g(2) = 4$, d. h., jede natürliche Zahl ist als Summe von höchstens 4 Quadraten darstellbar **(Satz von Lagrange** [-lagrˈãʒ]), z. B. $10 = 3^2 + 1^2$, $7 = 2^2 + 1^2 + 1^2 + 1^2$. $g(3) = 9$, z. B. $10 = 2^3 + 1^3 + 1^3$, $239 = 4^3 + 4^3 + 3^3 + 3^3 + 3^3 + 3^3 + 1^3 + 1^3 + 1^3$.

Warmbeton, Frischbeton (→ Beton) erhöhter Temperatur, für Winterbau und kurze Schalzeiten.

Wärme, allg. eine Sinnesempfindung, die durch physikal. Reize hervorgerufen wird; in der Physik die diese Sinnesempfindung auslösende spezielle Energieform **(Wärme|energie, therm. Energie),** die als Bewegungsenergie der ungeordneten Bewegung (→Wärmebewegung) der atomaren Bausteine der Körper aufgefaßt wird. In der Thermodynamik wird die nicht mit makroskop. Bewegungen verbundene Energie eines Körpers als → innere Energie bezeichnet, als W., Wärmeenergie oder → Wärmemenge eine Form der Änderung der inneren Energie. Nach dem 1. Hauptsatz der →Thermodynamik kann die innere Energie eines Systems durch Verrichtung von Arbeit und/oder Übertragung von W. geändert werden.

Die W.-Entwicklung bei der Verbrennung von Stoffen stellte ein zentrales Thema der frühen chem. Forschung dar. Im 17. Jh. behandelte J. J. BECHER das ›Prinzip der Brennbarkeit‹ als einen eigenen Grundstoff; im 18. Jh. ging G. E. STAHL davon aus, daß W. ein gewichtsloser Stoff **(Phlogiston)** sei, von dem er annahm, daß er von wärmeren auf kältere Körper übergehen, aber weder gebildet noch vernichtet werden könne. J. R. v. MAYER (1841) und J. P. JOULE (1842–50) zeigten dann, daß W. eine besondere Art der Energie darstellt, die man z. B. aus mechan. Arbeit erhalten kann. 1847 faßte H. v. HELMHOLTZ das bisherige Wissen im Energieerhaltungssatz (1. Hauptsatz der Thermodynamik) zusammen. Die Beobachtung, daß W. nie vollständig in Arbeit umgewandelt werden kann und daß W. freiwillig stets nur vom wärmeren auf den kälteren Körper übergeht (→Wärmeübertragung), fand durch die Arbeiten von R. J. E. CLAUSIUS (1850) und W. THOMSON (Lord KELVIN; 1851) ihren Ausdruck im Entropiesatz (2. Hauptsatz der Thermodynamik). Die bisherigen Überlegungen zur W. wurden für unmittelbar meßbare, makroskop. Größen angestellt und führten zur Thermodynamik, die die mit W.-Umwandlungen verbundenen Vorgänge vollständig und widerspruchsfrei beschreibt. Sie sagt aber nichts aus über das ›Wesen‹ der W. und die Verbindung mit anderen Gebieten der Physik. Hier setzt die → mechanische Wärmetheorie ein, die den

Zusammenhang von Mechanik und Wärmelehre aufzeigt, indem die W. als Bewegungsenergie der Materiebausteine gedeutet wird (→kinetische Gastheorie, →statistische Mechanik, →Boltzmann-Statistik, →Quantenstatistik).

Wärme|äquivalent, →elektrisches Wärmeäquivalent, →mechanisches Wärmeäquivalent.

Wärme|ausbreitung, die →Wärmeübertragung.

Wärme|ausdehnung, Änderung des Volumens und der Länge eines Körpers bei Erwärmung, wobei Maße für die W. der **kub. W.-Koeffizient** γ (therm. Volumenausdehnungskoeffizient) und der **lineare W.-Koeffizient** α (therm. Längenausdehnungskoeffizient) sind (→Ausdehnung).

Wärme|austausch, ungenaue Bez. für →Wärmeübertragung.

Wärme|austauscher, →Wärmetauscher.

Wärmebehandlung, Metallkunde, Eisenhüttenkunde: die Erwärmung von Metallen und Legierungen auf best. Temperaturen mit nachfolgender geregelter Abkühlung zur Veränderung ihrer Eigenschaften. Durch →Härten oder →Aushärtung wird die Festigkeit erhöht. Örtl. Konzentrationsunterschiede (→Seigern) werden durch **Diffusionsglühen** ausgeglichen. Eigenspannungen werden durch **Spannungsarmglühen** ohne Gefügeumbildung vermindert, Auswirkungen der Kaltverformung durch **Rekristallisationsglühung** (Rekristallisation) mit Gefügeneubildung beseitigt. Als **Weichglühen** bezeichnet man oft jede Glühung zur Verminderung der Härte, bei Stählen jedoch speziell eine W. zur Einformung von Carbiden. Andere W.-Verfahren dienen der Veränderung der Oberflächenzustände des Werkstoffes (→Aufkohlung, →Nitrieren). – W. können an Luft, unter Schutzgas oder im Vakuum, durch Eintauchen in Salz- oder Metallschmelzen durchgeführt werden, zur Beseitigung von Oxidfilmen in reduzierenden Gasen **(Blankglühen).**

Technisch am wichtigsten ist die W. von Stahl mit Kohlenstoffgehalten bis 0,86%. Häufig werden angewendet: Spannungsarmglühen, Weichglühen, Normalglühen, Diffusionsglühen, Härten (Abschreckhärten) und Vergüten, Einsatzhärten, Zwischenstufenumwandeln (z. B. Patentieren), Anlassen, Aushärten (z. B. Altern), Rekristallisationsglühen, Tempern.

Im →Eisen-Kohlenstoff-Diagramm sind die Änderungen des Aggregatzustandes und des Gefüges von Eisen-Kohlenstoff-Gemengen bei sehr langsamen Temperaturänderungen ablesbar. Das Verhalten des Stahles bei der W. wird durch Legierungselemente beeinflußt: Nickel, Mangan, Chrom, Molybdän und Wolfram verringern die krit. Abkühlungsgeschwindigkeit, wodurch ein milderes Abschrecken angewendet werden kann, das Werkstück besser durchhärtet und die Gefahr des Verziehens und der Rißbildung verringert wird (martensit. und perlit. Stähle). Mangan und Nickel erweitern das γ-Gebiet, wodurch austenit., paramagnet. Stähle mit großer Zähigkeit erzeugt werden können; Aluminium, Silicium, Chrom und Wolfram schnüren das γ-Gebiet ab; Vanadium, Titan, Niob und Aluminium begünstigen die Bildung eines feinkörnigen Gefüges (Feinkornstähle).

Grundlagen der W. von Stahl, hg. v. W. Pitsch (1976); W., hg. v. der Bergakademie Freiberg (1979).

Wärmebelastung, die Zufuhr von →Abwärme in Gewässer. Durch Temperaturerhöhung des Wassers wird einerseits die Löslichkeit von Sauerstoff erheblich verringert, andererseits tritt eine Beschleunigung der Stoffwechselprozesse bei der biolog. →Selbstreinigung ein, wodurch der Sauerstoffgehalt weiter vermindert wird. Für kritisch belastete Gewässer (→Gewässergüte, →Eutrophierung) besteht die Gefahr des ›Umkippens‹ in die polytrophe Stufe mit zeitweiligem anaeroben Zustand.

Wärmebewegung, thermische Bewegung, Temperaturbewegung, die ungeordnete Bewegung der atomaren Bestandteile der Materie, die mit der Temperatur wächst und deren Bewegungsenergie sich makroskopisch als →Wärme bemerkbar macht (→mechanische Wärmetheorie). I. Ggs. zu Gasen und Flüssigkeiten, bei denen die W. sich hauptsächlich als Translationsbewegung und Rotation äußert, liegt bei Festkörpern hauptsächlich eine Schwingungsbewegung vor.

Wärmebrücke, fälschlich **Kältebrücke,** Bauteil mit im Vergleich zur Umgebung hohem →Wärmedurchgang, z. B. Stahlstütze in einer Wand.

Wärmedämmstoffe, Stoffe, die die Fortleitung von Wärme in Gebäuden, Fahrzeugen, Leitungen, Apparaturen verhindern oder verlangsamen. Als W. dienen feinporige Baustoffe und Bauteile mit geringer Wärmedurchlässigkeit und geringer Trockenrohdichte, z. B. Leichtbauplatten, Lochsteine, Hohlblocksteine, Gasbeton, Kieselgur, Mineralfasern, Hüttenwolle, Kork, Torf, Holzwerkstoffe, Holzwolle, Stroh, Filz, Schaumstoffe (v. a. Schaumkunststoffe).

Wärmedämmung, die →Dämmung des →Wärmedurchgangs durch Bauteile mit Hilfe von →Wärmedämmstoffen.

Wärmedurchbruch, →Diode.

Wärmedurchgang, die Wärmeübertragung zw. zwei strömenden Medien, die durch eine feste Wand voneinander getrennt sind. Sie wird mit Hilfe des **Wärmedurchgangskoeffizienten** (der **Wärmedurchgangszahl)** k beschrieben (auch das Formelzeichen K wird verwendet), der durch die Gleichung $\mathrm{d}\Phi = k(\vartheta_a - \vartheta_b)\mathrm{d}A$ definiert ist. Darin stellt Φ den durch die Fläche A tretenden →Wärmestrom dar. ϑ_a und ϑ_b sind zweckmäßig definierte Temperaturen der beiden strömenden Medien, die im Einzelfall bei der Angabe von Wärmedurchgangskoeffizienten hinzugefügt werden müssen. SI-Einheit von k ist $\mathrm{Wm^{-2}K^{-1}}$. Die Wärmedurchgangszahl ist somit zahlenmäßig gleich der Wärmemenge Q in Joule, die im stationären Zustand ($Q = \Phi \cdot t$, t = Zeit, $Q = kAt\Delta\vartheta$) je Sekunde durch 1 $\mathrm{m^2}$ der Wand übertragen wird, wenn zw. den beiderseits angrenzenden strömenden Medien ein Temperaturunterschied von 1 K besteht. Der Zahlenwert von k **(k-Wert)** gilt jeweils nur für eine bestimmte Wanddicke. (→Wärmetauscher)

Wärme|einheit, Einheit der →Wärmemenge.

Wärme|energie, thermische Energie, →Wärme, →Energie.

Wärmegrade, →Kälte.

Wärme|inhalt, veraltete Bez. für →Enthalpie.

Wärme|isolator, bes. schlechter →Wärmeleiter.

Wärmekapazität, Formelzeichen C, der Quotient aus der einem Körper zugeführten Wärmemenge Q und der dadurch bewirkten Temperaturerhöhung ΔT, $C = Q/\Delta T$; SI-Einheit ist 1 J/K. Die →spezifische Wärmekapazität (früher **spezifische Wärme)** c ist die auf die Masse m bezogene W., $c = C/m$; SI-Einheit ist $1\ \mathrm{JK^{-1}\,kg^{-1}}$. Die **molare W. (Molwärme,** bei Elementen auch **Atomwärme)** C_m ist die auf die Stoffmenge ν bezogene W., $C_m = C/\nu$; SI-Einheit ist $1\ \mathrm{JK^{-1}\,mol^{-1}}$.

Wärmekonvektion, Art der →Wärmeübertragung.

Wärmekraftmaschinen, Bez. für →Kraftmaschinen, die mechan. Arbeit aus meist durch Verbrennung gewonnener Wärme erzeugen. Bei **W. mit innerer Verbrennung** wird Kraftstoff im Arbeitszylinder von →Verbrennungsmotoren oder in der Brennkammer von →Gasturbinen verbrannt. Bei **W. mit äußerer Verbrennung** wird meist mittels chem. Energie des Brennstoffes in einem Dampfkessel Dampf erzeugt und in →Dampfmaschinen oder →Dampfturbinen in mechan. Arbeit umgewandelt.

Wärmekraftwerk, thermisches Kraftwerk, ein →Kraftwerk, in dem die chem. Energie von Brennstoffen oder die Kernenergie spaltbaren Materials zunächst in Wärme und dann in Wärmekraftmaschinen in mechan. Energie zum Antrieb der Generatoren umgewandelt wird. Die häufigsten W. sind →Dampfkraftwerke einschließlich →Kernkraftwerken. Bei →Dieselkraftwerken und Gasturbinenkraftwerken (→Gasturbosatz, →Luftspeicher-Gasturbinen-Kraftwerk) entfällt das Zwischenstadium der Dampferzeugung. Natürlich vorhandenes Wärmegefälle nutzen die →geothermischen Kraftwerke und die →Sonnenkraftwerke aus; →Meereswärmekraftwerke, die dem Wasser Wärme entziehen, sind in der Erprobung.

Wärmelehre, Teilgebiet der Physik, das alles umfaßt, was mit dem Begriff →Wärme zusammenhängt; i. e. S. die →Thermodynamik.

Wärmeleiter, Bez. für Stoffe, die dann verwendet wird, wenn die →Wärmeübertragung durch Wärmeleitung zur Charakterisierung dient. Stoffe mit hoher →Wärmeleitfähigkeit wie die Metalle werden als **gute W.** bezeichnet (Silber, gefolgt von Kupfer, ist unter den Metallen der beste W.); Nichtmetalle und Flüssigkeiten (Ausnahme flüssige Metalle) sind **schlechte W.** Bes. schlechte W. wie Wasserdampf und alle Gase werden als **Wärmeisolatoren** bezeichnet.

Wärmeleitfähigkeit, Wärmeleitzahl, Formelzeichen λ, physikal. Größe, die die →Wärmeübertragung eines Stoffes durch Wärmeleitung beschreibt. Stoffe mit hoher W. sind gute →Wärmeleiter. Die W. λ eines Stoffes ist definiert durch $d\Phi = -\lambda \, dA \, \partial T/\partial s$, wobei der in Richtung der Flächennormalen s durch die Fläche dA tretende →Wärmestrom $d\Phi$ dem Temperaturgefälle (Temperaturgradienten) $\partial T/\partial s$ in Richtung der Flächennormalen proportional ist. SI-Einheit der W. ist $1\ \mathrm{J s^{-1} m^{-1} K^{-1}}$. Die W. gibt also zahlenmäßig an, wieviel Joule pro Sekunde durch eine Fläche von einem Quadratmeter fließen, wenn senkrecht dazu das Temperaturgefälle von einem Kelvin pro Meter herrscht. Den Zusammenhang zw. der W. und der elektr. Leitfähigkeit von Metallen beschreibt das →Wiedemann-Franzsche Gesetz.

Wärmeleitung, Art der →Wärmeübertragung.

Wärmemauer, →Hitzemauer.

Wärmemenge, Wärme|energie, Wärme, Formelzeichen Q, die Energie, die allein auf Grund eines Temperaturgefälles von einem Körper auf einen anderen übertragen wird. – Die gesetzl. Einheit der W. ist nach dem SI-System das →Joule, Einheitenzeichen J; die seit dem 1. 1. 1978 nicht mehr zulässige frühere Einheit →Kalorie, Einheitenzeichen cal, entspricht 4,1868 J. Die jetzt gültigen Regelungen machen das Umrechnen von mechan. und kalor. Daten (→mechanisches Wärmeäquivalent) überflüssig und vereinfachen so wissenschaftl. und techn. Berechnungen. – W. werden in →Kalorimetern gemessen.

Wärmemessung, 1) Kalorimetrie, Messung der Wärmemenge, →Kalorimeter, →Wärmezähler. **2)** Messung der Temperatur, →Thermometer.

Wärmemischungen, Stoffgemische, die auf Grund chem. Reaktionen allmählich Wärme entwickeln. W. bestehen oft aus einem Oxidationsmittel, aus oxidierbaren Stoffen und Katalysatoren.

Wärmemüll, nicht genutzte →Abwärme, die die Umwelt belastet. So kann z. B. die Erwärmung von mit Abwässern stark verschmutzten Gewässern zu Sauerstoffmangel (auch wegen der mit wachsender Temperatur abnehmenden →Sauerstoffsättigung des Wassers) führen, wodurch es u. U. zu Fischsterben kommen kann.

Wärmepumpe, techn. Einrichtung, die bei Betrieb einen Wärmestrom bei niederer Temperatur (kalte Seite) sowie einen zum Betreiben notwendigen Energiestrom aufnimmt und beide Energieströme bei höherer Temperatur (warme Seite) zur Nutzung als Wärmestrom abgibt (nach DIN). Die W. ist somit eine Heizeinrichtung. Auch die kombinierte Nutzung der W., z. B. bei der Raumluftentfeuchtung, ist möglich. – Die **Heiz-W.** findet Anwendung in der Klimatechnik, zur Wärmeversorgung von Gebäuden, Schwimmbädern und industriellen Prozessen. Entsprechend der verwendeten Wärmequelle und dem Heizwärmeträger werden unterschieden Wasser/Wasser-, Luft/Wasser-, Wasser/Luft- und Luft/Luft-W. Mögliche W.-Bauarten sind Kompressions-W. mit Elektro- oder Verbrennungsmotor als Antrieb und Sorptions-W. (Absorptionskältemaschine), die mit Wärmeenergie angetrieben wird.

H. Kirn u. A. Hadenfeldt: W., 8 Bde., bisher: 1 ([5]1981), 2 ([4]1980), 3 (1981), 4 (1982); K. Bach u. a.: W. ([3]1982); F. Richarts u. K. Michler: W.-Anlagen für die Raumheizung (1982).

Wärme|rückgewinnung, Maßnahme zur Mehrfachnutzung der Enthalpie der ein Gebäude oder einen Prozeß (→Prozeßwärme) verlassenden Massenströme unter Einsatz wärmeaustauschender Apparate. (Bild S. 234)

Wärmesätze, die Hauptsätze der →Thermodynamik.

Wärmeschutz, alle Maßnahmen zur Verringerung der Wärmeübertragung (→Wärmedurchgang) zw. Gebäuden und der Außenluft und zw. Räumen mit verschiedenen Temperaturen. Zum W. gehört auch die Reflexion

Wärmepumpe

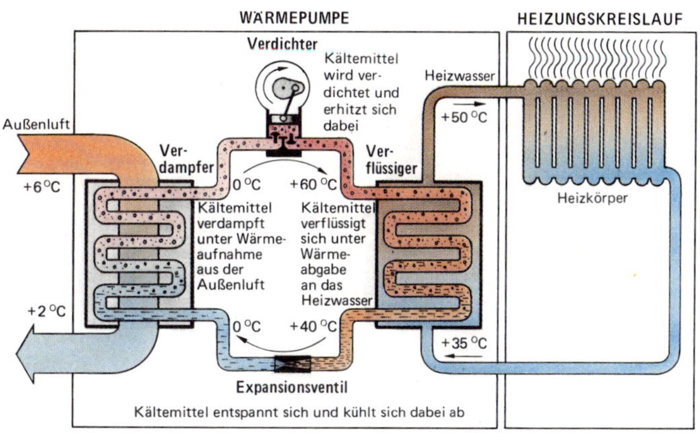

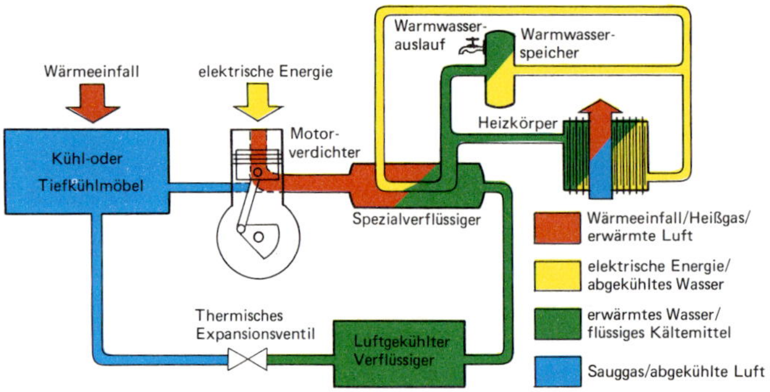

Wärmerückgewinnung

der Wärmestrahlung an spiegelnden Wänden. In der Bautechnik gewinnt der W. aus Gründen der Energieeinsparung immer mehr an Bedeutung.

K. Gösele u. W. Schüle: Schall, Wärme, Feuchte ([6]1980); P. Schulz: Schallschutz, Wärmeschutz, Feuchteschutz, Brandschutz im Innenausbau ([3]1981); K. Weinmann u. a.: Bauphysik – Bautenschutz – Wärmeschutz ([2]1982); J. Brandt u. a.: W. nach Maß ([4]1982).

Wärmeschutzglas, ein → Filterglas, das infrarote Strahlung absorbiert oder reflektiert und für sichtbare Strahlung weitgehend durchlässig ist; hergestellt durch Vakuumbedampfung von Klarglas mit dünner Goldschicht, als mehrschichtige Interferenzfilter, durch reduzierendes Schmelzen eisenhaltiger Alumino-Siliko-Phosphatgläser.

Wärmesenke, eine Fläche, durch die ein Wärmestrom in ein Gebiet eintritt, in dem die sonst durch Wärmezufuhr verursachte Temperaturzunahme nicht oder nur abgeschwächt auftritt, weil die Wärmeenergie entweder als latente Wärme zur Aggregatzustandsänderung eines Stoffes dient oder einem Stoff mit bes. großer spezif. Wärmekapazität zugeführt oder auf eine sehr große Stoffmenge verteilt wird. Techn. Nutzung für Kühlzwecke, z. B. Kühlung der Wiedereintrittskörper von Raumfahrzeugen.

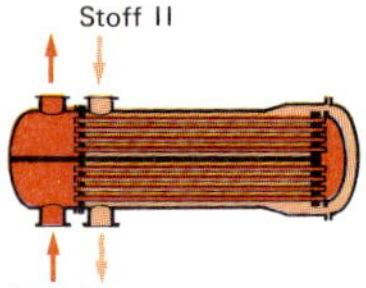

Wärmetauscher 1: Rohrbündel-W. (schematisch)

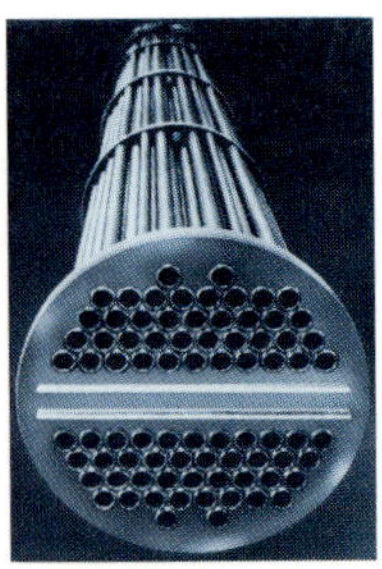

Wärmetauscher 2: Rohrbündel-W. in Haarnadelbauart

Wärmesonde, Gerät zur Messung lokaler Temperaturen in einem ausgedehnten Medium.

Wärmespannungen entstehen in Gegenständen aus Temperaturänderungen, wenn Längenänderungen durch die Struktur verhindert sind, z. B. im Stahl- und Stahlbetonbau. Sie müssen bei der Berechnung berücksichtigt oder z. B. durch Anordnung von Dehnungsfugen oder Gelenken unschädlich gemacht werden.

Wärmespeicher, Vorrichtung zur Speicherung thermischer Energie (→ Energiespeicherung). Als Zusatzgerät für Dampfkessel ein Behälter mit Wasser hoher Temperatur und hohen Drucks, dem Wärme zugeführt wird, die bei höherem Bedarf wieder an den Kessel abgegeben wird. **Gleichdruckspeicher** liefern zusätzliches – überhitztes – Speisewasser an Kessel, **Gefällespeicher** (→ Ruths-Speicher) liefern bei Drucksenkung Dampf z. T. direkt an die Kraftmaschine. – Über **Sonnen-W.** → Sonnenheizung.

Wärmestrahlung, Art der → Wärmeübertragung durch → elektromagnetische Wellen; i. w. S. jede elektromagnet. Strahlung (da sie Wärme erzeugen oder übertragen kann), i. e. S. die → Infrarotstrahlung. Von **Temperaturstrahlung** spricht man, wenn die abgestrahlte elektromagnet. Strahlung nur aus der Wärmeenergie des Strahlers stammt; ein Körper strahlt um so intensiver, je höher seine Temperatur ist (→ Strahlungsgesetze). Ein idealer Temperaturstrahler ist der → schwarze Körper. Im Bauwesen ist W. definiert als Wärmeübertragung infolge Strahlung zw. den Oberflächen fester Körper, die durch Luft getrennt sind.

Wärmestrom, Formelzeichen Φ, die je Zeiteinheit dt unter der Wirkung eines Temperaturgradienten (Temperaturgefälles) durch eine Fläche hindurchtretende Wärmemenge dQ, $\Phi = dQ/dt$. Im stationären Fall gilt: $\Phi = Q/t$. SI-Einheit des W. ist 1 J/s = 1 W.

Wärmestromdichte, Formelzeichen q, die je Zeiteinheit dt durch eine Fläche A bewegte und auf A bezogene Wärmemenge dQ, $q = dQ/A\,dt$. Im stationären Fall gilt $q = Q/At$, falls q ortsabhängig ist, gilt $q = dQ/dA\,dt$; SI-Einheit der W. ist 1 W/m^2. Der → Wärmestrom Φ ergibt sich zu $\Phi - \int q\,dA$.

Wärmeströmung, Art der → Wärmeübertragung.

Wärmetauscher, Wärmeaustauscher, Wärmeübertrager, Apparate, die von zwei oder mehreren gas-, dampfförmigen oder flüssigen Medien unterschiedl. Temperatur durchströmt werden, von denen das wärmere therm. Energie an das kältere abgibt. Der **Wärmeaustausch** erfolgt dabei meist durch eine Trennwand hindurch, durch die Wärme durch Wärmeleitung übertragen wird, z. B. in → Rekuperatoren. W. mit einer Speichermasse, die in regelmäßigem Wechsel in einer Aufheizperiode erhitzt wird und nach Umschaltung der Strömungswege therm. Energie abgibt, heißen **Regeneratoren.** In Verdampfern oder → Kondensatoren 3) wechselt eines der Medien beim Wärmeaustausch seinen Aggregatzustand. In → Kühlern führt man die von dem wärmeren Medium abgegebene Energie an die Umgebung ab. Der gebräuchlichste W. ist der **Rohrbündel-W.** Zum Beheizen von Behältern dienen **Mantel-** und **Schlangen-W.**

W. spielen in sehr vielen Bereichen der Technik eine große Rolle, u. a. bei den Industrieöfen, z. B. Winderhitzern des Hochofens, in der Hütten- und Walzwerkstechnik, in Dampferzeugern, in der Verfahrenstechnik, z. B. bei Destillation, Verdampfung, Kristallisation und bei der Beheizung und Kühlung von Reaktionsapparaten, in der Klimatechnik zur Nutzung der Abluft.

Der durch einen W. übertragene Wärmestrom Φ (in Watt) ergibt sich nach der Gleichung: $\Phi = k \cdot A \cdot \Delta T_m$; k = Wärmedurchgangszahl (in W/m^2 K); A = Wärmeaustauschfläche (in m^2); ΔT_m = mittlerer Temperaturunterschied der Stoffströme (in K). Die **Wärmedurchgangszahl** gibt die Wirksamkeit eines W. an. Sie ist von der Bauart, dem Material, dem Grad der Verschmutzung und den Strömungsverhältnissen im W. abhängig.

Wärmetod, Wärmetod des Weltalls, hypothet. Endzustand des Weltalls. Betrachtet man das gesamte Weltall als abgeschlossenes thermodynam. System, so strebt infolge des 2. Hauptsatzes der → Thermodynamik die → Entropie einem Maximalwert zu. Das Maximum der Entropie kennzeichnet einen Gleichgewichtszustand, bei dem insbes. überall die gleiche Temperatur vorliegt und keine makroskop. Prozesse mehr ablaufen können. Für diesen Endzustand ist auch die Bez. **Kältetod des Weltalls** gebräuchlich, weil die zugehörige Endtemperatur minimal ist. – Nach neueren kosmolog. Theorien können diese einfachen thermodynam. Überlegungen auf das Weltall als Ganzes nicht angewendet werden.

Wärmetönung, ältere Bez. für → Reaktionswärme.

Wärmeträger, flüssige, gasförmige oder feste Stoffe, die für die indirekte Beheizung von Industrieanlagen oder für die Abführung von Reaktionswärme verwendet werden. Das wichtigste Heizmedium ist →Wasserdampf (bis 370 °C). Als organ. **W.-Öle** werden u. a. Mineralöle (bis 340 °C) und Gemische aus Biphenyl und Diphenyläther (bis 380 °C) verwendet. Salzschmelzen (z. B. Nitrit-Nitrat-Gemische) können bis 550 °C, Rauchgase bis 1 000 °C verwendet werden. Bei Wirbelschichtverfahren (z. B. →Cracken) dient häufig feinkörniger Feststoff als W.

Wärmetransport, die →Wärmeübertragung.

Wärme|übergang, die zw. einem festen Körper und einem strömenden Medium (Flüssigkeit oder Gas) stattfindende Wärmeübertragung; sie wird mit Hilfe des **W.-Koeffizienten** (der **W.-Zahl**) α beschrieben, die alle Einflüsse der Stoffeigenschaften und der Strömungsvorgänge erfassen soll. α ist durch $\mathrm{d}\Phi = \alpha\,(T_K - T_a)\,\mathrm{d}A$ definiert, wobei $\mathrm{d}\Phi$ der durch die Fläche $\mathrm{d}A$ tretende →Wärmestrom, T_K die Temperatur der Körperoberfläche und T_a eine zweckmäßig definierte Temperatur des strömenden Mediums ist.

Wärmeübertrager, →Wärmetauscher.

Wärme|übertragung, Wärme|ausbreitung, Wärmetransport, die Übertragung von →Wärme von einem Ort höherer Temperatur zu einem Ort tieferer Temperatur, die durch **Wärmeleitung, Wärmekonvektion (Wärmeströmung)** und **Wärmestrahlung** (sowie durch Kombinationen dieser drei grundsätzl. Arten, →Wärmedurchgang, →Wärmeübergang) erfolgen kann. Bei der Wärmeleitung wird der zu erwärmende (oder abzukühlende) Körper mit einem wärmeren (oder kälteren) in innige Berührung gebracht, so daß die Atome und Moleküle des wärmeren Bereiches, die im Mittel eine lebhaftere ungeordnete Bewegung (→Wärmebewegung) als die des kälteren ausführen, ihre Energie durch Stöße weitergeben können. I. Ggs. zur Wärmeleitung, die in Festkörpern, Flüssigkeiten und Gasen (→Wärmeleiter) auftritt, ist die Wärmekonvektion, bei der die Wärme durch strömende Flüssigkeiten oder Gase transportiert wird, mit der Verlagerung von Materie verbunden. Dabei können erheblich größere Wärmemengen übertragen werden als von ruhenden Medien durch Wärmeleitung. Die W. ohne die Beteiligung von Materie durch elektromagnetische Wellen wird als →Wärmestrahlung bezeichnet.

Wärmewert, Oberbegriff von →Heizwert und →Brennwert.

Wärmezähler, in der Heiztechnik Gerät zur Erfassung der von Wärmeerzeugern abgegebenen Wärmemengen aus der Menge des durchfließenden Wärmeträgers (Heizwassers) und der Temperaturdifferenz zw. Vor- und Rücklauf. Bei Dampfheizungen ist die Menge des anfallenden Kondensats ein Maß für die verbrauchte Wärmemenge. – Fälschlicherweise als W. werden an Heizkörpern befestigte **Heizkostenverteiler** bezeichnet, die den Wärmeverbrauch in einem Gebäude auf die einzelnen Verbraucher verteilen. Dabei ist die in den Meßröhrchen verdunstete Menge einer ölhaltigen Flüssigkeit der vom Heizkörper abgegebenen Wärme proportional.

warmfeste Werkstoffe, Werkstoffe mit hoher Festigkeit auch bei hohen Temperaturen und meist guter Zunderbeständigkeit, verwendet z. B. im Ofenbau, Triebwerksbau und in der Raumfahrt. Aus keram. Werkstoffen werden vorwiegend Tiegel und Ofenausmauerungen hergestellt. Von den Legierungen sind solche auf der Basis von Eisen, Nickel, Kobalt und Wolfram als w. W. verwendbar.

Warmfestigkeit, Werkstoffprüfung: Festigkeit bes. von Metallen bei höheren Temperaturen, in jedem Fall über der Rekristallisationstemperatur. Hierbei sind Festigkeit, Fließgrenze und Elastizitätsmodul gegenüber der Normaltemperatur mehr oder weniger stark vermindert. Ab einer best. Temperatur und Belastung tritt auch ein unbegrenztes Fließen ein. Dabei wird die Dehnung als Funktion der Zeit bestimmt. Zweck: Prüfung der Werkstoffe für Hochtemperatur-Druckgefäße, z. B. Rohre von Dampfkesseln.

Wärm|ofen, Hüttentechnik: Wärmebehandlungsofen zur Erwärmung z. B. von Walz-, Schmiede- und Preßgut.

Warmsprödigkeit, Sprödigkeit bei hohen Temperaturen von Metallen, die bei normalen Temperaturen verformungsfähig sind.

Warm|umformung, Warmformung, Warmformen, Umformen des Werkstückes nach vorhergehendem Anwärmen über die Raumtemperatur hinaus, ermöglicht bei Metallen und Legierungen i. Ggs. zur →Kaltumformung meist ein Umformen mit geringeren Kräften und dadurch auch eine größere Formänderung je Arbeitsgang. Dafür sind Oberflächengüte und Fertigungsgenauigkeit meist geringer als beim Kaltformen. Typische Fertigungsverfahren sind das Warmwalzen und Strangpressen. Thermoplast. Kunststoff-Halbzeug (bes. Platten und Folien) wird z. B. durch Infrarotstrahlung erwärmt, erweicht und in ein- oder zweiteiligen Werkzeugen, oft unter Mitwirkung von Vakuum oder Druckluft, geformt. Durch maschinelles W. stellt man v. a. Verpackungen und dgl. her.

Warmwalzen, →Warmumformung, →Walzwerk.

Warmwasserbereiter, der →Heißwasserbereiter. **Warmwasserspeicher,** der →Heißwasserspeicher.

Warmzeit, zw. kälteren Zeiten liegender wärmerer Zeitabschnitt; i. e. S. das →Interglazial. (→Eiszeit)

Warmzerspanen, spanende Bearbeitung von vorgewärmten Werkstücken zur Verminderung der Schnittkräfte.

Warnblink|anlagen, 1) bei Bahnübergängen: →Blinklichtanlagen.

2) Kfz: **Warnblinklicht,** rhythmisch gleichzeitiges Aufleuchten aller vier Blinkleuchten; darf nur in besonderen Fällen eingeschaltet werden. – **Blaulicht, Gelblicht,** →Rundum-Kennleuchten.

Warnfunk, Funkmeldungen über Behinderungen und Gefahren im Verkehr. Sie werden z. B. durch Küstenfunkstellen im Seefunk; durch Rundfunksender im →Verkehrsfunk, über Funksprecheinrichtungen im Flugfunk ausgestrahlt (→Funkdienst).

Warpen, →Wurten.

Wartbarkeit, engl. **Maintainability** [meɪnteɪnəbˈɪlɪtɪ], Eignung einer techn. Einrichtung, durch Wartung, Instandhaltung, Reparatur und Überwachung ihre Betriebsbereitschaft erhalten zu können. Bei reparierbaren Systemen dient die Angabe der mittleren Reparaturdauer M in % zur Bestimmung der →Verfügbarkeit und somit der Zuverlässigkeit von Geräten und Anlagen. Geht man von einer Exponentialverteilung der Zeiten aus, die für die →Wartung oder Reparatur gleicher Geräte notwendig sind, werden nach Ablauf des mittleren Reparaturdauerwertes (→MTTR) 63% aller während der →Lebensdauer 2) eines Systems erwarteten Reparaturen ausgeführt sein.

Wartung, alle Maßnahmen und Verfahren, die der **Instandhaltung** von techn. Einrichtungen und Systemen dienen. In allen Bereichen, bei denen es um eine möglichst hohe →Verfügbarkeit der Geräte und Anlagen geht (z. B. in der Luftfahrttechnik), werden vorbeugende, zustandsabhängige und störungsabhängige Wartungsverfahren durchgeführt.

Warven, während eines Jahres abgelagerte Schicht aus oft heller feinsandiger Sommer- und dunkler tonigschluffiger Winterlage, bes. ausgeprägt beim Bänderton.

Warvenmethode, Methode der Geochronologie, bei der die Warven ausgezählt werden. Die von G. VON GEER begründete W. gestattet die zeitl. Bestimmung der Halte- und Rückzugsphasen von Gletschern und ermöglichte in Verbindung mit der →Pollenanalyse und der →Radiokarbonmethode die absolute Datierung des Beginns der Mittelsteinzeit. Für die vorgeschichtl. Chronologie hat sie nur noch sekundäre Bedeutung (Kontrollfunktion).

Warvenschiefer, Warvit, Warwit, schiefrig verfestigte bändertonartige Ablagerungen älterer Eiszeiten. Eine glazigene Herkunft ist oft nicht erwiesen.

Waschberge, Aufbereitung: bergmännisch nicht mehr verwertbare Rückstände der auf Setzmaschinen durchgeführten Wäsche, bes. von Steinkohle. Entsprechende Bez. sind **Flotationsberge, Lese-** oder **Klaubeberge.**

Wäsche, Bergbau: Erz- oder Steinkohlenaufbereitung, bei der das Gut mit ›Waschwasser‹ behandelt wird, z. B. Setzwäsche in →Setzmaschinen 2), →Schwertrübe-Sortierung, →Flotation.

Waschen, 1) Chemie: Reinigungs- und Trennverfahren z. B. bei der Entfernung von an Niederschlägen haftender Mutterlauge mit geeigneten Waschflüssigkeiten; bei der Gaswäsche (→Absorption 2), in der Steinkohlen- oder Erzaufbereitung (→Wäsche) oder der Edelmetallgewinnung beim Goldwaschen.

2) W. von Wäsche, das Entfernen von Schmutz mit wäßrigen, meist warmen oder heißen Waschmittellösungen, in denen das Waschgut mechanisch bearbeitet wird. Dazu werden meist automatisch arbeitende →Waschmaschinen verwendet. Die durch die →Tenside stark verminderte Grenzflächenspannung der Lösungen führt zu gründl. Durchnetzung der Wäsche, so daß das →Waschmittel auch zw. den Fasern und Garnen seine Wirkung entfalten kann.

Wäscher, →Entstaubungsverfahren.

Wäscheschleuder, Gerät zum mechan. Entwässern nasser Wäsche durch Zentrifugalkraft. Die senkrechte gelochte Schleudertrommel aus Stahl wird durch einen Elektromotor in schnelle Umdrehung (700–2800 U/min) versetzt, wodurch die Wäsche an die Trommelwand gedrückt und ihr Wassergehalt von rund 300% auf etwa 50%, bezogen auf Trockenwäsche, verringert wird.

Wäschetrockner bestehen aus einer horizontal gelagerten gelochten Trockentrommel, die sich im ständigen Wechsel rechts und links dreht, wobei von einem Gebläse ein kräftiger Warmluftstrom durch die aufgelockerte, vorher gut ausgeschleuderte Wäsche geblasen wird. Die gewünschte Trockenstufe kann über elektron. Feuchtigkeitsfühler eingestellt werden, bei einfachen Geräten über eine Schaltuhr. Eine Kombination von W. und →Waschmaschine ist der **Wasch-Trocken-Automat.**

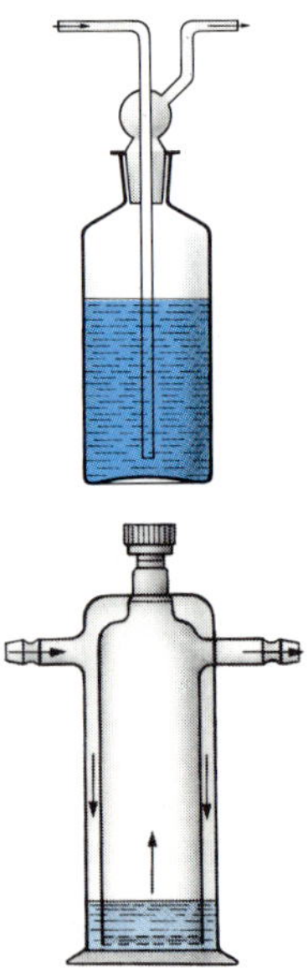

Waschflasche: OBEN einfache, UNTEN Sicherheits-W.

Waschflasche, Glasgefäß im chem. Laboratorium zum Trocknen und Absorbieren von Gasen oder zur Entfernung besonderer Gasanteile aus Gasgemischen beim Durchleiten durch flüssige Absorptionsmittel.

Waschmaschine, Gerät zur Mechanisierung des Waschens von Textilien. Die **Trommel-W.** besitzt eine waagerecht gelagerte gelochte Waschtrommel, die sich in ständigem Wechsel rechts- und linksherum in dem mit Waschlauge oder anschließend mit Spülwasser gefüllten Laugenbehälter dreht. Dabei wird die Wäsche in der Trommel (bei Haushalts-W. z. B. 4–5 kg Kochwäsche) durch Mitnehmerrippen und das ständige Heben und Fallen mechanisch bearbeitet. Von Temperaturreglern gesteuerte elektr. Heizstäbe erwärmen das Waschbad auf die dem gewählten Waschprogramm entsprechende Temperatur. **Waschvollautomaten** schleudern die Wäsche nach dem Spülen, so daß sie zum Trocknen nicht ausgewrungen zu werden braucht. Manche Trommel-W. werden zugleich als **Wasch-Trocken-Automat** (→Wäschetrockner) gebaut.

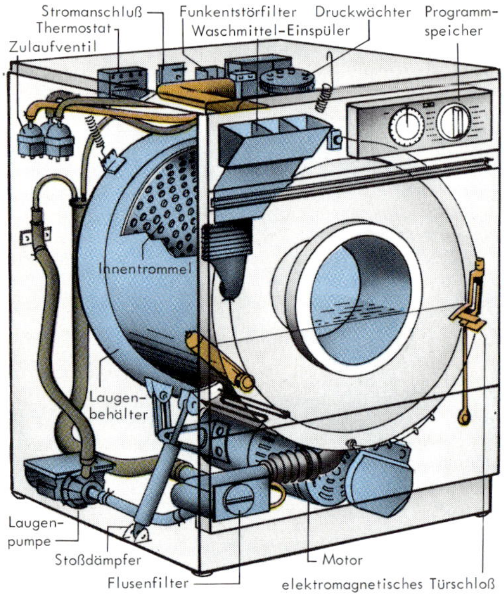

Waschmaschine: vollautomatische Trommel-W.

Bei der **Bottich-W.** wird die mechan. Bearbeitung der im Waschbad oder Wasser schwimmenden Wäsche durch einen um eine senkrechte Achse schwenkenden Beweger oder eine schnell rotierende Rippenscheibe bewirkt.

Wäschereien arbeiten ausschließlich mit großen Trommelwaschmaschinen. **Waschschleudermaschinen** können bis zu 600 kg Trockenwäsche aufnehmen. Waschanlagen nach einem System von kombinierten Trommel-W. mittlerer Größe, die nacheinander von den Waschbädern und vom Spülwasser durchflossen werden, waschen nach dem Gegenstromprinzip kontinuierlich oder taktabhängig.

Waschmittel, Hilfsmittel zum Waschen von Textilien. **Voll-W.** können für alle Waschtemperaturen (30 bis 95 °C) verwendet werden. Sie enthalten 10–15% →Tenside (z. B. Alkylbenzolsulfonate, Oxäthylate von Fettalkoholen), 30–40% Builder, 20–30% Bleichmittel, 0,5–2% →Vergrauungsinhibitoren, 3–6% Korrosionsinhibitoren (Wasserglas), 2–3% Schaumregulatoren (z. B. Seifen mit 20–22 C-Atomen), 0,1–0,3% →optische Aufheller, 0,1–0,2% Parfümöle und 5–15% Stellmittel (Natriumsulfat). **Builder** sind wasserlösliche Komplexbildner (z. B. Pentanatriumtriphosphat, →Waschmittelphosphate) oder wasserunlösliche Ionenaustauscher (Zeolithe), die im Wasser enthaltene Calciumionen (→Wasserhärte) binden und →Inkrustationen 1) an Waschmaschinenteilen und auf der Wäsche verhindern. Wasserlösliche Builder unterstützen darüber hinaus die Waschwirkung der Tenside, bes. bei hydrophilen Textilfasern (z. B. Baumwolle, Polyamid). Als Bleichmittel wird v. a. Natriumperborat verwendet, das ab 60 °C (mit Aktivatoren auch darunter) farbige Verunreinigungen (z. B. Obst- oder Rotweinflecke) oxidativ zerstört. W. für die 60 °C-Wäsche enthalten keine Bleichmittel, dafür aber Enzyme (Proteasen), die bei Temperaturen bis 60 °C Eiweißverschmutzungen (z. B. Blut, Eigelb) entfernen.

W. kommen überwiegend pulverförmig in den Handel. Die Herstellung erfolgt durch Zerstäubungstrocknung (→Trocknung) der wäßrigen Suspension stabiler W.-Bestandteile und anschließende Zumischung der temperaturempfindl. Komponenten (z. B. Enzyme). **Flüssig-W.** haben einen hohen Tensidanteil (20–50%), enthalten aber keine Bleichmittel und Enzyme und meist auch keine Builder.

Waschmittelgesetz, Ges. über die Umweltverträglichkeit von Wasch- und Reinigungsmitteln in der Bundesrep. Dtl. (1975). Das W. hat das Ziel, Gewässer und Abwasseranlagen vor nachteiligen Wirkungen durch Wasch- und Reinigungsmittel zu schützen. Das W. schreibt u. a. die Angabe der wichtigsten Stoffe sowie Dosierungsempfehlungen auf den Verpackungen vor. Nach der Abbaubarkeits-VO muß die biolog. Abbaubarkeit der verwendeten anion. und nichtion. →Tenside mindestens 80% betragen. Der Phosphatgehalt (→Waschmittelphosphate) darf nach der Phosphathöchstmengen-VO in der Waschlauge festgesetzte Höchstmengen nicht überschreiten.

Waschmittelphosphate, heute v. a. Natrium-Triphosphat, das →Waschmitteln zugesetzt wird, um im Wasser enthaltene Calciumionen komplex zu binden und die Ausfällung von Calciumcarbonat beim Waschprozeß zu verhindern. W. lösen außerdem Metallionen aus dem Schmutz und begünstigen damit dessen Ablösung von der Faser. Durch W. negativ aufgeladene anorgan. Schmutzteilchen stoßen sich gegenseitig ab und werden besser in der Waschflotte dispergiert (Verhinderung der Wäschevergrauung). Problematisch ist die →Eutrophierung durch im Abwasser enthaltene W., sie werden deshalb heute z. T. durch Zeolithe ersetzt.

Waschmittelphosphate

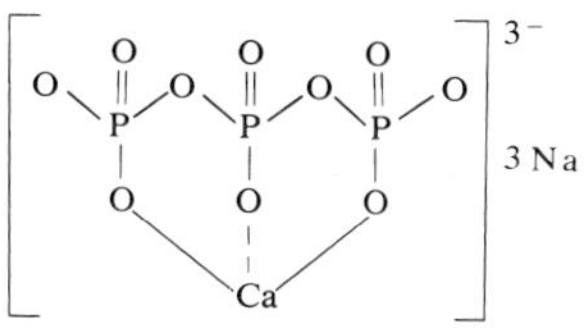

Calcium-Triphosphat-Komplex

wash-and-wear [wɔʃ ænd wˈeə, engl.], Bez. für →pflegeleichte Textilien.

Washout [wˈɔʃaʊt, engl.], →radioaktiver Niederschlag.

Wasser, chem. Verbindung von Wasserstoff und Sauerstoff, H_2O, eine geruch- und geschmacklose, durchsichtige, in dicker Schicht schwachblaue Flüssigkeit. Unter Normaldruck (1,01325 bar) siedet W. bei 100 °C und erstarrt bei 0 °C zu Eis. Schmelz- und Siede-P. dienen deshalb zur Festlegung der Thermometerskale (→Eispunkt, →Dampfpunkt). Bei 4 °C hat W. seine größte Dichte (→Anomalie des Wassers). 1 cm^3 W. von 4 °C besitzt die Masse von 1 Gramm. Die Wärmemenge, die erforderlich ist, um 1 g W. von 14,5 auf 15,5 °C zu erwärmen, wurde als **Grammkalorie** (cal) bezeichnet; sie diente früher als Wärmeeinheit. Beim Erstarren dehnt sich W. aus, was z. B. ein wesentl. Element der mechan. →Verwitterung ist. Die thermodynam. Temperatur des Tripelpunktes des Wassers, bei dem die drei Phasen Eis, Wasser und Wasserdampf im Gleichgewicht sind, beträgt 273,16 K (= 0,01 °C); Phasendiagramm des W. →Zustandsdiagramm (BILD). Die krit. Temperatur des W. beträgt 374,1 °C, der krit. Druck 217,5 bar. Überkrit. W. spielt wegen seines Lösungsvermögens für viele Stoffe bei der Mineralbildung eine Rolle (→Pneumatolyse).

Die W.-Moleküle sind unsymmetrisch gebaut und haben ein beträchtl. Dipolmoment. Die Dielektrizitätskonstante des W. ist hoch, Elektrolyte werden in ihm in ihre Ionen gespalten. W. zeigt eine Eigendissoziation von $1{,}8 \cdot 10^{-7}$% und enthält daher geringe Mengen von H^+- und OH^--Ionen (pH-Wert 7). W. ist für viele Stoffe ein gutes Lösungsmittel. Bei hohen Temperaturen zerfällt W. in seine Elemente, bei 2200 °C sind etwa 4% der W.-Moleküle gespalten. Bei der Bildung von 1 Mol W. (18 g) werden 285,89 kJ Wärme freigesetzt.

Natürl. W. (Meer-, Mineral-, Grund-, Regenwasser) enthält i. d. R. gelöste oder suspendierte Verunreinigungen wie Salze, Gase, Staub, organ. Teile (→Trinkwasser). Beim Zusammentreffen von Süß- und Meerwasser entsteht **Brackwasser,** das einen Salzgehalt von rd. 2–8‰ hat. Die Härte des W. ist bedingt durch seinen Gehalt an Calcium- und Magnesiumsalzen (→Wasserhärte). Für techn. Zwecke entfernt man die als Härte spürbaren Verunreinigungen durch chemisch wirkende Zusätze oder mit Ionenaustauschern. Biolog. Keime werden durch Zusätze von Chlor oder Ozon unschädlich gemacht. Chemisch reinstes W. stellt man durch meist mehrfache Destillation in Quarzgeräten her (destilliertes W., aqua destillata). →Schweres Wasser, Deuteriumoxid, D_2O, ist in gewöhnl. W. zu etwa 0,02% enthalten.

Die Reinhaltung des W. ist ein Teilgebiet des →Umweltschutzes, des Naturschutzes und der Wasserwirtschaft. Zu unterscheiden ist der Schutz der natürl. oberirdischen Gewässer und des Grundwassers (→Gewässerschutz) von den Maßnahmen zur Reinhaltung des in Wasserversorgungsanlagen befindl. Wassers. Letztere umfassen: 1) Wahl geeigneter Werkstoffe für die mit dem Wasser in Berührung kommenden Anlagenteile (Brunnen, Armaturen, Rohre u. a.), aus denen keine schädl. Stoffe in das Wasser übergehen dürfen; 2) Schutz der Brunnen, Quellfassungen, offenen Behälter und Gerinne gegen Verunreinigungen; 3) techn. Schutzvorkehrungen gegen Rücksaugen oder Hineindrücken von verunreinigenden Flüssigkeiten in die Anlage (z. B. freier Auslauf über offenen Behältern, Rückflußverhinderer, Rohrbe- und -entlüfter, Rohrtrenner; 4) keine unmittelbare Verbindung von Wasserleitungsanlagen mit Entwässerungsleitungen sowie von Trinkwasserleitungen mit Nichttrinkwasserleitungen; 5) Schutz der Anlagenteile gegen Zerstörung durch angreifende Wässer und Frost; 6) ausreichende Festigkeit der Anlagenteile.

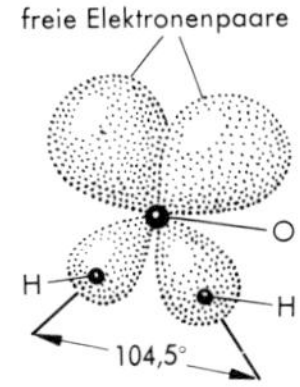

Wasser: Struktur des W.-Moleküls

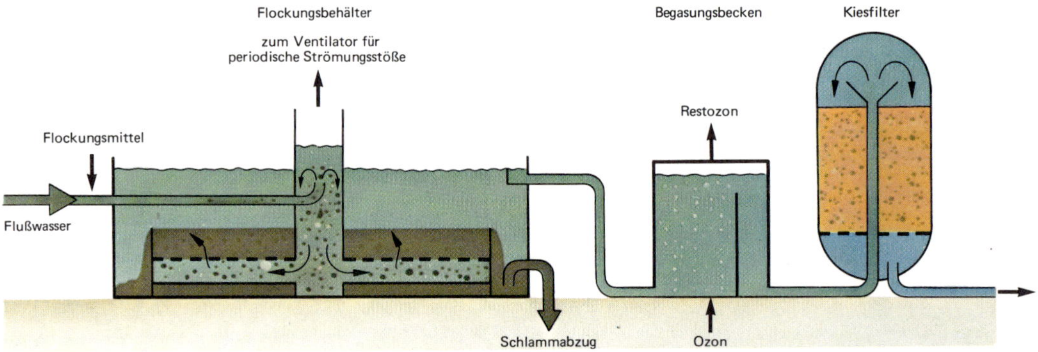

Wasseraufbereitung: Aufbereitung von Flußwasser zu Trinkwasser

Für den Stoffaustausch ist W. für alle Lebewesen Transportmittel (Blut, Harn, Schweiß) und Lösungsmittel fast aller Stoffe in der Zelle. Pflanzen bestehen zu 60 bis über 90%, höhere Tiere zu 60–70% aus W. Das W. vermittelt die chem. und physikal. Prozesse innerhalb und außerhalb der Zellen, das Strömen und die Diffusion der Gewebs- und Nahrungsflüssigkeiten sowie den Aufbau des kolloidalen Zustands der Körperbestandteile (→Osmose). Es regelt auch die Temperatur des Körpers, dem es durch Verdunsten an der Oberfläche Wärme entzieht.

Geschichtliches. Die Zusammensetzung des W. wurde 1781 von H. CAVENDISH erkannt, doch wird diese Entdeckung auch J. WATT zugeschrieben; sie wurde wenig später von A. L. LAVOISIER bestätigt. In früherer Zeit galt W. als eines der vier Elemente (W., Luft, Feuer, Erde) oder auch als das einzige Element, aus dem alle anderen Körper entstehen.

G. MATTHESS: Die Beschaffenheit des Grundwassers (1973); N. SMITH: Mensch u. W. (a. d. Engl., 1978); K. HÜLL: Untersuchung, Beurteilung, Aufbereitung ([6]1979); L. A. HÜTTER: W. u. W.-Untersuchung (1979); Hb. W., hg. v. d. Vereinigte Kesselwerke AG, Düsseldorf ([5]1979); Properties of water and steam in SI-Units, hg. v. ERNST SCHMIDT (erweiterter Neudruck 1982, dt. u. engl.).

Wasser|analyse, physikal., chem., biolog. und mikrobiolog. Untersuchung von Wasser; Art und Umfang richten sich nach der Herkunft und dem Verwendungszweck des Wassers. Als physikal. und chemisch-physikal. Kenngrößen werden Geruch, Farbe, Trübung und Temperatur des Wassers ermittelt; weiter der pH-Wert und die elektr. Leitfähigkeit (Maß für den Gesamtgehalt an Ionen). Immer wichtiger wird die Untersuchung auf toxisch wirkende Anionen und Kationen, z. B. Cyanide, Sulfide, Quecksilber, Cadmium, Zink. Das gleiche gilt für organ. Schadstoffe wie krebserzeugende Polycyclene, Halogenpestizide. Die Wirkung solcher Wasserinhaltsstoffe wird zunehmend durch Tests mit lebenden Organismen (Algen, Bakterien, Fischen) quantitativ erfaßt (→Gewässeruntersuchung). Unter den summarischen Stoffkenngrößen werden als wichtigste der →biochemische Sauerstoffbedarf und der →chemische Sauerstoffbedarf des Wassers gemessen. Eine besondere Wasseruntersuchungsart stellen die mikrobiolog. Verfahren dar, die prüfen, ob ein Wasser Verunreinigungen enthält, die unter Umständen Krankheitserreger einschleppen können (Bestimmung der →Koloniezahl). Genormte W.-Verfahren sind die ›Dt. Einheitsverfahren zur Wasser-, Abwasser- und Schlammuntersuchung‹ ([3]1960–75).

Wasseraufbereitung, Behandlung von Wasser, um seine Beschaffenheit dem jeweiligen Verwendungszweck anzupassen. Die Behandlung von Abwasser zum Zweck des Gewässerschutzes ist Aufgabe der →Abwasserreinigung. Der Gang der W. hängt von der Güte des Rohwassers (z. B. →Grundwasser, →Oberflächenwasser 2, uferfiltriertes Grundwasser, Meerwasser) und vom Verwendungszweck des Reinwassers (z. B. →Trinkwasser, →Kühlwasser, →Kesselwasser) ab. Bei der Aufbereitung von Oberflächenwasser zu Trinkwasser werden zunächst Schwebstoffe durch →Flockung in voluminösere Teilchen umgewandelt und durch →Filtration mit Kiesfiltern aus dem Wasser entfernt. Durch Belüftung wird das Wasser mit Sauerstoff angereichert. Gleichzeitig kann ein Ausblasen von korrosivem Kohlendioxid (→Entsäuerung) und eine oxidative Umwandlung von gelösten Eisen(II)-Ionen in unlösliches Eisen(III)-oxidhydrat (Enteisenung) erreicht werden. Gelöste organ. Stoffe werden durch Adsorption an Aktivkohle und/oder biolog. Abbau in Langsamfiltern oder durch Bodenpassage (Versikkerung) entfernt. Die Desinfektion von Trinkwasser geschieht durch Zusatz von Chlor, Chlordioxid oder Natriumhypochlorit (Chlorung) oder durch Behandlung mit Ozon (Ozonisierung). Ozon tötet Bakterien und Viren schneller ab als Chlor. Es zersetzt sich aber sehr schnell, so daß keine Langzeitwirkung erreicht wird. Bei längeren Leitungssystemen kann deshalb eine zusätzl. Sicherheits-Chlorung erforderlich sein. Grundwasser kann ohne Flockung und häufig auch ohne Desinfektion zu Trinkwasser aufbereitet werden. Wasser mit hoher Carbonathärte (→Wasserhärte) muß für viele Zwecke durch →Entcarbonisierung teilenthärtet werden. Weitergehende Verfahren der W. sind die →Enthärtung und die Vollentsalzung mit Hilfe von →Ionenaustauschern. Hochreines Wasser (z. B. als Spülwasser für elektronische Bauelemente oder für die Spurenanalytik) kann durch Kombination von Ionenaustausch und Ultrafiltration (→Membranverfahren) hergestellt werden. Die W. durch Verdampfung spielt v. a. bei der →Meerwasserentsalzung eine Rolle.

Wasserbad, Chemie: ein →Heizbad.

Wasserbau, bauliche Maßnahmen für Ziele der →Wasserwirtschaft 1), also zum Schutz vor Naturkatastrophen wie Sturmfluten, Überschwemmungen und Landverlusten, zur Vermeidung von Wassermangel der Bevölkerung, der Industrie und der Landwirtschaft, zur Regelung des Bodenwasserhaushalts, zur Reduzierung

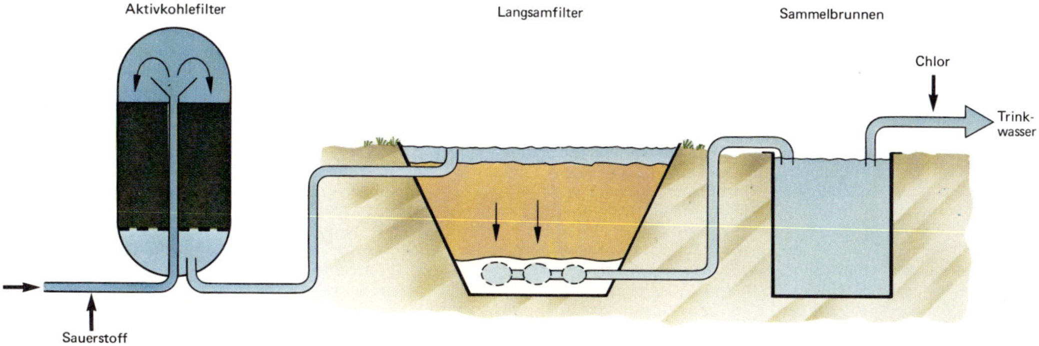

oder Verhinderung von Wasserverschmutzungen, zum Schutz von Landschaft und Umwelt, zur Nutzung der Weltmeere, zur Energieerzeugung, zu Erholung und Wassersport, zur Schiffahrt und zur Fischerei.

R. Rössert: Hydraulik im W. ([5]1981); Tb. der Wasserwirtschaft, hg. v. H. Bretschneider u. a. ([6]1982); D. Vischer u. A. Huber: W. ([3]1982).

Wasserbilanz, Wasserwirtschaft: →Wasserhaushalt 3).

Wasserbombe, Unterwassersprengkörper v. a. zur Bekämpfung getauchter U-Boote mit auf verschiedene Tiefen einstellbaren Wasserdruck- oder Zeitzündern; sie werden von Zerstörern, Geleit- und U-Jagdfahrzeugen sowie von Flugzeugen abgeworfen. Für den Abwurf gibt es W.-Werfer mit Pulver- oder Raketenabschuß, neuerdings Salvenwerfer für kleine W. mit Aufschlag- oder Nahzündung, durch die Detonationen nur bei Treffern eintreten. U-Jagdtorpedos mit Zielsuchköpfen lösen zunehmend die W. ab.

Wasserbomber, zur Waldbrandbekämpfung eingesetzte Flugzeuge (Hubschrauber oder Starrflügelflugzeuge, häufig Flugboote), die große Löschwassermengen auch über unzugängl. Waldgebieten abwerfen können. Löschwasseraufnahme aus Oberflächengewässern ist bei manchen Typen im Flug möglich.

Wasserdampf, verdampftes (gasförmiges) Wasser. W., der mit dem siedenden Wasser des Dampfkessels im Gleichgewicht steht, heißt **Sattdampf.** Sein Druck entspricht dem Dampfdruck (→Dampf) des Wassers bei der jeweiligen Temperatur, z. B. 2,8 bar bei 130 °C, 40 bar bei 250 °C. Aus Sattdampf scheiden sich bei geringem Wärmeentzug Wassertröpfchen aus. Dabei bildet sich **Naßdampf.** Beim Erhitzen von Sattdampf über die Siedetemperatur hinaus entsteht **überhitzter W.** Er ist trocken und scheidet bei geringfügiger Abkühlung keine Wassertröpfchen ab. Sattdampf mit 2–3 bar (Niederdruckdampf) ist ein wichtiger industrieller →Wärmeträger. Beim Heizen mit Sattdampf findet Kondensation unter Abgabe der Kondensationswärme Q_K statt. Die **Kondensationswärme** ergibt sich aus der Gleichung: $Q_K = m_D \cdot r$; m_D = Masse des Dampfes (kg), r = spezif. Kondensationswärme (z. B. 2257 kJ/kg bei 100 °C). W. wird auch zum Antrieb von Turbinen und als Stripdampf (→Stripper) verwendet.

Wasserdampfdestillation, →Trägerdampfdestillation.

Wasserdampfdiffusion, Bewegung von Wasserdampf von Stellen mit höherem zu solchen mit niederem Dampfdruck; spielt bei der Entwicklung neuzeitl. Baukonstruktionen (z. B. Vorhangwände) eine große Rolle. (→Dampfsperre)

wasserdicht heißen Materialien, die wasserabweisend (hydrophob) oder wasserundurchlässig (→beschichten 1) sind.

Wasserdruckprüfung, Abnahmeprüfung von Druckbehältern für Flüssigkeiten, Dämpfe oder Gase zum Nachweis der Dichtheit und Festigkeit. Bei der W. wird meist das 1,3- bis 1,5fache des späteren Betriebsdrucks angewandt.

Wasserdurchlässigkeit, Grad der Durchlässigkeit von Porenräumen, Klüften, Schicht- und Schieferungsfugen gegenüber Wasser.

Wasser|entnahme, Bauwerk zur Wassergewinnung, entweder als →Einfang oder als →Fassung 2).

Wasserfall, senkrechter Absturz des Flußwassers über eine Stufe (meist Felswand) oder über mehrere **(Kaskade).** Den Fuß der W.-Stufe bilden häufig wenig widerstandsfähige Gesteinsschichten, die unterspült werden, so daß die W.-Stufe zurückverlegt wird. Tritt beim Talaufwärts-Wandern zugleich eine Erniedrigung der Stufe ein, wird der W. in →Stromschnellen (bei größeren Flüssen auch ›Katarakte‹) umgewandelt.

Wasserfall|elektrizität, →Balloelektrizität.

Wasserfarben, Farben, die mit leimartigen Bindemitteln gebunden sind und daher nur mit Wasser vermalt werden. W. werden zur Aquarellmalerei verwendet.

Wasserflugzeug, Flugzeug, das durch untergesetzte Schwimmkörper **(Schwimmerflugzeug)** oder durch Ausbildung des Rumpfes als →Flugboot schwimmfähig ist und von Wasserflächen aufsteigen und darauf niedergehen (wassern) kann.

Wassergas, histor. Bez. für ein Brenngas, das bei der Vergasung fester Brennstoffe (Stein- und Braunkohle) mit Wasserdampf und Luft entsteht. W. kann zur Erzeugung von Methanol, Butanol, Ammoniak u. a. Kohlenwasserstoffen, zur Oxosynthese sowie als Brenngas verwendet werden. (→Wasserstoff)

Wassergewinnung, die Gewinnung von Regen-, Oberflächen- und Grundwasser einschließlich Quellwasser und das Nutzbarmachen dieser Wasservorkommen zum Zweck der →Wasserversorgung. **Regenwasser** wird in Zisternen gesammelt, wenn das Grundwasser unbrauchbar ist oder fehlt (für die Bundesrep. Dtl. nahezu bedeutungslos). **Oberflächenwasser** aus Talsperren, Flüssen und Seen ist stets durch →Wasseraufbereitung den jeweiligen Qualitätsanforderungen anzupassen. Es wird direkt oder durch → Brunnen, am Gewässerrand als Uferfiltrat (→ Uferfiltration) entnommen. **Meerwasser** muß für häusl. und gewerbl. Gebrauch entsalzt werden. Solche Aufbereitungsverfahren sind teuer; sie bleiben auf die Herstellung kleiner Mengen auf Schiffen oder in regenlosen Küstengegenden beschränkt. **Grundwasser** wird auf Grund hydrogeolog. Erkundung (geophysikal. Methoden, Aufschlußbohrungen, Pumpversuche, Einsatz von Markierungsstoffen) durch Brunnen erschlossen. Unzureichendes Grundwasserangebot kann durch künstl. →Grundwasseranreicherung vermehrt werden. **Quellwasser** (→Quelle) wird durch Sickerrohre oder -stollen, Sammelleitungen und -behälter gefaßt, wobei das austretende Wasser mengen- und qualitätsmäßig nicht beeinträchtigt werden darf.

Wasserglas, Sammelbez. für wasserlösl. Alkalisilikate. Die glasklaren Brocken werden durch Schmelzen von Sand und Alkalicarbonaten bei 1 300–1 600 °C hergestellt. Sie dienen zur Herstellung von Kieselsäurefüllstoffen, Zeolithen, für Säurekitte und Waschmittel.

Wasserglasfarben, Anstrichfarben, die als Bindemittel Kaliwasserglas, z. T. mit Natronwasserglas, enthalten. V. a. als Außenanstriche auf Natur-, Kunst- oder Backstein.

Wasserglätte, →Aquaplaning.

Wasserhahn, nicht korrekte Bez. für ein Auslaufventil (→Absperrorgan) von Hauswasserleitungen.

Wasserhaltung, Vorrichtung zum Abführen von Grund- oder Oberflächenwasser im Tief- und Bergbau zur Trockenlegung von Baugruben oder Stollen durch **offene W.** (Dränungen und Pumpensümpfe) oder Grundwasserabsenkungen. Teil der bergmänn. →Wasserwirtschaft 2).

Wasserhärte, Gehalt eines Wassers an Erdalkali-Ionen (bes. Calcium- und Magnesiumionen), angegeben in mmol/l, früher in ›**Grad Deutsche Härte**‹ (°d). Die W. liegt bei sehr weichem Wasser unter 1 mmol/l (5,6 °d), bei sehr hartem Wasser über 4 mmol/l (22,4 °d). W. entsteht durch den Angriff kohlendioxidhaltigen Wassers auf Calcium- und Magnesiumminerale (z. B. Kalk, Gips, Dolomit). Sie führt in Dampfkesseln, Waschmaschinen, Geschirrspülern u. a. zur Abscheidung von **Kessel-** oder **Wasserstein.** Seife wird durch W. in schwer lösliche **Calcium-** und **Magnesiumseifen** umgewandelt, so daß die Waschwirkung verlorengeht und ein stumpfes, hartes (Name!) Gefühl auf der Haut entsteht. In Wasserleitungen aus Eisen führt die W. zur Ausbildung korrosionshemmender Schichten (→Kalk-Rost-Schutzschicht). Besondere Bedeutung hat der Anteil an Erdalkali-Ionen, für den im Wasser eine äquivalente Menge an Hydrogencarbonat-Ionen (HCO_3^-) enthalten ist. Er wird als **Carbonathärte** bezeichnet. Wegen der schädlichen Einflüsse der W. ist für viele industrielle und gewerbliche Zwecke eine →Entcarbonisierung, →Enthärtung oder Vollentsalzung (→Ionenaustauscher) des Wassers erforderlich.

Wasserhaushalt, 1) Biologie: die physiologisch gesteuerte Wasseraufnahme und -abgabe bei allen Organismen. Der W. steht in engem Zusammenhang mit dem Ionenhaushalt, mit dem er bei Mensch und Tier sowie bei Salzpflanzen durch Osmoregulation im Gleichgewicht gehalten wird. Wasser ist ein Hauptbestandteil aller Organismen. Landtiere und der Mensch bestehen zu 60–70% aus Wasser, manche Algen und Hohltiere bis zu 98%. Bei Wirbeltieren kann ein Wasserverlust von 10% tödlich sein, einige Wirbellose können dagegen einen solchen von 85% überdauern. Die Wasseraufnahme von Süßwassertieren erfolgt i. d. R. über die Körperoberfläche, bei vielen Meerestieren, den landbewohnenden Tieren und beim Menschen über die Nahrung, durch Trinken oder über den Stoffwechsel. Der tägl. Wasserbedarf beim Menschen beträgt etwa 2,5–3,5 l. Der menschl. und tier. Organismus gibt überschüssiges Wasser durch Exkretionsorgane ab. Die Wasserverdunstung über die Haut ist bei Säugetieren (einschließlich dem Menschen) ein wichtiger Faktor der Temperaturregulierung. – Der W. der Pflanzen umfaßt die Wasseraufnahme, Wasserleitung und -speicherung sowie die Wasserabgabe. Höhere Pflanzen nehmen ihren Wasserbedarf über die Wurzeln auf. Die Wasserabgabe bei Landpflanzen geschieht v. a. durch Transpiration.

2) Bodenkunde: Der W. der Böden umfaßt Art, Menge, Bindungsart und Bewegungsrichtung des auf dem Boden ablaufenden Niederschlagswassers, des Sickerwassers im Boden und das im Boden verbleibende Wasser; der W. der Böden (die Wasserverfügbarkeit) beeinflußt auch die Vegetation (→Wasserkapazität).

3) Wasserwirtschaft: **Wasserbilanz,** mengenmäßige Erfassung des →Wasserkreislaufs für einen Bewirtschaftungsbereich und einen Betrachtungszeitraum. Einnahmen: Niederschlag, ober- und unterird. Zuflüsse; Ausgaben: Entnahmen, ober- und unterird. Abflüsse. Die Vorratsänderung im Einzugsgebiet durch Rücklage oder Aufbrauch kann positiv (**Überschuß-W.**) oder negativ sein (**defizitärer W.**).

Wasserhaushaltsgesetz, Gesetz zur Ordnung des Wasserhaushalts in der Bundesrep. Dtl. (1957, Änderungen 1976, 1980). Nach dem W. bedarf eine Benutzung von Gewässern der behördl. Erlaubnis oder Bewilligung. Benutzungen von oberird. Gewässern und Grundwasser sind u. a. das Entnehmen von Wasser, das Aufstauen oder Absenken und das Einbringen oder Einleiten. Die Erlaubnis für das Einleiten von Abwasser darf nur erteilt werden, wenn Menge und Schädlichkeit so gering gehalten werden, wie dies bei Anwendung der Verfahren nach den allg. anerkannten Regeln der Technik möglich ist.

Wasserhose, →Trombe.

Wasserkapazität, Maß der Wasserspeicherfähigkeit des Bodens; bei Lehmböden z. B. größer als bei Sandböden. Die **maximale W.** ist die Haftwassermenge eines Bodens nach Ablauf der frei bewegl. Wasseranteile. Die Höhe der W. steigt u. a. mit der Feinkörnigkeit, dem Gehalt an reaktionsfähigen Huminstoffen und an Tonmineralen sowie mit der Art der Kationen. Die **minimale W.** umfaßt das in einer Bodenprobe verbleibende Wasser (Adsorptions- und Kapillarwasser), wenn alles mit einer Vakuumpumpe entziehbare Wasser entfernt ist.

Wasserklärung, Abtrennung feinstkörniger und kolloidaler Feststoffteilchen aus Abwasser durch →Sedimentation 2), →Filtration nach →Flockung.

Wasserkraftgenerator, meist dreiphasiger Synchrongenerator (→Generator 1), der von einer →Wasserturbine angetrieben wird.

Wasserkraftmaschine, Maschine, die dem Wasser mechan. Energie entzieht und in einer rotierenden Welle weiterleitet (→Wasserturbine, →Wasserrad).

Wasserkraftwerk, ein →Kraftwerk, das die potentielle Energie aufgestauten oder hochgepumpten Wassers zw. Oberwasser und Unterwasser (dazwischen: Fallhöhe) zur Energieerzeugung ausnutzt. Dabei treibt die kinet.

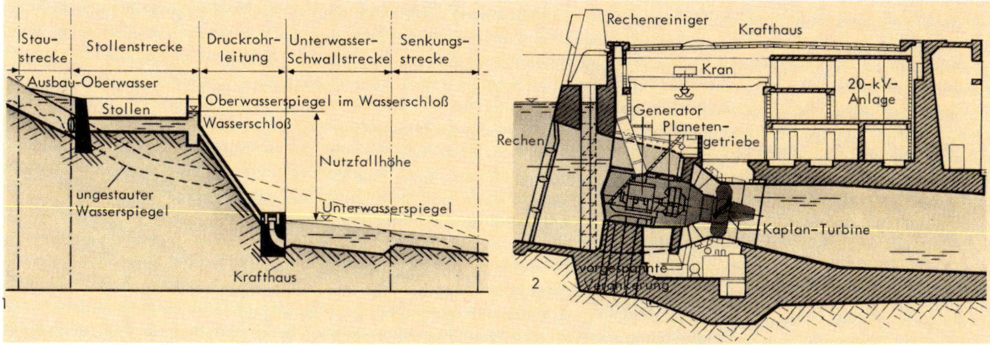

Wasserkraftwerk:
1 Allgemeiner Aufbau eines Hochdruckkraftwerkes. **2** Niederdruckkraftwerk Fankel (Mosel) mit Rohrturbine und Innenrohrgenerator

Energie des herabfließenden Wassers →Wasserturbinen an. In mit diesen gekuppelten →Generatoren 1) wird die mechan. Energie in elektrische Energie umgewandelt.

Die erzielbare elektr. Leistung P_e ist durch den Wasserdurchfluß Q (Volumen durch Zeit) und die nutzbare Fallhöhe h_N bestimmt: $P_e = \varrho \cdot g \cdot Q \cdot h_N \cdot \eta_t \cdot \eta_g$. Mit der elektr. Leistung P_e in kW, der Dichte des Wassers $\varrho \approx 1{,}0\ t/m^3$, der Fallbeschleunigung $g = 9{,}81\ m/s^2$, dem Durchfluß Q in m^3/s, der Fallhöhe h_N in m und den Wirkungsgraden der Turbine ($\eta_t \approx 0{,}85$) und des Generators ($\eta_g \approx 0{,}98$) findet man die erzeugte Leistung mit $P_e \approx 8 \cdot Q \cdot h_N$ in kW.

Nach der Betriebsweise unterscheidet man →Laufkraftwerke und →Speicherkraftwerke. Nach der Nutzfallhöhe unterscheidet man Niederdruck-, Mitteldruck- und Hochdruckkraftwerke.

Niederdruckkraftwerke haben eine Nutzfallhöhe von 4–20 m. Sie haben kein nennenswertes Speichervermögen und werden daher vorwiegend als Laufkraftwerke verwendet. Bei Kraftwerken großer Leistung sind die Generatoren bei vertikaler Welle über den Turbinen angeordnet und in einem Krafthaus untergebracht. Bei kleineren Leistungen (bis etwa 50 MW) können die Turbinen und Generatoren in eine geneigte Rohraufweitung, durch die das Triebwasser fließt, eingebaut werden (Rohrturbinen). In dem Fall kann das Kraftwerk auch überströmbar und damit in der Landschaft wenig auffällig gestaltet werden. Sonderbauform: →Gezeitenkraftwerk.

Mitteldruckkraftwerke haben eine Nutzfallhöhe zw. 20 und 50 m. Sie sitzen i. d. R. am Fuß einer Talsperre (vorherrschend bei Staumauern) oder in einer Kaverne unmittelbar daneben (vorherrschend bei Staudämmen). Sie benötigen lediglich kurze Triebleitungen und haben deshalb kein Wasserschloß.

Bei **Hochdruckkraftwerken** beträgt die Nutzfallhöhe über 50 bis etwa 2000 m. Sie werden i. d. R. als Speicherkraftwerke betrieben. Vom hoch gelegenen Stausee fließt das Triebwasser meistens durch einen Stollen zum →Wasserschloß und von da durch eine Druckrohrleitung oder einen Druckstollen herunter zum Kraftwerk. Dieses kann in einem Gebäude oder in einer Kaverne im Innern eines Berges untergebracht sein. – Zunehmend werden Hochdruckwerke mit Speicherpumpen ausgerüstet, so daß sie zusätzlich als →Pumpspeicherwerk (Sonderbauform des Hochdruckkraftwerks) betrieben werden können.

Wasserkreislauf, die ständige Folge des Zustands- und Ortswechsels allen natürlichen Wassers.

In der Wasserwirtschaft die Verdunstung aus Meeren und Oberflächengewässern sowie von Landflächen (insbes. infolge Vegetation), die nachfolgende Kondensation zu Niederschlag (Regen, Schnee, Hagel) und der unterird. (Grundwasser) und oberird. Abfluß (Bäche, Flüsse, Seen) bis ins Meer einschl. der Nutzung als Trink- und Betriebswasser.

In der Hydrometeorologie der Zyklus, den das Wasser durchläuft, wenn es von der Erdoberfläche verdunstet, in höhere Luftschichten aufsteigt und dann in Schlechtwettergebieten (→Front, →Konvektion) oder an Gebirgen (→Steigungsregen) als Niederschlag zur Erde zurückkehrt. Die durchschnittl. Verweilzeit in der Atmosphäre, während der es als Wasserdampf mit dem Wind verdriftet, beträgt etwa zehn Tage. Der mittlere Aufenthalt im Bereich der Erdoberfläche in flüssiger oder fester Form dauert dagegen mehr als 2800 Jahre. Währenddessen gelangt das Wasser, sofern über Land ausgeregnet, direkt oder als Schmelz- oder Grundwasser oder nach Nutzung durch den Menschen in Flüsse und so ins Meer, wo es mit den dort gefallenen Niederschlägen die Meeresströmungen speist. Durch diese Transporte werden örtl. Ungleichheiten in der Wasserbilanz ausgeglichen. Weltweit gemittelt ist die Verdunstung mit rd. 1000 mm je Jahr gleich dem Niederschlag.

Wasserkühlung, →Kühlung, →Kühler.

Wasserlacke, Lacke mit Wasser als Lösemittel.

Wasser-Land-Flugzeug, →Amphibienflugzeug.

Wasserleitung, wasserführende →Rohrleitung in der →Wasserversorgung.

Wasserlini|e, Schnittlinie des Wasserspiegels mit der Landoberfläche (Ufer oder Watt) oder mit der Oberfläche eines festen Körpers (z. B. Uferwand oder Schiffsrumpf). Die **Konstruktions-W.** liegt dem Entwurf des Schiffes zugrunde. Sie ist bei Handelsschiffen praktisch identisch mit der →Tiefladelinie. Kriegsschiffe sind im Zustand der Einsatzverdrängung über die Konstruktions-W. hinaus eingetaucht.

Wassermann, lat. **Aquarius,** zum →Tierkreis gehörendes →Sternbild der Äquatorzone, im Herbst am Abendhimmel sichtbar.

Wassermesser, der →Wasserzähler.

Wassermessung, Abflußmessung, Hydrometrie, Ermittlung des →Abflusses 2) durch punktweise

Messung der Fließgeschwindigkeit, z. B. mit →Meßflügeln, und Integration über den Abflußquerschnitt, durch direkte Ermittlung, z. B. mit einem Meßwehr, aus dessen Überfallhöhe sich der Abfluß ergibt, oder durch die Bestimmung der Füllzeit eines geeichten Gefäßes.

Wasserpaß, die im Bereich der Konstruktionswasserlinie liegende, oft in anderem Farbton gestrichene Grenze zw. dem Über- und Unterwasseranstrich von Schiffen.

Wasserpforte, offener oder mit Schwingklappe versehener Wasserablauf im Schanzkleid eines Schiffes.

Wasserrad (unterschlächtig)

Wasserrad (oberschlächtig)

Wasserrad

Wasserrad, älteste Wasserkraftmaschine, ein am Umfang mit Schaufeln versehenes Rad. **Gewichts-W.** haben kastenförmige **(Zellenräder)** oder ebene **(Schaufelräder)** Schaufeln. Je nach Lage des Oberwassergerinnes zum Rad unterscheidet man **oberschlächtige, mittel-** oder **rückenschlächtige** und **unterschlächtige W.** W. haben bei großen Abmessungen nur kleine Drehzahlen und niedrige Wirkungsgrade; sie lassen sich schlecht regeln; abgelöst von der →Wasserturbine.

Wasserringpumpe, eine →Verdrängerpumpe mit rotierendem Laufrad, ähnlich der Kapselpumpe.

Wasserrohrkessel, →Dampferzeuger.

Wassersack, an tiefster Stelle einer Gasleitung angeordnetes Sammelgefäß für das sich ausscheidende Wasser. W. entleeren sich oft selbsttätig.

Wasserscheide, Trennungslinie der Einzugsgebiete von Gewässern. Durch die rückschreitende Erosion bes. aktiver, gefällstarker Flüsse kann sie im Lauf der Zeiten verlegt werden. Sie verläuft nicht immer auf den Höhen **(Kamm-W.),** sondern kann auch in Ebenen und Tälern liegen **(Tal-W.).**

Wasserschlag, das schlagartige Wiederauffüllen des Hohlraums, der in geschlossenen Leitungen durch Abreißen fließender Flüssigkeitsmassen bei einem zu raschen Zuflußrückgang entsteht. Der W. gefährdet die Leitung, er wird durch Belüftung gemildert.

Wasserschlange, a) **(Weibl.** oder **Nördl.) W.,** lat. **Hydra,** ein →Sternbild der Äquatorzone, im Winter und Frühjahr sind die nördlichsten Teile des flächenmäßig größten Sternbildes am Abendhimmel sichtbar. b) **Männl.** oder **Kleine** oder **Südl. W.,** lat. **Hydrus,** Sternbild in der Nähe des südl. Himmelspoles.

Wasserschloß, bei Hochdruck-Wasserkraftanlagen (→Wasserkraftwerk) ein in die Triebwasserleitung vor dem Übergang in die Druckrohr-Falleitung zum Kraftwerk eingeschaltetes turmartiges Bauwerk, dessen Wasserinhalt zum Anfahren der Turbinen dient und beim Stillsetzen ein Ausschwingen des Zuflusses in der Triebwasserleitung ermöglicht zur Milderung der Stoß- und Sogschwingungen in der Druckleitung; auch bei langen Trinkwasser- oder Bewässerungsrohrleitungen erstellt.

Bauformen. Das **Schacht-W.** besteht aus einem weiten zylindrischen Schacht, das **Kammer-W.** aus einer Ober- und einer Unterkammer, die durch einen Steigschacht verbunden sind. Das **Drossel-W.** ist ein Schacht-W. mit verengtem Anschluß (Drossel) an die Leitung zur Einschränkung des Wasseraustausches.

Wasserschutzgebiet, das nähere Einzugsgebiet einer Wassergewinnungsanlage, in dem Grundstücke präventiv zum Schutz eines für die öffentl. →Wasserversorgung genutzten Wasservorkommens bestimmten Nutzungsbeschränkungen oder -verboten und Duldungspflichten unterliegen.

Wassersprung, →Wechselsprung.

Wasserstand, die Höhe der Wasseroberfläche über oder unter einem best. Niveau, z. B. Normal Null oder Seekartennull. Der W. an einem festen Ort ist zeitabhängig. Die Schwankungen des W. setzen sich aus kurz- oder langfristigem Steigen oder Fallen des physikal. →Meeresniveaus sowie period. Wasserstandsänderungen (bes. durch →Gezeiten) zusammen und werden durch eine große Anzahl von statist. Parametern, z. B. die Höhe des Mittelwassers (W. zw. Hoch- und Niedrig-W. der Gezeiten), das Tidehochwasser (→Hochwasser 2), charakterisiert. Der Seegang wird nicht in die Definition des W. einbezogen und bei der Pegelmessung eliminiert.

Wasserstein, →Wasserhärte.

Wasserstockwerk, Grundwasserstockwerk, Grundwasservorkommen, das durch wasserundurchlässige Schichten (z. B. Tone) von anderen W. getrennt ist.

Wasserstoff, lat. **hydrogenium,** chem. Symbol **H,** ein →chemisches Element, gasförmiges Nichtmetall, Ordnungszahl 1, Massenzahlen 1, 2, 3. Die zu diesen Massenzahlen gehörenden Atomkerne werden als **Proton, Deuteron** und **Triton** bezeichnet (BILDER Atom). Die beiden schweren Isotope des W. heißen in reiner Form **Deuterium** (schwerer W.), **D,** und **Tritium, T,** das leichte **Protium.** D ist im gewöhnl. W. mit 0,015% enthalten, T nur in Spuren. W. ist das leichteste aller Gase mit einer Dichte (unter Normalbedingungen) von $0{,}08987 \cdot 10^{-3}$ g/cm^3. Das farb-, geruch- und geschmacklose Gas hat ein sehr hohes Diffusions- und Wärmeleitvermögen; in Wasser löst es sich nur gering. Mit vielen Elementen verbindet sich W. bei höheren Temperaturen spontan, bei Zimmertemperatur unter Mithilfe von Katalysatoren. Bei vielen Reaktionen entsteht W. zunächst als **atomarer W.** (H), der wesentlich reaktionsfähiger als **molekularer W.** (H_2) ist (→status nascendi). Beim Auftreffen auf Oberflächen vereinigen sich die H-Atome zu H_2-Molekülen, wobei durch die freigesetzte Bindungsenergie sehr hohe Temperaturen erreicht werden. Das (2:1) Gemisch mit Sauerstoff explodiert bei Zündung heftig **(Knallgas)** unter Bildung von Wasser. Die Verbindungen mit W. heißen **Hydride;** ihre Bildung verläuft meist exotherm.

Technisch wird W. entweder durch elektrolyt. Zersetzung von Wasser (→Chloralkali-Elektrolyse) oder durch Umsetzung von Wasserdampf mit Eisen oder Kohle dargestellt. Bei der wichtigeren Umsetzung mit Kohle entsteht ein Gemisch von Kohlenmonoxid und W. **(Wassergas),** das katalytisch mit weiterem Wasserdampf zu W. umgesetzt wird: $H_2O + CO \longrightarrow H_2 + CO_2$. Das Kohlendioxid läßt sich unter Druck mit Wasser leicht auswaschen. Von den vielen Darstellungsverfahren im Laboratorium ist die Reaktion von Zink mit Salzsäure im Kippschen Apparat die gebräuchlichste. W. wird in rot gestrichenen Stahlflaschen mit Linksgewinde bei einem Druck von etwa 150 bar transportiert.

Die Erdatmosphäre enthält nur Spuren von W., dagegen ist W. in gebundenem Zustand als Wasser und in organ. Verbindungen weit verbreitet und bildet etwa 1% der Erdkruste. Im Weltall ist W. das am weitesten verbreitete Element (→Sterne, →interstellare Materie). – In der physikal. Grundlagenforschung wird versucht, **metall. W.** herzustellen (→metallische Gase) sowie bei atomarem W. →Bose-Einstein-Kondensation zu erzielen.

Techn. Bedeutung hat der W. v. a. für Hydrierungen (Kohlehydrierung, Fetthärtung), für techn. Reduktionsprozesse und Synthesen (→Ammoniak), beim autogenen Schweißen, zunehmend in der →Wasserstoffenergietechnik. Verflüssigter W. dient als Raketentreibstoff.

Biolog. Bedeutung. W. ist in Lebewesen Bestandteil aller organ. Verbindungen. Sein Entzug (Dehydrierung, Oxidation) aus oder seine Aufnahme (Hydrierung, Reduktion) in chem. Verbindungen sind für alle biochem. Reaktionen bei vielen Synthesen und Abbauvorgängen aller Lebewesen von Bedeutung. Das biolog. Verhalten von Bodenflüssigkeit, Gewässern und Körpersäften wird durch ihre Wasserstoffionenkonzentration entscheidend beeinflußt.

W. wurde 1766 von H. CAVENDISH entdeckt. Nach J. DALTON (1808) wurde die Masse des W.-Atoms (gültig bis 1899) als Grundlage des Systems der chem. Atomgewichte gewählt.

Wasserstoffbombe, Waffe mit thermonuklearer Sprengladung (→Kernwaffen).

Wasserstoffbrennen, Phase der →Sternentwicklung, bei der durch Kernverschmelzung von vier Wasserstoffkernen zu einem Heliumkern Energie gewonnen wird, wobei bei niedrigeren Temperaturen die →Proton-Proton-Reaktion, bei höheren Temperaturen der →Bethe-Weizsäcker-Zyklus abläuft.

Wasserstoffbrückenbindung, Wasserstoffbrücke, Wasserstoffbindung, wichtige Form der Nebenvalenzbindung (→chemische Bindung), die sich zw. einem an elektronegative Elemente **(Protonendonator,** X) kovalent gebundenen Wasserstoffatom und einem anderen elektronegativen Atom **(Protonenakzeptor,** Y) ausbildet, wobei sich ein Bindungszustand X – H · · · Y einstellt. Die punktierte Linie symbolisiert die W. Als X und Y kommen v. a. die sehr stark elektronegativen Elemente O, N und F in Frage. Das H-Atom befindet sich i. a. näher am X-Atom, und der Abstand zw. X und Y ist kürzer als die Summe ihrer Wirkungsradien.

Die W. werden zu den zwischenmolekularen Kräften gerechnet, die u. a. verantwortlich gemacht werden für die Erhöhung der Schmelz- und Siede-P., die Verdampfungsenthalpien von Molekülen mit OH- und NH-Gruppe, die Beständigkeit von Boranen und Chelaten, die Bindung von Farbstoffen auf Fasern, die Wasserlöslichkeit von Alkoholen, Glykolen u. a. organ. Stoffen. W. spielen eine entscheidende Rolle in Biophysik und Biochemie und allg. bei allen Lebensvorgängen.

Wasserstoff|energie|technik, Bereich der Technik, dessen Ziel es ist, die fossilen Energieträger durch Wasserstoff zu ersetzen. Wasserstoff kann sowohl als chemischer als auch nuklearer Brennstoff dienen. Während der Einsatz von Wasserstoff als Primärenergieträger, nämlich als Ausgangsstoff für die kontrollierte →Kernfusion, frühestens in 30 bis 40 Jahren zu erwarten ist, könnte Wasserstoff schon wesentlich früher – neben dem elektrischen Strom – zum wichtigsten Sekundärenergieträger werden (→Energieforschung). Dabei ergeben sich zwei große Probleme:

1) Für die Herstellung von Wasserstoff (Spaltung von Wasser in Wasserstoff und Sauerstoff) muß eine billige und umweltfreundliche Energiequelle gefunden werden. Langfristig bietet sich die →Sonnenenergie an. Kurzfristig kommt für eine großtechn. Produktion aber nur die →Kernenergie in Frage, die die nötige Prozeßwärme in Hochtemperaturreaktoren liefern könnte.

2) Da Wasserstoff bei Normalbedingungen ein Gas ist und mit Sauerstoff explosionsartig reagieren kann, müssen geeignete Speichermöglichkeiten gefunden werden (z. B. für die Mitnahme von Wasserstoff in Automobilen). Da viele Metalle und Legierungen große Mengen von Wasserstoff in ihr Kristallatomgitter aufnehmen, wenn man sie einem Wasserstoffgas mit hinreichend hohem Druck aussetzt **(Beladen),** können solche Metallhydride als sichere Wasserstoffspeicher dienen. Im Gegensatz zu großen und potentiell gefährlichen Druckgasflaschen (z. B. bei einem Autounfall), bei denen das Wasserstoffgas nur von einer Außenwand eingeschlossen wird, werden in den Metallhydriden die einzelnen Wasserstoffatome in zahllosen mikroskop. Käfigen aus Metallatomen kompakt und sicher eingeschlossen. Da sich der Wasserstoff durch Wärme wieder austreiben läßt **(Entladen),** kann z. B. beim Verbrennen von Wasserstoff in einem Ottomotor die Abwärme des Motors zum Austreiben des Wasserstoffs genutzt werden. Da z. B. ein Stadtbus, der mit einem 200 kg schweren beladenen Speicher aus Eisentitan-Granulat ausgerüstet ist (welcher ungefähr 50 m³ Wasserstoffgas liefern würde), bei normaler Fahrweise etwa 200 km mit Hilfe eines fast herkömml. Verbrennungsmotors zurücklegen könnte, während ein entsprechender Elektrobus für die gleiche Fahrleistung einen 2000 kg schweren Bleiakkumulator oder einen immerhin noch 500 kg schweren Natrium-Schwefel-Akkumulator benötigen würde und außerdem beim ›Wasserstoffbus‹ die Reaktionswärme zu Heizungszwecken zur Verfügung steht, werden wasserstoffbetriebenen Fahrzeugen bessere Zukunftschancen eingeräumt.

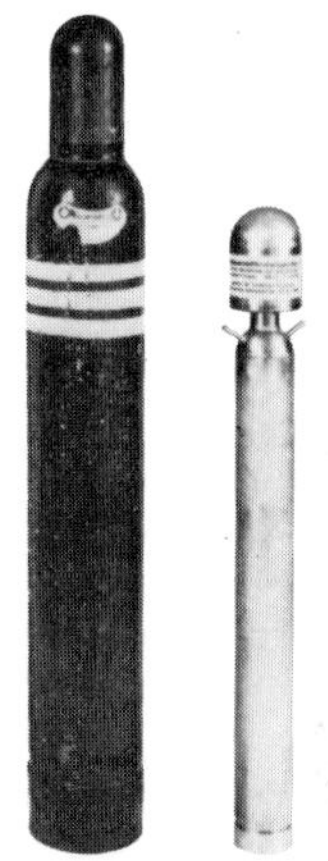

Wasserstoffenergietechnik: konventioneller Hohlzylinder für Gasspeicherung und pulvergefüllter Zylinder für Hydridspeicherung (je 1,7 m³ bei Normalbedingungen) im Vergleich: Der Hydridspeicher ist wesentlich kleiner, leichter und sicherer und liefert Reinstwasserstoff, selbst wenn er aus unreinem Wasserstoffgas beladen wurde

Wasserstoff|ionenkonzentration, Anzahl der Mole H^+ (strenggenommen meist eine Anlagerung von H^+ an ein neutrales Molekül) in einem Liter eines Stoffes. Da sich die praktisch interessierende W. über mehr als 14 Zehnerpotenzen erstreckt und außerdem die chemisch oder physikalisch wirksame W. in manchen Fällen von der tatsächlich vorliegenden geringfügig abweicht, gibt man üblicherweise den negativen dekad. Logarithmus der Wasserstoffionenaktivität $[H^+]$ (→Aktivität 3) an, den man als →pH-Wert bezeichnet: $-\log [H^+] = pH$. Für reines Wasser beträgt die W. bei 18 °C infolge der Eigendissoziation ($2\,H_2O \rightleftharpoons H_3O^+ + OH^-$) · 10^{-7} mol/l; der pH-Wert ist also 7. Charakterisiert man das obige Gleichgewicht mit Hilfe einer vereinfachten →Gleichgewichtskonstanten, dem Ionenprodukt $[H_3O^+] \cdot [OH^-]$, so folgt dafür der Wert 10^{-14}, da in reinem Wasser die Ionen in gleicher Zahl entstehen. Bei 18 °C muß sich dieser Wert stets einstellen, gleichgültig wieviel Säure oder Base dem Wasser zugegeben wird. Fällt der pH-Wert unter 7, so bezeichnet man die Lösung als **sauer,** steigt er darüber, als **basisch (alkalisch).** Im Fall einer einmolaren einbasigen **starken Säure** (z. B. Salzsäure) gilt wegen der vollständigen Dissoziation $[H^+] \approx 1$ mol/l; der pH-Wert ist also annähernd Null. Eine einmolare Lösung einer einsäurigen **starken Base** (z. B. Natronlauge) liefert analog eine Hydroxylionenaktivität $[OH^-]$ von etwa 1 mol/l; daraus errechnet sich mit dem Ionenprodukt des Wassers $[H^+]$ zu etwa 10^{-14} und damit ein pH-Wert von etwa 14. **Schwache Säuren und Basen** dissoziieren in Lösung nur unvollständig; hier werden daher die Größen $[H^+]$ oder $[OH^-]$ mit Hilfe der entsprechenden Dissoziationskonstanten ermittelt.

Wasserstoffperoxid, Wasserstoffsuperoxid, HO – OH, H_2O_2, in Wasser und vielen organ. Lösemitteln lösliche, ätzend und schwach sauer wirkende Flüssigkeit, Schmelz-P. –0,89 °C, Siede-P. 152,1 °C, Dichte 1,448 g/cm³. W. zerfällt leicht unter Wärmeentwicklung in Sauerstoff und Wasserstoff. Bei Zimmertemperatur wird dieser Zerfall durch katalytisch wirkende Stoffe beschleunigt (z. B. Schwermetallspuren, Alkali, Staubteilchen). In geeigneten Gefäßen, z. B. aus reinem Aluminium oder Polyäthylen, läßt sich W. unzersetzt transportieren und aufbewahren. Technisch wird W. durch Elek-

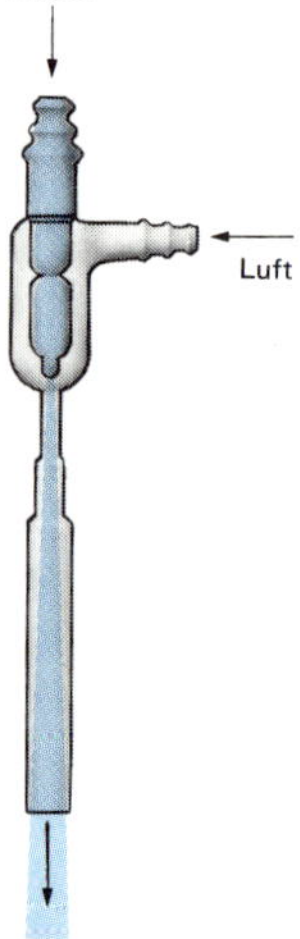

Wasserstrahlpumpe

Freistrahlturbine mit 2 Düsen

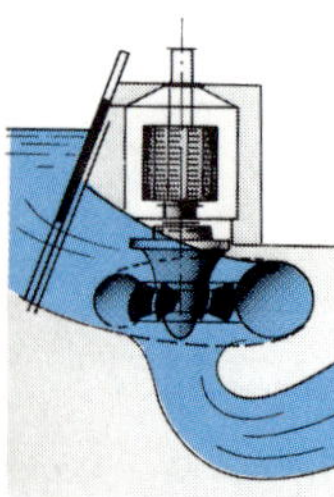

stehende Francisturbine

Wasserturbine 1

trolyse schwefelsaurer Ammoniumsulfatlösungen und anschließender Hydrolyse der gebildeten Peroxodischwefelsäure, $H_2S_2O_8$, oder über die Reduktion und Autoxidation organ. Verbindungen wie Anthrachinon dargestellt. Durch Destillation im Vakuum kann es in Form konzentrierter Lösungen erhalten werden; handelsüblich sind 3 oder 30%ige **(Perhydrol-)Lösungen.** W. kommt in geringen Mengen im Regen und Schnee vor. Es wird als Bleich- und Desinfektionsmittel verwendet. Seine Salze sind die →Peroxide.

Wasserstoffraffination, Verfahren zur Reinigung, insbes. Entschwefelung von Mineralölen mit Hilfe von Wasserstoff. Der Schwefel organ. Schwefelverbindungen wird zu Schwefelwasserstoff umgesetzt, der Stickstoff organ. Stickstoffverbindungen zu Ammoniak. (→Hydrotreating)

Wasserstoffspektrum, Gesamtheit der Spektrallinien des Wasserstoffs, bestehend a) aus dem in typ. Serien geordneten **Linienspektrum** des Wasserstoffatoms (→Atom), b) aus den kontinuierl. Spektren der Seriengrenzen **(Grenzkontinua)** und c) aus den Linien des Bandenspektrums des Wasserstoffmoleküls.

Wasserstoffsuperoxid, →Wasserstoffperoxid.

Wasserstoffsäuren, Säuren, die außer Wasserstoff nur ein einziges Element (z. B. Salzsäure, HCl) oder ein best. Radikal (z. B. Blausäure, HCN) enthalten.

Wasserstrahl|antrieb, Reaktions-Schiffsantrieb, bei dem von einer Radialpumpe gefördertes Wasser achteraus in einem Düsenkanal beschleunigt wird. Vorteile gegenüber der →Schiffsschraube: einfacher Aufbau der Anlage, Wegfall von Propeller, Wellenleitung u. a., keine Beschädigung des Propellers durch geringe Wassertiefe, Gewächse u. a.; häufig im militär. Bereich (Pionierboote, Schwimmpanzer), neuerdings auch bei Hochgeschwindigkeitsfahrzeugen (→Tragflügelboot).

Wasserstrahlpumpe, eine →Strahlpumpe zum Fördern von Wasser oder Gasen mit Hilfe der Strömungsenergie des Triebwasserstrahls, der mit großer Geschwindigkeit aus der Treibdüse tritt und sich mit dem Fördermedium in der Fangdüse eng vermischt. W. haben keine beweglichen Teile, ihr Wirkungsgrad ist niedrig. Sie werden u. a. in chem. Laboratorien zur Erzeugung eines Vakuums von 10–14 mbar für Destillationen oder Filtrationen verwendet. Mit einem Vakuumschlauch ist die W. meist an einem Wasserleitungshahn angeschlossen. Wird dieser geöffnet, so reißt der Wasserstrahl Luft aus dem seitlich angeschlossenen Vakuumgefäß mit, so daß sich in ihm der Luftdruck zunehmend verringert.

Wasserstraßen, oberird. Gewässer (Flüsse, Kanäle, Seen) als **Binnen-W.** sowie Küstengewässer einschließlich Tideflüsse, Meeresbuchten und Seekanäle als **See-W.,** die gesetzlich für den Personen- und Güterverkehr mit Schiffen bestimmt sind.

Wasserturbine, eine →Turbine, die wichtigste Wasserkraftmaschine, verwendet v. a. in →Wasserkraftwerken und zum Antrieb von Arbeitsmaschinen. Die mechan. Energie wird dem Wasser in einem rotierenden Laufrad entzogen und durch die Turbinenwelle weitergeleitet. Bei **Gleichdruck-** oder **Aktionsturbinen (Freistrahlturbinen** und **Durchströmturbinen)** wird die gesamte Energie vor dem Laufrad in Bewegungsenergie umgewandelt; der Druck im Laufrad ist konstant. Bei **Überdruck-** oder **Reaktionsturbinen** geht der Druck sowohl im Leitrad, das den Wasserstrom richtet und reguliert, als auch im Laufrad stetig zurück.

Kennwerte. Das Wasser tritt mit der Umfangskomponente der absoluten Geschwindigkeit v_{u1} ins Laufrad ein, wird umgelenkt und fließt mit einer kleineren Umfangskomponente v_{u2} aus. Nach der von L. EULER (1754) abgeleiteten **Turbinengleichung** wird an das Laufrad die spezif. Energie $(u_1 v_{u1} - u_2 v_{u2})$ in m^2/s^2 übertragen; u_1 und u_2 sind die Umfangsgeschwindigkeiten des Laufrads in Eintritt bzw. Austritt. Die spezif. Geschwindigkeitsenergie $v_2^2/2$, der Austrittsverlust, kann bei Überdruckturbinen bis 30% betragen. – Für den Vergleich verschiedener Konstruktionen wird die →spezifische Drehzahl, n_q, benutzt: Mit dem Wasserstrom Q in m^3/s, der Fallhöhe H in m und der Drehzahl n in 1/min ergibt sich n_q aus der Formel:

$n_q = n\,(Q)^{1/2}\,(1/H)^{3/4}$ in 1/min (die Ausdrücke in den beiden Klammern sind dimensionslose Zahlen). Die spezif. Drehzahl ist der wichtigste Kennwert einer Strömungsmaschine, der für gegebene Werte Q, H und n die günstigste Turbinenbauart bestimmt. Es ergeben sich: für $n_q = 1{,}2 \ldots 12$ Freistrahlturbinen, für $n_q = 20 \ldots 120$ Francis-Turbinen, für $n_q = 120 \ldots 360$ Kaplan-Turbinen.

Bauarten. **Freistrahl-** oder **Pelton-Turbinen** [pˈeltən-] sind teilbeaufschlagte tangentiale Gleichdruckturbinen. Der Leitapparat besteht aus einer runden Düse, verschließbar durch eine längsverschiebbare, kegelige Nadel, die von einem druckölbetätigten Servomotor verstellt wird. Das Laufrad ist am Umfang i. d. R. mit angegossenen becherförmigen Schaufeln versehen. Pelton-Turbinen werden vorwiegend für große spezif. Fallhöhen verwendet. Die **Durchströmturbine (Mitchell-** [mˈɪtʃəl-], **Banki-Turbine)** ist eine Gleichdruckturbine mit einem walzenförmigen Laufrad mit zylindr. Schaufeln. Das Wasser strömt ins Laufrad von außen nach innen, wird dabei umgelenkt und beaufschlagt das Laufrad nochmals von innen nach außen. Das Gehäuse wird oft mit einem Saugrohr versehen, das die Aufstellung der Turbine über dem Unterwasser auch bei kleinen Fallhöhen gestattet. Durchströmturbinen gibt es nur für kleinere Leistungen.

Francis- [frˈɑːnsɪs-], **Kaplan-** und **Propeller-Turbinen** sind vollbeaufschlagte Überdruckturbinen. Das Laufrad einer Francis-Turbine wird radial, von außen, einer Kaplan-Turbine axial beaufschlagt; das Wasser tritt bei allen Bauarten axial aus. Das Leitrad wird mit drehbaren **Finkschen Schaufeln** ausgeführt, die entweder auf einem zur Welle konzentr. Zylindermantel **(zylindr. Leitrad)** oder auf einem Kegelstumpfmantel **(kegeliges Leitrad)** angeordnet sind. Francis-Laufräder werden gegossen oder in Schweißkonstruktionen ausgeführt. Bei Kaplan-Turbinen können die Laufradschaufeln von einem in der hohlen Welle angeordneten Servomotor verstellt, ihre Stellung der Leistung angepaßt werden. Francis-Turbinen werden manchmal mit zweiflutigen Laufrädern als **Doppelturbinen** gebaut; mehrräderige Francis-Turbinen wurden durch Kaplan-Turbinen ersetzt. Für Fluß- und Gezeitenkraftwerke werden oft **Rohrturbinen** verwendet, bei denen das Wasser in einer geschlossenen Leitung durch das halbaxiale Leitrad zum Kaplan-Laufrad geleitet wird; es umströmt dabei das Generatorgehäuse. Der Maschinensatz ist durch eine hohle Gehäuserippe zugänglich. Überdruckturbinen werden mit einem Saugrohr ausgeführt, das den Austrittsverlust herabsetzt. Die Lage des Laufrads zum Unterwasser ergibt sich aus der Forderung nach einem kavitationsfreien oder -armen Betrieb; die Kavitationsbildung hängt von der spezif. Drehzahl der Turbine und von der Fallhöhe ab. An großen Überdruckturbinen wurden Wirkungsgrade bis zu 96% gemessen.

Geschichtliches. Die ältesten Wasserkraftmaschinen waren Stoßwasserräder (Wasserräder mit vertikaler Welle und Schußgerinne). Turbinen mit Leitrad und Laufrad erscheinen in den Handschriften von LEONARDO DA VINCI. Prakt. Bedeutung erlangte die Überdruckturbine des Franzosen B. FOURNEYRON (1827), eine zentrifugale Turbine, regelbar durch ein Ringschütz. 1838 erhielt S. HOWD in New York ein Patent auf eine zentripetale Turbine, einen Vorläufer der 1849 von dem Amerikaner J. B. FRANCIS erfundenen Turbine. 1912–18 wurde von V. KAPLAN in Brünn eine axiale Turbine mit weit auseinandergestellten Schaufeln erfunden und später mit bewegl. Laufradschaufeln ausgeführt. Die Freistrahlturbine wurde 1841 von dem Schweizer W. ZUPPINGER als teilbeaufschlagte zentripetale Gleichdruckturbine konstruiert. 1880 erfand L. A. PELTON in San Francisco die tangentiale Turbine mit becherförmigen Schaufeln mit einer Mittelschneide, aus der sich die Turbine mit der heute üblichen Becherform entwickelte. Die Durchströmturbine schufen A. G. M. MITCHELL 1903 und D. BANKI 1918.

L. QUANTZ u. K. MEERWARTH: Wasserkraftmaschinen ([11]1963, Nachdr. 1974); J. RAABE: Hydraul. Maschinen . . ., 2 (1970); F. DIETZEL: Turbinen, Pumpen, Verdichter (1980).

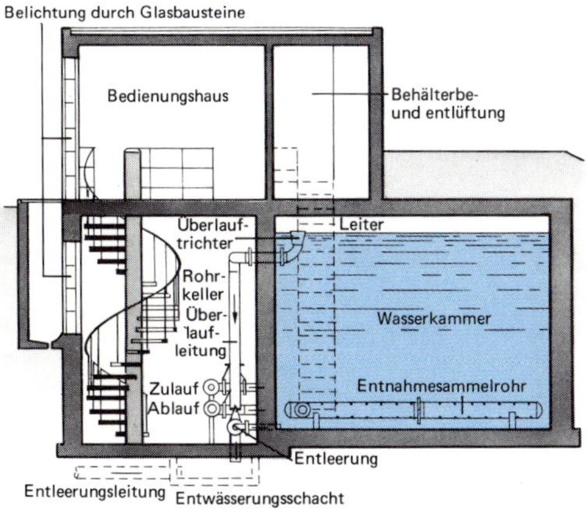

Wasserversorgung 2:
Aufriß durch einen Rechteck-Wasserbehälter

Wasserturm, Bauwerk zur Wasserversorgung von Gebieten, in denen kein geeigneter Standort für einen →Hochbehälter zur Verfügung steht.

Wasser|uhr, eine Auslaufuhr, eines der ältesten Zeitmeßgeräte (Ägypten, 2. Jahrtsd. v. Chr.), seit der Antike als Klepshydra bekannt. Zur Zeitmessung diente bis zum Mittelalter u. a. das auslaufende Wasser aus einer kleinen Öffnung eines Gefäßes. – Als W. werden unkorrekt auch →Wasserzähler bezeichnet.

Wasserverdrängung, das →Deplacement.

Wasserversorgung, die Deckung des Wasserbedarfs mit →Trinkwasser und →Betriebswasser. Die **öffentl. W.** dient der Versorgung der Allgemeinheit, **Eigen-W.** wird mit eigenen Anlagen privat betrieben, **zentrale W.** führt das Wasser durch ein Rohrnetz einem großen Verbraucherkreis zu. **Gruppen-W., Verbund-W.** sind mehrere zentrale W., deren techn. Anlagen miteinander verbunden sind. Die →Fernwasserversorgung liefert Wasser aus Überschußgebieten.

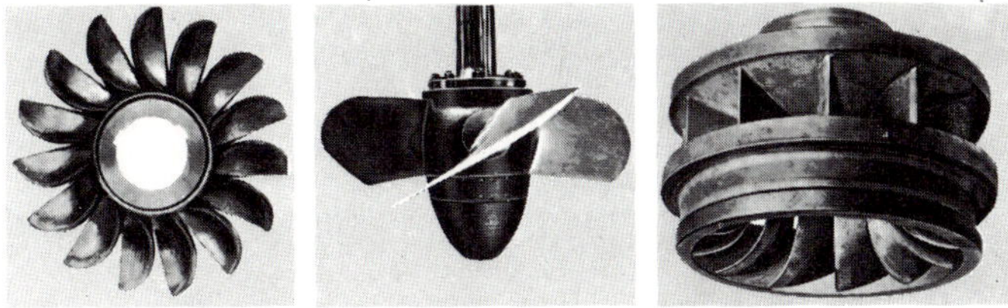

Wasserturbine 2 (verschiedene Laufradformen): LINKS Freistrahlturbine; MITTE Kaplan-Turbine, offen; RECHTS Francis-Turbine, normal laufend

Bei zentraler W. wird das Wasser von den Gewinnungsstellen dem **Wasserwerk** zugeführt, dort zu Reinwasser aufbereitet, in Wasserbehältern gespeichert und in die Verteilungsanlagen (Rohrnetz) gefördert. An geeigneten Stellen des Netzes sind ggf. weitere Speicherbehälter zum verbrauchsabhängigen Mengen- oder Druckausgleich erforderlich. Der Betriebsdruck im Leitungsnetz soll im Normalfall an der höchsten Zapfstelle im Versorgungsgebiet einen noch ausreichenden Fließdruck, im Brandfall am Straßenhydranten den nötigen Löschwasserdruck gewährleisten. Hochhäuser benötigen besondere Druckerhöhungsanlagen.

Wasserwaage, Richtwaage, Setzwaage, in Bautechnik und Maschinenbau benutztes Gerät zum Prüfen der Lage senkrechter und waagrechter Teile, enthält eine leicht gekrümmte Glasröhre **(Röhrenlibelle)** oder eine Glasdose mit leicht kugeligem Deckel **(Dosenlibelle),** die bis auf eine kleine Gasblase mit Alkohol oder Äther gefüllt ist. Die Gasblase steht bei horizontaler Lage der W. genau in der Mitte.

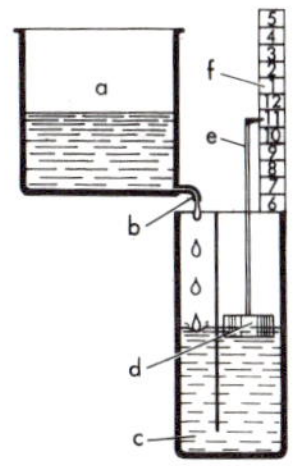

Wasseruhr

Wasseruhr: a Wasserbehälter, b Ausflußrohr, c Auffanggefäß, d Schwimmer, e Zeiger am Schwimmer, f Skala oder Zifferblatt

Wasserwalze, Drehbewegungen des Wassers, die an derselben Stelle bleiben, z. B. unterhalb von Wasserfällen, an Stromschnellen, hinter Brückenpfeilern, an Buhnen u. a. Hindernissen des freien Wasserlaufs. W. wirken bremsend auf das schnell fließende Wasser. W. mit waagerechter Achse sind die **Grundwalzen,** die zu Auskolkungen in der Tiefe führen, und die **Deckwalzen,** die mehr an der Oberfläche bleiben. W. mit senkrechter Achse treten als **Seitenwalzen** an Buhnen oder Brückenpfeilern, als **Uferwalzen** in toten Winkeln am Ufer auf. Mit der Fließbewegung des Wassers fortschreitende Drehbewegungen heißen Wirbel (Wasserwirbel) oder →Strudel. Auch die

Wasserversorgung 1:
Schema eines kombinierten Fluß- und Grundwasserwerks

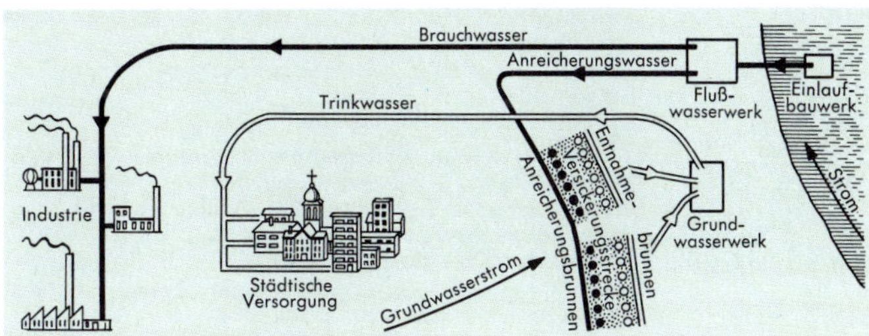

plötzlich ankommende Hochwasserwelle der episod. Flüsse in Trockengebieten (→Wadi) wird als W. bezeichnet. (→ Schichtflut)

Wasserwerk, Kern einer →Wasserversorgung; i. a. mit Anlagen zur Aufbereitung, Speicherung und Förderung von Wasser.

Wasserwert, die Wärmekapazität der Teile eines →Kalorimeters, die an der Temperaturänderung teilnehmen.

Wasserwirtschaft, 1) zielbewußte Ordnung aller menschl. Einwirkungen auf das ober- und unterirdische Wasser in bezug auf Menge, Güte und Biologie. – Gliederung vgl. ÜBERSICHT.

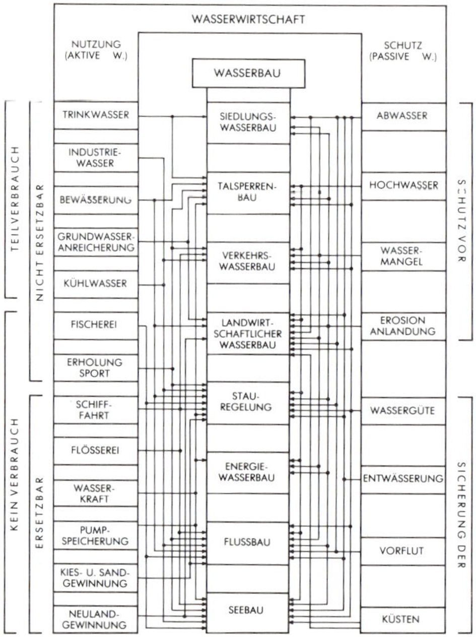

2) Maßnahmen und Einrichtungen zur Sicherung von →Grubenbauen gegen Eindringen von Oberflächen-, Grund- und Speicherwasser sowie thermaler Solen und die Beseitigung von zugeflossenem Wasser. Oberflächen- und Grundwasser hält man durch übertägige Baumaßnahmen und möglichst bruchlose Absenkung des Gebirges weitgehend fern. Aus Klüften und wasserführenden Schichten im Gebirge werden Wässer durch Bohrungen oder Wasserlösestrecken vorsorglich abgezogen. Zugeflossene Wässer leitet man in **Wasserseigen** (Gräben), Leitungen oder Strecken zu Sammelstellen **(Sumpf)** und pumpt sie zu Tage **(Wasserhaltung).**

Wasserzähler, Wassermesser, unkorrekt **Wasseruhr,** Meßgerät zur Ermittlung des Wasserverbrauchs in geschlossenen Rohrleitungen. Abhängig vom Meßorgan unterscheidet man Flügelrad-W., Ringkolben-W. und Ovalrad-W. Bei **Flügelrad-W.** wird der Wasserverbrauch aus der Durchflußgeschwindigkeit ermittelt. **Ringkolben-W.** messen unmittelbar die Menge des durchfließenden Wassers in einer Meßkammer und ermöglichen damit die Erfassung auch kleinster Wassermengen. **Ovalrad-W.** messen die Durchflußmenge nach dem Arbeitsprinzip der Zahnradpumpe.

Wasserzähler

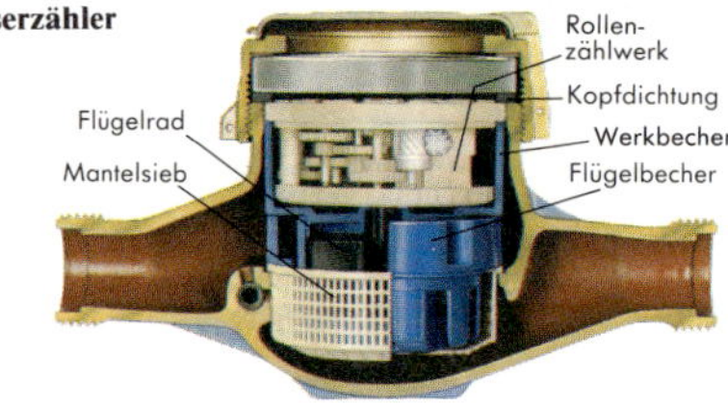

Wasserzeichen, durchscheinendes Muster im Papier zur Sicherung gegen Fälschungen bei Banknoten, Aktien, Urkunden oder Kennzeichen für die Herkunft des Papiers. Zur Erzeugung des W. dient z. B. ein →Égoutteur mit Drahtfiguren, der auf der Siebpartie der Papiermaschine mitläuft (›echte W.‹); ›unechte W.‹ werden durch Prägung des trockenen Papiers gewonnen.

waterproof [wˈɔ:təpru:f], engl. für →wasserdicht.

Watson-Crick-Modell [wɔtsn-, n. dem amerikan. Chemiker J. D. Watson, * 1928, und dem engl. Biologen F. H. Crick, * 1916], 1953 entwickelte Modellvorstellung vom Molekül der →DNS, die experimentell bestätigt wurde. Hiernach liegt die DNS als verdrillter Doppelstrang **(Doppelhelix)** vor. Die Einzelstränge werden durch →Wasserstoffbrückenbindungen zw. den Purin- und Pyrimidinbasen (Adenin-Thymin, Guanin-Cytosin) zusammengehalten. Durch die Spezifität der Basenpaarung determiniert ein Strang die Basensequenz des anderen.

Watt [n. dem engl. Erfinder J. Watt, * 1736, † 1819] *das,* Einheitenzeichen **W**; SI-Einheit der Leistung: 1 W = 1 J/s = 1 N·m/s. Das W. ist die Einheit für jede Art von Leistung, sei sie elektr., magnet., mechan. oder therm. Natur. **1 Milliwatt** = 1 mW = 10^{-3} W = 0,001 W, **1 Kilowatt** = 1 kW = 10^3 W = 1 000 W, **1 Megawatt** = 1 MW = 10^6 W = 1 000 kW, **1 Gigawatt** = 1 GW = 10^9 W = 1 000 MW, **1 Terawatt** = 1 TW = 10^{12} W = 1 000 GW.

Watt *das, Mz.* **Watten,** der an flachen Gezeitenküsten bis 30 km breite seichte Saum des Meeresbodens, begrenzt durch den mittleren Tideniedrig- und Tidehochwasserstand, der bei Ebbe ganz oder teilweise trocken liegt, bei Flut aber (vom **Wattenmeer)** überspült wird; in diesem Sinn bes. bekannt von der niederländ.-dt., z. T. auch dt.-dän. Nordseeküste; auch Bez. für den aus Sand und Schlick bestehenden Meeresboden flacher Gezeitenküsten.

Das W. wird von vielverzweigten Prielen und Wattströmen durchzogen, welche zw. den **Watteninseln** die Zu- und Abflußrinnen der Gezeitenströme bilden, die das W. bald ablagernd, bald abtragend ständig verändern. Die Flut führt den Schlick heran und lagert ihn auf dem W. ab. Der durch die Beimischung von organ. Stoffen und Schwefeleisen graue bis bläulichschwarze fette Schlickboden **(Wattenböden)** hat eine reiche Mikrofauna, von der sich Würmer, Muscheln, Schnecken, Krebse, Fische nähren. In seinen höchsten Teilen entsteht aus dem Wattenschlick fruchtbarer Marschboden; in den tieferen Teilen ist eine Überführung des W. in →Marsch allein durch Vegetation schwierig. An trop. Küsten tritt an Stelle der W.-Vegetation die Mangrove, an Küsten arider Gebiete vegetationslose Salztonebenen.

Wattenmaschine, Band|doppler, Spinnerei: Vorbereitungsmaschine für den Kämmprozeß in der Baumwollspinnerei, die Kardenbänder zu Wattewickeln als Vorlage für die Kämmaschine umformt.

Wattmeter *das,* Leistungsmesser (→ Leistung), elektrodynam. Meßgerät, dessen Ausschlag dem Produkt von Spannung und Strom eines Stromkreises proportional ist. Bei Wechselstrom stellt das W. sich auf den Mittelwert ein und zeigt somit die → Wirkleistung an.

Wattsekunde, Einheitenzeichen **Ws, W·s,** svw. → Joule.

Wattstrom, früher **Gatt, Tief, Ley,** Hauptwasserlauf im → Watt.

Wb, Einheitenzeichen für → Weber.

WC-Sterne, Untergruppe der → Wolf-Rayet-Sterne.

weatherproof [w'eðəpru:f], engl. Bez. für wetterfest; Handelsbez. für die gegen atmosphär. Einflüsse widerstandsfähig ausgerüsteten Textilien.

Weber [n. dem dt. Physiker W. E. Weber, * 1804, † 1891] *das,* Einheitenzeichen **Wb;** SI-Einheit des magnet. Flusses: 1 Wb = 1 V·s. Nicht mehr gesetzl. Einheit ist das → Maxwell: $1\,M = 10^{-8}\,Wb$.

Weberei, Weben, das Herstellen von → Geweben aus zwei sich rechtwinklig verkreuzenden Fadensystemen, von denen die **Kette** (Zettel) senkrecht und der **Schuß** (Einschlag) quer bei best. Gesetzmäßigkeit (→ Bindung 2) verläuft. Gewebe werden maschinell auf Webmaschinen, selten noch auf Handwebstühlen gefertigt. Vor dem eigentlichen Weben muß das Garn vorbereitet werden.

Webereivorbereitung. Das von der → Spinnerei angelieferte → Garn wird von den Spinnkopsen (Spulen) auf große Conen oder zylindr. Spulen umgespult und dabei kontrolliert und gereinigt. Auf der **Schärmaschine** (→ schären) wird eine Zahl von Fäden zu Schärbändern zusammengefaßt und auf den Webkettbaum gewickelt. Auf der **Zettelmaschine** werden die vom Spulengatter abgezogenen Fäden in voller Breite des Zettelbaums aufgewickelt. Durch **Schlichten** erhalten die Webkettfäden beim Durchlaufen eines Tauchbades und nachfolgender Luft- oder Kontakttrocknung eine Schutzschicht oder Faserverklebung, damit sie die folgende Beanspruchung beim Weben aushalten. Beim **Passieren** oder **Einziehen** werden die Fäden der so vorbereiteten Webkette von Hand oder mit Einziehmaschinen einzeln in die Litzen und paarweise oder in Gruppen ins Webblatt gezogen.

Webvorgang. Die vom Kettbaum a (BILD 1) ablaufenden Fäden führen Doppelbewegungen aus. Im Tempo des Schußanschlages bei b folgen sie der Pfeilrichtung c und werden vom **Webgeschirr** oder **Harnisch** bei d mit **Litzen** e im Wechsel gehoben oder gesenkt, so daß das **Webfach** f entsteht, eine Art Fadentunnel, durch den der Schußfaden eingetragen werden kann. Während des Fachwechsels, also des Austauschs der gehobenen und gesenkten Fäden, bewegt sich die **Lade** g um i schwingend in Pfeilrichtung und zurück und schlägt den neueingetragenen Schußfaden an das fertige Gewebe an. Kreuzen sich die von oben und unten kommenden Fäden in der Ebene zw. **Streichbaum** k und **Vorderverbinder (Brustbaum)** l, so befinden sich die Kettfäden im **Geschlossenfach.** Wenn sie hoch- und tiefgezogen sind, befinden sie sich im **Offenfach,** und der Schuß kann durch den Fadenwinkel (Tunnel) durchgeschossen werden. Das Abziehen der Kettfäden vom Kettbaum geht vom **Warenabzugsbaum (Riffelbaum)** m aus. Diese Bewegung wird durch Regulatoren für den Kettablaß und die Warenaufwicklung geregelt. Exzenter- oder Schaftmaschinen oder Jacquard-Maschi-

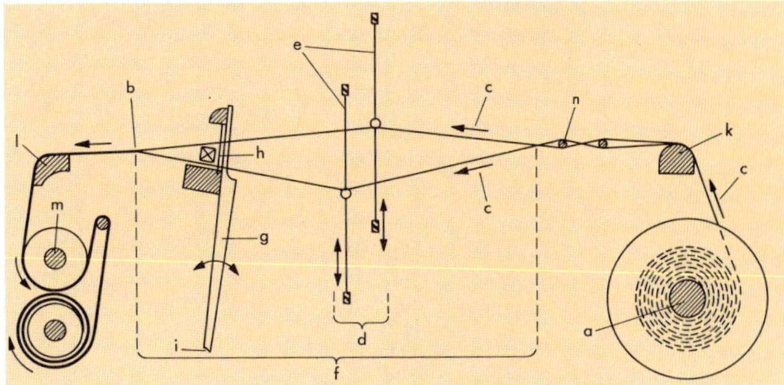

Weberei 1: Schema des Webvorgangs

nen steuern die Webfachbildung, d. h., sie heben oder senken die Litzen, durch die die Kettfäden gezogen sind. Bei n befindet sich das **Fadenkreuz** und/oder der **Kettfadenwächter,** der bei Fadenbruch die Webmaschine zum Neueinziehen des betreffenden Fadens stillsetzt. Die Querbewegung des Schußeintragens verursachen Schlageinrichtungen für freien Schützenflug h oder geführte Greifer oder durch Düsen getriebener Luft- oder Wasserstrahl.

Beim Handwebstuhl (BILD 2) werden alle Bewegungen (Fachbildung, Eintragen des Schusses, Schützenwechsel und Ladenanschlag) von den Händen und Füßen des Handwebers durchgeführt. Handwebstühle mit waagerecht geführter Kette **(Flachwebstuhl)** heißen **Basselissestuhl** [basl'is-], solche mit senkrechter Kette **(Hochwebstuhl) Hautelissestuhl** [o:tl'is-].

Webmaschinen. Es gibt **Schmalwebmaschinen** für Bandherstellung und **Breitwebmaschinen** von etwa 1–3 m und 6 m Breite für Spezialgewebe (z. B. Papierfilz) bis 16 oder 26 m.

Fachbildungs- und Litzenbewegungsorgane. Das Fach wird entweder durch Schaft- oder Jacquard-Steuerung gebildet. **Webschäfte (Kämme)** werden für alle Gewebe in Grundbindungen wie Leinwand, Köper, Atlas und Abwandlungen angewandt, die es gestatten, daß die Kettfäden, durch Webschäfte geführt, sich heben und senken lassen. Dies geschieht entweder durch Exzenter und Hebel bei Innentritt und Außentritt oder durch Schaftmaschinen. Diese haben wie die Jacquard-Maschine ein Vornadelwerk, das statt der Harnischschnüre

Weberei 2: Schema eines Handwebstuhls

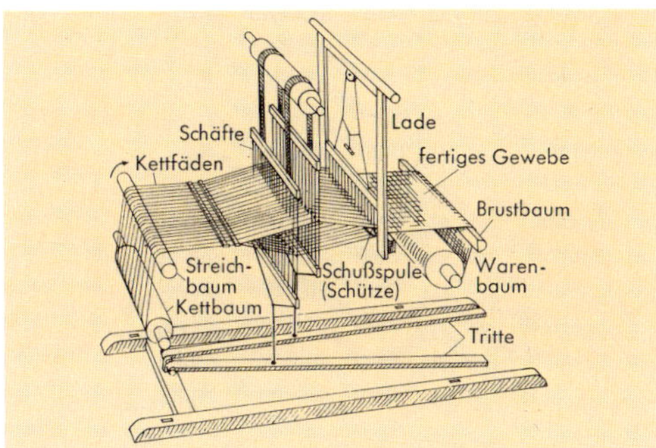

die Schäfte für Hoch- und Tiefgang steuert. Während des Schußeintrags kann schon das nächstfolgende Fach vorbereitet werden **(Doppelhubmaschine).** Beim Schußanschlag bleiben nicht ins Ober- oder Unterfach wechselnde Fäden in ihrer alten Stellung, das Fach bleibt offen **(Offenfachmaschine).** Die Schäfte werden formschlüssig auf- und abbewegt **(Gegenzugmaschine).**

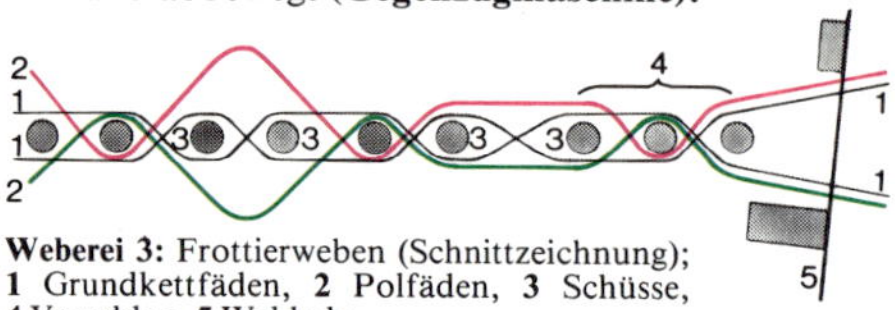

Weberei 3: Frottierweben (Schnittzeichnung); **1** Grundkettfäden, **2** Polfäden, **3** Schüsse, **4** Vorschlag, **5** Weblade

Mit Jacquard-Maschinen (→ Jacquard-Weberei) ausgestattete Webmaschinen erlauben das Weben von großen Bildmustern. Optisch-elektron. Ablesemaschinen für farbige Mustervorlagen ersetzen das Patronieren und Kartenschlagen von Hand durch Übertrag eines farbigen Entwurfs auf Lochstreifen, von denen aus die Arbeitskarte automatisch geschlagen wird.

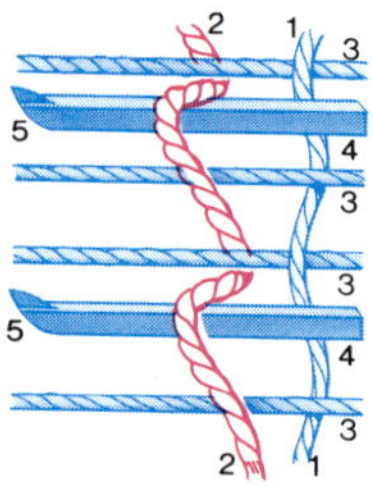

Weberei 4:
Weben mit Schneidruten (Gewebeschnitt)
1 Bindekette
2 Polkette
3 Schuß
4 Schneidrute
5 Messer am Ende der Rute

Schußeintrag an konventionellen Webmaschinen. Der **Schützen,** der das einzuschließende Fadenmaterial als ablaufende Spule enthält, wird durch das offene Fach hin- und hergeworfen. Die Weblade trägt rechts und links der Schützenflugbahn **Schützenkästen,** die auch ein Wechseln mehrerer Schützen ermöglichen, wenn z. B. karierte Gewebe hergestellt werden sollen. In den Schützenkästen erhält der Schützen seinen Impuls zum Durchlauf des Webfachs mittels Ober- oder Unterschlag. Im Schützenkasten der Gegenseite wird der Schützen aufgefangen und abgebremst. Je breiter die Webmaschine, desto langsamer muß sie laufen wegen des längeren Schützenfluges durch das Fach.

Webautomaten konventioneller Bauart tragen, um Maschinenstillstände beim Auswechseln der Schußspule im Schützen zu vermeiden, einseitig über einem Schützenkasten angebrachte Rund- oder Schachtmagazine oder zum Umspulen eine Spulmaschine. Mechan., elektr. oder opt. **Schußfühler** überwachen den Schuß auf Fadenbruch und den Wechsel.

Schußeintrag an nichtkonventionellen Webmaschinen. Bei der **Greiferschützenwebmaschine** wird der einseitig auf großen Spulen vorgelegte Schuß durch einen Klemmgreifer erfaßt und von dem fingergroßen Greiferschützen durch einen Führungsrechen, der jeweils ins Webfach einschwingt, eingeschleppt (220–400, auch mehr Schuß je min). Eine Transportkette bringt das Projektil unter den Kettfäden zurück zur Abschußstelle. Der Schlagimpuls (Torsionsschlag) geht von einem in sich verdrehbaren Stab aus. Bei der **Greiferwebmaschine** wird der Schuß von einer Seite der Maschine mit dem gebenden Greifer bis zur Mitte des Gewebes geführt, dort von einem gleichzeitig von der anderen Seite ins Fach vorstoßenden Greifer entweder am Fadenende oder als Schlaufe übernommen. Die Greifer werden durch Zahnrad und Zahnstange oder exzentrisch geführte Hebel angetrieben. Greiferwebmaschinen sind bei häufigem Farbwechsel und durch das Fehlen des Schützenverschleißes den konventionellen Webmaschinen überlegen.

Düsenwebmaschinen können mit pneumatisch oder hydraulisch arbeitenden Düsen den Schuß durch das Webfach blasen oder spritzen. Hydraul. Schußeintrag ist speziell für Gewebe aus synthet. Chemiefasern geeignet. Als Träger von Web- und Wirkelementen kann die **Wellenfach-Webmaschine** angesehen werden. Lamellen führen Wickelschützen, die nur jeweils Schußfäden für eine Eintragung abgeben, in dichter Folge über die Warenbreite. Zw. jedem Schützen wechselt das Fach. Es werden gleichzeitig mehrere Schüsse eingetragen.

Spezialmaschinen. Auf **Rundwebmaschinen** arbeitet man Schläuche und Säcke. Ihre Bedeutung erstreckt sich meist nur auf Grobgewebe. In der **Frottierwebmaschine** (BILD 3) werden von einem Grundkettbaum straff gebremste Fäden zugeführt und vom Polbaum die Polfäden positiv der Schußverkreuzung zugeschoben. Das Webblatt schwingt während des Anschlags bei zwei oder drei Schußeintragungen nach hinten aus und schlägt diese erst beim nächsten Schuß an das Gewebe an. Dabei wölben sich die Polfäden nach oben und unten zu Schlingen. Bei **Rutenwebmaschinen** (BILD 4) für Plüsch oder Teppiche wird z. B. mit jedem zweiten Schuß gleichzeitig eine aus Draht oder Flachstahl bestehende Rute ins Webfach eingetragen, über die der Florfaden gelegt wird, der anschließend in das Grundgewebe einbindet. Beim Herausziehen der Rute nach Fertigstellung einiger Zentimeter Ware entstehen auf dem Gewebegrund Schlaufen (Schlingenflor, Bouclé). Mit einem Messer am Ende der Rute können diese Schlingen beim Ausziehen der Rute aufgeschnitten werden (Velours). Einfarbiger Plüsch und Samt werden ausschließlich auf der **Doppelplüschwebmaschine** hergestellt. Es tragen dabei zwei Schützen oder zwei Greifer gleichzeitig Schußfäden ein, jeweils für die Ober- und Unterware. Beide Gewebe werden durch die Polkette miteinander verbunden (BILD 5) und dann durch ein von einer Gewebeseite zur anderen geführtes Messer auseinandergeschnitten. Es entstehen so gleichzeitig zwei Plüsch-(Samt-)Gewebebahnen. – Drehergewebe werden durch Vorschalten eines **Dreherschaftes** vor andere Schäfte oder den Jacquardharnisch erzielt.

Geschichtliches. Die W. zählt zu den grundlegenden Neuerungen der Jungsteinzeit (originale Stoffreste z. B. aus Çatal Hüyük, Türkei). Für die Bronzezeit ist sie durch Wollkleidung der Moorleichen bezeugt. Zum Weben bereits komplizierter Muster dienten in der Hallstattzeit einfache senkrechte Webstühle; die Kettfäden wurden durch tönerne Gewichte gestrafft. Im 13. Jh. kam der Trittwebstuhl auf. Das Handweben beschleunigte der Schnellschützen von J. KAY (1733) zur selbsttätigen Hin- und Herbewegung des Schiffchens. Der höhere Garnbedarf führte zur stärkeren Mechanisierung des Spinnens, dieses wiederum zur Mechanisierung des Webens, die v. a. durch E. CARTWRIGHTS mechan. Webstuhl (1785) erreicht wurde. Seit 1787 wurde ein Webstuhl T. GORTONS bereits durch Dampfkraft angetrieben. Weitere Entwicklungen: Musterwebstuhl 1805 von J. M. JACQUARD, Verbesserung des mechan. Webstuhls 1822 durch R. ROBERTS, erster mechan. Tuchwebstuhl in Dtl. 1845 von L. SCHÖN-

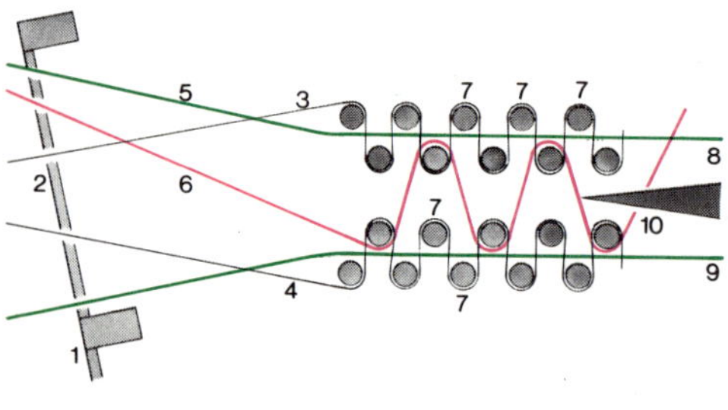

Weberei 5: Doppelsamt-, Doppelplüsch-, Doppelteppichweben (Gewebeschnitt); **1** Weblade, **2** Webblatt, **3** Bindekette für Oberware, **4** Bindekette für Unterware, **5** Stengelkettfaden in Ober- und Unterware, **6** Polkettfaden, **7** Schüsse, **8** Oberware, **9** Unterware, **10** Messer, das die Ober- und Unterware trennt

HERR, Buckskin-Webstuhl mit Schützenwechsel und Schaftmaschine von G. CROMPTON (1867), automat. Schußspulenwechsler von J. H. NORTHROP (1889), Buntautomat von E. CLAVIEZ (1893), erster elektrisch angetriebener Webstuhl 1879 (W. SIEMENS), Rundwebstuhl von J. und K. HEROLD (1897), Greifer-Webstühle von D. M. SEATON (1907) und J. GABLER (1926), Greiferschützen-(›Sulzer‹-)Webmaschine von R. ROSSMANN seit 1928.

H. KULLRICH: Webmaschinen (1966); H. REPENNING: Die mechan. W. ([6]1970); Gewebetechnik, hg. v. H. HENNIG ([2]1978); H. HOLLSTEIN u. a.: Fertigungstechnik W., 1 (1979), 2 (1980); A. WARTENWEILER: Webrahmen, Webstuhl und Spinnrad selbst gebaut (1980); ALMUT BOHNSACK: Spinnen und Weben, Entwicklung und Technik . . . (1981).

Weber-Fechnersches Gesetz [n. dem dt. Physiologen E. H. Weber, * 1795, † 1878, und dem dt. Physiker G. T. Fechner, * 1801, † 1887], von E. H. WEBER 1834 zuerst formulierte Annahme, nach der das Verhältnis des Reizzuwachses, der nötig ist, um einen eben merklichen Empfindungszuwachs zu bewirken (Unterschiedsschwelle), zur Intensität des Ausgangsreizes konstant ist: Je intensiver ein Reiz, desto stärker muß der Zuwachs sein, um eine Unterschiedswahrnehmung zu bewirken **(Webersches Gesetz).** G. T. FECHNER leitete hieraus 1860 die ›psychophys. Maßformel‹ (auch ›psychophys. Grundgesetz‹, **Fechnersches Gesetz** oder W.-F. G.) ab, nach der die Intensität einer Empfindung dem Logarithmus des Reizes proportional ist: $E = k \cdot \log R$ (E = Empfindung, k = Konstante, R = Reiz). Nach heutigen Erkenntnissen gilt das W.-F. G. nur für den Mittelbereich eines Reizkontinuums (nicht für extrem kleine oder große Reizstärken).

Wechselfeld, elektr. oder magnet. Feld, das periodisch mit der Zeit seine Größe und Richtung ändert. Ein magnet. W. entsteht in der Umgebung eines von Wechselstrom durchflossenen elektr. Leiters; stärkere Felder entstehen, wenn der Leiter zu einer Spule aufgewickelt ist.

Wechselfolge, Wiederkehren ähnl. Gesteinssequenzen in rhythm. **(Rhythmit)** oder zykl. (→Zyklotheme) Aufeinanderfolge in einem Gesteinsverband.

Wechselgetriebe, Getriebe zur Erzeugung versch. Übersetzungsverhältnisse zw. An- und Abtriebswelle durch Auswechseln (Ein- und Ausrücken) von →Wechselrädern, z. B. in Werkzeugmaschinen und im →Kraftwagengetriebe.

Wechselräder, in →Wechselgetrieben und →Wendegetrieben untereinander auswechselbare oder wechselweise im Eingriff stehende Zahnräder oder Zahnradpaare zur Erzeugung versch. Übersetzungsverhältnisse.

Wechselrichter, ein →Stromrichter zum Umwandeln von Gleichstrom in Wechselstrom. W. gibt es für kleine Leistungen, z. B. zum Speisen von 220-V-Geräten aus Batterien, bis zu den größten Leistungen von mehreren hundert MW bei der Hochspannungsgleichstromübertragung. Von besonderer Bedeutung sind W. für die unterbrechungsfreie Stromversorgung z. B. von Datenverarbeitungsanlagen.

Wechselschaltung, in der Installationstechnik die Schaltung einer elektr. Lichtquelle derart, daß durch zwei Umschalter **(Wechselschalter)** die Lichtquelle von zwei räumlich voneinander getrennten Stellen beliebig ein- oder ausgeschaltet werden kann.

Wechselspannung, eine sich periodisch in Richtung und Amplitude ändernde elektr. Spannung, die in einem Stromkreis einen →Wechselstrom verursacht; Ggs.: →Gleichspannung.

Wechselspannungsverstärker, elektron. Schaltung zur Verstärkung von Wechselspannungssignalen (auch zur Strom- oder Leistungsverstärkung). Gleichspannungen (-ströme) werden nicht übertragen, d. h., der mittlere Gleichspannungswert (-stromwert) ist Null. Wichtige Kenngrößen des W. sind die Verstärkung in Abhängigkeit von der Frequenz (Frequenzgang mit Angabe der unteren und oberen Grenzfrequenz), die Phasenverschiebung zw. Ausgangs- und Eingangssignal, die nichtlinearen Signalverzerrungen (erkenntlich am Oberwellengehalt des Ausgangssignals, der als →Klirrfaktor angegeben wird) und die Größe der Störspannungen, wobei der Unterschied zw. Nutz- und Störsignal von Bedeutung ist (Stör-, Geräusch-, Brumm-, Rauschabstand). Durch Hintereinanderschaltung mehrerer Verstärkerstufen (→Kopplung) läßt sich eine höhere Verstärkung erzielen als mit einer Stufe, allerdings verringert sich auch die Bandbreite mit der Anzahl der Verstärkerstufen.

Wechselsprech|anlage, Fernsprechanlage mit abwechselnd einseitig gerichteter Übertragung zw. zwei oder mehreren Teilnehmern (Halbduplex, →Nachrichtenübertragung). Die jeweilige Richtung wird durch Tastendruck des sprechenden Teilnehmers gewählt. Anwendung bei Funksprechgeräten und innerbetriebl. Sprechanlagen. Ggs.: →Gegensprechanlage.

Wechselsprung, Wassersprung, sprunghaftes Ansteigen des Wasserspiegels beim →Fließwechsel vom **Schießen** (Fließgeschwindigkeit größer als Wellenfortpflanzungsgeschwindigkeit) zum **Strömen** (Fließgeschwindigkeit kleiner) infolge Umwandlung von kinet. in potentielle Energie. Der W. ist meist verbunden mit einer →Wasserwalze.

Wechselstrom, elektr. Strom, dessen Richtung und Stärke sich in schneller Folge periodisch ändern **(Einphasenstrom),** i. Ggs. zum →Gleichstrom. Strom und Spannung verlaufen meist sinusförmig; bei abweichender Kurvenform lassen sie sich in Grundwelle und Oberwellen zerlegen (→harmonische Analyse). Die Zeit T, nach deren Ablauf Stromstärke (i) und Spannung (u) des W. wieder den gleichen Wert und die gleiche Richtung haben, be-

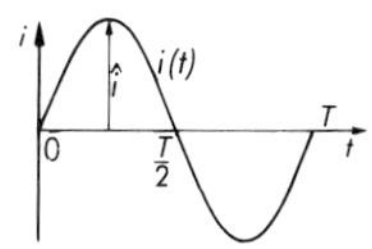

Wechselstrom 1

Wechselstrom 1: der Strom i_C durch den Kondensator C eilt der Spannung u um eine 1/4 Periode (π/2) vor

zeichnet man als **Periode,** die zeitbezogene Periodenzahl als **Frequenz** f, den zeitl. Höchstwert des Stroms als Scheitelwert oder **Amplitude** $\hat{\imath}$ (BILD 1). Bei dem wenig verwendeten **Zweiphasenstrom** sind zwei Einphasenströme um eine halbe Periode gegeneinander verschoben. Der →Drehstrom ist die Verkettung dreier W. gleicher Frequenz und Amplitude **(Dreiphasenstrom).**

Für einen sinusförmig veränderlichen Strom $i = \hat{\imath} \sin(\omega t + \varphi)$ ist i der Augenblickswert, $\hat{\imath}$ der Höchst- oder Scheitelwert, ω die Kreisfrequenz ($\omega = 2\pi f$) und φ der Phasenverschiebungswinkel gegenüber einer Bezugsgröße (z. B. der Spannung). Der für die in →Ohmschen

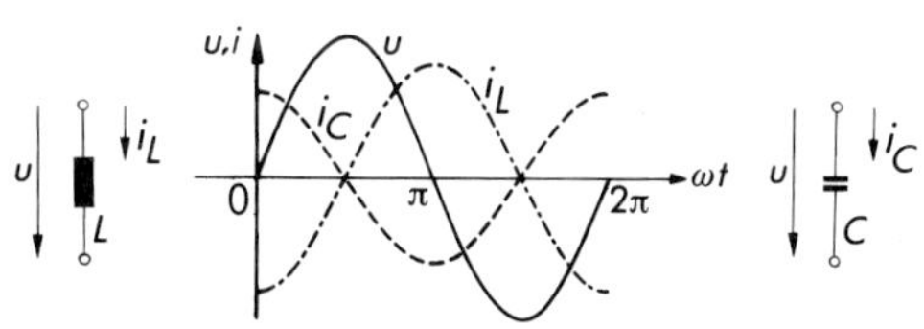

Wechselstrom 2: der Strom i_L durch die Spule L eilt der Spannung u um eine 1/4 Periode (π/2) nach

Widerständen umgesetzte Leistung maßgebende quadrat. Mittelwert heißt → Effektivwert. Sind in einem W.-Kreis außer **Ohmschen Widerständen** (R) auch noch **Induktivitäten** (Spulen, mit L bezeichnet) oder **Kapazitäten** (Kondensatoren, C) vorhanden, wirken diese Elemente als zusätzl., frequenzabhängige Widerstände, genannt **Blindwiderstände** oder **Reaktanzen,** weil in ihnen keine Leistung umgesetzt wird. Es tritt eine Phasenverschiebung des Stromes gegenüber der Spannung auf (BILD 2, S. 249). Beim Blindwiderstand gibt es den → induktiven Widerstand **(Induktanz),** der sich als Produkt aus Induktivität und Kreisfrequenz berechnet ($X_L = \omega L$), und den → kapazitiven Widerstand **(Kondensanz),** der sich aus Kreisfrequenz und Kapazität berechnet ($X_C = 1/\omega C$). Kehrwert der Reaktanz ist der kapazitive Blindleitwert oder **Kapazitanz.**

Die Leistung in einem W.-Kreis pulsiert mit doppelter Frequenz um einen Mittelwert, der gleich ist dem Produkt von Strom, Spannung (Effektivwerte) und dem Kosinus des Phasenverschiebungswinkels zw. Spannung und Strom **(Leistungsfaktor).** Diese Leistung wird **Wirkleistung** genannt, i. Ggs. zur **Blindleistung** in den Reaktanzen mit dem Mittelwert Null. Der zur Übertragung der Wirkleistung erforderliche Anteil des W. heißt **Wirkstrom,** der zur Übertragung der Blindleistung **Blindstrom.**

Technische Nutzung: Zur Energieversorgung werden W. in → Generatoren 1) erzeugt. Der gebräuchliche Netz-W. hat in Dtl. die Frequenz 50 Hz; elektr. Bahnen werden häufig mit 16²/₃ Hz betrieben; für andere techn. Zwecke, z. B. Induktionsöfen, werden Frequenzen bis 10000 Hz gebraucht. W. für die Nachrichtentechnik erfordern kleine Leistungen, aber einen viel größeren Frequenzbereich (bis in den Gigahertz-Bereich). Dort werden hochfrequente W. und Wechselspannungen durch → Oszillatoren (z. B. Operationsverstärker mit frequenzbestimmender Rückkopplung) in vielfältiger Weise u. a. zur Übertragung von Signalen verwendet.

Mit Stromstärke und -richtung wechselt auch das von einem W. erregte magnet. Feld periodisch. Auf Grund der → Induktion 1) kann W.-Energie von einem Stromkreis in einen anderen übertragen werden, wobei durch die Wahl der Windungszahlen die Wechselspannung beliebig hinauf- oder herabtransformiert werden kann (→ Transformator, → Übertrager). In der einfachen Möglichkeit der Spannungsumsetzung ist die Überlegenheit von W.-Systemen gegenüber Gleichstromsystemen begründet. Große elektr. Leistungen können mit einem um so geringeren Aufwand an Leitungsmaterial und geringeren Stromwärmeverlusten übertragen werden, je höher die Spannung gewählt wird. Wenn für besondere Zwecke Gleichstrom benötigt wird, kann er durch Gleichrichtung des W. gewonnen werden (→ Gleichrichter, → Stromrichter, → Hochspannungs-Gleichstrom-Übertragung).

Wechselstromgerät, elektr. Gerät, das nur mit Wechselstrom betrieben werden kann (i. Ggs. zum → Allstromgerät). Beim Anschalten eines W. an ein Gleichstromnetz brennen die Sicherungen durch, oder der Netztransformator wird zerstört.

Wechselstrom|maschine, 1) eine → Dampfmaschine mit nur einem Dampfkanal, durch den der Dampf wechselnd ein- und ausströmt.

2) → elektrische Maschinen.

Wechselstrom|motor, → Elektromotor.

Wechselstromsteller, zu den → Stromrichtern gehörende einfache elektron. Schalteinrichtung mit zwei antiparallelen → Thyristoren oder einem → Triac. Mittels W. läßt sich der → Effektivwert der Wechselspannung an einem Verbraucher stufenlos einstellen, entweder durch → Phasenanschnittsteuerung (z. B. bei Glühlampen) oder durch Schwingungspaketsteuerung (bei elektr. Wärmegeräten), wobei der Strom periodisch während einer best. Anzahl von Perioden der Netzfrequenz fließt oder aber unterbrochen bleibt.

Wechselstromtelegraphie, → Fernschreiben.

Wechselstromwiderstand, → Scheinwiderstand.

Wechselwirkung, die gleichzeitige, gegenseitige Einwirkung zweier physikal. Objekte. Alle in der Natur vorkommenden Kräfte lassen sich auf vier W.-Arten zw. den Elementarteilchen zurückführen, die nach der Feldtheorie mit Hilfe von Feldern beschrieben werden. Die **Gravitations-W.** (→ Gravitation), die zw. allen Elementarteilchen wirkt, ist die schwächste der vier W., besitzt aber unendlich große Reichweite. Die **schwache W.,** der alle Elementarteilchen mit Ausnahme des Photons unterliegen, ist die zweitschwächste W. und sehr kurzreichweitig (Reichweite etwa 10^{-14} cm). Sie bewirkt z. B. den β-Zerfall. Die **elektromagnet. W.,** der das Photon und alle geladenen und solche ungeladenen Elementarteilchen unterliegen, die ein magnet. Moment oder elektr. und/oder magnet. Multipolmomente höherer Ordnung aufweisen, ist die zweitstärkste W. und hat unendlich große Reichweite. Der Aufbau der Atome aus Elektronen und Atomkernen beruht auf der elektromagnet. W., die auch bestimmend für die chem. Verbindungen ist. Die **starke W.,** der die → Hadronen unterliegen, ist die stärkste W. mit einer Reichweite von der Größe der Atomkerne, d. h. sehr kurzreichweitig (Reichweite etwa 10^{-13} cm); sie bewirkt z. B. den Zusammenhalt der Nukleonen in den Kernen. Die Stärken der W. verhalten sich in der Reihenfolge starke, elektromagnet., schwache W. und Gravitations-W. ungefähr wie $1:1/137:10^{-14}:10^{-39}$. Die Stärke der W. bestimmt u. a. die Lebensdauer gegenüber entsprechenden Zerfällen, die bei der starken W. bei 10^{-22} s, bei der elektromagnet. bei 10^{-16} s und bei der schwachen um 10^{-8} s liegt. Die Felder können statisch sein, d. h., sie sind zeitlich und räumlich konstant, oder sie können sich unabhängig von der emittierenden Quelle als Welle ausbreiten. Eine solche Welle kann man auch als Bewegung eines Teilchens beschreiben. Bei einer W. werden diese Teilchen ausgetauscht. Man bezeichnet sie daher als **W.-Quanten** der entsprechenden W. Das (hypothet.) W.-Quant der Gravitations-W. ist das Graviton, das W.-Quant der elektromagnet. W. das Photon, die W.-Quanten der starken W. sind die → Gluonen, die der schwachen W. die intermediären → Vektorbosonen W^+, W^-, Z^0. Hat das W.-Quant die Ruhemasse Null (Photon), sind die Kräfte langreichweitig, ist die Masse groß, haben die Kräfte kurze Reichweite.

In den letzten Jahren ist es gelungen, die schwache und die elektromagnet. W. in einer nicht-abelschen Eichfeldtheorie zusammenfassend darzustellen **(Weinberg-Salam-Theorie, Quantenflavourdynamik, QFD,** oder **Quantenasthenodynamik, QAD).** Weiterhin wurde eine Theorie der starken Wechselwirkung entwickelt **(Quantenchromodynamik, QCD).**

Nach dem heutigen Kenntnisstand der Elementarteilchenphysik sind die → Quarks und die → Leptonen, d. h. nur Fermionen mit Spin ¹/₂, die Grundbausteine der Materie. Vernachlässigt man die Gravitations-W., so wird die W. zw. diesen Elementarteilchen durch drei Grundkräfte (elektromagnet. W., starke W. und schwache W.) bestimmt. Diese Kräfte können durch den Austausch von virtuellen Teilchen (auch Bindungsteilchen, W.-Quanten, Feldquanten; nämlich Photonen, Gluonen und intermediäre Vektorbosonen, d. h. nur Bosonen mit Spin 1), die als Träger der Kräfte wirken, beschrieben werden. Quelle der Kräfte sind die elektr. Ladung, die Farbladung, von der drei Arten (Rot, Grün und Blau) existieren, sowie die schwache Ladung der Teilchen. Für die schwache Ladung, die die Werte $+1/2, 0, -1/2$ annehmen kann, gilt kein Erhaltungssatz. W^+-, Z^0- und W^--Bosonen besitzen die schwache Ladung +1, 0 und −1. Durch Z^0-Austausch werden i. Ggs. zum W^+- und W^--Austausch die Identität und Eigenschaften der Teilchen nicht geändert.

Nachdem es gelungen ist, auf dem elementaren Niveau der Quarks und Leptonen die schwache und die elektromagnet. W. zur **elektroschwachen W.** zusammenzufassen und diese sowie die starke W. durch strukturell der → Quantenelektrodynamik (Theorie der elektromagnet. W.) ähnl. Theorien (→ Weinberg-Salam-Theorie, → Quantenchromodynamik) zu beschreiben, liegt die Zusammenfassung zu einer einheitl. Theorie nahe. Für diese **Große Vereinigung der W.** wurden verschiedene Ansätze gemacht. Das von H. GEORGI und S. L. GLASHOW vorgeschlagene Modell, das die Symmetriegruppe SU(5) als Eichgruppe benutzt und die Vereinigung der drei W. in einer Theorie mit nur einer Eichkopplungskonstanten liefert, wird z. Z. als am erfolgreichsten angesehen.

Der grundlegende Unterschied zw. Quarks und Leptonen besteht darin, daß Quarks elektr., schwache und Farbladung, Leptonen nur schwache und z. T. elektr., aber keine Farbladung besitzen und daher auch keine starke W. spüren, die nur zw. ›gefärbten‹ Teilchen durch Gluonenaustausch wirkt. Die Vereinigung der starken mit der elektroschwachen W. erfordert daher die Einführung einer neuen **superschwachen W.**, die wahrscheinlich noch 10^{28}mal schwächer als die normale schwache W. ist und durch die die Quarks (Teilchen mit Farbladung) in Leptonen (Teilchen ohne Farbladung) umgewandelt werden können. Durch die Einführung der superschwachen W. werden die Erhaltungssätze für Baryonen- und Leptonenzahlen bei bestimmten Elementarteilchenreaktionen außer Kraft gesetzt. Diese Erhaltungssätze sind nur auf Grund der prakt. Erfahrung postuliert worden, konnten aber theoretisch nicht begründet werden. In der SU(5)-Theorie werden alle Kräfte zw. Materieteilchen durch den Austausch von $5 \times 5 - 1 = 24$ Vektorbosonen vermittelt, die den Namen X-Teilchen erhalten haben. Neben dem Photon, drei intermediären Bosonen und acht Gluonen müssen daher zwölf neue X-Bosonen eingeführt werden, die die superschwache W. vermitteln. Diese X-Bosonen sind sehr kurzlebig, auf ein Volumen von 10^{-27} cm Durchmesser konzentriert, und wegen der extremen Schwäche der superschwachen W. müssen sie eine Masse von etwa 10^{16} GeV (d. h. rd. 10^{16} Protonenmassen) haben. Nach der vereinigten Theorie können für Energien oberhalb 10^{16} GeV, d. h. Temperaturen über 10^{29} K, sowie für Abstände in der Größenordnung von 10^{-29} cm **(Vereinheitlichungslänge)**, Quarks und Leptonen nicht mehr unterschieden werden. Starke, schwache und elektromagnet. W. gleichen sich in ihrer Stärke bei hohen Energien bzw. kleinen Abständen zw. den Elementarteilchen immer mehr an und verschmelzen schließlich zu einer einheitl. Grundkraft. Für Energien zw. 10^{16} und 100 GeV bleiben nur schwache und elektromagnet. W. ununterscheidbar, bei tieferen Temperaturen geht auch diese Symmetrie verloren. Da ein experimenteller Test der Vereinigungstheorie

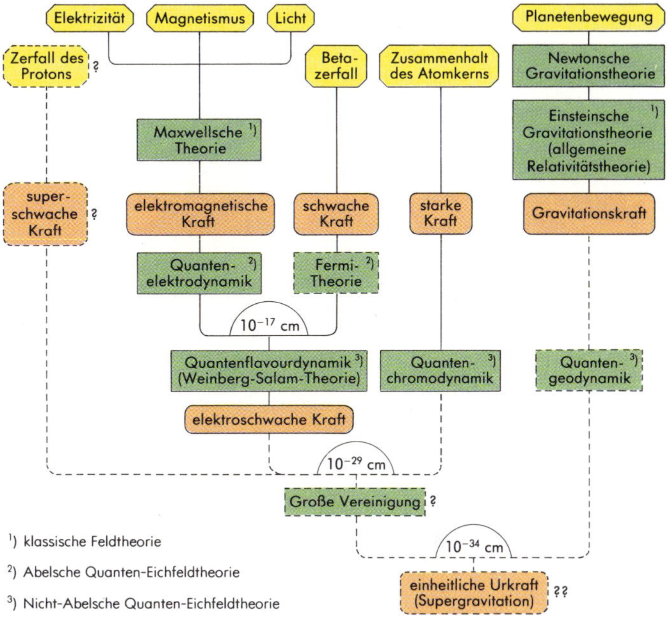

Wechselwirkung: Schema einer möglichen Vereinigung der vier Grundkräfte zu einer Urkraft. In den Halbkreisen sind die Abstände angegeben, bei denen die Kräfte jeweils zu einer vereinheitlichten Kraft verschmelzen. Beim Vordringen in atomare Dimensionen ($\approx 10^{-8}$ cm) mußte die Maxwellsche Theorie in Form der Quantenelektrodynamik (QED) quantisiert werden. Mit Hilfe der Weinberg-Salam-Theorie (Quantenflavourdynamik, QFD) können die elektromagnet. und die schwache Kraft bei Abständen von etwa 10^{-17} cm zur elektroschwachen Kraft vereinigt werden. Weiterhin vermutet man, daß bei Abständen von der Größenordnung 10^{-29} cm auch die starke Kraft – welche durch die Quantenchromodynamik (QCD) beschrieben wird – sich mit der elektroschwachen Kraft vereinigen läßt (engl. ›Grand Unification‹, Große Vereinigung). Da die Theorie der quantisierten Gravitation, die Quantengeodynamik (QGD), in ihren Symmetrieeigenschaften mit der QFD und der QCD starke Verwandtschaft aufweist, könnte die Rückführung aller vier Grundkräfte auf eine einzige Urkraft (›Supergravitation‹) eines Tages gelingen

durch Erzeugung der X-Bosonen mittels Stoßreaktionen in Beschleunigern wegen der erforderl. Energie von 10^{16} GeV ausgeschlossen ist, ist wichtig, daß sie eine Vielzahl von Voraussagen liefert, die auch bei erheblich niedrigeren Energien nachprüfbar sind. Hierzu gehören: 1) Alle Materie ist instabil, d. h., auch das → Proton hat nur eine begrenzte Lebensdauer von wahrscheinlich 10^{31} Jahren. 2) Die bisher für massenlos gehaltenen → Neutrinos haben eine endl. Ruhemasse von einigen eV. 3) Es wird erwartet (aber nicht unbedingt gefordert), daß magnet. → Monopole mit einer Masse von mehr als 10^{16} GeV existieren. 4) Da unmittelbar nach dem Urknall im Kosmos Temperaturen von 10^{29} K und mehr geherrscht haben, liefert die Theorie Aussagen über die Asymmetrie von Materie und Antimaterie im Universum (→ Kosmologie).

Obwohl die Vereinigung noch stark hypothet. Züge aufweist, ist beeindruckend, daß eine ganze Reihe von bisher nur schwierig zu erklärenden experimentellen Fakten sich zwingend aus der Theorie ergeben. Derartige Aussagen sind z. B.: 1) Photonen haben keine Ruhemasse, 2) elektr. Ladungen sind quantisiert, 3) die Ladungen von Proton und Positron sind gleich groß (Erklärung der elektr. Neutralität der Atome), 4) Quarks haben keine ganzzahlige Ladung, 5) Neutrinos haben keine Ladung.

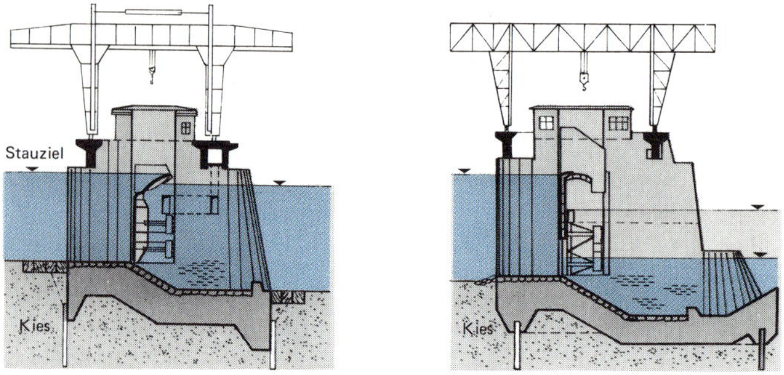

Wehr 1:
LINKS Roll-Schützen-W. mit aufgesetzter Fischbauchklappe, RECHTS Doppelhaken-Schützen-W.

Die noch offenen Probleme werden wahrscheinlich erst zu lösen sein, wenn auch die Gravitation, deren Rolle bisher weitgehend unverstanden ist, mit in die Theorie einbezogen werden kann. Eine Vereinigung der Gravitations-W. mit den drei anderen W. wird für Energien oberhalb 10^{19} GeV (entsprechend einer Masse von rd. 10^{19} Protonenmassen) erwartet. Bei dieser Energie werden die Gravitationskräfte zw. Elementarteilchen stärker als die starke und die elektroschwache Kraft **(Supergravitation).** Bereits M. PLANCK hat erkannt, daß Quanten- und Gravitationstheorie bei Massen von mehr als 10^{19} Protonenmasse (dieser Wert wird deshalb oft als **Planck-Masse** bezeichnet) inkonsistent werden und daß in diesem Bereich neue physikal. Gesetzmäßigkeiten wirksam werden müssen.

Sollte die neuerdings diskutierte, aber z. Z. noch stark umstrittene Rishonen-Theorie, nach der Quarks und Leptonen selbst nicht elementar, sondern ihrerseits aus noch kleineren Bausteinen, den → Rishonen, zusammengesetzt sind, sich als richtig erweisen, dann könnten an Stelle von vier nur noch drei fundamentale W. unterschieden werden; die schwache W. wäre nach diesem Konzept keine fundamentale Kraft.

Da Gluonen wie Quarks nur in gebundenen Zuständen zu existieren scheinen und bei wachsendem Abstand wegen der Zunahme der Kopplung zunächst Quark-Antiquark-Paare und schließlich Mesonen bilden, liefert das Gluonenmodell die Basis für die Erklärung der → Kernkräfte durch Mesonenaustausch.

Wechselwirkungsprinzip, das → Reaktionsprinzip 2).

Weck|amine, Gruppe von Psychostimulantien mit struktureller Verwandtschaft zum → Adrenalin. Sie bedingen Leistungssteigerung, Euphorie, bei Überdosierung Erregungszustände, Halluzinationen, Psychosen. Dosissteigerung führt zu Gewöhnung und Sucht.

Wecker, Wecker|uhren, geben zu einer best. eingestellten Zeit ein Summ- oder Klingelzeichen, kann zur Vermeidung einer Schockwirkung für den Benutzer zu Beginn mit verminderter Lautstärke oder in langsamerer Schlagfolge geschehen. **Radio-W.** schalten zur vorgegebenen Zeit wahlweise einen Summton oder ein Rundfunkprogramm ein. **Elektr. W.,** → Klingel.

Weg, Mathematik: in einem topolog. Raum T eine stetige Abbildung $f{:}I \longrightarrow T$, wobei $I = [a, b] \subset \mathbb{R}$ ein beschränktes abgeschlossenes Intervall (meist das Einheitsintervall $I = [0,1]$) ist; $f(a)$ heißt **Anfangspunkt,** $f(b)$ **Endpunkt** des W.; ist $f(a) = f(b)$, so heißt f ein **geschlossener W.**

Wega, hellster Stern (der 0. Größenklasse) im Sternbild Leier **(Alpha Lyrae)** und hellster Stern im → Sommerdreieck. Mit einer scheinbaren Helligkeit von $0^m_,03$ ist die nur 26 Lichtjahre entfernte W. der vierthellste Fixstern.

Weglänge, → mittlere freie Weglänge.

Wegsamkeit, Durchlässigkeit eines Gesteins für zirkulierende Flüssigkeiten; z. B. auf Grund poröser Struktur oder auf Flächen und Klüften.

Wegstreckenzähler, Kilometerzähler, beim Fußgänger der → Schrittzähler, bei Landfahrzeugen meist ein mit dem Tachometer verbundenes Zählwerk, das über die Zahl der Radumdrehungen bei bekanntem Radumfang die zurückgelegte Wegstrecke mißt und diese über biegsame Welle oder elektrisch anzeigt. Auf Schiffen wird die zurückgelegte Wegstrecke mittelbar mit Hilfe der Fahrtmeßanlage und/oder des Kursschreibers, in jedem Falle navigatorisch bestimmt. Die von Luftfahrzeugen zurückgelegte Wegstrecke kann durch fortlaufende Standortbestimmungen oder aus Messung und Integration von Geschwindigkeit (Dopplerradar) oder Beschleunigung (Trägheitssystem) bestimmt werden. Angezeigt wird jedoch meist die zu einem gewählten Zielpunkt noch zurückzulegende Strecke.

Wehnelt-Zylinder [n. dem Physiker A. R. B. Wehnelt, * 1871, † 1944], negativ vorgespannte, zylinderförmige Steuerelektrode in einer → Elektronenstrahlröhre. Der W.-Z. ist Teil des Elektronenstrahl-Erzeugungssystems (→ Elektronenkanone), er liegt direkt vor der Kathode und dient zur Bündelung und zur Intensitätssteuerung des emittierten Elektronenstrahls. Die Strahlstärke läßt sich durch Verändern der Vorspannung am W.-Z. einstellen (z. B. Helligkeitsregler beim Fernsehgerät).

Wehr, feste oder mit bewegl. Verschlüssen versehene → Stauanlage, die der Hebung des Wasserstands dient. W.

Wehr 2: LINKS Überfall-W., MITTE Drucksegment-Schützen-W., RECHTS Sektor-Schützen-W.

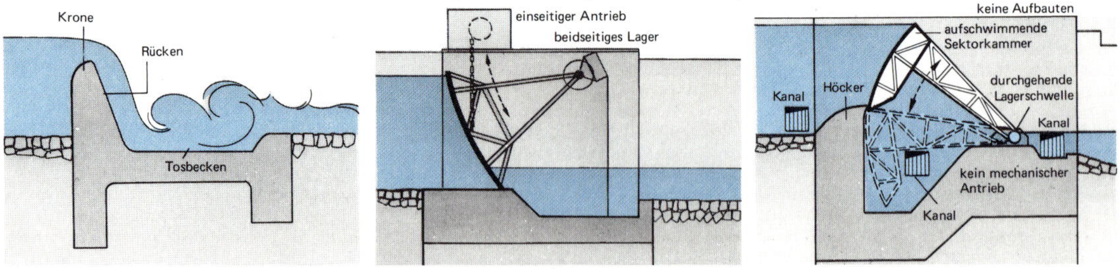

werden im Grundriß i. a. senkrecht zur Fließrichtung angeordnet. Liegt die W.-Krone etwa parallel dazu, so spricht man von einem **Streich-W.**

Feste W. ermöglichen keine Regelung des Stauspiegels oder des Durchflusses. Lediglich das (feste) **Heber-W.** ist durch seine besondere Funktionsweise in der Lage, die Oberwasserstands-Schwankungen eng zu begrenzen. Beim **Grund-W.** liegt die W.-Krone unter, beim **Überfall-W.** über dem Unterwasserspiegel. Beide Formen können je nach der Wasserführung ineinander übergehen. W. mit **bewegl. Verschlüssen** dienen zur Regelung des Oberwasserstandes und des Durchflusses. I. a. sind dies mechanisch, hydraulisch oder elektrisch angetriebene Stahlkonstruktionen in versch. Ausführungsformen, z. B. Klappen-, Dach-, Trommel- oder Walzen-W. sowie Tafel-, Roll-, Segment-, Sektor- und Doppelhaken-Schützen-W. In Flüssen werden bewegl. W. durch Zwischenpfeiler in mehrere **W.-Felder** aufgeteilt und so bemessen, daß man bei Ausfall eines z. B. durch Reparatur versperrten Feldes sowohl das Bemessungshochwasser als auch Eis durch die restlichen W.-Felder ableiten kann. Zur Feinregulierung wird häufig eine Fischbauchklappe auf ein Schütz aufgesetzt.

Die W.-Verschlüsse müssen für Überholungs- und Reparaturarbeiten durch je einen ober- und unterwasserseitigen → Notverschluß, z. B. aus Dammbalken oder einem → Nadelwehr, trockengelegt werden können. Das **Tiroler W.** ist keine Stauanlage, sondern ein in der Sohle liegender, mit einem in Strömungsrichtung geneigten Rechen abgedeckter → Einfang, der einen quer zum Fließgewässer verlaufenden Entnahmekanal speist.

H. Press: Stauanlagen und Wasserkraftwerke, Tl. 2 (^{2}1959); P.-G. Franke: Abfluß über W. und Überfälle (1970); Tb. der Wasserwirtschaft, hg. v. H. Bretschneider u. a. (^{6}1982).

Weiche, 1) Elektronik: Filterschaltung, z. B. für Lautsprechersysteme, → Frequenzweiche.

2) Schienenbahnen: bewegl. Schienenvorrichtung zur Verbindung von Gleisen, bei der Eisenbahn meist vom → Stellwerk aus gestellt. Nach der Richtung der Ablenkung werden unterschieden: **Rechts-** und **Links-W.,** bei Abzweigung aus Gleisen in Krümmungen **Innen-** und **Außenbogen-W.,** in Verbindungen sich kreuzender Gleise einfache oder doppelte **Kreuzungs-W.** Bei den üblichen W. laufen die äußeren Schienen als **Backenschienen** durch, zw. beiden liegen die seitlich bewegl. **Zungenschienen,** die sich jeweils an die Backenschienen anlegen und durch Gestängeeinrichtungen verbunden und gestellt werden. Das Schienenstück, in dem sich zwei Schienen schneiden, heißt **Herzstück.** Zur Führung der Räder in der am Herzstück entstehenden Spurlücke tragen die an der gegenüberliegenden Schiene angebrachten **Radlenker** bei. Die Bez. und Verwendung der W. richtet sich nach der Schienenform (z. B. S 54), dem Halbmesser des Abzweiggleises (z. B. R = 1 200 m mit Abzweiggeschwindigkeit von 100 km/h) und der Tangentenneigung im Herzstück (z. B. 1:18,5). W. für hohe Fahrgeschwindigkeiten mit geringer Tangentenneigung erhalten **bewegl. Herzstückspitzen,** die wie Weichenzungen bewegt werden und die Schienenlücke im Herzstückbereich überbrücken. – Übrige Bahnen: Straßenbahn-W. werden an Haltestellen auch mit **Langzungen** ausgerüstet, um die Zungeneinrichtung automatisch vom fahrenden Fahrzeug aus noch vor Einfahrt in die Haltestelle sicher umstellen zu können. Spezial-W. für Industriebahnen o. ä. können **mehrfache Zungenpaare** besitzen. – In die Fahrbahnen für neue Führungs- und Tragtechniken (z. B. → Kabinenbahnen) werden auch **passive W.** ohne bewegl. Teile eingebaut. (Weiteres Bild S. 254)

Weich|eisen, Bez. für → Reineisen mit stark ausgeprägten weichmagnet. Eigenschaften, d. h., der Werkstoff behält nach Entzug eines äußeren Magnetfeldes nur eine geringe magnet. Wirkung (Ggs.: hartmagnet. Werkstoff). W. wird in der Elektrotechnik für Gleichstromanwendungen eingesetzt (z. B. Relaisteile), für die Wechselstromtechnik ist W. wegen seines geringen spezif. Widerstandes und der damit verbundenen hohen Wirbelstromverluste nicht geeignet.

Weich|eisen|instrument, ältere Bez. für das → Dreheiseninstrument.

Weichenheizung, Winterausrüstung an → Weichen zur Verhinderung von Schnee- und Eisbildung zw. Backen- und Zungenschienen. Es gibt **elektr. W.** mit Wärmewiderständen, **gasbetriebene W.** (Propangas-W.) mit Wärmestrahlern, **Warmwasser-W.** mit warmwassergespeisten Heizrohren und W. mit **offenen Wärmemulden,** in denen Petroleum, Kohle oder Koks verbrannt wird.

Weichglas, Glassorten mit großem Wärmeausdehnungskoeffizienten; Ggs.: → Hartglas.

Weichglühen, → Wärmebehandlung.

Weichgummi, → Elastomere.

Weichmacher, flüssige oder feste organ. Stoffe mit geringem Dampfdruck, die Kunststoffen, Lacken, Klebstoffen, Kautschuk u. a. zugesetzt werden, um erhöhtes Formänderungsvermögen, erhöhte elast. Eigenschaften und/oder geringere Härte zu erreichen. W. setzen durch ihr Löse- und Quellvermögen v. a. die Glastemperatur (→ Kunststoffe) von hochpolymeren Stoffen herab. Besondere Bedeutung haben W. bei der Herstellung von Weich-PVC (→ Polyvinylchlorid). Bei Celluloseestern und -äthern dienen sie v. a. zur Herabsetzung der Steifheit. Verwendet werden vorzugsweise Phthalsäureester, z. B. Dibutylphthalat (DIBP), Di-2-äthylhexylphthalat (DOP) oder Di-i-nonylphthalat (DINP). Adipinsäureester (z. B. Di-2-äthylhexyladipat, DOA) haben eine größere Kältefestigkeit (z. B. in Celluloseacetat-Lacken). In Kautschukmischungen dienen Mineralöle gleichzeitig als W. und Streckmittel. Zur Herstellung von Celluloid wird Campher als W. verwendet.

Weichsegmente, → Polyurethane.

Weichspülmittel, Avivagemittel [aviv'a:ʒ-, frz.], Waschhilfsmittel, die am Schluß des Spülprozesses dem Spülwasser zugesetzt werden, um den harten Griff (**Trokkenstarre**) der Wäsche zu beseitigen. W. sind Emulsionen von kation. Tensiden (z. B. quartäre Ammoniumverbindungen wie Distearyldimethylammoniumchlorid). Durch Adsorption der Tenside an der Faseroberfläche erhält die Wäsche einen weichen Griff und gleichzeitig eine antistat. Ausrüstung.

Weichzeichner, für die künstler. Photographie leicht unscharf abbildendes Objektiv oder eine entsprechende Vorsatzlinse.

Weierstraßsche Sätze [n. dem dt. Mathematiker K. T. W. Weierstraß, * 1815, † 1897], wichtige Sätze der Mathematik. Beispiele: 1) **Weierstraßscher Approximationssatz** mit Polynomfunktionen (einfachster Fall): Ist $f\colon [a, b] \longrightarrow \mathbb{R}$ eine auf dem beschränkten abgeschlossenen Intervall definierte reelle stetige Funktion, so gibt es für jedes $\varepsilon > 0$, $\varepsilon \in \mathbb{R}$, eine Polynomfunktion p, so daß für alle $x \in [a, b]$ gilt: $|f(x) - p(x)| < \varepsilon$. Andere Ausdrucksweise: Es gibt eine Folge (p_n) von Polynomfunktionen, die gleichmäßig gegen f konvergiert.

2) W. S. in der → Funktionentheorie, Beispiele: der

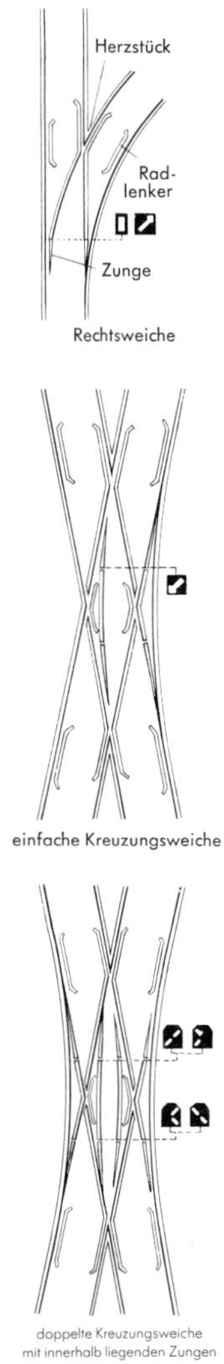

Weiche 2) 1

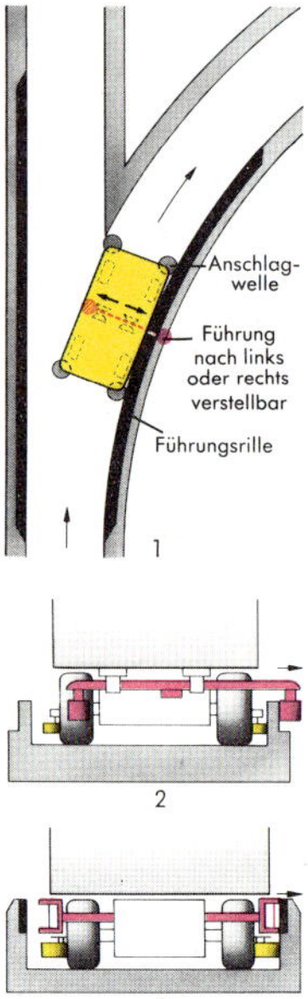

Weiche 2) 2: Prinzip der passiven W.; **1** Fahrzeugführung mit Rechtsabzweigung, **2** Fahrgestell, Führungsrolle rechts ausgefahren, anliegend rechte Leitschiene, **3** statt Führungsrolle Leitmagnet

Grenzwert einer gleichmäßig konvergenten Folge von holomorphen Funktionen ist wieder eine holomorphe Funktion; ferner Satz über die Darstellung von ganzen Funktionen durch unendliche Produkte, Vorbereitungssatz, Doppelreihensatz, Satz über das Verhalten einer holomorphen Funktion in der Umgebung einer wesentl. Singularität.

3) W. S. zur präzisen Begründung der reellen Analysis; z. B. a) **Bolzano-Weierstraßsches Häufungsstellenprinzip:** Jede unendl. beschränkte Menge reeller Zahlen besitzt mindestens einen Häufungspunkt; b) jede auf einem abgeschlossenen beschränkten Intervall $[a,b] \subset \mathbb{R}$ stetige reelle Funktion besitzt dort ein Maximum und ein Minimum. Beide Sätze, insbes. a), sind mögl. Formulierungen für die Vollständigkeitseigenschaft von $\mathbb{R}$.

Weierstraßsches Produkt, unendliches Produkt zur Darstellung ganzer transzendenter Funktionen durch ihre Nullstellen a_n von der Form

$$\prod_{n=1}^{\infty} u_n \text{ mit } u_n = \left(1-\frac{z}{a_n}\right) \exp \sum_{i=1}^{n-1} \frac{z^i}{i\,a_n^i}.$$

Weinberg-Salam-Theorie, Glashow-Weinberg-Salam-Theorie [n. den amerikan. Physikern S. L. Glashow, * 1932, S. Weinberg, * 1933, und dem pakistan. Physiker A. Salam, * 1926], **Quantenflavourdynamik** [-fl'eɪvə-], Abk. **QFD,** von den genannten Physikern entwickelte Theorie, die die elektromagnet. und schwache →Wechselwirkung in einer einheitl. Theorie zusammenfaßt. Die Wechselwirkung läßt sich in beiden Fällen durch ein Vektorfeld beschreiben, die Kraftwirkungen können auf einen gleichartigen Austauschmechanismus von als Bindeteilchen wirkenden →Vektorbosonen zurückgeführt werden. Der Unterschied liegt in der Masse der Feldquanten. Bei der elektromagnet. Kraft sind das die masselosen Photonen, bei der schwachen Kraft im Fall der Prozesse ohne Ladungsänderung das intermediäre Z^0-Boson, das eine Masse von etwa 100 Protonenmassen besitzt. Der Massenunterschied erklärt, warum die elektromagnet. Kraft bis ins Unendliche reicht, während die Reichweite der schwachen Kraft äußerst klein ist. Für die vielen schwachen Wechselwirkungsprozesse, bei denen auch Ladung ausgetauscht wird, sind die intermediären W^+- und W^--Bosonen verantwortlich. Unterscheidbar sind schwache und elektromagnet. Wechselwirkung nach der W.-S.-T. nur bei Reaktionsenergien, die klein gegen die der Masse der intermediären Bosonen entsprechenden Energie von etwa 100 GeV sind. Eine Unterstützung der Vorstellungen der W.-S.-T. lieferte die Entdeckung der →neutralen Ströme bei der schwachen Wechselwirkung 1973 bei CERN. Die endgültige Bestätigung brachte wohl der Nachweis der W-Bosonen im Januar 1983 (durchschnittl. Masse 81 GeV) und des Z^0-Bosons (Masse rd. 100 GeV) im April/Mai 1983 mit Hilfe des Super-Protonen-Synchrotrons bei →CERN.

Weingeist, →Äthanol, →Spiritus.

Weinlesemaschinen, Maschinen zur Mechanisierung der Weinlese; lösen die Trauben mit Hilfe von schwingenden Elementen vom Weinstock und sammeln sie in Behälter.

Weinsäure, Di|hydroxy|bernsteinsäure, kristalline zweiwertige organ. Säure. Das Molekül der W. enthält zwei asymmetr. Kohlenstoffatome, es existieren deshalb drei optisch isomere Formen (→Stereochemie). (+) – W. kommt frei oder in Form ihrer Salze **(Tartrate)** in vielen Früchten (z. B. Weinbeeren) vor. Sie findet in der Lebensmittel- und Textilindustrie Verwendung. **Kaliumhydrogentartrat (Weinstein)** kristallisiert bei der Gärung aus Wein aus. **Kaliumnatriumtartrat (Seignette-Salz)** ist Bestandteil der Fehlingschen Lösung. **Kaliumantimon (III)-oxidtartrat** ist unter dem Namen **Brechweinstein** bekannt. (–) – W. kommt in der Natur sehr selten vor. Das Racemat der beiden optisch aktiven W. **(Traubensäure)** wird durch Oxidation von Maleinsäureanhydrid mit Wasserstoffperoxid hergestellt. Die optisch inaktive Form der W. heißt **Meso-W.** (FORMELN S. 255)

Weißblech, Stahlblech oder -band, 0,1–0,5 mm dick, mit einer elektrolytisch auf beiden Seiten aufgebrachten Zinnschicht; bes. für Dosen und Behälter verwendet.

Weißblei|erz, der →Cerussit; wichtiges Bleierz.

Weissenberg-Effekt [n. dem österr. Physiker K. Weissenberg, * 1893, † 1976], bei nichtnewtonschen Flüssigkeiten auftretende, auf Normalspannungen zurückzuführende Erscheinung, derzufolge gerührte Flüssigkeiten am Rührerschaft emporkriechen, statt sich an den Rand zu bewegen.

Weiße Zwerge, Sterne mit äußerst kleinem Durchmesser (den Planeten vergleichbar), deshalb auch mit geringer Oberflächenstrahlung und absoluter Helligkeit ($10^m - 16^m$; im Vergleich zu Hauptreihensternen gleicher Spektralklasse um $8^m - 12^m$ geringer), trotz hoher Oberflächentemperatur von 10000–100000 K. Die W. Z. sind Endstadien in der Entwicklung nicht allzu massereicher Sterne (maximal 1,4 Sonnenmassen). Am Ende der →Sternentwicklung, wenn der nukleare Brennstoffvorrat im Sterninnern verbraucht ist, kollabiert die Gaskugel zu einem verdichteten Gebilde (→Gravitationskollaps), das aus entarteter Materie mit einer extremen Dichte von einigen 100 kg je Kubikzentimeter besteht, in der der Gasdruck der freien Elektronen, die ein entartetes Elektronengas (→Gasentartung) bilden, der nach innen gerichteten Gravitationskraft das Gleichgewicht hält. Da die abgestrahlte Energie bei W. Z. ausschließlich aus der aufgespeicherten Wärmeenergie stammt, kühlen sie im Lauf von 1–10 Mrd. Jahren aus und werden zu unbeobachtbaren →Schwarzen Zwergen.

Weißgold, →Goldlegierungen.

Weißgold|erz, Mineral, →Sylvanit.

Weißkreuz, im 1. Weltkrieg eingesetzter chem. Kampfstoff, ein Reizkampfstoff.

Weißliegendes, Geologie: helle, meist verfestigte Dünensande im Liegenden des →Kupferschiefers.

Weißmetall, als →Lagermetall verwendete, nach DIN genormte Legierungen mit 11–12% Antimon, 6–9% Kupfer, 0,5–2% Blei, Rest Zink, oder mit 14–16% Antimon, 5–10% Zinn, 1% Kupfer, Rest Blei.

Weißnickelkies, das Mineral →Chloanthit.

Weiß|öle, Paraffinöle, durch →Säureraffination oder Hochdruckhydrierung hochraffinierte, wasserklare Mineralöle. Es wird zw. techn. W. und medizin. W. (Paraffinum subliquidum und Paraffinum perliquidum) unterschieden. W. finden Verwendung bei der Herstellung von pharmazeut. und kosmet. Mitteln (Salben, Körperöle), als Schmiermittel für Maschinen, die mit Lebensmitteln direkt in Berührung kommen, als Weichmacher und Extender in der Kunststoffind. u. a.

Weißpigmente, unbunte anorgan. Pigmente mit hohem Remissionsgrad, z. B. Titandioxid, Lithopone, Zink- und Bleiweiß.

Weissche Bezirke, Weisssche Bereiche [n.

dem frz. Physiker P. Weiss, * 1865, † 1940], kleinste (10^{-4} bis 10^{-6} mm^3) magnetisch abgesättigte Bereiche innerhalb der Kristallite von ferromagnet. Stoffen (→ Ferromagnetismus). Die magnet. Dipole sind innerhalb der W. B. gleichgerichtet und in einem nichtmagnetisierten Kristallit so verteilt, daß nach außen Magnetismus nicht in Erscheinung tritt. Die Grenze zw. W. B. wird von einer **Bloch-Wand** oder einer **Néel-Wand** gebildet.

Weißsche Symbole, Weißsche Indizes [n. dem Kristallographen Ch. S. Weiß, * 1780, † 1856], dienen zur Kennzeichnung von Kristallflächen (→ Kristall, → Millersche Indizes).

Weißstein, Gestein, → Granulit.

Weißtöner, Textilveredlung und Wäscherei: Weißmacher oder → optische Aufheller.

Weitwinkel|objektiv, photograph. Objekt mit einem Bildwinkel über etwa 60° (→ Photographie).

Weldon-Verfahren [w'eldən-, n. dem engl. Chemiker W. Weldon, * 1832, † 1885], heute unbedeutendes Verfahren zur Darstellung von → Chlor.

Welle, 1) Physik: → Wellen.

2) meist runde, drehbar gelagerte Stange zur Weiterleitung von Drehmomenten, im Ggs. zu → Achsen. **Flexible W.** bestehen aus einer ummantelten biegsamen Drahtspirale, in der die das Drehmoment übertragende ›Seele‹ aus Stahldraht geführt ist (z. B. Tachometer-W.). **Voll-W.** ist eine W. ohne axiale Bohrung im Unterschied zur **Hohl-W.**

Wellen, urspr. die zeitl. und räuml. Änderung der Oberflächengestalt einer Flüssigkeit **(Wasser-W.)**, dann übertragen auf die zeitl., meist periodisch räumlich sich ausbreitenden Zustandsänderungen physikal. Größen **(elast. W., Schall-W., elektromagnet. W.)**, die mathematisch durch Lösungen der → Wellengleichung beschrieben werden. Hat die physikal. Größe vektoriellen Charakter (Feldstärke, Schwingung eines Teilchens um seine Ruhelage) muß unterschieden werden, ob die Schwingung in der Ausbreitungsrichtung **(Longitudinal-W., Längswelle,** BILD 2) oder senkrecht dazu **(Transversal-W., Querwelle,** BILD 1) erfolgt. I. Ggs. zu Longitudinal-W. sind Transversal-W. polarisierbar (→ Polarisation 3). Beliebige W.-Formen lassen sich stets aus **harmon. (sinusförmigen) W.** durch Überlagerung aufbauen, die durch period. Störungen erregt werden; ebenso lassen sie sich mit Hilfe der Fourier-Analyse wieder in harmon. W. zerlegen (→ harmonische Analyse).

Von einer punktförmigen Störquelle breiten sich im homogenen Raum **Kugel-W.** aus; bei Störungen längs einer Geraden entstehen **Zylinder-W.**; überall gleichphasige Erregung in einer Ebene erzeugt **ebene W.** Bei ebenen W. bezeichnet man den Abstand zweier benachbarter Wellenflächen gleicher Erregung, also z. B. den Abstand benachbarter W.-Berge, als **Wellenlänge** λ (BILD 3 S. 256). Bei sinusförmiger Erregung ist das Produkt aus Wellenlänge und → Frequenz der örtl. Schwingung gleich der Phasengeschwindigkeit; das ist die Geschwindigkeit, mit der eine ebene Wellenfläche konstanter Erregung fortschreitet. Davon zu unterscheiden ist die Gruppengeschwindigkeit, mit der sich der Schwerpunkt einer endlich ausgedehnten Wellengruppe (→ Wellenpaket) weiter bewegt. Sind Phasen- und Gruppengeschwindigkeit verschieden, hat das Medium für das betreffende Frequenzgebiet → Dispersion 2).

Die → elektromagnetischen Wellen sind Transversal-W., Schall-W. (→ Schall) sind Longitudinal-W. Bei elast. W. (→ elastische Schwingungen) können sich die

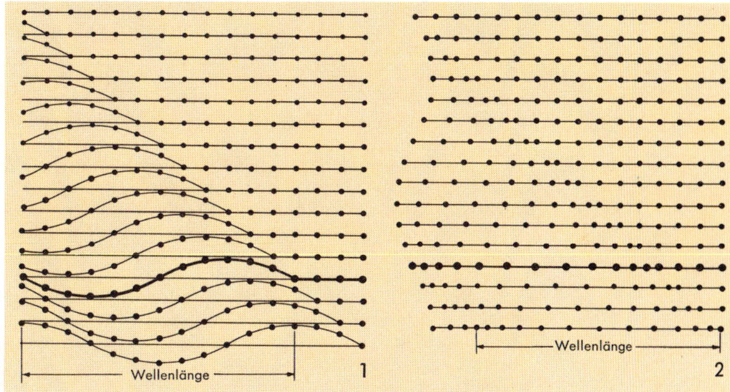

Wellen: 1 Bildung fortschreitender Querwellen, **2** Bildung fortschreitender Längswellen (n. Grimsehl, Lb. der Physik)

Massenelemente in Richtung der Wellenausbreitung oder senkrecht dazu verschieben. An Grenzflächen des Mediums werden W. i. a. partiell reflektiert (→ Reflexion). Trifft eine W. schräg auf eine Grenzfläche zw. zwei Medien mit unterschiedl. Phasengeschwindigkeit, so erfolgt → Brechung. Hindernisse wirken wie sekundäre Störquellen, von denen nach allen Seiten W. ausgehen (→ Beugung). Die Sekundär-W. überlagern sich den Primär-W. (→ Interferenz). Bei Reflexion ungedämpfter ebener W. an einer parallelen ebenen Wand erhält man als Sonderfall **stehende W.** (BILD 4 S. 256) mit Bäuchen B (Stellen maximaler Erregung) und Knoten K (Stellen der Ruhe). Stehende elast. W. bilden sich z. B. auf Saiten, Membranen, Platten. **Solitäre W.,** → Solitonen. (→ Kohärenz, → Materiewellen, → Erdbeben, → Meereswellen, → seismische Wellen)

Wellenbereich, Rundfunk- und Fernsehtechnik: → Frequenzbereich.

Wellenbild, modellhafte, einseitige Beschreibung von atomaren und subatomaren Objekten als → Materiewellen oder Materiefelder **(Feldbild)**, die den Teilchencharakter vernachlässigt, während die gleichen Objekte im komplementären Teilchenbild als Teilchen beschrieben werden (→ Komplementarität, → Dualismus). Durch Feldquantisierung (→ Quantenelektrodynamik) müssen die korpuskularen Eigenschaften der Mikroteilchen nachträglich eingeführt werden.

Wellenbock, Abstützung der Propellerwellen eines Mehrschraubenschiffs gegen den Schiffskörper, ein- und zweiarmig ausgeführt.

Wellenbrecher, 1) Schiffbau: eine oder mehrere, spitzwinklige oder bogenförmige, auf dem Vorschiff angebrachte, leicht nach vorn geneigte, etwa 0,6 m hohe Stahlwände zum Abweisen überkommender Seen.

2) Seebau: Bauwerk zum Schutz gegen Wellen, ohne Verbindung mit dem Ufer, heute meist dammartig und hohlraumreich, früher oft mauerartig.

Wellenfläche, Wellenfront, bei einer sich ausbreitenden Welle, die jeweils zusammenhängenden Flächen im Raum, deren Punkte sich im gleichen Schwingungszustand befinden, d. h. die gleiche → Phase 4) haben. Sind die W. Ebenen, Kugeloberflächen oder Zylinderflächen, so spricht man von ebenen, Kugel- oder Zylinderwellen. Die zu den W. senkrechten Richtungen **(Wellenflächen-**

Weinsäure

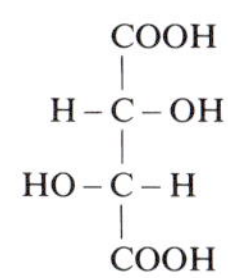

(+) – Weinsäure

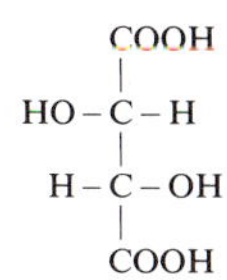

(–) – Weinsäure

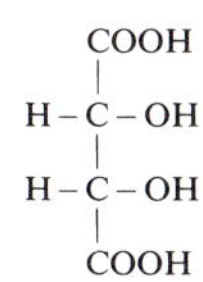

Mesoweinsäure

normalen) entsprechen in isotropen Medien der Fortpflanzungsrichtung der Energie. Bei Kugelwellen sind die Wellennormalen Radien, bei ebenen Wellen parallele Geraden.

Wellenfunktion, i. w. S. jede (komplexe) Funktion der Ortskoordinaten und der Zeit, die Lösung einer →Wellengleichung ist, i. e. S. die komplexe, zeit- und ortsabhängige Funktion zur mathemat. Beschreibung eines Teilchens in der → Quantenmechanik, die auch als **Schrödinger-Funktion** (Formelzeichen Ψ, ψ) bezeichnet wird und Lösung der → Schrödinger-Gleichung ist. Das Quadrat des Betrages dieser W. gibt die Wahrscheinlichkeit an, mit der sich das Teilchen zu einer bestimmten Zeit an einem bestimmten Ort befindet. Bei einem System von mehreren untereinander wechselwirkenden Teilchen ist die W. eines der Teilchen auch von den Koordinaten der anderen Teilchen abhängig. Die Bez. W. geht auf die →Wellenmechanik von E. SCHRÖDINGER zurück, die dieser zunächst als klass. Wellentheorie der Materie entwickelt hatte.

Wellenfurchen, → Rippelmarken.

Wellengeschwindigkeit, Geschwindigkeit von Flüssigkeitswellen in flachen Gewässern. Die Fortpflanzungsgeschwindigkeit c ist von der Wellenlänge unabhängig, zeigt also keine Dispersion. Für sie gilt die Formel $c=\sqrt{g\cdot h}$, wobei g die Erdbeschleunigung und h die Flüssigkeitshöhe bedeuten.

Wellengleichung, Sammelname für partielle Differentialgleichungen 2. Ordnung, deren von den Ortskoordinaten und der Zeit abhängige Lösungen die Wellenausbreitungen beschreiben. Die **klass. W.** gilt z. B. für elektromagnet., akust. und Wasseroberflächen-Wellen (kleine Amplitude). In der → Quantentheorie beschreiben W. die Ausbreitung der Wahrscheinlichkeitsamplituden (→Wellenfunktion) verschiedener Typen von Teilchen, z. B. die → Schrödinger-Gleichung, die die Beschreibung aller nichtrelativistischen Vorgänge gestattet. Die von P. DIRAC aufgestellte **relativist. W.** (→ Dirac-Gleichung) ermöglicht statist. Vorhersagen über Ort und Spin des Elektrons; sie führte auch zur Vorhersage der Existenz des Positrons. Die relativist. Verallgemeinerung der Schrödinger-Gleichung für ein kräftefreies Teilchen mit dem Spin 0 ist die Klein-Gordon-Gleichung.

Wellengruppe, das →Wellenpaket.

Wellenhose, flossenartige Verkleidung der Schraubenwelle von Zweischraubenschiffen.

Wellenkalk, untere Stufe des →Muschelkalks, oft mit Wellenrippeln auf den Schichtflächen. Aus Dolomit bestehend, heißt er **Wellendolomit.**

Wellenkraftwerk, Meereswellenkraftwerk, Anlage zur Umwandlung der durch den Wind hervorgerufenen Wellenbewegung von Meereswellen in elektr. Energie. Ausgenutzt wird dabei die unterschiedl. potentielle Energie des Wassers im Wellenberg und Wellental. Es sind verschiedene Konstruktionsprinzipien in der Erprobung (z. B. ›Bristol Submerged Zylinder‹, ›flexibler Lancaster-Luftsack‹, ›Salter-Ente‹), die nach theoret. Berechnungen und Tests mit Prototypen einen beachtl. Anteil zur Energieversorgung beitragen könnten.

Wellenlänge, Formelzeichen λ, bei →Wellen der Abstand zweier aufeinanderfolgender Orte gleicher → Phase auf derselben Wellennormalen. Bei konstanter → Phasengeschwindigkeit c_{ph} ist die W. um so kleiner, je höher die → Frequenz ν der Welle ist. (→ elektromagnetische Wellen)

Wellenleistung, die an der Abtriebswelle einer Kraftmaschine gemessene nutzbare → Leistung.

Wellenleiter, Anordnung zur Führung einer fortschreitenden elektromagnet. Welle in axialer Richtung. Der W. besteht aus dielektr. Materialien (Räumen) und/oder metall. Leitern mit gleichbleibendem Querschnitt in axialer Richtung. Oberbegriff für Doppelleitung, →Hohlleiter, →Mikrostreifenleitung, dielektr. W., Draht-W. Auch der → Lichtleiter zählt zu den Wellenleitern.

Wellenmechanik. E. SCHRÖDINGER baute auf DE BROGLIES Idee der → Materiewelle auf und fand 1926 in der Form der W. einen weiteren Zugang zu den Gesetzen der Mikrophysik (Atome, Moleküle, Festkörper), der zunächst ganz anders aussah als die ein Jahr zuvor formulierte →Matrizenmechanik (→ Quantenmechanik), sich aber als mathematisch äquivalent und in der Rechenmethode als sehr leistungsfähig herausstellte. Die → Schrödinger-Gleichung ist eine Differentialgleichung und läßt sich mit bekannten Methoden der mathemat. Physik lösen. Die Energiestufen eines atomaren Systems ergeben sich dabei als Eigenwerte dieser →Wellengleichung, die → Quantenzahlen sind durch die zugehörigen →Wellenfunktionen (Eigenfunktionen) festgelegt, und die Übergangswahrscheinlichkeiten zw. verschiedenen Zuständen des atomaren Systems können mit Hilfe der Eigenfunktionen berechnet werden. Schrödinger faßte urspr. seine W. als klass. Wellentheorie der Materie auf, M. BORN fand dann jedoch mit der statist. Interpretation der W. die richtige physikal. Deutung der neuen Theorie, die sich grundlegend von den Vorstellungen der klass. Physik unterscheidet. P. A. M. DIRAC erweiterte die W. zur **relativist. W.**, die sich auf relativist. Problemstellungen, z. B. auf Teilchen mit einem Eigendrehimpuls (Spin) anwenden läßt (→ Dirac-Gleichung).

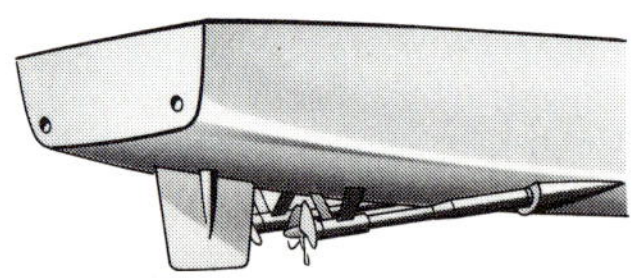

Wellenhose

Wellen|normale, Wellenflächen|normale, →Wellenfläche.

Wellenpaket, Wellengruppe, durch Überlagerung von ebenen Wellen mit verschiedenen Frequenzen, Amplituden und Phasen, aber gleicher Ausbreitungsrichtung erzeugte, räumlich stark konzentrierte Wellenerscheinung in einem Medium oder einem physikal. Feld, die sich mit der → Gruppengeschwindigkeit im Raum ausbreitet, z. B. der Druck bei einem Knall, das elektromagnet. Feld eines kurzen Signalimpulses, die Wahrscheinlichkeitsamplitude (Wellenfunktion) eines ungefähr lokalisierten Elektrons (→Wellenmechanik). Wegen der Dispersion der Gruppengeschwindigkeit ›zerfließt‹ das W. mit der

Wellen: **3** sinusförmige W., λ Wellenlänge, A Amplitude, **4** stehende W., B Wellenbauch, K Wellenknoten

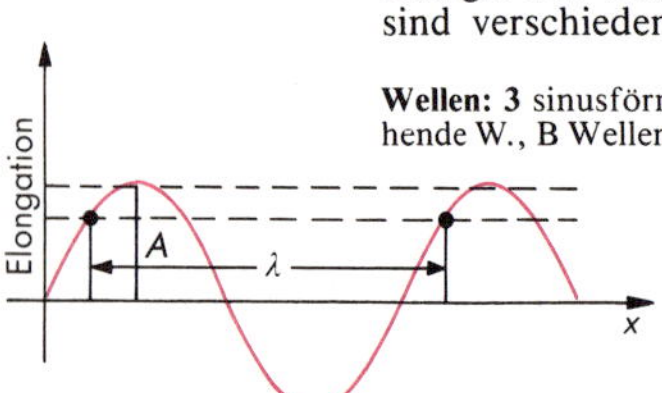

3

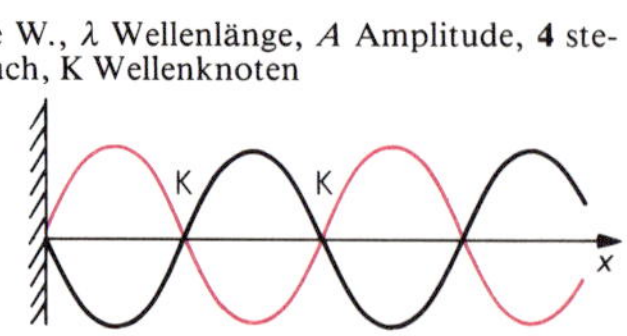

4

Zeit, und zwar um so schneller, je kleiner seine Halbwertsbreite zu Beginn war, da das zum Aufbau eines W. erforderl. Frequenzspektrum umgekehrt proportional zu dieser Halbwertsbreite anwächst.

Wellentunnel, begehbarer, tunnelartiger Raum zw. dem Maschinenraum- und dem Stopfbuchsenschott zur Inspektion der Lager der Propellerwelle eines Schiffes.

Wellenvektor, Wellenzahlvektor, der in Ausbreitungsrichtung einer ebenen monochromat. Welle (mit der Wellenlänge λ) weisende Vektor $\boldsymbol{\sigma}$ mit der →Wellenzahl σ als Betrag, $|\boldsymbol{\sigma}| = \sigma = 1/\lambda$. Häufig wird die Bez. W. (Wellenzahlvektor) auch für den **Ausbreitungsvektor** $\boldsymbol{k}$ verwendet, der die Kreiswellenzahl $k = 2\pi/\lambda$ als Betrag hat, $|\boldsymbol{k}| = k = 2\pi/\lambda$.

Wellenwiderstand, Wellenimpedanz, das Verhältnis von Spannung zu Strom einer elektr. Welle längs einer Doppelleitung. Der W. ist physikalisch der Eingangswiderstand einer unendlich langen Leitung. Er nähert sich bei hohen Frequenzen praktisch einem konstanten Wert (Kabelleitungen rd. 150 Ω, Freileitungen rd. 600 Ω).

Auch das Verhältnis von elektr. Feldstärke E und magnet. Feldstärke H einer freien, ebenen elektromagnet. Welle wird als W. bezeichnet, genauer →Feldwellenwiderstand des freien Raumes.

Wellenzahl, Repetẹnz, Formelzeichen σ (in der Molekülspektroskopie auch $\bar{\nu}$), der Kehrwert der Wellenlänge λ einer monochromat. Welle, d. h. die Anzahl der auf die Längeneinheit entfallenden Wellenlängen, $\sigma = 1/\lambda = \nu/c$ (c = Ausbreitungsgeschwindigkeit der Welle). Die W., die direkt proportional zur Frequenz ν ist, wird in der Spektroskopie häufig an Stelle der Wellenlänge als Maß für Spektrallinien benutzt. – In der theoret. Physik wird häufig auch die **Kreis-W., Kreisrepetenz** $k = 2\pi/\lambda = \omega/c$ als W. bezeichnet ($\omega = 2\pi\nu$ = Kreisfrequenz); entsprechend wird der Ausbreitungsvektor $\boldsymbol{k} = k \cdot \boldsymbol{n}$ als W.-Vektor (→Wellenvektor) bezeichnet ($\boldsymbol{n}$ = Einheitsvektor in der Ausbreitungsrichtung).

Welle-Teilchen-Dualismus, der →Dualismus von Wellen- und Teilchenbild.

Welligkeit, bei einer Mischspannung (einem Mischstrom) das Verhältnis der Effektivwerte von Wechselspannungs- zu Gleichspannungsanteil (Wechselstrom- zu Gleichstromanteil). Die W. ist ein Maß für die Größe der einer Gleichspannung überlagerten Wechselspannung, die z. B. nach Gleichrichtung (→Gleichrichter) und →Glättung durch eine →Siebschaltung noch übriggeblieben ist.

Wellpappe, Pappe aus einer oder mehreren Wellenbahnen, die mit Wasserglas auf eine Bahn oder zw. mehrere Bahnen eines Deckenpapiers geklebt sind. Wellen- und Deckenpapier können aus Zellstoff oder Altpapier hergestellt sein. W. hat dank seiner Schutzwirkung als Verpackungsmaterial und der Rezirkulierbarkeit als Rohstoff (Altpapier) andere Materialien stark verdrängt.

Welt, Relativitätstheorie: die Minkowski-W. (→Minkowski-Raum).

Welt|all, Kosmos, Universum, die Gesamtheit des mit Materie erfüllten Raumes. Die Erforschung der Entstehung, der Entwicklung, des Alters (→Weltalter), der Ausdehnung und der Struktur des W. ist Aufgabe der →Kosmologie. Der gegenwärtig der Beobachtung zugängliche Teil des W. hat einen Durchmesser von etwa 15 Mrd. Lichtjahren. Darin befinden sich etwa 100 Mrd. →Sternsysteme, die im Mittel aus etwa 10 Mrd. →Sternen bestehen. Eines dieser Sternsysteme ist das →Milchstraßensystem, das aus mehr als 100 Mrd. Sternen besteht, wovon einer die →Sonne ist. Sie ist von →Planeten umgeben (→Sonnensystem), einer davon ist die →Erde.

Welt|alter, die seit dem →Urknall verstrichene Zeit. Die **Hubble-Zeit** [hʌbl-], d. h. der reziproke Wert der Hubble-Konstante (→Hubble-Effekt), die das gegenwärtige Expansionsverhalten des Kosmos beschreibt, entspricht aber nur dann dem wirkl. Alter des Universums, wenn die Expansion seither mit unveränderter Geschwindigkeit ablief. Da auf Grund der gegenseitigen Massenanziehung jedoch mit einer Abbremsung zu rechnen ist, dürfte die Hubble-Zeit eine obere Grenze für das Alter des Weltalls sein. Aus dem gegenwärtigen Wert der Hubble-Konstante ergibt sich eine Hubble-Zeit von rd. 18 Mrd. Jahren, auf Grund unterschiedl. Verfahren bei der Entfernungsbestimmung ergaben sich bei früheren Analysen Werte zw. 10 und 18 Mrd. Jahren.

Untersuchungen von großen Kugelsternhaufen, die die Galaxien umkreisen und welche die vermutlich ältesten, aus der Frühzeit des Universums stammenden Sterne enthalten, ergaben für diese ein Alter zw. 15 und 19 Mrd. Jahren. Neueste Berechnungen, die auf einer besseren Kenntnis des Betazerfalls beruhen, ergaben für die →Altersbestimmung mit Hilfe des Isotopenzerfalls i. Ggs. zu früheren Rechnungen (11–12 Mrd. Jahre) für das Milchstraßensystem ein Alter von etwa 21 Mrd. Jahren.

Weltbild, Kosmologie: i. w. S. eine in sich geschlossene Vorstellung vom Aufbau des →Weltalls, i. e. S. Modelle des Sonnensystems und der umgebenden Fixsternsphäre, die zu einer Zeit entstanden, als man noch die Erde als bedeutungsvollsten Himmelskörper, als die ›Welt‹ schlechthin, ansah. Man unterscheidet zw. **geozentrischen W.,** mit der Erde im Mittelpunkt, z. B. dem →Ptolemäischen Weltsystem und dem →Tychonischen Weltsystem, und **heliozentr. W.,** mit der Sonne als Mittelpunkt, wie dem Kopernikan. Weltsystem (→Astronomie).

Weltformel, Heisenberg-Formel [n. dem dt. Physiker W. K. Heisenberg, * 1901, † 1976], Formel, die die Feldgleichungen der von W. HEISENBERG seit etwa 1953 entwickelten nichtlinearen Quantenfeldtheorie **(Heisenbergsche Theorie der Urmaterie, Einheitliche Theorie der Materie)** enthält, die alle in der Natur auftretenden Elementarteilchen und alle ihre Naturgesetze ausdrücken soll.

Weltlini|e, →Minkowski-Raum.

Weltmodelle, Modelle, die unter Vernachlässigung lokaler Einzelheiten ein empirisch und theoretisch begründetes Bild der Welt, bes. der räuml. Anordnung der Materie und deren zeitl. Entwicklung zu geben versuchen. Die Gesetze der allg. Relativitätstheorie stellen stark einschränkende, quantitative Anforderungen an solche kosmolog. Modelle und lassen nur eine verhältnismäßig kleine Zahl von W. zu. (→Kosmologie)

Weltpunkt, →Minkowski-Raum.

Weltraum, i. e. S. der außerhalb der Erdatmosphäre befindl., erdnahe Raum sowie der interplanetar. Raum, der mit Hilfe der →Raumfahrt erreichbar ist oder erscheint, i. w. S. das →Weltall.

Weltraumfahrt, →Raumfahrt.

Weltraumforschung, Erforschung des erdnahen und erdfernen Raumes mit den Mitteln der →Raumfahrt. Bisher standen bei der W. die unmittelbare Erdumgebung, der Erdmond und die Planeten (speziell Merkur, Mars, Venus, Jupiter, Saturn) im Vordergrund. Solare

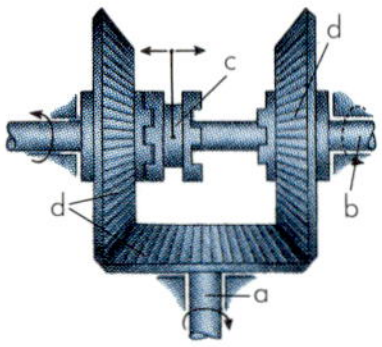

Wendegetriebe: a Antrieb, b Abtrieb, c Wendemuffe, d Kegelräder

Forschungen (→ ISPM) und astrophysikal. Untersuchungen (→ Space Telescope) sollen nun intensiviert werden.

Weltraumnutzung, wirtschaftl. Nutzung der besonderen Bedingungen des Weltraums, z. B. durch Anwendungssatelliten (Wetter-, Nachrichten-, Navigationssatelliten) oder zukünftige Herstellung von auf der Erde infolge der irdischen Schwerkraft nicht erzeugbaren Gütern (best. Metallegierungen, Verbundwerkstoffe, hochreine Einkristalle, Gläser, elektrophoretische Trennung von Flüssigkeitsgemischen).

Weltraumtransporter, → Raumtransporter.

Weltraumverteidigung. Der Weltraum wird z. Z. militärisch genutzt durch die Stationierung von → militärischen Satelliten in Erdumlaufbahnen für Aufklärungs-, Überwachungs-, Fernmelde- und Navigationszwecke. Rd. 75% aller bisher in Ost und West gestarteten Satelliten haben militär. Aufgabenstellungen, dabei ist die Zahl sowjet. Satelliten ungefähr fünfmal so groß wie die der amerikanischen.

Bei einer weltweiten krieger. Auseinandersetzung erscheint zunächst die Ausschaltung der in einer Entfernung bis etwa 6000 km um die Erde kreisenden Aufklärungs- und Überwachungs-Satelliten, ausgestattet mit opt. Kameras und Infrarotsensoren, möglich, v. a. mit Hilfe von Killersatelliten. Ferner könnte der Fernmeldeverkehr gestört werden, doch müßten dafür Killersatelliten gegen Fernmeldesatelliten in geostationärer Umlaufbahn in einer Entfernung von etwa 36000 km von der Erde eingesetzt werden. Derartig hoch positionierte Killersatelliten scheinen bis 1983 nicht ausreichend erprobt zu sein. – Auch der → Raumtransporter wird (seit dem vierten Erprobungsstart) militärisch genutzt, bei künftigen Starts haben militär. Experimente Priorität.

Weltzeit, Abk. **WZ,** engl. **Universal Time** [ju:nɪv'ə:sl taɪm], Abk. **UT,** mittlere Sonnenzeit für den Nullmeridian (Greenwich); daher im internat. Verkehr auch **Greenwich Mean Time** [gr'ɪnɪdʒ m'i:ntaɪm], Abk. **GMT,** dt. **Mittlere Greenwich-Zeit,** Abk. **MGZ,** genannt. Die W. bildete bis Anfang 1972 die Grundlage der → Zonenzeiten (→ Zeitmessung); seither werden die Zonenzeiten aus der **koordinierten W.** (→ UTC) hergeleitet.

Weltzeituhr, eine Uhr, die die Tageszeiten in den auf dem Zifferblatt angegebenen Städten der Erde angibt.

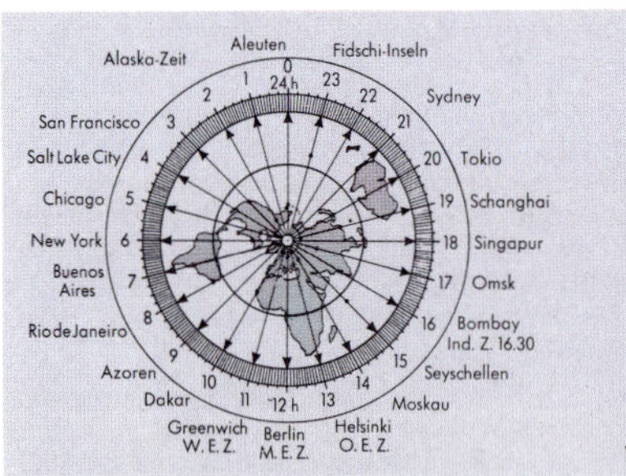

Weltzeituhr

Wendegetriebe, ein → Rädergetriebe zur Drehsinn-Umkehrung der Abtriebswelle bei gleichbleibendem Drehsinn der Antriebswelle.

Wendehorizont, Kreisel-Flugüberwachungsgerät, Kombination aus → Künstlichem Horizont und → Wendezeiger.

Wendekreise, lat. **Tropici,** die beiden in 23°27′ nördl. und südl. Breite vom Äquator gelegenen äußersten Parallelkreise an der Sphäre, an denen die Sonne ihre scheinbare Bewegungsrichtung umkehrt und über denen sie noch im Zenit stehen kann. Der nördl. **W. des Krebses** wird am 21./22. Juni, der südl. **W. des Steinbocks** am 21./22. Dezember erreicht.

Wendel, schraubenförmiges Gebilde. In → Glühlampen der schraubenförmig aufgewundene Wolframdraht. Durch nochmaliges Wendeln des Glühdrahtes entsteht eine **Doppelwendel,** die bei den meisten Allgebrauchslampen eingesetzt wird. Da bes. lange W. gegenüber Schock- und Vibrationsbelastung anfällig sind, können zusätzlich zu den Stromzuführungen ein oder mehrere **Wendelstützen** in die Glasperle eingeschmolzen sein.

Wendelfläche, Fläche, die entsteht, wenn sich eine Gerade längs einer senkrecht schneidenden Achse emporschraubt. Eine W. ist eine → Minimalfläche.

Wendeplatte, Kehre, die → Haarnadelkurve.

Wendepunkt einer ebenen Kurve (die durch eine differenzierbare Funktion $y=f(x)$ gegeben ist) ist ein Punkt, in dem diese ihre → Krümmung ändert (Übergang von Rechts- in Linkskrümmung oder umgekehrt). Die notwendige Bedingung, daß der Punkt $(x_w, f(x_w))$ W. ist, lautet $f''(x_w)=0$; f'' ist die 2. Ableitung (→ Differentialrechnung) von f. Diese Bedingung ist aber nicht hinreichend (z. B. ist bei $y=x^4$ der Nullpunkt kein W., obwohl $f''(0)=0$ gilt). Hinreichend dagegen ist die Bedingung, daß $f''(x)$ beim Übergang von der links- zu der rechtsseitigen Umgebung des Punktes x_w das Vorzeichen wechselt (z. B. $y=x^3$; $y'=3x^2$, $y''=6x$; $y''<0$ für $x<0$, $y''>0$ für $x>0$, also $x_w=0$ ist W.). Wegen der vorausgesetzten Stetigkeit von $f''(x)$ ist dann auch $f''(x_w)=0$ (z. B. $y=x^3$; $y''(0)=0$). Als **Wendetangente** bezeichnet man eine Tangente im W.

Wendezeiger, Flugüberwachungsgerät, das die Drehgeschwindigkeit eines Flugzeugs um seine Hochachse durch die Auslenkung eines Kreisels anzeigt, dessen Achse parallel zur Querachse des Flugzeugs liegt. Der W. dient zur Einhaltung vorgegebener Winkelgeschwindigkeiten im Kurvenflug sowie zum Kurshalten. Als Scheinlotzeiger ist noch eine gekrümmte Röhrenlibelle eingebaut. (→ Wendehorizont)

Wendezug, Personenzug, der im Regelbetrieb vom Triebfahrzeug gezogen oder geschoben werden kann, so daß ein Umsetzen des Triebfahrzeuges an die Zugspitze nicht erforderlich ist. Im Schiebebetrieb wird das Triebfahrzeug vom ersten Wagen aus gesteuert (besonderer Wagen mit Steuerabteil).

Werder, Wärder, Werth, Wörth *der,* Flußinsel, auch Land zw. Flüssen und stehenden Gewässern sowie Bez. für eingedeichtes oder aus einem Sumpf trockengelegtes und urbar gemachtes Land.

Werfen, das Krummziehen, Schief- oder Hohlwerden und → Verziehen 1) von Holz und Holzwerkstoffen infolge von Feuchtigkeits- und/oder Temperaturschwankungen oder unsymmetr. Aufbau bei Verbundsystemen.

Werft, 1) Schiffbau: handwerkl. oder Industrieunternehmen für Neubau, Ausrüstung, Instandhaltung und Reparatur von Schiffen und Booten. Die früheren Luftschiff-W. entsprachen den Schiffs-W.

2) Flugzeugwerft, militär. oder ziviler Betrieb für Kontrolle, Wartung und Instandsetzung (nicht Herstellung) von Flugzeugen. Nichtmilitär. W. werden von Luftverkehrsgesellschaften, Flughäfen oder als eigenständige Industrieunternehmen betrieben.

Werg, Hede, kurzer Wirrfaserabfall beim Hecheln von Bastfasern, wird zu **Werggarn (Towgarn** [təʊ-]) versponnen.

Werkbank, Werktisch, kräftig gebauter Tisch mit dicker Holzplatte für handwerkl. Arbeiten. An der W. ist meist ein Schraubstock befestigt.

Werkblei, Rohblei, das bei der Verhüttung von → Blei anfällt; enthält noch mehrere Begleitmetalle.

Werkdruck, der Druck von Büchern (Werken); Ggs.: Druck von Zeitungen, Zeitschriften, Akzidenzen.

Werksatz, Zulage, Strecke, im Zimmereigewerbe zum → Abbund angelegtes Gebälk.

Werkstattfertigung, Fertigungsverfahren, bei dem jeweils gleichartige Maschinen und Verrichtungen örtlich zusammengefaßt werden. Der Arbeitsablauf kann so den organisator. Notwendigkeiten leichter angepaßt werden. W. wird deshalb von Betrieben mit wechselndem Fertigungsprogramm bevorzugt.

Werkstattzeichnung, Werkzeichnung, in bezug auf Maße, Oberflächengüte und Tolerenzangaben vollständige techn. Zeichnung eines zu fertigenden Einzelteiles, einer Konstruktion, eines Montagebauwerkes o. ä., nach der die Ausführung oder Montage vorgenommen werden kann. (→ technisches Zeichnen)

Werkstoff, Material, aus dem durch Be- und Verarbeitungsverfahren Halbfertig- oder Fertigwaren hergestellt werden (Metalle, Holz, Kunststoffe, Steine, Keramik, tier. Häute u. a.). Im Bauwesen meist → Baustoffe genannt. (→ Werkstoffkunde, → Werkstoffprüfung)

Werkstoffkunde, Forschungsgebiet, das sich mit den Eigenschaften und dem Verhalten von Werkstoffen unter bestimmten Bedingungen befaßt. Unter Verwendung der Verfahren der → Werkstoffprüfung werden die Eigenschaften und Einsatzmöglichkeiten von Metallen, Halbmetallen und Nichtmetallen untersucht. Zu den → Metallen gehören → Eisen, Nichteisenmetalle und → Legierungen, zu den Halbmetallen zählen die Halbleiterwerkstoffe, aus denen → Halbleiterbauelemente gefertigt werden, und Nichtmetalle, die organ. Werkstoffe, Kunststoffe und Naturprodukte umfassen. Darüber hinaus haben → Verbundwerkstoffe (z. B. → Sinterwerkstoff, → Keramik) große Bedeutung erlangt.

H.-P. STÜWE: Einführung in die W. ([2]1978); E. HORNBOGEN: W. ([2]1979); W. DOMKE: W. und Werkstoffprüfung ([9]1981); W. WEISSBACH: W. und Werkstoffprüfung ([8]1981).

Werkstoffprüfung, Ermittlung der mechan., chem. und physikal. Eigenschaften von Werkstoffen für Bauteile sowie die Untersuchung solcher Teile. Die wichtigsten mechan. Eigenschaften sind i. a. die Festigkeit und die Verformungsfähigkeit. Chem. Eigenschaften werden je nach Verwendungszweck geprüft, z. B. die Korrosionsbeständigkeit (→ Korrosion). Von den physikal. Eigenschaften interessiert bei entsprechender Anwendung z. B. die elektrische → Leitfähigkeit.

Die vielen meist zerstörenden Verfahren für die Bestimmung der versch. mechan. Eigenschaften unterscheiden u. a. nach der Art des Werkstoffs und der vorgesehenen Anwendung. Im → Zugversuch wird ein Probestab in einer Zerreißmaschine einer steigenden Dehnung unterworfen, wobei Kraft und Dehnung automatisch aufgezeichnet werden. Aus dem so gewonnenen Kraft-Verlängerungs-Schaubild liest man u. a. die → Zugfestigkeit und die → Fließgrenze ab. Beim → Druckversuch werden entsprechend Druckfestigkeit und → Quetschgrenze ermittelt. Bei erhöhter Temperatur wird das Verhalten des Werkstoffs unter Zugbeanspruchung, d. h. seine → Warmfestigkeit oder → Dauerstandfestigkeit gemessen. Außerdem wird die Kenntnis der Festigkeit bei häufig wiederholter dynam. Beanspruchung benötigt, die im → Dauerschwingversuch gemessen wird (z. B. Zugschwell-, Zugwechsel- oder Biegewechselbeanspruchung). Der Widerstand, den ein Körper dem Eindringen eines anderen entgegensetzt, wird in der → Härteprüfung festgestellt. Weitere Prüfungen betreffen spezielle Anwendungen, z. B. der → Kerbschlagbiegeversuch, mit dem die → Kerbschlagzähigkeit geprüft wird. Technolog. Prüfungen erlauben eine schnelle qualitative Erkenntnis der Werkstoffeignung für best. Zwecke, z. B. der Abkantversuch (→ Abkanten), der → Aufweitversuch, der → Berstversuch, die → Drahtprüfung, der → Fallversuch, der → Reckversuch, der Scherversuch (→ Abscherfestigkeit, → Scherung 3), die Verfahren zur Ermittlung der Tiefziehfähigkeit (→ Tiefziehen), der → Verwindeversuch, die → Wasserdruckprüfung.

Außerdem dienen verschiedene zerstörungsfreie Verfahren zur Ermittlung von Werkstoffehlern, auch in ganzen Bauteilen, z. B. mittels → Röntgenstrahlung, durch → Ultraschallprüfung oder Verfahren der → Spannungsakustik und der → Spannungsoptik. Die → Metallographie untersucht die Gründe für best. (positive oder negative) Werkstoffeigenschaften.

W., hg. v. H. BLUMENAUER ([2]1979); → Werkstoffkunde.

Werkstück, Gegenstand in der Fertigung oder in der Montage, bearbeitet von → Werkzeugen. Verrichtungen wie Speichern, Weitergeben, Ordnen, Wenden, Richten, Spannen oder Lösen in der Fertigungskette sind Aufgaben der **W.-Handhabung.**

Werkzeug, Gerät zum Bearbeiten von Werkstücken, Werkstoffen und Stoffen verschiedenster Art, z. B. Metall, Holz, Stein, Erde. **Handwerkszeuge** werden von Hand geführt, **Maschinenwerkzeuge** in eine → Werkzeugmaschine eingespannt, z. B. Drehmeißel, Fräser, Hobelmeißel, Bohrer, Räumnadel. W. bes. hoher Warmhärte und Verschleißfestigkeit bestehen aus → Hartmetallen oder aus Oxid- und metallkeram. Material **(Keramik-W.;** → Oxidkeramik, → Pulvermetallurgie). – W. für die Kunststoffverarbeitung (Formgebungswerkzeuge, Formen) sind die die Gestalt des Kunststoff-Formteils oder -Halbzeugs festlegenden Elemente der Verarbeitungsanlage, z. B. W. zum Pressen, Spritzpressen, Spritzgießen oder Strangpressen.

Der Werkzeugbau, hg. v. R. LEHNERT ([7]1978); Werkzeugbau für die Kunststoffverarbeitung, hg. v. K. STOECKHERT ([3]1979); W., DIN-Tb. 6 ([9]1979), 40 ([3]1978), 41 ([4]1980), 42 ([4]1980).

Werkzeugmaschine, Arbeitsmaschine, die zur Herstellung von Produkten mittels eines Werkzeugs ein Werkstück bearbeitet, und zwar unter gegenseitiger bestimmter Führung in bezug auf Geschwindigkeit und Richtung. W. werden nach den Arbeitsverfahren eingeteilt, die auf ihnen durchgeführt werden können. Die Verfahren des Umformens und des Zerspanens bestimmen das Grundkonzept der Maschine. W. für Umformverfahren sind → Maschinenhämmer, alle Arten mechan. und hydraul. → Pressen (→ Abkanten, → Schmieden, → Strangpressen), ferner → Walzwerke, Maschinen zur Bearbeitung von → Draht und → Blech (→ biegen) sowie für → Druckguß und → Spritzgießen. W. der spanenden Formung sind Drehmaschinen (→ Drehen), Bohrmaschinen (→ Bohren 2), Hobel- und Stoßmaschinen (→ Hobeln), Räummaschinen (→ Räumen), Fräsmaschinen (→ Fräsen), Schleifmaschinen (→Schleifen), Läppmaschinen (→Läppen) und Honmaschinen (→Honen) sowie Sägemaschinen (→Sägen), Gewindeschneidmaschinen (→Gewinde) und Verzahnungsmaschinen (→Zahnrad).

Nach den Möglichkeiten, die eine W. bietet, unterscheidet man die **Produktionsmaschine,** die nur für die Durchführung einiger weniger Arbeitsgänge gebaut ist, und die **Universal-W.,** mit der verschiedene Arbeitsgänge oder Bearbeitungsarten vorgenommen werden können. Auf **Sonder-W.** können jeweils nur best. Werkstücke bearbeitet werden. Ihr Einsatzgebiet ist daher die Massenfertigung. W. werden häufig aus Aufbaueinheiten für eine spezielle Bearbeitungsaufgabe zusammengebaut. Damit wird durch die Kombinationsmöglichkeit einiger weniger spezieller Aggregate eine große Bearbeitungsflexibilität bei vertretbarem wirtschaftl. Aufwand erreicht. Dies gilt in besonderem Maße für die mit →numerischer Maschinensteuerung ausgestattete →automatische Werkzeugmaschine. Einen weiteren Automatisierungsschritt stellen die →Industrieroboter dar.

D. H. Bruins u. H.-J. Dräger: Werkzeuge und W., 1 (²1980), 2 (²1980), 3 (1978); H. Witte: W. (³1980); M. Weck: W., 1 (²1980), 2 (²1980), 3 (1978), 4 (1978); W. DIN-Tb. 121 und 122 (²1981); R. Gehring: Konstruktion von W. (1981); R. Sautter: Numerisch gesteuerte W. (1981); Regelung an W., hg. v. G. Stute (1981); ders. u. a.: Elektr. Vorschubantriebe für W. (1981); K. H. Mommertz: Bohren, drehen und fräsen. Gesch. der W. (1981).

Werkzeugstahl, meist mit Chrom, Wolfram, Vanadium oder Molybdän legierte Stähle mit höherem Kohlenstoffgehalt und großer Härte für Werkzeuge zum Schneiden, Stanzen, Ziehen, Pressen u. a. Dem gleichen Zweck können auch Werkzeuge aus →Hartmetall dienen.

Wertebereich, →Abbildung 1).

Wertigkeit, Valenz, urspr. die Anzahl der Wasserstoffatome, die ein Atom eines Elements binden oder in einer Bindung ersetzen kann **(stöchiometrische W.).** Zur Beschreibung der neuen Erkenntnisse über die chem. Bindung reicht dieser Begriff nicht aus. Heute werden verschiedene Arten von W. unterschieden. Unter **Ionen-W.** versteht man die positiven oder negativen Ladungen von Ionen (z. B. Mg^{2+}, Cl^-). Die **Bindungs-W. (Bindigkeit, Kovalenz)** gibt die Anzahl der Elektronenpaarbindungen an, die von einem Atom ausgehen. In Strukturformeln wird diese durch die Anzahl der Valenzstriche angegeben. Z. B. ist der Kohlenstoff im Methan vierbindig, der Stickstoff im Ammoniak dreibindig. Die **koordinative W. (Koordinationszahl)** gibt die Anzahl der Atome an, die sich in unmittelbarer Nachbarschaft des betrachteten Atoms befinden, unabhängig von der Art der Bindung. Die **Oxidationsstufe (Oxidationszahl)** ist eine hypothet. Ladung, die ein Atom hätte, wenn die entsprechende Verbindung ganz aus Ionen aufgebaut wäre. Sie ist ein wichtiges Hilfsmittel zum Aufstellen von Redoxgleichungen. Die **Verbindungs-W.** gibt an, wie oft eine best. Funktion in einem Molekül der Verbindung auftritt. Eine Säure, die zwei Protonen abspalten kann, ist danach zweiwertig (z. B. H_2SO_4), ein Alkohol, der drei OH-Gruppen enthält, ist dreiwertig. Zur einfachen Darstellung mesomerer Verbindungen wird der Begriff **formale Ladung** verwendet.

E. Cartmell u. G. W. Fowles: Valency and molecular structure (London ⁴1977); M. F. O'Dwyer u. a.: Valency (Heidelberg 1978); J. F. Cordes: Allg. Chemie, 2: Struktur u. Bindung (1978).

Wertpapierdruck, der Druck von Aktien, Schecks u. ä., zur Sicherung gegen Fälschung mit →Guillochen, →Prägedruck 1) u. ä. (Sicherungen nicht so weitgehend wie beim →Banknotendruck).

Wertverteilungs|theorie, Teilgebiet der →Funktionentheorie, in dem spezif. Fragestellungen über das Verhalten der Funktionswerte oder Eigenschaften der Urbildmengen bestimmter Funktionswerte für gewisse Typen von Funktionen untersucht werden. Für eine Funktion $f: D \subset \mathbb{C} \longrightarrow \mathbb{C}$ oder $\overline{\mathbb{C}}$ (→Riemannsche Zahlenkugel) heißt die Urbildmenge $f^{-1}(w) := \{z \in \mathbb{C}$ oder $\overline{\mathbb{C}} \mid f(z) = w\}$ die **Menge der w-Punkte.** Einer der Ausgangspunkte der W. war u. a. die Frage nach der Anzahl der w-Werte, die bei bestimmten Typen von Funktionen nicht als Bild auftreten oder wie groß die Menge der w-Punkte ist, wenn w Bild ist.

Wertzeichenpapier, →Sicherheitspapier.

Werzalit-Verfahren, patentiertes Verfahren zur Herstellung von Preßformteilen aus Spanholz. Mit Kunstharzen vermischte Holzspäne werden zu Formteilen gepreßt und dabei furniert oder dekorativ mit Kunstharz beschichtet; Verwendung: Balkon- und Fassadenprofile, Tischplatten u. a.

wesentliche Singularität, →singulär.

wesentliche Ziffern, die Ziffern eines Dezimalbruchs von der ersten von Null verschiedenen Ziffer an, z. B. bei 0,00123 die Ziffern 123. Die Anzahl der w. Z. ist ein Maß für den relativen Fehler einer Zahl, wenn sie korrekt gerundet ist.

Westdrift, →Kontinentalverschiebungstheorie.

Westen, Abk. **W**, eine →Himmelsrichtung.

West|europäische Zeit, Abk. **WEZ,** die Zonenzeit (→Zeitmessung) des Meridians von Greenwich.

Weston-Element, Weston-Normalelement [w'estən-, n. dem brit. Elektroingenieur E. Weston, * 1850, † 1936], ein →galvanisches Element.

Westpunkt, Gegenpunkt zum →Ostpunkt.

Westwind|drift, zirkumpolare Meeresströmung in etwa 35–55 ° s. Br., von den dort vorherrschenden Westwinden hervorgerufen.

Wetter, 1) Bergbau: Grubenluft jeglicher Zusammensetzung. **Frische W.** haben etwa die Zusammensetzung der atmosphär. Luft, **matte W.** sind mit Kohlendioxid, Stickstoff, Wasserstoff oder Methan angereichert und erschweren die Atmung. **Giftige** oder **böse W.** enthalten Kohlenmonoxid, Schwefelwasserstoff oder Stickoxide. (→Schlagwetter, →Wetterführung)

2) Meteorologie: Zustand der →Troposphäre und seine Änderung an einem Ort. Die räuml. Zusammenfassung des W. ergibt die **Wetterlage,** der Wetterablauf mehrerer Tage die **Witterung.** Das W. wird gekennzeichnet durch die **Wetterelemente** wie Luftdruck, Wind, Temperatur, Luftfeuchtigkeit, Sicht, Bedeckung, Wolkenart und Wettererscheinungen, die an Wetterstationen zu international einheitl. Terminen beobachtet und als Wettertelegramm übermittelt werden an die →Wetterdienste, denen sie als Ausgangsmaterial für die →Wettervorhersage dienen. Zur schnelleren Übertragung werden die Meldungen durch Zahlen verschlüsselt. Diese werden entweder aus den Meß- und Schätzwerten errechnet oder wie bei Wettererscheinungen (für Wolkenart →Wolken) einem Katalog entnommen, der für den Wetterverlauf der letzten drei oder sechs Stunden zehn Möglichkeiten vorsieht sowie 100 Möglichkeiten für das ›gegenwärtige W.‹, das über Wolkenentwicklung, sichtvermindernde Wettererscheinungen, Art und Intensität von Niederschlägen bis hin zu komplexen Erscheinungen wie ›starkes Gewitter mit Hagel oder Graupel‹ Auskunft gibt.

W. Rudloff: World climates (1981); K. Rocznik: W. und Klima in Dtl. (1982); Länder und Klima, 4 Bde. (1982–83).

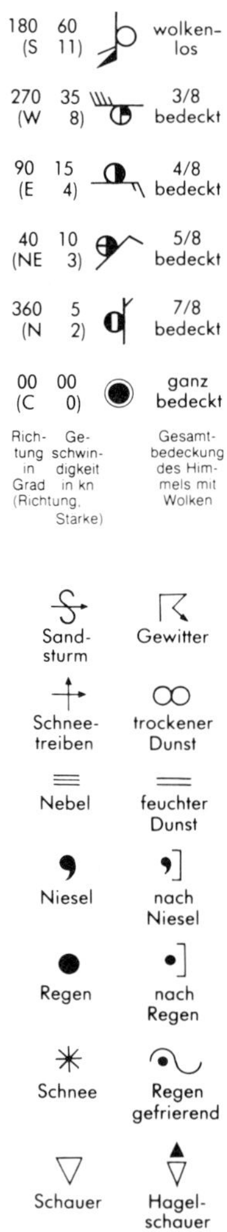

Wetter 2): In Wetterkarten verwendete Symbole

Wetterbeeinflussung, künstl. Maßnahmen zur Änderung des natürl. Ablaufs des Wetters. Nachweisbare Erfolge konnten z. B. bei → Nebelauflösung erzielt werden. Außerdem können Wolken durch Einbringen von Chemikalien vorzeitig zum Ausregnen gebracht werden.

Wetterdienst, meist staatliche Einrichtung, deren → Wetterstationen in einem Land nach den Richtlinien der Weltorganisation für Meteorologie → Wetter 2) beobachten und deren aerolog. Stationen den Zustand der Atmosphäre bis in Höhen um 30 km um 00 und 12 Z durch → Radiosonden, um 06 und 18 Z durch Höhenwindmessungen ermitteln (Z = Terminangabe in Weltzeit). Die so gewonnenen Ergebnisse werden den übrigen W. der Erde nach einem festen Sendeplan über Funk und Fernschreiber übermittelt und im eigenen Dienst mit den empfangenen Wetterinformationen zur Erstellung der → Wettervorhersagen benutzt, die Luft- und Schiffahrt, aber auch die Öffentlichkeit über kommendes Wetter unterrichtet oder vor atmosphär. Gefahren warnt. Weltweit betreiben die W. dazu über 8000 Wetterstationen und 500 aerolog. Stationen. Daneben stellen sie je nach Interesse des Landes teils in Zusammenarbeit mit anderen Dienststellen meteorolog., klimatolog. und hydrolog. Informationen für Planung und Gutachten (Klimatologie), Landwirtschaft (Agrarmeteorologie) u. a. bereit und betreiben angewandte Forschung zur Verbesserung ihrer Arbeitsmethoden.

Wetterführung, Einrichtungen und Maßnahmen zur planmäßigen Zufuhr von Frischluft zur Versorgung von Menschen und Maschinen in allen Grubenbauen **(Bewetterung),** zur Verdünnung und Abfuhr schädl. Gase (→ Schlagwetter), zur Kühlung oder Erwärmung und Regelung der Feuchte der → Wetter 1). In Gruben mit zwei unterschiedlich hoch liegenden Ausgängen reicht oft die durch Temperaturunterschiede entstehende natürl. Luftbewegung (Wetterstrom) aus. Sonst ist ein Ventilator an einem der Ausgänge erforderlich. Im Grubengebäude wird die Verteilung der Wetter durch **Wetterschleusen** und Wahl der Querschnitte der Grubenbaue geregelt. Belüftung von Grubenbauen ohne durchgehende Bewetterung (z. B. Streckenvortriebe) geschieht durch Sonderbewetterung mit Lüftern und → Lutten.

Wetterhütte, Englische Hütte, weißgestrichener Holzkasten mit Jalousiewänden, der meteorolog. Geräte vor Sonnenstrahlung schützt. In 2 m Höhe angebracht, ermöglicht die W. so die Messung repräsentativer Lufttemperatur und -feuchtigkeit.

Wetterkarte, Landkartenvordruck mit einem Maßstab zw. 1:5 Mio. und 1:50 Mio. in stereograph. Projektion, in niederen Breiten in Mercatorprojektion, in den Wetterbeobachtungen aus einem größeren Gebiet zu einem best. Termin in Form des → Stationsmodells eingetragen sind. Ihre Analyse liefert die zusätzlich dargestellte Wetterlage. Eingezeichnet werden dabei: 1) Auf der **Bodenkarte,** die Gebiete mit Niederschlag und Nebel, ferner in gemäßigten und polaren Breiten die Linien gleichen Luftdrucks (Isobaren) und die → Fronten, in den Tropen die Stromlinien des Windfeldes. 2) Auf der **Höhenwetterkarte,** die Isohypsen der jeweiligen Druckfläche (absolute Topographie) oder die Linien gleicher Schichtdicke zw. zwei Druckflächen, die den Isothermen der Schicht entsprechen (relative Topographie). W. sind somit ein Hilfsmittel, mit dem Beobachtungen für die → Wettervorhersage aufbereitet werden (→ Synoptik). BILD S. 262.

Wetterkunde, bei vielen Völkern geübte Beobachtung des Wetters, um es nach → Wetterzeichen und → Bauernregeln vorhersagen zu können. Neben meteorologisch Erklärbarem enthält die W. auch astrolog. und magische Elemente. (→ Meteorologie)

Wetterlampe, Sicherheitslampe, um 1815 von H. DAVY erfundene Benzindochtlampe, über deren Flamme ein enges Drahtgeflecht gestülpt ist, das die Entzündung brennbarer Gasgemische weitgehend verhindert. Anfangs in → Schlagwetter führenden Gruben allgemein als → Grubenlampe, später nur noch zum Nachweis von Grubengas benutzt, jetzt durch Meßgeräte verdrängt.

Wetterleuchten, nachts sichtbare Entladungen entfernter Gewitterblitze.

Wetterminima, Wettermindestbedingungen für Flugzeuglandungen nach Instrumentenflugregeln (→ Landeführungssysteme). Die für alle Flughäfen international festgelegten W. geben Mindestwerte für die Pistensichtweite und die Höhe der Wolkenuntergrenze an; sie bestimmen damit die kritische Höhe (Entscheidungshöhe). Je nach der techn. Ausrüstung des Flughafens und des Flugzeugs unterscheidet man: Kategorie 1: Pistensichtweite 800 m (Entscheidungshöhe 60 m); Kategorie 2: 400 m (30 m); Kategorie 3a: 200 m (0 m); Kategorie 3b: 50 m (0 m); Kategorie 3c: beides 0 m. Sind die W. nicht erfüllt, werden anfliegende Flugzeuge einem Ausweichflughafen zugeleitet. Für Starts genügt eine gewisse Startbahnsicht (Sichtbarkeit der Startbahnbefeuerung) ohne Berücksichtigung der Wolkenuntergrenze.

Wetterregeln, → Bauernregeln.

Wettersatelliten, meteorologische Satelliten, für meteorolog. Beobachtungen mit Fernsehkameras und Strahlungsmeßgeräten ausgestattete → Satelliten 2). W. kreisen i. d. R. auf polaren Umlaufbahnen um die Erde, wobei sie jeden Ort an jedem Tag zur gleichen Zeit passieren und in 24 Stunden eine vollständige Aufnahme der gesamten Erdoberfläche liefern können, oder sie sondieren stets das gleiche Drittel der Erdkugel von einer geostationären Umlaufbahn in rd. 36000 km Höhe.

Wettersatelliten: Funktionen des W. Meteosat

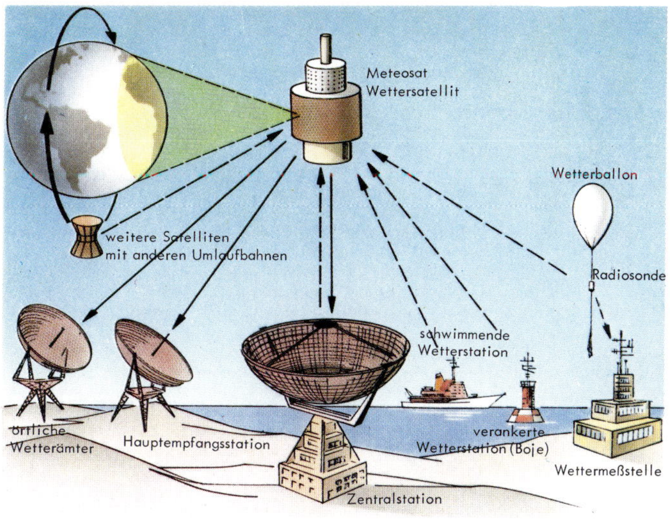

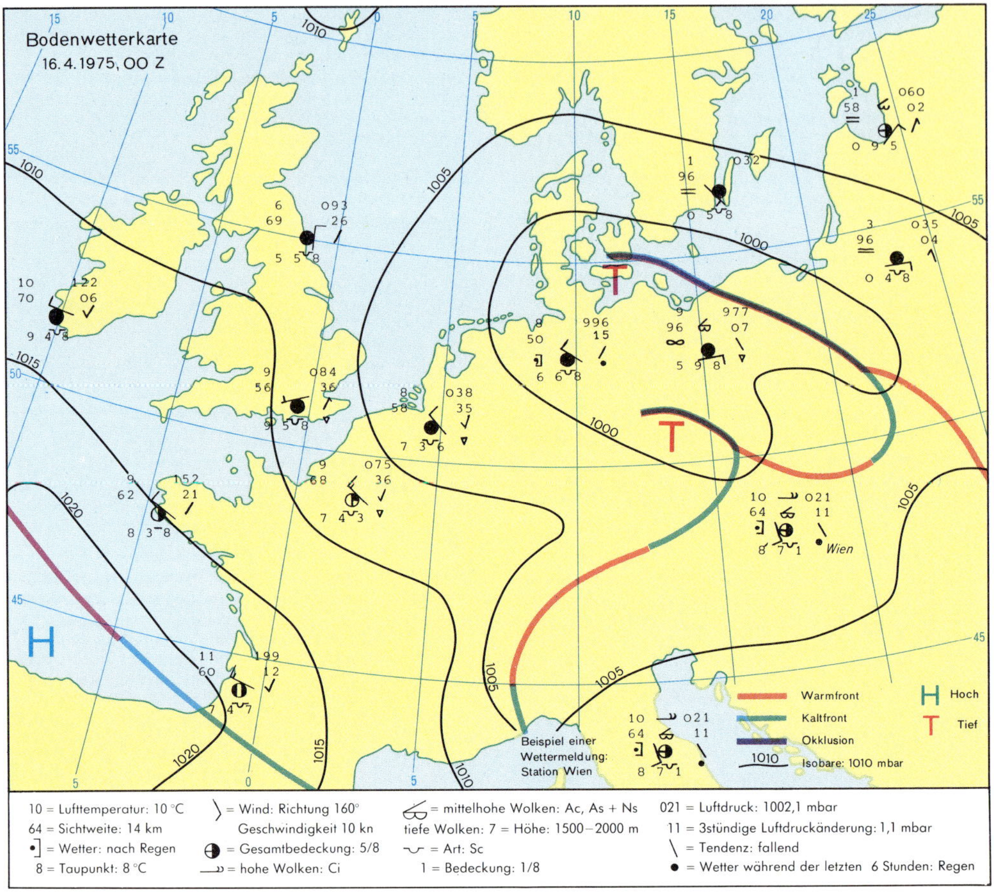

Wetterkarte

Photos von der Tag- und Nachtseite der Erde ermöglichen die Überwachung der tagtägl. Bewegungen der Wolkenfelder und das Studium ihrer Entstehung; Infrarotsensoren liefern ständig Temperaturmessungen bis zum Erdboden oder zur Meeresoberfläche (z. T. bis auf 1 °C genau). I. d. R. wird der Wassergehalt des Bodens, der Wolken und der Atmosphäre gemessen. W. rufen die mit Hilfe von ird. Meßstationen (z. B. an Bord von Flugzeugen, Ballonen oder Schiffen, Bojen, stationären Plattformen in abgelegenen Gebieten) gesammelten meteorolog. Daten ab und übermitteln sie in best. Zeitabständen zentral zur Erde. Neben zuverlässigeren Wettervorhersagen, die v. a. für Land- und Forstwirtschaft, Tourismus und Schiffahrt von großer Bedeutung sind, ermöglichen W. Warnungen vor trop. Wirbelstürmen, Sturmflutwarnungen in mittleren Breitengraden, Verfolgung der Packeisgrenze im Nordmeer, Untersuchungen zur Luftverschmutzung u. ä.

Die USA brachten seit dem Start des ersten W. TIROS 1 (1960) bis Mitte 1983 etwa 60 W. (TIROS, ESSA, ITOS, NOAA, DMSP, Nimbus, GOES) auf die vorbestimmten Umlaufbahnen. Das sowjet. Satellitenprogramm Meteor ist nur für meteorolog. Aufgaben konzipiert. Für Europa brachte die ESA im Nov. 1977 und im Juni 1981 die beiden →Meteosat in ihre geostationären Positionen. Japan betreibt mit GMS (Geosynchronous Meteorological Satellite) seit Juli 1977 einen eigenen W.

Wetterscheide, Landschaftsteil, der als Folge von Geländeeffekten (Föhn, Land- und Seewind) bei bestimmten Wetterlagen, z. B. Gewitterlagen, Gebiete unterschiedlichen Wetters voneinander trennt.

Wettersprengstoffe, Sprengstoffe für den Untertageeinsatz im Kohlebergbau. W. garantieren durch Entwicklung von Natriumchlorid-Salznebeln einen schnellen Flammenabbruch, so daß sich Schlagwetter (Methan- oder Kohlestaub-Luft-Gemische) nicht entzünden können. Moderne Salzpaarsprengstoffe enthalten neben Nitroglycerin und Nitroglykol Salzgemische (z. B. Ammoniumchlorid, Natriumnitrat), aus denen sich bei der Detonation Natriumchlorid bildet.

Wetterstation, Außenstelle eines →Wetterdienstes, die i. d. R. Wetterberatungen und Beobachtungen des →Wetters 2) durchführt. Sie verfügt über Thermometer, Hygrometer (→Wetterhütte), Barometer, Windmesser oder entsprechende Geräte, die zur Wettermeldung um 00, 06, 12 und 18 Uhr Weltzeit abgelesen werden. Einige W. setzen alle drei Stunden, an größeren Flughäfen alle halbe Stunde oder bei markanten Änderungen sofort zusätzliche Meldungen ab. Zur Erfassung des → Klimas wird um 7, 14 und 21 Uhr mittlerer Ortszeit beobachtet mit einem durch Niederschlagsmesser, Sonnenscheinautograph u. a. erweiterten Instrumentarium.

Wettervorhersage, Aussage über das kommende Wetter. Sie wird ermöglicht durch Auswertung von graphisch oder numerisch gewonnenen Vorhersagewetterkarten. Zu ihrer Ermittlung trägt man beim **graph. Verfahren** die meteorolog. Beobachtungen in →Wetterkarten ein. Die bei ihrer Analyse gefundenen Hoch- und Tiefdruckgebiete mit ihren Fronten werden zum Entwurf der Vorhersagekarten nach empirischen Regeln in Richtung der Höhenströmung unter Berücksichtigung der Intensitätsänderung der Druckgebilde verlagert. Für das **numerische Verfahren** wird eine Großrechenanlage benötigt, in der ein → meteorologisches Modell gespeichert ist. Nach Eingabe der Anfangsdaten werden dann die Vorhersagekarten ausgegeben, deren Interpretation die Aussage über das künftige Wetter bis zu 48 Stunden (Kurzfristprognose) liefert. Nach gleichem Prinzip, allerdings unter Berücksichtigung zusätzlicher meteorolog. Elemente, z. B. der Strahlung, werden Mittelfristprognosen bis zu sieben Tagen erstellt. Die bis zu drei Monaten reichende Langfristprognose wird dagegen auf statist. Basis gewonnen.

Wetterwarte, Beobachtungsstation mit lokalem Wettervorhersagedienst.

Wetterzeichen, Anzeichen in der Atmosphäre, die auf eine Änderung des Wetters hinweisen. So kündigen das Aufziehen sich verdichtender Cirren (→ Wolken) und eine plötzl. Richtungsänderung des Wolkenzuges ein Schlechtwettergebiet an; örtl. W. sind z. B. bestimmte Wolkenformen an Bergen.

Wetzsteine, Abziehsteine, Steine zum Schärfen von Schneidwerkzeugen; meist feinkörnige, kieselige Gesteine, z. B. Kieselkalke, Quarzite, Sandsteine oder quarzhaltige Tonschiefer **(Wetzschiefer).** Von ähnl. Zusammensetzung sind auch Schleif- und Poliersteine.

WEZ, Abk. für →**W**est**e**uropäische **Z**eit.

Wheatstone-Brücke [hw'i:tstən-, n. dem brit. Physiker und Erfinder Sir C. Wheatstone, * 1802, † 1875], eine → Meßbrücke.

Whewellit [hju:əl'ɪt, n. dem engl. Naturwissenschaftler und Philosophen W. Whewell, * 1794, † 1866], **Kohlenspat,** Mineral $CaC_2O_4 \cdot H_2O$, weiße, kleine Kristalle in Steinkohlen- und Erdöllagerstätten; eines der seltenen natürl. organ. Minerale.

Whisker [hw'ɪskə], **Haarkristalle,** sehr feine, nadelförmige Einkristalle aus metall. und nichtmetall. Werkstoffen (z. B. Kupfer, Eisen, Nickel, Siliciumcarbid, Aluminiumoxid, Kohlenstoff) mit einem Durchmesser von einigen µm und einer Länge bis zu mehreren cm. Auf Grund ihrer ungestörten, versetzungsfreien Kristallstruktur besitzen W. gegenüber gewöhnl. Kristallen eine 1000- bis 10000fach größere mechan. Festigkeit. W. entstehen bei Oxidations- oder elektrolyt. Vorgängen und durch Abscheidung aus der Gasphase; zur Verstärkung von Verbundwerkstoffen verwendet.

Whistler [hw'ɪslə, engl.], niederfrequente elektromagnet. Wellen (VLF-Emissionen, →VLF) mit fallender Tendenz, die z. B. bei Blitzentladungen in der Troposphäre entstehen; sie durchlaufen den Raum in der Richtung des erdmagnet. Feldes und machen sich im Nahbereich als Knacken oder Prasseln in Lautsprechern bemerkbar. Aus der Frequenzabhängigkeit der W. lassen sich geophysikalisch Rückschlüsse auf die Elektronen- (und Ionen-)Dichte längs des Ausbreitungsweges und bes. am Scheitelpunkt der Bahn ziehen.

Wichte, → Dichte 1).

Wicklung, Kombination elektr. Leiter in Form von aus Windungen bestehenden → Spulen 1) oder eine Zusammenschaltung von Spulen in elektr. Maschinen, Transformatoren, Drosseln, Elektromagneten u. a. zur Fortleitung elektr. Ströme, zur Aufnahme einer Spannungsinduktion oder zum Aufbau eines Magnetfeldes.

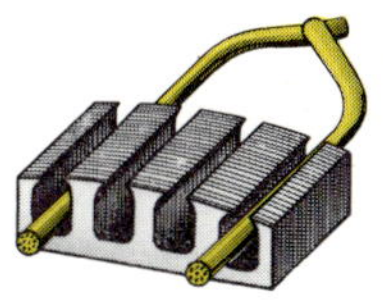

Wicklung: Lage der Spulenseiten bei einer Zweischichtwicklung

W. elektr. Maschinen bestehen aus isolierten Kupfer-, seltener Aluminiumdrähten mit kreisrundem oder rechteckigem Querschnitt als konzentrierte oder verteilte W. für → Erregerwicklungen oder Pol-W. und Anker-W.

Elektr. Maschinen mit ausgeprägten Polen (Gleichstrommaschinen, Synchronmaschinen außer Turbogeneratoren) erhalten konzentrierte **Pol-W.,** die auf den isolierten Polkern (auch Polschaft) geschoben werden und oft aus isolierten Runddrähten bestehen. Bei großen Maschinen verwendet man statt dessen einlagige **Blankpol-W.** aus Kupferband mit isolierenden Zwischenlagen der besseren Wärmeabgabe wegen. Bei Turbogeneratoren wird die **Erreger-W.** in Nuten des Läuferballens gelegt, die durch Messingkeile verschlossen werden.

Anker-W. liegen bei Gleichstrommaschinen in den Läufernuten, die mit Keilen aus Holz oder Kunststoff verschlossen werden. Die W. bestehen aus gleichartigen Wicklungselementen, die meist als **Zweischicht-W.** ausgeführt werden, d. h., je eine Spulenseite liegt in der Oberschicht einer Nut, die andere Spulenseite in der Unterschicht. Man unterscheidet **Schleifen-** und **Wellen-W.** Die Spulenenden werden an den → Kommutator 1) angeschlossen. Die ganze W. bildet einen geschlossenen, elektrisch leitenden Ring. Bei Synchron- und Asynchronmaschinen liegen die Anker-W. in den Ständernuten, ausgeführt als **Einschicht-W.** oder auch als Zweischicht-W. Große Synchronmaschinen werden meist in **Bruchloch-W.** ausgeführt, bei der auf einen Pol und Strang eine gebrochene Anzahl (z. B. $2^1/_2$ oder $3^1/_2$) von bewickelten Nuten entfällt (Ggs.: **Ganzloch-W.).** Bei Asynchronmaschinen können die **Läufer-W.** aus **Spulen-W.** oder aus **Kurzschluß-W.** (→ Käfigläufer) bestehen.

Bei Transformatoren unterscheidet man **Zylinder-** oder **Röhren-W.** und **Scheiben-W.**

Widder, lat. **Ari|es,** zum →Tierkreis gehörendes → Sternbild am Nordhimmel, im Winter am Abendhimmel sichtbar.

Widderpunkt, der → Frühlingspunkt.

Widerdruck, → Schöndruck.

Widerhall, das → Echo.

Widerlager, Massivkörper aus Mauerwerk oder Beton, auf dem sich ein Tragwerk abstützt; es überträgt den Auflagerdruck auf den Baugrund.

Widerspruch, formale Logik: Ein W. ist eine Aussage der Form ›*A* und nicht-*A*‹, das **Prinzip vom ausgeschlossenen W.** besagt, daß jede solche Aussage falsch ist.

widerspruchsfrei. Eine axiomat. Theorie ist w., wenn in ihr kein Widerspruch beweisbar ist. Der Beweis

Farbe	1. Ring (1. Ziffer)	2. Ring (2. Ziffer)	3. Ring (Multiplikator)	4. Ring (Toleranz)
schwarz	0	0	× 1	
braun	1	1	× 10	± 1%
rot	2	2	× 100	± 2%
orange	3	3	× 1 000	
gelb	4	4	× 10 000	
grün	5	5	× 100 000	± 0,5%
blau	6	6	× 1 000 000	
violett	7	7	× 10 000 000	
grau	8	8	× 100 000 000	
weiß	9	9	× 1 000 000 000	
gold	–	–	× 0,1	± 5%
silber	–	–	× 0,01	± 10%
ohne	–	–	–	± 20%

Widerstand 1: W. (in Ohm), internationaler Farbencode

der Widerspruchsfreiheit wurde von D. HILBERT als Rechtfertigung einer mathemat. Theorie gefordert, doch ist dieses Problem für viele Theorien bisher ungelöst. (→ Gödelscher Satz)

Widerstand, im urspr. Sinn eine die Bewegung eines Körpers oder physikal. Systems hindernde Kraft **(Widerstandskraft),** z. B. ist der **Trägheitswiderstand** diejenige Kraft *F* (Trägheitskraft), die ein Körper der Masse *m* infolge seiner → Trägheit der beschleunigenden Kraft entgegensetzt, $F = -ma$ (a = Beschleunigung). Der **Reibungswiderstand** ist die bei der → Reibung auftretende Reibungskraft, der → Strömungswiderstand die Widerstandskraft bei der Bewegung eines Körpers in einer Flüssigkeit oder einem Gas (→ Luftwiderstand). Im erweiterten Sinn definiert man u. a. den Schallwellenwiderstand (→ Schallkennimpedanz), den → Feldwellenwiderstand und insbes. den **elektrischen Widerstand** (sowohl als physikal. Größe als auch als Bauelement).

Ein Stromkreis, an den eine Spannung angelegt wird, stellt dem Durchgang des Stromes einen W. entgegen, dessen Größe sich nach dem → Ohmschen Gesetz als Quotient von Spannung und Stromstärke ergibt. Der in Gleichstromkreisen allein wirksame **Ohmsche W.,** auch **Wirk-W.** oder **Resistanz** (Formelzeichen *R*) genannt, ist nur von der Länge und dem Querschnitt des Leiters und einer Materialkonstanten, dem → spezifischen Widerstand, abhängig. Bei Wechselstromkreisen treten außerdem noch → Blindwiderstände **(Reaktanzen)** auf, die keine Leistung verbrauchen, aber bei Stromdurchgang einen entsprechenden Anteil der angelegten Spannung aufnehmen (→ Wechselstrom). Zusammen ergeben die Widerstandsanteile den → Scheinwiderstand **(Impedanz).** Der Wert eines Wirk-W. ist i. a. temperaturabhängig, bei reinen Metallen nimmt er mit steigender Temperatur zu, bei Kohle und Halbleitern ab. Einige Metallegierungen wie Konstantan, Manganin u. a. zeigen eine sehr geringe Abhängigkeit von der Temperatur und eignen sich daher für die Herstellung von Präzisions-W. für Meßzwecke. Die → Heißleiter und → Kaltleiter verändern dagegen ihren Widerstandswert sehr stark mit der Temperatur. Über W. bei sehr tiefen Temperaturen → Supraleitung.

W. als Bauelement. In vielfältiger Ausführungsform als **Fest-W.** oder als **einstellbarer W.** in elektr./elektron. Schaltungen, Geräten und Anlagen eingesetztes passives Bauelement mit einem definierten linearen oder nichtlinearen Widerstandsverhalten im elektr. Stromkreis. W. werden für viele techn. Zwecke verwendet, z. B. als **Heiz-W., Anlasser-W., Einstell-W.** und **Meß-W.** in der elektr. Meßtechnik. Fest-W. sind bei kleinen Leistungen als **Schicht-W.** ausgeführt, die eine dünne Widerstandsschicht aus Kohle, Metall (z. B. Chrom-Nickel- oder auch Gold-Platin-Legierungen), Metalloxid (z. B. Zinnoxid) oder Metallglasur (z. B. Cermet) besitzen. Bei größeren Leistungen werden **Draht-W.** verwendet, die aus einem Keramikkörper mit einer Drahtwicklung aus schlecht leitenden Metallegierungen bestehen. Der **Schiebe-W.,** in runder Ausführung als **Dreh-W.,** hat einen verschiebbaren Kontakt, der auf der Widerstandsschicht oder der Wicklung des Widerstandsdrahtes gleitet. Diese werden, z. B. in Spannungsteilerschaltungen, auch → Potentiometer genannt. Beim **Kurbel-W.** sind die einzelnen Widerstandsstufen mit einer kreisförmigen Kontaktbahn verbunden, über die ein Kontakthebel bewegt wird. Zu Meßzwecken werden auch in Stufen zuschaltbare **Widerstandsdekaden** verwendet. Zur Kennzeichnung des W.-Wertes und der Toleranz bei Schicht-W. sind meist Farbringe auf den Bauelementeträger aufgebracht (BILD 1).

Induktive W. sind → Spulen 1), **kapazitive W.** sind → Kondensatoren 1), **lichtempfindl. W.** sind → Photowiderstände. (Weitere BILDER S. 265)

Widerstandsbeiwert, der → C_W-Wert.

Widerstandsbremsung, Bremsverfahren bei elektrischen Antrieben, bes. bei Gleichstrom- oder auch Asynchronmotoren, die vorübergehend als Generator auf einen Widerstand arbeiten und dabei kinet. und potentielle Energie in Wärme umwandeln, z. B. bei Straßenbahnen. Wenn der Bremswiderstand den Wert Null annimmt, spricht man von **Kurzschlußbremsung.** Die W. wird zunehmend durch → Nutzbremsung ersetzt.

Widerstandsmesser, svw. → Ohmmeter.

Widerstandsmethode, → Geoelektrik.

Widerstands|ofen, ein Ofen mit Widerstandsheizung, → Elektroöfen.

Widmannstättensche Figuren, Widmannstättensches Gefüge [n. dem Chemiker A. v. Widmannstätten, * 1753, † 1849], Ätzfiguren auf polierten Anschliffen der Eisenmeteorite. Das an den W. F. erkennbare Innengefüge besteht aus einem oktaedr. Lamellenwerk sich unterschiedlich kreuzender Balken des Minerals **Kamazit,** die von **Taenit** umsäumt sind; die Zwickelfüllung besteht aus **Plessit.** Dieses Gefüge entstand durch langdauernde Entmischung eines urspr. homogenen Nickeleisens; bei Temperaturen über 1 000 °C wird es irreversibel zerstört; die W. F. verschwinden.

Wiechert-Gutenberg-Diskontinuität [n. den Geophysikern E. Wiechert, * 1868, † 1928, und B. Gutenberg, * 1898, † 1960], Unstetigkeitsfläche in 2 900 km Erdtiefe, an der die Erdbeben-P-Wellen eine Geschwindigkeitsverringerung von 13,6 (oben) zu 8,1 km/s (unten) erfahren. Die W.-G.-D. grenzt den Erdmantel gegen den Kern ab, innerhalb dessen, auf den Erdmittelpunkt zu, die Geschwindigkeiten wieder ansteigen.

Wiedemann-Franzsches Gesetz, Wiedemann-Franz-Lorenzsches Gesetz [n. dem dt. Physiker G. H. Wiedemann, * 1826, † 1899, dem dt. Gymnasiallehrer R. Franz, * 1827, † 1902, und dem dän. Physiker L. V. Lorenz, * 1829, † 1891], nach Wiedemann und Franz ist das Verhältnis der Wärmeleitfähigkeit λ zur elektrischen Leitfähigkeit σ bei konstanter Temperatur für alle Metalle nahezu gleich; nach Lorenz ist das Verhältnis λ/σ der absoluten Temperatur T proportional, $\lambda/\sigma = LT$. Der Proportionalitätsfaktor, die **Lorenz-Konstante** L, beträgt etwa $2 \cdot 10^{-8}\ V^2/K^2$. Bei tiefen Temperaturen wird das W.-F. G. ungültig, da L abnimmt.

Wieder|aufarbeitung, Kerntechnik: Teil des →Brennstoffkreislaufs, die Zerlegung abgebrannter →Brennelemente in ihre Bestandteile, um daraus spaltbares Material, bes. Uran (U) 235 und Plutonium (Pu) 239 zurückzugewinnen und die bei der Kernspaltung entstandenen, hochradioaktiven Spaltprodukte abzutrennen. Dazu sind spezielle, unter strengen Auflagen arbeitende Anlagen erforderlich, die i. d. R. vollautomatisch und fernbedient betrieben werden und aus denen keine radioaktive Strahlung nach außen gelangen darf. Vor dem Transport in die W.-Anlage werden die abgebrannten Brennelemente zunächst in einem Wasserbecken gelagert, bis die Strahlung der kurzlebigen Spaltprodukte abgeklungen ist (→Zwischenlager). In der W.-Anlage erfolgt in der heißen Zelle die Zerlegung in Brennstäbe, Strukturteile und eventuelle Spaltprodukte. Die Brennstäbe werden zerschnitten, ihr Inhalt chemisch gelöst und aus der Lösung U und Pu (→Purex-Verfahren) isoliert. Bei pyrotechn. Verfahren werden die wiederverwendbaren Bestandteile in flüchtige Verbindungen (meist Halogenide) überführt. Anschließend werden die U- und Pu-Konzentrate z. B. im Sol-Gel-Verfahren wieder zu gesinterten Brennstoffpellets umgeformt. Flüssige Bestandteile werden zunächst in Edelstahlbehältern eingeschlossen, bis die Radioaktivität und damit auch die Wärmebildung weitgehend abgeklungen sind. Danach werden sie eingedampft und verglast. Feste Rückstände lassen sich einbetonieren oder in bitumen- oder zementhaltigen Strukturen einlagern. Die Beseitigung der gasförmigen Abfälle ist noch nicht endgültig gelöst.

Die W. ist von großer Bedeutung für die friedl. Nutzung der →Kernenergie. Durch die W. wird gewährleistet, daß die wiederverwendungsfähigen Energierohstoffe U und Pu aus den Brennelementen sichergestellt und die radioaktiven Abfallprodukte sachgemäß behandelt werden können (→Entsorgung); durch die Rückführung von U und Pu wird eine erhebliche Streckung der begrenzten Uranreserven erzielt, da bei einmaligem Einsatz in einem Leistungsreaktor der Brennstoff nur zu einem Bruchteil (rd. 3–4%) genutzt wird.

Versuchs- und Prototypanlagen arbeiten u. a. in den USA, in der UdSSR, in Großbritannien, Frankreich, Japan, Kanada und in der Bundesrep. Dtl. Außerdem sind Großanlagen in diesen Ländern in Planung oder im Bau. Sie sind ausgelegt auf die Verarbeitung von 1 000 bis 1 500 t Brennstoff je Jahr. – In der Bundesrep. Dtl. wird die W. betrieben von der **Deutschen Gesellschaft für Wiederaufarbeitung von Kernbrennstoffen (DWK),** die von Elektrizitätsversorgungsunternehmen getragen wird.

Wiedergabetreue, Elektroakustik: →High Fidelity.

Wiege, Eisenbahn: auf Federn abgestützter schwingender Querbalken, der die Drehpfanne von →Drehgestellen bestimmter Reisezugwagen trägt.

Wiensches Verschiebungsgesetz [n. dem dt. Physiker W. K. W. Wien, * 1864, † 1928], Strahlungsgesetz über den Zusammenhang der absoluten Temperatur T eines schwarzen Strahlers und der Wellenlänge λ_{max} seiner maximalen Emission. Es ist $\lambda_{max} \cdot T = w$ mit der **Wienschen Verschiebungskonstante**

$$w = (2{,}897790 \pm 0{,}000090) \cdot 10^{-3}\ \mathrm{m \cdot K}.$$

Aus dem W. V. ergibt sich z. B. die Sonnenoberflächentemperatur zu etwa 6 000 K.

Wiesen|erz, →Raseneisenerz.

Wiesenkalk, kalkige Ablagerungen (durch Pflanzen) im Untergrund von wiesentragenden Niedermooren.

Wigner-Seitz-Zelle [n. dem ungarisch-amerikan. Physiker E. P. Wigner, * 1902, und dem amerikan. Physiker F. Seitz, * 1911], eine spezielle →Elementarzelle.

Wildbach, reißender Gebirgsbach mit steilem Gefälle und starker Wasserführung, bes. nach heftigen Niederschlägen oder rascher Schneeschmelze; er kann daher große Schuttmassen zu Tal führen und oft große Schäden verursachen. Durch bautechnische und biolog. Sicherung der Hänge sowie Abtreppung des W.-Gefälles **(Wildbachverbauung)** werden die Erosion eingedämmt und v. a. das Entstehen verheerender →Muren verhindert.

Wildleder, urspr. Leder von Rehen, Gemsen, Antilopen, die nach Art von Veloursleder auf der Fleischseite samtartig zugerichtet wurden. Heute auch Bez. für samtartig zugerichtetes Kalb-, Schaf-, Ziegenleder u. a.

Willemit [n. König Wilhelm (Willem) I. der Niederlande, * 1772, † 1843] *der,* Mineral Zn_2SiO_4, farblos und in vielen Farben, oft gelb und grün; H. 5,5, D. 4; kleine Kristalle, auch derb oder körnig; meist Oxidationserz oder metamorph gebildet, lokal wichtiges Zinkerz.

Williamsit [n. dem Amerikaner L. W. Williams, 19. Jh.] *der,* apfelgrüner, oft schwarzfleckiger Serpentin-Schmuckstein; dient als Jade-Imitation.

Wilson-Kammer, Wilsonsche Nebelkammer [wˈɪlsn-, n. dem schott. Physiker C. T. R. Wilson, * 1869, † 1959], →Nebelkammer.

Wilsonscher Satz [wˈɪlsn-, n. dem engl. Mathematiker J. Wilson, * 1741, † 1793]. Für →Primzahlen gilt die Kongruenz $(p-1)! \equiv -1 \mod p$ (→modulo), d. h., $(p-1)! + 1$ ist durch p ohne Rest teilbar. Da diese Aussage nur für Primzahlen gilt, wird sie als Primzahltest verwendet.

Wind, Luftbewegung relativ zur Erdoberfläche, Wetter- und Klimaelement; wird zur Unterscheidung von Relativwinden, wie dem Fahrtwind, auch als ›wahrer W.‹ bezeichnet. Durch →Windmessung erhält man die Richtung, aus der der W. kommt, in Grad und die Geschwindigkeit in Meter je Sekunde. Bei Schätzung dagegen wird die Richtung in Strichen der Windrose (90° = Ost, 180° = Süd, 270° = West, 360° = Nord), die Stärke in Grad Beaufort der zwölfteiligen Windskala angegeben. W. entsteht durch Druck- und Dichteunterschiede in der Atmosphäre. In größeren Höhen weht er nahezu isobarenparallel **(Gradient-W.),** während die Abweichung in der →planetarischen Grenzschicht über See etwa 10°, über Land im Mittel 35° beträgt, und durch →Turbulenz bedingt um mehrere Zehnergrad um diesen Wert schwankt. Über die gesamte Atmosphäre gemittelt übertrifft die horizontale Komponente des W. mit einigen m/s die vertikale mit nur cm/s um mehrere Größenordnungen. – Über die Nutzung des W. zur Energieerzeugung →Windkraftwerk.

Winde, Fördermittel: Vorrichtung zum Heben oder Heranziehen von Lasten. Die Last kann von einer Schrau-

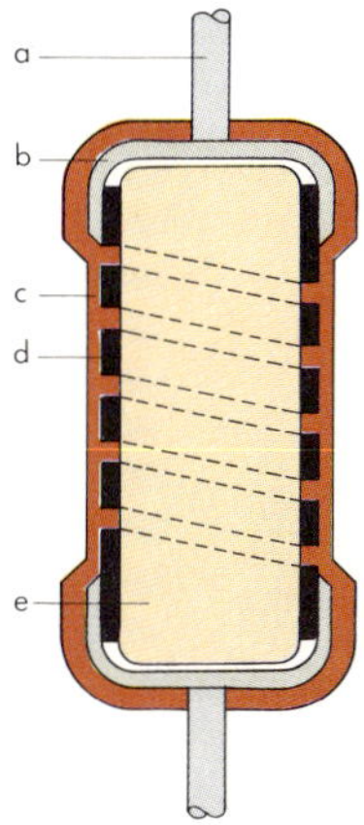

Widerstand 2: Querschnitt durch einen Schicht-W.; a Anschlußdraht, b Metallkappe, c Schutzlackierung, d Widerstandsschicht, e Keramikkörper

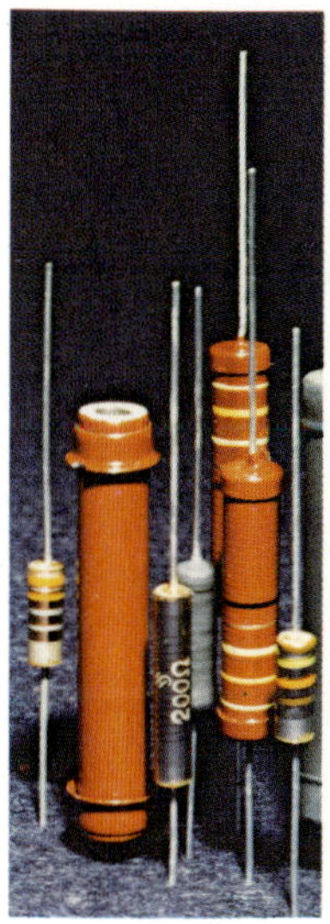
Widerstand 3: Widerstände verschiedener Größe

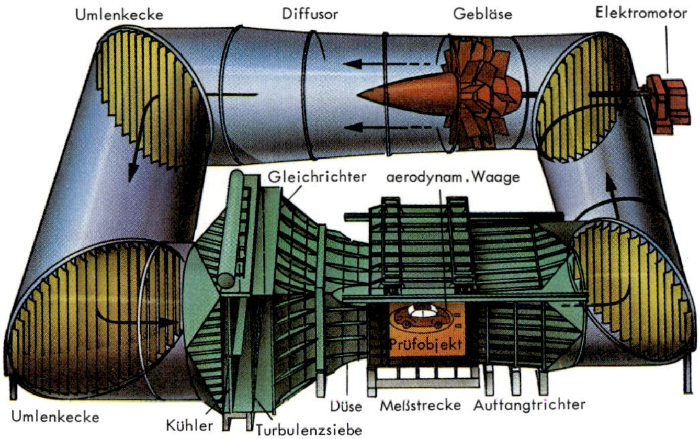

Windkanal: Klimawindkanal des Volkswagenwerks (schematisch)

benspindel, die in einer Mutter gedreht wird **(Schrauben-W.)**, einer Zahnstange mit Ritzel **(Zahnstangen-W.)**, einem Druckölzylinder mit Kolben **(hydraul. W.)** oder einem Seil, das auf eine Trommel aufgewickelt wird **(Seil-W., Haspel)**, bewegt werden. Die Hubhöhen einer W. mit Schraubenspindel, Zahnstange oder Druckölzylinder sind klein. Groß sind die Hubhöhen einer Seil-W. in einem → Kran.

Windkanter:
Dreikanter (8 cm lang)

Wind|eisen, Werkzeug zur Aufnahme und zur Betätigung von → Gewindebohrern.

Winder [w'aındə, engl.], Zusatzeinrichtung für Photoapparate zum automat. Filmtransport, enthält einen batteriegespeisten Elektromotor, der den Film nach jedem Auslösen um ein Bild weitertransportiert; er kann von unten an das Kameragehäuse angesetzt werden oder eingebaut sein.

Wind|erhitzer, Cowper-Apparat [k'aupə-], von E. A. Cowper erfundene Anlage für die Erhitzung der Verbrennungsluft des Hochofens nach dem Prinzip der → Regenerativfeuerung (→ Eisen).

Wind|erosion, → Deflation.

Windfang, kleiner Vorraum mit Pendeltür, Drehtür oder Vorhängen, verhindert, daß beim Öffnen der Eingangstür kalte Luft eindringt.

Windhose, Sandhose, → Trombe.

Windkanal, Versuchsanlage zur Ermittlung von Luftkräften an Modellen von umströmten Körpern, z. B. Flugzeugen, Schiffen, Kraftfahrzeugen, Antennen, Brücken, Hochhäusern oder auch Teilen davon. Auftrieb, Widerstand, Seitenkraft, Gier-, Roll- und Nickmoment werden mittels → Sechskomponentenmessungen bestimmt. Weitere Messungen dienen der Bestimmung der Druckverteilung und des Strömungsfeldes der umströmten Körper. Werden nur Auftrieb, Widerstand und Nickmoment gesucht, genügt eine Dreikomponentenmessung. Bedingung für die Übertragbarkeit der Meßergebnisse auf die Großausführung ist die Einhaltung der geometr. Ähnlichkeit, der Reynolds-Zahl und (bei höheren Geschwindigkeiten) der Mach-Zahl.

Bei Geschwindigkeiten in der Meßstrecke, die in die Nähe der Schallgeschwindigkeiten kommen **(transsonischer W.)**, sind im Modellbereich durchlässige (perforierte oder geschlitzte) Wände erforderlich, um die Übertragbarkeit der Meßergebnisse auf den Flug in der freien Atmosphäre sicherzustellen. Der **Überschall-W.** benötigt eine Laval-Düse (→ Düse) zur Erzeugung der Überschallgeschwindigkeit in der Meßstrecke; er wird aus Energiegründen oft auch als intermittierend (kurzzeitig) arbeitender W. gebaut, indem entweder gespeicherte Druckluft in die Atmosphäre ausgeblasen **(Blow-down-W.** [bləu d'aun-, engl.]) oder ein Vakuumkessel aus der Atmosphäre aufgefüllt **(Vakuumspeicher-W.)** wird. Im **Hyperschall-W.** (Mach-Zahl über 5) wird hochverdichtete Luft (auch Stickstoff oder Helium) über eine Düse in eine evakuierte Meßstrecke entspannt, z. B. von 500 bar auf 10^{-2} bar zur Erreichung der Mach-Zahl 25 im Modellbereich. Dabei ist eine Aufheizung im Hochdruckteil erforderlich, um Kondensation in der Meßstrecke zu vermeiden. Der **Rohr-W.** ist eine energiesparende Ausführung eines W. für transsonische, Über- und Hyperschallgeschwindigkeit mit einer (von der Rohrlänge abhängigen) Meßzeit in der Größenordnung einer Sekunde. Im **Stoßwellenrohr** (→ Stoßwellen) wird auf viele tausend Grad aufgeheizt, um sehr hohe Mach-Zahlen und nichtideale Gaseffekte wie Dissoziation und Ionisation zu untersuchen, wobei die Meßzeiten i. a. nur wenige Millisekunden betragen können.

In der Bundesrep. Dtl. sind W. aller genannten Typen bei der eng mit der Luftfahrtindustrie zusammenarbeitenden Dt. Forschungs- und Versuchsanstalt für Luft- und Raumfahrt e. V. (DFVLR) in Braunschweig, Göttingen und Köln-Porz sowie an den Techn. Universitäten in Betrieb. In Zusammenarbeit mit den Niederlanden wurde der Dt.-Niederländ. W., der größte Europas, in Noordoostpolder in Betrieb genommen. Für Kraftfahrzeuge steht ein W. bei der Techn. Universität Stuttgart sowie bei der Volkswagenwerk AG in Wolfsburg zur Verfügung.

Windkanter, vom Wind zugeschliffene Steine, deren glatte Flächen sich an deutlichen Kanten schneiden; am häufigsten sind Dreikanter. Vorkommen bes. in Wüsten, an Meeresküsten, in Gebieten ehem. Vereisung.

Windkessel, der → Druckwindkessel.

Windkraftwerk, Windkraft|anlage, Windkraftmaschine, die kinet. Energie des Windes nützende Anlage, die im wesentlichen aus einem **Windrad,** d. h. aus so an einer Achse befestigten und so geformten und positionierten Flächen (Flügeln, Schaufeln u. ä.) besteht, daß sie von der den Windradkreis durchströmenden Luft in Drehung versetzt werden. W. dienen zur Be- und Entwässerung, zur Wasserversorgung, zum Antrieb von Mühlen **(Windmühlen)** oder zur Erzeugung elektr. Energie. Besonders letzteres ist der Zweck von Großanlagen, für die die Verknappung und Verteuerung fossiler Energieträger seit einigen Jahren vertiefte Forschung erzwang.

Bei aerodynamisch gut bemessenen Windrädern werden Wirkungsgrade bis zu 80% erreicht. Die Leistung eines W. steigt mit der 3. Potenz der Windgeschwindigkeit. Die besten Wirkungsgrade erreichen die W. nach U. HÜTTER, die von einem Propeller mit horizontaler Welle angetrieben werden. Dabei werden die Propeller genau gegen den Wind eingestellt und der Blattanstellwinkel jederzeit der Windgeschwindigkeit angepaßt bis zur Sturmsicherheit. Der guten Eigenschaften dieser W. wegen förderte das Bundesministerium für Forschung und Technologie den Bau der 1983 in Betrieb genommenen Großanlage ›Growian‹ (Abk. für Große Windenergieanlage) bei Brunsbüttel (bemessen für 2000 bis 3000 kW bei einer Turmhöhe von 96,6 m und einem Rotordurchmesser von

100,4 m) und ›Monopteros‹ mit asymmetr. (einblättrigem) Rotor (Turmhöhe rd. 50 m, Rotordurchmesser 48 m, Leistung 400 kW). Vorteile eines derartigen Rotors sind u. a. größere Toleranzbereiche für die Fertigung wegen fehlender Symmetrieanforderungen und damit geringere Kosten. Bei höheren als zulässigen Windgeschwindigkeiten wird die Leistung durch Rücknahme des Blattverstellwinkels konstant gehalten.

Zur Energiespeicherung dienen für windschwache Zeiten bei Gleichstromanlagen Akkumulatoren und bei Drehstromanlagen →Pumpspeicherwerke und →Luftspeicher-Gasturbinen-Kraftwerke. Auch eine Einspeisung ins Überlandnetz wird untersucht.

Neben W. mit horizontaler Achse stehen W. mit vertikaler Rotationsachse und dem **Darrieus-Rotor** [darj'ø-, n. dem Erfinder G. DARRIEUS, frz. Patent 1925] zur Diskussion. Der Wirkungsgrad dieser W. ist geringer, doch sind sie von der Windrichtung unabhängig und erheblich billiger herzustellen und eignen sich v. a. für die dezentrale Energieversorgung, z. B. für den Betrieb von Pumpen in der Landwirtschaft.

Seit 1978 rotiert auf dem Versuchsgelände Albuquerque, New Mexico, im Auftrag der amerikan. Energiebehörde (ERDA) eine Darrieus-Turbine mit drei Rotorblättern und einem Durchmesser von 17 m. Ebenso wurde zu Forschungszwecken auf den Îsles de la Madeleine im Golf des Sankt-Lorenz-Stroms, Kanada, eine solche W. von 37 m Höhe mit einem zweiblättrigen Rotor von 24 m Durchmesser für etwa 200 kW gebaut. Die Rotorblätter aus Aluminium haben eine Breite von 61 cm.

Geschichtliches. **Windmühlen** mit vertikaler Welle wurden zuerst im 7. Jh. von den Persern verwendet, seit dem 12. Jh. mit waagerechter Welle in Europa. Bei der aus Holz gebauten dt. **Bockwindmühle** (13. Jh.) ist das ganze Mühlenhaus um einen Zapfen in den Wind drehbar, bei der holländ. **(Turm-)Windmühle** (15. Jh.) nur das als Kappe ausgeführte Dach des aus Stein errichteten Gebäudes. Die vier hölzernen Flügel des Windrades werden mit Segeltuch abgedeckt (Spanien) oder mit jalousieartigen dünnen Brettern versehen. Im 18. und 19. Jh. standen viele Windmühlen im norddt. und holländ. Küstengebiet, bis in die 1930er Jahre waren im amerikan. Mittelwesten Windräder zur Wasserförderung vorhanden.

Mit der Theorie der Form der Windmühlenflügel befaßten sich L. EULER (1756) und J. SMEATON (1759). Seit dem letzten Viertel des 19. Jh. wurde das amerikan. Windrad zur Wasserförderung mit automat. Geschwindigkeitsregelung viel angewendet (D. HALLADAY, 1876). In neuerer Zeit bemüht man sich, die Windenergie zur Erzeugung elektr. Energie in großem Maßstab wirtschaftlich nutzbar zu machen.

J.-P. MOLLY: Windenergie in Theorie und Praxis (1978); U. HÜTTER: Moderne Windturbinen (1979); F. v. KÖNIG: Windenergie in prakt. Nutzung ([3]1981); ders.: Wie man Windräder baut ([5]1981).

Windlast, der vom Wind auf eine Bauwerksfläche ausgeübte Druck oder Sog, hängt ab vom Quadrat der Windgeschwindigkeit, von der Luftdichte und der Form und Größe der angeblasenen Fläche; wird bei der Berechnung der Standfestigkeit von Bauwerken berücksichtigt. (→Verkehrslast)

Windlatten, Windstreben, schräg ansteigend unter die Dachsparren genagelte Hölzer zur Herstellung eines Längsverbandes und zur Sicherung gegen seitl. Winddruck, v. a. beim Kehlbalkendach und Sparrendach.

Windmessung, Anemometrie, Messung, Anzeige und Aufzeichnung von Windrichtung und -geschwindigkeit. Beim bodennahen Wind wird die Richtung gewöhnlich durch eine **Windfahne** bestimmt (Windrichtungsanzeiger), während **der Windsack** zugleich auch eine grobe Beurteilung der Windgeschwindigkeit zuläßt. Ein Geschwindigkeitsmesser ist das **Schalenkreuzanemometer,** ein horizontal rotierendes, mit drei offenen Halbkugeln besetztes Windrad, dessen Drehzahl der Windgeschwindigkeit proportional ist. Böen werden durch die Druckschwankungen in einem in den Wind gerichteten **Prandtlschen Staurohr** erfaßt. Für W. im Bereich unter 1 m/s eignet sich das **Hitzdrahtanemometer,** bei dem der Luftzug einen geheizten Draht kühlt und dadurch dessen elektr. Widerstand ändert. Eine verzögerungsfreie W. ohne Beeinträchtigung des Windfeldes erhält man mit dem **Schallanemometer** durch Bestimmung der Dämpfung eines quer zur Windströmung verlaufenden Schallstrahls und mit dem **Laser-Doppler-Anemometer** [l'eɪzə-]. Bei letzterem wird die vom Doppler-Effekt an bewegten Aerosolen der Luft erzeugte Frequenzverschiebung von reflektiertem Laserlicht vermessen. Der Wind der freien Atmosphäre wird i. d. R. aus der durch Radar verfolgten Abdrift eines mit einem Reflektor versehenen frei fliegenden Ballons errechnet. – Die **Windskala, Beaufort-Skale** [bof'ɔr-], ist eine zwölfteilige Skala, die die Schätzung der **Windstärke** auf Grund der Auswirkungen des Windes in Bodennähe ermöglicht. (ÜBERSICHT S. 268)

Windkraftwerk: W. nach dem Darrieus-Prinzip; Gesamthöhe 6,5 m, Rotordurchmesser 5,5 m, Leistung 1 kW

Windrichtungsanzeiger, →Windmessung.

Windrose, 1) die Kompaßrose, →Kompaß 1).

2) Meteorologie: Einteilung der Windrichtungen (→Wind) in 8, 16, 32 oder 64 Striche; auch Darstellung eines Klimaelements in Abhängigkeit von der Windrichtung, z. B. **Niederschlags-Windrose.**

windschief werden zwei Geraden in einem Raum genannt, wenn sie sich weder schneiden noch zueinander parallel sind.

Windschliff, der Sandschliff. (→Korrasion)

Windschutzscheibe, bei Kraftwagen eine vorn angebrachte Glasscheibe aus →Sicherheitsglas, die den Fahrtwind abhält; bei Krafträdern und Motorrollern z. T. aus Acrylglas.

Windsee, Seegang, →Meereswellen.

Windsichter, ein →Sichter zur trockenen Staubabscheidung oder zum pneumat. Klassieren (→Klassierung) bei geringen Korngrößen, z. B. in der Steinkohlenaufbereitung, in der Feinmahlung von Zement, in der Kohlemahlung für Staubfeuerung, in der chem. Industrie, in der Landwirtschaft und Müllerei (→Getreidereinigungsmaschinen). Der meistverwendete W. ist der →Steigsichter.

Wind|stau, Erhöhung des Wasserspiegels durch Wind, a) an der Küste bei auflandigem Wind, besonders, wenn ausgedehnte Flachwassergebiete vorgelagert sind, b) in Binnengewässern, v. a. in großen Seen und in nicht oder nur schwach durchströmten Schiffahrtskanälen mit langen, geraden Haltungen. (→Stau)

Windstille, völlige Luftruhe oder nicht wahrnehmbare Windgeschwindigkeit $< 0{,}2$ m/s. (→Kalme)

Windträger, ein →Träger 1), der im wesentlichen durch Windkräfte belastet ist; der W. ist besonders wichtig im Hallenbau.

Windung, →Raumkurve.

Windungs|sinn, Eigenschaft räuml. Koordinaten-

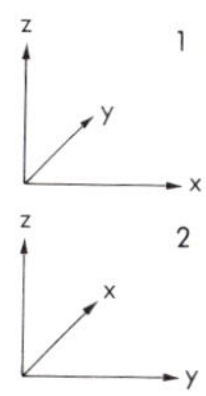

Windungssinn bei rechtwinkligen Koordinatensystemen; **1** Rechtssystem, **2** Linkssystem

Windungssinn

Windmessung: Windskala

Windstärke nach Beaufort	Geschwindigkeit m/s	Auswirkungen des Windes im Binnenland	auf See
0 Windstille	0 – 0,2	Rauch steigt gerade empor	Spiegelglatte See
1 leichter Zug	0,3– 1,5	Windrichtung nur durch Rauch erkennbar	Schuppenförmige Kräuselwellen
2 leichte Brise	1,6– 3,3	Wind im Gesicht fühlbar, Blätter säuseln	Kurze kleine Wellen, Kämme brechen sich nicht
3 schwache Brise	3,4– 5,4	Blätter und dünne Zweige bewegen sich	Kämme beginnen sich zu brechen, Schaum, meist glasig
4 mäßige Brise	5,5– 7,9	Bewegt Zweige, dünne Äste, hebt Staub	Noch kleine Wellen, aber vielfach weiße Schaumköpfe
5 frische Brise	8,0–10,7	Kleine Bäume beginnen zu schwanken	Mäßig lange Wellen mit Schaumkämmen
6 starker Wind	10,8–13,8	Pfeifen an Drahtleitungen	Bildung großer Wellen (2,5–4 m) beginnt, größere Schaumflächen
7 steifer Wind	13,9–17,1	Fühlbare Hemmung beim Gehen	See türmt sich, Schaumstreifen in Windrichtung
8 stürmischer Wind	17,2–20,7	Bricht Zweige von den Bäumen, erschwert erheblich das Gehen	Hohe Wellenberge (über 7 m), Gipfel beginnen zu verwehen
9 Sturm	20,8–24,4	Kleinere Schäden an Häusern und Dächern	Dichte Schaumstreifen, ›Rollen‹ der See, Gischt verweht
10 schwerer Sturm	24,5–28,4	Entwurzelt Bäume, bedeutende Schäden	Sehr hohe Wellenberge, See weiß durch Schaum
11 orkanartiger Sturm	28,5–32,6	Verbreitete schwere Sturmschäden (sehr selten)	Außergewöhnlich hohe Wellenberge, Wellenkämme überall zu Gischt verweht
12 Orkan	über 32,6		Luft mit Schaum und Gischt angefüllt, keine Fernsicht

systeme. Dreht man die in BILD 1 nach rechts gerichtete x-Achse auf dem kürzesten Weg in die Lage der y-Achse, so zeigt die z-Achse hierbei in die Fortschreitungsrichtung einer Rechtsschraube **(Rechtssystem, W. positiv).** Dagegen zeigt BILD 2 ein **Linkssystem.**

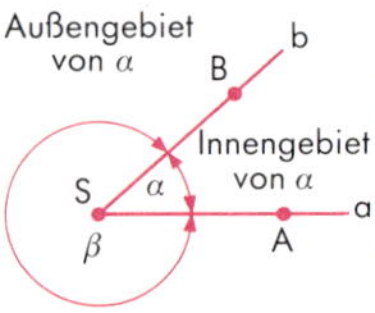

Winkel 1: Das Innengebiet des W. α ist Außengebiet des W. β (und umgekehrt)

Windverband, die Füllglieder von Fachwerkträgern, die die Windkräfte aufnehmen und zu Lagerpunkten übertragen; bes. wichtig bei Dach-, Hallen-, Turm- und Brückenkonstruktionen.

Winglet [wˈɪŋlɪt, engl.] *das,* kleiner profilierter Hilfsflügel an den Flügelspitzen eines Flugzeugtragflügels, der etwa senkrecht zum Hauptflügel und überwiegend aufwärts gerichtet angeordnet ist. Er vermindert den → induzierten Widerstand des Flügels durch Behinderung der Umströmung des Flügelendes. Wegen der besonderen Profilierung ist der Reibungswiderstand des W. geringer als derjenige von ähnlich wirkenden Endscheiben.

Winkel. Ein **ebener W.** ist eine geometr. Figur in einer Ebene, die aus einem Punkt S, dem **Scheitel(punkt)** des W., und zwei von S ausgehenden Halbgeraden a und b, den **Schenkeln** des W., besteht. W. bezeichnet man häufig mit kleinen grch. Buchstaben $(\alpha, \beta, \gamma, \ldots)$ oder mit $\sphericalangle (a, b)$ oder mit $\sphericalangle (A, B)$, falls A ein Punkt auf a und B ein Punkt auf b ist. Einen W. kann man auch als eine Drehung um den Scheitel ansehen, die den einen Schenkel in den anderen überführt. Da die Drehung sowohl im mathematisch positiven Drehsinn, d. h. entgegen dem Uhrzeigersinn, als auch im mathematisch negativen Drehsinn vorgenommen werden kann, kommt man zum Begriff des **orientierten W.,** d. h., man muß zw. $\sphericalangle (a, b)$ und $\sphericalangle (b, a)$ unterscheiden, wobei gilt: $\sphericalangle (a, b) = -\sphericalangle (b, a)$. Ein W. zerlegt die Ebene, in der die Schenkel liegen, in zwei getrennte Ge-

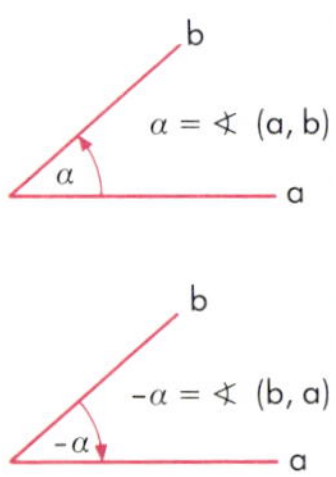

Winkel 2: orientierter W.

biete, das Innengebiet des W. (der **Winkelraum** oder das **Winkelfeld)** und das dazu komplementäre Außengebiet. Fallen die beiden Halbgeraden a und b zusammen, so heißt der mit der vollen Ebene (mit Ausnahme der beiden Strahlen) als Innerem gebildete W. **Vollwinkel,** der dazu komplementäre W. **Nullwinkel.** Die Größe eines W., das **Winkelmaß,** kann als → Bogenmaß in → Radiant oder als Winkelmaß in → Grad angegeben werden, z. B. beträgt der Vollwinkel 2π rad bzw. $360°$. Beim **gestreckten W.** gilt $\alpha = \pi$ rad $= 180°$, beim **rechten W.** $\alpha = \frac{\pi}{2}$ rad $= 90°$, beim **spitzen W.** $0° < \alpha < 90°$, beim **stumpfen W.** $90° < \alpha < 180°$ und beim **überstumpfen W.** $180° < \alpha < 360°$. Zwei W., die sich zu $90°$ ergänzen, nennt man **Komplementwinkel,** solche, die sich zu $180°$ ergänzen, **Supplementwinkel.** Die sich am Schnittpunkt zweier Geraden gegenüberliegenden W. heißen **Scheitelwinkel** (sie sind einander gleich), die benachbart liegenden W. **Nebenwinkel** (welche durch ihre spezielle Lage ausgezeichnete Supplementwinkel sind). Werden zwei Geraden von einer dritten geschnitten, so unterscheidet man (BILD 4 S. 269) **Stufenwinkel** oder **Gegenwinkel** (z. B. α, ε), **Wechselwinkel** (z. B. α, ϑ), **entgegengesetzte W.** (z. B. α, η) und **konjugierte W.** (z. B. α, ζ). Handelt es sich bei den geschnittenen Geraden um Parallelen, so gilt: Stufenwinkel und Wechselwinkel sind einander gleich, entgegengesetzte und konjugierte W. ergänzen sich zu $180°$. (→ Dreiteilung des Winkels)

Räumliche W., → Raumwinkel.

Winkelbeschleunigung, Formelzeichen α, bei kreisförmigen Bewegungen das Verhältnis der Änderung der → Winkelgeschwindigkeit ω zur benötigten Zeit t; $\alpha = \mathrm{d}\omega/\mathrm{d}t$. SI-Einheit der W. ist 1 rad/s^2.

Winkelcodierer, → Drehgeber.

Winkel|endmaß, Maschinenbau: keilförmiges → Endmaß, das zw. zwei ebenen Flächen einen Winkelwert sehr genau darstellt. Andere Winkelwerte können durch Zusammensetzen einzelner W. gebildet werden.

Winkelfrequenz, die → Kreisfrequenz.

Winkelfunktionen, Kreisfunktionen, trigonometrische Funktionen, goniometrische Funktionen, Sammelbez. für die transzendenten Funktionen **Sinus** (in Zeichen **sin), Kosinus (Cosinus, cos), Tangens (tan), Kotangens (Cotangens, cot), Sekans (Secans, sec)** und **Kosekans (Cosecans, cosec),** die in der elementaren Geometrie als Seitenverhältnisse im rechtwinkligen Dreieck dargestellt werden (BILD 1 S. 270). Für elementargeometr. Winkel $\alpha \leqq 90°$ $\left(\text{im Bogenmaß} \leqq \frac{\pi}{2}\right)$ werden die W. wie folgt definiert:

$$\sin\alpha := a/c \qquad \tan\alpha := a/b \qquad \sec\alpha := c/b$$
$$\cos\alpha := b/c \qquad \cot\alpha := b/a \qquad \operatorname{cosec}\alpha := c/a.$$

Definition für beliebige Winkel. In der euklid. Ebene seien ein kartes. Koordinatensystem und ein Kreis mit Radius R gegeben, dessen Mittelpunkt im Ursprung 0 liegt (BILD 2 S. 270). Der Punkt mit den Koordinaten $(x(\alpha), y(\alpha))$ gehöre zum (gerichteten) Winkel α. Die W. sind dann wie folgt definiert:

$$\begin{aligned}
\sin\alpha &:= y(\alpha)/R\\
\cos\alpha &:= x(\alpha)/R\\
\tan\alpha &:= y(\alpha)/x(\alpha),\ \alpha \neq (2z+1)\cdot\tfrac{\pi}{2},\ z\in\mathbb{Z}\\
\cot\alpha &:= x(\alpha)/y(\alpha),\ \alpha \neq z\cdot\pi\\
\sec\alpha &:= R/x(\alpha) = 1/\cos\alpha,\ \alpha \neq (2z+1)\cdot\tfrac{\pi}{2}\\
\operatorname{cosec}\alpha &:= R/y(\alpha) = 1/\sin\alpha,\ \alpha \neq z\cdot\pi.
\end{aligned}$$

Die in den Definitionen verwendeten Verhältnisse sind unabhängig vom Radius R. In BILD 3 sind im Einheitskreis ($R=1$) die Definitionen von sin α, cos α, tan α und cot α veranschaulicht. Die geometr. Deutung von tan α und cot α erhält man aus den Beziehungen

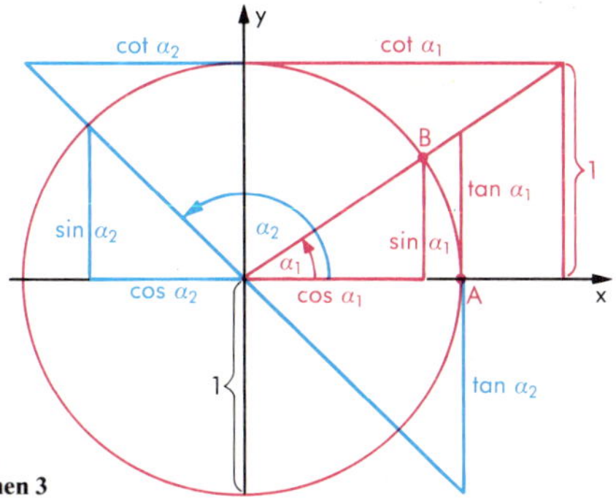

Winkelfunktionen 3

tan α = sin α/cos α und cot α = cos α/sin α mit Hilfe der →Strahlensätze. Allein auf Grund der geometr. Bedeutung der W., d. h. ihrer Definition mit Hilfe der

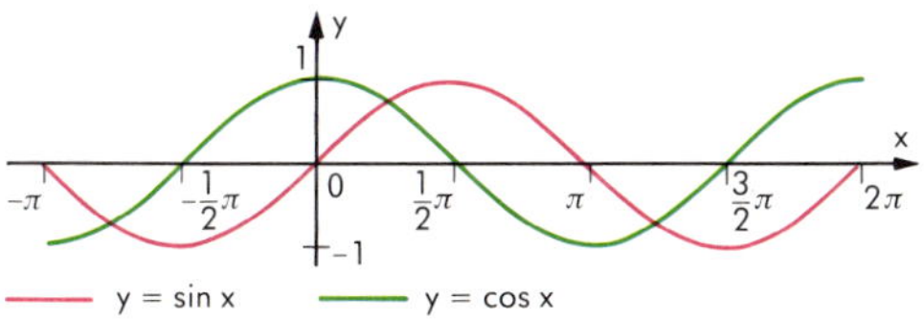

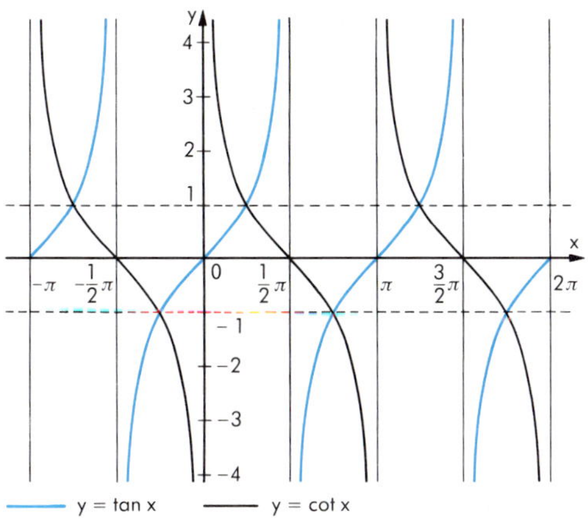

Winkelfunktionen 5 und 6

Koordinaten des Kreispunktes, der zu einem Winkel gehört, ergeben sich folgende Eigenschaften:

$$\sin^2\alpha+\cos^2\alpha=1$$

$$\sin(-\alpha) = -\sin\alpha \qquad \cos(-\alpha) = \cos\alpha$$

$$\cos\left(\frac{\pi}{2}-\alpha\right) = \sin\alpha \qquad \sin\left(\frac{\pi}{2}-\alpha\right) = \cos\alpha,$$

ferner gelten die →Additionstheoreme.

Für die Berechnung von beliebigen schiefwinkligen Dreiecken (BILD 4 S. 270) können der →Sinussatz und der **Kosinussatz** $c^2=a^2+b^2-2ab\cos\gamma$ (Spezialfall: $\gamma=\frac{\pi}{2}$, →Pythagoreischer Lehrsatz) herangezogen werden.

Die graph. Darstellung der Abhängigkeit der W. von der Größe des Winkels führt in rechtwinkligen Koordinaten auf die Sinus- und die Kosinuskurve (BILD 5) sowie auf die Tangens- und Kotangenskurve (BILD 6). Dabei wird üblicherweise der Winkel α nicht in Grad, sondern im →Bogenmaß angegeben. Die Funktionen $y=\sin x$, $y=\cos x$, $y=\tan x$ und $y=\cot x$ sind periodische Funktionen mit der Periode 2π für sin und cos und π für tan und cot.

Die W. sind in ihrem Definitionsbereich stetig und differenzierbar, und es gilt:

$$\frac{d}{dx}\sin x=\cos x \qquad \frac{d}{dx}\tan x=1/\cos^2 x$$

$$\frac{d}{dx}\cos x=-\sin x \qquad \frac{d}{dx}\cot x=-1/\sin^2 x.$$

Es gibt weitere Möglichkeiten der Herleitung der W., z. B. lassen sich sin und cos durch ihre Potenzreihen definieren:

$$\sin x=x-x^3/3!+x^5/5!-\ldots.$$
$$\cos x=1-x^2/2!+x^4/4!-\ldots.$$

Die Umkehrfunktionen der W. sind die →Arkusfunktionen, ferner hängen die →Hyperbelfunktionen und somit die →Areafunktionen mit den W. zusammen.

Winkelgeschwindigkeit, Formelzeichen ω, bei einer Drehbewegung der Quotient aus der Änderung des Winkels φ, den die Verbindungslinie vom Zentrum der Drehbewegung zum betrachteten Punkt mit einer zeitlich konstanten Bezugsrichtung bildet, und der dazu benötigten Zeit t, $\omega=d\varphi/dt$. SI-Einheit der W. ist 1 rad/s. Bei einer gleichförmigen Kreisbewegung (Periodendauer T) ist die W. konstant und gleich der Kreisfrequenz $\omega=2\pi/T$.

Winkelgrad, svw. →Grad 1).

Winkelhaken, Gerät für den Handsatz, →Setzerei.

Winkelhalbierende, die Halbgerade, die einen Winkel halbiert. Im Dreieck wird auch die Strecke, die von der Gegenseite von der halbierenden Halbgeraden eines Dreieckswinkels abgeschnitten wird, W. genannt. Die drei W. eines →Dreiecks schneiden sich in einem Punkt, dem Mittelpunkt des Inkreises.

Winkelkonstanz, Kristallographie: Das von N. STENSEN (* 1638, † 1686) gefundene ›Gesetz der W.‹ besagt, daß bei allen zur gleichen Art zählenden Kristallen die analogen Flächen und Kanten stets gleiche Winkel einschließen. (→Kristall)

Winkelmaß, 1) Astronomie: lat. **Norma,** ein →Sternbild des Südhimmels.

2) Mathematik: →Winkel.

3) Meß-, Fertigungstechnik: **Winkel,** Vorrichtung zum Abmessen, Zeichnen und Anreißen rechter Winkel; Sonderform: →Anschlagwinkel.

Winkelmesser, Gerät zum Messen und Antragen von Winkelwerten durch Anlegen an einen dargestellten Winkel oder an gegenständl. Flächen oder Kanten. Der W. enthält auf einem Voll- oder Halbkreis eine Winkelteilung und einen Bezugspunkt für den Winkelscheitel (W. zum Zeichnen) oder einstellbare Schenkel **(Anlegegoniometer, Universal-W.** im Maschinenbau). Das **Winkelmeßokular** ist ein W. an opt. Geräten. Als Meßeinrichtung zur Funkpeilung: →Goniometer. (BILD S. 270)

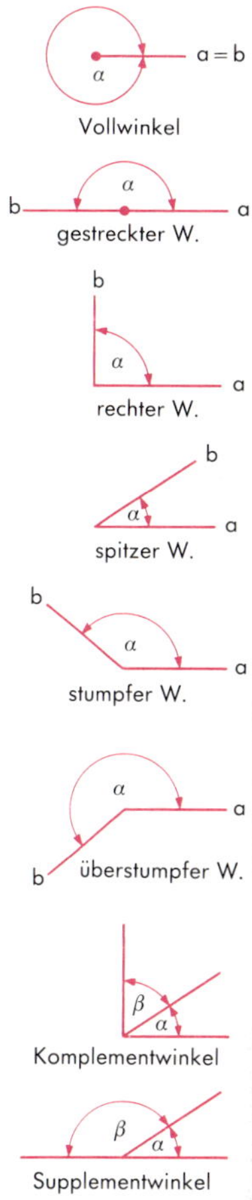

Winkel 3

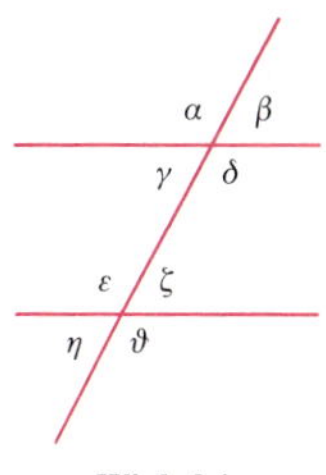

Winkel 4

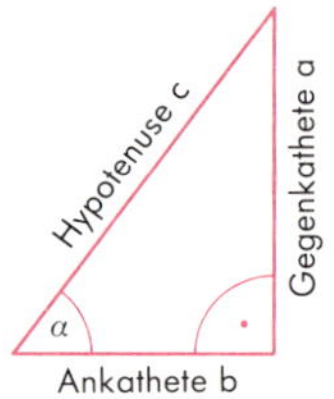

Winkelfunktionen 1

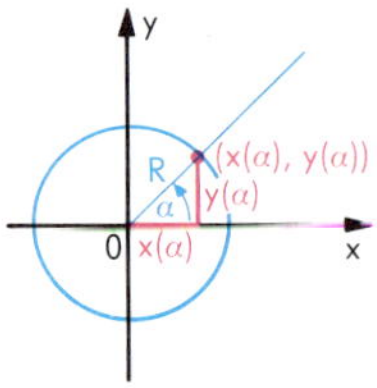

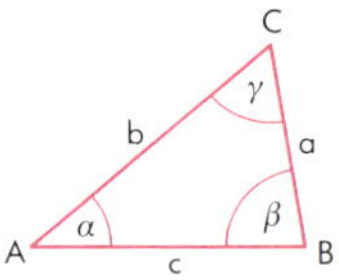

Winkelfunktionen 2 und 4

Winkelmessung, Goniometrie, Teilgebiet der →Meßtechnik, Feststellung der Verhältniszahl, in der ein →Winkel zum →Vollwinkel steht. Das Ergebnis einer W. wird bezogen auf Winkeleinheiten angegeben. W. wird mit **Winkelnormalen** (z. B. Winkelendmaß, Teilkreis) und **Winkelmeßgeräten** (z. B. Sextant, Dioptergeräte, Theodolit, Winkelmesser, Teilkopf) ausgeführt. W. und Längenmessung stehen in enger geometr. Wechselbeziehung, da Winkel durch Längenverhältnisse an Kreis (Bogenmaß) und Dreieck (Trigonometrie) bestimmbar sind. Wesentl. Anwendung findet die W. in Astronomie, Geodäsie, Navigation, Optik, Maschinenbau u. a. Die W. ist grundlegend für Peilverfahren (opt. Peilung, Funkpeilung, →Goniometer 2). – Die Astronomie verknüpft die W. mit der Zeitmessung (Sonnenzeit, Sternzeit).

Winkelmodulation, die →Modulation des Phasenwinkels einer Trägerschwingung, wobei Frequenz- und Phasenmodulation gleichzeitig auftreten; auch als Oberbegriff für diese beiden Modulationsarten verwendet.

Winkelprisma, Vermessungskunde: drei-, vier- und fünfkantige Glasprismen zum Angeben und Abstecken unveränderl. Winkel (180°, 90° und 45° oder 200^g, 100^g und 50^g). →Winkelspiegel.

Winkelrichtgröße, →Rückstellmoment.

Winkelspiegel, Vermessungskunde: zum Abstecken rechter Winkel benutzte Spiegelinstrumente unterschiedl. Bauart. Der W. wird so vor das Auge gehalten, daß ein durch das Fenster gesehenes Ziel in Deckung mit dem darunter im Spiegel gesehenen Bild eines zweiten Ziels erscheint. (→Winkelprisma)

winkeltreue Abbildung, →konforme Abbildung.

Winter, eine →Jahreszeit.

Winter|anomalie, eine Abweichung der Vorgänge in der →Ionosphäre von der Sonnenstandsabhängigkeit. Die **W. der F2-Schicht** besteht darin, daß im Winter die maximale Elektronendichte v. a. in der nördl. gemäßigten Zone wesentlich höher ist als im Sommer. Die Ursache ist vermutlich, daß sich das Verhältnis von atomarem Sauerstoff zu molekularem Stickstoff und damit die Ionisierungsrate in Höhen um 300 km jahreszeitlich ändert. Die **W. der D-Schicht** besteht einerseits darin, daß die Absorption von Radiowellen im D-Gebiet in der gemäßigten Zone im Winter insgesamt höher ist als dem Sonnenstand entspricht, andererseits darin, daß an Gruppen von Tagen Absorption auftritt, die sogar absolut höher ist als im Sommer. Diese Erscheinung wird auf eine erhebliche Zunahme der Elektronenkonzentration im Höhenbereich von 70–85 km zurückgeführt. Es wird vermutet, daß die eigtl. Ursache in der (meteorologisch bedingten) Zirkulation der Mesosphäre zu suchen ist.

Winkelmesser

Winterbau, alle Bauarbeiten während der winterl. Witterung. Die **Winterbautechnik** ermöglicht die Ausführung von Bauten auch im Winter, z. B. im Schutz von Umhüllungen aus Kunststoffen, unter Traglufthallen oder durch frostunempfindl. Bauweisen (Fertigbau).

Wintersechseck, großräumige sechseckige Figur am Winterhimmel, die aus den Sternen Rigel (im Sternbild Orion), Aldebaran (Stier), Capella (Fuhrmann), Castor/Pollux (Zwillinge), Prokyon (Kleiner Hund) und Sirius (Großer Hund) gebildet wird.

Wippe, 1) allg. doppelarmiger Hebel.

2) Wasserbau: langgestreckter, zylindrisch gebundener Körper von 10 bis 15 cm Durchmesser aus totem oder bewurzelungsfähigem, biegsamem Reisig.

Wipper, Maschine zum Entladen von Förderwagen durch Kippen über Kopf oder seitliches Überrollen.

Wirbel, 1) Strömungsbereich eines Fluids, in dem die Strömungsteilchen eine drehende Bewegung ausführen. In idealen (reibungsfreien) Fluiden können nur **W.-Linien (Potential-W.)** vorkommen, die konstante →Zirkulation 3 (Maß für die **W.-Stärke)** besitzen. Diese W.-Linien können innerhalb des Strömungsgebietes nicht enden und weder vergehen noch entstehen **(Helmholtzsche W.-Sätze,** 1858). Wenn in reibungsbehafteten Fluiden ein W. an der Oberfläche des Fluids endet, so bildet sich ein **Hohl-W.,** der die Teilchen des angrenzenden Mediums mit hoher Geschwindigkeit an- und einsaugt (z. B. Wasserhose, Windhose). In Fluiden mit geringer Reibung kann man einen W. beschreiben durch einen **W.-Kern** mit Teilchen, die wie ein starrer Körper rotieren, und ein umgebendes Gebiet mit Teilchen, deren Drehgeschwindigkeit nach außen hin abnimmt. Die von einem umströmten Körper sich ablösenden W. einer **W.-Schleppe** können unter best. Bedingungen eine regelmäßige Anordnung mit abwechselnd entgegengesetztem Drehsinn besitzen **(Kármánsche W.-Straße).** Die von der Spannweite eines umströmten Tragflügels abgehende W.-Fläche rollt sich von den Seiten her zu zwei **Rand-W.** auf, die entgegengesetzt drehen und sich nach hinten ins Unendliche erstrecken, wobei sie sich infolge der Zähigkeit langsam ausbreiten und vergehen (→induzierter Widerstand). Die W.-Entstehung in Fluiden mit Reibung beruht auf der Ablösung einer →Grenzschicht von festen Wänden zu Beginn der Bewegung oder auf der Berührung von Strömungsgebieten mit unterschiedlicher Geschwindigkeit. Die turbulente Strömung besteht aus vielen sich neubildenden und schnell vergehenden W. (→Turbulenz).

2) die →Wasserwalze.

Wirbelkammermotor, →Dieselmotor.

Wirbelrohr, Hilsch-Rohr [n. dem dt. Physiker R. Hilsch, * 1903, † 1972], Rohr von einigen mm Durchmesser, in das durch eine Düse tangential Luft oder andere Gase unter einem Druck von einigen Bar geblasen werden (nach G. RANQUE, 1933, untersucht von R. HILSCH,

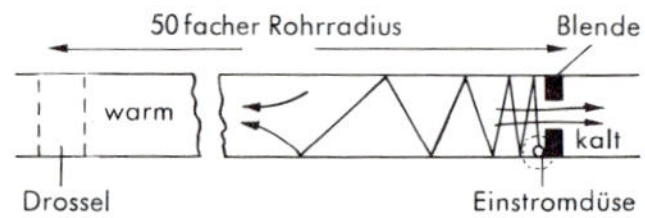

Wirbelrohr
(nach R. Hilsch)

1946). Es entsteht ein Wirbel um die Rohrachse, der im Kern kalt und außen warm ist: **Ranque-Effekt** [rãk-]. Das kalte Gas (bis – 50 °C) läßt sich dicht neben der Düse mittels einer Blende absaugen; der warme Anteil (bis 200 °C) entströmt dem anderen nicht zu kurzen Ende des Rohres. Bei Gasgemischen entstehen Konzentrationsunterschiede, in reinen Gasen tritt Entmischung der verschiedenen schweren Gasatome auf, die sich zur Isotopentrennung ausnutzen lassen.

Wirbelschicht, Fließbett, durch ein Trägermedium (Gas oder Flüssigkeit) aufgelockerte, fließfähige Masse aus feinkörnigen Feststoffteilchen. Wird eine ruhende Schüttung aus Teilchen mit 0,1–10 mm Korndurchmesser in einem Behälter von unten nach oben von einem Gas oder einer Flüssigkeit durchströmt, so geht die Schüttung von einer best. Strömungsgeschwindigkeit w_p (Lockerungspunkt, Wirbelpunkt) an in die W. über. Bei Ausbildung der W. wird die Gewichtskraft der Feststoffteilchen durch die entgegengesetzt gerichtete Strömungskraft des

Trägermediums aufgehoben. Der Feststoff verhält sich dann flüssigkeitsähnlich, d. h., er kann während des Betriebes einfach zu- und abgeführt werden. Außerdem findet in der W. ein sehr intensiver Stoff- und Wärmeaustausch statt. Bei weiterer Erhöhung der Strömungsgeschwindigkeit bis über den Austragungspunkt w_t hinaus verliert die W. ihre definierte Oberfläche, und der Feststoff wird pneumatisch gefördert. Die **W.-Technik** wurde großtechnisch erstmalig 1931 bei der Kohlevergasung (Winkler-Generator) angewandt. **W.-Reaktoren** haben für Reaktionen zw. Feststoffen und Gasen oder Flüssigkeiten große Bedeutung. Der Feststoff kann dabei Reaktionspartner (z. B. beim Rösten sulfid. Erze) oder Katalysator (z. B. beim katalyt. →Cracken) und eventuell zugleich Wärmeträger sein. Die W.-Technik wird auch bei verfahrenstechn. Grundoperationen (z. B. Mischen, Fördern, Trocknen) angewendet.

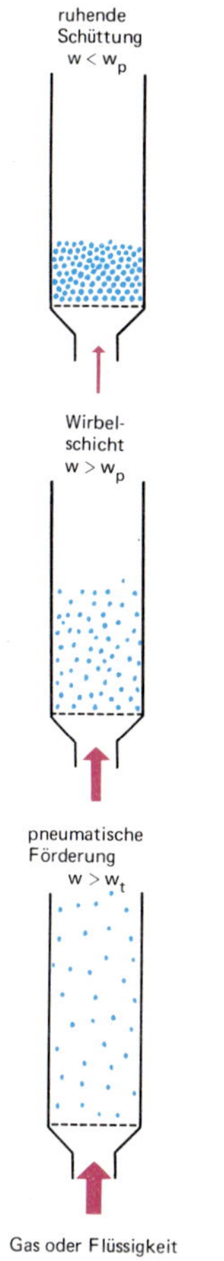

Wirbelschicht:
w = Strömungsgeschwindigkeit
wp = Strömungsgeschwindigkeit am Wirbelpunkt
w_t = Strömungsgeschwindigkeit am Austragungspunkt

Wirbelschicht|ofen, Industrieofen zum Rösten feinkörnigen Erzes nach dem Wirbelschichtverfahren (→Wirbelschicht).

Wirbel|sinterverfahren, Verfahren zum Pulverbeschichten. Das erwärmte Werkstück wird in das aufgewirbelte Pulver eines thermoplast. Kunststoffes gehalten. Bei Berührung mit dem Werkstoff sintert das Pulver und bildet allmählich eine gleichmäßige Schicht.

Wirbelstrom, der durch ein magnet. Wechselfeld in einem elektr. Leiter oder der bei Bewegung eines Leiters in einem Magnetfeld induzierte Strom. Im letzteren Fall rufen die W. eine Bremswirkung hervor, die u. a. zur Dämpfung empfindlicher Meßsysteme (z. B. Waage, elektr. Meßinstrumente) und zur Erzeugung eines Gegendrehmomentes in Wechselstromzählern (→Elektrizitätszähler) benutzt wird. Über die **W.-Bremse** →Bremse.

Wirbelsturm, ein Luftwirbel, in dem mittlere Windstärken größer als Windstärke 8 auftreten. (→tropischer Wirbelsturm)

Wire-Wrap-Technik [wˈaɪə ræp-, engl.], **Drahtwickeltechnik,** Technik zur Herstellung von elektrisch gut leitenden Verbindungen. Mit einem Spezialwerkzeug (Wickelpistole) wird ein ausreichend lang abisolierter Draht (keine Litze) um einen vierkantigen Metallstift gewickelt. Die hohe Pressung zw. den Stiftkanten und den (etwa sechs) Drahtwindungen gewährleistet einen geringen Übergangswiderstand. Es können auch zwei oder drei Anschlußdrähte auf einen Stift gewickelt werden. Die W.-W.-T. ist bes. zur automatisierten Verdrahtung von größeren Kontaktfeldern im elektr. Geräte- und Anlagenbau geeignet.

Wirkerei, Wirken, Herstellung von Maschenwaren mit (im Unterschied zum Stricken) feststehenden und nur in ihrer Gesamtheit, nicht einzeln bewegl. Nadeln und Platinen. Die Fäden verkreuzen sich nicht wie bei den Geweben rechtwinklig, sondern verschlingen sich in maschenförmigen Fadenschleifen. Durch die bogig gewundene Fadenlage erhalten die **Gewirke** oder **Wirkwaren** (wie auch die Strickwaren) ihre Dehnbarkeit, Elastizität und Schmiegsamkeit. Je nach Art der Fadenverschlingung unterscheidet man **Kulierwirkware (Kulierware),** bei der wie beim Stricken nur ein Fadensystem Maschenreihe für Maschenreihe verarbeitet wird, und **Kettenwirkware,** bei der sich viele parallel zueinander angeordnete Fäden gegenseitig seitlich verschlingen. Nach der Fertigstellung ist eine Kulierware von einem Gestrick nicht zu unterscheiden.

Beim Kulierwirken formen zw. den Nadeln angeordnete Platinen einen über die Nadeln gelegten Faden zu Schleifen (Kulieren) und hängen die vorher gebildete Maschenreihe über die von einer Presse geschlossenen Nadelköpfe (Pressen) in diese neuen Schlingen ein (Abwerfen). Die Nadeln, meist als Spitzennadeln ausgebildet, können in einer Reihe nebeneinander (flach) oder im Kreis (rund) angeordnet sein. Auf **Flachwirkmaschinen (Cottonmaschinen)** werden gleichzeitig auf mehreren Arbeitsbreiten nebeneinander Teile für Oberbekleidung (z. B. Ärmel, Rücken) oder Feinstrümpfe als Rechts-Links-Gewirk regulär gewirkt, auf **Rundwirkmaschinen** mit bis zu zwölf Systemen Rechts-Links-Gewirk in Schlauchform mit angepaßter Weite.

Beim Kettenwirken werden Maschenwaren aus einer oder mehreren Fadenscharen (Ketten) gebildet, deren Einzelfäden sich zu Maschen oder Henkeln und Flottungen verschlingen. Dies geschieht auf **Kettenwirkautomaten** mit in Reihe feststehenden bewegl. Spitzennadeln oder Schiebernadeln und Platinen, der Presse und den die einzelnen Fäden der Verarbeitung zuführenden Lochnadeln. Kettenwirkautomaten arbeiten z. B. aus endloser Chemiefaser 1 200–1 500 Maschenreihen bei 3 oder 6 m Breite in 1 min als Rechts-Links-Kettengewirk für Unterwäsche, Oberbekleidung (›Seidenjersey‹), Beschichtungsunterlage. Rechts-Rechts-Kettengewirk für Handschuhe wird auf **Doppelketten-Wirkautomaten** gefertigt. Auf →Raschelmaschinen entsteht Rechts-Links- oder Rechts-Rechts-Kettengewirk. Bei etwa 3 m Breite werden 200–600 Maschenreihen je min erstellt. Die Steuerung der seitl. Verschiebung der Legeschienen, die das Musterbild beeinflussen, geschieht von Spiegelscheiben oder Kettengliedern (Exzentersteuerung) aus. Das Durchschwingen der Lochnadeln zw. den Wirknadeln und deren Bewegung wird direkt durch Exzenter gesteuert. – Kettenwirkware von Kettenwirkautomaten oder Rascheln kann je nach Bindungsanwendung und Zusatzaggregaten die Elastizität von Kulierwirkware wie auch die Festigkeit von Geweben zeigen.

Geschichtliches. Der Handkulierstuhl und die Hakennadel wurden 1589 von dem Engländer W. Lee erfunden. Um 1735 führte J. Esche die W. in Sachsen ein. Der mechan. Flachwirkstuhl stammt von A. Paget (1857), die Strumpfwirkmaschine von W. Cotton (1860). Den ersten Rundkulierstuhl baute der Engländer S. Wise 1767, unabhängig davon der Franzose Decroix 1798. Der Kettenwirkstuhl wird dem Engländer J. Crane (1768) zugeschrieben; er kam 1795 nach Dtl. Die Strickmaschine fußt auf der Erfindung der Zungennadel durch den Engländer M. Townsend (1856) und der Schloßkonstruktion durch den Amerikaner I. W. Lamb (1863) und kam 1867 durch H. E. Dubied nach Europa. Die Bedeutung der Maschenwarenindustrie ist seit 1920 sprunghaft gestiegen. Dies führte zur Konstruktion vieler Spezialwirk- und Spezialstrickmaschinen. (Bilder S. 272, 273)

K. P. Uhlmann: Terminologie in der W. und Strickerei ([2]1973); P. Offermann u. a.: Grundlagen der Maschenwarentechnologie (1978); S. Ploch u. a.: Malimo-Nähwirktechnologien (1978); K.-P. Weber: Die W. und Strickerei ([2]1981).

Wirklast, Wirkwiderstand, der Ohmsche Anteil der Belastung eines Wechselstromkreises durch einen Verbraucher.

Wirkleistung, die von einer Wirklast aufgenommene und z. B. in Wärme umgesetzte Leistung in einem Wechselstromkreis. Rechnerisch läßt sich die W. P aus den Effektivwerten der angelegten Wechselspannung U und dem Wirkstrom I_R ermitteln: $P = U \cdot I_R$, Einheit ist das Watt. Besteht die Last in einem Wechselstromkreis nicht nur aus Ohmschen Widerständen, sondern auch aus Kapazitäten und/oder Induktivitäten, tritt gleichzeitig eine →Blindleistung auf. W. und Blindleistung ergeben zus. die →Scheinleistung.

Wirkleitwert, Konduktanz, der Kehrwert des →Wirkwiderstandes R im Wechselstromkreis: $G = 1/R$.

Wirkmaschinen, →Wirkerei.

Wirkstrom, der Anteil des →Wechselstromes, der mit der Spannung in Phase und somit für die Übertragung der →Wirkleistung erforderlich ist.

Wirkung, 1) physikal. Größe, die i. S. einer Einwirkung oder Rückwirkung (Aktion oder Reaktion) verwendet wird, bes. in der Mechanik die Kraft. Nach I. NEWTON entspricht der Kraftwirkung (actio) eines Körpers auf einen anderen eine gleich große, entgegengesetzt gerichtete Gegen-W. (reactio). Dieses 3. Newtonsche Axiom (actio = reactio, →Reaktionsprinzip 2) ist gleichwertig mit der Erhaltung von Impuls und Drehimpuls eines abgeschlossenen Systems (→Erhaltungssätze). – 2) eine physikal. Größe der Dimension Energie × Zeit oder Impuls × Länge; Einheit: J·s. (→Plancksches Wirkungsquantum)

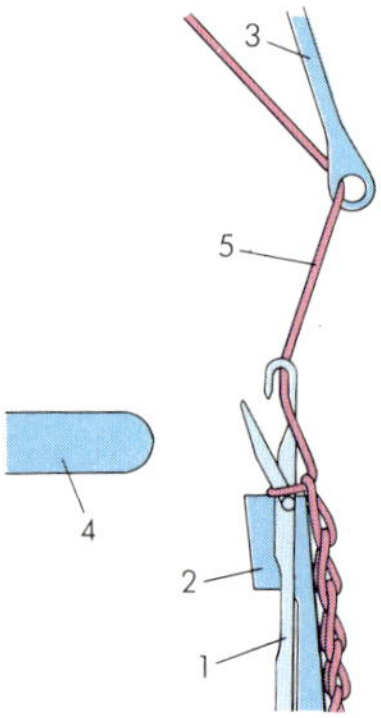

Wirkerei 1: Kettenwirken, Prinzip der Maschenbildung auf der Raschelmaschine, 1 Zungennadel, 2 Fräsblattführung der Nadeln, 3 Lochnadel, 4 Stechkamm, 5 ein einzelner Kettfaden

Wirkungsgrad, Formelzeichen η, Verhältnis von Nutzleistung zur aufgewandten Leistung bei Kraftmaschinen, Arbeitsmaschinen u. ä. Der W. ist ein Maß für die Güte von Kraftmaschinen. Bei →Wärmekraftmaschinen unterteilt man den **Gesamt-W.** in den **thermischen W.**, der sich aus dem **thermodynamischen W.** des →Vergleichsprozesses (d. h. dem Quotienten aus der gewonnenen Arbeit und der zugeführten Wärmemenge beim Vergleichsprozeß) und der Güte seiner Realisierung ergibt, und den **mechanischen W.** als Maß für die mechan. Verluste (Reibung). Beide Anteile sind kleiner als Eins. Der Gesamt-W. ist das Produkt aus beiden. Bei Verbrennungsmotoren gibt der **effektive W.** η_{eff} das Verhältnis der an der Kurbelwelle abgegebenen Nutzarbeit zur maximalen Arbeit an, die aus dem aufgewendeten Kraftstoff gewonnen werden kann. Der effektive W. ist das Produkt aus dem indizierten W. η_i als Maß für die an die Kolben abgegebene Arbeit und dem mechan. W. η_m als Maß für die mechan. Verluste.

Wirkungsquantum, das →Plancksche Wirkungsquantum.

Wirkungsquerschnitt, Kernphysik: Maß für die Wahrscheinlichkeit des Eintretens atomarer Reaktionen. Der W. ist der scheinbare Querschnitt, den ein beschossenes Teilchen (z. B. Atomkern) einem einfallenden Teilchen (z. B. Neutron) bietet. Man unterscheidet den **mikroskop. W.** σ eines einzelnen Atomkerns, Atoms oder Moleküls, der häufig in barn (10^{-24} cm^2) angegeben wird, und den **makroskop. W.** Σ (Einheit: cm^{-1}), der den gesamten W. je cm^3 angibt, d. h. aus dem mikroskop. W. durch Multiplikation mit der Teilchenzahl je cm^3 entsteht. Sind zw. den einander treffenden Teilchen mehrere Reaktionen möglich, so kann jeder ein best. W. zugeordnet werden; z. B. spricht man von **Einfang-W.**, **Streu-W.**, **Absorptions-W.**, **Spaltungs-W.** Die Wahrscheinlichkeit dafür, daß nach einer Reaktion ein Teilchen unter einem best. Winkel in ein Raumwinkelelement austritt, wird durch den **differentiellen W.** in barn/Raumwinkeleinheit angegeben; den **totalen W.** erhält man durch Integration über den gesamten Raumwinkelbereich.

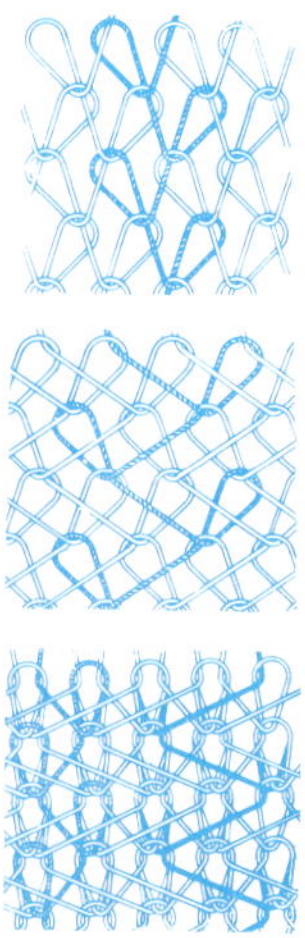

Wirkerei 2: Kettenwirkware; OBEN Trikotbindung, MITTE Tuchbindung, UNTEN Charmeusebindung

Wirkwiderstand, Resistanz, der Anteil des →Scheinwiderstandes (Impedanz) eines Wechselstromkreises, der den →Ohmschen Widerstand darstellt. Er läßt sich errechnen, indem man die Effektivwerte von Spannung und Strom nach dem Ohmschen Gesetz durcheinander dividiert. Eine Phasenverschiebung zw. Spannung und Strom tritt auf Grund eines W. nicht auf. Kehrwert: →Wirkleitwert.

Wismut *das,* lat. **bismutum,** chem. Symbol **Bi,** ein →chemisches Element aus der 5. Hauptgruppe des Periodensystems, Ordnungszahl 83. Das natürl. W. ist ein Reinisotopenelement mit der Massenzahl 209, weitere, mehr als 20 Isotope sind künstlich hergestellt oder aus radioaktiven Zerfallsreihen bekannt. W. ist ein rötlich-silberweiß glänzendes sprödes Metall. Mit anderen Metallen bildet es zahlreiche leicht schmelzende Legierungen, die z. B. als Schmelzsicherungen dienen. W. ist edler als Blei; es löst sich in Salpetersäure und ist stark diamagnetisch. Mit Gehalten von $2 \cdot 10^{-5}$% gehört W. zu den seltenen Elementen der Erdkruste. Neben gediegenem W. sind weiter wichtig die Minerale **Wismutglanz,** →Bismuthin, Bi_2S_3, **Bismutit,** $Bi_2O_3 \cdot Co_2 \cdot H_2O$, und **Wismutocker,** Bi_2O_3. Daneben sind Doppelsulfide mit Kupfer und Blei sowie Selenide und Telluride bekannt.

Zur Darstellung aus den oxid. Erzen werden diese mit Kohle in Tiegeln oder Flammenöfen reduziert. Sulfid. Erze werden in gleicher Weise nach Abrösten verarbeitet oder unmittelbar mit Eisenspänen oder Soda und Kohle zu elementarem W. umgesetzt. Die Raffination des Roh-W. ähnelt der des Bleis. – W.-Legierungen finden zahlreiche techn. Anwendungen: W.-Tellurid, Bi_2Te_3, dient als Peltier-Element zu Kühlzwecken; das reine Metall wird in der pharmazeut. und kosmet. Industrie, zur Herstellung von niedrigschmelzenden Legierungen, von Druckstöcken, Elektroden, Thermoelementen, Halbleitern sowie für Glas- und Leuchtfarben verwendet.

Wismutlegierungen. Wismut ist Hauptbestandteil vieler niedrigschmelzender Legierungen und Lote. Sie enthalten etwa 14–60% Wismut, 20–30% Blei, bis zu 45% Zinn und z. T. auch Antimon, Cadmium, Indium, Zink, Tellur, Quecksilber oder Thallium.

Wismutverbindungen. Wismut tritt in seinen Verbindungen in den Oxidationsstufen +3 und (seltener) +5 auf. Von dem technisch bedeutungslosen **Wismutwasserstoff,** BiH_3, leiten sich die wismutorgan. **Bismutine** ab, die wegen katalyt. oder fungizider Eigenschaften verwendet werden. Wismutpräparate enthalten **Wismutoxidcarbonat,** $(BiO)_2CO_3$. **Wismut(III)-chlorid, Wismuttrichlorid,** $BiCl_3$, dient als Anfärbereagenz in der Dünnschichtchromatographie, **Wismutoxidchlorid (Bismutylchlorid),** BiOCl, als Pigment in der kosmet. Industrie, **Wismutsubnitrat,** $BiO(NO_3) \cdot H_2O$, zur Herstellung von Wismutpräparaten und als Perlglanzpigment. In der Chemotherapie spielen Wismutpräparate v. a. als äußerlich anzuwendende Antiseptika, Adstringentien und Adsorbentien eine Rolle.

Witterung, der Ablauf des Wetters an mehreren aufeinanderfolgenden Tagen. (→Klima, →Wetter 2)

Witterungsfühler, in der Heizungstechnik Bestandteil einer witterungsabhängigen Steuerung. Der W. erfaßt Außentemperatur, Wind und Sonneneinstrahlung und gibt den Meßwert an das Steuergerät, von dem aus die Vorlauftemperatur der Warmwasserheizung passend eingestellt wird.

WN-Sterne, Untergruppe der →Wolf-Rayet-Sterne.

Wobbe-Index, Maß für die Energielieferung eines Gasbrenners und Kriterium für die Austauschbarkeit von →Brenngasen. Der obere W.-I. ist der Quotient aus dem →Brennwert (der untere W.-I. aus dem →Heizwert) und der Wurzel aus der relativen Dichte (Gasdichte bezogen auf die Luftdichte) des Gases.

Wobbeln, Wobbelung, das period. Verändern der Frequenz eines Oszillators über einen einstellbaren Bereich für Meßzwecke. Das W. kann z. B. zur Darstellung der Durchlaßkurve eines Verstärkers ausgenutzt werden, indem die Ausgangssignale des von einem **Wobbler** gesteuerten Verstärkers einem Oszilloskop zugeführt werden. Beim Fernsehen heißt W. die Ablenkung des Leuchtpunktes auf dem Bildschirm der Elektronenstrahlröhre, um die bei zeilenweiser Abtastung auftretenden sichtbaren Zeilenabstände zu verwischen.

Woche *die,* Zeitraum von 7 Tagen, beginnend mit dem Montag als erstem Wochentag. Die siebentägige W. findet sich als Zeiteinteilung schon im 2. Jahrtsd. v. Chr. bei den Babyloniern und Juden.

Wöhler-Kurve [n. dem dt. Ingenieur A. Wöhler, * 1819, † 1914], graph. Darstellung der →Dauerfestigkeit (Dauerschwingfestigkeit) eines Bauteils oder einer Werkstoffprobe bei schwingender Belastung (→Dauerschwingversuch).

Wohl|ordnung. Eine geordnete Menge M heißt wohlgeordnet, wenn jede nicht leere Teilmenge von M (somit auch M selbst) ein erstes Element besitzt.

Wohl|ordnungssatz. Der W. besagt, daß jede Menge wohlgeordnet (→Wohlordnung) werden kann. Der W. ist logisch äquivalent dem →Auswahlaxiom und auch dem →Zornschen Lemma.

Wohlwill-Prozeß [n. E. Wohlwill, * 1878], →Gold-Silber-Scheidung.

Wohnhaus, dem Menschen als Wohnstätte (→Wohnung) dienendes Gebäude, das nach Funktion (Ein- und Mehrfamilienhaus, Gemeinschafts-W., Heim), nach Form (freistehendes oder eingebautes W., Reihenhaus; Flach-, Mittelhochbau, Hochhaus) sowie Besitzverhältnissen (Eigenheim, Eigentumswohnung, Miethaus) unterschieden in vielen verschiedenen Typen errichtet wird.
Über Baustoffe, Bauweisen und Bauteile: →Bauen, →Baustoffe, →Beton, →Dach, →Decke 2), →Fachwerk, →Fenster 1), →Fertigbau, →Fußboden, →Großtafelbau, →Hochbau, →Holzbau, →Installation, →Lehmbau, →Mauer, →Mörtel, →Schalldämmung, →Stahlbau, →Stahlbeton, →Träger, →Treppe 1), →Tür, →Wand, →Wärmedämmung, →Ziegel.

Wo wohnen – wie bauen, hg. v. H. LAUPSIEN (1978); H. DEILMANN u. a.: Wohnungsbau (³1979); Kleine Häuser – Große Häuser, hg. v. M. FISCHER u. a. (²1979); G. LAAGE: Das Stadthaus – mehr als eine Bauform (1979); W. MEYER-BOHE: Wohngruppen (1979); W. BLASER: Holzhaus (1980); Der Fertighaus-Katalog, hg. v. E. WOLF (1980); ANNEMARIE MÜTSCH-ENGEL: Wohngebäude Wand an Wand (1980); B. WOLGENSINGER: Häuser in den Bergen (1981).

Wohnmobil, Reisemobil, Campingbus [kˈæmpɪŋ-], seltener **Dormobil,** zum Wohnen, Schlafen, Kochen eingerichteter Kraftwagen mit kastenförmigem Aufbau, mitunter auch umgebauter Kleinbus oder Lastwagen; meist für Reise und Camping. (→Wohnwagen)

Wohnung, selbständige, nach außen abgeschlossene Wohneinheit innerhalb des →Wohnhauses. Die **Wohnfläche** setzt sich zusammen aus den Flächen sämtlicher Räume hinter dem Wohnungsabschluß abzüglich der Wanddicken. Die Grundfläche der Treppe bleibt außer Ansatz, auch wenn sie in einen Wohnraum eingebaut ist. Bei schrägen Dachwänden wird nur die Fläche gerechnet, die innerhalb eines senkrechten Abstandes von 1,50 m Höhe zw. Dachschräge und Fußboden liegt. Faktoren, die das phys. und psych. Wohlbefinden beeinflussen und deren Optimierung erstrebt werden muß, sind Raumtemperatur, Belüftung, Luftfeuchtigkeit, Beleuchtung und Akustik, daneben müssen Keim- und Ungezieferfreiheit sowie eine ausreichende Wasserversorgung gewährleistet sein.

Wohnwagen, Wohnwagen|anhänger, zum Wohnen, Schlafen, Kochen eingerichteter Wagen als Kraftfahrzeuganhänger, für Schausteller (›Zirkuswagen‹) meist zweiachsig, für das Camping **(Campingwagen, Caravan)** meist einachsig oder mit Tandemachse. (→Wohnmobil)

Wolf, 1) Astronomie: lat. **Lupus,** ein →Sternbild des Südhimmels.

2) Spinnerei: Maschine zum Öffnen, Reinigen und Mischen in der Streichgarnspinnerei. Spezielle Ausführungen z. B. →Reißwolf 2), →Krempelwolf, →Shaker.

Wolfram, chem. Symbol **W,** ein →chemisches Element aus der 6. Nebengruppe des Periodensystems, Ordnungszahl 74. Neben den fünf stabilen natürl. Isotopen mit den Massenzahlen 180, 182 (26,4%), 183, 184 (30,7%) und 186 (28,6%) sind mehr als 20 künstl. Isotope und Isomere bekannt. Reines W. ist ein weißglänzendes, bei höherer Temperatur walz-, zieh- und hämmerbares Metall. W. ist relativ beständig, wird aber von einigen Mineralsäuren und bei höherer Temperatur von Luft angegriffen. Von geschmolzenen Alkalihydroxiden wird es unter Bildung von **Wolframaten** gelöst. – In der zugängl. Erdkruste sind etwa 0,0064% W. enthalten, das damit erheblich seltener als Chrom ist. Wichtige Erzminerale sind der **Wolframit,** (Fe, Mn)WO_4, und der **Scheelit,** $CaWO_4$. Ein Verwitterungsmineral ist der **W.-Ocker (Tungstit),** $WO_3 \cdot nH_2O$. – Zur Darstellung des W. werden die Minerale nach ihrer Anreicherung zunächst durch oxidierendes Rösten mit Soda in wasserlösl. Natriumwolframat überführt, aus dessen Lösung beim Ansäuern wasserhaltiges **Wolfram(VI)-oxid,** WO_3, ausfällt. Dieses kann durch Lösen in Ammoniak und erneutes Ausfällen gereinigt werden. Durch Reduktion desselben mit Wasserstoff bei 1200 °C erhält man das reine Metall als schwarzgraues Pulver. – W. hat große Bedeutung in der Beleuchtungs- und Elektroindustrie, es ist aber auch wichtiger Legierungsbestandteil (→Wolframlegierungen).
K. W. SCHEELE erkannte 1781 die eigenständige Natur der Wolframsäure; die beiden Spanier JOSÉ und FAUSTO D'ELHUYAR stellten 1783 zum ersten Mal das reine Element her und gaben ihm den Namen. Eine Verwendung im größeren Umfang setzte erst um 1900 ein.

Wolframit, Mineral (Fe, Mn)WO_4, Mischkristall aus **Hübnerit** (mit Mn) und **Ferberit** (mit Fe), dunkelbraun bis schwarz; H. 5–5,5, D. 7,14–7,54; oft pseudomorph nach Scheelit, z. T. auch umgekehrt. Meist große tafelige oder

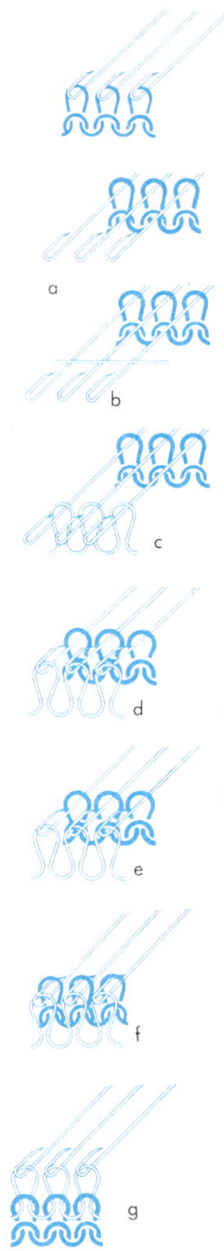

Wirkerei 3

Wirkerei 3: Maschenbildung bei der Kulierware auf Spitzennadeln; **a** alte Ware einschließen, **b** neuen Faden legen, **c** kulieren, **d** vorbringen, **e** pressen, **f** auftragen, **g** abschlagen

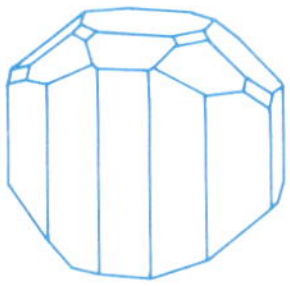

Wolframit 1

Wolframit 2, derb (Zinnwald im Erzgebirge)

prismat. Kristalle, auch derb in strahligen und schaligen Aggregaten. Wichtigstes Wolframerz, in pegmatit. und pneumatolyt. Lagerstätten, bes. des Zinnsteins.

Wolframlegierungen. Wolfram ist ein die Verschleiß- und Warmfestigkeit erhöhender Bestandteil in vielen Stählen, Hartmetallen, Nickel- und Kobaltlegierungen. W. dienen ferner zur Herstellung von Schweißelektroden und Kathoden in Röntgen- und Elektronenröhren. Die in Glühlampen benutzten Wolframwendeln enthalten geringe Zusätze von Thoriumoxid.

Wolframverbindungen. W. enthalten Wolfram mit den Oxidationszahlen 0 bis +6. Am beständigsten sind die W. mit der Oxidationsstufe +6. **Wolfram(VI)-oxid,** WO_3, ist ein gelbes, in Wasser und Säuren schwerlösl. Pulver. In Laugen löst es sich unter Bildung von **Wolframaten,** die sich von einer nicht isolierbaren **Wolframsäure,** H_2WO_4, ableiten. Beim Ansäuern bildet sich aus Lösungen der Wolframate über **Polywolframate** (z. B. dem **Hexawolframation** $[HW_6O_{21}]^{5-}$) schließlich das schwerlösl. Hydrat des Wolframoxids. Bei Anwesenheit von Nichtmetallsäuren entstehen aus Polywolframatlösungen gemischte Polysäuren (Heteropolysäuren). Bei der Reduktion von Wolfram(VI)-oxidhydrat entstehen blaue Mischoxide, die vier- und sechswertiges Wolfram enthalten, bei der Reduktion von geschmolzenem Natriumwolframat die metallisch glänzenden, intensiv goldgelb bis blauviolett gefärbten **Wolframbronzen.** Es sind zahlreiche Halogenide bekannt. **Wolframcarbide,** W_2C und WC, sind dunkelgefärbte, äußerst harte und hochschmelzende, für Hartmetalle gebrauchte Verbindungen. (→Wolframlegierungen)

Wolf-Rayet-Sterne [-raj'ɛ-, n. den frz. Astronomen C. J. E. Wolf, * 1827, † 1918, und G. A. P. Rayet, * 1839, † 1906], seltene Sterne sehr hoher Temperatur (um 80000 K) und Leuchtkraft, die von expandierenden Gashüllen umgeben sind. Sie bilden die →Spektralklasse W, daher auch die Bez. **W-Sterne.** Je nachdem, ob Kohlenstoff- oder Stickstoff-Emissionslinien überwiegen, werden sie als **WC-** oder **WN-Sterne** bezeichnet.

Wolfsches Gehänge [n. A. Wolf, Ende 19. Jh.], Wasserbau: behelfsmäßiges →Parallelwerk aus Pfahlreihen mit angehängten Faschinenmatten in stark feststoffführenden Flüssen zur Förderung einer gezielten Verlandung.

Wolken, in der freien Atmosphäre schwebende, sichtbare Ansammlung von Wassertröpfchen **(Wasser-W.)** oder Eisteilchen **(Eis-W.)** oder eine Mischung aus beiden **(Misch-W.);** am Boden →Nebel 3). Sie bildet sich gewöhnlich, wenn bei vorhandenen Kondensationskernen die Lufttemperatur durch adiabat. Abkühlung unter den →Taupunkt sinkt. Der Durchmesser der dann entstehenden Tröpfchen schwankt zw. 2 und 50 μm, wobei der Gehalt der W.-Luft an flüssigem Wasser mit 0,01–2 g/m^3 1–2 Größenordnungen geringer ist als der an Wasserdampf. W. befinden sich in ständiger Entwicklung, wobei die Intensität von Wachstum und Auflösung den Umfang, die Art und Dynamik der W. bestimmt. Zwar driften die W.-Elemente und i. a. auch die W. selbst mit dem Höhenwind, doch gibt es zw. ihm und der scheinbaren Verlagerung der W. eine Abweichung, wenn Zuwachs und Auflösung an verschiedenen Seiten stattfinden. Markant ist dieser Effekt bei orograph. W., die sich vor einem Geländehindernis bilden und im Lee davon wieder verdunsten, so daß der Wind durch sie hindurchweht, ohne sie zu bewegen (→Föhn). Die Wolkenbildung ist um so in-

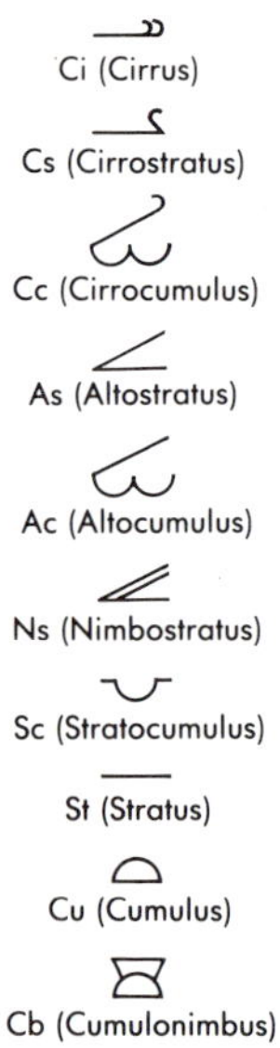

Wolken: Darstellung auf Wetterkarten

1

2

3

4

Wolken 1–4:
1 Flache Haufenwolken (Schönwetterwolken). **2** Aufgetürmte Haufenwolke. **3** Gewitterwolke mit Schirm (Amboß), von tiefen Haufen- und Schichtwolken umgeben. **4** Regenschauer mit Böenwolke

5

6

7

8

Wolken 5–8:
5 Haufenschichtwolken. **6** Mittelhohe Schichtwolke mit durchscheinender Sonne. **7** Türmchenartige Quellungen aus einer mittelhohen Schichtwolke. **8** Im oberen Teil des Bildes: hohe Eiswolken

tensiver, je stärker der Aufwind und je höher die Temperatur und damit die → Luftfeuchtigkeit ist. Wegen der vertikalen Temperaturabnahme treten die dichtesten W., in denen auch häufig → Niederschlag 2) entsteht, in der unteren Troposphäre und dort wiederum in den Tropen auf. Mit zunehmender Höhe werden die W. transparenter, was dadurch verstärkt wird, daß die opt. Dichte der Eis-W. im Mittel geringer ist als die der Wasser-W. Bei der Beschreibung der W. wird daher zw. tiefen (0–2 km) und mittelhohen (2–7 km) Wasser- und Misch-W. und hohen Eis-W. (5–13 km) unterschieden, die wegen der andersartigen Struktur der →Turbulenz in den jeweiligen Niveaus auch andere Formen haben. Ein weiteres Kriterium für die Einteilung liefert die Feststellung, ob es sich um **Quell-W.** handelt, die auf → Labilität hinweisen, oder um **Schicht-W.**, die dynamisch erzwungene Hebung der Luft bei stabiler Schichtung anzeigen.

Die gleichzeitige Berücksichtigung von Höhenschicht und Stabilität der Atmosphäre führt zur heute üblichen **Wolkenklassifikation**, die zehn Gattungen umfaßt, die noch in mehrere Arten unterteilt werden: 1) **Cirrus (Ci)**, isolierte hohe Eis-W., vielfach mit Fallstreifen, die ihnen ein faseriges Aussehen geben. Ci entstehen durch Turbulenz in der Höhe, aber auch aus Kondensstreifen hochfliegender Flugzeuge. Gelegentlich sind Ci Reste von Eiskappen von Cb-W. 2) **Cirrocumulus (Cc)**, hohe kleine flokkenartige Eis-W.; ist meist in regelmäßigen Feldern angeordnet (volkstümlich ›kleine Schäfchenwolke‹). 3) **Cirrostratus (Cs)**, hohe Schicht-W. aus Eisnadeln von weitgehend gleichmäßiger opt. Dichte. Cs bedeckt meist große Flächen des Himmels und erzeugt in Sonnen- oder Mondnähe farbige Halos und Nebensonnen. Beim Herannahen einer Warmfront verdichtet sich der Cs häufig und geht lückenlos in einen As über. 4) **Altocumulus (Ac)**, mittelhohe Wasser-W., die, in einer oder mehreren Schichten angeordnet, vielfach ein regelmäßiges Muster als Folge wechselnder Dicke aufweist. Als Wetterzeichen gilt der aus einer mittelhohen W.-Schicht herausquellende Ac castellanus, der Labilität in der Höhe anzeigt, die die Entstehung von Cb erwarten läßt. 5) **Altostratus (As)**, mittelhohe, nahezu strukturlose Wasser-W. Bei nicht zu großer vertikaler Mächtigkeit sind Sonne oder Mond als heller Fleck durch den As zu erkennen. 6) **Stratocumulus (Sc)**, tiefe Wasser-W., die, in einer Schicht angeordnet, teilweise zusammenfließen, daneben aber eine deutliche, meist unregelmäßige Struktur durch unterschiedliche Dicke haben. Bei fehlenden höheren W. ist zw. den einzelnen Zellen im Sc blauer Himmel zu sehen. 7) **Stratus (St)**, graue, weitgehend gleichförmige Wasser-W. Eine genaue Unterscheidung zw. St und Hochnebel läßt sich nicht angeben. An der Untergrenze des St, die meist unter 600 m liegt, treten gelegentlich Wolkenfetzen auf, die als **Fractostratus** bezeichnet werden. 8) **Cumulus (Cu)**, auch **Haufenwolken**, dicht isolierte Wasser-W. mit scharf begrenzten Rändern, die wegen ihrer vertikalen Ausdehnung an der Unterseite oft dunkel erscheint. Bei labiler Schichtung kann Cu bis in das Niveau der mittelhohen W. hineinwachsen und dabei zu einer Misch-W. werden. Er wird dann als Cu congestus bezeichnet. 9) **Cumulonimbus (Cb)**, Weiterentwicklung des Cu congestus, der bis in den Bereich der hohen W. reicht. Der obere vereiste Teil breitet sich mit der ausströmenden Luft schirmförmig unter der Tropopause aus, so daß der Cb schräg von unten gesehen amboßförmig erscheint. Wegen der großen Vertikalerstreckung ist der Cb an seiner Unterseite schwarzgrau, wobei meist starker Niederschlag aus der W. herausfällt. 10) **Nimbostratus (Ns)**, bis in die mittelhohen W. hineinreichende Misch-W. im Bereich der Warmfront. Aus ihr fällt intensiver Niederschlag.

Internat. W.-Atlas, hg. v. Dt. Wetterdienst, 2 Bde. (1957); C. G. KEIDEL: W. – Bilder – Wettervorhersage (1980); Cloud types for observers, hg. v. Meteorological Office (London 1982).

Wolkenbruch, ein heftiger, plötzlich einsetzender → Regen.

Wollastonit [n. dem engl. Naturforscher W. H. Wollaston, * 1766, † 1828], **Tafelspat,** Mineral $Ca_3[Si_3O_9]$, weiß oder hellfarbig; H. 4,5–5, D. 2,8–2,9; meist eingewachsene, dicktafelige Kristalle oder derb in strahligen bis feinfaserigen oder blättrigen Massen mit Glas-, Perlmutt- oder Seidenglanz. Kontaktmineral in Kalken, gelegentlich in kristallinen Schiefern, in vulkan. Laven und Auswürflingen sowie in Magmatiten.

Wolldickenmesser, das → Lanameter.

Wolle, die Haare von Schafen, Ziegen, Kaninchen, Schafkamelen, Kamelen u. a., die sich wegen ihrer Länge, Kräuselung, Feinheit, Dehnbarkeit zum Verspinnen eignen; i. e. S. die Haare des Schafes. I. a. besteht die Haardecke aus dem gröberen, steiferen, weniger gekräuselten

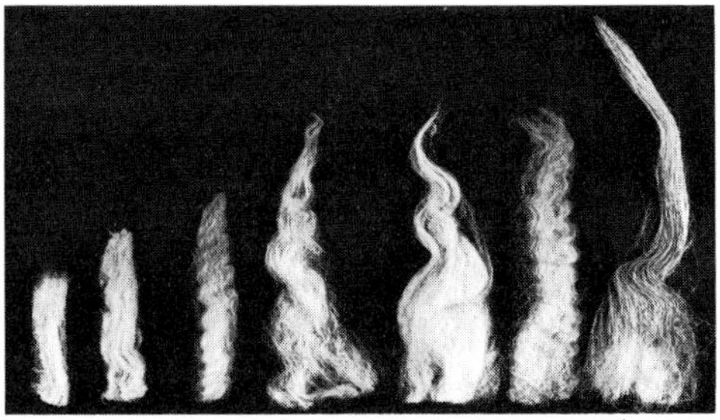

Wolle:
Wolltypen, Merino-W. bis Langwolle; a Australische Wolle, b Merino-Landschaf, c Schwarzköpfiges Fleischschaf, d Ostfriesisches Milchschaf, e Deutsches Bergschaf, f Neuseeland, g Karakul (älteres Tier). – Proben nach 12 Monaten Wuchs

(schlichten) und längeren **Ober-** oder **Grannenhaar** und dem meist hierunter liegenden feineren, weicheren, gekräuselten und kürzeren **Unter-** oder **Flaumhaar.** Bei edlen, hochgezüchteten Schafrassen ist nur das feine Unterhaar vorhanden, z. B. beim Merinoschaf **(Merino-W.)** und dem daraus gezüchteten Crossbredschaf **(Crossbred-W.).**

Neben den feinwolligen gibt es schlichtwollige (grobe Kreuzzucht- und Schlicht-W.) sowie mischwollige Provenienzen (grobe Metis- und Misch-W.). **Lamm-W.** von erstmals geschorenen jungen Tieren ist zwar fein und weich, aber von geringer Festigkeit. Einjährige Schafe liefern die **Jährlings-W.,** ausgewachsene Tiere **Einschur-** oder **Zweischur-W.** (Sommer-W. im Herbst, Winter-W. im Frühjahr). **Haut-W.** stammt von Fellen geschlachteter, gesunder Tiere, **Sterblings-W.** von verendeten Tieren. Die ungewaschene W. heißt **Schweiß-** oder **Schmutz-W.**

Gewinnung. Die W. wird durch **Scheren** (mit Handscheren oder Schermaschinen) vom Körper des Tieres gelöst, wobei sie als zusammenhängendes Wollkleid **(Vlies)** erhalten bleibt. Die Vliese werden maschinell zu großen **Ballen** zusammengepreßt und in den Spinnereien zu einem **Kammlos** (Kammpartie) zusammengestellt; nur selten noch werden die Vliese ausgebreitet, auseinandergerissen und nach Körperteilen sortiert.

Die rohe W. hat oft 50–70 Gew.-% Verunreinigungen; die lösbaren (Staub, Salze, Wollfett) werden durch die **Wollwäsche** entfernt **(entfetten, entschweißen).** Die Wollwaschanlagen (Wollwaschstraßen) bestehen aus mehreren Wasch- und Spülbecken, die die W. in ruhigem Strom durchfließt. Als **Wasch-** und **Entfettungsmittel** dienen Seife und Soda oder synthet. Waschmittel; die Waschtemperatur beträgt 40–50 °C. Durch Ausschleudern des Waschwassers wird das **Wollfett** oder **Wollwachs** gewonnen **(Lanolin).** Nichtlösbare Beimengungen (Kletten, Dornen, Holzstücke) werden später durch mechan. Abstreifen in der → Krempel oder durch → Karbonisieren beseitigt. Über die Wollspinnerei → Spinnerei.

Eigenschaften. Die Wollfaser ist ein Eiweißkörper (→ Keratine) und baut sich aus 18 verschiedenen Aminosäuren auf. Das einzelne Wollhaar ist weiß bis gelblich, 40–550 mm lang, 0,015–0,060 mm dick. Die Dehnbarkeit des entkräuselten Wollhaars beträgt 25–50% mit hoher Elastizität. Die Wollfasern haben die besondere Eigenschaft, durch Druck und Bewegung (Reiben) im feuchtwarmen Zustand zu verfilzen. Beim Verbrennen entwikkelt sich ein brenzliger Geruch, am Fadenende bildet sich ein schwarzes Schmelzkügelchen. Bei 130 °C vergilbt die W.; bei 140–150 °C zersetzt sie sich. Verdünnte Säuren greifen W. nicht an; dagegen ist sie gegen Alkalien sehr empfindlich. Die W. wird nach der Stärke (Feinheit) des Wollhaars und der damit eng zusammenhängenden Kräuselung klassifiziert. Die **Bezeichnungsgrundsätze** für W. und Erzeugnisse aus W. legen die Mindestanteile von W. an W.-Erzeugnissen fest, z. B. darf 100% W. = reine W., 70% = W., 50% = wollgemischt, bis 15% wollhaltig genannt werden. Für Florwaren bezieht sich der W.-Gehalt nur auf die Polfäden.

Wollkunde, hg. v. H. DOEHNER und H. REUMUTH ([2]1964); H. E. SCHIECKE: W. als textiler Rohstoff (1979).

Wollfilzpappe, Wollpappe, weiche, dicke, saugfähige Pappe; Einlage für Teerpappe, Bitumen- und Dachpappe, hergestellt aus Lumpen und Altpapier auf Langsiebpapiermaschinen. In der fertigen W. müssen mindestens 15% Wolle enthalten sein.

Wollsackverwitterung, Verwitterungsform, bes. im → Granit, aber auch in anderen ungeschichteten Massengesteinen. Infolge Vergrusung (→ Abgrusung) von Längs- und Querklüften zerfällt das Gestein in wollsackartige, abgerundete Blöcke.

Woodsches Metall [wʹʊd-, n. dem amerikan. Metallurgen B. Wood], **Wood-Metall,** Legierung mit einem Schmelzpunkt von 60,5 °C, bestehend aus 50% Wismut, 25% Blei, 12,5% Zinn und 12,5% Cadmium.

Woodward-Hoffmann-Regeln [wʹʊdwəd hʹɔfmən-, n. den amerikan. Chemikern R. B. Woodward, * 1917, † 1979, und R. Hoffmann, * 1937], Regeln von der Erhaltung der Orbitalsymmetrie beim Ablauf organisch-chem. Reaktionen. Die W.-H.-R. bieten die Grundlage, solche chem. Prozesse zu verstehen, die nicht über Ionen oder Radikale, sondern über einen zykl. Bindungstausch verlaufen (perizykl., konzentrierte oder Synchronreaktionen).

Woofer [wʹu:fə, engl.], **Tieftöner,** der → Lautsprecher für den tiefen Frequenzbereich.

World-Rift-System [wə:ld rɪft-, engl.], Geologie: bed. globale, zusammenhängende tekton. Großstruktur. Das **intra|ozean. W.-R.-S.** bildet das weitverzweigte System der untermeer. → Mittelozeanischen Rücken, die rd. 85 000 km lang und 1 200–1 600 km breit sind. Die Rücken sind vielfach aufgespalten und überragen als längste Gebirgsketten der Erde die sie umgebende Tiefsee um 2 bis 4 km und steigen nur an wenigen Stellen (z. B. Island) über den Meeresboden auf. Diese Tiefenbruchsysteme stehen in direkter Verbindung zum oberen Erdmantel. Neben den intraozean. gibt es **intra|kontinentale Rifts** (z. B. Rheingraben, Ostafrikan. Riftsystem) und zw. kontinentalen Blöcken liegende Rifts (z. B. Rotes Meer).

Wort, Datenverarbeitung: Folge von Zeichen, die beim → Adressieren als eine Einheit betrachtet wird, z. B. Befehls-W. Der Arbeitsspeicher in Rechenanlagen wird oft wortorganisiert, d. h., die Anzahl der zur Aufnahme eines W. nötigen Speicherzellen ist festgelegt. Je nach Ausführung des Computers kann die **Wortlänge** z. B. 16, 24, 32 oder bis zu 64 Bits betragen. Auch → Bytes können zu W. zusammengefaßt werden, die verarbeitende Anlage wird dann als Bytemaschine (i. Ggs. zur Wortmaschine) bezeichnet.

Wört, → Inseln.

Wos|chod [russ.], durch Umbau von → Wostok entstandenes, bemanntes mehrsitziges sowjet. Raumfahrzeug, das 1964/65 nur zwei Einsätze absolvierte (TABELLE). Zu den Fortschritten von W. gegenüber Wostok zählten ein besseres Stabilisierungssystem und ein neues Landeverfahren, das den Besatzungen einen Verbleib im Raumschiff bis zur Bodenberührung ermöglichte. W. wurde von → Sojus abgelöst.

Woschod-Flüge

Name	Besatzung	Starttag	Zahl der Erd-umläufe	Flugdauer
W. 1[1])	W. Komarow, K. Feoktistow, B. Jegorow	12. 10. 1964	16	24h 17min
W. 2[2])	A. Leonow, P. Beljajew	18. 3. 1965	17	26h 2min

[1]) erste Drei-Mann-Besatzung in einem Raumschiff; [2]) erster freier Ausstieg eines Menschen aus dem Raumschiff (Leonow, rd. 12 min).

Wostok [russ.], der erste Typ der sowjet. bemannten Raumfahrzeuge. Der Flug W. 1 im April 1961 mit dem Kosmonauten J. A. GAGARIN war der erste bemannte Raumflug überhaupt; er führte auf einer Ellipsenbahn zw. 181 und 327 km Höhe einmal um die Erde. W. 6 wurde von Walentina Tereschkowa gesteuert, der ersten Frau, die sich im Erdorbit aufhielt. Hauptaufgabe des W.-Programms (TABELLE) war die Untersuchung der Möglichkeit eines mehrtägigen Aufenthaltes eines Menschen im erdnahen Raum, dessen Versorgung an Bord des einsitzigen Raumschiffes und der Nachweis einer sicheren Rückkehr zur Erde. Nachfolger von W. war → Woschod.

Wostok-Flüge

Name	Besatzung	Starttag	Zahl der Erd-umläufe	Flugdauer
W. 1	J. Gagarin	12. 4. 1961	1	1h 48min
W. 2	G. Titow	6. 8. 1961	17	25h 18min
W. 3[1])	A. Nikolajew	11. 8. 1962	64	94h 22min
W. 4	P. Popowitsch	12. 8. 1962	48	70h 57min
W. 5[2])	W. Bykowskij	14. 6. 1963	81	119h 6min
W. 6	Walentina Tereschkowa	16. 6. 1963	48	70h 50min

[1]) gegenseitige Annäherung von W. 3 und W. 4; [2]) gegenseitige Annäherung von W. 5 und W. 6.

Wow and Flutter [wəʊ ænd flˈʌtə, engl.], Elektroakustik: niederfrequente (wow) und höherfrequente (flutter) Gleichlaufschwankungen bei Plattenspielern, Tonbandgeräten und Kassettenrecordern, die durch elektron. Regelung der Antriebsmotoren auf möglichst niedrigen Werten gehalten werden. Für Hifi-Geräte z. B. sind maximal ± 0,2% Gleichlaufschwankungen zugelassen.

Wrange *die,* aus Stahlblech gefertigte Querversteifung des Schiffsbodens.

Wrasen, → Brüden.

Wrasen|abzug, Einrichtung zur Abführung von Küchenabluft über eine Ablufthaube, in die entweder ein Ventilator eingebaut oder die an einen getrennt angeordneten Abluftventilator angeschlossen ist.

Wronski-Determinante [n. dem poln. Philosophen und Mathematiker J. M. Hoene-Wroński, * 1778, † 1853]. Die Funktionswerte $y_1, y_2, \ldots, y_n$ seien $(n-1)$-mal stetig differenzierbare Funktionen im Intervall (a, b). Die Matrix

$$\begin{pmatrix} y_1 & y_2 & \ldots & y_n \\ y_1' & y_2' & \ldots & y_n' \\ \vdots & \vdots & & \vdots \\ y_1^{(n-1)} & y_2^{(n-1)} & \ldots & y_n^{(n-1)} \end{pmatrix}$$

heißt **Wronski-Matrix.** Ihre Determinante, die W.-D. des Funktionensystems, ist identisch Null, wenn die Funktionen in (a, b) linear abhängig sind.

Ws, W·s, Einheitenzeichen für **Wattsekunde** (→ Joule).

W-Sterne, die → Wolf-Rayet-Sterne.

W-Teilchen, intermediäre → Vektorbosonen (→ Weinberg-Salam-Theorie).

Wuchs|stoffe, Sammelbez. für Stoffe, die das Wachstum fördern; z. B. bei Pflanzen die Pflanzen-W. und -Regulatoren, bei Mikroorganismen manche Vitamine, bei Tieren Hormone, beim Menschen z. B. → Somatotropin (→ Auxine).

Wu-Experiment [n. der amerikan. Physikerin Chien-Shiung Wu, * 1912], 1956 durchgeführtes Experiment, das am β-Zerfall des ^{60}Co erstmalig die Nichterhaltung der → Parität bei schwachen Wechselwirkungen nachwies.

Wulfenit [n. dem österr. Mineralogen F. X. von Wulfen, * 1728, † 1805] *der,* **Gelb|blei|erz,** Mineral $Pb[MoO_4]$, meist gelb, auch orangerot, rot und farblos; H. 3, D. 6,7–6,9; aufgewachsene Kristalle, auch derbe, dichte oder löcherige Aggregate. W. ist ein charakterist. Mineral der Oxidationszone von Bleierzlagerstätten; örtlich abgebaut als Molybdänerz.

Wulffsches Netz [n. dem russ. Mineralogen G. W. Wulff, * 1863, † 1925], in der Kristallographie verwendetes, aus Kreisbögen bestehendes Gradnetz, das die stereograph. Projektion einer mit einem Längen- und Breitenkreis-Gradnetz versehenen Kugel auf die 90°-Meridianebene darstellt. Das W. N. dient zur Darstellung und Ermittlung von Kristallwinkeln.

Wulstbug, Bugwulst, Schiff: der → Taylor-Wulst.

Wundbenzin, leichtsiedendes, hochraffiniertes Ben-

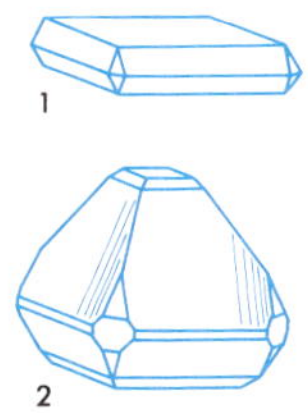

Wulfenit 1 und 2: 1 tafelförmig, 2 pyramidal

Wulfenit 3: gelbe Kristalle (Schwarzenbach, Kärnten)

zin zur Reinigung von Wundrändern (z. B. Kautschukreste von Pflastern).

Wunderkerzen, pyrotechn. Erzeugnisse aus 20–30 cm langen Drähten, die mit einem Gemisch von Bariumnitrat, Aluminium- und Eisenpulver und Dextrin überzogen sind. Beim Anzünden ergeben sie einen langsam fortschreitenden Funkensprüh-Effekt bei rauchloser Verbrennung.

Wünschelrute, gegabelter Zweig (meist Haselnuß) oder zur Gabel geformter Draht, mit dem infolge Ausschlagens der W. das Auffinden unterird. Vorkommen von Wasser, Erzen u. a. möglich sein soll; in seiner Wirksamkeit sehr umstritten.

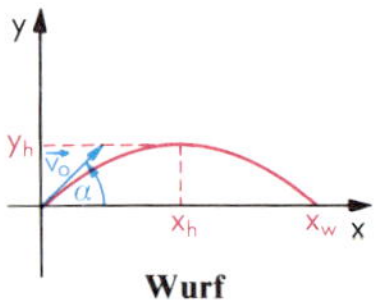

Wurf

Wurf, Bewegung eines (antriebslosen) Körpers (→Wurfkörper) unter dem Einfluß der Erdbeschleunigung g, dem eine Anfangsgeschwindigkeit v_0 (relativ zur Erde) erteilt wurde, deren Richtung mit der Horizontalen den Winkel α einschließt. Ist v_0 der Betrag des Vektors v_0, dann ergibt sich für einen Massenpunkt bei Vernachlässigung des Luftwiderstandes als **Wurfbahn** eine Parabel. Die Gleichung dieser **Wurfparabel** lautet in der xy-Ebene

$$y = x \cdot \tan\alpha - (gx^2)/(2v_0^2 \cos^2\alpha).$$

Die **Wurfhöhe** beträgt $y_h = (v_0^2 \sin^2\alpha)/(2g)$, die **Wurfweite** $x_w = (v_0^2 \sin 2\alpha)/g$ (am größten, falls $\alpha = 45°$ ist).

Würfel, Kubus, Hexa|eder, von sechs Quadraten begrenzter →regelmäßiger Körper. Ein W. mit der Kantenlänge 1 stellt die Einheit des Rauminhaltes dar. Ein W. mit der Kantenlänge a hat den Rauminhalt $V = a^3$ und die Oberfläche $F = 6a^2$. Der W. ist eine spezielle Kristallform des kub. Kristallsystems (TAFEL Kristall I, BILD F 1).

Würfelverdoppelung, →Delisches Problem.

Wurfgebläse, mechanisch und pneumatisch wirkendes Fördergebläse v. a. für die Förderung feuchter landwirtschaftl. Güter. W. unterscheiden sich von den Zentrifugalgebläsen für die rein pneumat. Förderung durch ein zum Schaufelrad konzentrisch angeordnetes Gehäuse (kein Spiralgehäuse). Das Gut wird durch eine zentral angeordnete Öffnung zugegeben und durch die Gebläseschaufeln auf deren Umfangsgeschwindigkeit beschleunigt. Gebläsehäcksler (→Häckselmaschinen) und →Feldhäcksler sind oft mit W. ausgerüstet.

Wurfkörper, ein Körper, dessen Bewegungsbahn **(Wurfbahn)** durch den Geschwindigkeitsvektor zu Beginn der Bewegung bestimmt und danach – i. Ggs. zur →Flugbahn – nicht mehr beeinflußbar ist. Bei Vernachlässigung des Luftwiderstandes ergibt sich bei mäßigen Wurfweiten als Wurfbahn eine Parabel (→Wurf), die durch den Luftwiderstand zur ballist. Kurve deformiert wird. Geschosse und frei fallende Bomben sind echte W., während ungelenkte ballist. Flugkörper sich nur in der antriebslosen Phase als W. bewegen.

Würgeboden, →Brodelboden.

Würgel|apparat, Spinnerei: →nitscheln.

W Ursae Majoris-Sterne, →Bedeckungsveränderliche mit ähnl. Lichtkurve wie die Beta Lyrae-Sterne, aber mit einer Lichtwechselperiode von weniger als einem Tag.

Wurten, Werf(t)en, Warf(t)en, Warpen, im Marschgebiet der dt. und niederländ. Nordseeküste und auf den Halligen künstlich aufgeworfene Wohnhügel für Einzelgehöfte oder Siedlungen.

Wurtzit [n. dem frz. Chemiker Ch. A. Wurtz, * 1817, † 1884] *der,* Mineral β-ZnS (α-ZnS, →Sphalerit), stets eisen- und cadmiumhaltig, strukturell mehrere Varianten; licht- bis dunkelbraun, mit harzartigem Glasglanz; H. 3,5–4, D. 4,0; selten gute Kristalle, meist derb in schaligen Lagen (→Schalenblende), Krusten und Zapfen, feinfaserig und dicht; weit verbreitet und meist mit Zinkblende verwachsen, oft auch Hüttenprodukt.

Wurtzsche Synthese [n. dem frz. Chemiker Ch. A. Wurtz, * 1817, † 1884], Reaktion zur Synthese von Alkanen durch Dehalogenierung von Alkylhalogeniden (i. a. Bromiden und Jodiden) mittels Natrium. Die von R. FITTIG entwickelte **Wurtz-Fittig-Synthese** liefert auf analoge Weise Alkylarylkohlenwasserstoffe.

Wurzel, 1) Geologie: a) die angenommene Ausgangszone einer Überschiebungsdecke (→Überschiebung; **Wurzelzone);** Ggs.: **Deckenstirn.** – b) der Unterbau eines Gebirges, der tief in die Erdkruste reichen und ein Schweredefizit zur Folge haben kann. In kristallinen Gebieten treten die W. tief abgetragener Gebirge zutage.

2) Mathematik: a) Die (n-te) W. aus einer Zahl a ist diejenige Zahl b, die man beim Zerlegen von a in n gleich große Faktoren b erhält (n positive ganze Zahl). Beispiel: Die **2. W. (Quadrat-W.)** aus 64, geschrieben $\sqrt{64}$ oder $\sqrt[2]{64}$, ist 8, da $64 = 8 \cdot 8 = 8^2$. Die **3. W. (Kubik-W.)** aus 64, geschrieben $\sqrt[3]{64}$, ist 4, da $64 = 4 \cdot 4 \cdot 4 = 4^3$. Die n-te W. aus einer reellen Zahl a, geschrieben $\sqrt[n]{a}$, ist Lösung der Gleichung $x^n = a$, d. h. diejenige reelle Zahl b, die, in die n-te Potenz erhoben, die Zahl a ergibt. a heißt **Radikand,** n **W.-Exponent.** Das Berechnen einer W. heißt **Radizieren (Wurzelziehen).** Ist $a = 0$, so gibt es für alle n nur 0 als n-te W. von 0, ist $a \neq 0$, so gibt es für jedes $n \in \mathbb{N}$ eine W. aus a, und zwar falls n ungerade genau eine, falls n gerade genau 2 (nämlich b und $-b$). Ist $a < 0$, so gibt es für ungerades $n \in \mathbb{N}$ genau eine n-te W. und für gerades n keine reelle (→komplexe Zahlen). Wegen $a^{1/n} := \sqrt[n]{a}$ ($a \geqq 0$) lassen sich die Potenzregeln (→Potenz) auf das Rechnen mit W. übertragen. Läßt man komplexe Lösungen für $x^n = a$ zu, so gibt es für $a > 0$, $a \in \mathbb{R}$ genau n verschiedene Lösungen, die auch W. heißen, nämlich $b_k = \sqrt[n]{a}\, e^{k \cdot \frac{2\pi i}{n}}$, $k = 0, 1, \ldots, n-1$. Entsprechend erhält man für komplexe $a = r\, e^{i\varphi} \neq 0$ n verschiedene n-te W. $b_k = \sqrt[n]{r}\, e^{\frac{i}{n}(\varphi + 2\pi k)}$; $k = 0, 1, \ldots, n-1$.

b) Bez. für eine Lösung einer algebraischen Gleichung.

Wurzelkriterium, ein Konvergenzkriterium für unendliche Reihen, die Reihe $\sum_{i=1}^{\infty} a_i$ mit $a_i > 0$ für alle i konvergiert, wenn $\limsup \sqrt[n]{a_n} < 1$ gilt (lim sup = Limes superior).

Wurzelwaschmaschine, trommelartige Waschmaschine zum Reinigen von Wurzeln oder Knollenfrüchten. Diese werden in der um eine horizontale Achse rotierenden, innen mit Leitstäben oder Leitblechen ausgerüsteten und mit Wasser gefüllten Trommel gereinigt.

Wüste, i. w. S. jedes vegetationslose oder sehr vegetationsarme (Bodenbedeckung weniger als 50%) Gebiet der Erde. W. sind entweder verursacht durch fehlende Wärme **(Kälte-W.** der subpolaren oder subnivalen Regionen, **Eis-W.)** oder sie entstehen durch Mangel an Wasser **(Trocken-W.,** auch **Heiß-W.** genannt, obwohl die Temperaturen nachts bis -10 °C absinken können). Die Heiß-W. sind die W. i. e. S. Sie sind gekennzeichnet durch geringe Bewölkung, starke Einstrahlung (→Insolation), eine Verdunstung, die größer als die Niederschläge ist; die

Niederschläge betragen in vollariden W. unter 100 mm, in semiariden W. bis 200 mm jährlich bei 11–12 niederschlagsfreien Monaten; das Jahresmittel der Temperatur liegt über 18 °C. Die täglichen Temperaturschwankungen sind erheblich. V. a. nach Trockenheit und der Dürftigkeit der Vegetation unterscheidet man von den **Kern-W.** (oder **Voll-W.**) die **Rand-W.**, die zu den **Halb-W.** überleiten, die auch **W.-Steppen** und **W.-Savannen** heißen.

Das in der W. herrschende Klima, bes. die extremen Temperaturunterschiede zw. Tag und Nacht bewirken eine starke physikal. →Verwitterung. Es kommt zu →Abschuppung und →Kernsprüngen des Gesteins, das in →Schutt zerfällt, in dem die Erhebungen zu ertrinken scheinen. Durch Insolation gelangt der größte Teil der Verwitterungslösungen, die in das Gestein eindringen, wieder an die Gesteins- oder Erdoberfläche, wo sich die gelösten Stoffe als Kruste (→Wüstenlack, →Wüstenböden) wieder absetzen. Unter dieser harten Oberfläche ist oft das Gestein durch innere Auslaugung völlig zersetzt.

Bei dem starken Temperaturwechsel gerät die Luft tagsüber in kräftige Zirkulation; es kommt zur Wirbelbildung (→Trombe), die Winde erreichen hohe Geschwindigkeiten mit oft tagelang anhaltenden →Sandstürmen. Die Ausblasung des Sandes (→Deflation) führt zur Bildung von großen Becken sowie Wannen, oder es kommt, nach Auswehung des Sandes, zur Bildung von Steinpflaster.

Nach Gesteinsuntergrund und Deckschichten unterscheidet man: **Sand-W.**, **Kies-** oder **Geröll-W.**, **Fels-W.** (**Gebirgs-W.**); **Mergel-** oder **Staub-W.**, die eine dünne, feste Staubhaut haben. **Lehm-W.** haben regelmäßigere Niederschläge und harte, rissige Böden in der Trockenzeit.

Nach der geograph. Lage unterscheidet man: **Passat-W.** (**trop. W.**, **Roßbreiten-W.**) im Bereich der Wendekreise. Die **außertrop. W.** werden auch als **Kontinental-**, **Binnen-** oder **orograph. W.** bezeichnet, weil ihre Trockenheit durch Meeresferne oder Reliefgestaltung verursacht ist.

Wüstenböden, in Randwüsten infolge Niederschlagsarmut sehr humusarme, oft steindurchsetzte oder mit Steindecken versehene und mit Einzelpflanzen bedeckte Böden. Oft findet man Kalk-, Gips-, Eisen-, Kieselsäurekrusten und bes. in Senken auch Salzkrusten. In Vollwüsten fehlt eine Bodenbildung.

Wüstenlack, glänzende, meist braunschwarze lackartige Mineralkruste auf einzelnen Steinen oder Felsflächen; besteht aus einer 1 bis 2 mm dünnen Hartrinde von Mangan-, Kieselsäure- oder Eisenverbindungen, die durch kapillares Aufsteigen (→Insolation) von Lösungen an der Gesteinsoberfläche angereichert werden oder durch mikrobiolog. Ausfällung entstehen. Dickere (bis 5 mm, bei Sandsteinen auch bis 40 mm) Gesteinsüberzüge heißen **Wüstenrinden.** Durch Staub und Sandschliff erzeugter Firnisglanz auf der Gesteinsoberfläche heißt **Wüstenpolitur.**

Wüstenrose, Sandrose, blättrig-rosettenartige Verbackung von Sandkörnern; entstanden durch Kristallisation einer Gips- oder Barytrose im Wüstensand und anschließendem Abtransport der Mineralsubstanz; der umschlossene, verbackene Sand verbleibt als W.

Wüstensavanne, Landschaftsgürtel der wechselfeuchten Tropen mit sehr geringen Niederschlägen und weniger als zwei humiden Monaten im Jahr; spärliche Vegetation.

Wüstentheorie, von J. WALTHER 1903 postulierte Theorie, wonach mächtige, bunte Sandsteinfolgen (z. B. Buntsandstein) und mächtige Salzlagerstätten (z. B. Zechstein) unter aridem Klima entstanden. Sie gilt heute als überholt. (→Barrentheorie, →Trias)

W Virginis-Sterne, Gruppe der →Cepheiden.

WZ, Abk. für →Weltzeit.

X

X, **1)** *X*, Formelzeichen für Blindwiderstand.

2) Zeichen für die →römische Ziffer 10.

X-Ablenkung, →Oszilloskop.

Xanthate, die →Xanthogenate.

Xanthen, kristalline heterozykl. Verbindung und Baustein der X.-Farbstoffe (z. B. Fluorescein, Eosin).

Xanthin, im zellulären Stoffwechsel der Purinbasen beim Abbau entstehendes Zwischenprodukt, das durch das Enzym Xanthinoxidase zu Harnsäure oxidiert wird.

Xanthogenate, Xanthate, relativ beständige Salze von Dithiokohlensäureestern (→Xanthogensäuren). **Natriumcellulose-X.**, das aus Natriumcellulose und Schwefelkohlenstoff hergestellt wird (**Xanthogenierung**), hat als Zwischenprodukt bei der Herstellung von Viskose Bedeutung. **Alkali-X.** werden bei der Aufbereitung sulfid. Erze durch Flotation als Sammler verwendet.

Xanthogensäuren, Bez. für die unbeständige Dithiokohlensäure und z. T. auch für ihre Ester (→Xanthogenate).

Xanthokon, seltene, helle, rote Modifikation des →Rotgültigerz.

Xanthophylle, Blattgelb, Gemische natürl. Farbstoffe (z. B. Lutein, Zeaxanthin), die zu den Carotinoiden gehören und u. a. in grünen Blättern und Eigelb vorkommen.

Xanthoprotein|reaktion, Nachweisreaktion für Eiweißstoffe, die aromat. Aminosäuren enthalten. Bei der X. tritt mit konzentrierter Salpetersäure Gelbfärbung auf (z. B. mit menschl. Haut).

Xanthosin, Nucleosid aus der Purinbase Xanthin und D-Ribose. X. kommt in Form des Phosphorsäureesters als Zwischenprodukt der Purin-Biosynthese vor.

Xe, chem. Symbol für →Xenon.

X-Einheit, Einheitenzeichen **XE**, nicht gesetzl. Längeneinheit in der Röntgenspektroskopie, definiert als der 3 029,45ste Teil der Gitterkonstanten von Kalkspat bei 18 °C: $1\ XE = (1{,}002\,02 \pm 3 \cdot 10^{-5}) \cdot 10^{-13}\ m$.

xenoblastisch, →idioblastisch.

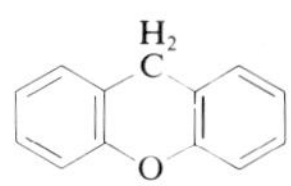

Xanthen

Xanthogenate

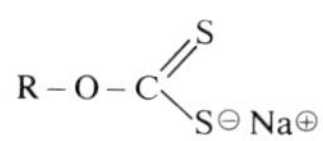

Natrium-xanthogenat

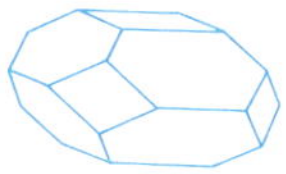

Xenotim

Xenolithe *Mz.*, Einschlüsse von Nebengesteinsfragmenten in magmat., v. a. vulkan. Gesteinen; z. B. von aufsteigender Basaltlava mitgerissene Sandsteinfragmente.

xenomorph, → idiomorph.

Xenon *das,* chem. Symbol **Xe,** ein → chemisches Element aus der Gruppe der Edelgase, Ordnungszahl 54. Von den mehr als 35 bekannten Isotopen sind nur die natürl. mit den Massenzahlen 124, 126, 128–132, 134 und 136 stabil. X. ist in Luft zu 0,000008 Vol.-% (in der oberen Erdkruste $2{,}4 \cdot 10^{-9}$%) enthalten und wurde 1898 von W. RAMSAY und M. W. TAVERS entdeckt. Es wird durch fraktionierte Destillation der verflüssigten Luft gewonnen und dient zur Füllung von Glühlampen, Leuchtröhren, Blitzlichtröhren und für X.-Hochdrucklampen. – Das X.-Isotop ^{135}Xe mit dem extrem hohen Neutronen-Absorptionswirkungsquerschnitt von $2{,}7 \cdot 10^6$ barn für therm. (langsame) Elektronen wirkt als Neutronengift hemmend auf die Kettenreaktion in einem therm. Reaktor. Über **metallisches X.** → metallische Gase.

X. bildet mit Sauerstoff und den Halogenen zahlreiche **Xenonverbindungen,** die erst seit 1962 bekannt sind (→ Edelgasverbindungen). Die **X.-Fluoride** (XeF_2, XeF_4, XeF_6) entstehen aus den Elementen durch Energiezufuhr (UV-Strahlung, Erwärmen). Es sind farblose, flüchtige kristalline Substanzen. Sie werden als Fluorierungsmittel verwendet. **X.-Trioxid,** XeO_3, ist eine explosive Verbindung. Mit starken Basen bilden sich Salze der **Xenonsäure,** H_2XeO_4. Alle X.-Verbindungen wirken stark oxidierend.

Xenonlampe, Xenon-Hochdrucklampe, eine → Entladungslampe mit Xenon als Träger der Entladung. Neben guter Lichtausbeute (bis 50 lm/W) und hoher Leuchtdichte ist ihre Strahlung tageslichtähnlich, im Ultraroten sehr stark und hat ein weit ins Ultraviolett reichendes Kontinuum, dem nur einzelne Linien überlagert sind. Wegen ihrer bes. hohen Leuchtdichte und ihres großen Leistungsbereichs von 150 bis 6500 W werden Kurzbogenlampen v. a. für Dia- und Laufbildprojektion verwendet, aber auch für Leuchtfeuer, Sonnensimulation, Farbabgleich u. a. Für noch höhere Leistungen bis 65 kW wurden Langbogenlampen entwickelt.

Xylenole

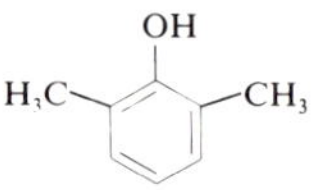

2,6-Xylenol

Xylidine

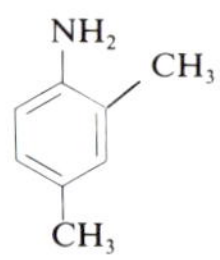

2,4-Xylidin

Xenotim *der,* **Ytterspat,** Mineral YPO_4 (u. a. auch mit Th und U); meist gelbl. kleine Kristalle, ähnlich → Zirkon; H. 4–5, D. 4,5–5,1; in Graniten und Pegmatiten. X. ist Hauptmineral für die Gewinnung von Yttererden.

Xerogel, → Gele.

Xerographie, ein → Kopierverfahren der indirekten → Elektrophotographie, bei dem ein mit einer Selenschicht bedeckter Zylinder (Selentrommel) positiv aufgeladen und belichtet wird. Bei der anschließenden Entwicklung mit einem negativ aufgeladenen Tonerpulver haftet dieses nur an den unbelichteten Stellen, an denen die Ladung in der Selenschicht nicht abgeflossen ist. Das Tonerbild wird dann mit positiv aufgeladenem Papier in Kontakt gebracht und darauf übertragen. Anschließend wird das Tonerpulver z. B. mittels geheizter Andruckwalzen mit dem Papier dauerhaft verschmolzen. Modernere Verfahren benutzen eine Blitzlichtfixierung, die neben Papier die Verwendung von Karton, Folien u. a. gestattet und keine durch das Aufheizen bedingte Wartezeit bis zur Betriebsbereitschaft erfordert.

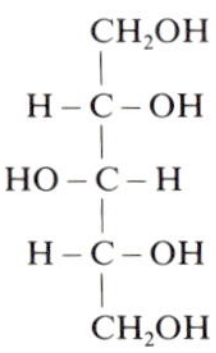

Xylit

xerographischer Drucker, Ausgabegerät einer Rechenanlage, bei dem mittels des Xerox-Verfahrens auf nichtmechan. Weise über Elektronenstrahlen Informationen gedruckt werden. Die x. D. gehören zu den schnelleren Druckern mit Leistungen von etwa 20000 Zeilen/min.

XF-Harze, Abk. für → **X**ylol-**F**ormaldehyd-Harze.

X-Haken, Aufhängehaken für Bilder, durch schräg in die Wand eingeschlagene Stahlstifte befestigt.

Xi (ξ, Ξ), ein → griechischer Buchstabe (ÜBERSICHT).

1) ξ, Formelzeichen für → Kohärenzlänge 1).

2) Ξ, physikal. Symbol für das Xi-Teilchen.

Xi-Teilchen, Zeichen Ξ, zu den Baryonen gehörendes → Elementarteilchen (ÜBERSICHT), kommt als neutrales (Ruheenergie 1315 MeV) und als negativ geladenes Teilchen (Ruheenergie 1321 MeV) mit der Strangeness $S = 2$ vor und zerfällt mit einer mittleren Lebensdauer von etwa 10^{-10} s in ein Lambda-Teilchen und ein Pion.

X-Kontakt, Photographie: → Synchronverschluß.

X-Strahlung, im außerdt. Sprachgebiet übl., von C. W. RÖNTGEN stammende Bez. für die → Röntgenstrahlung.

X-Teilchen, hypothet. Bindungsteilchen, die für die Zusammenfassung der schwachen, starken und elektromagnet. → Wechselwirkung in einer vereinigten Theorie postuliert werden.

XUV-Strahlung, zusammenfassende Bez. für den ultravioletten (UV-) und den Röntgenbereich (X-Strahlung) der Sonnenstrahlung (→ Ionosphäre).

Xylan, Holzgummi, überwiegend aus Xylosemolekülen aufgebaute → Hemicellulose, die bes. in Kokosschalen, Birkenholz, Stroh u. a. landwirtschaftlichen Abfällen vorkommt.

Xylenole, Di|methylphenole, kristalline Verbindungen, die aus Steinkohlenteer isoliert oder durch Reaktion von Phenol mit Methanol hergestellt werden. Gemische der sechs Isomeren dienen als Löse-, Textilhilfs- und Desinfektionsmittel. Aus 2,6-X. wird der Kunststoff Polyphenylenoxid hergestellt.

Xylidine, von Xylolen abgeleitete primäre Amine. X. spielen bei Farbstoffsynthesen eine Rolle.

Xylit, 1) Chemie: fünfwertiger Zuckeralkohol, der durch Hydrierung von → Xylose hergestellt wird. Die süß schmeckenden Kristalle haben etwa die gleiche Süßkraft wie Rohrzucker. X. ist vom Körper kalorisch verwertbar, fördert aber nicht die Karies. Es findet Verwendung in Kaugummi, Arzneimitteln und Diabetikernahrung.

2) Geologie: holzige Varietät der → Braunkohle; früher **Lignit.**

Xylole, Di|methylbenzole, aromat. Kohlenwasserstoffe (→ Aromaten) der allg. Formel $C_6H_4(CH_3)_2$. Die drei isomeren X. (o-X., m-X. und p-X.) sind farblose Flüssigkeiten. Sie sind in → Reformat und → Pyrolysebenzin enthalten, zu deren hoher Klopffestigkeit sie beitragen und aus denen sie durch Extraktion isoliert werden. **X.-Gemische** finden als Lösemittel für Lacke und als Kraftstoffkomponenten Verwendung. **p-X.** wird durch Kältekristallisation oder mit Hilfe von Molekularsieben aus den Gemischen abgetrennt und praktisch ausschließlich zu → Terephthalsäure weiterverarbeitet. **o-X.** dient zur Herstellung von Phthalsäureanhydrid (→ Phthalsäure).

Xylol-Form|aldehyd-Harze, XF-Harze, Kunstharze, die durch Kondensation von Xylol mit Formaldehyd hergestellt werden. X. dienen u. a. zur Modifizierung von Phenol- und Epoxidharzen.

Xylose, D-Xylose, Holzzucker, Monosaccharid, das in der Natur v. a. als Baustein des Polysaccharids →Xylan vorkommt, aus dem es durch Hydrolyse gewonnen wird. X. wird bevorzugt zu →Xylit 1) verarbeitet.

Xylulose, Ketopentose, Strukturisomeres der Ribulose. X. entsteht im zellulären Stoffwechsel aus Glucuronsäure und ist in Form des Phosphorsäureesters Zwischenprodukt im →Pentosephosphat-Weg.

XY-Schreiber, Meßtechnik: Zweikoordinatenschreiber zur Aufzeichnung des Verlaufs einer Meßgröße (Y-Achse) in Abhängigkeit von einer anderen variablen Größe, z. B. der Zeit (X-Achse). Die Arbeitsweise beruht i. a. auf der →Kompensationsmethode (Kompensationsschreiber). Zum Anschluß an eine Datenverarbeitungsanlage eingerichtete XY-S. werden als →Plotter bezeichnet.

Xylose

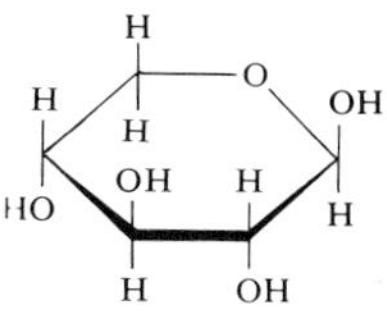

β-D-Xylose

Y

Y, 1) chem. Symbol für →Yttrium.

2) *Y*, Formelzeichen für die Admittanz (→Scheinleitwert).

Y-Ablenkung, →Oszilloskop.

Yacht, Jacht, schnellfahrendes Schiff zu Sport- und Vergnügungszwecken. Es gibt See- und Binnen-, Segel-, Dampf- und Motor-Y., Renn- und Fahrten-Y. Die **Segel-Y.** unterscheidet sich von anderen Segelbooten durch eingedeckten Rumpf, vorstrebenden Bug, über Wasser ausladendes Heck u. a. Nach der Bauart des Unterwasserteils unterscheidet man **Schwert-** und **Kiel-Y.** Ein Mitteltyp ist die **Kielschwertyacht.**

Yagi-Antenne, meistverwendete Empfangsantenne (→Antenne) für den UHF- und VHF-Bereich.

yard [jɑ:d], Einheitenzeichen **yd,** noch gebräuchliche Längeneinheit in Großbritannien und den USA. 1 yd = 3 ft = 36 in = 0,9144 m (vereinheitlichter Wert). ÜBERSICHT Einheiten, angloamerikanische Einheiten.

Yb, chem. Symbol für →Ytterbium.

yd, Einheitenzeichen für →yard.

Ylem [ˈaɪləm, engl.], →Urknall.

Ylide, reaktionsfähige quartäre Ammoniumverbindungen, in denen ein Stickstoff- und ein Kohlenstoffatom gleichzeitig durch eine kovalente Bindung (. . . yl) und eine Ionenbeziehung (. . . id) verbunden sind.

Yohimbin, Quebrachin [kebratʃˈi:n], Indolalkaloid aus der Rinde des trop. Yohimbebaumes, aus Quebracho und Rauwolfia serpentina-Wurzeln. Y. wirkt gefäßerweiternd und wird deshalb gegen Durchblutungsstörungen sowie als Aphrodisiakum verwendet.

Ypsilon (υ, Y), ein →griechischer Buchstabe (ÜBERSICHT).

Y-Teilchen, 1977 entdecktes schweres Meson (→Elementarteilchen) mit einer Ruhemasse von 9,46 GeV/c^2, das zur Einführung eines fünften →Quarks b (Bottom-Quark, Beauty-Quark) zwang und sich als ein Quark-Antiquark-Paar $b\bar{b}$ auffassen läßt. Es wurde ein angeregter Zustand Y' dieses Systems bei einer Energie von 10,02 GeV gefunden.

Ytterbium, chem. Symbol **Yb,** ein →chemisches Element aus der Gruppe der →Lanthanoide, Ordnungszahl 70. Die Massenzahlen der stabilen Isotope: 168, 170–174, 176, weiterhin sind mehr als 20 künstlich hergestellte instabile Isotope bekannt. Das silberglänzende weiche und ziemlich duktile Metall wurde 1907 von G. URBAIN und zu gleicher Zeit von C. AUER VON WELSBACH entdeckt. Y. ist sehr selten (2,7 ppm in der Erdkruste) und praktisch ohne Bedeutung. Es wird durch metallotherm. Reduktion von Yb_2O_3 im Vakuum und anschließende Destillation oder durch Amalgamation gewonnen. In seinen Verbindungen tritt es mit den Oxidationszahlen +3, selten auch +2, auf; die meisten Verbindungen sind farblos.

Ytter|erden, Gruppenbez. für die Oxide der Seltenerdmetalle Gadolinium, Terbium, Dysprosium, Holmium, Erbium, Thulium, Ytterbium und Lutetium.

Ytterspat, Mineral, der →Xenotim.

Yttrium, chem. Symbol **Y,** ein →chemisches Element aus der 3. Nebengruppe des Periodensystems, Ordnungszahl 39. Neben dem natürl. Isotop mit der Massenzahl 89 (100%) sind mehr als 20 künstl. instabile Isotope und Isomere bekannt. Y. ist ein bleigraues, giftiges (MAK 5 mg/m^3) Metall, das an feuchter Luft oxidiert und pyrophor (entzündet sich an Luft bei etwa 500 °C) ist. In der Häufigkeitsliste der Elemente der Erdkruste steht es an 32. Stelle (0,0028%). Es wird v. a. aus Monazitsand gewonnen, der 3% Y. enthält. Y. wird durch metallotherm. Reduktion von Y.-Oxid, Y_2O_3, oder Y.-Chloriden und -Fluoriden erhalten.

In den stets farblosen **Yttriumverbindungen** besitzt Y. die Oxidationszahl +3. **Y.-Oxid,** Y_2O_3, ist ein weißes, schwer schmelzbares Pulver, das als Tiegelmaterial und für keram. Auskleidungen und keram. Farbkörper verwendet wird. **Y.-Vanadat,** YVO_4, findet, mit Europium aktiviert, als rot fluoreszierender Phosphor in Farbfernseh-Bildröhren Verwendung. Ferner dienen Y.-Verbindungen in der Hochfrequenztechnik, für Speicherelemente und Modulatoren, Laser und Spezialgläser und, mit Aluminium legiert, im Flugzeug- und Raketenbau. – Y. wurde als Oxid 1794 von J. GADOLIN entdeckt, aber erst 1843 von G. C. MOSANDER als Element isoliert.

Ylide

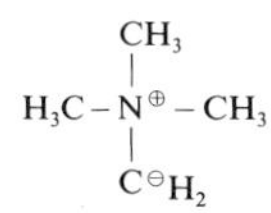

Trimethylammoniummethylid

Yukawa-Teilchen [n. dem japan. Physiker H. Yukawa, * 1907, † 1981], veraltete Bez. für die Pionen (→Elementarteilchen). Aus der Reichweite der starken Wechselwirkung schloß H. YUKAWA 1935, daß zu dieser Wechselwirkung ein Teilchen gehören sollte, dessen Masse etwa 100 MeV/c^2 sein sollte. Das daraufhin gefundene Myon hatte zwar die richtige Masse, nicht aber die notwendigen anderen Eigenschaften. Das dem Y.-T. entsprechende Pion wurde erst 1947 entdeckt.

Z

Z, *Z*, Formelzeichen für die Kernladungszahl (Ordnungszahl), die Impedanz und den Wellenwiderstand.

Zackenschrift, Aufzeichnungsart beim → Lichttonverfahren.

Zähigkeit, Eigenschaft, gegen rasche Formänderungen Widerstand zu leisten, i. e. S. die → Viskosität.

Zahl. Wurden früher nur die → natürlichen Zahlen (1, 2, 3, 4, . . .) als Z. bezeichnet, so versteht man jetzt darunter die Elemente des komplexen Zahlkörpers $\mathbb{C}$ (→ komplexe Zahlen). Von den **natürlichen Z.** $\mathbb{N}$ ausgehend, gewinnt man zunächst die **ganzrationalen Z.** $\mathbb{Z}$ **(ganzen Z.)** . . ., -3, -2, -1, 0, 1, 2, 3, . . . durch die Forderung, daß die Gleichung $a+x=b$ für beliebige natürl. Z. a und b stets genau eine Lösung haben soll. Ist $b>a$, so ist die Lösung wieder eine natürl. Z. **(positive Z.)**; ist $b<a$, so führt man Symbole $-c$ als **negative Z.** ein. Auf ähnl. Weise führt man die als Z.-Verhältnisse oder Brüche bekannten **rationalen Z.** ein. Sie entspringen der Forderung, daß die mit ganzrationalen Z. a, b gebildete Gleichung $a \cdot x=b$ für $a \neq 0$ stets eine Lösung haben soll. Die rationalen Z. bilden den Körper $\mathbb{Q}$. Obwohl die rationalen Z. überall → dicht liegen, sind z. B. die Wurzeln bestimmter Gleichungen nicht in ihnen enthalten. Um solche Lücken zu schließen, erweitert man das System der rationalen zu dem der **reellen Z.** $\mathbb{R}$ z. B. durch Einführung der → Dedekindschen Schnitte. Zu den rationalen treten dabei die **irrationalen Z.** neu hinzu. Die reellen Z. werden, je nachdem, ob sie als Wurzel algebraischer Gleichungen gewonnen werden können oder nicht, → algebraische Zahlen oder transzendente Zahlen genannt. Die Beschreibung von $\mathbb{R}$ entspricht den Vorstellungen, die man sich von der **Zahlengeraden** als Kontinuum macht, wenn die reellen Z. mit den Punkten identifiziert werden. Da nicht jede quadrat. Gleichung mit reellen Koeffizienten eine reelle Z. als Lösung besitzt (z. B. $x^2+1=0$), erweitert man die reellen Z. durch Einbeziehung (Adjunktion) des Symbols $\sqrt{-1}=\mathrm{i}$ zu den **komplexen Z.**, die sich in der Form $a+\mathrm{i}b$ schreiben lassen, wobei a und b reelle Zahlen sind. Sie bilden die der Funktionentheorie zugrunde liegende Zahlenmenge. Die Menge der komplexen Z. $\mathbb{C}$ veranschaulicht man sich als **Zahlenebene** mit Hilfe der → Gaußschen Zahlenebene. Über die Erweiterung des Zahlenbereichs über die komplexen Z. hinaus → hyperkomplexes System.

Natürliche Z. und verschiedene andere Typen wurden zuerst in der Praxis verwendet und später als abstrakte Objekte entwickelt. Erst Ende des 19. Jh. wurden logisch befriedigende und übersichtl. Beschreibungen der verschiedenen Zahlbegriffe gegeben, z. B. die Charakterisierung der natürl. Z. $\mathbb{N}$ durch das → Peanosche Axiomensystem, das dem ›Zählzahlaspekt‹ entspricht. Dem ›Rechenzahlaspekt‹ entsprechend, kann $(\mathbb{N}, +)$ als kommutative → Halbgruppe mit zusätzl. Eigenschaften, dem ›Anordnungsaspekt‹ entsprechend als wohlgeordnete Menge mit zusätzl. Eigenschaften charakterisiert werden. Die Konstruktion und Beschreibung der reellen Z. $\mathbb{R}$ mit Hilfe von Dedekindschen Schnitten auf der Grundlage von $\mathbb{Q}$ führten im Lauf der Zeit zur axiomat. Charakterisierung von $\mathbb{R}$ als vollständig angeordneten Körper. Durch den Fundamentalsatz der Algebra konnten die über $\mathbb{Q}$ algebraischen Z. als Elemente von $\mathbb{C}$ angesehen werden.

In der → Mengenlehre ist eine weitere Verallgemeinerung des Z.-Begriffs möglich (G. CANTOR). Während jeder endlichen → Kardinalzahl umkehrbar eindeutig eine → Ordinalzahl zuzuordnen ist, gilt dies für transfinite (unendliche) Mengen nicht. Vielmehr gehören zu jeder transfiniten Kardinalzahl unendlich viele Ordnungszahlen, die, wohlgeordnet, deren **Zahlenklasse** bilden.

R. DEDEKIND: Was sind und was sollen die Z. ([10]1969); H. MESCHKOWSKI: Z. (1970); K. MENNINGER: Zahlwort und Ziffer ([3]1979).

Zahlenkugel, die → Riemannsche Zahlenkugel.

Zahlensystem, systemat. Ordnung zur Darstellung von Zahlen. Dabei wird eine natürl. Zahl als Basis gewählt, etwa $n=10$ für das → Dezimalsystem, $n=2$ für das → Dualsystem, $n=8$ für das → Oktalsystem, $n=16$ für das → Hexadezimalsystem. Es werden n Ziffern (von 0, 1, . . ., $n-1$) festgelegt. Weitere Zahlen kann man durch die Verwendung weiterer Stellen darstellen.

zahlentheoretische Funktion, eine Funktion $f\colon \mathbb{N} \longrightarrow R$, wobei $\mathbb{N}$ die Menge der natürl. Zahlen und R ein kommutativer Ring mit Einselement bedeuten, meist gilt $R=\mathbb{C}$. An Stelle von $\mathbb{N}$ kann auch eine kommutative → Halbgruppe treten, in der jedes Element eine bis auf die Reihenfolge eindeutige Darstellung als Produkt von Primelementen besitzt. f heißt multiplikativ (gelegentlich distributiv), wenn für teilerfremde $m, n \in \mathbb{N}$ gilt $f(1)=1$ und $f(m \cdot n)=f(m)f(n)$; additiv, wenn $f(1)=0$ und $f(m \cdot n)=f(m)+f(n)$ gilt. Beispiele für z. F. sind 1) die Eulersche φ-Funktion: für $m \in \mathbb{N}$ ist $\varphi(m):=$ Anzahl der zu m teilerfremden $k \in \mathbb{N}$ mit $0 \leqq k<m$. 2) die Möbiussche μ-Funktion: für $a \in \mathbb{N}$ ist $\mu(a):=0$, falls a durch ein Quadrat b^2 teilbar ist, $\mu(a):=(-1)^r$, falls $a=p_1 \cdot \ldots \cdot p_r$, wobei p_i paarweise verschiedene Primzahlen sind. φ und μ sind multiplikativ, sie spielen in der Zahlentheorie eine große Rolle. Andere wichtige z. F. sind $d(a):=$ Anzahl der Teiler von a, $\sigma(a):=$ Summe der Teiler von a. Zur Untersuchung z. F. werden vielfach Methoden der analyt. Zahlentheorie herangezogen.

Zahlentheorie, Teilgebiet der Mathematik. In der **elementaren Z.** werden Eigenschaften natürl. und ganzrationaler Zahlen untersucht, z. B. Teilbarkeit, größter gemeinsamer Teiler zweier Zahlen a und b, seine Bestimmung durch den Euklid. Algorithmus und seine Darstellung als Linearkombination von a und b, ferner der **Fundamentalsatz der (elementaren) Z.**, nach dem jede natürliche Zahl bis auf die Reihenfolge ihrer Faktoren eindeutig als Produkt von Primzahlpotenzen darstellbar ist; weiter Systeme von Kongruenzen (→ modulo), quadratische Reste, → Kettenbrüche.

Zur Behandlung vieler Probleme der Z. werden analytische Hilfsmittel herangezogen, weshalb vom Zweig der →analytischen Zahlentheorie gesprochen wird. Dort behandelte Gegenstände sind die Untersuchung von →zahlentheoretischen Funktionen, die →Goldbachsche Vermutung u. a.

In der **algebraischen Z.** werden in Verallgemeinerung der elementaren Z. Eigenschaften von →algebraischen Zahlen, auch von ganzalgebraischen Z., untersucht. An die Stelle von $\mathbb{Q}$ tritt ein algebraischer Zahlkörper K, dessen Elemente algebraische Zahlen sind und der als Vektorraum über $\mathbb{Q}$ endlich-dimensional ist. Das Analogon zu $\mathbb{Z}$ ist der in K enthaltene Ring A der ganzalgebraischen Zahlen. In A gilt ein dem Fundamentalsatz der elementaren Z. entsprechender Satz, wenn man →Ideale statt Elemente betrachtet: Jedes Hauptideal aA besitzt eine Produktdarstellung durch Primideale. In neuerer Zeit wurde die Bewertungstheorie (→Bewertung) eine wesentliche Grundlage für die algebraische Z. Auch im Zusammenhang damit konnten topolog. und analyt. Methoden herangezogen werden, so daß eine starke Wechselwirkung zur algebraischen Geometrie, der homolog. Algebra, Gebieten der Analysis und der harmon. Analyse entstand.

In der **geometrischen Z.** werden u. a. auch quadrat. und höhere Formen sowie gewisse Gitterpunktsprobleme behandelt. Dabei sind Gitter Punktmengen, die man sich analog den anschaul. Gittern in der Ebene oder im Raum vorstellen kann. Die Theorie der Diophantischen Gleichungen, für die eines der berühmten ungelösten Probleme die →Fermatsche Vermutung ist, wird mit sehr abstrakten Methoden der algebraischen Geometrie und mit Diophantischen Approximationen im Zusammenhang mit analyt. Hilfsmitteln bearbeitet. Auf diesem Gebiet sind noch viele Probleme ungelöst.

Zur Untersuchung zahlentheoret. Funktionen werden auch wahrscheinlichkeitstheoret. Methoden verwendet. Die Behandlung zahlentheoret. Fragen hat schon früh vielseitige Anregungen für andere Gebiete der Mathematik gegeben, z. B. zur Entwicklung der Algebra, aber auch der Analysis durch die analyt. Zahlentheorie.

H. HASSE: Z. ([3]1969, engl. u. erweitert u. d. T. Number theory, 1980); A. SCHOLZ: Einf. in die Z. ([5]1973); S. IYANAGA: The theory of numbers (Amsterdam 1976); H. ZASSENHAUS: Number theory and algebra (New York 1977); C. L. SIEGEL: Gesammelte Abhandlungen, 4 (1979); R. K. GUY: Unsolved problems in number theory (Heidelberg 1981).

Zahlenwert, früher **Maßzahl,** →Größe 2).

Zähler, 1) Mathematik: die über dem Bruchstrich stehende Zahl im →Bruch 2).

2) Physik, Technik: **Zählwerk, Zählschaltung,** Gerät oder Schaltung zum Zählen elektr. Impulse oder zum Ermitteln von Stückzahlen, Längen, Verbrauch bei Arbeitsprozessen, z. B. Windungszahl beim Spulenwickeln, Bildzahl beim Filmtransport in der Kamera, zurückgelegte Wegstrecke (→Schrittzähler, →Wegstreckenzähler), Strom-, Gas- und Wasserverbrauch (→Elektrizitätszähler, →Gaszähler und →Wasserzähler).

Dezimale mechan. Zählwerke enthalten hintereinandergeschaltete Zahlenscheiben oder Zahlenrollen, die mit Zahnrädern oder ähnl. Übertragungselementen derart ineinandergreifen, daß eine volle Umdrehung der einen eine Zehnteldrehung der folgenden Scheibe oder Rolle veranlaßt. – Zur Zählung hin- und hergehender Bewegungen verwendet man durch einen Hebel angetriebene **Hub-Z.** Die **Umdrehungs-Z.** werden durch eine mit dem zu zählenden Vorgang gekuppelten Welle angetrieben (→Umdrehungszähler, →Drehzahlmesser). **Einstell-Z.** geben nach einer voreingestellten Zahl Signale oder schalten einen Arbeitsprozeß ab.

Mechan. Zählwerke sind auf vielen Gebieten durch **elektronische Z.** ersetzt worden. Diese bestimmen die Anzahl von diskreten elektr. Impulsen. Man unterscheidet hier →Vorwärtszähler und →Rückwärtszähler, je nachdem, ob von einem Höchst- oder von einem Tiefstwert aus gezählt wird. Bes. in der Digitaltechnik werden aus →Flipflops aufgebaute Zählschaltungen verwendet, die digitale Impulsfolgen oder digitalisierte (z. B. mit einem Analog-Digital-Umsetzer) Größen addieren oder subtrahieren können. Ring-Z. (Schieberegister, dessen Ausgang mit seinem Eingang verbunden ist) benötigen für jede Zähleinheit ein Speicherglied, Dual-Z. dagegen nur n Speicherglieder für 2^n Zähleinheiten. Ferner gibt es BCD-Z. mit jeweils vier Speichergliedern pro Dekade. In elektron. Datenverarbeitungsanlagen ist der Z. eine Anordnung von Addierwerken im Rechenwerk der Zentraleinheit (→CPU).

In der Elementarteilchen- und Kernphysik bezeichnet man als Z. die Geräte, mit denen der Durchgang eines Teilchens registriert werden kann. Nach den zugrunde liegenden physikal. Prozessen unterscheidet man u. a. Halbleiterzähler (→Halbleiterdetektor), →Kristallzähler, →Szintillationszähler, →Tscherenkow-Zähler, →Funkenzähler, →Funkenkammern, →Ionisationskammern und →Zählrohre.

Zählerteleskop, Kern- und Hochenergiephysik: mindestens zwei Teilchenzähler (→Zähler 2), die hintereinander angeordnet werden und deren elektr. Signale auf unmittelbare zeitl. Aufeinanderfolge (Koinzidenz) geprüft werden (→Koinzidenzmessung).

Zähligkeit, →Symmetrieoperation.

Zählrohr, von J. W. GEIGER und W. MÜLLER 1928 erfundenes Meßinstrument zum Nachweis und zur Zählung einzelner Teilchen (z. B. Elektronen, Gammaquanten).

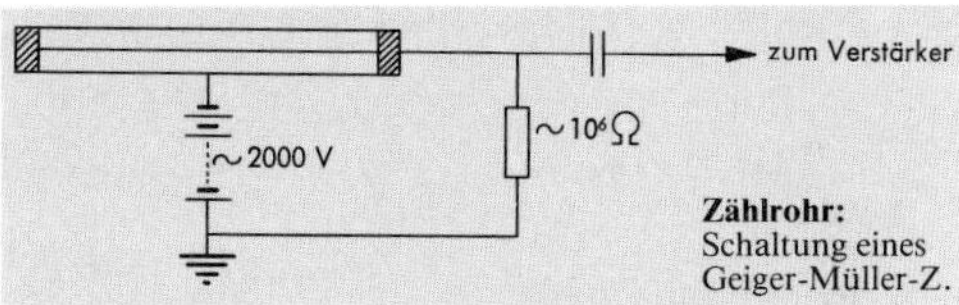

Zählrohr: Schaltung eines Geiger-Müller-Z.

Das Z. ist im Grund eine Ionisationskammer mit einer zentralen Elektrode (dünner Draht), die gegen das Gehäuse (dünnwandiges Rohr) auf eine Spannung von einigen 1000 V positiv aufgeladen wird und somit von einem starken elektr. Feld umgeben ist. Ein in das Z. eindringendes Teilchen bildet durch Ionisation zunächst Elektronen, die in der Nähe des Drahtes durch Stoßionisation viele weitere Elektronen auslösen. Der so entstehende Stromstoß wird über einen Verstärker gemessen (BILD). Bei niedriger Spannung arbeitet das Z. als **Proportional-Z.,** mit dem die Teilchenenergie gemessen werden kann, bei hoher Spannung als **Auslöse-Z. (Geiger-Müller-Z., Geiger-Zähler),** bei dem das auslösende Teilchen ohne Rückschlußmöglichkeit auf Art und Energie gezählt wird. Ungeladene und somit nicht ionisierende Neutronen können in einem mit borhaltigem Gas gefüllten Z. dadurch nachgewiesen werden, daß ein Bor-Atomkern ein Neutron einfängt und das anschließend ausgesandte α-Teilchen die Ionisation auslöst. Die Eigenschaften (z. B. Zeitauflösung) eines Z. können durch Beimengungen anderer Gase und durch elektron. Schaltungen in weitem Rahmen den

Meßanforderungen der Kernphysik, des Strahlenschutzes und der Hochenergiephysik angepaßt werden.

Zählrohrteleskop, ein → Zählerteleskop aus mindestens zwei Zählrohren.

Zahnrad, Maschinenelement aus Stahl, Gußeisen, anderen Metallen oder Kunststoff, das im Zusammenspiel mit einem anderen Z. Drehmomente und Drehbewegungen durch nacheinander eingreifende Zähne zwangsläufig in einem best. Übersetzungsverhältnis von einer Welle auf eine andere überträgt. Hauptarten: die zylindr. **Stirnräder,** die gerade, schräg, pfeilförmig (Pfeilräder) oder schraubenförmig (Schraubenräder) sowie innen oder außen verzahnt sein können; die **Kegelräder** mit kegeliger Umfangsfläche und gerader, schräger oder Bogenverzahnung; **Schneckenräder** entsprechend der → Schnecke. Die Grundkörper der Z. sind Umdrehungskörper, deren Achsen mit den Drehachsen der Räder zusammenfallen. Einen Zylinder als Grundkörper haben Stirnräder und Zylinderschnecken, einen Kegel Kegelräder, einen Hyperboloid Hyperbelräder, ein Globoid Globoidschnecken und Schneckenräder. Weiteres → Zahnradgetriebe.

Verzahnung. Nach dem Grundgesetz der Verzahnung muß die im Berührungspunkt zweier Zahnflanken gemeinsame Senkrechte auf diesen Flanken stets durch den **Wälzpunkt** gehen, in dem die **Zahnflanken** als einzigem Punkt ohne radiales Gleiten aufeinander abwälzen und der die Verbindungsstrecke der Drehpunkte (Achsabstand) im umgekehrten Verhältnis der Winkelgeschwindigkeiten teilt. Das Übersetzungsverhältnis ergibt sich aus dem Durchmesserverhältnis der **Wälzkreise,** dem geometr. Ort der Wälzpunkte, oder dem Verhältnis der Zähnezahlen. Der Wälzkreis ist bei Verzahnungen ohne Profilverschiebung auch **Teilkreis,** auf den die Aufteilung des Umfanges bezogen wird. **Teilung** ist der Bogen zw. den Schnittpunkten der gleichen Flanken zweier benachbarter Zähne mit dem Teilkreis, so daß sich als eine charakterist. Größe für die Verzahnung der **Modul** als Verhältnis der Teilung und der Zahl π oder dem Teilkreisdurchmesser und der Zähnezahl ergibt. Angaben zur Verzahnung werden als Vielfache des Moduls ausgedrückt (DIN 780).

Der **Kopfkreis** beschreibt den äußeren Durchmesser, der **Fußkreis** ist der Durchmesser in der Zahnlücke; als **Kopfhöhe** bezeichnet man den Abstand zw. Teilkreis und Kopfkreis, als **Fußhöhe** den zw. Teil- und Fußkreis. Die **Zahndicke** ist die Umfangserstreckung des Zahnes auf dem Teilkreis. Die **Grenzzähnezahl** eines Rades hängt von der Art der Verzahnung ab. Die Extremfälle sind **Ritzel** mit einem oder zwei Zähnen **(Einzahnrad,** ähnlich korkenzieherförmigen Gebilden) und → Zahnstangen von beliebiger Zähnezahl.

Der geometr. Ort der Berührungspunkte zweier Zahnflanken während des Eingriffs ist die **Eingriffslinie.** Zur kontinuierlichen Bewegungsübertragung muß mindestens immer ein Zähnepaar im Eingriff sein. Die Stellungen, in denen ein Zähnepaar die volle Last übernimmt oder abgibt, bezeichnet man als **Einzeleingriffspunkte;** wegen der in ihnen auftretenden Laständerungen **(Eingriffsstoß)** sind sie für die Übertragungsfähigkeit und die Geräuschentwicklung von Bedeutung. Zur Verminderung des Eingriffsstoßes wird den Verzahnungen ein Spiel zw. den Flanken **(Flankenspiel)** gegeben.

Für die Belastbarkeit einer Verzahnung sind Eigenschaften der Verzahnung (Krümmung der Flanken, Punkt- oder Linienberührung, Zahnfußdicke, Gleitverhältnisse), Werkstoffpaarung (Härte und Güte der Oberflächen, Bruchfestigkeit, Dauerfestigkeit), Schmierung und Lagerung maßgebend.

1

2

3

4

Zahnrad 1: Stirnräder; **1** geradverzahntes Stirnrad, **2** Schraubgetriebe, **3** schrägverzahntes Stirnrad, **4** pfeilverzahntes Rad

Nach der Form der Zahnflanken unterscheidet man:

Zykloidenverzahnung: Die Zahnflanken sind → Zykloiden, die Eingriffslinie besteht aus zwei Kreisbogenstücken der Rollkreise der Räder. Mit der Zykloidenverzahnung sind kleine Grenzzähnezahlen, gute Eingriffs- und Verschleißverhältnisse und günstige Flankenpressung erreichbar. Sie ist empfindlich gegenüber Achsabstandsänderungen (period. Drehfehler) und aufwendig in der Herstellung (keine geradflankigen Werkzeuge). Die Zykloidenverzahnung wird verwendet für Massenteile in der Feinwerktechnik (Uhrenindustrie) u. a. Bei der → Triebstockverzahnung sind die Zähne des Gegenrades Bolzen mit kreisrundem Querschnitt.

Kreisbogenverzahnung: Die Zahnflanken im Stirn- oder Normalschnitt sind kreisbogenförmig, einseitig zum Wälzkreis liegend. Zur Erzielung der erforderl. Überdekkung sind die Z. schrägverzahnt. Kreisbogenverzahnungen haben hohe Übertragungsfähigkeit wegen günstiger Pressungsverhältnisse, sind aber empfindlich gegenüber Achsabstandsänderungen; aufwendig in der Herstellung.

Evolventenverzahnung: Die Zahnflanken sind Teile von Evolventen (→ Evolute) des Grundkreises, sie sind für Außenverzahnungen konvex, für Zahnstangen (Planverzahnung) gerade und für Innenverzahnungen konkav. Die Eingriffslinie ist eine Gerade (Eingriffsstrecke), sie geht durch den Wälzpunkt und steht senkrecht auf den Zahnflanken (Eingriffsnormale). Die Evolventenverzahnung ist unempfindlich gegenüber Achsabstandsänderungen, ist mit einem geradflankigen Werkzeug für Ritzel und Rad genau herstellbar, erfüllt die Anforderungen für Satzräder, außerdem bleibt die Richtung der Zahnnormalkraft während des Zahneingriffs unverändert, da die Eingriffsnormale eine Gerade ist. Die Pressungsverhältnisse sind bei Außenverzahnung ungünstiger als bei Zykloidenverzahnung, die Grenzzähnezahl, unterhalb deren → Unterschnitt eintritt, liegt höher als bei dieser. Die Evolventenverzahnung wird am meisten verwendet.

Die Herstellung von Z. ist spanlos wie auch spanend möglich. Die spanende Herstellung von Verzahnungen geschieht mit Hilfe von **Verzahnungsmaschinen.**

Stirnräder. Beim **Formfräsen** trägt der Formfräser das Profil der zu erzeugenden Zahnlücke. Nach der Fertigung einer Zahnlücke wird das Werkstück mit dem → Teilapparat um so viele Winkelgrade gedreht wie es einer Zahnteilung entspricht. **Wälzstoßen** ist eine Art Hobelverfahren, bei dem der synchronen Drehbewegung von Werkzeug und Werkstück eine Stoßbewegung des Werkzeugs in Achsrichtung überlagert wird. Beim **Wälzfräsen** wälzt das Werkstück auf einem Fräser mit Zahnstangenprofil oder einem schneckenförmig verzahnten Profilfräser ab. Das **Formschleifen** mit einer Formschleifscheibe entspricht im Prinzip dem Formfräsen. Beim **Wälzschleifen** wälzen die Schleifscheibe, deren Umfang Zahnstangenprofil trägt, und das Werkstück wie beim Wälzfräsen aufeinander ab. Beim **Schaben** wird das zu bearbeitende Rad auf einem Schaberad abgewälzt, dessen Zähne mehrere Schneiden tragen, bei gleichzeitig oszillierender Bewegung in Achsrichtung.

Kegelräder müssen wegen der zur Radmitte hin kleiner werdenden Zahnform nach besonderen Verfahren hergestellt werden. Das **Formhobeln** nach Schablone erzeugt mit zwei Meißeln die beiden Flanken eines Zahnes gleichzeitig. Beim **Wälzhobeln** bilden die Schneidkanten der beiden Meißel die Zahnflanken eines ideellen Planrades, das auf dem zu erzeugenden Kegelrad abwälzt. Beim **Wälzfräsen** stellen die äußeren geradlinigen Flanken der umlaufenden Fräsmesser Bestandteile eines ideellen Planrades dar und wälzen auf dem Werkstück ab. Beim **Räumfräsen** sind die Schneiden des Werkzeugs spiralförmig auf einem Zylinder angeordnet; eine Umdrehung des Werkzeugs bei gleichzeitigem Längsvorschub erzeugt eine fertige Zahnlücke.

Zahnrad 5: Hirth-Verzahnung

Schneckenräder lassen sich durch **Formfräsen** auf normalen Universalfräsmaschinen herstellen wie auch durch **Wälzfräsen** mit entsprechend profilierten Wälzfräsern. Im einfachsten Fall können Schnecken wie ein Gewinde gedreht oder gefräst werden. Beim Wälzfräsen werden besondere Schneckenfräser eingesetzt. Wie beim Herstellen von schräg- und gradverzahnten Stirnrädern gibt es auch versch. Schleifverfahren für das Schleifen von Schnecken zur Erhöhung der Oberflächengüte und zur Verbesserung der Laufeigenschaften.

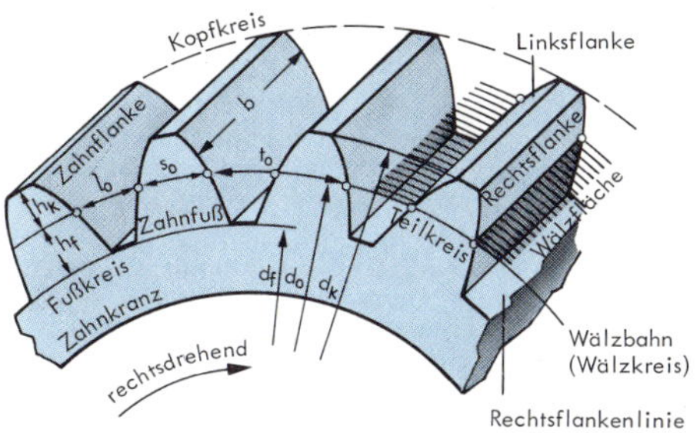

Zahnrad 6: Kenngrößen; h_k Kopfhöhe, h_f Fußhöhe, s_o Zahndicke, b Zahnbreite, d_k Kopfkreisdurchmesser, d_o Teilkreisdurchmesser, d_f Fußkreisdurchmesser, t_o Teilung, l_o Lückenweite

Geschichtliches. Die Verbindung Z. mit Zahnstange kommt bei Ktesibios (um 280 v. Chr.) vor. Archimedes (um 250 v. Chr.) ist wohl der Erfinder der Z.-Winde mit Schneckenantrieb. In China ist das Bronze-Z. für die Zeit um 200 v. Chr. belegt. Hölzerne Z. mit rohen Holzstiften als Zähnen verwendeten die Ägypter bei ihren Wasserschöpfwerken (Sakije) im 2. Jh. v. Chr. Heron von Alexandrien benutzte um 60 n. Chr. verschiedene Z.-Mechanismen. Gußeiserne Z. mit eingeschraubten Stahlzähnen kommen zwar schon 1556 bei G. Agricola vor, treten aber i. a. erst um 1800 auf. Seit dem 17. Jh. beschäftigte man sich mathematisch mit der zweckmäßigsten Zahnform. Ph. de La Hire wandte 1694 die Epizykloide bei großen Z. an; auch die Evolventenverzahnung kannte er. Um 1800 begann man nach mathemat. Grundsätzen konstruierte Z. für die Praxis zu fertigen. Seit der zweiten Hälfte des 19. Jh. wurden Maschinen zur Z.-Herstellung entwickelt. (Weiteres Bild S. 286)

A. K. Thomas: Grundzüge der Verzahnung (1957); ders.: Zahnradherstellung, 2 Tle. (1965/66); J. Looman: Z.-Getriebe (1970); A. Turno u. a.: Spanlose Herstellung von Z. (1971); K. Zirpke: Z. ([11]1980); F. Opitz: Hb. Verzahntechnik ([2]1981). – **Geschichte:** C. Matschoss: Gesch. des Z. (1940, Nachdr. 1976); H.-C. Graf v. Seherr-Thoss: Die Entwicklung der Z.-Technik (1965).

Zahnradbahn, → Bergbahnen.

Zahnradgetriebe, Zahnrädergetriebe, die meist verwendeten → Rädergetriebe. Sie übertragen größte Leistungen in einem großen Drehzahlbereich und eignen sich für parallele, gekreuzte und sich schneidende Wellen. Sie arbeiten schlupffrei mit großer Betriebssicherheit und Lebensdauer, erfordern geringe Wartung und zeichnen sich durch Überlastbarkeit, kleine Baugröße und guten Wirkungsgrad aus. Man unterscheidet **Standardgetriebe** mit im ruhenden Gehäuse gelagerten Wellen und **Planetengetriebe** (→ Umlaufrädergetriebe).

Ein- und mehrstufige **Stirnradgetriebe** dienen der Bewegungsübertragung bei parallelen Wellen (Sonderfall: Hirth-Verzahnung mit geraden Radialzähnen). **Kegelradgetriebe** werden für sich schneidende Wellen verwendet.

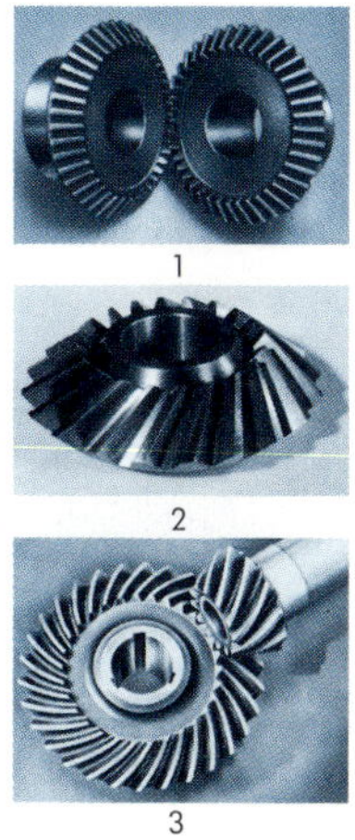

Zahnrad 2

Zahnrad 2: Kegelräder; **1** geradverzahntes Kegelradpaar, **2** schrägverzahntes Kegelrad, **3** bogenverzahntes Kegelradpaar

Schraubgetriebe haben sich kreuzende Achsen. Dazu gehört das **Schneckengetriebe. Schnecken** werden mit einem bis vier Zähnen als zylindr. und Globoidschnecken, die sich dem **Schneckenrad** anschmiegen, hergestellt. – Über **Kegelschraubgetriebe** → Hypoid-Getriebe.

Für den allg. Fall der Bewegungsübertragung zw. windschiefen Wellen entstehen als Radformen Rotationshyperboloide (Hyperboloidgetriebe), aus denen sich alle anderen Zahngetriebe als Sonderformen ableiten lassen. Im Bereich des geringsten Abstandes der Wellen verwendet man schrägverzahnte, zylindr. Räder **(Schraubenräder)**; wegen der Punktberührung ihrer Flanken ist die Übertragungsfähigkeit begrenzt.

Zahnrad 3: Schnecke und Schneckenrad

Zahnradpumpe, eine → Verdrängerpumpe.

Zahnstange, mit Zähnen versehene Leiste, die mit einem Zahnrad oder einem Schneckenrad zusammenarbeitet. Sie wirkt wie ein Zahnrad mit unendlich großem Durchmesser.

Zange, Werkzeug zum Greifen, Festhalten, Transportieren von Gegenständen, besteht aus zwei Backen, die durch Hebelwirkung gegeneinander bewegt werden. Man unterscheidet v. a. die **Beiß-** oder **Kneif-Z.,** die **Rund-Z.** und **Flach-Z.** zum Biegen von Draht und Blech, die verstellbare **Rohr-** oder **Wasserpumpen-Z., Vorn-** (auch **Vor-**) und **Seitenschneider** (→ Drahtschneidewerkzeuge), die **Kombinations-Z.** als Flach-Z. und Rohr-Z. mit Drahtschere und Seitenschneider. (Bilder S. 287)

Zapfen, 1) Holzbearbeitung: Teil einer → Holzverbindung, im Ggs. zum Dübel aus einem der zu verbindenden Stücke herausgearbeitet. Der Z. paßt in das **Zapfenloch** oder in den seitlich offenen Schlitz des anderen Stückes.

2) Maschinenbau: bei Achsen und Wellen die zylindr., kegeligen oder kugeligen Teile, mit denen sie im Lager laufen.

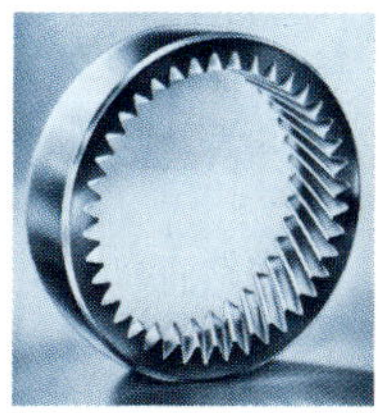

Zahnrad 4: innenverzahntes Schrägzahnrad

Zapfwelle, am → Ackerschlepper vom Schleppergetriebe mechanisch angetriebener Wellenstummel zum Antrieb von angehängten oder angebauten Maschinen oder Geräten. Diese werden durch eine Gelenkwelle mit dem profilierten Z.-Stummel verbunden.

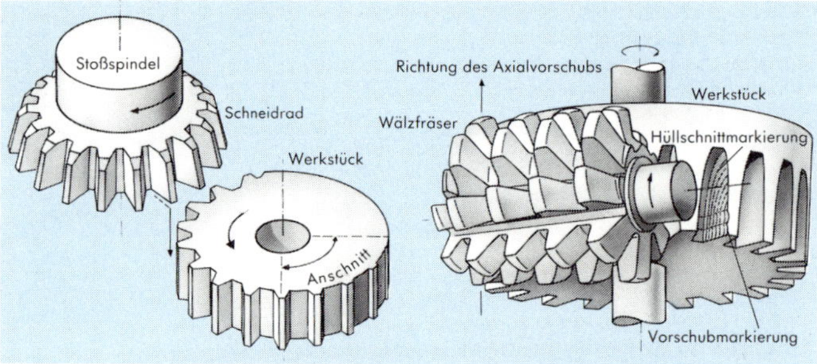

Zahnrad 7 (Herstellung): LINKS Wälzstoßen, RECHTS Wälzfräsen

Zap-Klappe, am Flugzeug eine →Spreizklappe, bei deren Ausschlag gleichzeitig die Flügelfläche vergrößert wird.

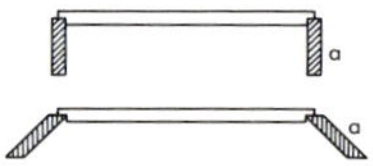

Zarge 1) an Tisch, Tür oder Fenster; a Zarge

Zaponlacke, physikalisch trocknende Klar- oder Transparentlacke mit geringem Gehalt an Bindemitteln, meist auf Basis Nitrocellulose. Durch einen Z.-Anstrich auf Holz, Glas u. a. ist der Untergrund gut sichtbar.

Zarge, 1) rahmenartige Einfassung an der Unterseite von Tischplatten, Schrankböden sowie verankerte Einfassungen von Fenstern und Türen (BILD). Die Längsseiten des Zargenquerschnittes sind im Ggs. zum →Rahmen gegenüber der Bezugsebene (Tisch-, Fenster-, Türebene) geneigt.

2) die Seitenwände für Schachteln, die aus einem losen Z.-Rahmen und einer Bodenscheibe hergestellt werden (z. B. Zigarettenschachteln).

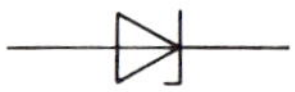

Z-Diode: Schaltzeichen

Zauberwürfel, Rubik-Würfel, Rubik's Cube [-kju:b, engl.], von ERNÖ RUBIK 1975 in Ungarn und unabhängig davon 1976 von TERUTOSHI ISHIGE in Japan zum Patent angemeldetes Knobelspielzeug, das auch zum Training des räuml. Vorstellungsvermögens verwendet werden kann. Der Z. ist im Prinzip aus 27 (3 × 3 × 3) kleineren Würfeln zusammengesetzt, seine sechs Flächen, die sich aus jeweils 3 × 3 Flächen der Teilwürfel aufbauen, lassen sich unabhängig um ihre Mittelpunkte drehen. Im Ausgangszustand hat jede der sechs Würfelflächen eine einheitl. Farbe, nach wenigen Drehungen sind die sechs Farben auf alle Flächen verteilt. Ziel des Z.-Spiels ist es, den verdrehten Würfel wieder in die Ausgangsstellung zu bringen oder best. Muster zu erzeugen. Die aufzubauende Seitenfarbe ist durch die Mittelstücke der Flächen, die ihre Lage zueinander nicht verändern können, vorgegeben. Die zwölf zweifarbigen Kantenwürfel und die acht dreifarbigen Eckwürfel können durch Drehbewegungen untereinander ausgetauscht werden. Bei der ungeheuer großen Zahl von mögl. Anordnungen der Einzelwürfel (43 252 003 274 489 856 000, also über vierzig Trillionen) ist die Ausgangsposition kaum durch einfaches Probieren, sondern nur mit Hilfe von wohldurchdachten Lösungsstrategien, die in großer Zahl entwickelt worden sind, zu erreichen. Solche Strategien lassen sich aus den Prinzipien der Gruppentheorie mathematisch exakt ableiten. Aus den Gesetzen der Gruppentheorie folgt, daß maximal 52 Drehungen in der richtigen Reihenfolge erforderlich sind, um einen beliebig verdrehten Würfel in den geordneten Zustand zurückzuführen. Die besten ›Spieler‹ haben eine Lösungszeit von etwa 30 Sekunden erreicht. Es gibt keine Lösungsmöglichkeiten, bei denen nicht zwischenzeitlich die bis dahin erreichte Ordnung wieder zerstört werden muß. – Es wurde bereits eine Reihe von Abwandlungen des Z. entwickelt, bei denen z. B. durch Aufbringen komplizierter Farbmuster auf die Teilwürfelflächen neue Problemvarianten erschlossen werden.

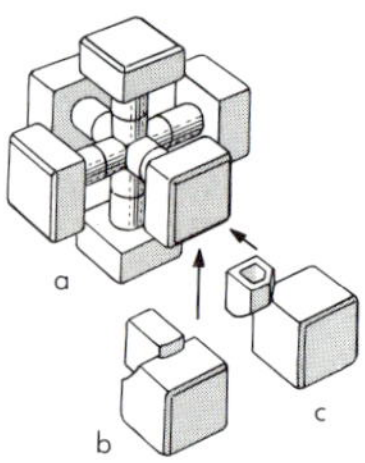

Zauberwürfel: OBEN Z. in Drehposition, UNTEN **a** zentraler Stern mit sechs Zentrumswürfeln, **b** Kantenwürfel, **c** Eckwürfel

Zaun, Einfriedung eines Grundstücks. Beim **Holz-Z.** werden an den Z.-Säulen oder Z.-Pfählen (Holz oder Beton) die waagerechten Riegel befestigt, an die Latten oder Bretter meist senkrecht genagelt werden. Die Bretter können auch waagerecht von Pfosten zu Pfosten reichen. Aus runden oder halbrunden Stangen werden **Leg-Z., Hanickel-Z.** und **Kreuz-Z. (Scheren-Z., Jäger-Z.)** hergestellt. Beim **Draht-Z.** wird zw. zwei von T-Eisen, Beton- oder Stahlrohr-Pfosten getragenen Spanndrähten ein →Drahtgeflecht gespannt. Sehr dauerhafte Z. sind aus Stab- oder Flachstahl. (→Elektroweidezaun)

Z-Diode, früher auch **Zener-Diode** [n. dem amerikan. Physiker C. M. Zener, * 1905], Siliciumdiode, die auf Grund ihres konstruktiven Aufbaus und ihrer Dotierung bei einer bestimmten →Durchbruchspannung sprunghaft leitfähig wird. Ursache ist unterhalb einer Durchbruchspannung **(Zener-Spannung)** von etwa 6 V der →Zener-Effekt, bei höheren Spannungen ist der Lawineneffekt (→Avalanche-Diode) maßgebend. Die Z-D. wird grundsätzlich in Sperrichtung betrieben, d. h., es fließt im hochohmigen Bereich nur ein sehr geringer Sperrstrom. Überschreitet die Sperrspannung einen best. Wert (nämlich die auf dem Bauelement angegebene Zener-Spannung), steigt der Strom stark an. Um eine Zerstörung der Diode zu vermeiden, muß die Z-D. immer mit einem strombegrenzenden Widerstand betrieben werden. Z-D. eignen sich bes. zur Spannungsstabilisierung, z. B. in stabilisierten Netzgeräten, und als Begrenzerdioden zur Amplitudenbegrenzung.

Zeaxanthin, orangegelber Naturfarbstoff der Xanthophyll-Gruppe, in vielen Blüten und Früchten, in Algen, Pilzen und Bakterien, in Federn und Eidottern von Vögeln.

Zeche, das Bergwerk, die →Grube, mit Namenszusatz eine best. Grube, z. B. ›Z. Morgenstern‹; vorwiegend für Kohlenbergwerke angewendet.

Zechstein, auch **Thuring,** oberes →Perm in Mitteleuropa, besteht aus Flachsee- (Kalkstein, Dolomit, Mergel, Tonstein) und Eindampfungs-Sedimenten (Gips, Anhydrit, Stein- und Kalisalz). Vom Rotliegenden zum Z. fand die Varisk. Gebirgsbildung ihren Abschluß; eine für das Mesozoikum bestimmende neue Tektonik führte zur Einsenkung des **Germanischen Beckens,** in das von Norden das Binnenmeer des Z. einbrach. Wiederholte Erweiterungen und Einengungen der im Untergrund der Nordsee zu suchenden Verbindungsstraße zum offenen Meer gliederten den Z. in vier Eindampfungszyklen:

Zechstein: Gliederung nach Eindampfungszyklen

		Ende vor rd. 225 Mio. Jahren
Zechstein	Aller-Folge (Z4) Leine-Folge (Z3) Staßfurt-Folge (Z2) Werra-Folge (Z1)	
		Beginn vor rd. 235 Mio. Jahren

Der 1. Zyklus (Z1) begann mit dem **Z.-Konglomerat** und oft scharfer Diskordanz; ihm gehört auch der →Kup-

ferschiefer an, überlagert von Kalken und Dolomiten, örtlich (Thüringen) mit Algen-Bryozoen-Riffen verzahnt. Im Werra-Gebiet entstanden mächtige Steinsalz- und Kaliflöze (bis 250 m). Ein erneuter Meereseinbruch mit folgender Abschnürung führte anschließend zur Bildung der Staßfurt-Salze (Z2, bis 200 m hoher Anteil an Kalisalzen). Bed. Mengen von Kalisalzen wurden auch im 3. Zyklus (Z3) gebildet. Im 4. Zyklus (Z4) ließ die Salzbildung nach, und die wasserundurchlässigen Oberen Z.-Letten überdecken als Schutzschicht das Salzgebirge. Wirtschaftlich wichtig sind auch Erdöl- und Erdgasvorkommen, während der Bergbau auf den Kupferschiefer historisch bedeutsam war. Viele Solebäder Mittel-, Nord- und Ost-Dtl.s gründen auf das Salinar des Z.

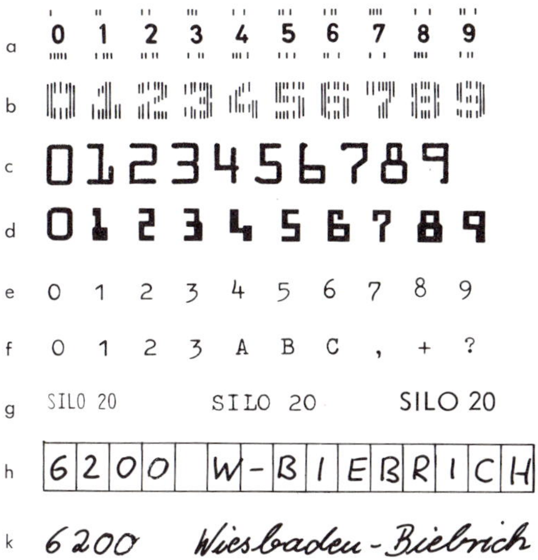

Zeichenerkennung: Schriften mit getrennten, mit einbezogenen und ohne besondere Erkennungsmerkmale, aber zunehmendem Formenreichtum. **a** Ziffern mit zusätzlichen Codestrichen (SIEMAG); **b** Ziffern aus Codestrichen geformt, Codierung in den Strichabständen, für magnetische Z. (BULL CMC 7 nach DIN 66007); **c** Ziffern, Codestriche in die Ziffernform (Senkrechten) einbezogen (OCR-Schrift A für opt. Z. nach DIN 66008); **d** Ziffern, Schwärzungscodierung in der Ziffernform (ABA E 13 B für magnetische Z. der Amerikan. Bankvereinigung); **e** unverformte Ziffern einer Schreibmaschine; **f** Ziffern, Buchstaben und Satzzeichen einheitlicher Schriftart; **g** Zeichen verschiedener Schriftarten gemischt oder abwechselnd; **h** einzelne Handschriftzeichen im Schriftraster (Handblockschrift); **k** zusammenhängende Handschrift ohne automatisch erkennbare Zeichentrennung

Zeemann-Effekt [z'e-, n. dem niederländ. Physiker P. Zeemann, * 1865, † 1943], die Verschiebung und Aufspaltung der Energiezustände (Niveaus) der Elektronenhülle oder des Kerns **(Kern-Z.-E.)** von Atomen oder Molekülen in einem äußeren homogenen Magnetfeld, die zu einer Wellenlängenverschiebung und -aufspaltung der → Spektrallinien führt. Einfache Linien (Singuletts) spalten sich bei Beobachtung in Richtung des Magnetfelds **(longitudinaler Z.-E.)** in zwei entgegengesetzt zirkular polarisierte Linien auf, bei Beobachtung senkrecht dazu **(transversaler Z.-E.)** in drei Linien, von denen die mittlere (unverschobene) in Feldrichtung, die äußeren senkrecht dazu linear polarisiert sind **(normaler Z.-E.)**. Multipletts (→ Spektrallinien) zeigen in schwachen und mittleren Magnetfeldern eine komplizierte Aufspaltung in viele Linien **(anomaler Z.-E.)**. In sehr starken Feldern, in denen die magnet. Momente der Spins und der Bahndrehimpulse entkoppelt werden, nähert sich die Aufspaltung der Multipletts asymptotisch dem einfachen Bild des normalen Z.-E. **(Paschen-Back-Effekt)**. Die Quantentheorie erklärt den Z.-E. durch die Richtungsquantelung der Spins und Bahndrehimpulse im äußeren Magnetfeld.

Zehnerpotenz, eine → Potenz der Zahl 10, wegen der kürzeren Schreibweise ($10^9 = 1\,000\,000\,000$ = 1 Mrd.) häufig verwendet. Für viele Z. gibt es besondere Vorsatzzeichen (→ Vorsatz).

Zehnersystem, das → Dezimalsystem.

Zehrgebiet, → Gletscher.

Zeichen, mit den Sinnen wahrgenommene Form (Z.-Form), die stellvertretend für einen Inhalt (Z.-Inhalt) eintritt oder verwendet wird.

Über die Z. in der Astronomie → astronomische Zeichen, in der Chemie → chemische Zeichensprache, in der Mathematik → mathematische Zeichen. Die → Formelzeichen der wichtigsten physikal. → Größen und die zugehörigen → Einheitenzeichen sind zusammengefaßt in der ÜBERSICHT Einheiten. Als Kurzzeichen für die → Vorsätze (TABELLE) von Einheiten dienen die Vorsatzzeichen.

In einem → Code kann, im Unterschied zur menschl. Sprache, die Zuordnung des Zeichens zum Zeicheninhalt als mathemat. → Abbildung aufgefaßt werden und damit eindeutig sein. – In der Datenverarbeitung unterscheidet man Buchstaben, Ziffern und Sonder-Z. wie +, −, ., : u. a. Die Darstellungsform von Z. ist je nach Speichermedium unterschiedlich: Schrift-Z., elektr. Impulse, Magnetfelder u. dgl. Die Menge aller Z. für einen best. Aufgabenbereich bildet einen **Z.-Vorrat** (→ Nachricht).

Zeichen|automat, numerisch gesteuerte Maschine zur graphischen Ausgabe von Ergebnissen der automatischen Datenverarbeitung (→ Plotter).

Zeichen|erkennung, Datenverarbeitung: Teilgebiet der Mustererkennung, Identifikation maschinell ›gelesener‹ Schriftzeichen, d. h. ihre Zuordnung zu einem vorgegebenen Zeichenvorrat. Die Zeichen können Buchstaben, Ziffern und Sonderzeichen sein und sollen auch für den Menschen leicht lesbar sein. Je nach Form der vorliegenden Zeichen ergibt sich ein wachsender Schwierigkeitsgrad bei der Z. (BILDER a–k). Im einfachsten Fall sind maschinell leicht lesbare Codezeichen beigefügt oder eingearbeitet (BILDER a–d). Wesentlich schwieriger ist die Z. bei uncodierten Zeichen einer oder verschiedenen Druckschriften (BILDER e–g). Mit erträglichem Aufwand kaum lösbar ist die Z. bei handschriftlichen Zeichen in Block- oder reiner Handschrift (BILDER h und k).

Die techn. Einrichtung zur Z. heißt **Zeichenleser.** Je nach Art der Abtastung des Codes oder der Zeichenform unterscheidet man opt. (OCR, Abk. für Optical Character Recognition) und magnet. Zeichenleser. Zeichenleser werden v. a. als **Belegleser** unterschiedlichster Art in Banken und Betrieben, meist in Verbindung mit Datenverarbeitungsanlagen, verwendet.

Rationalisierungsmaßnahmen, z. B. beim Kassenwesen im Einzelhandel, führen zu verbreiteter Anwendung von codierten Warenkennzeichnungen. Wegen leichter

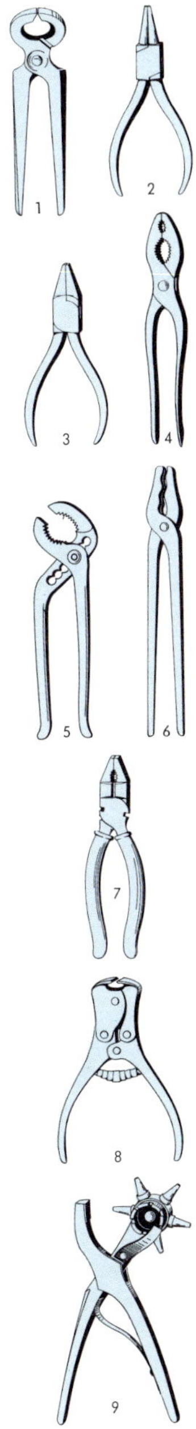

Zange

Zange: 1 Beißzange, **2** Rundzange, **3** Flachzange, **4** Gasrohrzange, **5** Rohr- oder Wasserpumpenzange, **6** Schmiedezange, **7** Kombinationszange, **8** Hebelvorschneider, **9** Revolver-Lochzange

Lesbarkeit mit optisch abtastenden Lesegeräten hat der →Balkencode besondere Bedeutung erlangt, z. B. in den USA der **UPC** (Universal Product Code), in Europa, v. a. für Lebensmittel, die **EAN** (Europäische Artikel-Nummer).

Zeichen|erklärung, die →Legende.

Zeichenleser, →Zeichenerkennung.

Zeichenmaschine, über die Reißbrettfläche manuell bewegl. Gerät für das →technische Zeichnen, ausgerüstet mit am Zeichenkopf befestigten, rechtwinklig zueinander stehenden Linealen und einer Kreisteilung für beliebig einstellbare Winkel. Als Parallelführung der Lineale dienen entweder Parallelogrammgestänge (BILD) oder Laufwagen, die auf senkrecht zueinander geführten Laufschienen rollen und v. a. in Großzeichenanlagen Verwendung finden.

Zeichenpapier, holzfreies oder hadernhaltiges, geleimtes, lichtundurchlässiges Papier von über 90 g/m² Flächengewicht, radierfest.

Zeichentrickfilm, →Trickfilm.

Zeichenvorrat, →Codierung, →Nachricht.

Zeiger, 1) Anzeigevorrichtung auf einer Skala zum Ablesen oder Einstellen eines Wertes. **2)** Spannungs- und/oder Strom-Z. in einem →Zeigerdiagramm.

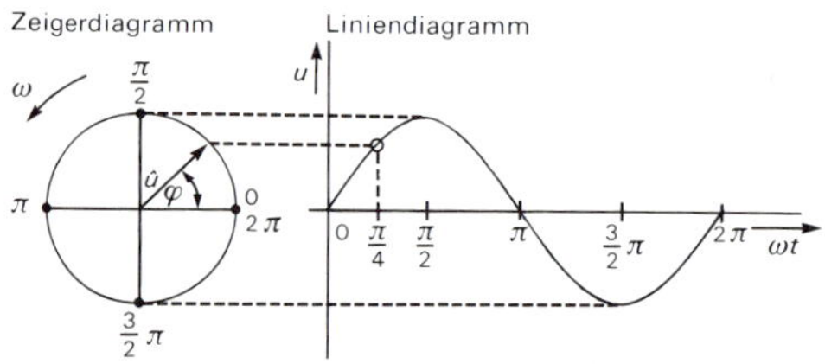

Zeigerdiagramm 1: Zusammenhang zwischen Z. und Liniendiagramm am Beispiel einer sinusförmigen Spannung u; als der mit der Kreisfrequenz ω rotierende Zeiger ist hier der Scheitelwert $\hat{u}$ nach $\frac{1}{8}$ Periode (Winkel $\varphi = \frac{\pi}{4} = 45°$) dargestellt

Zeigerdiagramm, Darstellung sinusförmiger Wechselgrößen (z. B. Spannung, Strom) als Zeiger in einem Diagramm. Der Betrag der betreffenden elektr. Größe wird durch die Länge des Zeigers dargestellt, der je nach Vereinbarung dem Scheitelwert oder auch dem Effektivwert entspricht, z. B. 1 cm ≙ 5 V. Die Phasenverschiebung zw. zwei oder mehreren Wechselgrößen ist an dem von den Zeigern gebildeten Winkel ablesbar. Die Frequenz ist durch die angenommene Winkelgeschwindigkeit ω der Zeigerrotation gegen den Uhrzeigersinn festgelegt. Gezeichnet werden können nur feststehende Zeiger, gewissermaßen photograph. Momentaufnahmen von rotierend gedachten Zeigern. Der Augenblickswert der Wechselgröße entspricht im Z. der Länge des von der Zeigerspitze auf die Zeitachse gefällten Lotes.

Das Z. ist wegen seiner guten Darstellungsmöglichkeiten von Zusammenhängen zw. Spannungen, Strömen

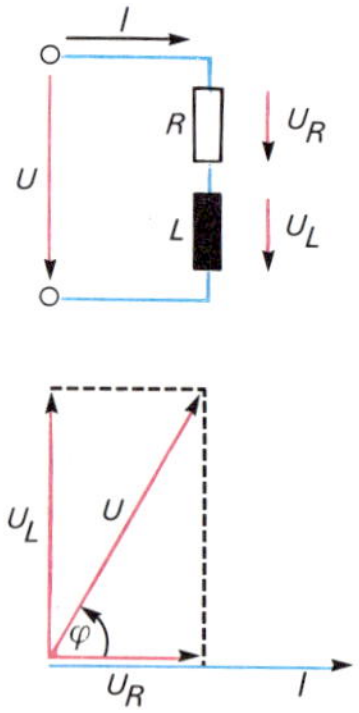

Zeigerdiagramm 2: Einfaches Z. zur Darstellung des Zusammenhanges zw. Strom I und Spannung U bei einer Reihenschaltung von Induktivität L und Ohmschem Widerstand R. Der Winkel φ gibt die Phasenverschiebung zw. I und U an. U ergibt sich aus der geometrischen Addition der Spannungsabfälle am Ohmschen Widerstand und der Induktivität: $U = \sqrt{U^2_R + U^2_L}$

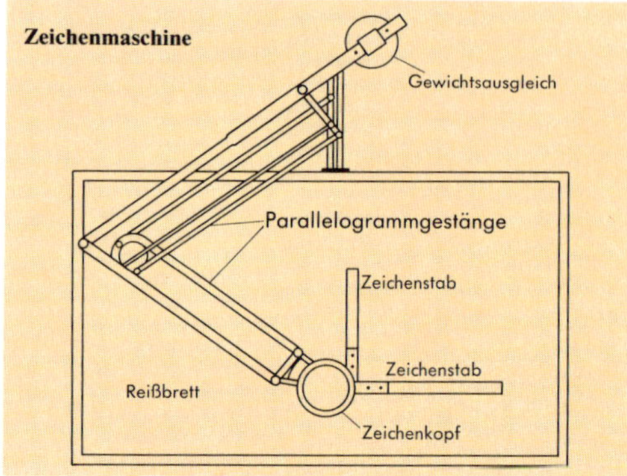

sowie zw. Spannungen und Strömen von grundlegender Bedeutung in der Elektrotechnik. Außerdem läßt es sich ohne weiteres in die komplexe Ebene transformieren, wobei der Abszissenachsenabschnitt dem Realteil, der Ordinatenachsenabschnitt dem Imaginärteil der komplexen elektr. Größe entspricht.

Zeile, 1) Fernsehen: bei der Wiedergabe des Fernsehbildes auf dem Leuchtschirm der →Bildröhre vom Leuchtpunkt ›geschriebene‹ horizontale Linie. Die **Zeilendauer** ist die vom Beginn einer Z. bis zum Beginn der zeitlich folgenden Z. benötigte Zeit; davon entfallen etwa 80% auf den sichtbaren Hinlaufteil, etwa 20% auf den dunkel getasteten Zeilenrücklauf (horizontale →Austastlücke).

2) Mathematik: die waagerechte Reihe einer →Matrix 2).

Zeilen|ablenkschaltung, Fernsehen: →Horizontalablenkung.

Zeilen|abtastgerät, ein →Aufklärungssensor, der mit Hilfe rotierender Spiegel oder Prismen das überflogene Gelände streifenweise abtastet. Die im Wellenbereich des sichtbaren Lichtes oder der Infrarotstrahlung von einem Strahlungsempfänger aufgenommenen Bildsignale belichten entweder zeilenweise einen bewegten photograph. Film, oder sie werden auf Magnetband gespeichert. Durch zeilenweise Ausleuchtung des abgetasteten Geländes mit einem punktscharf gebündelten Lichtstrahl sind Nachtaufnahmen sehr guter Bildqualität möglich.

Zeilendisplay [-dɪsplˈeɪ], optoelektron. Anzeigeeinheit zur Darstellung einer Textzeile, der Zeichenvorrat umfaßt meist Buchstaben, Ziffern und alphanumerische Zeichen. Eingesetzt werden Z. z. B. bei modernen Schreibmaschinen, als ›Korrekturdisplay‹ bei Schreibprintern, zur Textanzeige bei ›elektron. Wörterbüchern‹.

Zeilenfrequenz, Fernsehen: die Horizontalfrequenz, →Horizontalablenkung.

Zeilenrücklauf, Fernsehen: →Zeile 1), →Austastlücke, →Zeilensprungverfahren.

Zeilensprungverfahren, Fernsehen: Übertragungsverfahren zur Verminderung des Flimmerns der Fernsehbilder. Das Bild wird nicht in fortlaufenden Zeilen nacheinander abgetastet, sondern in mehreren Zeilenzügen oder Teilbildern, wobei die Zeilen der einzelnen Teilbilder kammartig ineinandergreifen. Beim heute allg. angewandten Z. mit zwei Teilbildern werden im ersten

Teilbild die ungerade numerierten, im zweiten Teilbild die gerade numerierten Zeilen abgetastet. Dabei wird die Zeilenzahl des Vollbildes ungeradzahlig (z. B. 625, → Fernsehen, → Fernsehnormen) gemacht, d. h. auf zwei Vertikalablenkungen des Elektronenstrahls der → Bildröhre kommt eine ungerade Zahl von → Horizontalablenkungen. Dann besitzt jedes Teilbild eine halbzahlige Zeilenzahl, so daß die Zeilenanfänge des zweiten Teilbildes sich automatisch zw. die Zeilenanfänge des ersten einordnen.

Zeilensynchron|impulse, → Synchronisation.

Zeilentransformator, Transformator in Fernsehempfängern, in dem die aus den übertragenen → Gleichlaufsignalen gewonnene Horizontalablenkfrequenz in die sägezahnförmigen Ablenkströme umgeformt wird, die den → Ablenkspulen zugeführt werden. Im Z. wird meist gleichzeitig aus den während des Sägezahnrücklaufs auftretenden Spannungsspitzen die Hochspannung für den Betrieb der → Bildröhre gewonnen.

Zeilen|umsetzer, Normenwandler, Fernsehen: Gerät, das Fernsehsignale einer → Fernsehnorm in solche einer anderen Norm umwandelt. Beim Farbfernsehen verwendet man → Transcoder.

Zeilenzahl, → Fernsehen, → Fernsehnormen, → Zeilensprungverfahren.

Zein *das,* Protein des Maiskorns, ein pflanzl. Eiweiß (→ Prolamine), bestehend aus 23% Glutaminsäure, 19% Leucin, 9% Prolin und 9% L-Alanin.

Zeit, die Abfolge des Geschehens, die als Vergangenheit, Gegenwart und Zukunft am Entstehen und Vergehen der Dinge erfahren wird. Die Erforschung der physikal. Größe Z. (Formelzeichen *t*) ist eng mit der Entwicklung der Astronomie, der modernen theoret. Physik und der Uhr als Zeitmesser verbunden. In der klass., d. h. vorrelativist. Physik wurde seit I. NEWTON vorausgesetzt, daß es eine absolute Z. gibt, d. h., daß zwei Ereignisse 1) entweder gleichzeitig (→ Gleichzeitigkeit) sind oder nicht und 2) einen Zeitabstand haben, wobei die Eigenschaften 1) und 2) unabhängig von der Art der Messung sind. Diese Voraussetzung bewährt sich in einem großen Erfahrungsbereich; sie versagt jedoch, wenn die zur → Zeitmessung benutzten Uhren sich relativ zueinander mit einer Geschwindigkeit bewegen, die vergleichbar ist mit der Lichtgeschwindigkeit im Vakuum. Nach der speziellen → Relativitätstheorie (A. EINSTEIN, 1905) sind zeitl. und räuml. Angaben nur relativ zu einem Bezugssystem streng definiert. In starken Gravitationsfeldern treffen die Annahmen der speziellen Relativitätstheorie nur näherungsweise im kleinen zu, während die zeitl. und räuml. Maßverhältnisse im großen verzerrt sind und gemäß der allgemeinen Relativitätstheorie durch eine pseudoriemannsche Geometrie beschrieben werden müssen (A. Einstein, 1915). Auch diese Abänderung des Z.-Begriffs ist experimentell gut begründet. – Die von einer mit einem bewegten Körper mitbewegten Uhr gemessene Z. heißt dessen → Eigenzeit.

Zeit|alter, Geologie: die → Ära.

Zeit|ansage|gerät, Schallspeichergerät, v. a. in Fernsprech-Vermittlungsstellen, das dem Teilnehmer auf Anfrage die Tageszeit bekanntgibt. Das Z. ist ein von einer genaugehenden Uhr (Hauptuhr) gesteuertes Tonbandgerät, das z. B. alle zehn Sekunden ausgelöst wird und über drei Endlosbänder Stunde, Minute und Zehnsekundenintervall in Worten ansagt. Die Dt. Bundespost bietet die gebührenpflichtige Zeitansage unter der einheitl. Rufnummer 119 (ggf. 01 19) an.

Zeit|auflösung, das zeitl. → Auflösungsvermögen 1).

Zeit|automatik, Zeitvorwahl, → Belichtungsautomatik.

Zeitbruch, Zeitschwingungsbruch, Bruch nach wiederholter Beanspruchung einer Probe oder eines Bauteils wesentlich über die → Dauerfestigkeit hinaus, d. h. im Bereich der → Zeitfestigkeit. Dabei kennzeichnet der Wortbestandteil ›Zeit‹ nicht eigentlich, wie lange das Bauteil die Last ertragen hat i. Ggs. zur → Dauerstandfestigkeit, sondern ähnlich wie die Dauerfestigkeit die Zahl der ertragenen Lastwechsel.

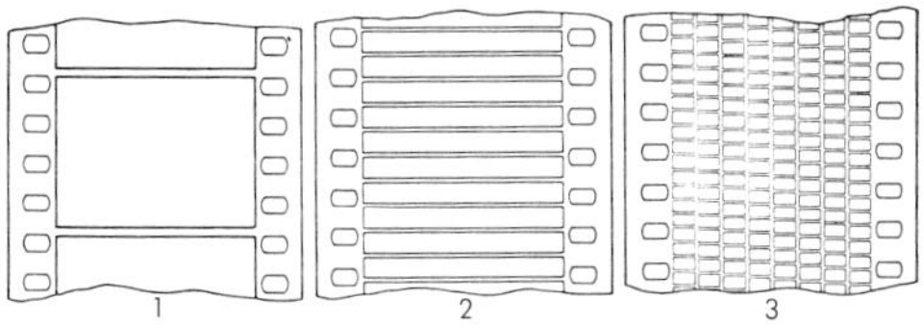

Zeitdehner 1–3: Schema der Bildunterteilung eines 35-mm-Films; **1** Bildgröße für Bildfrequenzen bis 1 000 Hz, **2** Höhenunterteilung des Bildfeldes für Bildfrequenzen bis 10 000 Hz, **3** Höhen- und Breitenunterteilung für Bildfrequenzen bis 80 000 Hz

Zeitdehner, Filmaufnahmekamera, mit der schnell ablaufende Vorgänge mit hoher Bildzahl je s (B/s) aufgenommen werden, während der Film bei der Wiedergabe mit normaler Frequenz abläuft und daher zeitlich gedehnt erscheint. Ab 90 B/s wird der Film kontinuierlich bewegt und unter Verwendung eines → optischen Ausgleichs belichtet. Sehr hohe Bildfrequenzen **(Hochgeschwindigkeits-Kinematographie)** erreicht man durch Verkleinerung des Aufnahmeformates (BILD) oder – beim Studium extrem kurzer Vorgänge – durch Aufspannen eines Filmstreifens auf eine sehr schnell rotierende Trommel. Man benötigt dann (elektron.) Blitzleuchten mit entsprechend kurzer Leucht- und Blitzfolgezeit. Mit speziellen Anordnungen erreicht man Bildfolgen mit einem Zeitabstand von $2 \cdot 10^{-7}$ s. Z.-Aufnahmen finden Anwendung in Forschung und Entwicklung (Sichtbarmachung extrem schnell ablaufender Vorgänge), Unterricht, Sport und Spielfilm. (→ Hochgeschwindigkeitsphotographie)

Zeitdilatation, die Tatsache, daß eine relativ zu einer gleichartigen, in einem Inertialsystem ruhenden Uhr A bewegte Uhr B relativ zu A nachgeht **(relativistische Zeitdehnung).** Es gilt: $t_B = t_A \cdot \sqrt{1 - v^2/c^2}$. Dabei bedeutet t_A die Zeitangabe der ruhenden Uhr und t_B die Zeitangabe einer relativ dazu mit der Geschwindigkeit v bewegten Uhr; c ist die Lichtgeschwindigkeit. Dieser von der speziellen → Relativitätstheorie behauptete Effekt wurde mittels der Lebensdauer instabiler Elementarteilchen und 1971 mit Atomuhren experimentell nachgewiesen.

Zeitfestigkeit, Spannung, die ein Werkstoff eine begrenzte Zahl von Wiederholungen erträgt, meist als etwa 10^4mal definiert. (→ Zeitbruch)

Zeitgeber, elektron. Einrichtung, z. B. bei einer Datenverarbeitungsanlage, zur Erzeugung zeitlich getakteter Impulse, die zur Steuerung bestimmter Abläufe notwendig sind (→ Clock) und die der Berücksichtigung der Uhrzeit (z. B. bei zeitlich begrenzter Nutzungsmöglichkeit von Rechenanlagen aus wirtschaftl. Gründen) dient.

Zeitdehner 4

Zeitdehner 4: Fall eines Wassertropfens (zwischen jedem Einzelbild wurden 25–30 Bilder herausgeschnitten)

Zeitgleichung, der Unterschied zw. der wahren und der mittleren →Sonnenzeit; viermal im Jahr ist die Z. Null (16. 4., 14. 6., 2. 9., 26. 12.), dazwischen erreicht sie folgende Extremwerte: −14 min 20 s (10.–12. 2.), +3 min 45 s (um den 14. 5.), −6 min 23 s (26. 7.) und +16 min 23 s (um den 4. 11.).

Zeit|impulszählung, Fernsprechverkehr: In öffentl. Wählnetzen wird aus der Ortsnetzkennzahl automatisch die Gebührenzone ermittelt und der →Zeittakt für die Aussendung der Zählimpulse zum Gebührenzähler des rufenden Anschlusses festgelegt. Mit der Einführung des →Nahdienstes wird Z. auch für Orts- und Nahgespräche eingeführt. Die Z. ermöglicht unterschiedl. Tarife für verkehrsstarke oder verkehrsschwache Zeiten.

Zeitkonstante, charakterist. Größe bei Ausgleichsvorgängen, die nach einer Exponentialfunktion verlaufen. Bei der Reihenschaltung von Widerstand R und Kapazität C oder Induktivität L ist die Z. τ in Sekunden gleich dem Produkt $\tau = R \cdot C$ oder dem Quotienten $\tau = L/R$. (→Abklingen)

Zeitlupe, Handelsname für einen →Zeitdehner.

Zeitmessung, das Bestimmen von **Zeitpunkten** oder **Zeitintervallen** mit Hilfe von →Uhren; i. w. S. auch das Entwickeln von Verfahren, Vorschriften und Geräten zu deren Registrierung und Messung. Als **Zeitmaß** dienen dabei durch period. Vorgänge, z. B. die Umdrehung der Erde um ihre Achse oder die Schwingungen eines Pendels oder →Schwingquarzes, definierte Zeitabschnitte. Die SI-Einheit der Zeit ist seit 1967 die atomar definierte Sekunde (›Atomsekunde‹). Diese Sekunde der **internationalen Atomzeit** (Abk. **IAT**) dauert 9192631770 Schwingungen einer best. Caesium-Strahlung (→Sekunde 2).

In der Astronomie leitet man aus der Rotation der Erde um ihre Achse den →Sterntag und den Sonnentag (bes. den mittleren Sonnentag) sowie aus dem Umlauf der Erde um die Sonne den Ephemeridentag ab; sie sind Skalenmaße von astronom. Zeitskalen: **Stern-, Sonnen-** und **Ephemeridenzeit** (Abk. **ET**). Entsprechende Bruchteile dieser astronom. Zeitmaße sind z. B. die Sternstunde, die Sekunde des mittleren Sonnentages (Weltzeitsekunde) und die Ephemeridensekunde; letztere spielt in der theoret. Astronomie eine große Rolle. Zw. 1956 und 1967 war sie zugleich die SI-Sekunde. Da der Umlauf der Erde um die Sonne nicht absolut gleichförmig ist, wählte man zur gesetzl. Definition der Ephemeridensekunde den 31556925,9747sten Teil der Länge, die das trop. Jahr am 31. Dezember 1899 (= 0. Januar 1900) 12 Uhr Ephemeridenzeit hatte. Dieses Zeitmaß läßt sich sicher reproduzieren, da die Dauer eines trop. Jahres sehr genau gemessen werden kann und die Änderung der Länge eines Jahres ausreichend sicher bekannt ist.

Das menschl. Leben richtet sich naturgemäß im wesentlichen nach der →Sonnenzeit. Die an einem Ort beobachteten tägl. Höchststände der wahren oder ›mittleren Sonne‹ definieren jeweils die Zeitpunkte 12^h in der wahren oder mittleren Sonnenzeit des betreffenden Ortes. Einem Längenunterschied von 1° zw. zwei Orten entspricht ein Zeitunterschied von vier Minuten. Der Zeitunterschied zw. der wahren und der mittleren Sonnenzeit ist die →Zeitgleichung. Die mittlere Sonnenzeit des Nullten Längengrades wird →Weltzeit (Abk. WZ oder UT) genannt.

Gegen Ende des 19. Jh. wurden allg. die Ortszeiten abgeschafft (in Dtl. am 1. 4. 1893) und statt dessen **Zonenzeiten** eingeführt. Innerhalb jeder Zeitzone, die sich an die Zonenzeiten anlehnt, gilt einheitlich die mittlere Sonnenzeit eines vereinbarten Längengrades (in Dtl. des 15. Längengrades, Mitteleuropäische Zeit, Abk. MEZ; die Zonenzeit des 30. Längengrades östlich des Nullten Längengrades heißt Osteuropäische Zeit, Abk. OEZ). Die Zonenzeiten gehen aus der Weltzeit durch Addition (östlich des Nullten Längengrades) oder Subtraktion (westlich vom Nullten Längengrad) eines meist ganzzahligen oder halbzahligen Vielfachen einer Weltstunde hervor. So geht die MEZ gegenüber der Zonenzeit des Nullten Längengrades um 1 Stunde, die OEZ um 2 Stunden vor. Einige Staaten haben vorübergehend oder dauernd Sommerzeit eingeführt.

Seit Anfang 1972 werden die Zonenzeiten nicht mehr aus der Weltzeit, sondern aus der koordinierten Weltzeit (→UTC) hergeleitet. Auch die →Zeitzeichen werden seither nur noch nach der koordinierten Weltzeit verbreitet.

Zeitmultiplex, Fernmeldetechnik: Bündelung von mehreren gleichartigen Signalen in einem →Multiplex-System derart, daß die Signale durch ihre Zeitlage unterscheidbar sind. Andere Möglichkeit: **Frequenzmultiplex.** Als Betriebsart einer Rechenanlage →Time-Sharing, →Teilnehmerrechensystem.

Zeitplanregler, →Programmregler.

Zeitraffer, kinematograph. Einrichtung zum Sichtbarmachen sehr langsam verlaufender Vorgänge (z. B. Pflanzenwachstum). Eine mit einer Schaltuhr verbundene Filmkamera macht in vorbestimmten Zeitabständen jeweils nur eine Aufnahme. Bei Vorführung mit normaler Geschwindigkeit läuft der zu beobachtende Vorgang dann in stark verkürzter Zeit ab.

Zeitrechnung, →Chronologie.

Zeitreihe, statist. Reihe, deren Reihungsgrund oder -merkmal die Zeit ist, d. h. die geordnete Menge von Beobachtungen oder Maßzahlen eines individuellen oder kollektiven Phänomens zu mehreren aufeinanderfolgenden Zeitpunkten oder in mehreren aufeinanderfolgenden Zeiträumen. – Man unterscheidet vier Komponenten von Z., die allein oder in beliebiger Kombination auftreten können: 1) Trend, 2) zykl. Schwankung, 3) saisonale Schwankung, 4) Zufall (oder irreguläre oder Restkomponente). 1) bis 3) heißen auch **Bewegungskomponenten,** 1) und 2) zusammen ist die ›glatte‹ Komponente.

Zeitreihen|analyse, die Zerlegung einer Zeitreihe in ihre Komponenten. Meist soll der Zufall eliminiert und die Bewegungskomponenten sollen einzeln oder summarisch isoliert werden.

Zeitschalter, die →Schaltuhr.

Zeitschloß, Schloß, das selbsttätig durch eine Uhr verriegelt oder entriegelt wird. Anwendung z. B. in Banktresoren, die nur zu bestimmten Zeiten zugänglich sein sollen.

Zeit|takt, Bez. des Abstandes der Gebührenzählimpulse in öffentl. Wählnetzen bei →Zeitimpulszählung nach dem →Zeitzonentarif; mit Einführung des →Nahdienstes auch für Orts- und Nahgespräche.

Zeit-Temperatur-Umwandlungs-Diagramm, Abk. **ZTU-Diagramm,** Kurvendarstellung des Umwandlungsablaufs von Legierungen in Abhängigkeit von Zeit und Temperatur; läßt z. B. bei Stählen erkennen, in welcher Zeit nach best. Wärmebehandlung die Ferrit- und die Perlitbildung beginnen und wann die Umwandlung abgeschlossen ist. Am übersichtlichsten sind die Vorgänge beim isothermischen →Härten.

Zeit|umkehr, Formelzeichen T, Transformation der

Zeitkoordinate t in $-t$. Ist ein Vorgang in seinem Ablauf umkehrbar, so ist er invariant gegenüber Z. **(T-Invarianz).** Bis zur Entdeckung der Verletzung der → CP-Invarianz nahm man an, daß außer in der statist. Physik und Thermodynamik alle Naturgesetze (insbes. die, die mikrophysikal. Vorgänge beschreiben) invariant gegenüber Z. wären. (→ Neutron)

Zeitungsdruck, Druck (und Falz) von Zeitungen auf der **Zeitungsrotationsmaschine,** einer Hochdruckmaschine (→ Buchdruck) für den Druck von der Papierrolle.

Zeitungsdruckpapier, Massenerzeugnis an Rotationsdruckpapier, das größtenteils in Rollen geliefert wird. Flächengewicht 40–50 g/m². Z. besteht normal aus 80–85%, z. T. bis zu 100% aus → Holzstoff, der Rest aus → Zellstoff ohne oder mit nur geringem Füllstoffgehalt.

Zeitwaage, Meßgerät zur raschen Bestimmung des → Ganges 3) von mechan. Uhren, insbes. von Taschen- und Armbanduhren, durch Vergleich mit einer Normaluhr, z. B. einer → Quarzuhr. Deren Schwingungen und das elektrisch verstärkte Tickgeräusch der zu prüfenden Uhr steuern gemeinsam eine Anzeige- oder Schreibeinrichtung. Die Z. ermöglicht eine schnelle Regulierung der Uhren und läßt den Geübten auch best. Fehler im Uhrwerk erkennen.

Zeitzeichen, festgelegte Folgen von (Zeit-)Signalen, die z. B. aus kurzen und langen Tönen bestehen können, deren Beginn jeweils Zeitpunkte in einer Zeitskala angeben. Seit dem 1. 1. 1972 werden nur noch Zeitsignale nach der vom ›Internationalen Büro für die Zeit‹ in Paris angegebenen **koordinierten Weltzeit** (→ UTC) verbreitet, aus denen die Zonenzeiten durch Addition von ganzen Vielfachen einer Stunde (ausnahmsweise auch Bruchteilen einer Stunde) hergeleitet werden.

Das Skalenmaß ›Sekunde‹ der koordinierten Weltzeit stimmt (in Meereshöhe) mit einer Unsicherheit von weniger als 10^{-12} s mit der 1967 atomar definierten → Sekunde 2) als SI-Basiseinheit überein. Die Abweichung der UTC-Zeitsignale von der astronom. Weltzeit UT 1 überschreitet in der Regel nicht ± 0,9 s. – Zeitsignale auf der Basis der astronom. Zeit wurden seit den fünfziger Jahren nicht mehr verbreitet. Bis Ende 1971 folgten die Zeitsignal-Aussendungen unterschiedlichen Zeitsystemen.

Für wissenschaftl. Anwendungen, für den amtl. und geschäftl. Verkehr und für die Öffentlichkeit stellt die Physikalisch-Technische Bundesanstalt (PTB) mit Hilfe ihrer → Atomuhren die **gesetzl. Zeitskala** MEZ (PTB) = UTC (PTB) + 1 Stunde her und verbreitet sie u. a. über einen Langwellensender (77,5 kHz), der im Dauerbetrieb Zeitsignale **(Dauer-Z.)** aussendet. Eine Sekunden-Zeitmarke (Sekunden-Zeitsignal) besteht aus einer Verringerung der Trägeramplitude auf 25% des Anfangswertes für die Dauer von 0,1 oder 0,2 s. Durch Modulation der Zeitmarkenbreite werden auch die Nummern von Minute, Stunde, Tag, Monat, Jahr und Wochentag übertragen. Die Fehler der Zeitsignale des Senders sind kleiner als 0,00005 s.

Auf den speziell für Z.-Aussendungen vorgesehenen Frequenzen 2,5, 5, 10, 15, 20 und 25 MHz arbeiten Z.-Sender verschiedener Länder. Außerdem werden auf einigen Lang- und Längstwellen Z. ausgestrahlt.

Zeitzonen, Gebiete, die entlang von 24 Meridianen (ausgehend vom Meridian von Greenwich) die gleiche Zonenzeit haben. Das System, 1884 in Washington, D. C., USA, von 27 Nationen beschlossen, ist in manchen Ländern den eigenen Bedürfnissen entsprechend abgeändert.

Zeitzonentarif, Fernsprechverkehr: der gebräuchlichste Tarif für die Benutzung öffentl. Fernmeldenetze im Fernverkehr. Außer der Benutzungsart wird die Tarifhöhe durch die Dauer und die übermittelte Entfernung nach Zonen bestimmt. Im handvermittelten Dienst wird die Dauer durch Gesprächszeitmesser ermittelt (→ Zeitzonenzählung). In Wählnetzen wird die Zone automatisch in entsprechende Zeitimpulse für die Gebührenerfassung umgesetzt (→ Zeitimpulszählung).

Zeitzonenzählung, Fernsprechverkehr: Z. erfaßt die Dauer und die nach Zonen gestaffelte Entfernung von Gesprächsverbindungen, sie wird in Wählnetzen automatisch durch die → Zeitimpulszählung berücksichtigt. Im Geltungsbereich der Fernmeldeordnung der Bundesrep. Dtl. werden für Ferngespräche aus Ortsnetzen ohne Nahdienst ein Knotenvermittlungsstellenbereich und vier Zonenverkehrsbereiche unterschieden, für Ferngespräche aus Ortsnetzen mit Nahdienst gibt es seit 1975 nur noch drei Fernzonen. Handvermittelte Gespräche können auch nachts zur Taggebühr geführt werden. Für den Verkehr zw. dem Bundesgebiet und Berlin (West) gelten vergünstigende Sonderregelungen.

Zeitzünder, Vorrichtung zum Auslösen eines Zündvorganges mit einstellbarer Laufzeit zw. Ingangsetzen des Zünders und Auslösen der Zündung.

Zell|atmung, Stoffwechselprozeß des Mitochondriums einer Zelle, bei dem unter Sauerstoffverbrauch Energie gewonnen wird.

Zelle, 1) Biologie: meist mikroskopisch kleine Bau- und Funktionseinheit aller Lebewesen, die wachsen und sich vermehren kann, Ort des intermediären Stoffwechsels ist und Selbststeuerungs- und Regulationsmechanismen hat. Z. enthalten einen oder mehrere **Zellkerne (Nukle|us),** die nur bei Bakterien und Blaualgen durch Kernäquivalente ersetzt sind, sowie **Zell-** oder **Cytoplasma.** Pflanzl. Z. sind von einer festen, cellulosehaltigen **Zellwand** begrenzt, tierische und menschl. dagegen von einer für Wasser, Nährstoffe und Stoffwechselprodukte semipermeablen, sehr dünnen **Zellmembran.** Z. vermehren sich i. a. durch Kernteilung, die zur Ausbildung von zwei Tochterkernen mit identischem Erbmaterial führt **(Mitose),** und anschließende Zellteilung. Bei Einzellern (z. B. Bakterien, Hefen, Protozoen, Algen) trennen sich nach der Teilung die Tochterzellen meist vollständig voneinander und bilden selbständige Organismen mit allen für die Lebensvorgänge notwendigen Strukturen. Bei Vielzellern bleiben die Tochterzellen vereint, erfahren aber eine Differenzierung in Zelltypen mit speziellen Funktionen. Gleichartig differenzierte Z. vereinigen sich zu den Geweben, das sind Zellverbände, aus denen Pflanzen, Tiere und Menschen aufgebaut sind.

Der **Zellkern** enthält die → Chromosomen, Träger des → genetischen Codes. Das zähe bis dünnflüssige, durchscheinende, elast. **Cytoplasma** besteht aus Wasser, Proteinen und Reservestoffen wie Polysacchariden, Proteinen, Fetten u. a. In das Plasma sind zahlreiche **Zellorganellen** eingebettet, die als intrazelluläre Reaktionsräume verschiedene biolog.-chem. Aktivitäten entfalten können. Die **Zellmembran** ist aus Lipiden und Proteinen oder Kohlenhydraten aufgebaut. Ihre Durchlässigkeit wird von Hormonen und Enzymen gesteuert.

2) Elektrochemie: Kurzbez. für elektrochemische Elemente, z. B. für die → Brennstoffzelle, das → galvanische Element und das Element des → Akkumulators 1). → Primärzellen, → Sekundärzellen.

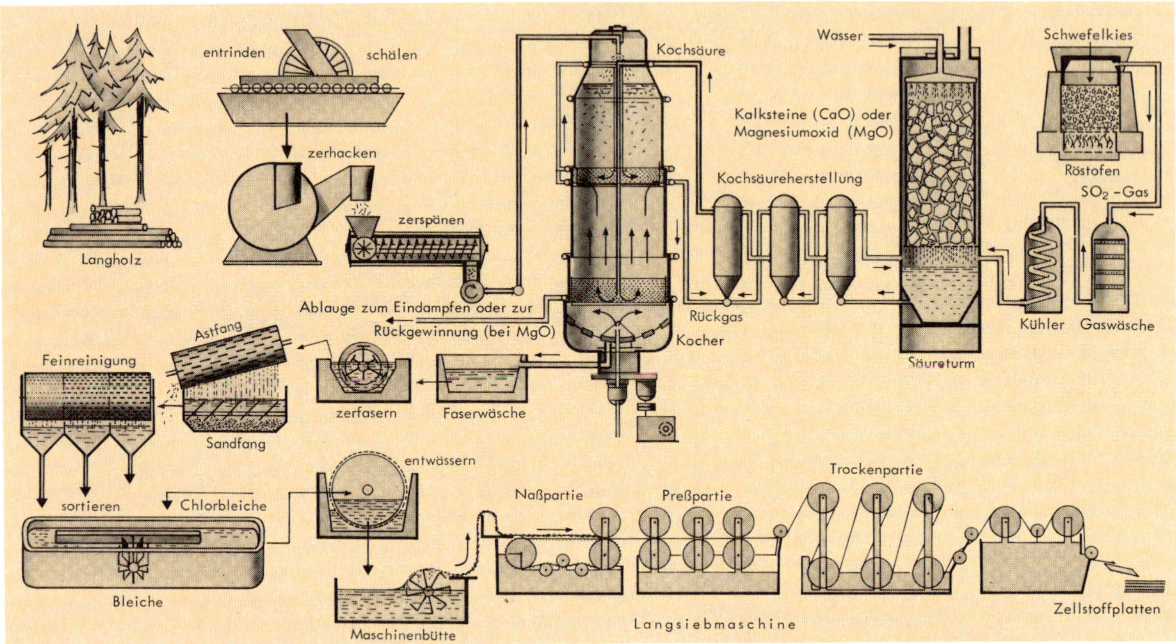

Zellstoff: Schema der Herstellung nach dem Sulfit-Verfahren (mit Calciumhydrogensulfit)

Zellenausleser

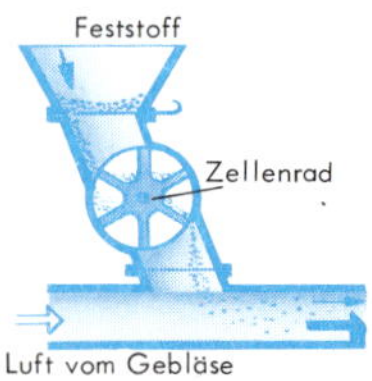

Zellenradschleuse

3) bei Flugzeugen Teil des Flugwerkes: die Baugruppen Tragwerk, Rumpfwerk und Leitwerk.

4) Kerntechnik: fernbedienter Experimentier-, Montage- oder Demontageraum für stark radioaktive Teile.

5) Kristallographie: → Elementarzelle.

6) Mathematik: eine offene n-dimensionale Z. ist ein topolog. Raum, der zur Einheitskugel des n-dimensionalen euklid. Raums ohne den Rand homöomorph ist.

Zellen|ausleser, Trieur [tri'œ:r], eine → Getreidereinigungsmaschine, die lange Körner von gebrochenen und runden Körnern trennt. Der am meisten verwendete **Trommel-Trieur** besteht aus einem um eine waagerechte Achse langsam rotierenden Zylinder mit kleinen Taschen an der Innenwand. Diese nehmen runde Körner ganz und längliche Körner nur z. T. auf, so daß bei Rotation der Trommel die langen Körner zuerst, die runden erst später, d. h. an anderer Stelle herausfallen. Z. werden meist als Teilgeräte in kombinierten Getreidereinigungsmaschinen verwendet.

Zellendolomit, Zellenkalk, die → Rauchwacke.

Zellenrad, Gewichtswasserrad mit kastenförmigen Schaufeln (→ Wasserrad).

Zellenradschleuse, Vorrichtung zum Einführen des Fördergutes in die Druckleitung einer pneumat. Förderanlage; die Z. besteht aus dem um eine horizontale Achse langsam rotierenden Zellenrad und dem darüber liegenden Aufgabetrichter. Das Fördergut strömt aus dem Trichter in die Kammern des Zellenrades und wird von diesen gleichmäßig in die Rohrleitung gefördert. Das Zellenrad übernimmt gleichzeitig die Abdichtung zw. Rohrleitung und Außenraum.

Zellglas, glasklare, wasserdampfdurchlässige, geruchs- und geschmacksneutrale Folien aus → Hydratcellulose. Zur Herstellung wird aus Zellstoff, Natriumhydroxid und Schwefelkohlenstoff eine Viskoselösung hergestellt, die durch einen Düsenspalt in ein Fällbad gepreßt wird (Naßgießverfahren). Z. wird als Verpackungsfolie z. B. für Lebensmittel verwendet. Durch Beschichtung (z. B. mit Nitrocellulose) kann Z. wasser- und aromadicht gemacht werden.

Zellhorn, das → Celluloid.

Zellstoff, bis zu 99% aus Cellulose bestehende Faserstoffe, die durch chem. Aufschluß aus Holz und anderen Faserpflanzen isoliert werden. Z. ist ein Halbstoff, der v. a. zur Herstellung von Papier, Pappe, Viskosefasern, Celluloseestern und -äthern sowie als Füllstoff verwendet wird. Rohstoffe sind meist Nadelhölzer (Fichte, Kiefer) sowie Holzabfälle aus Sägewerken. Stammholz wird z. B. in Trommelentrindern durch Reiben und Schlagen von der Rinde befreit und in Hackmaschinen durch rotierende Messerscheiben zu Schnitzeln zerkleinert. Beim Aufschluß wird das Lignin des Holzes entfernt. Dabei entsteht je nach dem Grad der Delignifizierung Halb-, Hochausbeute-, Voll- oder Chemie-Z. Beim **Sulfit-Verfahren** wird das Lignin mit schwefeldioxidhaltigen Natrium-, Calcium- oder Magnesium-Hydrogensulfitlösungen in lösliche Ligninsulfonsäuren überführt. Die Hackschnitzel werden meist diskontinuierlich bei maximal 125–145 °C aufgeschlossen. Als Reaktionsapparate dienen Behälter (bis 400 m^3), die mit einer Zwangsumwälzung für die Kochsäure und Wärmeaustauschern für die Dampfbeheizung ausgerüstet sind. Beim **Sulfat-Verfahren** wird das Lignin mit wäßrigen Lösungen von Natriumhydroxid und Natriumsulfid bei maximal 160–180 °C in Lösung gebracht. Die Ablaugen der Z.-Gewinnung werden bis zu einem Feststoffgehalt von 50–60% eingedampft und anschließend verbrannt. Die Verbrennungsrückstände von Calciumsulfitablaugen werden deponiert. Aus den Rückständen der übrigen Ablaugen lassen sich die Aufschlußchemikalien zurückgewinnen. Verluste werden beim Sulfat-Verfahren durch Zusatz von Natriumsulfat (Name) ersetzt. In Sulfitablaugen enthaltene Zucker können zur Herstellung von Futterhefen oder Äthanol dienen. Aus den Ablaugen des Sulfat-Verfahrens können Tallöl und Sulfatterpentinöl isoliert werden. Der Z. ist nach dem Aufschluß durch Ligninreste dunkel gefärbt. Er wird gewaschen, gebleicht (z. B. mit Chlor und nach dem Herauswaschen der gebildeten Chlorlignine mit Hypochlorit) und zu Vliesen geformt.

Zellwolle, Stapelfaser, seit 1951 Oberbegriff für alle nach dem Viskoseverfahren (→Viskose) aus einem endlosen Kabelstrang hergestellten und dann auf Stapel geschnittenen Spinnfasern. Faserfeinheit und Schnittlänge richten sich nach dem mechan. Spinnverfahren bei der Garnherstellung und nach dem Verwendungszweck. Man unterscheidet der Baumwolle angepaßte, feinfaserige, glänzende oder matte **B-Typen,** der Wollfeinheit angepaßte, halbmatte und gekräuselte **W-Typen** sowie grobfaserige **T-Typen** für den Flor von Teppichen, außerdem hochfeste Spezialtypen und **Modalfasern** vom ›Polynosic‹-Typ. Letztere gleichen in ihren Naßeigenschaften der Baumwolle.

Zement, hydraul. Bindemittel, das nach dem Anmachen mit Wasser sowohl an der Luft als auch unter Wasser erhärtet und hart bleibt. Z. dient v. a. zur Herstellung von →Mörtel und →Beton.

Arten und Herstellung. **Portland-Z. (PZ)** wird hergestellt durch Feinmahlen von Portlandzement-Klinker **(Z.-Klinker)** und →Gips (→Anhydrit). Portlandzement-Klinker wird aus einem Rohstoffgemisch, das v. a. Calciumoxid, Siliciumdioxid (Kieselsäure), Aluminiumoxid (Tonerde) und Eisenoxid enthält, durch Erhitzen bis zum Sintern hergestellt; hierbei bilden sich die **Klinkerphasen** Tricalciumsilicat, Dicalciumsilicat, Tricalciumaluminat und Calciumaluminatferrit. Die Klinkerphasen reagieren mit Wasser (Hydratation) und bilden dabei die für das Erstarren und Erhärten verantwortlichen **Hydratphasen,** v. a. Calciumsilicathydrate. Die Hydratation ist ein exothermer Vorgang, die frei werdende Wärmemenge wird Hydratationswärme genannt.

Spezielle PZ: Weißer PZ aus Z.-Klinker (ohne färbende Bestandteile), PZ mit hohem Sulfatwiderstand und/oder niedriger Hydratationswärme, hydrophobierter PZ, PZ mit niedrigem wirksamem Alkaligehalt. **Eisenportland-Z. (EPZ)** und **Hochofen-Z. (HOZ)** enthalten außer Z.-Klinker und Gips (Anhydrit) noch schnell gekühlte, glasig erstarrte Hochofenschlacke (Hüttensand). Spezielle HOZ mit hohem Schlackengehalt weisen niedrige Hydratationswärme, hohen Sulfatgehalt und niedrigen wirksamen Alkaligehalt auf. **Puzzolan-Z.** enthält außer Z.-Klinker und Gips (Anhydrit) noch natürl. oder künstl. Puzzolan, wie **Traß-Z., Ölschiefer-Z.** und **Flugasche-Z. Traßhochofen-Z.** enthält neben Traß noch Hochofenschlacke.

Neben diesen genormten und bauaufsichtlich zugelassenen Z. gibt es zahlreiche **Sonderzemente,** wie Tonerde-(schmelz-)Z., Sulfathütten-Z., Schnell-Z., Quell-Z.

Nach seiner Festigkeitsbildung wird Z. Festigkeitsklassen zugeordnet. Weitere bautechnisch wichtige Eigenschaften sind Erstarrungsverhalten, Mahlfeinheit, Raumbeständigkeit, Hydratationswärme, chem. Widerstandsfähigkeit, Farbe u. a.

Geschichte. VITRUV berichtet 23 v. Chr. über die Verwendung von Kalk und Puzzolanerde als Z. Auch der Traß der Eifel diente in der Römerzeit und im MA. als Z. J. SMEATON erkannte 1756, daß sich die hydraul. Eigenschaften der Z. auf die Beimischung von Ton zum Kalk zurückführen lassen. J. PARKER stellte 1796 ein aus Kalkmergel mit hohem Tongehalt gebranntes hydraul. Bindemittel her, den ›Roman-Z.‹. 1824 bereitete J. ASPDIN einen brauchbaren künstlichen Z. durch Brennen einer Mischung von Ton mit Kalkstein; er nannte ihn ›Portland-Z.‹. Das erste dt. Portland-Zementwerk wurde 1855 in Züllchow bei Stettin gegründet. Die ersten Normen für Z. wurden 1878 eingeführt.

O. LABAHN u. W. A. KAMINSKY: Ratgeber für Z.-Ingenieure (^{5}1974); W. H. DUDA: Cement Data Book (^{2}1978); Verfahrenstechnik der Z.-Herstellung, hg. v. Verein Dt. Zementwerke (1979); Z.-Tb. 1982/83, hg. v. Verein Dt. Zementwerke (1982).

Zementationszone, im Verwitterungsbereich von Erzlagerstätten unterhalb der →Oxidationszone (BILD) und des Grundwasserspiegels liegender Bereich der Fällung und Anreicherung von Metallsulfiden, v. a. Kupfer und Silber. Die unedlen Metalle gehen als Sulfate in Lösung.

Zementbeton, ein →Beton mit Zement als Bindemittel.

Zementfarben, anorgan. Pigmente, z. B. →Eisenpigmente, die von Zementbestandteilen nicht zerstört

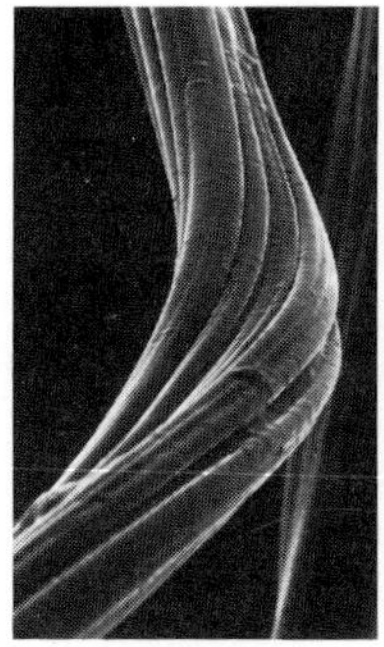

Zellwolle: Zellwoll-Faden, etwa 600fach vergr.

Zement: Schema der Zement-Herstellung

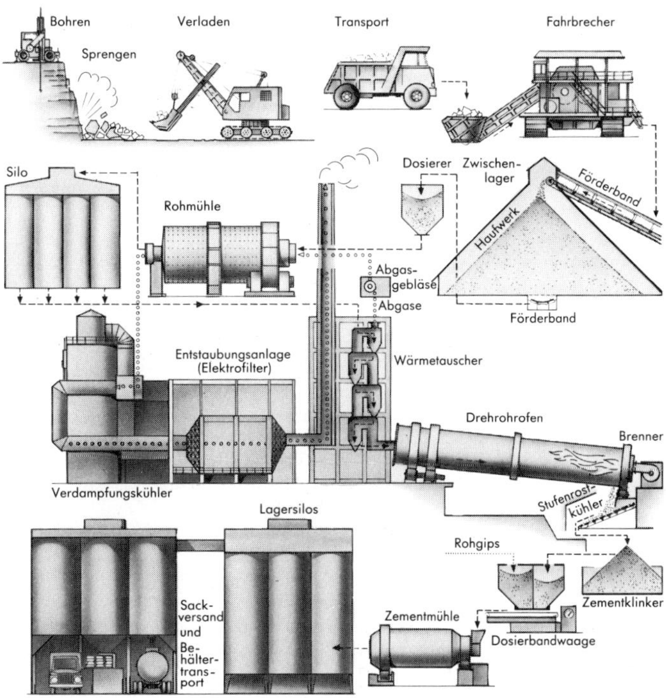

werden und sich daher für Edelputz und zum Anstrich auf Zementputz und Beton eignen.

Zementieren, Zementation, Metallkunde: 1) Abscheidung von Metallen aus Lösungen durch ein in die Lösung eingebrachtes anderes Metall mit größerer Affinität zum Sauerstoff, das an Stelle des ausgefällten edleren Metalls in Lösung geht, z. B. Ausfällen von Zementsilber durch granuliertes Kupfer oder von Kupfer durch Eisenschrott.

2) die durch Erhitzen in einem Zementierpulver unterhalb des Schmelzpunktes erzielbare chem. Veränderung von Metallen, insbes. der Oberflächenschicht von Metallgegenständen, z. B. die →Aufkohlung von Stahl durch Glühen in einem Kohlenstoff abgebenden Material.

Zener-Diode [n. dem amerikan. Physiker C. M. Zener, * 1905], die →Z-Diode.

Zener-Durchbruch, →Diode.

Zener-Effekt, die bei kleinen Sperrspannungen (< 6 V bei Siliciumdioden, →Z-Diode) an Halbleiterdioden vorherrschende **innere Feldemission.** Erhöht man bei einem pn-Übergang die Sperrspannung, so kommt es infolge des starken elektr. Feldes zu einer Verkippung der Energiebänder, und die Elektronen gehen aus dem Valenzband infolge des quantenmechan. Tunneleffekts in das Leitungsband über, ohne ihre Energie zu ändern. Es tritt eine starke Erhöhung der Leitfähigkeit ein, womit die →Durchbruchspannung erreicht wird. Bei höheren Spannungen geht der **Zener-Durchbruch** in einen Lawinendurchbruch über.

Zenit *der,* **Scheitelpunkt,** der senkrecht über dem Beobachter befindl. Punkt der Himmelskugel; Gegenpunkt ist der →Nadir. (BILD astronomische Koordinaten)

Zenitalregen, Regen im Bereich der →Innertropischen Konvergenzzone; erreicht als Folge jahreszeitl. Verlagerung dieser Zone über den Kontinenten kurz nach der Zeit des Zenitstandes der Sonne sein Maximum.

Zenitdistanz, Winkelabstand eines Gestirns vom Zenit des Beobachtungsorts, gemessen in Grad von 0° (Zenit) bis 180° (Nadir).

Zenitprisma, rechtwinkliges Glasprisma, das, vor das Okular eines astronom. Fernrohrs gebracht, den Strahlengang um 90° umlenkt.

Zenit|teleskop, Instrument, mit dem relative Höhen von Sternen in Zenitnähe gemessen werden; aus diesen lassen sich mit großer Genauigkeit die Polhöhe des Beobachtungsortes und damit Polhöhenschwankungen (→Polbewegung) ermitteln sowie Zeitbestimmungen vornehmen. (→Horrebow-Talcott-Methode)

Zentaur, das Sternbild →Kentaur.

Zenti, Vorsatzzeichen **c,** ein →Vorsatz 2) vor Einheiten für den Faktor 10^{-2} (Hundertstel); z. B. 1 Zentimeter = 1 cm = 10^{-2} m = 0,01 m.

Zentimeter-Gramm-Sekunde-System, Abk. **CGS-System,** ein →Maßsystem.

Zentimeterwellen, →SHF (→Frequenzbereich).

Zentner, Einheitenzeichen **Ztr,** nicht gesetzl. Masseeinheit: 1 Ztr = 50 kg = 0,5 dt. (→Doppelzentner).

Zentral|atom, →Koordinationsverbindung.

Zentralbewegung, Bewegung eines Körpers unter dem Einfluß einer Kraft, die auf ein Zentrum gerichtet ist **(Zentralkraft).** Hat der Körper senkrecht zur Verbindungslinie zu diesem Zentrum keine Impulskomponente, so bewegt er sich beschleunigt auf das Zentrum zu. Im anderen Fall ergibt sich eine Bewegung, bei der die aus der Trägheit des Körpers resultierende →Zentrifugalkraft der auf das Zentrum gerichteten →Zentripetalkraft das Gleichgewicht hält. Z. sind z. B. die Bewegungen der Planeten um die Sonne oder der Elektronen im Atom.

Zentrale, Gerade durch die Mittelpunkte zweier Kreise.

Zentral|einheit, wesentl. Baugruppe eines Computers, gebildet aus Steuer-, Rechen- und Speicherwerk; die →CPU.

Zentralgraben, Geologie: →Seafloor-Spreading.

Zentraliden, →Orogen.

Zentralisator, Bez. für alle Elemente einer Gruppe *G*, die mit allen Elementen einer Teilmenge *T* dieser Gruppe vertauschbar sind. Der Z. ist eine Untergruppe von *G* (→Normalisator).

Zentralprojektion, →Perspektive.

Zentralstern, sehr heißer Stern im Mittelpunkt eines →planetarischen Nebels, der durch seine starke UV-Strahlung diesen zum Leuchten anregt.

Zentralsteuerung, →Rundsteuerung.

Zentralvermittlungsstelle, Abk. **ZVSt,** →Fernmeldenetz.

Zentralwert, Median, Statistik: der Wert einer der Größe nach geordneten Menge (Stichprobe, Gesamtmasse, Reihe), der ›in der Mitte liegt‹, d. h., der ebenso viele kleinere Werte unter sich wie größere Werte über sich hat (→Mittelwert).

zentrieren, auf die Mitte einstellen, bes. die Drehachse eines Rotationskörpers festlegen; im Maschinenbau durch **Zentrierungen** (Vorsprünge und Ausdrehungen zentrisch zur Mittellinie) die Lage zur Wellenmitte fixieren. In der Optik ein opt. System so einstellen, daß alle opt. Achsen und Mittelpunkte (z. B. von Linsen) auf einer Geraden liegen. In der opt. Fertigungstechnik den zylindr. oder konischen Rand einer Linse so anschleifen oder die Linse so fassen, daß mechan. und opt. Achse zusammenfallen.

Zentrifugalkraft, Fliehkraft, die aus der Trägheit resultierende Kraft (Trägheitskraft), die bei krummliniger Bewegung eines Körpers (z. B. bei einer Drehbewegung) die Richtungsänderung der Bewegung des Körpers zu verhindern sucht. Die Z. ist dem Betrag nach gleich der →Zentripetalkraft, aber ihr genau entgegengesetzt.

Zentrifugen, Schleudern, Maschinen zum Zentrifugieren, d. h. zur Trennung von Stoffgemischen (Dispersionen) mit Hilfe der in einem Rotor auf das Gut wirkenden Zentrifugalkraft. Als Maß für die Wirksamkeit einer Z. dient das Verhältnis der erreichbaren Zentrifugalkraft zur Schwerkraft (Beschleunigungsverhältnis, **Schleuderzahl, Z.-Kennzahl).** Es kann Werte von 200 bis 1 Mio. (Ultra-Z.) annehmen. Je nach Trennprinzip unterscheidet man zw. Filtrations-Z. (Siebschleudern) und Sedimentations-Z. (Vollwand-Z.). **Filtrations-Z.** haben eine gelochte Trommel, die innen mit einem Filtergewebe belegt ist. Die Suspension fließt von innen auf die Trommel, wobei die Flüssigkeit durch das Filter gedrückt wird und der Feststoff als Filterkuchen darauf sitzenbleibt. Der Filterkuchen wird je nach Konstruktion von Hand, durch eine Schälvorrichtung oder kontinuierlich durch eine Förderschnecke aus der Z. entfernt. Filtrations-Z. werden v. a. zur Abtrennung großer Feststoffanteile mit großem Teil-

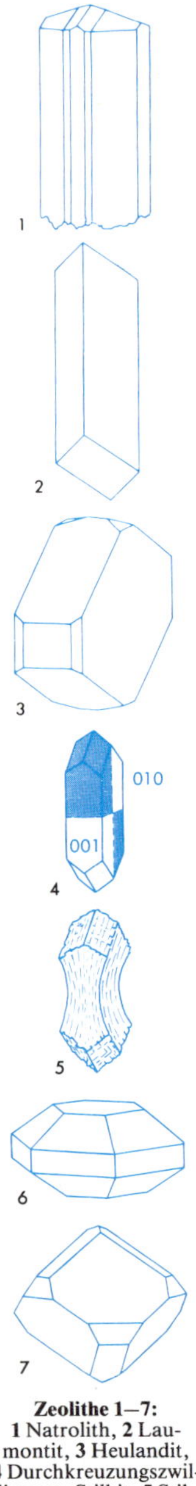

Zeolithe 1–7: **1** Natrolith, **2** Laumontit, **3** Heulandit, **4** Durchkreuzungszwilling von Stilbit, **5** Stilbit-Bündel = Desmin, **6** Gmelinit, **7** Chabasit

chendurchmesser verwendet, z. B. zur Entwässerung von Feinkohle oder zur Abtrennung des Rohzuckers vom Muttersirup. Auch Wäscheschleudern gehören zu dieser Gruppe. **Sedimentations-Z.** haben nicht gelochte Vollmanteltrommeln. Sie nutzen die Zentrifugalkraft zum Beschleunigen des natürl. Absetzvorgangs von Suspensionen oder zum Trennen von Emulsionen. Die zu trennenden Phasen müssen unterschiedl. Dichte haben. Sedimentations-Z., bei denen die Suspension kontinuierlich zu- und die klare Flüssigkeit kontinuierlich abläuft, heißen **Überlauf-Z.** Bei Dekantern wird auch der Feststoff kontinuierlich mit einer Schlammaustragschnecke entfernt. Zu den Sedimentations-Z. gehören auch die **Becher-Z.**, in denen Becher an einer vertikalen Welle aufgehängt sind, die sich durch die Zentrifugalkraft senkrecht zur Drehachse stellen. Sehr schnell laufende Becher-Z. heißen → Ultrazentrifugen. **Teller-Z. (Separatoren)** sind die am häufigsten verwendeten Z. (z. B. zum Entrahmen von Milch oder zum Aufkonzentrieren von Stärkesuspensionen). Sie enthalten bis zu 100 kegelförmige, dicht übereinanderliegende Tellereinbauten. Die Dispersion strömt durch eine Hohlwelle von unten durch das Tellerpaket. Die festen Teilchen und/oder die Flüssigkeit mit der größeren Dichte werden gegen die Unterseite der Teller gedrückt und gleiten nach außen. Die Flüssigkeit mit der geringeren Dichte steigt nach oben und kann dort abgezogen werden.

Erich Müller: Mechan. Trennverfahren, 2 (1983).

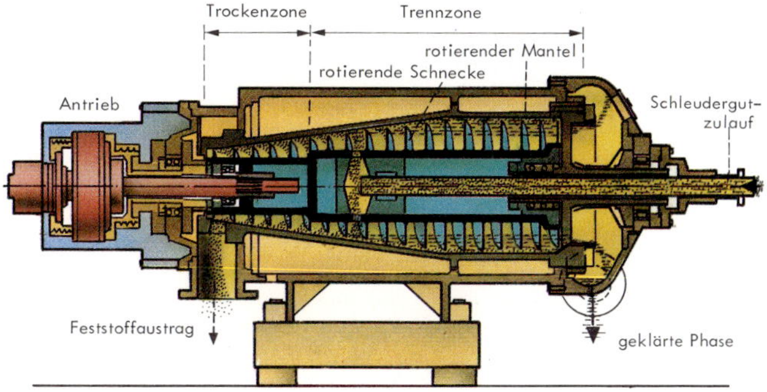

Zentrifuge 1: Dekanter, eine Vollmantel-Schnecken-Z., in Stärkeprozessen für Klärung, Entwässerung, Naßklassierung und Fest-Flüssig-Extraktion verwendet. Die Flüssigkeit strömt zum größeren Trommeldurchmesser, der Feststoff lagert sich an der inneren Trommelwand ab, wird von der Schnecke erfaßt und am engsten Trommeldurchmesser ausgetragen

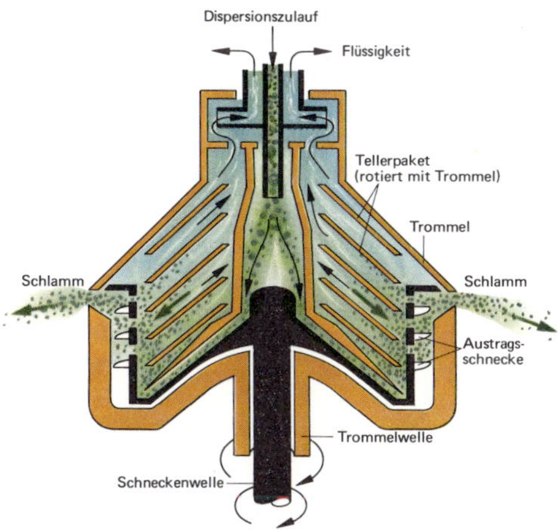

Zentrifuge 2: Tellerzentrifuge (Separator)

Zentripetalkraft, Radialkraft, die bei einer krummlinigen Bewegung eines Massenpunktes m auftretende zum (augenblicklichen) Krümmungsmittelpunkt gerichtete Kraft F_r, die stets senkrecht zur augenblicklichen Bahngeschwindigkeit v des Körpers steht und die man durch Multiplikation von m mit der Normalbeschleunigung **(Zentripetalbeschleunigung, Radialbeschleunigung,** → Beschleunigung) erhält, $F_r = m\,v^2/r = mr\omega^2$; r ist der Krümmungsradius der Bahn am betrachteten Bahnpunkt, $\omega = v/r$ die momentane Winkelgeschwindigkeit des Körpers. Bei der gleichmäßigen Kreisbewegung, bei der ω konstant ist, ist F_r stets zum Kreismittelpunkt gerichtet (r ist dann der Kreisbahnradius).

Zentriwinkel, Mittelpunktswinkel, Bez. für einen von zwei Radien eines Kreises gebildeten Winkel, er ist doppelt so groß wie die zugehörigen → Umfangswinkel.

Zentrum, allgemein der Mittelpunkt, z. B. eines Kreises. **Z. einer Gruppe** G ist die Menge $Z(G)$ der Elemente von G, die mit jedem Element von G vertauschbar sind, d. h. $Z(G) = \{z \in G \mid \forall\, g \in G : zg = gz\}$; analog bei anderen algebraischen Strukturen, z. B. Ringen. – Z. einer zentr. → Streckung ist der einzige Fixpunkt der Abbildung.

Zeolithe, Siedesteine, sehr artenreiche Familie wasserreicher, meist farbloser bis weißer oder durch Beimengungen gefärbter Silikatminerale, H. 3–5. Die Kristalle sind überwiegend als Zwillinge oder Viellinge ausgebildet. Z. kommen meist einzeln aufgewachsen oder als Aggregate in Hohlräumen von Vulkaniten, aber auch auf Drusen und Klüften anderer Gesteine sowie rezent in besonderen Thermen vor. Das Kristallgitter der Z. ist eine aus SiO_4- und AlO_4-Tetraedern bestehende Gerüststruktur (→ Silikate), die von Kanälen und Hohlräumen durchzogen ist. Das hierin unter natürl. Bedingungen enthaltene Wasser **(Zeolithwasser,** → Kristallwasser) wird bei langsamem Erhitzen stufenweise und reversibel abgegeben (Verwendung als Trockenmittel); gleiches gilt für andere enthaltene Moleküle wie Ammoniak, Schwefelwasserstoff u. a. Bei sehr schnellem Erhitzen schäumen die Z. auf, sie ›sieden‹. Die die Tetraeder verbindenden Kationen sind gegen andere leicht austauschbar, so daß die Z. als Ionenaustauscher (›natürl. Permutite‹) wirken.

An Hand der Kristallmorphologie können die Z. eingeteilt werden in Faser-Z., Blätter-Z. und Würfel-Z. a) Zu den **Faser-Z.** gehören u. a. die Minerale der Natrolith-Gruppe; dies sind Mischkristalle von → Natrolith und → Skolezit, d. h. außer diesen z. B. der **Mesolith,** $Na_2Ca_2\,[Al_2Si_3O_{10}]_3 \cdot 8\,H_2O$ (meist feinhaarig-seidenglänzende oder porzellanartige Aggregate) und der **Thomsonit,** $NaCa_2[Al_5Si_5O_{20}] \cdot 6\,H_2O$ (u. a. als **Comptonit** vom Monte Somma am Vesuv). Ein weiterer Faser-Z. ist der schnell verwitternde, z. T. berylliumhaltige **Laumontit,** $Ca[Al_2Si_4O_{12}] \cdot 4\,H_2O$. – b) Die **Blätter-Z.** besitzen oft vollkommene Spaltbarkeit. Wichtigste Vertreter der Heulandit-Stilbit-Gruppe sind der oft ziegelrote **Heulandit,** $Ca[Al_2Si_7O_{18}] \cdot 6\,H_2O$ (H. 3,5–4, D. 2,2), und der weißliche oder schwach gefärbte **Stilbit** (oder **Desmin),** $Ca[Al_2Si_7O_{18}] \cdot 7\,H_2O$. Eine weitere Gruppe umfaßt den

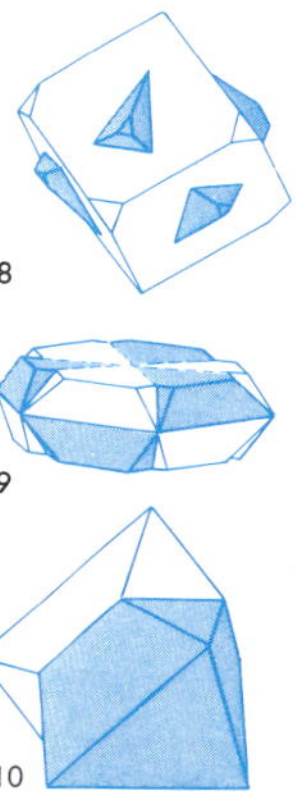
8
9
10

Zeolithe 8–10: **8** Chabasit-Durchkreuzungszwilling, **9** Levyn-Durchkreuzungszwilling, **10** Faujasit-Zwilling

Zeolithe 11: Harmotom; Kristallstufe (Strontian, Schottland)

→Phillipsit, den **Harmotom,** $Ba[Al_2Si_6O_{16}]\cdot 6\,H_2O$, und den meist halbkugelige oder garbenförmige Aggregate bildenden **Gismondin,** $Ca[Al_2Si_2O_8]\cdot 4\,H_2O$. – c) Häufigster **Würfel-Z.** ist der farblose, weiße, auch rötliche oder braune **Chabasit,** $Ca[Al_2Si_4O_{12}]\cdot 6\,H_2O$ (bei überwiegend Natrium und Kalium statt Calcium: **Herschelit**); H. 4,5, D. 2,08; Kristalle häufig mit Flächenstreifung; besondere Zwillingsformen werden **Phakolith** oder **Seebachit** genannt. Zur Chabasit-Gruppe (z. T. Anklänge an die Faser-Z.) gehören u. a. die Minerale **Gmelinit** und **Levyn.** Eine weitere, bes. wasserhaltige Gruppe der Würfel-Z. bilden der **Faujasit** und der **Paulingit.**

Große techn. Bedeutung haben synthet. Z. Wichtige Kenngrößen für die Anwendung sind der Durchmesser der Poren, die die Hohlräume des Kristallgitters miteinander verbinden, und das SiO_2/Al_2O_3-Verhältnis im Kristallgitter. Z. vom Typ A ($SiO_2/Al_2O_3 = 2$, Porenweite = 0,3–0,5 nm) werden als →Molekularsiebe (BILD) und Ionenaustauscher in Waschmitteln verwendet. Z. vom Typ X ($SiO_2/Al_2O_3 = 2$–3) und Y ($SiO_2/Al_2O_3 = 3$–6) mit Porenweiten von 0,9 nm haben die Struktur des natürl. Z. Faujasit. Sie dienen v. a. als Katalysatoren beim →Cracken. Neuerdings ist die Umwandlung von →Methanol in Kohlenwasserstoffe an Z. von dem Typ ZSM-5 ($SiO_2/Al_2O_3 = 30$) bedeutend. (Weitere BILDER S. 294)

Zeolithfazi|es, →Mineralfazies.

Zeresin, Ceresin, weißes, geruchloses, gereinigtes Erdwachs, u. a. zur Herstellung von Kerzen, künstl. Vaselinen, Schuh- und Möbelpflegemittel.

Zerfall, kurz für **radioaktiver Zerfall,** →Radioaktivität.

Zerfallskonstante, →Radioaktivität.

Zerfallsreihen, →Radioaktivität.

Zerfällungskörper. Z. eines Polynoms $f(x)$ über dem Körper K ist der Oberkörper $Z \supset K$ mit der Eigenschaft, daß $f(x)$ über Z vollständig in Linearfaktoren zerfällt: $f(x) = a(x-\alpha_1)\ldots(x-\alpha_n)$, jedoch nicht bereits über einem echten Unterkörper von Z.

zerfließlich, Eigenschaft fester, stark hygroskop. Stoffe, sich in dem aus der Luftfeuchtigkeit aufgenommenen Wasser allmählich aufzulösen.

Zerhacker, mechan. oder elektr. →Unterbrecher zum Umwandeln einer Gleichspannung in eine Wechselspannung oder eines Gleichstroms in einen Wechselstrom (→Wechselrichter). Anwendung z. B. zur Umwandlung niedriger Batteriespannungen in höhere Spannungen für den Betrieb elektronischer Geräte (mit Wiedergleichrichtung). Über elektron. Z. zur Zweikanaldarstellung beim Oszilloskop: →Chopper.

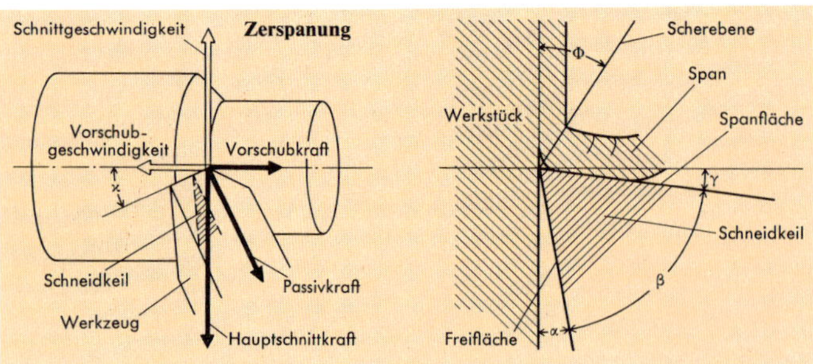

Zerkleinerung, Zerlegung eines Haufwerkes in Stücke kleinerer Korngröße meist durch Maschinen **(Z.-Maschinen),** z. B. →Brecher 1), →Mühlen.

zerlegbar, Zerlegung, diese Begriffe treten in der Mathematik in verschiedenen Zusammenhängen auf, z. B. ein Polynom heißt z. oder reduzibel, wenn es nicht →irreduzibel ist; jede natürl. Zahl ist in Primfaktoren zerlegbar (→Primzahl).

zerlegungsgleich heißen zwei (einfache) Polygone, wenn man sie in paarweise kongruente Dreiecke zerlegen kann.

Zerreißversuch, i. a. der →Zugversuch, i. e. S. eine Prüfung von Fäden, Seilen u. a. zur Ermittlung der Reißlänge.

Zerrung, Geologie: durch Zug oder Druck bewirkte Dehnung eines Gesteins oder Erdrindenteils; Z. führt zur Bildung von Klüften, Verwerfungen, Spalten oder Graben.

Zersetzung, umgangssprachl., meist sehr pauschal benutzte Bez. für oft unerwünschte Vorgänge, die durch äußere (z. B. Licht, Wärme, chem. und biolog.) Einwirkungen ein Material oder einen Gegenstand in seiner Struktur so verändern, daß er seinem urspr. Verwendungszweck oder seiner Aufgabe nicht mehr gerecht werden kann; z. B. →Alterung, →Autoxidation. Als kennzeichnendere Bez. empfiehlt es sich, den Vorgang genauer zu bezeichnen, z. B. Abbau, Elektro-, Pyro-, Thermo-, Hämo- oder Hydrolyse. – Je nach Art der abzubauenden Stoffe, des Bodens, des Klimas und der Einwirkung von Saprophyten oder Saprozoen verläuft die biolog. Z. als Fäulnis, Humifizierung, Vertorfung oder Verwesung.

Zerspanung, das Abnehmen von Spänen von einer Werkstückoberfläche mit einem schneidenden Werkzeug von Hand oder auf einer Werkzeugmaschine nach den verschiedenen Verfahren der →spanenden Formung. Die **Zerspantechnik** behandelt den Vorgang der Spanentstehung. Die **Zerspanbarkeit** des Werkstoffes hängt ab von seinen Eigenschaften in bezug auf die für vorgegebene Werkzeugstandzeit zulässige Schnittgeschwindigkeit, Schnittkräfte, Vorschubgeschwindigkeit, Spanbildung und auf den Werkzeugverschleiß.

Wesentlich für den Zerspanungsvorgang ist die Schneidengeometrie des Werkzeugs. Man unterscheidet dabei die **Spanfläche,** über die der Span abläuft; die **Freifläche,** die der bearbeiteten Fläche zugewandt ist. Der **Spanwinkel** γ ist der Winkel zw. Horizontalebene und Spanfläche; der **Freiwinkel** α ist der Winkel zw. Freifläche und Werkstückoberfläche; der **Keilwinkel** β ist der Winkel zw. Spanfläche und Freifläche; der **Neigungswinkel** λ ist die Neigung der Schneide gegen die Senkrechte auf die Werkstückoberfläche. **Eckenwinkel** ε ist der Winkel zw. Haupt- und Nebenschneide; der **Einstellwinkel** $\varkappa$ ist der Winkel zw. Hauptschneide und Werkstückoberfläche. Die **Nebenschneide** ist die zur Schnittrichtung entgegengesetzt liegende Schneide.

Spanform. Beim Eindringen der Schneide in den Werkstoff wird das vor der Schneide liegende Material bis zum Überschreiten der Scherfestigkeit gestaucht. Die entlang der Ebene größter Scherspannung abgescherten Lamellen fließen beim **Bröckelspan** einzeln, beim **Fließ-** und **Scherspan** zusammenhängend ab. Unregelmäßig ablaufende **Wirrspäne** vermeidet man durch Anbringen einer Spanleitstufe auf der Spanfläche. Hierdurch wird der Span umgebogen und bricht dabei.

Bewegung und Geschwindigkeit. Um eine fortlaufende Spanabnahme zu erzielen, wird dem Werkstück oder dem Werkzeug außer der **Hauptschnittbewegung,** die die Spanabnahme bewirkt, noch eine **Vorschubbewegung** erteilt, die neuen Werkstoff vor die Schneide bringt, kontinuierlich (Drehen, Bohren, Fräsen) oder intermittierend (Hobeln, Stoßen). **Hauptschnittgeschwindigkeit** und **Vorschubgeschwindigkeit** richten sich nach dem zu bearbeitenden Werkstoff, der verlangten Oberflächengüte und der zu fordernden Standzeit des Werkzeugs.

Kräfte. Die bei der Spanabnahme durch Stauch-, Scher- und Reibungsvorgänge zw. Werkzeug und Werkstück an der Frei- und Spanfläche entstehende **Zerspankraft** läßt sich in drei aufeinander senkrecht stehende Komponenten aufteilen: **Schnittkraft, Vorschubkraft** und **Passivkraft.** Einflußgrößen auf die Schnittkraft sind die werkstoffabhängige spezif. Schnittkraft je mm^2 Spanquerschnitt, Vorschubgeschwindigkeit, Spanform und Spanquerschnitt, weniger die Schnittgeschwindigkeit.

Verschleiß und Standzeit. Die durch Reibung zw. Werkzeug und Werkstück sowie zw. Span und Werkzeug entstehende Wärme führt im Bereich der Werkzeugschneide zu hohen Temperaturen. Zum Schutz des Werkzeugs werden daher Kühl- und Schmiermittel zur Herabsetzung der Reibung und zur Wärmeabfuhr eingesetzt. Reibungs- und therm. Vorgänge sowie die mechan. Stabilität der Schnittbedingungen (Schwingungen) führen letztlich zum Verschleiß des Werkzeugs und damit zum Ende der Standzeit.

H. Tschätsch: Tb. Spanende Formgebung (1980); K.-Th. Preger: Zerspantechnik ([5]1982).

Zerspratzung, Zerreißung heißer, gasreicher Lava beim Auswurf aus dem Vulkan.

Zerstäuber, Zerstäubungs|apparate, Apparate zum Zerstäuben von Flüssigkeiten (Feinstverteilung als Dispersionen in Gasen) mit Hilfe von Düsen, durch die die Flüssigkeit gedrückt wird. Der Förderdruck wird hergestellt durch: Zusammendrücken eines Gummiballs (z. B. Parfüm-Z.), Druckgase aus Handpumpen oder Kompressoren (z. B. → Strahlpumpen, → Spritzpistolen, Spritzen für Pflanzenschutzmittel und Insektizide), Substanzen mit hohen Dampfdrücken (→ Treibmittel, z. B. in Sprühdosen). **Fliehkraft-Z.** benutzen die Fliehkraft auf rotierenden Scheiben oder in rotierenden Düsenkörben.

Zerstörer, schnelles Kriegsschiff, heute bis zu 6000 t, um 1890 urspr. als Torpedoboot-Z. zur Abwehr gegen das Torpedoboot und als Sicherung für Schlachtschiffe geschaffen. Die frühere Hauptbewaffnung mit bis zu acht Geschützen (Kaliber 10–15 cm) und drei bis zehn Torpedorohren wird etwa seit Mitte der sechziger Jahre weitgehend durch Flugkörperbewaffnung gegen Luft- und Seeziele ersetzt; die U-Jagd-Bewaffnung wird ständig verstärkt, bes. durch verbesserte Ortungsmittel und Bordhubschrauber. Die Aufgaben der klassischen Z. werden heute weitestgehend von Fregatten übernommen, bes. in den europ. Marinen ist der Übergang zw. den beiden Klassen fließend.

Zerstrahlung, Annihilation, Paarvernichtung, i. w. S. die Vernichtung eines Elementarteilchens und seines Antiteilchens beim Zusammentreffen unter Aussendung von → Vernichtungsstrahlung, i. e. S. die vollständige Umwandlung von Materie in elektromagnet. Strahlung beim Zusammentreffen eines Teilchen-Antiteilchen-Paares. Z. ist der Umkehrprozeß zur → Paarerzeugung.

Zerstreuungskreis, Unschärfekreis, die bei der opt. → Abbildung an Stelle eines Bildpunktes erzeugte unscharfe Fläche, die vom menschl. Auge erst bemerkt wird, wenn man den Bereich der → Schärfentiefe vor und hinter der Einstellebene verläßt.

Zertrümmerungsstern, → Kernexplosion.

Zeta (ζ, Z), ein → griechischer Buchstabe (Übersicht).

Zetafunktion, die → Riemannsche Zetafunktion.

Zeta Geminorum-Sterne, Untergruppe der Cepheiden, die sich von den eigtl. Delta-Cephei-Sternen durch eine symmetrischere Lichtkurve unterscheidet.

zetteln, Weberei: svw. → bäumen.

Zetter, ein → Heuwender zum Zerstreuen des gemähten Grüngutes unmittelbar beim oder nach dem Mähen.

Zeugdruck, → Textildruck.

Zeugenberg, Auslieger, Ausliegerberg, vor dem mehr oder weniger geschlossenen Rand einer → Schichtstufe liegender Einzelberg, dessen Gestein dem der Schichtstufe entspricht; als Abtragungsrest bezeugt er die ehemalige Lage der zurückverlegten Schichtstufe.

ZF, Abk. für → **Z**wischen**f**requenz.

Zickzack-Schaltung, → Transformator.

Ziegel, aus Lehm, Ton oder tonigen Massen mit Zusatz von Sand und anderen Magerungsmitteln geformte und nach dem Trocknen gebrannte Baustoffe, die als Ziegeleierzeugnisse zur → Baukeramik rechnen. Die Formgebung des aufbereiteten Rohmaterials erfolgt meist in Strang- oder Stempelpressen, die getrockneten Rohlinge werden vorwiegend in Tunnelöfen bei Temperaturen von 900–1400 °C gebrannt; höherer Eisengehalt gibt dem gebrannten Material (Scherben) häufig die typisch rote Farbe. Bis zur Sinterung gebrannte Ziegel werden als → Klinker 1) bezeichnet; der Klinkerscherben weist hohe Dichte und Festigkeit bei niedriger Wasseraufnahme auf.

Z.-Erzeugnisse dienen u. a. zur Dachdeckung (→ Dachziegel), Herstellung von Mauerwerk (→ Mauerziegel, veraltete Bez.: Backsteine), Decken (Decken-Z.), Schächten und Schornsteinen (→ Radialziegel), Abwasser- und Drainageleitungen (Kanalklinker, → Steinzeug, Drainrohre), für Pflasterarbeiten (Straßenbauklinker), Wand- und Bodenbeläge sowie Verkleidungen (Fliesen und Platten, Spaltplatten, Riemchen) und Feuerfestanlagen (→ feuerfeste Stoffe).

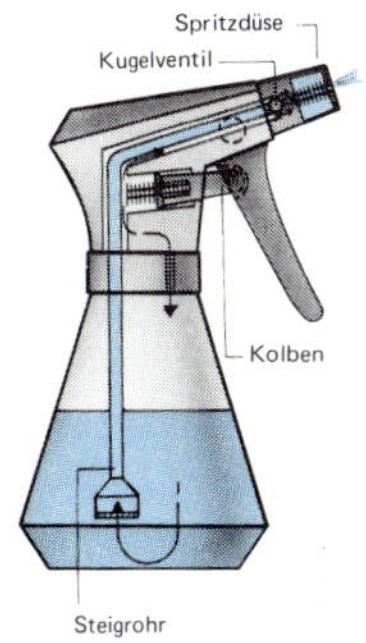

Zerstäuber

Zerstäuber: Herausdrücken der Flüssigkeit durch den Druck zusammengepreßter Luft

Ziegler-Natta-Katalysatoren [n. dem dt. Chemiker K. W. Ziegler, * 1898, † 1973, und dem ital. Chemiker G. Natta, * 1903, † 1979], Metallkomplexkatalysatoren, die bei der Reduktion von Übergangsmetallverbindungen (z. B. Titan- oder Kobaltverbindungen) mit metallorgan. Verbindungen (z. B. Diäthylaluminiumchlorid) entstehen. Z.-N.-K. ermöglichen die stereospezif. Polymerisation von Olefinen. Sie haben große Bedeutung für die Herstellung von → Polyäthylen, → Polypropylen und Polybutadien (→ Kautschuk).

ziehen, 1) Fertigungstechnik: allg. Bez. für Kaltumformungsverfahren, bei denen die Formgebung durch äußere Zugkräfte bewirkt wird, z. B. beim Drahtziehen (→ Draht), Abstreckziehen (→ Abstrecken), → Durchziehen, → Streckziehen, → Tiefziehen.

2) Fliegersprache: das Steuerorgan eines Flugzeugs zum Körper des Piloten hin bewegen (heranziehen), um durch einen Höhenruderausschlag den Anstellwinkel zu vergrößern; bewirkt i. d. R. Steigen des Flugzeugs. (→Überziehen)

Ziehklinge, Werkzeug aus Stahlblech zur Feinstbearbeitung von vorwiegend Hartholzoberflächen durch →Abziehen 2).

Ziehschmierstoffe, →Kühlschmierstoffe.

zielen, visieren, →Visier.

Zielfernrohr, ein Kimme und Korn ersetzendes →Fernrohr zum Zielen für Maschinen- und Bordkanonen (Zieloptik), Infanterie- und Jagdgewehre; enthält ein Fadenkreuz oder entsprechende Teilungen für die Entfernung sowie ziel- und munitionsabhängige Vorhaltewerte.

Zielflug|gerät, engl. **Homing Indicator** [hˈəʊmɪŋ ˈɪndɪkeɪtə], Flugfunkpeilgerät mit einer Hilfs- und einer Rahmenantenne, deren Minimumrichtung mit der Flugzeuglängsachse zusammenfällt. Durch period. Umpolen der Rahmenspannung werden nacheinander zwei spiegelbildliche kardioidförmige Empfangscharakteristiken erzeugt, die bei direktem Anflug oder Abflug von einem Ziel (Sender) gleiche Empfangsspannungen, d. h. einen Dauerton, ergeben; ungleiche Spannungen zeigen eine Abweichung vom Zielkurs optisch oder akustisch an.

Zielflugzeug, bemanntes oder unbemanntes (dann fern- oder programmgelenktes) Flugzeug, das als Übungsziel bei der Ausbildung des Personals für Flugabwehrwaffen dient. Für Scharfschießübungen mit Rohrwaffen werden von einem Schleppflugzeug an einem langen Seil geschleppte Schleppziele verwendet, für solche mit Raketenwaffen ferngelenkte Zielflugkörper.

Zielschiff, ferngesteuertes Schiff für praxisnahe Gefechtsschießübungen, gelegentlich auch ein älteres Schiff, an dem die Geschoßwirkungen und die Widerstandskraft des Schiffskörpers gegen Treffer erprobt werden.

Zielsuchverfahren, Eigenlenkverfahren (→Eigenlenkung) für Flugkörper zu ortsveränderl. (bewegten) Zielen. Hierzu wird die Lage des Zieles fortwährend durch richtungsempfindl. Sensoren für Energiestrahlungen unterschiedl. Art bestimmt und daraus die erforderl. Lenkbefehle abgeleitet. Bei **passiven Z.** wird die Eigenstrahlung des Zieles (meist dessen Infrarotstrahlung) genutzt; **halbaktive Z.** nutzen hingegen vom Ziel reflektierte Energiestrahlung, die durch außerhalb des Lenkobjekts befindl. Strahlungssender (Radargeräte, Laserzielbeleuchter) dem Ziel zugestrahlt wird. Bei **aktiven Z.** empfängt der Sensor der Zielsuchvorrichtung ebenfalls vom Ziel reflektierte Strahlung, die jedoch von einem an Bord des zu lenkenden Fahrzeugs befindl. Sender abgestrahlt wird. Z. dienen fast nur zur Führung militär. →Lenkflugkörper.

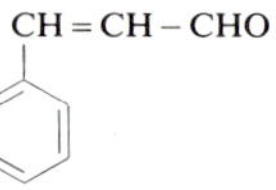

Zimtaldehyd

Zimtsäure

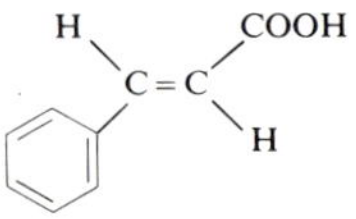

trans-Zimtsäure

Ziffern, Zeichen, aus denen eine →Zahl besteht, auch eine einstellige Zahl selbst; z. B. besteht die Zahl 54 aus den Ziffern 5 und 4. (→arabische Ziffern, →römische Ziffern)

Zimmerung, Tunnel- und →Grubenausbau aus Holz, bes. solcher aus vorgefertigten Rahmen, z. B. in Schächten und Blindschächten.

Zimt|aldehyd, Cinnam|aldehyd, 3-Phenyl-2-propenal, gelbliche, zimtähnlich riechende Flüssigkeit, die im Cassiaöl und Ceylonzimtrindenöl vorkommt. Z. wird aus Benzaldehyd und Acetaldehyd synthetisch hergestellt und als Riechstoff sowie zur Herstellung von Zimtalkohol verwendet.

Zimtsäure, 3-Phenylpropensäure, kristalline aromat. Carbonsäure, deren trans-Form frei und verestert in vielen ätherischen Ölen, Harzen und Balsamen vorkommt. Z. wird durch Reaktion von Benzaldehyd mit Acetanhydrid in Gegenwart von Natriumacetat hergestellt. Ihre Ester **(Cinnamate)** dienen v. a. als Riechstoffe.

Zink *das,* chem. Symbol **Zn,** ein →chemisches Element aus der 2. Nebengruppe des Periodensystems, Ordnungszahl 30. Die natürlich vorkommenden Isotope der Massenzahlen 64 (48,9%), 66–68 (50,5%) und 70 sind stabil. Daneben gibt es mehr als 15 künstl. Isotope und Isomere. Z. ist ein bläulichweißglänzendes Metall, das bei 100 bis 150 °C walz- und dehnbar wird. An der Luft ist Z. infolge Bildung einer farblosen Schutzschicht aus Z.-Oxid und bas. Z.-Carbonat verhältnismäßig beständig. Bei etwa 500 °C verbrennt es an der Luft mit charakterist. grünlichblauer Flamme zu Z.-Oxid. Gegen Wasser ist kompaktes Z. relativ beständig, von Säuren und Basen wird es unter Wasserstoffentwicklung gelöst. Staubförmiges Z. (›Zinkstaub‹) ist reaktionsfähiger und wird bereits von Wasser angegriffen.

Der Anteil an der oberen Erdkruste wird auf 0,012% geschätzt. Das weitaus wichtigste **Z.-Erz** ist das Z.-Sulfid, das in der Natur als →Sphalerit **(Zinkblende)** und als →Wurtzit vorkommt. Der →Smithsonit ($ZnCO_3$) und der Hemimorphit ($Zn_4[(OH)_2|Si_2O_7] \cdot H_2O$) sind weitere wichtige Z.-Minerale (→Galmei). – Die techn. Darstellung von Z. kann auf trockenem oder nassem Wege erfolgen. Beim trockenen Verfahren wird geröstete Zinkblende oder gebrannter Galmei in feuerfesten Muffelöfen mit Kohle auf 1 100–1 300 °C erhitzt. Das gebildete Z. entweicht dampfförmig und wird in einer Vorlage zu Rohzink kondensiert. Ein Teil des Z. schlägt sich auch als Z.-Staub nieder. Das Rohzink wird durch mehrmalige Destillation gereinigt. – Beim nassen Verfahren wird durch Behandeln von gerösteter Z.-Blende oder gebranntem Galmei mit Schwefelsäure eine Z.-Sulfidlösung erhalten, die unter Verwendung von Bleianoden und Aluminium- oder Quecksilberkathoden elektrolysiert wird. Das an der Kathode abgeschiedene Elektrolytzink kann wie beim trockenen Verfahren weiter gereinigt werden.

Z. wird v. a. zum →Verzinken und Galvanisieren verwendet. Daneben dient Z. zur Herstellung von Z.-Legierungen, galvan. Elementen, Zinkstaubfarben, Z.-Staub als chem. Reduktionsmittel und zur Erzeugung von Wasserstoff.

Z. wurde in Persien bereits im 6. Jh. gewonnen und war später auch in Indien und China bekannt. Römer und Griechen stellten aus Galmei Messing her. 1721 wurde es von J. F. HENCKEL beschrieben. W. CHAMPION errichtete nach chines. Vorbild 1740 die erste Z.-Hütte in Bri-

Ziffern: Die Zahl 16468

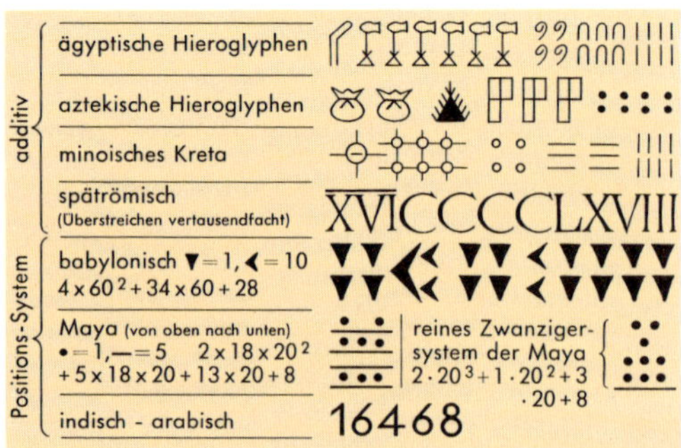

stol. Verbessert wurde das Verfahren durch A. S. MARGGRAF im Jahr 1746.

Zink|ätzung, Zinkotypie, eine → Hochätzung in Zink.

Zinkblende *die,* Mineral ZnS, der → Sphalerit.

Zinkblüte *die,* Mineral, der → Hydrozinkit.

Zinkhexafluorosilicat, Zinksilicofluorid, Zinksalz, $Zn[SiF_6] \cdot 6\ H_2O$, der Hexafluorokieselsäure; farblose, leicht wasserlösl. Prismen. Z. dient zum Wasserdichtmachen von Zement, kombiniert mit anderen Fluoriden zur Verbesserung der Korrosionsbeständigkeit von Oberflächen aus Aluminium und Aluminiumlegierungen, als Fungizid im Holzschutz u. a.

Zinkit *der,* **Rot|zink|erz,** Mineral ZnO, meist mit Mangangehalt (bis 9%), blut- bis hyazinthrot; H. 4,5–5, D. 5,4–5,7; selten Kristalle, meist körnige und spätige Aggregate; kontaktpneumatolytisch als Zinkerz, auch als Hüttenprodukt; z. T. als Edelstein verwendet.

Zinklegierungen enthalten meist etwa 4% oder mehr Aluminium und ggf. bis mehr als 1% Kupfer und 0,02 bis 0,05% Magnesium; verwendet v. a. für in Druckguß, Sand- oder Kokillenguß hergestellte Teile mit hoher Maßgenauigkeit.

Zinkpigmente, anorganische Zinkverbindungen, die als → Pigmente dienen. – **Zinkcarbonate,** 1) neutrales Zinkcarbonat, $ZnCO_3$; kommt in der Natur als → Smithsonit vor; 2) bas. Zinkcarbonat (Formel etwa $5\ ZnO \cdot 2\ CO_2 \cdot 4\ H_2O$), das wasserunlösl. weiße Pulver tritt als Mineral → Hydrozinkit auf. Beide Z. sind weiße, gut deckende Pigmente für die Porzellan- und Töpferwarenherstellung sowie für Puder. – **Zinkchromatpigmente** sind synthetisch hergestellte gelbe Pigmente, Zinkgelb ein Zink-Kaliumchromat. Im Gemisch mit Berliner Blau bildet es Zinkgrün, mit Phthalocyaninblau Zinkechtgrün. Bas. Zinkchromate, bes. das Zinktetraoxychromat und das orangerote Zinkdichromat, haben für den Korrosionsschutzanstrich Bedeutung. – **Zinkstaubfarben** sind hochpigmentierte, korrosionsschützende Anstriche, deren Pigment 92 bis 95% Zinkstaub enthält; sie sind physiologisch unbedenklich. – **Zinksulfid** dient als Weißpigment für Farben, Lacke und Tapeten und im Gemisch mit Bariumsulfat als → Lithopone. Mit Kupfer, Silber, Mangan, Aluminium u. a. dotiert, dient Zinksulfid als → Leuchtstoff (Sidot-Blende). – **Zinkoxid,** → Zinkverbindungen.

Zinksilicate, 1) **Zinkorthosilicat,** Zn_2SiO_4, natürlich als → Willemit; dient als → Leuchtstoff in der Fernseh- und Rundfunktechnik; 2) **Zinkmetasilicat,** $ZnSiO_3$, bildet sich beim Aushärten von korrosionsschützenden Z.-Anstrichen, die aus Zinkstaub und Silicat-Lösung bestehen.

Zinksilicofluorid, das → Zinkhexafluorosilicat.

Zinkspat *der,* Mineral, der → Smithsonit.

Zinkung, eine → Holzverbindung für Ecken an Kästen und Zargen. Zu den schwalbenschwanzförmigen **Zinken** passen Aussparungen (Schwalben) am anderen Stück. Die Z. wird geleimt.

Zinkverbindungen. In seinen Verbindungen hat Zink stets die Oxidationszahl +2. **Zinkoxid,** ZnO, ein wasserunlösl. weißes Pulver, das sich in der Hitze gelb färbt, wird technisch durch Verbrennen von Zinkdampf an der Luft hergestellt. Es wird als Malerpigment **Zinkweiß,** für Kitte, Puder, Salben **(Zinksalbe),** als Zusatz zu Gummimischungen und, nach Aktivierung, in der Elektrophotographie verwendet. Beim Glühen mit Kobaltoxid entsteht Rinmans Grün. – Das aus Zinksalzlösungen mit Laugen ausfallende weiße **Zinkhydroxid,** $Zn(OH)_2$, löst sich in starken Alkalien unter Bildung der **Zinkat-Ionen,** $[Zn(OH)_4]^{2-}$; in Ammoniak ist es unter Bildung des **Zinktetramin-Ions,** $[Zn(NH_3)_4]^{2+}$, löslich. **Zinkchlorid,** $ZnCl_2$, ist ein weißes hygroskop. Salz, das sich beim Lösen von Zink oder Zinkoxid in Salzsäure bildet. Es wird zum Abbeizen von Metallen (›Lötsalz‹) und zum Konservieren von Holz verwendet. **Zinksulfat** entsteht bei der Behandlung oxid. Zinkerze oder der Röstrückstände der Zinkblende mit Schwefelsäure. Es ist das technisch wichtigste und meistverwendete Zinksalz. Es wird u. a. benutzt zu galvan. Verzinkungsbädern, zur Herstellung von Zinkfarben und Verbindungen, zur Erzflotation, in der Textilindustrie als Beize und als Konservierungsmittel. Es kristallisiert aus wäßriger Lösung als farbloser **Zinkvitriol,** $ZnSO_4 \cdot 7\ H_2O$, aus. Es wird ebenfalls technisch verwendet. **Zinksulfid,** ZnS, als Mineral Zinkblende oder Wurtzit, fällt als weißer Niederschlag aus Zinksalzlösungen bei Zugabe von Schwefelwasserstoff aus. Es ist Bestandteil der weißen Pigmente Lithopone und von → Leuchtstoffen. **Zinkcarbonat,** $ZnCO_3$, kommt als Mineral **Zinkspat (Galmei)** vor. **Zinkchromate** sind unlösl. gelbe Z. wechselnder Zusammensetzung, die als Pigmente verwendet werden. Die **Zinkalkyle,** z. B. das Diäthylzink, $Zn(C_2H_5)_2$, Siede-P. 115 °C, waren die ersten bekannten metallorgan. Verbindungen (E. FRANKLAND, 1849). **Zinkstearat,** $Zn(C_{17}H_{35}COO)_2$, wird für kosmet. Zwecke verwendet. **Zinkacetat,** $Zn(CH_3COO)_2$, dient als Beiz- und Desinfektionsmittel sowie als Flammschutzmittel in der Textilindustrie.

Zinn *das,* lat. **stannum,** chem. Symbol **Sn,** ein → chemisches Element aus der 4. Hauptgruppe des Periodensystems, Ordnungszahl 50. Von den rd. 30 Isotopen und Isomeren sind nur die natürlich vorkommenden mit den Massenzahlen 112, 114–116, 117–120, 122 und 124 stabil. Z. ist ein weiches, silberweißglänzendes Metall. Es läßt sich zu dünnen Blättchen (›Stanniol‹, Z.-Folie) auswalzen. Z. kommt in zwei Modifikationen vor: **β-Z.** bildet sich beim Erstarren in tetragonalen Kristallen, deren Reibung beim Biegen vom kompakten Z. ein knirschendes Geräusch **(Z.-Geschrei)** verursacht. Unterhalb von 13,2 °C wandelt es sich in eine nichtmetallische kub. Modifikation, **α-Z.,** um, das gewöhnlich als graues Pulver auftritt. Die Zerstörung von kompaktem Z. durch Bildung von α-Z. wird als **Zinnpest** bezeichnet. Z. verbrennt bei höherer Temperatur zu weißem Z.-Dioxid, SnO_2, starke Säuren und Basen greifen Z. an. Anorgan. Z.-Verbindungen sind praktisch ungiftig.

Die obere Erdkruste enthält etwa 0,0035% Z. Wichtige Z.-Minerale sind der → Kassiterit **(Zinnstein),** SnO_2, ein schweres, hartes, sehr beständiges Mineral, das auch → Seifen 2) bildet, sowie der → Stannin **(Zinnkies),** Cu_2FeSnS_4. Gediegenes Z. ist selten.

Die zerkleinerten Z.-Erze werden naßmechanisch aufbereitet und durch Entfernen der Beimengungen angereichert (auf 35–75% Z.). Die Z.-Oxidkonzentrate werden geschmolzen und mittels Kohlenstoff reduziert (Erzarbeit). Das so erhaltene Rohzinn (> 95% Z.) wird durch Seigern von Eisen befreit und kann durch Chlorierung und elektrolyt. Raffination weiter gereinigt werden (Schlackenarbeit). – Z. dient v. a. zur Herstellung von Weißblech, Loten, Legierungen, Lagermetallen, Bronzen, Stanniolen und von Chemikalien, außerdem wird es in Form von hochreinen Verbindungen und von Einkristallen für Halbleiter verwendet.

Das Z. hat als Legierung mit Kupfer (Bronze) einer Zeitepoche den Namen gegeben (Bronzezeit). Die Gewinnung der Bronze im 3. Jahrtsd. v. Chr. ging, wenigstens in Europa und im Vorderen Orient, der des eigtl. Z. voraus. Bei den Chinesen war es bereits einige tausend Jahre vor unserer Zeitrechnung in Gebrauch. Die Herstellung von verzinntem Weißblech wurde im 14. Jh. in Dtl. erfunden.

Zinnkies, Mineral, der →Stannin.

Zinnlegierungen. Zinn ist wesentl. Bestandteil vieler niedrigschmelzender Legierungen wie **Weichlote,** die 8 bis 63% Zinn, bis zu 3% Antimon, Kupfer oder Silber, Rest Blei, enthalten, sowie von →Bronzen, →Rotguß und →Weißmetall.

Zinnober *der,* quecksilberhaltiges Mineral, HgS, der →Cinnabarit.

Zinnpest, an alten Zinngeräten auftretende, an einzelnen Punkten beginnende und sich von dort aus ausbreitende langsame Zerstörung des Metalls, bedingt durch eine bei tiefen Temperaturen eintretende Umwandlung des →Zinns.

Zinnstein, Mineral, der →Kassiterit.

Zinnverbindungen. Zinn tritt in seinen Verbindungen mit den Oxidationszahlen +2 und +4 auf. **Zinn(II)-oxid,** SnO, ist ein blauschwarzes Pulver, das beim Erhitzen an der Luft in weißes **Zinn(IV)oxid,** SnO_2, übergeht. Letzteres wird technisch durch Verbrennung von Zinn hergestellt. Es findet Verwendung für Glasuren und Emaillen. Aus Lösungen der Zinn(II)- bzw. Zinn(IV)salze werden durch Basen **Zinn(II)hydroxid,** $Sn(OH)_2$, bzw. **Zinndioxidhydrat,** $SnO_2 \cdot n \cdot H_2O$ **(Zinnsäure),** ausgefällt. Beide lösen sich im Überschuß von Basen unter Bildung von **Stannat(II)-Ion,** $[Sn(OH)_4]^{2-}$, bzw. **Stannat(IV)-Ion,** $[Sn(OH)_6]^{2-}$. **Natriumhexahydroxostannat (IV),** $Na_2[Sn(OH)_6]$, findet als Präpariersalz in der Färberei Verwendung. **Zinn(II)chlorid,** $SnCl_2$, entsteht beim Lösen von Zinnspänen in Salzsäure. Es dient als Reduktionsmittel, zur Herstellung von Beizen in der Textilindustrie, von Lackfarben sowie als Stabilisator und Katalysator bei organ. Synthesen. **Zinn(IV)chlorid,** $SnCl_4$, wird technisch durch Chlorieren von Weißblechabfällen (→Zinn) hergestellt. Es ist eine farblose, stark rauchende, bei 114,1°C siedende Flüssigkeit. $SnCl_4$ dient als Katalysator in der organ. Chemie, als Beizmittel im Textildruck, zur Herstellung zinnorgan. Verbindungen. Es bildet mit wenig Wasser festes $SnCl_4 \cdot 5\ H_2O$ **(Zinnbutter, Rosiersalz).** Mit Salzsäure entsteht die **Hexachlorozinnsäure,** H_2SnCl_6, deren Ammoniumsalz, $(NH_4)_2[SnCl_6]$, als **Pinksalz** in der Färberei Anwendung findet. Braunes **Zinn(II)-sulfid,** SnS, und gelbes **Zinn(IV)sulfid,** SnS_2 **(Musivgold),** fallen aus Lösungen der entsprechenden Zinnsalze mit Schwefelwasserstoff aus. **Zinnwasserstoff,** SnH_4 **(Stannan),** bildet sich aus **Magnesiumstannid,** Mg_2Sn, und Salzsäure als stark giftiges Gas, das beim Erwärmen unter Zinnabscheidung zerfällt.

Organ. Z. sind i. Ggs. zu den anorgan. Z. sehr giftig. **Tributylzinnacetat,** $(C_4H_9)_3Sn(CH_3COO)$, dient als Holzkonservierungsmittel. **Zinntetraphenyl,** $Sn(C_6H_5)_4$, bildet nichtflüchtige farblose Kristalle, Schmelz-P. 226 °C. Andere organ. Z. dienen als Stabilisatoren bei Kunststoffen, als Desinfektionsmittel, fungizide und algizide Schutzmittel u. a.

Zinnwaldit, ein Mineral, →Glimmer.

Zinseszins, Zinsen, die entstehen, wenn die Zinsen eines Kapitals innerhalb eines bestimmten Zeitraumes, z. B. eines Jahres, jedesmals zum Kapital hinzugefügt (›kapitalisiert‹) und mit diesem wieder verzinst werden. Dadurch entstehen fortgesetzt Zinsen der vorangehenden Zinsen. Ist *c* das Anfangskapital, *p* der Prozentsatz **(Zinssatz, Zinsfuß)** und $1 + (p/100) = q$, dann erhält man bei jährlicher Anrechnung der Zinsen nach *n* Jahren das Endkapital $k = c \cdot q^n$ **(Zinseszinsformel).** Hieraus folgt, daß eine in *n* Jahren fällige Schuld *k* den heutigen Wert **(Barwert)** $c = k \cdot (1/q)^n$ hat; *q* wird **Verzinsungsfaktor** oder **Aufzinsungsfaktor,** $1/q$ **Abzinsungsfaktor** oder **Diskontierungsfaktor** genannt.

Zinsrechnung dient der Berechnung der Zinsen gemäß der **Zinsformel.** In der Z. wird das Jahr üblicherweise mit 360 Tagen angenommen. Über Hinzufügung der Zinsen zum Kapital →Zinseszins.

Zinsformel

$$\text{Zinsen} = \frac{\text{Kapital} \times \text{Zinssatz} \times \text{Zinstage}}{100 \cdot 360}$$

$$= \frac{\dfrac{\text{Kapital} \times \text{Zinstage}}{100}}{\dfrac{360}{\text{Zinssatz}}} = \frac{\text{Zinszahl}}{\text{Zinsdivisor}}$$

Beispiel:

Ein Kapital von 1250 DM ist mit 6% 120 Tage zu verzinsen:

Die Zinszahl beträgt $\frac{1250 \times 120}{100} = 1500$

Der Zinsdivisor beträgt $\frac{360}{6} = 60$, so daß die

Zinsen $\frac{1500}{60} = 25$ DM ausmachen.

Ziolkowski-Raketenformel [n. dem russ. Physiker K. E. Ziolkowski, * 1857, † 1935], →Rakete.

Zircaloy, Gruppe von Zirkoniumlegierungen mit höherer Warmfestigkeit und Korrosionsbeständigkeit als unlegiertes Zirkonium, entwickelt für die Verwendung in Kernreaktoren. Neben Zirkonium als Hauptbestandteil enthalten die verschiedenen Z.-Arten geringe Zusätze an Zinn, Eisen, Nickel, Chrom.

Zirculardichroismus, Abk. **CD,** Erscheinung, daß aus linear polarisiertem Licht durch eine optisch aktive Lösung der rechts oder links zirkular polarisierte Anteil stärker absorbiert wird. Der durch Messung festgestellte Z. gibt Auskunft über die räuml. Anordnung v. a. von organ. Molekülen und Komplexverbindungen.

Zirkel, 1) Astronomie: lat. **Circinus,** ein →Sternbild des Südhimmels.

2) Zeichengeräte: ein Hilfsmittel, v. a. zum Zeichnen von Kreisen. Der Z. besteht i. a. aus zwei Schenkeln, die in einem Kopfscharnier durch Reibung in jeder Spreizlage festgehalten werden. Beim **Einsatz-Z.** tragen Einsätze an den Schenkelenden Spitzen, Bleistiftminen oder Tusche-(Reiß-)Federn. Für sehr kleine Kreise ist beim **Nullen-Z.** der eine Schenkel nur wenig, aber mit Schraubgewinde genau abspreizbar. Für sehr große Kreise dienen Z. mit Verlängerungseinsätzen oder der **Stangen-Z.,** eine Stange mit aufgeschobenen Spitzen und Mine oder Reißfeder. Z. dienen auch zum Abgreifen und Übertragen von Strecken: Der **Stech-Z.** hat Spitzen an beiden Schenkeln, beim **Teil-Z.** stellt man den Spitzenabstand mit einer Schraube ein, der **Planimeter-Z.** hat einen verstellbaren Schenkelanschlag. Der **Reduktions-Z.** dient zum Vergrößern oder Verkleinern von Zeichnungen. – Sonderformen sind **Ellipsen-Z., Hyperbel-Z., Evolventen-Z.** u. a., Zeichengeräte mit Kurven- oder Gelenkgetrieben zum Zeichnen von Kegelschnitten und ähnlichen Kurven.

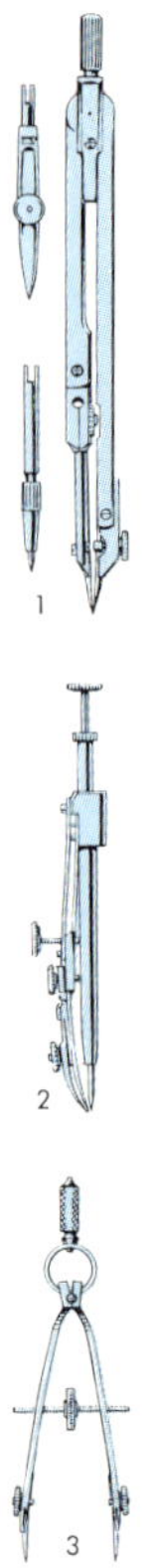

Zirkel 2):
1 Einsatzzirkel mit Reißfeder und Mineneinsatz.
2 Nullenzirkel.
3 Teilzirkel

Zirkelkonstruktionen, nur mit dem Zirkel (ohne Benutzung des Lineals) auszuführende geometr. Konstruktionen. Durch Z. lassen sich alle mit Zirkel und Lineal lösbaren Konstruktionsaufgaben bewerkstelligen, wenn man sich eine Gerade durch zwei ihrer Punkte bestimmt denkt.

Zirkelschluß, Fehlschluß, bei dem *A* aus *B* und *B* wieder aus *A* bewiesen wird.

Zirkon *der,* Mineral $Zr[SiO_4]$, wobei stets ein Teil des Zirkoniums durch Hafnium (im **Alvit** bis 16%), Uran und Thorium ersetzt ist. **Naegit** enthält viel $Yttrium^{3+}$. Z. ist meist braun oder braunrot, seltener gelb, grau, blaugrün und farblos; H. 7,5, D. 4,8 (abnehmend bis 3,9 bei grünen, isotropisierten Varietäten); stets ein- oder aufgewachsene Kristalle, niemals derb. Häufige Verwendung als Edelstein, u. a. gelbroter Hyazinth, blaßgelber Jargon und die z. T. durch Brennen farblosen oder blauen Varietäten. Z. kommt sowohl in Tiefengesteinen (Graniten) und Vulkaniten (Rhyolith, Basalt) wie auch in metamorphen Gesteinen vor (z. B. in Amphibolit, Kristalle bis 7 kg), weit verbreitet auch sekundär in Sanden und Edelsteinseifen.

Zirkonium, auch **Zirkon,** chem. Symbol **Zr,** ein → chemisches Element aus der 4. Nebengruppe des Periodensystems, Ordnungszahl 40. Neben den natürl. stabilen Isotopen mit den Massenzahlen 90–92 und 94 sind mehr als 15 künstl. Isotope und Isomere bekannt. Reines Z. ist ein relativ weiches, silberweißglänzendes walz- und ziehbares Metall. Feinverteiltes Z. ist pyrophor, kompaktes Z. relativ beständig gegen Chemikalien und Sauerstoff; Königswasser, Fluß- und Schwefelsäure greifen an.

Der Anteil des Z. an der obersten Erdkruste wird auf 0,022% geschätzt. Wichtige Z.-Minerale sind der **Zirkon,** $Zr[SiO_4]$, der v. a. aus Zirkonsanden gewonnen wird, und der **Baddeleyit,** ZrO_2 (›Zirkonerde‹). Alle Z.-Minerale enthalten Hafnium. Beim Aufschluß von Z.-Sand in einer Natriumhydroxid-Schmelze erhält man ZrO_2, das mittels Kohle im Lichtbogenofen in Zirkoniumcarbonitrid übergeführt wird und anschließend in Z.-Tetrachlorid. Dieses wird in einer Heliumatmosphäre durch Magnesium zu Z. reduziert. Ein anderes Verfahren der Darstellung von Z. ist das → Van-Arkel-de-Boer-Verfahren. – Wegen seiner geringen Neutronenabsorption werden **Z.-Legierungen** (→ Zircaloy) in der Nukleartechnik verwendet. Dazu muß Hafnium vom Z. wegen seines großen Neutroneneinfangquerschnitts abgetrennt werden. Weitere Verwendung: für Bauteile in Vakuumröhren, für Blitzlichtpulver, Leuchtfeuer, zur Edelstahlherstellung.

M. H. KLAPROTH isolierte 1789 das Zirkonoxid und nannte es **Zirkonerde.** J. J. BERZELIUS stellte 1824 erstmals unreines Z. her.

Zirkoniumlegierungen sind entwickelt worden, um einige Eigenschaften (Korrosionsbeständigkeit, Zugfestigkeit, Bruchdehnung) gegenüber reinem Zirkonium zu verbessern, Z. sind somit geeigneter zur Herstellung von Hüllrohren für Kernreaktorbrennstäbe. Neben → Zircaloy gibt es noch Zirkonium-Kupfer- und Zirkonium-Niob-Legierungen.

Zirkoniumverbindungen. In den Z. tritt Zirkonium fast ausschließlich in der Oxidationsstufe +4, selten auch +2 oder +3 auf. **Zirkoniumdioxid,** ZrO_2, ein weißes Pulver, wird wegen seines hohen Schmelzpunktes, rd. 2700 °C, und seiner chem. Resistenz für Laboratoriumsschmelztiegel und feuerfeste chem. Geräte verwendet. Auf hohe Temperaturen erhitzt, sendet Zirkoniumdioxid ein strahlend weißes Licht aus (Nernst-Stift). Es ist wichtiges Ausgangsmaterial für **Zirkonate,** Salze und Ester der hypothet. **Zirkoniumsäure,** H_2ZrO_3, die für Dielektrika und Piezoelektrika verwendet werden. **Zirkoniumhydrid,** ZrH_2, findet u. a. Verwendung in der Pyrotechnik und Pulvermetallurgie sowie als Moderator in Kernreaktoren. **Zirkoniumtetrachlorid,** $ZrCl_4$, ein weißes sublimierbares Pulver, wird zur Herstellung zirkoniumorgan. Verbindungen und als Katalysator in der organ. Chemie verwendet. Es ist wichtigstes Zwischenprodukt bei der Darstellung metall. Zirkoniums. **Zirkoniumorgan. Verbindungen** finden Verwendung bei der Vernetzung und Härtung von organ. Harzen, als Katalysator und Hydrophobierungsmittel. **Zirkoniumcarbid,** ZrC, ein dunkelgefärbter, halbmetall. Stoff von großer Härte und hohem Schmelzpunkt, wird zur Herstellung von → Hartmetallen verwendet. **Zirkoniumdiborid,** ZrB_2, hat ebenfalls metall. Aussehen, große Härte und ist gegen best. Säuren und Oxidationsmittel widerstandsfähig. Es dient als hochfeuerfester Werkstoff, zur Herstellung von Tiegeln, Raketendüsen und Thermoelementen.

Zirkulation, 1) Meteorologie: Luftbewegung in der Atmosphäre entlang einer geschlossenen Stromlinie. Sie kann sich über nur einige Meter bis hin zu 10000 km erstrecken. Bei barokliner Schichtung, d. h. wenn sich isobare und isotherme Flächen in der Atmosphäre schneiden, ist die Z. meist so orientiert, daß die warme Luft auf- und die kalte absteigt. Eine derartige **direkte Z.** erzeugt kinetische Energie. Verläuft die Strömung dagegen dynamisch bedingt so, daß die kalte Luft aufsteigt, wie z. B. im Delta des → Strahlstroms, so herrscht eine **indirekte Z.,** die dem Grundstrom kinetische Energie entzieht.

2) Ozeanographie: → Meeresströmungen.

3) Strömungslehre: eine das Strömungsfeld kennzeichnende Größe (mathematisch: Linienintegral der Geschwindigkeit längs einer geschlossenen Kurve). Bei der Umströmung eines Tragflügelprofils ist die Z. längs einer den Tragflügel umschließenden Linie von Null verschieden; daraus erklärt sich die Erzeugung von → Auftrieb durch den Tragflügel. Sind die Stromlinien bei der Umströmung eines Körpers geschlossene Linien, spricht man von **Z.-Strömung.** Die wirkl. Strömung um einen Tragflügel kann man sich aus einer wirbelfreien Strömung (Potentialströmung) und einer Z.-Strömung zusammengesetzt denken. Durch → Grenzschichtbeeinflussung werden Anliegen der Strömung am Flügel und zusätzl. Auftrieb und somit zusätzl. Z. oder **Super-Z.** erzielt.

Zirkulation der Atmosphäre, System der planetar. Winde, das durch die aus unterschiedl. Erwärmung der Atmosphäre entstehenden Potentialdifferenzen verursacht wird. Energiequelle ist die → Strahlung, die bei Absorption durch Gase oder den Boden die umgebende Luft aufheizt oder Wasser verdunstet, dessen Verdampfungswärme bei Niederschlagsbildung wieder frei wird. Letzteres ist in den etwa 1200 Gewitterzellen der → Innertropischen Konvergenzzone bes. intensiv und liefert den Antrieb für die trop. Zirkulationen (Hadley-Zirkulation) der → Passate und → Monsune. Gleichfalls direkte Zirkulationen, bei denen warme Luft in 50–70° n. und s. Breite aufsteigt und kältere an den Polen absinkt, treten über Arktis und Antarktis auf. Zw. den trop. und polaren Systemen liegt auf beiden Hemisphären wegen des ständig polwärts gerichteten Luftdruckgefälles das Gebiet ganzjähriger Westwinde (Ferrel-Zelle). In einer Grundströmung, die in Form von → Rossby-Wellen um die Erde führt, sind durch Instabilitäten im Bereich des Polarfrontstrahlstroms (→ Strahlstrom) entstandene und nach O wandernde Hoch- und Tiefdruckgebiete eingelagert.

Zirkon: grünliche Kristalle (Frederiksvärn, südl. Larvik, Norwegen)

1

2

3

Zirkon: **1** weiß, **2** blau, **3** braun (Hyazinth)

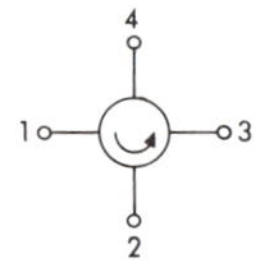

Zirkulator: Symbol

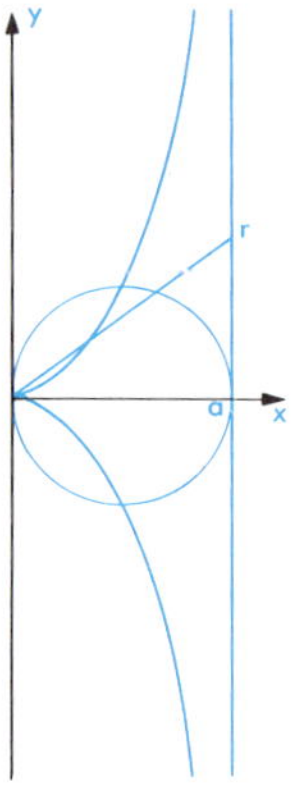

Zissoide des Diokles

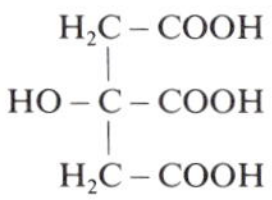

Zitronensäure

Zitronensäure, Mikroaufnahme (etwa 100fach vergr.)

I. Ggs. zu dieser weitgehend symmetrisch zum Äquator angeordneten Zirkulation der Troposphäre verlaufen die Strömungen in der Strato- und Mesosphäre beiderseits des Äquators, bes. in den extremen Jahreszeiten, entgegengesetzt. So bildet sich dort wegen der Absorption der Sonnenstrahlung durch Ozon auf der jeweiligen Sommerhalbkugel ein polares Hoch, das in 20–60 km Höhe von einer sehr beständigen Ostströmung umkreist wird. Im Winter entsteht zunächst ein intensiver Wirbel im Bereich der Polarnacht, dessen westl. Winde im Polarnachtstrahlstrom in 30 km Höhe Geschwindigkeiten von weit über 100 m/s erreichen können. Der zunächst kreisförmige Verlauf der Strömung wird auf der Nordhalbkugel fast regelmäßig im Lauf des Februar durch ein relativ warmes Hoch im Raum Ostsibirien–Alaska (Aleuten-Hoch) deformiert. Von den Jahreszeiten unabhängig beobachtet man in der äquatorialen Stratosphäre ein oszillierendes zonales Windsystem mit einer Amplitude von 20 m/s und einer Periode von 24–30 Monaten. Ein wesentlicher Effekt der Z. d. A. ist es, daß der durch den Strahlungshaushalt bedingte Energieüberschuß in den Tropen mit Hilfe von Wärme, Wasserdampf und Impuls in höhere Breiten befördert wird. Bei einem Windsystem wie der Hadley-Zirkulation beschränkt sich dieser Transport vornehmlich auf die obere Troposphäre, während er bei der Ferrel-Zelle in allen Schichten erfolgt. Die letztgenannte Übertragungsart ist dabei erheblich wirksamer, erfordert aber zusätzl. Energie, die dem Grundstrom entzogen wird.

Zirkulator, Richtungsgabel, spezielle Mikrowellenverzweigung: ein unter Verwendung eines vormagnetisierten Ferritkörpers aufgebautes drei- oder vierarmiges Mikrowellenbauteil, das über Koaxialleitungen, Streifenleitungen oder Hohlleiter zugänglich ist. Durch den Ferritkörper ergibt sich ein nichtreziprokes Verhalten. Wie das Symbol des Vierarm-Z. (BILD) andeutet, kann eine in einen Arm eingespeiste elektromagnet. Welle nur durch einen bestimmten Nachbararm wieder austreten. Im wesentlichen ist nur ein Leistungsfluß von Tor 1 nach Tor 2, von Tor 2 nach Tor 3, von Tor 3 nach Tor 4 und von Tor 4 nach Tor 1 möglich, aber nicht in umgekehrter Richtung. Der Z. wird z. B. als Antennenweiche zum Anschluß eines Senders und Empfängers an eine gemeinsame Antenne benutzt. Durch elektr. Abschluß zweier benachbarter Tore beim Vierarm-Z. oder eines Tores beim Dreiarm-Z. entsteht daraus eine → Richtungsleitung.

Zirkumpolarsterne, Sterne, deren Winkelabstand vom sichtbaren Himmelspol kleiner ist als dessen Höhe über dem Beobachtungshorizont. Z. können daher bei ihrer tägl. scheinbaren Bewegung nicht unter den Horizont verschwinden. An den Polen der Erde sind alle Sterne Z.; am Erdäquator ist dagegen kein Stern Z.

Zirrus, Cirrus, Federwolke, →Wolken.

Zissoide, Kurve mit der Gleichung in kartesischen Koordinaten $y^2(a-x)=x^3$ und in Polarkoordinaten $r=a\sin\varphi\tan\varphi$. Mit ihr läßt sich das Problem der Würfelverdopplung lösen (→ Delisches Problem).

Zitronensäure, 2-Hydroxy-1,2,3-propantricarbonsäure, farblose, kristalline organ. Säure, die 1784 von C. W. SCHEELE aus Zitrusfrüchten isoliert wurde. Z. bildet mit mehrwertigen Metallionen leicht Komplexe. Ihre Salze heißen **Citrate.** Z. wird durch Fermentation von Zuckern (z. B. Melasse) mit Hilfe des Schimmelpilzes Aspergillus niger hergestellt. Verwendung bes. in der Lebensmittel- und Getränkeindustrie zur Einstellung von sauren Geschmacksrichtungen und Stabilisierung von Aroma und Aussehen, ferner als Zusatz zu Futtermitteln, zum Entfernen von Kalk- und Rostschichten.

Zitronensäurezyklus, auch **Zitrat|zyklus, Tricarbonsäurezyklus, Krebs-Zyklus** [n. dem brit. Biochemiker H. A. Krebs, * 1900, † 1981], zykl. Reaktionsfolge des oxidativen Endabbaus der Nahrungsstoffe (Kohlenhydrate, Proteine und Fette) im tier. und pflanzl. Organismus. Ausgangsmaterial für den Endabbau ist das Acetyl-Coenzym A (Acetyl-CoA), die aktivierte Essigsäure, die aus den Kohlenhydraten, Amino- und Fettsäuren gebildet wird und deren Acetylrest zu Kohlendioxid (CO_2) oxidiert wird. Der Abbau erfolgt im Z., in dem somit Protein-, Fett- und Kohlenhydrat-Stoffwechsel zusammenlaufen. Bei höheren Lebewesen werden dabei zwei Drittel der für die Zellfunktionen nötigen Energie gewonnen, daneben wichtige Bausteine zum Aufbau vieler körpereigener Stoffe gebildet. In der ersten Reaktion des Z. wird der Acetylrest des Acetyl-CoA, katalysiert durch das Enzym Citrat Synthase, auf Oxalacetat übertragen; es entsteht Zitronensäure und CoA. Zitronensäure wird in mehreren, durch best. Enzyme katalysierte Reaktionen weiter umgesetzt. Wichtig sind dabei Dehydrierungsreaktionen, durch die der Wasserstoff auf Nicotinamid-adenin-dinucleotid (NAD) und Flavin-adenin-dinucleotid (FAD) übertragen wird, die reduziert werden, sowie Decarboxylierungsreaktionen, die Kohlendioxid abspalten, so daß letztlich Oxalacetat entsteht, das wieder in den Z. einmündet. Die Energiekonservierung durch Substratketten-Phosphorylierung bei der Succinyl-CoA-Synthase ist gering, der Hauptanteil wird in Form von Adenosintriphosphat (ATP) bei der sauerstoffabhängigen Oxidation des reduzierten NAD und FAD im Rahmen der Atmungsketten-Phosphorylierung gewonnen. – Als geschwindigkeitsbestimmend für den Z. gilt die Citrat-Synthase-Reaktion, als wichtiges Kontrollenzym die Isocitrat-Dehydrogenase. Im Gesamtstoffwechsel hat der Z. neben katabolen (abbauenden) und anabolen (aufbauenden) Funktionen auch amhibole, er verknüpft den Bau- und Betriebsstoffwechsel miteinander. (BILD S. 303)

Zn, chem. Symbol für → Zink.

ZOD-Dia, Abk. für **Zero Order Diffraction Diapositiv** [z'ɪərəu 'ɔ:də dɪfr'ækʃn dɑɪəp'ɔzɪtɪv, engl.], Ver-

ZOD-Dia: OBEN Herkömmliche Farbdias oder Mikrofilme absorbieren bestimmte Farben aus dem weißen Licht der Projektor-Beleuchtungsoptik. UNTEN Beim ZOD-Dia beugt das Mikrorelief die Farben aus dem Strahlengang des Projektors hinaus

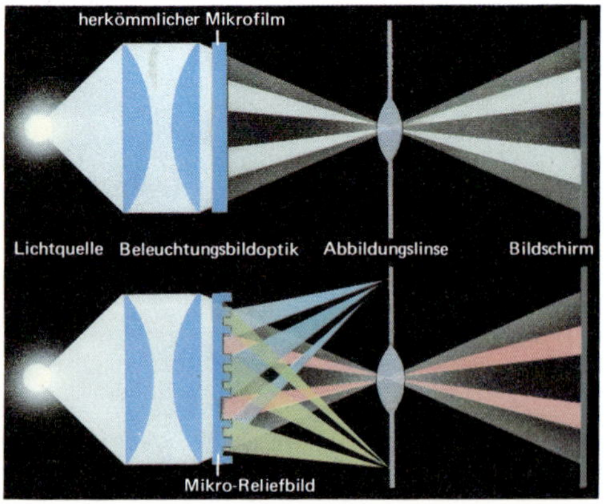

vielfältigungsverfahren für Farbdias auf farblosen PVC-Folien. Der für die Kopien verwendete Film besteht aus drei Schichten, die ein regelmäßiges Rillenmuster aufgeprägt bekommen. Diese Rillen von rechteckigem Querschnitt haben jeweils best. Tiefe und best. Abstand (zw. 1 und 2 µm). Sie wirken als Beugungsgitter und als Blau-, Grün- und Rotfilter. Das Mikrorelief beugt die Farben aus dem Strahlengang des Projektors hinaus.

Die Herstellung der je drei Prägestempel geschieht durch Fräsen mit Ionenstrahlen, durch Galvanisieren und Beschichten mit Photolack, der an den belichteten Stellen weggeätzt wird; an diesen Stellen wird so das Gitter zerstört und der unbelichtete Lack ausgewaschen. Die aufwendige Prägestempelherstellung macht das Verfahren nur dann kostengünstig, wenn viele Kopien benötigt werden. ZOD-D. können nicht ausbleichen.

Zodiakallicht, Tierkreislicht, schwache, nahezu dreieckige Leuchterscheinung am nächtl. Himmel längs der Ekliptik mit der Basis im Horizont, die in mittleren Breiten im Frühjahr kurz nach Sonnenuntergang im W **(Abendhauptlicht),** im Herbst kurz vor Sonnenaufgang im O **(Morgenhauptlicht),** in niederen Breiten das ganze Jahr über zu erkennen ist. Ein abgetrennter schwächerer Lichtschimmer, der **Gegenschein,** erscheint im Gegenpunkt der Sonne. – Das Z. entsteht v. a. durch Streuung des Sonnenlichts an interplanetaren Materieteilchen; ein polarisierter Anteil wird auf Streuung an freien Elektronen zurückgeführt.

Zodiakus, der → Tierkreis.

Zo|isit [n. dem slowen. Adligen S. Zois von Edelstein, * 1747, † 1819] *der,* Mineral Ca_2Al_3 [O|OH|SiO_4|Si_2O_7], aschgrau, braungrün, grünlich, rosarot **(Thulit)** oder blau **(Tansanit);** H. 6, D. 3,2–3,4; meist derbe spätige oder stengelige Aggregate. Metamorphosemineral kristalliner Schiefer und Eklogite; auch in Kontaktzonen.

Zoll, 1) alte dt. Längeneinheit, entsprechend einer Daumenbreite, unterschiedl. Werte zw. 2,2 und 3 cm.

2) englisches Zoll, Einheitenzeichen ″, nicht gesetzl. Längeneinheit: 1″ = 25,**4** mm (entspricht 1 inch).

Zöllnersche Täuschung [n. dem dt. Astrophysiker J. K. F. Zöllner, * 1834, † 1882], Form der → optischen Täuschungen (Bild).

Zollstock, → Gliedermaßstab.

Zölo|stat, aus zwei Spiegeln bestehende Anordnung, die das Licht eines Sternes, z. B. der Sonne, immer in die gleiche Richtung, z. B. in das Objektiv eines fest montierten astronom. Fernrohrs lenkt. Der eine Spiegel ist um eine zum Himmelspol zeigende Achse drehbar und wird der tägl. Bewegung des Gestirns an der Sphäre automatisch nachgeführt. Der andere lenkt das von diesem reflektierte Licht in die festgelegte Richtung. I. Ggs. zu → Siderostaten erfolgt keine Drehung des reflektierten Bildes.

Zonarbau, Aufbau mancher Kristalle aus Schalen etwas versch. chem. Zusammensetzung und dann häufig auch verschiedener Färbung; z. B. an Turmalinen.

Zone, 1) Geologie: Grundeinheit der biostratigraph. Gliederung, die durch **Zonenfossilien** belegbar ist **(Biozone).** Die Basis der Z. wird durch das Erstauftreten der Zonen-Leitart definiert, ihre Obergrenze durch die Basis der folgenden Z. Der frühere Begriff ›Lithozone‹ wird heute durch **Formationsglied** (Member) ersetzt.

2) Kristallographie: **kristallograph. Z.,** die Gesamtheit aller der Flächen eines Kristalls, die sich in parallelen Kanten schneiden. Die Kantenrichtung ist zugleich die der **Zonenachse.** Alle Flächen einer Z. heißen **tautozonal.** Die durch die Flächennormalen tautozonaler Flächen aufgespannte Ebene heißt **Zonenebene.** (→ Kristall)

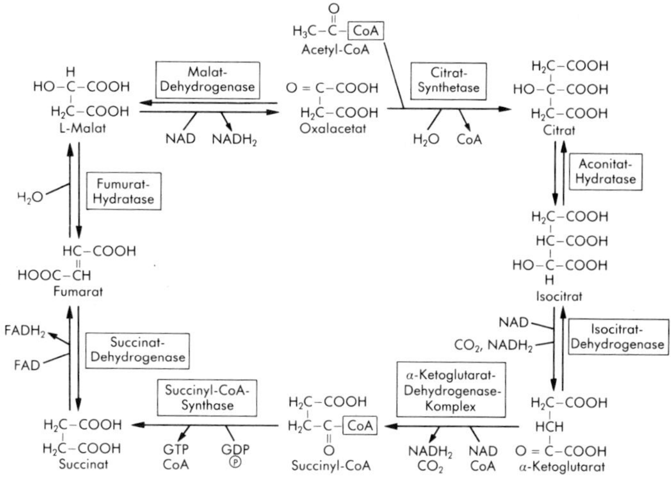

Reaktionen des **Zitronensäurezyklus**

3) Mathematik: jedes von zwei parallelen und zur Drehungsachse senkrechten Kreisen eingeschlossene Stück der Oberfläche eines Rotationskörpers, z. B. die Kugelzone einer → Kugel.

Zone des Schweigens, → Hörbarkeitszonen.

Zonenkristalle, Schichtkristalle, bei der Erstarrung mancher Legierungen durch → Seigern entstehende inhomogene Mischkristalle, in deren Kern die höher schmelzende Komponente angereichert ist. Obwohl sie im festen Zustand bei einer Verformung stören, sind sie z. B. bei Lagerbronzen erwünscht.

Zoisit: Tansanit

Zonenlinse, Zonenplatte, Optik: Glasplatte mit konzentr. undurchsichtigen und durchsichtigen Ringen (Zonen), deren Breiten aus der → Fresnelschen Zonen-

Zonenlinse: Fresnelsche Zonenplatte

Zuckerarten

(Formeln der D-Glucose)

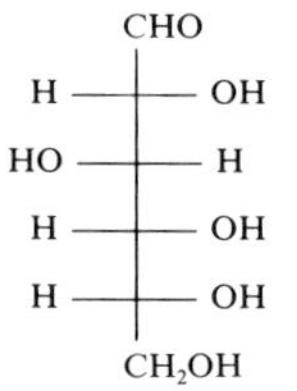

D-Glucose

(Fischer-Projektionsformel)

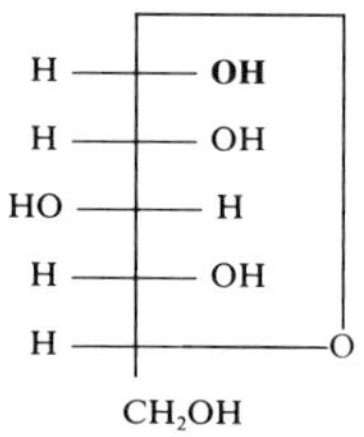

α-D-Glucopyranose

(Fischer-Projektionsformel)

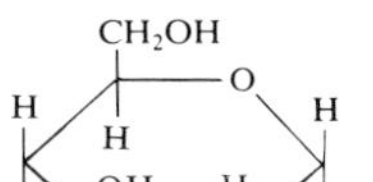

β-D-Glucopyranose

(Haworth-Projektionsformel)

– **OH** halbacetalische Hydroxylgruppe

konstruktion berechnet werden. Z. ermöglichen ähnlich wie opt. Linsen, jedoch nicht durch Brechung, sondern durch Beugung und Interferenz, eine opt. Abbildung. Z. können zur Fokussierung von Röntgenlicht verwendet werden (→ Röntgenoptik).

Zonenschmelzen, Zonenschmelz-Verfahren, chemisch-technisches Verfahren zur Darstellung reinster Stoffe (z. B. höchstreines Silicium mit weniger als 10^{-7}% Verunreinigungen für Halbleiteranwendungen) und zur → Kristallzüchtung (BILD).

Zonenzeit, die für eine best. in der Nähe eines Bezugsmeridians liegende geograph. Zone gültige Zeit; z. B. die Mitteleuropäische Zeit (→ Zeitmessung).

zoo|gen, durch die Tätigkeit von Tieren oder aus tierischen Resten gebildet; z. B. z. Gesteine.

Zoo|lithe, tierische → Biolithe.

Zoom|objektiv [z'u:m-, engl.], → Vario-Objektiv.

Zornsches Lemma [n. M. Zorn, 1935]. Besitzt jede nicht leere geordnete Teilmenge (T, <) einer halbgeordneten Menge (M, <) in dieser → Halbordnung eine obere Grenze (→ Supremum), dann gibt es in M wenigstens ein maximales Element. – Das Z. L. ist logisch äquivalent dem → Auswahlaxiom und auch dem → Wohlordnungssatz.

ZPE-Ring, faktorieller Ring, ein → Integritätsbereich, in dem jedes Element eine **Z**erlegung in **P**rim-**E**lemente besitzt. Beispiel: Der Ring $\mathbb{Z}$ der ganzen Zahlen ist ein ZPE-Ring.

Zr, chem. Symbol für → Zirkonium.

Ztr, Einheitenzeichen für → Zentner.

ZTU-Diagramm, Abk. für → **Z**eit-**T**emperatur-**U**mwandlungs-Diagramm.

Zubringerpumpe, Boosterpumpe [b'u:stə-, engl.], Pumpe zur Erzeugung eines ausreichenden Zulaufdrucks im Saugstutzen der nachgeschalteten Hauptpumpe.

Zucker *der,* süßes, in Wasser leicht lösl. Kohlenhydrat. – Z. i. w. S. sind alle niederen Saccharide (Mono-, Di- und Tri-Saccharide, → Zuckerarten), in der Medizin D-Glucose (→ Glucose); i. e. S. der Haushalts-Z., der in allen Spielarten im wesentl. aus dem pflanzl. Disaccharid Saccharose (Sucrose) besteht. Dieses besteht aus je einem Molekül Glucose und Fructose und kommt in allen grünen Pflanzen vor, wird aber nur aus Z.-Rohr und Z.-Rüben gewonnen, daneben mit lokaler Bedeutung aus Ahorn, Palmen, Zuckerhirse.

Gewinnung. Die Saccharose liegt in den Pflanzen fertig gebildet vor; sie wird heute großindustriell in meist hochmechanisierten und z. T. automatisierten Fabriken mit Verarbeitungskapazitäten von einigen hundert bis einigen tausend t Rohstoff je Tag aus ihnen abgetrennt. Da sich der saccharosehaltige Saft bei der Rübe in den Wurzeln, beim Rohr in den Stengeln befindet, ist der technolog. Prozeß am Anfang verschieden. Die **Z.-Rüben** werden entblattet geliefert und nach gründl. Wäsche in Schneidemaschinen durch rotierende Messer in Schnitzel zerlegt. Um den Austritt des Saftes aus den Pflanzenzellen zu ermöglichen, wird das Zellplasma durch Brühen teilweise zerstört; die Schnitzel passieren langsam einen Extraktionsapparat, in dem ihnen durch entgegenströmendes Wasser die Saccharose und andere lösliche Stoffe entzogen werden. Dieser Extrakt sowie die als Extraktionsrückstand verbleibenden Pülpen werden noch weiterverarbeitet.

Z.-Rohr ist in seinen warmen Anbaugebieten nicht lagerungsfähig und muß dort im Tempo seiner Verarbeitung geerntet und zur Fabrik gebracht werden. Die Stengel werden durch rotierende Messer oder Hammermühlen (Shredder) zerfasert und durchlaufen dann ein Mühlentandem aus einigen hintereinandergeschalteten Walzenpressen, wobei sie mehrfach befeuchtet werden (Imbibition). Der durch das Imbibitionswasser verdünnte saccharosehaltige Saft geht zur weiteren Fabrikation. Die so gewonnenen Extrakte oder Preßsäfte aus Rübe oder Rohr **(Rohsaft)** enthalten 12–17% Trockensubstanz, die zu 85–90% aus Saccharose besteht. Die Hauptmenge der Begleitstoffe wird durch Fällung, Kolloidflockung und Filtration abgeschieden; man erhält ein klares hellgelbes Filtrat **(Dünnsaft).** Aus diesem wird die Hauptmenge des Wassers in einer mehrstufigen Verdampfstation abgedampft, bis man zu einem goldgelben Konzentrat von etwa 65% Gehalt an Trockensubstanz kommt **(Dicksaft).**

In Eindampfkristallisatoren wird dann Saccharose auskristallisiert. Die aus Kristallen und Muttersirup bestehende **Kochmasse (Maische)** wird in Kühlkristallisatoren abgelassen, in denen die Kristalle weiter wachsen. Die fertige **Füllmasse** kommt dann in Zentrifugen. Der Muttersirup wird von den Kristallen abgeschleudert. Die Kristalle sind in ihrem Innern farblos und bestehen aus fast reiner Saccharose. Sie sind aber auf den Oberflächen mit einem anhaftenden Film von dunklem Muttersirup bedeckt und dadurch noch unrein und gelb **(Roh-Z.).**

Durch Waschen mit Wasser, Affination, wird in den **Weißzuckerfabriken** die unreine Schicht von den Kristalloberflächen entfernt, wodurch man einen weißen Verbrauchszucker **(Affinade)** erhält. Der ablaufende mindere Roh-Z. wird meist mit Dünnsaft wieder aufgelöst und dem normalen Dicksaft zugefügt, wodurch man eine sehr gute Affinade als einziges Produkt erhält. Die minderen Roh-Z. können auch für sich in Wasser gelöst und nach besonderer Reinigung durch Knochen- oder Aktivkohle oder Ionenaustauscher zu **Raffinade** umkristallisiert werden. Der letzte Ablauf, der bei Affinations- oder Raffinationsverfahren zurückbleibt, heißt → Melasse.

Sorten. Unterschiede zw. **Rohr-** und **Rüben-Z.** werden im Handel nur bei Roh-Z. gemacht, gelben und braunen **Farinen, Cassonaden, Gur** u. ä. Primitiv-Z., in denen Unreinheiten die Geschmacksnuancen oder Weiterverarbeitbarkeit bestimmen. Bei Weiß-Z. findet keine Unterscheidung statt, da selbst mindere Qualitäten zu über 99% aus Saccharose bestehen. Raffinaden gehören mit 99,9% Saccharosegehalt zu den reinsten Stoffen, die großindustriell gewonnen werden. – Die meisten Sortenunterschiede beziehen sich auf die Form des Z., z. B. grob und fein nur auf die Kristallgröße. **Puder-Z.** ist feinst gemahlen, **Instant-Z.,** der sich ohne Rühren löst, als feine Schaumpartikel getrocknet, **Kandis** aus gesättigten Z.-Lösungen in Spezialverfahren zu bes. großen Kristallen gewachsen. **Hüte, Platten, Würfel** u. ä. Form-Z. bestehen aus einem Gefüge von vielen Kristallen. Die Substanz ist in allen Fällen die gleiche. Dagegen enthalten die flüssigen Produkte von Z.-Fabriken außer Wasser **Invert-Z.,** bei dem durch Zusatz von Säure oder Enzym das Saccharosemolekül in seine Monosaccharide Glucose und Fructose aufgespalten wurde. Diese Mischung ist leichter löslich in Wasser, und die Kristallisierbarkeit ist so erschwert, daß der Z. trotz sehr hoher Konzentration in Lösung bleibt **(Flüssig-Z.** für Industrie und Gewerbe, **Speisesirupe, Kunsthonig** u. a.). Schließlich gibt es Z. mit Zusätzen, z. B. **Gelier-Z.** mit Pektinzusatz, **Einmach-Z.** (Raffinade mit gröberem Korn), **vergällten Z.** für Futterzwecke.

Zucker: Schema der Zuckergewinnung

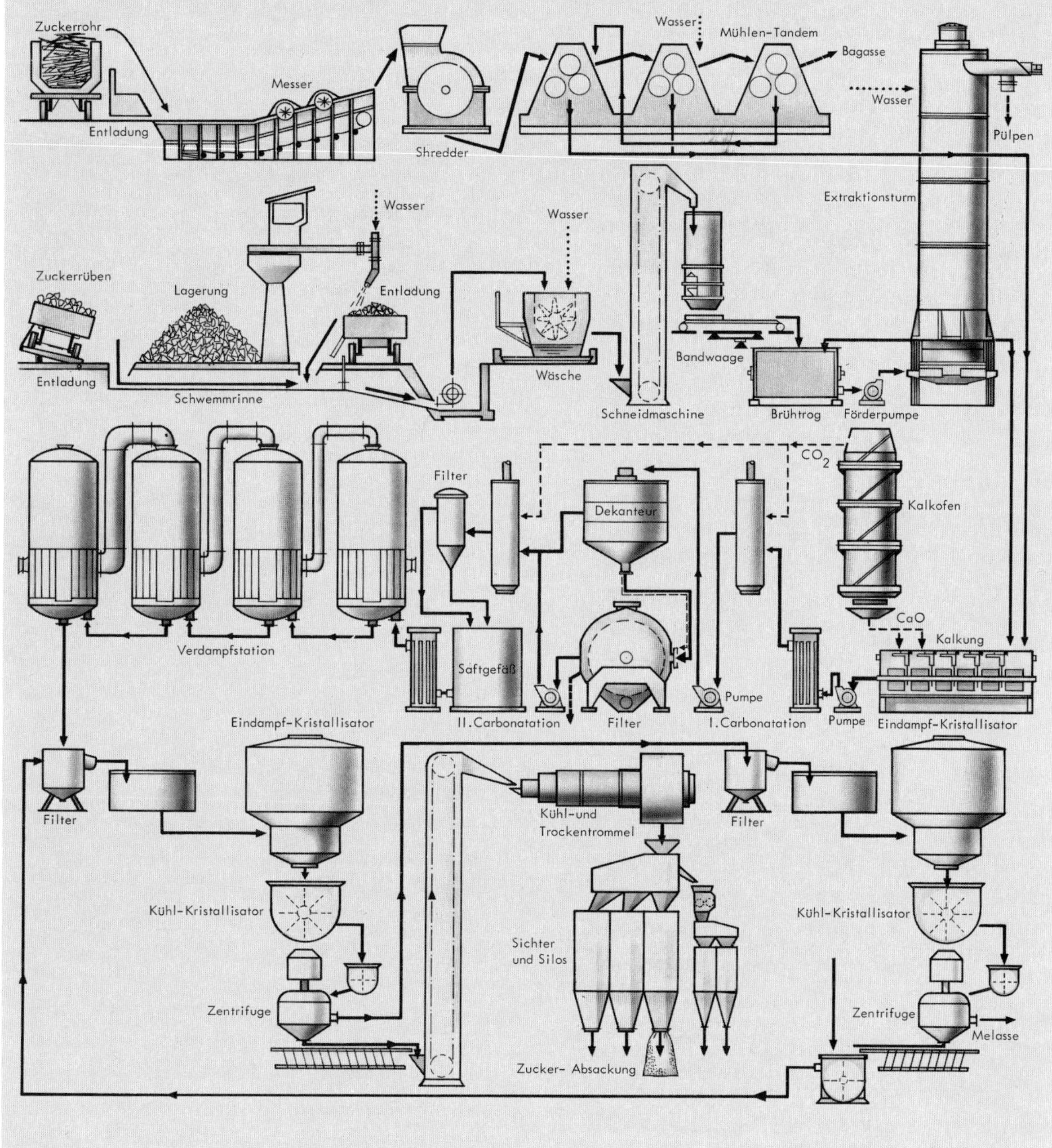

Z. als Nahrungsmittel. Beim Verdauungsvorgang wird Z. zu Glucose und Fructose abgebaut und im Dünndarm schnell resorbiert. Die Glucose ist für die Funktion aller Organe, bes. für die Muskeltätigkeit, unentbehrlich; ihre Umsetzung im Stoffwechsel, für die auch Vitamin B_1 benötigt wird, wird vom vegetativen Nervensystem und von Hormonen gesteuert. Die Leber vermag Glucose in Glykogen umzuwandeln, zu speichern und als Glucose wieder an das Blut abzugeben. Bes. empfindlich gegen Blutzuckermangel ist das Gehirn. Z. enthält keinerlei Wirkstoffe, er ist reiner Energieträger; der Nährwert von 1 g Z. beträgt 17,2 kJ. Bei vermehrter Zufuhr oder Störungen des Stoffwechsels kann Z. in Fett umgewandelt werden. (→ Zuckeraustauschstoffe)

Zucker|alkohole, Polyhydroxy-Verbindungen, die bei Reduktion der Carbonylgruppe von einfachen Zukkern entstehen. Aus Hexosen bilden sich dabei **Hexite** (z. B. → Sorbit 1, → Mannit), aus Pentosen **Pentite** (z. B. → Xylit 1).

Zucker|arten, organ. Verbindungen, die eine Carbonylgruppe und mehrere Hydroxylgruppen im Molekül enthalten (Polyhydroxyaldehyde oder -ketone). Z. gehören zu der in der Natur weitverbreiteten Stoffklasse der → Kohlenhydrate. Man unterscheidet zw. einfachen Z. **(Monosaccharide)** und zusammengesetzten Z. **(Oligosaccharide). Monosaccharide** werden nach der Anzahl der Kohlenstoffatome in Triosen, Tetrosen, Pentosen, Hexosen usw. eingeteilt. Je nachdem, ob die Carbonylgruppe als Aldehyd- oder Ketogruppe vorliegt, unterscheidet man zw. **Aldosen** und **Ketosen.** Beide Arten der Bez. werden oft in einem Namen zusammengefaßt (z. B. Aldohexose). Monosaccharide enthalten asymmetr. Kohlenstoffatome, es gibt deshalb immer mehrere Stereoisomere (→ Stereochemie). Von den 16 stereoisomeren **Aldohexosen** kommen in reiner Form oder als Baustein von Glykosiden nur D-Glucose, D-Galactose, D-Mannose und D-Talose in der Natur vor. Wichtige **Ketohexosen** sind D-Fructose (→ Fruchtzucker) und L-Sorbose. Von den **Pentosen** sind L- und D-Arabinose (im Kirschgummi bzw. in der Aloe) sowie D-Xylose und D-Ribose von Bedeutung. Eine natürlich vorkommende **Heptose** ist die → Sedoheptulose. **Tetrosen,** wie Erythrose und Threose, kommen nicht in der Natur vor.

Zuckersäuren

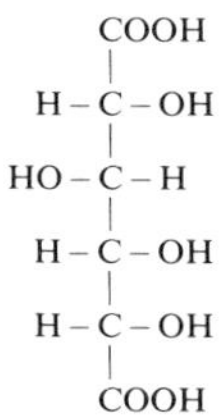

D-Zuckersäure

Monosaccharide liegen überwiegend als zykl. Halbacetale vor, die durch intramolekulare Reaktion einer Hydroxylgruppe mit der Carbonylgruppe entstehen. Monosaccharide, die dabei einen sechsgliedrigen Ring bilden (z. B. D-Glucose, D-Mannose), werden als **Pyranosen** (von Pyran) bezeichnet. **Furanosen** (von Furan) bilden fünfgliedrige Ringe (z. B. D-Fructose in Glykosiden). Die Ringbildung führt zu einem neuen asymmetr. Kohlenstoffatom und damit zu zwei weiteren stereoisomeren Formen (α- und β-Form, → Glucose). Die durch Ringbildung neu entstandene OH-Gruppe kann mit OH-, NH_2- oder SH-Gruppen zu → Glykosiden reagieren (glykosid. Verknüpfung). Monosaccharide lassen sich zu Zuckeralkoholen reduzieren, z. B. D-Glucose zu D-Sorbit, D-Mannose zu D-Mannit. Durch milde Oxidation entstehen aus Aldosen **On|säuren** (z. B. Gluconsäure). Gleichzeitige Oxidation der primären Hydroxylgruppe führt zu den entsprechenden Dicarbonsäuren, z. B. D-Glucose zu D-Zuckersäure. Nachweisreaktionen für Monosaccharide, wie die Fehling- oder Nylander-Reaktion, beruhen auf der Reduktionswirkung der auch in der zykl. Form wirksamen Carbonylgruppe. Die wichtigsten Hexosen lassen sich i. Ggs. zu den Pentosen zu Äthanol vergären. Einige natürlich vorkommende Monosaccharide, wie → Rhamnose und 2-Desoxy-D-Ribose (→ Ribose), enthalten an Stelle einer oder mehrerer OH-Gruppen H-Atome. Sie werden als **Des|oxyzucker** bezeichnet. **Aminozucker** enthalten an Stelle einer alkohol. OH-Gruppe eine Aminogruppe, z. B. → Glucosamin.

Zu den **Oligosacchariden** gehören die Di- und Trisaccharide, in denen zwei bzw. drei Monosaccharidmoleküle durch glykosid. Verknüpfung miteinander verbunden sind. Die wichtigsten Disaccharide sind → Saccharose (Rohrzucker), → Lactose und → Maltose. Findet die Verknüpfung zw. den beiden halbacetal. Hydroxylgruppen statt, sind die Carbonylgruppen blockiert, d. h. der Zukker wirkt nicht mehr reduzierend (nichtreduzierendes Disaccharid, z. B. Saccharose). Findet die Verknüpfung zw. einer halbacetal. und einer alkohol. Hydroxylgruppe statt, bleibt die reduzierende Wirkung einer Carbonylgruppe erhalten (reduzierendes Disaccharid, z. B. Lactose). Ein Trisaccharid ist die → Raffinose.

Zucker|austauschstoffe, Sußmittel, die an Stelle von Zucker (Saccharose) oder Glucose der Diät von Diabetikern zugeführt werden können und in deren Stoffwechsel insulinunabhängig verwertet werden, z. B. die Fructose und die Zuckeralkohole Sorbit, Mannit und Xylit.

Zucker|ester, Ester von Mono- oder Oligosacchariden, i. w. S. auch von Zuckeralkoholen, mit organ. oder anorgan. Säuren. **Zuckeracetate** werden mit Eisessig oder Essigsäureanhydrid dargestellt und dienen für organ. Synthesen. **Zuckernitrate** werden mit Nitriersäure erhalten und haben Sprengstoff-Eigenschaften. **Zuckerphosphate** haben Bedeutung im Stoffwechsel. **Zuckersulfate,** die durch Veresterung mit Chlorsulfonsäure entstehen, sind in der Natur weit verbreitet. Technisch am wichtigsten sind die Mono- und Diester der Zucker, bes. der Saccharose, mit höheren Fettsäuren (z. B. Laurin-, Palmitin-, Stearin- und Ölsäure). Sie sind grenzflächenaktiv, biologisch leicht abbaubar und haben eine gute Dispersionswirkung. Sie werden als Tenside **(Zuckertenside)** in Waschmitteln eingesetzt.

Zuckersäuren, Polyhydroxydicarbonsäuren, die durch Oxidation der Aldehyd- und der primären Hydroxylgruppe von einfachen Zuckern mit konzentrierter Salpetersäure entstehen, z. B. D-Zuckersäure aus D-Glucose, D-Mannozuckersäure aus D-Mannose und → Schleimsäure aus D-Galactose.

Zufall, die Unbestimmbarkeit oder Regellosigkeit individueller Ereignisse oder Vorgänge. Die Physik kennt zahlreiche Gesetze, nach denen Ereignisse zufällig (statistisch) auftreten. Das kann daher rühren, daß ein einzelnes Ereignis an sich deterministisch ist, aber nicht genau oder vollständig genug beobachtet werden kann; es kann aber auch dadurch bedingt sein, daß bereits das einzelne Ereignis als indeterministisch (→ Indeterminismus) angesehen wird.

zufällige Anordnung, Statistik: die nur vom → Zufall abhängige Zuordnung von Versuchsobjekten zu Behandlungsarten derart, daß für alle Versuchsobjekte die gleich große Chance besteht, mit den Behandlungsarten zusammenzutreffen.

Zufalls|ausfälle, Technik: → Ausfallrate.

Zufalls|auswahl, Statistik: die Auswahlmethode, bei der letztlich der Zufall entscheidet, welches Element ›gezogen‹ wird. Die Z. ist die Grundlage von Theorie und Technik der → Stichproben **(Zufallsstichproben).** Das ideale techn. Modell der Z. ist das ›Urnenmodell‹. Aus einer gut durchmischten Menge von Kugeln, die sich in einer Urne befinden, werden ›aufs Geratewohl‹, d. h. so, daß keine Kugel den anderen gegenüber benachteiligt ist, Kugeln entnommen und nach dem Entnahmevorgang entweder wieder in die Urne zurückgelegt (Ziehung ›mit Zurücklegen‹) oder nicht (Ziehung ›ohne Zurücklegen‹).

Zufallsgenerator, Gerät oder Schaltung zur Erzeugung zufälliger elektr. Signale, z. B. von digitalen Bitfolgen, deren Werte in nicht vorhersehbarer Reihenfolge erscheinen; dienen u. a. zur Steuerung von Meßgeneratoren (z. B. → Rauschgeneratoren) oder Zählschaltungen.

Zufalls|signale, zufällige Signale, → statistische Nachrichtentheorie.

Zufallsvariable, Statistik, Wahrscheinlichkeitstheorie: Veränderliche, deren Wert (Realisation) vom Zufall oder von nicht näher spezifizierten Ursachen abhängt, z. B. die Augenzahl beim Würfeln. Die Z. ist der zentrale Begriff der modernen theoret. Statistik und prinzipiell für alle Anwendungen der Statistik von Bedeutung.

Zufallszahlen, in Abhängigkeit von zufälligen Prozessen (z. B. radioaktiver Zerfall) oder durch geeignete Rechenvorschriften hergestellte Zahlenfolge, die sich in vielerlei Hinsicht wie eine zufällige Zahlenfolge verhält (daher auch **Pseudo-Z.).** Z. werden z. B. für Modellrechnungen physikal. Prozesse benutzt (→ Monte-Carlo-Methode).

Zug, 1) Luftströmung in teilweise umschlossenen Räumen. In → Feuerungen wird der Z. durch Temperaturunterschiede in der Feuerung und dem → Schornstein bewirkt. Durch den Z. wird die zur Verbrennung notwendige Luftmenge herangeführt. Unabhängig vom Zustand in Umgebung und Feuerung wird Luft bei Unterwind- sowie Saugzugfeuerung durch Gebläse zugeführt. Das Maß für den Z. ist die **Zugstärke,** i. d. R. der Unterdruck am Schornsteineintritt gegenüber der Umgebung.

2) Festigkeitslehre: Beanspruchung eines Bauteils, eines Querschnitts oder eines Elementes davon durch Kräfte rechtwinklig zu – gedachten – Schnittflächen, die diese auseinanderzuziehen versuchen.

3) Verkehr: mehrere miteinander verbundene, durch Maschinenkraft bewegte Fahrzeuge wie der Eisenbahnzug oder der Lastwagenzug.

4) Waffen: Nuten, die spiralförmig in die Innenwand eines Gewehrlaufs oder Geschützrohrs eingefräst oder eingehämmert sind. Die erhaben stehenbleibenden Leisten heißen Felder. Sie schneiden sich beim Abschuß in die Führungsbänder des Geschosses ein und erzeugen so den Drall, üblicherweise rechtsdrehend. Das → Kaliber der Rohrwaffen und ihrer Munition wird zw. den Feldern gemessen.

Zug|anker, auf Zug beanspruchter Bolzen zur Befestigung von Maschinen, Verankerung von Bauwerken.

Zugbahnfunk, nichtöffentl. bewegl. → Funkdienst für Funksprechverkehr (Dienstgespräche) zw. Eisenbahnzügen und ortsfesten Eisenbahnbetriebsstellen. (→ Zugfunk)

Zugbeeinflussung, Vorrichtung am Gleis und an Schienenfahrzeugen zur Überwachung des Zuglaufes in Abhängigkeit der Signale oder Gefahrenstellen, so daß im Gefahrfall auch ohne Reaktionen des Triebfahrzeugführers der Zug angehalten werden kann. Weit verbreitet ist die induktive Dreifrequenz-Zugsicherung **(Indusi).** Ein am Schienenfahrzeug seitlich über der Schiene hängender Fahrzeugmagnet strahlt ständig drei magnet. Kraftfelder von 500, 1 000 und 2 000 Hz aus, die auf einen Gleismagneten gleicher Frequenz am Standort eines Signales oder vor einer Gefahrenstelle einwirken. Bei Halt- oder Warnstellung des Signales oder vor der Gefahrenstelle wird beim Vorbeifahren das Magnetfeld des Fahrzeugmagneten entsprechend beeinflußt. Außer der punktförmig wirkenden Indusi gibt es die **Linienzugbeeinflussung,** bei der über ein im Gleis verlegtes Kabel als Antenne Informationen zw. Triebfahrzeugen und Signaleinrichtungen ausgetauscht werden (→ elektrische Sicht). Die Dt. Bundesbahn erprobt auch die **Funkzugbeeinflussung** mit ortsfesten Sende- und Empfangseinrichtungen an den Eisenbahnstrecken. Früher wurde bei S- und U-Bahnen eine **mechan. Z.** mit → Fahrsperre angewendet.

Zugbildung, im Eisenbahnwesen die Aneinanderreihung von Regelfahrzeugen zu Zügen nach best. Vorschriften. Bei der Dt. Bundesbahn sind hierbei zu beachten: Tragfähigkeit des Schienenweges, Zuglänge, Zuggewicht, zulässige Geschwindigkeit der Fahrzeuge und Bremskraft. Bei der Abfertigung und Fahrerlaubnis der Züge gilt eine best. Rangordnung, beginnend mit den schnellen Personenzügen, endend mit den langsamen Güterzügen.

Zugfestigkeit, auch **Bruchfestigkeit,** die Spannung σ_B, die bei einem best. Werkstoff bei einmaliger Belastung zum Bruch führt. Die Z. kann aus dem Kraftverlängerungs-Schaubild abgelesen werden, das beim → Zugversuch aufgenommen wird.

Zugförderung, Traktion, Eisenbahnwesen: Einsatz von Triebfahrzeugen zur Bewegung von Personen- und Güterwagen. Zum Einsatz kommen elektr., Diesel- und Dampflokomotiven (→ Lokomotive) sowie Diesel- oder elektr. → Triebwagen und Triebköpfe. Zur Verstärkung der Zugkraft werden Vorspann-, Zwischen- oder Schiebelokomotiven eingesetzt **(Mehrfachtraktion).**

Zugfunk, öffentlicher und nichtöffentl. beweglicher → Funkdienst für Funksprechverkehr zw. Eisenbahnzügen und ortsfesten Funkstellen. **Öffentl. Z. (Zugpostfunk),** → Zugtelephonie; **nichtöffentl. Z.,** → Zugbahnfunk, → Rangierfunk u. a. Der Z. arbeitet hauptsächlich im UKW-Bereich bei etwa 170 MHz.

Zug|gewicht, Zuglast, 1) Eisenbahn: das Gesamtgewicht aller Wagen eines Eisenbahnzuges zuzüglich den Gewichten der Zug- und/oder Schiebelokomotiven.

2) Kfz: das Gesamtgewicht von Lastzügen, darf (einschließlich Sattelkraftfahrzeugen) 38 t nicht überschreiten.

Zugkraft, die von einem Triebfahrzeug zur Eigenbewegung und zur Bewegung des Wagenzuges am Zughaken abgegebene Kraft. Z. ist abhängig von der Triebfahrzeugleistung und Fahrgeschwindigkeit (Zugkraftkennlinie) und ist durch Reibung zw. Rad (Treibachsen) und Schiene oder Fahrbahn begrenzt (Reibungsgrenze).

Zugmaschine, der Sattelschlepper (→ Sattelkraftfahrzeug) und der → Ackerschlepper.

Zugmittelgetriebe, ein → Getriebe, das mindestens ein nur gegen Zugbeanspruchung widerstandsfähiges Mittel zur Bewegungsübertragung hat. **Zugmittel** sind: Seile, Flach- und Keilriemen (→ Riemen, → Riemengetriebe) zur kraftschlüssigen, Ketten und Zahnriemen zur formschlüssigen Bewegungsübertragung (→ Kette).

Zugnummernmelde|anlage, opt. Anzeigeeinrichtung auf dem Stelltisch oder in der Panoramatafel von Drucktasten-Stellwerken. Sie gibt auf einem sechsstelligen **Zugnummernfeld** die Nummer (und das Zeichen) des im Gleis befindl. Zuges an. Die Zugnummer wird automatisch über Stellwerksschalteinrichtungen in Abhängigkeit vom jeweils besetzten Gleisabschnitt gesteuert und von Abschnitt zu Abschnitt im Gleisbild weitergeschaltet.

Zugpropeller, → Luftschraube.

Zu|griffszeit, Datenverarbeitung: Zeit, die für den Zugriff auf Daten in einem → Speicher benötigt wird. Die Z. ist ein wichtiges Gütekriterium für Speicher.

Zugschlußleuchten, zu den Zugsignalen gehörende → Eisenbahnsignale. Bei Güterzügen gibt es z. T. noch petroleumgespeiste Z. (›Oberwagenlaternen‹), die durch batteriebetriebene, blinkende Z. ersetzt werden. Fast alle Personenzugwagen besitzen inzwischen eingebaute Z.

Zugsignale, → Eisenbahnsignale.

Zugstärke, Zugbildung nach Zahl der Achsen oder Länge des Zuges in Metern.

Zugstraßen, Meteorologie: Hauptwanderwege der Zentren von → Zyklonen; von W. J. VAN BEBBER 1885 zur Vorhersage der Verlagerungsrichtung alternder Tiefs ermittelt. Mit einiger Sicherheit ist das jedoch nur bei der Z. ›V b‹ möglich, die von Südfrankreich zur Adria und von dort über Ungarn-Polen zum Baltikum führt.

Zugtelephonie, Funksprechmöglichkeit für Reisende von einem Münzfernsprecher im Zug aus in das öffentl. Fernsprechnetz und umgekehrt in best. Züge (z. B. TEE- und IC-Zügen der Dt. Bundesbahn).

Zugversuch, Ermittlung der Festigkeitseigenschaften z. B. von Metallen unter einmaliger Belastung. Dazu wird ein genormter Probestab in einer **Zugprüfmaschine** stetig belastet (z. B. hydraulisch). Beim Z. wird das Kraftverlängerungs-Schaubild automatisch aufgezeichnet, woraus die → Zugfestigkeit, → Fließgrenze u. a. Einzelheiten abgelesen werden können.

Zuladung, bei Landfahrzeugen: → Nutzlast 2); bei Luftfahrzeugen: die Summe der Gewichte von Nutzlast, Besatzung, Kraft- und Schmierstoffen sowie zusätzliche Ausrüstung; bei Schiffen: das → Deadweight.

Zuluft, bei einer Lüftungsanlage die dem zu lüftenden Raum zugeführte Luft.

Zündbeschleuniger, Additive für → Dieselkraftstoffe zur Erhöhung der → Cetanzahl. Verwendet werden u. a. Amylnitrat und Cyclohexylnitrat.

Zunder, Metallkunde: die meist lockere Eisenoxidschicht auf Stahl und Gußeisen, die sich bei der Erhitzung des Werkstoffs in Luft oder anderen oxidierenden Gasen bildet. **Zunderbeständigkeit** ist die Beständigkeit gegen die Bildung von Z. auf Eisenwerkstoffen. Unlegierte Stähle sind bis etwa 550 °C, Chromstähle mit 13% Chrom bis etwa 850 °C zunderbeständig.

Zünder, Vorrichtung zur Einleitung der Zündung von Explosivstoffen an einem vorbestimmten Ort und zu einem gewünschten Zeitpunkt. Allen Z. gemeinsam sind Sicherheitseinrichtungen, die eine vorzeitige Zündung auf dem Transport, im Rohr oder kurz vor der Mündung verhindern. Nach der Lage im Sprengkörper unterscheidet man Kopf-, Boden-, Innen- und Seiten-Z.; nach der Wirkungsweise Aufschlag-Z. mit oder ohne Verzögerung, Aufschlagzerleg-Z., barometr. und hydrostat. Z., Druck-Z., Schlag-Z., Zeit-Z., Zug-Z. und Annäherungs-Z. sowie Kombinationen der angeführten Bauformen; nach dem Aufbau chem., elektr., mechan. und pyrotechn. Z. Die Wahl des Z. richtet sich nach der Art des Sprengkörpers (Bombe, Geschoß, Mine, Torpedo usw.), des Zieles und der gewünschten Wirkung.

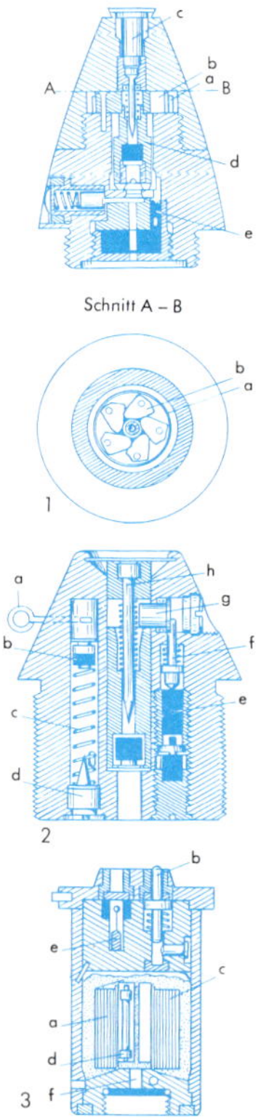

Zünder: **1** Aufschlagzünder mit Klappensicherung und abstellbarer Verzögerung; a Bandfeder zur Haltung der b Klappen, c Holzstößel, d beweglicher Schlagbolzen, e Pulververzögerung. **2** Geschoßzünder für Mörsermunition; a Vorstecker, b Schlagbolzen der Eingangszündung, c Spiralfeder, d Nadel, e Pulverkorn der Maskensicherung, f Bolzen, g Sicherungsbolzen, h Nadelstück. **3** Elektr. Bombenzünder (System Rheinmetall) auf Umladeprinzip ohne Verzögerung; a Speicherkondensator, b Ladekontakt, c Zündkondensator, d Umladewiderstand, e Kugelkontakt, f Zündmittel

Zündgrenzen, Explosionsgrenzen, Grenzkonzentrationen von brennbaren Gasen und Dämpfen in Luft oder Sauerstoff, zw. denen sich eine selbstständige Verbrennung fortpflanzen kann. Für Methan in Luft liegen die Z. bei 5,3 Vol% (untere Z.) bis 14 Vol% (obere Z.), für Wasserstoff in Sauerstoff bei 4,0 Vol% (untere Z.) bis 94 Vol% (obere Z.).

Zündhölzer, Streichhölzer, Holzstäbchen mit einem Zündkopf, der durch Reibung entflammt werden kann. Der Zündkopf von Sicherheits-Z. besteht aus einem Brennstoff (z. B. Antimonsulfide), einem Sauerstoffträger (z. B. Kaliumchlorat) sowie Farb- und Bindemitteln. Er wird an einer Reibfläche entzündet, die aus leicht entzündl. rotem Phosphor, Bindemittel (z. B. Dextrin) und Glaspulver (zur Erhöhung der Reibungswärme) besteht. Durch Imprägnieren der Holzstäbchen mit Phosphaten wird das Nachglimmen verhindert. Eine Paraffinschicht erleichtert die Entflammung. Überallzünder benötigen keine spezielle Anstrichfläche. Ihre Köpfe enthalten zusätzlich Tetraphosphortrisulfid.

Geschichtliches. J. WALKER erfand 1829 ein Reib-Z. mit Zündkopf aus Kaliumchlorat und Schwefelantimon **(Schwefelhölzer)**; als Reibfläche diente Sandpapier. ST. RÓMER und unabhängig davon J. M. KAMMERER erfanden das überall zündende Phosphorreib-Z. mit Kaliumchlorat und dem giftigen weißen Phosphor im Zündkopf (1832/33). Zum **Sicherheits-Z.** mit einem Zündkopf aus sauerstoffreichen Substanzen und einer Reibfläche mit amorphem Phosphor (ungiftig) kamen 1845 der schwed. Chemiker G. E. PASCH und 1848 der dt. Chemiker R. CH. BÖTTGER. Schon 1845 wurden in der von J. E. und C. F. LUNDSTRÖM in Jönköping gegr. Zündholzfabrik Sicherheits-Z. hergestellt.

W. OBERHUMMER: Zur Gesch. des Reib-Z., in: Forschungen und Fortschritte, 37 (1963); H. HARTIG: Zündwaren (^{2}1971).

Zündhütchen, Vorrichtung zum Zünden von Treibladungen in Form einer → Sprengkapsel aus Metall, die mit einem Zündstoff gefüllt ist, z. B. mit Knallquecksilber, Bleiazid oder Diazodinitrophenol.

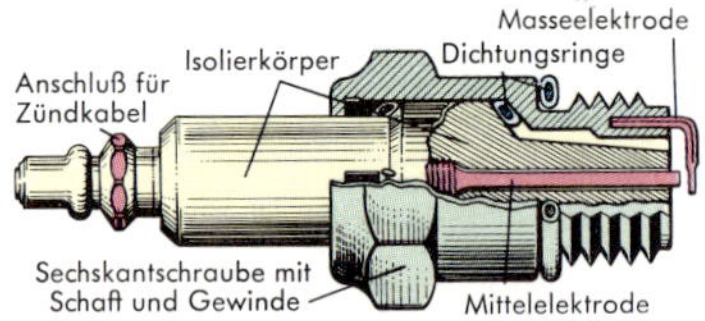

Zündkerze (Teilschnitt)

Zündkerze, in den Zylinderkopf von Ottomotoren eingeschraubte Vorrichtung, die das Luft-Kraftstoff-Gemisch zündet, indem zw. der Mittel- und Außenelektrode ein Funke überspringt (Zündspannung bis über 20 kV). Der die Mittelelektrode umgebende Isolator muß eine best. Temperatur erreichen, damit dort entstehende Ablagerungen verbrennen. Zu hohe Temperatur (niedriger

Wärmewert) kann zu Glühzündungen führen, zu niedrige Temperatur (hoher Wärmewert) zu Zündaussetzern wegen Verschmutzung. (→ Zündung)

Zündmittel, Detonator, Sprengtechnik: Bez. für Vorrichtungen, die der Zündung eines Explosivstoffs dienen und dadurch eine Explosion oder Detonation auslösen; in der Waffentechnik das Konstruktionselement im Geschoß oder in der Patrone, das dem → Zünder nachgeschaltet ist und von ihm gezündet wird. Es enthält Explosivstoff. **Elektr. Z.** sind der elektr. Zünder oder die Zündmaschine, **nichtelektr. Z.** Zündschnüre, Zündhütchen oder Säurezünder.

Zündschnur, mit Garn (z. B. Baumwolle, Jute) umsponnene Schwarzpulverstränge zum Zünden von Sprengladungen, die zum Schutz mit Bitumen imprägniert und mit Kunststoff überzogen sind. Die Verbrennungsgeschwindigkeit ist mit etwa 1 cm/s wesentlich niedriger als bei der → Sprengschnur.

Zündsicherung, eine → Gassicherung.

Zündspannung, → Funkenentladung.

Zündsteine, Zündmetalle, die z. B. in Gas- und Benzinfeuerzeugen zur Erzeugung eines Zündfunkens dienen; bestehen aus einer Legierung von etwa 25% Eisen, 70% Cer u. a. Metallen.

Zündtemperatur, niedrigste Temperatur einer heißen Oberfläche, an der sich ein Brennstoff-Luft-Gemisch optimaler Zusammensetzung gerade noch entzündet, z. B. Schwefelkohlenstoff: 102 °C, Diäthyläther: 170 °C, n-Heptan: 215 °C, Benzol: 555 °C.

Zündung, bei Ottomotoren sowohl die Entzündung des Luft-Kraftstoff-Gemisches im Zylinder zur Einleitung der Verbrennung als auch die **Zündanlage.** Bei der **Batterie-Z.** mit Zündspule entnimmt die Zündspule bei geschlossenen Unterbrechungskontakten im Primärkreis Energie aus der Batterie oder dem Generator und speichert sie im Magnetfeld. Öffnet der Unterbrecher im → Zündzeitpunkt den Primärkreis, dann entsteht im Sekundärkreis eine Hochspannung (25–30 kV), die über den Verteiler an die → Zündkerze gelangt. Um den günstigsten Zündzeitpunkt zu erhalten, kann er in Abhängigkeit vom Unterdruck im Saugrohr des Vergasers und von der Drehzahl des Motors verstellt werden. Bei der **Transistor-Z.** wird der Unterbrecher nur durch den geringen Steuerstrom eines Transistors belastet oder durch ein verschleißfreies Steuerorgan ersetzt. Bei der **Magnet-Z.** wird die Energie durch einen sich meist drehenden Dauermagneten (angetrieben von der Kurbelwelle) in einer Spule erzeugt.

Zündverzug, → Dieselmotor.

Zündwaren, Gebrauchsgüter zum Entzünden von Feuer, im Unterschied zu den **Zündwerkzeugen,** wie Feuerzeuge oder Gasanzünder. Z. sind z. B. Zündhölzer.

Zündwilligkeit, bei Dieselkraftstoffen die Bereitschaft zur Selbstzündung durch die Kompressionswärme der Verbrennungsluft (→ Dieselmotor, → Cetanzahl).

Zündzeitpunkt, bei Verbrennungsmotoren der Zeitpunkt, bei dem die → Zündung des → Luft-Kraftstoff-Gemisches ausgelöst wird; Angabe in Grad Kurbelwinkel (°KW) vor oberem Totpunkt (OT). Der Z. hat Einfluß auf Motorleistung, Kraftstoffverbrauch, Abgaszusammensetzung und → Klopfen. Der günstigste Z. verändert sich mit Last und Drehzahl des Motors und muß deshalb ständig den Verhältnissen angepaßt werden. Zündet der Motor zu früh, kann es zu Motorschäden kommen, zündet er zu spät, sinkt die Motorleistung, und der Kraftstoffverbrauch steigt. Da eine gewisse Zeit vergeht, bis das Gemisch verbrannt ist, liegt der Z. meist vor dem oberen Totpunkt. (→ Fehlzündung)

Zunge, 1) Eisenbahn: **Zungenschiene,** → Weiche.

2) Elektrotechnik: **Kontaktzunge,** → Reed-Relais.

3) Mathematik: Teil des → Rechenschiebers.

Zungenbecken, durch die Erosion einer Gletscherzunge geschaffene Hohlform, wannen- bis rinnenförmig, meist von einem Kranz von Endmoränen umgeben. Ein Gletscher mit mehreren Gletscherarmen hinterläßt Haupt- oder Stammbecken und Zweigbecken. Nach dem Abschmelzen des Eises meist von Seen eingenommen (Ammersee, Chiemsee, Schweriner See, Plauer See), sind viele von ihnen inzwischen verlandet (vielfach Sümpfe oder Moore).

Zu|ordnung, Zuordnungsvorschrift, → Abbildung 1), → Funktion.

Zuordnungsgesetz, das assoziative Gesetz in der → Schaltalgebra.

Zurichtung, 1) beim → Buchdruck der Ausgleich der Unebenheiten in der Druckform und das Erzielen der benötigten unterschiedlichen Druckspannungen, entweder manuell durch Auslegen mit Seidenpapier oder Herausschneiden oder durch mechanische Zurichtung.

2) → Rauchwarenveredlung.

Zusammendrückbarkeit, die → Kompressibilität.

zusammenhängend, Bez. für die Eigenschaft eines topologischen Raumes *T*, der nicht als Vereinigung von zwei offenen, disjunkten, nichtleeren Teilmengen von *T* dargestellt werden kann, z. B. ist die reelle Zahlengerade zusammenhängend.

Zusammenhangskomponente. Als Z. eines Punktes *x* eines topologischen Raumes *T* bezeichnet man die größte zusammenhängende Teilmenge von *T*, die *x* enthält.

zusammentragen, die gefalzten Druckbogen oder Bogenteile eines Druckwerkes in die für die Herstellung des Buchblocks richtige Reihenfolge bringen, von Hand oder meist von **Zusammentragmaschinen** ausgeführt. (→ Buchbinderei)

Zusatzmittel, Stoffe zur Modifizierung der Eigenschaften von Mörtel und Beton (→ Betonzusätze).

Zusatzstoff, nach dem Lebensmittelgesetz der Bundesrep. Dtl. ein Stoff, der Lebensmitteln zur Beeinflussung ihrer Beschaffenheit oder zur Erzielung best. Eigenschaften zugesetzt wird. Dazu gehören u. a. Farbstoffe, Konservierungsstoffe, Antioxidantien, Vitamine und Süßstoffe. Ein Z. muß allgemein oder für best. Lebensmittel zugelassen werden. Außerdem müssen Höchstmengen und Reinheitsanforderungen beachtet werden. Best. Z. sind kenntlich zu machen.

Zusatztransformator, ein- oder dreiphasiger Zweiwicklungstransformator, der so angeschlossen ist, daß die Netzspannung um eine Zusatzspannung erhöht oder erniedrigt werden kann.

Zuschlag, 1) Bautechnik: **Zuschlagstoffe,** Stoffe, die bei der Herstellung von → Mörtel und → Beton dem Bindemittel zugegeben werden, z. B. Sand, Kies, Blähton, Naturbims.

2) Hüttenkunde: Zusatzstoffe bei metallurg. Schmelzverfahren zur Bildung einer günstigen Schlacke, z. B. Kalkstein, Kalk, Salz, Sand, Flußspat, und zum Entfer-

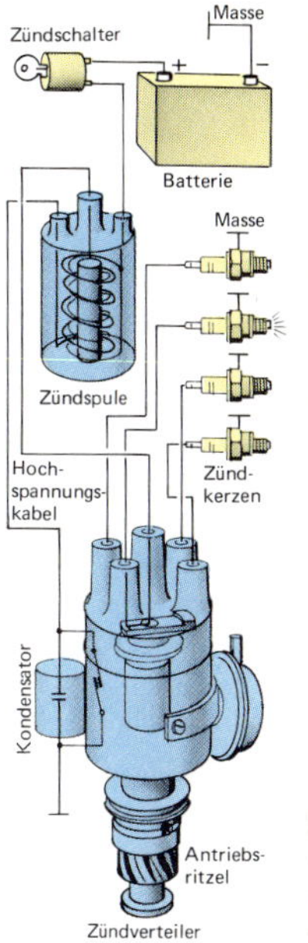

Zündung: Batterie-Z.

nen der Eisenbegleiter Kohlenstoff, Schwefel, Phosphor u. dgl.

Zustand, Physik, physikal. Chemie: Form oder Art, in der Materie vorliegen kann, also z. B. der →Aggregatzustand, der kristalline oder der glasartige Z., der homogene oder heterogene Z., aber auch der Gleichgewichts-, der Ungleichgewichts- oder der stationäre Z. Gleichgewicht und stationärer Z. zeichnen sich durch das Fehlen makroskop. Veränderungen aus; während das Gleichgewicht einen Endzustand darstellt, handelt es sich beim stationären Z. nur um etwas Vorübergehendes, das sich nur durch Kompensationseffekte für begrenzte Zeit aufrechterhalten läßt. Auch im Fall eines Nichtgleichgewichts kann eine zeitl. Veränderung des Z. fehlen, wenn eine entsprechend hohe Reaktionshemmung vorliegt (metastabiler Z.). Im thermodynam. Gleichgewicht ist der Z. eines Systems durch die Vorgabe von zweien der drei therm. →Zustandsgrößen 2) Druck, Temperatur und Volumen festgelegt; die dritte stellt sich entsprechend der für den betrachteten Stoff charakterist. →Zustandsgleichung von selbst ein. (→kritischer Zustand)

In der Quantenmechanik wird der Z. eines Teilchens oder eines Systems durch die Gesamtheit der Quantenzahlen des Systems gekennzeichnet. Ein stationärer Z. ist jede Lösung der zeitunabhängigen Schrödinger-Gleichung. Tritt bei →Eigenzuständen →Entartung auf, spricht man von **entarteten Z. Angeregte Z.** werden durch Energiezufuhr erreicht. Der **Grund-Z.** ist der Z. geringster Energie (→Atom). Spezielle angeregte Z. sind die →metastabilen Zustände. Auch →virtuelle Zustände können auftreten.

Zustands|änderung, Änderung des thermodynam. Zustandes eines Stoffes oder thermodynam. Systems, verursacht durch Änderung einer →Zustandsgröße. Eine Z. kann **reversibel** (z. B. →Carnotscher Kreisprozeß) oder **irreversibel** sein (z. B. verlaufen so alle Makroprozesse in der Natur), wobei die →Entropie zunimmt. **Quasistat. Z.** verlaufen so langsam, daß das System in jedem Augenblick als im Gleichgewicht befindlich betrachtet werden kann. Z. lassen sich beschreiben und in Zustandsdiagrammen darstellen als **Isochore,** wenn von den drei Zustandsvariablen das Volumen, als **Isobare,** wenn der Druck und als **Isotherme,** wenn die Temperatur konstant gehalten wird. **Adiabat. Z.** verlaufen ohne Wärmeaustausch mit der Umgebung.

Zustandsdiagramm, zwei- oder dreidimensionale Darstellung des Zusammenhangs von Zustandsgrößen thermodynam. Systeme, zu denen bei Mehrstoffsystemen die Konzentration der Partner tritt. Z. sind wichtig für grundsätzl. und techn. Betrachtungen der Thermodynamik, des Wärme- und Stoffaustauschs in der chem. Verfahrenstechnik und der Metallurgie. Zur Beschreibung der Phasengleichgewichte von Einstoffsystemen, z. B. Wasser (Zustandsformen: Eis, Wasser, Dampf), bedient man sich der Druck-Temperatur-Diagramme, in die Dampfdruck-, Schmelzdruck- und Sublimationsdruckkurven eingetragen sind (BILD), die sich im gemeinsamen →Tripelpunkt treffen. Die Dampfdruckkurve endet im →kritischen Punkt (→kritischer Zustand).

Auch Enthalpie-Temperatur-, Enthalpie-Entropie-Diagramme sind gebräuchlich. Mehrstoffsysteme erfaßt man in Schmelz- und Siedediagrammen, ferner in Dampfdruckdiagrammen und Gleichgewichtsdiagrammen. Je nachdem, wie viele Komponenten (2, 3, ...) beteiligt sind, werden binäre, ternäre, ... Z. aufgestellt (z. B. →Eisen-Kohlenstoff-Diagramm).

Metallkundlich wichtig sind die Z. der Legierungen. Diese gehören meist zu den Stoffsystemen, deren Komponenten im flüssigen Zustand vollständig ineinander löslich sind. Beim Erstarren der Schmelze einer Legierung

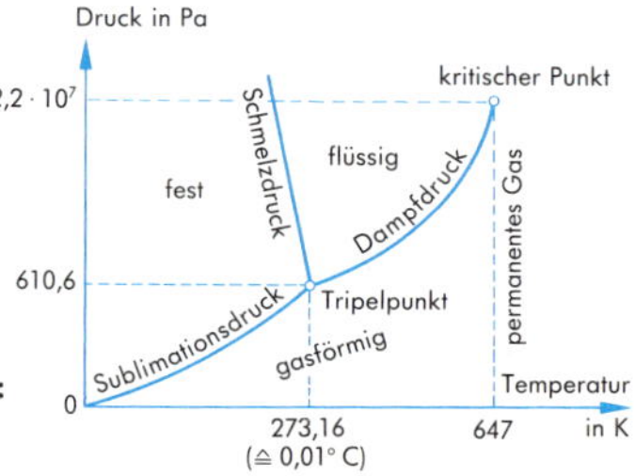

Zustandsdiagramm: Z. des Wassers (nicht maßstäblich)

kann die Löslichkeit erhalten bleiben, so daß sich Mischkristalle ausbilden, oder es kann eine vollkommene Entmischung eintreten. Auch Übergänge mit einer teilweisen gegenseitigen Löslichkeit in festem Zustand kommen vor. Die Z. der Legierungen stellen die Zustände in Abhängigkeit von Temperatur und Konzentration dar. Die einzelnen Kurven eines Z. werden durch Messung der Änderung der Temperatur der Schmelze bei verschiedenen Konzentrationen in Abhängigkeit von der Zeit ermittelt. So ist z. B. in einer Schmelze oberhalb der Liquiduslinie alles flüssig, unterhalb der Soliduslinie alles fest; dazwischen liegt der Erstarrungsbereich.

Zustandsdichte, Anzahl dZ der Energiezustände eines Systems, deren Energien zw. W und $W + \mathrm{d}W$ liegen, je Energieintervall dW, $D(W) = \mathrm{d}Z/\mathrm{d}W$; z. B. ergibt im Bändermodell das Produkt aus Z. und Fermi-Dirac-Verteilungsfunktion die jeweilige Ladungsträgerdichte.

Zustandsfunktionen, 1) die abgeleiteten →Zustandsgrößen in der Thermodynamik; 2) die →Wellenfunktionen der Quantenmechanik.

Zustandsgleichung, Beziehung zw. den →Zustandsgrößen 2) eines thermodynam. Systems im thermodynam. Gleichgewicht. Die **thermische Z.,** die in der allg. Form $f(V, T, p) = 0$ geschrieben werden kann, verknüpft die drei Zustandsgrößen Volumen V, Temperatur T und Druck p. Spezialfälle sind u. a. die für ideale Gase geltende **universelle Gasgleichung** $pV = \nu RT$ (ν = Stoffmenge, R = universelle Gaskonstante, →Gas) und die →Van der Waals-Gleichung, die das Verhalten vieler realer Gase in guter Näherung beschreibt. – Die **kalorische Z.** beschreibt die Abhängigkeit der inneren Energie U von zwei der drei Größen V, T und p.

Zustandsgrößen, 1) Astronomie: Kenngrößen, die den physikal. Zustand eines Sterns bestimmen; zu den Z. gehören Masse, Leuchtkraft, Radius, effektive Temperatur, Spektralklasse, mittlere Dichte, mittlere Energieerzeugung je Gramm und je Sekunde, Schwerebeschleunigung an der Oberfläche, Rotationsperiode (oder -geschwindigkeit am Äquator), Magnetfeld und chem. Zusammensetzung. Einige der Z. sind untereinander verknüpft, z. B. Masse und Leuchtkraft durch die →Masse-Leuchtkraft-Beziehung; aus der Gegenüberstellung anderer Z. lassen sich Rückschlüsse auf die →Sternentwicklung ziehen, z. B. aus Leuchtkraft und effektiver Temperatur im →Hertzsprung-Russell-Diagramm.

2) Thermodynamik: **(thermodynamische) Zustandsvariable,** Parameter, die kennzeichnend sind für den Zustand eines thermodynam. Systems. Da sie nur durch den Zustand zum betrachteten Zeitpunkt gegeben sind, sind sie insbes. unabhängig vom Weg, auf dem der Zustand erreicht wurde. **Einfache Z.** sind z. B. Druck p, Temperatur T und Volumen V, die direkt meßbar sind. Die **abgeleiteten Z.** → innere Energie U, → Entropie S, → freie Energie F, → Enthalpie H, → freie Enthalpie G u. a. heißen auch **kalor. Z., Zustandsfunktionen** oder **thermodynamische Funktionen.**

Die dimensionslosen **reduzierten Z.** sind auf ihre krit. Größen (→ kritischer Zustand) bezogen, z. B. ist der reduzierte Druck $p_{red} = p/p_{crit}$.

Zustellung, das Auskleiden chemisch und thermisch beanspruchter Konstruktionen mit feuerfestem Material, z. B. von Hochöfen, Konvertern, metallurgischen Öfen. Neben dem Vorgang bezeichnet Z. (Futter) auch das feuerfeste Mauerwerk selbst.

Zuverlässigkeit, engl. **Reliability** [rɪlaɪəb'ɪlɪtɪ], die Fähigkeit einer betrachteten Einheit (z. B. Bauelement, Baugruppe, Gerät, Anlage oder System), innerhalb der vorgegebenen Grenzen denjenigen durch den Verwendungszweck bestimmten Anforderungen (Umgebungsbedingungen u. a.) zu genügen, die an das Verhalten ihrer Eigenschaften während einer gegebenen Zeitdauer gestellt werden. Die Z. ist ein von der Zeit abhängiges Qualitätsmerkmal, ihre wichtigsten Kenngrößen sind → Lebensdauer, → Verfügbarkeit, Ausfallabstand (→ MTBF), → Ausfallrate, → Überlebenswahrscheinlichkeit und Ausfallwahrscheinlichkeit (Wahrscheinlichkeit für ein Element, innerhalb des Zeitraumes zw. Beanspruchungsbeginn und einem bestimmten festgelegten Zeitpunkt auszufallen). Für techn. Produkte wird i. a. eine hohe Z. bei vertretbarem wirtschaftl. Aufwand und unter Berücksichtigung sicherheitsrelevanter Anforderungen angestrebt. Die Wahrscheinlichkeit eines → Ausfalls kann z. B. durch Einfügen von → Redundanz oder bei elektron. Bauelementen durch ein → Burn in verringert werden. Numerische Angaben zur Z. werden aus Analysen, Statistiken, Erfahrungswerten, Vergleichen und Prüfungen gewonnen. Der Begriff der Z. wurde auch auf Materialien, Prozesse, Verfahren, Methoden und auf Computersoftware ausgedehnt, wobei zu beachten ist, daß Software nicht wie Hardware durch Abnutzung ausfällt. **Software-Z.** ist daher gekennzeichnet durch die Fähigkeit des Systems, auch bei Ausfall bestimmter Hardwarekomponenten die durch den Verwendungszweck bedingten Funktionen richtig auszuführen.

ZVSt, Abk. für **Zentralvermittlungsstelle,** → Fernmeldenetz.

Zwanglauf, in → Getrieben und Elementenpaaren derjenige Beweglichkeitszustand, der die Einleitung nur einer einzigen unabhängigen Bewegung erlaubt, z. B. beim zwangläufigen Schubkurbelgetriebe, bei den zwangläufigen Elementenpaaren (Drehgelenk, Schraubgelenk).

Zwangskräfte, Führungskräfte, Kräfte, die einen bewegten Körper oder Massenpunkt auf einer best. Bahn halten; z. B. die von den Eisenbahnschienen ausgeübten Kräfte.

Zwei|adreß-System, Datenverarbeitung: → Adresse.

Zweidrahtbetrieb, Fernmeldetechnik: Verbindung zweier Teilnehmer im Dialogbetrieb über eine Leitung für Hin- und Rückrichtung (→ Vierdrahtbetrieb).

Zweidrahtverstärker, Fernmeldetechnik: → Vierdrahtbetrieb.

Zwei|eck, → Kugel 1).

Zweier|anschluß, Fernsprechtechnik: → Hauptanschluß.

Zweiersystem, das → Dualsystem.

Zweiflüssigkeitsmodell, → Superfluidität.

Zweig, Mathematik: Als Z. einer → analytischen Funktion bezeichnet man die analyt. Fortsetzung dieser Funktion unter Beschränkung auf ein Blatt der → Riemannschen Fläche.

Zweihandbetätigung, Sicherheitsvorkehrung an Maschinen, z. B. bei Hämmern und Pressen, die gewährleisten soll, daß sich beim Arbeitsgang die Hände des Arbeiters nicht im Wirkraum der Maschine befinden. Der Arbeitsgang läuft erst an, wenn zwei Auslöser oder Tippschalter gleichzeitig bedient werden.

Zweikomponenten-Kampfstoffe, → chemische Kampfstoffe.

Zweikomponentenkleber, Reaktionskleber, lösemittelfreie Klebstoffe, die erst nach dem Mischen des sie zusammensetzenden **Klebharzes** (z. B. Methylacrylate, Polymethane, ungesättigte Polyamide und -ester sowie Epoxidharze) und des **Härters** (z. B. Carbonsäuren, Alkohole und Amine) infolge chem. Reaktionen sehr feste und dauerhafte Verbindungen ergeben. Je nach den verwendeten Komponenten lassen sich damit sehr unterschiedl. Materialien miteinander verkleben.

Zweikörperproblem, Problem der Bewegung eines Systems von zwei miteinander wechselwirkenden, als Massepunkte idealisierten Körpern oder Teilchen. Die Bewegung zweier Massepunkte unter dem Einfluß der gegenseitigen Massenanziehung (Z. der → Himmelsmechanik) ist, klassisch ausgehend vom Newtonschen Gravitationsgesetz (→ Gravitation), exakt lösbar und führt u. a. zu den → Keplerschen Gesetzen. Bei der mathemat. Behandlung läßt sich das Z. zurückführen auf die Bestimmung der Bewegung eines fiktiven Massepunktes, dem die → reduzierte Masse zugeordnet wird. Das Z. zweier subatomarer Teilchen, die der Coulombschen Wechselwirkung unterliegen (z. B. im Wasserstoffatom), ist quantenmechanisch mit Hilfe der Schrödinger-Gleichung exakt lösbar. (→ Dreikörperproblem, → Vielkörperproblem)

Zweikreisanlage, aus zwei getrennten Teilen bestehende, aber der gleichen Funktion dienende techn. Anlage, meist ein Leitungssystem, z. B. beim Kraftwagen die Zweikreisbremse (→ Bremse), beim Druckwasserreaktor die Z. von Wasser- und Dampfführung (→ Kernreaktor), beim Zweikreistriebwerk die Trennung von Primär- und Sekundärluftstrom (→ Strahltriebwerk).

Zweiphasen-Färbeverfahren, Verfahren der → Färberei, bei dem man die zu färbende Ware zuerst mit Farbstoff imprägniert und dann in einer zweiten Präparation durch eine chemische Lösung führt, die den Farbstoff zur Entwicklung bringt. Das Verfahren hat den Vorteil, daß zw. den zwei Behandlungen Zeit bleibt, die Arbeitsgänge zu disponieren, und daß gleichzeitig wesentlich bessere Ergebnisse erzielt werden. Das Verfahren läßt sich kontinuierlich und diskontinuierlich ausführen.

Zweiphasensystem, die Verkettung zweier gleichfrequenter Wechselspannungen und -ströme, die im symmetr. Fall gleich groß und um 90° phasenverschoben sind. Das Z. ist gegenüber dem dreiphasigen Drehstromsystem (→ Drehstrom) von geringer Bedeutung. Es wird z. B. durch spezielle Schaltungen erzeugt, um bei Wechselstrom-Kurzschlußläufermotoren Selbstanlauf zu erreichen.

Zweipol, allg. Bez. für eine elektr. Schaltung(sanordnung), ein Netzwerk oder ein Bauelement mit nur zwei zugänglichen Anschlüssen (Pole, Klemmen), z. B. eine Stromquelle oder ein Verbraucher. Bei der Betrachtung eines Z. interessiert weniger, wie dieser im einzelnen aufgebaut ist (ein Verbraucher kann z. B. aus parallel oder in Reihe geschalteten Widerständen, Kapazitäten und Induktivitäten bestehen), als vielmehr das an seinen Anschlußklemmen meßbare, durch Strom und Spannung bestimmte elektr. Verhalten. In der Wechselstromtechnik nimmt die Theorie der Reaktanz-Z. eine wichtige Stellung zur Beschreibung der Frequenzabhängigkeit von Blindwiderständen ein. (→Vierpol)

Zweipunkteform, Geradengleichung, in der die Koordinaten (x_1, y_1) und (x_2, y_2) zweier Punkte P_1 und P_2 der Geraden enthalten sind:

$$\frac{y-y_1}{x-x_1} = \frac{y_2-y_1}{x_2-x_1}.$$

Die Z. betont die Tatsache, daß eine Gerade durch zwei ihrer Punkte im Koordinatensystem völlig festgelegt wird.

Zweipunktregelung, eine →unstetige Regelung mittels Regler, dessen Ausgangsgröße (→Stellgröße) nur zwei verschiedene Werte annehmen kann (z. B. ›Ein‹, ›Aus‹). Charakteristisch ist die periodische Arbeitsbewegung einer Z. (Ein- und Ausschalten einer Energiequelle, z. B. Heizung, bei Temperaturregelungen), so daß ein um den →Sollwert sägezahnförmig schwankender Verlauf der →Regelgröße (z. B. Temperatur) entsteht. Einen stat. Gleichgewichtszustand nimmt die Z. dagegen auch bei konstanter Führungs- und Störgröße nicht ein. Ihr entscheidender Vorzug sind niedrige Herstellungskosten.

Zweirad, ein zweirädriges, zweiachsiges Fahrzeug, →Fahrrad, →Kraftrad.

Zweirichtungsdiode, →Diac.

Zweirichtungs|thyristor|diode, →Diac.

Zweischalenfehler, Astigmatismus schiefer Bündel, ein opt. →Abbildungsfehler.

Zweischneider, Maschinenwerkzeug, meist mit zwei Hartmetallschneiden, zum Bohren spröder Werkstoffe wie Glas, Porzellan, Stein.

Zweiwegefahrzeug

Zweistoffdiagramm, ein →Zustandsdiagramm für ein Zweistoffsystem.

Zweistrahl|oszilloskop, ein →Oszilloskop mit zwei voneinander unabhängigen Elektronenstrahlsystemen.

Zweistrom-Turboluftstrahltriebwerk, Zweistrom-Turbinenluftstrahltriebwerk, ZTL-Triebwerk, ein →Strahltriebwerk.

Zweistufensprache, →Sprachübertragung.

zweistufige Verbrennung, Verbrennungsmotoren: Die Verbrennung wird in einer Nebenkammer eingeleitet und greift von dort in den Hauptbrennraum über (→Schichtladung).

Zweitafelprojektion, Abbildung eines Gegenstandes durch senkrechte Parallelprojektion auf zwei aufeinander senkrechte Tafeln, meist in →Grundriß und →Aufriß.

Zweitaktmotor, ein →Verbrennungsmotor, dessen Arbeitstakte im Verdichten der Frischladung und Ausdehnen der Verbrennungsgase bestehen.

Zweiter Schall, →Superfluidität.

Zweiwegefahrzeug, gleis- und straßengängiges, mit entsprechenden Antriebseinrichtungen und verstellbaren Rädern ausgerüstetes, von Benzin- oder Dieselmotor getriebenes Universalfahrzeug zur Personen- oder Lastenbeförderung und zum Rangieren in Werkshöfen mit Gleisanschluß.

Zweiweg|gleichrichter, elektron. Schaltungsanordnung zur Gleichrichtung einer Wechselspannung (eines Wechselstroms). Zu den Z.-Schaltungen gehören die Mittelpunkt- und die Brückenschaltung (BILD Gleichrichter). I. Ggs. zum →Einweggleichrichter werden hier sowohl die positiven als auch die negativen Halbwellen gleichgerichtet, der Gleichstromanteil ist daher doppelt so groß wie bei der Einweggleichrichtung.

Zweiwegthyristor, →Triac.

Zwergsterne, Zwerge, Sterne, die über einen verhältnismäßig kleinen Durchmesser verfügen. Sie gehören der →Leuchtkraftklasse V an, d. h., sie liegen im →Hertzsprung-Russell-Diagramm auf der Hauptreihe **(Zwergreihe),** die von den **Blauweißen Z.,** mit hoher Temperatur und hoher Leuchtkraft, über die sonnenähnl. **Gelben Z.** zu den **Roten Z.** niedriger Temperatur und Leuchtkraft reicht. Letztere stellen den im Weltall am häufigsten vorkommenden Sterntypus dar. Es sind Sterne, die bis zu etwa 0,06 Sonnenmassen und eine Leuchtkraft bis zu $1/100000$ der der Sonne aufweisen. Zu ihnen zählt unser nächster Stern →Proxima Centauri (0,00005fache Sonnenleuchtkraft) und →Barnards Stern (0,0004fache Sonnenleuchtkraft). Die große Häufigkeit der Roten Z. resultiert aus dem Umstand, daß sie nur sehr langsam Wasserstoff in Helium verwandeln und daher mit über 10 Mrd. Jahren eine viel höhere Lebensdauer haben als andere Sterne.

Eigene Gruppen bilden die →Weißen Zwerge, die →Schwarzen Zwerge und die →Unterzwerge.

Zwickel, Bautechnik: das sich bei einem rechteckig umrahmten Bogen beiderseits ergebende dreieckige Flächenstück **(Bogenzwickel,** Spandrille); bei Kuppelbauten der in Form eines sphär. Dreiecks von dem quadrat. Grundriß zum Kreisrund der Kuppel überleitende Gewölbeteil **(Hängezwickel,** Pendentif).

Zwielicht, Beleuchtung durch zwei verschiedenfarbige Lichtquellen gleichzeitig in einem Raum. Z. stört die

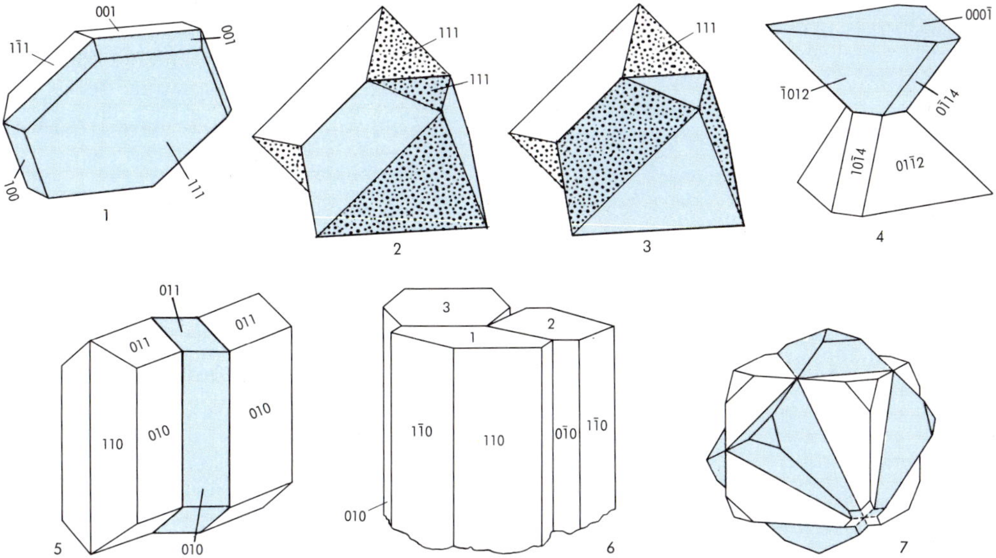

Zwillinge 2): 1) Berührungs-Z. von Bleiglanz nach dem Spinellgesetz, Z.-Ebene ist (111) und gleichseitig ist [111] Z.-Achse. **2** und **3** Berührungs-Z. von Kupferkies, Z.-Ebene (11$\bar{1}$) oder Z.-Achse senkrecht auf (11$\bar{1}$). **4** Berührungs-Z. von $Na_3Li[SO_4]_2 \cdot 6H_2O$ mit Z.-Achse [11$\bar{2}$0], auch als Inversions-Z. deutbar. **5** Wiederholungs-Drilling des Aragonits nach (110). **6** Wendedrilling des Aragonits nach (110) und (1$\bar{1}$0). Wächst der Zwickel zwischen dem zweiten und dritten Individuum zu, so entsteht ein pseudohexagonales Gebilde. **7** Durchkreuzungs-Z. von Bleiglanz nach dem Spinellgesetz

Farbstimmung des Auges; es wird bes. in der Dämmerung bemerkt, wenn im Raum künstl. Licht brennt. Z. läßt sich durch tageslichtfarbene Lichtquellen, z. B. entsprechende Leuchtstofflampen, vermeiden.

Zwillinge, 1) Astronomie: lat. **Gemini,** zum → Tierkreis gehörendes → Sternbild des Nordhimmels, im Winter am Abendhimmel sichtbar, das die auffallenden Sterne → Castor **(Alpha Geminorum)** und → Pollux **(Beta Geminorum)** enthält.

2) Kristallographie: zwei gesetzmäßig miteinander verwachsene Individuen der gleichen Kristallart, die entweder durch Spiegelung an einer **Z.-Ebene** oder durch 180°-Drehung um eine **Z.-Achse** miteinander zur Deckung gebracht werden können. Z.-Ebene und Z.-Achse dürfen nicht zugleich Symmetrieelemente der betreffenden Kristallklasse sein, da sonst nur eine Parallelverwachsung vorliegen würde. Die jeweiligen **Z.-Gesetze** geben die Miller-Indizes (*hkl*) der Z.-Ebene oder/und das Geradensymbol [*uvw*] der Z.-Achse an, wobei stets eines dieser ›Z.-Symmetrieelemente‹ in beiden Individuen kristallographisch rational sein muß. Die Z.-Ebene ist häufig zugleich auch die ›Verwachsungsfläche‹ der beiden Z.-Individuen. Letzere kann jedoch auch eine unregelmäßig gekrümmte Fläche sein oder eine Ebene, die gleichzeitig Symmetrieebene der betreffenden Kristallart ist; sie darf aber nicht zugleich Z.-Ebene sein. Von einfachen Kristallen unterscheiden sich Z. meist durch ›einspringende Winkel‹.

Nach der Art der Entstehung werden unterschieden: **Wachstums-Z.,** bei denen die Anlage zur Verzwillingung bereits im Kristallkeim vorlag; **Gleit-** oder **Druck-Z.,** die durch mechan. Deformation, d. h. Druck und Gleitung entstanden (z. B. durch die Baumhauerschen Versuche am Kalkspat); **Umwandlungs-Z.,** die bei polymorphen Mineralen beim Umschlag der Hochtemperatur- in die Tieftemperatur-Modifikation gebildet wurden und meist aus sich kreuzenden Lamellensystemen aufgebaut sind. – Nach der Art der gegenseitigen Verwachsung werden unterschieden: **Berührungs-Z. (Kontakt-Z., Juxtapositions-Z.),** bei denen die Z.-Ebene zugleich Verwachsungsfläche ist; **Durchwachsungs-Z. (Durchkreuzungs-Z., Penetrations-Z.),** wobei sich die Individuen entlang einer unregelmäßigen Verwachsungsfläche durchdringen.

Bei mehrfacher Verzwillingung können ›Drillinge‹, ›Vierlinge‹ usw., allg. ›Viellinge‹, entstehen. Einen Fall komplizierter Verzwillingung bilden die **polysynthet. Z.,** bei denen mehrere Z.-Elemente vorliegen (z. B. zwei Z.-Ebenen oder je eine Z.-Achse und Z.-Ebene). Hierdurch entstandene **Z.-Stöcke,** die eine höhere Kristallsymmetrie vortäuschen, als der betreffenden Kristallart zukommt, heißen **mimetische Z.**

Zwillings|paradoxon, Uhrenparadoxon, Zeitparadoxon, ein aus der → Zeitdilatation der → Relativitätstheorie und aus der Erfahrung sich ergebender scheinbar paradoxer Sachverhalt, daß für zwei Beobachter (Uhren), die sich zu einem bestimmten Zeitpunkt am selben Ort befinden und die zu einem späteren Zeitpunkt wieder an einem Ort zusammentreffen, i. a. verschiedene Zeitintervalle vergangen sind. Z. B. betrachte man die beiden Zwillingsbrüder Peter und Paul. Peter bleibe auf der Erde; Paul bewege sich mit sehr hoher Geschwindigkeit in einem Raumfahrzeug von der Erde weg und verbringe einige Jahre im Weltall. Nach seiner Rückkehr zur Erde wird Paul feststellen, daß Peter mehr gealtert ist als er selbst.

Zwinge, → Schraubzwinge.

Zwirn, aus zwei oder mehreren Garnen zusammengedrehter (gezwirnter) Faden. Man unterscheidet: glatte Zwei- und Mehrfach-Z. **(Doppel-Z.** oder **Cordonnet)** mit Vor- und Nachzwirndrehung und **Effekt-Z.** Die Feinheit der Z. wird durch die Nummer angegeben (→Garnfeinheit).

Zwischen|abfluß, Teil des Abflusses, der dem →Vorfluter unterirdisch, jedoch mit nur geringer Verzögerung zufließt.

Zwischenbild, von einem Teilsystem eines opt. Instruments erzeugtes reelles Bild, das durch nachfolgende opt. Systeme weiter abgebildet oder durch das Okular mit dem Auge betrachtet wird.

Zwischendeck, alle unter dem Haupt-(Ober-)Deck eines Schiffes liegenden →Decks.

Zwischen|eiszeit, Interglazial, zwischen zwei Vereisungsperioden liegende Warmzeit (→Eiszeit).

Zwischenfrequenz, Abk. **ZF,** in Überlagerungsempfängern (→Rundfunk) die konstant gehaltene Frequenz (z. B. 10,7 MHz für UKW-Empfang), in die die Empfangsfrequenzen durch Mischung mit einer Oszillatorfrequenz umgewandelt werden.

Zwischengebirge, relativ starrer von Orogenzonen begrenzter Erdkrustenteil; z. B. die Ungarische Tiefebene zwischen Alpen und Karpaten.

Zwischengerade, Straßenbau: gerade Strecke zw. zwei Kurven mit gleichem oder entgegengesetztem Krümmungssinn.

Zwischengitterplätze, zw. den regulären Gitterpunkten des idealen Kristallgitters befindliche Stellen, die in →Realkristallen mit Kristallbausteinen besetzt sein können.

Zwischenkern, Verbundkern, Compoundkern [kɔmpˈaʊnd-], Kernphysik: hochangeregter, instabiler Atomkern, der bei einer Kernreaktion aus der Verschmelzung der Reaktionspartner entsteht und in sehr kurzer Zeit (etwa 10^{-16} bis 10^{-19} s) unter Aussendung eines oder mehrerer Teilchen und ggf. von Photonen (γ-Quanten) in einen neuen, stabilen Endkern übergeht.

Zwischenkörper. Ist K ein Körper, E ein Erweiterungskörper von K, und ist Z ein Körper $K \subset Z \subset E$, so ist Z der Z. zw. K und E. Analoges gilt bei Gruppen für die **Zwischengruppe.**

Zwischenlager, Zwischenlagerung, Kerntechnik: Bez. für einen Teil der nuklearen →Entsorgung. Die abgebrannten Brennelemente von Kernkraftwerken werden nach ihrer Entnahme aus dem Reaktorkern in eigens dafür vorgesehenen Abklingbecken innerhalb der Kernkraftwerke gelagert. Diese Lagerbecken sind so dimensioniert, daß sie zwei Entladezyklen, d. h. zwei Drittel Reaktorkernladung und für den Fall eines Störfalls zusätzlich die gesamte Reaktorkernladung, aufnehmen können.

Für Z. gibt es zwei Varianten, die **Naß-** und die **Trockenlagerung.** Beim Naßlagerkonzept werden die Brennelemente aus den Transportbehältern entladen und in ein Lagerbecken gestellt. Das Beckenwasser führt die Nachzerfallswärme ab und dient gleichzeitig zur Abschirmung der radioaktiven Strahlung. Bei der Trockenlagerung bleiben die Brennelemente im Transportbehälter **(Transportbehälterlager),** der mit Kühlrippen ausgestattet ist, so daß mittels Naturkonvektion die Nachwärme abgeführt wird. Diese Art der Lagerung erfordert i. Ggs. zur Naßlagerung keine aktiven Kühlsysteme und ist frühestens ein Jahr nach der Entnahme der Brennelemente aus dem Reaktor anwendbar.

Das urspr. Konzept sah vor, daß die Brennelemente nach einer zweijährigen Lagerzeit der →Wiederaufarbeitung zugeführt werden. Da infolge der eingetretenen zeitl. Verzögerung der Entsorgung die Lagerkapazität in den Kernkraftwerken nicht mehr ausreicht, ist es nötig geworden, weitere Lagermöglichkeiten in Form von **Kompaktlagern** zu schaffen, die eine dichtere Lagerung von Brennelementen ermöglichen.

zwischenmolekulare Kräfte, Molekularkräfte, Kräfte, die außer der Gravitationskraft zw. Atomen oder valenzmäßig abgesättigten Molekülen wirken. Bei polaren Molekülen können sie durch Dipol-Dipol-Wechselwirkungen zustande kommen, zw. unpolaren Molekülen sind Van der Waalssche Kräfte (oder Dispersionskräfte) wirksam. Die z. K. sind elektr. Ursprungs. Für alle z. K. ist charakteristisch, daß bei sehr kleinen Abständen die Abstoßungskräfte, bei etwas größeren Abständen die anziehenden Kräfte überwiegen. Die z. K. spielen v. a. für den Zusammenhalt von organ. Molekülen und bei den kondensierten Gasen eine Rolle.

Zwischenprodukte, in der chem. Industrie chemisch reine Verbindungen, die aus Rohstoffen (z. B. Erdöl, Teer) in großen Mengen gewonnen und zur Synthese von Farb-, Kunst- und Riechstoffen, Arznei- und Textilhilfsmitteln u. ä. verwendet werden (früher **Halbfabrikate).** In der präparativen Chemie werden auch komplizierter aufgebaute Stoffe als Z. bezeichnet, sie dienen als Ausgangsmaterialien für weitere Syntheseschritte. In der Naturstoffchemie spricht man gelegentlich von **Relais-Substanzen** [rəlˈɛ-] oder **Synthons.** – Der Begriff Z. sollte nicht verwendet werden für i. a. sehr instabile und kurzlebige Verbindungen, die sich beim mehrstufigen Übergang eines Stoffes in einen anderen vorübergehend bilden. Solche labilen Zwischenstufen lassen sich nur in seltenen Fällen isolieren.

Zwischenringe, Photographie: zw. Kameragehäuse und Objektiv eingesetzte Ringe zur Verlängerung des Objektivauszuges. Auf diese Weise läßt sich eine größere Abbildung (Nahaufnahme) des Objektes auf dem Film erreichen. Eine weitere Steigerung dieses Effektes erhält man bei Verwendung eines Balgengeräts (→Balgen).

Zwischenstufe, Zwischenstoffe, in der Chemie Bez. für sehr instabile und kurzlebige Verbindungen, die sich beim mehrstufigen Übergang eines Stoffes in einen anderen vorübergehend bilden.

Zwischenwertsatz. Ist $f: [a, b] \longrightarrow \mathbb{R}$ eine auf dem abgeschlossenen Intervall $[a, b] \subset \mathbb{R}$ stetige Funktion, so gibt es zu jeder zw. $f(a)$ und $f(b)$ gelegenen reellen Zahl y (auch **Zwischenwert** genannt) mindestens eine Zahl x, wobei gilt $a < x < b$ mit $f(x) = y$. Der Z. ist für die Differentialrechnung wichtig. Er hat u. a. die Folge, daß eine stetige Funktion $f: [a, b] \longrightarrow \mathbb{R}$ mit $f(a) < 0$ und $f(b) > 0$ zw. a und b mindestens eine Nullstelle besitzt.

Zwitter, Geologie: zinnsteinführende Imprägnationen in Granitstöcken, die mit →Greisen eng zusammenhängen.

Zwitter|ionen, Moleküle, die sowohl eine Gruppe mit positiver, als auch eine Gruppe mit negativer Ladung haben. Verbindungen, die Z. bilden, können als innere Salze aufgefaßt werden. Zu ihnen gehören die →Aminosäuren, →Betain und die →Ylide.

Zyklentheorie, Geologie: die Vorstellung, daß die Erdgeschichte in Zyklen verlief, d. h. in einem period. Wechsel von Zeiten ruhiger Entwicklung **(Evolution)** mit solchen wesentlich gesteigerter geolog. Kräfte und Vorgänge **(Revolution).** Von H. STILLE stammt die Lehre vom **geotekton. Zyklus** (Geosynklinale–Orogenese–Hebung–Abtragung–Einebnung), zu dem ein **geomagmat. Zyklus** (initial–synorogen–subsequent–final) parallel verläuft. **Geotekton. Großzyklen** sind die Assyntische, Kaledonische, Variskische und Alpidische Ära.

Zyklide, Fläche 4. Ordnung mit best. Eigenschaften.

zyklische Gruppe. Eine →Gruppe $(G, \cdot)$ heißt zyklisch, wenn es ein $a \in G$ gibt mit $G = \{a^z | z \in \mathbb{Z}\}$, wobei a^z wie folgt definiert ist:

$$a^z := a \cdot \ldots \cdot a \ (z\text{-mal}) \qquad \text{für } z > 0$$
$$a^z := e \ (\text{neutrales Element}) \qquad \text{für } z = 0$$
$$a^z := a^{-1} \cdot \ldots \cdot a^{-1} \ (|z|\text{-mal}) \qquad \text{für } z < 0.$$

a heißt **Erzeugende** von G. Beispiel: Die Gruppe $(\mathbb{Z}, +)$, bestehend aus der Menge der ganzen Zahlen mit der Addition als Verknüpfung, ist eine unendliche z. G., die von $a = 1$ erzeugt wird: $a^1 = a = 1$, $a^0 = e = 0$, $a^{-1} = -1$, $a^2 = 1 + 1 = 2$, $a^{-2} = (-1) + (-1) = -2$ usw.

zyklische Kurve, die → Zykloide.

zyklische Verbindungen, organ. Verbindungen mit ringartig geschlossener Struktur. Man unterscheidet monozykl. Systeme, die nur aus einem Ring bestehen und polyzykl. Systeme, die mehrere Ringe enthalten. Isozykl. (carbozykl.) Verbindungen enthalten nur Kohlenstoff als Ringelement, während bei heterozykl. Verbindungen mindestens ein Heteroatom (Schwefel, Stickstoff u. a.) auftritt. Bei den isozykl. Verbindungen wird zw. alizykl. (aliphatisch-zyklisch) und aromat. Ringsystemen unterschieden. Sind mindestens zwei ungesättigte Ringe über mindestens zwei gemeinsame Kohlenstoffatome miteinander verbunden (z. B. im Naphthalin), so spricht man von kondensierten polyzykl. Verbindungen. Verbrückte polyzykl. Verbindungen sind gesättigte Verbindungen, in denen mindestens zwei Ringe wenigstens zwei gemeinsame Kohlenstoffatome haben. In Spiroverbindungen (→ Spirane) sind zwei Ringe über ein einziges Kohlenstoffatom miteinander verbunden.

zyklische Vertauschung, Vertauschung bei angeordneten Objekten (z. B. Indizes), bei der jedes Objekt durch das nächstfolgende und das letzte durch das erste ersetzt wird. Beispiel: Der Flächeninhalt A eines Dreiecks mit den Seiten a_1, a_2, a_3 und den jeweils gegenüberliegenden Winkeln α_1, α_2, α_3 beträgt

$$A = \frac{1}{2} a_1 a_2 \sin\alpha_3 \text{ oder } A = \frac{1}{2} a_2 a_3 \sin\alpha_1 \text{ oder } A = \frac{1}{2} a_3 a_1 \sin\alpha_2.$$

Dabei erhält man die jeweils nachfolgende Formel aus der vorhergehenden durch z. V. der Indizes (aus der dritten Gleichung erhält man durch eine weitere z. V. wieder die erste).

Zykloide, zyklische Kurve, ebene Kurve, die von einem Punkt auf dem (verlängerten) Radius eines rollenden Kreises beschrieben wird. Je nachdem, ob der Punkt innerhalb des Kreises, auf dem Kreis oder außerhalb des Kreises liegt, entstehen **gestreckte (verkürzte), gespitzte** oder **verschlungene (verlängerte) Z.** Rollt der Kreis auf einer Geraden, so erhält man **gewöhnliche Z.** (die gespitzte gewöhnliche Z. wird auch als **gemeine Z.** oder **Radlinie** bezeichnet), rollt er auf einem Kreis, so entstehen **Epi-Z.**; rollt dagegen ein kleinerer Kreis in einem größeren, so erhält man **Hypo-Z.** Die Epi- und Hypo-Z. sind bei Zahnradgetrieben wichtig. Die **Kardioide (Herzkurve)** ist eine spezielle Epi-Z., für die der Radius des rollenden Kreises gleich dem des festen ist. Die **Astroide (Sternkurve)** ist eine spezielle Hypo-Z., bei der der Radius des festen Kreises das Vierfache des Radius des rollenden Kreises beträgt.

Manche Autoren bezeichnen die gestreckten und die verschlungenen Z. als **Trochoiden (Trochoidalen).**

zyklometrische Funktionen, die →Arkusfunktionen.

Zyklon *der,* **1)** Meteorologie: ein Luftwirbel; zu unterscheiden von → Zyklone.

2) Fliehkraftabscheider, trocken arbeitendes Gerät zur → Klassierung oder Staubabscheidung (→ Entstaubungsverfahren) durch Fliehkräfte (Trennung nach der Dichte), die durch die Rotation des mit hoher Geschwindigkeit in den zylindr. Teil des Z. eintretenden Gas-Feststoff-Gemisches entstehen. Die schwereren Feststoffteilchen bewegen sich spiralförmig längs der zylindr. und der unteren konischen Zyklonwandung und werden unten ausgetragen; die leichteren Teilchen bewegen sich im Inneren spiralförmig mit dem Gasstrom nach oben und werden im zylindr. Teil über ein Tauchrohr ausgetragen. **Hydrozyklon,** Fliehkraftabscheider, bei dem das Trägermedium meist Wasser ist.

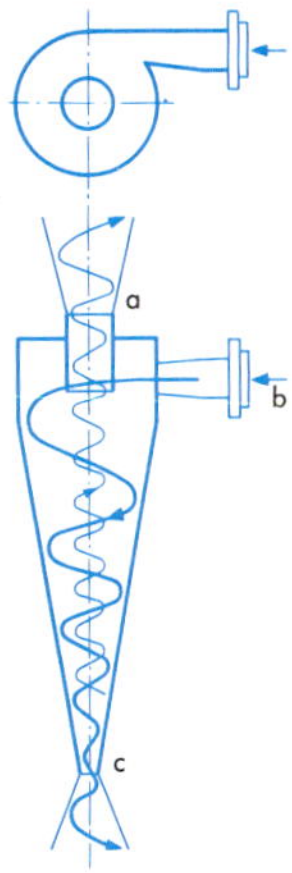

Zyklon 2)

Zyklon 2): Schema eines Hydrozyklons; a Austrittsöffnung für geklärtes Wasser, b Trübeaufgabe, c Unterlaufdüse

Zyklone *die,* Meteorologie: auf der S-Halbkugel im Uhrzeigersinn, auf der N-Halbkugel entgegengesetzt umströmtes →Tiefdruckgebiet mit geschlossenen Isobaren. (→ tropischer Wirbelsturm)

Zyklotheme, Geologie: Sedimentationszyklus mit einer sich vielfach wiederholenden Aufeinanderfolge von faziell verschiedenen Schichten. Z. können weitspannige rhythm. Krustenbewegungen oder Klima- und Meeresspiegelschwankungen als Ursache haben.

Zyklotron, von E. O. LAWRENCE 1931 erstmalig gebauter → Beschleuniger für Ionen, bei dem die Teilchen während der Beschleunigung und damit Energieerhöhung

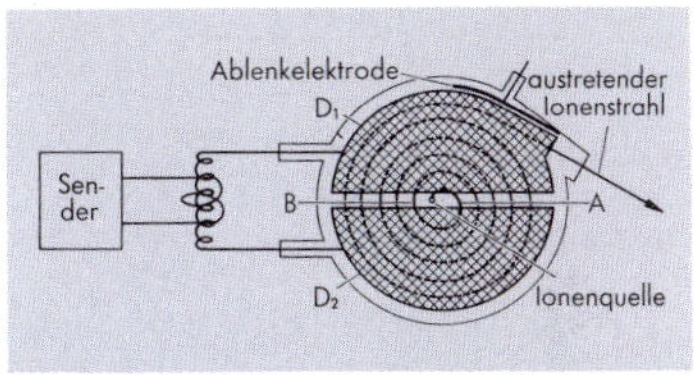

Zyklotron (schematisch, nach W. Finkelnburg)

auf einer Spiralbahn von innen nach außen umlaufen, dann ausgelenkt werden und für die Experimente zur Verfügung stehen. In einem homogenen, zeitlich konstanten Magnetfeld liegt eine Vakuumkammer mit zwei halbkreisförmigen Dosen D_1 und D_2, an denen die hochfrequente Wechselspannung des Senders liegt. Die Ionen aus der Ionenquelle werden im Spalt A zw. D_1 und D_2 beschleunigt und durchlaufen D_2 auf einem Halbkreis, werden erneut im Spalt B beschleunigt und durchlaufen D_1 auf einem etwas größeren Halbkreis usw. Die so entstehende Spiralbahn kommt dadurch zustande, daß mit wachsender Energie die Zentrifugalkraft stärker zunimmt als die nach innen wirkende Lorentz-Kraft des Magnetfeldes. Die Ionen müssen die Beschleunigungsstrecke phasenrichtig durchlaufen, d. h. bei richtigem Vorzeichen

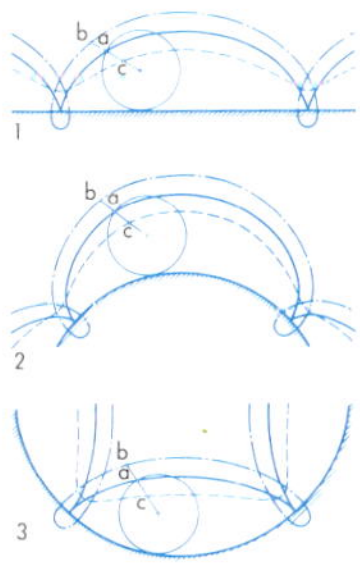

Zykloide

Zykloide: 1 Gewöhnliche Z. **2** Epi-Z. **3** Hypo-Z. Der Punkt a auf dem Umfang des abrollenden Kreises erzeugt jeweils eine gespitzte, der Punkt b außerhalb des Kreises eine verschlungene, der Punkt c innerhalb des Kreises eine gestreckte Z.

der hochfrequenten Wechselspannung. Diese wichtige Bedingung wird nur bei kleinen Endenergien (für Deuteronen etwa 20 MeV) erfüllt, da nach der → Relativitätstheorie bei größeren Energien die Masse und damit die Umlaufzeit zunimmt, was beim → Synchrozyklotron durch entsprechende Verminderung der Frequenz der beschleunigenden Wechselspannung ausgeglichen wird.

Elektronen-Z. ist eine irreführende Bez. für das → Mikrotron.

Zyklotronfrequenz, für ein geladenes Teilchen mit der Masse m und der Ladung $Z \cdot e$ die Umlaufsfrequenz ω_c, mit der es sich in einem homogenen Magnetfeld der Flußdichte B auf einer Spiral- oder Kreisbahn um die Magnetfeldrichtung bewegt. Der Bahnradius und die Z. werden durch die Bedingung festgelegt, daß die auf das Teilchen wirkende Zentrifugal- und Lorentz-Kraft sich gegenseitig kompensieren. Es gilt $\omega_c = Z \cdot e \cdot B / m_c$, hierbei ist m_c die → Zyklotronmasse.

Zyklotronmasse, die effektive Masse m_c eines Elektrons oder eines anderen geladenen Teilchens, die seine → Zyklotronfrequenz ω_c bestimmt. Für freie Elektronen ist m_c gleich der wahren Elektronenmasse m_e. Für Elektronen in Festkörpern ist m_c proportional zur Länge der Zyklotronbahn und umgekehrt proportional zu ω_c. Ihre Z. kann mit Hilfe der → Zyklotronresonanz bestimmt werden und liegt typischerweise zw. $10^{-3}\,m_e$ und $10\,m_e$.

Zyklotronresonanz, Methode der → Festkörperphysik zur Bestimmung der → effektiven Massen von Ladungsträgern in Metallen und Halbleitern und zur Untersuchung der Energiebänder. Die quasifreien Elektronen und Löcher bewegen sich bei Proben in einem homogenen stat. Magnetfeld B (Richtung parallel zur Probenoberfläche) auf Zyklotronbahnen. Deren Radius beträgt bei Feldstärken von 1 Tesla etwa 10^{-2} mm und ist somit größer als die Eindringtiefe von Mikrowellen im GHz-Bereich (etwa 10^{-4} mm, → Skineffekt) in reinen Metallen bei tiefen Temperaturen. Daher spüren die Elektronen und Löcher in Metallen ein Mikrowellenfeld (elektr. Feldstärke $\boldsymbol{E}$ parallel zur Probenoberfläche, parallel oder senkrecht zu $\boldsymbol{B}$) nur auf einem kleinen Teil ihrer Umlaufbahn (BILD). Nur wenn sie stets bei derselben Phase des Hochfrequenzfeldes in der Eindringtiefe ankommen, d. h., wenn dessen Frequenz mit ihrer → Zyklotronfrequenz (oder einem Vielfachen davon) übereinstimmt **(Azbel-Kaner-Resonanz),** werden sie durch das Feld beschleunigt. In Halbleitern kann bei geringer Ladungsträgerkonzentration die Eindringtiefe der Mikrowellen so groß werden, daß auf der gesamten Zyklotronbahn ein homogenes elektr. Feld auf die Ladungsträger wirkt, die auf Spiralbahnen um die Richtung des Magnetfeldes $\boldsymbol{B}$ beschleunigt werden, wenn $\boldsymbol{E}$ senkrecht zu $\boldsymbol{B}$ orientiert ist. Die Resonanzabsorption der Mikrowellenstrahlung führt zu Elektronenübergängen zw. erlaubten Energieniveaus im Magnetfeld.

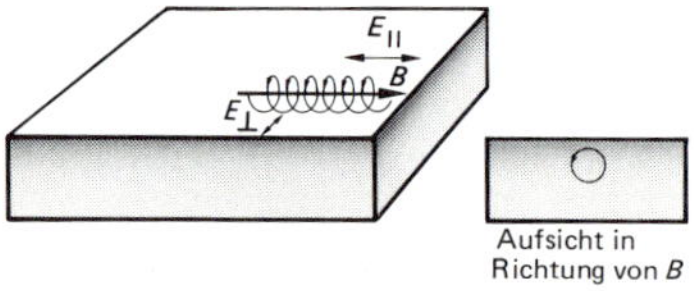

Zyklotronresonanz:
Azbel-Kaner-Anordnung zur Untersuchung der Z. in Metallen. Das hochfrequente elektr. Feld mit der elektr. Feldstärke $\boldsymbol{E}$ kann senkrecht oder parallel zu dem statischen Magnetfeld mit der magnet. Flußdichte $\boldsymbol{B}$ liegen, wobei $\boldsymbol{B}$ und $\boldsymbol{E}$ parallel zur Oberfläche des Probekörpers liegen. Die Eindringtiefe des Hochfrequenzfeldes ist durch die Schattierung angedeutet. Nur in der Nähe des Scheitelpunktes jedes Umlaufs ist das Elektron dem Hochfrequenzfeld ausgesetzt, wodurch es Energie gewinnt oder verliert

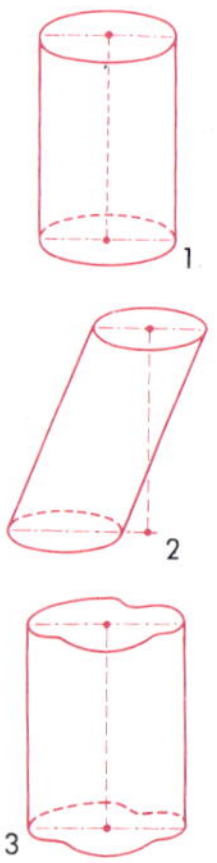

Zylinder 3): **1** gerader, **2** schiefer Kreis-Z., **3** mit geschlossener, unregelmäßiger Kurve als Grundfläche

Zyklus, allg. Kreislauf, regelmäßige Wiederkehr.

1) geographischer Z., Erosions-Z., von W. M. DAVIS entwickelte Theorie, wonach die Entwicklung der Formen der Erdoberfläche gesetzmäßig verschiedene Stadien durchläuft: Nach Hebung eines ebenen Krustenteils (Urform) Entstehung einer Hügellandschaft mit noch wenig entwickelten Tälern (Jugendstadium) und danach eines Berglandes mit breiten und ausgeglichenen Tälern (Reifestadium); deren Wasserscheiden werden schließlich abgetragen, so daß eine fast ebene bis flachwellige Rumpffläche entsteht (Greisenstadium). Nach den einzelnen Klimaten wird ein humider, arider, nivaler und mariner Z. unterschieden. So anregend diese Theorie gewirkt hat, ist sie in dieser schematisierenden Form nicht haltbar.

2) Geologie: → Zyklentheorie.

3) Mathematik: → Permutation.

Zykluszeit, Datenverarbeitung: bei digitalen Datenverarbeitungsanlagen die Zeit für einen sich periodisch wiederholenden Vorgang (z. B. Befehls-, Speicher-, Schreib-, Lesezyklus). In erster Linie wird mit der Z. die Zeitdauer bezeichnet, die zw. den Zugriffen auf die Inhalte zweier verschiedener Speicherplätze (z. B. im Arbeitsspeicher) vergeht.

Zylinder, 1) Datenverarbeitung: bei einem Magnetplattenspeicher der konzentrische zylinderförmige Bereich, der – bei gegebener Stellung des kammförmigen Schreib-Lese-Arms – alle Datenspuren der übereinanderliegenden Magnetplatten umfaßt. Die Daten können dabei ohne mechan. Veränderungen allein durch elektr. Umschaltung der ebenfalls übereinander angeordneten Magnetköpfe ein- oder ausgelesen werden.

2) Maschinenbau: bei Kolbenmaschinen der Raum, in dem der Energieumwandlungsprozeß stattfindet. Der Arbeitsraum wird vom Kolben und dem Z.-Kopf oder Z.-Deckel begrenzt. Bei Mehrzylindermaschinen, bes. -motoren, werden die Z. häufig zu einem **Z.-Block** zusammengegossen. Als Werkstoff wird Grauguß, bei luftgekühlten Motoren auch Leichtmetallguß (mit besonderer Lauffläche, z. B. verchromt) verwendet. Bei wassergekühlten Motoren werden auch in den Zylinderblock vom Kühlwasser umspülte Zylinderlaufbüchsen eingesetzt (nasse Laufbüchse).

3) Mathematik: eine abwickelbare Fläche **(Z.-Fläche),** die erzeugt wird, indem man durch alle Punkte einer Kurve im dreidimensionalen euklid. Raum parallele Geraden (Erzeugende) zeichnet. Ist die Kurve ein Kreis, so ist die von den Geraden erzeugte Fläche eine Kreiszylinderfläche. Schneidet man diese Fläche mit einer zu der gegebenen Kreisfläche parallelen Ebene, heißt der von den beiden Kreisflächen und der Z.-Fläche umschlossene Raum **Kreis-Z.** Stehen die Erzeugenden auf der gegebenen Kreisfläche senkrecht, handelt es sich um einen geraden, andernfalls um einen schiefen Kreis-Z. Der Abstand der beiden Kreisflächen heißt Höhe, die Kreise Grund- und Deckfläche, die Z.-Fläche zw. Grund- und Deckfläche **Z.-Mantel.** Eine zu der Grundfläche nicht parallele Ebene zerlegt einen geraden Kreis-Z. in zwei **Z.-Hüfe.** – Das Volumen V eines Kreis-Z. mit der Höhe h und dem Grundkreisradius r ist $V=\pi r^2 h$, der Inhalt M des Mantels eines geraden Kreis-Z. ist $M=2\pi rh$. Zeichnet man auf dem abgewickelten Mantel eines geraden Kreis-Z. eine beliebige Gerade, wird diese bei der Rückabbildung zu einer Schraubenlinie. – In der projektiven Geometrie ist ein Z. ein Kegel, dessen Spitze ein Fernpunkt des dreidimensionalen projektiven Raumes ist.

Zylinderfunktionen. Die Lösungen der Besselschen Differentialgleichung heißen Z., sie spielen eine große Rolle in der theoret. Physik (z. B. bei Schwingungsaufgaben) und traten erstmalig bei der Behandlung physikal. Probleme auf, die mit dem Kreiszylinder zusammenhängen.

Zylinderlinse, eine opt. → Linse 2); bei **Planzylinderlinsen** ist eine Fläche eben.

Zylinderprojektionen, zylindrische Abbildungen, → Kartennetzentwürfe.

Zymase, aus zellfreien Hefepreßsäften isoliertes Enzymgemisch, das ebenso wie die lebenden Hefezellen zur alkohol. Gärung befähigt ist. Mit der Entdeckung der Z. begründeten die dt. Chemiker E. und H. BUCHNER 1897 die moderne Enzymchemie.

Zymogen, Biochemie: inaktive Enzymvorstufe (Proenzyme), aus der zumeist durch proteolyt. Abspaltung von Peptidresten das aktive Enzymmolekül erst am Wirkort gebildet wird. Beispiele sind das Pepsinogen der Hauptzellen der Magenschleimhaut (Aktivierung im Magenvolumen). Die Bildung von Z. ist ein Mechanismus, der die synthetisierende Zelle vor der Selbstverdauung schützt und auch eine Möglichkeit zur Regulierung der Enzymaktivität bietet.

Zymologie, die Lehre von der Gärung.

Zyto|plasma, unstrukturierter flüsssiger oder löslicher Teil der → Zelle 1).

zyto|statische Mittel, Zytostatika, Cytostatika, Stoffe, die das Zellwachstum bei bösartigen Geschwülsten und neoplast. Erkrankungen des blutbildenden Systems hemmen. Alle z. M. hemmen auch das Wachstum normaler, bes. schnellwachsender Gewebe (z. B. blutbildende Zellen im Knochenmark, Keimdrüsengewebe), schädigen das Kind im Mutterleib, wirken mutagen und schädigen die körpereigene Infektabwehr.

Zu den z. M. gehören: 1) radioaktive Isotope (z. B. ^{32}P, ^{60}Co, ^{131}J); 2) Alkylantien, Stoffe, die nukleophile Zellsubstrate, bes. Nucleinsäuren, alkylieren (z. B. Lost); 3) Antimetabolite, die durch Hemmung der Biosynthese von Nucleotiden wirken; 4) Mitosegifte; 5) zytostatisch wirkende Antibiotika; 6) best. Hormone (Nebennierenrindenhormone, Östrogene, Androgene) bei hormonabhängigen Tumoren.

ZZ Ceti-Sterne, Gruppe von Weißen Zwergen mit kurzperiod. Helligkeitsschwankungen (Periodendauer wenige Minuten).

ABKÜRZUNGEN

Endungen oder Wortteile werden zur Raumersparnis weggelassen, wo sie ohne Schwierigkeiten ergänzt werden können, z. B. elektron. für elektronisch(e), chem. für chemisch(e). Das Stichwort ist in seinem Artikel mit dem Anfangsbuchstaben abgekürzt.

An Zeichen werden verwendet * geboren, † gestorben, ∅ Durchmesser, > größer als, < kleiner als; weitere mathematische Zeichen sind in der Tabelle zum Stichwort **mathematische Zeichen** in Band 3, Abkürzungen von Einheiten beim Stichwort **Einheiten** in Band 1 in einer Übersicht zusammengestellt.

Abk.	Abkürzung
allg.	allgemein
Bd., Bde.	Band, Bände
bed.	bedeutend
begr.	begründet(e)
bes.	besonders
best.	bestimmt(e)
Bez.	Bezeichnung
BRT	Bruttoregistertonne
Bundesrep. Dtl.	Bundesrepublik Deutschland
bzw.	beziehungsweise
D.	bei Mineralen Dichte in g/cm^3
dgl.	dergleichen, desgleichen
d. h.	das heißt
dt.	deutsch
Dt. Dem. Rep.	Deutsche Demokratische Republik
Dtl.	Deutschland
ebd.	ebenda
eigtl.	eigentlich
evtl.	eventuell
Ez.	Einzahl
frz.	französisch
gegr.	gegründet
Ges.	Gesetz
Gesch.	Geschichte
ggf.	gegebenenfalls
Ggs.	Gegensatz
grch.	griechisch
H.	bei Mineralen Härte nach Mohs
Hb.	Handbuch
Hg.	Herausgeber
hg. v.	herausgegeben von
i. a.	im allgemeinen
i. d. F. v.	in der Fassung von
i. d. R.	in der Regel
i. e. S.	im engeren Sinn
i. Ggs.	im Gegensatz
Ind.	Industrie
internat.	international
i. S.	im Sinn
ital.	italienisch
i. w. S.	im weiteren Sinn
Jahrtsd.	Jahrtausend
Jb.	Jahrbuch
Jh.	Jahrhundert
lat.	lateinisch
Lb.	Lehrbuch
Lit.	Literatur
MA	Mittelalter
Mio.	Million(en)
Mrd.	Milliarde(n)
Mz.	Mehrzahl
n.	nach
N	Norden
nat.	national
n. Br.	nördliche(r) Breite
n. Chr.	nach Christi Geburt
NN	Normal Null
NO	Nordosten
NRT	Nettoregistertonne
NW	Nordwesten
O	Osten
ö. L.	östliche(r) Länge
rd.	rund
S	Süden
S.	Seite
s. Br.	südliche(r) Breite
Schmelz-P.	Schmelzpunkt
Siede-P.	Siedepunkt
SO	Südosten
svw.	soviel wie
SW	Südwesten
Tb.	Taschenbuch
Temp.	Temperatur
u. a.	und andere, unter anderem
u. ä.	und ähnlich(e)
UdSSR	Sowjetunion
ü. M., u. M.	über (unter) dem Meeresspiegel
urspr.	ursprünglich
USA	Vereinigte Staaten
usf., usw.	und so fort, und so weiter
u. U.	unter Umständen
u. v. a.	und viele(s) andere
v. a.	vor allem
v. Chr.	vor Christi Geburt
Verf.	Verfahren
versch.	verschieden(e)
vgl.	vergleiche
v. Gr.	von Greenwich
VO	Verordnung
Vol.	Volumen
W	Westen
w. L.	westliche(r) Länge
z. B.	zum Beispiel
z. T.	zum Teil
zus.	zusammen
zw.	zwischen
z. Z.	zur Zeit
^{4}1982	4. Auflage 1982

HINWEISE FÜR DEN BENUTZER

Reihenfolge und Schreibung der Stichwörter

Die Stichwörter folgen einander nach dem Abc. Für das Einordnen gelten alle **fett** gedruckten Buchstaben, auch wenn das Stichwort aus mehreren Wörtern besteht; Ziffern und Zeichen werden nicht mit alphabetisiert. Unterstichwörter sind in **halbfetter Schrift** gesetzt.

Die Umlaute ä, ö, ü werden behandelt wie die einfachen Buchstaben a, o, u; also folgen z. B. aufeinander **Coleọpter, Cölestịn, Colibakterien.** Ae, oe, ue werden wie getrennte Buchstaben behandelt, auch wenn sie wie ä, ö, ü gesprochen werden; z. B. folgen aufeinander: **Cọenzym R, Coesịt, Coffeịn.**

Getrennte Aussprache zusammenstehender Buchstaben wird in Zweifelsfällen durch senkrechten Strich angezeigt, z. B. **Des|aminierung, De|sorption.**

Folgen mehrere Stichwörter, die nach der gleichen Person benannt sind, aufeinander, so stehen die biographischen Angaben (* geboren, † gestorben) i. a. nur beim ersten dieser Stichwörter, vgl. z. B. **Cauchy-Folge, Cauchy-Riemannsche Differentialgleichung, Cauchysche Integralformel . . .**

Wörter, die man unter **C** vermißt, suche man unter **K, Tsch** oder **Z,** bei **Dsch** vermißte Wörter unter **Tsch,** bei **J** vermißte unter **Dsch** oder **I,** bei **Y** vermißte Wörter unter **J;** ebenso im umgekehrten Fall.

Wörter aus Sprachen mit **nichtlatein. Schrift** erscheinen als Stichwörter in einer der Aussprache (z. B. Russisch) angepaßten Umschrift.

Wenn man ein zusammengesetztes Wort nicht im Abc findet, schlage man seine Teilwörter nach.

Der Verweisungspfeil → fordert auf, das dahinterstehende Wort oder den zusammengesetzten Begriff nachzuschlagen; das Zeichen ⇨ verweist auf Artikel, die in einem weiteren Zusammenhang mit dem betreffenden Stichwort stehen.

Betonung und Aussprache

Wo beim Stichwort Zweifel über die Betonung auftreten können, ist diese durch einen Punkt unter dem betonten Laut angegeben, z. B. **Dispẹnser, Geometri̯e.**

Die Aussprache (und Betonung) von fremdsprachlichen oder schwierigen Wörtern und Namen steht in eckiger Klammer hinter dem Stichwort, z. B. **Flight Level** [flaɪt lˈevl]. Sie wird nach dem Internationalen Lautschriftsystem der Association Phonétique Internationale bezeichnet. Die verwendeten Zeichen bedeuten:

- a = helles a, dt. Bl*a*tt
- ɑ = dunkles a, dt. w*a*r, engl. Ch*a*nt, B*a*rn, d*a*nse
- ã = nasales a, frz. C*a*nc*a*n
- ʌ = dumpfes a, engl. Dr*u*ms
- β = halboffener Reibelaut b, span. Ha*b*anera
- ç = deutscher I*ch*-Laut
- ð = stimmhaftes engl. th, engl. *the*
- æ = breites ä, engl. B*a*nd, J*a*zz
- ɛ = offenes e, dt. f*e*tt, frz. Ari*e*tte
- e = geschlossenes e, dt. B*ee*t frz. coul*é*
- ə = dumpfes e, dt. all*e*
- ɛ̃ = nasales e *Im*promptu
- ɣ = geriebenes g, Se*g*uidilla
- i = geschlossenes i, dt. W*ie*se
- ɪ = offenes i, dt. b*i*n, engl. Mus*i*c
- ĩ = nasales i, portugies. *I*nfante
- ɫ = dunkles l, poln. Lutos*ł*awski
- ʎ = lj, ital. Imbro*gl*io
- ŋ = deutscher ng-Laut, dt. la*ng*e, engl. So*ng*
- ɲ = nj-Laut, frz. Carma*gn*ole
- ɔ = offenes o, dt. K*o*pf
- o = geschlossenes o, dt. T*o*r
- ɔ̃ = nasales o, frz. Chans*on*
- ø = geschlossenes ö, dt. H*ö*hle
- œ = offenes ö, dt. H*ö*lle
- œ̃ = nasales ö, frz. *un*
- s = stimmloses s, dt. wa*s*
- z = stimmhaftes s, dt. *s*ingen
- ʃ = stimmloses sch, dt. *Sch*uh
- ʒ = stimmhaftes sch, frz. *j*our
- θ = stimmloses th, engl. *th*eatre, span. Zar*z*uela
- u = geschlossenes u, dt. K*u*h
- ʊ = offenes u, dt. b*u*nt, Ha*u*s
- ũ = nasales u, portugies. At*um*
- v = deutsches stimmhaftes w, dt. *W*ald, *V*ariation
- w = halbvokalisches w, engl. *w*ell
- x = deutscher Ach-Laut, dt. Da*ch*
- y = deutsches ü
- ɥ = konsonantisches y, frz. S*u*ite
- : bezeichnet Länge des vorhergehenden Vokals, z. B. blu:z = Blues
- ˈ bezeichnet Betonung und steht vor dem *Vokal* der betonten Silbe, z. B. almˈãd = Allemande

b d f g h j k l m n p r t geben in den meisten Sprachen etwa den Lautwert wieder, den sie im Deutschen haben. Im Englischen wird ›r‹ weder wie ein deutsches Zäpfchen-r noch wie ein gerolltes Zungenspitzen-r gesprochen, sondern mit der Zungenspitze an den oberen Vorderzähnen oder am Gaumen gebildet.

Bildquellen zu den Bänden 1–5

AEG-Telefunken, Wedel · AG des Altenbergs für Bergbau und Zinkhüttenbetrieb, Overath · Agfa-Gevaert AG, Leverkusen · H. Alt, Aachen-Brand · Presse-Foto E. Baumann, Ludwigsburg · Bayerische Motorenwerke AG, München · W. Becker Ingenieurbüro GmbH, Hamburg · BOMAG GmbH & Co KG, Celle-Vorwerk · Bosch Gruppe, Hildesheim · S. Breyer, Hanau · H. u. R. Bukor, Eltville am Rhein · Bundesbahn-Zentralamt, München · CERN, Genf · Christensen Diamond Products G.m.b.H., Celle · Craelius GmbH, Worpswede · Judy Mac Cready, Pasadena, Calif., USA · Daimler-Benz AG, Stuttgart · Deutsche Airbus GmbH, München · Deutsche BP Aktiengesellschaft, Bonn · Deutsche Bundespost, Weilheim/Obb. · Deutsches Elektronen-Synchrotron, Hamburg · Deutsche Lufthansa AG, Köln · Dornier GmbH, München und Friedrichshafen · Drägerwerk AG, Lübeck · Dunlop AG, Hanau · Gebr. Eickhoff, Maschinenfabrik und Eisengießerei GmbH, Bochum · Flughafen Frankfurt/Main AG, Frankfurt am Main · H. Fock, Flensburg-Mürwik · Ford-Werke AG, Köln · G. Gerster, Zumikon · Gesamtverband des deutschen Steinkohlebergbaus, Essen · R. Glatzer, Engenhahn · Grosse Webereimaschinen GmbH, Neu-Ulm/Donau · GSI, Darmstadt · H. M. Hahn, Köln · Hapag-Lloyd, Bremen · Heckler & Koch GmbH, Oberndorf/Neckar · Henschel Flugzeug-Werk AG, Calden · G. Hensel, Ulm · IAWR, Amsterdam · E. Jansson, Stockholm · Chr. Jentsch, Lübeck · G. Jörg, Groß-Bieberau · T. Kirsten, Heidelberg · Klimsch + Co, Frankfurt am Main · A. Kludas, Deutsches Schiffahrtsmuseum, Bremerhaven · U. Knöpp, Stuttgart · Knorr-Bremse GmbH, München · Kommission der Europäischen Gemeinschaften, Generaldirektion XII, Fusionsprogramm, ›The JET Project‹, Brüssel · Krupp GmbH, Rheinhausen · J. Kuhl, Leonberg · F. W. Lane, Pinner, Großbritannien · T. Leibfried, Reischenhart · E. Leitz GmbH, Wetzlar · Levy, Alexandria, USA · H. Loewer, Karlsruhe · W. Ludolph, Bremerhaven · Massey-Ferguson GmbH, Eschwege · MBB, Messerschmitt-Bölkow-Blohm GmbH, München und Hamburg · K.-H. Mende, Bonn · E. Merck, Darmstadt · Minox GmbH, Gießen · G. Möltken, Erlangen · W. Mühl, Hochheim · MSD Sharp & Dohme GmbH, München · NASA Headquarters, Washington, D. C. · Adam Opel AG, Rüsselsheim · H. Petzoldt, Wiesbaden · W. Peuser, Merenberg · P. Pfannenstiel, Wiesbaden · Philips GmbH, Eindhoven, Hamburg und Kassel · Porsche AG, Stuttgart · Rollei-Werke Franke & Heidecke, Braunschweig · Sampoh Meßgeräte Vertriebsgesellschaft m. b. H., Düsseldorf · K.-F. Schreiber, Münster · W. Schröder, Darmstadt · Schütz Werke GmbH & Co KG, Selters · Siemens AG, München und Erlangen · E. Sippach, Wiesbaden · Sowjetunion heute, Köln · Spektrum der Wissenschaft Verlagsgesellschaft mbH & Co, Weinheim · Stelzer Motor GmbH & Co KG, Frankfurt am Main · F. Thorbecke, Lindau · Tiedemann, Garmisch-Partenkirchen · Unternehmensverband Eisenerzbau e. V., Bonn · USIS, Bonn-Bad Godesberg · Vereinigte Motor-Verlage GmbH & Co KG, Stuttgart · Voith GmbH, Heidenheim · Volkswagenwerk AG, Wolfsburg · vwi Werbung GmbH, Herrsching · Westdeutsche Gerberschule, Reutlingen · Westerwälder Eisenwerk Gerhard GmbH, Weitefeld/Sieg · Wirth Maschinen- und Bohrgeräte-Fabrik GmbH, Erkelenz · P. Wrobel, Hemmingen · Carl Zeiss AG, Oberkochen.